NCS기반 교육과정 과정중심 평가학습서(모듈형)

전자회로

실무·실기·실습

따라하기

이상종 편저

씨마스

전자기기 기능사 실기 합격을 기원하며!

1 전자기기 기능사 전망

제4차 산업혁명을 이끌어 가는 핵심 기술로 지식 기반 정보화와 인공 지능이 부각되면서 전자 기술 또한 빠르게 발전하고 있습니다. 이러한 시대 흐름에 부합하기 위해 한국산업인력공단에서는 전자기기의 제작, 제조, 조작, 보수, 유지 업무를 수행할 전문가를 확보하고 우수한 기술 인력을 공급하고자 전자기기 기능사 자격 제도를 제정해 시행하고 있습니다.

전자기기 기능사 자격증을 취득할 경우 산업용이나 가정용 전자기기 생산업체, 전자기기 부품제조업체, 전문수리센터 등에 취업하거나 계측기기 제조업체, 건설회사의 계전 및 계측기기 부서, 데이터 통신 업무를 운용하는 업체, 컴퓨터 시스템을 운용하는 업체, 자동차 및 비행기 제조업체 등 다양한 분야에서 활동할 수 있습니다. 앞으로 전자기기들이 발전하면서 통신제품이나 전자제품의 사용 증가는 제품의 생산과 함께 수리, 보수에 관련된 인력의 수요도 증가시킬 것으로 전망됩니다. 취업을 준비하시는 분들은 미리 전자기기 기능사 자격증을 취득해 취업을 대비해 놓는 것도 도움이 되며, 취업난 속에 개인의 능력을 쌓아놓는 데도 도움이 될 것입니다.

2 이 책의 특징

이 책은 전국의 전자 관련 특성화고와 마이스터고, 직업 훈련 학원에서 공부하는 학생들, 독학으로 전자기기 기능사 자격 시험에 응시하는 일반 사람들까지 쉽게 익힐 수 있도록 따라하기식 과정 중심 학습으로 구성하였습니다.

이 책은 전자기기 기능사 시험 합격을 보다 쉽게 할 수 있도록 다음과 같은 특징을 담아 펴냈습니다.

첫째, 전자기기 기능사 공개 문제를 전면 수록하여 완벽히 해설하였습니다.

둘째, 회로 스케치, 회로 조립, 측정 등 과제마다 따라하기식 과정 중심 학습으로 구성하였습니다.

셋째, 회로 동작 설명도 및 모범 조립 패턴도를 한눈에 파악할 수 있도록 한 면에 구성하여 학습 효과를 증대하였습니다.

넷째, 교사–학생(수험생)이 실시간으로 평가할 수 있도록 과정 평가 학습 자료(모듈형)를 수록하였습니다.

다섯째, NCS 학습 과정에 따라 구성하여 실무 교과서 및 학습 부교재로 활용할 수 있도록 했습니다.

3 당부의 글

이 교재를 이용하는 학습자 여러분의 효율적인 학습을 위해 다음과 같은 사항에 유념하여 학습해 주시기 당부드립니다.

① 반드시 문제를 정확하게 숙지하고 적극적으로 학습에 참여합니다.

② 회로 스케치는 연필로 연습하면서 여러 번 수정을 거친 후 최종적으로 볼펜으로 완성합니다.

③ 전자회로 실습에 자주 사용하는 회로도 및 조립 패턴도 기호를 잘 숙지하여 활용합니다.

④ 회로 설명도를 여러 번 읽고 이해한 후 노트에 회로도를 깨끗하게 그립니다.

⑤ 직접 그린 회로도와 사용되는 IC 내부를 보고 패턴도 기호를 이용하여 패턴도를 직접 작성합니다. 이를 능숙하게 해 내려면 제시된 기본 배치도를 이용한 부품 배치 및 회로 배선 연결 등의 단계적 학습을 반복해야 합니다.

⑥ 측정 장비가 다르더라도 사용 방법은 비슷하므로 측정 장비 사용법을 잘 읽고 숙지하면 측정은 어렵지 않게 점수를 받을 수 있습니다. 다만 과제 연습 시 직접 적극적인 자세로 측정에 임하는 것이 중요합니다.

⑦ 부록의 회로 스케치 답안과 모범 조립 패턴도의 답안 및 응용 회로의 모범 조립 패턴도의 답안은 가능하면 보지 않고 연필을 사용하여 여러 번의 수정을 거친 후 확인용으로 활용하며, 확인 후에는 틀렸거나 다르게 그린 부분들을 집중적으로 분석하고 이해해야 합니다.

4. 마지막으로

이 책을 집필하고 출간하기까지 많은 격려와 응원을 하여 주신 광운전자공업고등학교 권오근 교장 선생님, 교육부 송달용 과장님, 한국직업능력개발원 이영민 박사님, 박동열 박사님, 충남대 이병욱 교수님, 선플운동본부 민병철 이사장님께 깊은 감사를 드립니다. 또 이 책을 집필하는 지난 2년 동안 수많은 Or-Cad 작업과 한글 작업 등을 묵묵히 도와준 광운전자공업고등학교 전자기술반, 참빛선플누리단 동아리 학생인 문종원, 유희성, 서병호 3명의 학생에게 깊은 고마움을 표합니다. 아울러 본 교재의 출간에 많은 열정과 심혈을 기울여 훌륭한 교재로 탄생하게 만들어 주신 씨마스 임직원 여러분께도 깊은 감사를 드립니다.

끝으로 내용상 오류나 부족한 점은 계속하여 수정 · 보완하여 더욱 좋은 교재, 최고의 교재가 될 수 있도록 노력하겠습니다.

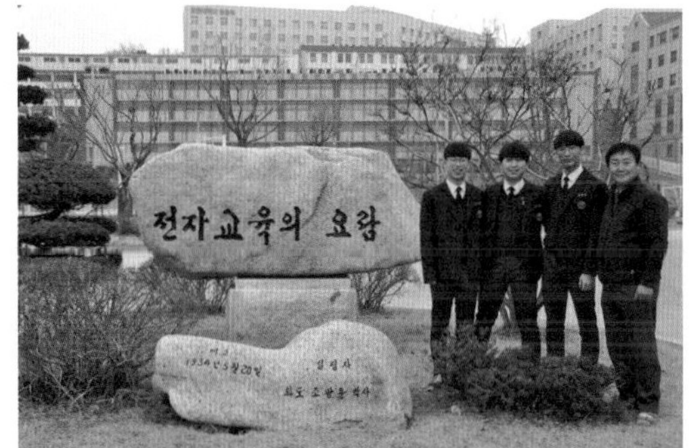

2019년 3월 1일 3·1운동 100주년 아침 저자 이상종 씀.

차례

제1장 전자회로 실무·실기·실습 기초

1-1 전자회로 실무 · 실기 · 실습 잘하기 위한 TIP

1 전기 전자 관련 기초 이론 자료 8

2 실습에 자주 사용하는 회로도 및 패턴도 기호 자료 15

3 전자 회로 실습의 실험 배치도와 제작 배치도 작성 요령 17

1-2 2음 경보기 회로 – 조립·제작 – 파형 측정 따라하기 26

제2장 전자기기 기능사 출제 기준 회로 스케치 따라하기

1 회로 스케치 과제 1 50

2 회로 스케치 과제 2 58

3 회로 스케치 과제 3 66

4 회로 스케치 과제 4 74

5 회로 스케치 과제 5 82

6 회로 스케치 과제 6 90

7 회로 스케치 과제 7 98

8 회로 스케치 과제 8 106

제3장 전자기기 기능사 출제 기준 회로 조립·제작 따라하기

1 조립·제작 과제 수검자 유의사항 116

2 조립 제작 실습 과제

▶과제 1 6진 디코더 회로 118

▶과제 2 인코더/디코더 회로 126

▶과제 3 10진 계수기 회로 134

▶과제 4 계수 판별기 회로 142

▶과제 5 빛 차단 5진 계수 정지 회로 150

▶과제 6 99진 계수기 회로 158

▶과제 7 빛에 의한 업-다운 카운터 회로 166

▶과제 8 10진수 설정 경보 회로 174

▶과제 9 타임 표시기 회로 182

▶과제 10 카운터 선택 표시 회로 190

▶과제 11 예약된 숫자 표시기 198

▶과제 12 듀얼 8진수 표시기 회로 206

▶과제 13 분주 가변 회로 214

▶과제 14 정역 제어 회로 222

▶과제 15 2음 경보기 회로 230
▶과제 16 위치 표시기 회로 238
▶과제 17 전자사이크로 회로 246
▶과제 18 프리셋테이블 카운터 회로 254
▶과제 19 박자 발생기 회로 262
▶과제 20 전자주사위 회로 270
▶과제 21 채널 전환 회로 278
▶과제 22 가변 순차기 회로 286
▶과제 23 순차 점멸기 회로 294
▶과제 24 전원 동기 기준 시간 발생 회로 302

제4장 전자기기 기능사 출제 기준 측정 과제 따라하기

1 측정 답안지 312
2 측정 과제 안내 330
3 파형 측정 방법(구형 장비) 331
4 함수 발생기 및 오실로스코프 사용법 332
5 측정 과제 예제 따라하기
▶측정 과제 예제 1 337
▶측정 과제 예제 2 338
▶측정 과제 예제 3 339
▶측정 과제 예제 4 340
▶측정 과제 예제 5 341
▶측정 과제 예제 6 342
▶측정 과제 예제 7 343
▶측정 과제 예제 8 344
▶측정 과제 예제 9 345
▶측정 과제 예제 10 346
6 측정을 빨리하는 핵심 TIP 347
7 주요 주파수의 주기 및 Time/Div값, 파형 표 348

부록

1 회로 스케치 답안지 352
2 회로 조립·제작 – 모범 조립 패턴도 답안지 360
3 응용 회로(회로도, 모범 조립 패턴도) 답안지 408

제 1 장

NCS기반 2015 교육과정 실무교과 과정 중심평가 학습(모듈형)
전자기기 기능사 실기 출제 기준

전자회로 실무 · 실기 · 실습 기초

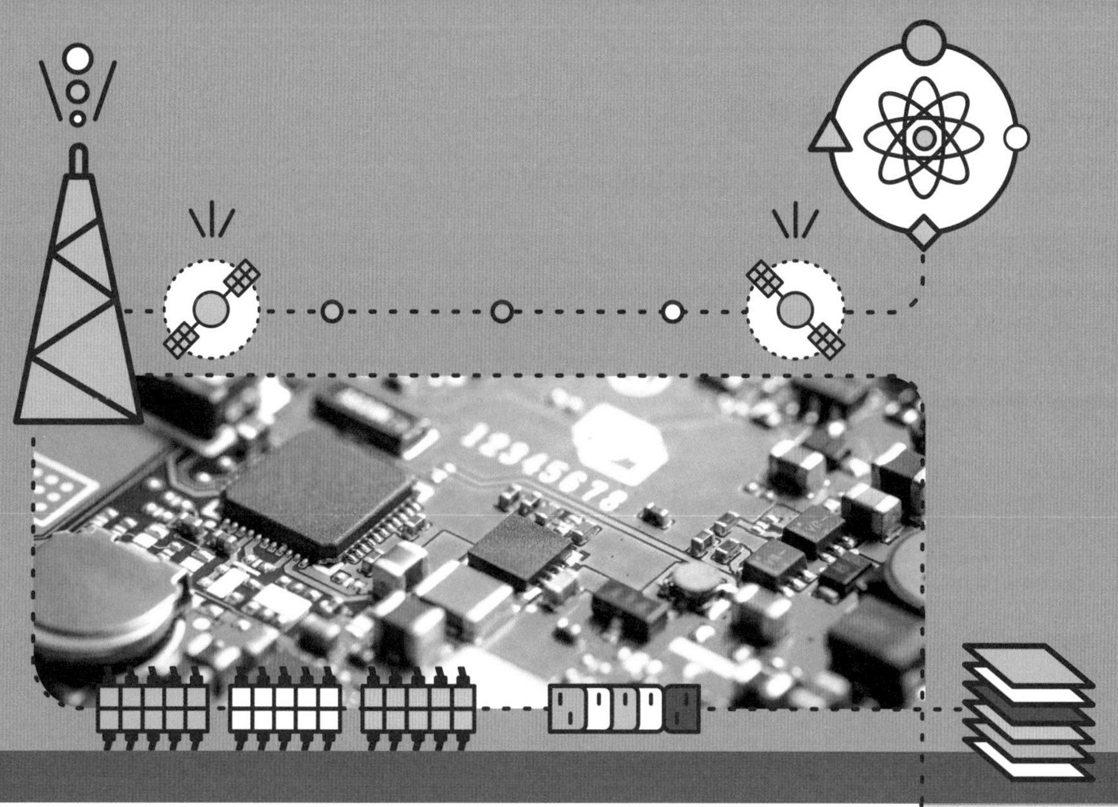

1-1 전자회로 실무 · 실기 · 실습 잘하기 위한 TIP

1 전기 · 전자 관련 기초 이론

2 실습에 자주 사용되는 회로도 및 패턴도 기호 모음

3 전자회로 실습의 실험 배치도와 조작 배치도 작성 요령

1-2 2음 경보기 회로 – 조립 · 제작 – 파형 측정 따라하기

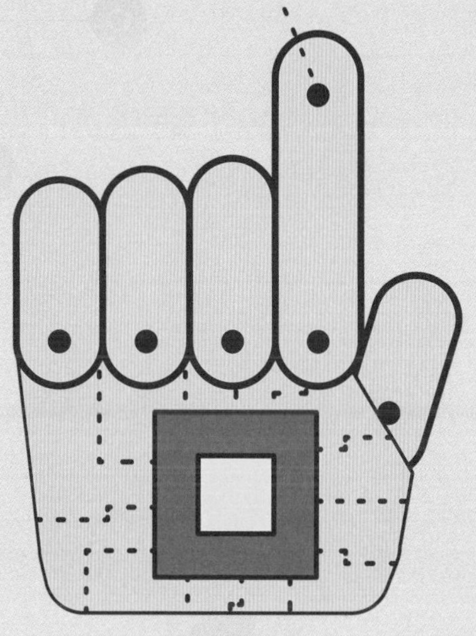

1-1 전자회로 실무·실기·실습 잘하기 위한 TIP

1 전기, 전자 관련 기초 이론

1. 전자 회로 분야에서 사용되는 기호, 단위, 명칭 쓰기 및 읽기

(1) 단위 기호와 명칭 및 읽기

구분	기호	단위	단위 명칭	단위 읽기	구분	기호	단위	단위 명칭	단위 읽기
전압	V	[V]	volt	볼트	무효 전력	Pr	[Var]	volt ampere reactive	볼트암페어 렉티브
전류	I	[A]	ampere	암페어	자속	Φ	[wb]	weber	웨버
전기 저항	R	[Ω]	ohm	옴	광속	f	[lm]	lumen	루멘
정전 용량	C	[F]	farad	페럿	광도	I	[cd]	candela	칸델라
인덕턴스	L	[H]	henry	헨리	조도	E	[lx]	lux	룩스
주기	T	[S]	second	세컨드	압력	Pa	[Pa]	pascal	파스칼
주파수	f	[Hz]	hertz	헤르츠	열량	H	[cal]	calori	칼로리
전력	P	[W]	watt	와트	저항률	ρ	[Ω·m]	ohm meter	옴 · 미터
전력량	W	[Wh]	watt hour	와트 · 시	전도율	σ	[℧/m]	mho per meter	모호 퍼 미터
피상 전력	Pa	[VA]	volt ampere	볼트암페어	전하	Q	[C]	coulomb	쿨롬

(2) 그리스 문자 쓰기 및 읽기

대문자	소문자	명칭	읽기	대문자	소문자	명칭	읽기
A	α	alpha	알파	N	ν	nu	뉴–
B	β	beta	베타	Ξ	ξ	xi	크사이
Γ	γ	gamma	감마	O	ο	omicrom	오미크론
Δ	δ	delta	델타	Π	π	pi	파이
E	ε	epsilon	입실론	P	ρ	rho	로–
Z	ζ	zeta	제타	Σ	σ	sigma	시그마
H	η	eta	이타	T	τ	tau	타우
Θ	θ	theta	세타	Y	υ	upsilon	업실론
I	ι	iota	이오타	Φ	φ	phi	화이
K	κ	kapa	카파	X	χ	chi	카이
Λ	λ	lambda	람다	Ψ	ψ	psi	프사이
M	μ	mu	뮤–	Ω	ω	omega	오메가

(3) 단위 환산 10진 접두어 쓰기 및 읽기

기호	10의 배수	기호 명칭	기호 읽기	기호	10의 배수	기호 명칭	기호 읽기
E	10^{18}	exa	엑사	d	10^{-1}	deci	데시
P	10^{15}	peta	페타	c	10^{-2}	centi	센티
T	10^{12}	tera	테라	m	10^{-3}	milli	밀리
G	10^{9}	giga	기가	μ	10^{-6}	micro	마이크로
M	10^{6}	mega	메가	n	10^{-9}	nano	나노
K	10^{3}	kile	킬로	p	10^{-12}	pico	피코
h	10^{2}	hecto	헥토	f	10^{-15}	femto	펨토
da	10^{1}	deka	데카	a	10^{-18}	atto	아토

2. 전자 회로 부품값 표시 방법 및 읽기

(1) 저항값 읽기(탄소형 저항기 기준)

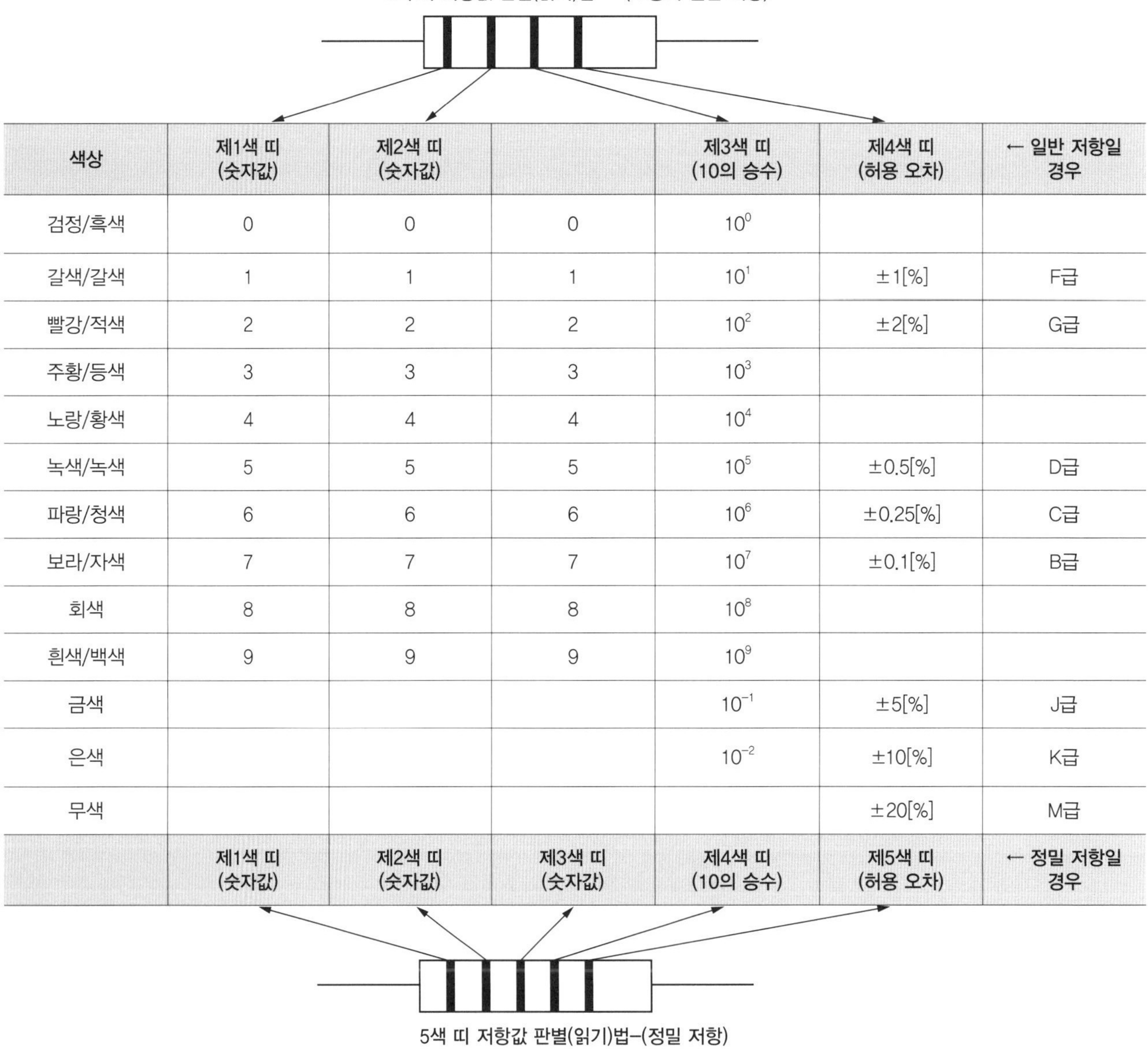

색상	제1색 띠 (숫자값)	제2색 띠 (숫자값)		제3색 띠 (10의 승수)	제4색 띠 (허용 오차)	← 일반 저항일 경우
검정/흑색	0	0	0	10^0		
갈색/갈색	1	1	1	10^1	±1[%]	F급
빨강/적색	2	2	2	10^2	±2[%]	G급
주황/등색	3	3	3	10^3		
노랑/황색	4	4	4	10^4		
녹색/녹색	5	5	5	10^5	±0.5[%]	D급
파랑/청색	6	6	6	10^6	±0.25[%]	C급
보라/자색	7	7	7	10^7	±0.1[%]	B급
회색	8	8	8	10^8		
흰색/백색	9	9	9	10^9		
금색				10^{-1}	±5[%]	J급
은색				10^{-2}	±10[%]	K급
무색					±20[%]	M급
	제1색 띠 (숫자값)	제2색 띠 (숫자값)	제3색 띠 (숫자값)	제4색 띠 (10의 승수)	제5색 띠 (허용 오차)	← 정밀 저항일 경우

▣ 저항값 읽기 연습 예제

일반 저항의 저항값 읽기		정밀 저항의 저항값 읽기	
읽는 방법	(제1색)(제2색)×(제3색)±(제4색)	읽는 방법	(제1색)(제2색)(제3색)×(제4색)±(제5색)
예제 1	빨강(적색) | 보라(자색) | 주황(등색) | 금색	예제 2	노랑(황색) | 파랑(청색) | 녹색 | 금색 | 갈색
	$27\times10^3[\Omega]\pm5[\%]$ $=27000[\Omega]\pm5[\%]=27[K\Omega]\pm5[\%]$		$465\times10^{-1}[\Omega]\pm1[\%]$ $=46.5[\Omega]\pm1[\%]$
예제 3	갈색 | 회색 | 빨강(적색) | 금색	예제 4	흰색(백색) | 회색 | 보라(자색) | 은색 | 녹색
	$18\times10^2[\Omega]\pm5[\%]$ $=1800[\Omega]\pm5[\%]=1.8[K\Omega]\pm5[\%]$		$987\times10^{-2}[\Omega]\pm0.5[\%]$ $=9.87[\Omega]\pm0.5[\%]$

(2) 커패시터(콘덴서) 용량값 표시 방법 및 읽기와 내압 / 허용 오차

① 콘덴서의 용량값 표시 방법 및 읽기

마일러콘덴서의 용량 표시 및 읽기	전해 및 탄탈 콘덴서의 용량 표시 및 읽기	
2A / 102 / K 정격 전압 표시(100[V]) 정전 용량 표시 제1, 제2 숫자는 유효 숫자, 제3숫자는 10의 승수 표시 (10×10^2[pF]=1,000[pF] =0.001[μF]) 문자는 허용 오차 표시 K: (±10[%])	16V 10μF − + • ⊖ 표시가 된 부분과 리드선이 짧은 쪽의 극성이 (−)이고, 리드선이 긴 쪽이 (+)이다. • 용량의 표시와 내압의 표시는 외장 표면에 직접 숫자로 기입한다. (16V 10μF, 50V 47μF)	2.2μF 16V − + • 부품의 한쪽에 +표시가 된 부분과 리드선이 긴 쪽의 극성이 (+)이고, 짧은 쪽이 (−)이다. • 용량의 표시와 내압 표시는 외장 표면에 직접 숫자로 표시한다. (2.2μF 16V, 10μF 50V)

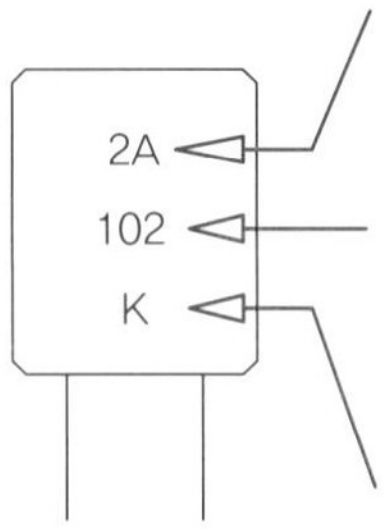

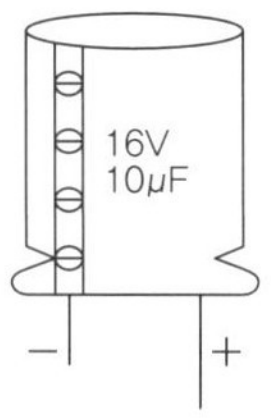

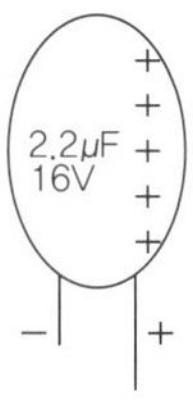

세라믹콘덴서의 용량 표시 및 읽기	100pF 미만의 콘덴서의 용량 표시 및 읽기	
103Z 정전 용량 표시 제1, 제2 숫자는 유효 숫자, 제3숫자는 10의 승수 표시 (10×10^3[pF]=10,000[pF] =0.01[μF]) 문자는 허용 오차 표시 Z: (+80[%], −20[%])	47J — 47[pF]±5[%] 25pF — 25[pF]	• 100[pF] 미만의 표시는 앞의 두 숫자만 표시하고 문자로 오차 표시를 한다. • 표시되는 용량의 단위는 [pF]이다.

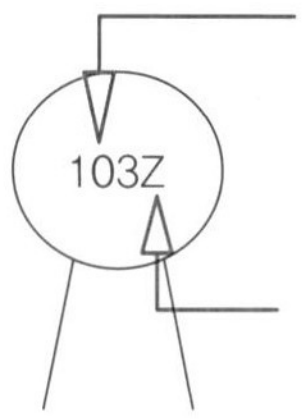

② 콘덴서의 내압(단위는 [V])

숫자 \ 문자	A	B	C	D	E	F	G	H	J	K
0	1	1.25	1.6	2.0	2.5	3.15	4.0	5.0	6.3	8.0
1	10	12.5	16	20	25	31.5	40	50	63	80
2	100	125	160	200	250	315	400	500	630	800
3	1,000	1,250	1,600	2,000	2,500	3,150	4,000	5,000	6,300	8,000

③ 콘덴서의 허용 오차

오차 \ 문자	B	C	D	F	G	J	K	M	N	V	X	Z	P
허용 오차(%)	±0.1	±0.25	±0.5	±1	±2	±5	±10	±20	±30	+20 −10	+40 −10	+80 −20	+100 −0
허용 오차(pF)	±0.1	±0.25	±0.5	±1	±2								

(3) 트랜지스터 형명의 표시 방법 및 기본 반도체의 설명

① 트랜지스터의 형명 표시법

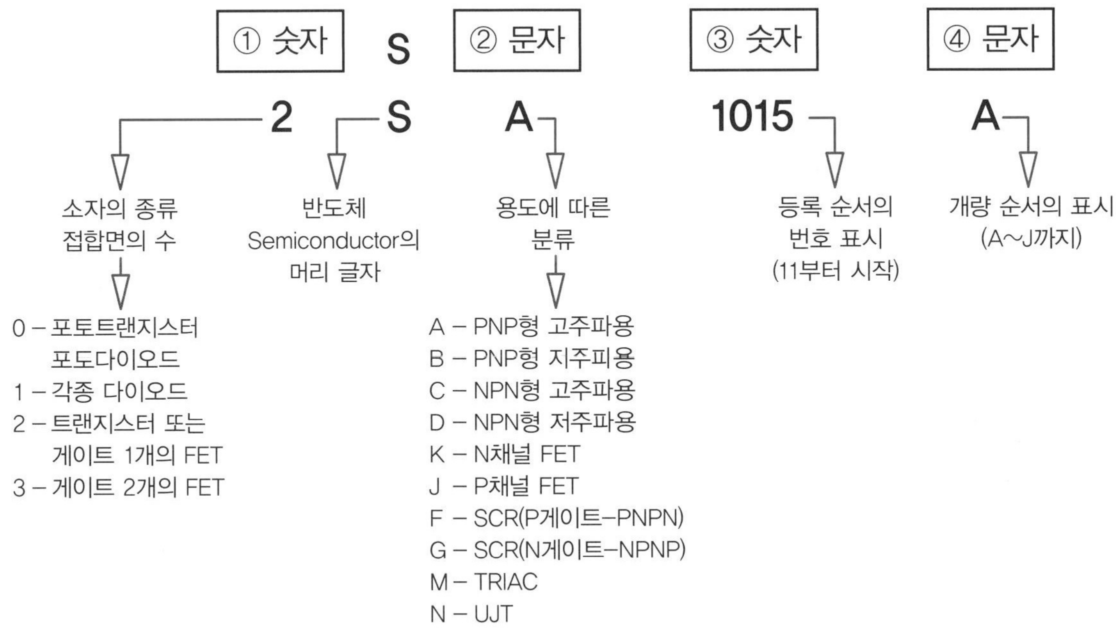

② 기본 반도체의 기호 / 구조 / 외형 / 동작

명칭	기호	구조/외형	동작 설명
다이오드	애노드 캐소드 A K + −	P N A K + − A K + −	P형 반도체와 N형 반도체를 접합시켜서 만들며 P형 쪽이 애노드(anode, A, 양극), N형 쪽이 캐소드(cathode, K, 음극)라 하며 오직 순방향(P형에 +, N형에 −의 전압이 걸릴 때)일 때에만 전류를 통과시키는 성질을 갖고 있어 스위칭 및 정류 작용에 이용된다.
LED	애노드 캐소드 A K + −	렌즈 투명봉지 수지 본딩 와이어 LED 칩 K − A +	LED도 다이오드와 마찬가지로 순방향 전압이 가해지면 전류를 흐르게 하여 접합면에서 발광 현상을 일어나게 하며 아날로그 회로 시험기(테스터)를 R×1의 위치에서 흑색 리드 봉을 긴 전극에 적색 리드 봉을 짧은 전극에 접촉하였을 때 발광하면 정상이다.
NPN형 트랜지스터 (NPN TR)	컬렉터 C B 베이스 E 이미터	N P N E C B 순방향 C1815 E C B	NPN형 트랜지스터(TR)은 베이스 전극이 P형으로 + 공통이므로 베이스 전극에 높은 전위(+의 전위)가, 즉 H(1)의 레벨(순방향 전위)이 걸리면 트랜지스터(TR)을 도통(동작–ON)시켜 컬렉터(C)와 이미터(E)를 연결시켜 전류를 흐르게 한다. 아날로그 회로 시험기를 R×1에 놓고 전극을 2개씩 바꾸어가며 측정 시 약 10Ω 부근을 지시할 때 흑색 리드봉 쪽이 베이스(B)가 된다.
PNP형 트랜지스터 (PNP TR)	이미터 E B 베이스 C 컬렉터	P N P E C B 순방향 A1015 E C B	PNP형 트랜지스터(TR)은 베이스 전극이 N형으로 − 공통이므로 베이스 전극에 낮은 전위(0의 전위)가, 즉 L(0)의 레벨(순방향 전위)이 걸리면 트랜지스터(TR)를 도통(동작–ON)시켜 이미터(E)와 컬렉터(C)를 연결시켜 전류를 흐르게 한다. 아날로그 회로 시험기를 R×1에 놓고 전극을 2개씩 바꾸어가며 측정 시 약 10Ω 부근을 지시할 때 적색 리드봉 쪽이 베이스(B)가 된다.

3. 눈금 용지

실습 시 사용되는 눈금 용지는 여러 개가 있으므로 목적에 맞게 알맞은 용지를 선택 활용한다.

(1) 회로도 패턴 용지(28×62 만능기판): 조립 패턴도 설계 시 동박면을 기준으로 하는 것이 편리하다.

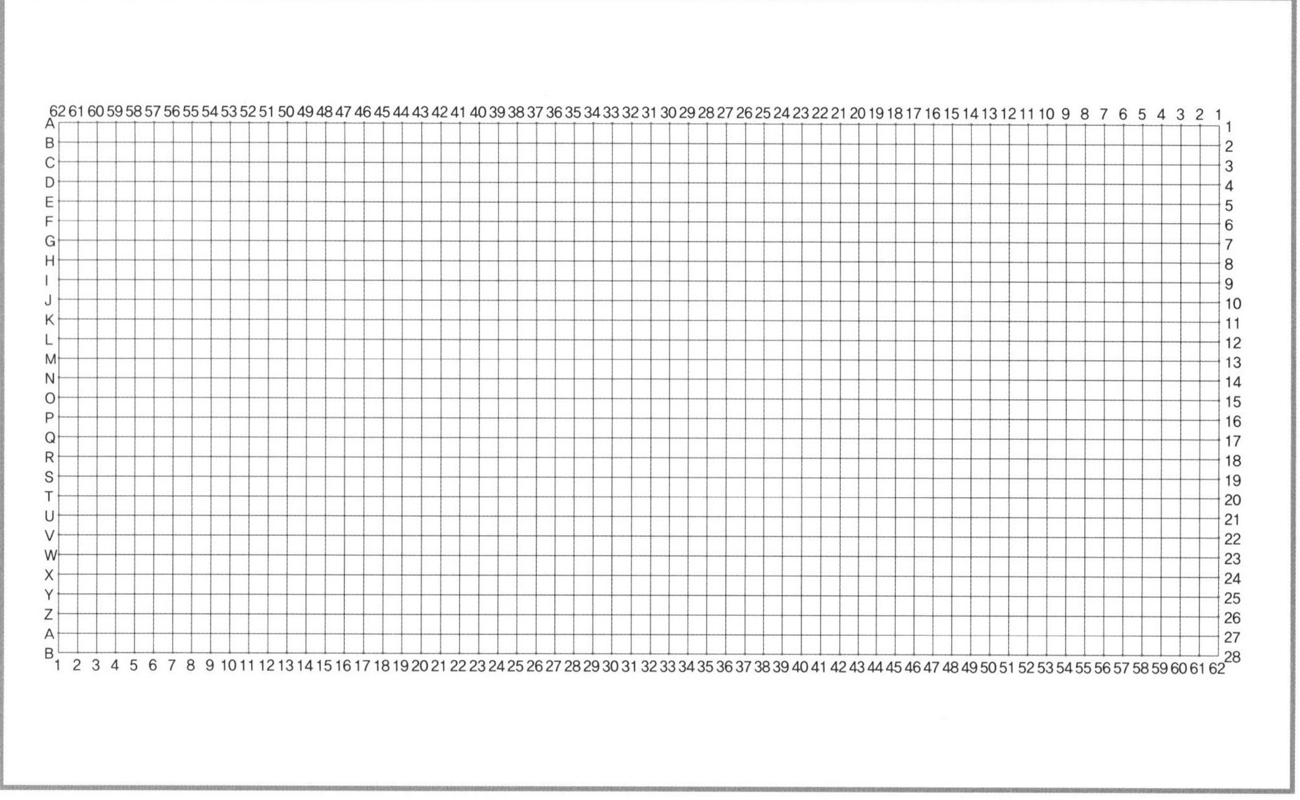

(2) 회로도 패턴 용지(28×28 만능기판): 조립 패턴도 설계 시 동박면을 기준으로 하는 것이 편리하다.

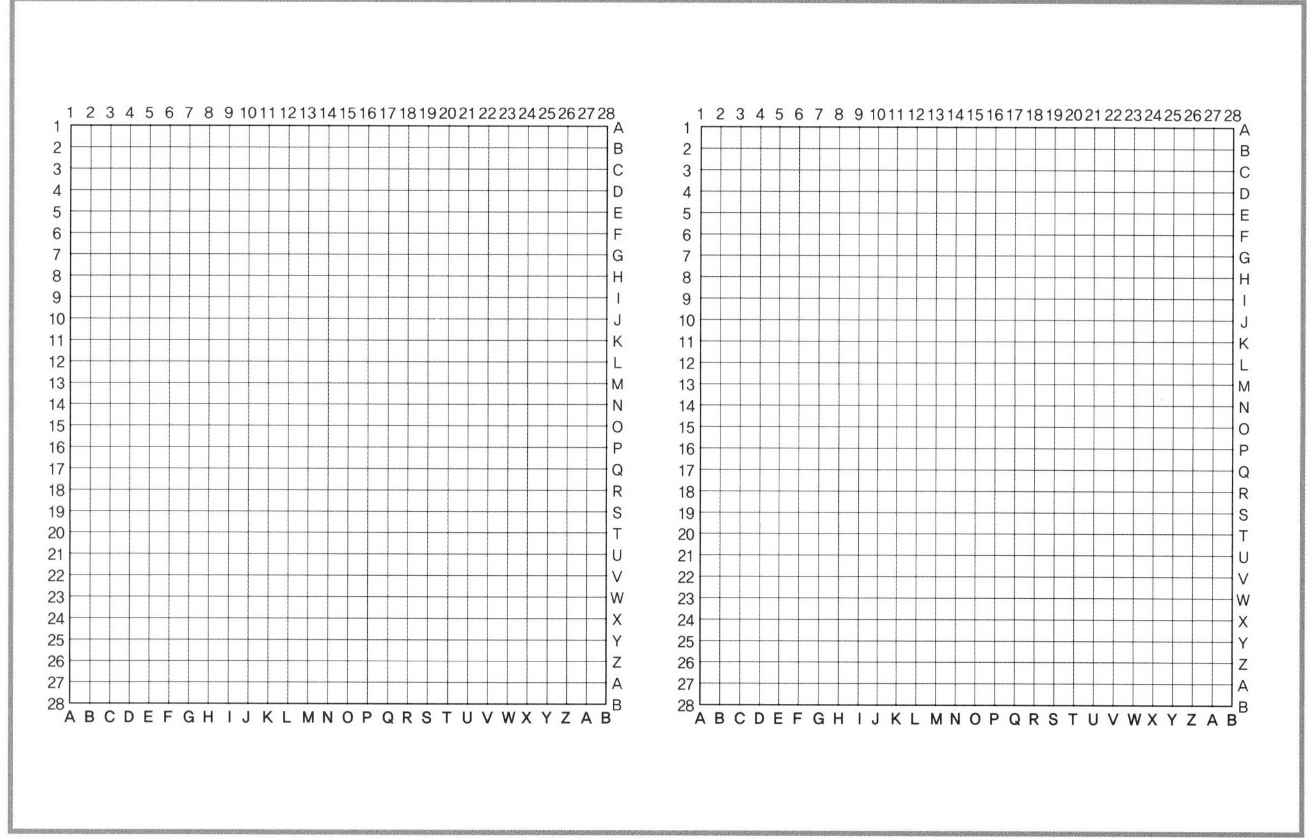

(3) 회로도 패턴 용지(13×23 만능기판): 조립 패턴도 설계 시 동박면을 기준으로 하는 것이 편리하다.

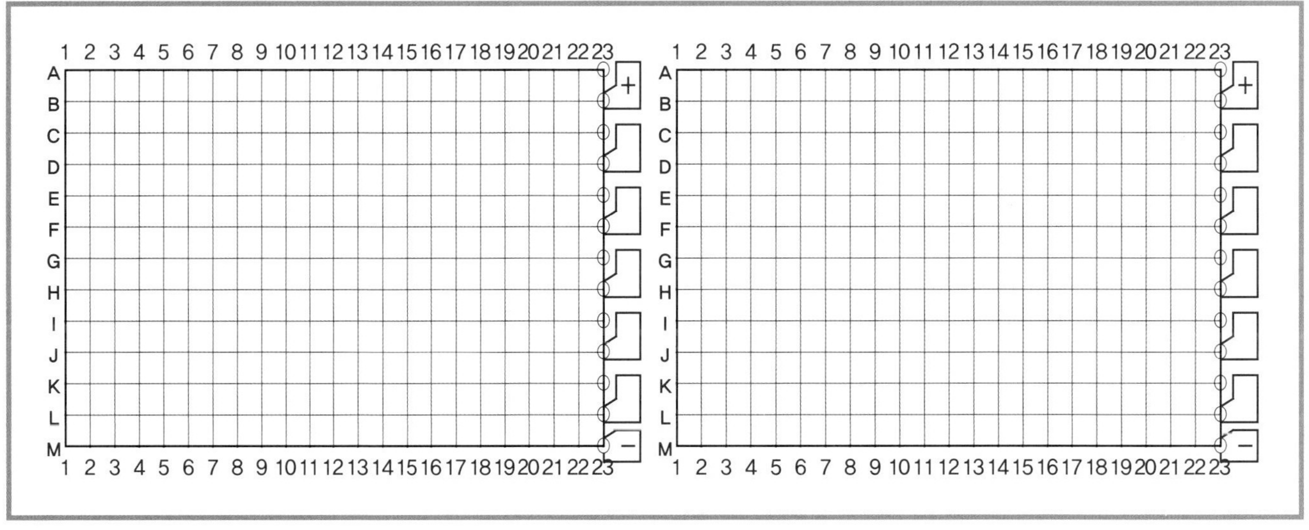

(4) 오실로스코프 파형 용지

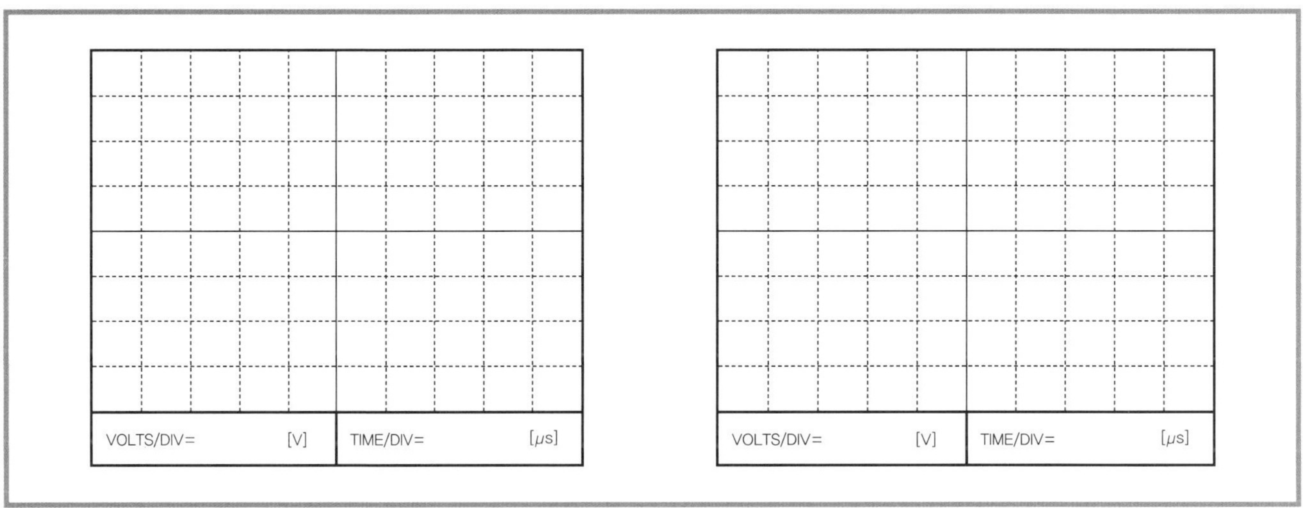

(5) 특성 곡선 용지–펄스 타이밍도(timing chart)

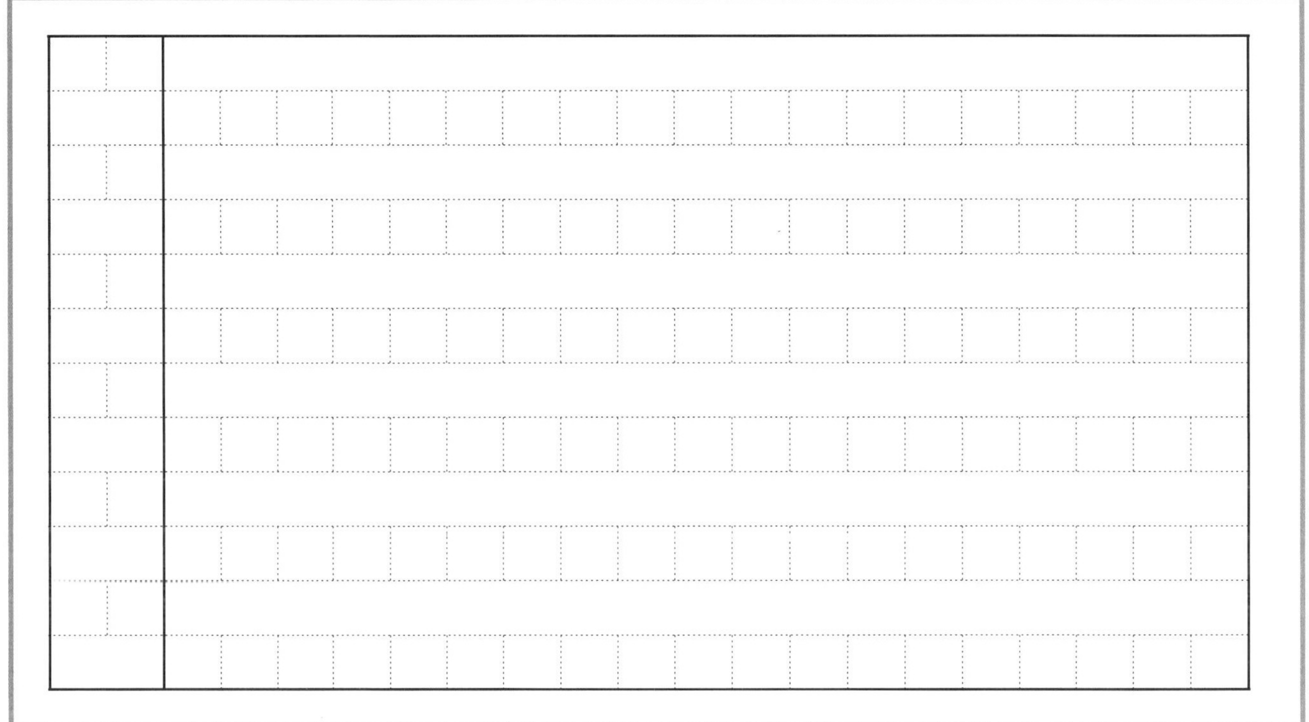

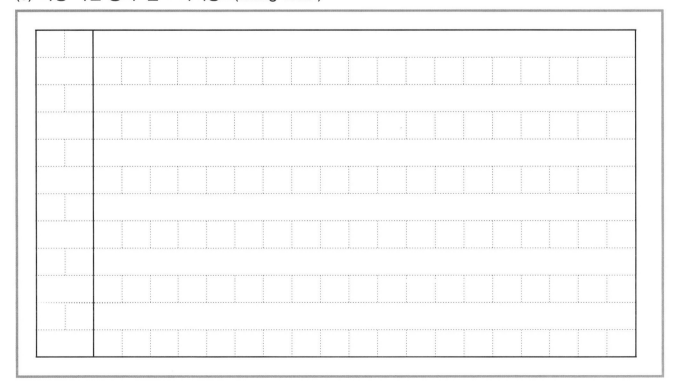

(6) 브레드보드 용지 1 — 회로 실험용 보드판(간단한 회로용)

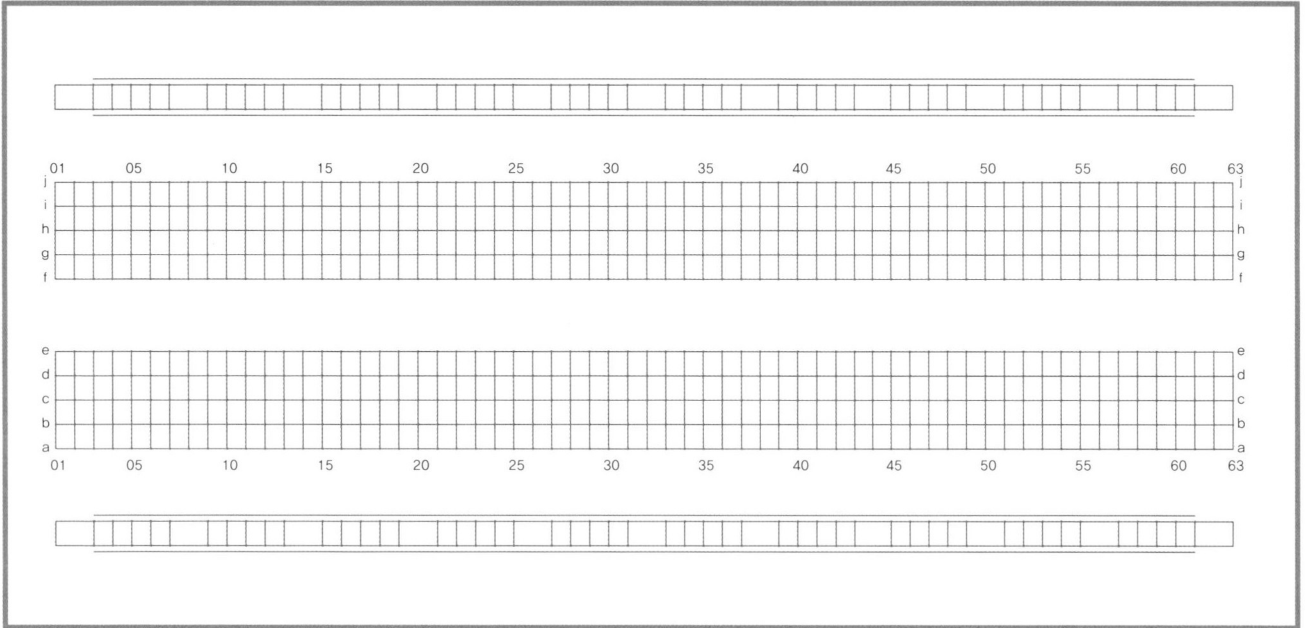

(7) 브레드보드 용지 2 — 회로 실험용 보드판

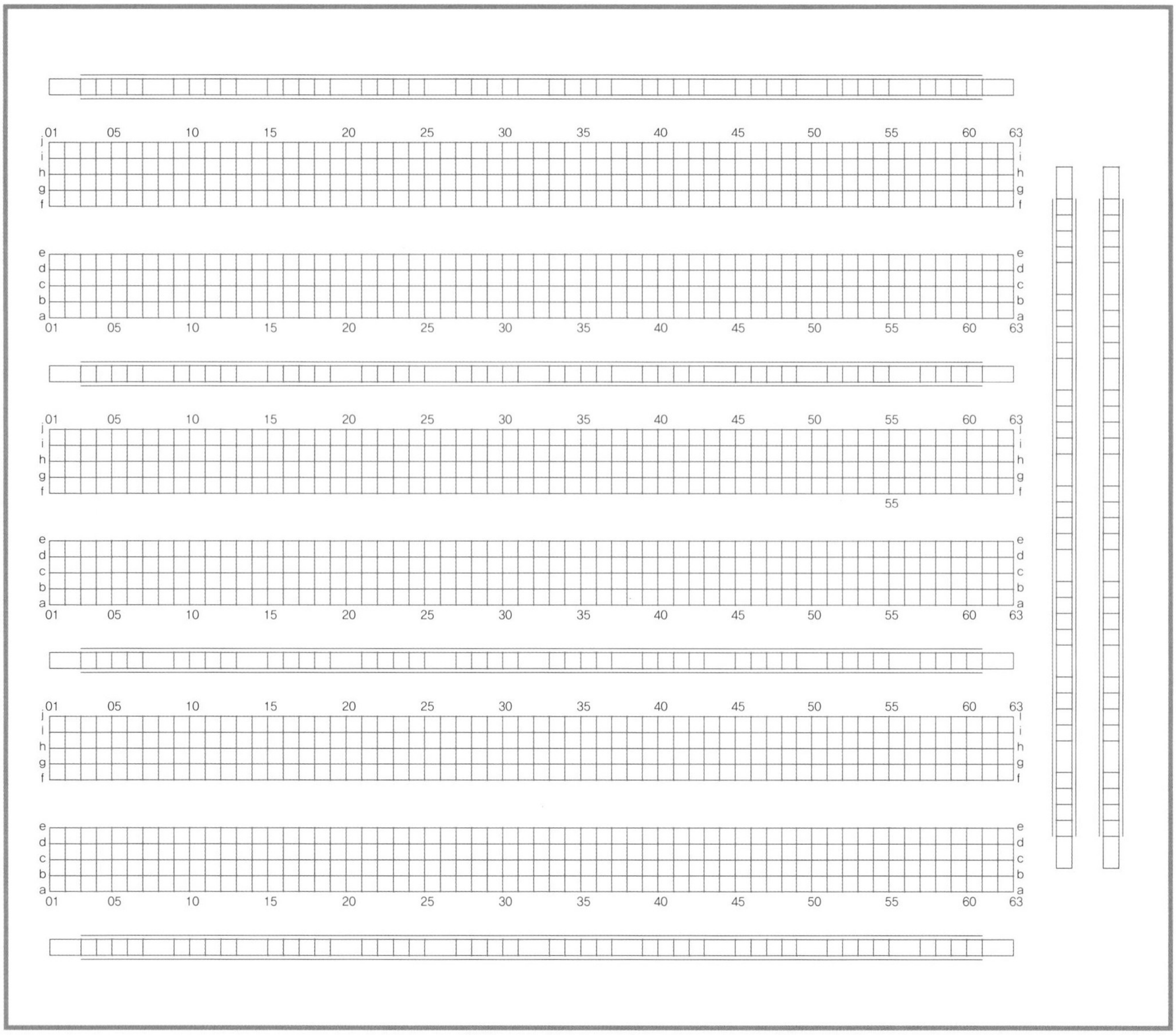

2 실습 시 자주 사용하는 회로도 및 패턴도 기호 모음

1. 부품 소자의 기호 표시 1

※패턴도(조립도) 기호는 편리함을 위하여 작성하였음.

명칭	회로도 기호		배치(패턴–동박)도 기호		비고
일반 저항					4~5칸
가변 저항					4~5칸
반 고정 저항					3칸
써미스터(Th)					4~5칸
철심 코일					크기에 따라 알맞게 사용
일반 코일					크기에 따라 알맞게 사용
출력 트랜스 OPT					크기에 따라 알맞게 사용
일반 콘덴서					3~4칸
전해 콘덴서	+	+	+	+	3~4칸
접지					3×3칸
직류 전원	 9V	9V			3×3칸

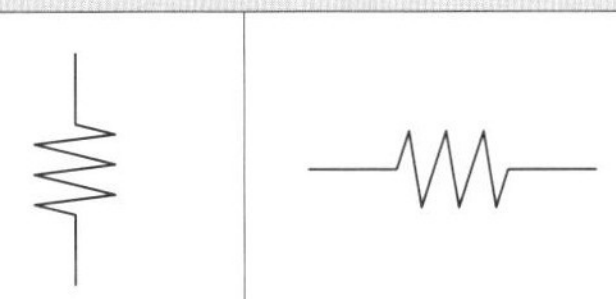

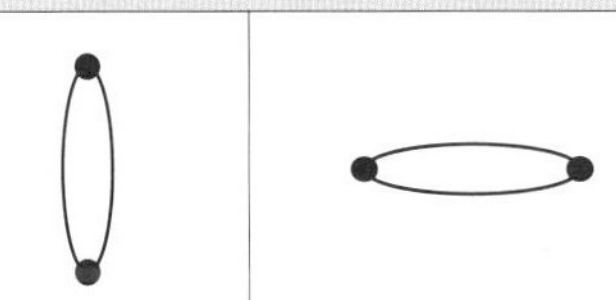

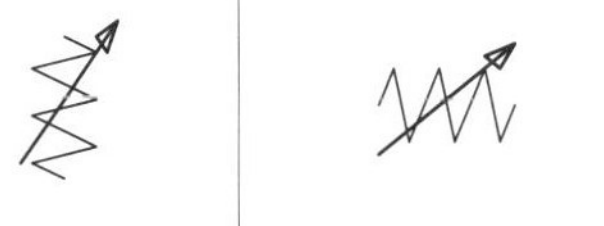

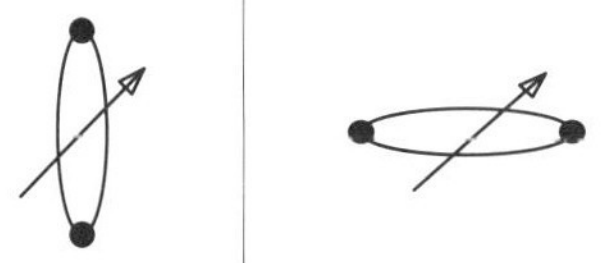

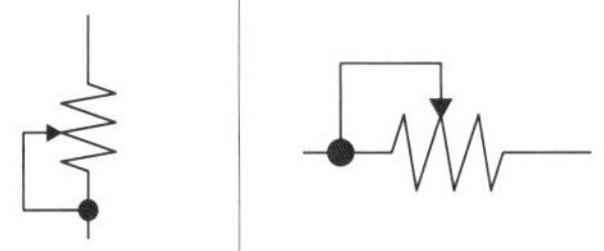

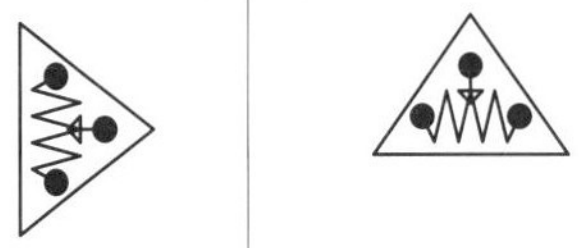

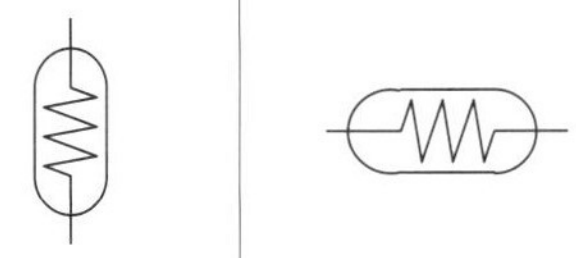

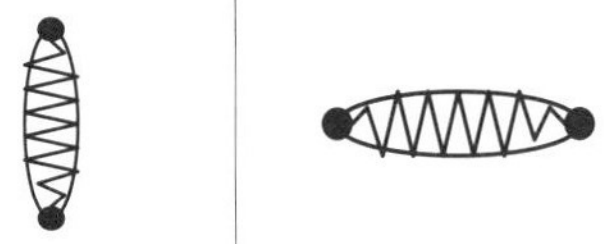

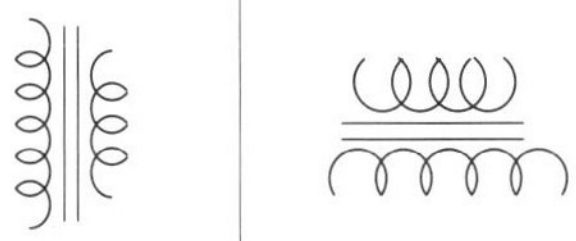

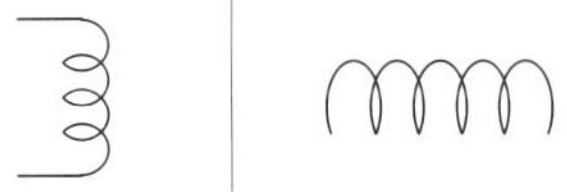

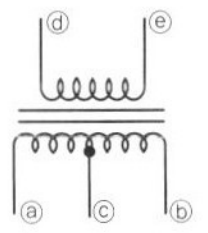

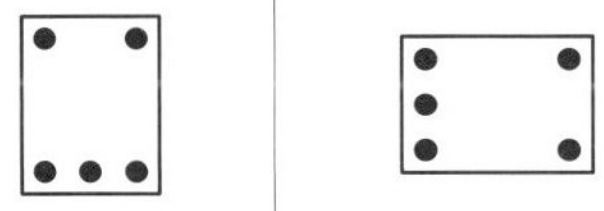

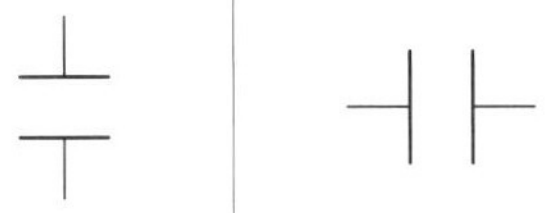

2. 부품 소자의 기호 표시 2

※패턴도(조립도) 기호는 편리함을 위하여 작성하였음.

명칭	회로도 기호		배치(패턴-동박)도 기호		비고
푸시버튼 스위치	ⓐ ⓑ	ⓐ ⓑ			3×3칸 or 3×4칸
2극 ON/OFF 스위치					3칸
3극 스위치					3칸
다이오드					3~5칸
제너 다이오드					3~5칸
발광 다이오드 (LED)			3칸	3칸	브레드보드용
트랜지스터(TR)	B C E	B E C	npn형	pnp형	3칸
FND	g f com a b a b c d e f g e d com c dp		b a com f g dp c com d e	dp b c a com com d f e g	5×7칸
TTL 논리 IC(4개용) 14핀용			14 1 8 7	8 14 7 1	4×7칸
기타 IC 16핀용			16 1 9 8	9 16 8 1	4×8칸

3 전자회로 실습의 실험 배치도와 제작 배치도 작성 요령

1, 브레드보드 실험 배치도 및 만능기판 조립 배치도(패턴도) 작성 요령

① 회로의 동작 원리, 특성, 요구 사항 등을 충분히 이해하고 숙지하여야 한다.

② 반드시 회로도는 직접 정확하고 깨끗하게 그려보면서 부품의 위치와 부품 간의 연결이 어떻게 이루어지는가를 이해하고 암기해야 한다.

③ 브레드보드 실험 배치도(또는 만능기판 조립 패턴도)의 작성 시 배치와 배선 모두 반드시 연필을 사용하며, 여러 번의 수정을 거쳐 전체적인 균형과 가로열, 세로열의 배열이 고른 최선의 최고의 배치도(패턴도)를 만들어야 한다.

④ 반드시 회로도의 형태대로 배치하는 것을 원칙(회로도와 부품의 배치가 같도록 배치하여야 함.)으로 해야 실험 및 납땜 조립 시 편리하며, 동작이 안 될 때에도 빠른 점검 및 수정 또는 수리가 가능하게 된다.

⑤ 브레드보드 실험은 부품을 부품면을 보고 바로 삽입을 하지만 만능기판에 조립 시에는 동박(납땜)면을 보고 반대(부품면)에서 삽입한다는 사실을 꼭 숙지하여야 한다.

2. 회로 실습(실험/제작 배치도 구성) 1 — TR 회로

(1) 비안정 멀티바이브레이터 회로 실습(실험/제작) 배치도 구성 방법

① 비안정 멀티바이브레이터 회로도

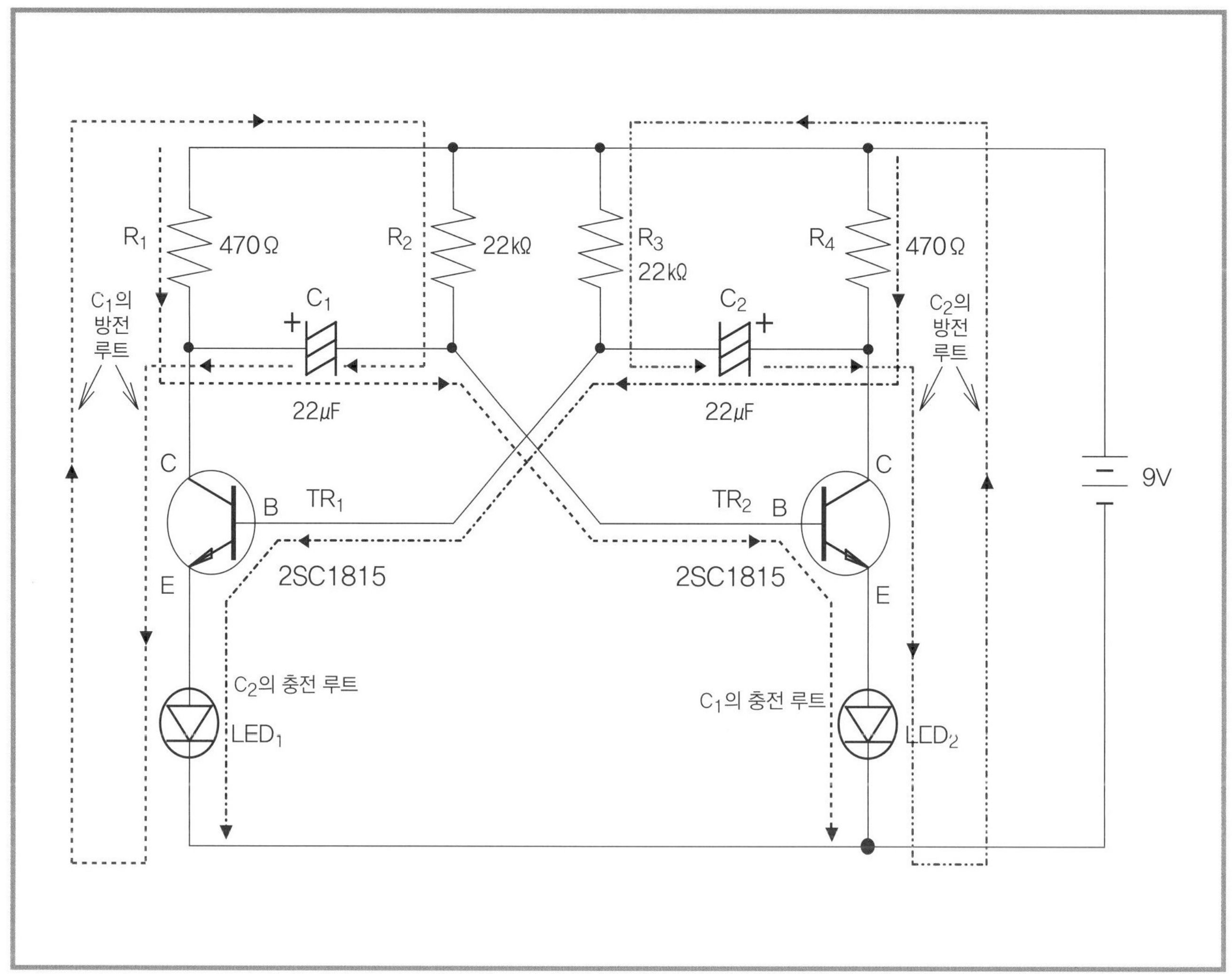

② 브레드보드에 배치

브레드보드 기판에는 가급적 직접 부품을 삽입하며 배치한다.

㉠ 브레드보드 기판(또는 브레드보드 용지)에 적당한 간격으로 회로도와 같은 형태로 부품 간의 연결 상태를 고려하여 부품을 배치(또는 부품의 배치도 기호를 이용하여 용지에 표시)하고, 전체적인 균형과 점프선이 적게 나오도록 한다.

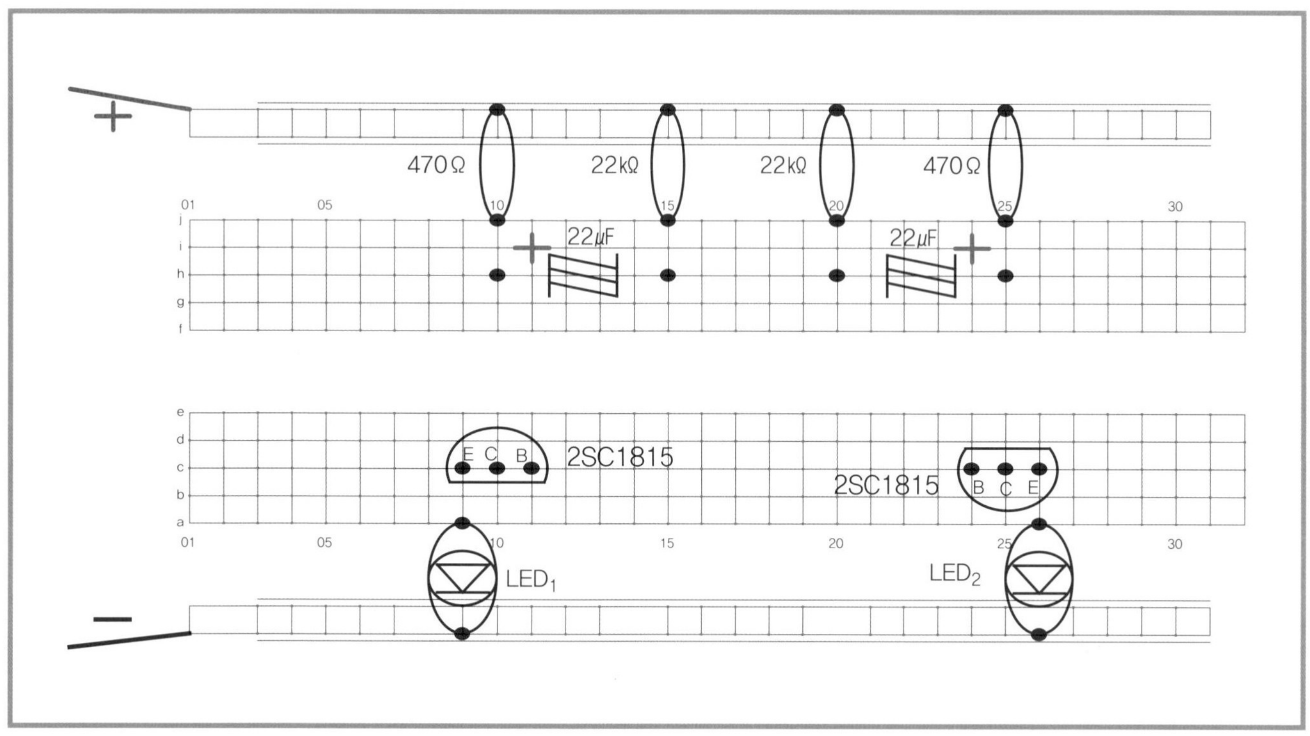

㉡ 회로도를 정확하게 보고, 브레드보드의 특성을 이해하고, 부품과 부품 간 연결되어야 할 부분을 확인하고, 연결이 되지 않는 부분들은 점프선을 이용(가급적 직선으로 이용)할 수 있도록 점프선 자리를 표시한다.

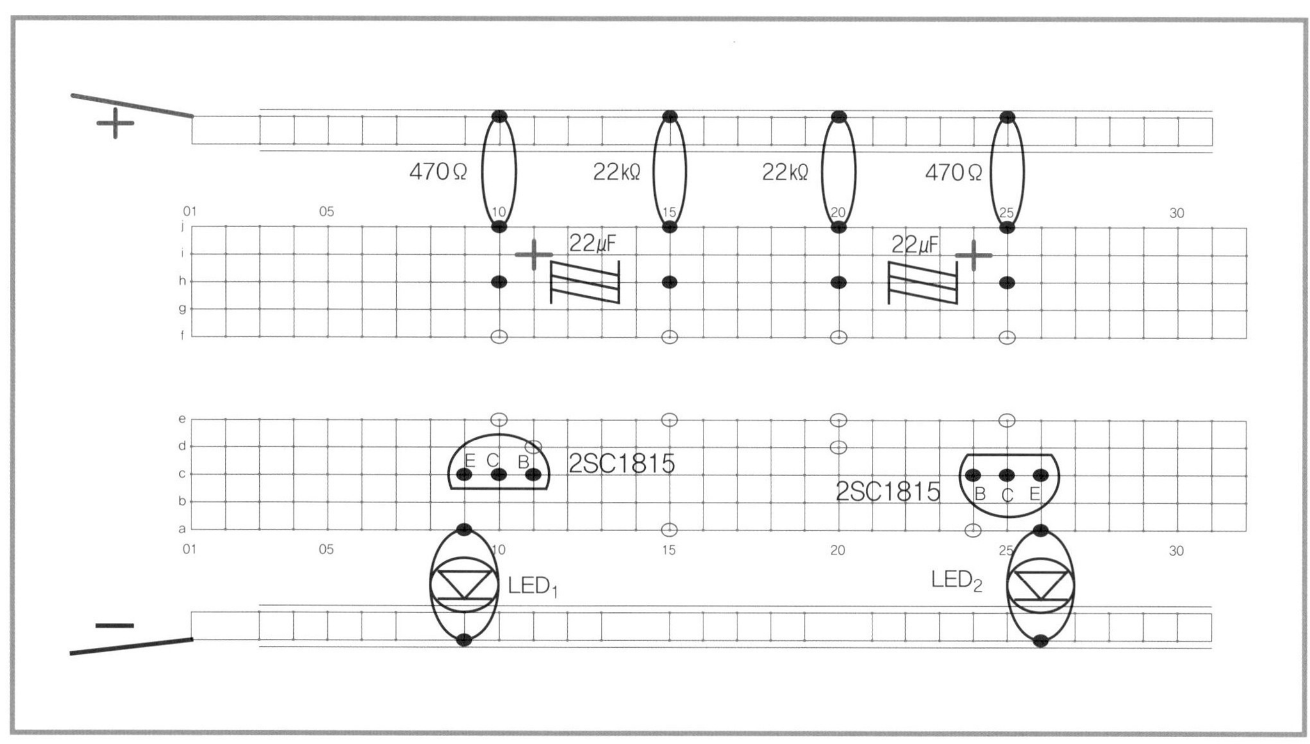

㉢ 점프선을 표시한 자리에 다른 색상으로 점프선을 표시하여 회로의 결선을 완성시키고 전원을 연결하여 동작 실험을 한다.(정상적으로 동작이 되지 않을 시는 차분하게 체크하고 틀린 부분을 수정하여 동작시키도록 한다.)

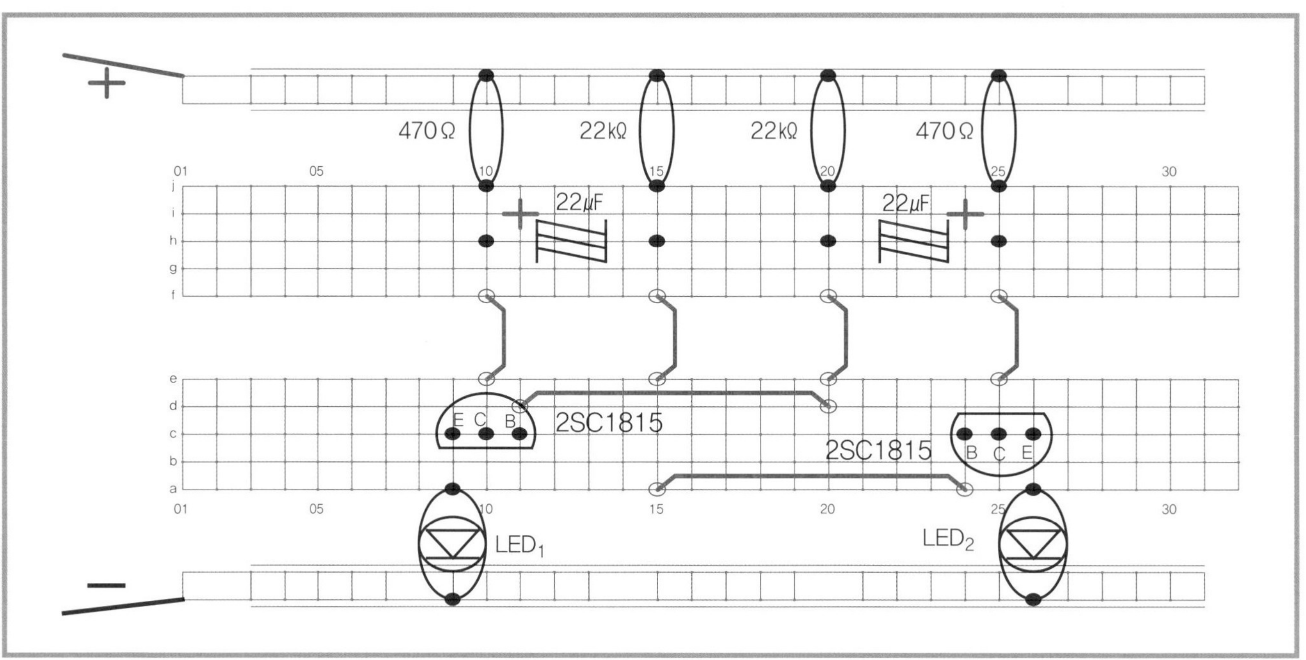

③ 만능기판에 배치

만능기판을 이용하여 조립(납땜)할 때는 가능한 한 조립(패턴)도 용지를 이용 연필로 작성하고 수정 작업을 거친 후 조립을 하는 것이 바람직하다.

㉠ **만능기판을 이용하여 패턴도를 작성할 시에는 반드시 동박(납땜)면을 기준으로 하여 배치하는 것이 납땜 작업을 할 때 매우 편리하고 작업을 빠르게 할 수 있다.**

㉡ 회로도 전체를 보고 주어진 기판의 사이즈에 균형 있게 배치가 되도록 한다.

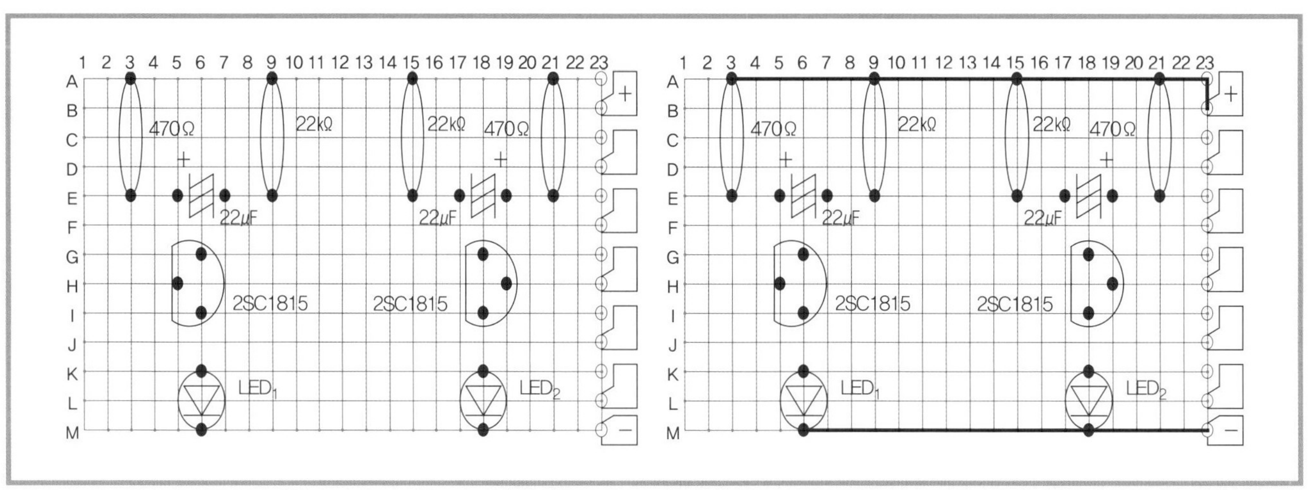

㉢ 회로도에 따라서 세로축과 가로축의 단계 설정(2열, 3열, 4열 등)을 잘해야 한다.

(세로축: 4단계−4열, 가로축: 6단계−6열로 부품 배치를 하였음.)

㉣ 부품의 배치가 1차로 마무리되면 전체적으로 균형이 맞는지와 빠진 부품이 있는지 꼭 확인하고 수정할 부분이 있으면 지우고 다시 배치한다.

㉤ 배선은 회로도에서 부품과 부품 사이의 연결된 선과 같이 패턴도에 배치되어 있는 부품과 부품 사이를 선으로 연결해 주는 것이다.

ⓑ 항상 V_{CC}(+)선과 GND(−)선의 기준 위치를 미리 처리하는 것이 좋다.

ⓢ 왼쪽 입력 부분부터 오른쪽 출력 부분 쪽으로 회로도와 같게 연결 처리해 간다.

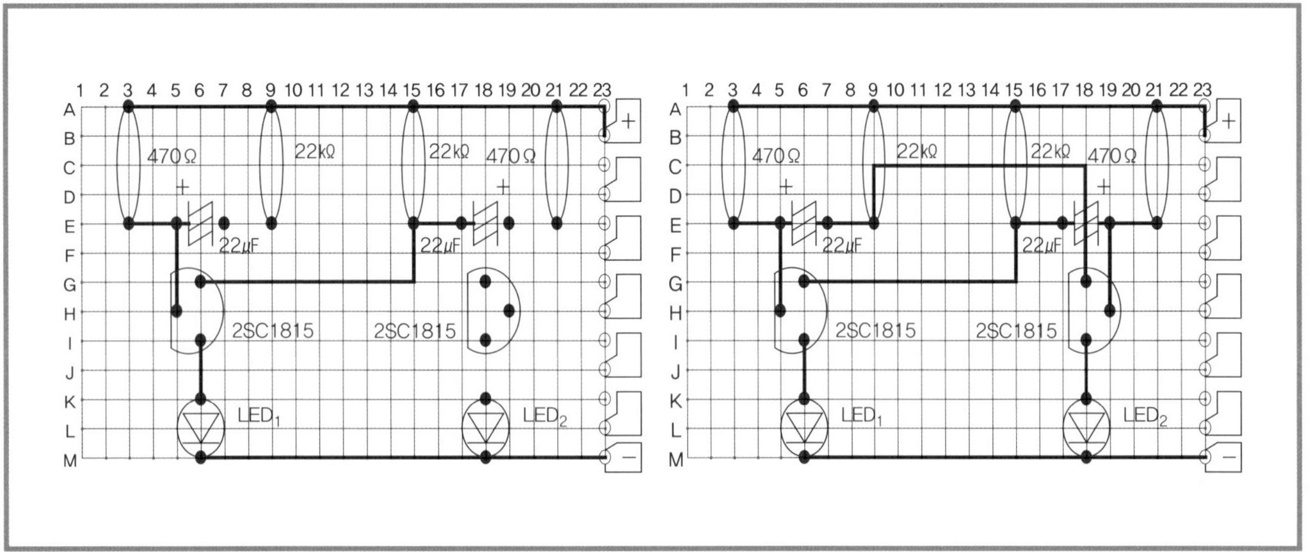

ⓞ 먼저 입력 부분부터 순서대로 차례차례 배선하며 이미 배선 처리가 된 부분은 회로도에 형광펜 또는 적색 펜으로 표시를 하면서 배선한다.

ⓙ 완성된 조립(패턴)도를 보고 만능기판을 이용하여 부품의 삽입−리드선 구부리기−리드선 커팅−예비 납땜−배선 납땜의 순서로 제작을 하고 동작 검사를 한다.

▣ 만능기판에 납땜 조립 시 유의 사항

① 가능한 한 동박면(납땜면)을 보고 배치를 하여야 납땜 작업 시 편리하다.

② 동박면을 기준으로 하였다면 반드시 부품의 삽입은 반대쪽 부품면에서 동박면 쪽으로 삽입이 되어야 한다. 이때 극성 및 부품의 리드선이 여러 개인 부품은 극성과 방향에 세심한 주의가 필요하다.

③ 기판의 부품면에 밀착하는 부품(저항, 스위치, IC 소켓, 콘덴서 등)을 순서대로 삽입하여 리드선을 동박면에 밀착하여 구부린 후 동박의 안쪽에서 커팅한다. 단, IC 소켓의 경우는 대각선 방향의 핀을 구부린 다음 나머지 핀을 구부리지 않고 납땜을 한 후 다시 구부렸던 대각선 방향의 핀을 세운 후 납땜한다.

④ 트랜지스터, LED 등은 리드선을 벌려 오므리면서 콘덴서 높이로 높게 삽입한 상태에서 납땜한 후 리드선을 커팅한다.

3. 회로 실습(실험/제작 배치도 구성) 2 – IC 사용 회로

(1) OR 논리 회로 실습(실험/제작) 배치도 구성 방법

① OR 논리 회로도

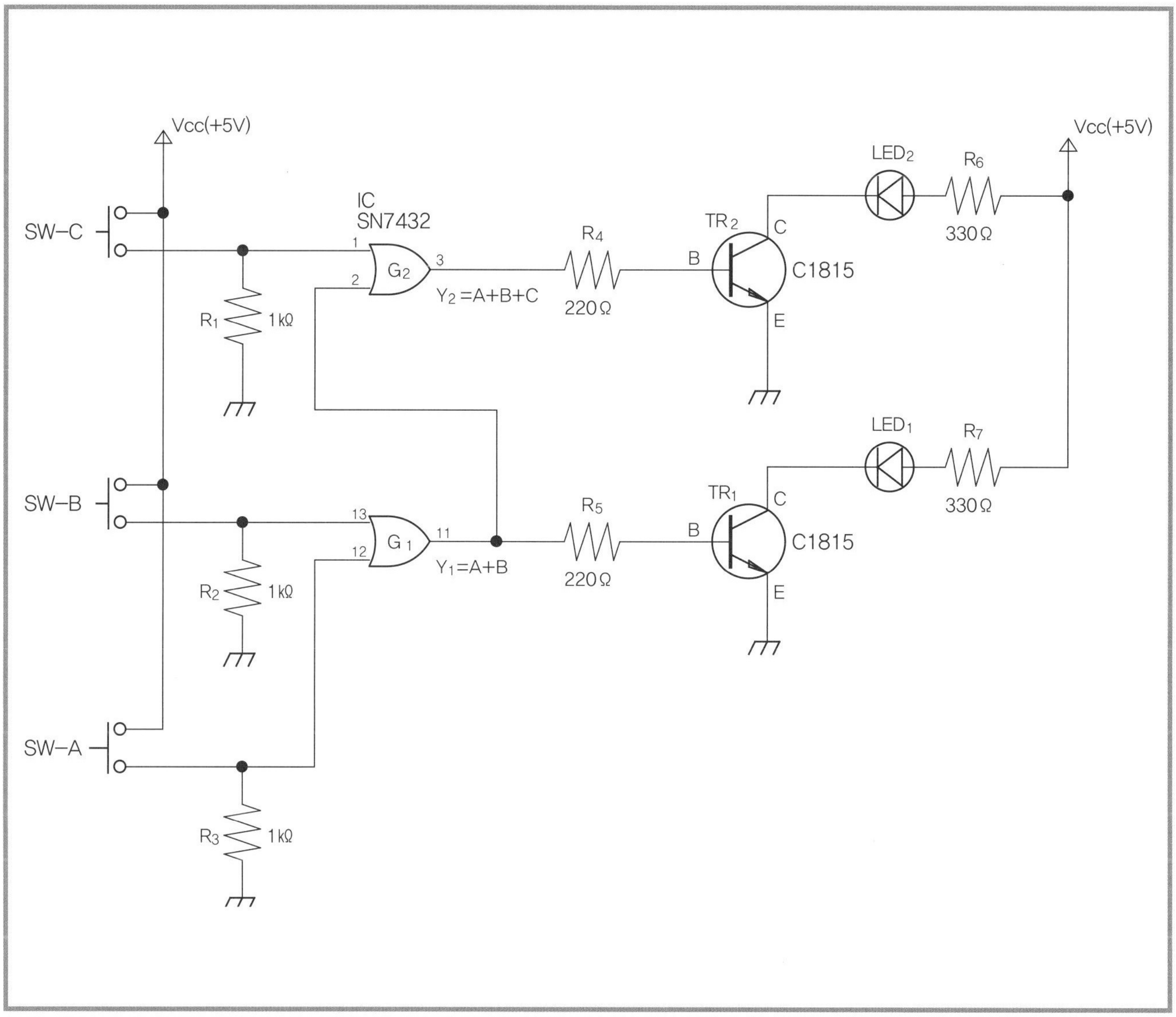

② OR 논리 게이트

OR 게이트는 두 개의 입력 A와 B 중에 어느 한쪽이라도 논리[0(L레벨) 또는 1(H레벨)]가 1(H레벨)이 가해지면 출력 Y는 1(H레벨)이 되는 OR 연산(논리합 = A+B=A 또는 B)을 하는 논리 게이트이다.

입력		출력
A	B	Y
0	0	0
0	1	1
1	0	1
1	1	1

③ OR 논리 게이트 IC(SN7432-DIP)의 내부 및 사용 형태

㉠ 일반적으로 핀 배치도는 IC를 위에서(핀이 아래로 향하게) 볼 때를 기준(부품면을 기준)으로 그려져 있으며, 핀 번호는 반원 홈 아래쪽부터 반시계 방향(시계 반대 방향)으로 되어 있다. 그러나 **조립하기 위한 패턴도 작성 시보다 납땜을 쉽고 편리하도록 납땜면(동박면)을 기준으로 보고 부품의 배치를 하여야 하기 때문에 부품면에서 부품이 삽입되더라도 납땜면에서 보기 때문에 반대로(핀 쪽-또는 부품의 리드(다리) 쪽을)보고 배치를 하여야 한다.**

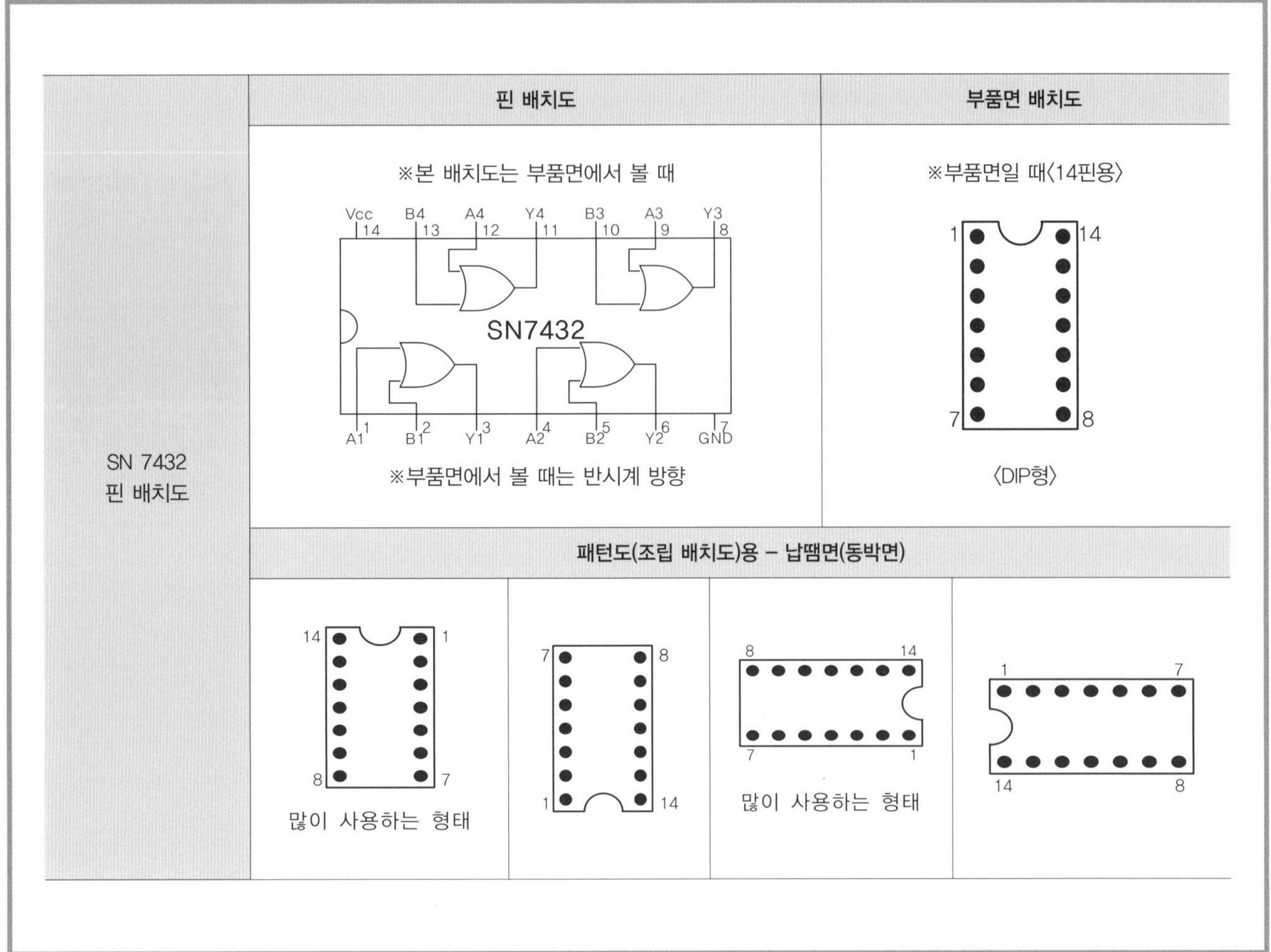

㉡ 위의 패턴도(조립 배치도)용에 그려져 있는 4가지의 형태는 회로도의 형태 및 전체적인 배선 연결 상황에 따라 적적하게 사용하면 된다.(일반적으로 V_{CC}와 GND(그라운드)의 배선 처리 때문에 4가지 중에서 왼쪽 첫 번째 것과 세 번째 것이 가장 많이 사용된다.)

㉢ 우리가 가장 많이 사용하는 TTL 논리 게이트 IC(AND, OR, NAND, NOR, NOT, EX-OR, EX-NOR 등) 대부분은 14핀으로 되어 있으며, 7번 핀은 GND로서 항상 그라운드(접지 또는 전원의 -)에 연결시켜야 한다. 또 14번 핀은 V_{CC}로 항상 전원의 +(+5V)에 항상 연결을 시켜야만 IC가 전원을 공급받아 논리 연산을 할 수 있다.(즉, IC가 동작을 하게 된다.)

㉣ IC핀(또는 IC핀 소켓)의 납땜 시 IC핀을 구부리지 말고 가능한 한 그대로 납땜한다. 이때 IC의 대각선 끝쪽 두 핀(1번, 8번 또는 7번, 14번)을 구부렸다가 다른 핀을 모두 납땜하고 난 후 다시 두 핀을 세워서 납땜을 하는 것이 바람직하다.(IC핀은 가능한 한 자르지 않는 것이 바람직함.)

④ **OR 논리 브레드보드 기판 배치도 1:** 전체적인 균형을 생각하며 배치한다.

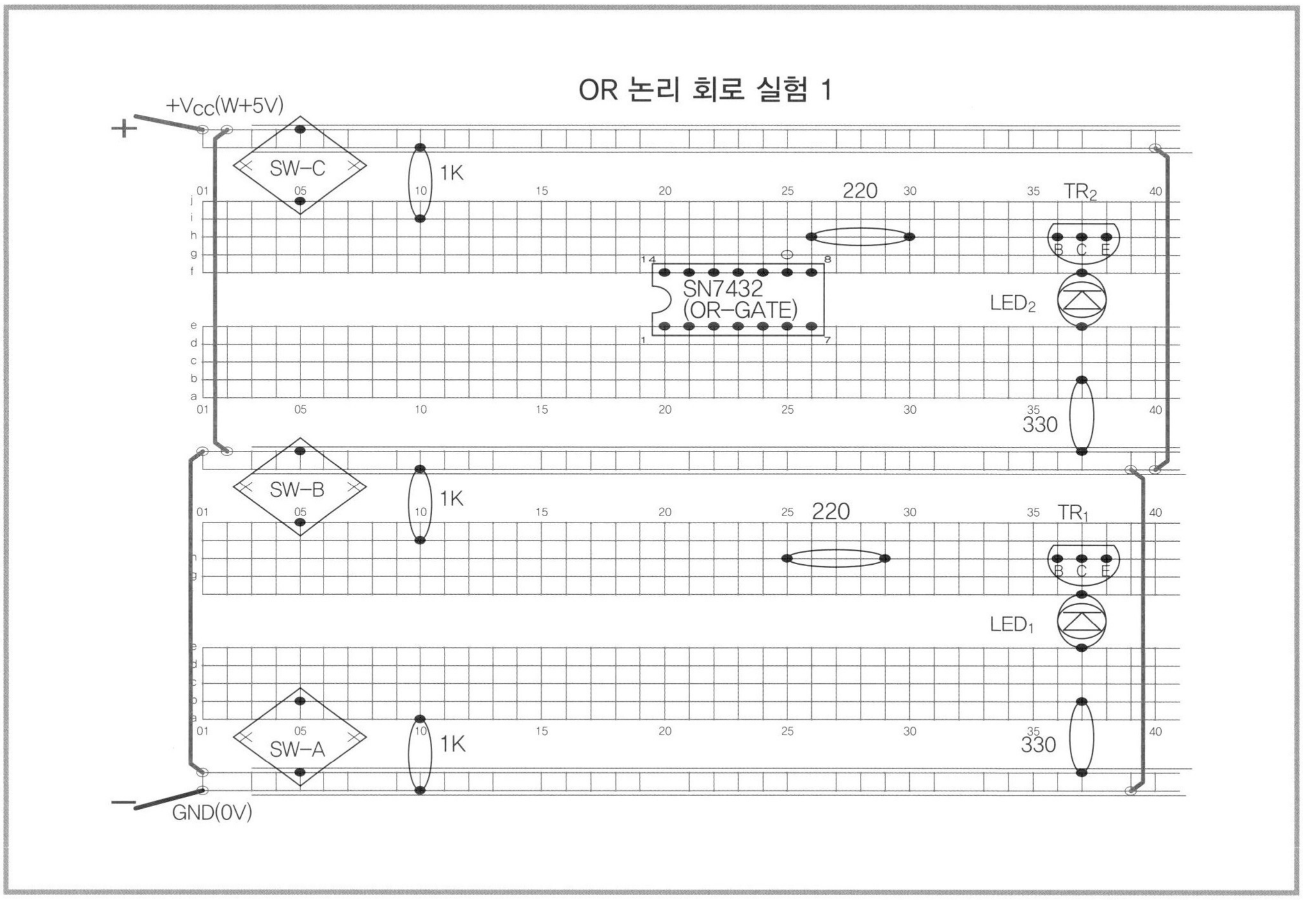

OR 논리 회로 실험 1

+Vcc(W+5V)

SW-C 1K 220 TR2

SN7432 (OR-GATE)

LED2

330

SW-B 1K 220 TR1

LED1

SW-A 1K 330

GND(0V)

⑤ **OR 논리 브레드보드 기판 배치도 2:** 부품 간의 연결용 점프선 위치를 표시한다.

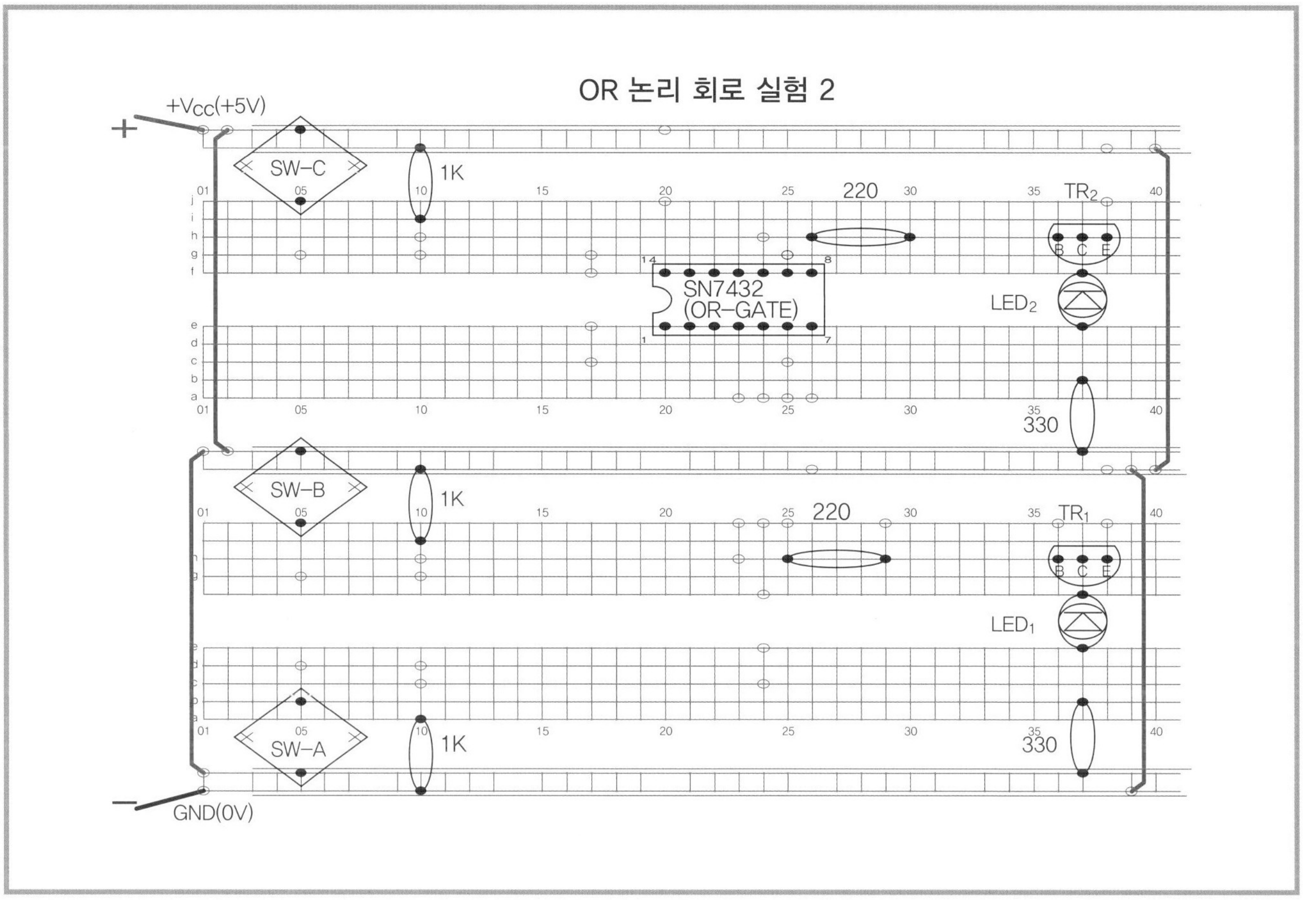

OR 논리 회로 실험 2

+Vcc(+5V)

SW-C 1K 220 TR2

SN7432 (OR-GATE)

LED2

330

SW-B 1K 220 TR1

LED1

SW-A 1K 330

GND(0V)

⑥ **OR 논리 브레드보드 기판 배치도 3:** 점프선을 연결하여 회로 결선을 완성한다.

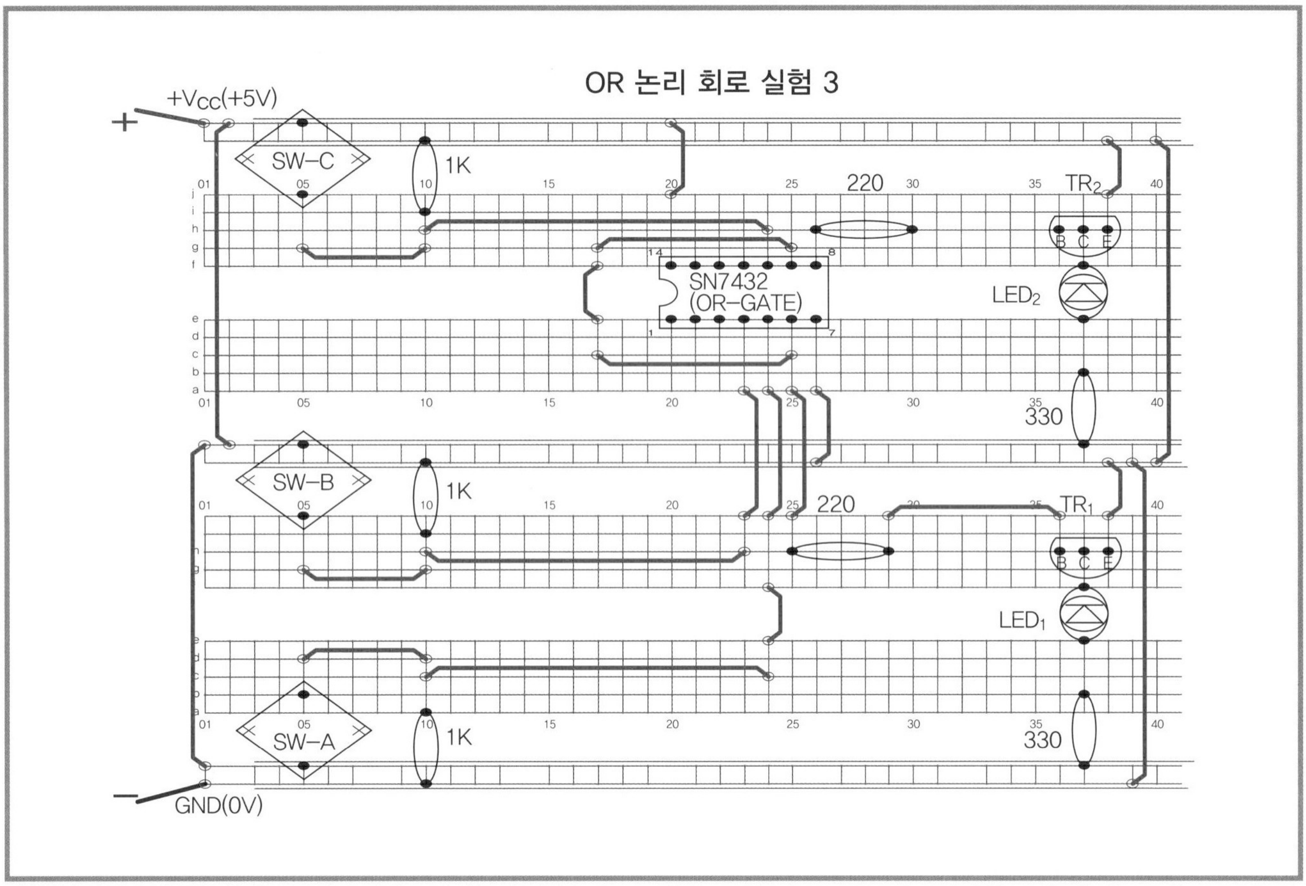

OR 논리 회로 실험 3

+V_{CC}(+5V)

GND(0V)

⑦ **OR 논리 만능기판 배치도 1:** 전체적인 균형을 생각하며 배치한다.

회로도를 보고 세로축과 가로축에 들어가야 할 부품의 개수를 파악하여 전체적인 가로 세로의 단계를 정한다.(세로 3열, 가로 7열)

⑧ **OR 논리 만능 기판 배치도 2:** 먼저 V_{CC}와 GND를 먼저 배선 연결한다. 이때 IC의 V_{CC}와 GND는 반드시 연결하여야 IC가 정상적으로 동작을 한다.

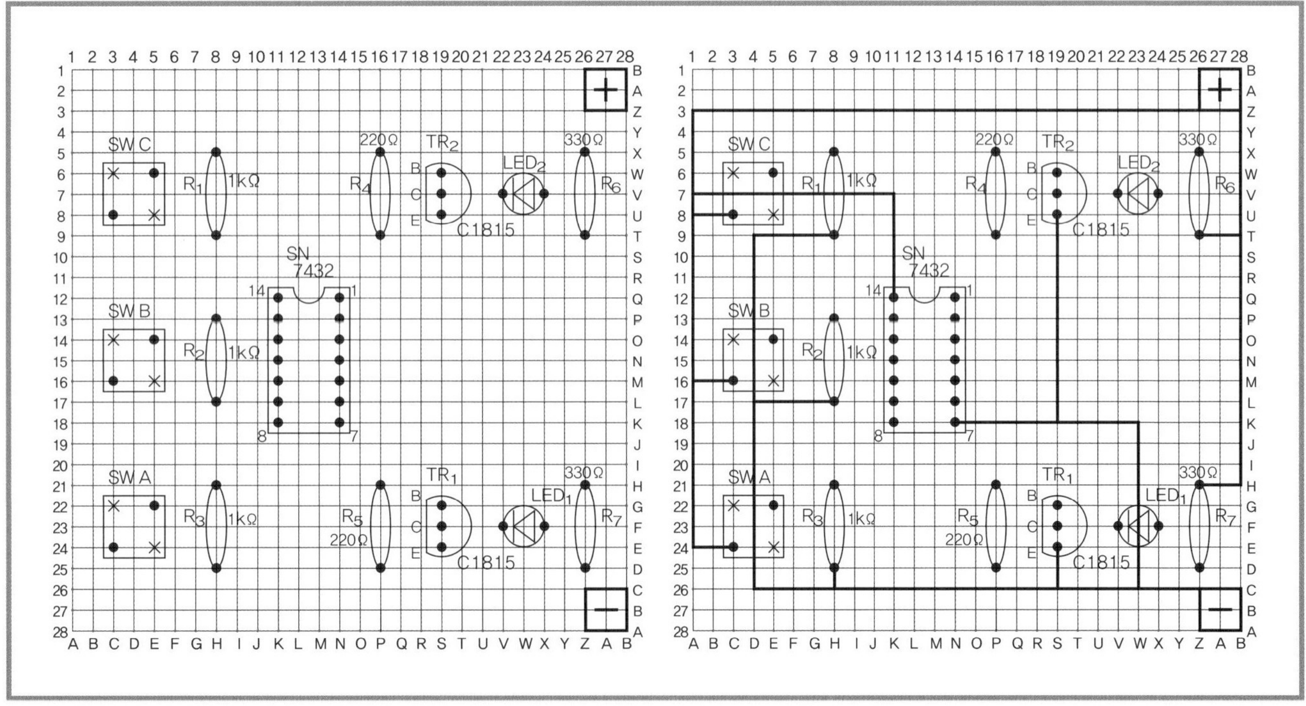

⑨ **OR 논리 브레드보드 기판 배치도 3:** 회로도를 보고 왼쪽의 입력 부분에서 오른쪽의 출력 부분 쪽으로 배선을 연결하여 나간다. 〈각 스위치-저항-IC 입력까지 연결〉

⑩ **OR 논리 브레드보드 기판 배치도 4:** IC 출력부터 TR의 베이스 저항까지 연결한다.

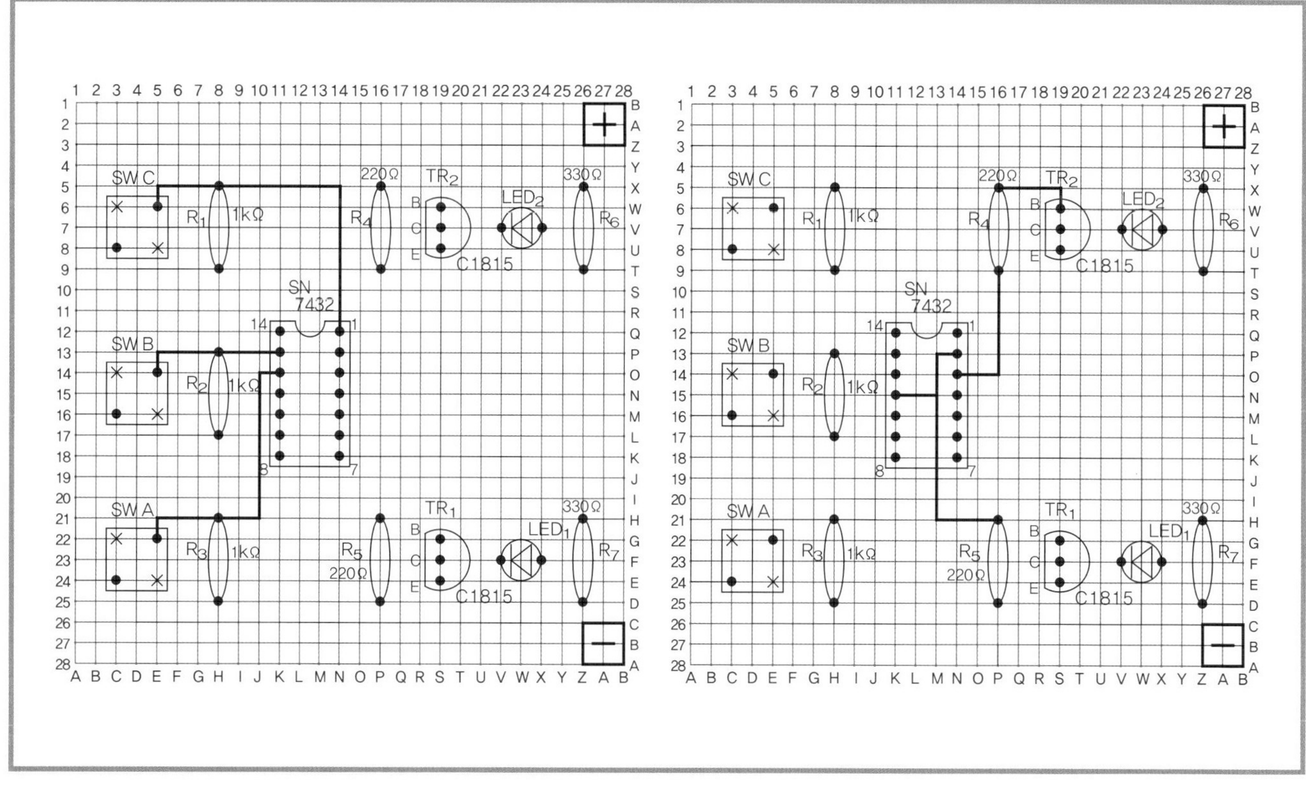

⑪ **OR 논리 브레드보드 기판 배치도 5:** TR의 베이스 저항부터 베이스-컬렉터-LED-저항까지 연결한다.

⑫ **OR 논리 브레드보드 기판 배치도 6:** 완성된 패턴도를 보고 만능기판을 이용하여 부품의 삽입-리드선 구부리기-리드선 커팅-예비 납땜-배선 납땜의 순서로 제작을 하고 동작 검사를 한다.

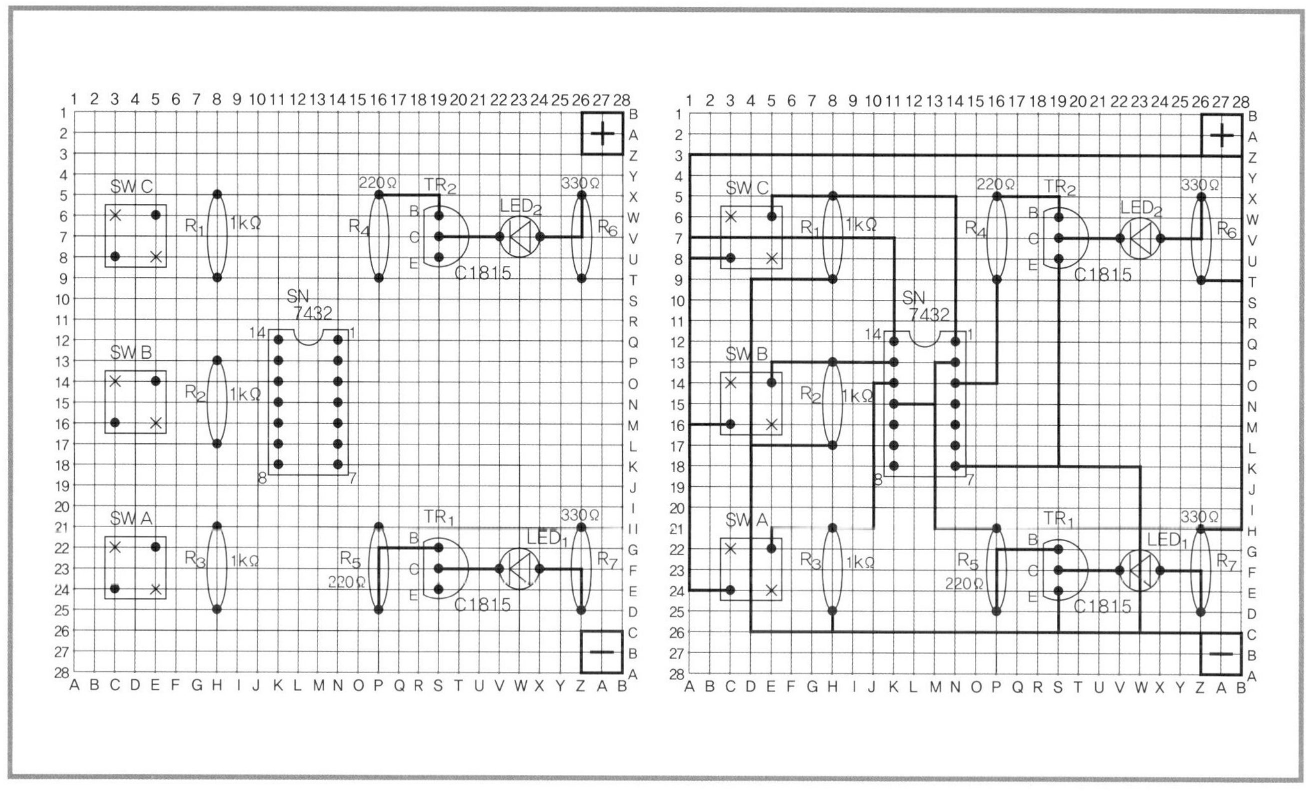

1-2 2음 경보기 회로 조립·제작 및 파형 측정 따라하기

전자기기 기능사	실기/실무/실습 과제	작품명	2음 경보기 회로

▣ 2음 경보기 회로를 만능기판에 조립 제작하고, TP점의 파형을 OSC로 측정하여 기록하고, LED가 점멸하며 2가지 음이 반복하여 들리도록 하시오.

1. 시험 시간: 3시간 20분(측정 과제 20분 추가)

2. 요구 사항: 조립 제작 과제

① 지급된 재료를 사용하여 제한 시간 내에 도면과 같이 조립하시오.

② 동작 전류를 측정하여 기록하시오.

③ 조립이 완성되면 다음 질문에 답하시오.

질문 1. 회로의 A점이 어떤 상태면 소리가 나는가?

질문 2. 회로의 C, D가 어떤 상태면 소리가 나지 않는가?

④ 위 동작이 되지 않을 시는 틀린 회로를 수정하여 위 동작이 되게 하시오.

3. 재료 목록

재료명	규격	수량	재료명	규격	수량
IC	NE555	1	저항 (1/4W)	680Ω	2
	74LS00	1		1kΩ	3
	74LS73/7476	1		1.5kΩ	1
IC 소켓	8pin	1		10kΩ	2
	14pin	2		47kΩ	1
트랜지스터	2SC1815	2		100kΩ	1
LED	적색	2	전해 콘덴서	1μF	3
다이오드	1N4001	2		4.7μF	2
저항(1/4W)	2.2Ω	4	마일러 콘덴서	0.001μF	1
	10Ω	1		0.1μF	1
	150Ω	2	스피커	소형	1
배선줄/3mm	3색 단선	1	만능기판	28×62hole	1

▣ 사용되는 IC •사전 과제 2: 회로에 사용되는 IC 내부를 노트에 그려보고 이해하고 암기하기

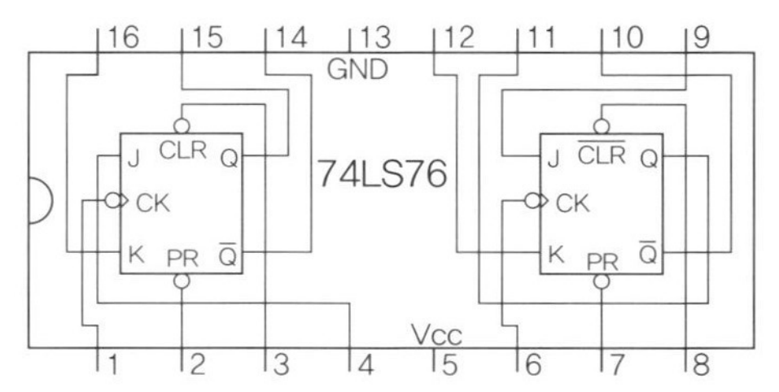

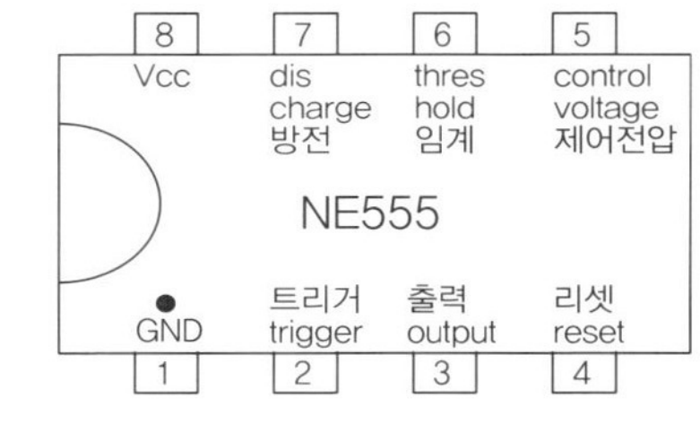

▣ 사용되는 주요 회로 •사전 과제 3: 노트에 회로를 그리고 동작을 이해하고 설명하기

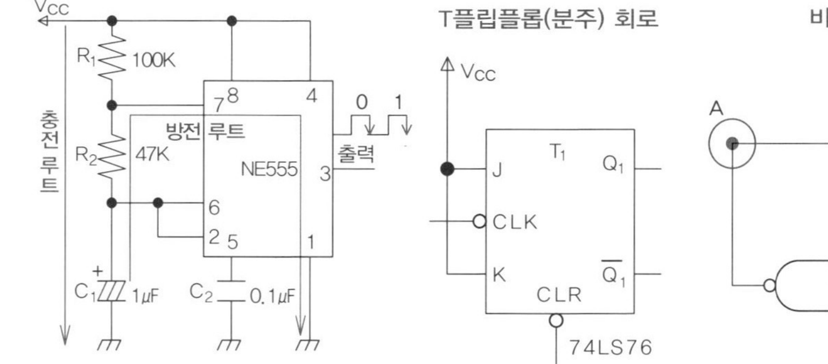

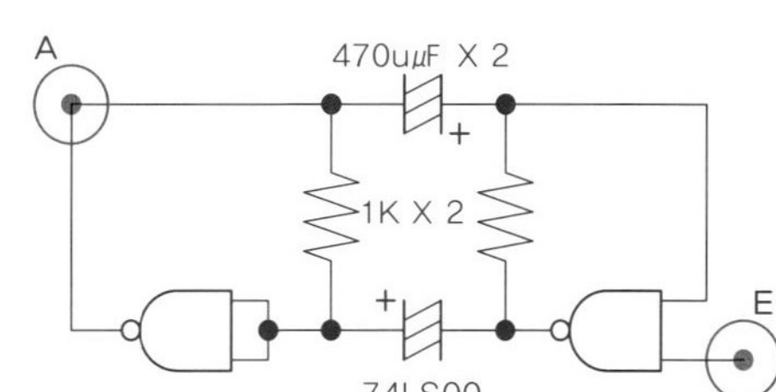

4. 회로도(2음 경보기): 회로도는 반드시 수업 전 사전 과제로 실습 노트에 깨끗하게 그려서 검사를 받도록 한다. • 사전 과제 1 – 회로도 그리기

※ 회로도 중 적색 부분의 0.1μF, 1KΩ, 0.001μF은 2018년 6월에 추가된 것으로서, 빼고 조립하여도 회로 동작에는 이상 없다.

평가용

4-1. 회로도(2음 경보기): 회로도는 반드시 수업 전 사전 과제로 실습 노트에 깨끗하게 그려서 검사를 받도록 한다. • 사전 과제 1 – 회로도 그리기

※회로도는 반드시 직접 깨끗하게 그려보면서 회로의 전체적인 구성과 파트별 부품 구성과 부품의 동작 및 특성을 이해하여야 한다.

5. 부품 배치 및 배선 연습용 기판 • 사전 과제 5 – 회로도를 보고 28×62 만능기판 사이즈에 균형있게 부품을 배치하고 회로도와 같도록 배선을 하시오.

(연습용)

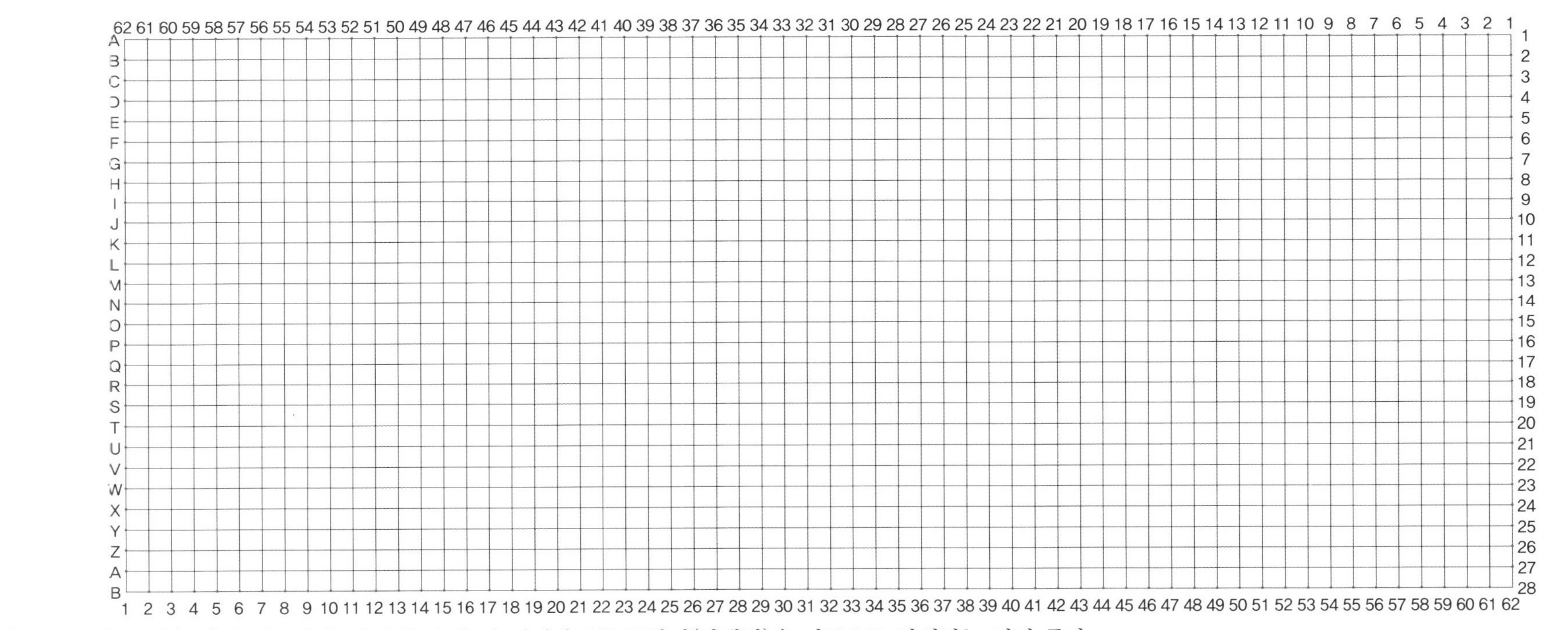

▶ 회로도 제작 조립용 패턴도는 납땜 및 배선 작업 시 편리하도록 동박면(납땜면)을 기준으로 작성하는 것이 좋다.

종류	다이오드	저항	콘덴서	트랜지스터		PB 스위치	IC		점프선	LED
				NPN	PNP					
회로도 기호			+	B C E	B E C	ⓐ ⓑ	14핀	16핀		
패턴도 기호 (동박면 기준)			+				14 1 8 7	16 1 9 8		
비고	4~5칸	4~5칸	3~5칸	3칸	3칸	3칸×3칸 3칸×4칸	4칸×7칸	4칸×8칸	크기에 따라	3칸~4칸

▶ 회로도의 기호에 맞는 패턴도 기호를 사용하여 28×62 기판 사이즈에 전체적인 균형을 생각하며 회로의 조립 과정이 쉽게 패턴도를 작성하시오.

평가용

5-1. 부품 배치 및 배선 연습용 기판 • 사전 과제 5 – 회로도를 보고 28×62 만능기판 사이즈에 균형있게 부품을 배치하고 회로도와 같도록 배선을 하시오.

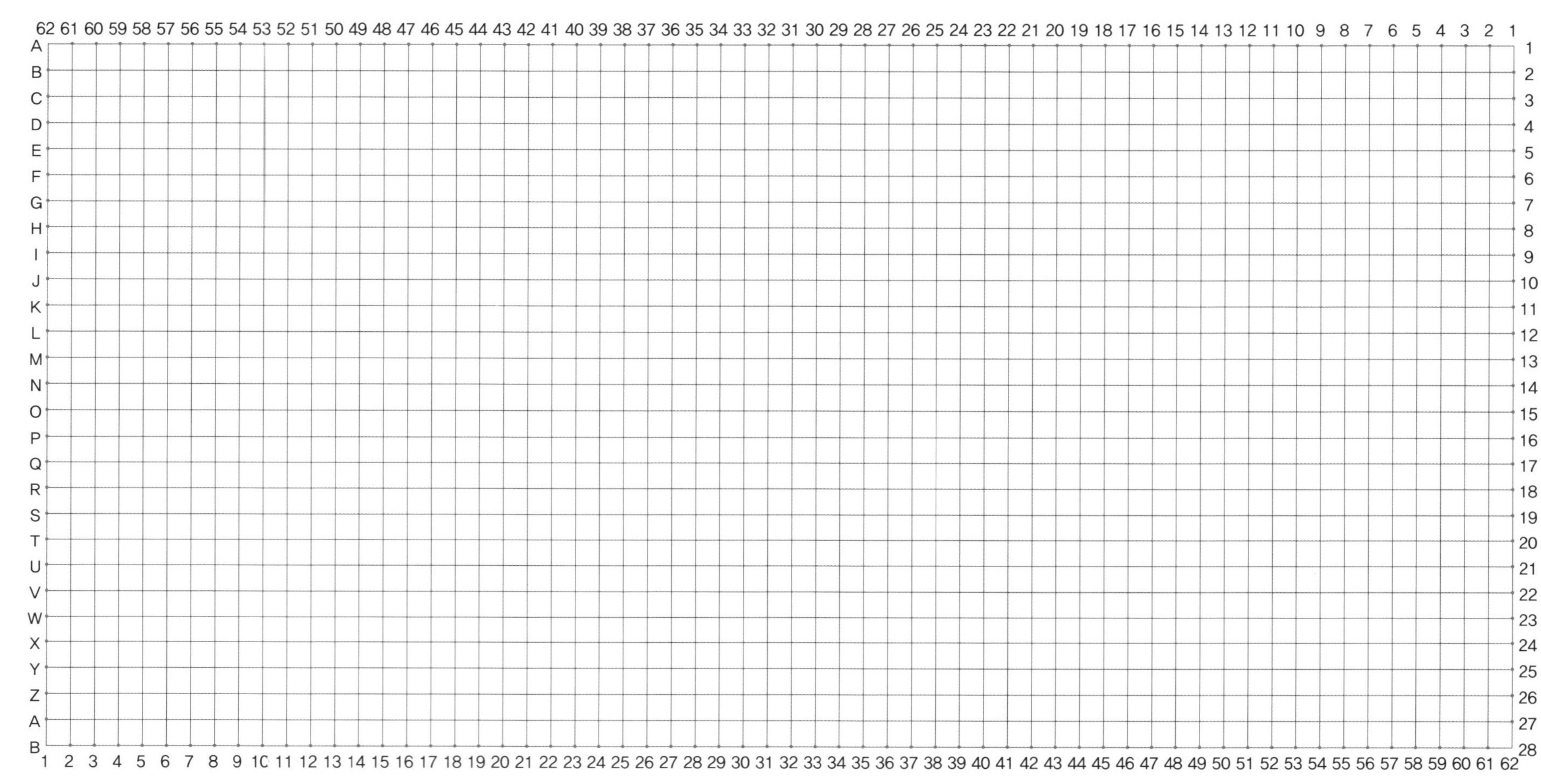

- ▶ 회로도의 기호에 맞는 패턴도 기호를 사용하여 28×62 기판 사이즈에 전체적인 균형을 생각하며 회로의 조립 과정이 쉽게 패턴도를 작성한다.
- ▶ 회로도 제작 조립용 패턴도는 납땜 및 배선 작업 시 편리하도록 동박면(납땜면)을 기준으로 작성하는 것이 좋다.
- ▶ 부품의 배치 및 배선 연결 시에는 가능한 회로도의 형태에 맞게 순서대로 배치 및 배선이 이루어지면 조립 후 동작 검사 및 오류 수정(디버깅)하는 데 편리하다.

5-2. 부품 배치 및 배선 연습용 기판 • 사전 과제 5 – 회로도를 보고 28×62 만능기판 사이즈에 균형있게 부품을 배치하고 회로도와 같도록 배선을 하시오.

연습용

기본 배치도를 이용한 부품 배치 및 회로 배선 연결

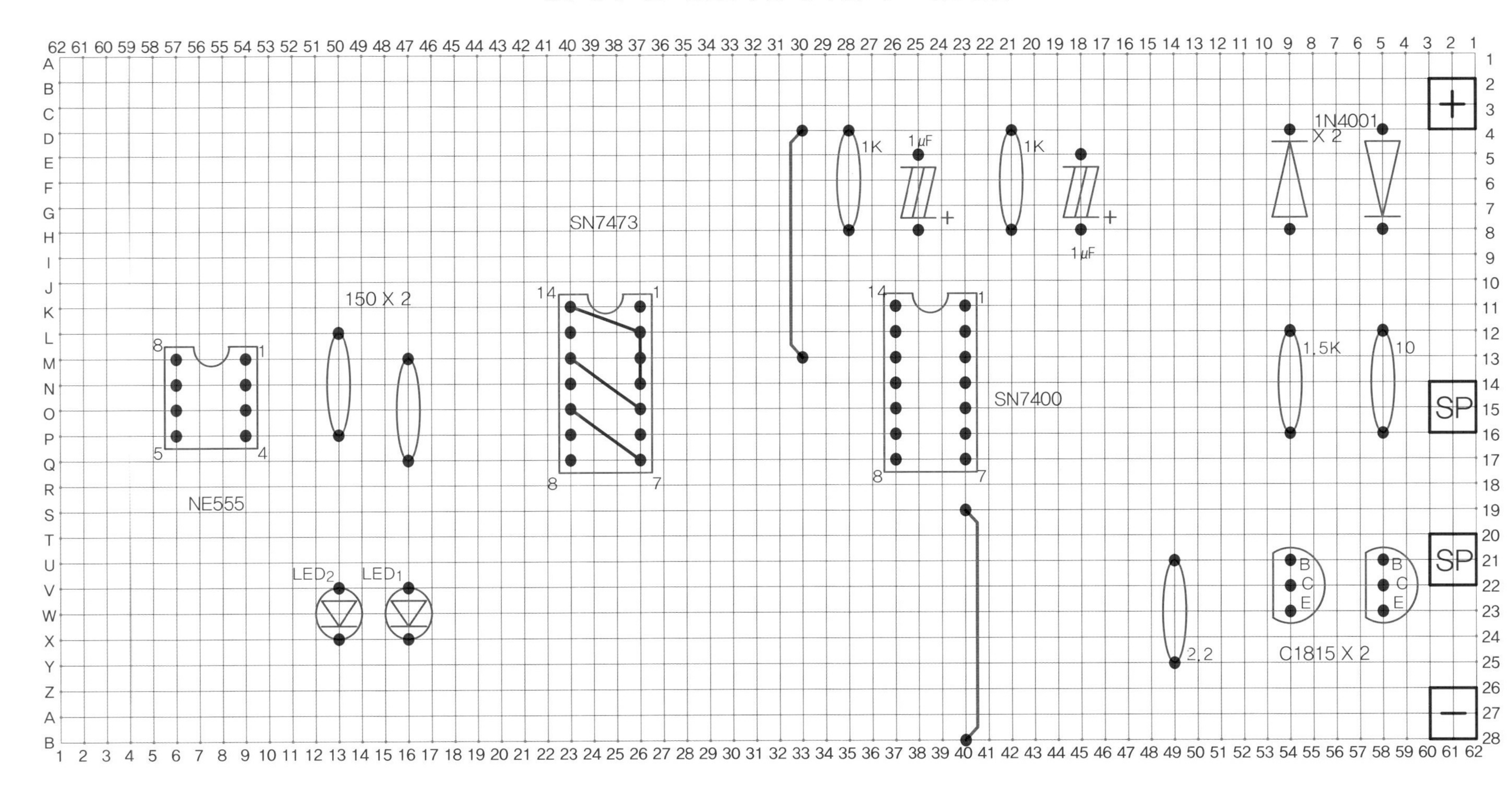

▶ 회로도의 기호에 맞는 패턴도 기호를 사용하여 28×62 기판 사이즈에 전체적인 균형을 생각하며 회로의 조립 과정이 쉽게 패턴도를 작성한다.

▶ 회로도 제작 조립용 패턴도는 납땜 및 배선 작업 시 편리하도록 동박면(납땜면)을 기준으로 작성하는 것이 좋다.

※빨간(적)색의 부품과 파란(청)색의 점프선은 동박면(납땜면)이 아닌 반대편의 부품면(플라스틱면)에서 삽입된다는 것을 유념한다.

5-3. 부품의 모범 배치도 2 – 회로도와 같도록 배치도에 회로의 결선을 하시오.(연필을 사용하여 여러 번 수정을 거치면 가장 좋은 배선이 된다.)

평가용

7473 IC 사용 시 모범 배치도를 이용한 배선 연결 2

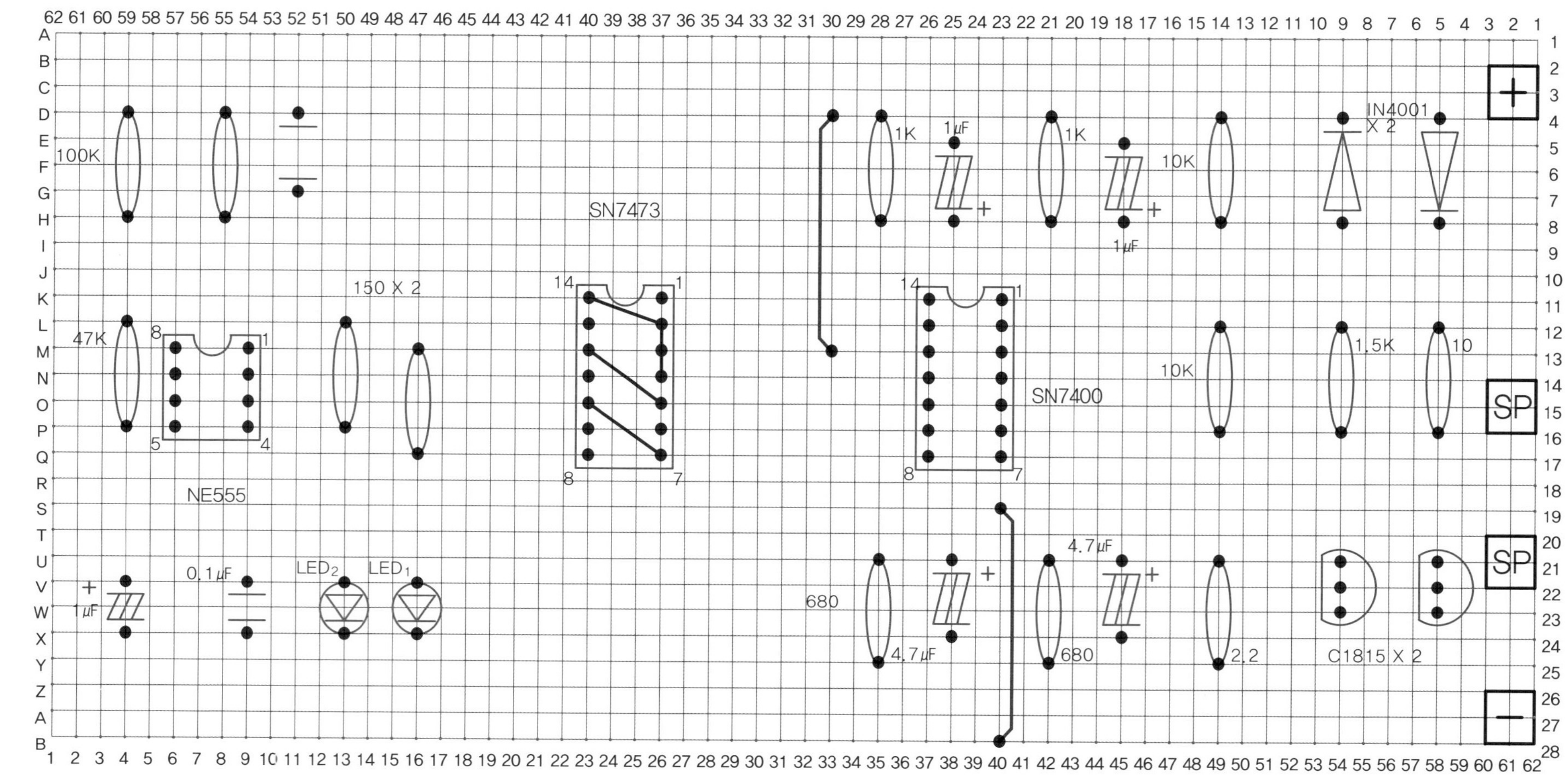

▶ 본 패턴도는 동박면(납땜면)을 기준으로 부품 배치를 하였으므로 부품 삽입 시 이를 참고하여 삽입한다. (배선 납땜 시 매우 편리함)

※빨간(적)색의 부품과 파란(청)색의 점프선은 동박면(납땜면)이 아닌 반대편의 부품면(플라스틱면)에서 삽입된다는 것을 유념한다.

6. 부품의 배치 및 회로 결선 모범 조립도(패턴도) – TIP 완성된 모범 조립 패턴도를 보고 IC 및 중요 부품의 위치를 숙지하면 조립 시 매우 편리하다.

2음 경보기 회로 7473 IC 사용 시 모범 조립 패턴도 1 – (2018년 6월 출제)

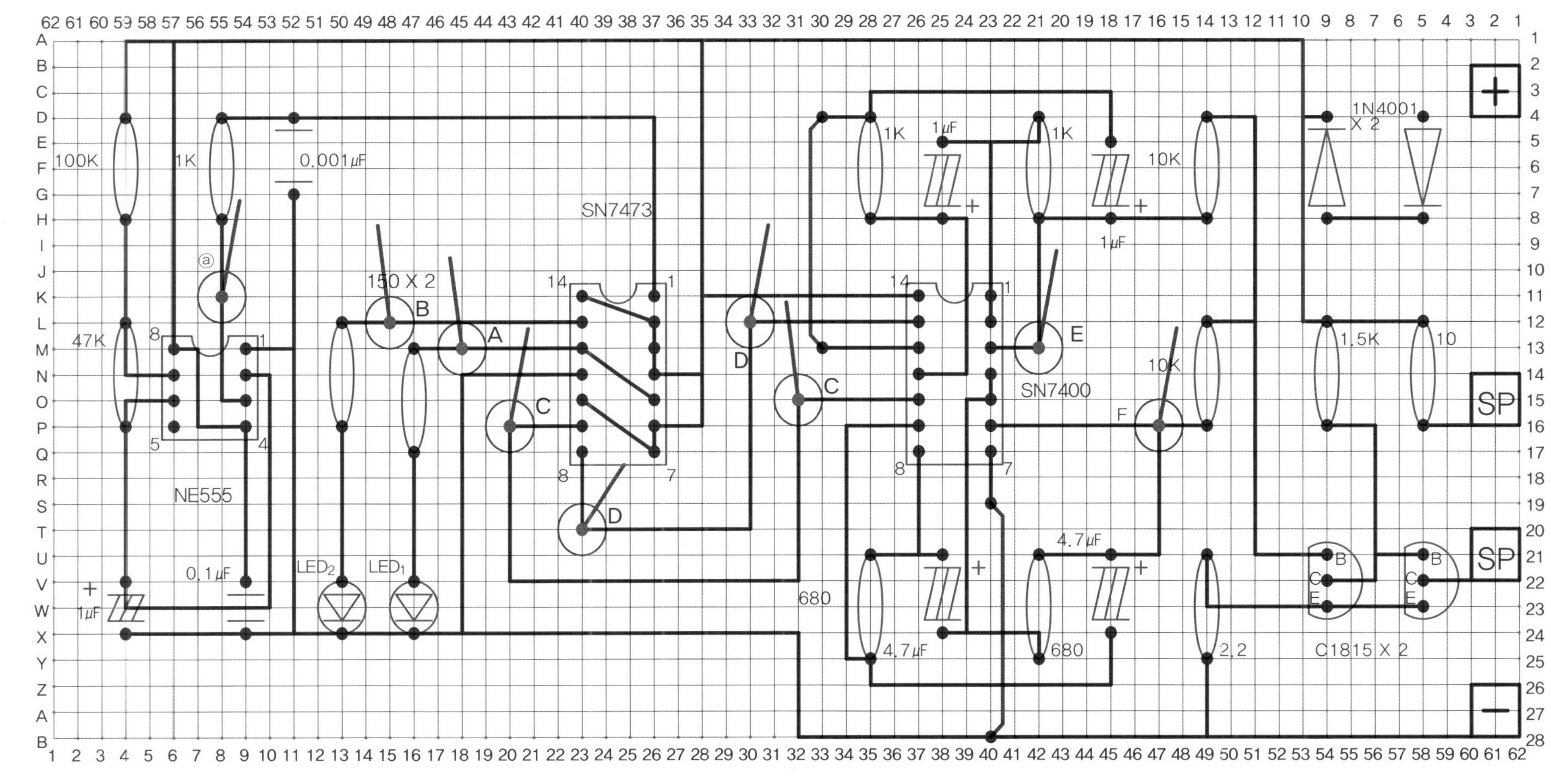

▶ 본 패턴도는 동박면(납땜면)을 기준으로 부품 배치를 하였으므로 부품 삽입 시 참고하여 삽입한다. (배선 납땜 시 매우 편리함)

※빨간(적)색의 브품과 파란(청)색의 점프선은 동박면(납땜면)이 아닌 반대편의 부품면(플라스틱면)에서 삽입된다는 것을 유념한다.

▶ 배선 납땜 시 접속점, 꺾어지는 점, 두 구멍을 건너뛰어 납땜하는 것을 원칙으로 한다.

▶ 테스트 포인트 (TP포인트)는 부품면 쪽에서 단선(피복 처리–끝부분 피복 벗겨냄)으로 처리하면 측정 시 매우 편리하다.

7. 설명도: 설명도를 여러 번 정독하여 읽고 회로의 동작을 이해하고 난 후 조립 제작과 측정 과제를 하여야 한다. TIP 오류 수정(디버깅) 시 설명도를 참고한다.

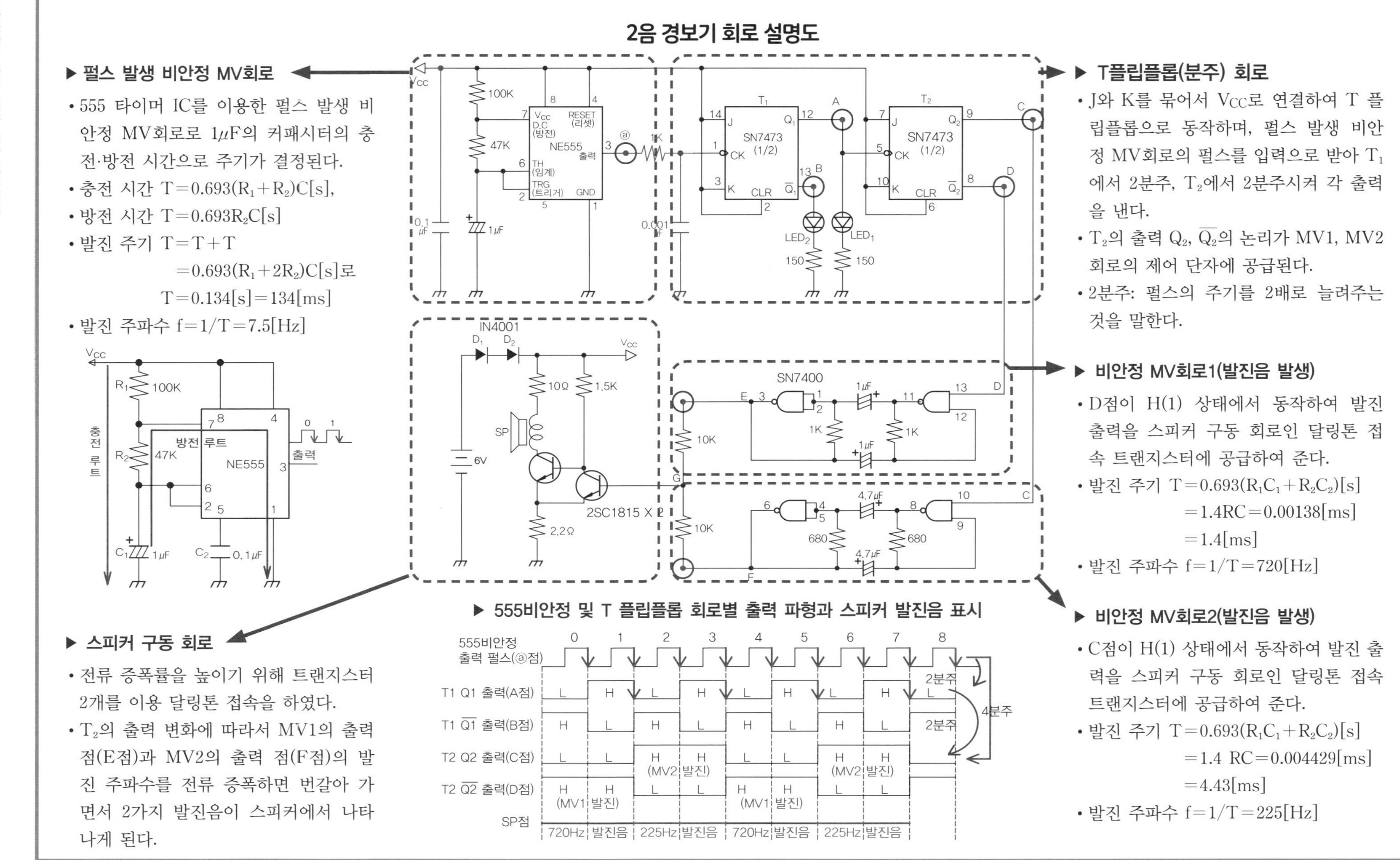

▶ 펄스 발생 비안정 MV회로

- 555 타이머 IC를 이용한 펄스 발생 비안정 MV회로로 1μF의 커패시터의 충전·방전 시간으로 주기가 결정된다.
- 충전 시간 $T=0.693(R_1+R_2)C[s]$,
- 방전 시간 $T=0.693R_2C[s]$
- 발진 주기 $T=T+T$
  $=0.693(R_1+2R_2)C[s]$로
  $T=0.134[s]=134[ms]$
- 발진 주파수 $f=1/T=7.5[Hz]$

▶ 스피커 구동 회로

- 전류 증폭률을 높이기 위해 트랜지스터 2개를 이용 달링톤 접속을 하였다.
- T_2의 출력 변화에 따라서 MV1의 출력 점(E점)과 MV2의 출력 점(F점)의 발진 주파수를 전류 증폭하면 번갈아 가면서 2가지 발진음이 스피커에서 나타나게 된다.

▶ T플립플롭(분주) 회로

- J와 K를 묶어서 V_{CC}로 연결하여 T 플립플롭으로 동작하며, 펄스 발생 비안정 MV회로의 펄스를 입력으로 받아 T_1에서 2분주, T_2에서 2분주시켜 각 출력을 낸다.
- T_2의 출력 Q_2, $\overline{Q_2}$의 논리가 MV1, MV2 회로의 제어 단자에 공급된다.
- 2분주: 펄스의 주기를 2배로 늘려주는 것을 말한다.

▶ 비안정 MV회로1(발진음 발생)

- D점이 H(1) 상태에서 동작하여 발진 출력을 스피커 구동 회로인 달링톤 접속 트랜지스터에 공급하여 준다.
- 발진 주기 $T=0.693(R_1C_1+R_2C_2)[s]$
  $=1.4RC=0.00138[ms]$
  $=1.4[ms]$
- 발진 주파수 $f=1/T=720[Hz]$

▶ 비안정 MV회로2(발진음 발생)

- C점이 H(1) 상태에서 동작하여 발진 출력을 스피커 구동 회로인 달링톤 접속 트랜지스터에 공급하여 준다.
- 발진 주기 $T=0.693(R_1C_1+R_2C_2)[s]$
  $=1.4\ RC=0.004429[ms]$
  $=4.43[ms]$
- 발진 주파수 $f=1/T=225[Hz]$

8. 부품의 배치 및 회로 결선 모범 조립도(패턴도) 2

TIP 완성된 스케치 암기용 모범 조립 패턴도 2를 A4 용지에 10회 정도 그려보면서 위치를 암기하면 매우 편리하다.

암기용

2음 경보기 회로 7473 IC 사용 시 모범 조립 패턴도 2 – (2018년 6월 출제)

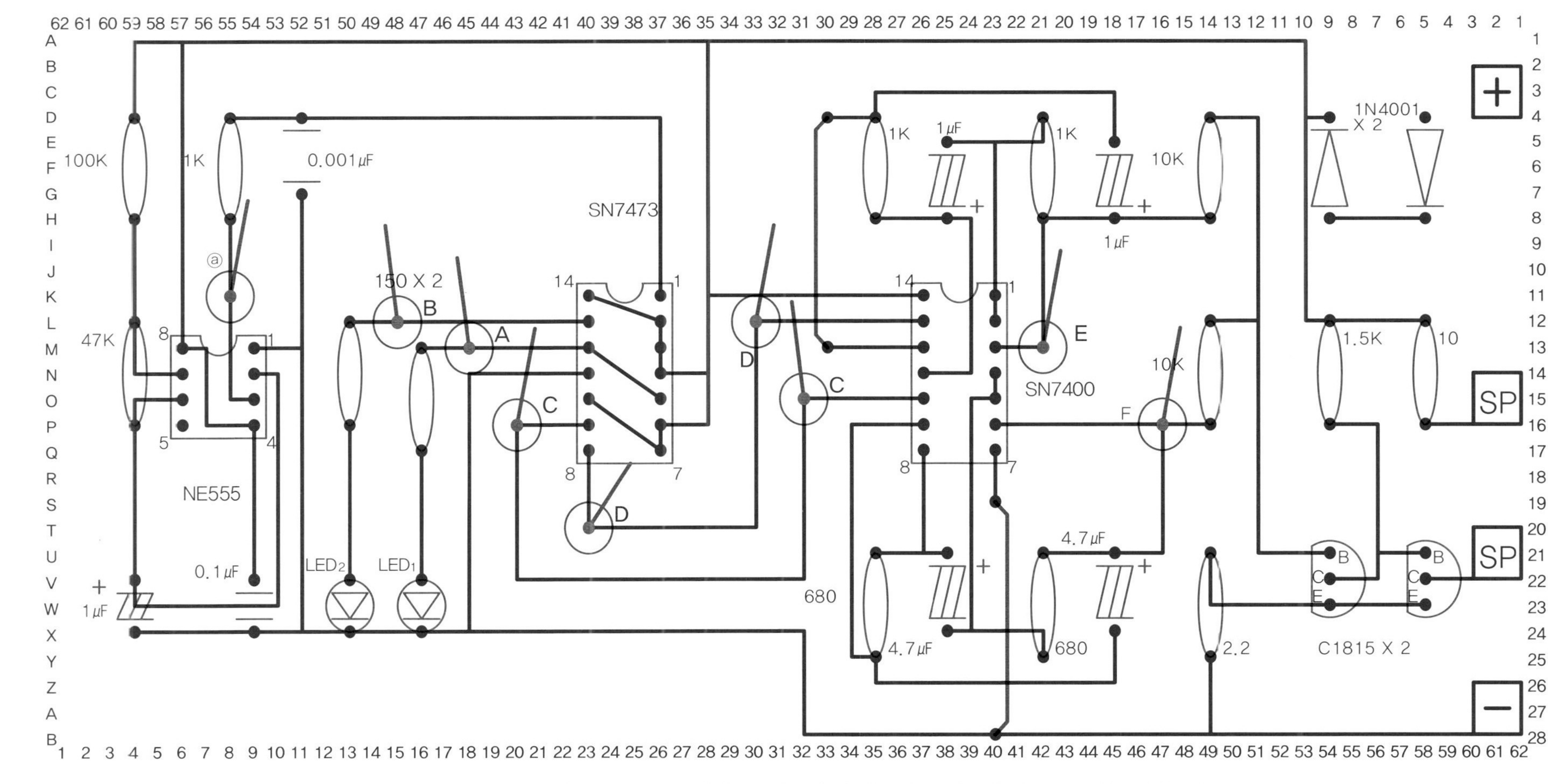

▶ 본 패턴도는 동박면(납땜면)을 기준으로 부품 배치를 하였으므로 부품 삽입 시 참고하여 삽입한다. (배선 납땜 시 매우 편리함.)

※빨간(적)색의 부품과 파란(청)색의 점프선은 동박면(납땜면)이 아닌 반대편의 부품면(플라스틱면)에서 삽입된다는 것을 유념한다.

▶ 배선 납땜 시 접속점, 꺽어지는 점, 두 구멍을 건너뛰어 납땜하는 것을 원칙으로 한다.

▶ 테스트 포인트 (TP포인트)는 부품면 쪽에서 단선(피복 처리–끝부분 피복 벗겨냄)으로 처리하면 측정 시 매우 편리하다.

표준 조립 순서도 1 — 저항 및 다이오드, 점프선 밀착 삽입 – 리드선 커팅 – 예비 납땜

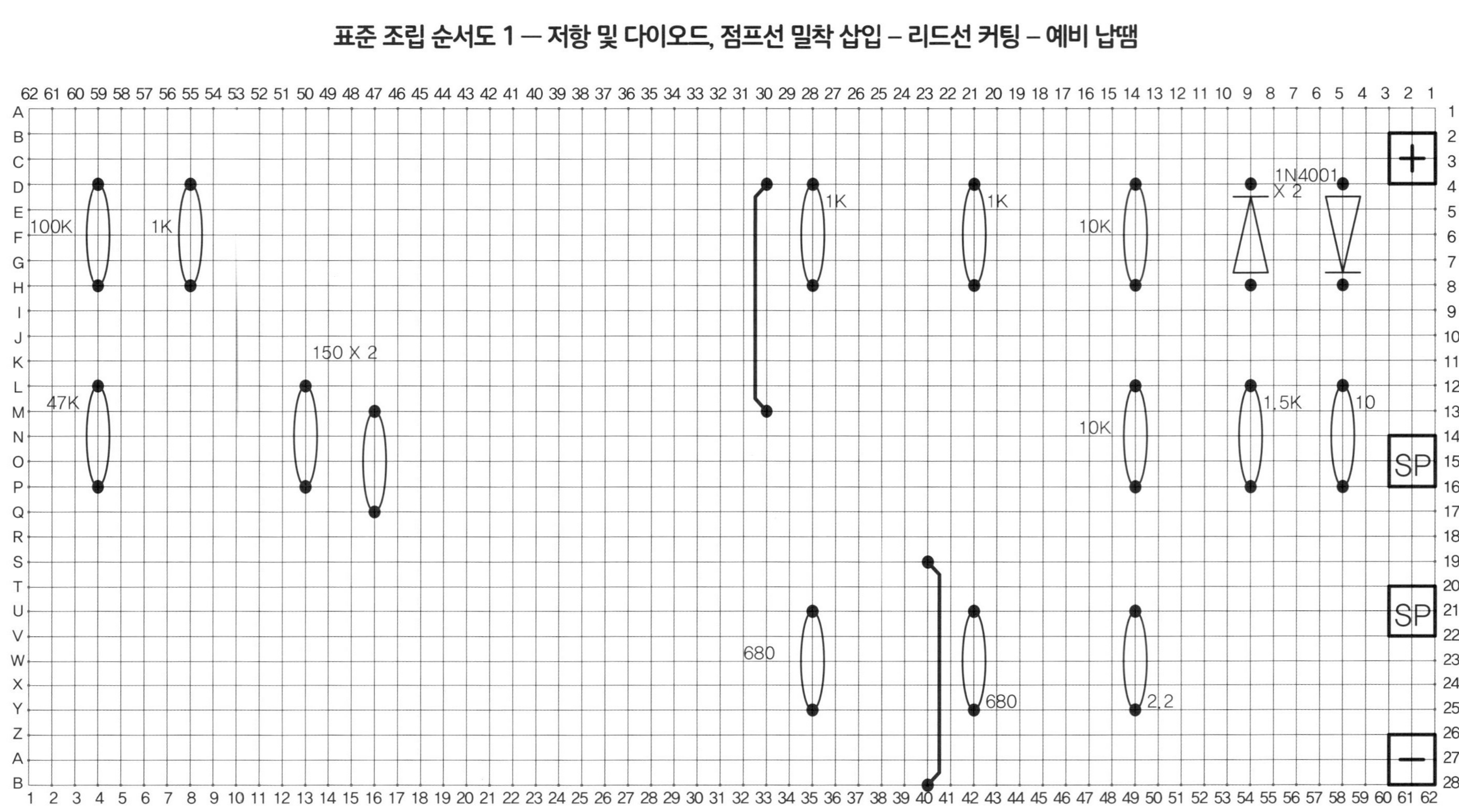

▶ 본 패턴도는 동박면(납땜면)을 기준으로 부품 배치를 하였으므로 부품 삽입 시 참고하여 삽입한다. (배선 납땜 시 매우 편리함)

▶ 배선 납땜 시 접속점, 꺾어지는 점, 두 구멍을 건너뛰어 납땜하는 것을 원칙으로 한다.

▶ 조립의 첫 번째 순서는 부품면에 밀착 삽입하는 부품(저항, 다이오드, 점프선)을 먼저 밀착 삽입하고, 리드선을 커팅한 후 예비 납땜을 한다. 이때에도 반드시 한꺼번에 모든 부품을 삽입하지 않고 위쪽 가로줄부터 3단계로 하는 것이 작업 효율이 훨씬 빠르다.

표준 조립 순서도 2 – IC 소켓 밀착 삽입 – 예비 납땜

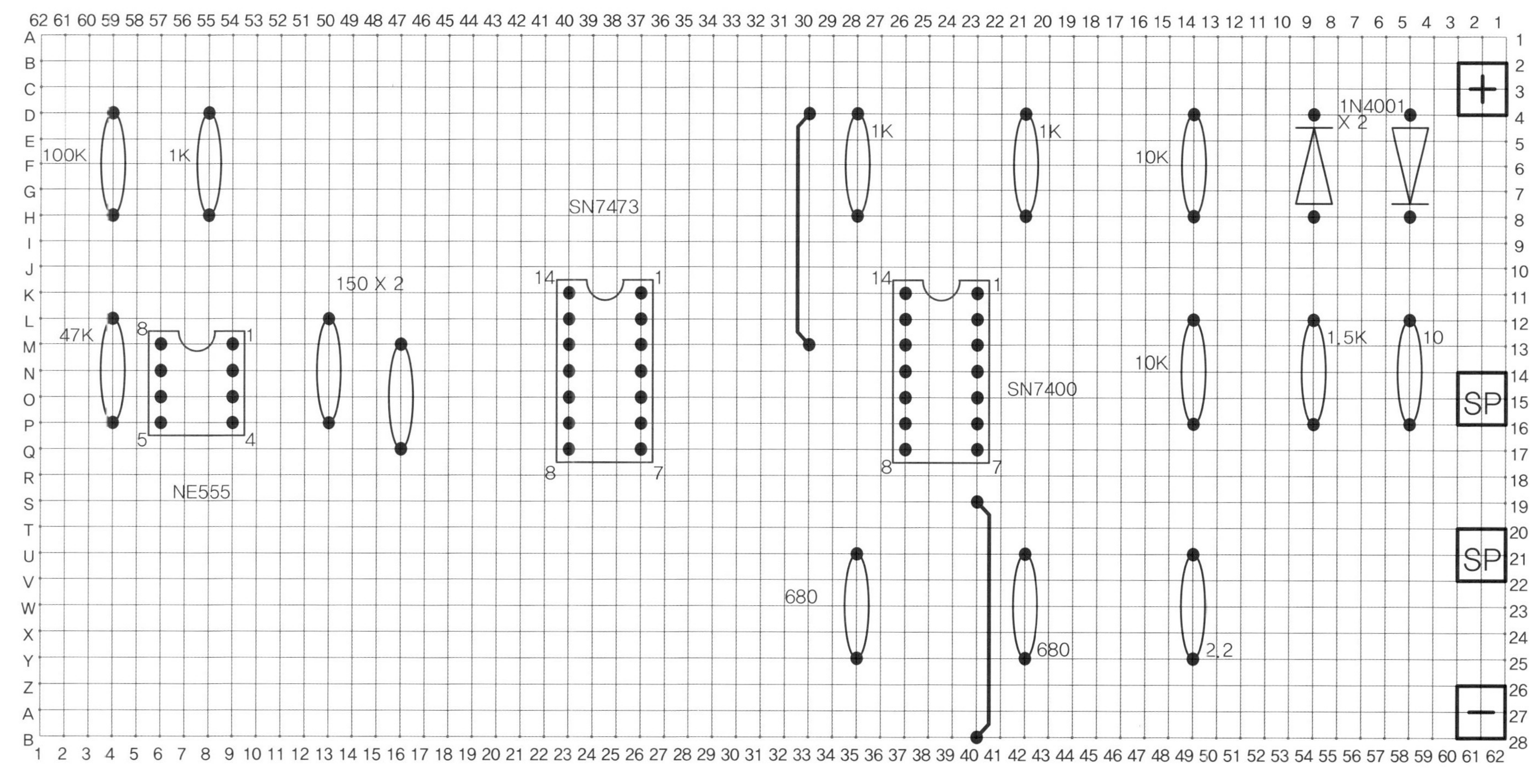

▶ 본 패턴도는 동박면(납땜면)을 기준으로 부품 배치를 하였으므로 부품 삽입 시 참고하여 삽입한다. (배선 납땜 시 매우 편리함)

▶ 배선 납땜 시 접속점, 꺾어지는 점, 두 구멍을 건너뛰어 납땜하는 것을 원칙으로 한다.

▶ 조립의 두 번째 순서는 부품면에 밀착 삽입하는 부품(IC 소켓)을 밀착 삽입하고, 대각선 소켓 핀 2개를 구부린 다음 나머지 소켓 핀을 예비 납땜(또는 반대쪽 대각선 2핀 만 예비 납땜)하고 구부린 대각선 핀을 다시 세워서 예비 납땜을 한다. 이때 반드시 IC 소켓의 핀을 구부리거나 잘라내지 않고 삽입된 상태(핀이 세워진 상태) 그대로 예비 납땜을 하여야 한다. (냉납 및 쇼트 방지)

표준 조립 순서도 3 ― 콘덴서 밀착 삽입 – 예비 납땜

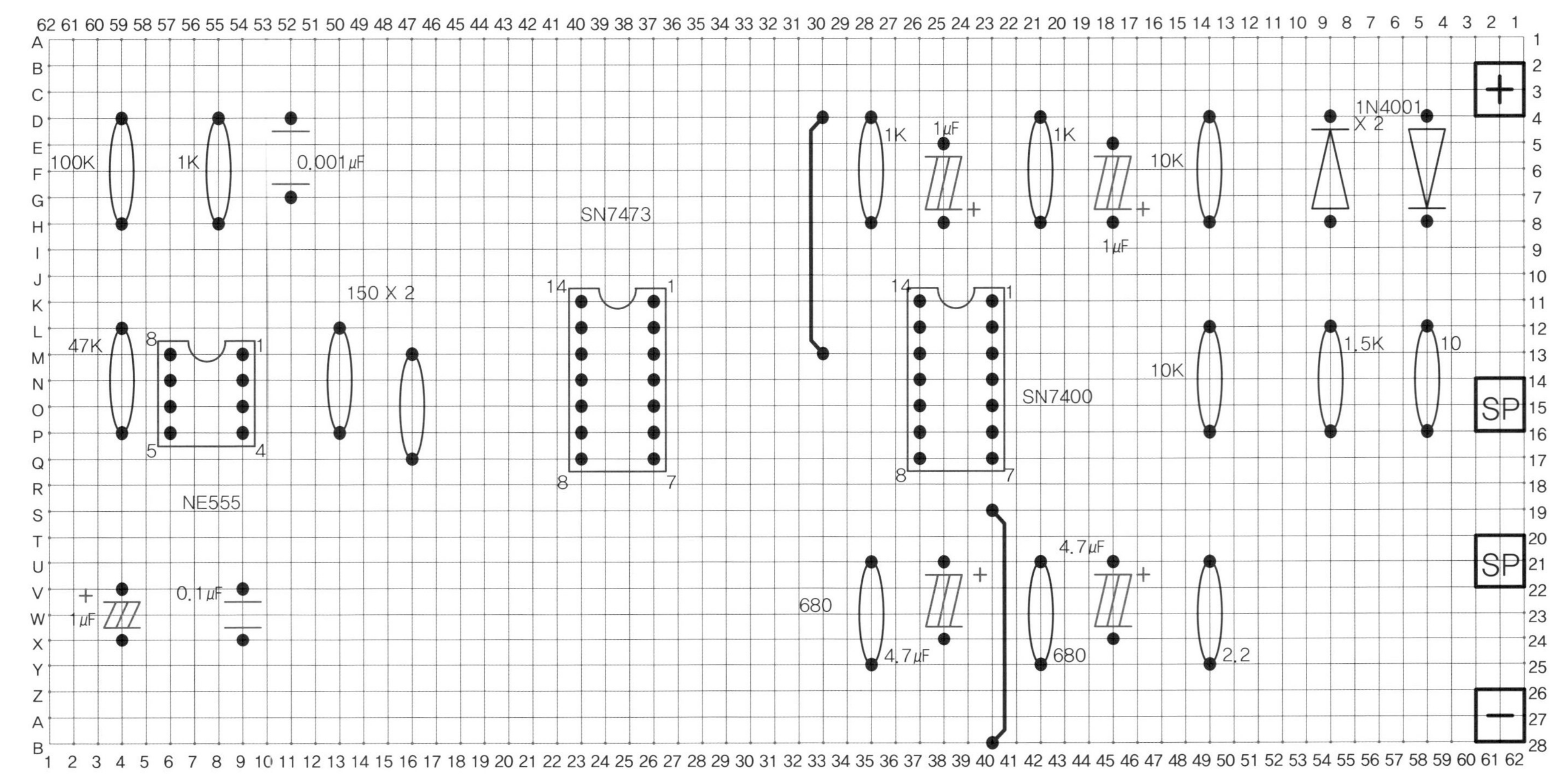

▶ 본 패턴도는 동박면(납땜면)을 기준으로 부품 배치를 하였다. 부품 삽입 시 참고하여 삽입한다. (배선 납땜 시 매우 편리함)

▶ 배선 납땜 시 접속점, 꺾어지는 점, 두 구멍을 건너뛰어 납땜하는 것을 원칙으로 한다.

▶ 조립의 세 번째 순서는 부품면에 삽입하는 부품(콘덴서)을 밀착 삽입하고, 리드선을 밀착하여 구부린 다음 동박의 안쪽에서 커팅한 후 예비 납땜을 한다. 이때 반드시 동박을 벗어나지 않도록 커팅한 후, 예비 납땜을 하여야 한다. (쇼트 방지)

※ 예비 납땜은 부품 리드선과 동박을 예비로 살짝 붙어 있도록 하고, 전해 콘덴서는 부품 삽입 시 반드시 극성을 확인한 후 정확하게 삽입함.

표준 조립 순서도 4 — 트랜지스터, LED – 예비 납땜

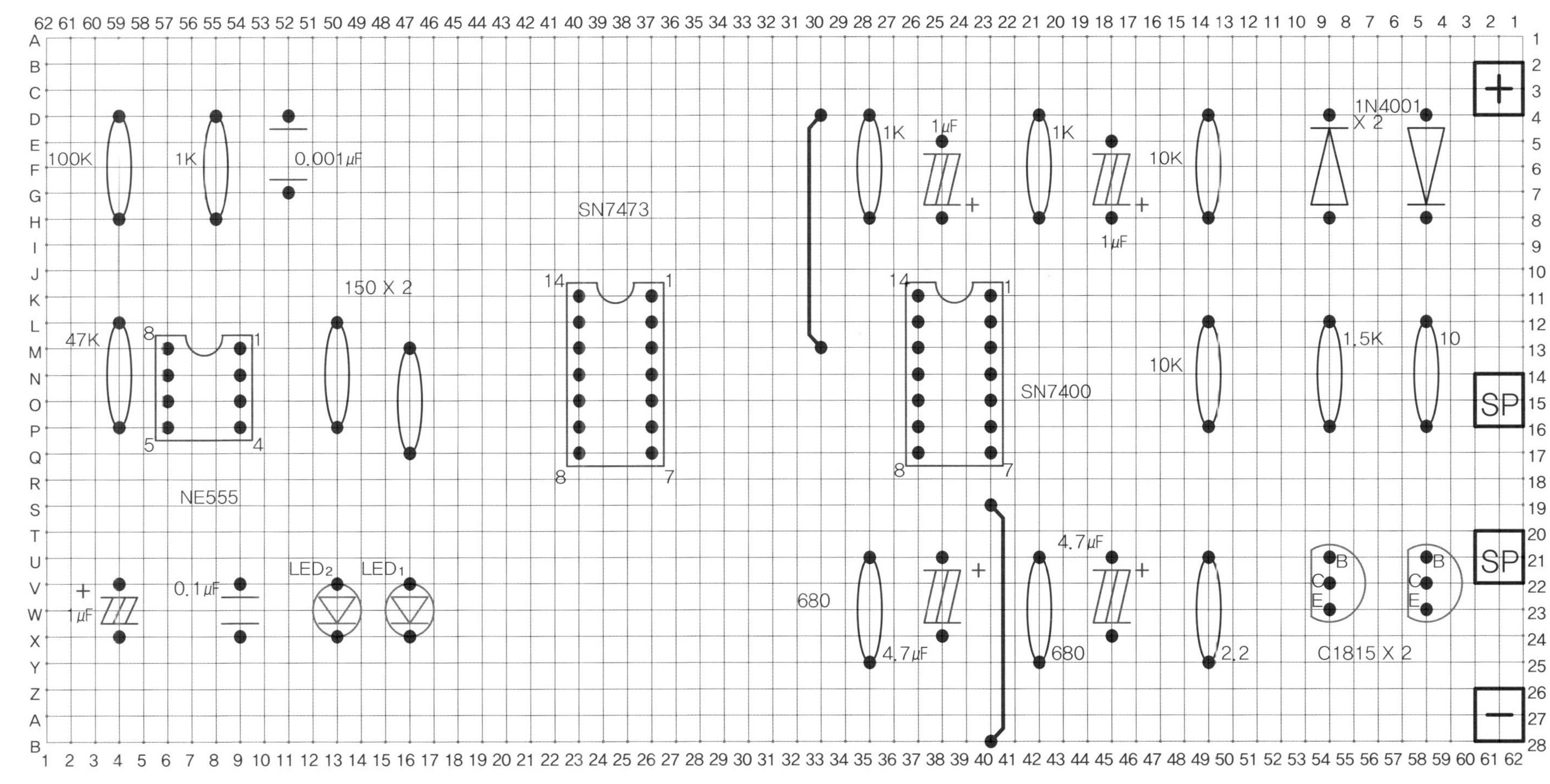

▶ 본 패턴도는 동박면(납땜면)을 기준으로 부품 배치를 하였다. 부품 삽입 시 참고하여 삽입한다. (배선 납땜 시 매우 편리함)

▶ 배선 납땜 시 접속점, 꺾어지는 점, 두 구멍을 건너뛰어 납땜하는 것을 원칙으로 한다.

▶ 조립의 네 번째 순서는 부품면에서 부품이 어느 정도 높이로 삽입되어야 하는 부품(트랜지스터, LED)을 리드선을 벌려서 오므리면서 삽입(높이는 콘덴서 높이 기준)한 상태에서 바로 예비 납땜을 한 후 리드선을 커팅하도록 한다.(트랜지스터나 LED는 리드선을 구부리지 않는 것이 오류 수정(디버깅)하는 데 편리하다.)

표준 조립 순서도 5 — 회로 배선 포인트(Point) 납땜 — (TP점 만들기 포함)

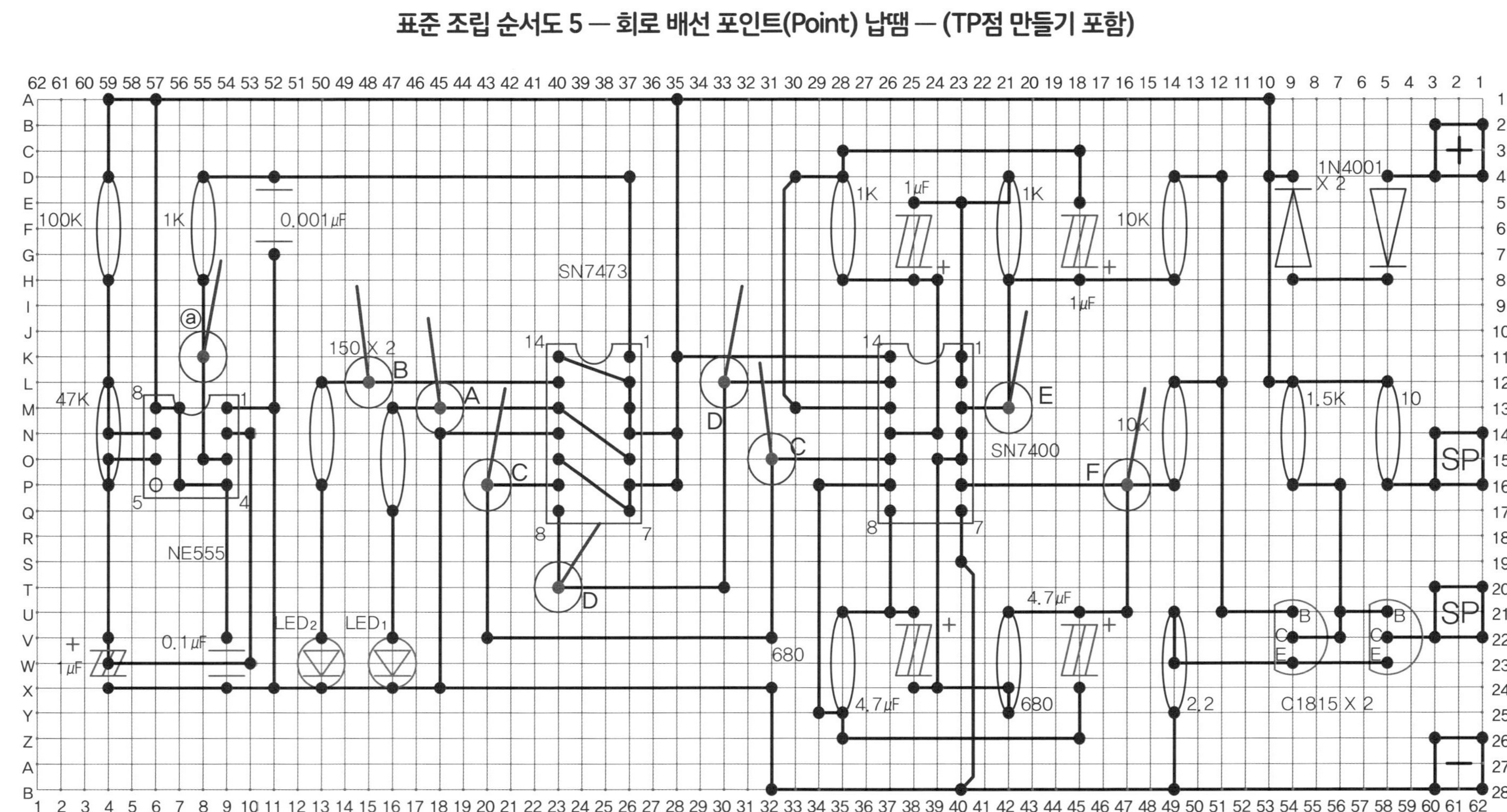

▶ 본 패턴도는 동박면(납땜면)을 기준으로 부품 배치를 하였다. 부품 삽입 시 참고하여 삽입한다. (배선 납땜 시 매우 편리함)

▶ 배선 납땜 시 접속점, 꺾어지는 점, 두 구멍을 건너뛰어 납땜하는 것을 원칙으로 한다.

▶ 조립의 다섯 번째 순서는 동박면(납땜면)에서 모범 조립 패턴도와 같게 포인트(Point) 배선 납땜을 하여야 한다. 이때는 3색 배선을 적당한 크기로 잘라서 양쪽 끝의 피복을 벗겨낸 후(1/4씩 벗겨냄) 피복을 밀어가면서 납땜을 하면 배선이 늘어지지 않고 잘 된다. 너무 길게 갈 경우는 중간에 포인트 납땜을 하면 된다.

▶ 테스트 포인트 (TP포인트)는 부품면 쪽에서 단선(피복 처리－끝부분 피복 벗겨냄)으로 처리하면 측정 시 매우 편리하다.

표준 조립 순서도 6 — 회로 배선 2 구멍마다(한 칸 건너) 납땜

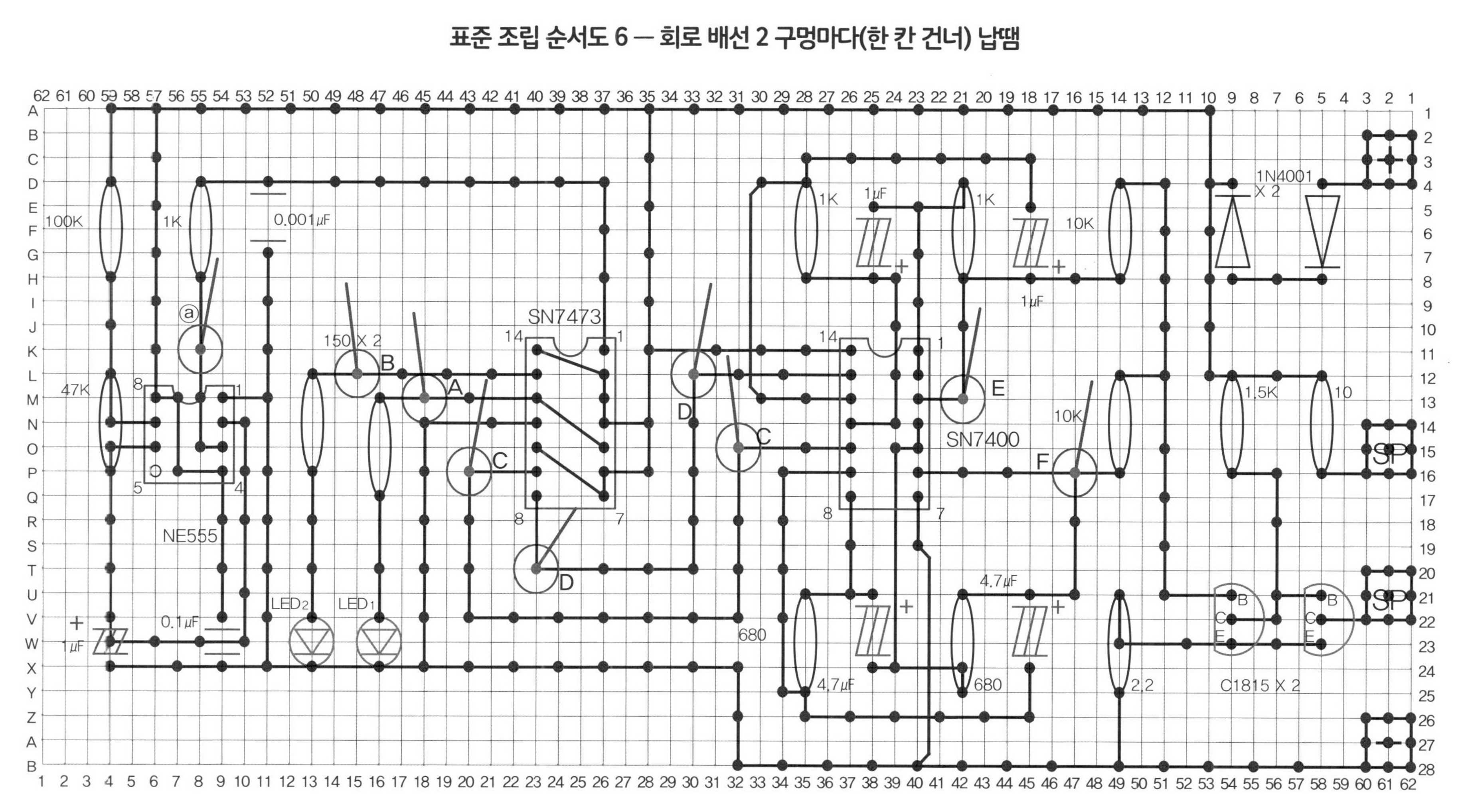

▶ 본 패턴도는 동박면(납땜면)을 기준으로 부품 배치를 하였으므로 부품 삽입 시 참고하여 삽입한다. (배선 납땜 시 매우 편리함)

▶ 배선 납땜 시 접속점, 꺾어지는 점, 두 구멍을 건너뛰어 납땜하는 것을 원칙으로 한다.

▶ 조립의 여섯 번째 순서는 동박면(납땜면)에서 모범 조립 패턴도와 같게 포인트(Point) 배선 납땜을 한 것에서 두 구멍마다(한 칸 건너) 납땜을 하여야 한다. 이때 납땜이 연속으로 이어지는 경우는 두 구멍을 건너서 납땜을 하여도 괜찮다.

표준 조립 순서도 7 — 완성 기판 사진(부품도)

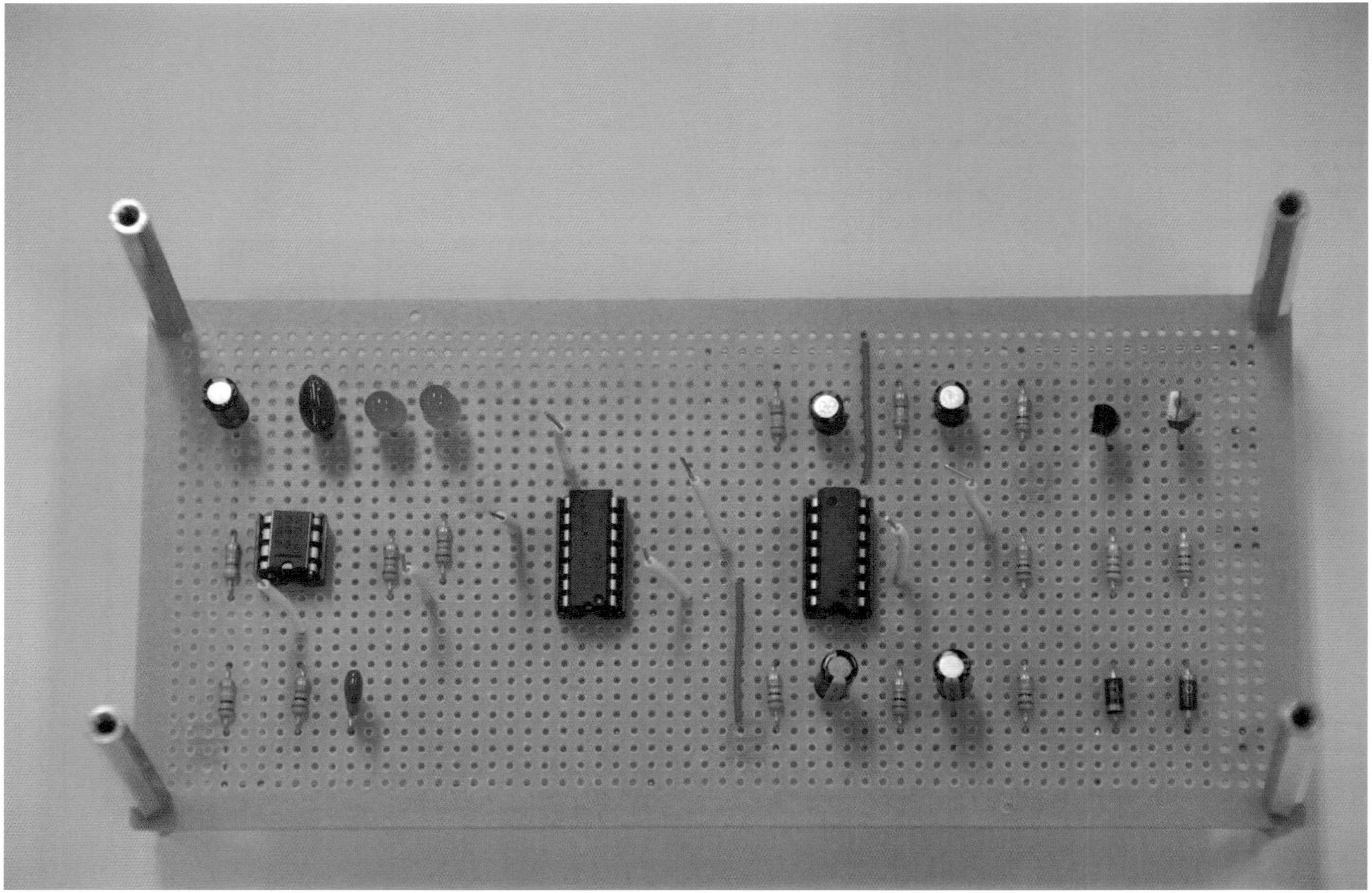

표준 조립 순서도 8 — 완성 기판 사진(동박면 – 납땜면 1 – 포인트 납땜)

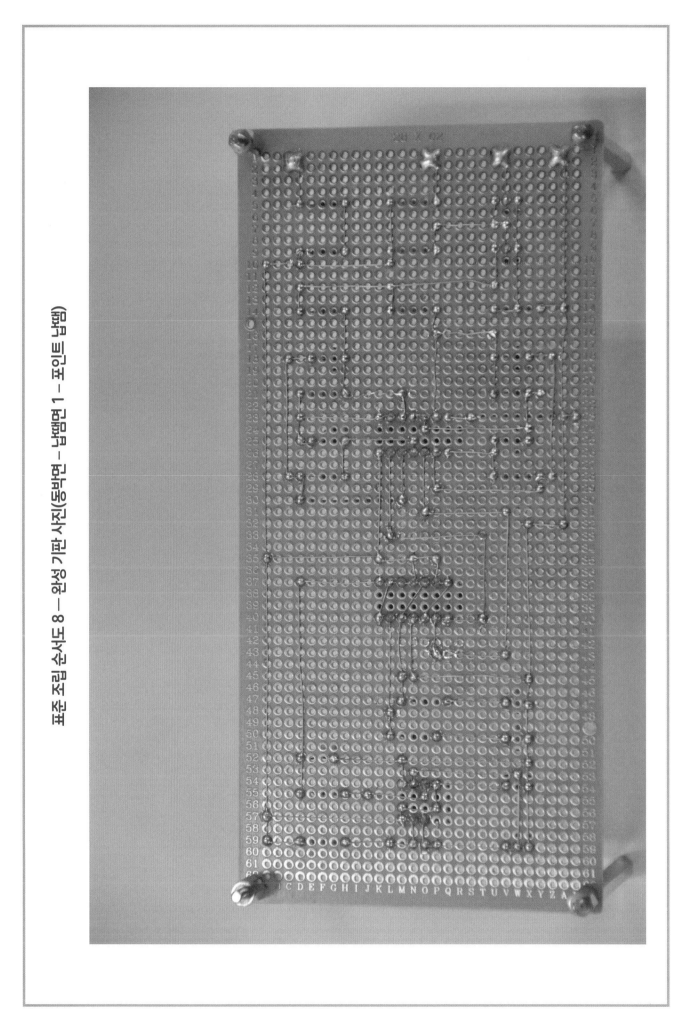

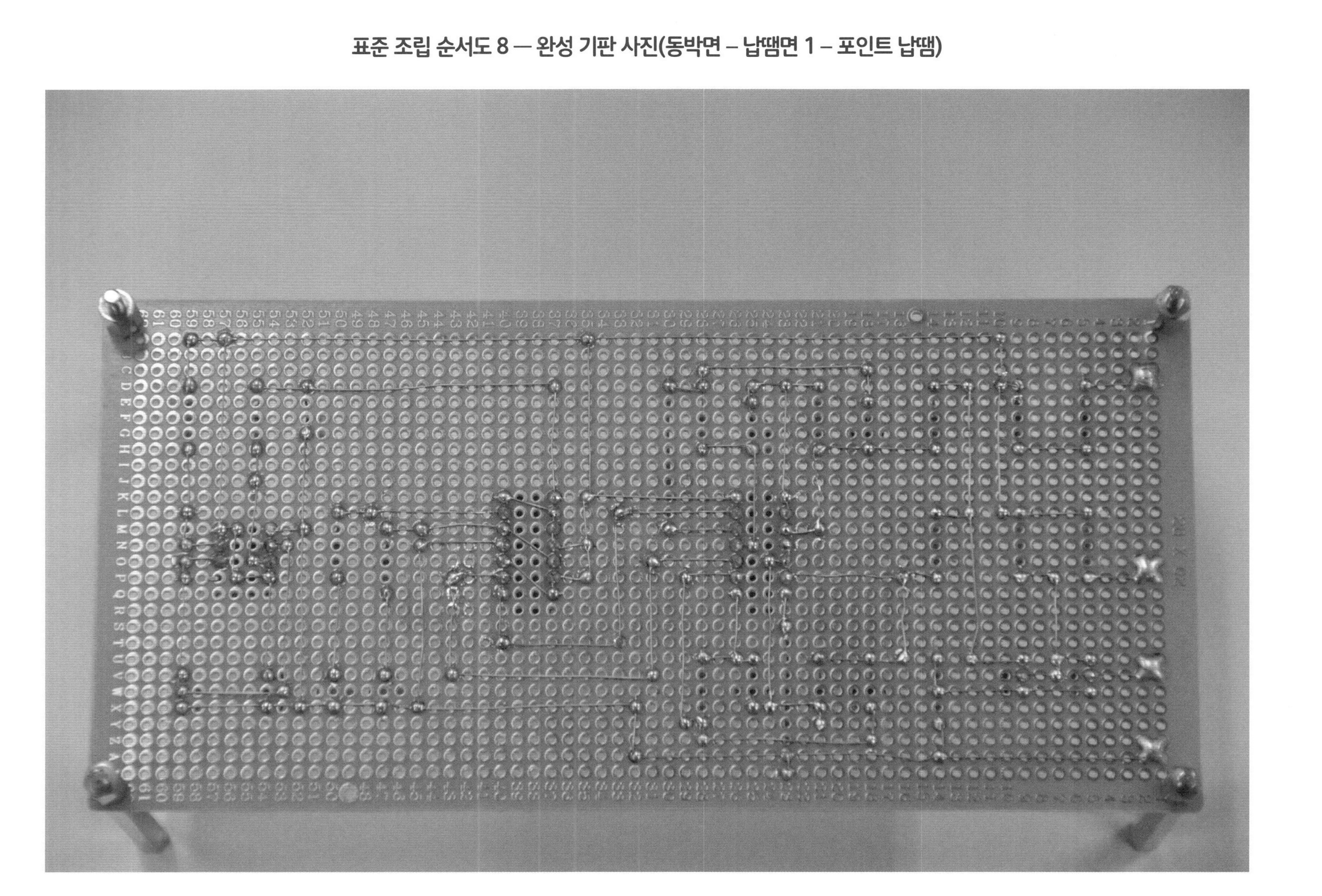

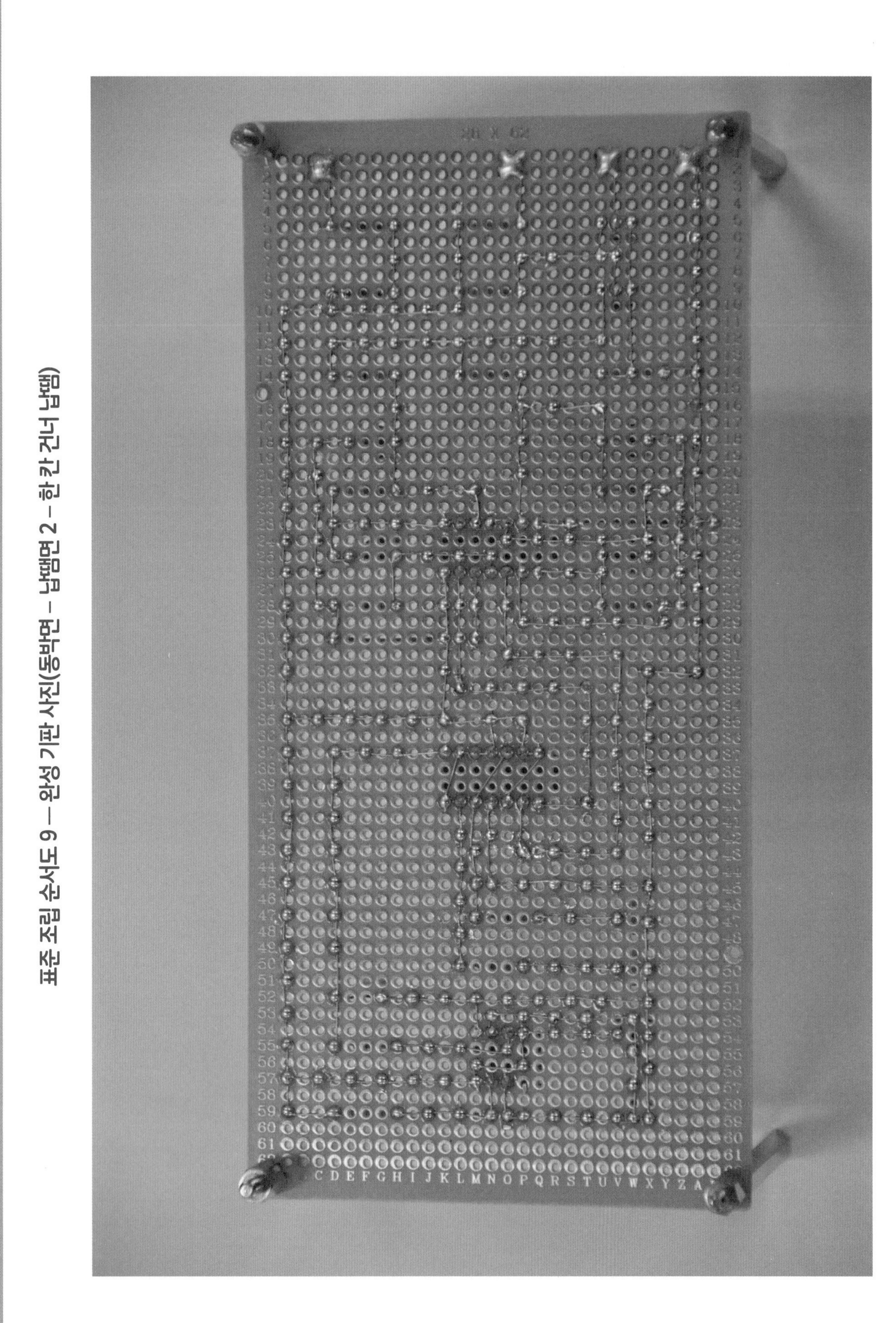

표준 조립 순서도 9 — 완성 기판 사진(동박면 – 납땜면 – 한 칸 건너 납땜)

2음 경보기 파형 측정 평가 과제

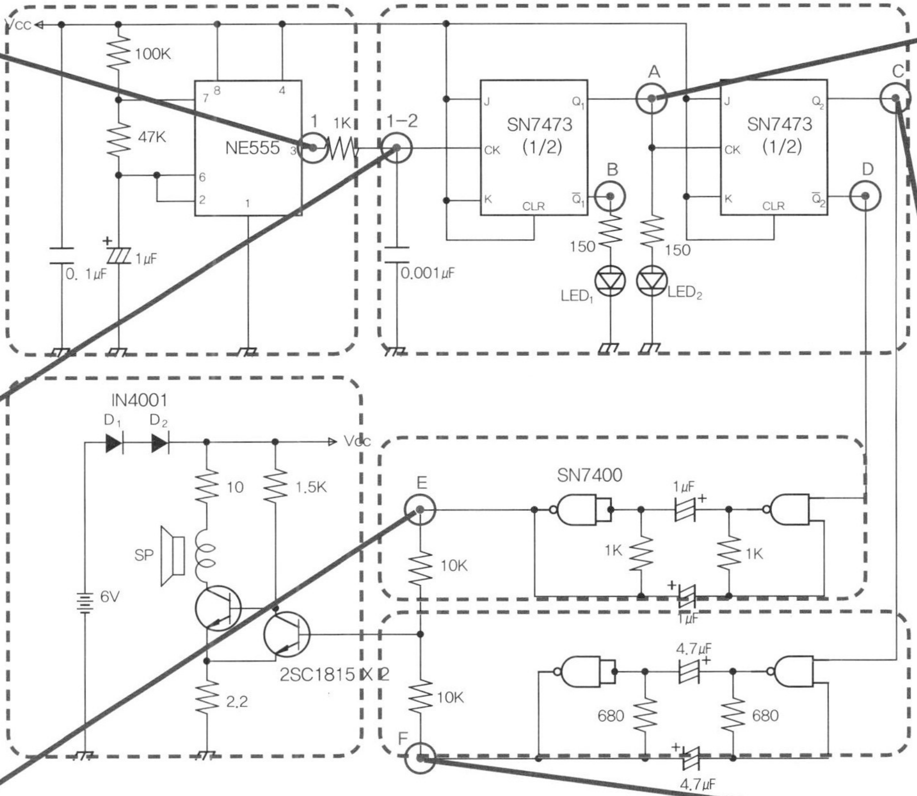

▶ TP 1점의 파형을 OSC로 측정 기록

VOLTS/DIV= [V] TIME/DIV= [μs]

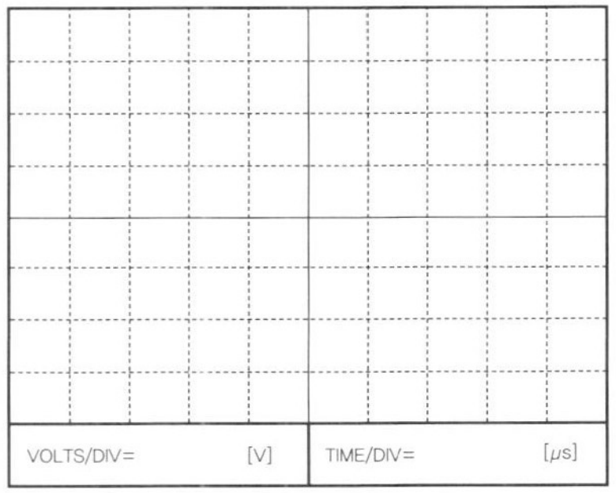

▶ TP 1-2점의 파형을 OSC로 측정 기록

VOLTS/DIV= [V] TIME/DIV= [μs]

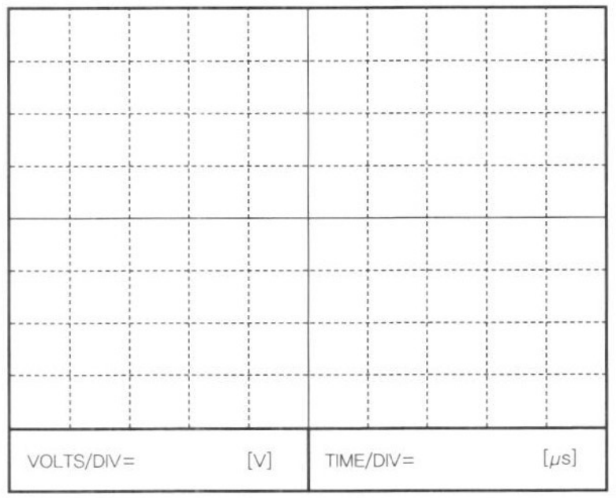

▶ TP E점의 파형을 OSC로 측정 기록

VOLTS/DIV= [V] TIME/DIV= [μs]

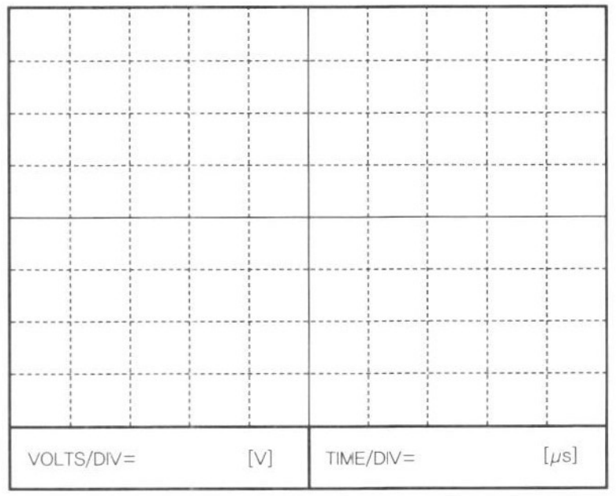

▶ TP A점의 파형을 OSC로 측정 기록

VOLTS/DIV= [V] TIME/DIV= [μs]

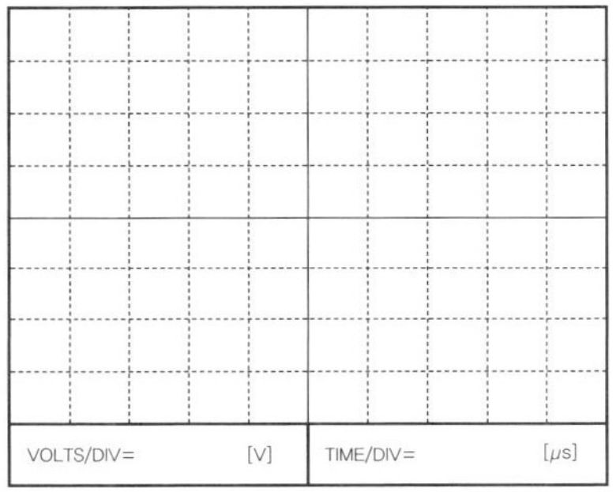

▶ TP C점의 파형을 OSC로 측정 기록

VOLTS/DIV= [V] TIME/DIV= [μs]

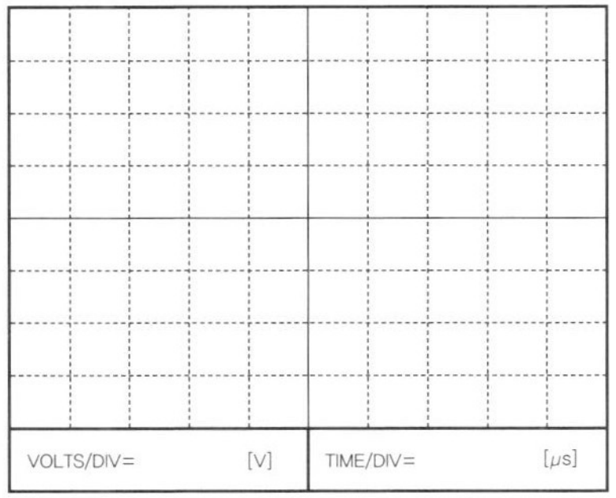

▶ TP F점의 파형을 OSC로 측정 기록

VOLTS/DIV= [V] TIME/DIV= [μs]

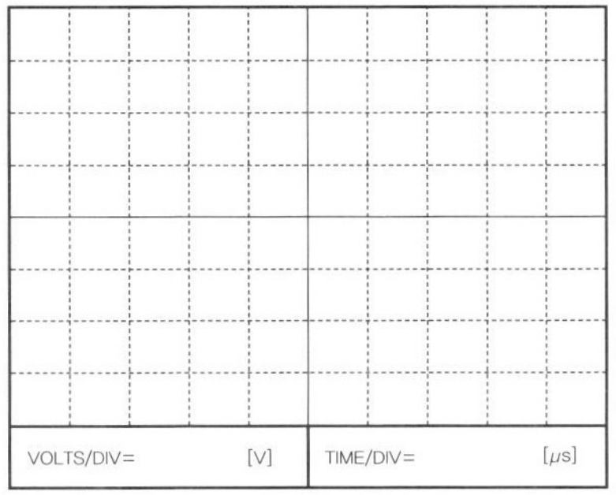

▶ 555비안정 및 T플립플롭 회로별 출력 파형과 스피커 발진음 표시

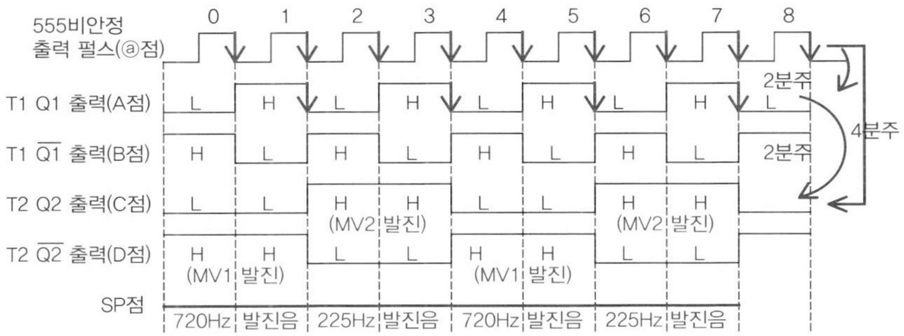

	0–1	1–2	2–3	3–4	4–5	5–6	6–7	7–8	
555비안정 출력 펄스(ⓐ점)									
T1 Q1 출력(A점)	L	H	L	H	L	H	L	H	L (2분주)
T1 $\overline{Q1}$ 출력(B점)	H	L	H	L	H	L	H	L	2분주
T2 Q2 출력(C점)	L	L	H	H	L	L	H	H	4분주
			(MV2	발진)			(MV2	발진)	
T2 $\overline{Q2}$ 출력(D점)	H	H	L	L	H	H	L	L	
	(MV1	발진)			(MV1	발진)			
SP점	720Hz	발진음	225Hz	발진음	720Hz	발진음	225Hz	발진음	

표준 조립 순서도 8 – 완성 기판 사진(동작 검사 및 파형 측정)

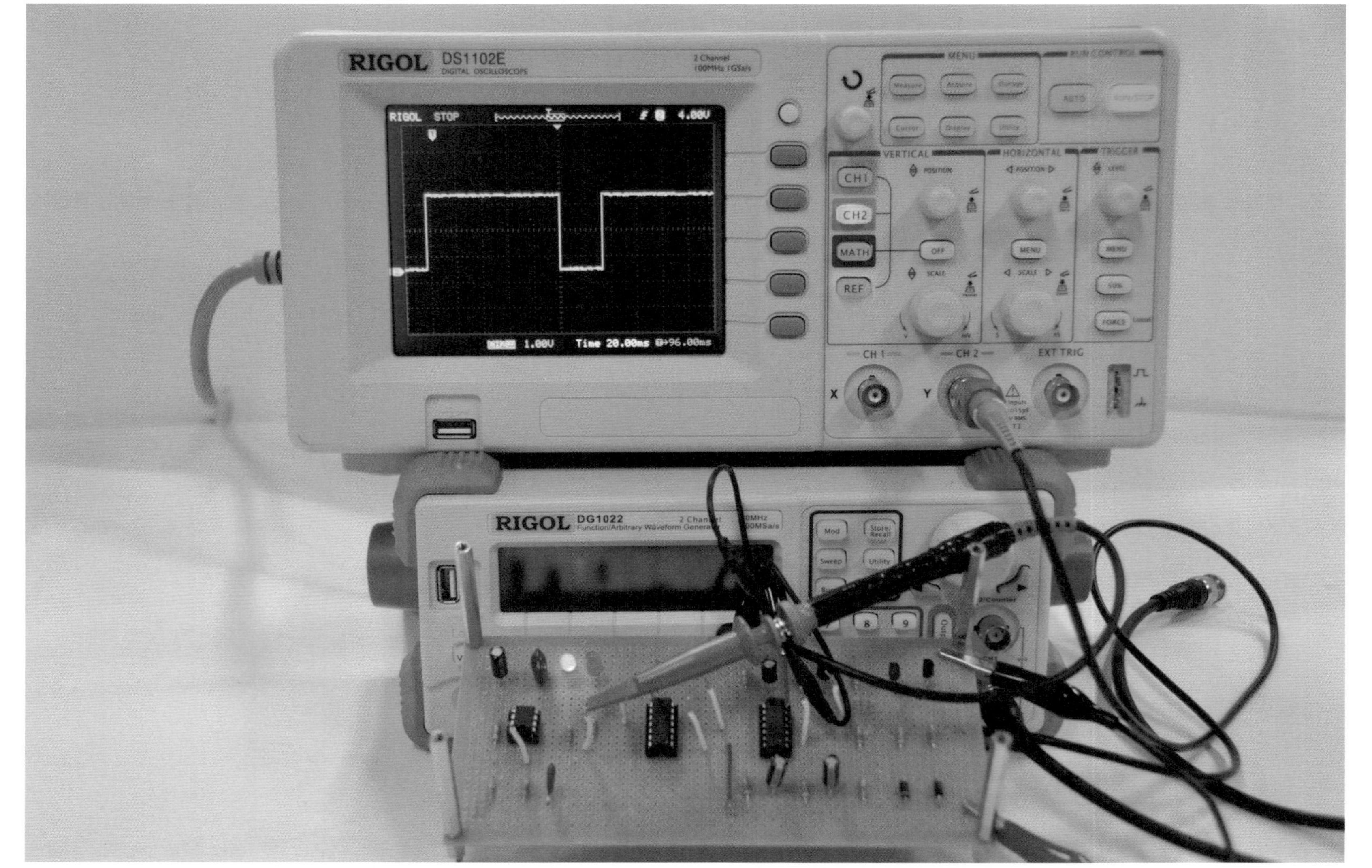

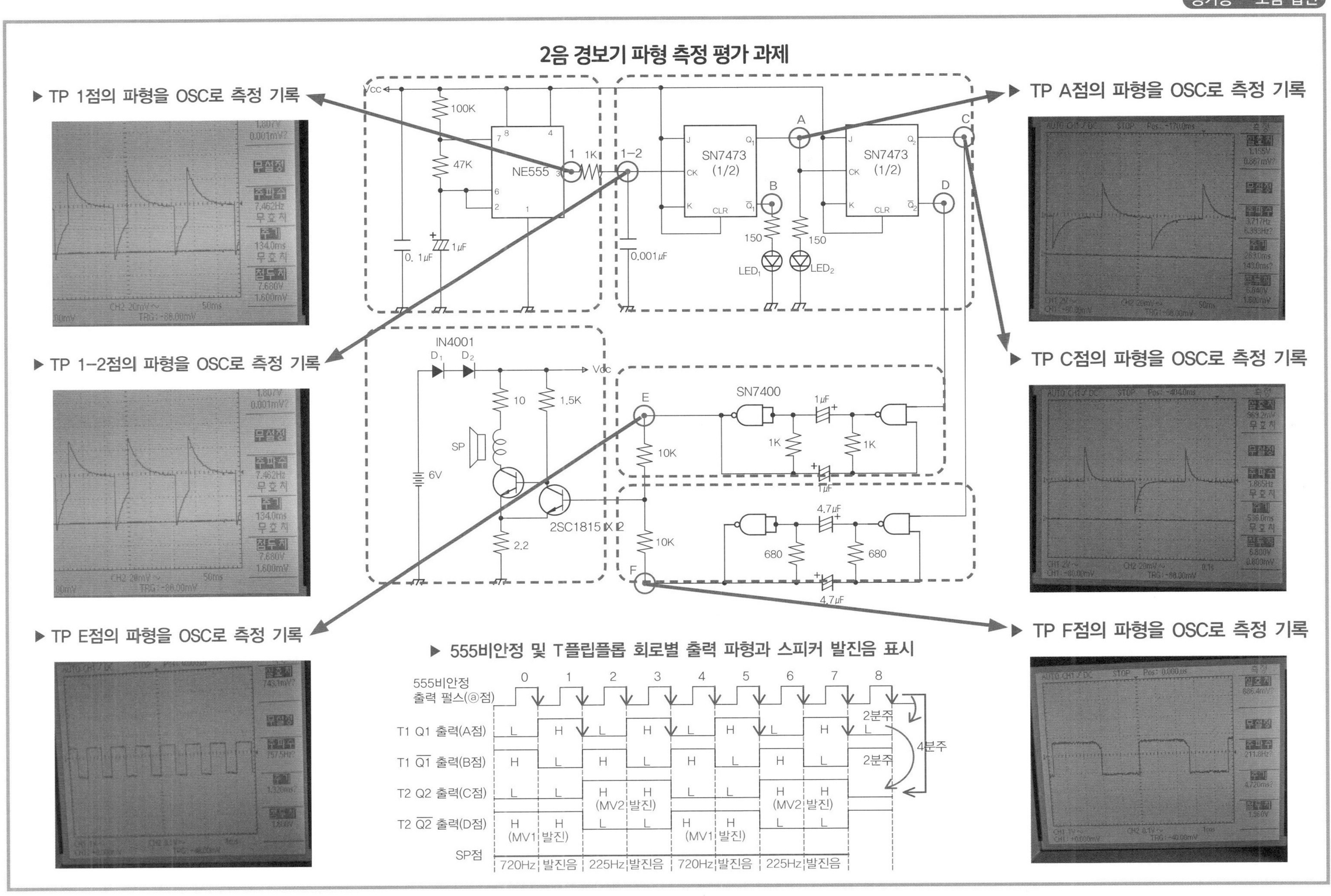
2음 경보기 파형 측정 평가 과제
▶ TP 1점의 파형을 OSC로 측정 기록
▶ TP 1-2점의 파형을 OSC로 측정 기록
▶ TP E점의 파형을 OSC로 측정 기록
▶ TP A점의 파형을 OSC로 측정 기록
▶ TP C점의 파형을 OSC로 측정 기록
▶ TP F점의 파형을 OSC로 측정 기록
Vcc
100K
47K
NE555
0. 1μF
1μF
1
1K
1-2
0.001μF
SN7473 (1/2)
A
B
C
D
150
LED1
LED2
IN4001
D1
D2
Vcc
10
1.5K
SP
6V
2.2
2SC1815 X 2
E
F
10K
SN7400
1μF
1K
4.7μF
680
▶ 555비안정 및 T플립플롭 회로별 출력 파형과 스피커 발진음 표시
555비안정 출력 펄스(ⓐ점)
T1 Q1 출력(A점)
T1 Q1 출력(B점)
T2 Q2 출력(C점)
T2 Q2 출력(D점)
SP점
0 1 2 3 4 5 6 7 8
2분주
4분주
(MV1 발진)
(MV2 발진)
720Hz 발진음
225Hz 발진음

제 2 장

NCS기반 2015 교육과정 실무교과 과정 중심평가 학습(모듈형)
전자기기 기능사 실기 출제 기준

회로 스케치 따라하기

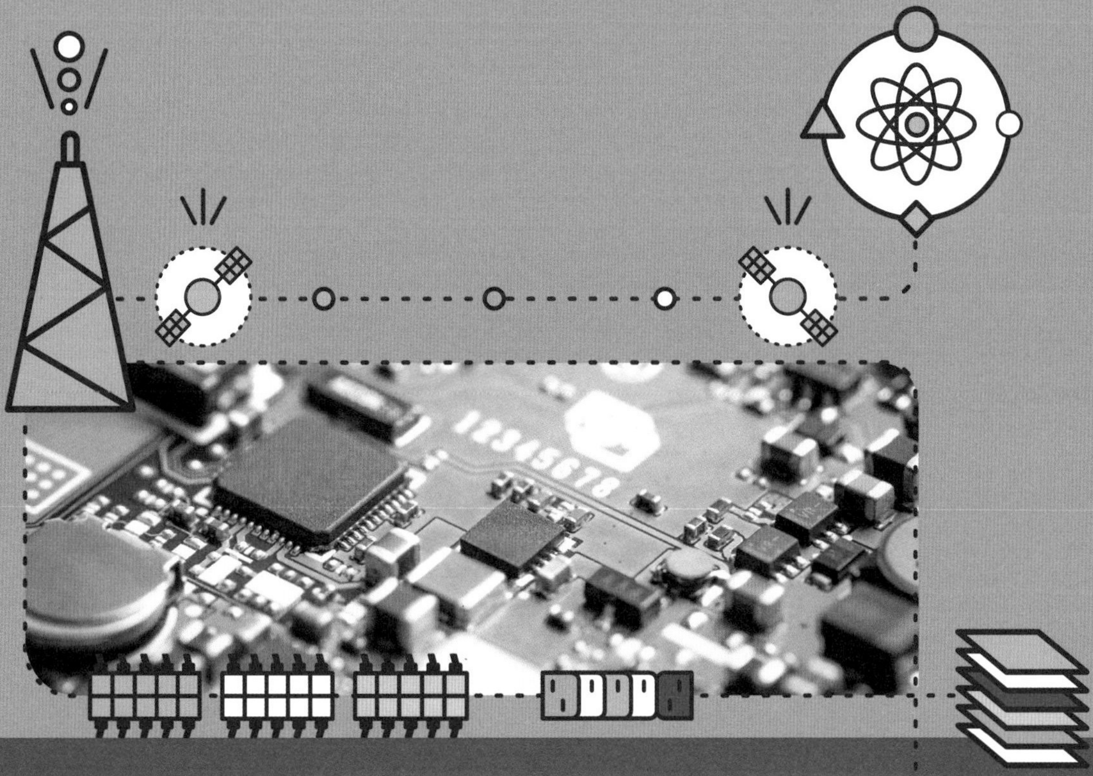

1 회로 스케치 과제 1

2 회로 스케치 과제 2

3 회로 스케치 과제 3

4 회로 스케치 과제 4

5 회로 스케치 과제 5

6 회로 스케치 과제 6

7 회로 스케치 과제 7

8 회로 스케치 과제 8

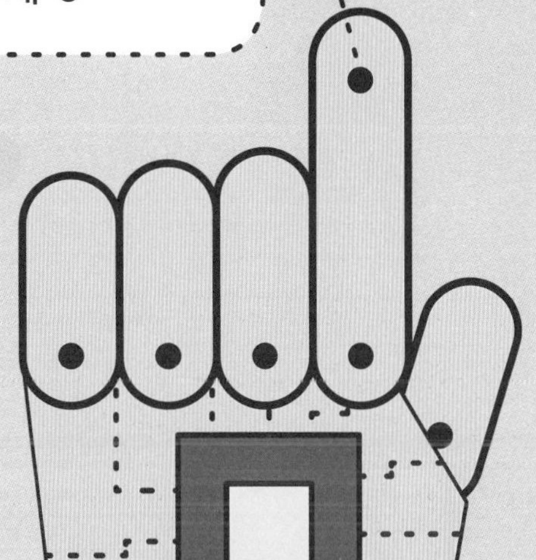

전자기기 기능사	회로 스케치 과제 1(기본형)	문제지 1 - A-1	실크도(부품도)

1. 요구 사항

(1) 주어진 도면의 패턴도와 부품도를 보고 부품 기호 및 심벌을 참조하여 회로 스케치 답안지에 회로 기호를 사용하여 회로 스케치를 완성합니다.

(2) 자를 사용하여 최대한 직선으로 표시하고 각 소자의 부품 번호를 기입합니다.

(3) 도면의 패턴도는 동박면(납땜면=패턴면)을 기준으로, 부품도는 부품면을 기준으로 작성한 것입니다.

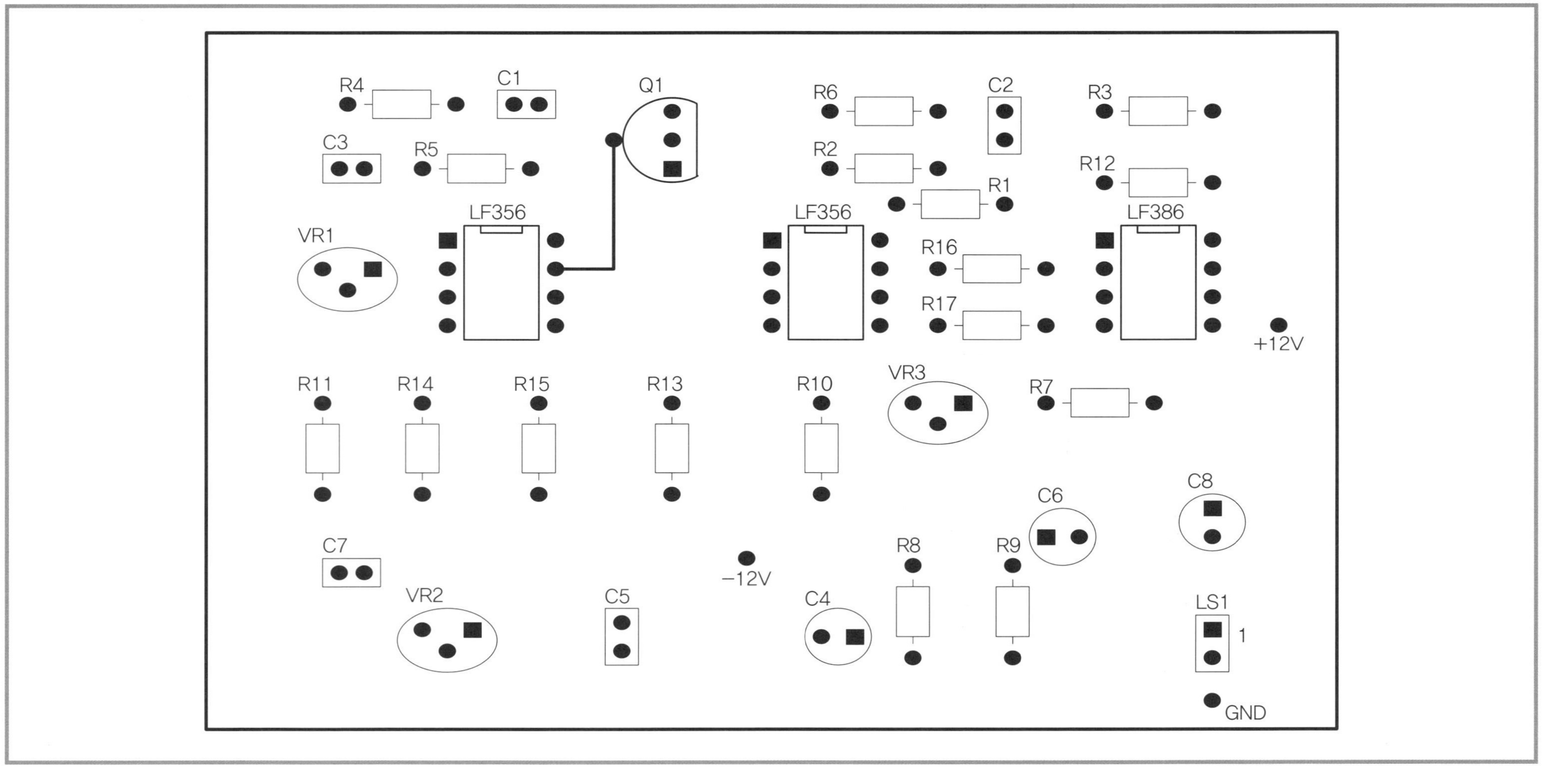

전자기기 기능사	회로 스케치 과제 1(기본형)	문제지 1 - A-2	패턴도(동박면)

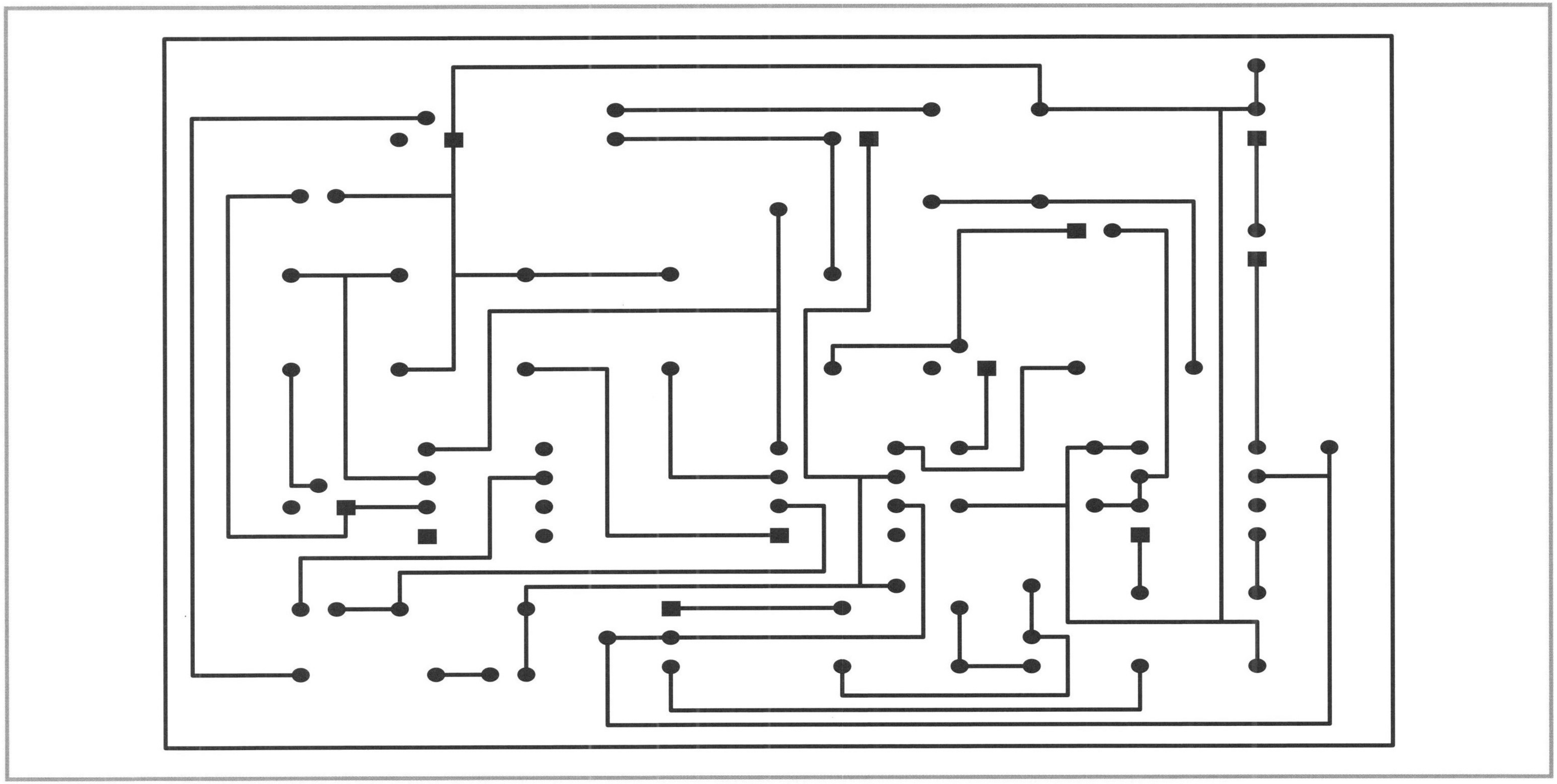

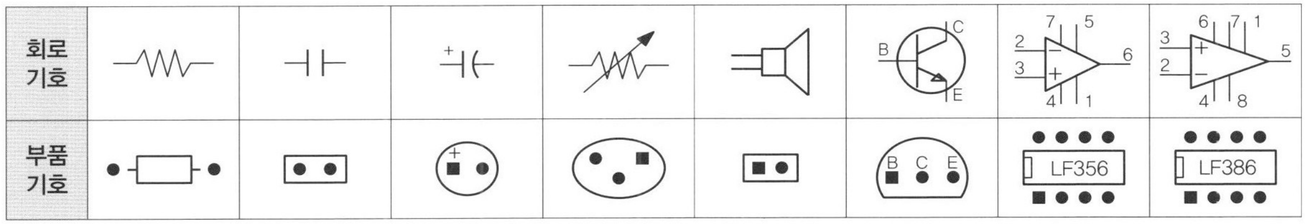

회로 기호						B C E	7 5 2 6 3 4 1	6 7 1 3 5 2 4 8
부품 기호			+			B C E	LF356	LF386

전자기기 기능사	회로 스케치 과제 1(기본형)	답안지 1-B-1	사전 과제-(연습용)

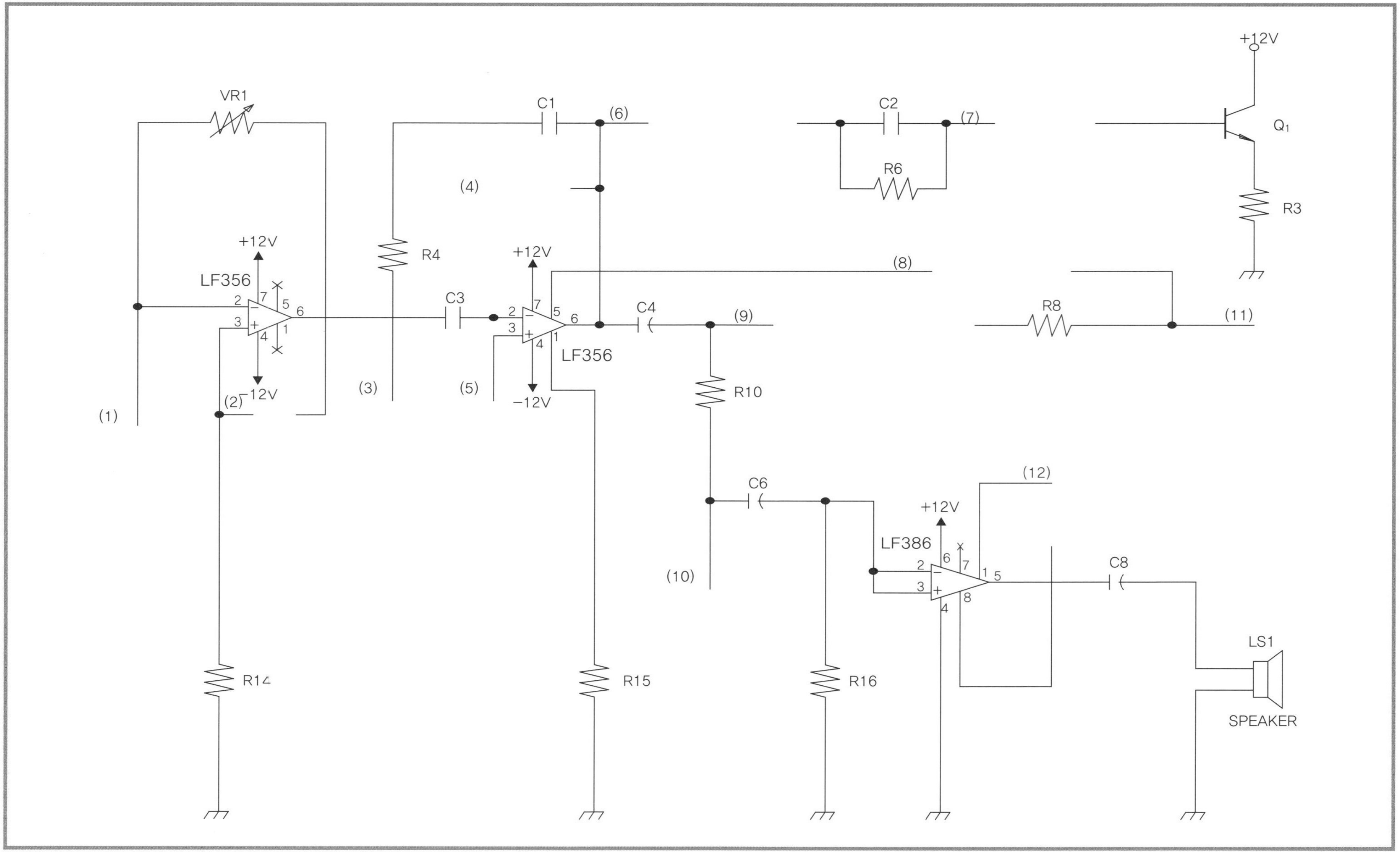

전자기기 기능사	회로 스케치 과제 1(기본형)	답안지 1-B-1	사전 과제 - 평가 1-(검사용)

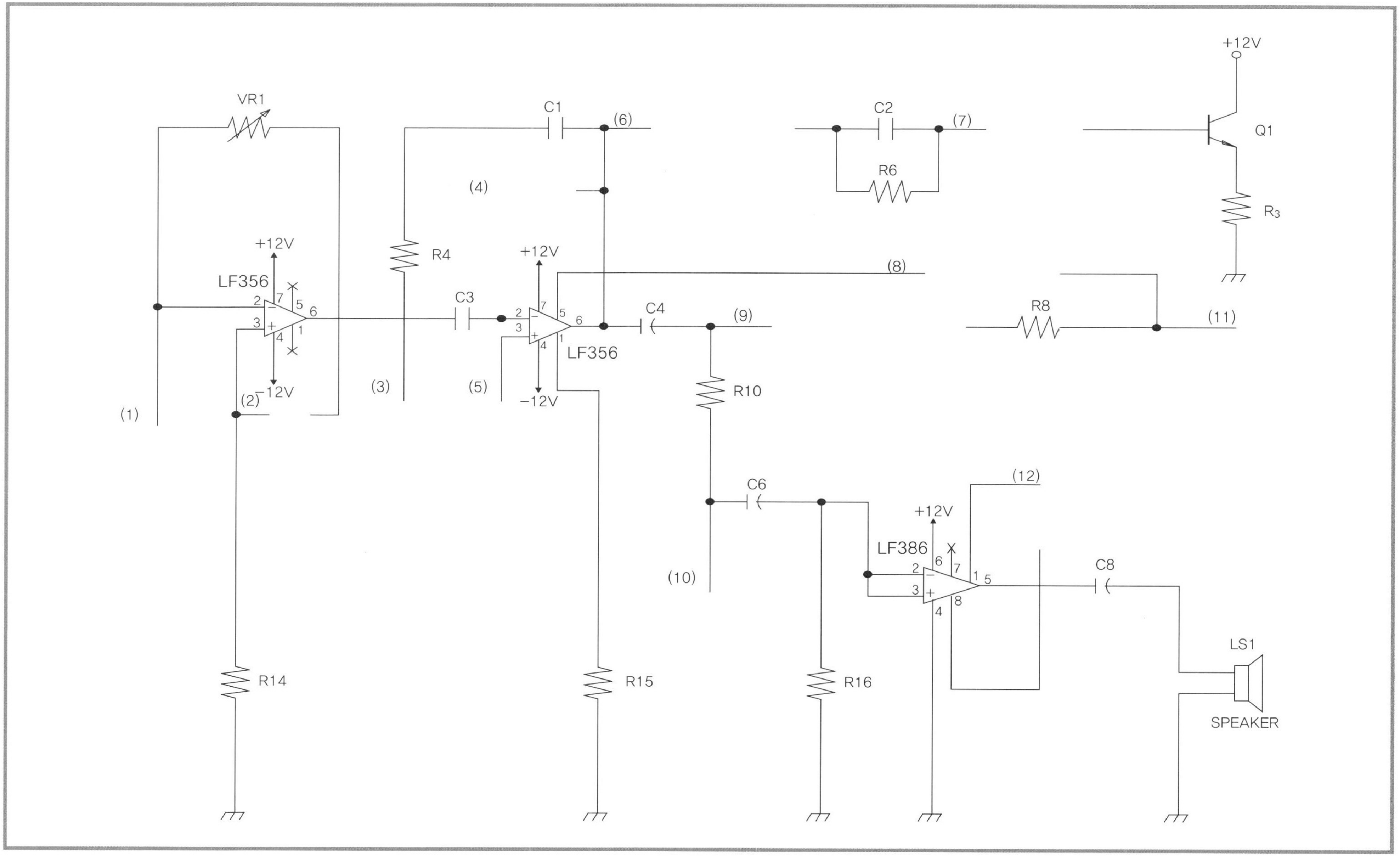

VR1
LF356
+12V
-12V
(1)
(2)
R4
(3)
C1
(4)
(6)
C3
(5)
LF356
+12V
-12V
C4
(9)
R10
(10)
C6
(8)
R14
R15
R16
C2
R6
(7)
R8
(11)
+12V
Q1
R_3
LF386
+12V
(12)
C8
LS1
SPEAKER

■ 회로 스케치 요령 1

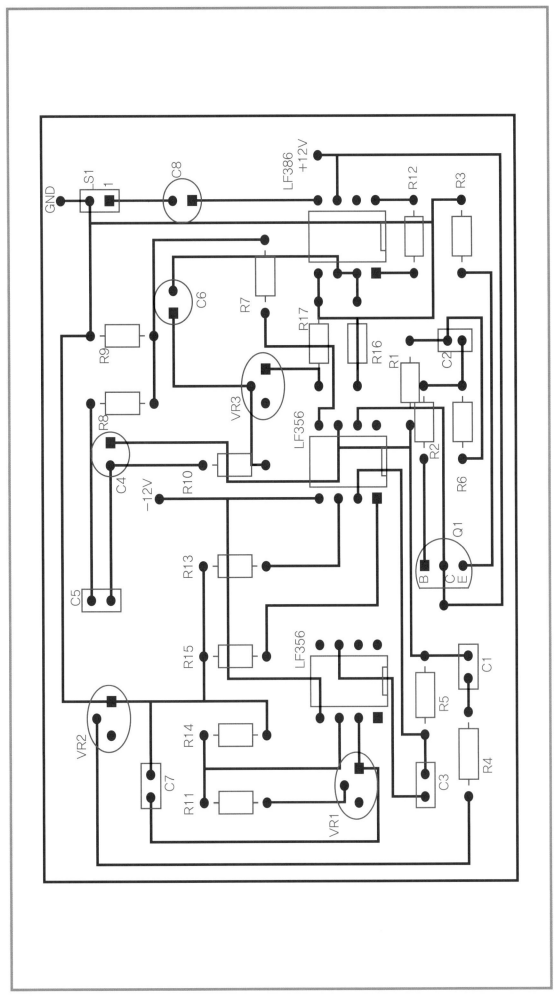

1) 요령 1은 위의 그림처럼 패턴도(동박면)에 부품도 기호를 위치에 맞게 옮겨서 표시하고 패턴도(동박면)에 옮겨진 부품도 기호와 패턴의 연결을 파악한다.

2) 패턴도와 부품도 기호의 연결 상태를 추적하면서 답안지에 연필로 회로도 기호와 부품 번호, 회로 결선 등을 표시한다.

3) 답안지에 회로도 기호와 부품 번호, 회로 결선 등을 표시한 것을 확인한 후 수정 부분이 있으면 수정한 후 검은색 볼펜으로 깨끗하게 연결하여 완성한다.

전자기기 기능사	회로 스케치 과제 1(기본형)	답안지 1 – B–2	과제 – 평가 2

▶ 회로 스케치 답안지 352쪽

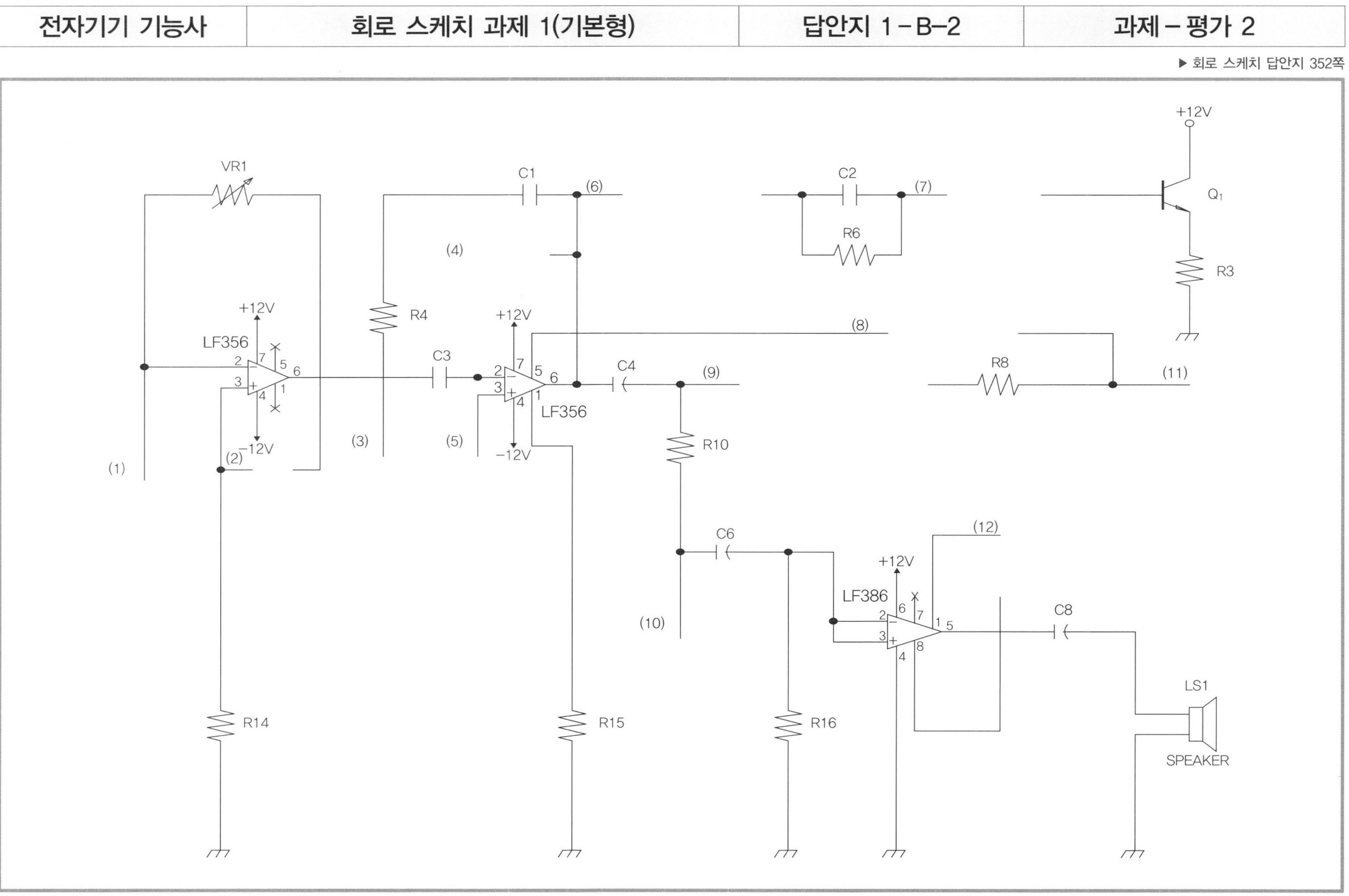

■ 회로 스케치 요령 2

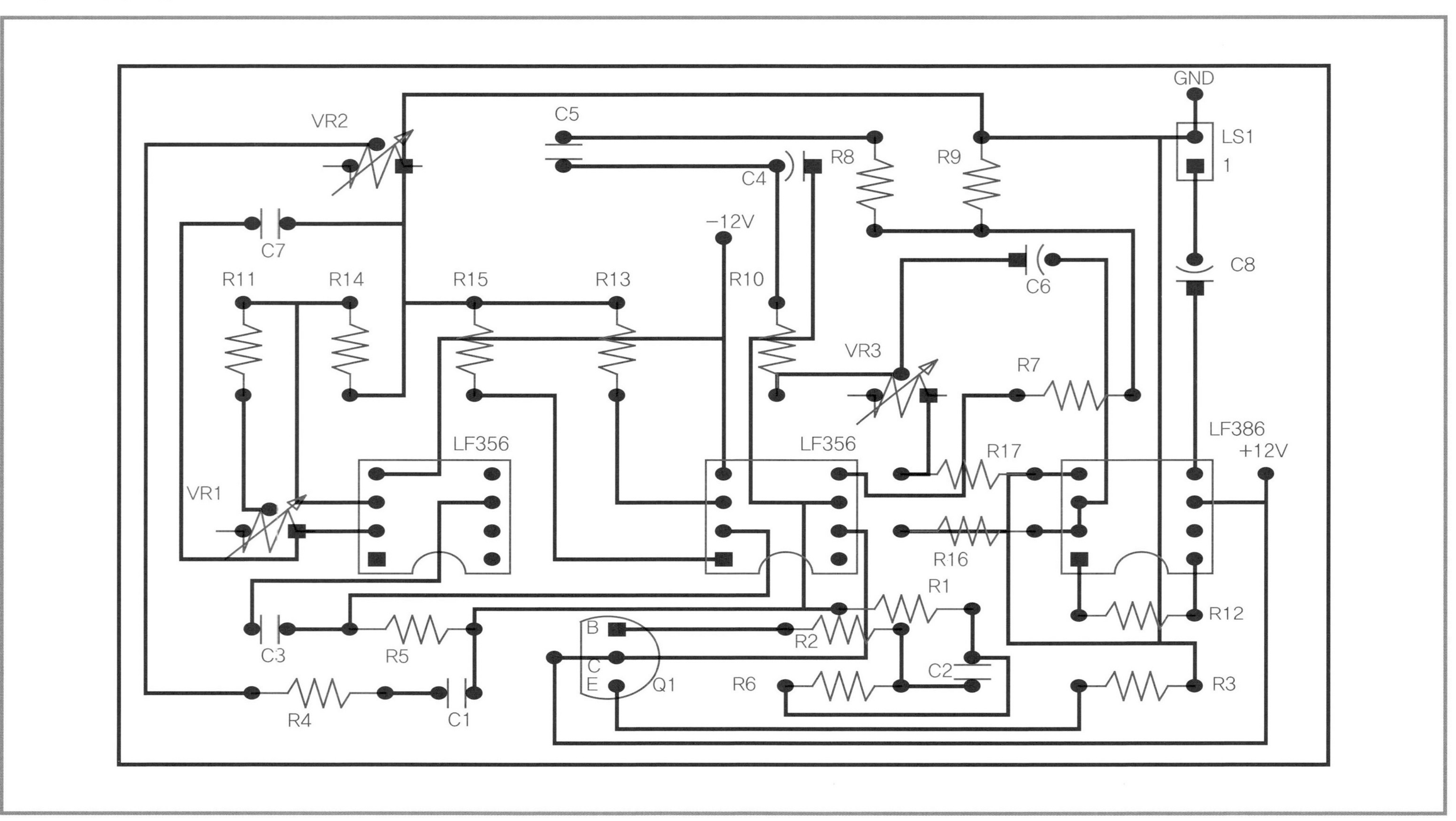

1) 요령 2는 위의 그림처럼 패턴도(동박면)에 회로도 기호를 위치에 맞게 옮겨서 표시하고 패턴도(동박면)에 옮겨진 회로도 기호와 패턴의 연결을 파악한다.

2) 패턴도와 회로도 기호의 연결 상태를 추적하면서 답안지에 연필로 회로도 기호와 부품 번호, 회로 결선 등을 표시한다.

3) 답안지에 회로도 기호와 부품 번호, 회로 결선 등을 표시한 것을 확인한 후 수정 부분이 있으면 수정한 후 검은색 볼펜으로 깨끗하게 연결하여 완성한다.

전자기기 기능사	회로 스케치 과제 1(기본형)	답안지 1 - B-3	과제 - 평가 3

▶ 회로 스케치 답안지 352쪽

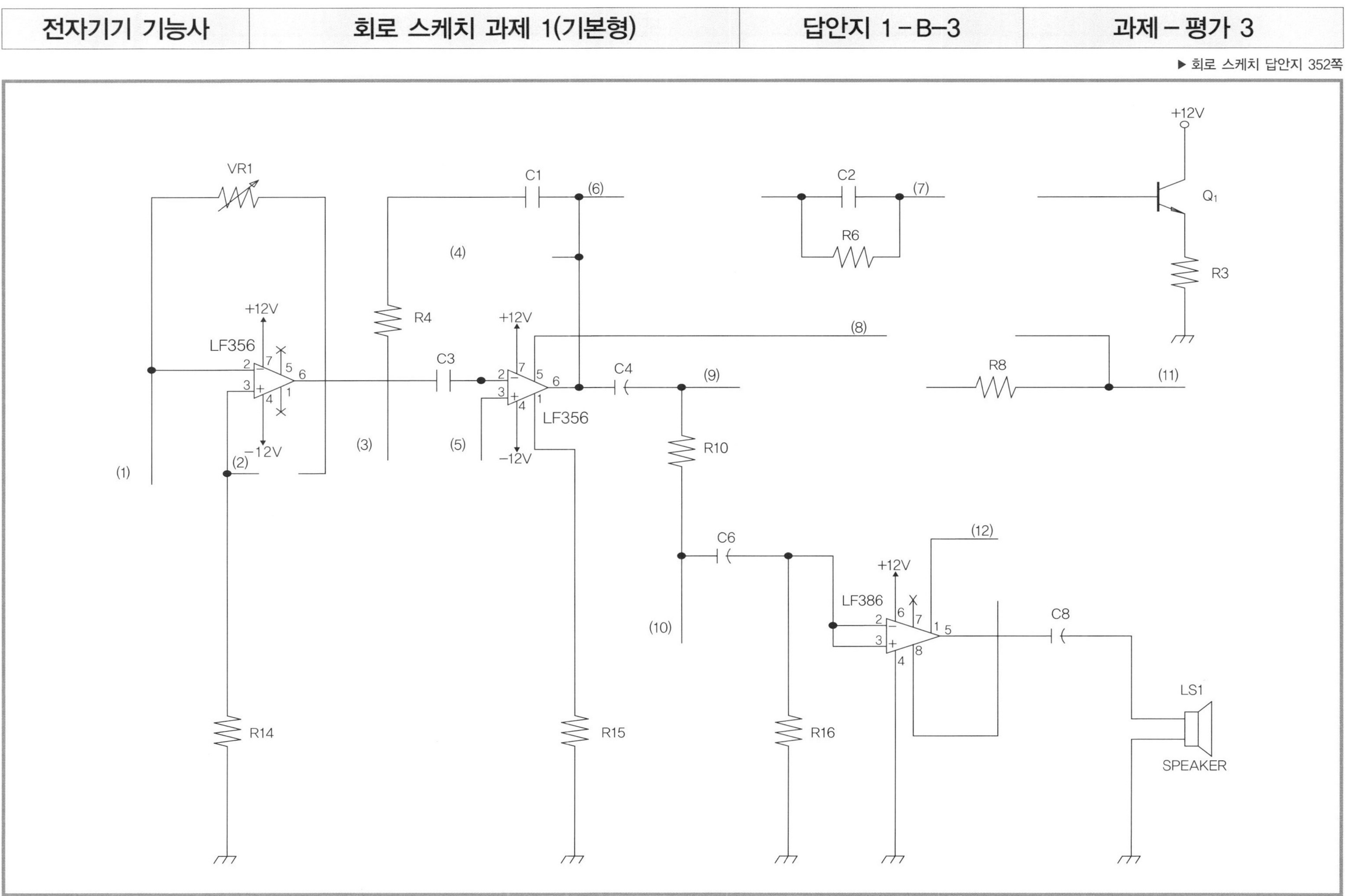

전자기기 기능사	회로 스케치 과제 1(좌우형)	문제지 2-A-1	실크도(부품도)

1. 요구 사항

(1) 주어진 도면의 패턴도와 부품도를 보고 부품 기호 및 심벌을 참조하여 회로 스케치 답안지에 회로 기호를 사용하여 회로 스케치를 완성합니다.

(2) 자를 사용하여 최대한 직선으로 표시하고 각 소자의 부품 번호를 기입합니다.

(3) 도면의 패턴도는 동박면(납땜면=패턴면)을 기준으로, 부품도는 부품면을 기준으로 작성한 것입니다.

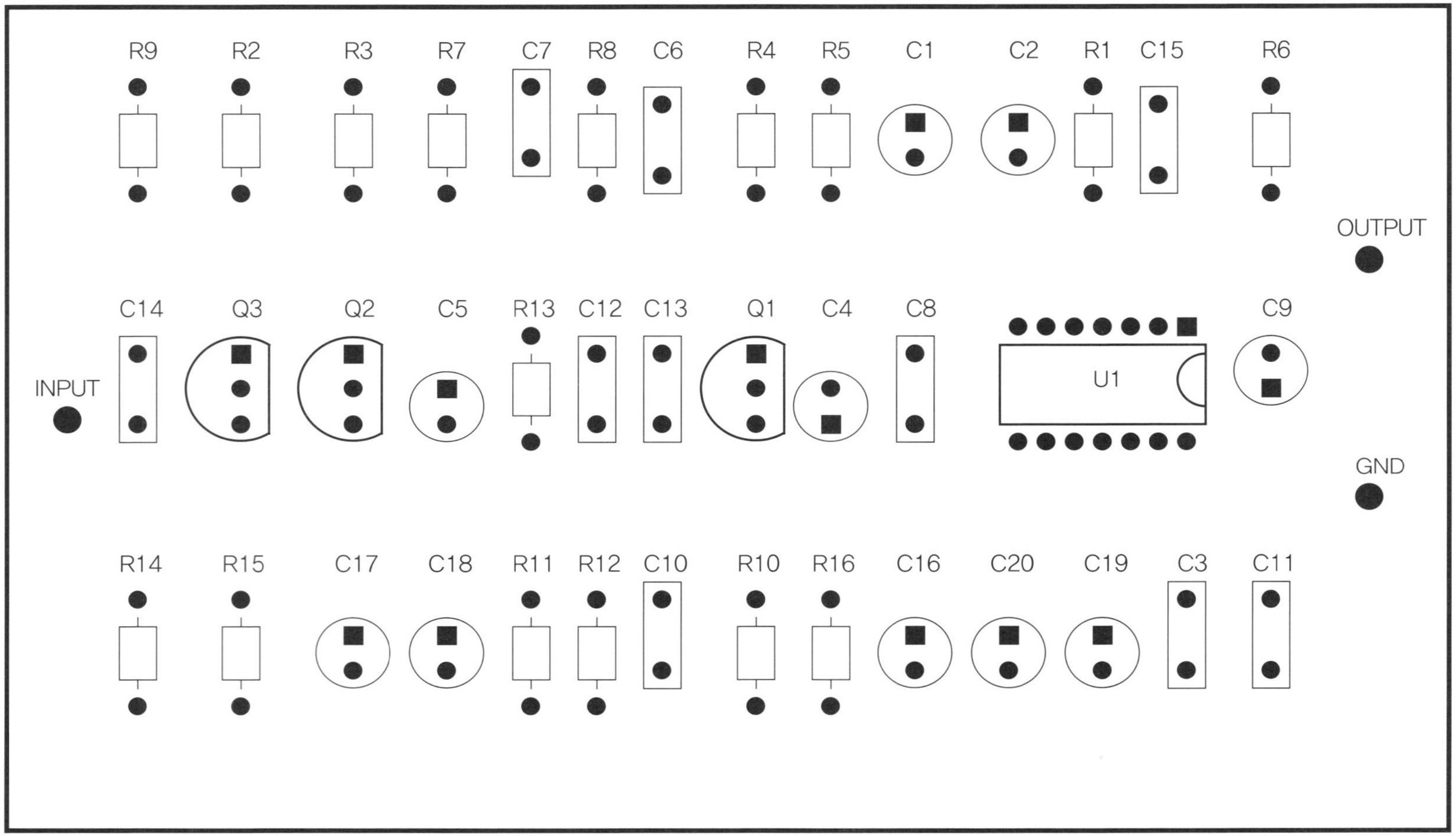

R9 R2 R3 R7 C7 R8 C6 R4 R5 C1 C2 R1 C15 R6

OUTPUT

C14 Q3 Q2 C5 R13 C12 C13 Q1 C4 C8 C9

INPUT U1

GND

R14 R15 C17 C18 R11 R12 C10 R10 R16 C16 C20 C19 C3 C11

전자기기 기능사	회로 스케치 과제 1(좌우형)	문제지 2 - A-2	패턴도(동박면)

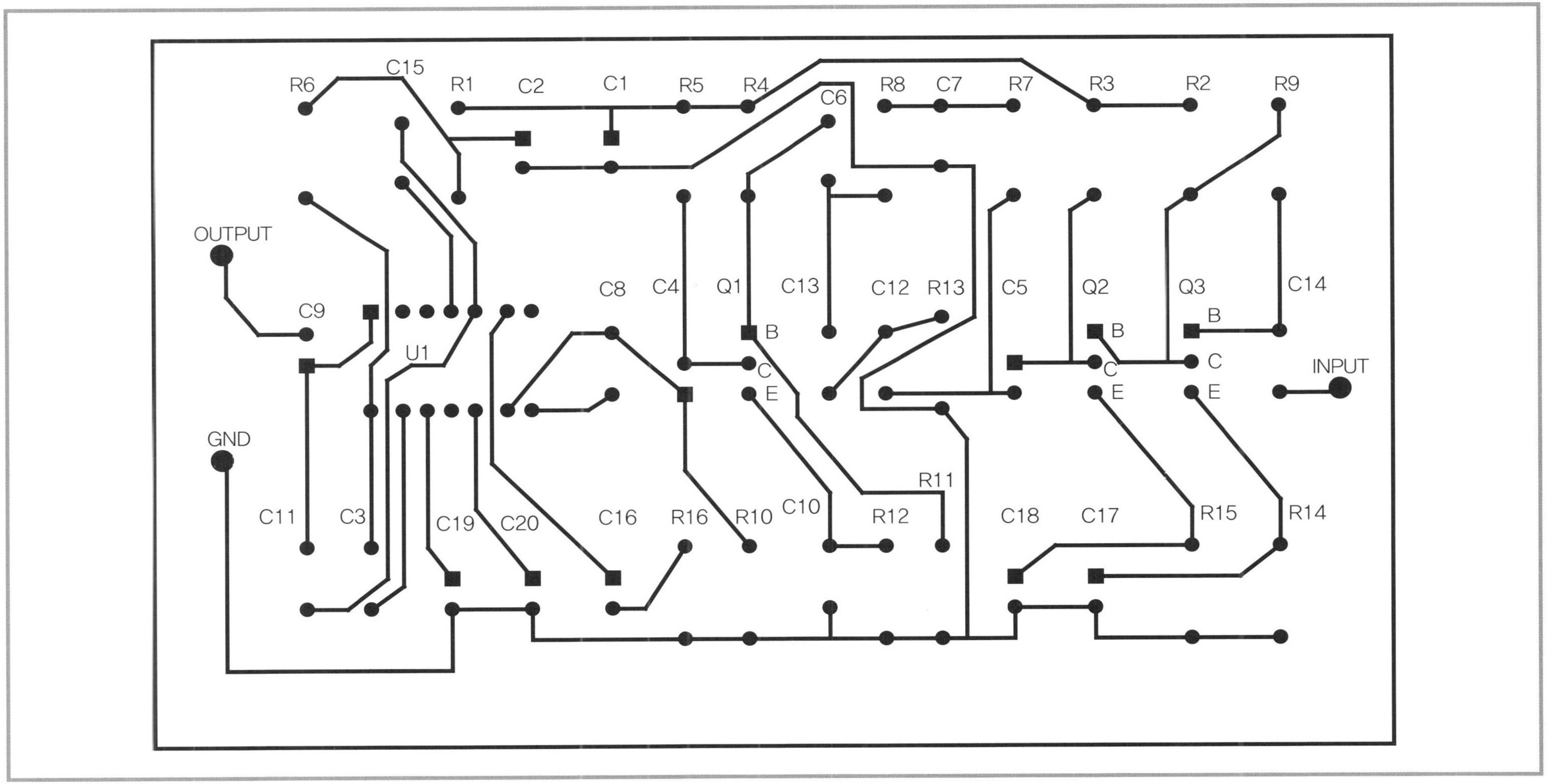

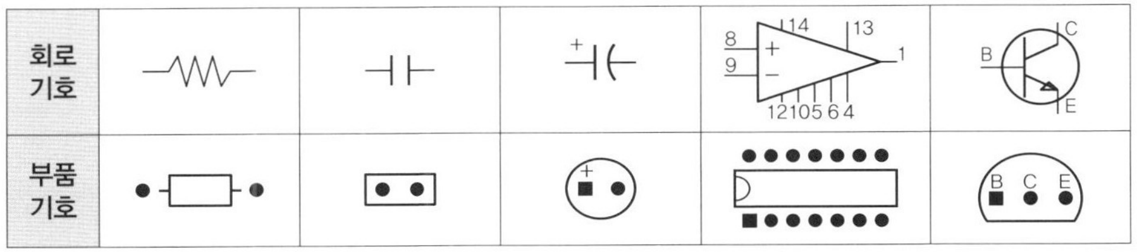

회로 기호	—/\/\/\—	⊣⊢	+⊣(	8, 9, +, −, 14, 13, 1, 12 10 5 6 4	B, C, E
부품 기호			+		B C E

전자기기 기능사	회로 스케치 과제 2(좌우형)	답안지 2-B-1	사전 과제 - (연습용)

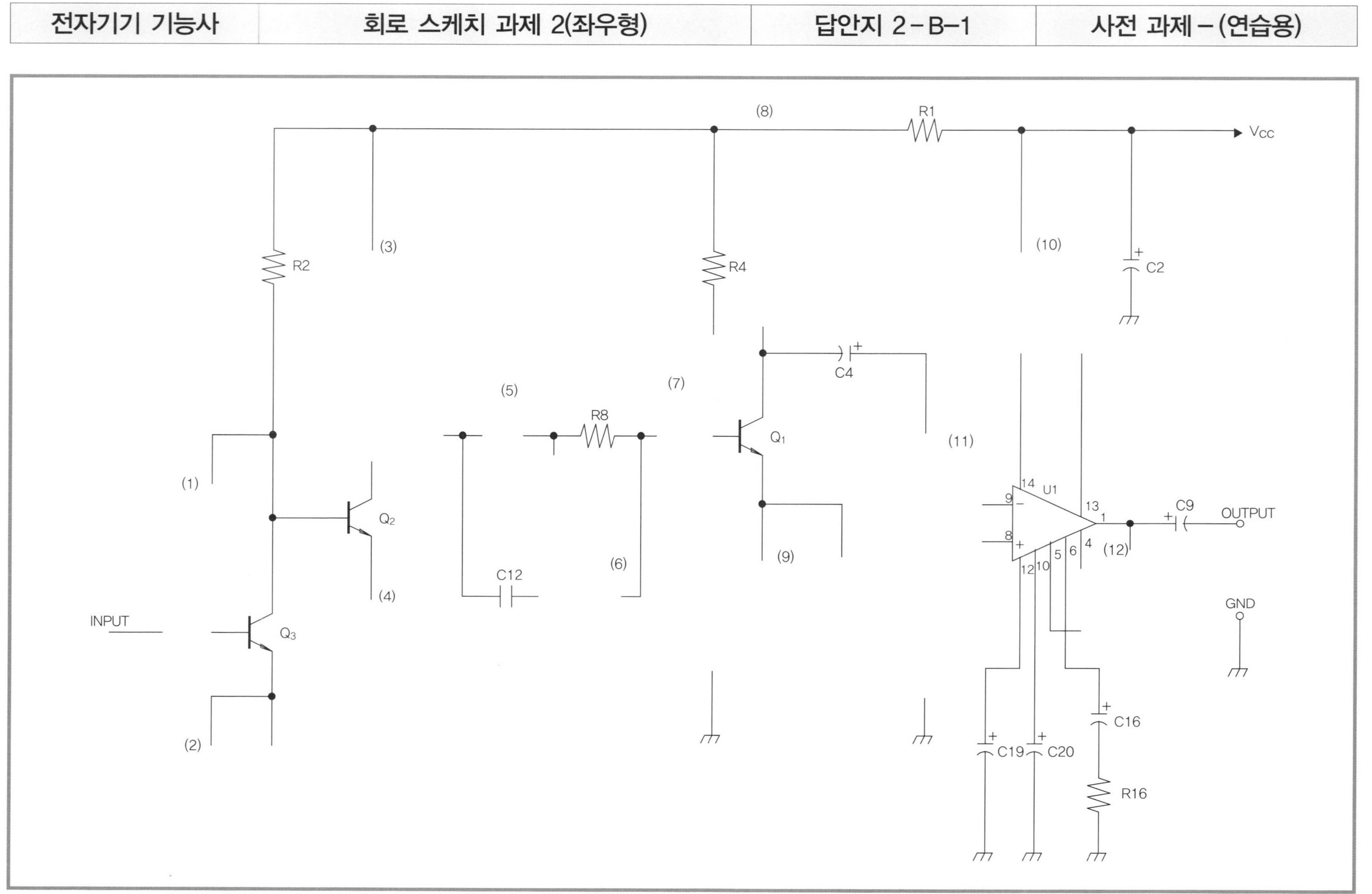

전자기기 기능사	회로 스케치 과제 2(좌우형)	답안지 2-B-1	사전 과제 - 평가 1-(검사용)

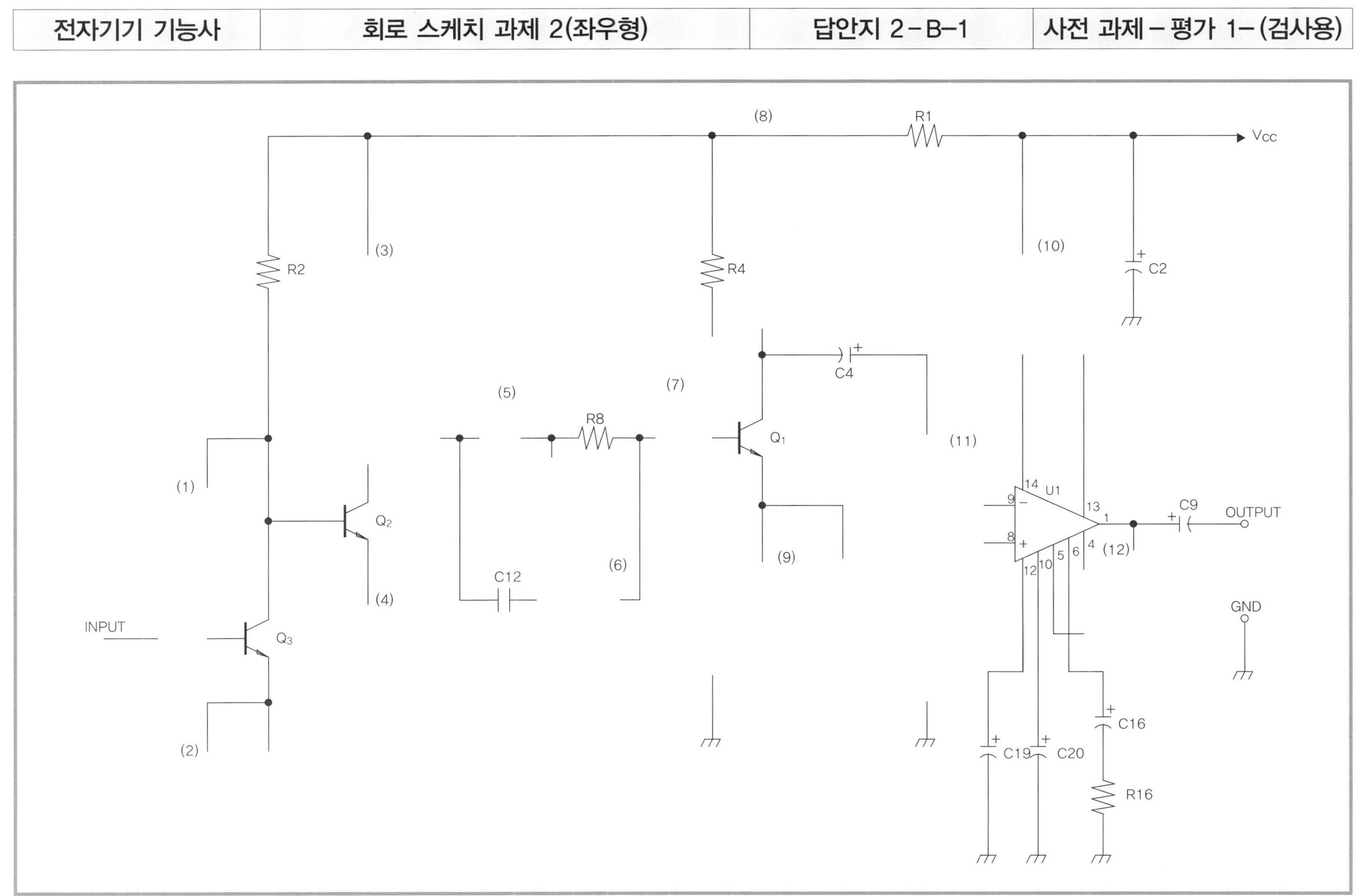

▣ 회로 스케치 요령 1

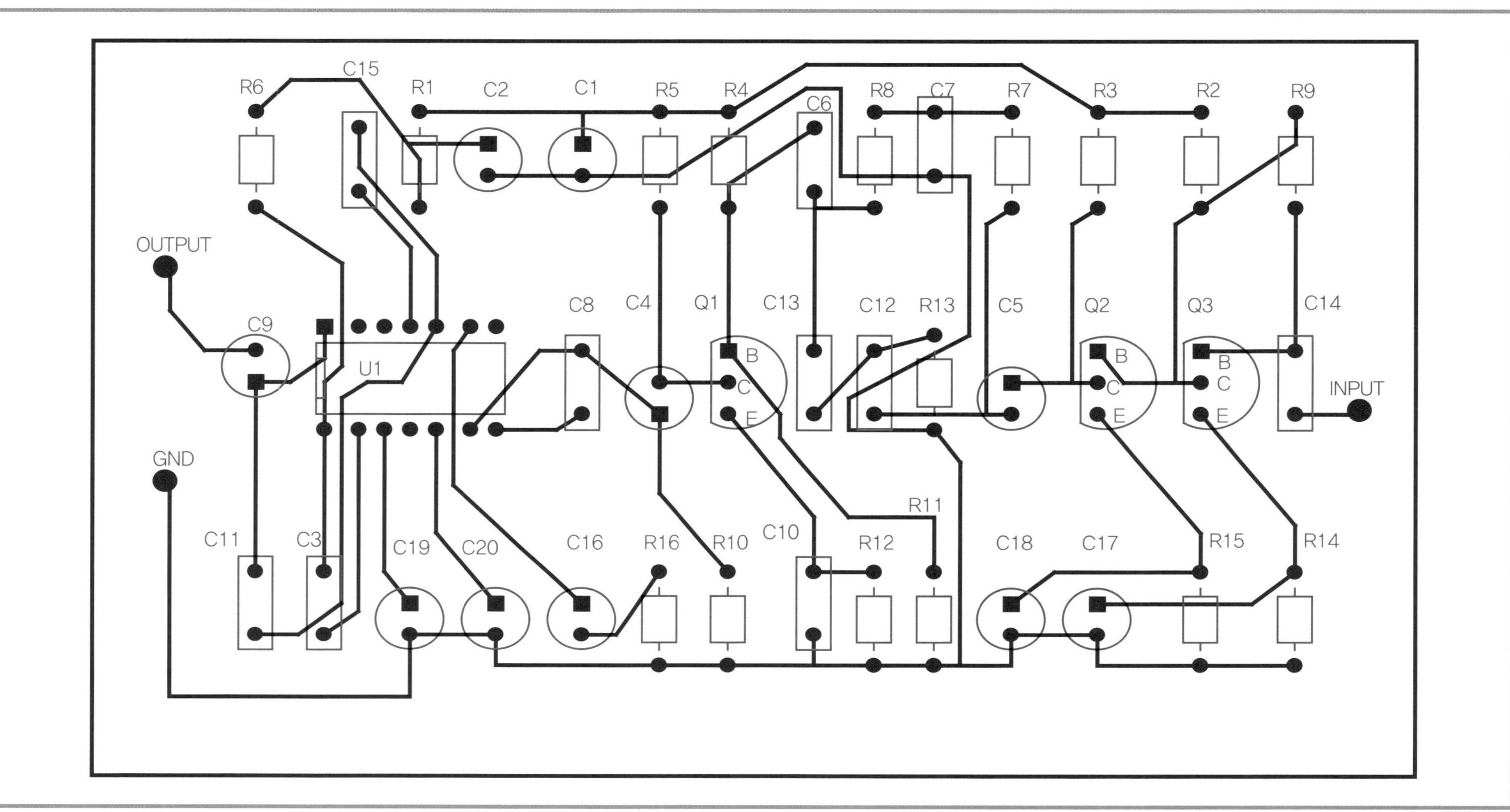

1) 요령 1은 위의 그림처럼 패턴도(동박면)에 부품도 기호를 위치에 맞게 옮겨서 표시하고 패턴도(동박면)에 옮겨진 부품도 기호와 패턴의 연결을 파악한다.

2) 패턴도와 부품도 기호의 연결 상태를 추적하면서 답안지에 연필로 회로도 기호와 부품 번호, 회로 결선 등을 표시한다.

3) 답안지에 회로도 기호와 부품 번호, 회로 결선 등을 표시한 것을 확인한 후 수정 부분이 있으면 수정한 후 검은색 볼펜으로 깨끗하게 연결하여 완성한다.

▶ 회로 스케치 답안지 353쪽

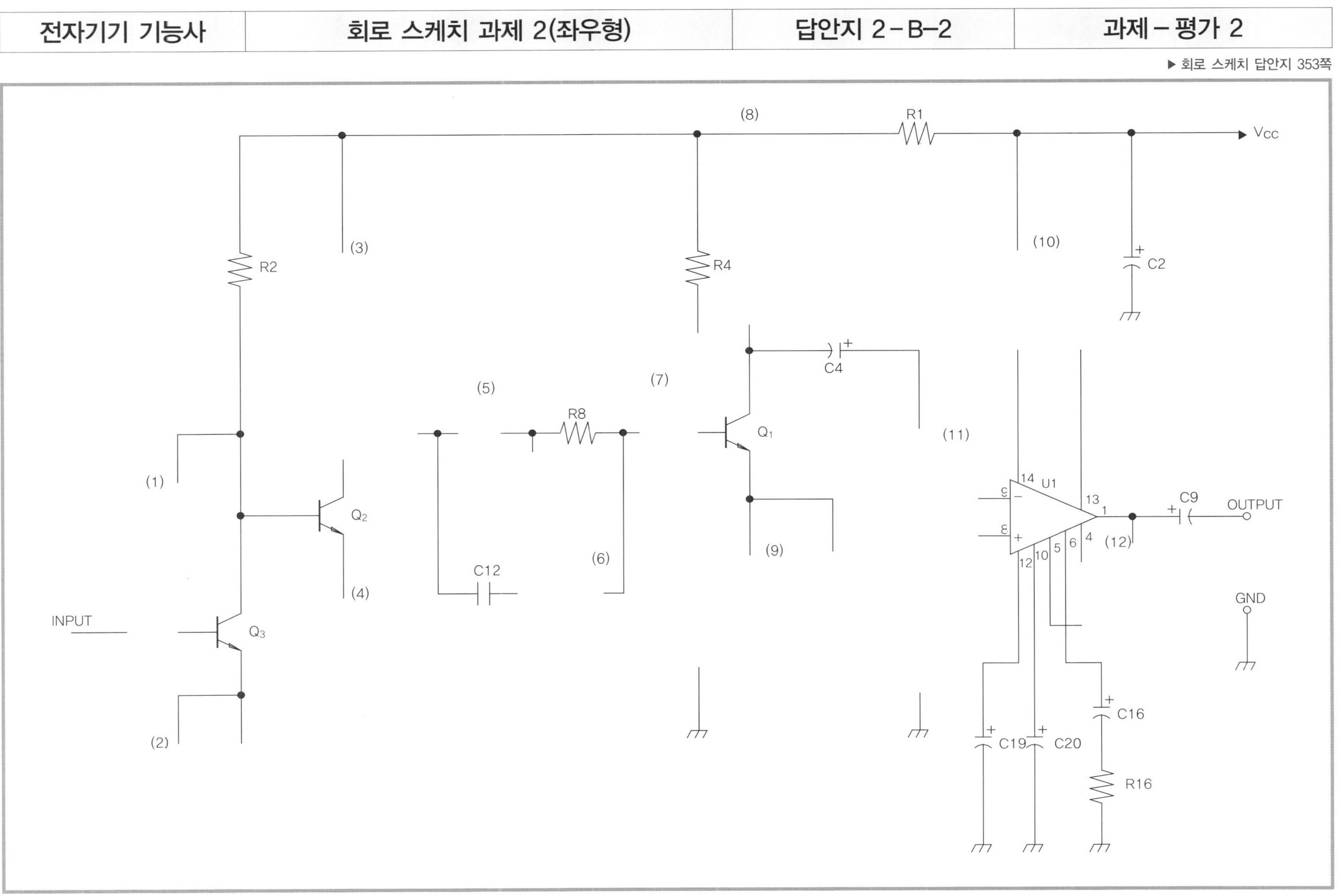

■ 회로 스케치 요령 2

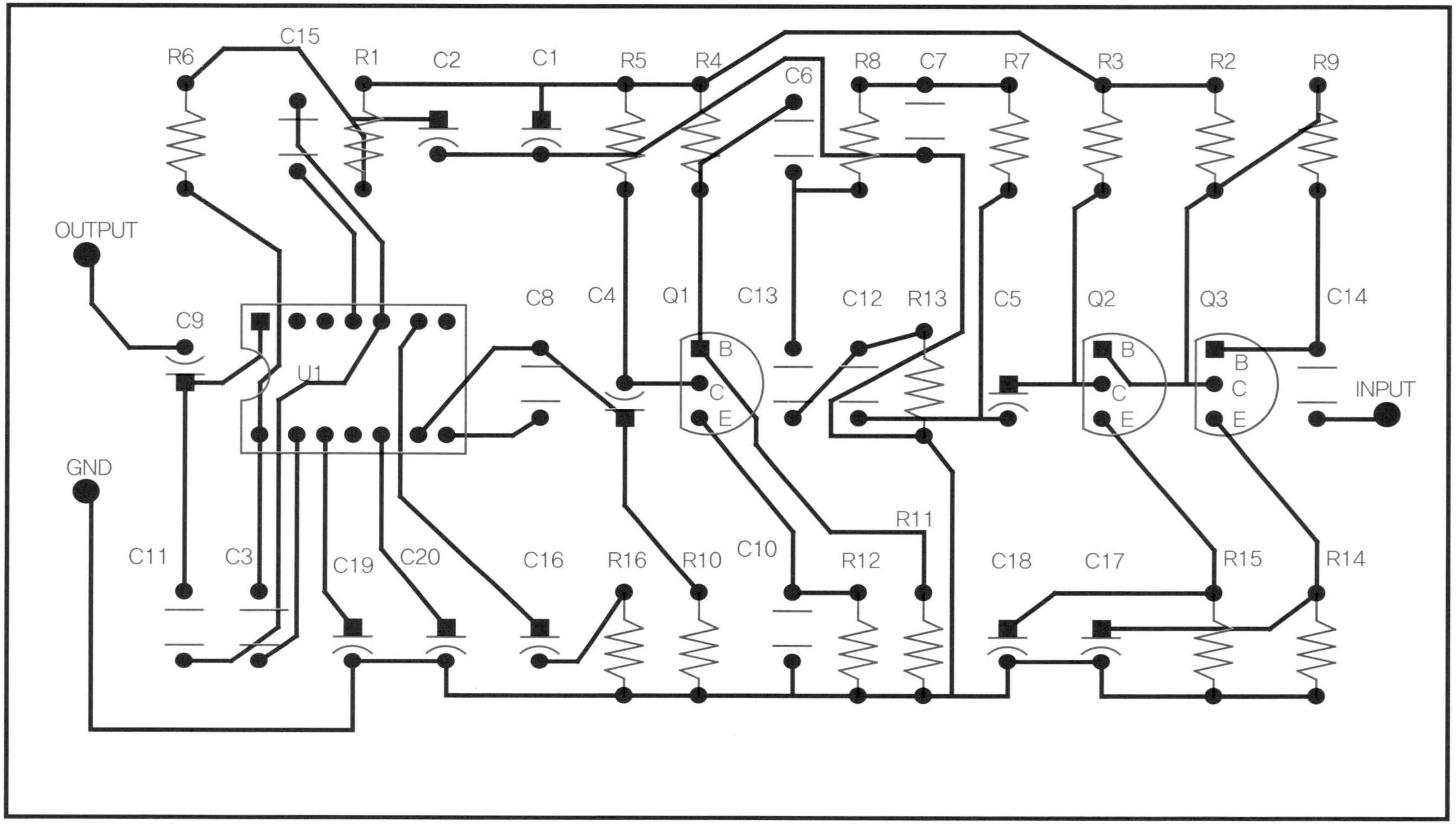

1) 요령 2는 위의 그림처럼 패턴도(동박면)에 회로도 기호를 위치에 맞게 옮겨서 표시하고 패턴도(동박면)에 옮겨진 회로도 기호와 패턴의 연결을 파악한다.

2) 패턴도와 회로도 기호의 연결 상태를 추적하면서 답안지에 연필로 회로도 기호와 부품 번호, 회로 결선 등을 표시한다.

3) 답안지에 회로도 기호와 부품 번호, 회로 결선 등을 표시한 것을 확인한 후 수정 부분이 있으면 수정한 후 검은색 볼펜으로 깨끗하게 연결하여 완성한다.

▶ 회로 스케치 답안지 353쪽

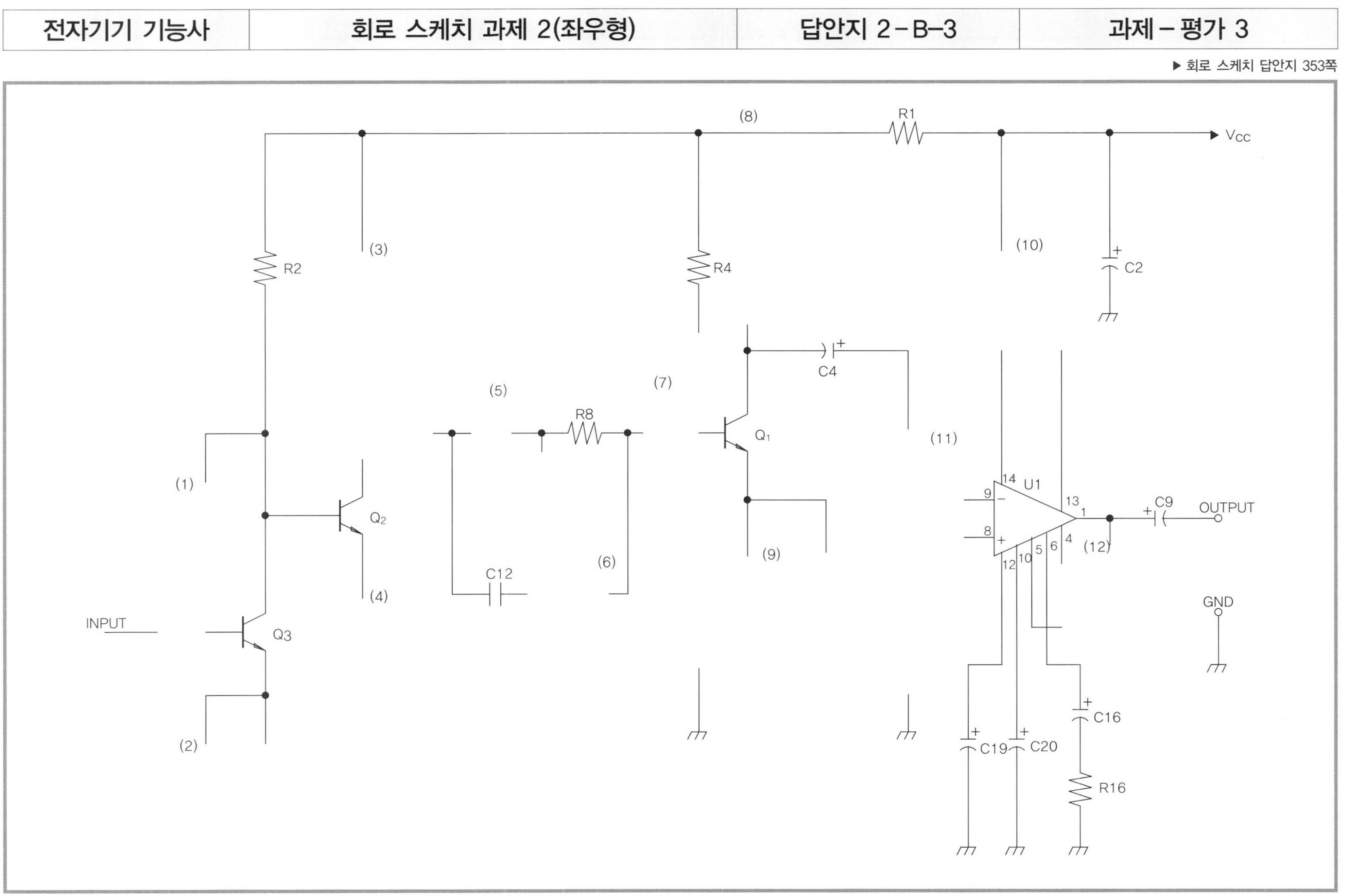

전자기기 기능사	회로 스케치 과제 3(기본형)	문제지 1-A-1	실크도(부품도)

1. 요구 사항

(1) 주어진 도면의 패턴도와 부품도를 보고 부품 기호 및 심벌을 참조하여 회로 스케치 답안지에 회로 기호를 사용하여 회로 스케치를 완성합니다.

(2) 자를 사용하여 최대한 직선으로 표시하고 각 소자의 부품 번호를 기입합니다.

(3) 도면의 패턴도는 동박면(납땜면=패턴면)을 기준으로, 부품도는 부품면을 기준으로 작성한 것입니다.

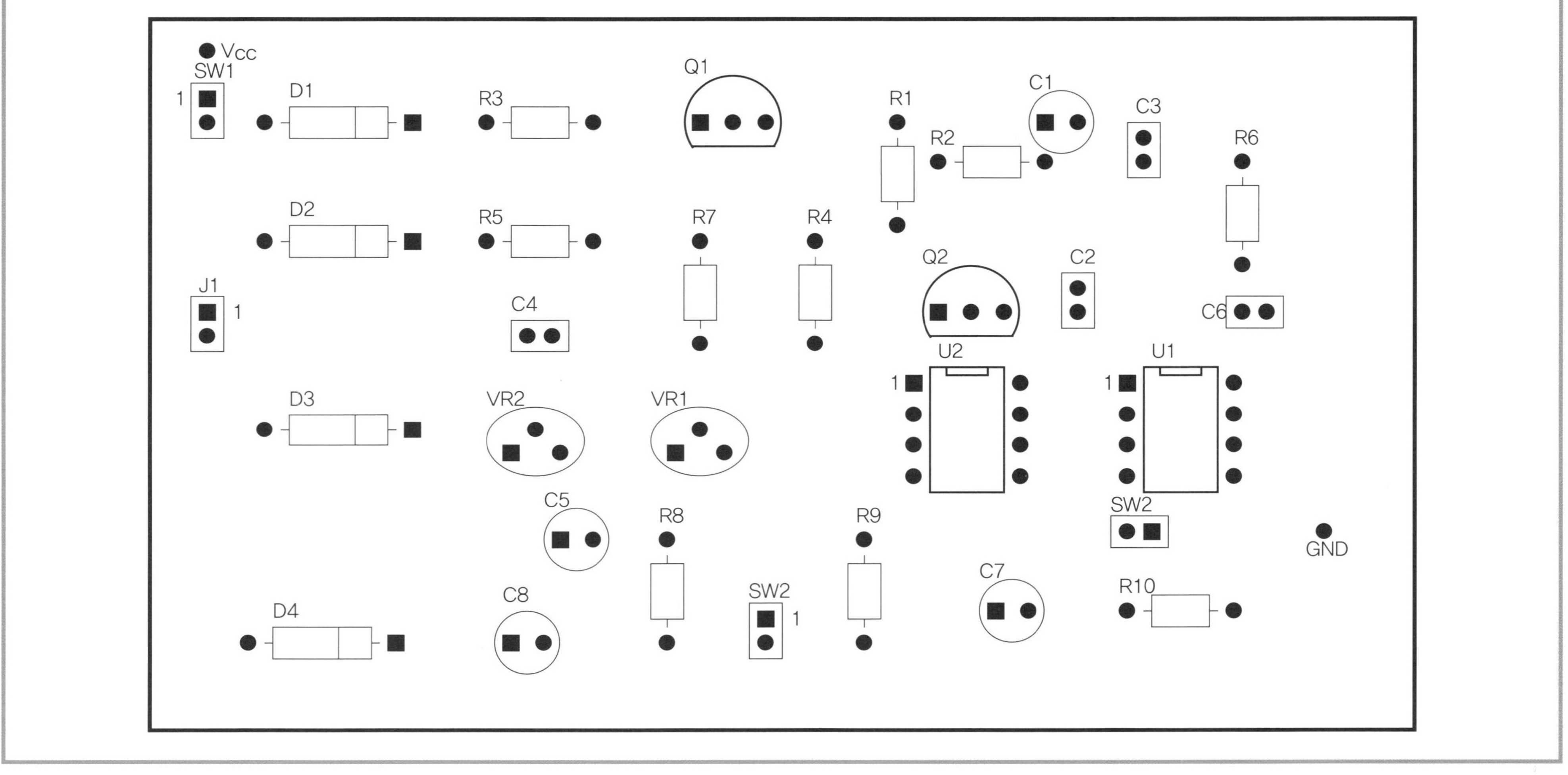

전자기기 기능사	회로 스케치 과제 3(기본형)	문제지 1-A-2	패턴도(동박면)

회로 기호						B C E	1 2		2 3 7 5 6 4 1
부품 기호			+			B C E			LF356

전자기기 기능사	회로 스케치 과제 3(기본형)	답안지 2-B-1	사전 과제-(연습용)

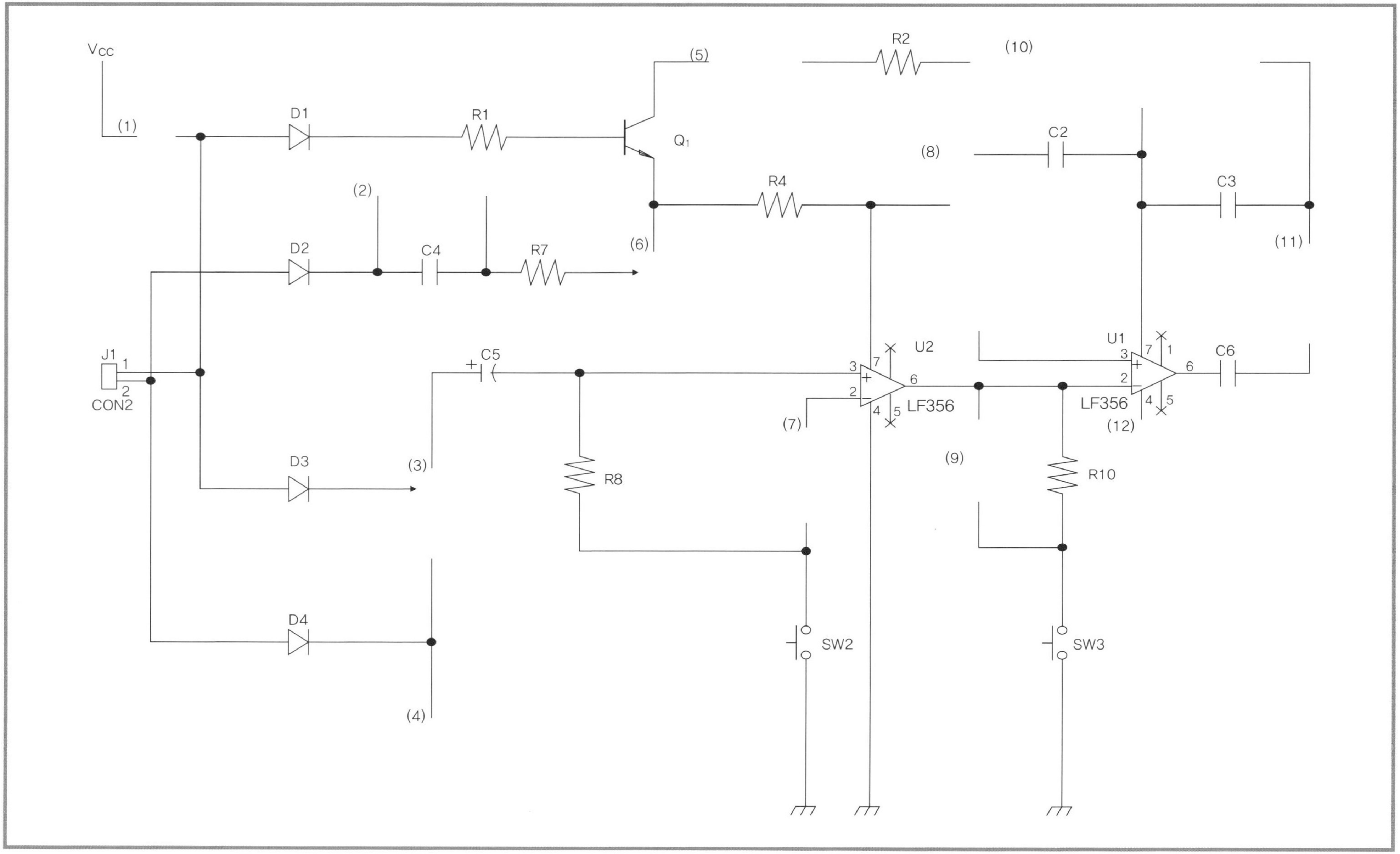

Vcc
(1)
D1
R1
Q1
(5)
R2
(10)
(8)
C2
(2)
R4
C3
D2
C4
R7
(6)
(11)
J1
1
2
CON2
C5
U2
LF356
(7)
U1
LF356
(12)
C6
D3
(3)
R8
(9)
R10
D4
(4)
SW2
SW3

전자기기 기능사	회로 스케치 과제 3(기본형)	답안지 3-B-1	사전 과제 - 평가 1-(검사용)

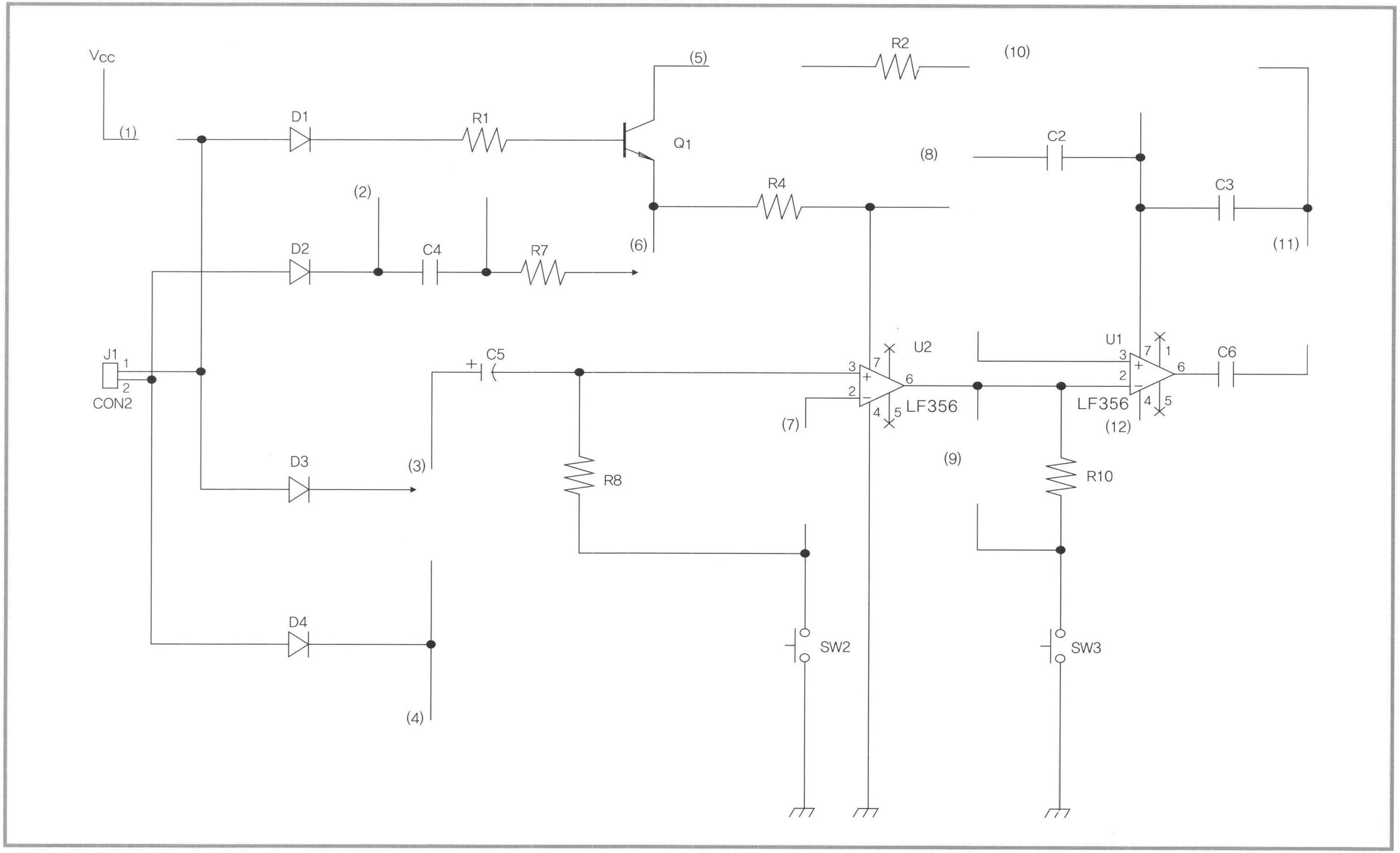

■ 회로 스케치 요령 1

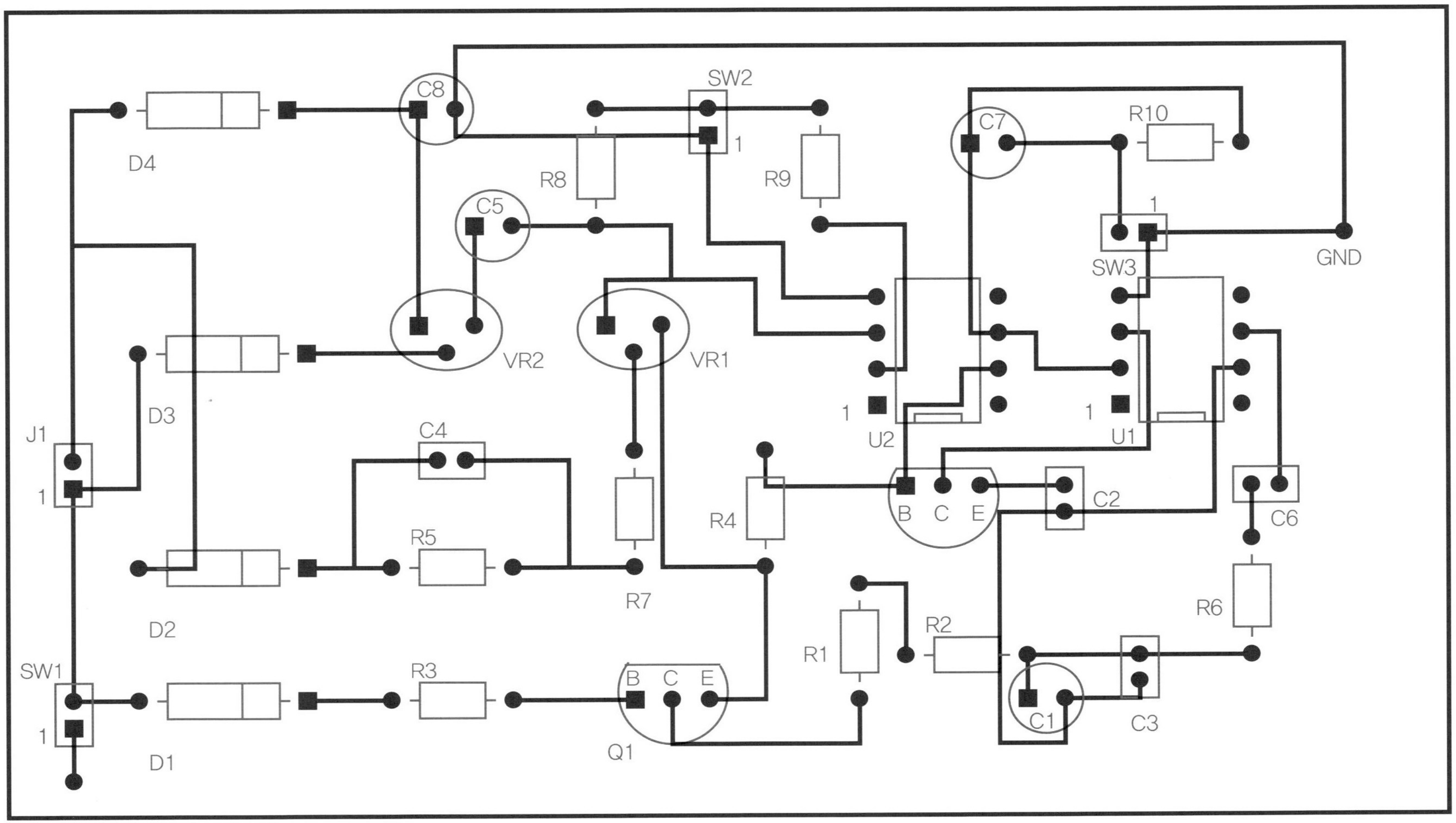

1) 요령 1은 위의 그림처럼 패턴도(동박면)에 부품도 기호를 위치에 맞게 옮겨서 표시하고 패턴도(동박면)에 옮겨진 부품도 기호와 패턴의 연결을 파악한다.

2) 패턴도와 부품도 기호의 연결 상태를 추적하면서 답안지에 연필로 회로도 기호와 부품 번호, 회로 결선 등을 표시한다.

3) 답안지에 회로도 기호와 부품 번호, 회로 결선 등을 표시한 것을 확인한 후 수정 부분이 있으면 수정한 후 검은색 볼펜으로 깨끗하게 연결하여 완성한다.

전자기기 기능사	회로 스케치 과제 3(기본형)	문제지 3-B-2	과제 - 평가 2

▶ 회로 스케치 답안지 354쪽

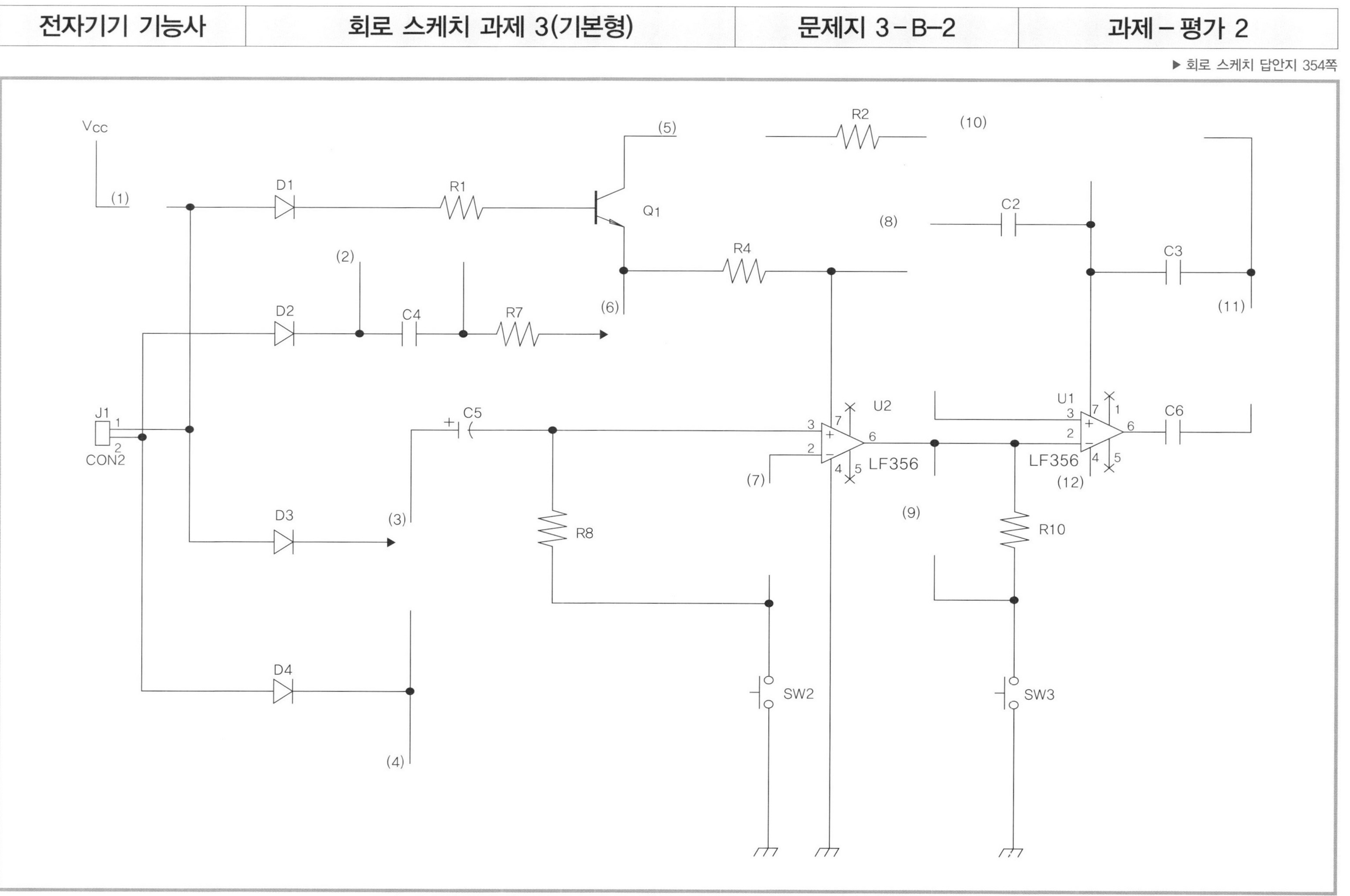

■ 회로 스케치 요령 2

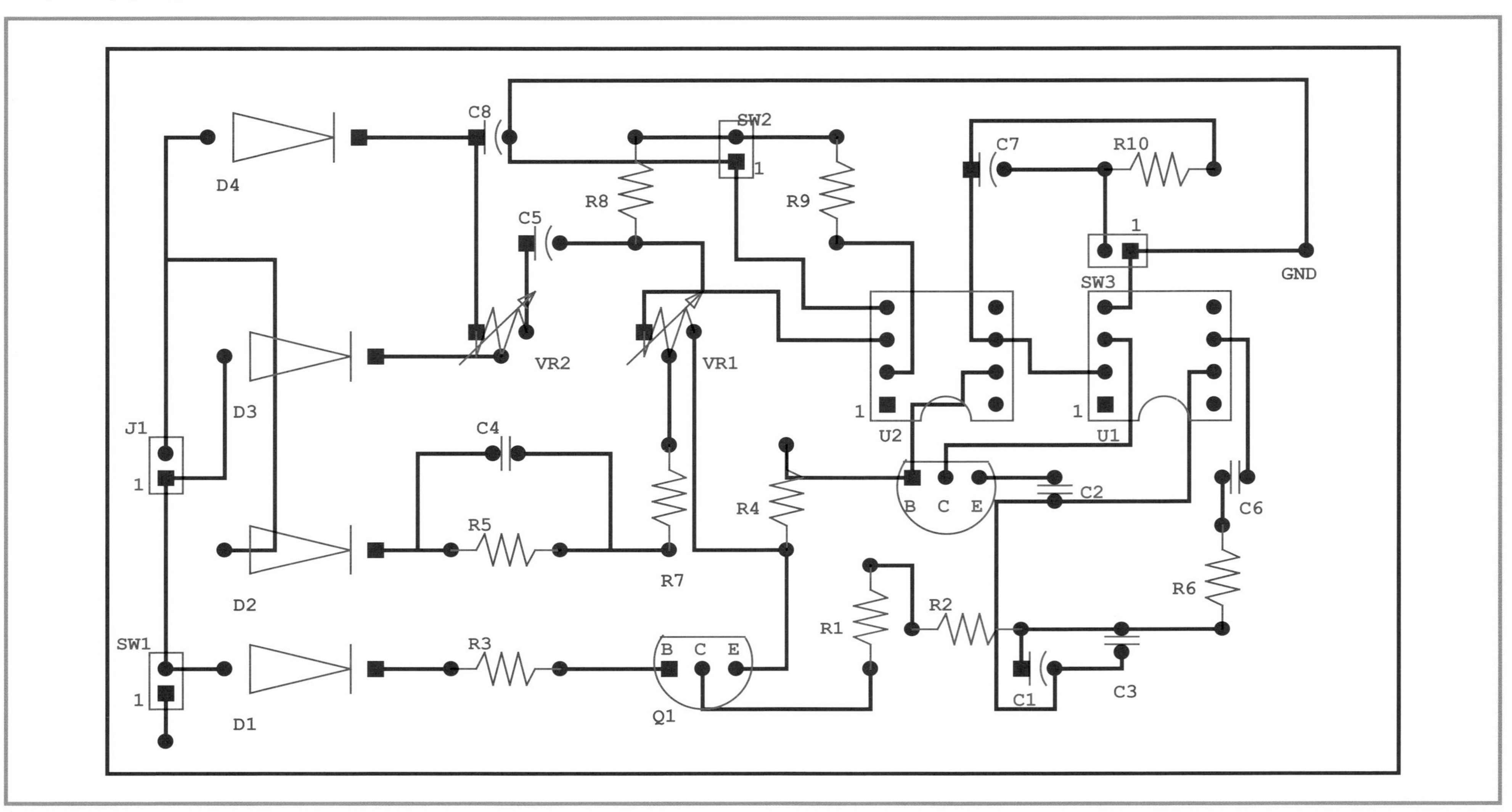

1) 요령 2는 위의 그림처럼 패턴도(동박면)에 회로도 기호를 위치에 맞게 옮겨서 표시하고 패턴도(동박면)에 옮겨진 회로도 기호와 패턴의 연결을 파악한다.

2) 패턴도와 회로도 기호의 연결 상태를 추적하면서 답안지에 연필로 회로도 기호와 부품 번호, 회로 결선 등을 표시한다.

3) 답안지에 회로도 기호와 부품 번호, 회로 결선 등을 표시한 것을 확인한 후 수정 부분이 있으면 수정한 후 검은색 볼펜으로 깨끗하게 연결하여 완성한다.

전자기기 기능사	회로 스케치 과제 3(기본형)	문제지 3 - B-3	과제 - 평가 3

▶ 회로 스케치 답안지 354쪽

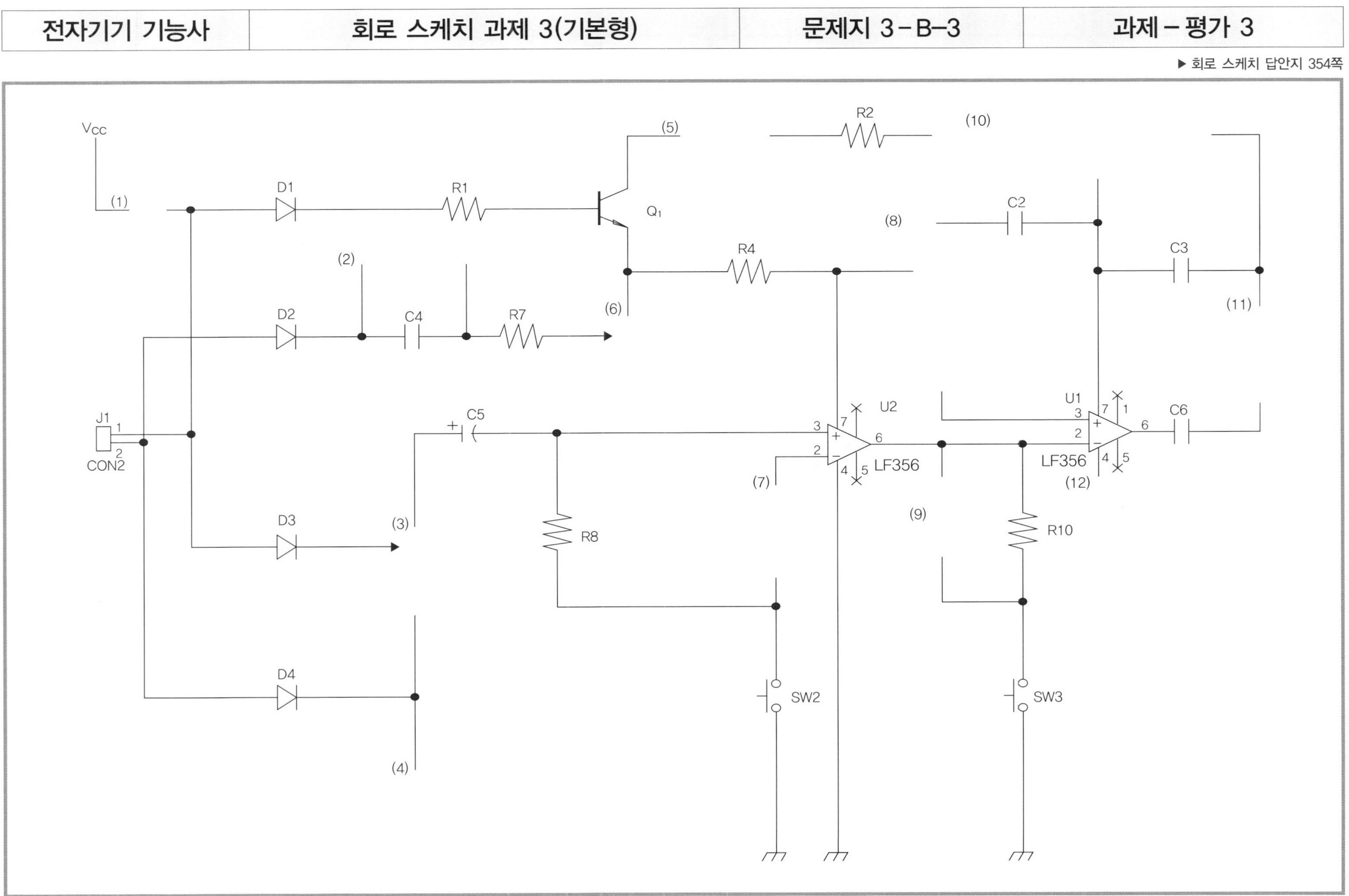

전자기기 기능사	회로 스케치 과제 4(좌우형)	문제지 4-A-1	실크도(부품도)

1. 요구 사항

(1) 주어진 도면의 패턴도와 부품도를 보고 부품 기호 및 심벌을 참조하여 회로 스케치 답안지에 회로 기호를 사용하여 회로 스케치를 완성합니다.

(2) 자를 사용하여 최대한 직선으로 표시하고 각 소자의 부품 번호를 기입합니다.

(3) 도면의 패턴도는 동박면(납땜면=패턴면)을 기준으로, 부품도는 부품면을 기준으로 작성한 것입니다.

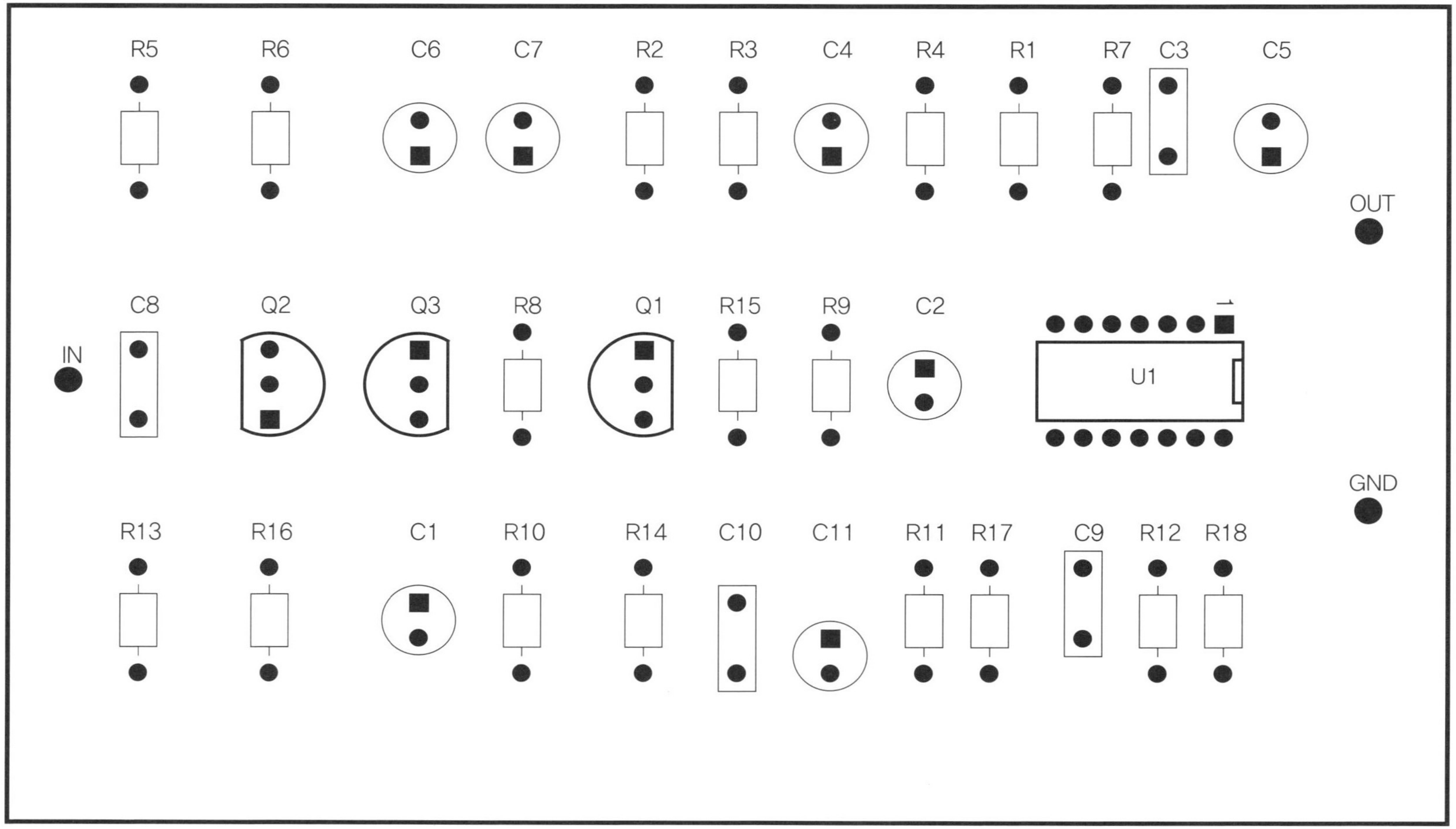

R5 R6 C6 C7 R2 R3 C4 R4 R1 R7 C3 C5
OUT
C8 Q2 Q3 R8 Q1 R15 R9 C2 1 U1
IN
GND
R13 R16 C1 R10 R14 C10 C11 R11 R17 C9 R12 R18

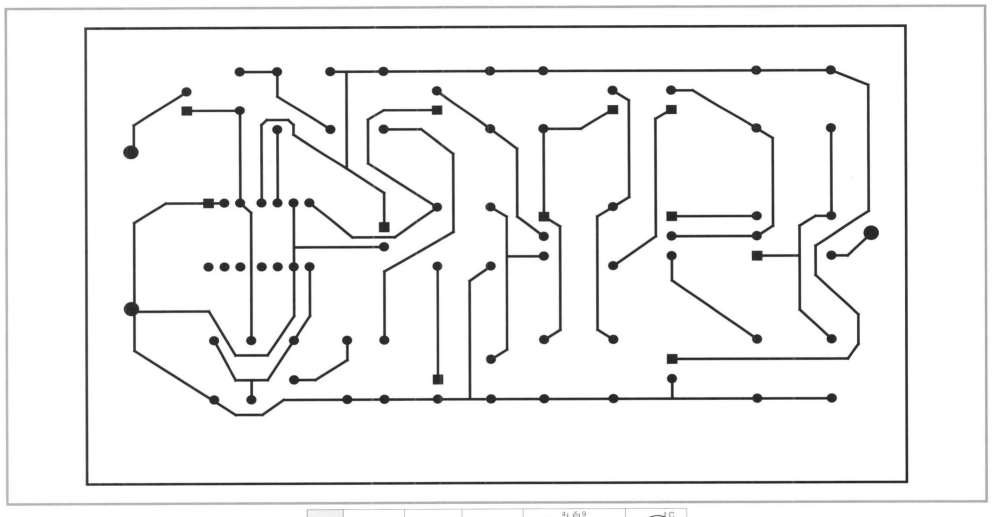

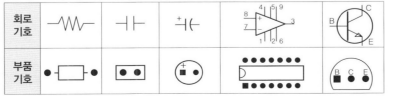

전자기기 기능사	회로 스케치 과제 4(좌우형)	문제지 4-A-2	패턴도(동박면)

회로 기호					
부품 기호					

전자기기 기능사	회로 스케치 과제 4(좌우형)	문제지 4－B－1	사전 과제－(연습용)

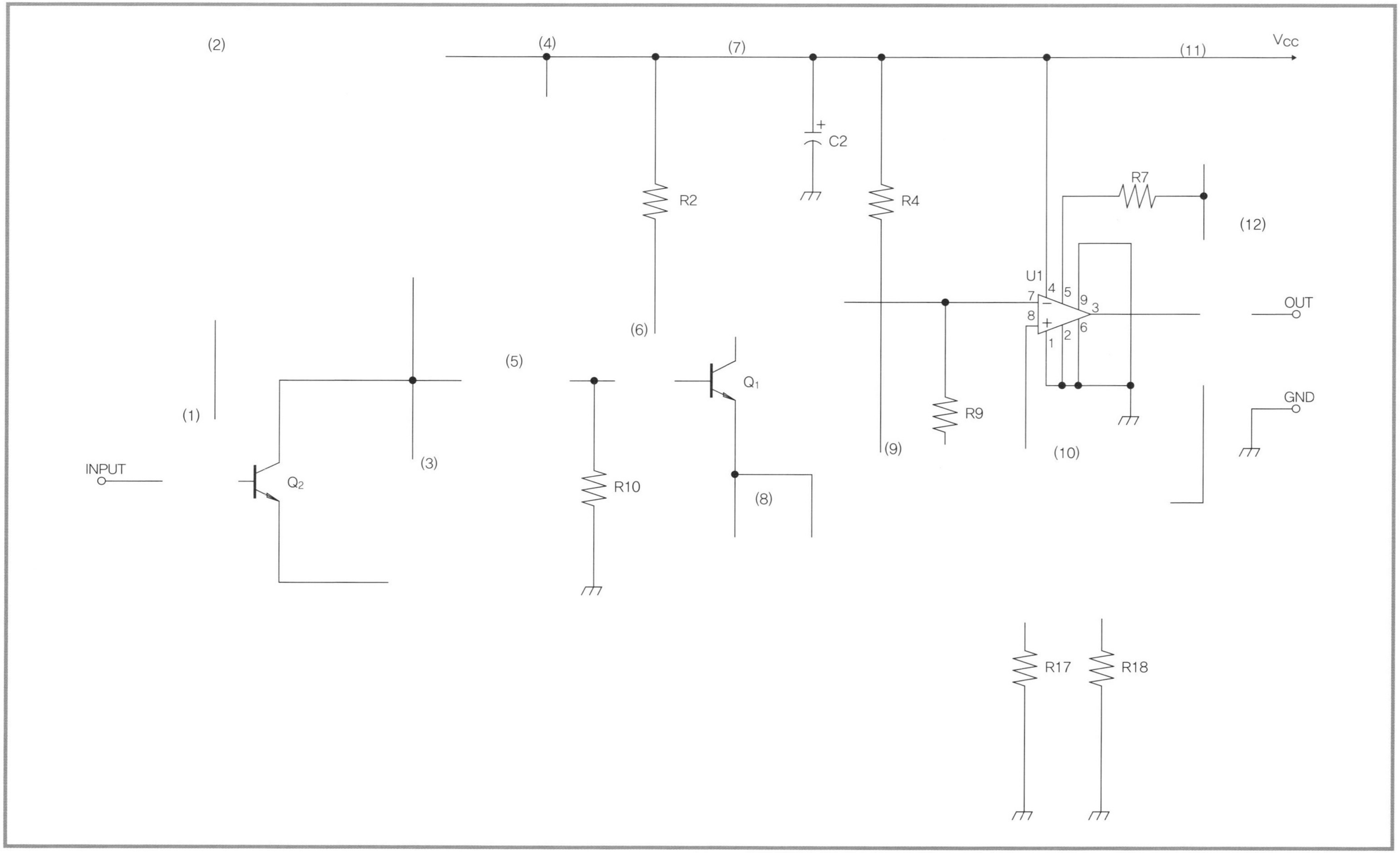

(2) (4) (7) (11) V_{CC}

C2 R2 R4 R7 (12)

U1 OUT

(5) (6) (1) (3) Q_1 R9 GND

INPUT Q_2 R10 (8) (9) (10)

R17 R18

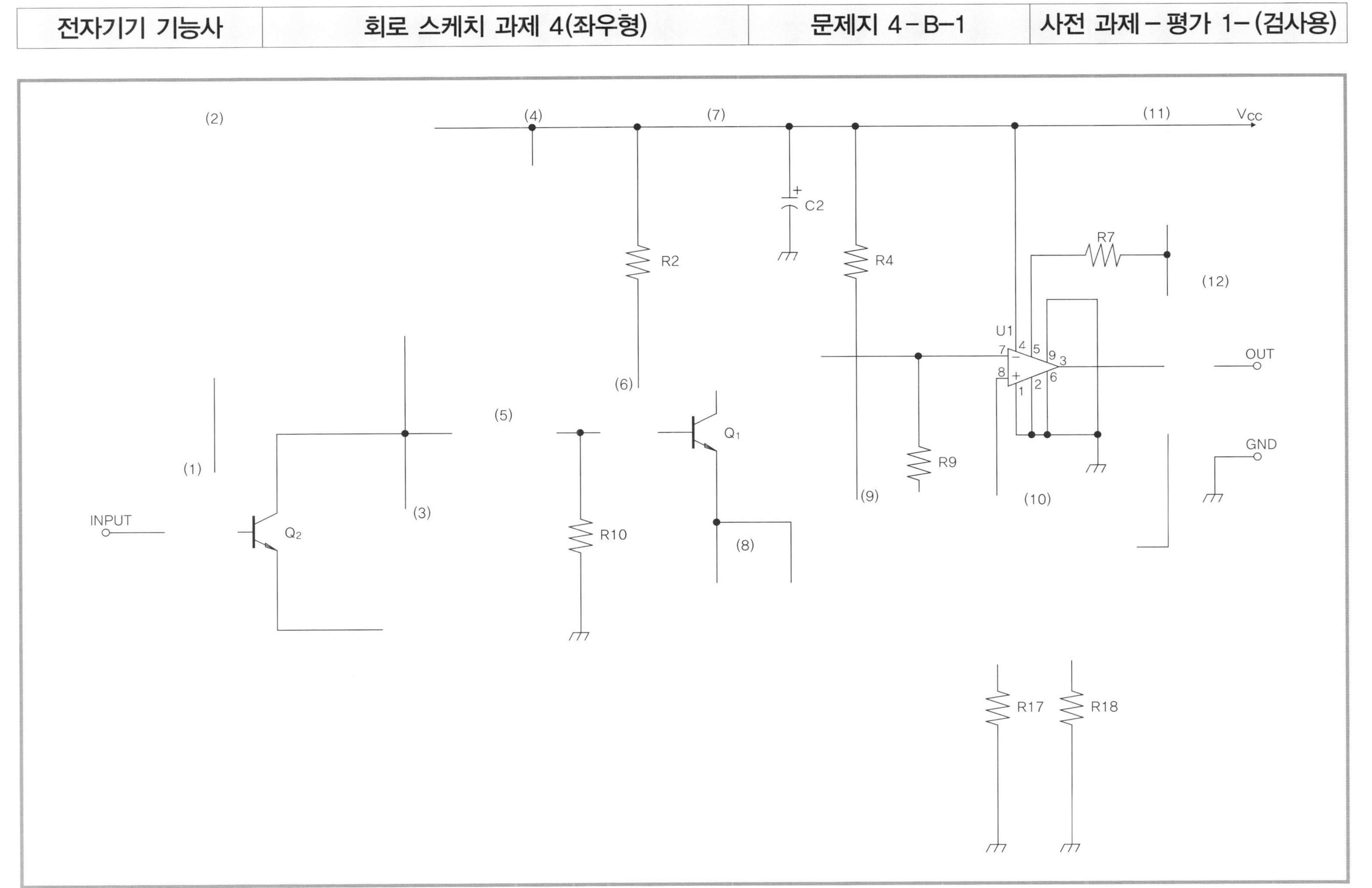

전자기기 기능사
회로 스케치 과제 4(좌우형)
문제지 4-B-1
사전 과제 - 평가 1-(검사용)
(2)
(4)
(7)
(11)
Vcc
C2
R2
R4
R7
(12)
U1
OUT
(6)
(5)
Q1
(1)
R9
GND
(9)
(10)
INPUT
Q2
(3)
R10
(8)
R17
R18

▣ 회로 스케치 요령 1

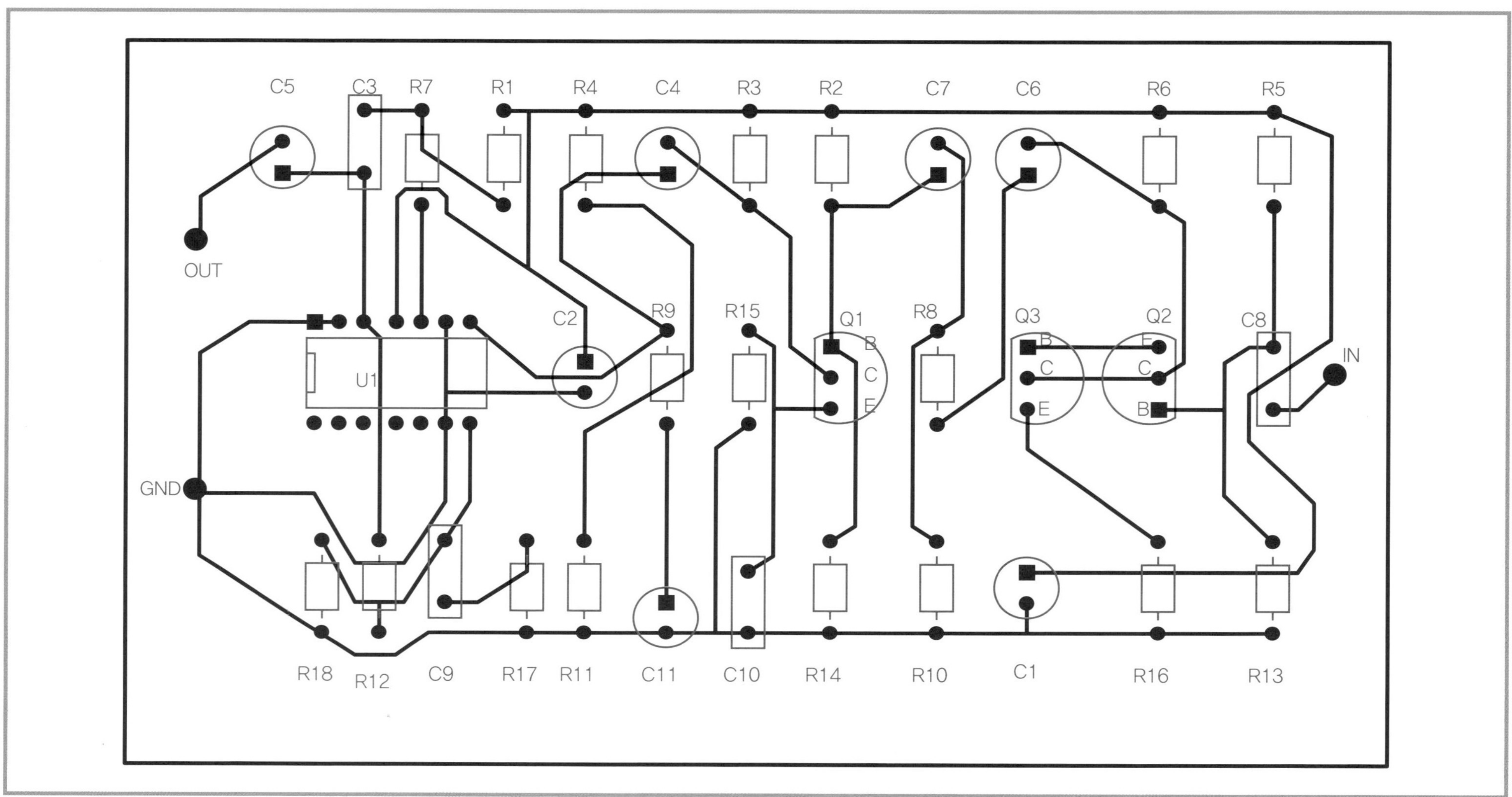

1) 요령 1은 위의 그림처럼 패턴도(동박면)에 부품도 기호를 위치에 맞게 옮겨서 표시하고 패턴도(동박면)에 옮겨진 부품도 기호와 패턴의 연결을 파악한다.
2) 패턴도와 부품도 기호의 연결 상태를 추적하면서 답안지에 연필로 회로도 기호와 부품 번호, 회로 결선 등을 표시한다.
3) 답안지에 회로도 기호와 부품 번호, 회로 결선 등을 표시한 것을 확인한 후 수정 부분이 있으면 수정한 후 검은색 볼펜으로 깨끗하게 연결하여 완성한다.

전자기기 기능사	회로 스케치 과제 4(좌우형)	문제지 4-B-2	과제 - 평가 2

▶ 회로 스케치 답안지 355쪽

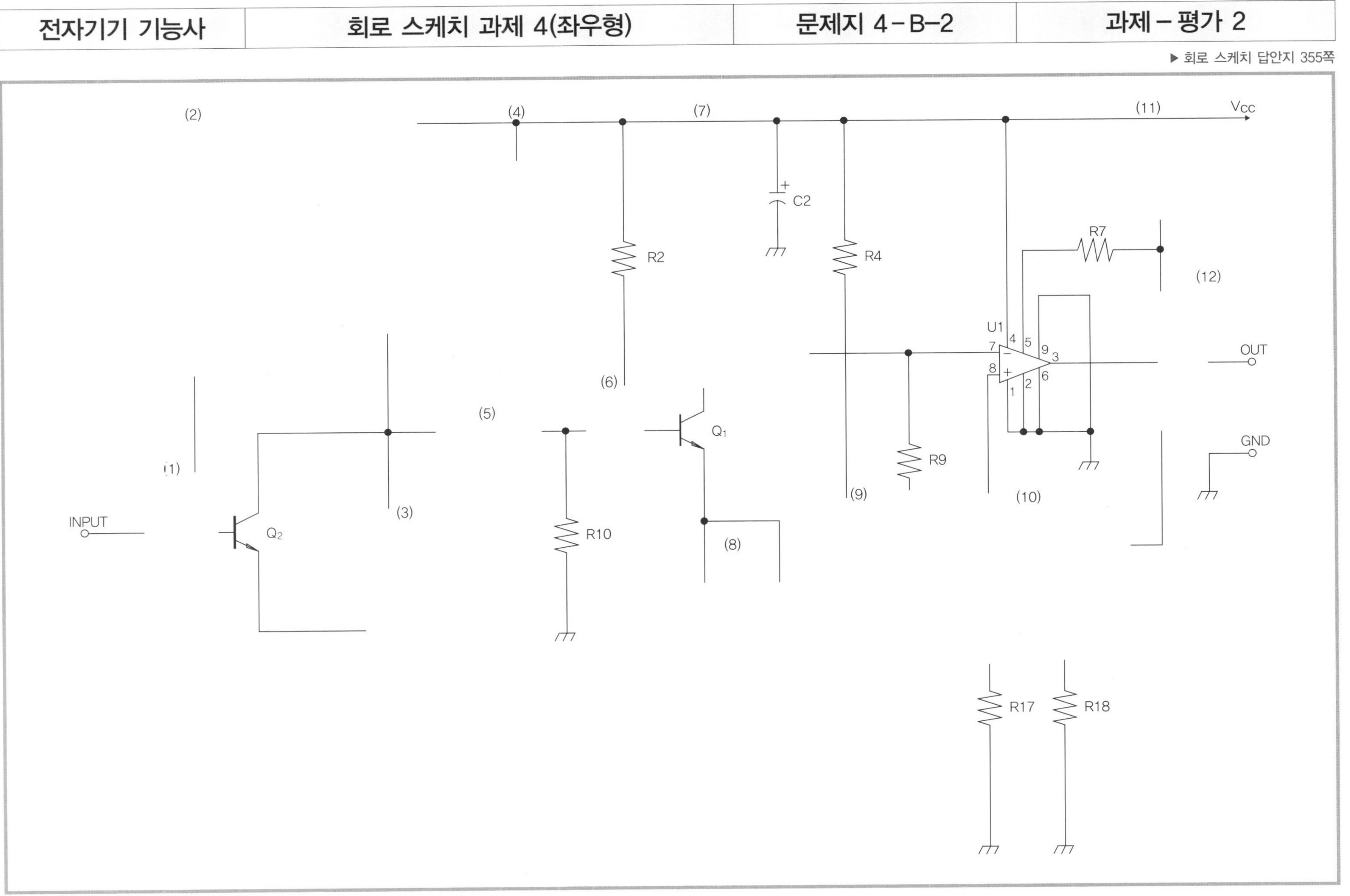

■ 회로 스케치 요령 2

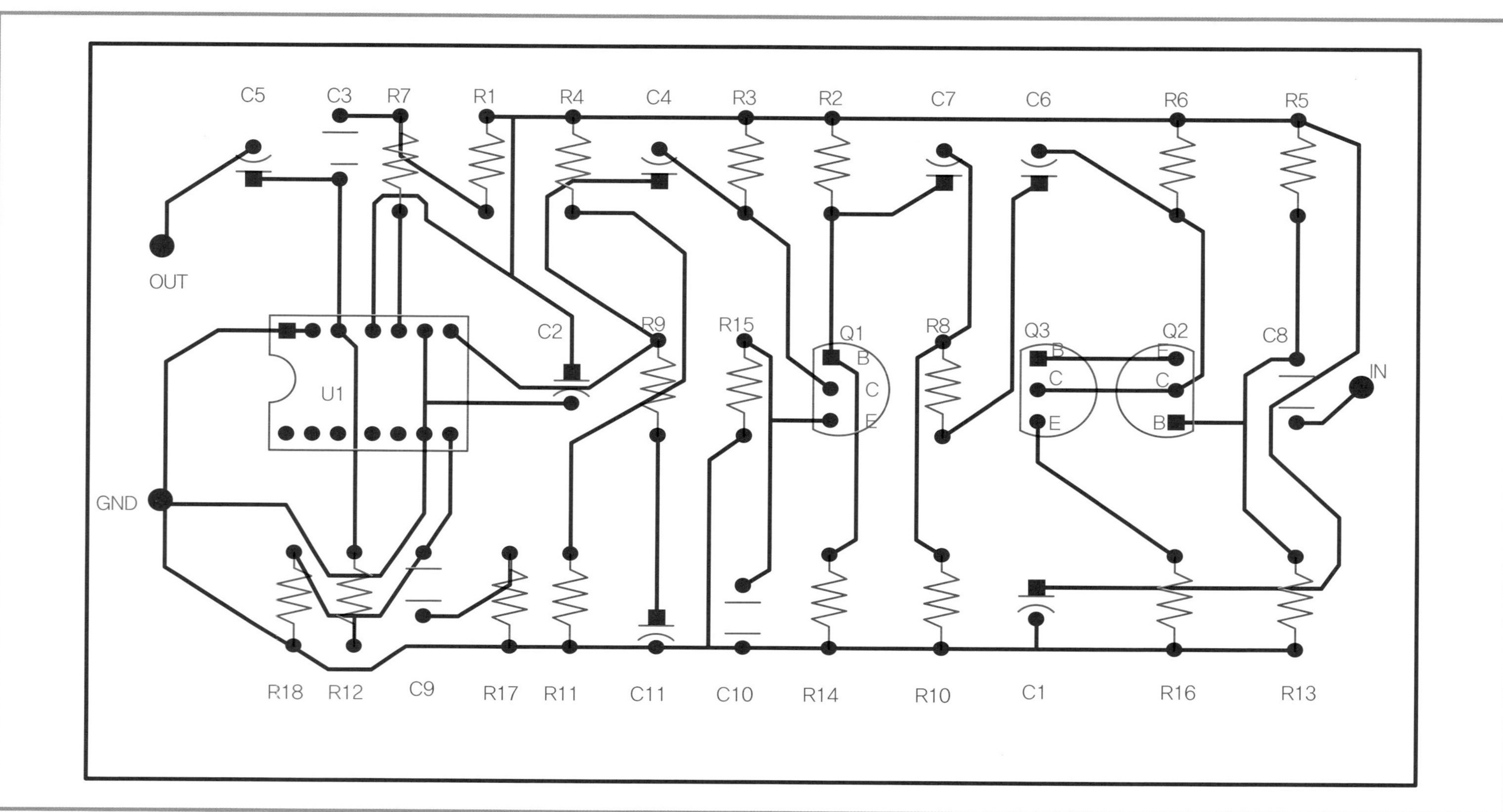

1) 요령 2는 위의 그림처럼 패턴도(동박면)에 회로도 기호를 위치에 맞게 옮겨서 표시하고 패턴도(동박면)에 옮겨진 회로도 기호와 패턴의 연결을 파악한다.

2) 패턴도와 회로도 기호의 연결 상태를 추적하면서 답안지에 연필로 회로도 기호와 부품 번호, 회로 결선 등을 표시한다.

3) 답안지에 회로도 기호와 부품 번호, 회로 결선 등을 표시한 것을 확인한 후 수정 부분이 있으면 수정한 후 검은색 볼펜으로 깨끗하게 연결하여 완성한다.

▶ 회로 스케치 답안지 355쪽

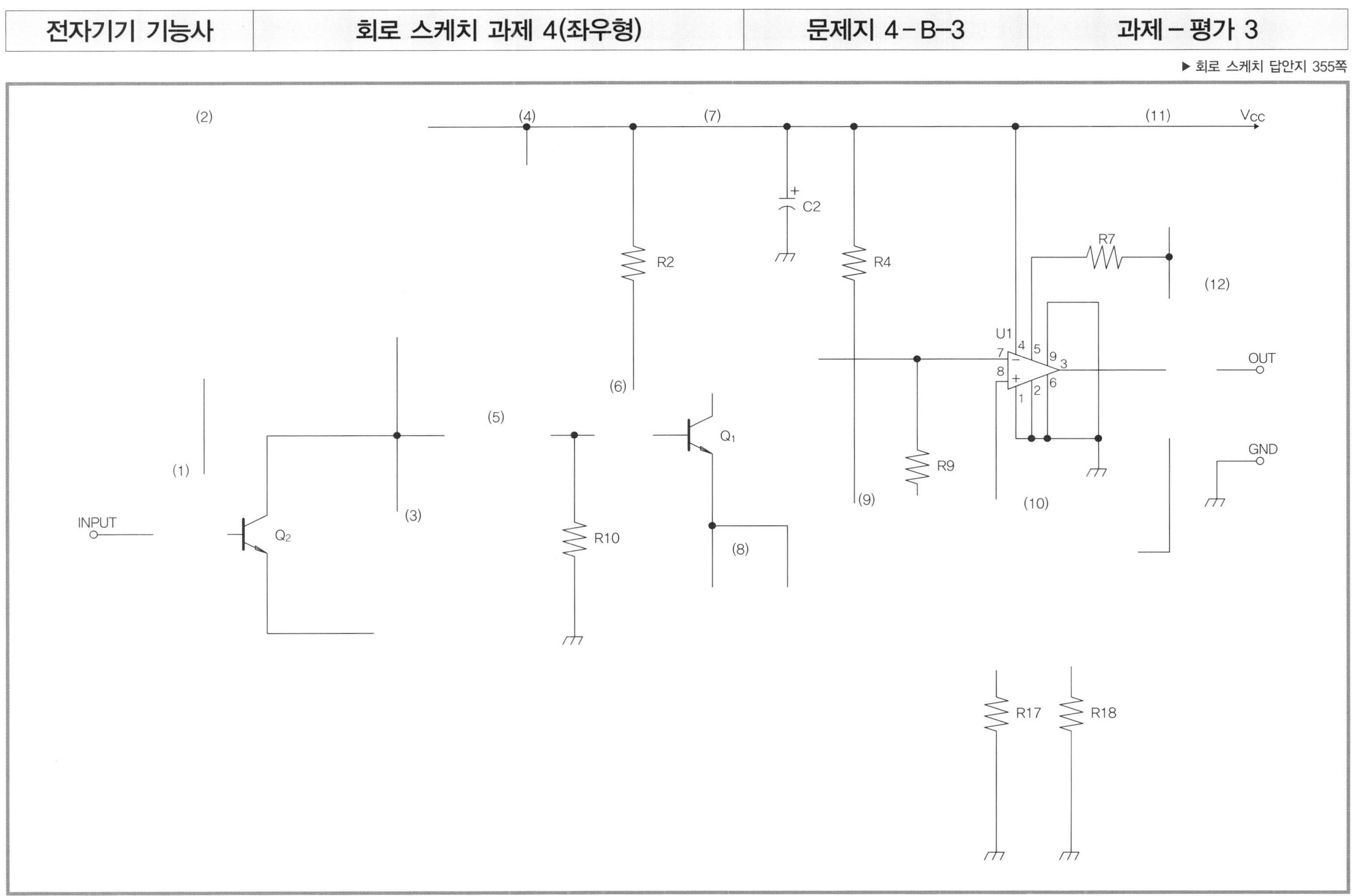

전자기기 기능사	회로 스케치 과제 5(기본형)	문제지 5-A-1	실크도(부품도)

1. 요구 사항

(1) 주어진 도면의 패턴도와 부품도를 보고 부품 기호 및 심벌을 참조하여 회로 스케치 답안지에 회로 기호를 사용하여 회로 스케치를 완성합니다.

(2) 자를 사용하여 최대한 직선으로 표시하고 각 소자의 부품 번호를 기입합니다.

(3) 도면의 패턴도는 동박면(납땜면=패턴면)을 기준으로, 부품도는 부품면을 기준으로 작성한 것입니다.

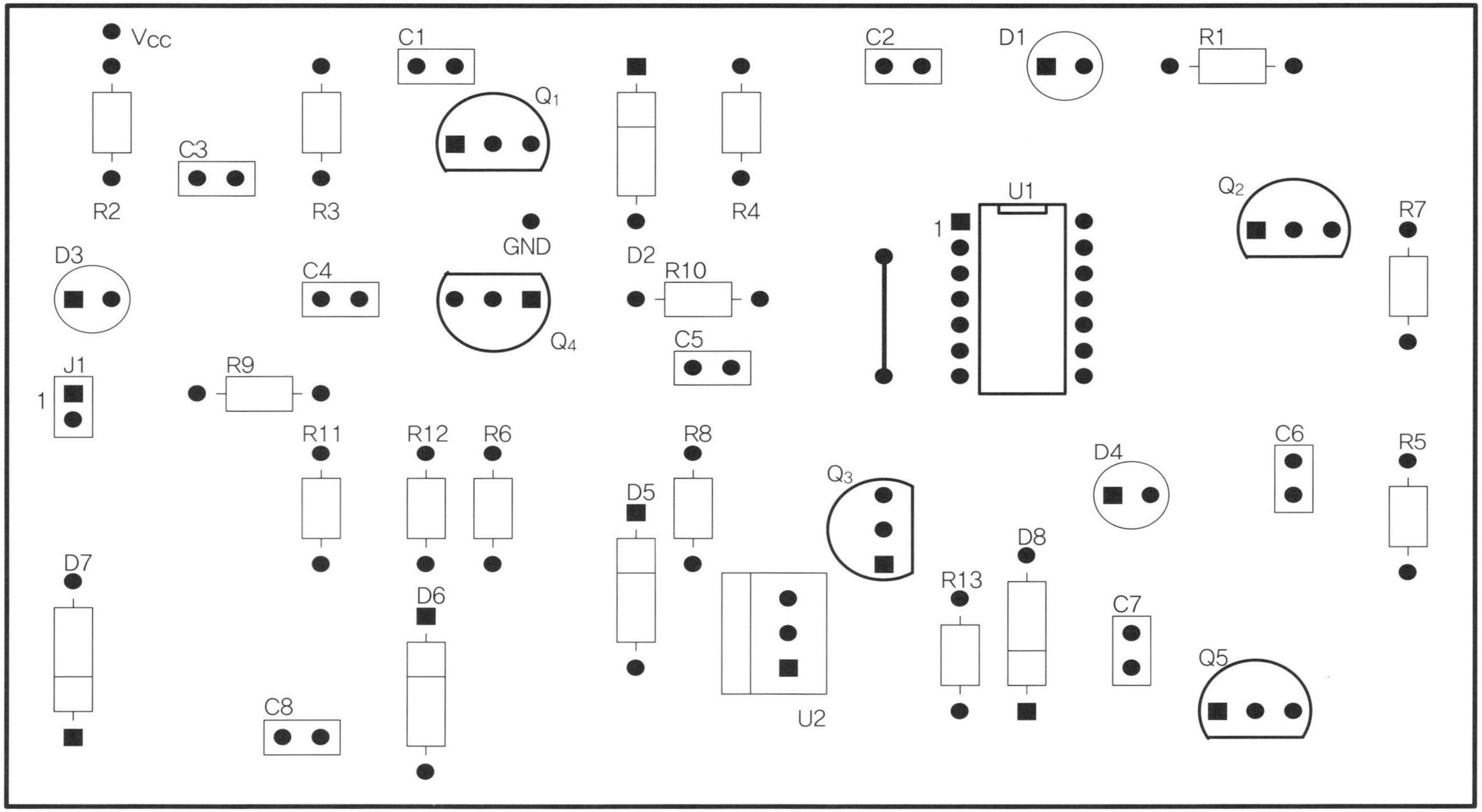

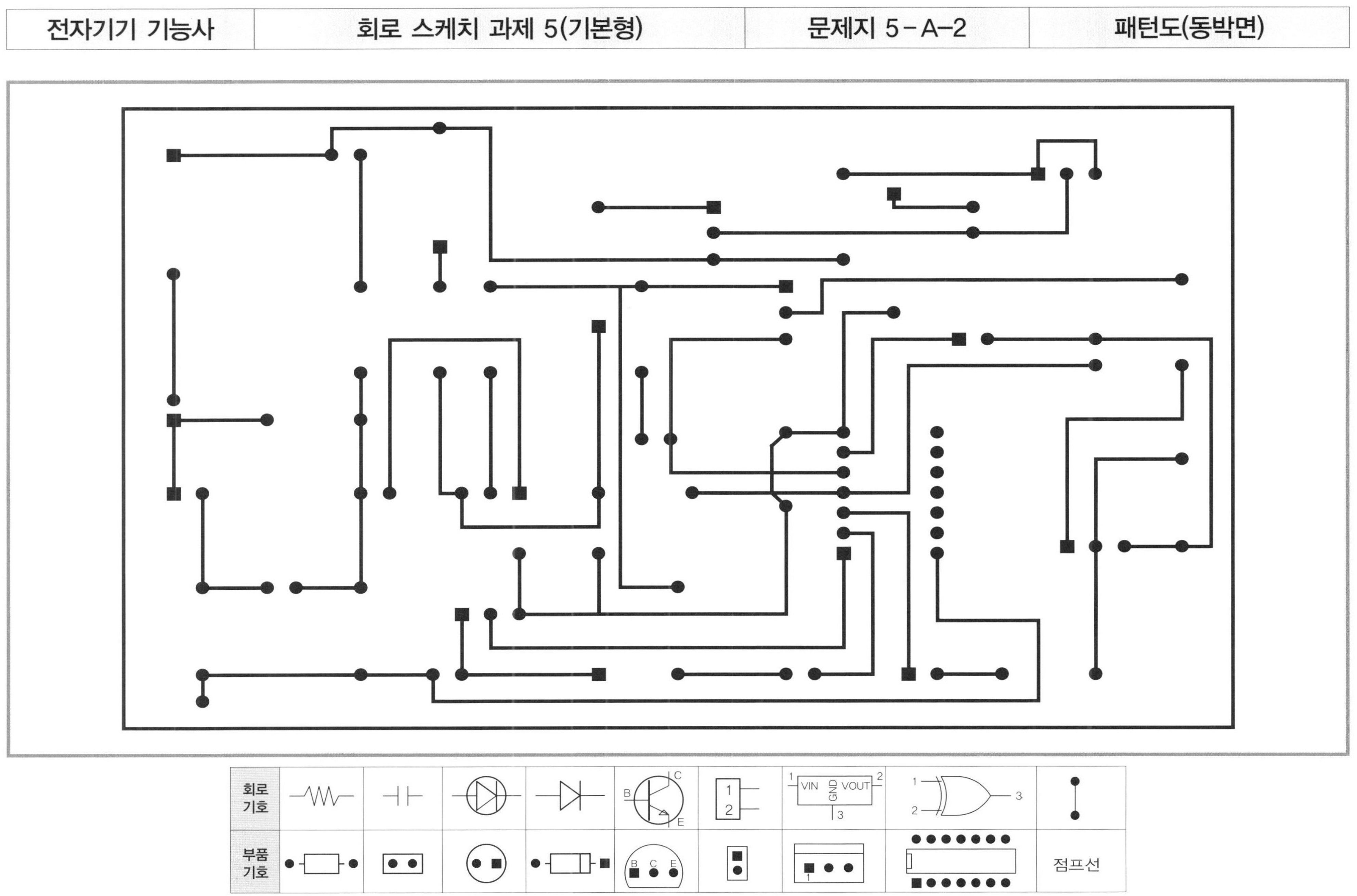
전자기기 기능사
회로 스케치 과제 5(기본형)
문제지 5-A-2
패턴도(동박면)
회로 기호
부품 기호
B
C
E
1
2
VIN
GND
VOUT
3
점프선

전자기기 기능사	회로 스케치 과제 5(기본형)	문제지 5-B-1	사전 과제 -(연습용)

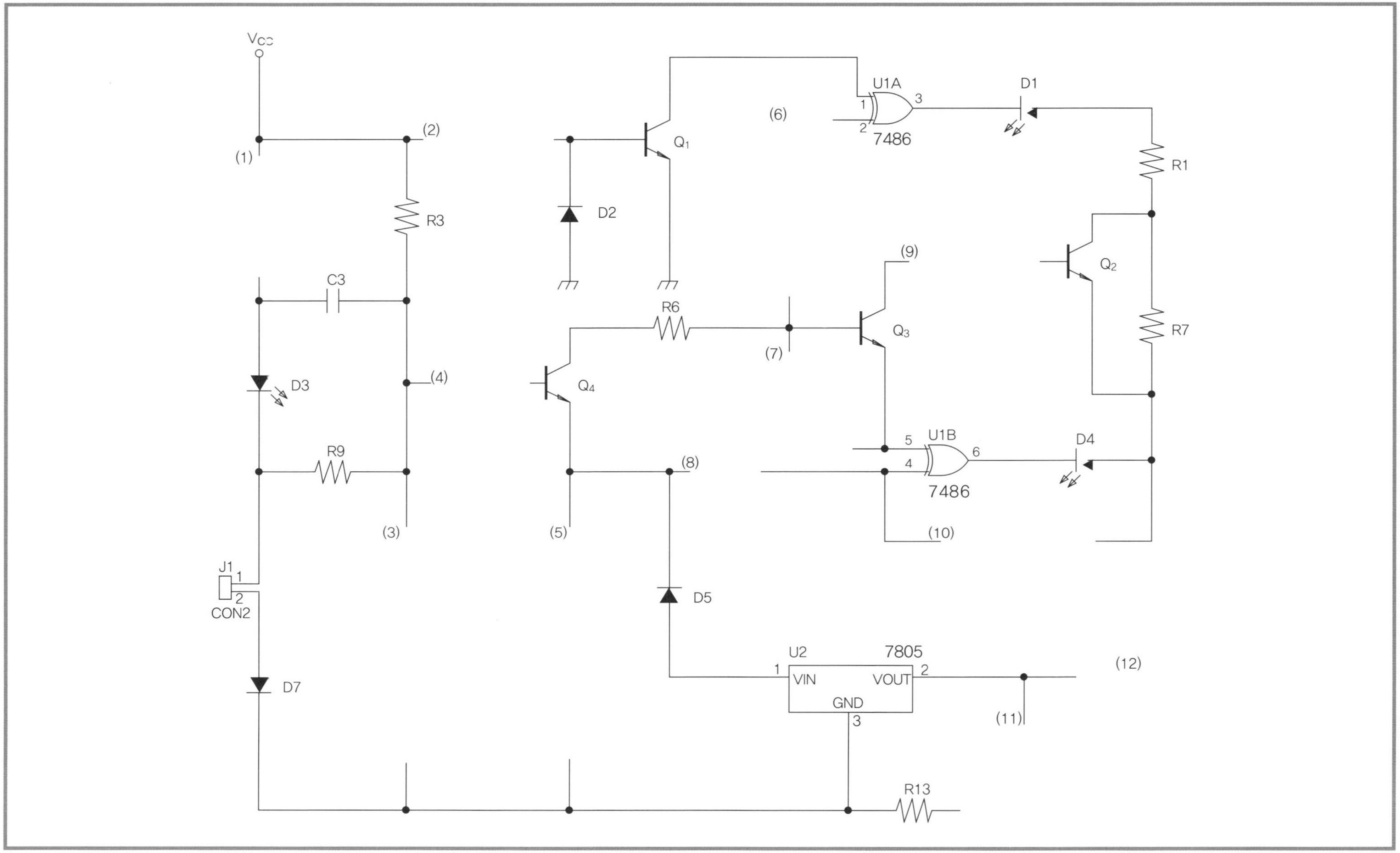

Vcc
(1)
(2)
R3
C3
(4)
D3
R9
(3)
J1
1
2
CON2
D7
Q1
D2
(6)
U1A
1
2
3
7486
D1
R1
Q2
R7
(9)
R6
(7)
Q3
Q4
(8)
(5)
U1B
5
4
6
7486
D4
(10)
D5
U2
7805
1
VIN
VOUT
2
GND
3
(12)
(11)
R13

전자기기 기능사	회로 스케치 과제 5(기본형)	문제지 5-B-1	사전 과제 - 평가 1-(검사용)

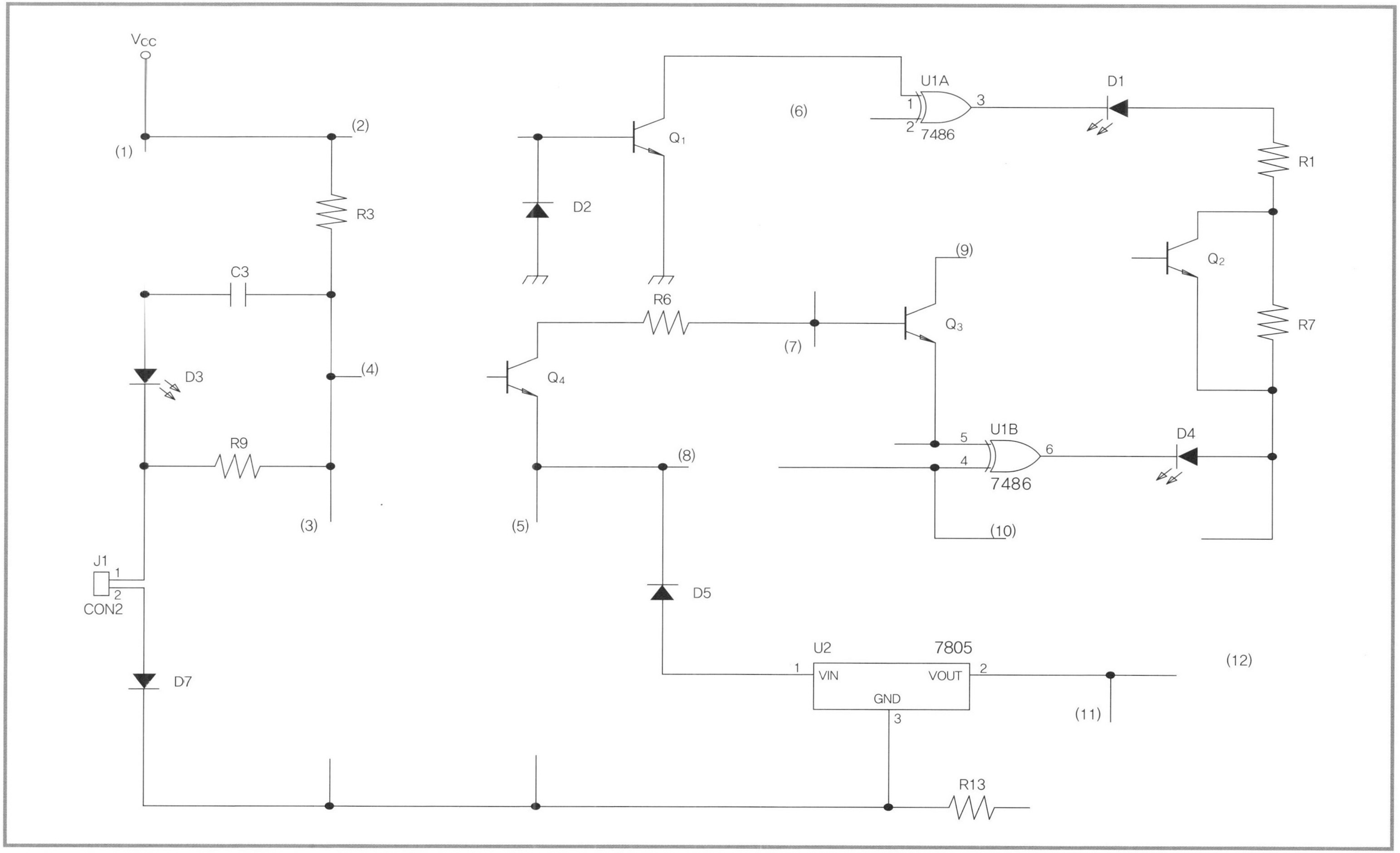

■ 회로 스케치 요령 1

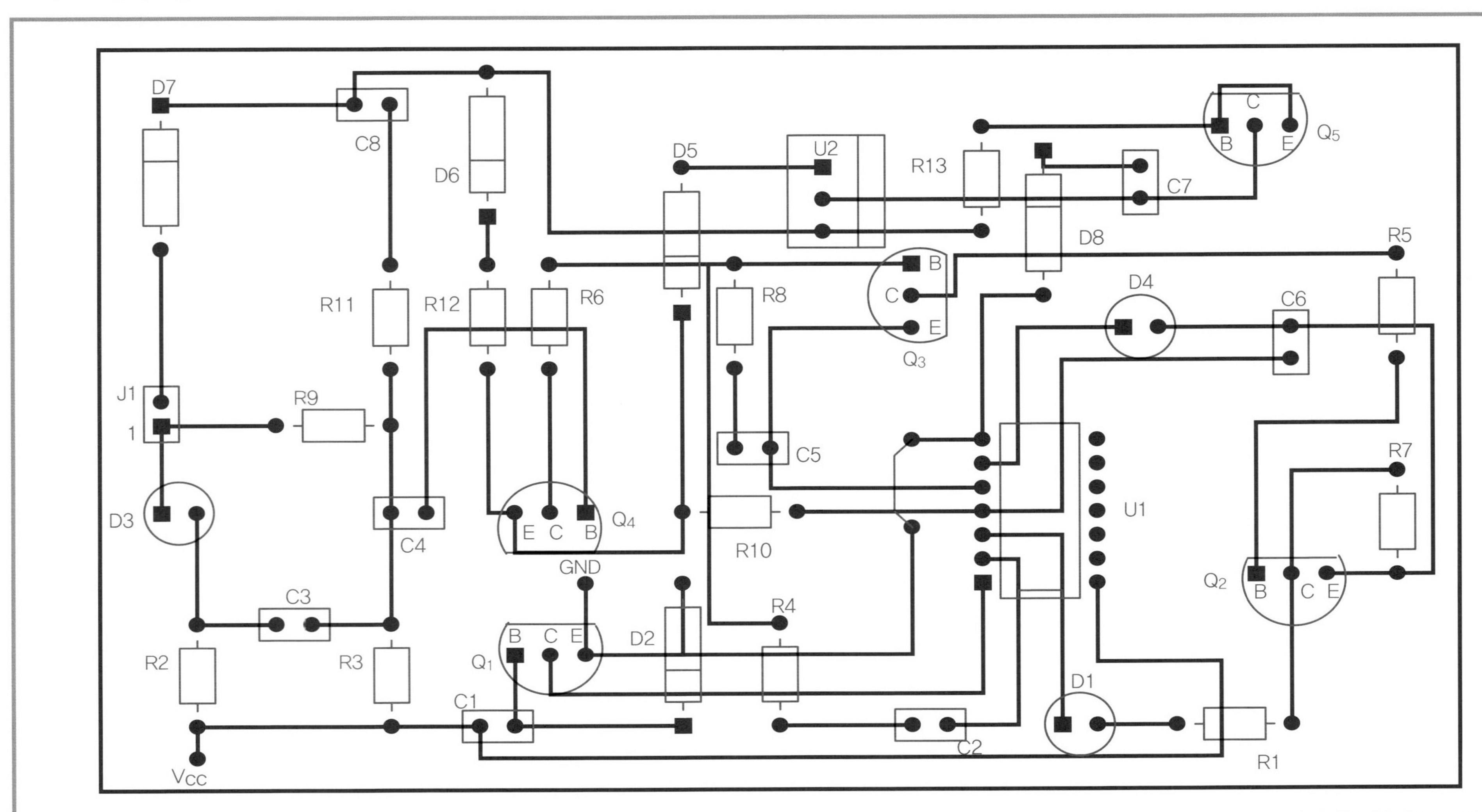

1) 요령 1은 위의 그림처럼 패턴도(동박면)에 부품도 기호를 위치에 맞게 옮겨서 표시하고 패턴도(동박면)에 옮겨진 부품도 기호와 패턴의 연결을 파악한다.

2) 패턴도와 부품도 기호의 연결 상태를 추적하면서 답안지에 연필로 회로도 기호와 부품 번호, 회로 결선 등을 표시한다.

3) 답안지에 회로도 기호와 부품 번호, 회로 결선 등을 표시한 것을 확인한 후 수정 부분이 있으면 수정한 후 검은색 볼펜으로 깨끗하게 연결하여 완성한다.

▶ 회로 스케치 답안지 356쪽

■ 회로 스케치 요령 2

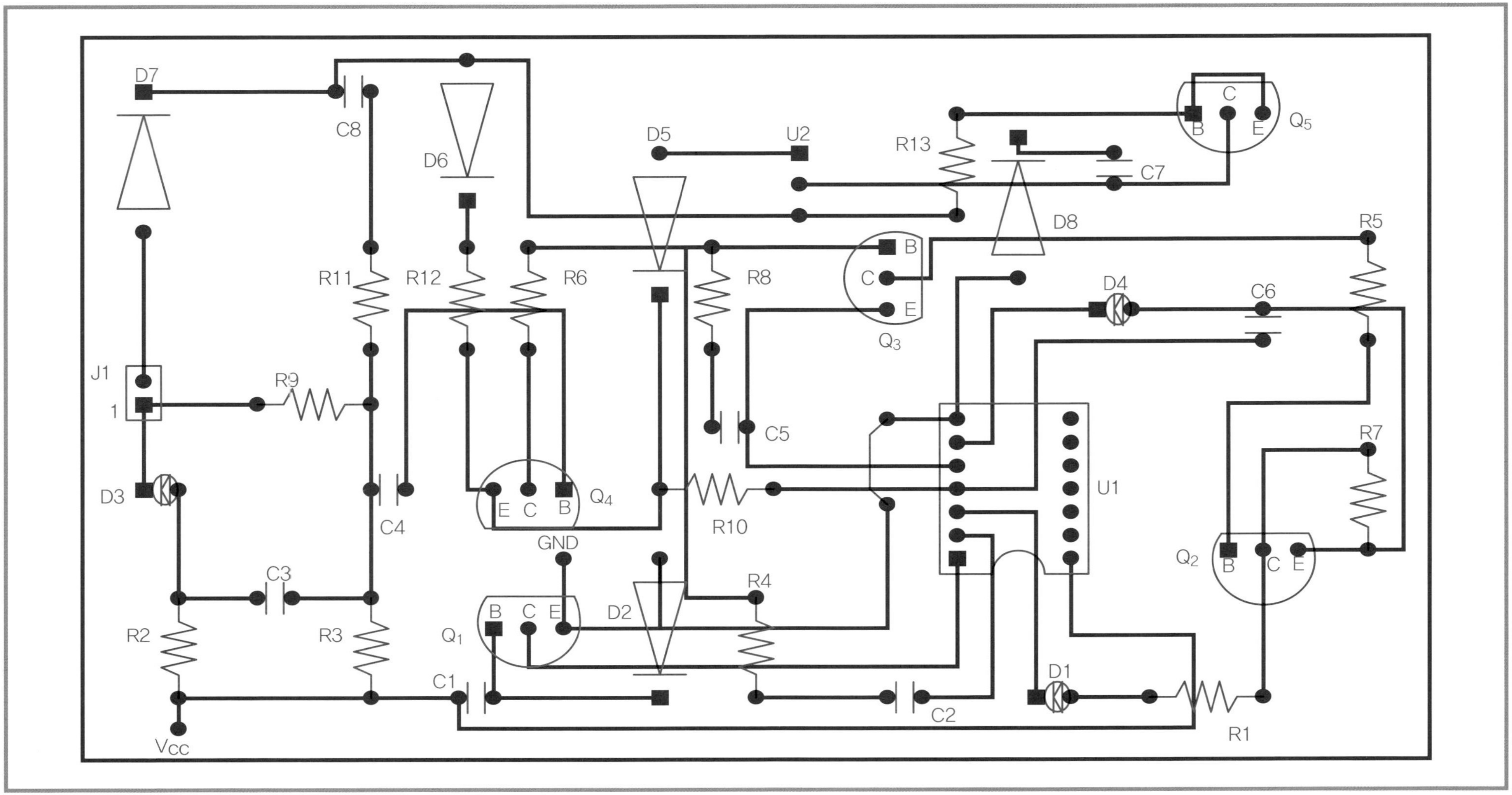

1) 요령 2는 위의 그림처럼 패턴도(동박면)에 회로도 기호를 위치에 맞게 옮겨서 표시하고 패턴도(동박면)에 옮겨진 회로도 기호와 패턴의 연결을 파악한다.
2) 패턴도와 회로도 기호의 연결 상태를 추적하면서 답안지에 연필로 회로도 기호와 부품 번호, 회로 결선 등을 표시한다.
3) 답안지에 회로도 기호와 부품 번호, 회로 결선 등을 표시한 것을 확인한 후 수정 부분이 있으면 수정한 후 검은색 볼펜으로 깨끗하게 연결하여 완성한다.

전자기기 기능사	회로 스케치 과제 5(기본형)	문제지 5-B-3	과제-평가 3

▶ 회로 스케치 답안지 356쪽

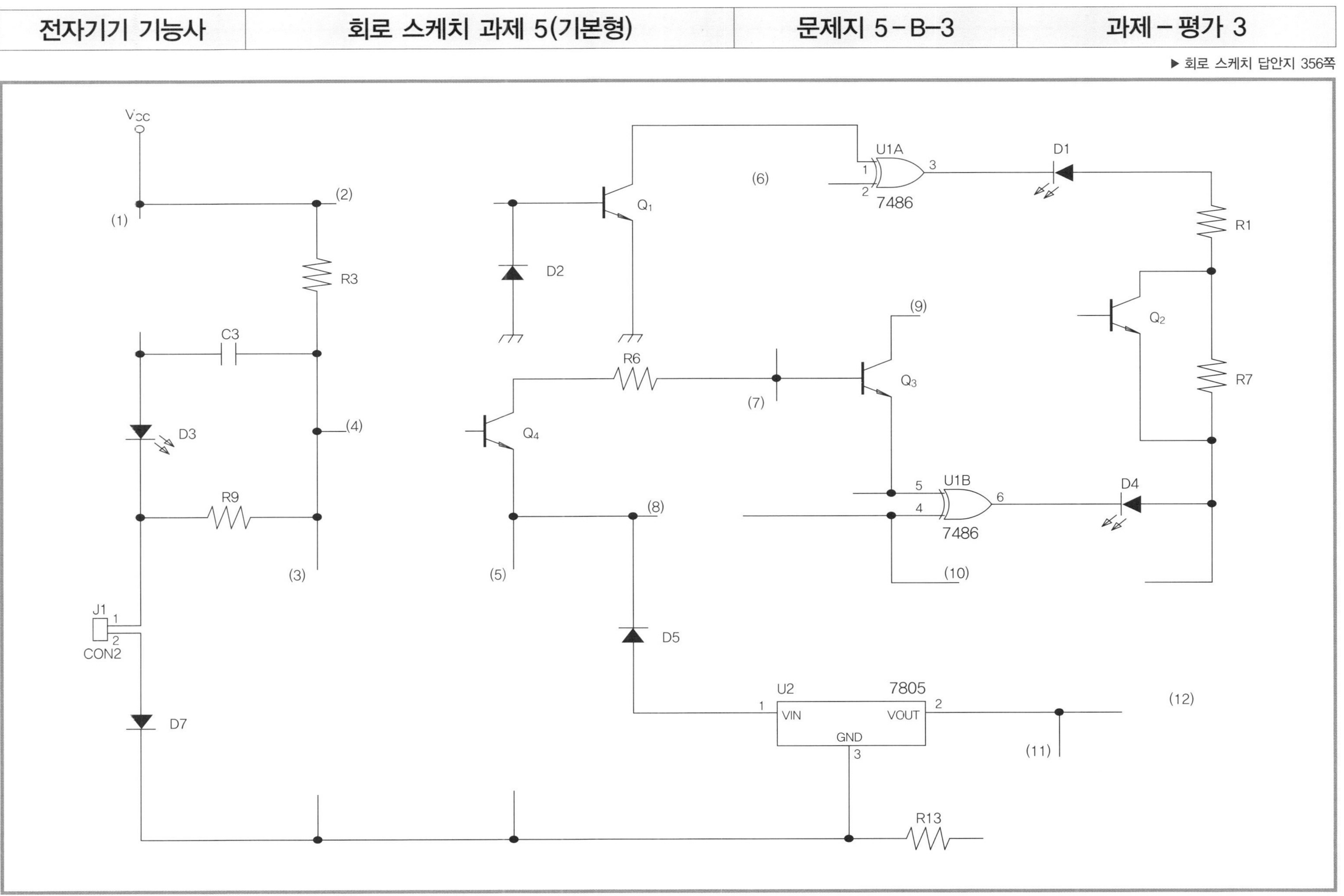

전자기기 기능사	회로 스케치 과제 6(좌우형)	문제지 6-A-1	실크도(부품도)

1. 요구 사항

(1) 주어진 도면의 패턴도와 부품도를 보고 부품 기호 및 심벌을 참조하여 회로 스케치 답안지에 회로 기호를 사용하여 회로 스케치를 완성합니다.

(2) 자를 사용하여 최대한 직선으로 표시하고 각 소자의 부품 번호를 기입합니다.

(3) 도면의 패턴도는 동박면(납땜면=패턴면)을 기준으로, 부품도는 부품면을 기준으로 작성한 것입니다.

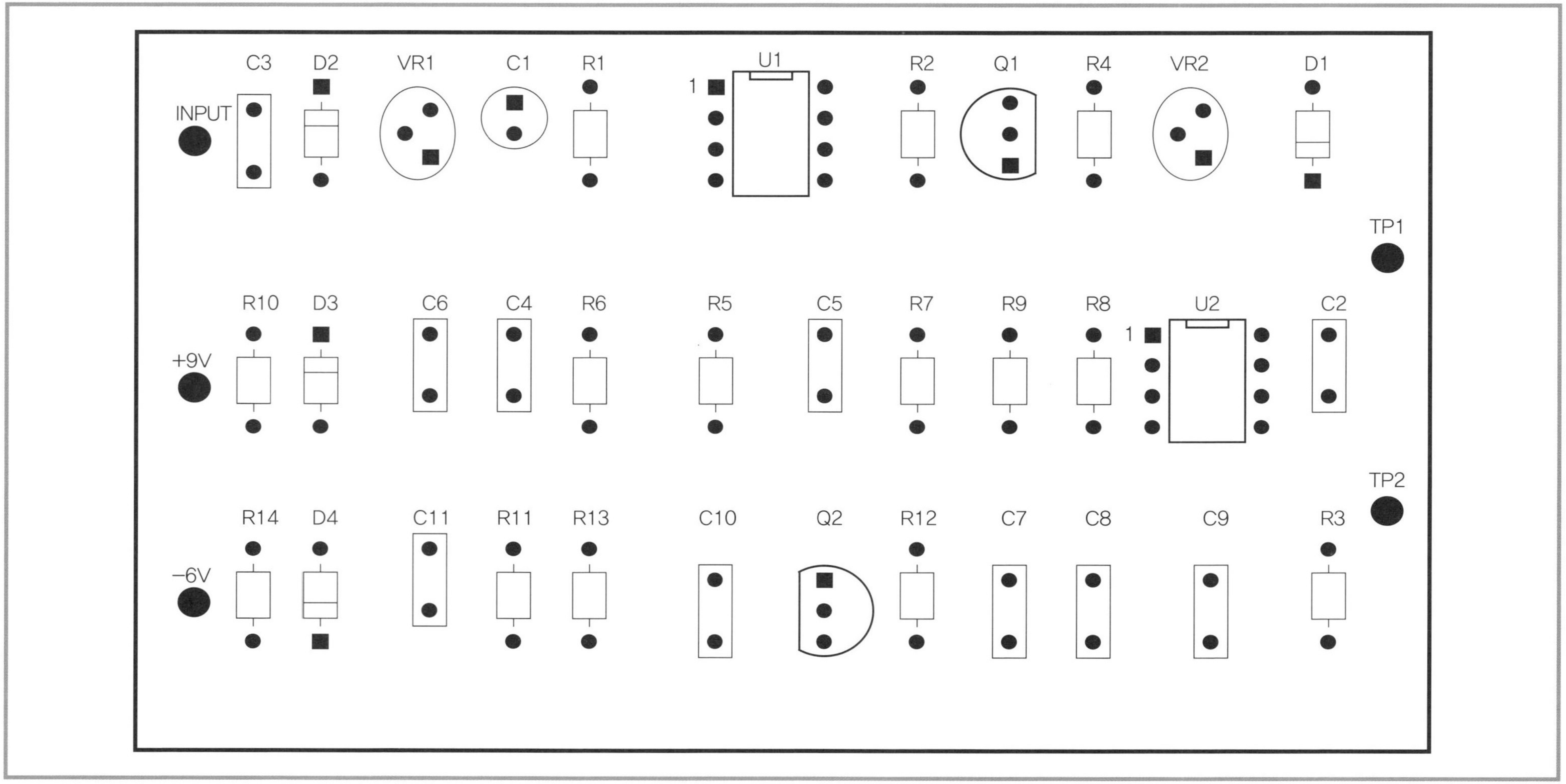

INPUT C3 D2 VR1 C1 R1 U1 1 R2 Q1 R4 VR2 D1
TP1
+9V R10 D3 C6 C4 R6 R5 C5 R7 R9 R8 U2 1 C2
TP2
−6V R14 D4 C11 R11 R13 C10 Q2 R12 C7 C8 C9 R3

전자기기 기능사	회로 스케치 과제 6(좌우형)	문제지 6-A-2	패턴도(동박면)

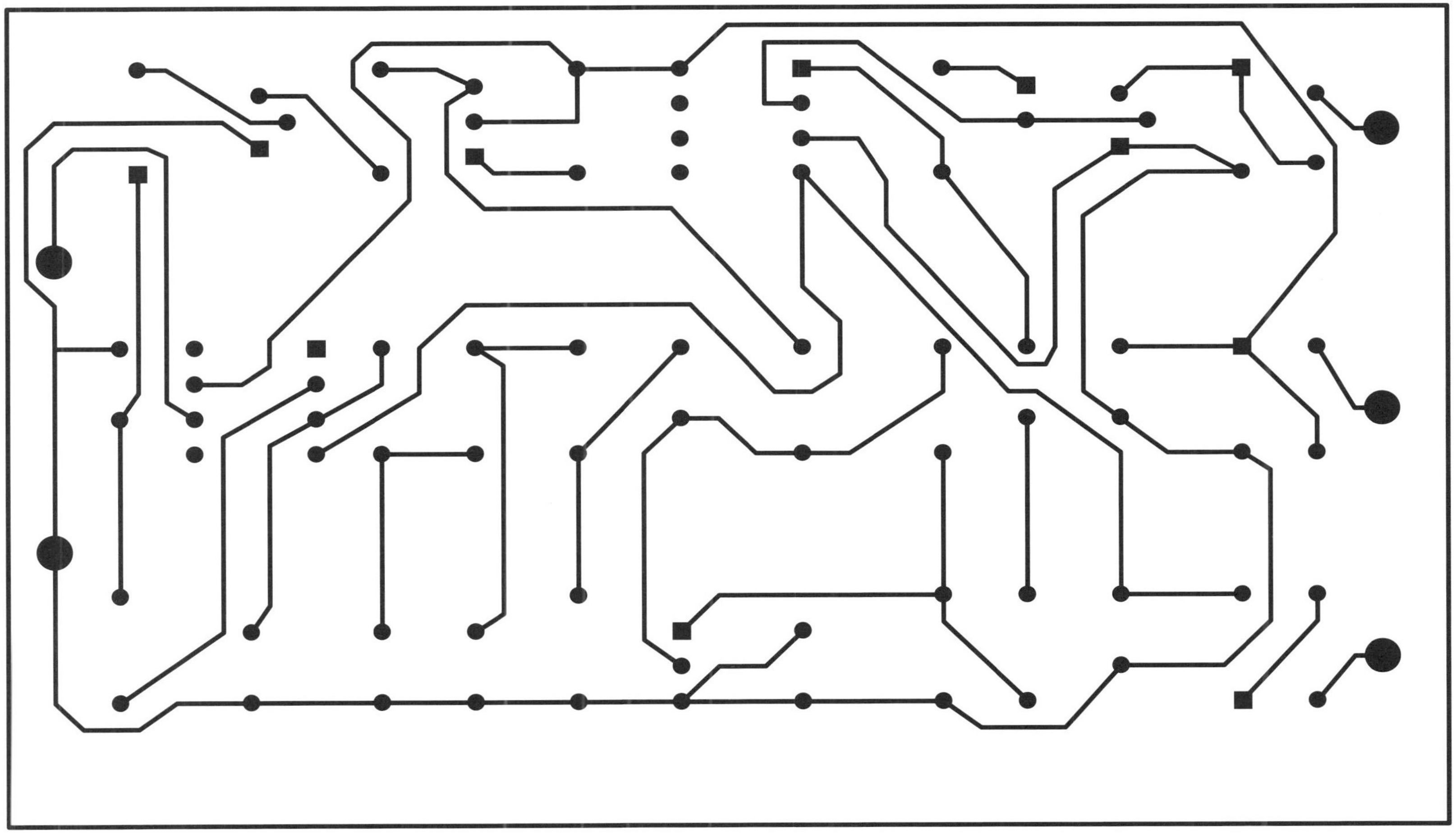

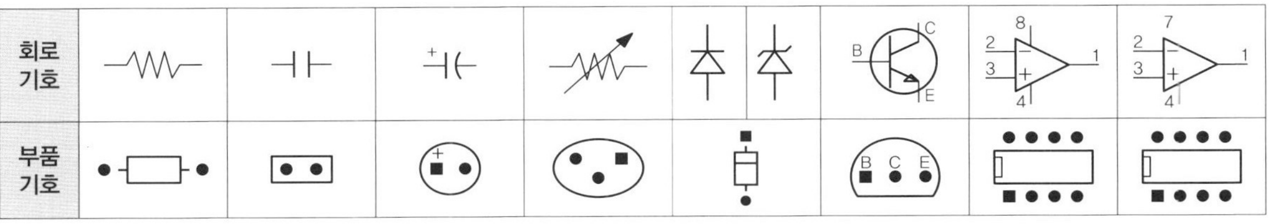

전자기기 기능사	회로 스케치 과제 6(좌우형)	문제지 6-B-1	사전 과제 - (연습용)

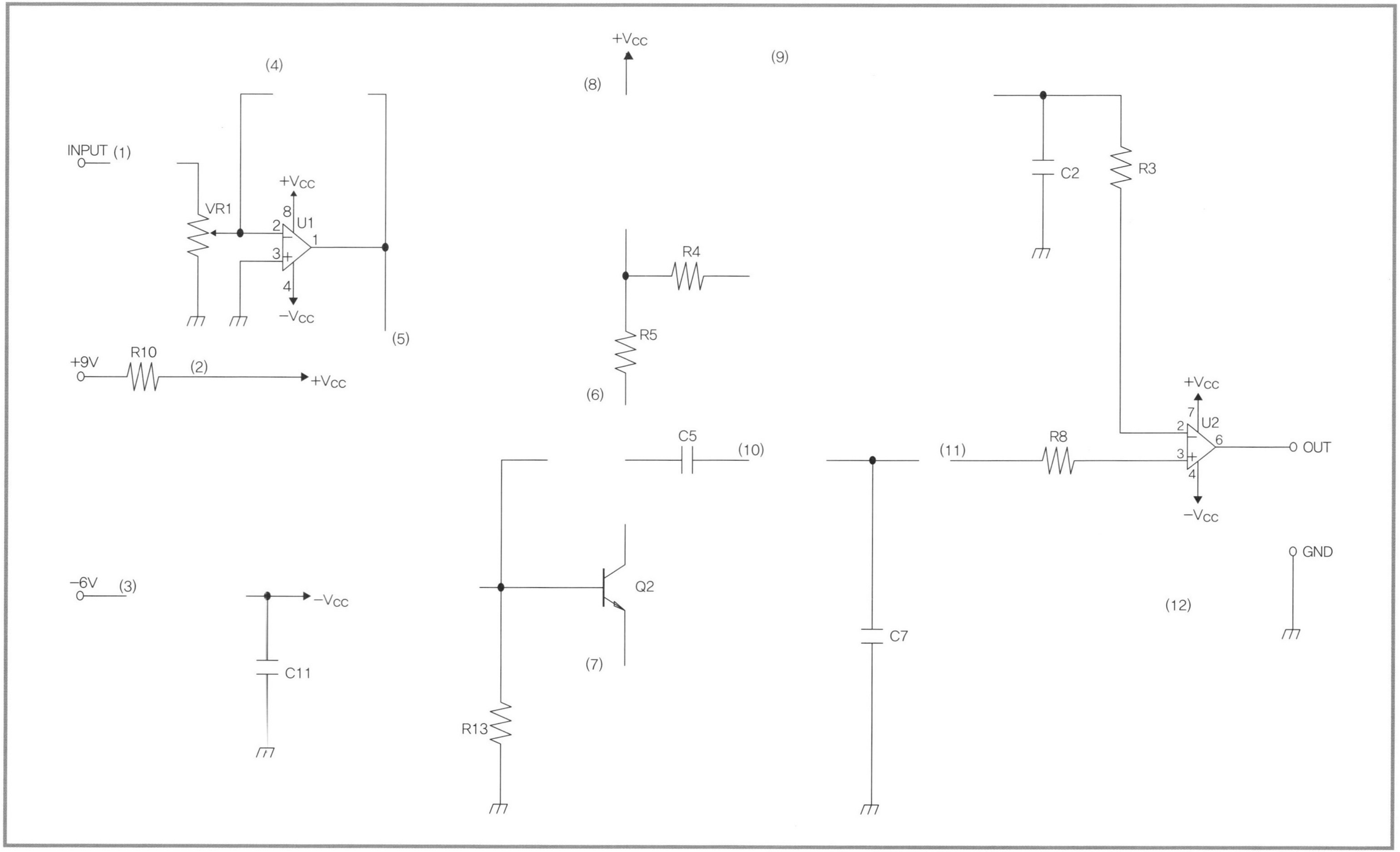

INPUT (1)
VR1
+Vcc
8
2
U1
1
3
4
−Vcc
(4)
(5)
+9V
R10
(2)
+Vcc
−6V
(3)
−Vcc
C11
+Vcc
(8)
(9)
R4
R5
(6)
C5
(10)
Q2
(7)
R13
C2
R3
C7
(11)
R8
+Vcc
7
2
U2
6
3
4
−Vcc
OUT
GND
(12)

전자기기 기능사	회로 스케치 과제 6(좌우형)	문제지 6-B-1	사전 과제 - 평가 1-(검사용)

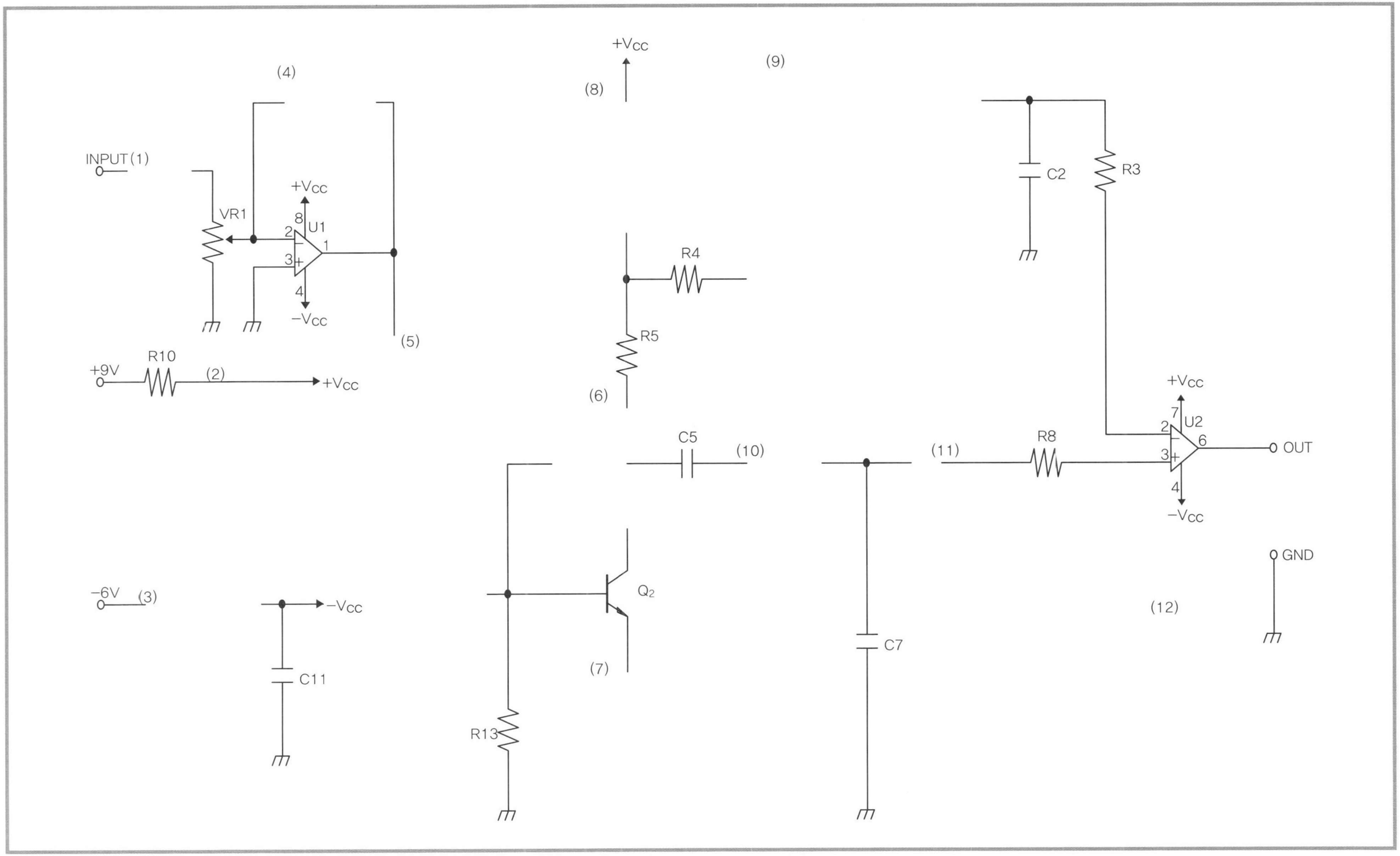

INPUT(1)
(4)
VR1
+Vcc
8
U1
2
3
1
4
-Vcc
(5)
+9V
R10
(2)
+Vcc
-6V
(3)
-Vcc
C11
+Vcc
(8)
(9)
R4
R5
(6)
C5
(10)
Q_2
(7)
R13
C7
C2
R3
(11)
R8
+Vcc
7
U2
2
3
6
4
-Vcc
OUT
GND
(12)

■ 회로 스케치 요령 1

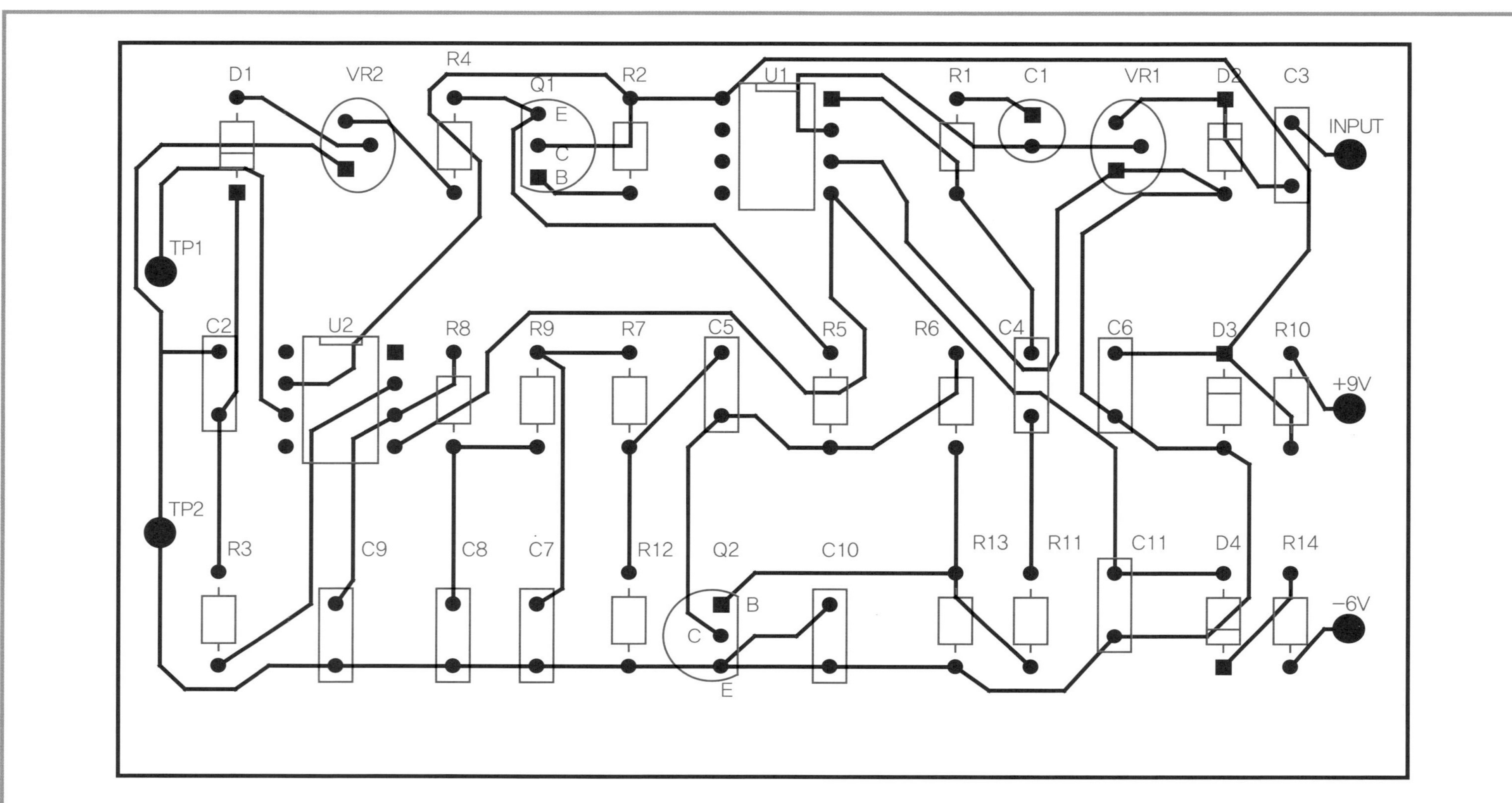

1) 요령 1은 위의 그림처럼 패턴도(동박면)에 부품도 기호를 위치에 맞게 옮겨서 표시하고 패턴도(동박면)에 옮겨진 부품도 기호와 패턴의 연결을 파악한다.

2) 패턴도와 부품도 기호의 연결 상태를 추적하면서 답안지에 연필로 회로도 기호와 부품 번호, 회로 결선 등을 표시한다.

3) 답안지에 회로도 기호와 부품 번호, 회로 결선 등을 표시한 것을 확인한 후 수정 부분이 있으면 수정한 후 검은색 볼펜으로 깨끗하게 연결하여 완성한다.

전자기기 기능사	회로 스케치 과제 6(좌우형)	문제지 6-B-2	과제-평가 2

▶ 회로 스케치 답안지 357쪽

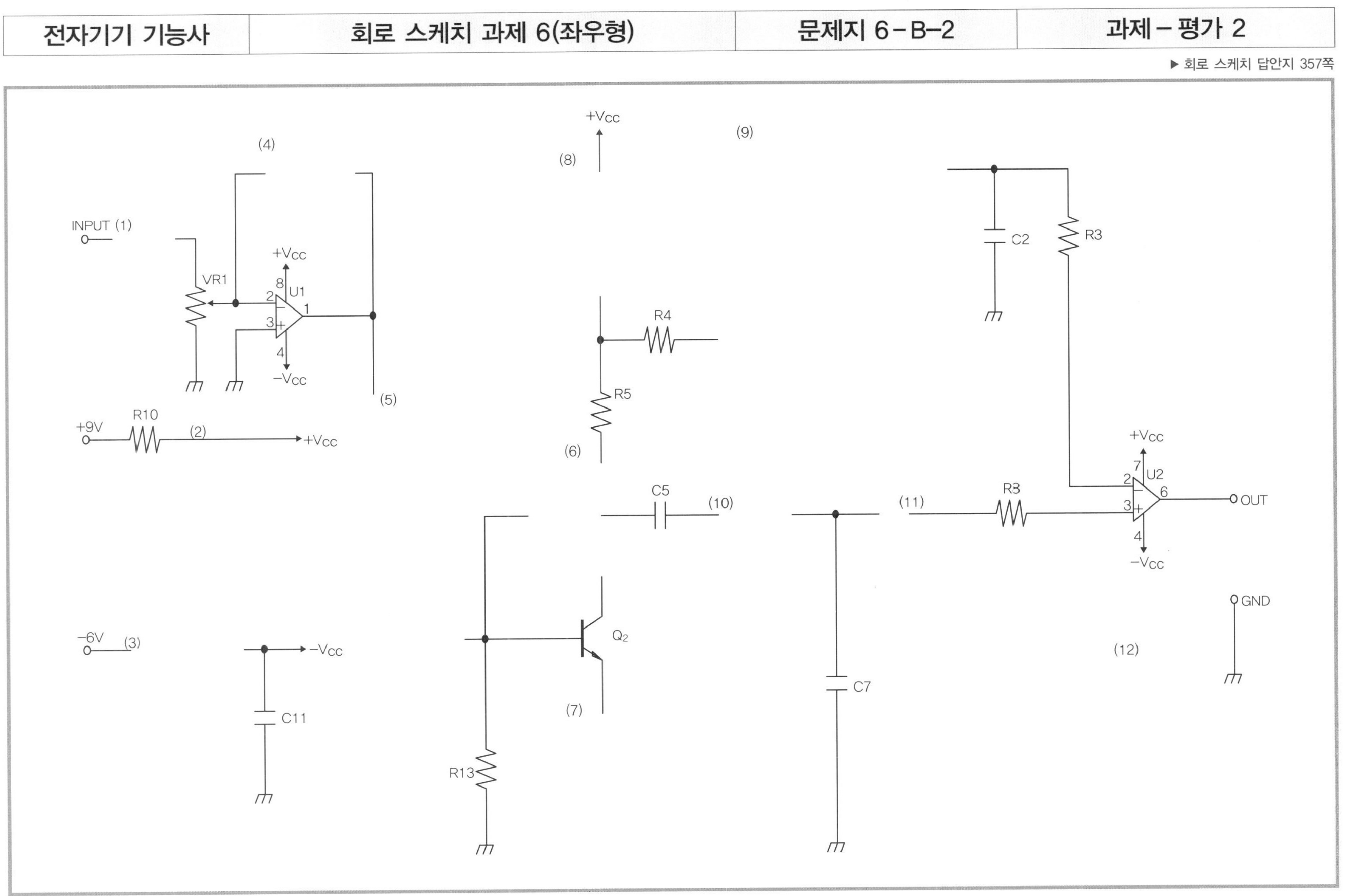

■ 회로 스케치 요령 2

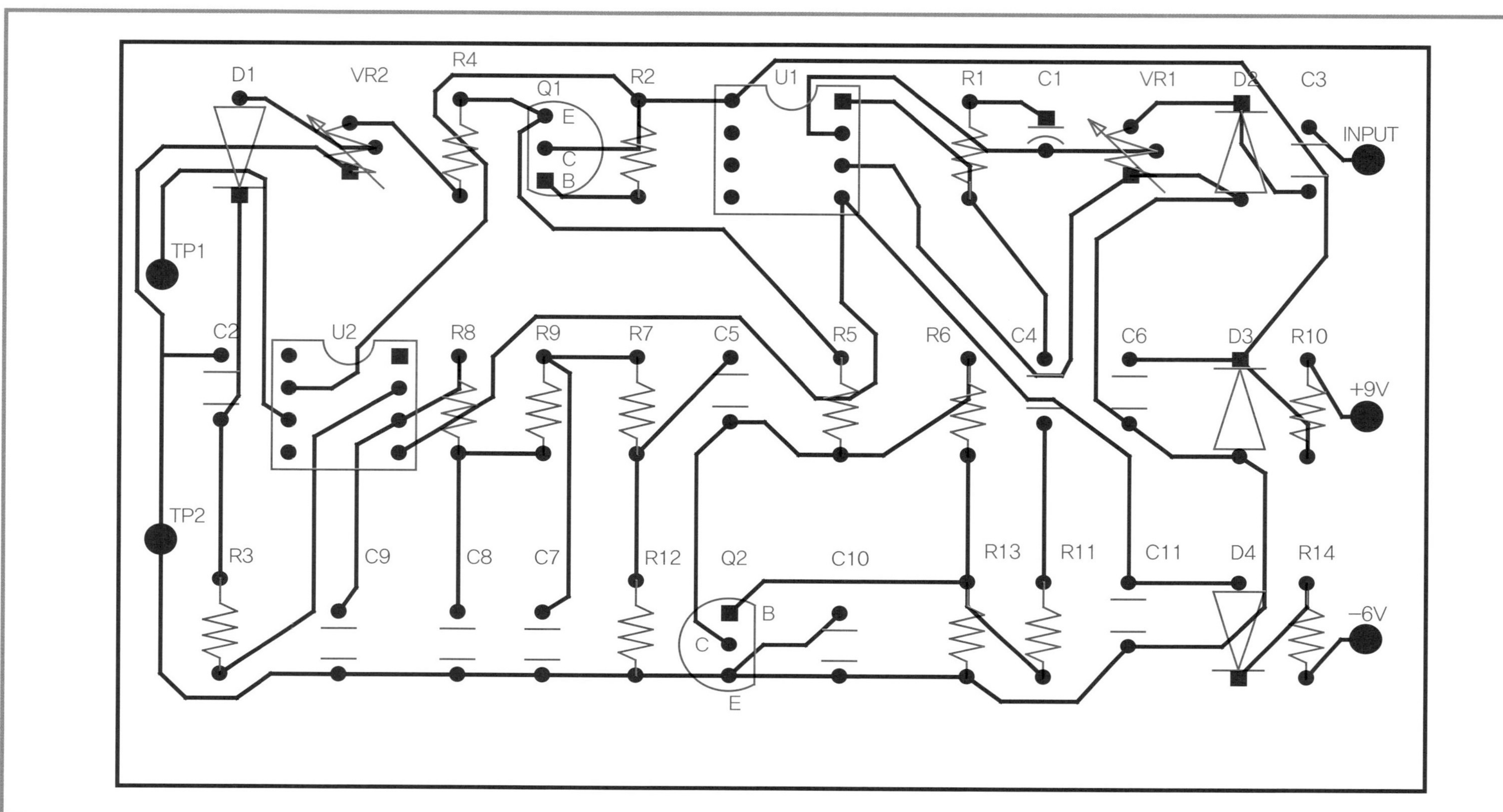

1) 요령 2는 위의 그림처럼 패턴도(동박면)에 회로도 기호를 위치에 맞게 옮겨서 표시하고 패턴도(동박면)에 옮겨진 회로도 기호와 패턴의 연결을 파악한다.

2) 패턴도와 회로도 기호의 연결 상태를 추적하면서 답안지에 연필로 회로도 기호와 부품 번호, 회로 결선 등을 표시한다.

3) 답안지에 회로도 기호와 부품 번호, 회로 결선 등을 표시한 것을 확인한 후 수정 부분이 있으면 수정한 후 검은색 볼펜으로 깨끗하게 연결하여 완성한다.

전자기기 기능사	회로 스케치 과제 6(좌우형)	문제지 6-B-3	과제-평가 3

▶ 회로 스케치 답안지 357쪽

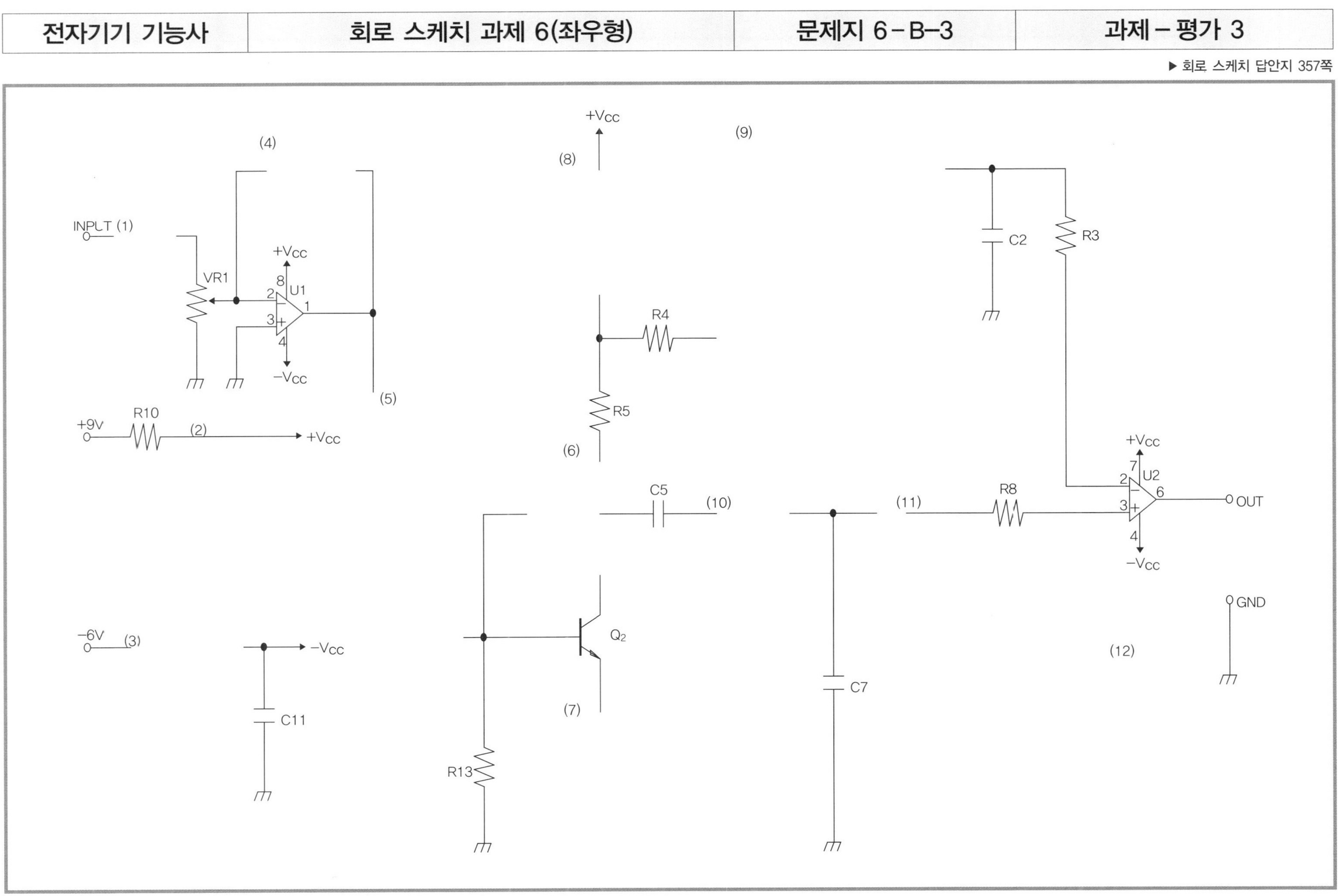

전자기기 기능사	회로 스케치 과제 7(기본형)	문제지 7-A-1	실크도(부품도)

1. 요구 사항

(1) 주어진 도면의 패턴도와 부품도를 보고 부품 기호 및 심벌을 참조하여 회로 스케치 답안지에 회로 기호를 사용하여 회로 스케치를 완성합니다.

(2) 자를 사용하여 최대한 직선으로 표시하고 각 소자의 부품 번호를 기입합니다.

(3) 도면의 퍼턴도는 동박면(납땜면=패턴면)을 기준으로, 부품도는 부품면을 기준으로 작성한 것입니다.

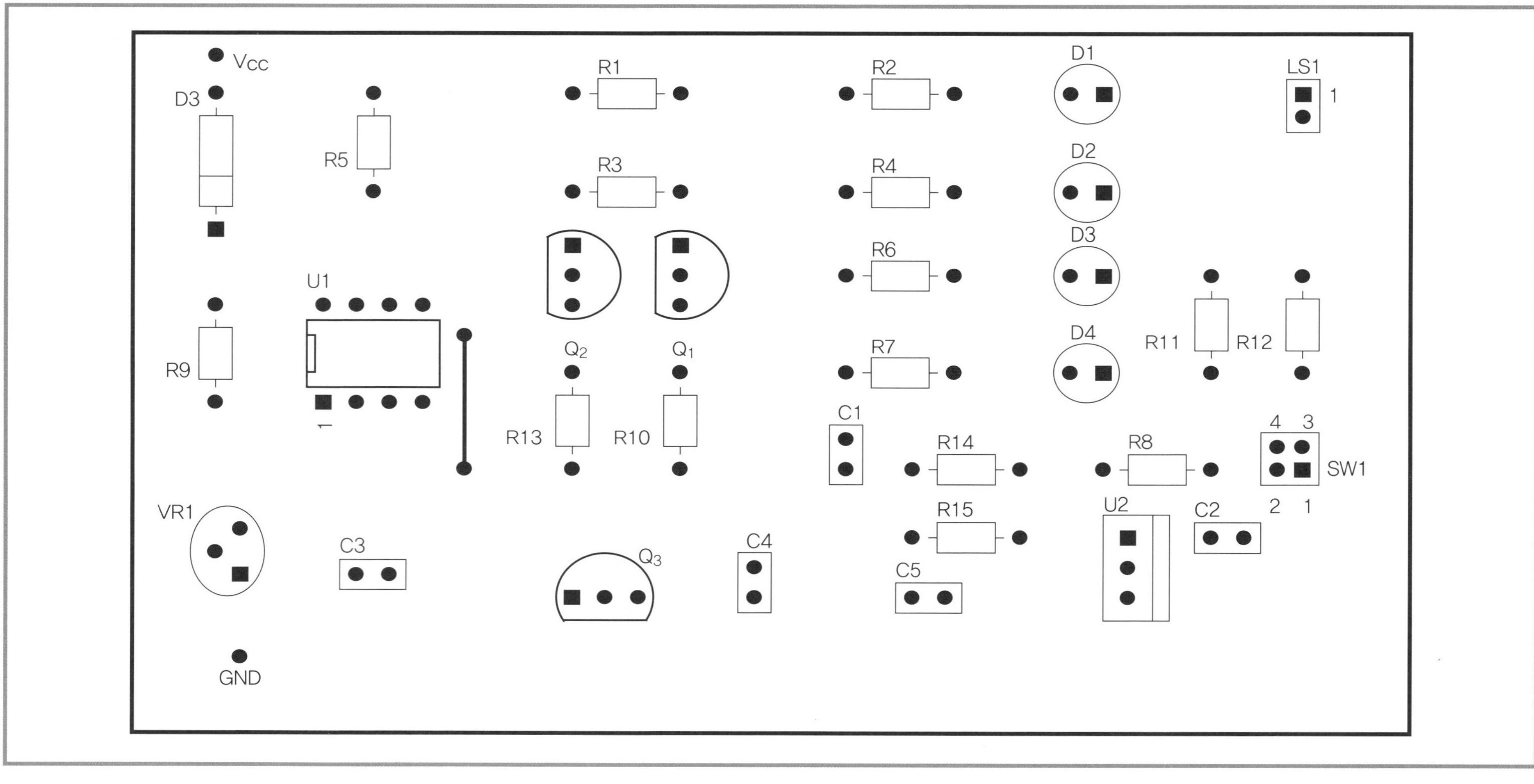

전자기기 기능사	회로 스케치 과제 7(기본형)	문제지 7-A-2	패턴도(동박면)

회로 기호					B C E			4 3 / 1 2	1 VIN GND VOUT 2 / 3	IC
부품 기호					B C E			4 3 / 2 1	1	NE555

전자기기 기능사	회로 스케치 과제 7(기본형)	문제지 7-B-1	사전 과제-(연습용)

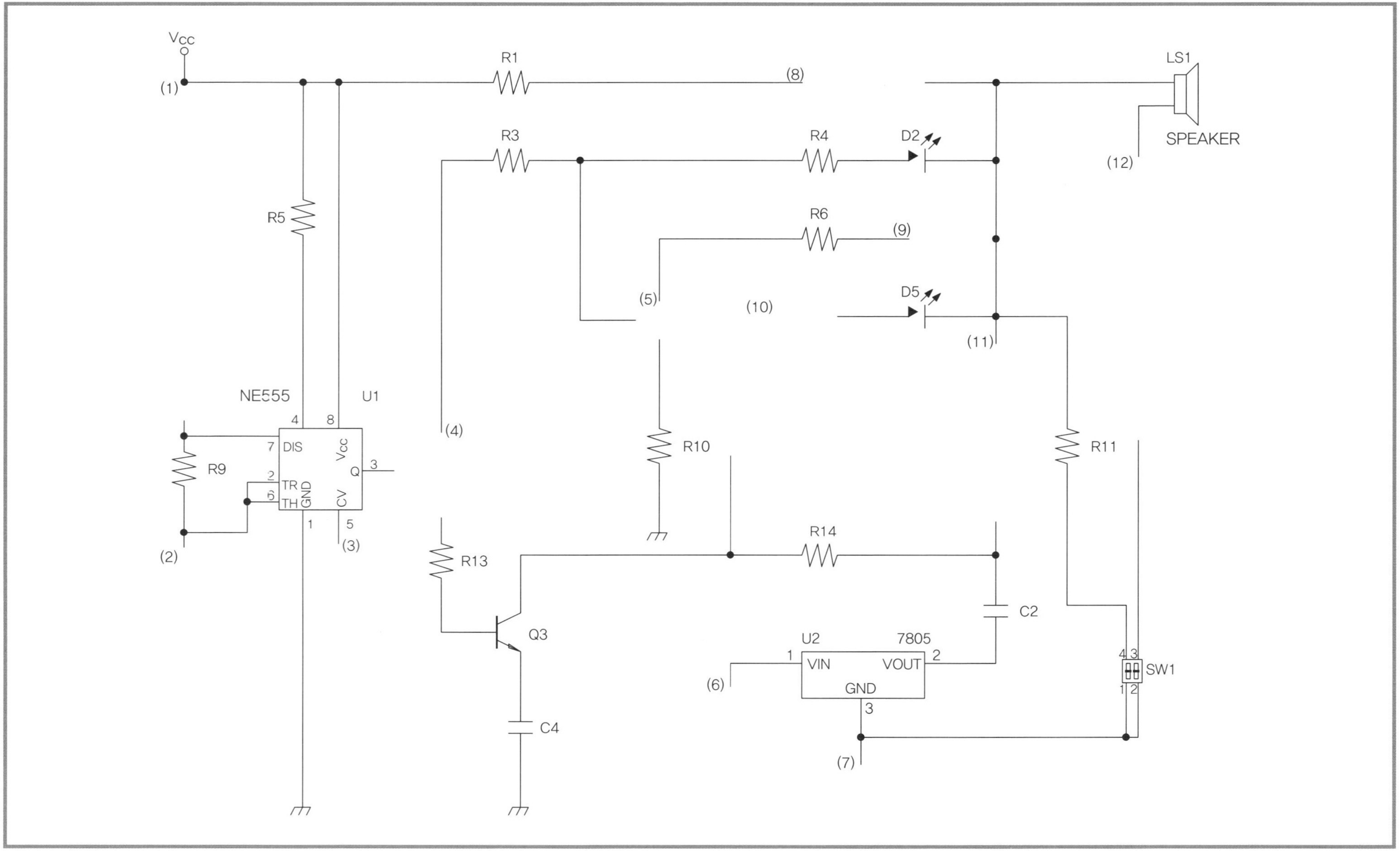

Vcc
(1)
R1
(8)
LS1
SPEAKER
(12)
R3
R4
D2
R5
R6
(9)
(5)
(10)
D5
(11)
NE555
U1
4 8
7 DIS
Vcc
Q 3
R9
2 TR
6 TH
GND
CV
1 5
(3)
(2)
(4)
R10
R11
R13
R14
Q3
C2
U2
7805
1 VIN
VOUT 2
GND
3
(6)
(7)
4 3
SW1
1 2
C4

전자기기 기능사	회로 스케치 과제 7(기본형)	문제지 7-B-1	사전 과제-평가 1-(검사용)

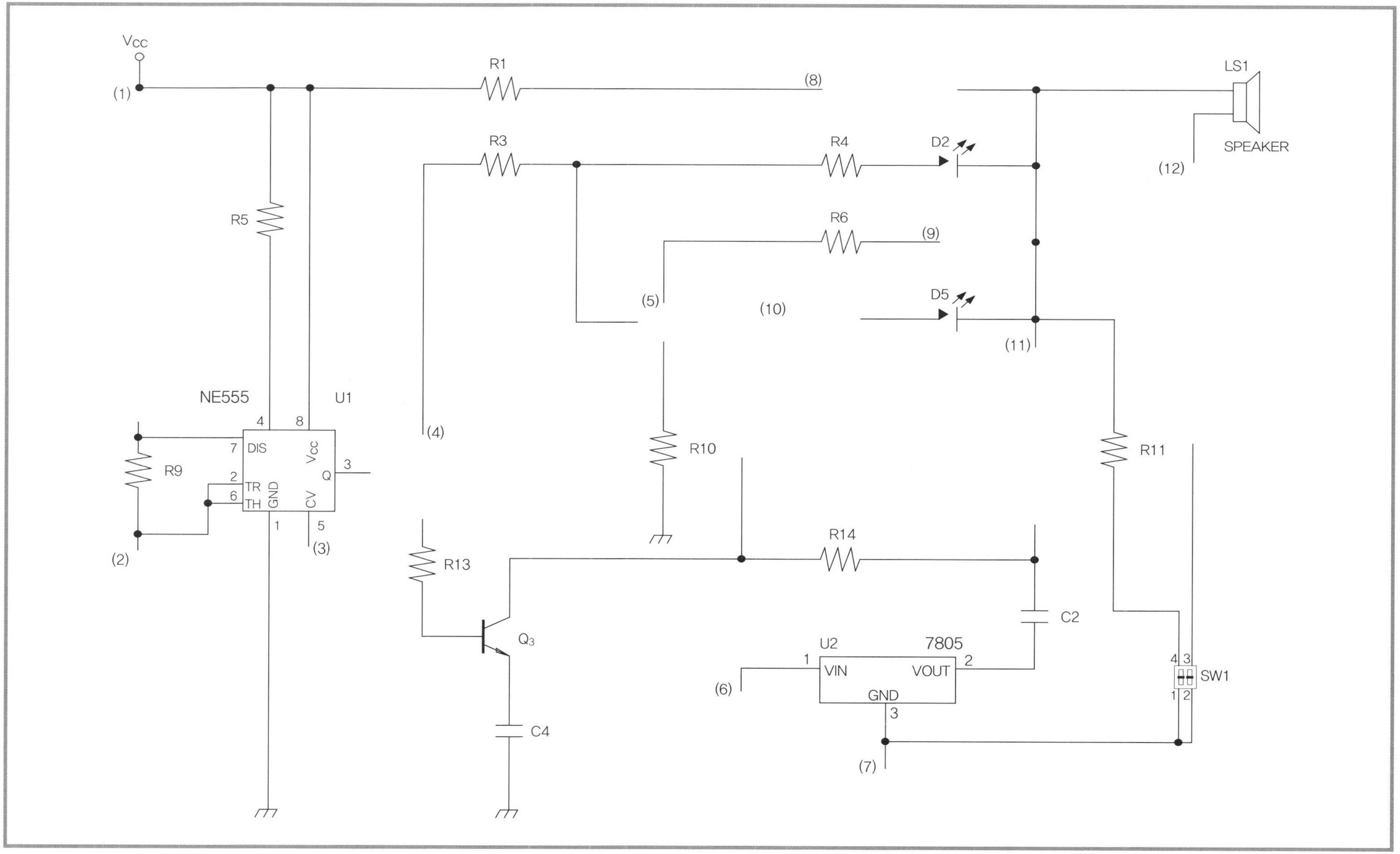

Vcc
(1)
R1
(8)
LS1
SPEAKER
(12)
R3
R4
D2
R5
R6
(9)
(5)
(10)
D5
(11)
NE555
U1
4 8
7 DIS
Vcc
3
Q
R9
2 TR
6 TH
GND
CV
1 5
(3)
(2)
(4)
R10
R11
R13
R14
C2
Q3
U2 7805
1 VIN VOUT 2
GND 3
(6)
(7)
SW1
4 3
1 2
C4

■ 회로 스케치 요령 1

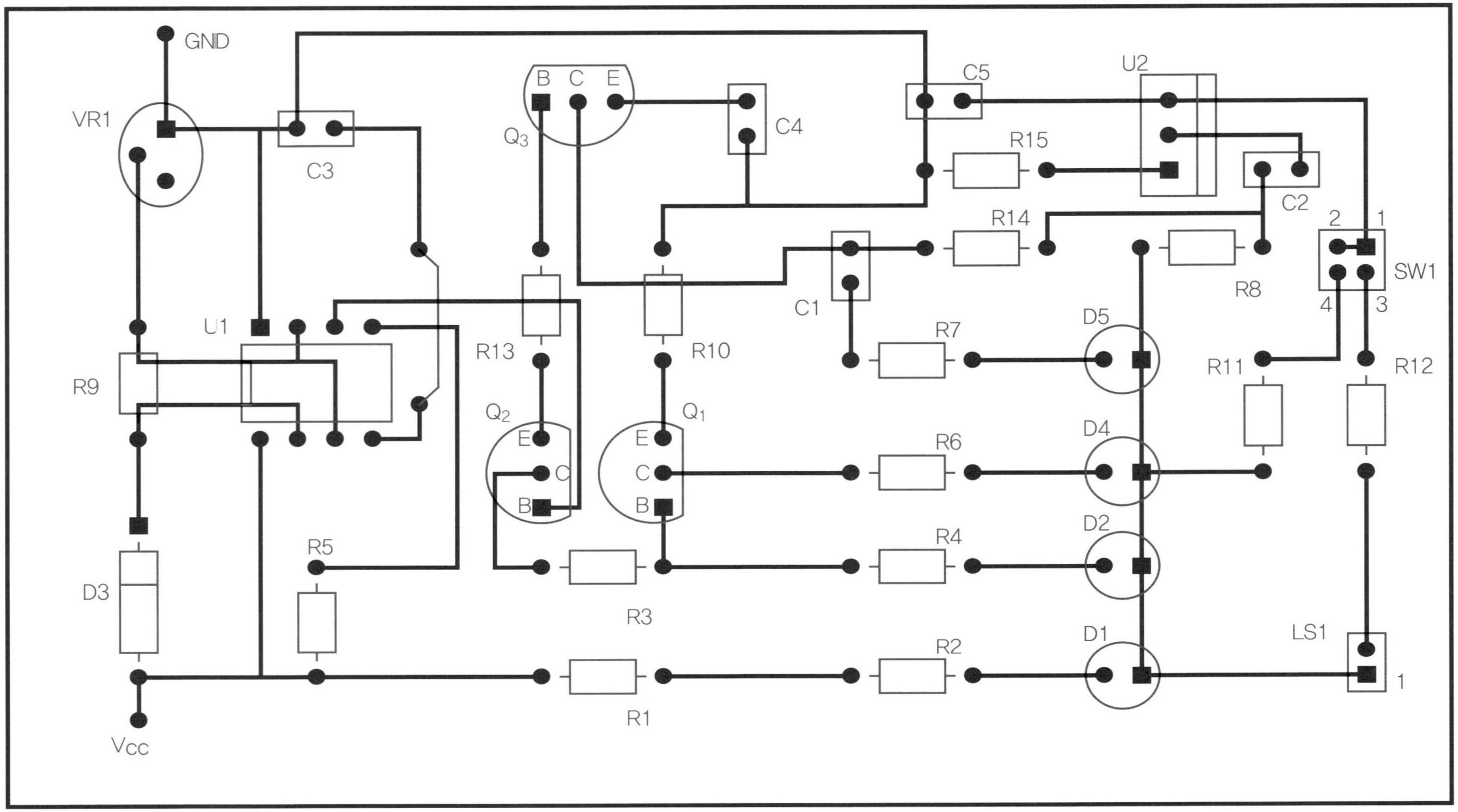

1) 요령 1은 위의 그림처럼 패턴도(동박면)에 부품도 기호를 위치에 맞게 옮겨서 표시하고 패턴도(동박면)에 옮겨진 부품도 기호와 패턴의 연결을 파악한다.

2) 패턴도와 부품도 기호의 연결 상태를 추적하면서 답안지에 연필로 회로도 기호와 부품 번호, 회로 결선 등을 표시한다.

3) 답안지에 회로도 기호와 부품 번호, 회로 결선 등을 표시한 것을 확인한 후 수정 부분이 있으면 수정한 후 검은색 볼펜으로 깨끗하게 연결하여 완성한다.

전자기기 기능사 | 회로 스케치 과제 7(기본형) | 문제지 7-B-2 | 과제 - 평가 2

▶ 회로 스케치 답안지 358쪽

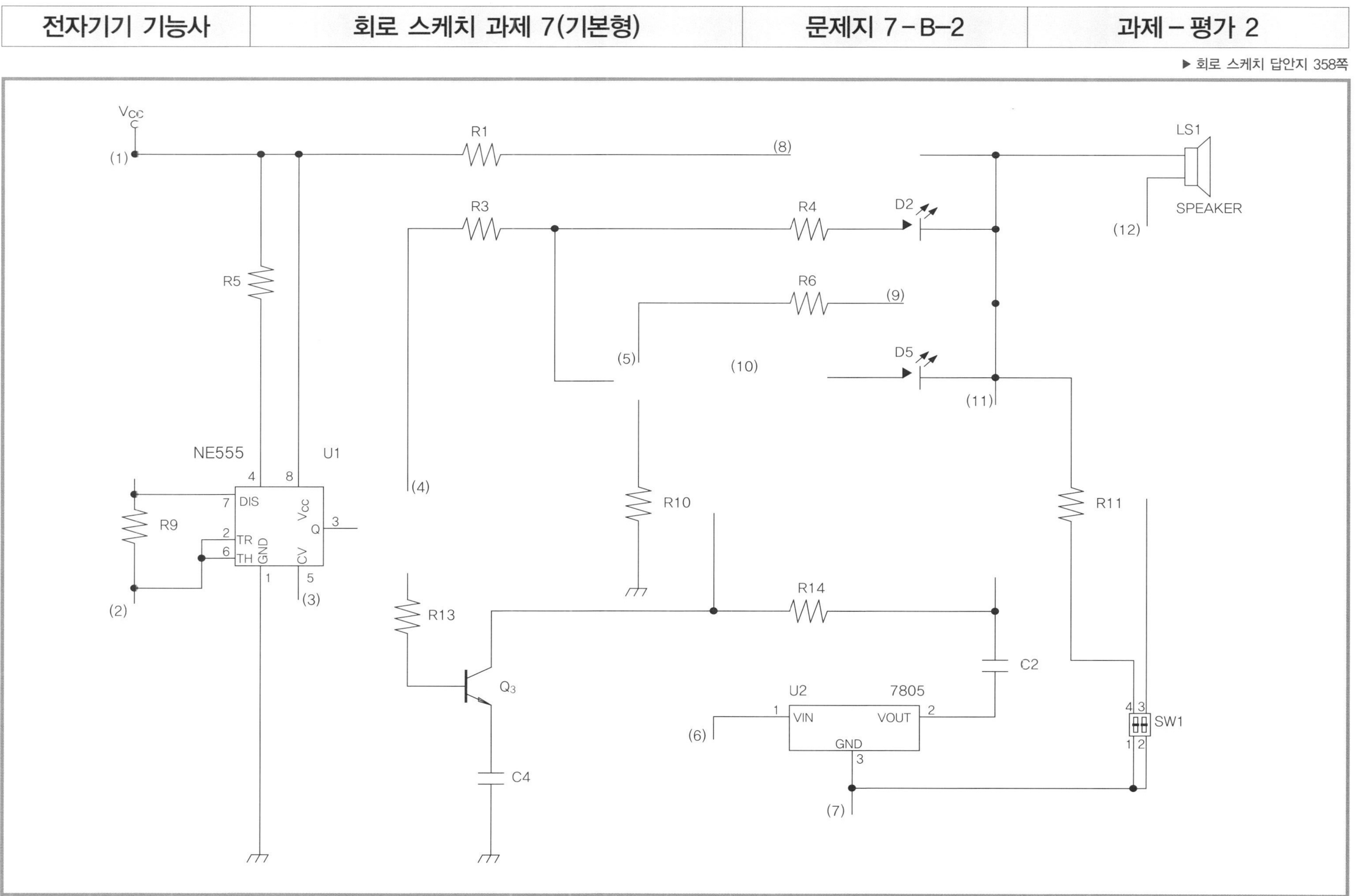

■ 회로 스케치 요령 2

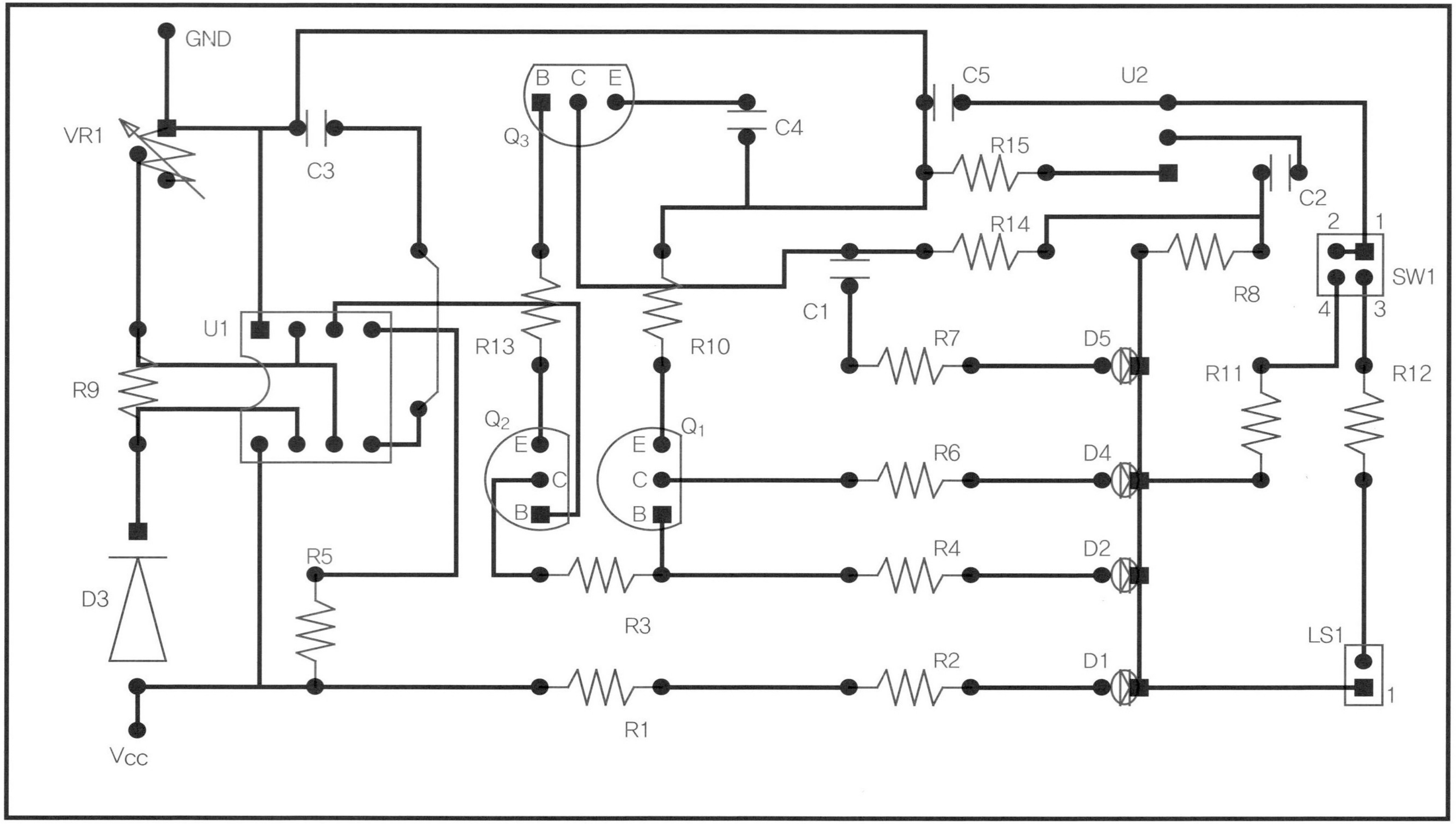

1) 요령 2는 위의 그림처럼 패턴도(동박면)에 회로도 기호를 위치에 맞게 옮겨서 표시하고 패턴도(동박면)에 옮겨진 회로도 기호와 패턴의 연결을 파악한다.

2) 패턴도와 회로도 기호의 연결 상태를 추적하면서 답안지에 연필로 회로도 기호와 부품 번호, 회로 결선 등을 표시한다.

3) 답안지에 회로도 기호와 부품 번호, 회로 결선 등을 표시한 것을 확인한 후 수정 부분이 있으면 수정한 후 검은색 볼펜으로 깨끗하게 연결하여 완성한다.

전자기기 기능사	회로 스케치 과제 7(기본형)	답안지 7 - B-3	과제 - 평가 3

▶ 회로 스케치 답안지 358쪽

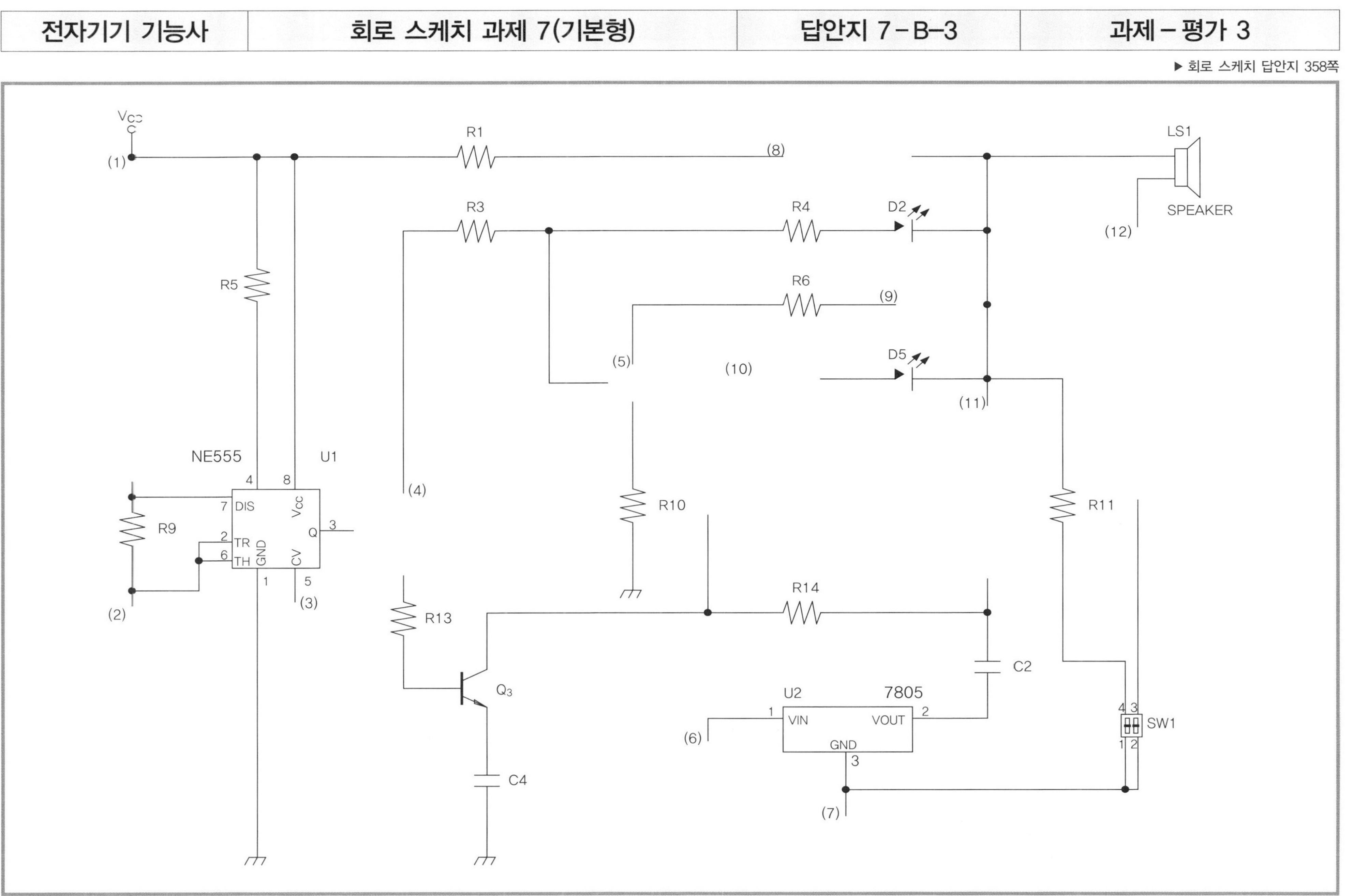

전자기기 기능사	회로 스케치 과제 8(기본형)	문제지 8-A-1	실크도(부품도)

1. 요구 사항

(1) 주어진 도면의 패턴도와 부품도를 보고 부품 기호 및 심벌을 참조하여 회로 스케치 답안지에 회로 기호를 사용하여 회로 스케치를 완성합니다.

(2) 자를 사용하여 최대한 직선으로 표시하고 각 소자의 부품 번호를 기입합니다.

(3) 도면의 패턴도는 동박면(납땜면=패턴면)을 기준으로, 부품도는 부품면을 기준으로 작성한 것입니다.

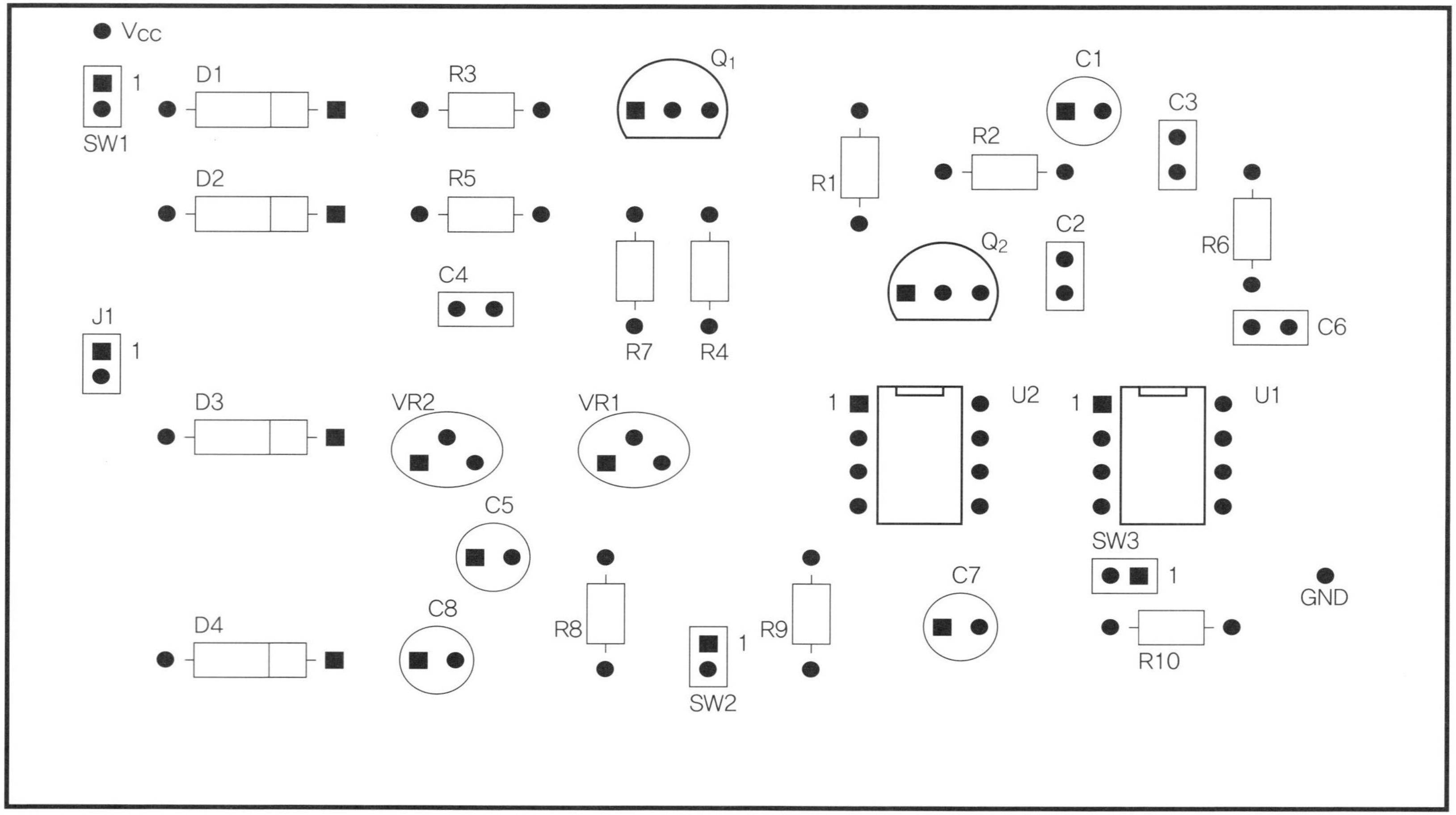

전자기기 기능사	회로 스케치 과제 8(기본형)	문제지 8-A-2	패턴도(동박면)

회로 기호			+			B C E	1 2		2 3 7 5 6 4 1
부품 기호			+			B C E			LF356

전자기기 기능사	회로 스케치 과제 8(기본형)	문제지 8-B-1	사전 과제-(연습용)

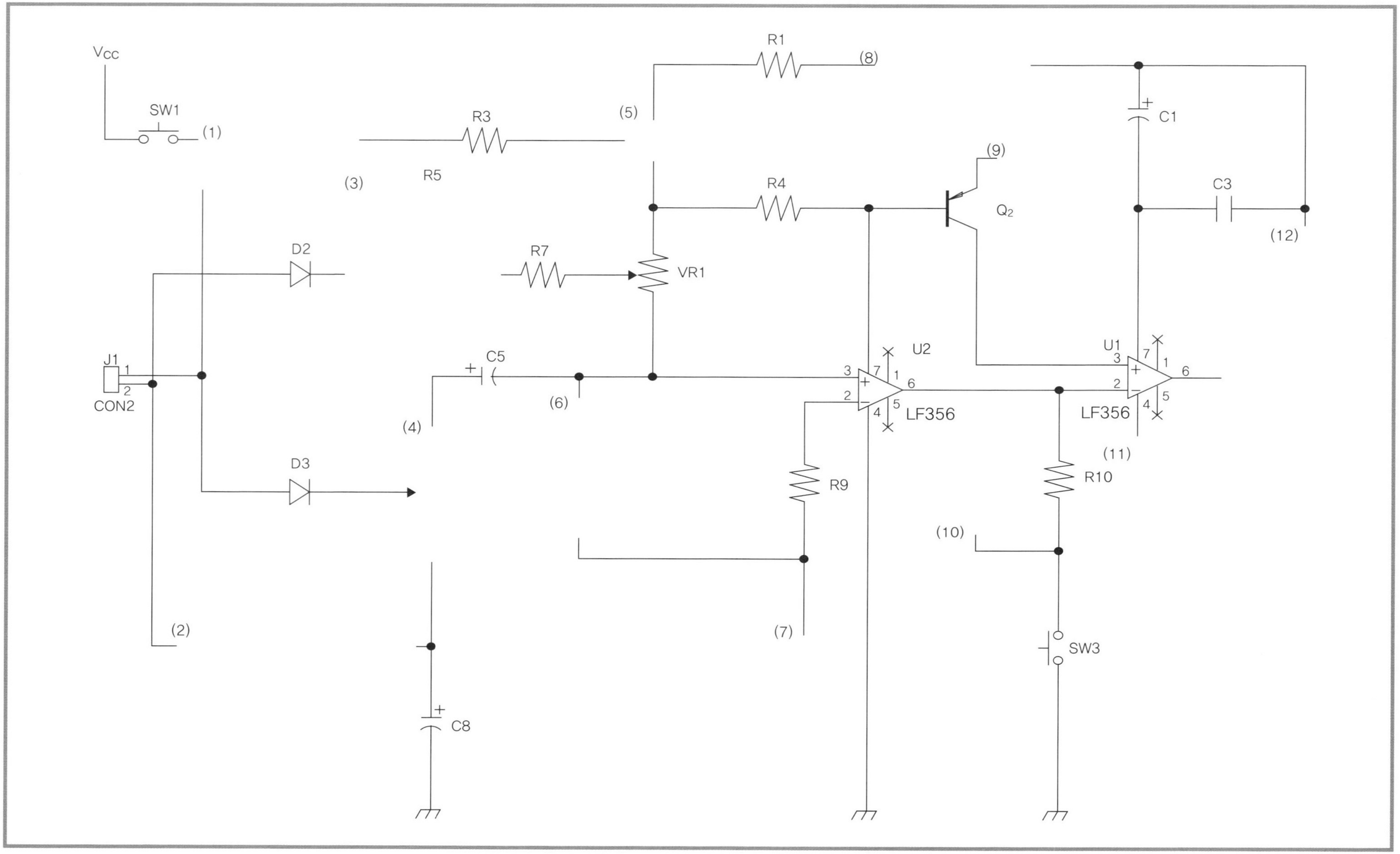

V_{CC}
SW1
(1)
R1
(8)
R3
(5)
(3)
R5
(9)
R4
Q_2
C1
C3
(12)
D2
R7
VR1
J1
1
2
CON2
C5
(6)
(4)
U2
3
7
1
6
2
5
4
LF356
U1
3
7
1
6
2
5
4
LF356
(11)
D3
R9
R10
(10)
(7)
(2)
SW3
C8

전자기기 기능사	회로 스케치 과제 8(기본형)	문제지 8-B-1	사전 과제 – 평가 1-(검사용)

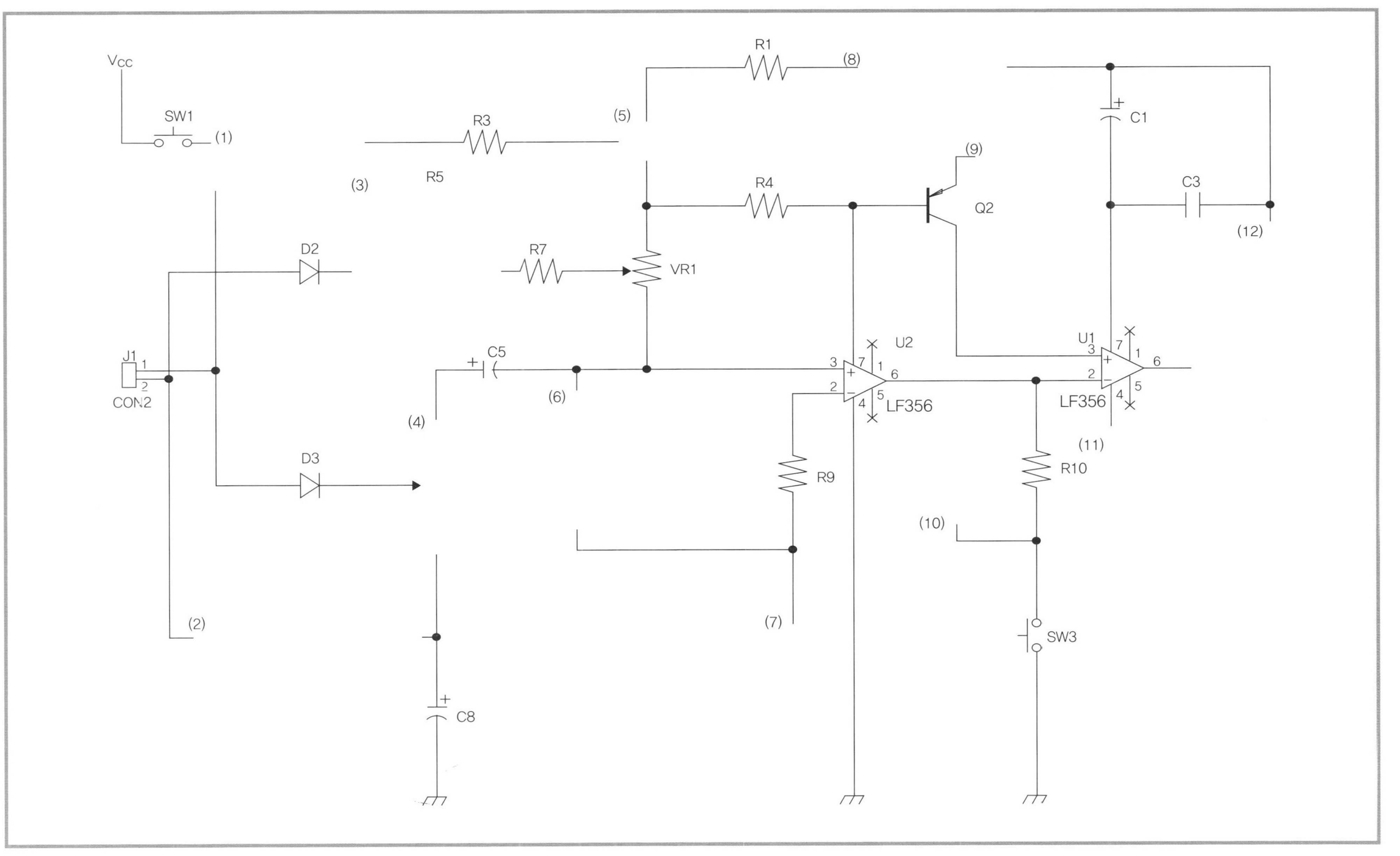

■ 회로 스케치 요령 1

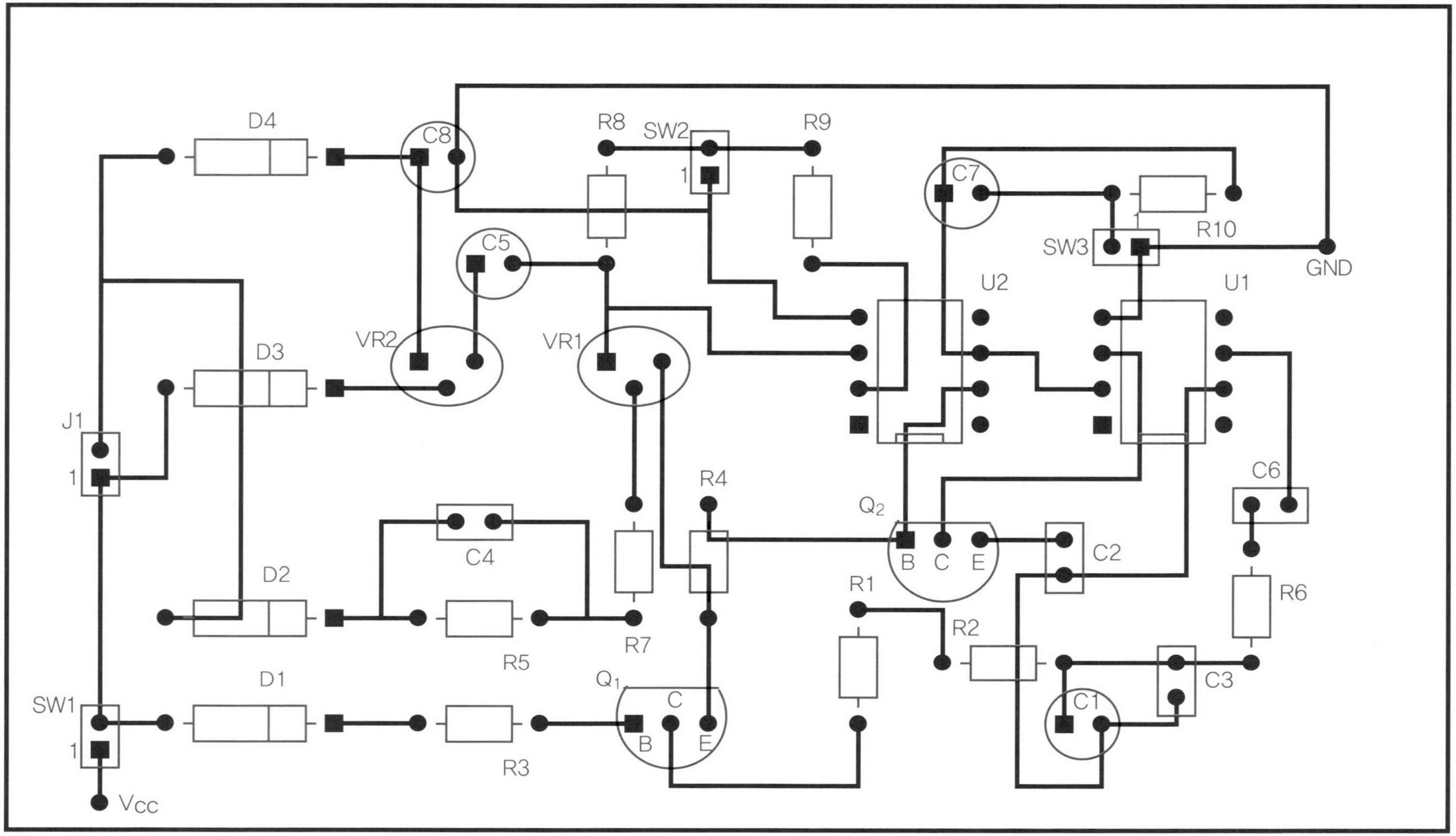

1) 요령 1은 위의 그림처럼 패턴도(동박면)에 부품도 기호를 위치에 맞게 옮겨서 표시하고 패턴도(동박면)에 옮겨진 부품도 기호와 패턴의 연결을 파악한다.

2) 패턴도와 부품도 기호의 연결 상태를 추적하면서 답안지에 연필로 회로도 기호와 부품 번호, 회로 결선 등을 표시한다.

3) 답안지에 회로도 기호와 부품 번호, 회로 결선 등을 표시한 것을 확인한 후 수정 부분이 있으면 수정한 후 검은색 볼펜으로 깨끗하게 연결하여 완성한다.

전자기기 기능사	회로 스케치 과제 8(기본형)	문제지 8-B-2	과제-평가 2

▶ 회로 스케치 답안지 359쪽

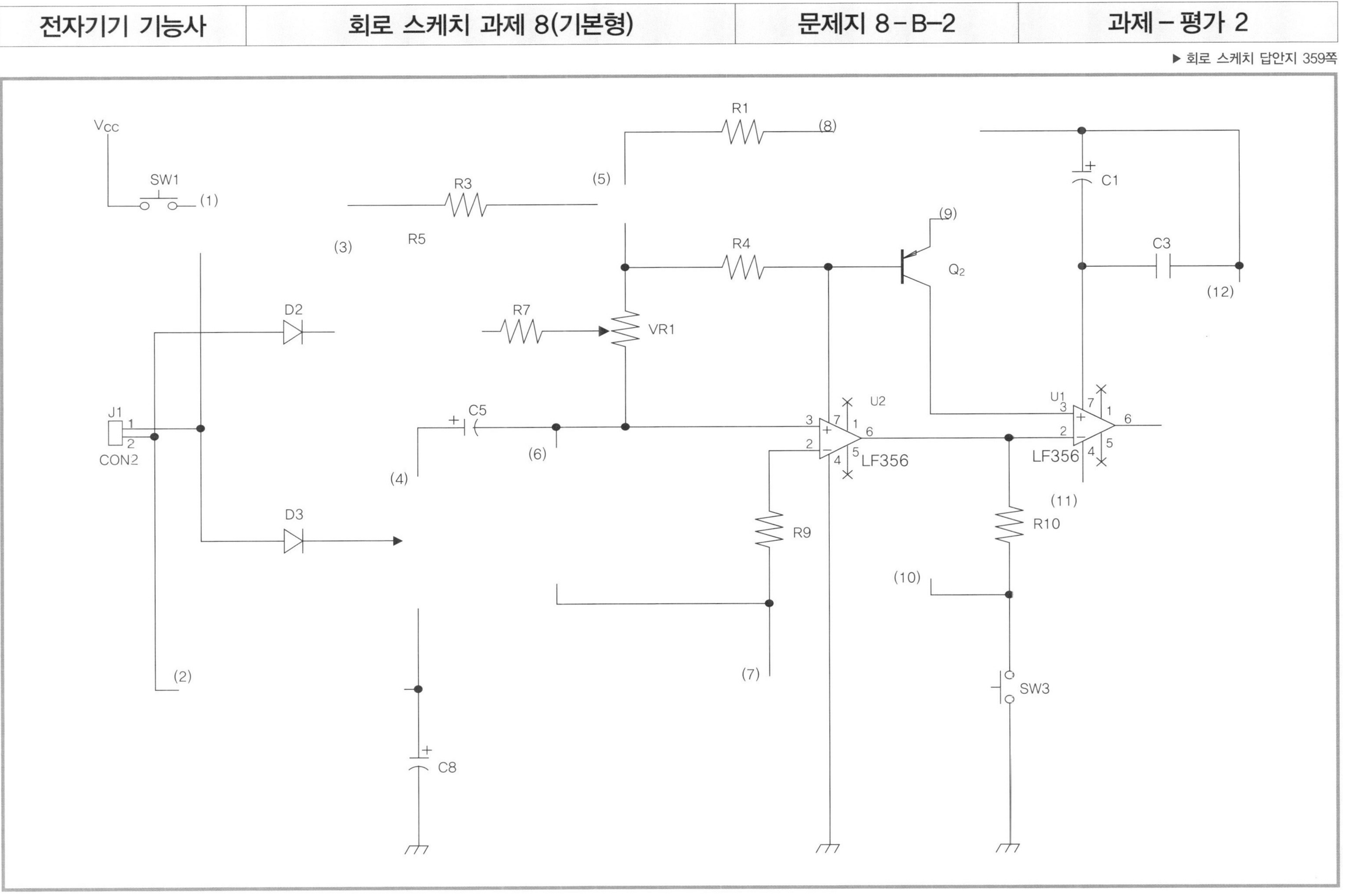

■ 회로 스케치 요령 2

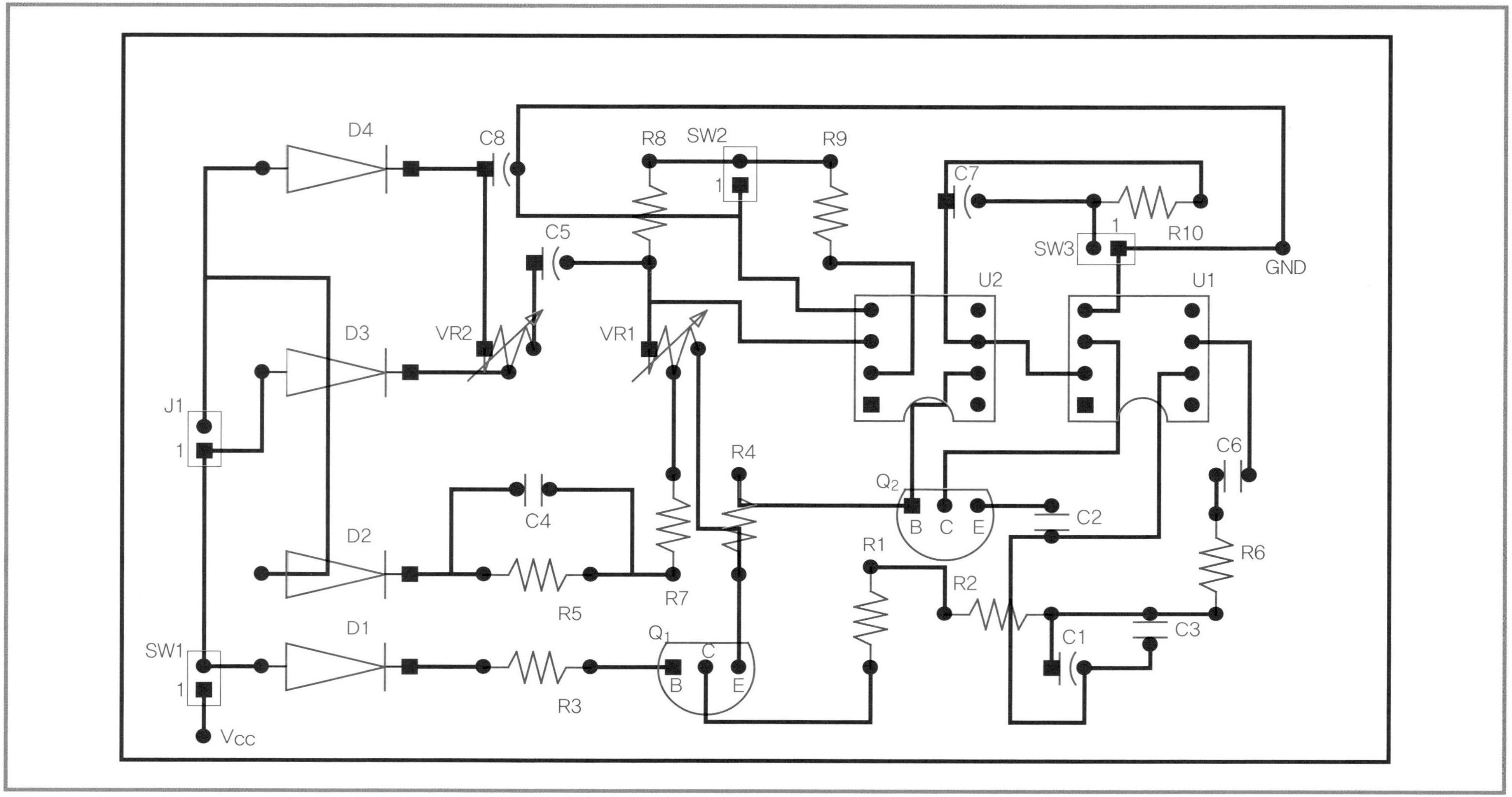

1) 요령 2는 위의 그림처럼 패턴도(동박면)에 회로도 기호를 위치에 맞게 옮겨서 표시하고 패턴도(동박면)에 옮겨진 회로도 기호와 패턴의 연결을 파악한다.

2) 패턴도와 회로도 기호의 연결 상태를 추적하면서 답안지에 연필로 회로도 기호와 부품 번호, 회로 결선 등을 표시한다.

3) 답안지에 회로도 기호와 부품 번호, 회로 결선 등을 표시한 것을 확인한 후 수정 부분이 있으면 수정한 후 검은색 볼펜으로 깨끗하게 연결하여 완성한다.

전자기기 기능사	회로 스케치 과제 8(기본형)	문제지 8 - B-3	과제 - 평가 3

▶ 회로 스케치 답안지 359쪽

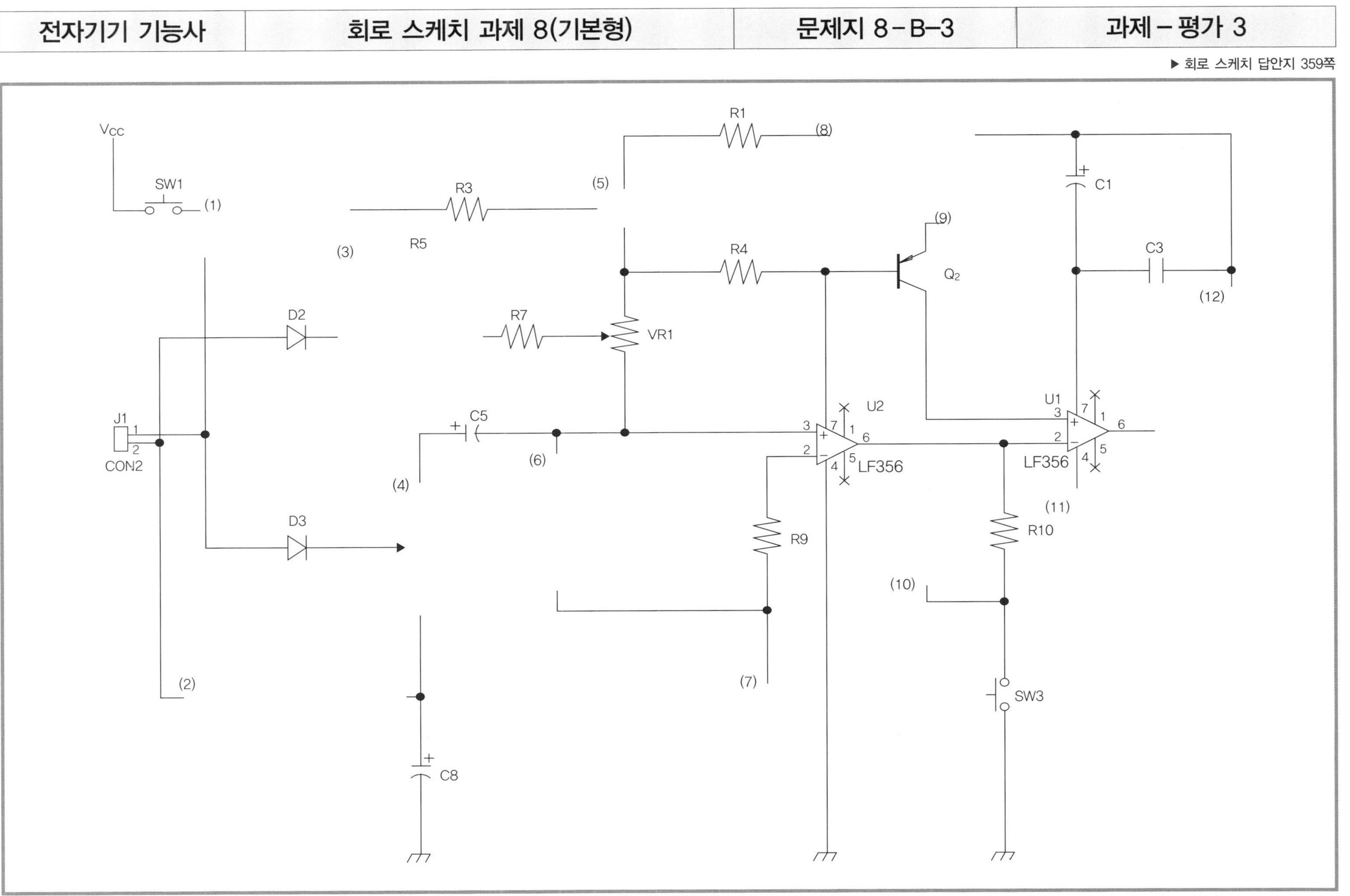

제 3 장

NCS기반 2015 교육과정 실무교과 과정 중심평가 학습(모듈형)
전자기기 기능사 실기 출제 기준

조립 · 제작 따라하기

1 조립 · 제작 과제 수검자 유의사항

2 조립 제작 실습 과제

▣ 조립 · 제작 과제 수험자 유의사항

1. 회로 조립 시 오배선과 미배선이 발생되지 않도록 합니다.
2. 주어진 부품은 별도 점검 시간에 양부를 판정하여 불량품 및 부족한 수량은 지급받습니다. (단, 부품 점검 시간 이후의 부품 교환은 하지 않습니다.)
3. 기판에 조립할 부품은 기판 전체에 골고루 배치하여 부품의 균형과 안정감이 있도록 합니다.
4. 저항의 색 띠는 수직 또는 수평으로 통일하여 배치합니다.
5. 점프선은 가능한 한 생기지 않도록 합니다.
6. 납땜은 냉납이나 납의 과다 및 과소가 없도록 하며, 매 2구멍마다 납땜합니다.
7. 부품은 기판에 밀착시키고, 좌우 리드선의 구성을 평형되게 하며, 그 높이는 일정하게 합니다.
8. 배선은 동박면에 밀착시키고 직선으로 행하되, 사선 배선을 사용하여도 무방합니다.
9. 배선의 방향을 변경할 때에는 기판 구멍상 (위)에서 행하고, 그 구멍을 납땜합니다.
10. 전기적으로 접속될 tn 있는 부분은 0.5mm 이상 이격시켜 작업합니다. (배선의 일부라도 겉을 통하여 이어진 동박면은 전기적으로 접속된 것으로 간주됩니다.)
11. 납땜의 융착성은 표면이 미끈하고 광택이 있으며, 완전히 융착되어야 합니다.
12. 납땜의 양은 선재의 표면 부분이 납이 많게 하되, 선의 형태를 알아볼 수 있어야 하며, 동박 구멍 전면에 납이 골고루 붙어야 합니다.

13. 납땜 작업 시 비닐선일 경우에는 비닐선의 표면에 손상을 입히거나 타 부품을 상하게 하여서는 안 됩니다.

14. IC 핀 접속도를 충분히 이해하고 안정감 있게 조립에 임합니다.

15. 시험 종료 후 작품의 동작 여부를 시험 위원으로부터 확인받아야 합니다.

16. 제3과제 측정은 제한 시간 내에 정확하게 측정합니다.

17. 답안은 반드시 흑색 또는 청색 필기구(연필류 제외) 중 한 가지 색으로만 작성해야 하며, 지정된 필기구를 사용하지 않은 경우 해당 문항은 0점 처리됩니다.

18. 다음 사항에 대해서는 채점 대상에서 제외하니 특히 유의하시기 바랍니다.

기권	• 수험자 본인이 수험 도중 시험에 대한 포기 의사를 표시하는 경우 • 실기 시험 과정 중 1개 과정이라도 불참한 경우
실격	• 회로 스케치 점수가 0점인 경우 • 수험자가 기계 조작 미숙 등으로 계속 작업 진행 시 본인 또는 타인의 인명이나 재산에 큰 피해를 가져올 수 있다고 시험 위원이 판단할 경우 • 부정 행위의 작품일 경우
미완성	• 시험 시간 내 완성하지 못한 경우
오작	• 조립한 작품의 동작이 되지 않는 경우 • 요구 사항을 준수하지 않은 작품을 제출한 경우

전자기기 기능사	조립 제작 실습 과제 1	작품명	6진 디코더 회로

▣ 6진 디코더 회로를 만능기판에 조립 제작하고, TP점의 전압을 전압계로 측정하여 기록하고 PB SW ON 시 동작 진리표와 같이 동작하도록 하시오.

1. 시험 시간: 3시간 20분(측정 과제 20분 추가)

2. 요구 사항: 조립 제작 과제

① 지급된 재료를 사용하여 제한 시간 내에 도면과 같이 조립하시오.

② 동작 전류를 측정하여 기록하시오.

③ 조립이 완성되면 다음 진리표와 같이 동작되도록 하시오.

※ 사전 과제 4: 노트에 동작 진리표를 작성하고 이해하기

▶ PB SW ON 시 동작표

- SW OFF 시 — H(1)
- SW ON 시 — L(0)
- 출력 논리 — 0: L레벨(0V), 1: H레벨(+5V)
- 리셋 SW는 측정 시마다 눌렀다 놓음.

SW 상태	SW입력			RS-래치 회로 출력						조합 논리 회로 출력						출력 LED 상태
	C	B	A	Q_A	$\overline{Q_A}$	Q_B	$\overline{Q_B}$	Q_C	$\overline{Q_C}$	Q_1	Q_2	Q_3	Q_4	Q_5	Q_6	
모두 OFF	1	1	1	0	1	0	1	0	1	1	1	1	1	1	1	모두 소등 초기 동작
A만 ON	1	1	0	1	0	0	1	0	1	0	1	1	1	1	1	L_1 점등(1)
B만 ON	1	0	1	0	1	1	0	0	1	1	0	1	1	1	1	L_2 점등(2)
A, B ON	1	0	0	1	0	1	0	0	1	1	1	0	1	1	1	L_3 점등(3)
C만 ON	0	1	1	0	1	0	1	1	0	1	1	1	0	1	1	L_4 점등(4)
A, C ON	0	1	0	1	0	0	1	1	0	1	1	1	1	0	1	L_5 점등(5)
B, C ON	0	0	1	0	1	1	0	1	0	1	1	1	1	1	0	L_6 점등(6)
금지 입력	0	0	0	×	×	×	×	×	×	×	×	×	×	×	×	×

④ 도면에서 SN7400으로 이루어진 순간적인 신호를 일시적으로 기억하는 회로를 무엇이라 하는가?

⑤ 실리콘다이오드 1N4001에서 강하되는 전압은 몇 [V]인가?

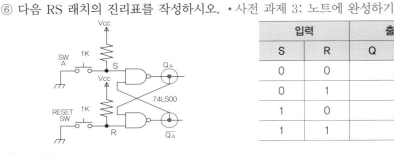

⑥ 다음 RS 래치의 진리표를 작성하시오. • 사전 과제 3: 노트에 완성하기

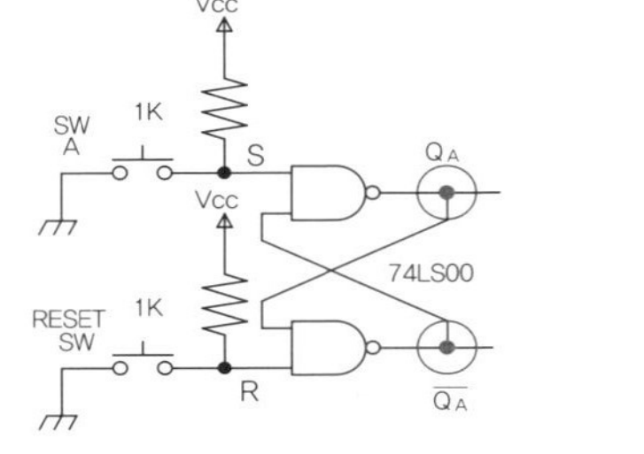

입력		출력	
S	R	Q	$\overline{Q}$
0	0		
0	1		
1	0		
1	1		

3. 재료 목록

재료명	규격	수량	재료명	규격	수량
IC	74LS00	2	LED	적색 8Φ	6
	74LS10	2	PB 스위치	2P	4
IC 소켓	14pin	4	만능기판	28×62hole	1
저항(1/4W)	330Ω	1	배선줄/3mm	3색 단선	1
	1kΩ	4	실납	SN60% 1.0Φ	1
다이오드	1N4001	1			

▣ **사용되는 IC 및 주요 회로**

- 사전 과제 2: 회로에 사용되는 IC 내부를 노트에 그려보고 이해하고 암기하기

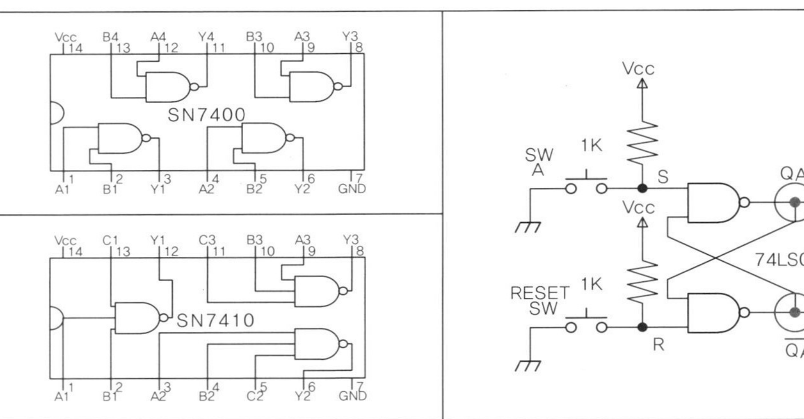

【 4. 회로도(6진 디코더 회로) 】 회로도는 반드시 수업 전 사전 과제로 실습 노트에 깨끗하게 그려서 검사를 받도록 한다. •사전 과제 1 – 회로도 그리기

【 5-1. 부품 배치 및 배선 연습용 기판 】 • 사전 과제 5 – 회로도를 보고 28×62 만능기판 사이즈에 균형있게 부품을 배치하고 회로도와 같도록 배선을 하시오

연습용

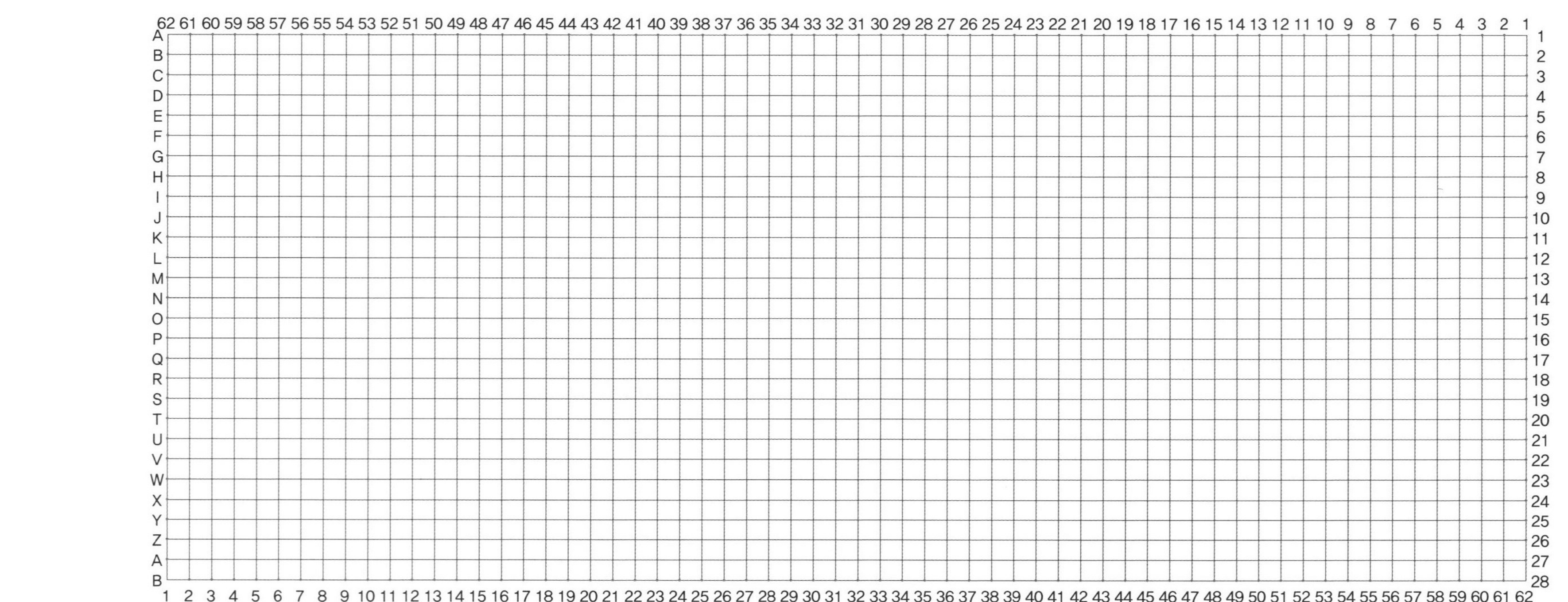

▶ 회로도 제작 조립용 패턴도는 납땜 및 배선 작업 시 편리하도록 동박면(납땜면)을 기준으로 작성하는 것이 좋다.

종류	다이오드	저항	콘덴서	트랜지스터		PB 스위치	IC		점프선	LED
				NPN	PNP					
회로도 기호			+	B C E	B E C	ⓐ ⓑ	14핀	16핀		
패턴도 기호 (동박면 기준)			+				14 1 8 7	16 1 9 8		
비고	4~5칸	4~5칸	3~5칸	3칸	3칸	3칸×3칸 3칸×4칸	4칸×7칸	4칸×8칸	크기에 따라	3칸~4칸

▶ 회로도의 기호에 맞는 패턴도 기호를 사용하여 28×62 기판 사이즈에 전체적인 균형을 생각하며 회로의 조립 과정이 쉽게 패턴도를 작성하시오.

【 5-2. 부품 배치 및 배선 평가용 기판 】 • 사전 과제 5 – 회로도를 보고 28×62 만능기판 사이즈에 균형있게 부품을 배치하고 회로도와 같도록 배선을 하시오

평가용 1

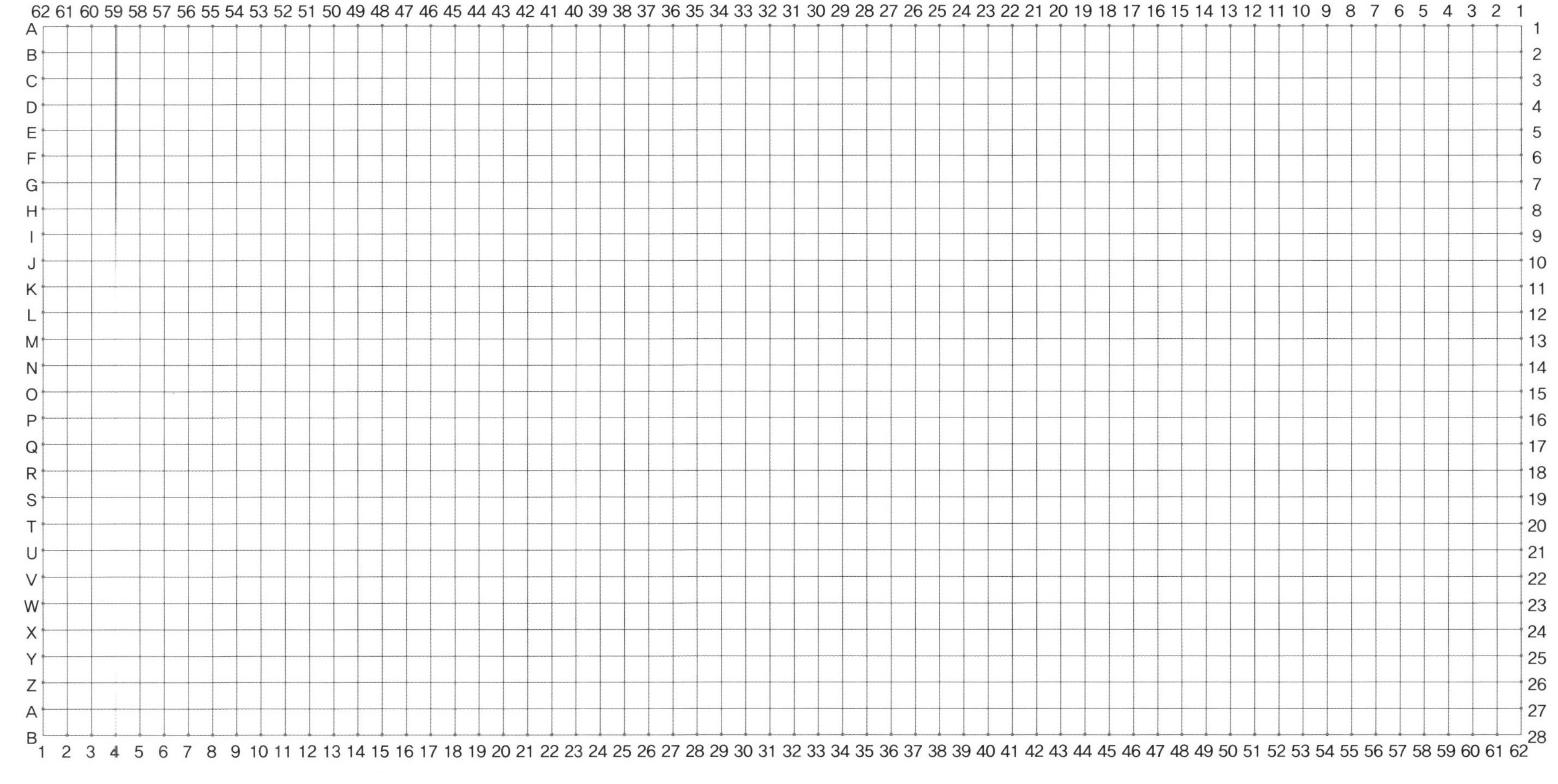

▶ 회로도 제작 조립용 패턴도는 납땜 및 배선 작업 시 편리하도록 동박면(납땜면)을 기준으로 작성하는 것이 좋다.

▶ 회로도의 기호에 맞는 패턴도 기호를 사용하여 28×62 기판 사이즈에 전체적인 균형을 생각하며 회로의 조립 과정이 쉽게 패턴도를 작성하시오.

【 5-3. 부품 배치 및 배선 연습용 기판 】 • 사전 과제 5 – 회로도를 보고 28×62 만능기판 사이즈에 균형있게 부품을 배치하고 회로도와 같도록 배선을 하시오

평가용 2

기본 배치도를 이용한 부품 배치 및 회로 배선 연결 – 스케치용

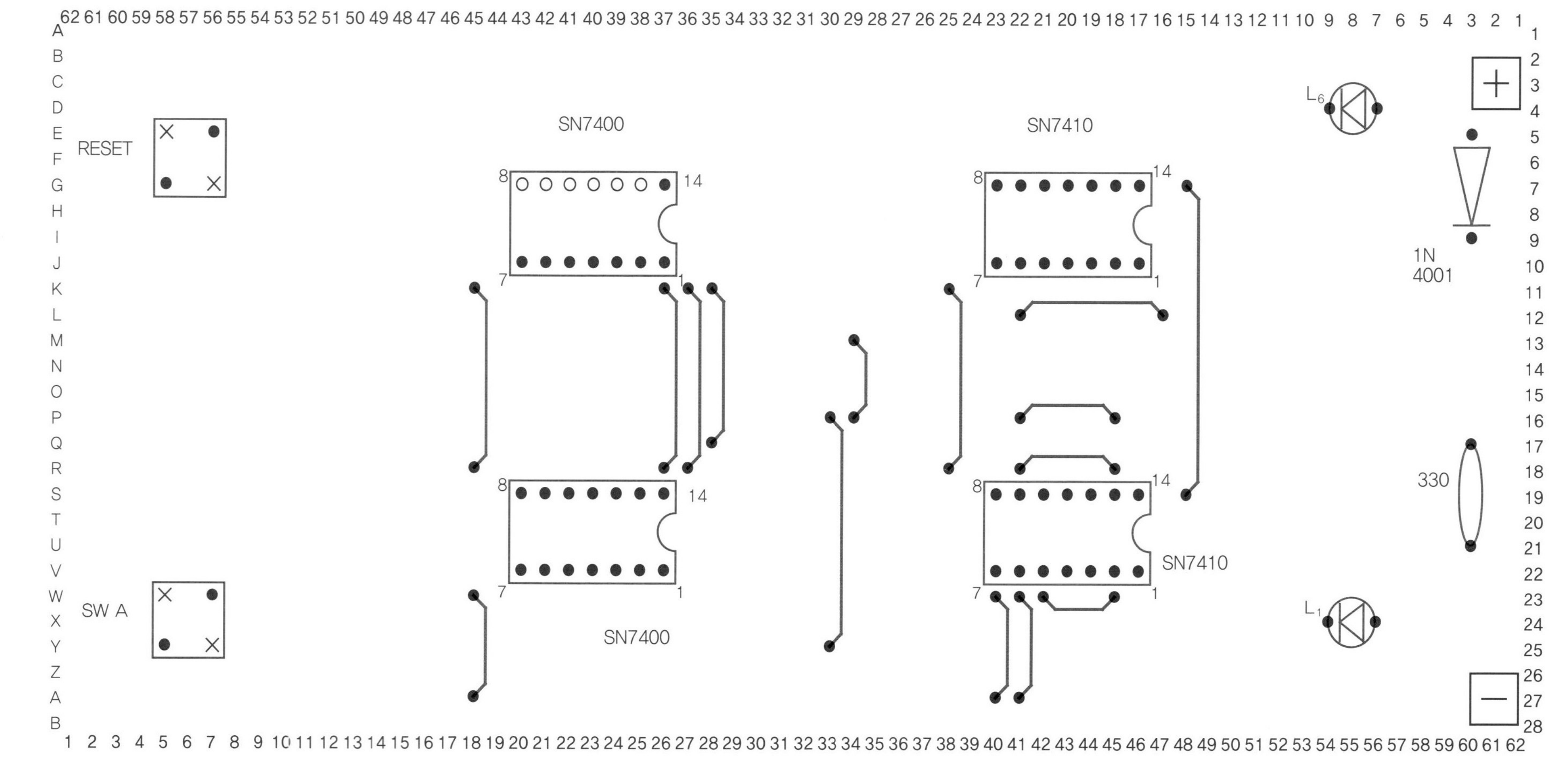

▶ 회로도 제작 조립용 패턴도는 납땜 및 배선 작업 시 편리하도록 동박면(납땜면)을 기준으로 작성하는 것이 좋다.

※ 빨간(적)색의 부품과 파란(청)색의 점프선은 동박면(납땜면)이 아닌 반대편의 부품면(플라스틱면)에서 삽입된다는 것을 유의한다.

▶ 회로도의 기호에 맞는 패턴도 기호를 사용하여 28×62 기판 사이즈에 전체적인 균형을 생각하며 회로의 조립 과정이 쉽게 패턴도를 작성하시오.

【 6-1. 부품의 모범 배치도 1 】 • 회로도와 같도록 배치도에 회로의 결선을 하시오.(연필을 사용하여 여러 번 수정을 거치면 가장 좋은 배선이 된다.)

수업 연습용(1시간)

모범 배치도를 이용한 배선 연결 1 — 스케치용

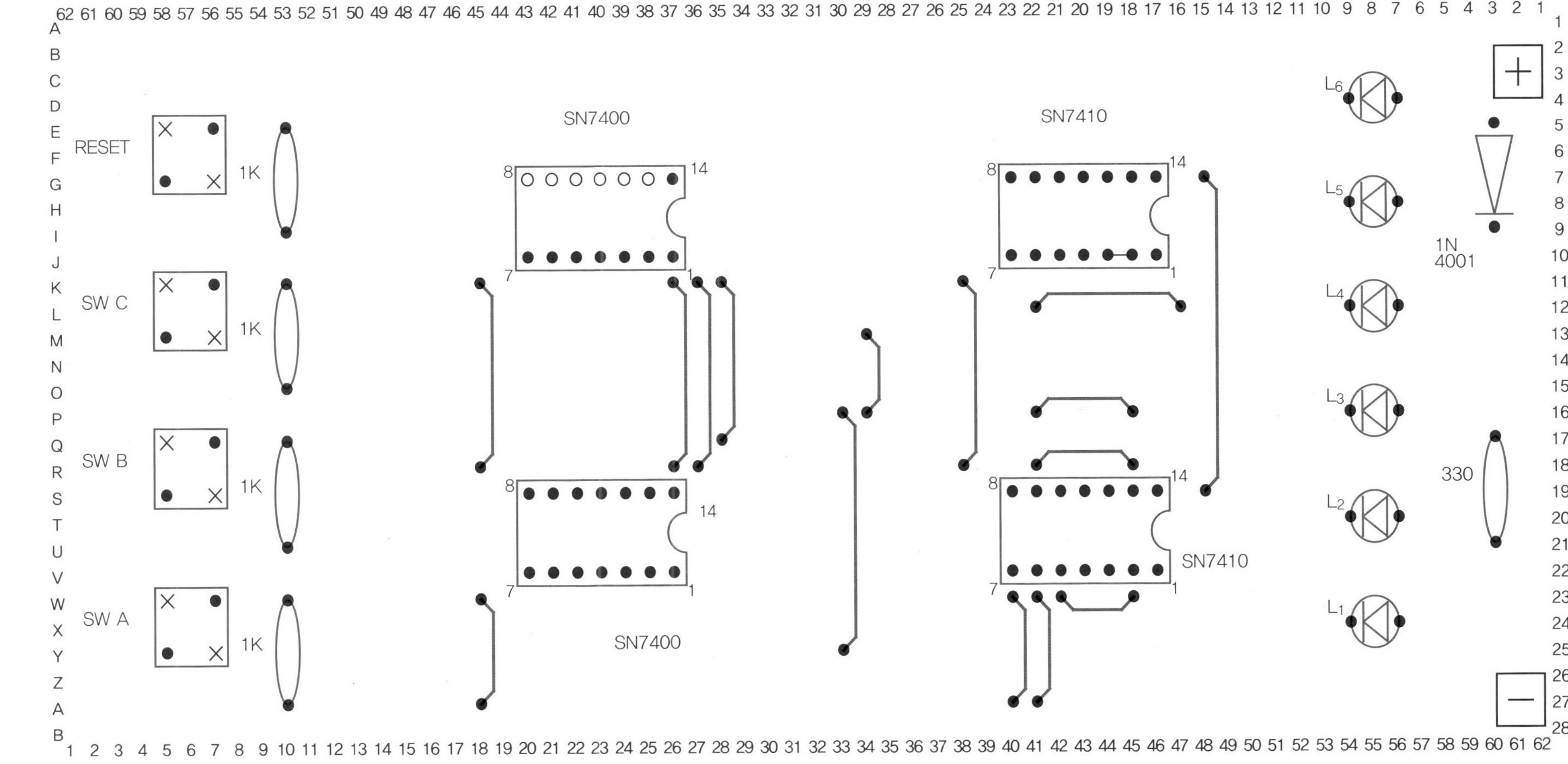

▶ 본 패턴도는 동박면(납땜면)을 기준으로 부품 배치를 하였으므로 부품 삽입 시 참고하여 삽입한다. (배선 납땜 시 매우 편리함)

※빨간(적)색의 부품과 파란(청)색의 점프선은 동박면(납땜면)이 아닌 반대편의 부품면(플라스틱면)에서 삽입된다는 것을 유의한다.

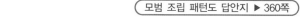

【 6-2. 부품의 모범 배치도 1 】

• 회로도와 같도록 배치도에 회로의 결선을 하시오.(연필을 사용하여 여러 번 수정을 거치면 가장 좋은 배선이 된다.)

모범 배치도를 이용한 배선 연결 2 — 평가용

모범 조립 패턴도 답안지 ▶ 360쪽

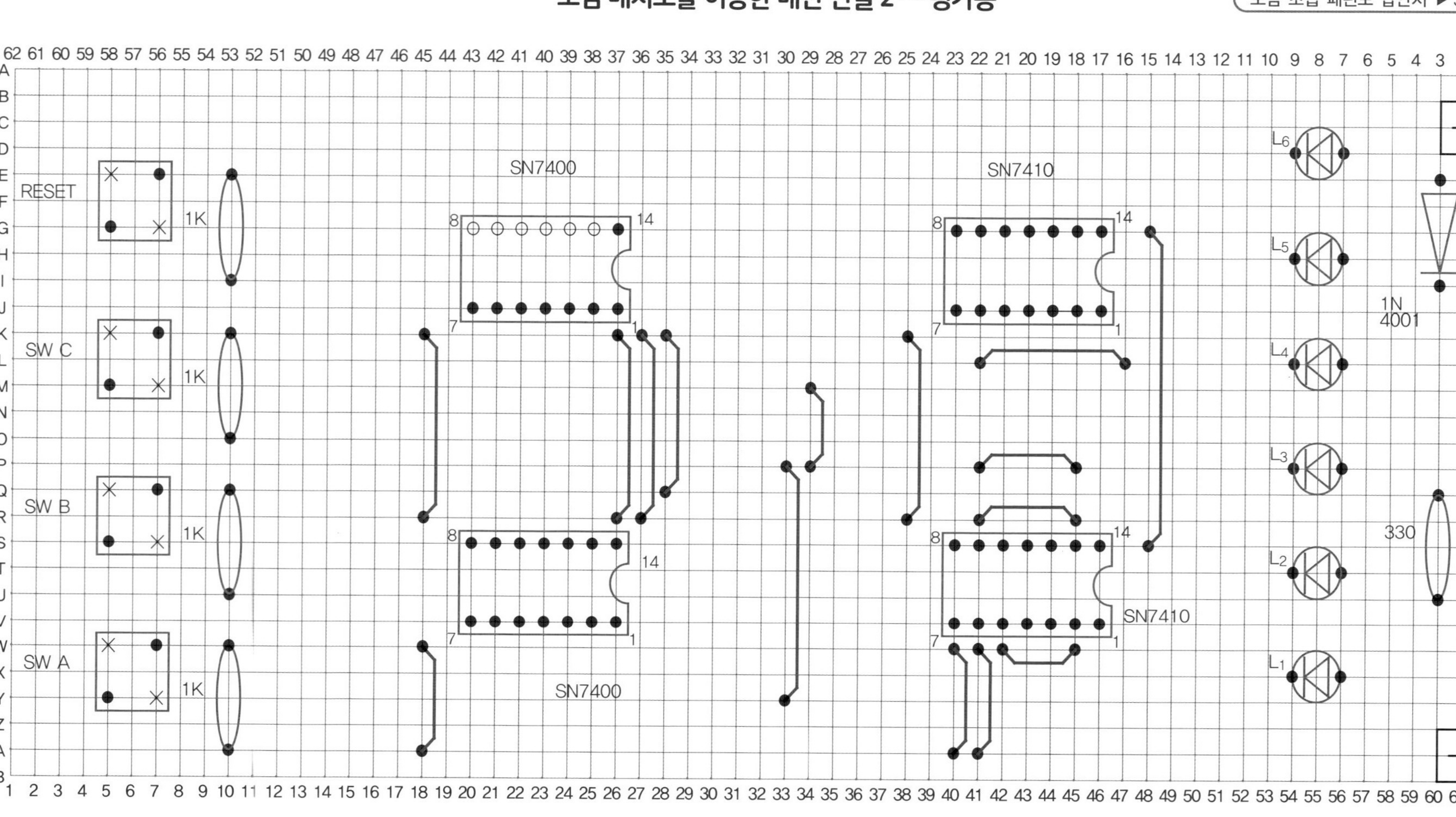

▶ 본 패턴도는 동박면(납땜면)을 기준으로 부품 배치를 하였으므로 부품 삽입 시 이를 참고하여 삽입한다. (배선 납땜 시 매우 편리함)

※빨간(적)색의 부품과 파란(청)색의 점프선은 동박면(납땜면)이 아닌 반대편의 부품면(플라스틱면)에서 삽입된다는 것을 유의한다.

【 7. 설명도 】 회로의 동작 설명을 듣고 동작 설명도를 여러 번 읽고 입력에서 출력까지의 회로 동작을 정확하게 이해하고 동작이 되도록 한다.

6진 디코더 회로 설명도

※동작 시험을 할 때는 반드시 매번 리셋(Reset) SW를 누른 후에 할 것

▶ RS 래치 회로(SW 입력 회로)

- 아래 RS 래치 회로에서 RESET SW를 누르고 나면 Q=L(0) 상태, $\overline{Q}$=H(1) 상태이다.
- 리셋 SW를 누르고 나면 회로도의 Q_A부터 $\overline{Q_C}$까지의 출력은 0, 1, 0, 1, 0, 1이 된다.
- SW_A를 누르게 되면 S 입력이 L(0), R 입력이 H(1)가 되며 Q점은 H(1), $\overline{Q}$점은 L(0)로 변화하게 되며 SW_A를 OFF시켜도 그 상태가 유지되는 불변 상태(R=1, S=1 상태)가 된다.
- 나머지 SW_B와 SW_C쪽 원리도 같다.

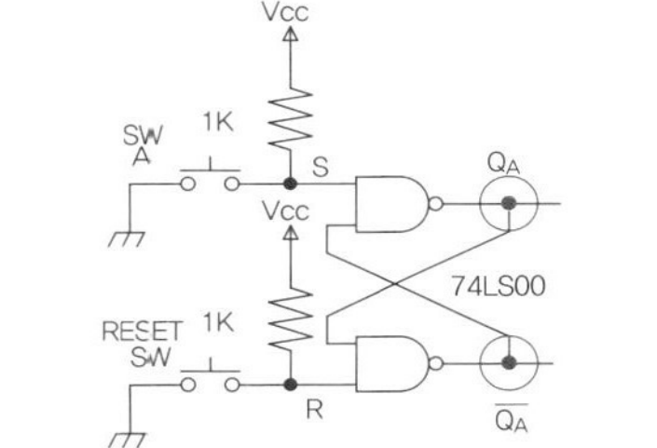

- RS 래치 회로의 동작 진리표

입력		출력
S	R	Q
0	0	금지 입력
0	1	1
1	0	0
1	1	이전 상태(불변)

- 우측의 동작표는 SW의 입력 상태에 따른 래치 회로의 출력과 그 입력들 중 3가지 입력을 받아 3입력 NAND 연산으로 출력을 내어 LED를 구동시키게 되는 동작 상태를 표시한 것이다.(6진 디코더).

▶ 디코더(Decoder) 회로

- 7410의 3입력 NAND게이트로 이루어진 회로는 SW 입력에 따른 RS 래치 회로의 출력을 입력으로 받아 그 입력에 해당하는 6진 출력을 내는 조합 논리 회로이다.
- 단, 출력인 LED의 애노드(A, 양극, +)이 +Vcc로, 캐소드(K, 음극, −) 부분이 IC 출력 쪽으로 연결되어 있어 IC 출력이 L(0) 레벨일 때 LED가 점등된다.

디코더(조합 논리 회로) 출력		SW 입력
Q_1=	$Q_A \cdot \overline{Q_B} \cdot \overline{Q_C}$	A
Q_2=	$\overline{Q_A} \cdot Q_B \cdot \overline{Q_C}$	B
Q_3=	$Q_A \cdot Q_B \cdot \overline{Q_C}$	A, B
Q_4=	$\overline{Q_A} \cdot \overline{Q_B} \cdot Q_C$	C
Q_5=	$Q_A \cdot \overline{Q_B} \cdot Q_C$	A, C
Q_6=	$\overline{Q_A} \cdot Q_B \cdot Q_C$	B, C

- SW 입력은 해당 SW입력 시 출력이 L(0)이됨

▶ PB SW ON 시 동작표(SW OFF 시 — H(1), SW ON 시 — L(0) / 출력 논리 — 0: L레벨(0 V), 1: H레벨(+5 V)

SW 상태	리셋 SW	SW 입력			RS-래치 회로 출력						조합 논리 회로 출력						출력 LED 상태
		SW_C	SW_B	SW_A	Q_A	$\overline{Q_A}$	Q_B	$\overline{Q_B}$	Q_C	$\overline{Q_C}$	Q_1	Q_2	Q_3	Q_4	Q_5	Q_6	
모두 OFF		1	1	1	0	1	0	1	0	1	1	1	1	1	1	1	모두 소등 초기 상태
A만 ON	매번 눌렀다 놓음 ON-OFF 초기 상태	1	1	0	1	0	0	1	0	1	0	1	1	1	1	1	L_1 점등(1)
B만 ON		1	0	1	0	1	1	0	0	1	1	0	1	1	1	1	L_2 점등(2)
A, B ON		1	0	0	1	0	1	0	0	1	1	1	0	1	1	1	L_3 점등(3)
C만 ON		0	1	1	0	1	0	1	1	0	1	1	1	0	1	1	L_4 점등(4)
A, C ON		0	1	0	1	0	0	1	1	0	1	1	1	1	0	1	L_5 점등(5)
B, C ON		0	0	1	0	1	1	0	1	0	1	1	1	1	1	0	L_6 점등(6)
금지 입력		0	0	0	×	×	×	×	×	×	×	×	×	×	×	×	×

전자기기 기능사	조립 제작 실습 과제 2	작품명	인코더 / 디코더 회로

▣ 인코더/디코더 회로를 만능기판에 조립 제작하고, TP점의 전압을 전압계로 측정하여 기록하고 요구 사항과 같이 동작하도록 하시오.

1. 시험 시간: 3시간 20분(측정 과제 20분 추가)

2. 요구 사항: 조립 제작 과제

① 지급된 재료를 사용하여 제한 시간 내에 도면과 같이 조립하시오.

② 조립 완성 후 동작 전류를 측정하여 기록하시오.

③ 조립이 완성되면 다음과 같이 동작되도록 하시오.

- 모든 SW OFF 시: 모든 LED OFF(리셋 상태에 해당함 – 초기 동작 상태)
- S_0 ON 시: 디코더 LED D_0만 ON(10진수 0에 해당함.)
- S_1 ON 시: 인코더 LED B_0, 디코더 LED D_1만 ON(10진수 1에 해당함.)
- S_2 ON 시: 인코더 LED B_1, 디코더 LED D_2만 ON(10진수 2에 해당함.)
- S_3 ON 시: 인코더 LED B_0, B_1, 디코더 LED D_3만 ON(10진수 3에 해당함.)

④ 위 동작이 되지 않을 시는 틀린 회로를 수정하여 위 동작이 되게 하시오.

3. 재료 목록

재료명	규격	수량	재료명	규격	수량
IC	74LS00	1	저항 (1/4W)	390Ω	6
	74LS05	1		4.7KΩ	4
	74LS08	2	PB스위치	2P	4
	74LS20	1	만능기판	28×62hole	1
IC 소켓	14pin	5	배선줄/3mm	3색 단선	1
다이오드	1N4001	1	실납	SN60% 1.0Φ	1
LED	적색 8Φ	6	건전지 스냅		1

▣ 사용되는 IC 및 주요 회로

- 사전 과제 2: 회로에 사용되는 IC 내부를 노트에 그려보고 이해하고 암기하기

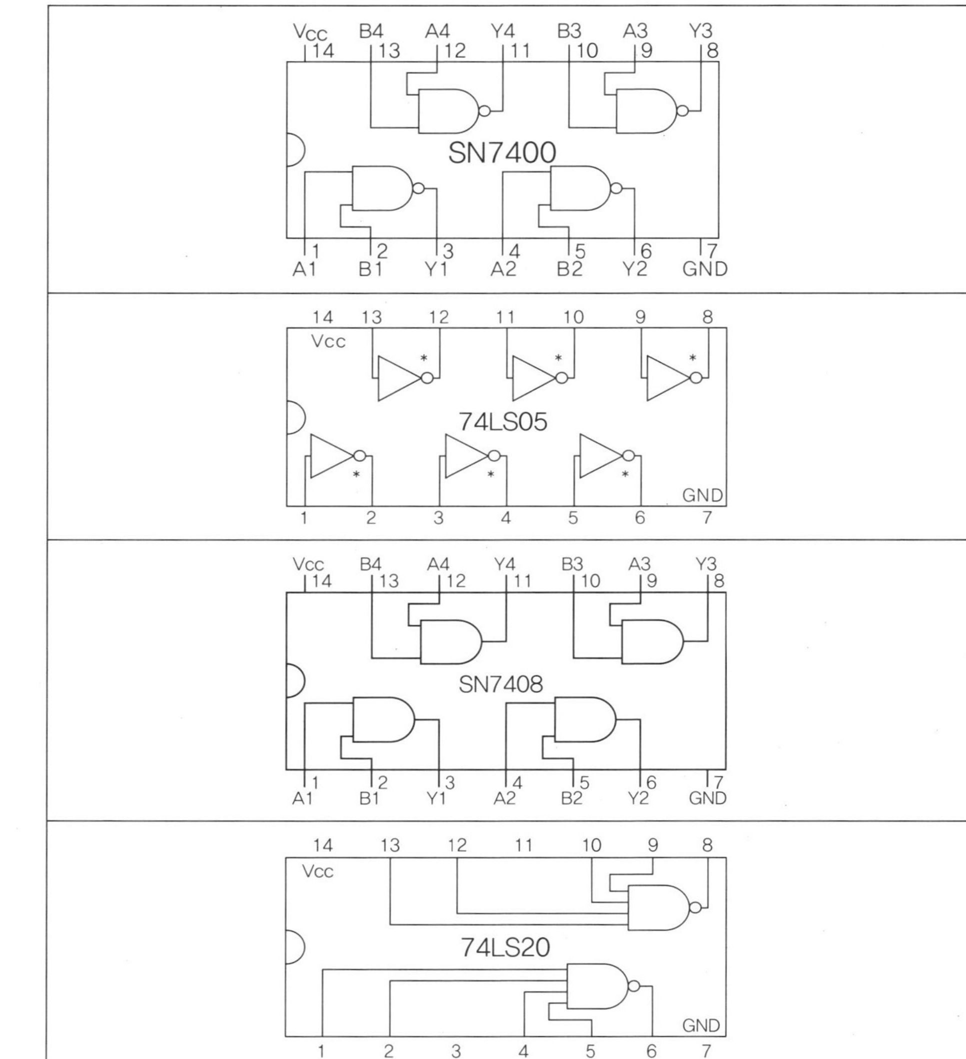

【 4. 회로도(인코더/디코더 회로)】 회로도는 반드시 수업 전 사전 과제로 실습 노트에 깨끗하게 그려서 검사를 받도록 한다. • 사전 과제 1 – 회로도 그리기

【 5-1. 부품 배치 및 배선 연습용 기판 】 • 사전 과제 5 – 회로도를 보고 28×62 만능기판 사이즈에 균형있게 부품을 배치하고 회로도와 같도록 배선을 하시오

연습용

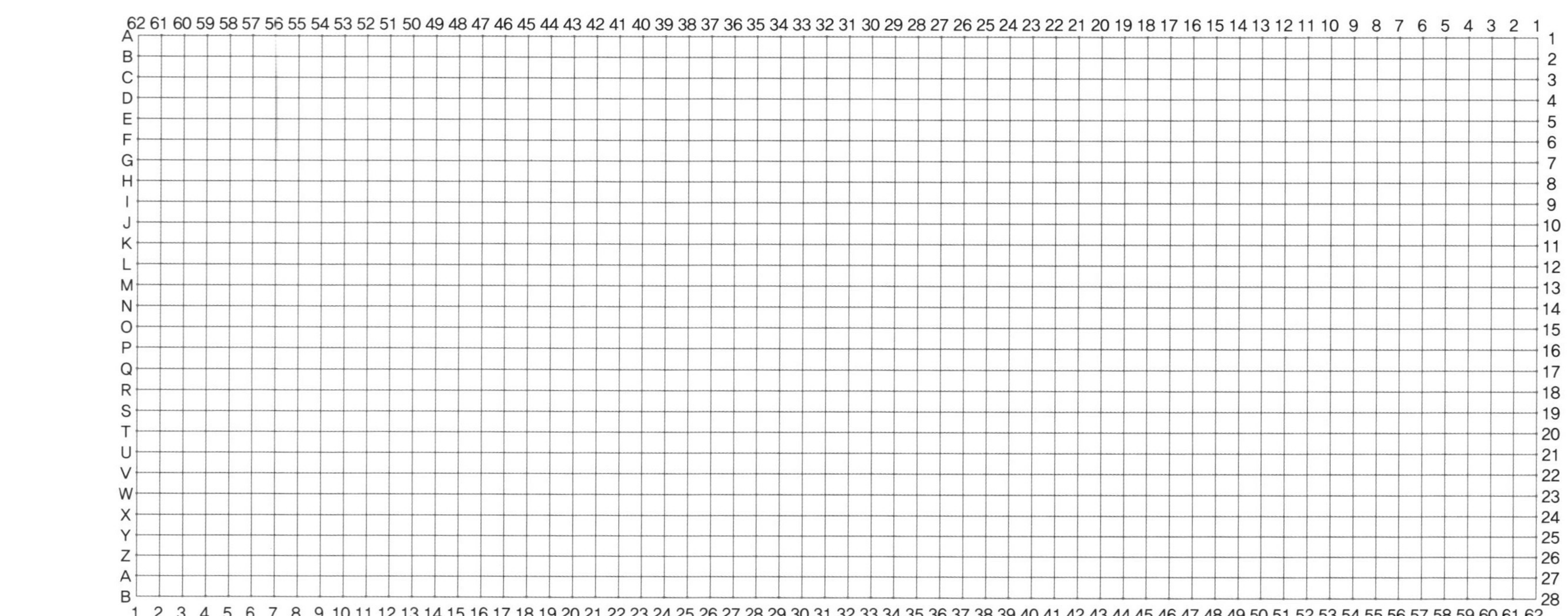

▶ 회로도 제작 조립용 패턴도는 납땜 및 배선 작업 시 편리하도록 동박면(납땜면)을 기준으로 작성하는 것이 좋다.

종류	다이오드	저항	콘덴서	트랜지스터		PB 스위치	IC		점프선	LED
				NPN	PNP					
회로도 기호			+	B C E	B E C	ⓐ ⓑ	14핀	16핀		
패턴도 기호 (동박면 기준)			+				14 1 8 7	16 1 9 8		
비고	4~5칸	4~5칸	3~5칸	3칸	3칸	3칸×3칸 3칸×4칸	4칸×7칸	4칸×8칸	크기에 따라	3칸~4칸

▶ 회로도의 기호에 맞는 패턴도 기호를 사용하여 28×62 기판 사이즈에 전체적인 균형을 생각하며 회로의 조립 과정이 쉽게 패턴도를 작성하시오.

【 5-2. 부품 배치 및 배선 평가용 기판 】

• 사전 과제 5 – 회로도를 보고 28×62 만능기판 사이즈에 균형있게 부품을 배치하고 회로도와 같도록 배선을 하시오

평가용 1

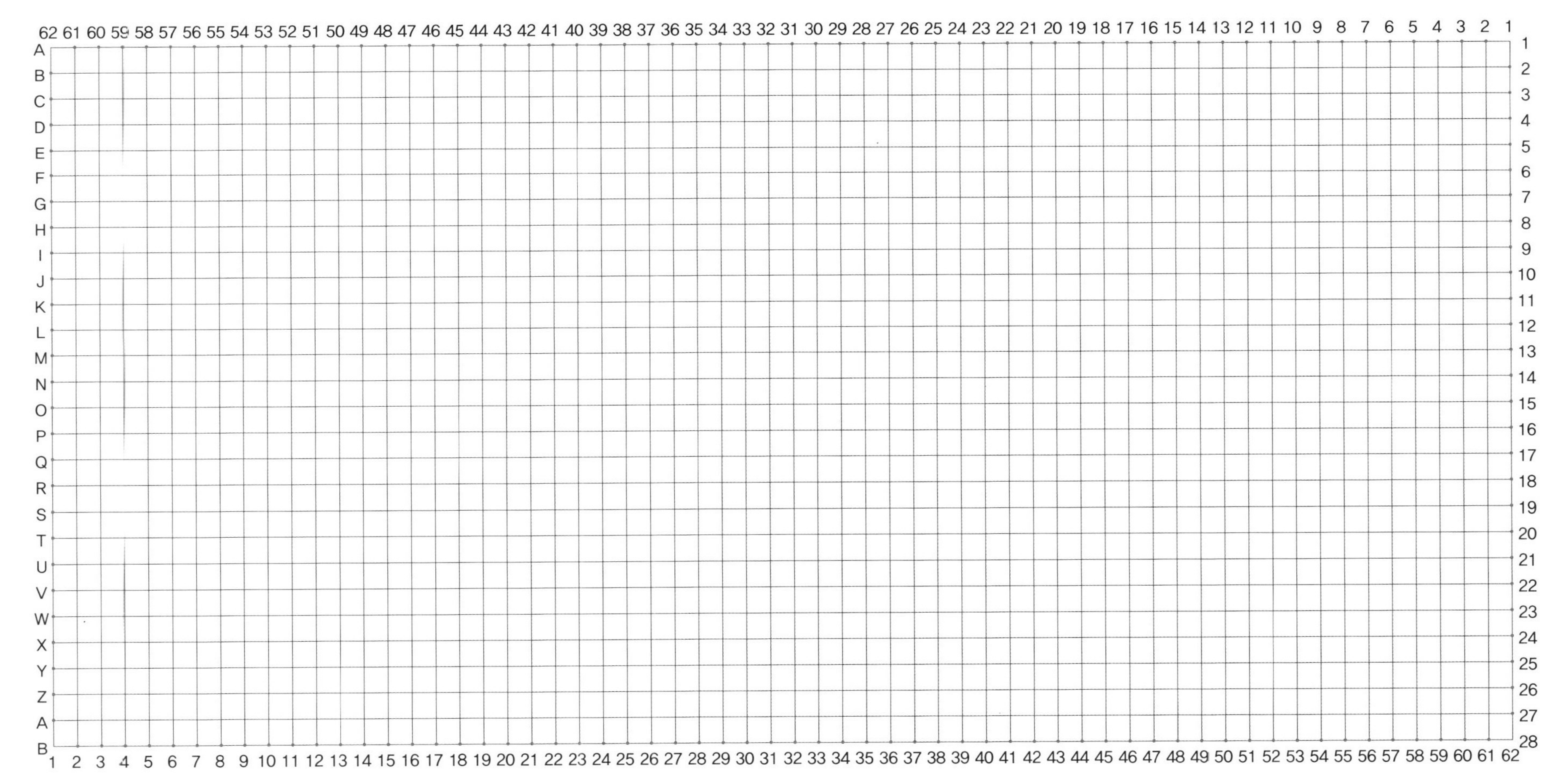

▶ 회로도 제작 조립용 패턴도는 납땜 및 배선 작업 시 편리하도록 동박면(납땜면)을 기준으로 작성하는 것이 좋다.

▶ 회로도의 기호에 맞는 패턴도 기호를 사용하여 28×62 기판 사이즈에 전체적인 균형을 생각하며 회로의 조립 과정이 쉽게 패턴도를 작성하시오.

【 5-3. 부품 배치 및 배선 연습용 기판 】 • 사전 과제 5 – 회로도를 보고 28×62 만능기판 사이즈에 균형있게 부품을 배치하고 회로도와 같도록 배선을 하시오

평가용 2

기본 배치도를 이용한 부품 배치 및 회로 배선 연결 – 스케치용

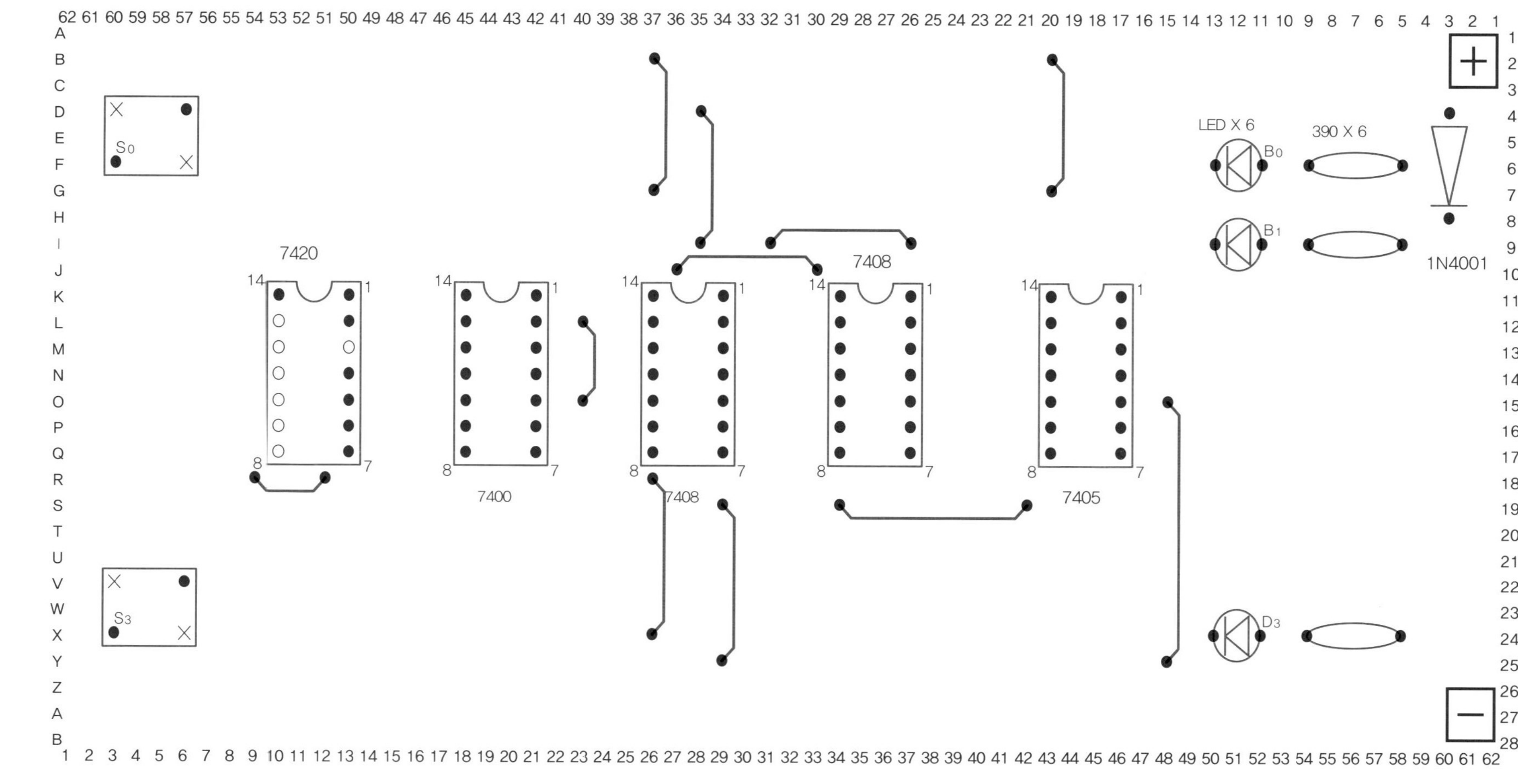

▶ 회로도 제작 조립용 패턴도는 납땜 및 배선 작업 시 편리하도록 동박면(납땜면)을 기준으로 작성하는 것이 좋다.

※ 빨간(적)색의 부품과 파란(청)색의 점프선은 동박면(납땜면)이 아닌 반대편의 부품면(플라스틱면)에서 삽입된다는 것을 유의한다.

▶ 회로도의 기호에 맞는 패턴도 기호를 사용하여 28×62 기판 사이즈에 전체적인 균형을 생각하며 회로의 조립 과정이 쉽게 패턴도를 작성하시오.

【 6-1. 부품의 모범 배치도 1 】

• 회로도와 같도록 배치도에 회로의 결선을 하시오.(연필을 사용하여 여러 번 수정을 거치면 가장 좋은 배선이 된다.)

수업 연습용(1시간)

모범 배치도를 이용한 배선 연결 1 — 스케치용

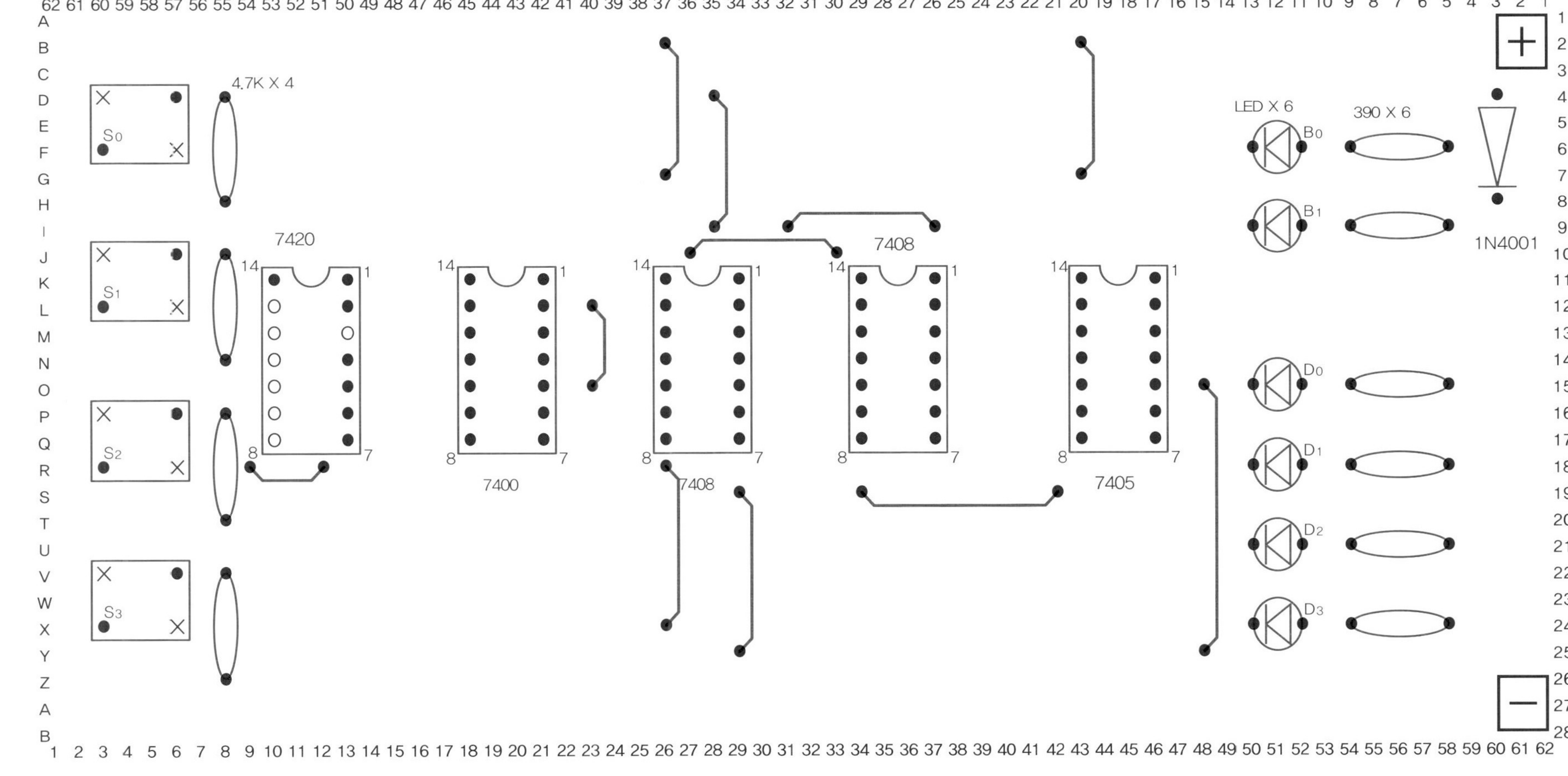

▶ 본 패턴도는 동박면(납땜면)을 기준으로 부품 배치를 하였으므로 부품 삽입 시 참고하여 삽입한다. (배선 납땜 시 매우 편리함)

※빨간(적)색의 부품과 파란(청)색의 점프선은 동박면(납땜면)이 아닌 반대편의 부품면(플라스틱면)에서 삽입된다는 것을 유의한다.

【 6-2. 부품의 모범 배치도 1 】

• 회로도와 같도록 배치도에 회로의 결선을 하시오.(연필을 사용하여 여러 번 수정을 거치면 가장 좋은 배선이 된다.)

모범 배치도를 이용한 배선 연결 2 — 평가용

모범 조립 패턴도 답안지 ▶ 362쪽

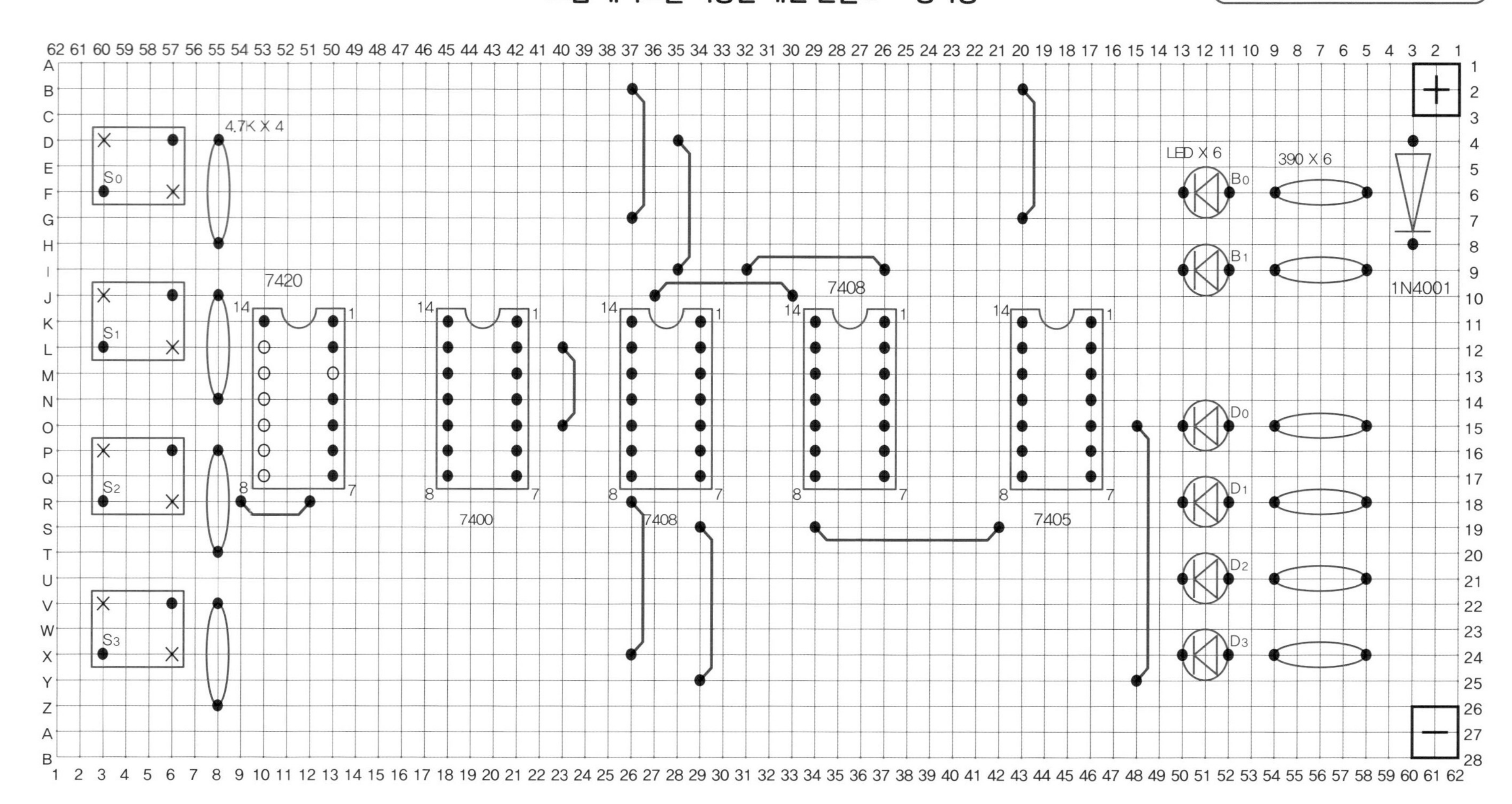

▶ 본 패턴도는 동박면(납땜면)을 기준으로 부품 배치를 하였으므로 부품 삽입 시 이를 참고하여 삽입한다. (배선 납땜 시 매우 편리함)

※빨간(적)색의 부품과 파란(청)색의 점프선은 동박면(납땜면)이 아닌 반대편의 부품면(플라스틱면)에서 삽입된다는 것을 유의한다.

【 7. 설명도 】 회로의 동작 설명을 듣고 동작 설명도를 여러 번 읽고 입력에서 출력까지의 회로 동작을 정확하게 이해하고 동작이 되도록 한다.

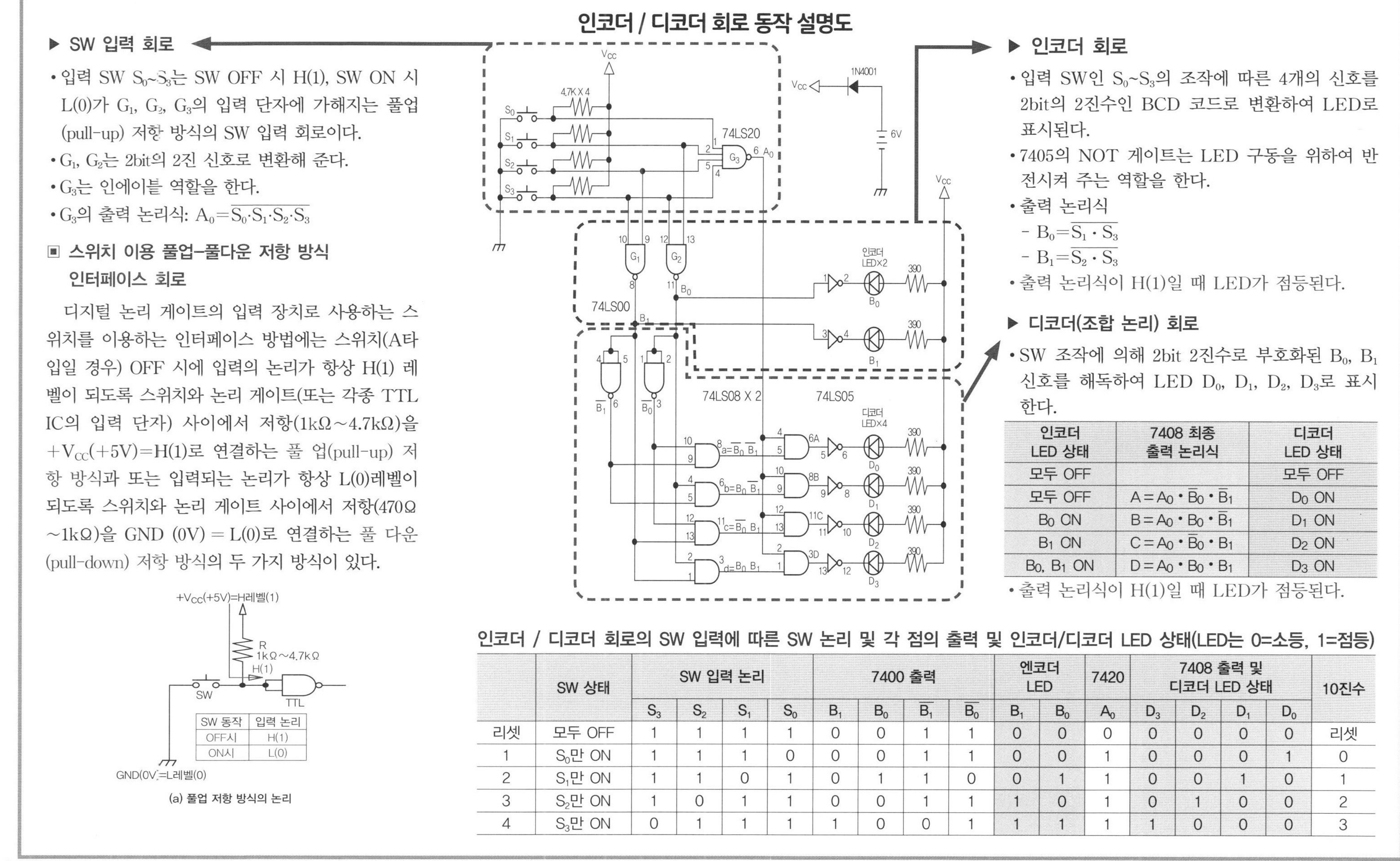

인코더 / 디코더 회로 동작 설명도

▶ SW 입력 회로

- 입력 SW S_0~S_3는 SW OFF 시 H(1), SW ON 시 L(0)가 G_1, G_2, G_3의 입력 단자에 가해지는 풀업(pull-up) 저항 방식의 SW 입력 회로이다.
- G_1, G_2는 2bit의 2진 신호로 변환해 준다.
- G_3는 인에이블 역할을 한다.
- G_3의 출력 논리식: $A_0 = \overline{S_0 \cdot S_1 \cdot S_2 \cdot S_3}$

▣ 스위치 이용 풀업–풀다운 저항 방식 인터페이스 회로

디지털 논리 게이트의 입력 장치로 사용하는 스위치를 이용하는 인터페이스 방법에는 스위치(A타입일 경우) OFF 시에 입력의 논리가 항상 H(1) 레벨이 되도록 스위치와 논리 게이트(또는 각종 TTL IC의 입력 단자) 사이에서 저항(1kΩ~4.7kΩ)을 $+V_{CC}(+5V)$=H(1)로 연결하는 풀 업(pull-up) 저항 방식과 또는 입력되는 논리가 항상 L(0)레벨이 되도록 스위치와 논리 게이트 사이에서 저항(470Ω~1kΩ)을 GND (0V) = L(0)로 연결하는 풀 다운(pull-down) 저항 방식의 두 가지 방식이 있다.

+V_{CC}(+5V)=H레벨(1)

R 1kΩ~4.7kΩ

H(1)

SW

TTL

SW 동작	입력 논리
OFF시	H(1)
ON시	L(0)

GND(0V)=L레벨(0)

(a) 풀업 저항 방식의 논리

▶ 인코더 회로

- 입력 SW인 S_0~S_3의 조작에 따른 4개의 신호를 2bit의 2진수인 BCD 코드로 변환하여 LED로 표시된다.
- 7405의 NOT 게이트는 LED 구동을 위하여 반전시켜 주는 역할을 한다.
- 출력 논리식
  - $B_0 = \overline{S_1 \cdot S_3}$
  - $B_1 = \overline{S_2 \cdot S_3}$
- 출력 논리식이 H(1)일 때 LED가 점등된다.

▶ 디코더(조합 논리) 회로

- SW 조작에 의해 2bit 2진수로 부호화된 B_0, B_1 신호를 해독하여 LED D_0, D_1, D_2, D_3로 표시한다.

인코더 LED 상태	7408 최종 출력 논리식	디코더 LED 상태
모두 OFF		모두 OFF
모두 OFF	$A = A_0 \cdot \overline{B_0} \cdot \overline{B_1}$	D_0 ON
B_0 ON	$B = A_0 \cdot B_0 \cdot \overline{B_1}$	D_1 ON
B_1 ON	$C = A_0 \cdot \overline{B_0} \cdot B_1$	D_2 ON
B_0, B_1 ON	$D = A_0 \cdot B_0 \cdot B_1$	D_3 ON

- 출력 논리식이 H(1)일 때 LED가 점등된다.

인코더 / 디코더 회로의 SW 입력에 따른 SW 논리 및 각 점의 출력 및 인코더/디코더 LED 상태(LED는 0=소등, 1=점등)

	SW 상태	SW 입력 논리				7400 출력				엔코더 LED		7420	7408 출력 및 디코더 LED 상태				10진수
		S_3	S_2	S_1	S_0	B_1	B_0	$\overline{B_1}$	$\overline{B_0}$	B_1	B_0	A_0	D_3	D_2	D_1	D_0	
리셋	모두 OFF	1	1	1	1	0	0	1	1	0	0	0	0	0	0	0	리셋
1	S_0만 ON	1	1	1	0	0	0	1	1	0	0	1	0	0	0	1	0
2	S_1만 ON	1	1	0	1	0	1	1	0	0	1	1	0	0	1	0	1
3	S_2만 ON	1	0	1	1	0	0	1	1	1	0	1	0	1	0	0	2
4	S_3만 ON	0	1	1	1	1	0	0	1	1	1	1	1	0	0	0	3

전자기기 기능사	조립 제작 실습 과제 3	작품명	10진 계수기 회로

▣ 10진 계수기 회로를 만능기판에 조립 제작하고, TP점의 전압을 전압계로 측정하여 기록하고 동작 진리표와 같이 동작하도록 하시오.

1. 시험 시간: 3시간 20분(측정 과제 20분 추가)

2. 요구 사항: 조립 제작 과제

① 지급된 재료를 사용하여 제한 시간 내에 도면과 같이 조립하시오.

② 조립 완성 후 동작 전류를 측정하여 기록하시오.

③ 조립이 완성되면 다음 진리표와 같이 동작되도록 하시오.

※사전 과제 4: 노트에 동작 진리표를 작성하고 이해하기

▶ 동작표(L: 소등(L–0), H: 점등(H–1)

LED 표시 상태								클록 펄스 입력 개수
십(10)의 자리				일(1)의 자리				
D_8	D_7	D_6	D_5	D_4	D_3	D_2	D_1	
L	L	L	L	L	L	L	L	모두 소등–0 초기 동작(SC)
L	L	L	L	L	L	L	H	1
L	L	L	L	L	L	H	L	2
L	L	L	L	L	L	H	H	3
L	L	L	L	L	H	L	L	4
L	L	L	L	L	H	L	H	5
L	L	L	L	L	H	H	L	6
L	L	L	L	L	H	H	H	7
L	L	L	L	H	L	L	L	8
L	L	L	L	H	L	L	H	9
…	…							
L	L	L	L	L	L	L	L	100(초기 상태)

④ 토글 SW가 OFF 측에 있을 때 Ⓐ점의 전압을 측정하여 기록하시오.

• OFF 측: Ⓐ점 전압 ______ [V]

⑤ 토글 SW가 ON 측에 있을 때 Ⓐ점의 전압을 측정하여 기록하시오.

• ON 측: Ⓐ점의 전압 ______ [V]

⑥ 1A 입력에 클록 펄스가 10개 들어갔을 때 점등되는 LED를 표시하시오.(예: D_1, D_2 등)

3. 재료 목록

재료명	규격	수량	재료명	규격	수량
IC	74LS00	2	LED	적색 중형 8Φ	8
	74LS05	2		녹색 중형 8Φ	1
	74LS393	1	다이오드	1N4001	2
IC 소켓	14pin	5	만능기판	28×62hole	1
저항(1/4W)	390Ω	9	배선줄/3mm	3색 단선	1
	4.7kΩ	3	실납	SN60% 1.0Φ	1
토글 SW	ON/OFF용	1	건전지 스냅		1
SW	슬라이드2P	1	건전지	6V	1

▣ **사용되는 IC 및 주요 회로**

• 사전 과제 2: 회로에 사용되는 IC 내부를 노트에 그려보고 이해하고 암기하기

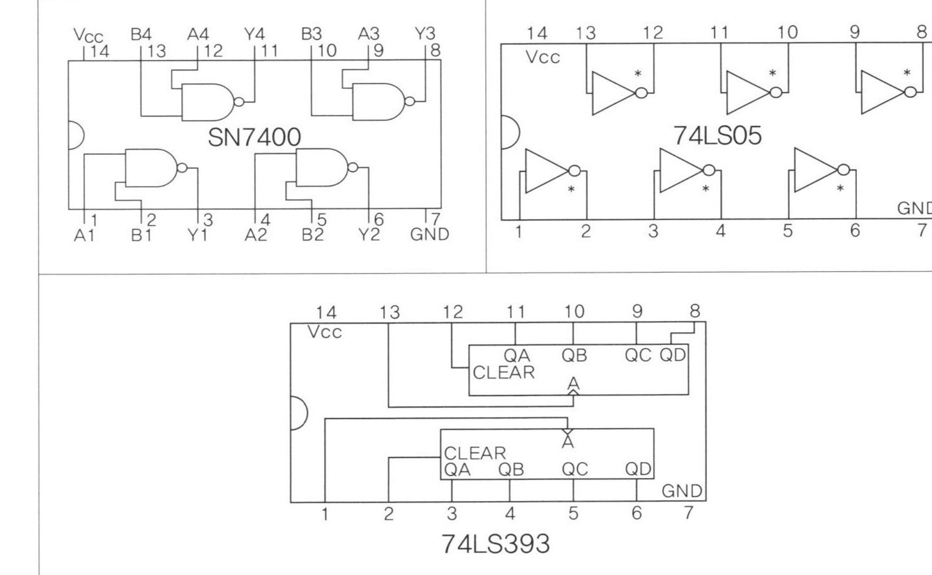

【 4. 회로도(10진 계수기 회로) 】 회로도는 반드시 수업 전 사전 과제로 실습 노트에 깨끗하게 그려서 검사를 받도록 한다. • 사전 과제 1 – 회로도 그리기

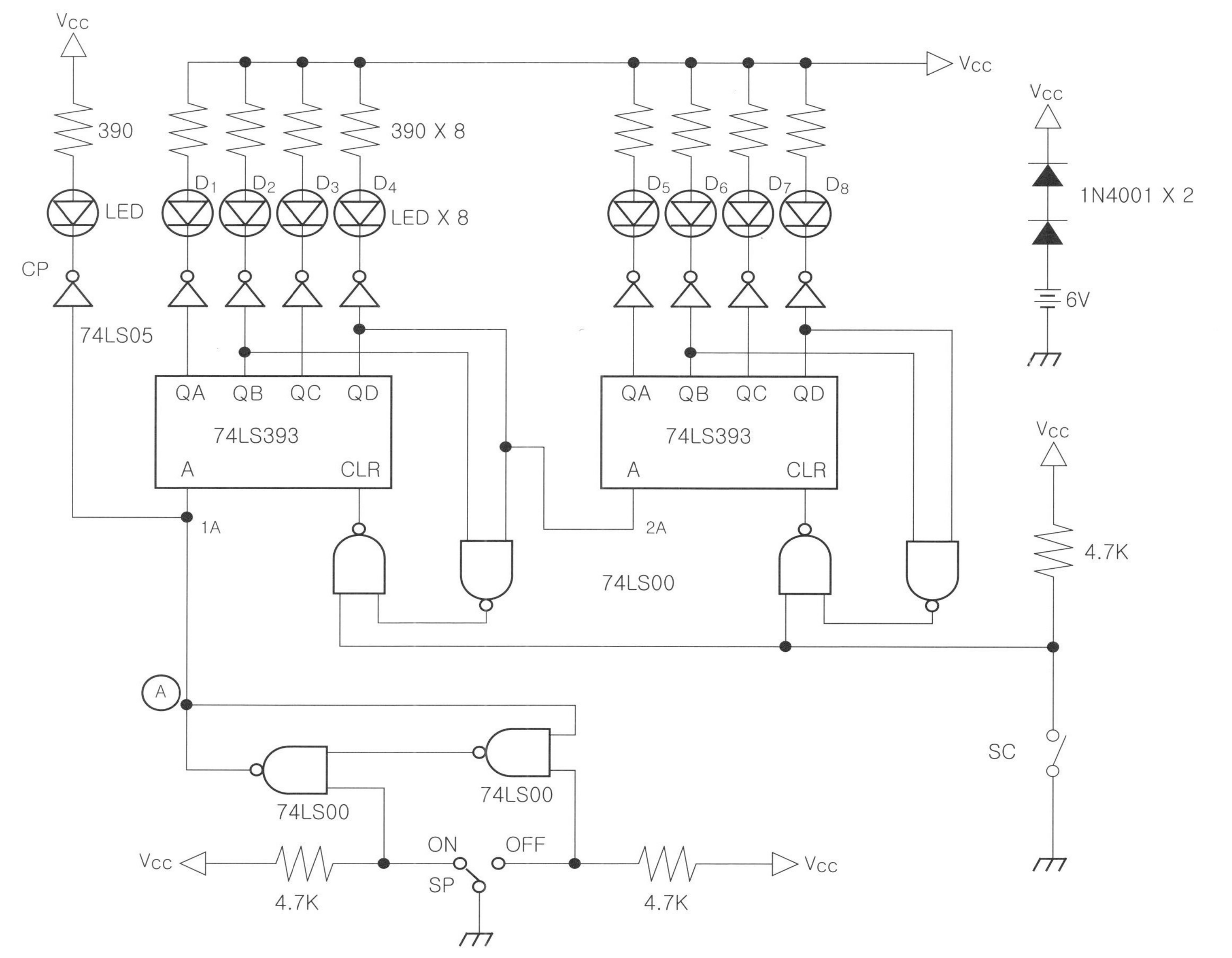

Vcc
390
LED
CP
74LS05
390 X 8
D_1 D_2 D_3 D_4
LED X 8
QA QB QC QD
74LS393
A CLR
1A
D_5 D_6 D_7 D_8
Vcc
QA QB QC QD
74LS393
A CLR
2A
74LS00
Vcc
1N4001 X 2
6V
Vcc
4.7K
SC
A
74LS00
74LS00
Vcc
4.7K
ON
SP
OFF
4.7K
Vcc

【 5-1. 부품 배치 및 배선 연습용 기판 】 • 사전 과제 5 – 회로도를 보고 28×62 만능기판 사이즈에 균형있게 부품을 배치하고 회로도와 같도록 배선을 하시오

(연습용)

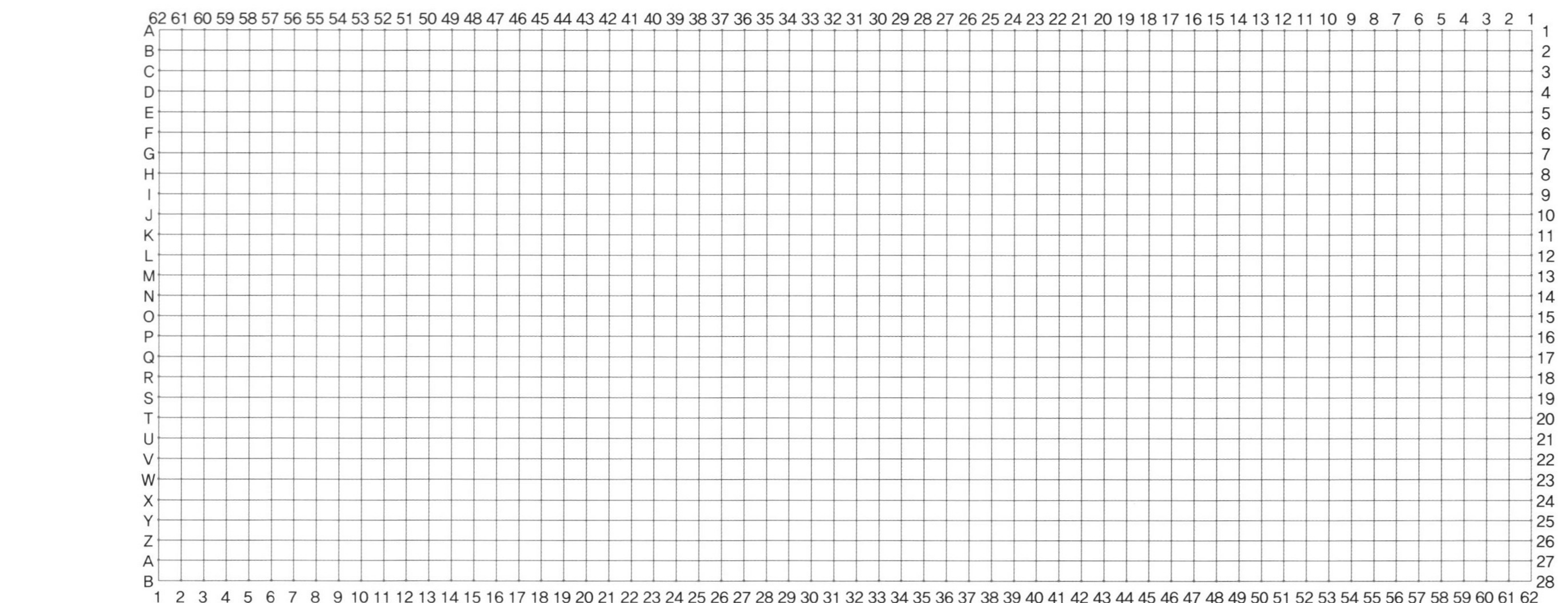

▶ 회로도 제작 조립용 패턴도는 납땜 및 배선 작업 시 편리하도록 동박면(납땜면)을 기준으로 작성하는 것이 좋다.

종류	다이오드	저항	콘덴서	트랜지스터		PB 스위치	IC		점프선	LED
				NPN	PNP					
회로도 기호						ⓐ ⓑ	14핀	16핀		
패턴도 기호 (동박면 기준)										
비고	4~5칸	4~5칸	3~5칸	3칸	3칸	3칸×3칸 3칸×4칸	4칸×7칸	4칸×8칸	크기에 따라	3칸~4칸

▶ 회로도의 기호에 맞는 패턴도 기호를 사용하여 28×62 기판 사이즈에 전체적인 균형을 생각하며 회로의 조립 과정이 쉽게 패턴도를 작성하시오.

【5-2. 부품 배치 및 배선 평가용 기판】 • 사전 과제 5 – 회로도를 보고 28×62 만능기판 사이즈에 균형있게 부품을 배치하고 회로도와 같도록 배선을 하시오

평가용 1

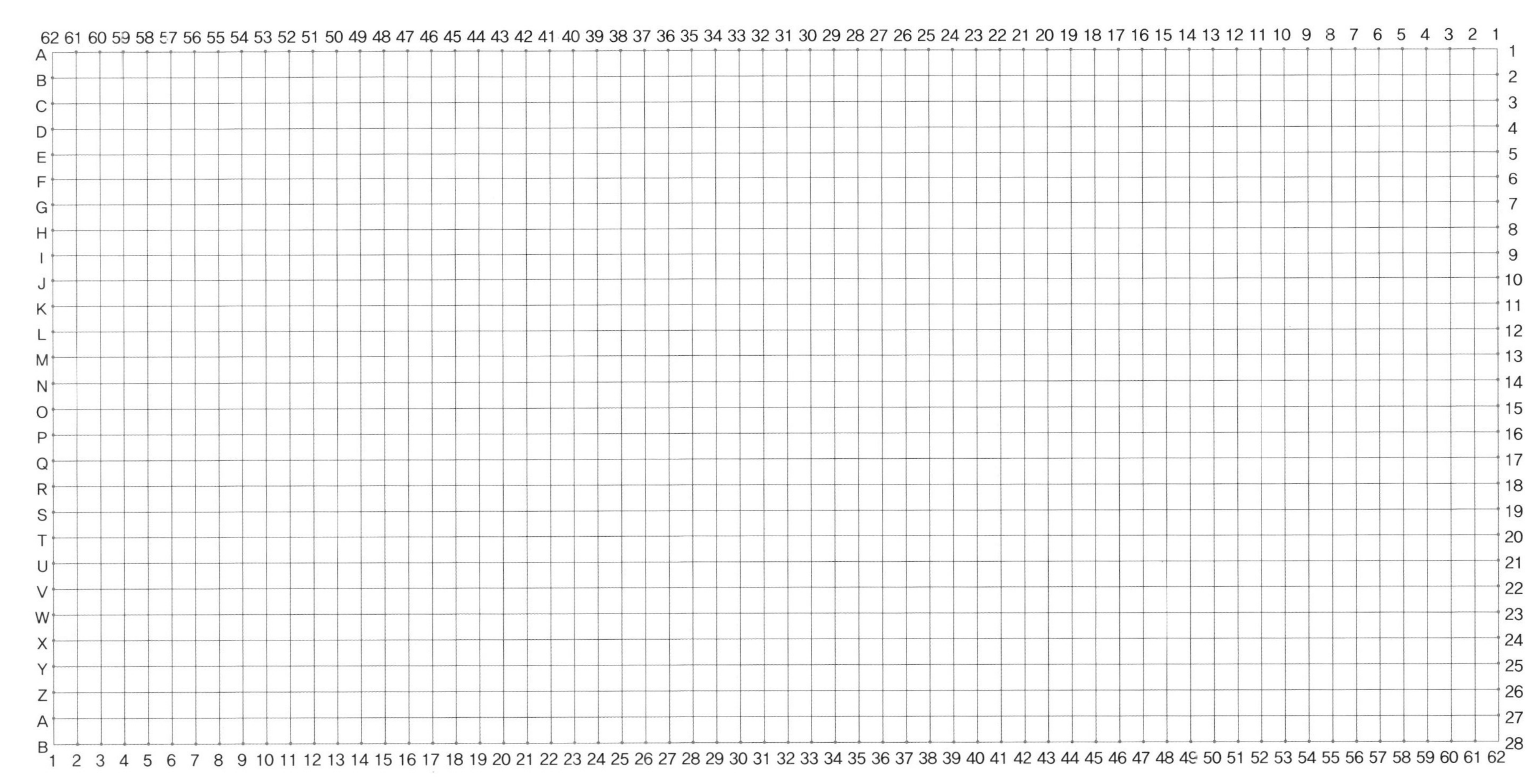

▶ 회로도 제작 조립용 패턴도는 납땜 및 배선 작업 시 편리하도록 동박면(납땜면)을 기준으로 작성하는 것이 좋다.

▶ 회로도의 기호에 맞는 패턴도 기호를 사용하여 28×62 기판 사이즈에 전체적인 균형을 생각하며 회로의 조립 과정이 쉽게 패턴도를 작성하시오.

【 5-3. 부품 배치 및 배선 연습용 기판 】 • 사전 과제 5 – 회로도를 보고 28×62 만능기판 사이즈에 균형있게 부품을 배치하고 회로도와 같도록 배선을 하시오

평가용 2

기본 배치도를 이용한 부품 배치 및 회로 배선 연결 – 스케치용

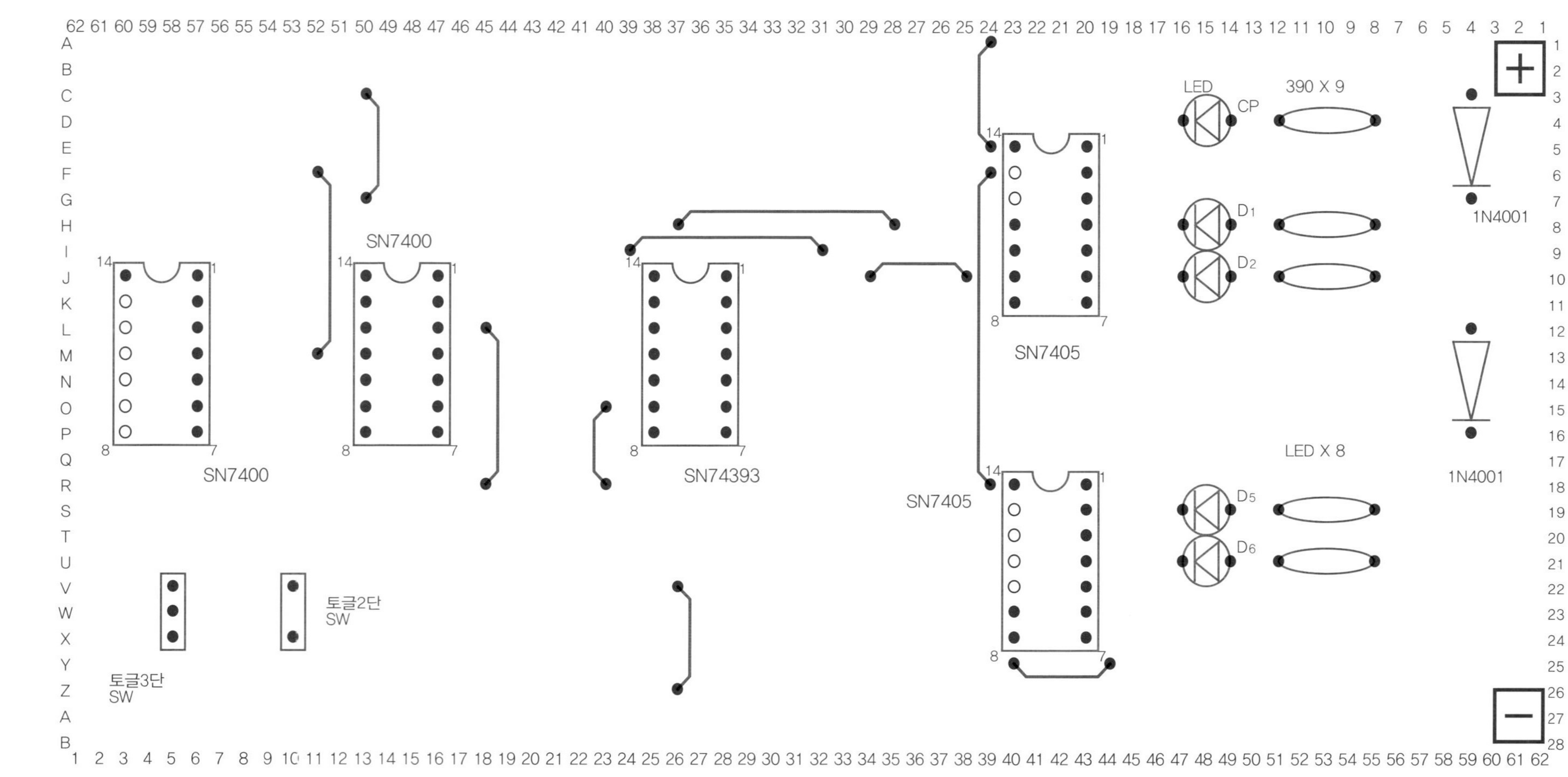

▶ 회로도 제작 조립용 패턴도는 납땜 및 배선 작업 시 편리하도록 동박면(납땜면)을 기준으로 작성하는 것이 좋다.

※ 빨간(적)색의 부품과 파란(청)색의 점프선은 동박면(납땜면)이 아닌 반대편의 부품면(플라스틱면)에서 삽입된다는 것을 유의한다.

▶ 회로도의 기호에 맞는 패턴도 기호를 사용하여 28×62 기판 사이즈에 전체적인 균형을 생각하며 회로의 조립 과정이 쉽게 패턴도를 작성하시오.

【 6-1. 부품의 모범 배치도 1 】 • 회로도와 같도록 배치도에 회로의 결선을 하시오.(연필을 사용하여 여러 번 수정을 거치면 가장 좋은 배선이 된다.)

수업 연습용(1시간)

모범 배치도를 이용한 배선 연결 1 — 스케치용

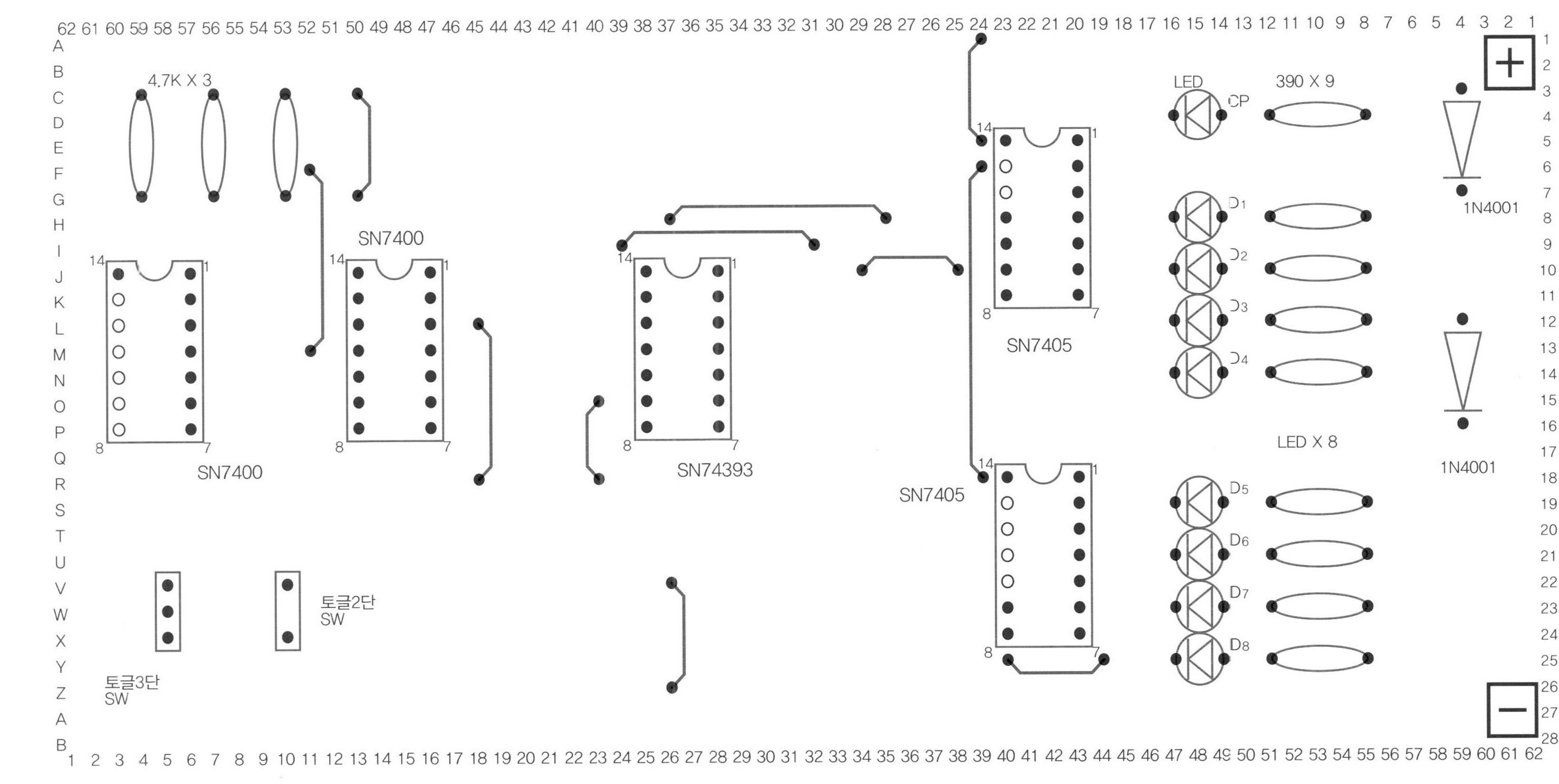

▶ 본 패턴도는 동박면(납땜면)을 기준으로 부품 배치를 하였으므로 부품 삽입 시 참고하여 삽입한다. (배선 납땜 시 매우 편리함)

※빨간(적)색의 부품과 파란(청)색의 점프선은 동박면(납땜면)이 아닌 반대편의 부품면(플라스틱면)에서 삽입된다는 것을 유의한다.

【 6-2. 부품의 모범 배치도 1 】

• 회로도와 같도록 배치도에 회로의 결선을 하시오.(연필을 사용하여 여러 번 수정을 거치면 가장 좋은 배선이 된다.)

모범 배치도를 이용한 배선 연결 2 — 평가용

모범 조립 패턴도 답안지 ▶ 364쪽

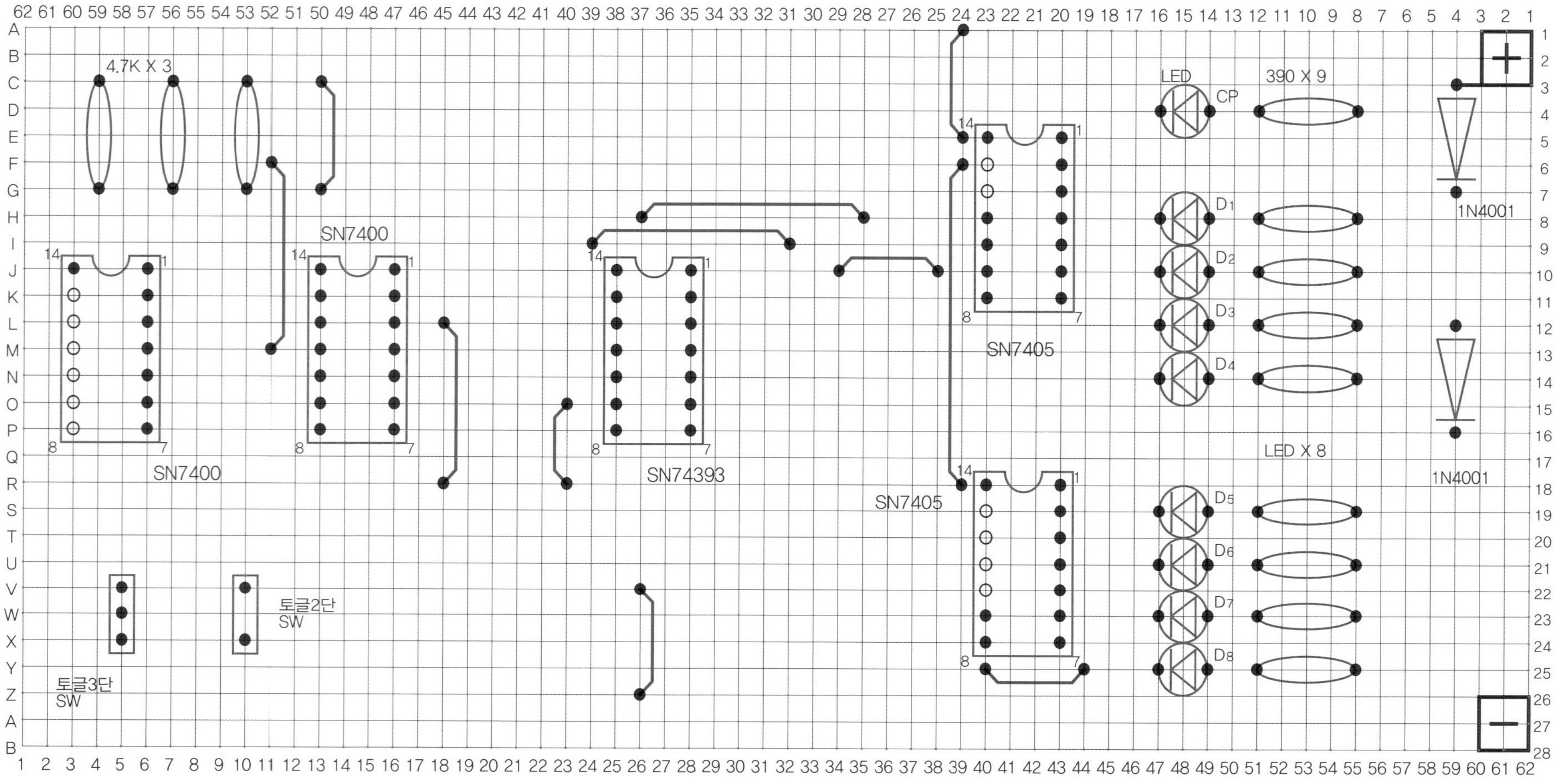

▶ 본 패턴도는 동박면(납땜면)을 기준으로 부품 배치를 하였으므로 부품 삽입 시 이를 참고하여 삽입한다. (배선 납땜 시 매우 편리함)

※빨간(적)색의 부품과 파란(청)색의 점프선은 동박면(납땜면)이 아닌 반대편의 부품면(플라스틱면)에서 삽입된다는 것을 유의한다.

【 7. 설명도 】 회로의 동작 설명을 듣고 동작 설명도를 여러 번 읽고 입력에서 출력까지의 회로 동작을 정확하게 이해하고 동작이 되도록 한다.

10진 계수기 동작 설명도

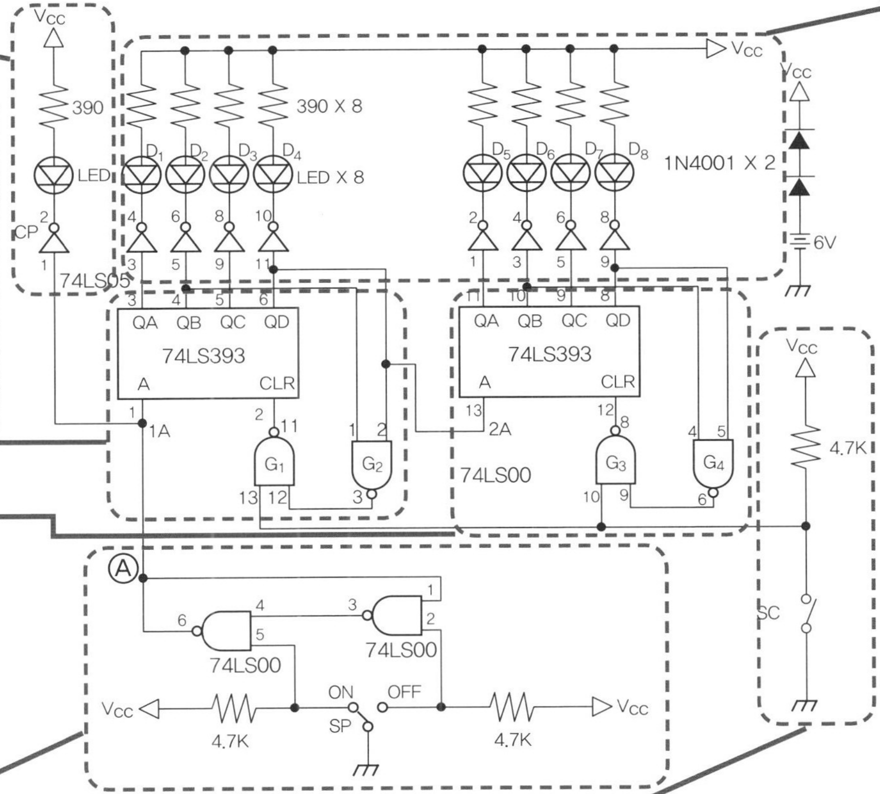

▶ 펄스 발생 확인용 회로

▶ 10진 카운터 A

- 일(1)의 자리 카운터로 RS-FF에서 발생된 펄스를 10진 카운트하게 된다.
- QB와 QD 출력이 H(1)이 되면 G_2와 G_1을 통해 2번 핀이 H(1)가 되어 클리어되고 처음부터 다시 카운트된다.
- 10번째 펄스에서 클리어되면 Q_D는 H(1) 상태에서 L(0) 상태로 되어 카운터 B 회로의 입력에 첫 번째 펄스가 가해진다.

▶ 10진 카운터 B

- 카운터 A 회로와 종속 접속되어 십(10)의 자리 카운터로 앞단의 Q_D 출력에 의해 펄스가 공급된다.
- 앞 단과 마찬가지로 Q_B와 Q_D 출력이 H(1) 상태(즉, $1010_{(10)}$)에서 G_4와 G_3을 통해 12번 핀이 H(1)가 되어 클리어된다.

▶ 펄스 발생 회로 RS-FF

- RS−FF(래치) 회로를 이용 SW를 계속 ON, OFF 방향으로 전환시키면 Ⓐ점에 펄스가 발생된다.
- 발생된 펄스는 10진 카운터 A의 입력에 공급되며 LED를 점멸하게 하여 펄스 발생 상태를 알게 한다.

▶ 리셋 SW

- SC SW를 ON시키면 7493의 2번과 12번 핀(클리어 단자)에 H(1)가 가해져 카운트된 내용을 클리어시키게 되어 LED가 모두 소등된다.

▶ 10진 계수 디스플레이 회로

▶ 10진 계수기 동작표

클록 펄스 수	LED 표시 (0=OFF, 1=ON)							
	십(10)자리				일(1)자리			
	D_8	D_7	D_6	D_5	D_4	D_3	D_2	D_1
0	0	0	0	0	0	0	0	0
1	0	0	0	0	0	0	0	1
2	0	0	0	0	0	0	1	0
3	0	0	0	0	0	0	1	1
4	0	0	0	0	0	1	0	0
5	0	0	0	0	0	1	0	1
6	0	0	0	0	0	1	1	0
7	0	0	0	0	0	1	1	1
8	0	0	0	0	1	0	0	0
9	0	0	0	0	1	0	0	1
10	0	0	0	1	0	0	0	0
11	0	0	0	1	0	0	0	1
⋮	⋮	⋮	⋮	⋮	⋮	⋮	⋮	⋮
98	1	0	0	1	1	0	0	0
99	1	0	0	1	1	0	0	1
100	0	0	0	0	0	0	0	0

전자기기 기능사	조립 제작 실습 과제 4	작품명	계수 판별기 회로

▣ **계수 판별기 회로를 만능기판에 조립 제작하고, TP점의 전압을 전압계로 측정하여 기록하고 요구 사항과 같이 동작하도록 하시오**

1. 시험 시간: 3시간 20분(측정 과제 20분 추가)

2. 요구 사항: 조립 제작 과제

① 지급된 재료를 사용하여 제한 시간 내에 도면과 같이 조립하시오.
② 동작 전류를 측정하여 기록하시오.
③ 조립이 완성되면 다음 질문에 답하시오.

질문 1. 도면에서 SN7400으로 이루어진 순간적인 신호를 일시적으로 기억하는 회로를 무엇이라 하는가?

질문 2. 실리콘다이오드 1N4001에서 강하되는 전압은 몇 [V]인가?

3. 재료 목록

재료명	규격	수량	재료명	규격	수량
IC	NE555	1	저항(1/4W)	330Ω	1
	SN7485	1		1KΩ	1
	4518	1		3.9KΩ	4
	4511	1		4.7KΩ	2
IC 소켓	8pin	2		6.8KΩ	1
	14pin	1		10KΩ	1
	16pin	3		470KΩ	1
7세그먼트	FND 500	1	전해 콘덴서	1μF	1
DIP SW	4-P	1	마일러 콘덴서	0.01μF	1
트랜지스터	2SD234	1	제너다이오드	RD6A	1
	2SC1815	1	만능기판	28×62hole	1
스위치(SW)	푸시 버튼	1	배선줄/3mm	3색 단선	1

▣ **사용되는 IC 및 주요 회로**

• 사전 과제 2: 회로에 사용되는 IC 내부를 노트에 그려보고 이해하고 암기하기

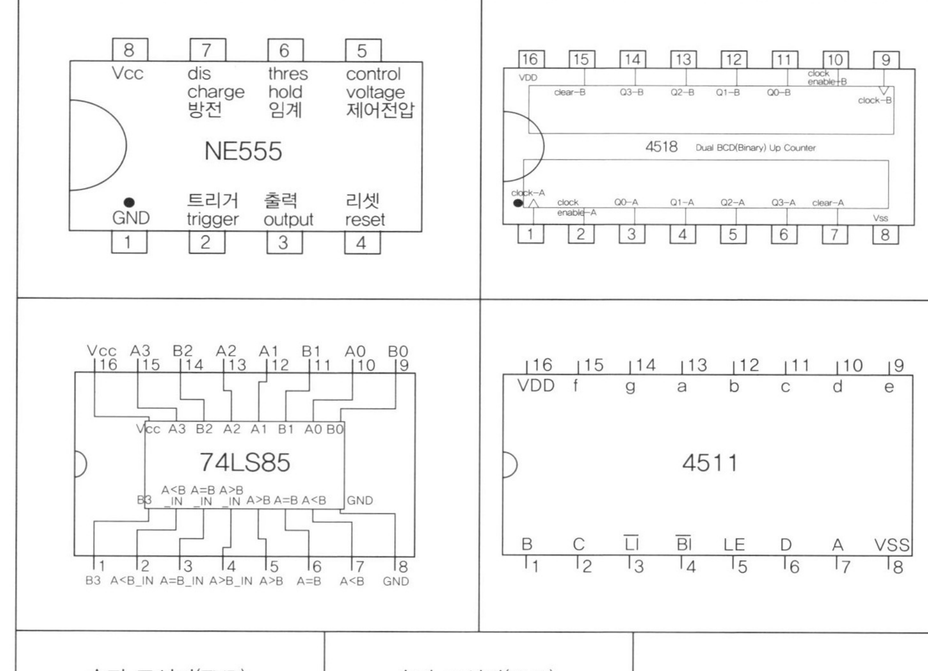

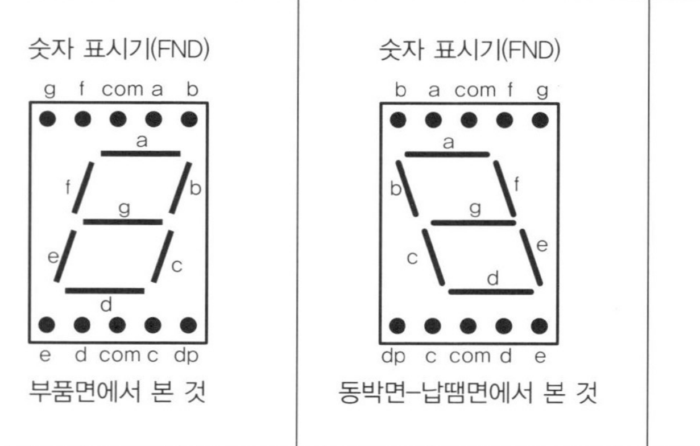

【 4. 회로도(계수 판별기 회로) 】 회로도는 반드시 수업 전 사전 과제로 실습 노트에 깨끗하게 그려서 검사를 받도록 한다. • 사전 과제 1 – 회로도 그리기

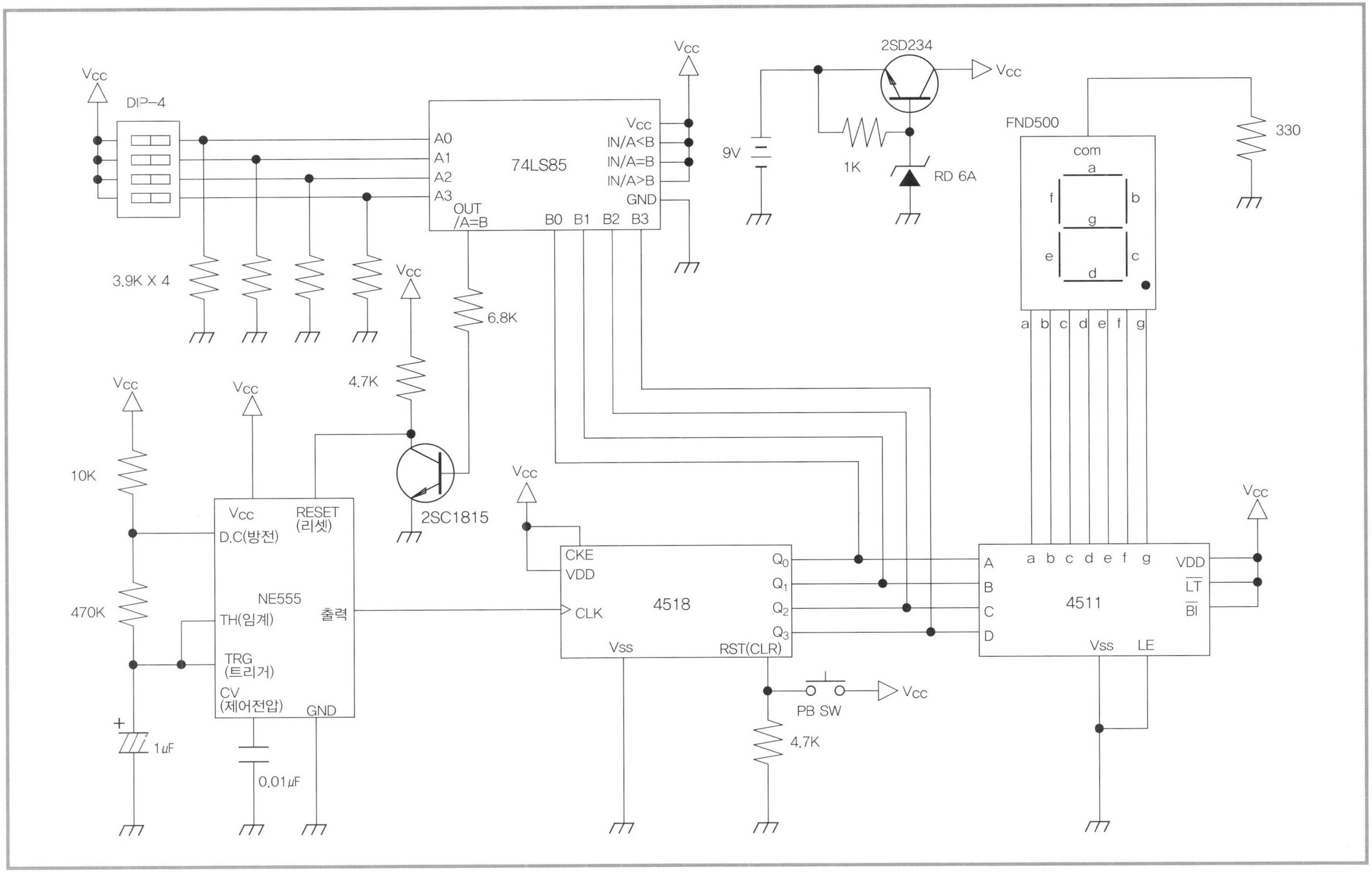

【 5-1. 부품 배치 및 배선 연습용 기판 】 • 사전 과제 5 – 회로도를 보고 28×62 만능기판 사이즈에 균형있게 부품을 배치하고 회로도와 같도록 배선을 하시오

연습용

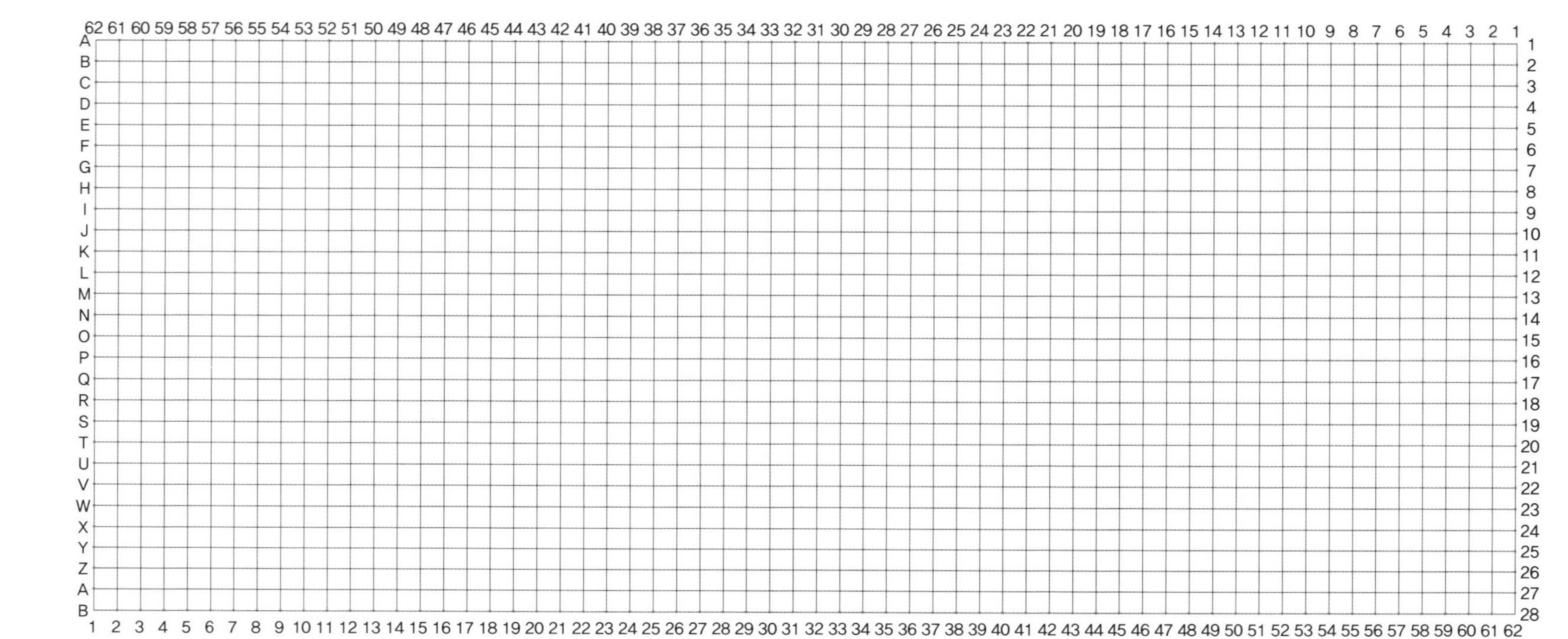

▶ 회로도 제작 조립용 패턴도는 납땜 및 배선 작업 시 편리하도록 동박면(납땜면)을 기준으로 작성하는 것이 좋다.

종류	다이오드	저항	콘덴서	트랜지스터		PB 스위치	IC		점프선	LED
				NPN	PNP					
회로도 기호			+	B C E	B E C	ⓐ ⓑ	14핀	16핀		
패턴도 기호 (동박면 기준)			+				14 1 8 7	16 1 9 8		
비고	4~5칸	4~5칸	3~5칸	3칸	3칸	3칸×3칸 3칸×4칸	4칸×7칸	4칸×8칸	크기에 따라	3칸~4칸

▶ 회로도의 기호에 맞는 패턴도 기호를 사용하여 28×62 기판 사이즈에 전체적인 균형을 생각하며 회로의 조립 과정이 쉽게 패턴도를 작성하시오.

【 5-2. 부품 배치 및 배선 평가용 기판 】 • 사전 과제 5 – 회로도를 보고 28×62 만능기판 사이즈에 균형있게 부품을 배치하고 회로도와 같도록 배선을 하시오

평가용 1

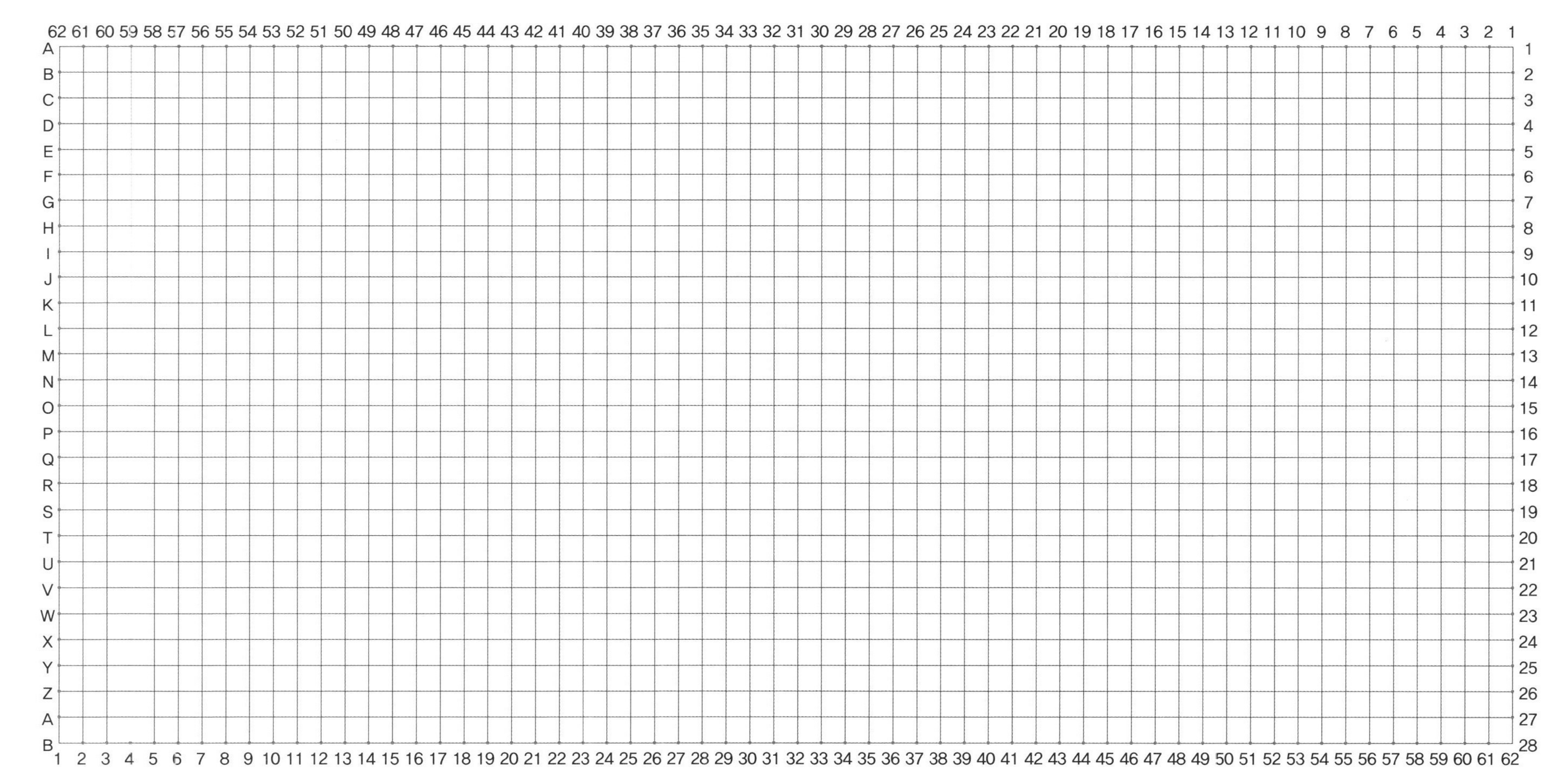

▶ 회로도 제작 조립용 패턴도는 납땜 및 배선 작업 시 편리하도록 동박면(납땜면)을 기준으로 작성하는 것이 좋다.

▶ 회로도의 기호에 맞는 패턴도 기호를 사용하여 28×62 기판 사이즈에 전체적인 균형을 생각하며 회로의 조립 과정이 쉽게 패턴도를 작성하시오.

【 5-3. 부품 배치 및 배선 연습용 기판 】

• 사전 과제 5 – 회로도를 보고 28×62 만능기판 사이즈에 균형있게 부품을 배치하고 회로도와 같도록 배선을 하시오

평가용 2

기본 배치도를 이용한 부품 배치 및 회로 배선 연결 – 스케치용

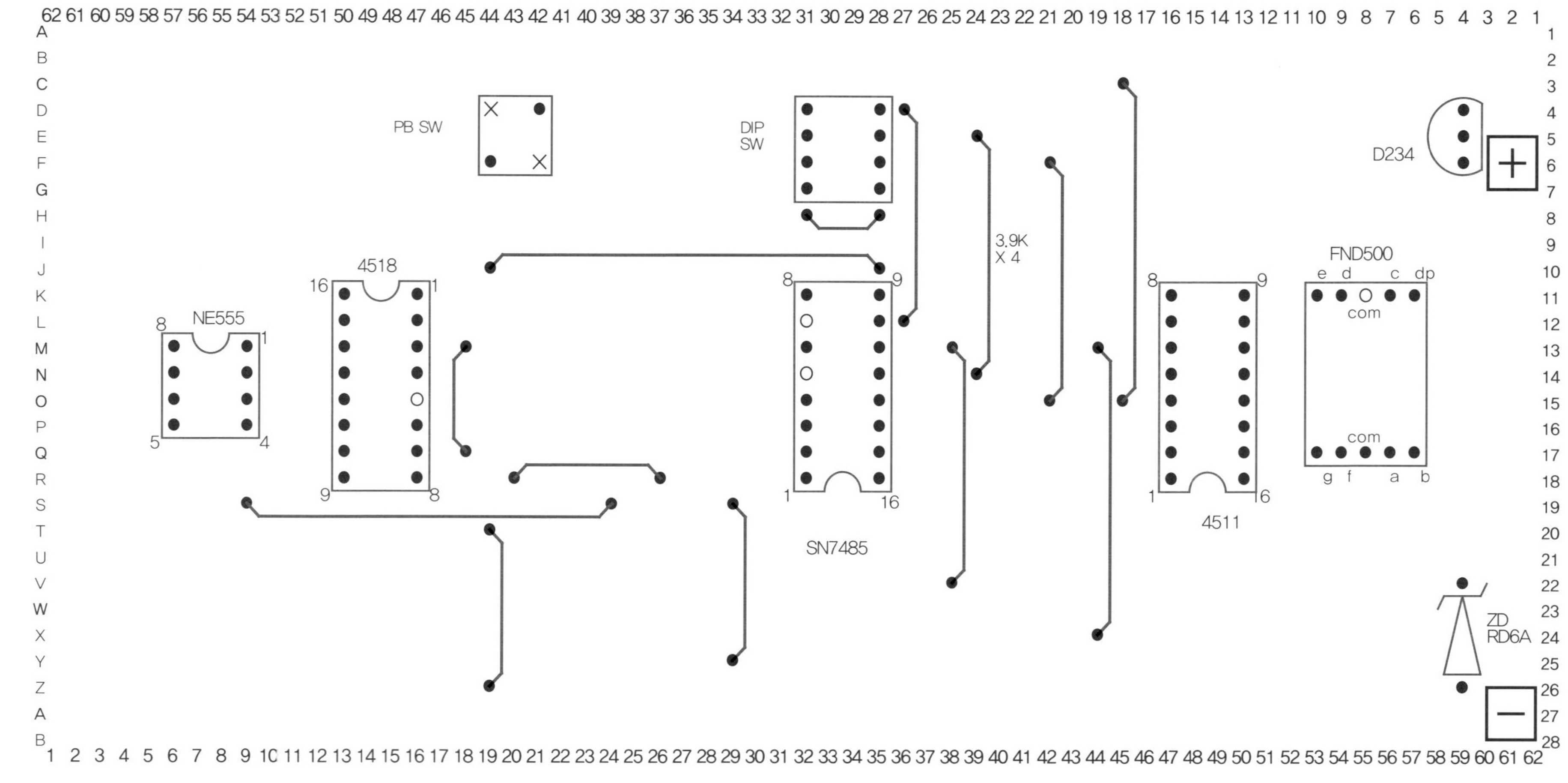

▶ 회로도 제작 조립용 패턴도는 납땜 및 배선 작업 시 편리하도록 동박면(납땜면)을 기준으로 작성하는 것이 좋다.

※ 빨간(적)색의 부품과 파란(청)색의 점프선은 동박면(납땜면)이 아닌 반대편의 부품면(플라스틱면)에서 삽입된다는 것을 유의한다.

▶ 회로도의 기호에 맞는 패턴도 기호를 사용하여 28×62 기판 사이즈에 전체적인 균형을 생각하며 회로의 조립 과정이 쉽게 패턴도를 작성하시오.

【 6-1. 부품의 모범 배치도 1 】

• 회로도와 같도록 배치도에 회로의 결선을 하시오.(연필을 사용하여 여러 번 수정을 거치면 가장 좋은 배선이 된다.)

수업 연습용(1시간)

모범 배치도를 이용한 배선 연결 1 — 스케치용

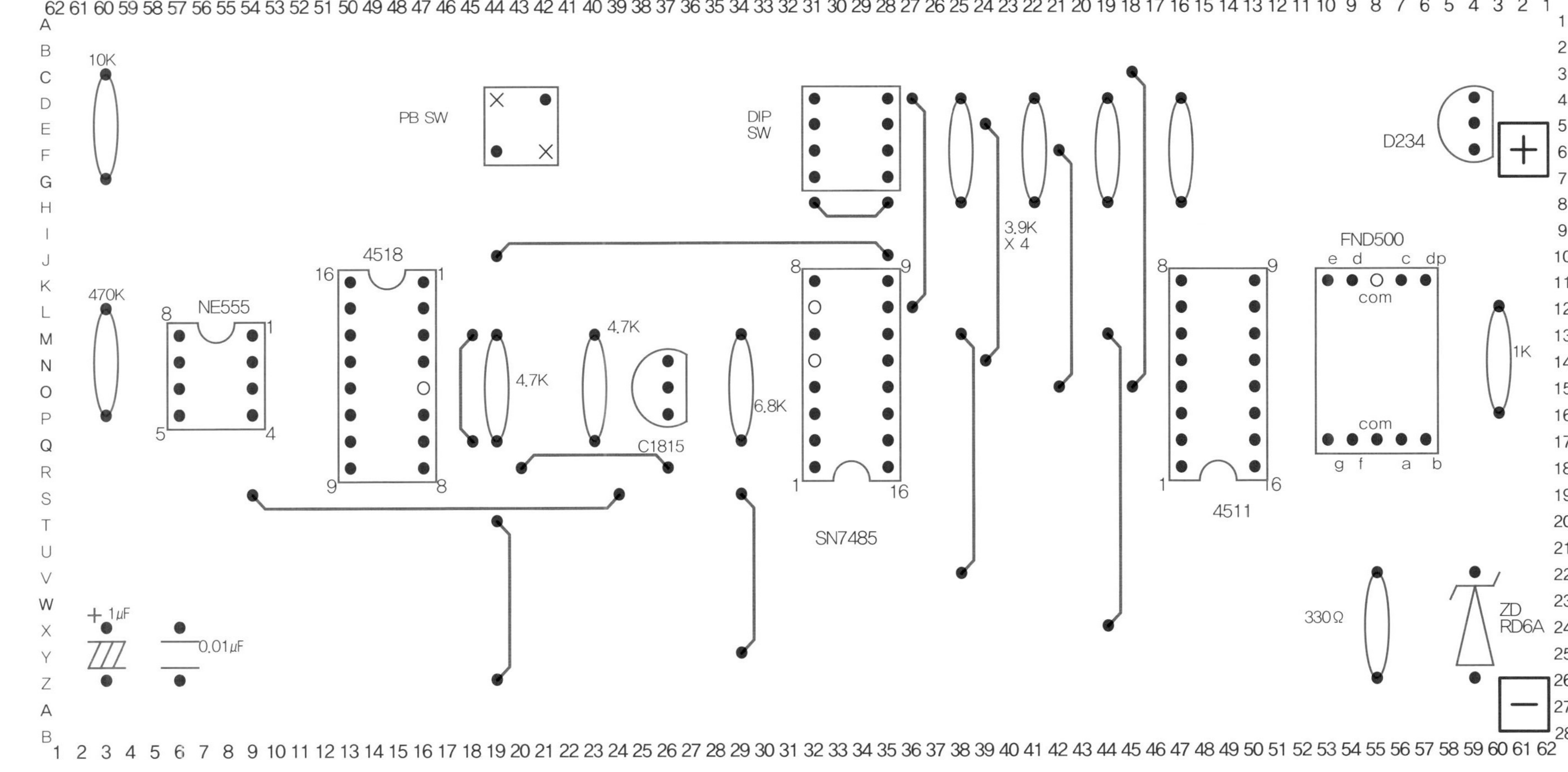

▶ 본 패턴도는 동박면(납땜면)을 기준으로 부품 배치를 하였으므로 부품 삽입 시 참고하여 삽입한다. (배선 납땜 시 매우 편리함)

※빨간(적)색의 부품과 파란(청)색의 점프선은 동박면(납땜면)이 아닌 반대편의 부품면(플라스틱면)에서 삽입된다는 것을 유의한다.

【 6-2. 부품의 모범 배치도 1 】 • 회로도와 같도록 배치도에 회로의 결선을 하시오.(연필을 사용하여 여러 번 수정을 거치면 가장 좋은 배선이 된다.)

모범 배치도를 이용한 배선 연결 2 — 평가용

모범 조립 패턴도 답안지 ▶ 366쪽

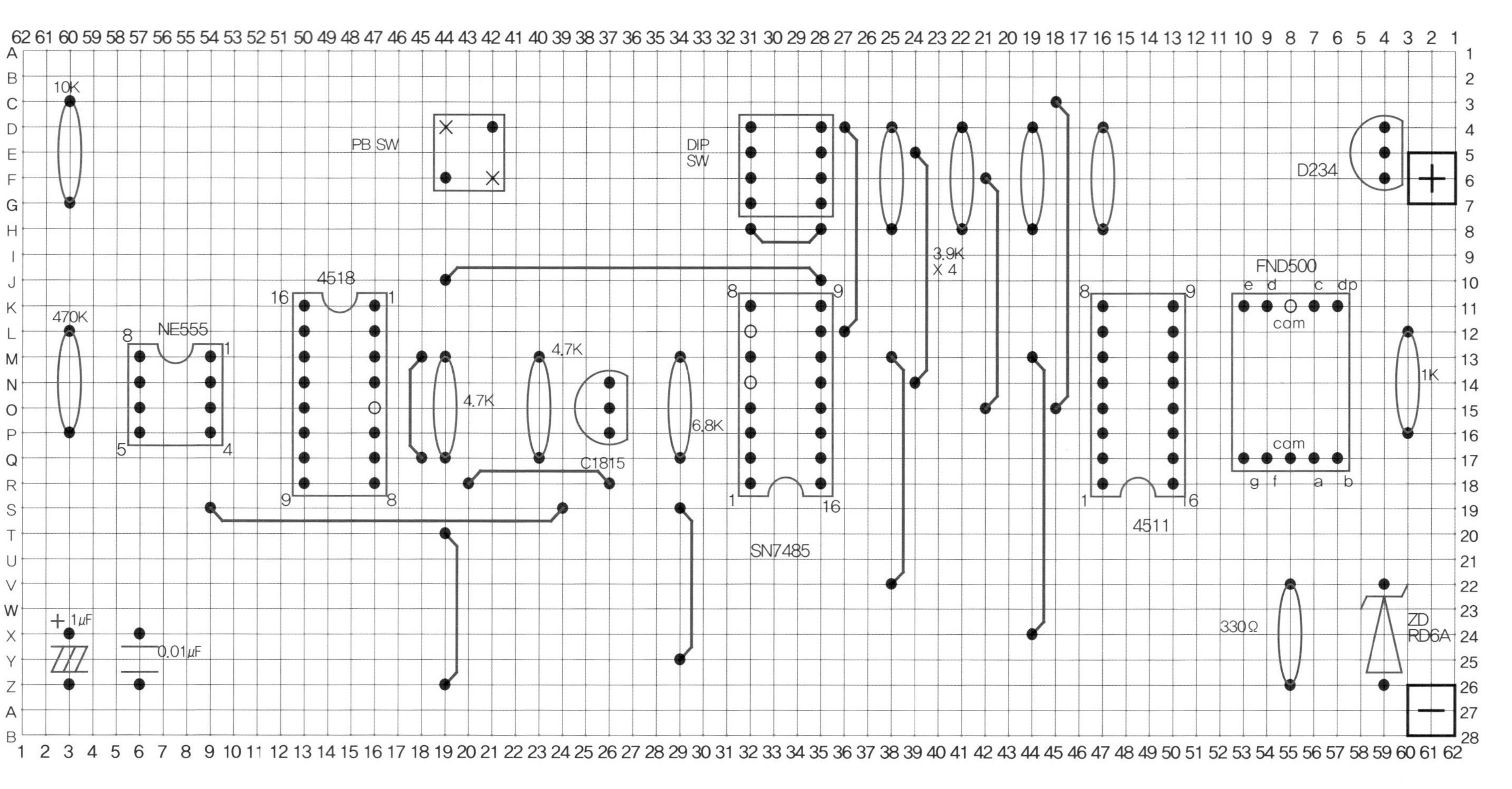

▶ 본 패턴도는 동박면(납땜면)을 기준으로 부품 배치를 하였으므로 부품 삽입 시 이를 참고하여 삽입한다. (배선 납땜 시 매우 편리함)

※빨간(적)색의 부품과 파란(청)색의 점프선은 동박면(납땜면)이 아닌 반대편의 부품면(플라스틱면)에서 삽입된다는 것을 유의한다.

【 7. 설명도 】 회로의 동작 설명을 듣고 동작 설명도를 여러 번 읽고 입력에서 출력까지의 회로 동작을 정확하게 이해하고 동작이 되도록 한다.

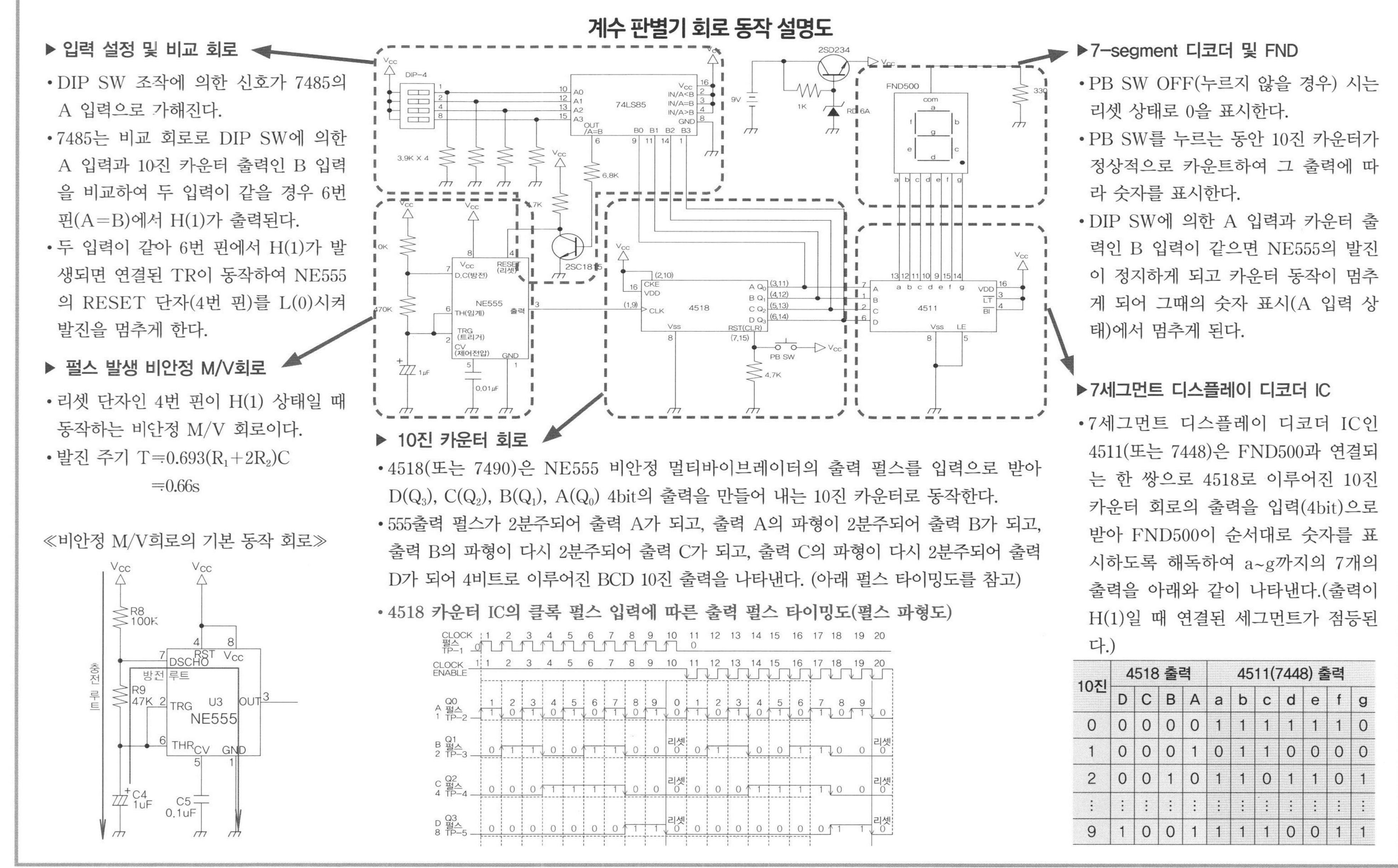

계수 판별기 회로 동작 설명도

▶ **입력 설정 및 비교 회로**

- DIP SW 조작에 의한 신호가 7485의 A 입력으로 가해진다.
- 7485는 비교 회로로 DIP SW에 의한 A 입력과 10진 카운터 출력인 B 입력을 비교하여 두 입력이 같을 경우 6번 핀(A=B)에서 H(1)가 출력된다.
- 두 입력이 같아 6번 핀에서 H(1)가 발생되면 연결된 TR이 동작하여 NE555의 RESET 단자(4번 핀)를 L(0)시켜 발진을 멈추게 한다.

▶ **펄스 발생 비안정 M/V회로**

- 리셋 단자인 4번 핀이 H(1) 상태일 때 동작하는 비안정 M/V 회로이다.
- 발진 주기 $T=0.693(R_1+2R_2)C$
  $=0.66s$

≪비안정 M/V회로의 기본 동작 회로≫

▶ **10진 카운터 회로**

- 4518(또는 7490)은 NE555 비안정 멀티바이브레이터의 출력 펄스를 입력으로 받아 $D(Q_3)$, $C(Q_2)$, $B(Q_1)$, $A(Q_0)$ 4bit의 출력을 만들어 내는 10진 카운터로 동작한다.
- 555출력 펄스가 2분주되어 출력 A가 되고, 출력 A의 파형이 2분주되어 출력 B가 되고, 출력 B의 파형이 다시 2분주되어 출력 C가 되고, 출력 C의 파형이 다시 2분주되어 출력 D가 되어 4비트로 이루어진 BCD 10진 출력을 나타낸다. (아래 펄스 타이밍도를 참고)
- 4518 카운터 IC의 클록 펄스 입력에 따른 출력 펄스 타이밍도(펄스 파형도)

▶ **7-segment 디코더 및 FND**

- PB SW OFF(누르지 않을 경우) 시는 리셋 상태로 0을 표시한다.
- PB SW를 누르는 동안 10진 카운터가 정상적으로 카운트하여 그 출력에 따라 숫자를 표시한다.
- DIP SW에 의한 A 입력과 카운터 출력인 B 입력이 같으면 NE555의 발진이 정지하게 되고 카운터 동작이 멈추게 되어 그때의 숫자 표시(A 입력 상태)에서 멈추게 된다.

▶ **7세그먼트 디스플레이 디코더 IC**

- 7세그먼트 디스플레이 디코더 IC인 4511(또는 7448)은 FND500과 연결되는 한 쌍으로 4518로 이루어진 10진 카운터 회로의 출력을 입력(4bit)으로 받아 FND500이 순서대로 숫자를 표시하도록 해독하여 a~g까지의 7개의 출력을 아래와 같이 나타낸다.(출력이 H(1)일 때 연결된 세그먼트가 점등된다.)

10진	4518 출력				4511(7448) 출력						
	D	C	B	A	a	b	c	d	e	f	g
0	0	0	0	0	1	1	1	1	1	1	0
1	0	0	0	1	0	1	1	0	0	0	0
2	0	0	1	0	1	1	0	1	1	0	1
:	:	:	:	:	:	:	:	:	:	:	:
9	1	0	0	1	1	1	1	0	0	1	1

전자기기 기능사	조립 제작 실습 과제 5	작품명	빛 차단 5진 계수 정지 회로

▣ 빛 차단 5진 계수 정지 회로를 만능기판에 조립 제작하고, TP점의 전압을 전압계로 측정하여 기록하고 요구 사항과 같이 동작하도록 하시오.

1. 시험 시간: 3시간 20분(측정 과제 20분 추가)

2. 요구 사항: 조립 제작 과제

① 지급된 재료를 사용하여 제한 시간 내에 도면과 같이 조립하시오.

② 조립 완성 후 동작 전류를 측정하여 기록하시오.

③ 조립이 완성되면 다음과 같이 동작되도록 하시오.

- 포토트랜지스터에 빛을 조사할 때 FND는 5진 업 카운터로 계수를 하고, 그에 따른 LED1~LED3은 BCD 코드로 5진 동작을 한다.
- 빛이 차단될 때는 5진 카운터와 LED는 모두 계수가 정지된다.

④ 위 동작이 되지 않을 시는 틀린 회로를 수정하여 위 동작이 되게 하시오.

3. 재료 목록

재료명	규격	수량	재료명	규격	수량
IC	NE555	1	저항(1/4W)	30Ω	1
	SN7408	1		47Ω	1
	CD4518	1		330Ω	3
	CD4511	1		2Ω	1
IC 소켓	8pin	1		4.7kΩ	1
	14pin	2		27kΩ	2
	16pin	2	마일러 콘덴서	0.1μF	2
트랜지스터	2SA509	2		0.33μF	1
	OS18(포토)	1	전해 콘덴서	10μF/16V	1
정전압 IC	μA7805	1	만능기판	28×62hole	1
숫자 표시기	FND 500	1	배선줄/3mm	3색 단선	1
어레이저항	330Ω×7/SIP	1	실납	SN60% 1.0Φ	1
LED	적색 8Φ	3			

▣ 사용되는 IC 및 주요 회로

- 사전 과제 2: 회로에 사용되는 IC 내부를 노트에 그려보고 이해하고 암기하기

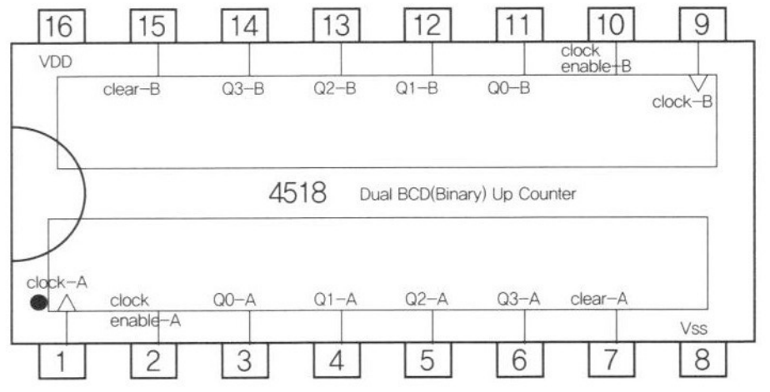

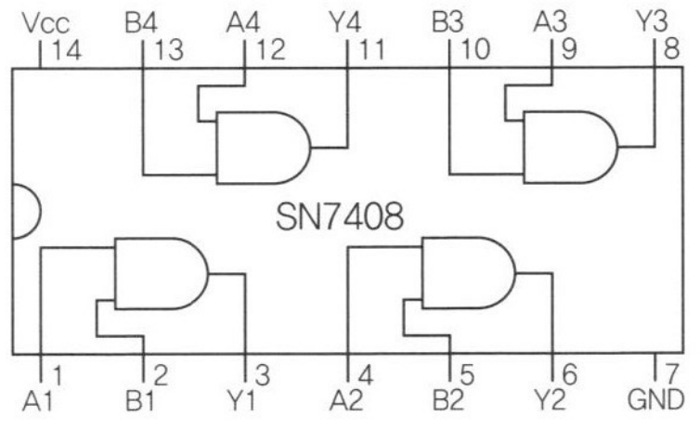

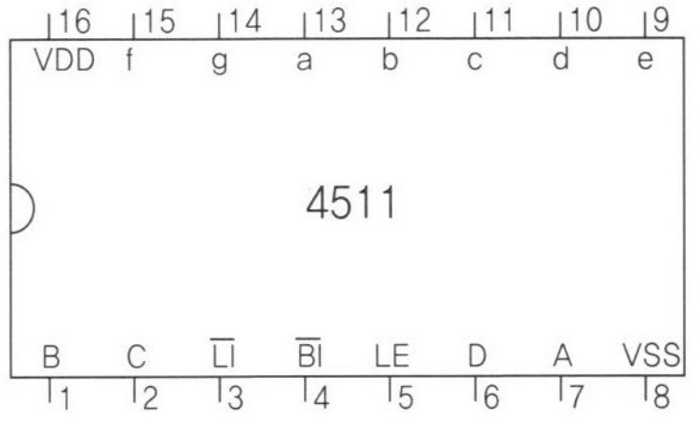

숫자 표시기(FND)

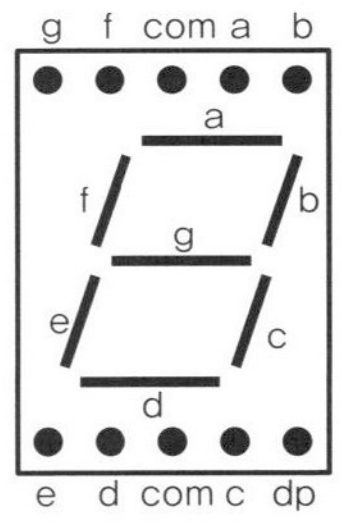

부품면에서 본 것

숫자 표시기(FND)

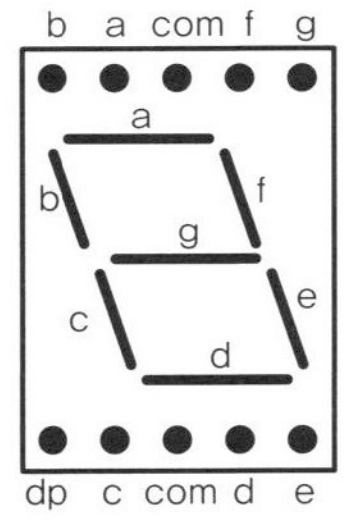

동박면–납땜면에서 본 것

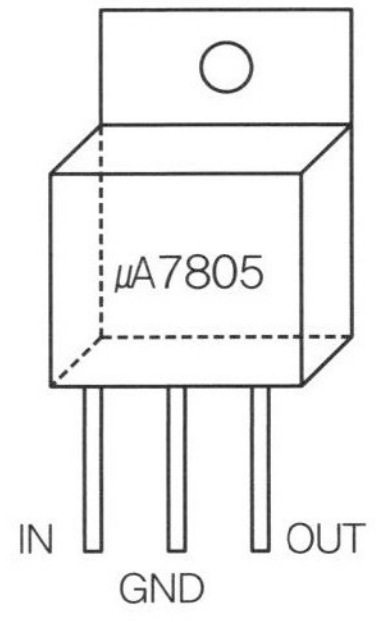

【 4. 회로도(빛 차단 5진 계수 정지 회로) 】 회로도는 반드시 수업 전 사전 과제로 실습 노트에 깨끗하게 그려서 검사를 받도록 한다. • 사전 과제 1 – 회로도 그리기

R6
2 1/2W
Q1 2SA509
Vcc
Q2
2SA509
R7 30
9V
VIN
78L05
VOUT
GND
C3
0.33uF
C4
0.1uF
FND500
com
a b c d e f g
Vcc
R1
27K
R4
27K
C1
10uF
NE555
D.C
TRG
TH
CV
Vcc
RESET
OUT
GND
C2
0.1uF
Q1
OS18 포토
트랜지스터
R3
47
R5
4.7K
RN1
330*7
4511
VDD
$\overline{LT}$
$\overline{BI}$
A B C D
D_0 D_1 D_2 D_3
VSS
LE
7408
LED1 적색
LED2 적색
LED3 적색
R8 330
R9 330
R10 330
4518(1/2)
Q_0 Q_1 Q_2 Q_3
RST (CLR)
VDD
Vss
CLK CKE

【 5-1. 부품 배치 및 배선 연습용 기판 】 • 사전 과제 5 – 회로도를 보고 28×62 만능기판 사이즈에 균형있게 부품을 배치하고 회로도와 같도록 배선을 하시오

연습용

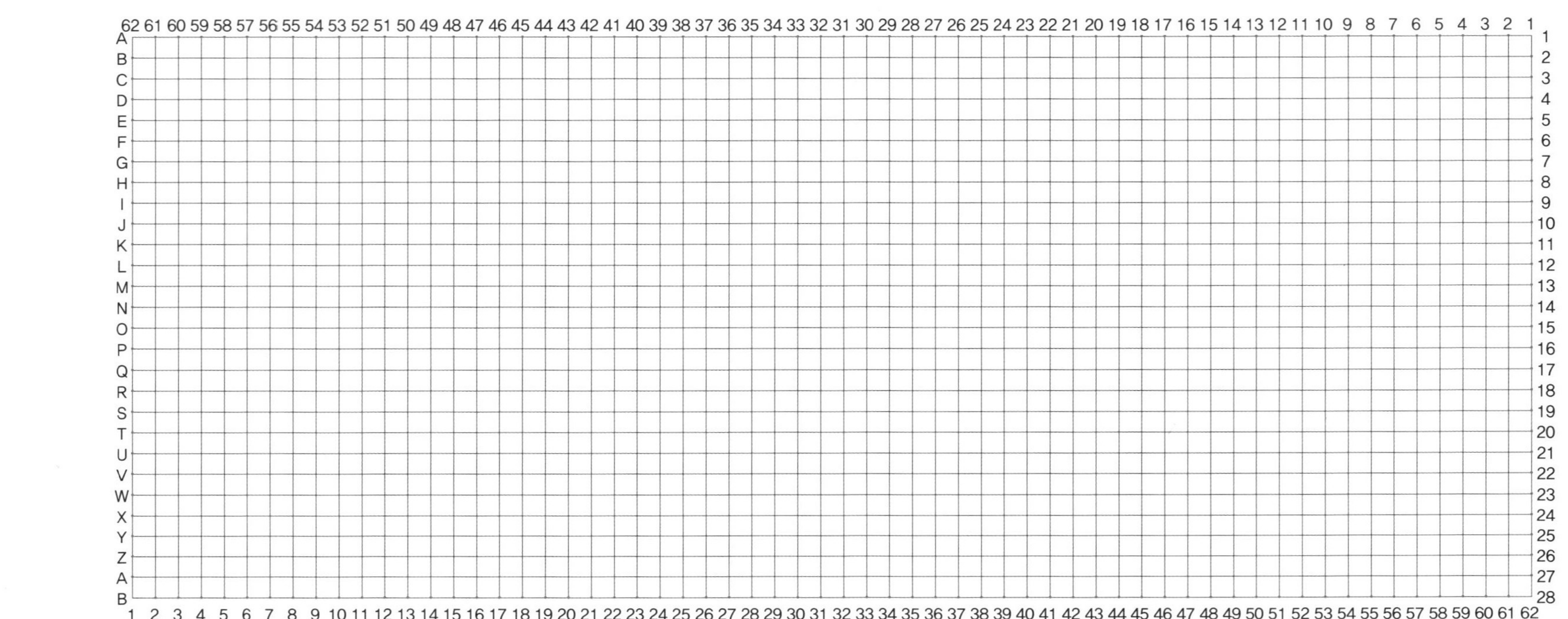

▶ 회로도 제작 조립용 패턴도는 납땜 및 배선 작업 시 편리하도록 동박면(납땜면)을 기준으로 작성하는 것이 좋다.

종류	다이오드	저항	콘덴서	트랜지스터		PB 스위치	IC		점프선	LED
				NPN	PNP					
회로도 기호							14핀	16핀		
패턴도 기호 (동박면 기준)										
비고	4~5칸	4~5칸	3~5칸	3칸	3칸	3칸×3칸 3칸×4칸	4칸×7칸	4칸×8칸	크기에 따라	3칸~4칸

▶ 회로도의 기호에 맞는 패턴도 기호를 사용하여 28×62 기판 사이즈에 전체적인 균형을 생각하며 회로의 조립 과정이 쉽게 패턴도를 작성하시오.

【 5-2. 부품 배치 및 배선 평가용 기판 】

• 사전 과제 5 – 회로도를 보고 28×62 만능기판 사이즈에 균형있게 부품을 배치하고 회로도와 같도록 배선을 하시오

평가용 1

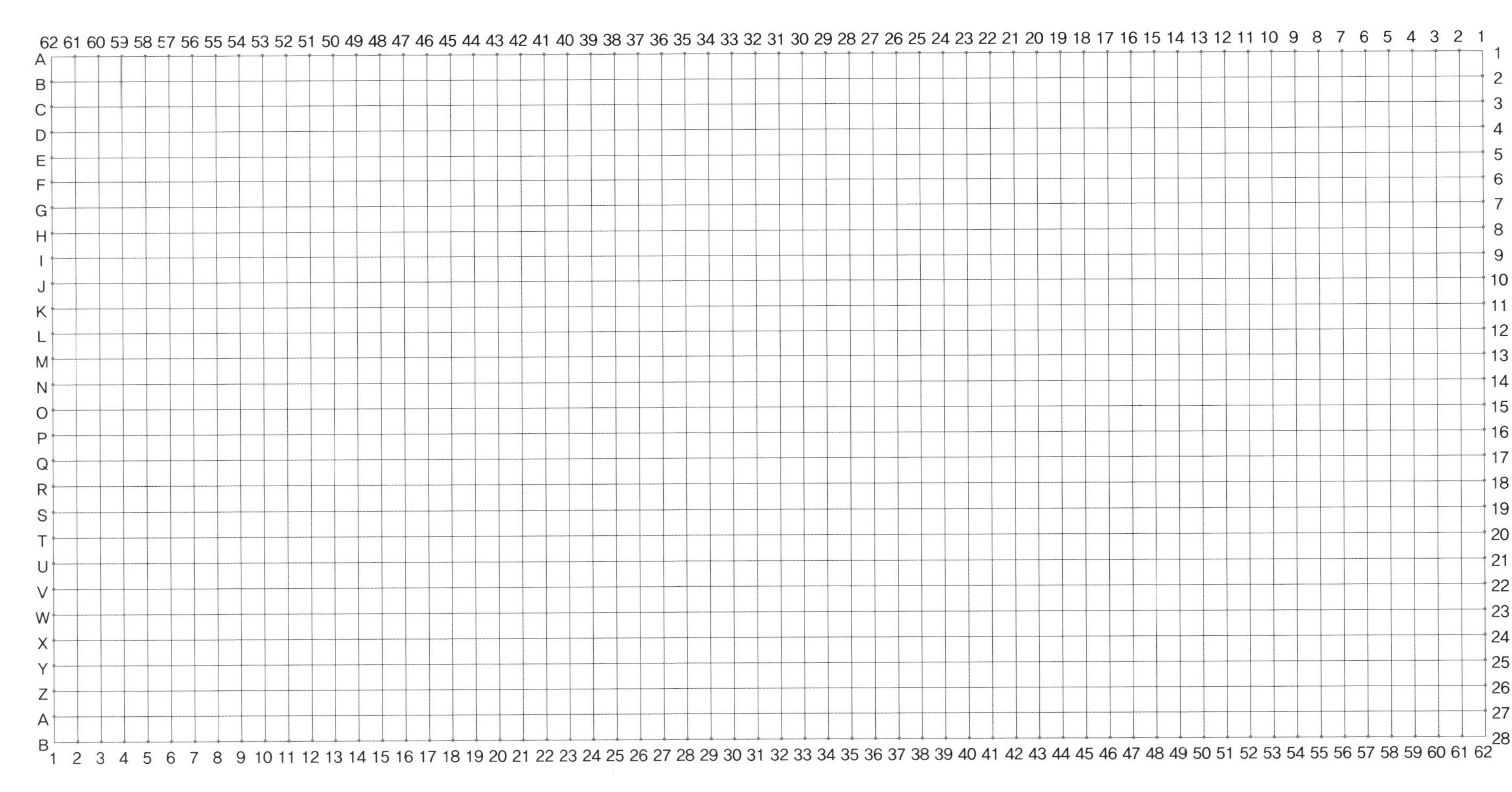

▶ 회로도 제작 조립용 패턴도는 납땜 및 배선 작업 시 편리하도록 동박면(납땜면)을 기준으로 작성하는 것이 좋다.

▶ 회로도의 기호에 맞는 패턴도 기호를 사용하여 28×62 기판 사이즈에 전체적인 균형을 생각하며 회로의 조립 과정이 쉽게 패턴도를 작성하시오.

【 5-3. 부품 배치 및 배선 연습용 기판 】

• 사전 과제 5 – 회로도를 보고 28×62 만능기판 사이즈에 균형있게 부품을 배치하고 회로도와 같도록 배선을 하시오

평가용 2

기본 배치도를 이용한 부품 배치 및 회로 배선 연결 – 스케치용

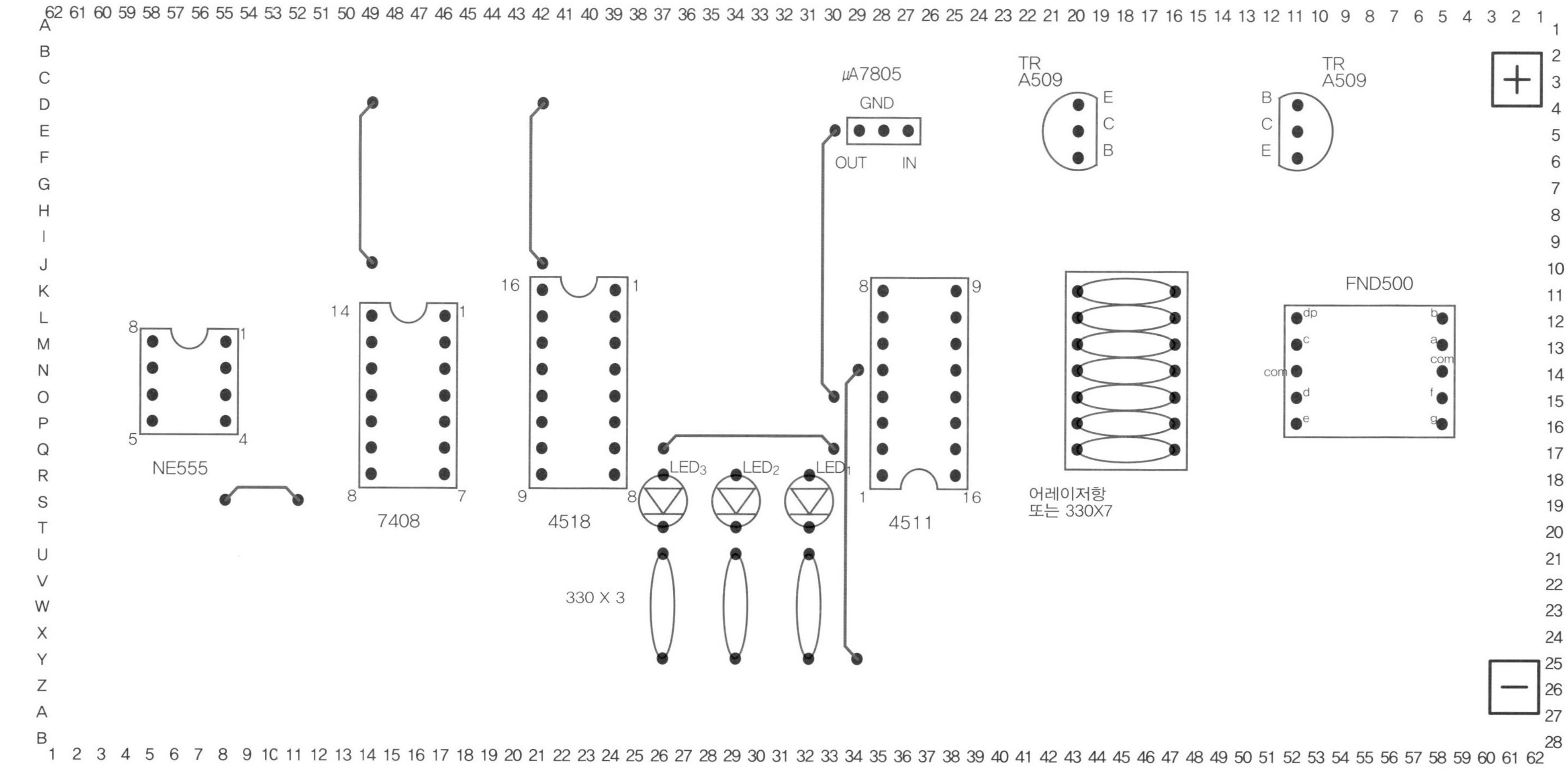

▶ 회로도 제작 조립용 패턴도는 납땜 및 배선 작업 시 편리하도록 동박면(납땜면)을 기준으로 작성하는 것이 좋다.

※ 빨간(적)색의 부품과 파란(청)색의 점프선은 동박면(납땜면)이 아닌 반대편의 부품면(플라스틱면)에서 삽입된다는 것을 유의한다.

▶ 회로도의 기호에 맞는 패턴도 기호를 사용하여 28×62 기판 사이즈에 전체적인 균형을 생각하며 회로의 조립 과정이 쉽게 패턴도를 작성하시오.

【 6-1. 부품의 모범 배치도 1 】

• 회로도와 같도록 배치도에 회로의 결선을 하시오.(연필을 사용하여 여러 번 수정을 거치면 가장 좋은 배선이 된다.)

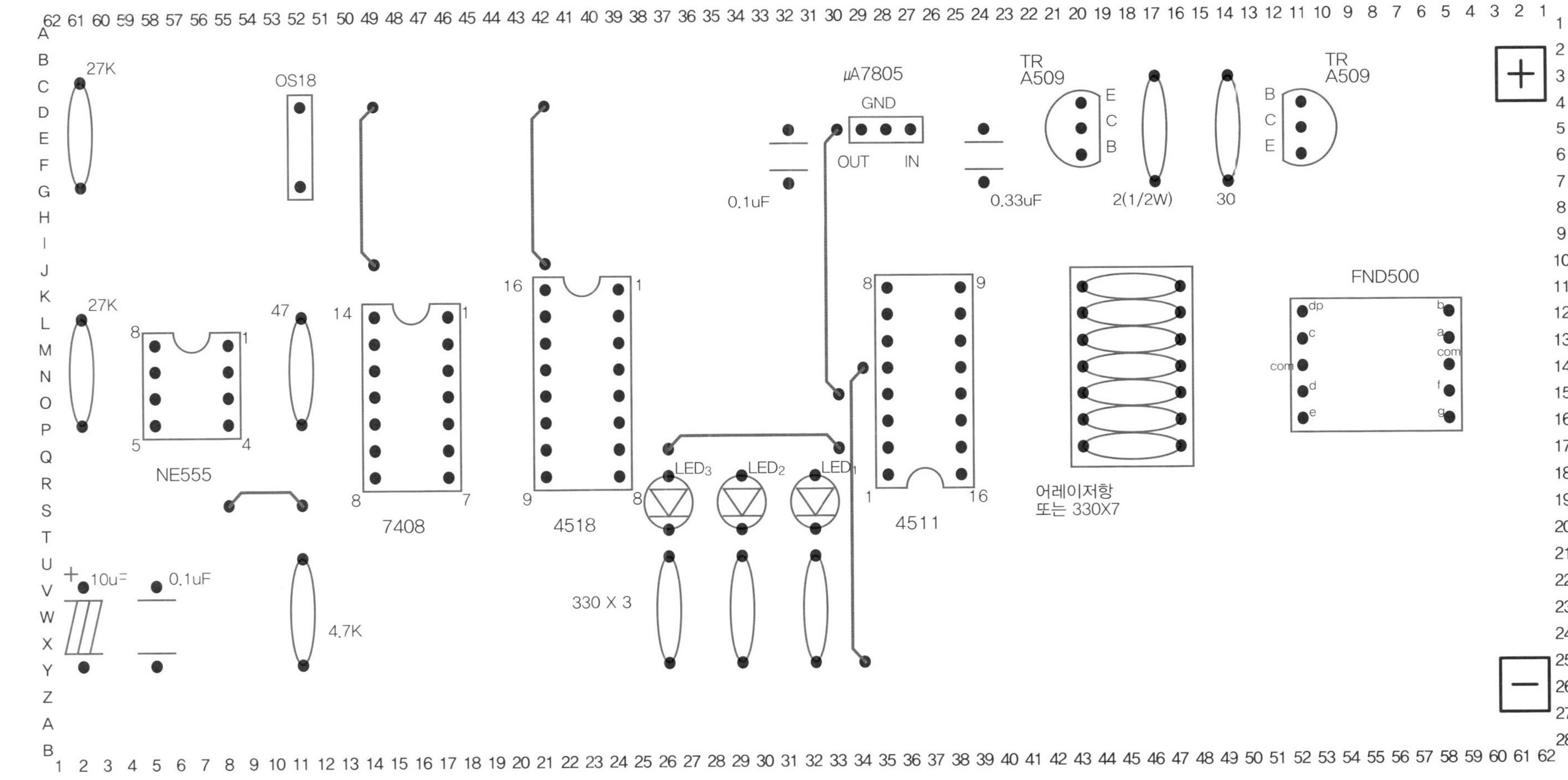

▶ 본 패턴도는 동박면(납땜면)을 기준으로 부품 배치를 하였으므로 부품 삽입 시 참고하여 삽입한다. (배선 납땜 시 매우 편리함)

※빨간(적)색의 부품과 파란(청)색의 점프선은 동박면(납땜면)이 아닌 반대편의 부품면(플라스틱면)에서 삽입된다는 것을 유의한다.

【 6-2. 부품의 모범 배치도 1 】

• 회로도와 같도록 배치도에 회로의 결선을 하시오.(연필을 사용하여 여러 번 수정을 거치면 가장 좋은 배선이 된다.)

모범 배치도를 이용한 배선 연결 2 — 평가용

모범 조립 패턴도 답안지 ▶ 368쪽

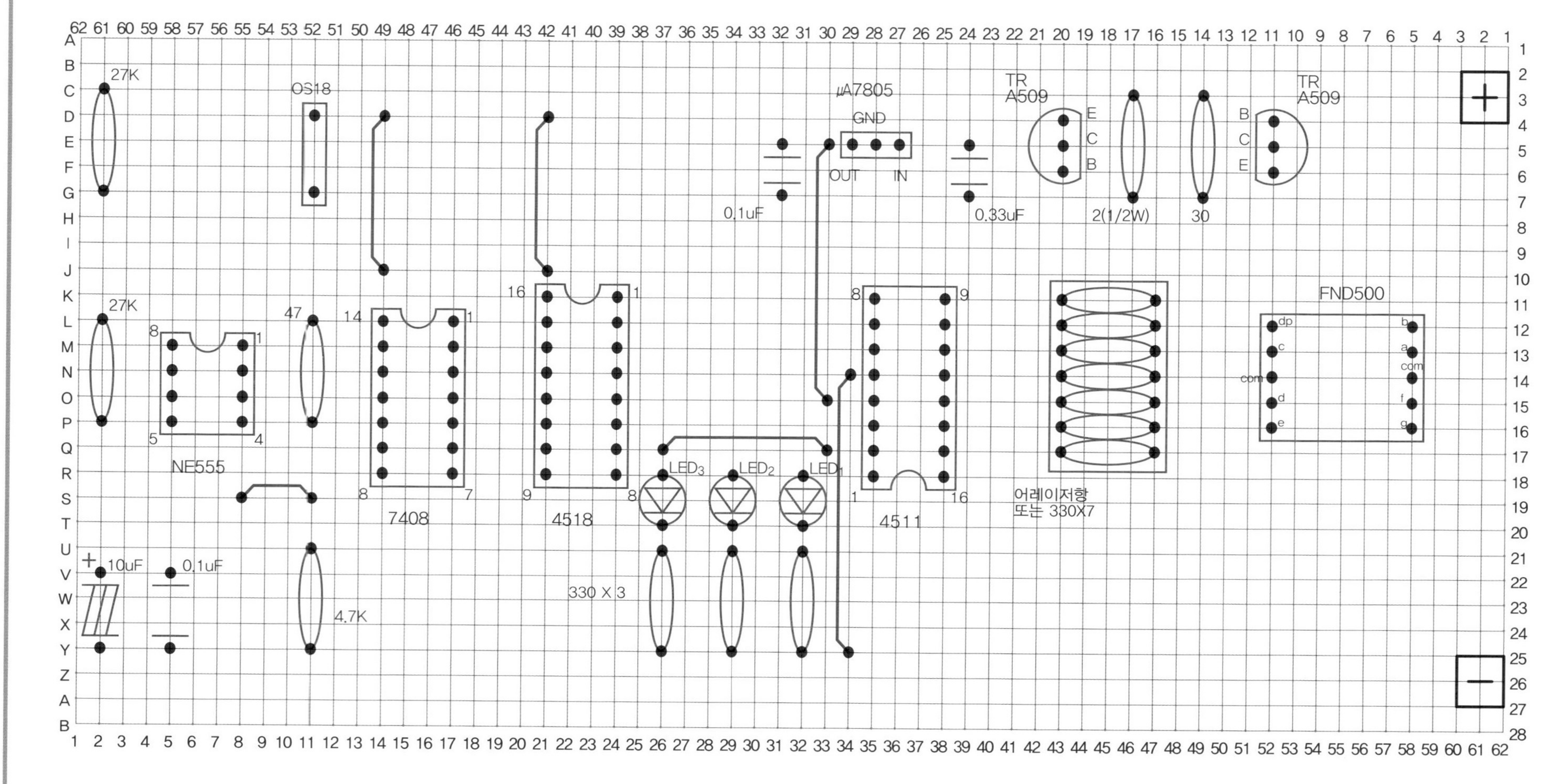

▶ 본 패턴도는 동박면(납땜면)을 기준으로 부품 배치를 하였으므로 부품 삽입 시 이를 참고하여 삽입한다. (배선 납땜 시 매우 편리함)

※빨간(적)색의 부품과 파란(청)색의 점프선은 동박면(납땜면)이 아닌 반대편의 부품면(플라스틱면)에서 삽입된다는 것을 유의한다.

【 7. 설명도 】 회로의 동작 설명을 듣고 동작 설명도를 여러 번 읽고 입력에서 출력까지의 회로 동작을 정확하게 이해하고 동작이 되도록 한다.

빛 차단 5진 계수 정지 회로 설명도

▶ **전류 제어 정전압 회로**

- 전원 전압이 레귤레이터 IC의 입력 단자에 공급되면 출력 단자에 +5V의 정전압을 얻으며 회로의 각 +V_{CC}에 공급을 하여야 한다.
- 전원이 공급되면 Q가 동작하여 레귤레이터의 입력에 전원을 공급하여 정전압 +5V를 얻으며 부하의 단락 시에는 Q_1, Q_2가 동작하여 레귤레이터의 입력 전압을 낮추어 과전류로부터 보호하게 된다.

▶ **펄스 발생 비안정 MV 회로**

- 555 타이머 IC를 이용한 펄스 발생 비안정 MV 회로로 10μF의 커패시터의 충전·방전 시간으로 주기가 결정된다.
- 충전 시간 $T_1 = 0.693(R_1+R_2)C[s]$,
- 방전 시간 $T_2 = 0.693R_2C[s]$
- 발진 주기 $T = T_1 + T_2 = 0.693(R_1+2R_2)C[s]$로

  T=　　[s]=　　　[ms]
- 발진 주파수 f =1/T =　　　[Hz]

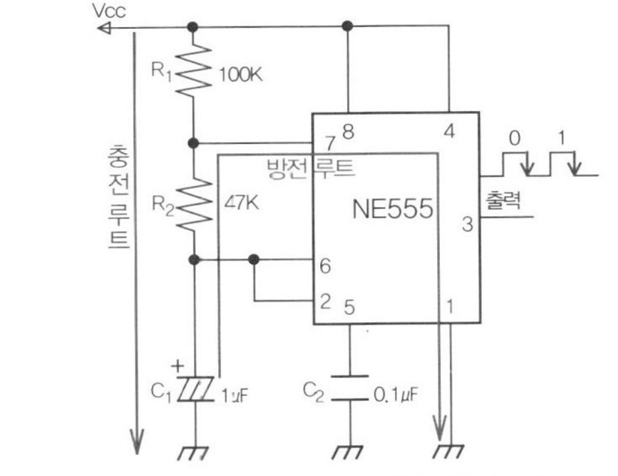

≪비안정 M/V회로의 기본 동작 회로≫

▶ **빛 검출 및 발진 정지 회로**

- 빛이 조사되면 전류가 흘러 NE555의 4번 핀에 H(1) 레벨이 가해지게 되어 NE555의 회로가 비안정 멀티바이브레이터 회로로 동작하게 된다.
- 빛이 차단되면 전류의 흐름이 차단되어 NE555의 4번 핀에 L(0) 레벨이 가해지게 되어 NE555의 회로가 발진을 정지하게 된다.

▶ **7세그먼트 디스플레이 500**

- 숫자 표시기 또는 FND라고도 하며 FND500은 공통 단자(common)가 GND에 연결되어 있어 디코더 IC의 출력 단자가 H(1) 출력 시 연결된 해당 세그먼트가 점등되는 4511이나 7448이 연결되어야 한다.

▶ **7세그먼트 디스플레이 디코더 IC**

- 7 세그먼트 디스플레이 디코더 IC인 4511(또는 7448)은 FND500과 연결되는 한 쌍으로 4518으로 이루어진 5진 카운터 회로의 출력을 입력(3bit)으로 받아 FND500이 순서대로 숫자를 표시하도록 해독하여 a~g까지의 7개의 출력을 아래와 같이 나타낸다.

10진	4518 출력			4511 출력						
	5	4	3	13	12	11	10	9	15	14
	Q_2	Q_1	Q_0	a	b	c	d	e	f	g
0	0	0	0	1	1	1	1	1	1	0
1	0	0	1	0	1	1	0	0	0	0
2	0	1	0	1	1	0	1	1	0	1
3	0	1	1	1	1	1	1	0	0	1
4	1	0	0	0	1	1	0	0	1	1

▶ **5진 카운터 회로**

- 4518 IC로 이루어진 회로는 10진 카운터 IC로 사용되며, Q_0, Q_1, Q_2 3개의 출력만 사용하며, Q_0, Q_2 2개의 출력 신호가 AND 게이트에 가해져서 그 출력이 7번 핀의 리셋(RESET) 단자에 가해지게 된다. 즉, Q_0, Q_2가 1(H)일 때 리셋이 된다.

입력펄스 수에 따른 4518 IC의 출력 진리표												비고
입력 펄스 수		0	1	2	3	4	5	6	7	8	9	555 출력펄스 수
4518 출력	Q_0(3번)	0	1	0	1	0	0	1	0	1	0	5진 카운터이므로 입력 펄스 5(Q_0, Q_2가 1(H))에서 리셋되어 다시 0부터 카운트함.
	Q_1(4번)	0	0	1	1	0	0	0	1	1	0	
	Q_2(5번)	0	0	0	0	1	0	0	0	0	1	
	Q_3(6번)	사용하지 않음										
FND 숫자 표시		0	1	2	3	4	0	1	2	3	4	

전자기기 기능사	조립 제작 실습 과제 6	작품명	99진 계수기 회로

▣ 99진 계수기 회로를 만능기판에 조립 제작하고, TP점의 전압을 전압계로 측정하여 기록하고 같이 동작하도록 하시오.

1. 시험 시간: 3시간 20분(측정 과제 20분 추가)

2. 요구 사항: 조립 제작 과제

① 지급된 재료를 사용하여 제한 시간 내에 도면과 같이 조립하시오.

② 조립 작업 시 다음 각 사항에 유의하시오.

③ 조립이 완료된 수검자는 다음과 같이 동작 시험을 하시오.

- 전원을 연결한 후 0~99까지 계수가 되도록 한다.
- VR 1MΩ을 조정하여 계수기의 속도를 알맞게 조정한다.
- PB SW(리셋 SW)를 누르면 다시 처음부터 계수가 되도록 한다.

④ 위 동작이 되지 않을 시는 틀린 회로를 수정하여 위 동작이 되게 하시오.

3. 재료 목록

재료명	규격	수량	재료명	규격	수량
IC	NE555	1	저항(1/4W)	150Ω	1
	CD4011	1		330Ω	7
	CD4511	1		1KΩ	2
	CD4518	1		10KΩ	1
	CD4543	1		100KΩ	1
IC 소켓	8pin	1	마일러 콘덴서	0.047μF	2
	14pin	3	전해 콘덴서	1μF/16V	1
	16pin	3	가변 저항기	VR1M	1
7세그먼트 디스플레이	FND 500	1	PB SW	2P/또는 4P	1
	FND 507	1	만능기판	28×62hole	1
트랜지스터	2SC735	1	배선줄/3mm	3색 단선	1
제너다이오드	ZD6V	1	실납	SN60% 1.0Φ	1

▣ 사용되는 IC 및 주요 회로

- 사전 과제 2: 회로에 사용되는 IC 내부를 노트에 그려보고 이해하고 암기하기

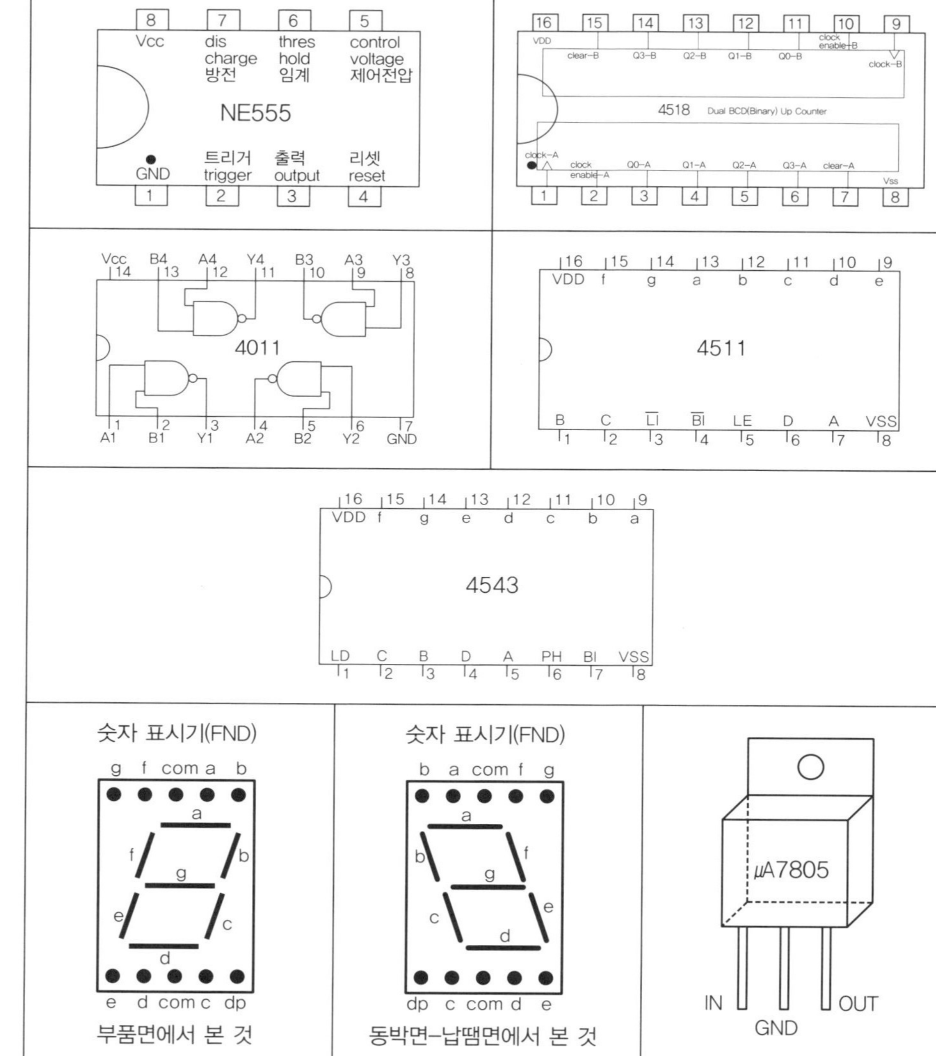

【 4. 회로도(99진 계수기 회로) 】 회로도는 반드시 수업 전 사전 과제로 실습 노트에 깨끗하게 그려서 검사를 받도록 한다. • 사전 과제 1 – 회로도 그리기

【 5-1. 부품 배치 및 배선 연습용 기판 】 • 사전 과제 5 – 회로도를 보고 28×62 만능기판 사이즈에 균형있게 부품을 배치하고 회로도와 같도록 배선을 하시오

연습용

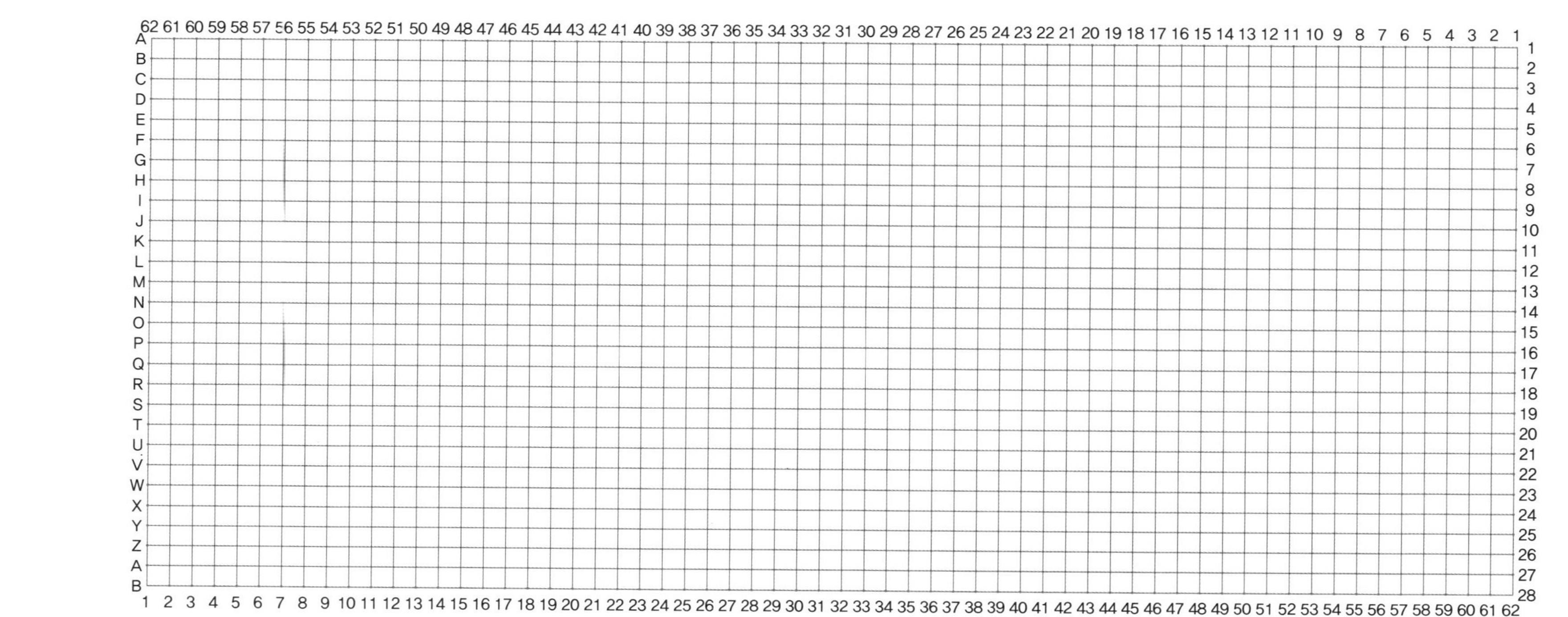

▶ 회로도 제작 조립용 패턴도는 납땜 및 배선 작업 시 편리하도록 동박면(납땜면)을 기준으로 작성하는 것이 좋다.

종류	다이오드	저항	콘덴서	트랜지스터		PB 스위치	IC		점프선	LED
				NPN	PNP					
회로도 기호			+	B C E	B E C	ⓐ ⓑ	14핀	16핀		
패턴도 기호 (동박면 기준)			+				14 1 8 7	16 1 9 8		
비고	4~5칸	4~5칸	3~5칸	3칸	3칸	3칸×3칸 3칸×4칸	4칸×7칸	4칸×8칸	크기에 따라	3칸~4칸

▶ 회로도의 기호에 맞는 패턴도 기호를 사용하여 28×62 기판 사이즈에 전체적인 균형을 생각하며 회로의 조립 과정이 쉽게 패턴도를 작성하시오.

【 5-2. 부품 배치 및 배선 평가용 기판 】

• 사전 과제 5 – 회로도를 보고 28×62 만능기판 사이즈에 균형있게 부품을 배치하고 회로도와 같도록 배선을 하시오

평가용 1

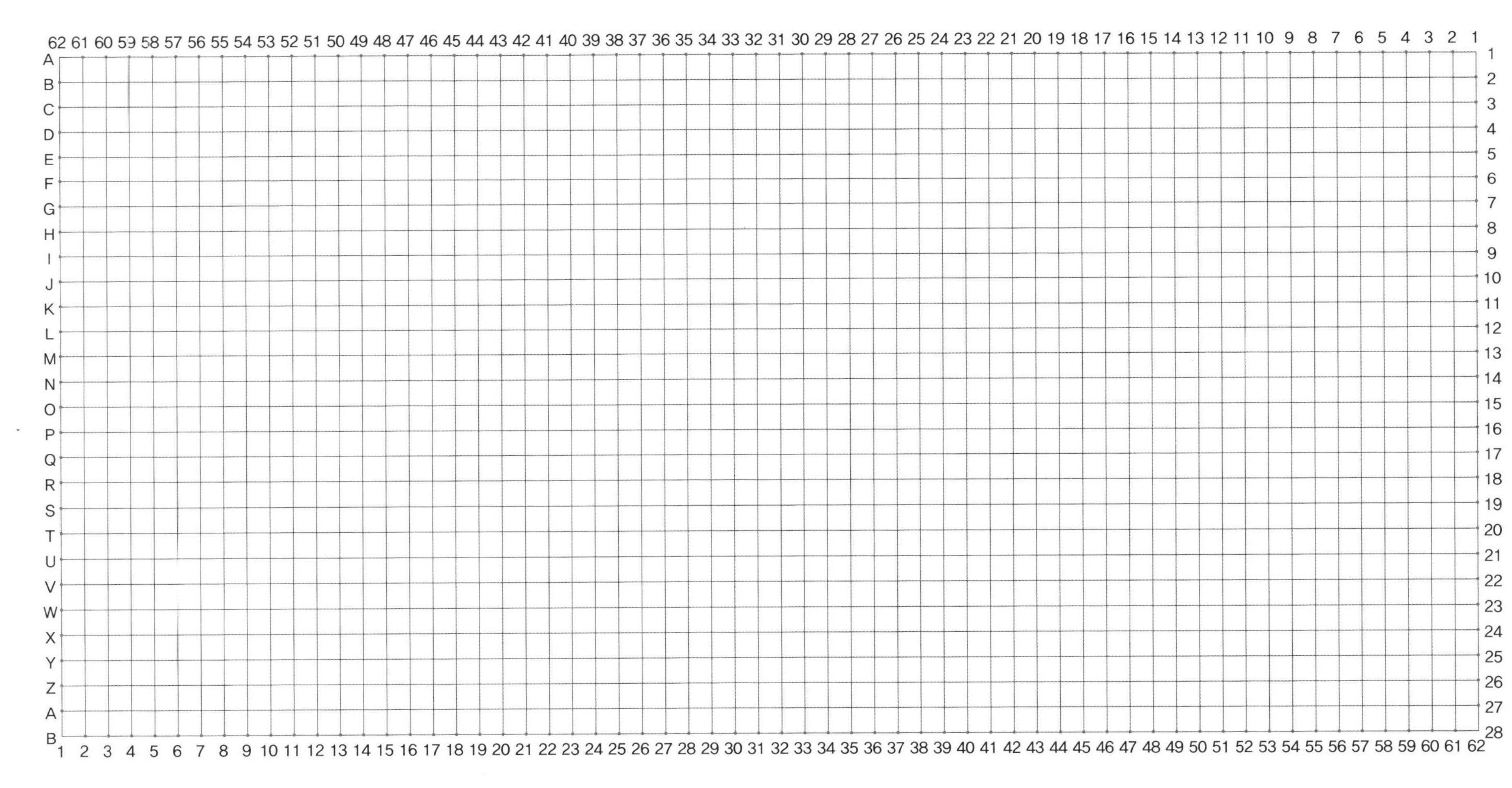

▶ 회로도 제작 조립용 패턴도는 납땜 및 배선 작업 시 편리하도록 동박면(납땜면)을 기준으로 작성하는 것이 좋다.

▶ 회로도의 기호에 맞는 패턴도 기호를 사용하여 28×62 기판 사이즈에 전체적인 균형을 생각하며 회로의 조립 과정이 쉽게 패턴도를 작성하시오.

【 5-3. 부품 배치 및 배선 연습용 기판 】 • 사전 과제 5 – 회로도를 보고 28×62 만능기판 사이즈에 균형있게 부품을 배치하고 회로도와 같도록 배선을 하시오 평가용 2

기본 배치도를 이용한 부품 배치 및 회로 배선 연결 – 스케치용

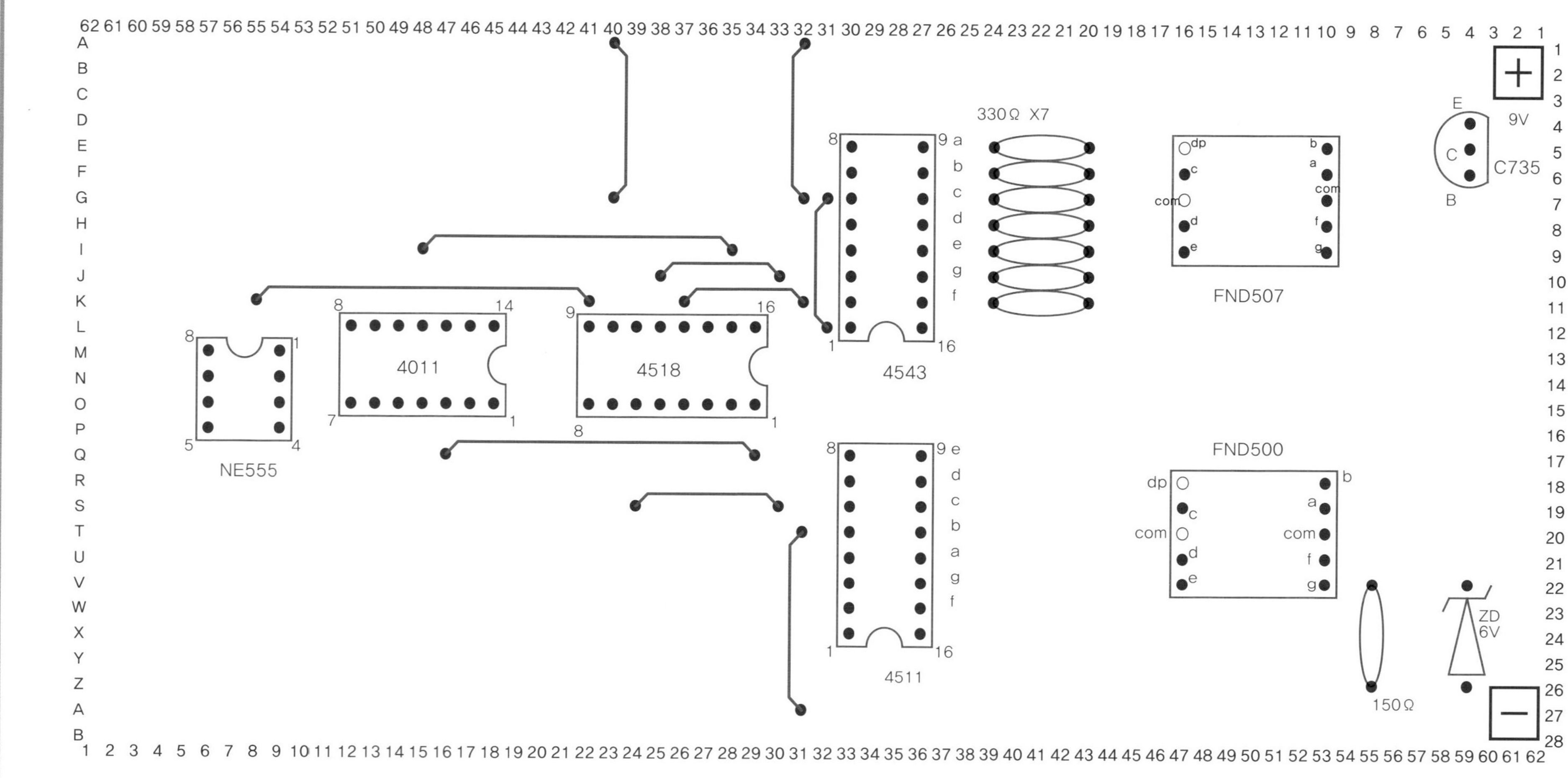

▶ 회로도 제작 조립용 패턴도는 납땜 및 배선 작업 시 편리하도록 동박면(납땜면)을 기준으로 작성하는 것이 좋다.

※ 빨간(적)색의 부품과 파란(청)색의 점프선은 동박면(납땜면)이 아닌 반대편의 부품면(플라스틱면)에서 삽입된다는 것을 유의한다.

▶ 회로도의 기호에 맞는 패턴도 기호를 사용하여 28×62 기판 사이즈에 전체적인 균형을 생각하며 회로의 조립 과정이 쉽게 패턴도를 작성하시오.

【 6-1. 부품의 모범 배치도 1 】 • 회로도와 같도록 배치도에 회로의 결선을 하시오.(연필을 사용하여 여러 번 수정을 거치면 가장 좋은 배선이 된다.)

수업 연습용(1시간)

모범 배치도를 이용한 배선 연결 1 — 스케치용

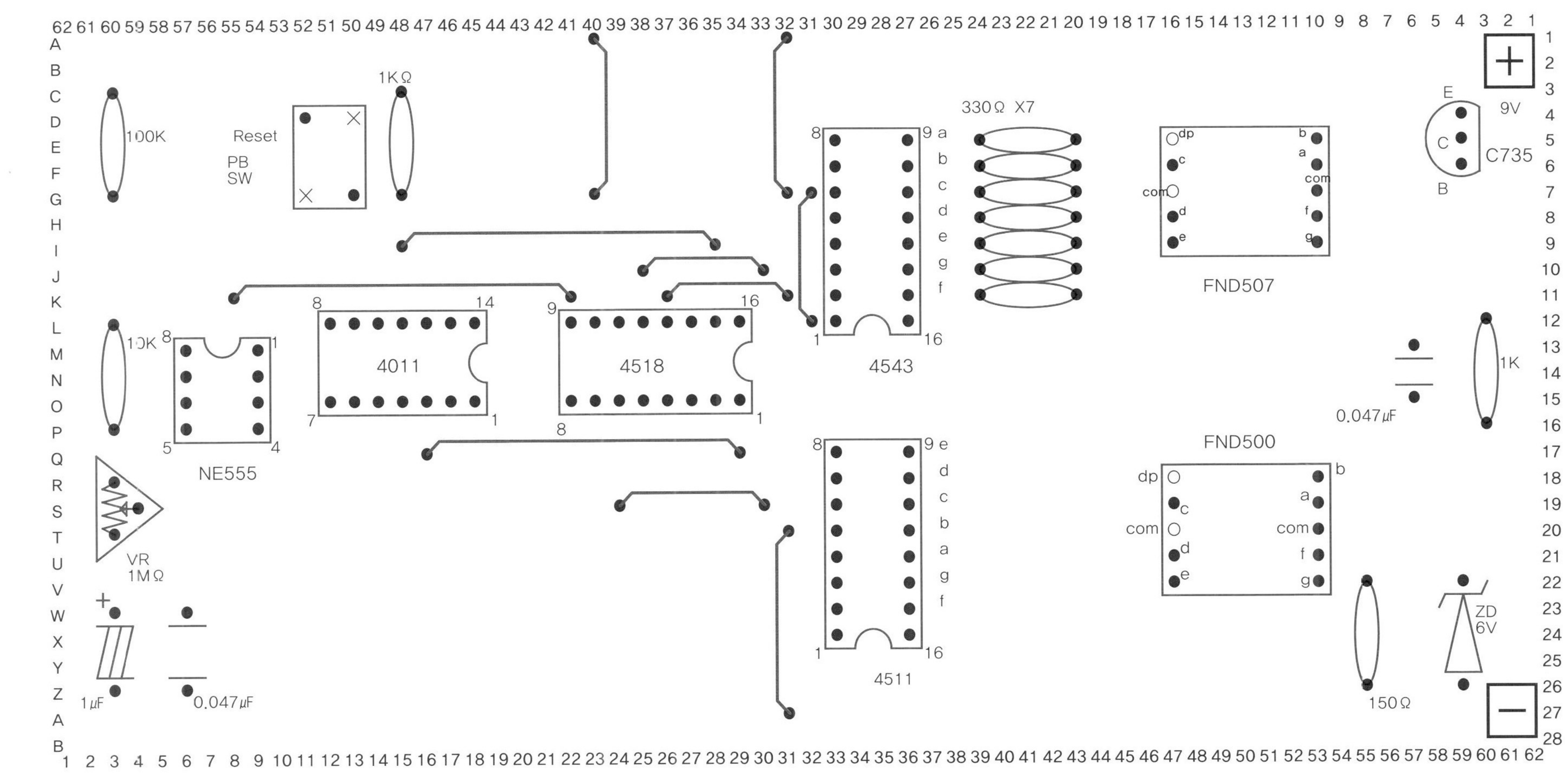

▶ 본 패턴도는 동박면(납땜면)을 기준으로 부품 배치를 하였으므로 부품 삽입 시 참고하여 삽입한다. (배선 납땜 시 매우 편리함)

※빨간(적)색의 부품과 파란(청)색의 점프선은 동박면(납땜면)이 아닌 반대편의 부품면(플라스틱면)에서 삽입된다는 것을 유의한다.

【 6-2. 부품의 모범 배치도 1 】

• 회로도와 같도록 배치도에 회로의 결선을 하시오.(연필을 사용하여 여러 번 수정을 거치면 가장 좋은 배선이 된다.)

모범 배치도를 이용한 배선 연결 2 — 평가용

모범 조립 패턴도 답안지 ▶ 370쪽

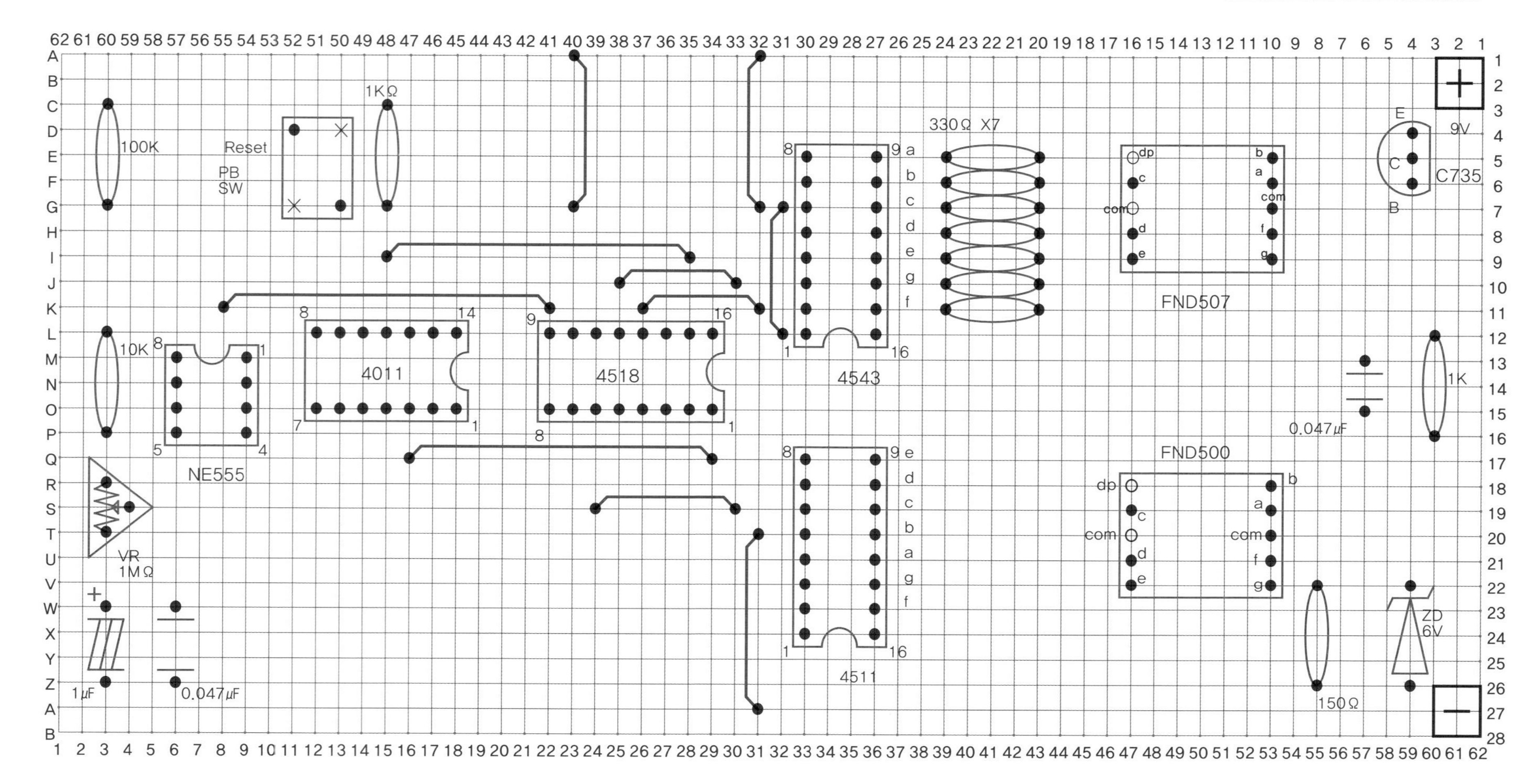

▶ 본 패턴도는 동박면(납땜면)을 기준으로 부품 배치를 하였으므로 부품 삽입 시 이를 참고하여 삽입한다. (배선 납땜 시 매우 편리함)

※빨간(적)색의 부품과 파란(청)색의 점프선은 동박면(납땜면)이 아닌 반대편의 부품면(플라스틱면)에서 삽입된다는 것을 유의한다.

【 7. 설명도 】 회로의 동작 설명을 듣고 동작 설명도를 여러 번 읽고 입력에서 출력까지의 회로 동작을 정확하게 이해하고 동작이 되도록 한다.

99진 계수기 설명도

▶ **7세그먼트 디스플레이 500**

• 숫자 표시기 또는 FND라고도 한다. FND500은 공통 단자가 GND에 연결되어 있으므로 디코더 IC의 출력 단자가 H(1) 출력 시 연결된 해당 세그먼트가 점등되는 7448(또는 4511)이 연결되어야 한다.

▶ **7세그먼트 디스플레이 디코더 IC(10의 자리)**

• 7세그먼트 디스플레이 디코더 IC인 7448 (또는 4511)은 FND500과 연결되는 한 쌍으로 4518로 이루어진 10진 카운터 회로의 출력을 입력(4bit)으로 받아 FND500이 순서대로 숫자를 표시하도록 해독하여 a~g까지의 7개의 출력을 아래와 같이 나타낸다.(출력이 H(1)일 때 연결된 세그먼트가 점등된다.)

10진	4518 출력				4511(7448) 출력						
	D	C	B	A	a	b	c	d	e	f	g
0	0	0	0	0	1	1	1	1	1	1	0
1	0	0	0	1	0	1	1	0	0	0	0
2	0	0	1	0	1	1	0	1	1	0	1
⋮	⋮	⋮	⋮	⋮	⋮	⋮	⋮	⋮	⋮	⋮	⋮
9	1	0	0	1	1	1	1	0	0	1	1

▶ **정전압 전원 회로**

• 전원 전압이 9[V]가 입력되면 제너다이오드의 역방향 제너 전압 특성에 의해 트랜지스터 베이스(B)에 6[V]의 전압이 나타나게 되며, VBE 전압 0.6[V]의 전압 강하를 거쳐서 트랜지스터의 이미터(E) 단자에는 약 5.4[V]의 정전압을 공급하게 된다.

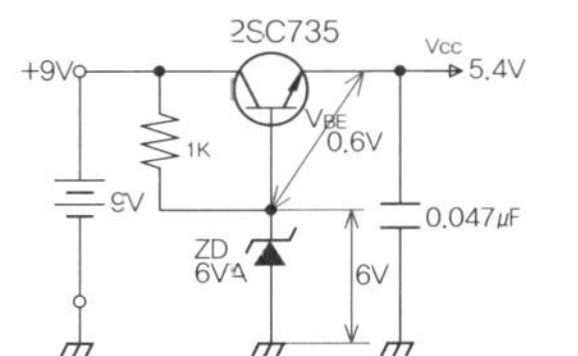

▶ **10진 카운터 회로1(1의 자리), 2(10의 자리)–(99진 카운터 회로)**

• 7490(또는 4518)은 NE555 비안정 멀티바이브레이터의 출력 펄스를 입력으로 받아 $D(Q_3)$, $C(Q_2)$, $B(Q_1)$, $A(Q_0)$ 4bit의 출력을 갖는 10진 카운터로 동작한다.

• 10진 카운터 회로 1은 555출력 펄스가 2분주되어 출력 A가 되고, 출력 A의 파형이 2분주되어 출력 B가 되고, 출력 B의 파형이 다시 2분주되어 출력 C가 되고, 출력 C의 파형이 다시 2분주되어 출력 D가 되어 4비트로 이루어진 BCD 10진 출력을 나타낸다.

• 10진 카운터1의 출력 중 D와 A 두 개의 출력을 NAND 게이트(4011)에 연결한 후 그 출력을 10진 카운터 2회로의 클럭 펄스 입력(CLK)에 연결하여 1의 자리 카운터 9(1001)에서 10의 자리 카운터에 펄스 1개를 만들어 공급하게 된다.

• 10진 카운터 회로 2는 10진 카운터 회로 1의 10번째 펄스마다 펄스를 하나 입력으로 받게 되어 0~9까지 카운트하게 된다.

• PB SW는 카운트 중 처음(00)으로 되돌아가게 하는 리셋 SW이다.

▶ **펄스 발생 비안정 MV회로**

• 555 타이머 IC를 이용한 펄스 발생 비안정 MV회로로 10μF의 커패시터의 충전·방전 시간으로 주기가 결정된다.

• 충전 시간 $T_1 = 0.693(R_1 + R_2 + R_3)C[s]$

• 방전 시간 $T_2 = 0.693(R_2 + R_3)C[s]$

• 발진 주기 $T = T_1 + T_2 = 0.693\{R_1 + 2(R_2 + R_3)\}C[s]$로

$T =$ [s]= [ms]

• 발진 주파수 $f = 1/T =$ [Hz]

여기서 R_3는 반고정 가변 저항기로서 조정하여 적당한 값을 갖도록 한다.

▶ **7세그먼트 디스플레이 507**

• 숫자 표시기 또는 FND라고도 하며 FND507은 공통 단자(common)가 $+V_{CC}$에 연결되어 있어 디코더 IC의 출력 단자가 L(0)출력 시 연결된 해당 세그먼트가 점등되는 7447(또는 4543)이 연결되어야 한다.

▶ **7세그먼트 디스플레이 디코더 IC(1의 자리)**

• 7세그먼트 디스플레이 디코더 IC인 4543(또는 7447)은 FND507과 연결되는 한 쌍으로 4518로 이루어진 10진 카운터 회로의 출력을 입력(4bit)으로 받아 FND507이 순서대로 숫자를 표시하도록 해독하여 a~g까지의 7개의 출력을 아래와 같이 나타낸다.(출력이 L(0)일 때 연결된 세그먼트가 점등된다.)

10진	4518 출력				4543(7447) 출력						
	D	C	B	A	a	b	c	d	e	f	g
0	0	0	0	0	0	0	0	0	0	0	1
1	0	0	0	1	1	0	0	1	1	1	1
2	0	0	1	0	0	0	1	0	0	1	0
3	0	0	1	1	0	0	0	0	1	1	0
4	0	1	0	0	1	0	0	1	1	0	0
⋮	⋮	⋮	⋮	⋮	⋮	⋮	⋮	⋮	⋮	⋮	⋮
9	1	0	0	1	0	0	0	1	1	0	0

전자기기 기능사	조립 제작 실습 과제 7	작품명	빛에 의한 업-다운 카운터 회로

▣ 빛에 의한 업-다운 카운터 회로를 만능기판에 조립 제작하고, TP점의 전압을 전압계로 측정하여 기록하고 동작 진리표와 같이 동작하도록 하시오.

1. 시험 시간: 3시간 20분(측정 과제 20분 추가)

2. 요구 사항: 조립 제작 과제

① 지급된 재료를 사용하여 제한 시간 내에 도면과 같이 조립하시오.
② 조립 완성 후 동작 전류를 측정하여 기록하시오.
③ 조립이 완성되면 다음과 같이 동작 되도록 하시오.

- 포토트랜지스터에 빛을 조사하면 적색 LED_1(적색)은 점등되고, LED_3(적색)는 점등과 소등을 반복하고, 계수 회로는 다운 카운트를 하며, 이때 LED2(녹색)는 소등 상태이다.
- 포토트랜지스터에 빛을 차단하면 녹색 LED_2(녹색)는 점등되고, LED_3(적색)는 점등과 소등을 반복하고, 계수 회로는 업 카운트를 하며, 이때 LED_1(적색)은 소등 상태이다.

④ 위 동작이 되지 않을 시는 틀린 회로를 수정하여 위 동작이 되게 하시오.

3. 재료 목록

재료명	규격	수량	재료명	규격	수량
IC	NE555	1	저항(1/4W) – 어레이저항 대신 330Ω 7개로 대치할 수 있음.	47Ω	1
	SN7400	1		470Ω	3
	74LS192	1		680Ω	1
	CD4543 or 4511	1		4.7kΩ	1
IC 소켓	8pin	1		10kΩ	1
	14pin	2		100kΩ	1
	16pin	2	반고정 저항기	반고정 VR1M	1
7세그먼트	FND507 or FND500	1	전해 콘덴서	10μF	1
			마일러 콘덴서	0.1μF	
다이오드	1N4002	1	LED	적색2/녹색1	3
포토 TR	OS18	1	만능기판	28×62hole	1
스위치(SW)	푸시 버튼	1	배선줄/3mm	3색 단선	1
어레이 저항	330Ω (14핀)	1	저항	330Ω	1
			FND500 사용 시 330Ω 1개 사용		

▣ 사용되는 IC 및 주요 회로

- 사전 과제 2: 회로에 사용되는 IC 내부를 노트에 그려보고 이해하고 암기하기

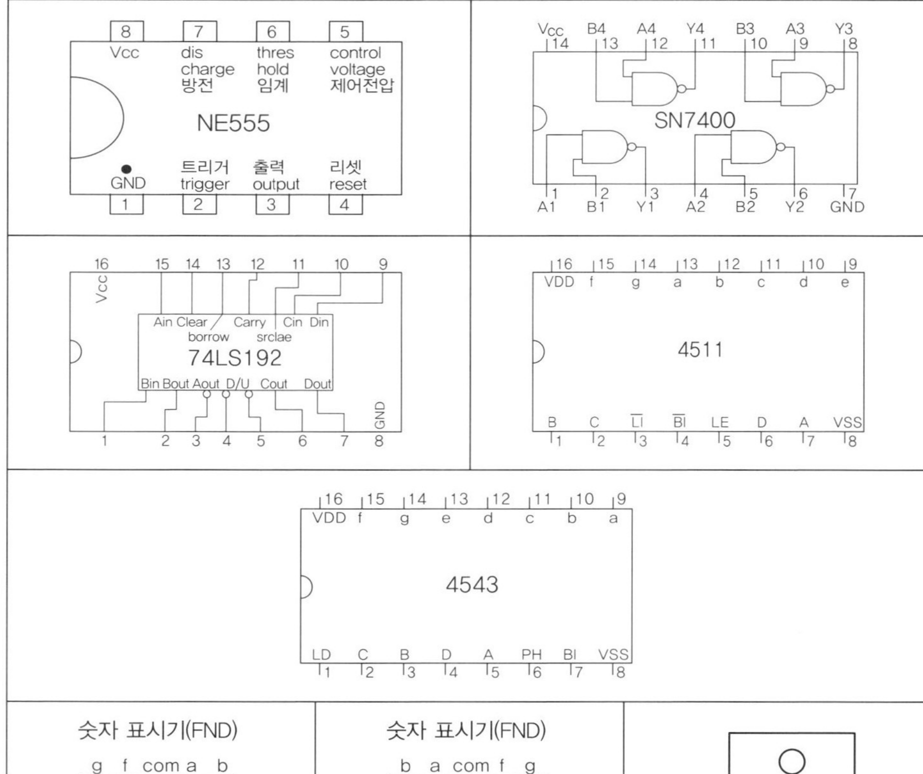

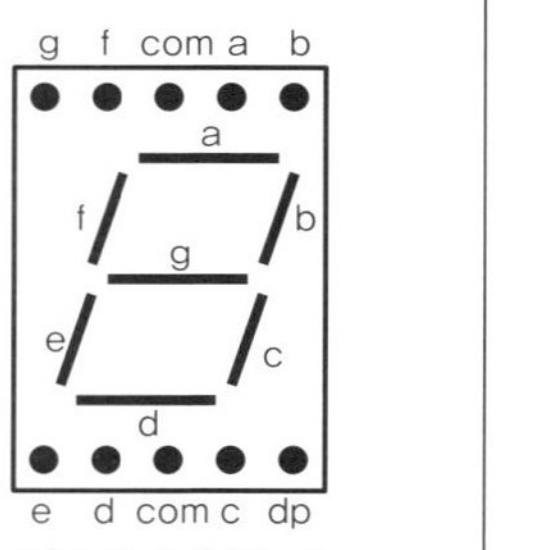

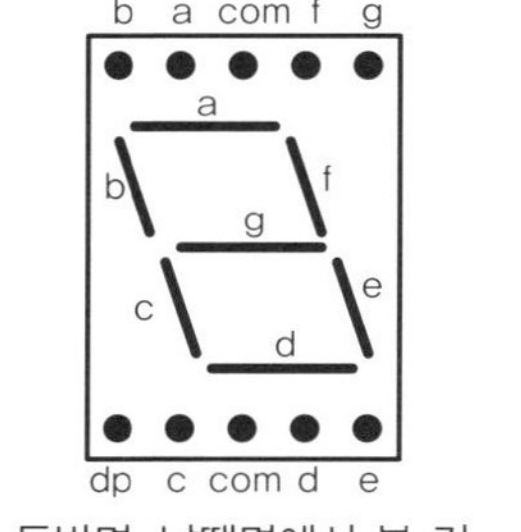

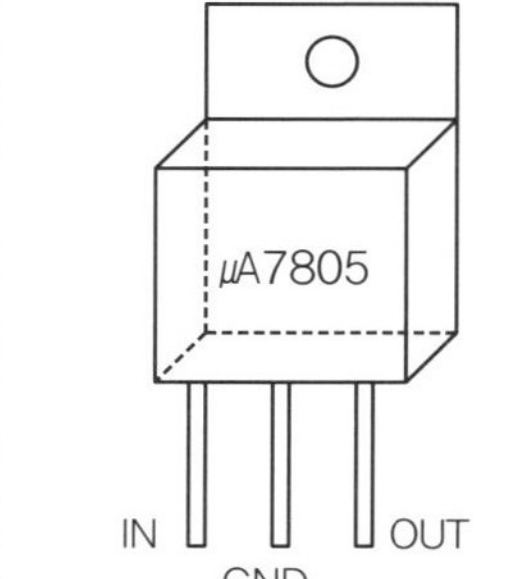

【 4. 회로도(빛에 의한 업-다운 카운터 회로) 】 회로도는 반드시 수업 전 사전 과제로 실습 노트에 깨끗하게 그려서 검사를 받도록 한다. • 사전 과제 1 – 회로도 그리기

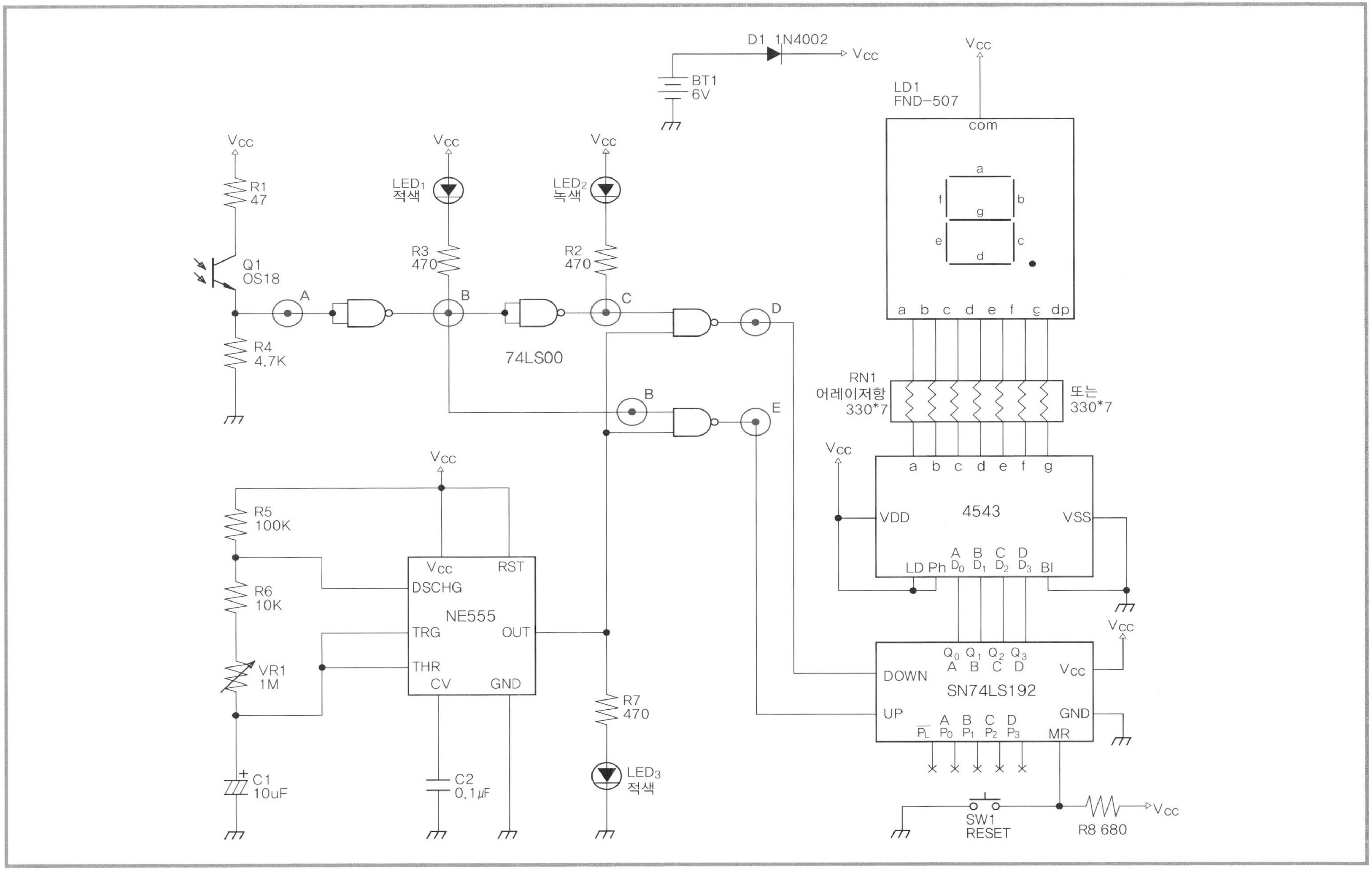

【 5-1. 부품 배치 및 배선 연습용 기판 】 • 사전 과제 5 – 회로도를 보고 28×62 만능기판 사이즈에 균형있게 부품을 배치하고 회로도와 같도록 배선을 하시오

(연습용)

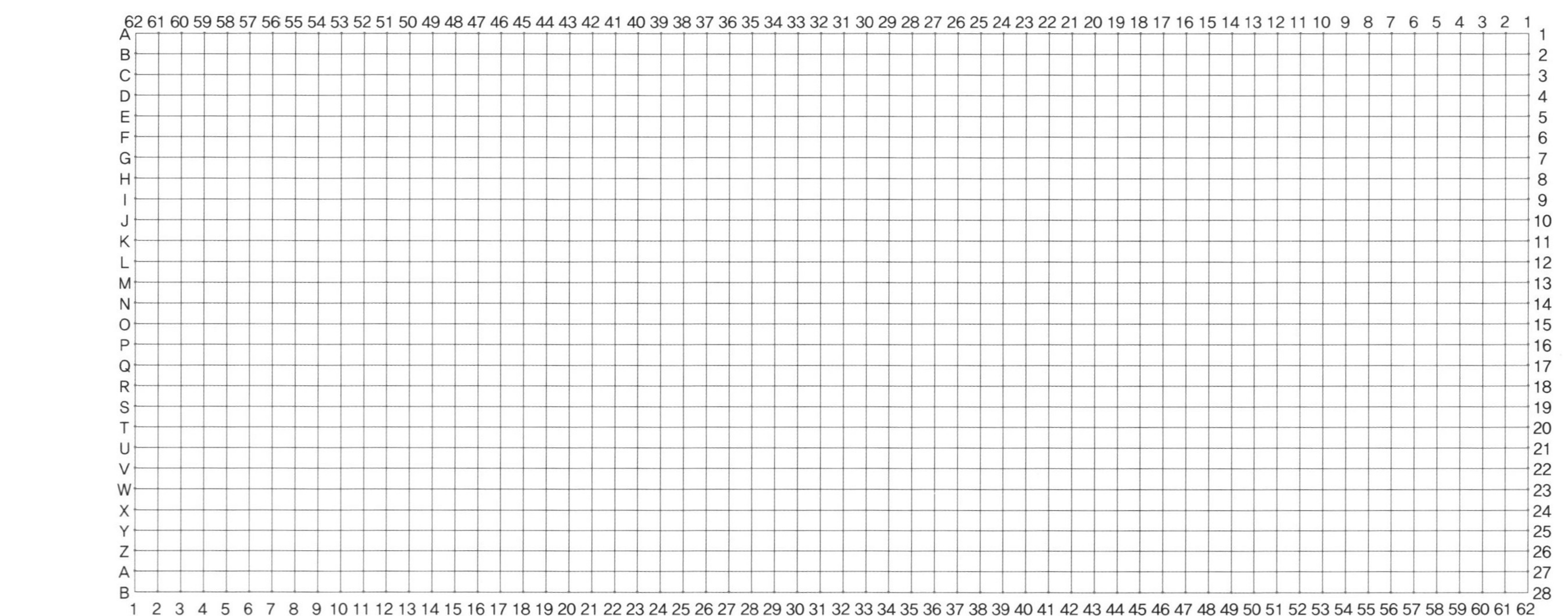

▶ 회로도 제작 조립용 패턴도는 납땜 및 배선 작업 시 편리하도록 동박면(납땜면)을 기준으로 작성하는 것이 좋다.

종류	다이오드	저항	콘덴서	트랜지스터		PB 스위치	IC		점프선	LED
				NPN	PNP					
회로도 기호			+	B C E	B E C	ⓐ ⓑ	14핀	16핀		
패턴도 기호 (동박면 기준)			+				14 1 8 7	16 1 9 8		
비고	4~5칸	4~5칸	3~5칸	3칸	3칸	3칸×3칸 3칸×4칸	4칸×7칸	4칸×8칸	크기에 따라	3칸~4칸

▶ 회로도의 기호에 맞는 패턴도 기호를 사용하여 28×62 기판 사이즈에 전체적인 균형을 생각하며 회로의 조립 과정이 쉽게 패턴도를 작성하시오.

【 5-2. 부품 배치 및 배선 평가용 기판 】 • 사전 과제 5 – 회로도를 보고 28×62 만능기판 사이즈에 균형있게 부품을 배치하고 회로도와 같도록 배선을 하시오

평가용 1

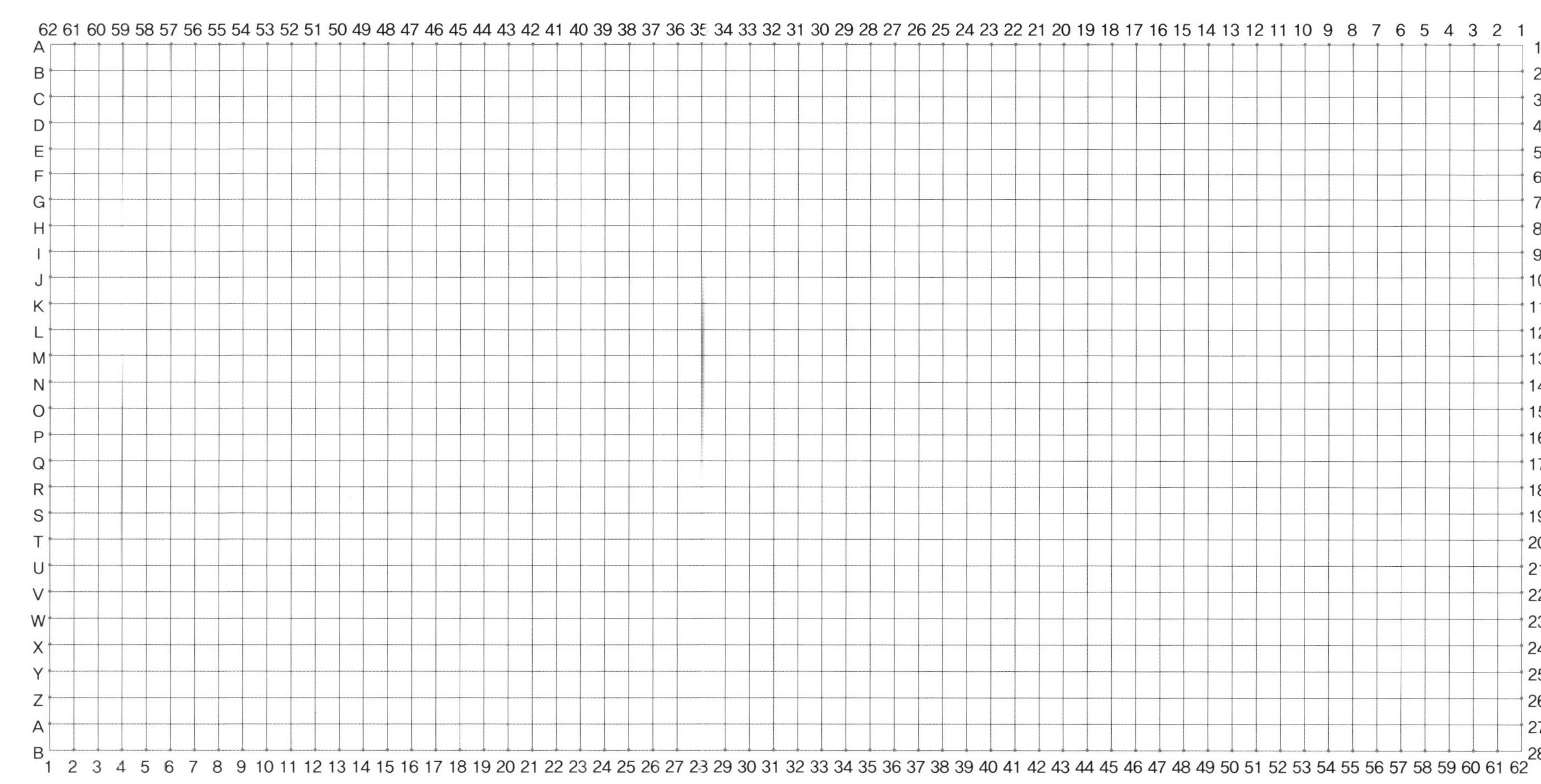

▶ 회로도 제작 조립용 패턴도는 납땜 및 배선 작업 시 편리하도록 동박면(납땜면)을 기준으로 작성하는 것이 좋다.

▶ 회로도의 기호에 맞는 패턴도 기호를 사용하여 28×62 기판 사이즈에 전체적인 균형을 생각하며 회로의 조립 과정이 쉽게 패턴도를 작성하시오.

【 5-3. 부품 배치 및 배선 연습용 기판 】 • 사전 과제 5 – 회로도를 보고 28×62 만능기판 사이즈에 균형있게 부품을 배치하고 회로도와 같도록 배선을 하시오

기본 배치도를 이용한 부품 배치 및 회로 배선 연결 — 스케치용

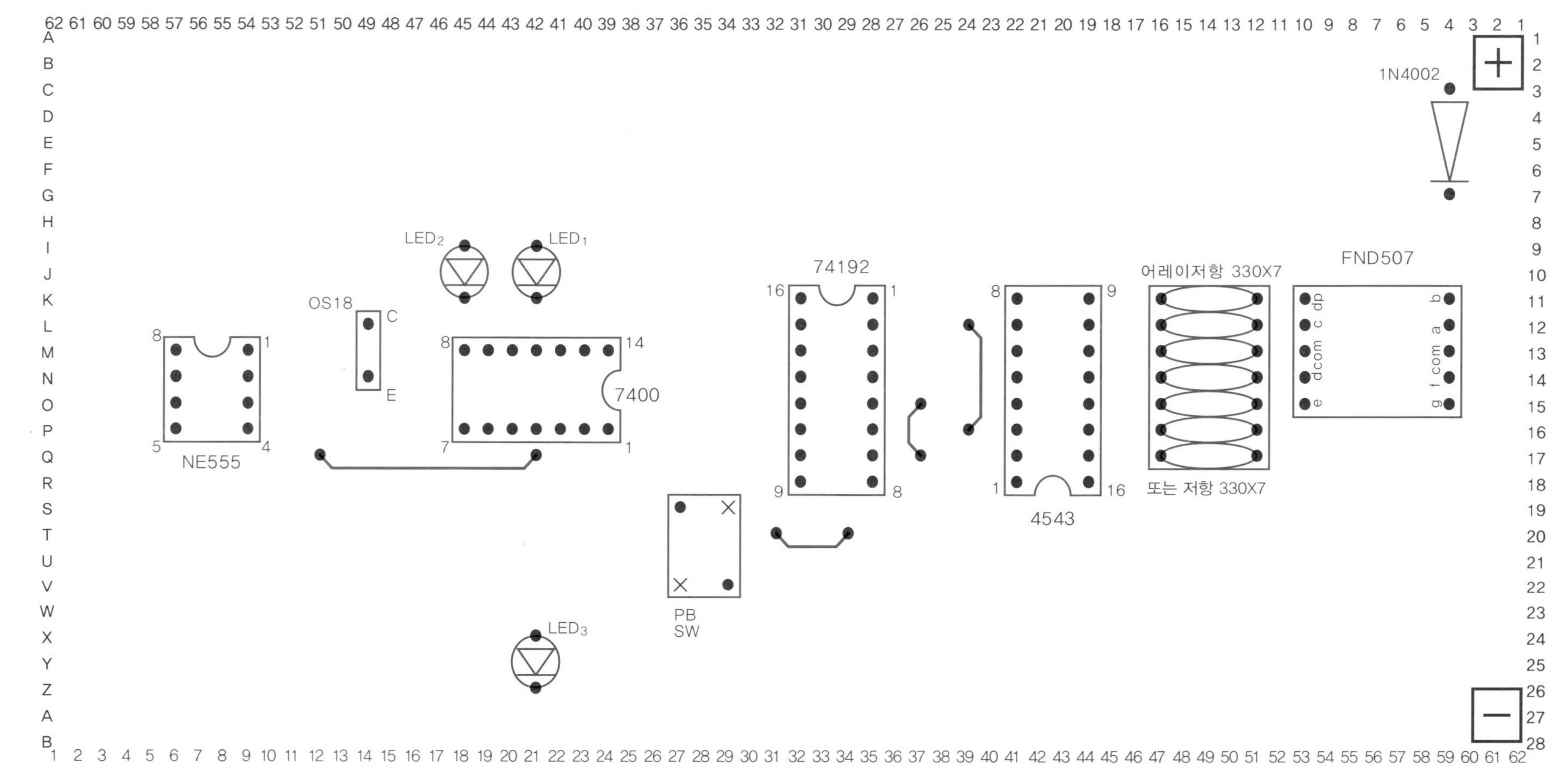

▶ 회로도 제작 조립용 패턴도는 납땜 및 배선 작업 시 편리하도록 동박면(납땜면)을 기준으로 작성하는 것이 좋다.

※ 빨간(적)색의 부품과 파란(청)색의 점프선은 동박면(납땜면)이 아닌 반대편의 부품면(플라스틱면)에서 삽입된다는 것을 유의한다.

▶ 회로도의 기호에 맞는 패턴도 기호를 사용하여 28×62 기판 사이즈에 전체적인 균형을 생각하며 회로의 조립 과정이 쉽게 패턴도를 작성하시오.

【 6-1. 부품의 모범 배치도 1 】

• 회로도와 같도록 배치도에 회로의 결선을 하시오.(연필을 사용하여 여러 번 수정을 거치면 가장 좋은 배선이 된다.)

수업 연습용(1시간)

모범 배치도를 이용한 배선 연결 1 — 스케치용

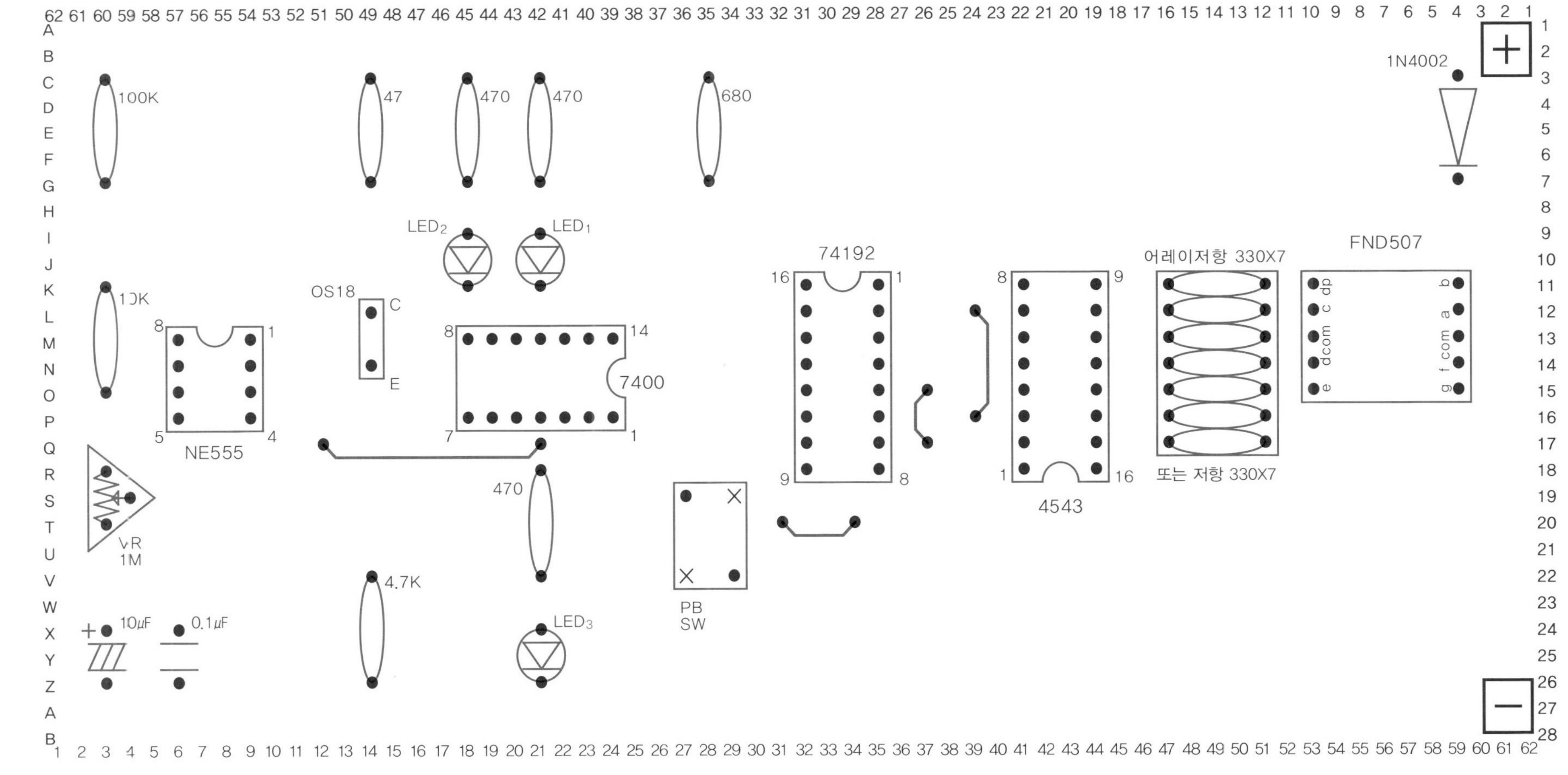

▶ 본 패턴도는 동박면(납땜면)을 기준으로 부품 배치를 하였으므로 부품 삽입 시 참고하여 삽입한다. (배선 납땜 시 매우 편리함)

※빨간(적)색의 부품과 파란(청)색의 점프선은 동박면(납땜면)이 아닌 반대편의 부품면(플라스틱면)에서 삽입된다는 것을 유의한다.

【 6-2. 부품의 모범 배치도 1 】 • 회로도와 같도록 배치도에 회로의 결선을 하시오.(연필을 사용하여 여러 번 수정을 거치면 가장 좋은 배선이 된다.)

수업 평가용(1시간)

모범 배치도를 이용한 배선 연결 2 — 평가용

모범 조립 패턴도 답안지 ▶ 372쪽

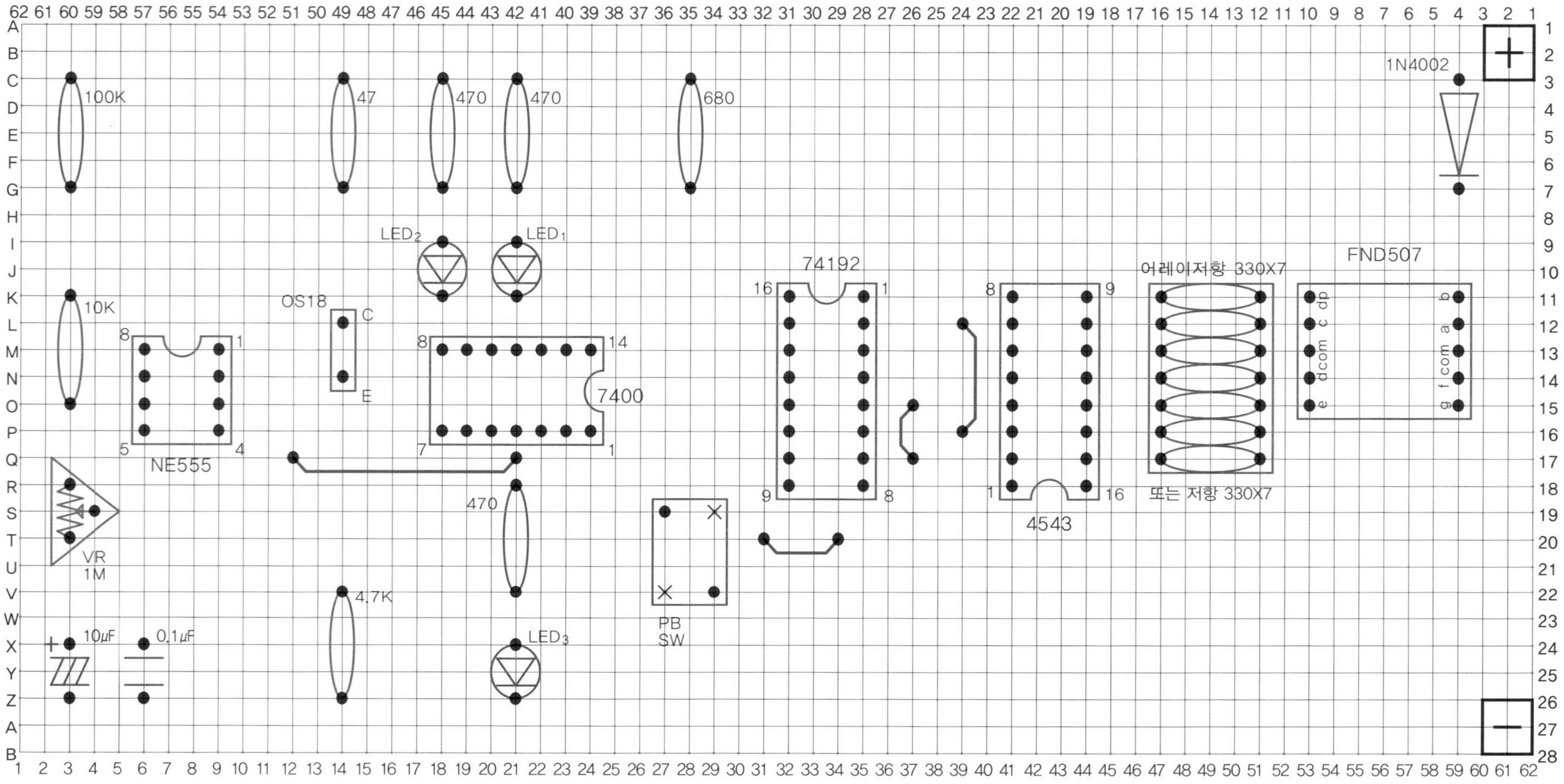

▶ 본 패턴도는 동박면(납땜면)을 기준으로 부품 배치를 하였으므로 부품 삽입 시 이를 참고하여 삽입한다. (배선 납땜 시 매우 편리함)

※빨간(적)색의 부품과 파란(청)색의 점프선은 동박면(납땜면)이 아닌 반대편의 부품면(플라스틱면)에서 삽입된다는 것을 유의한다.

【7. 설명도】 회로의 동작 설명을 듣고 동작 설명도를 여러 번 읽고 입력에서 출력까지의 회로 동작을 정확하게 이해하고 동작이 되도록 한다.

빛에 의한 업-다운 카운터 회로 동작 설명도

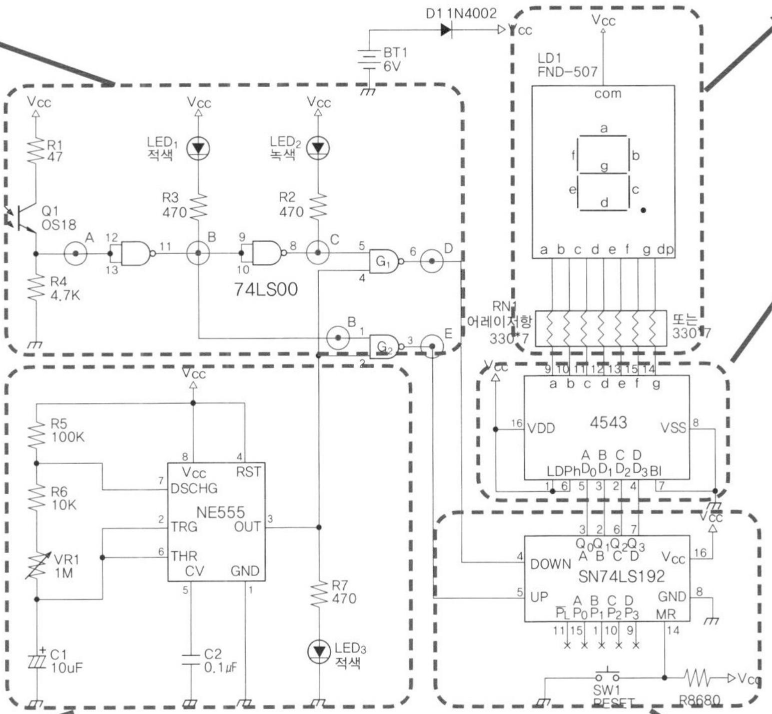

▶ 빛에 의한 up-down 카운트 전환 회로

1. 빛을 조사할 경우(down 카운트 동작)
- A점의 논리(전위)가 H(1) 레벨이고, B점의 논리가 L(0) 레벨이 되어 LED_1이 점등되고, C점의 논리는 H(1) 레벨이 되어 LED_2는 소등된다. (LED_3는 전원 공급 시 항상 점멸함.)
- G_1의 한쪽 입력(C점)은 H(1) 상태로 G_1의 출력 D는 555의 출력 펄스의 입력에 따라 그 펄스를 반전시켜 74192의 down 카운터 단자에 공급하게 되어 down 카운터로 동작한다.
- G_2 출력은 H(1)-up 카운터 단자에 공급함.

2. 빛을 차단할 경우(up 카운트 동작)
- A점의 논리(전위)가 L(0) 레벨이고, B점의 논리가 H(1) 레벨이 되어 LED_1이 소등되며, C점의 논리는 L(0) 레벨이 되어 LED_2는 점등된다. (LED_3는 전원 공급 시 항상 점멸함.)
- G_1 출력은 H(1)-down 카운터 단자에 공급하고, G_2의 한쪽 입력(B점)은 H(1) 상태로, G_2의 출력 E는 555의 출력 펄스의 입력에 따라 그 펄스를 반전시켜 74192의 up 카운터 단자에 공급하게 되어 up 카운터로 동작한다.

▶ 펄스 발생 비안정 MV회로

- 555 타이머 IC를 이용한 펄스 발생 비안정 MV회로로 10µF의 커패시터의 충전·방전 시간으로 주기가 결정된다.
- 충전 시간 $T_1 = 0.693(R_1 + R_2 + VR)C$[s]
- 방전 시간 $T_2 = 0.693(R_2 + VR)C$[s]
- 발진 주기 $T = T_1 + T_2 = 0.693(R_1 + 2R_2 + 2VR)C$[s]로
  T=　　[s]=　　[ms]
- 발진 주파수 $f = 1/T =$　　[Hz]

비안정 M/V회로의 기본 동작 회로

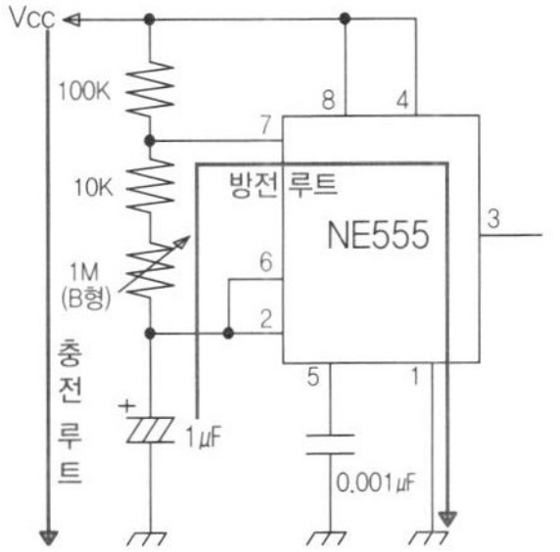

<포토트랜지스터>

- 포토트랜지스터는 발광소자가 아닌 수광소자의 하나이며, 비접촉 센서의 하나임.
- 바이폴라 트랜지스터의 구조이며, 베이스가 전기적으로 끊어져 있으나 투명한 창을 통하여 빛을 투과시켜 베이스 전류를 공급시켜 트랜지스터로 동작하게 한다.

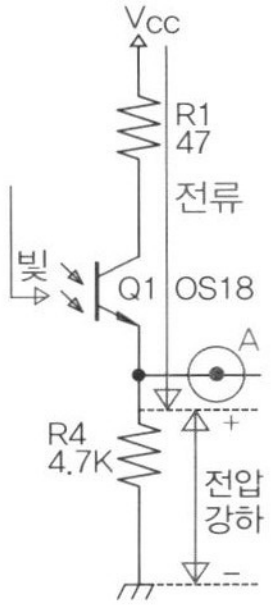

▶ 7세그먼트 디스플레이 507

- 숫자 표시기 또는 FND라고도 하며 FND507은 공통 단자(common)가 $+V_{CC}$에 연결되어 있어 디코더 IC의 출력 단자가 L(0) 출력 시 연결된 해당 세그먼트가 점등되는 4543(또는 7447)이 연결되어야 한다.

▶ 7세그먼트 디스플레이 디코더 IC

- 7세그먼트 디스플레이 디코더 IC인 4543(또는 7447)은 FND507과 연결되는 한 쌍으로 74192로 이루어진 프리셋 up-down 카운터 IC의 출력을 입력(4bit)으로 받아 FND507이 순서대로 숫자를 표시하도록 해독하여 a~g까지의 7개의 출력을 아래와 같이 나타낸다. (출력이 L(0)일 때 연결된 세그먼트가 점등된다.)

10진	74192출력				4543(또는 7447) 출력						
	D	C	B	A	a	b	c	d	e	f	g
0	0	0	0	0	0	0	0	0	0	0	1
1	0	0	0	1	1	0	0	1	1	1	1
2	0	0	1	0	0	0	1	0	0	1	0
3	0	0	1	1	0	0	0	0	1	1	0
4	0	1	0	0	1	0	0	1	1	0	0
⋮	⋮	⋮	⋮	⋮	⋮	⋮	⋮	⋮	⋮	⋮	⋮
9	1	0	0	1	0	0	0	1	1	0	0

▶ up-down 카운터 회로

- 74192는 프리셋테이블 4-bit Binary up-down 카운터 IC로 빛의 조사와 빛의 차단으로 인하여 555의 출력 펄스가 반전되어 up 카운터, down 카운터 입력에 공급되면 up 또는 down 카운터 동작을 하여 4bit 출력을 4543의 7세그먼트 디스플레이 디코더 IC 입력에 공급하는 역할을 한다.
- RESET SW를 ON시키면 카운트하던 숫자를 다시 처음부터 카운트하게 한다.

전자기기 기능사	조립 제작 실습 과제 8	작품명	10진수 설정 경보 회로

▣ 10진수 설정 경보 회로를 만능기판에 조립 제작하고, TP점의 전압을 전압계로 측정하여 기록하고 동작 진리표와 같이 동작하도록 하시오.

1. 시험 시간: 3시간 20분(측정 과제 20분 추가)

2. 요구 사항: 조립 제작 과제

① 지급된 재료를 사용하여 제한 시간 내에 도면과 같이 조립하시오.
② 조립 완성 후 동작 전류를 측정하여 기록하시오.
③ 조립이 완성되면 전원을 인가하여 DIP-SW의 값을 0~9 사이의 어떤 임의의 값으로 설정하시오.
④ 설정된 DIP-SW의 값과 세그먼트의 지시값이 같을 때 카운터가 정지하고, 스피커에서 출력음이 나오게 하시오.
⑤ SW1을 눌렀을 때 FND의 지시값이 0이 되도록 하시오. (RESET 기능)
⑥ 동작이 되지 않을 시는 틀린 회로를 수정하여 정상 동작이 되도록 하시오.

3. 재료 목록

재료명	규격	수량	재료명	규격	수량
IC	4011	1	저항(1/4W)	22Ω	1
	4516	1		220Ω	1
	4511	1		680Ω	4
	74LS85	1		1kΩ	2
	NE555	1		4.7kΩ	1
IC 소켓	8pin	2		47kΩ	1
	14pin	2		68kΩ	1
	16pin	3		100kΩ	1
7세그먼트 디스플레이	FND500	1		470kΩ	2
			트랜지스터	2SC1815	2
다이오드	1N4002	2	건전지 스냅		1
PB 스위치	2P	1	만능기판	28×62hole	1
DIP 스위치	4P	1	배선줄/3mm	3색 단선	1
마일러 콘덴서	0.001μF	1	실납	SN60% 1.0Φ	1
	0.01μF	2	건전지	6V	1
	0.1μF	1			
전해 콘덴서	1μF	1			

▣ 사용되는 IC 및 주요 회로

• 사전 과제 2: 회로에 사용되는 IC 내부를 노트에 그려보고 이해하고 암기하기

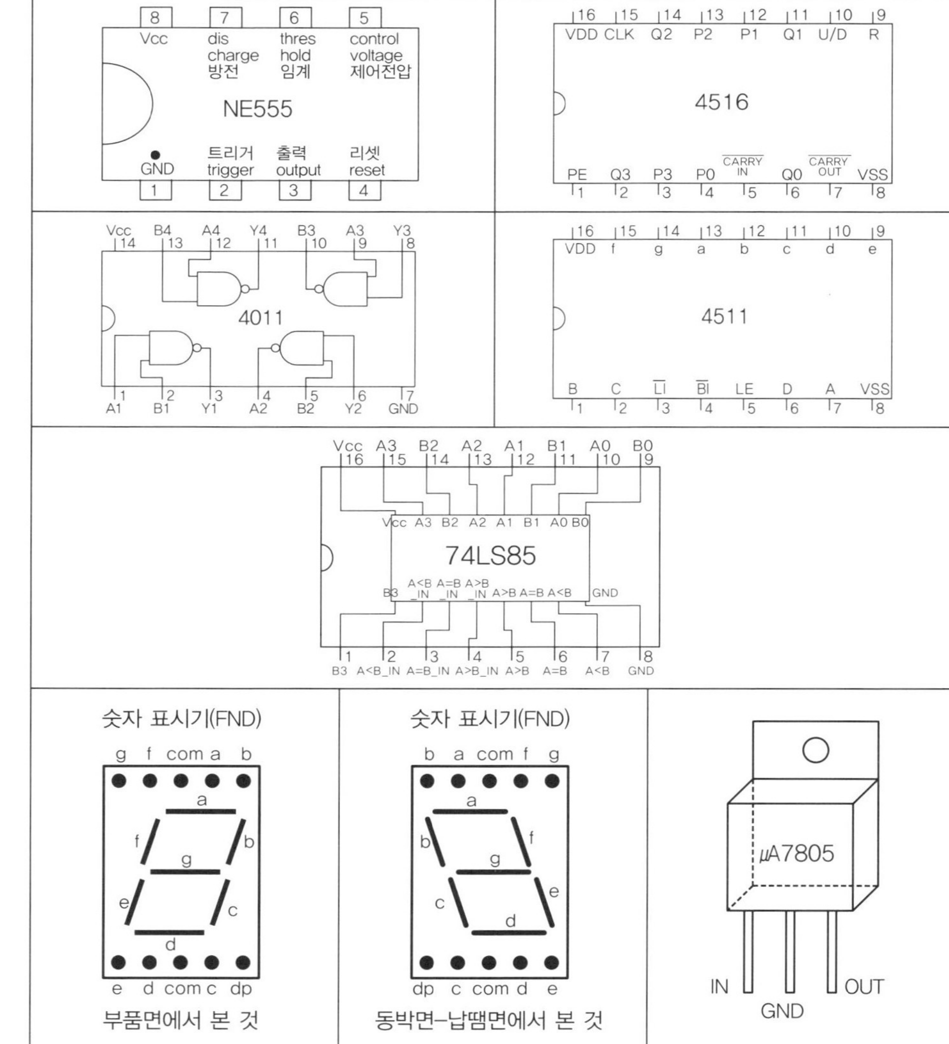

【 4. 회로도(10진수 설정 경보 회로) 】 회로도는 반드시 수업 전 사전 과제로 실습 노트에 깨끗하게 그려서 검사를 받도록 한다. • 사전 과제 1 – 회로도 그리기

【 5-1. 부품 배치 및 배선 연습용 기판 】 • 사전 과제 5 – 회로도를 보고 28×62 만능기판 사이즈에 균형있게 부품을 배치하고 회로도와 같도록 배선을 하시오

연습용

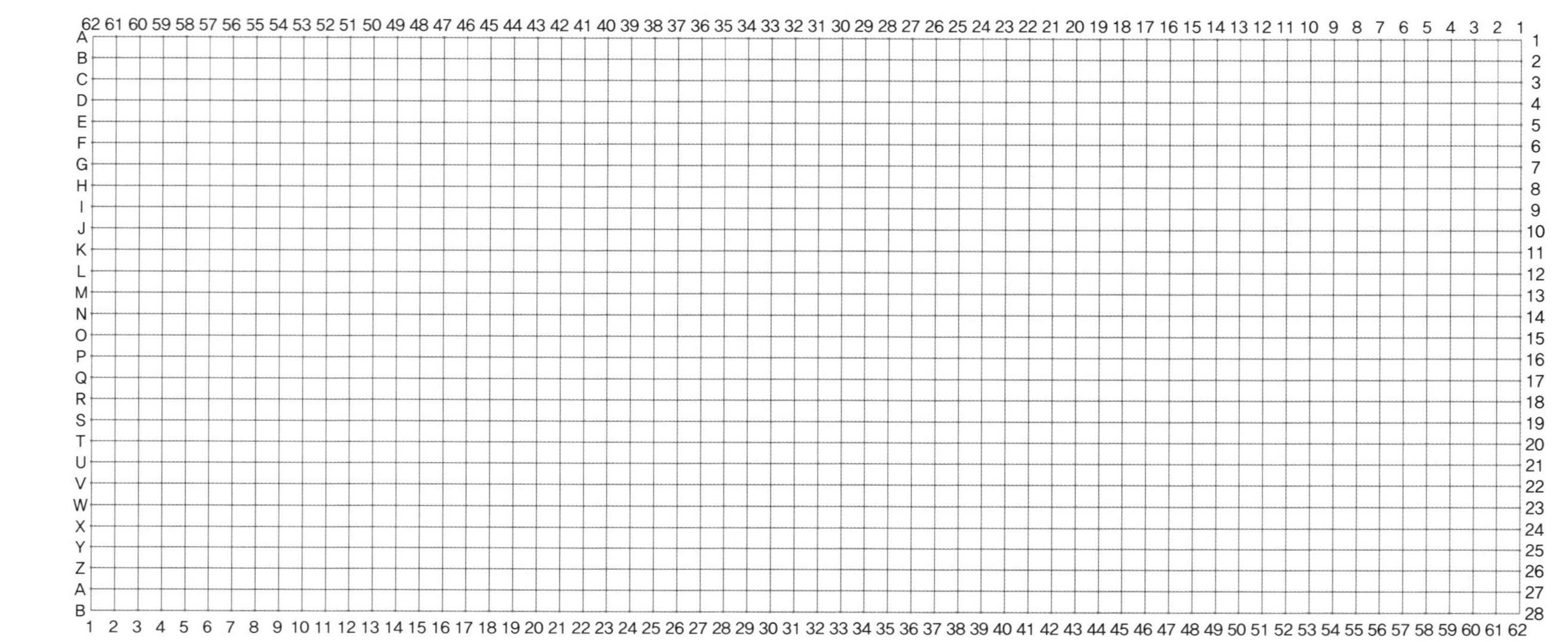

▶ 회로도 제작 조립용 패턴도는 납땜 및 배선 작업 시 편리하도록 동박면(납땜면)을 기준으로 작성하는 것이 좋다.

종류	다이오드	저항	콘덴서	트랜지스터		PB 스위치	IC		점프선	LED
				NPN	PNP					
회로도 기호			+	B C E	B E C	ⓐ ⓑ	14핀	16핀		
패턴도 기호 (동박면 기준)			+				14 1 8 7	16 1 9 8		
비고	4~5칸	4~5칸	3~5칸	3칸	3칸	3칸×3칸 3칸×4칸	4칸×7칸	4칸×8칸	크기에 따라	3칸~4칸

▶ 회로도의 기호에 맞는 패턴도 기호를 사용하여 28×62 기판 사이즈에 전체적인 균형을 생각하며 회로의 조립 과정이 쉽게 패턴도를 작성하시오.

【 5-2. 부품 배치 및 배선 평가용 기판 】 • 사전 과제 5 – 회로도를 보고 28×62 만능기판 사이즈에 균형있게 부품을 배치하고 회로도와 같도록 배선을 하시오

평가용 1

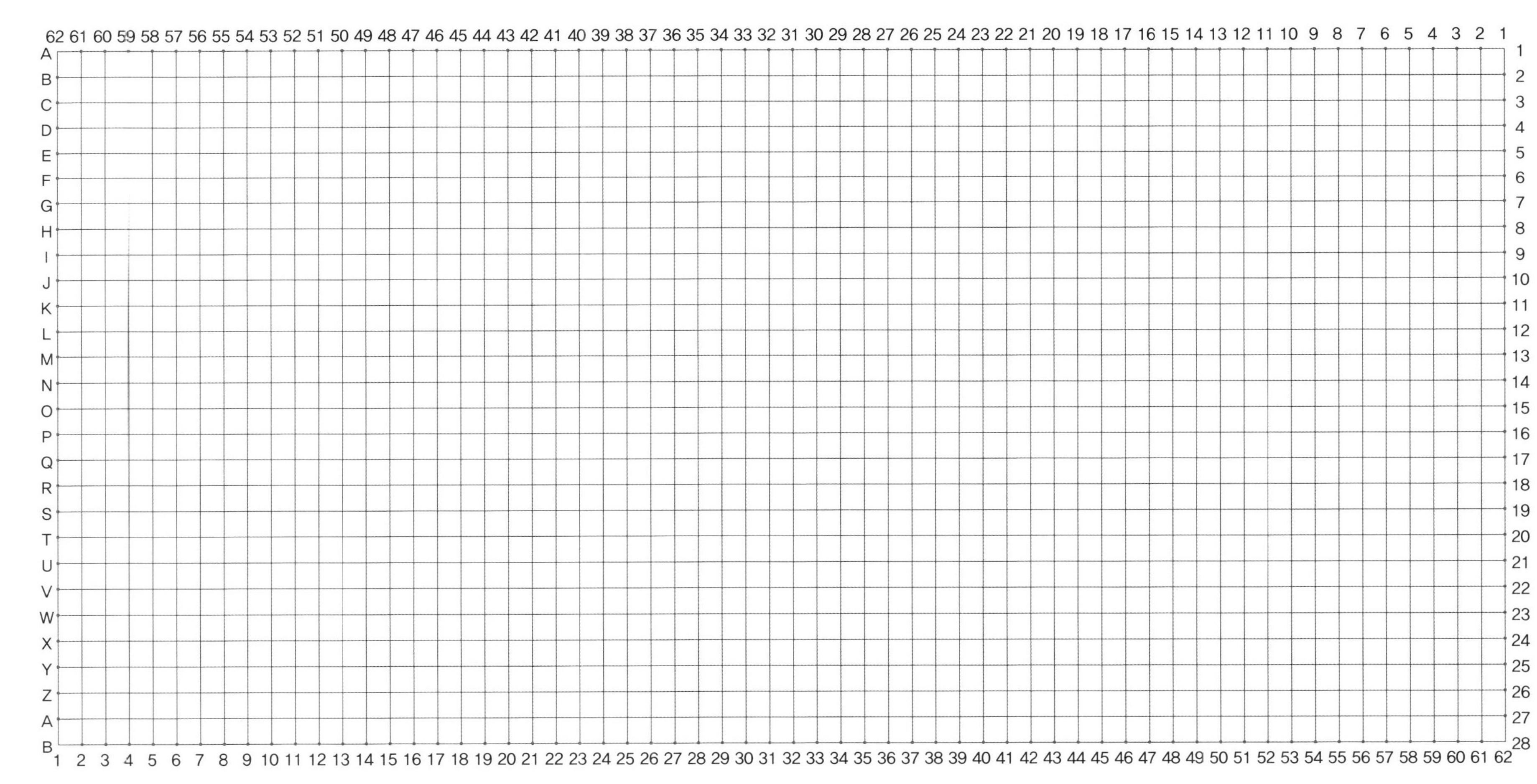

▶ 회로도 제작 조립용 패턴도는 납땜 및 배선 작업 시 편리하도록 동박면(납땜면)을 기준으로 작성하는 것이 좋다.

▶ 회로도의 기호에 맞는 패턴도 기호를 사용하여 28×62 기판 사이즈에 전체적인 균형을 생각하며 회로의 조립 과정이 쉽게 패턴도를 작성하시오.

【 5-3. 부품 배치 및 배선 연습용 기판 】 • 사전 과제 5 – 회로도를 보고 28×62 만능기판 사이즈에 균형있게 부품을 배치하고 회로도와 같도록 배선을 하시오

평가용 2

기본 배치도를 이용한 부품 배치 및 회로 배선 연결 – 스케치용

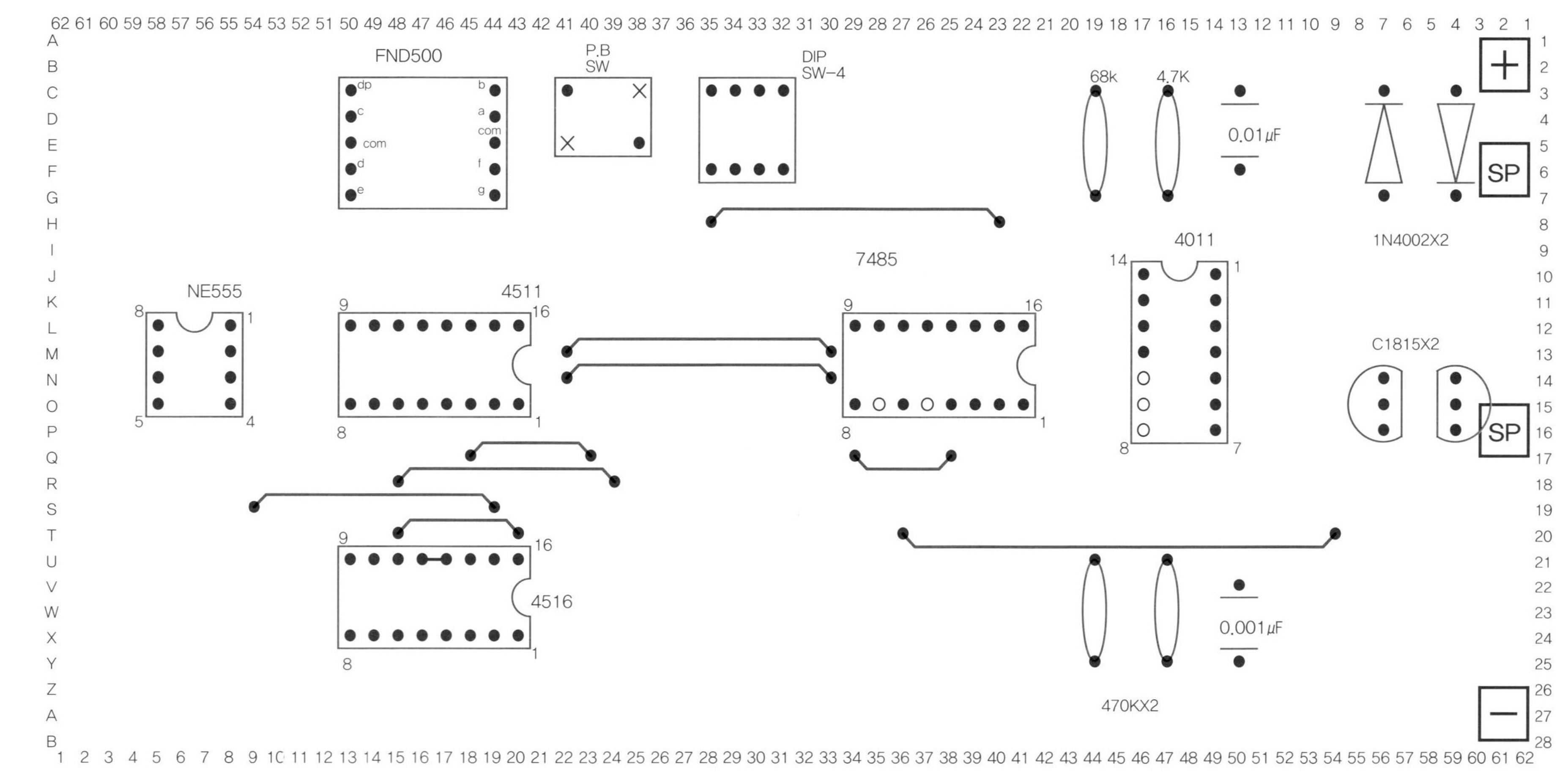

▶ 회로도 제작 조립용 패턴도는 납땜 및 배선 작업 시 편리하도록 동박면(납땜면)을 기준으로 작성하는 것이 좋다.

※ 빨간(적)색의 부품과 파란(청)색의 점프선은 동박면(납땜면)이 아닌 반대편의 부품면(플라스틱면)에서 삽입된다는 것을 유의한다.

▶ 회로도의 기호에 맞는 패턴도 기호를 사용하여 28×62 기판 사이즈에 전체적인 균형을 생각하며 회로의 조립 과정이 쉽게 패턴도를 작성하시오.

【 6-1. 부품의 모범 배치도 1 】

• 회로도와 같도록 배치도에 회로의 결선을 하시오.(연필을 사용하여 여러 번 수정을 거치면 가장 좋은 배선이 된다.)

수업 연습용(1시간)

모범 배치도를 이용한 배선 연결 1 — 스케치용

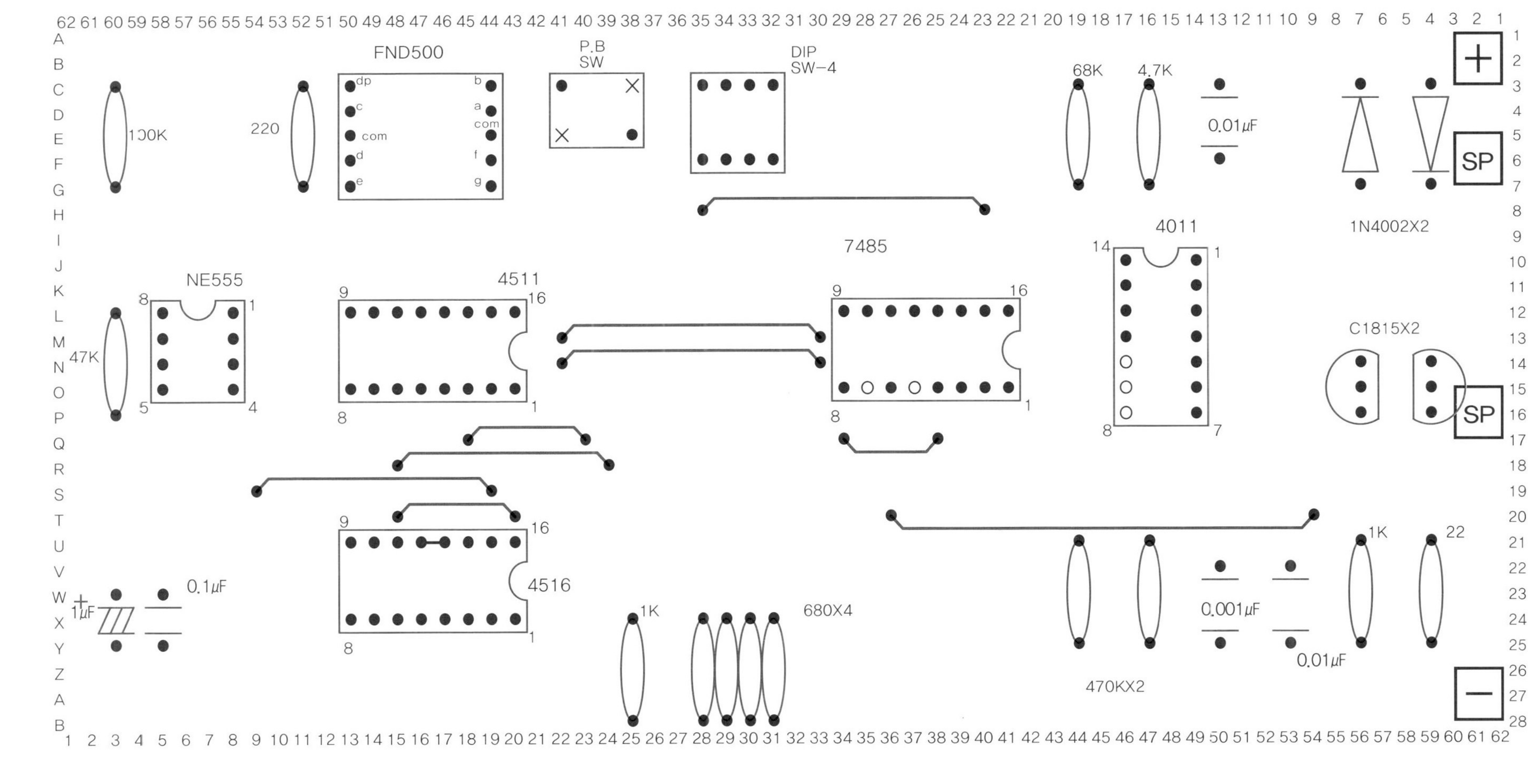

▶ 본 패턴도는 동박면(납땜면)을 기준으로 부품 배치를 하였으므로 부품 삽입 시 참고하여 삽입한다. (배선 납땜 시 매우 편리함)

※빨간(적)색의 부품과 파란(청)색의 점프선은 동박면(납땜면)이 아닌 반대편의 부품면(플라스틱면)에서 삽입된다는 것을 유의한다.

【 6-2. 부품의 모범 배치도 1 】

• 회로도와 같도록 배치도에 회로의 결선을 하시오.(연필을 사용하여 여러 번 수정을 거치면 가장 좋은 배선이 된다.)

모범 배치도를 이용한 배선 연결 2 — 평가용

모범 조립 패턴도 답안지 ▶ 374쪽

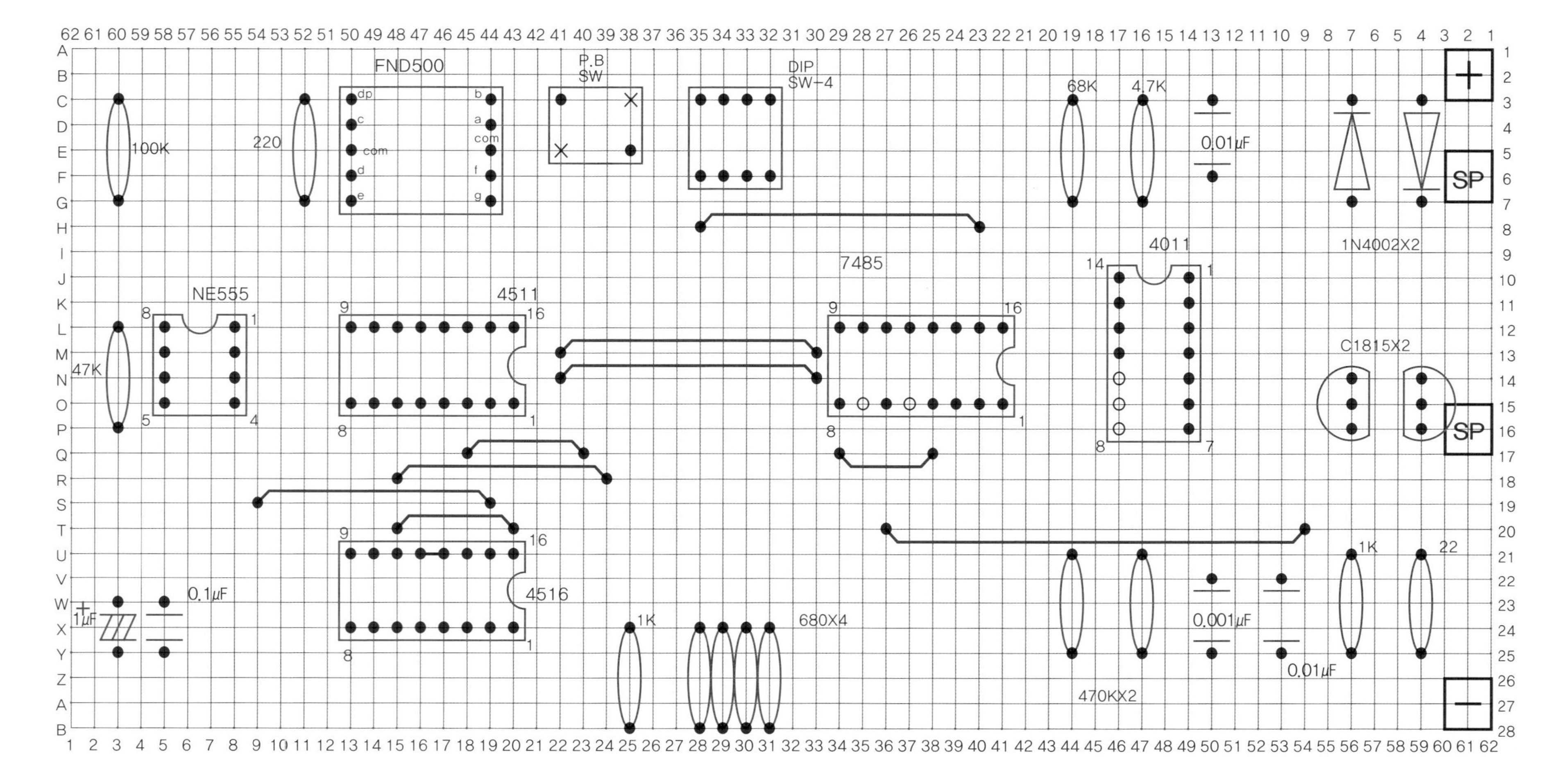

▶ 본 패턴도는 동박면(납땜면)을 기준으로 부품 배치를 하였으므로 부품 삽입 시 이를 참고하여 삽입한다. (배선 납땜 시 매우 편리함)

※빨간(적)색의 부품과 파란(청)색의 점프선은 동박면(납땜면)이 아닌 반대편의 부품면(플라스틱면)에서 삽입된다는 것을 유의한다.

【 7. 설명도 】 회로의 동작 설명을 듣고 동작 설명도를 여러 번 읽고 입력에서 출력까지의 회로 동작을 정확하게 이해하고 동작이 되도록 한다.

10진수 설정 경보기 회로 설명도

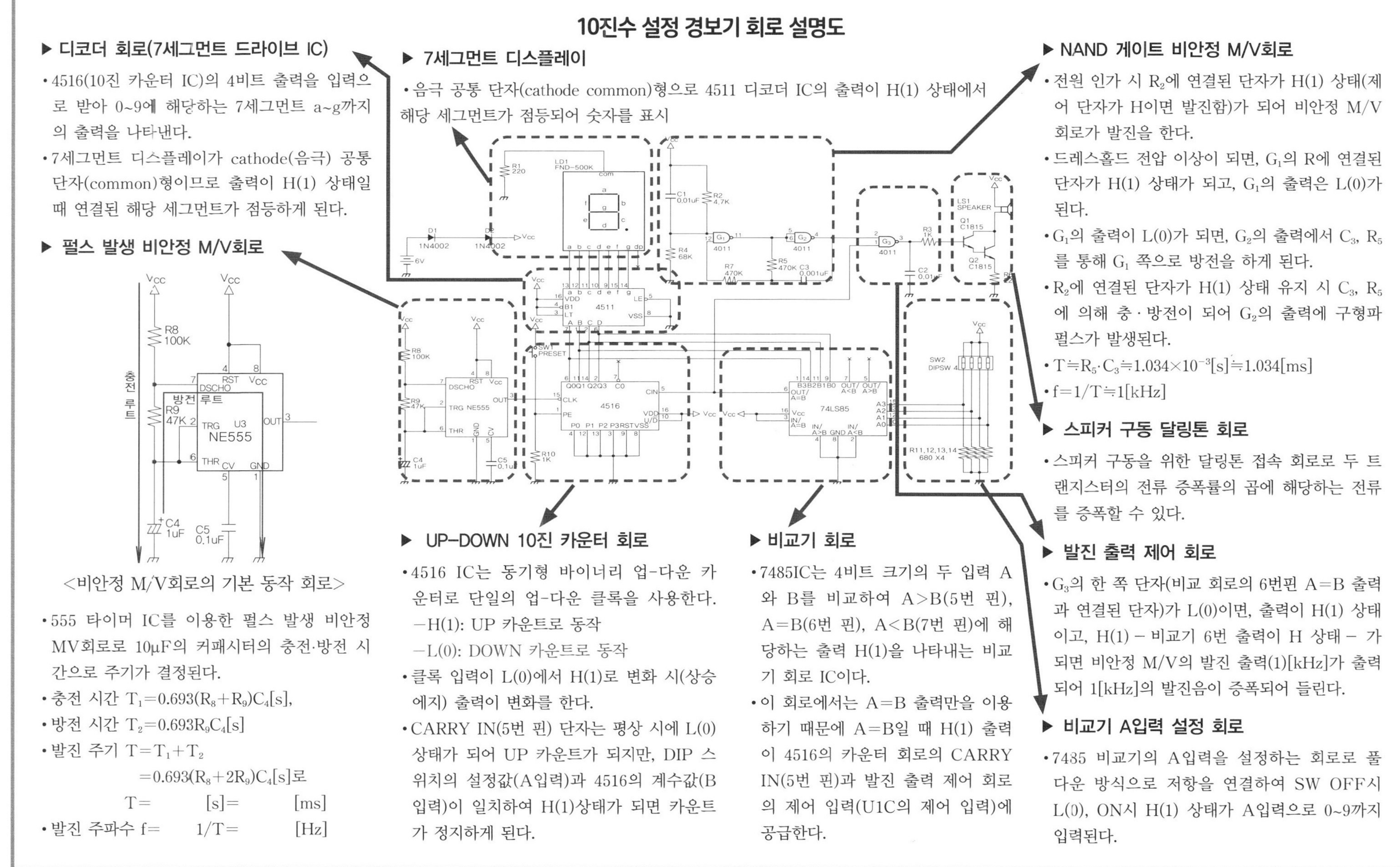

▶ 디코더 회로(7세그먼트 드라이브 IC)

- 4516(10진 카운터 IC)의 4비트 출력을 입력으로 받아 0~9에 해당하는 7세그먼트 a~g까지의 출력을 나타낸다.
- 7세그먼트 디스플레이가 cathode(음극) 공통 단자(common)형이므로 출력이 H(1) 상태일 때 연결된 해당 세그먼트가 점등하게 된다.

▶ 펄스 발생 비안정 M/V회로

<비안정 M/V회로의 기본 동작 회로>

- 555 타이머 IC를 이용한 펄스 발생 비안정 MV회로로 10μF의 커패시터의 충전·방전 시간으로 주기가 결정된다.
- 충전 시간 $T_1=0.693(R_8+R_9)C_4$[s],
- 방전 시간 $T_2=0.693R_9C_4$[s]
- 발진 주기 $T=T_1+T_2$
  $=0.693(R_8+2R_9)C_4$[s]로
  T= [s]= [ms]
- 발진 주파수 f= 1/T= [Hz]

▶ 7세그먼트 디스플레이

- 음극 공통 단자(cathode common)형으로 4511 디코더 IC의 출력이 H(1) 상태에서 해당 세그먼트가 점등되어 숫자를 표시

▶ UP-DOWN 10진 카운터 회로

- 4516 IC는 동기형 바이너리 업-다운 카운터로 단일의 업-다운 클록을 사용한다.
  - H(1): UP 카운트로 동작
  - L(0): DOWN 카운트로 동작
- 클록 입력이 L(0)에서 H(1)로 변화 시(상승 에지) 출력이 변화를 한다.
- CARRY IN(5번 핀) 단자는 평상 시에 L(0) 상태가 되어 UP 카운트가 되지만, DIP 스위치의 설정값(A입력)과 4516의 계수값(B입력)이 일치하여 H(1)상태가 되면 카운트가 정지하게 된다.

▶ 비교기 회로

- 7485IC는 4비트 크기의 두 입력 A와 B를 비교하여 A>B(5번 핀), A=B(6번 핀), A<B(7번 핀)에 해당하는 출력 H(1)을 나타내는 비교기 회로 IC이다.
- 이 회로에서는 A=B 출력만을 이용하기 때문에 A=B일 때 H(1) 출력이 4516의 카운터 회로의 CARRY IN(5번 핀)과 발진 출력 제어 회로의 제어 입력(U1C의 제어 입력)에 공급한다.

▶ NAND 게이트 비안정 M/V회로

- 전원 인가 시 R_2에 연결된 단자가 H(1) 상태(제어 단자가 H이면 발진함)가 되어 비안정 M/V 회로가 발진을 한다.
- 드레스홀드 전압 이상이 되면, G_1의 R에 연결된 단자가 H(1) 상태가 되고, G_1의 출력은 L(0)가 된다.
- G_1의 출력이 L(0)가 되면, G_2의 출력에서 C_3, R_5를 통해 G_1 쪽으로 방전을 하게 된다.
- R_2에 연결된 단자가 H(1) 상태 유지 시 C_3, R_5에 의해 충·방전이 되어 G_2의 출력에 구형파 펄스가 발생된다.
- $T \fallingdotseq R_5 \cdot C_3 \fallingdotseq 1.034\times10^{-3}$[s]$\fallingdotseq$1.034[ms]
- $f=1/T\fallingdotseq1$[kHz]

▶ 스피커 구동 달링톤 회로

- 스피커 구동을 위한 달링톤 접속 회로로 두 트랜지스터의 전류 증폭률의 곱에 해당하는 전류를 증폭할 수 있다.

▶ 발진 출력 제어 회로

- G_3의 한 쪽 단자(비교 회로의 6번핀 A=B 출력과 연결된 단자)가 L(0)이면, 출력이 H(1) 상태이고, H(1) – 비교기 6번 출력이 H 상태 – 가 되면 비안정 M/V의 발진 출력(1)[kHz]가 출력되어 1[kHz]의 발진음이 증폭되어 들린다.

▶ 비교기 A입력 설정 회로

- 7485 비교기의 A입력을 설정하는 회로로 풀다운 방식으로 저항을 연결하여 SW OFF시 L(0), ON시 H(1) 상태가 A입력으로 0~9까지 입력된다.

전자기기 기능사	조립 제작 실습 과제 9	작품명	타임 표시기 회로

▣ 타임 표시기 회로를 만능기판에 조립 제작하고, TP점의 전압을 전압계로 측정하여 기록하고 동작하도록 하시오.

1. 시험 시간: 3시간 20분(측정 과제 20분 추가)

2. 요구 사항: 조립 제작 과제

① 지급된 재료를 사용하여 제한 시간 내에 도면과 같이 조립하시오.
② 조립 완성 후 동작 전류를 측정하여 기록하시오.
③ 조립이 완성되면 +6V 전원을 공급하고 SW1을 1번 눌렀다 놓으면 일정 기간 동안 발진음이 나고 그 시간 동안 카운터를 해야 한다.
④ 다시 시간을 체크 시에는 SW2를 누른 후 SW1을 누른다.
⑤ VR1을 돌려 다른 시간을 체크해 본다.
⑥ 동작이 되지 않을 시는 틀린 회로를 수정하여 정상 동작이 되도록 하시오.

3. 재료 목록

재료명	규격	수량	재료명	규격	수량
IC	NE555	1	저항(1/4W)	10Ω/1W	1
	7400	1		330Ω	11
	4518 (or 7490)	1		1kΩ	4
				4.7kΩ	1
	74145 (or 7442)	1		10kΩ	5
			반고정 저항	100kΩ	1
IC 소켓	8pin	1	발광다이오드	적색5Φ	11
	14pin	1(2)	트랜지스터	2SC1815	2
	16pin	2(1)		D880	1
포토커플러		1	스피커	8Ω/0.3W	1
다이오드	1N4001	1	건전지 스냅		1
	1S1588	2	만능기판	28×62hole	1
PB 스위치	2P	2	배선줄/3mm	3색 단선	1
마일러 콘덴서	0.1μF	2	실납	SN60% 1.0Φ	1
전해 콘덴서	10μF	2	건전지	6V	1
	22μF	2			
	100μF	1			

▣ 사용되는 IC 및 주요 회로

• 사전 과제 2: 회로에 사용되는 IC 내부를 노트에 그려보고 이해하고 암기하기

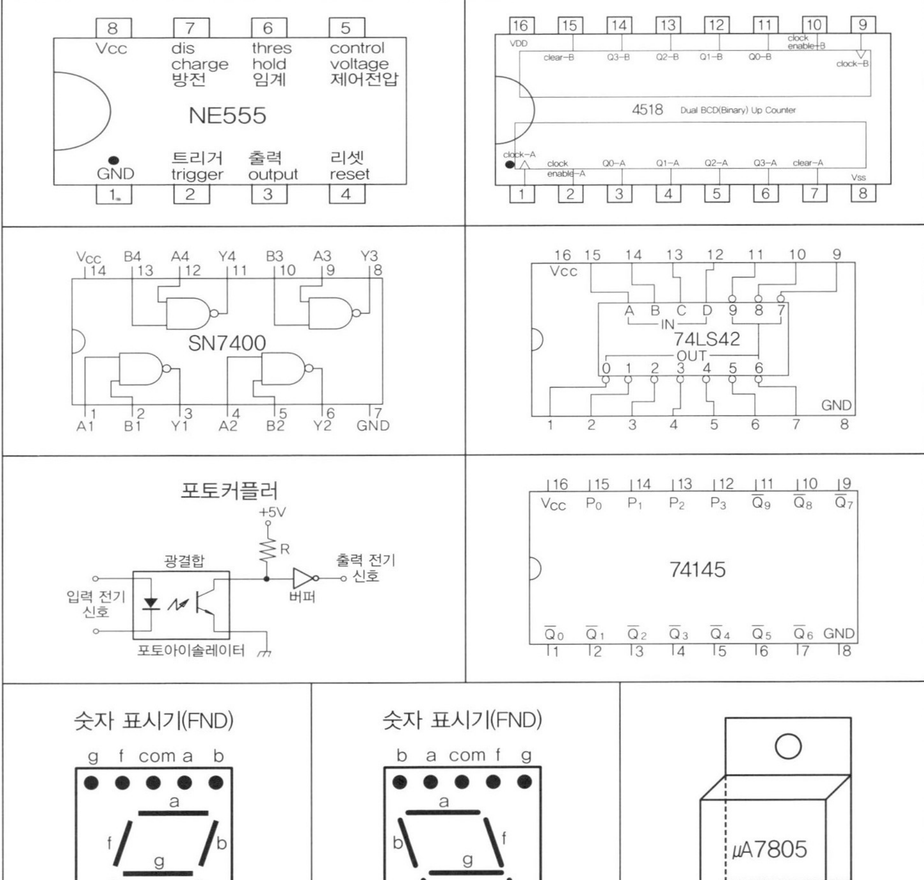

【 4. 회로도(타임 표시기 회로) 】 회로도는 반드시 수업 전 사전 과제로 실습 노트에 깨끗하게 그려서 검사를 받도록 한다. • 사전 과제 1 – 회로도 그리기

Vcc
Vcc
Vcc
Vcc
10K
10K
100K
10K
RESET
D.C
Vcc
OUT
TH NE555
TRG
GND
0.1㎌
SW 1
10㎌
/16V
A
1K
(330~680)
LED1
Vcc
1N4001
6V
100㎌/16V
0.1㎌
74LS00
22㎌/16F
10K
10K
22㎌/16F
74LS00
B
C
1K
10㎌
D
C1815
1S1588
D880
Vcc
100
1W
SP
1S1588
Vcc
Vcc
1K
1
4
포토커플러
P521
2
3
F
4.7K
1K
C1815
C371
Vcc
VDD CKE
CLK
Q0
Q1
Q2
Q3
4518
CLR
VSS
SW2
Reset
330
Vcc
Vcc
Vcc
74LS145
A
B
C
D
0 1 2 3 4 5 6 7 8 9
GND
74LS42와
74145는
pin to pin
LED X 10
330 X 10
LED2
LED3
LED4
LED5
LED6
LED7
LED8
LED9
LED10
LED11
Vcc

【 5-1. 부품 배치 및 배선 연습용 기판 】 • 사전 과제 5 – 회로도를 보고 28×62 만능기판 사이즈에 균형있게 부품을 배치하고 회로도와 같도록 배선을 하시오

연습용

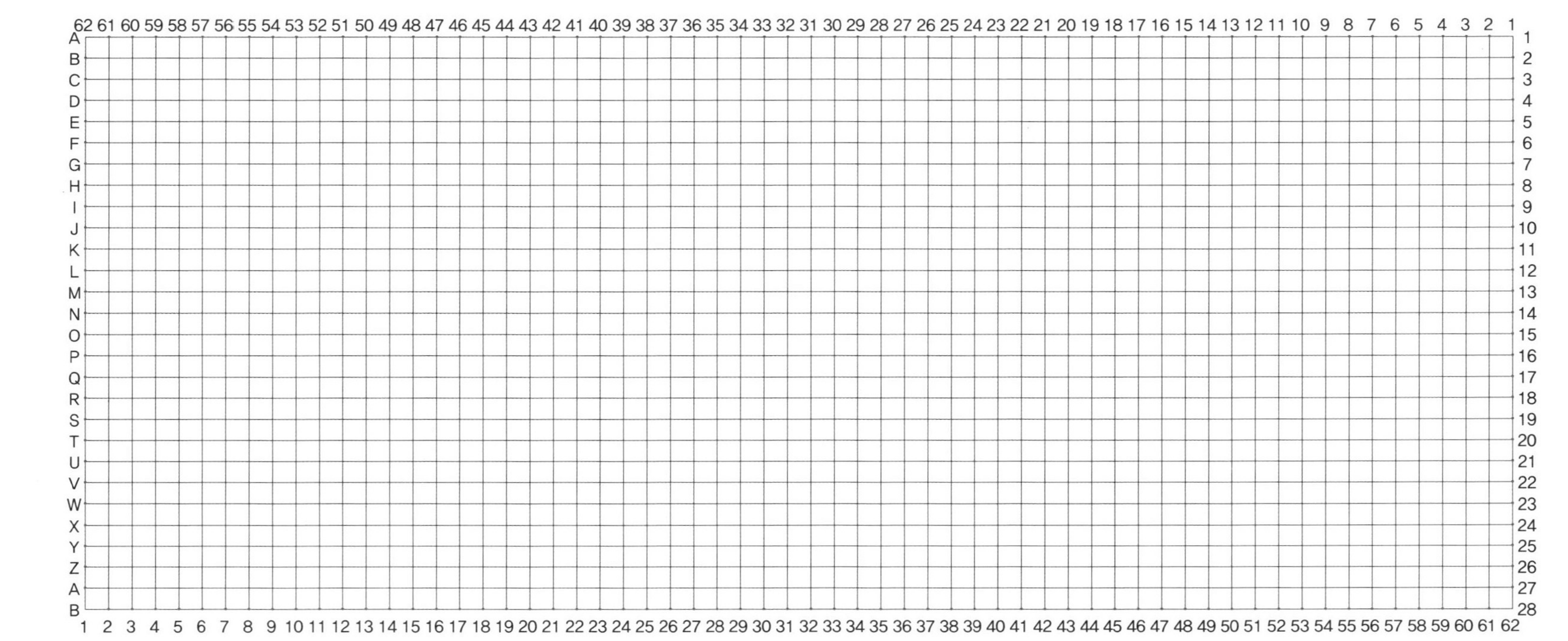

▶ 회로도 제작 조립용 패턴도는 납땜 및 배선 작업 시 편리하도록 동박면(납땜면)을 기준으로 작성하는 것이 좋다.

종류	다이오드	저항	콘덴서	트랜지스터		PB 스위치	IC		점프선	LED
				NPN	PNP					
회로도 기호			+	B C E	B E C	ⓐ ⓑ	14핀	16핀		
패턴도 기호 (동박면 기준)			+				14 1 8 7	16 1 9 8		
비고	4~5칸	4~5칸	3~5칸	3칸	3칸	3칸×3칸 3칸×4칸	4칸×7칸	4칸×8칸	크기에 따라	3칸~4칸

▶ 회로도의 기호에 맞는 패턴도 기호를 사용하여 28×62 기판 사이즈에 전체적인 균형을 생각하며 회로의 조립 과정이 쉽게 패턴도를 작성하시오.

【 5-2. 부품 배치 및 배선 평가용 기판 】 • 사전 과제 5 – 회로도를 보고 28×62 만능기판 사이즈에 균형있게 부품을 배치하고 회로도와 같도록 배선을 하시오

평가용 1

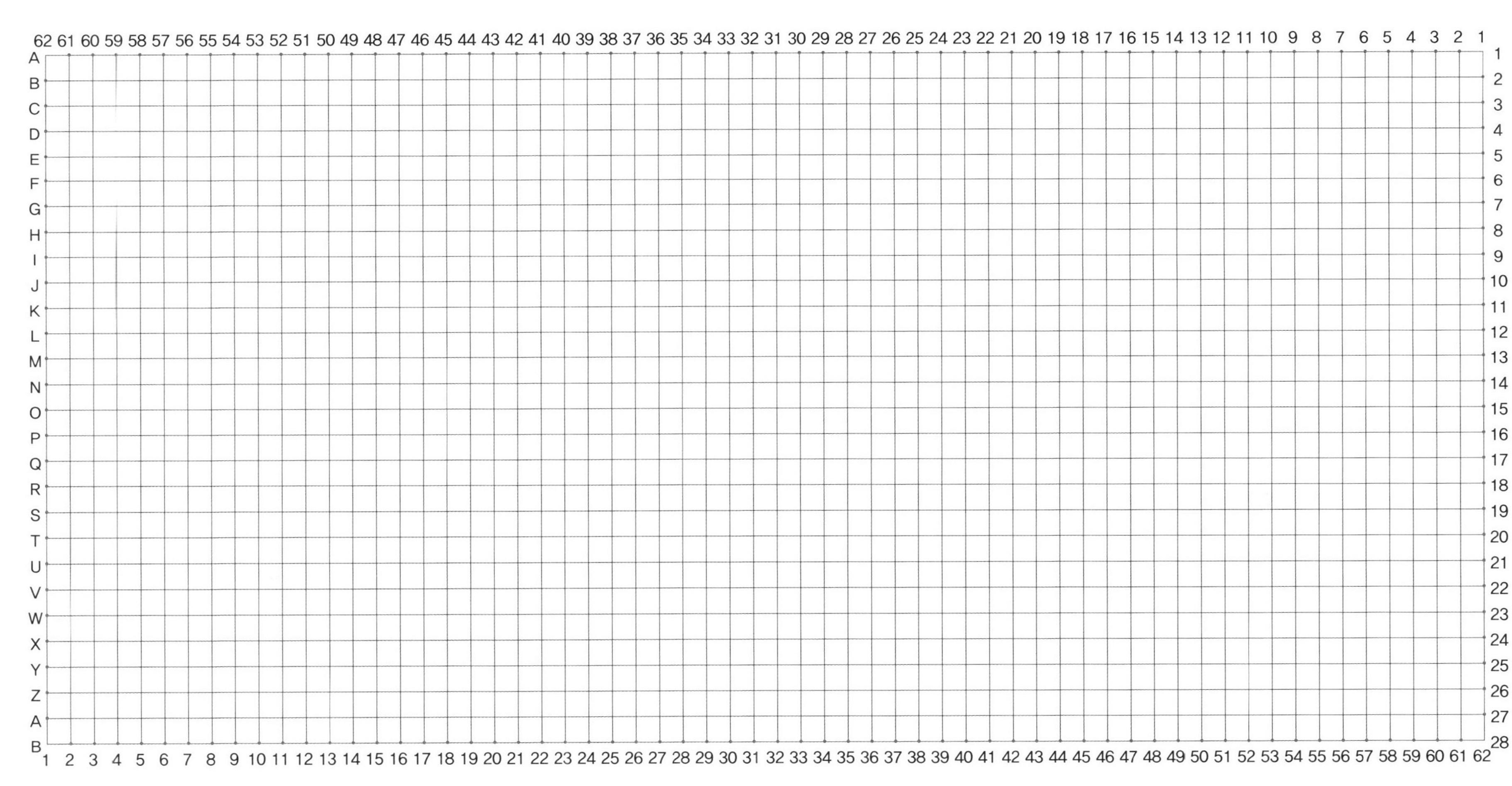

▶ 회로도 제작 조립용 패턴도는 납땜 및 배선 작업 시 편리하도록 동박면(납땜면)을 기준으로 작성하는 것이 좋다.

▶ 회로도의 기호에 맞는 패턴도 기호를 사용하여 28×62 기판 사이즈에 전체적인 균형을 생각하며 회로의 조립 과정이 쉽게 패턴도를 작성하시오.

【 5-3. 부품 배치 및 배선 연습용 기판 】

• 사전 과제 5 – 회로도를 보고 28×62 만능기판 사이즈에 균형있게 부품을 배치하고 회로도와 같도록 배선을 하시오

평가용 2

기본 배치도를 이용한 부품 배치 및 회로 배선 연결 – 스케치용

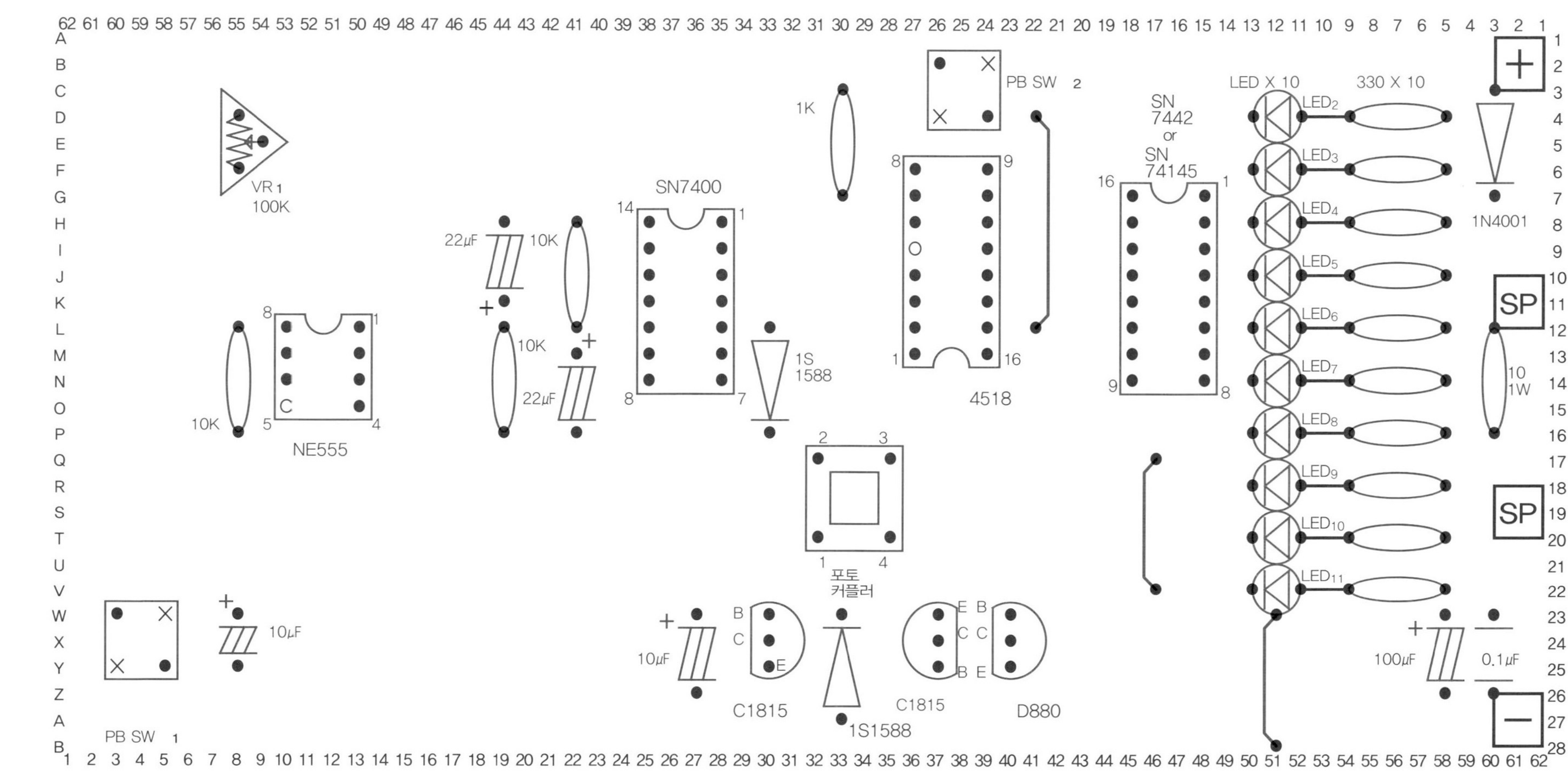

▶ 회로도 제작 조립용 패턴도는 납땜 및 배선 작업 시 편리하도록 동박면(납땜면)을 기준으로 작성하는 것이 좋다.

※ 빨간(적)색의 부품과 파란(청)색의 점프선은 동박면(납땜면)이 아닌 반대편의 부품면(플라스틱면)에서 삽입된다는 것을 유의한다.

▶ 회로도의 기호에 맞는 패턴도 기호를 사용하여 28×62 기판 사이즈에 전체적인 균형을 생각하며 회로의 조립 과정이 쉽게 패턴도를 작성하시오.

【 6-1. 부품의 모범 배치도 1 】

• 회로도와 같도록 배치도에 회로의 결선을 하시오.(연필을 사용하여 여러 번 수정을 거치면 가장 좋은 배선이 된다.)

수업 연습용(1시간)

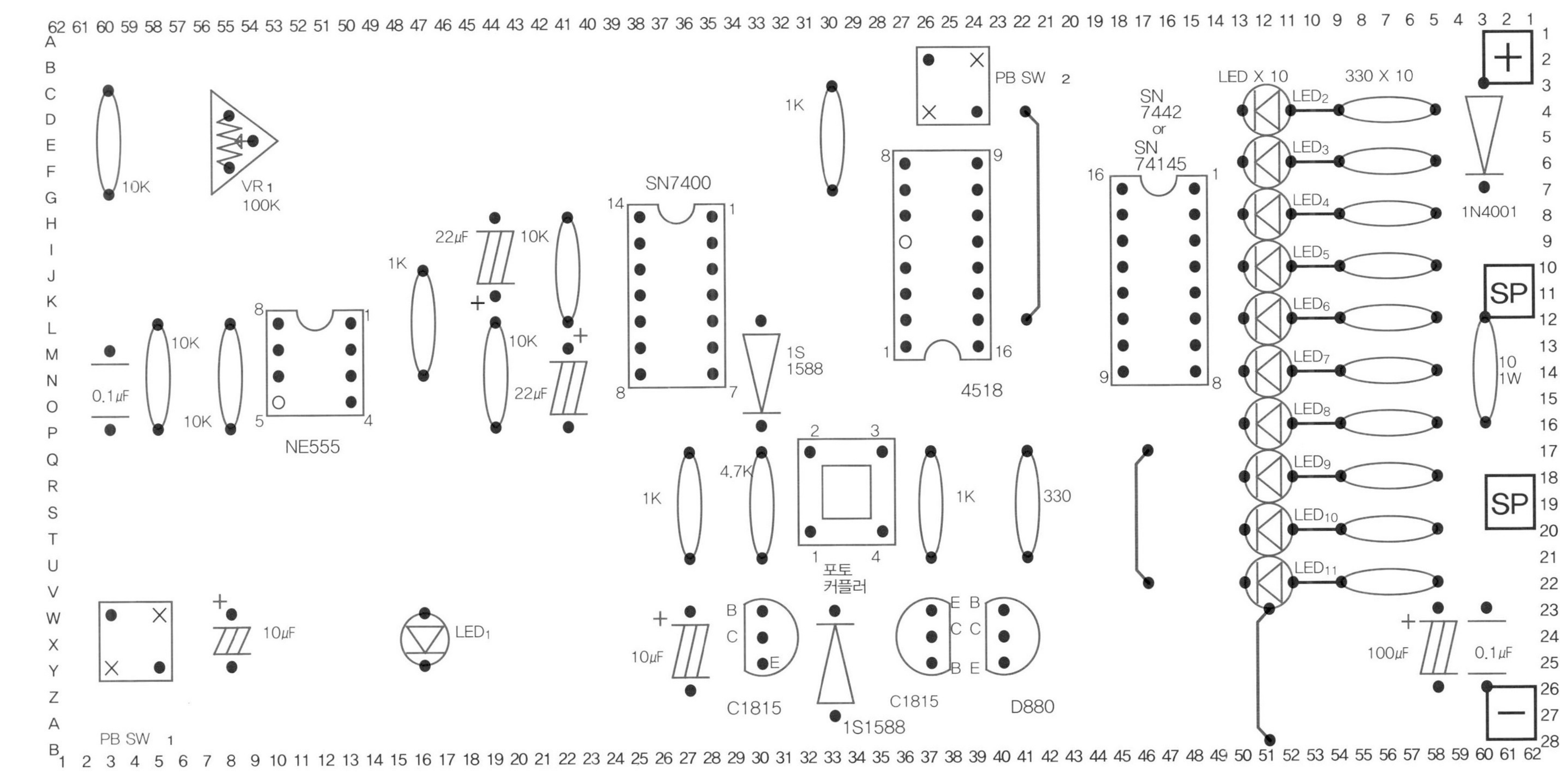

▶ 본 패턴도는 동박면(납땜면)을 기준으로 부품 배치를 하였으므로 부품 삽입 시 참고하여 삽입한다. (배선 납땜 시 매우 편리함)

※빨간(적)색의 부품과 파란(청)색의 점프선은 동박면(납땜면)이 아닌 반대편의 부품면(플라스틱면)에서 삽입된다는 것을 유의한다.

【 6-2. 부품의 모범 배치도 1 】

• 회로도와 같도록 배치도에 회로의 결선을 하시오.(연필을 사용하여 여러 번 수정을 거치면 가장 좋은 배선이 된다.)

모범 배치도를 이용한 배선 연결 2 — 평가용

모범 조립 패턴도 답안지 ▶ 376쪽

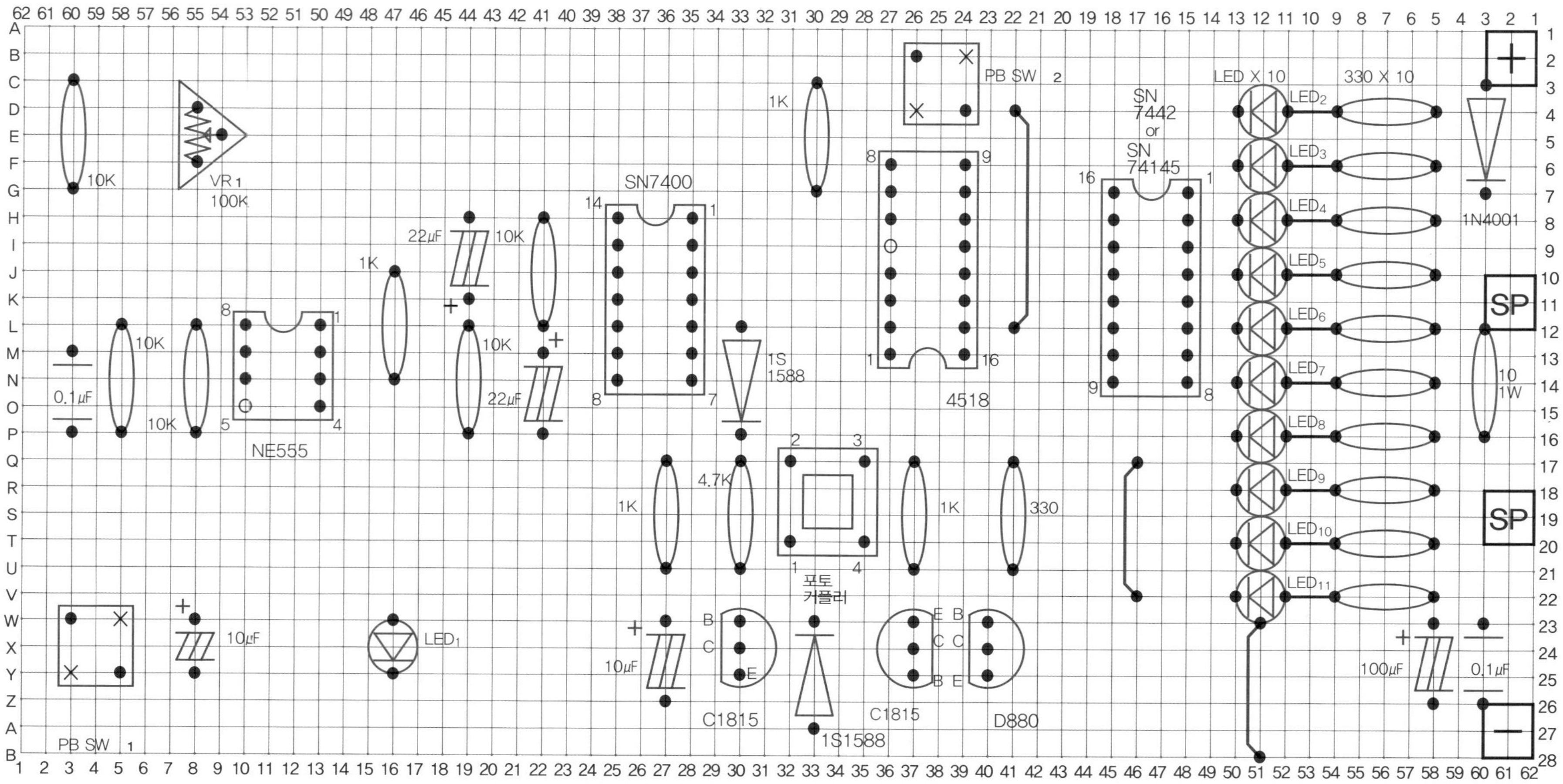

▶ 본 패턴도는 동박면(납땜면)을 기준으로 부품 배치를 하였으므로 부품 삽입 시 이를 참고하여 삽입한다. (배선 납땜 시 매우 편리함)

※빨간(적)색의 부품과 파란(청)색의 점프선은 동박면(납땜면)이 아닌 반대편의 부품면(플라스틱면)에서 삽입된다는 것을 유의한다.

【 7. 설명도 】 회로의 동작 설명을 듣고 동작 설명도를 여러 번 읽고 입력에서 출력까지의 회로 동작을 정확하게 이해하고 동작이 되도록 한다.

타임 표시기 동작 설명도

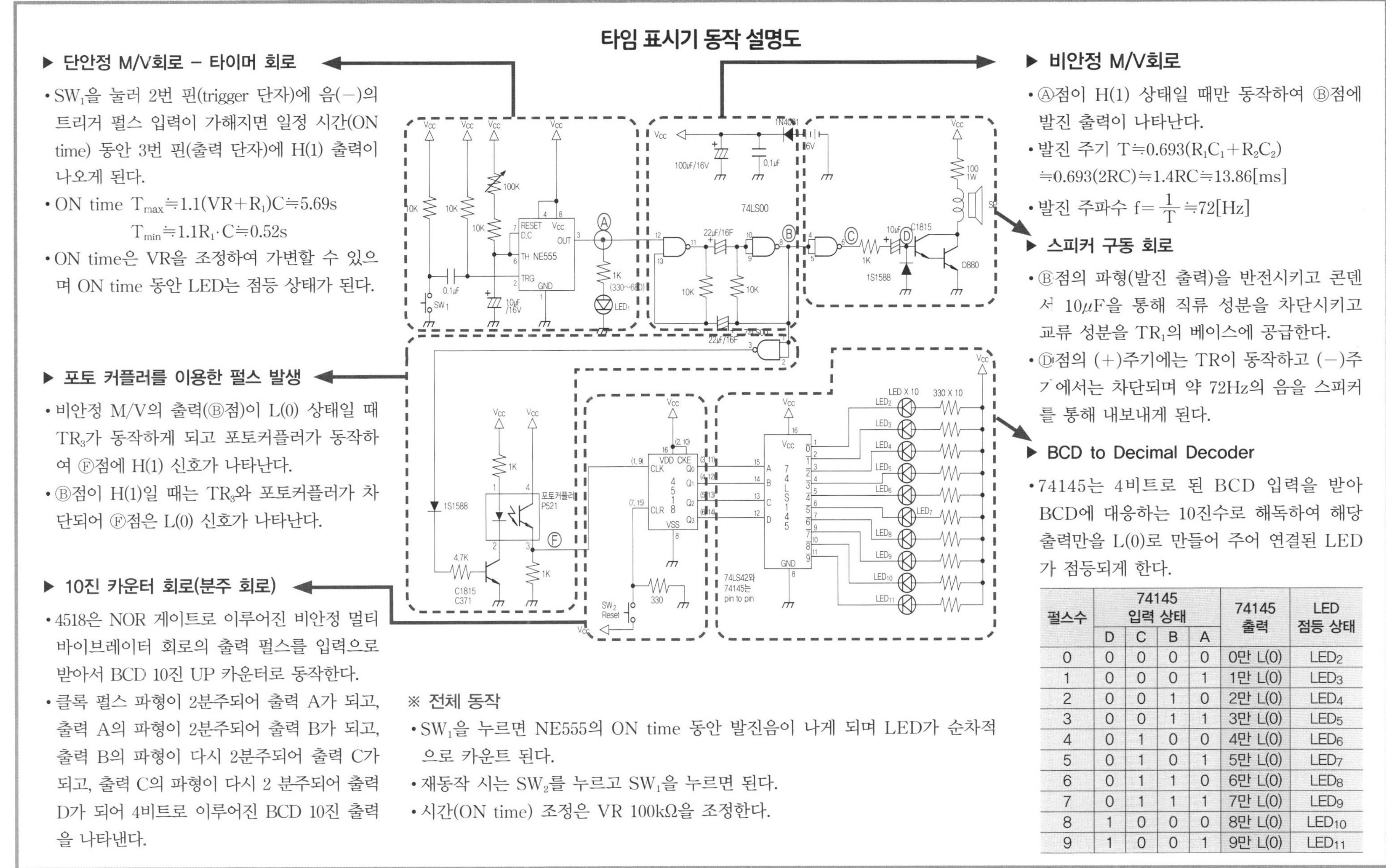

▶ **단안정 M/V회로 – 타이머 회로**

- SW_1을 눌러 2번 핀(trigger 단자)에 음(−)의 트리거 펄스 입력이 가해지면 일정 시간(ON time) 동안 3번 핀(출력 단자)에 H(1) 출력이 나오게 된다.
- ON time $T_{max} ≒ 1.1(VR + R_1)C ≒ 5.69s$
  $T_{min} ≒ 1.1R_1 \cdot C ≒ 0.52s$
- ON time은 VR을 조정하여 가변할 수 있으며 ON time 동안 LED는 점등 상태가 된다.

▶ **포토 커플러를 이용한 펄스 발생**

- 비안정 M/V의 출력(Ⓑ점)이 L(0) 상태일 때 TR_3가 동작하게 되고 포토커플러가 동작하여 Ⓕ점에 H(1) 신호가 나타난다.
- Ⓑ점이 H(1)일 때는 TR_3와 포토커플러가 차단되어 Ⓕ점은 L(0) 신호가 나타난다.

▶ **10진 카운터 회로(분주 회로)**

- 4518은 NOR 게이트로 이루어진 비안정 멀티바이브레이터 회로의 출력 펄스를 입력으로 받아서 BCD 10진 UP 카운터로 동작한다.
- 클록 펄스 파형이 2분주되어 출력 A가 되고, 출력 A의 파형이 2분주되어 출력 B가 되고, 출력 B의 파형이 다시 2분주되어 출력 C가 되고, 출력 C의 파형이 다시 2 분주되어 출력 D가 되어 4비트로 이루어진 BCD 10진 출력을 나타낸다.

※ **전체 동작**

- SW_1을 누르면 NE555의 ON time 동안 발진음이 나게 되며 LED가 순차적으로 카운트 된다.
- 재동작 시는 SW_2를 누르고 SW_1을 누르면 된다.
- 시간(ON time) 조정은 VR 100kΩ을 조정한다.

▶ **비안정 M/V회로**

- Ⓐ점이 H(1) 상태일 때만 동작하여 Ⓑ점에 발진 출력이 나타난다.
- 발진 주기 $T ≒ 0.693(R_1C_1 + R_2C_2)$
  $≒ 0.693(2RC) ≒ 1.4RC ≒ 13.86[ms]$
- 발진 주파수 $f = \frac{1}{T} ≒ 72[Hz]$

▶ **스피커 구동 회로**

- Ⓑ점의 파형(발진 출력)을 반전시키고 콘덴서 10㎌을 통해 직류 성분을 차단시키고 교류 성분을 TR_1의 베이스에 공급한다.
- Ⓓ점의 (+)주기에는 TR이 동작하고 (−)주기에서는 차단되며 약 72Hz의 음을 스피커를 통해 내보내게 된다.

▶ **BCD to Decimal Decoder**

- 74145는 4비트로 된 BCD 입력을 받아 BCD에 대응하는 10진수로 해독하여 해당 출력만을 L(0)로 만들어 주어 연결된 LED가 점등되게 한다.

펄스수	74145 입력 상태				74145 출력	LED 점등 상태
	D	C	B	A		
0	0	0	0	0	0만 L(0)	LED_2
1	0	0	0	1	1만 L(0)	LED_3
2	0	0	1	0	2만 L(0)	LED_4
3	0	0	1	1	3만 L(0)	LED_5
4	0	1	0	0	4만 L(0)	LED_6
5	0	1	0	1	5만 L(0)	LED_7
6	0	1	1	0	6만 L(0)	LED_8
7	0	1	1	1	7만 L(0)	LED_9
8	1	0	0	0	8만 L(0)	LED_{10}
9	1	0	0	1	9만 L(0)	LED_{11}

전자기기 기능사	조립 제작 실습 과제 10	작품명	카운터 선택 표시 회로

▣ 카운터 선택 표시 회로를 만능기판에 조립 제작하고, TP점의 전압을 전압계로 측정하여 기록하고 요구 사항과 같이 동작하도록 하시오.

1. 시험 시간: 3시간 20분(측정 과제 20분 추가)

2. 요구 사항: 조립 제작 과제

① 지급된 재료를 사용하여 제한 시간 내에 도면과 같이 조립하시오.
② 조립 완성 후 동작 전류를 측정하여 기록하시오.
③ 조립이 완성되면 다음과 같이 동작되도록 하시오.
- 전원 연결 시 LED가 순차 점멸을 하도록 하시오.
- SW를 ON(누른 상태)하면 LED가 점프(1개 건너뛰어)하여 점멸을 하도록 하시오.

④ 위 동작이 되지 않을 시는 틀린 회로를 수정하여 위 동작이 되게 하시오.
⑤ 다음 회로에서 입력 신호 A, B에 대한 출력 신호의 값을 기록하시오.

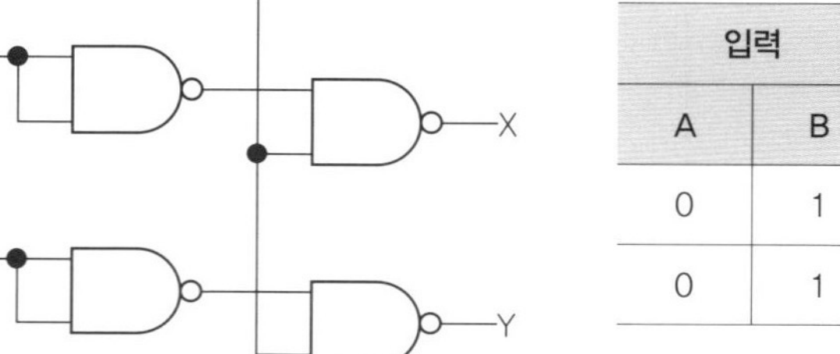

입력		선택	출력	
A	B	C	X	Y
0	1	0		
0	1	1		

3. 재료 목록

재료명	규격	수량	재료명	규격	수량
IC	7400	1	저항(1/4W)	150Ω	10
	7402	1		680Ω	2
	74145	1	LED	적색	10
	4518	1	PB SW	2P/또는 4P	1
IC 소켓	14pin	2	만능기판	28×62hole	1
	16pin	2	배선줄/3mm	3색 단선	1
다이오드	1N4001	1	실납	SN60% 1.0Φ	1
전해 콘덴서	470㎌	2			

▣ **사용되는 IC 및 주요 회로**

- 사전 과제 2: 회로에 사용되는 IC 내부를 노트에 그려보고 이해하고 암기하기

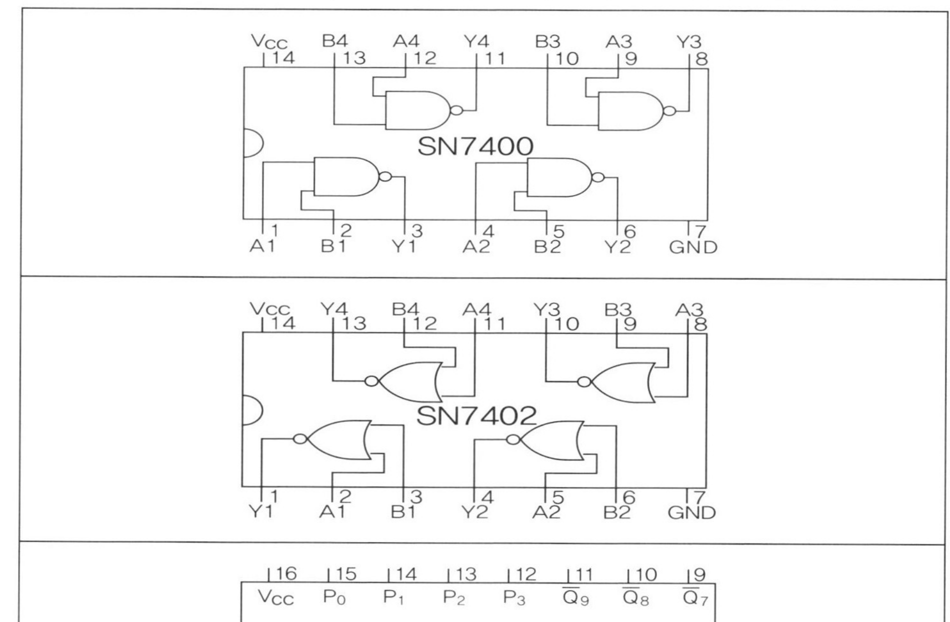

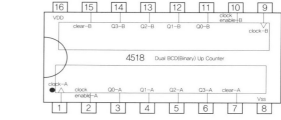

【 4. 회로도(카운터 선택 표시 회로) 】 회로도는 반드시 수업 전 사전 과제로 실습 노트에 깨끗하게 그려서 검사를 받도록 한다. • 사전 과제 1 – 회로도 그리기

【 5-1. 부품 배치 및 배선 연습용 기판 】 • 사전 과제 5 – 회로도를 보고 28×62 만능기판 사이즈에 균형있게 부품을 배치하고 회로도와 같도록 배선을 하시오

(연습용)

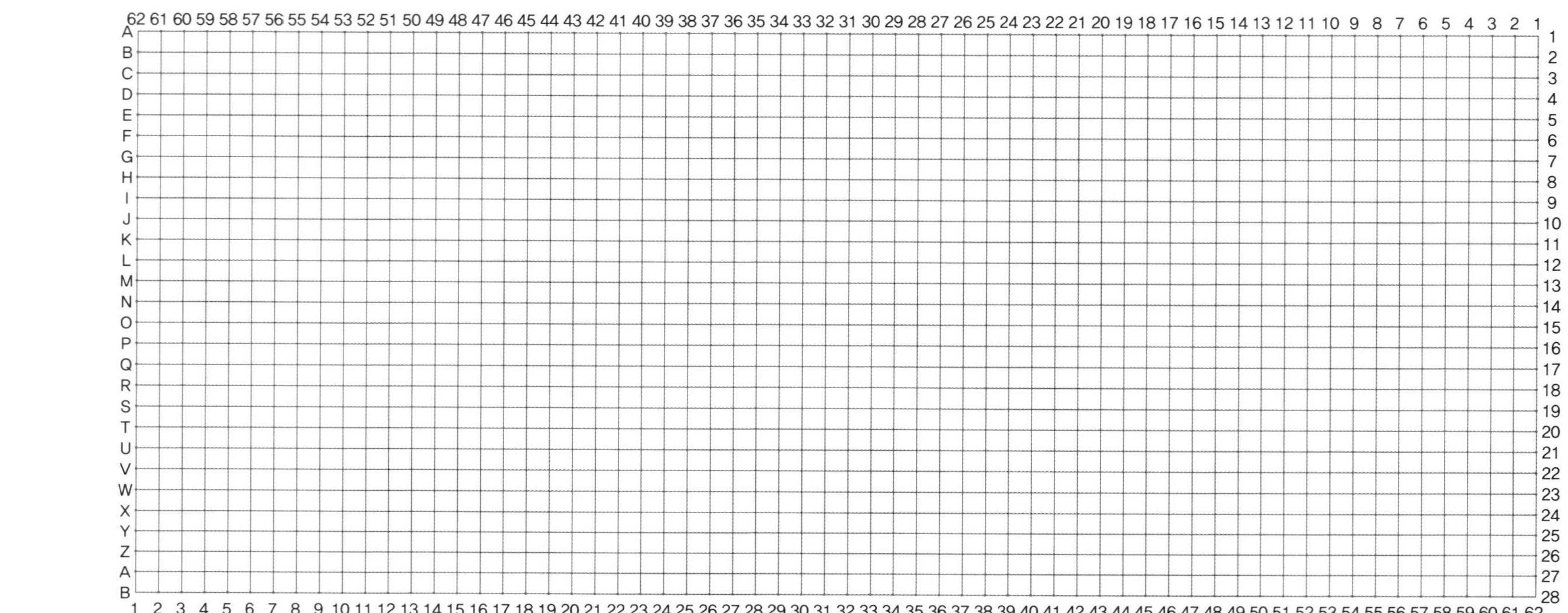

▶ 회로도 제작 조립용 패턴도는 납땜 및 배선 작업 시 편리하도록 동박면(납땜면)을 기준으로 작성하는 것이 좋다.

종류	다이오드	저항	콘덴서	트랜지스터		PB 스위치	IC		점프선	LED
				NPN	PNP					
회로도 기호			+	B C E	B E C	ⓐ ⓑ	14핀	16핀		
패턴도 기호 (동박면 기준)			+				14 1 8 7	16 1 9 8		
비고	4~5칸	4~5칸	3~5칸	3칸	3칸	3칸×3칸 3칸×4칸	4칸×7칸	4칸×8칸	크기에 따라	3칸~4칸

▶ 회로도의 기호에 맞는 패턴도 기호를 사용하여 28×62 기판 사이즈에 전체적인 균형을 생각하며 회로의 조립 과정이 쉽게 패턴도를 작성하시오.

【 5-2. 부품 배치 및 배선 평가용 기판 】

• 사전 과제 5 – 회로도를 보고 28×62 만능기판 사이즈에 균형있게 부품을 배치하고 회로도와 같도록 배선을 하시오

평가용 1

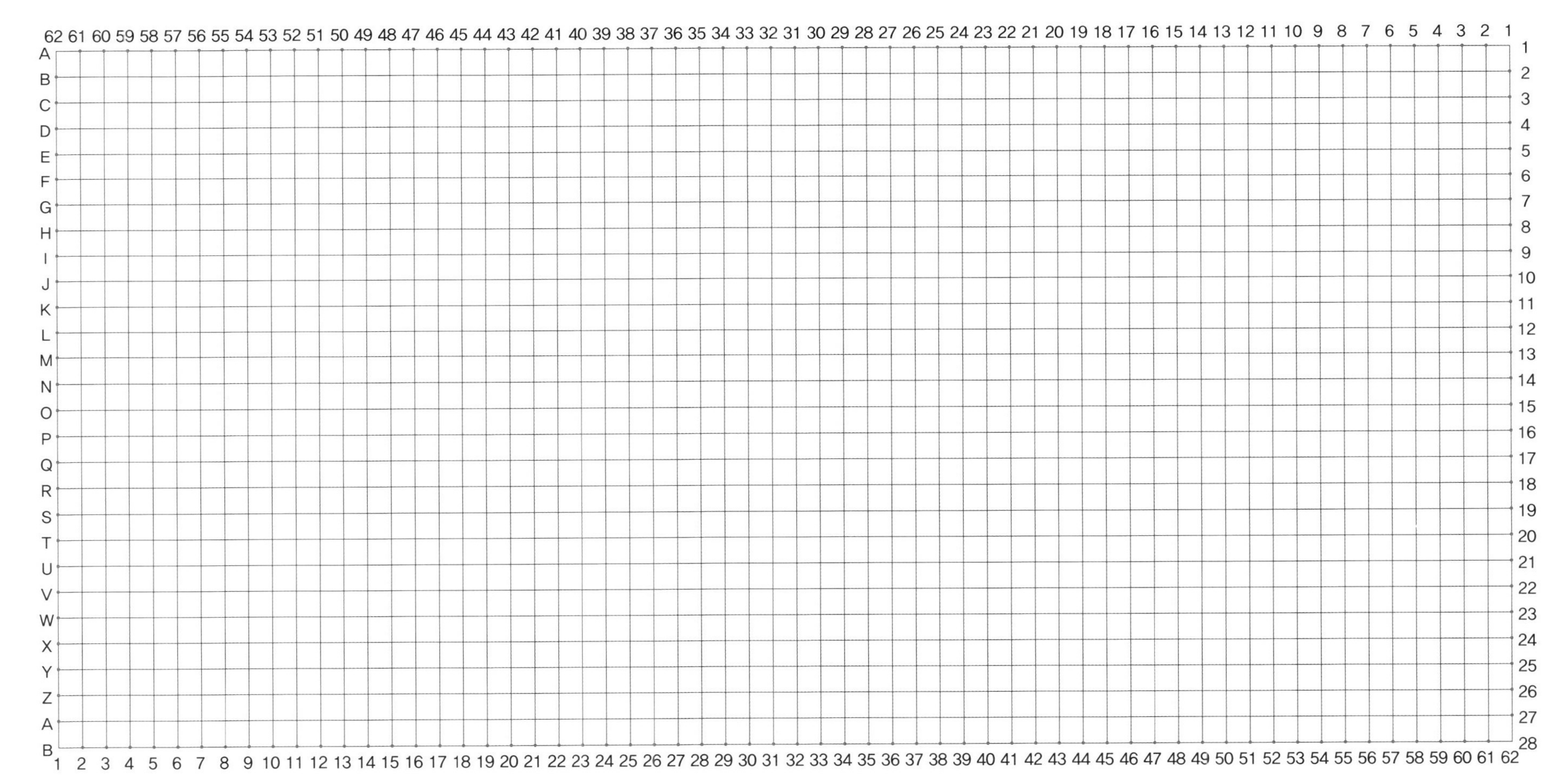

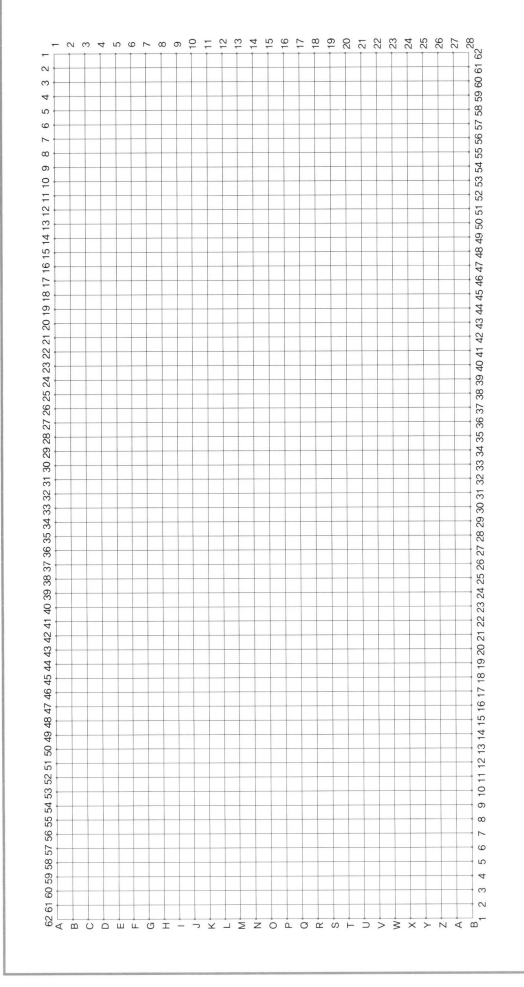

▶ 회로도 제작 조립용 패턴도는 납땜 및 배선 작업 시 편리하도록 동박면(납땜면)을 기준으로 작성하는 것이 좋다.

▶ 회로도의 기호에 맞는 패턴도 기호를 사용하여 28×62 기판 사이즈에 전체적인 균형을 생각하며 회로의 조립 과정이 쉽게 패턴도를 작성하시오.

【 5-3. 부품 배치 및 배선 연습용 기판 】

• 사전 과제 5 – 회로도를 보고 28×62 만능기판 사이즈에 균형있게 부품을 배치하고 회로도와 같도록 배선을 하시오

평가용 2

기본 배치도를 이용한 부품 배치 및 회로 배선 연결 – 스케치용

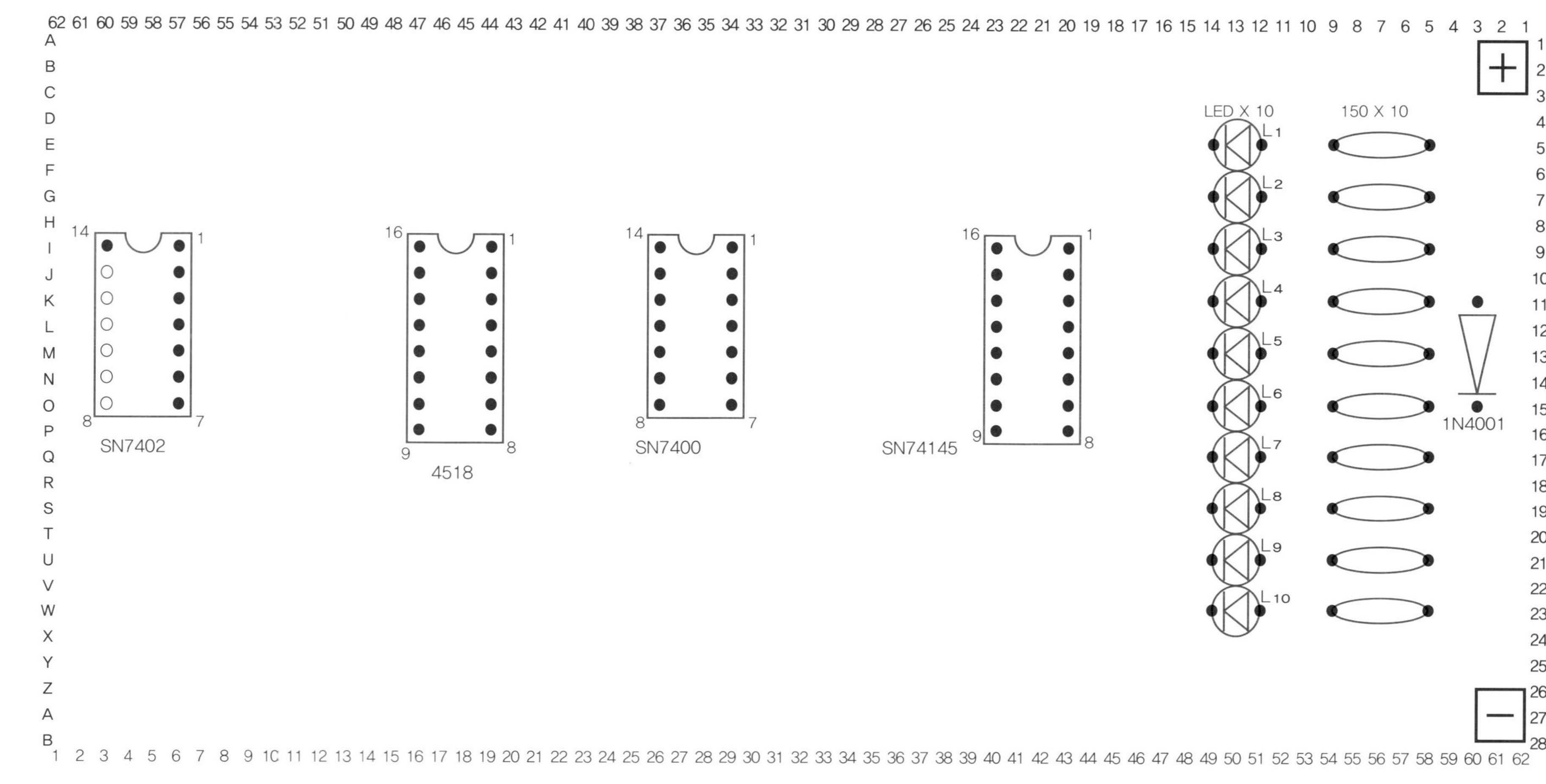

▶ 회로도 제작 조립용 패턴도는 납땜 및 배선 작업 시 편리하도록 동박면(납땜면)을 기준으로 작성하는 것이 좋다.

※ 빨간(적)색의 부품과 파란(청)색의 점프선은 동박면(납땜면)이 아닌 반대편의 부품면(플라스틱면)에서 삽입된다는 것을 유의한다.

▶ 회로도의 기호에 맞는 패턴도 기호를 사용하여 28×62 기판 사이즈에 전체적인 균형을 생각하며 회로의 조립 과정이 쉽게 패턴도를 작성하시오.

【 6-1. 부품의 모범 배치도 1 】

• 회로도와 같도록 배치도에 회로의 결선을 하시오.(연필을 사용하여 여러 번 수정을 거치면 가장 좋은 배선이 된다.)

수업 연습용(1시간)

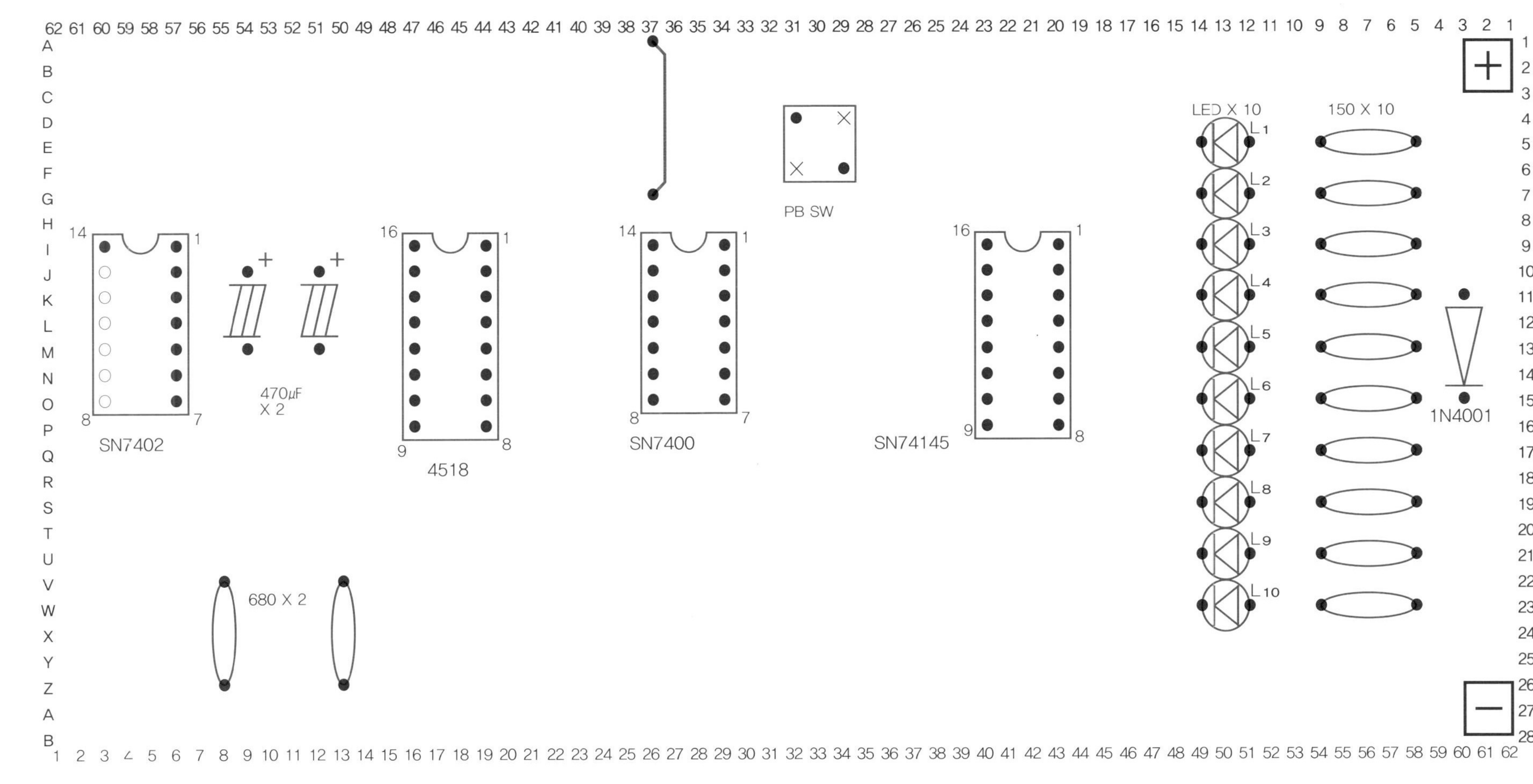

▶ 본 패턴도는 동박면(납땜면)을 기준으로 부품 배치를 하였으므로 부품 삽입 시 참고하여 삽입한다. (배선 납땜 시 매우 편리함)

※빨간(적)색의 부품과 파란(청)색의 점프선은 동박면(납땜면)이 아닌 반대편의 부품면(플라스틱면)에서 삽입된다는 것을 유의한다.

【 6-2. 부품의 모범 배치도 1 】

• 회로도와 같도록 배치도에 회로의 결선을 하시오.(연필을 사용하여 여러 번 수정을 거치면 가장 좋은 배선이 된다.)

모범 배치도를 이용한 배선 연결 2 — 평가용

모범 조립 패턴도 답안지 ▶ 378쪽

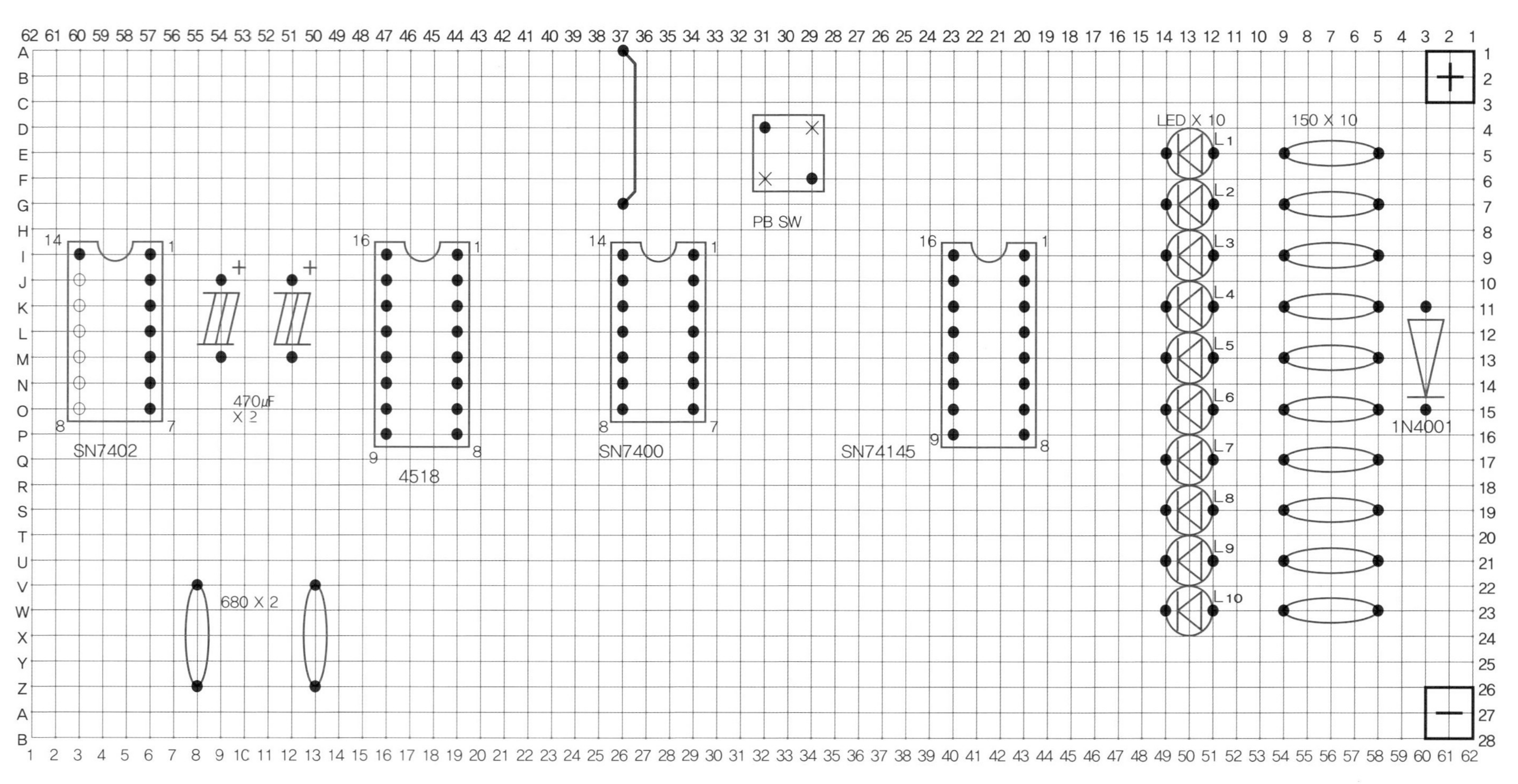

▶ 본 패턴도는 동박면(납땜면)을 기준으로 부품 배치를 하였으므로 부품 삽입 시 이를 참고하여 삽입한다. (배선 납땜 시 매우 편리함)

※빨간(적)색의 부품과 파란(청)색의 점프선은 동박면(납땜면)이 아닌 반대편의 부품면(플라스틱면)에서 삽입된다는 것을 유의한다.

【7. 설명도】 회로의 동작 설명을 듣고 동작 설명도를 여러 번 읽고 입력에서 출력까지의 회로 동작을 정확하게 이해하고 동작이 되도록 한다.

카운터 선택 표시 회로 설명도

▶ **10진 카운터 회로(분주 회로)**

- 4518은 NOR 게이트로 이루어진 비안정 멀티바이브레이터 회로의 출력 펄스를 입력으로 받아서 BCD 10진 UP 카운터로 동작한다.
- 클록 펄스 파형이 2분주되어 출력 A가 되고, 출력 A의 파형이 2분주되어 출력 B가 되고, 출력 B의 파형이 다시 2분주되어 출력 C가 되고, 출력 C의 파형이 다시 2 분주되어 출력 D가 되어 4비트로 이루어진 BCD 10진 출력을 나타낸다.

▶ **비안정 MV회로(펄스 발생)**

- NOR 게이트는 한쪽 입력이 L(0) 상태로 다른 쪽 입력 상태를 반전시켜 주는 NOT 게이트로 동작한다.
- C_1, C_2는 G_1, G_2의 출력 상태에 따라 충·방전을 반복하여 출력 상태를 계속 변화(반전)시켜 ⓐ점에 펄스를 발생시켜 7490의 10진 카운터 IC의 입력에 공급한다.

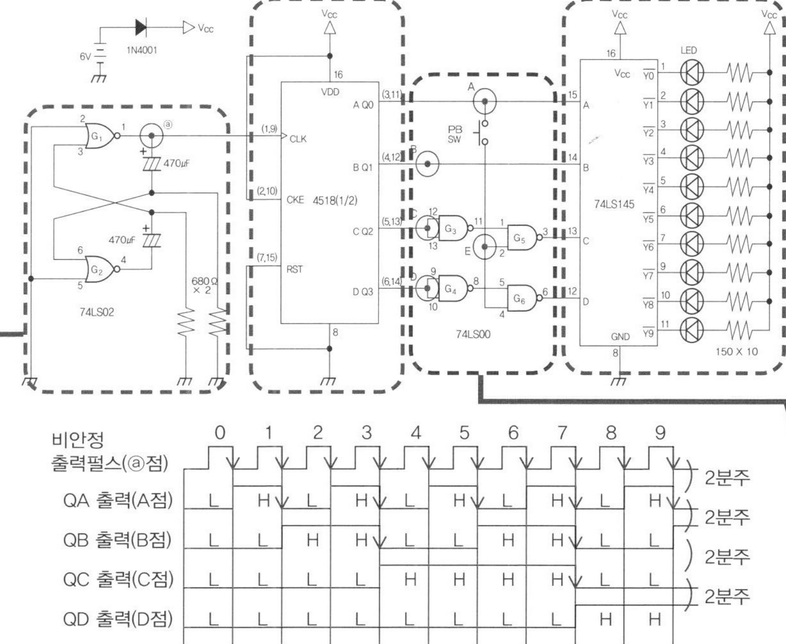

▶ **BCD to Decimal Decoder**

- 74145는 4비트로 된 BCD 입력을 받아 대응하는 10진수로 해독하여 해당 출력만을 L(0)로 만들어 주어 연결된 LED가 점등되게 한다.

(SW OFF 시 입 출력 및 LED 점등 상태)

펄스수	74145 입력 상태				74145 출력	LED 점등 상태
	D	C	B	A		
0	0	0	0	0	0만 L(0)	LED_1
1	0	0	0	1	1만 L(0)	LED_2
2	0	0	1	0	2만 L(0)	LED_3
3	0	0	1	1	3만 L(0)	LED_4
4	0	1	0	0	4만 L(0)	LED_5
5	0	1	0	1	5만 L(0)	LED_6
6	0	1	1	0	6만 L(0)	LED_7
7	0	1	1	1	7만 L(0)	LED_8
8	1	0	0	0	8만 L(0)	LED_9
9	1	0	0	1	9만 L(0)	LED_{10}

▶ **카운터 선택 조합 회로**

1. PB SW OFF 시(E점이 H)
- 7400의 NAND 게이트 모두 NOT 게이트로 동작하여 7490의 4비트 BCD 출력이 그대로 74145 디코더 IC 입력이 되어 순차적인 디코더 출력이 나온다.

2. PB SW ON 시(E점이 Q_A와 연결)
- PB SW가 ON되면, Q_A의 출력이 G_5, G_6의 한쪽 입력이 된다.
- Q_A가 L(0) 시(SW OFF)는 G_5, G_6는 NAND 게이트로 동작하여 항상 출력을 H(1)로 만들어 디코더 IC74145 입력에 가해진다. 이때 디코더는 10(1001) 이상을 표시할 수 없어 모두 H(1) 상태를 출력하여 모든 LED를 OFF시킨다.
- Q_A가 H(1) 시(SW ON)는 E점이 H(1) 상태가 되어 SW OFF 시와 같이 동작하여 G_3, G_4의 출력을 반전시켜 Q_C, Q_D의 출력이 74145 디코더 입력에 전달된다.

▶ **PB SW ON 시 동작 표**

펄스수	4518(7490) 출력 (BCD 10진 출력)				74145(or 7442) 입력 (C, D 입력 변화)				74145 출력 (7442 출력)	LED 상태
	Q_A	Q_B	Q_C	Q_D	D	C	B	A		
0	0	0	0	0	1	1	0	0	모두 H	모두 소등
1	0	0	0	1	0	0	0	1	2번 핀만 H	L_2 점등
2	0	0	1	0	1	1	1	0	모두 H	모두 소등
3	0	0	1	1	0	0	1	1	4번 핀만 H	L_4 점등
4	0	1	0	0	1	1	0	0	모두 H	모두 소등
5	0	1	0	1	0	1	0	1	6번 핀만 H	L_6 점등
6	0	1	1	0	1	1	1	0	모두 H	모두 소등
7	0	1	1	1	0	1	1	1	9번 핀만 H	L_8 점등
8	1	0	0	0	1	1	0	0	모두 H	모두 소등
9	1	0	0	1	1	0	0	1	11번 핀만 H	L_{10} 점등

■ **측정 요구 사항**

▶ **PB SW ON/OFF 시 E점 G_5, G_6 74145 출력 논리 측정{0V=L(0), 3V~5V=H(1)}**

	SW OFF	SW ON
E점	[V]	[V]
G_5 출력	[V]	[V]
G_6 출력	[V]	[V]
74145 1번 핀	[V]	[V]
74145 2번 핀	[V]	[V]

- 측정 방법: 직류 전압계[DC 10[V]]를 흑색 리드봉 (−)은 GND로, 적색 리드봉 (+)는 측정 위치로 하여 측정한다.

전자기기 기능사	조립 제작 실습 과제 11	작품명	예약된 숫자 표시기

▣ 예약된 숫자 표시기 회로를 만능기판에 조립 제작하고, TP점의 전압을 전압계로 측정하여 기록하고 동작하도록 하시오.

1. 시험 시간: 3시간 20분(측정 과지 20분 추가)

2. 요구 사항: 조립 제작 과제

① 지급된 재료를 사용하여 제한 시간 내에 도면과 같이 조립하시오.
② 조립 완성 후 동작 전류를 측정하여 기록하시오.
③ 조립이 완성되면 다음과 같이 동작되도록 하시오.
- 지급된 재료를 사용하여 주어진 도면대로 조립하되 누른 스위치의 숫자가 표시되게 하시오.
- P.B 스위치는 기판 위에 고정하고, SW는 왼쪽부터 순서대로 배치하시오.

④ 위 동작이 되지 않을 시 틀린 회로를 수정하여 정상 동작이 되도록 하시오.

3. 재료 목록

재료명	규격	수량	재료명	규격	수량
IC	7404	1	저항(1/4W)	330Ω	1
	7410	1		1kΩ	1
	4543 (7447)	1/1	전해 콘덴서	1μF	1
			PB 스위치	2P	6
	74147	1	건전지 스냅		1
	74190	1	만능기판	28×62hole	1
IC 소켓	14pin	3	배선줄/3mm	3색 단선	1
	16pin	3	실납	SN60% 1.0Φ	1
다이오드	1N4001	1	건전지	6V	1
FND	507	1	배선줄/3mm	3색 단선	1

▣ 사용되는 IC 및 주요 회로

- 사전 과제 2: 회로에 사용되는 IC 내부를 노트에 그려보고 이해하고 암기하기

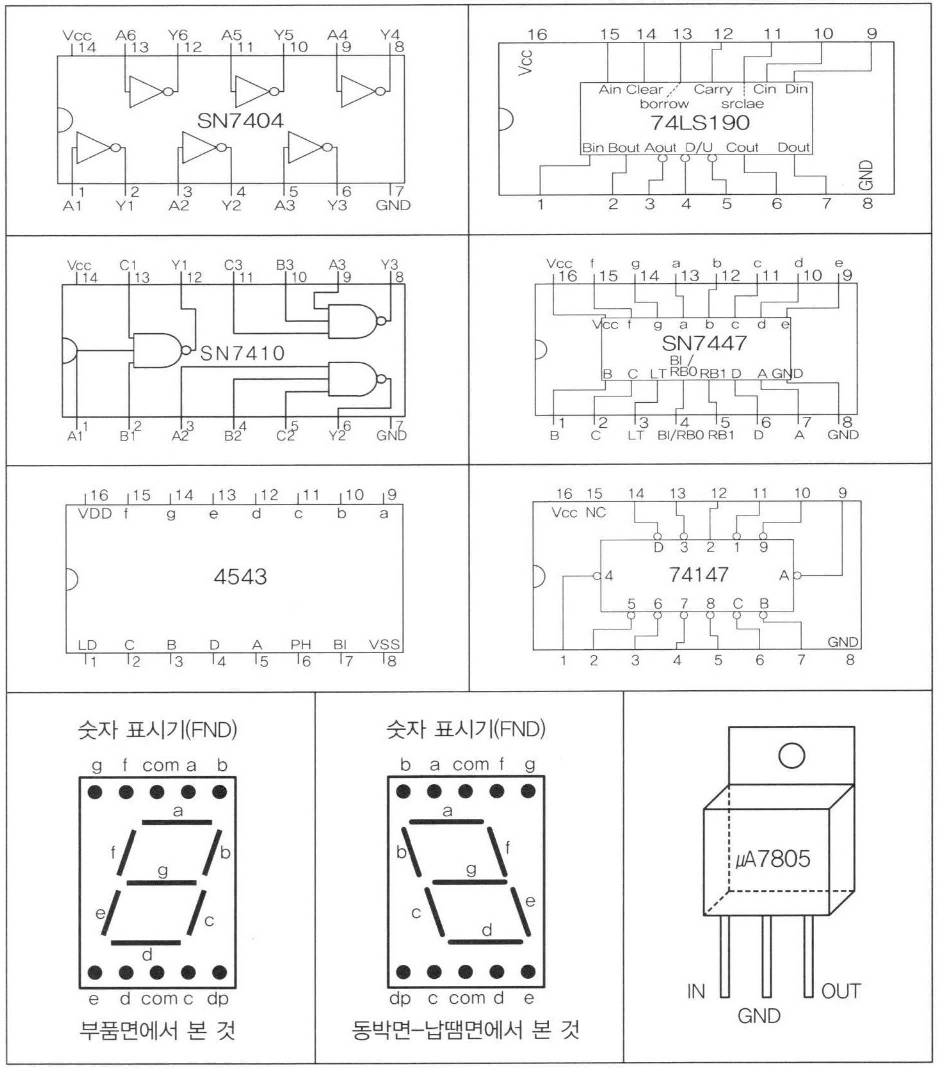

SN7404

74LS190

SN7410

SN7447

4543

74147

숫자 표시기(FND)

부품면에서 본 것

숫자 표시기(FND)

동박면–납땜면에서 본 것

μA7805

【 4. 회로도(예약된 숫자 표시기) 】 회로도는 반드시 수업 전 사전 과제로 실습 노트에 깨끗하게 그려서 검사를 받도록 한다. • 사전 과제 1 – 회로도 그리기

【 5-1. 부품 배치 및 배선 연습용 기판 】

• 사전 과제 5 – 회로도를 보고 28×62 만능기판 사이즈에 균형있게 부품을 배치하고 회로도와 같도록 배선을 하시오

연습용

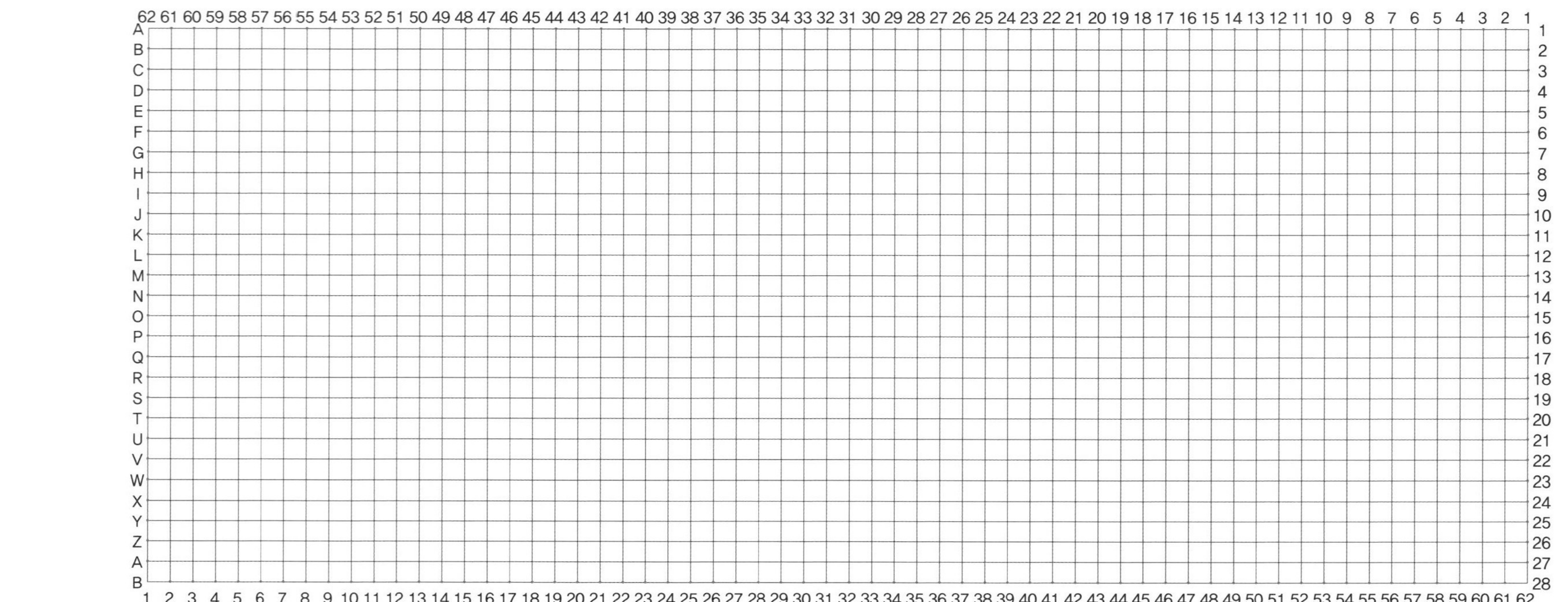

▶ 회로도 제작 조립용 패턴도는 납땜 및 배선 작업 시 편리하도록 동박면(납땜면)을 기준으로 작성하는 것이 좋다.

종류	다이오드	저항	콘덴서	트랜지스터		PB 스위치	IC		점프선	LED
				NPN	PNP					
회로도 기호			+	B C E	B E C	ⓐ ⓑ	14핀	16핀		
패턴도 기호 (동박면 기준)			+				14 1 8 7	16 1 9 8		
비고	4~5칸	4~5칸	3~5칸	3칸	3칸	3칸×3칸 3칸×4칸	4칸×7칸	4칸×8칸	크기에 따라	3칸~4칸

▶ 회로도의 기호에 맞는 패턴도 기호를 사용하여 28×62 기판 사이즈에 전체적인 균형을 생각하며 회로의 조립 과정이 쉽게 패턴도를 작성하시오.

【 5-2. 부품 배치 및 배선 평가용 기판 】

• 사전 과제 5 – 회로도를 보고 28×62 만능기판 사이즈에 균형있게 부품을 배치하고 회로도와 같도록 배선을 하시오

평가용 1

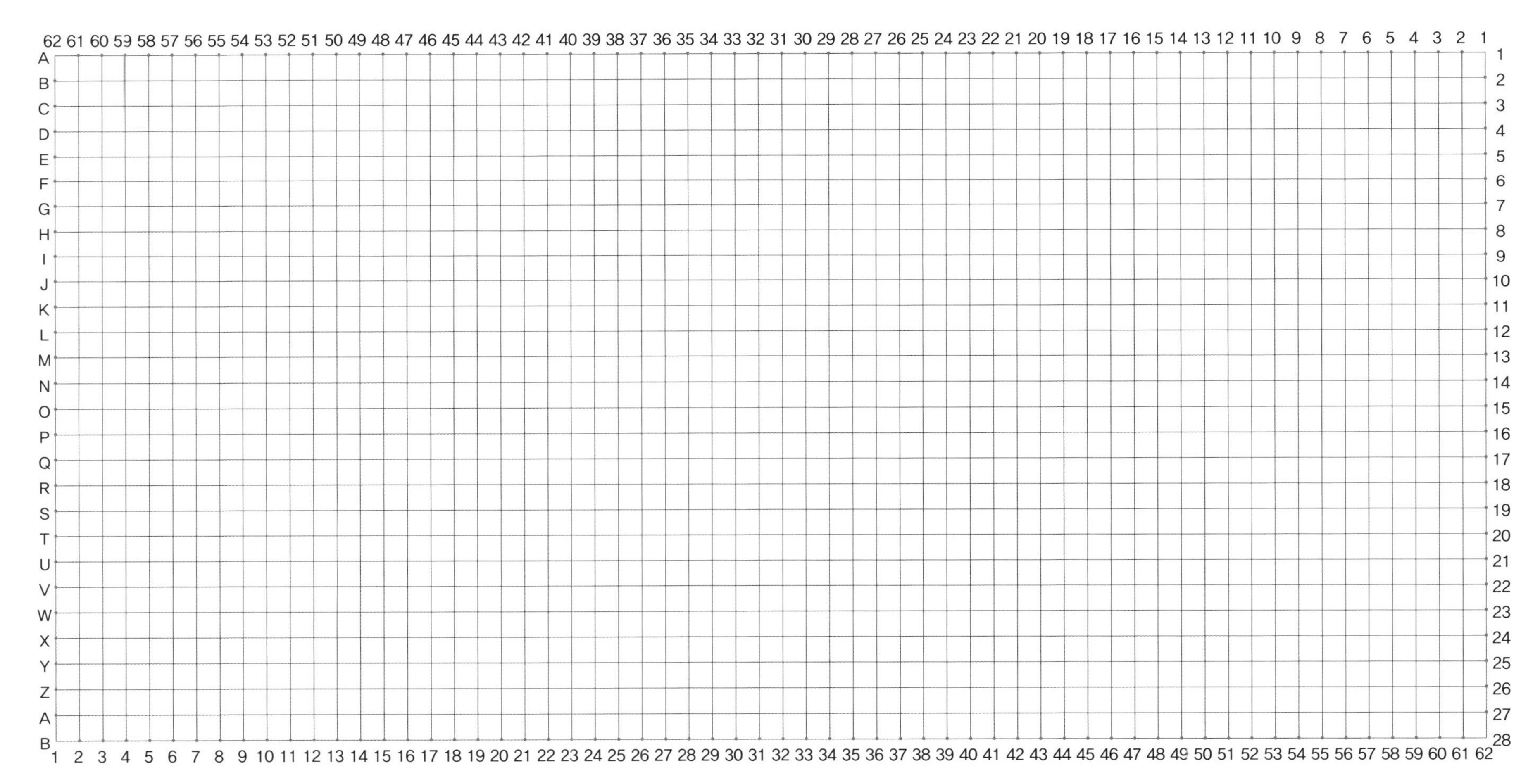

▶ 회로도 제작 조립용 패턴도는 납땜 및 배선 작업 시 편리하도록 동박면(납땜면)을 기준으로 작성하는 것이 좋다.

▶ 회로도의 기호에 맞는 패턴도 기호를 사용하여 28×62 기판 사이즈에 전체적인 균형을 생각하며 회로의 조립 과정이 쉽게 패턴도를 작성하시오.

【 5-3. 부품 배치 및 배선 연습용 기판 】 • 사전 과제 5 – 회로도를 보고 28×62 만능기판 사이즈에 균형있게 부품을 배치하고 회로도와 같도록 배선을 하시오

평가용 2

기본 배치도를 이용한 부품 배치 및 회로 배선 연결 — 스케치용

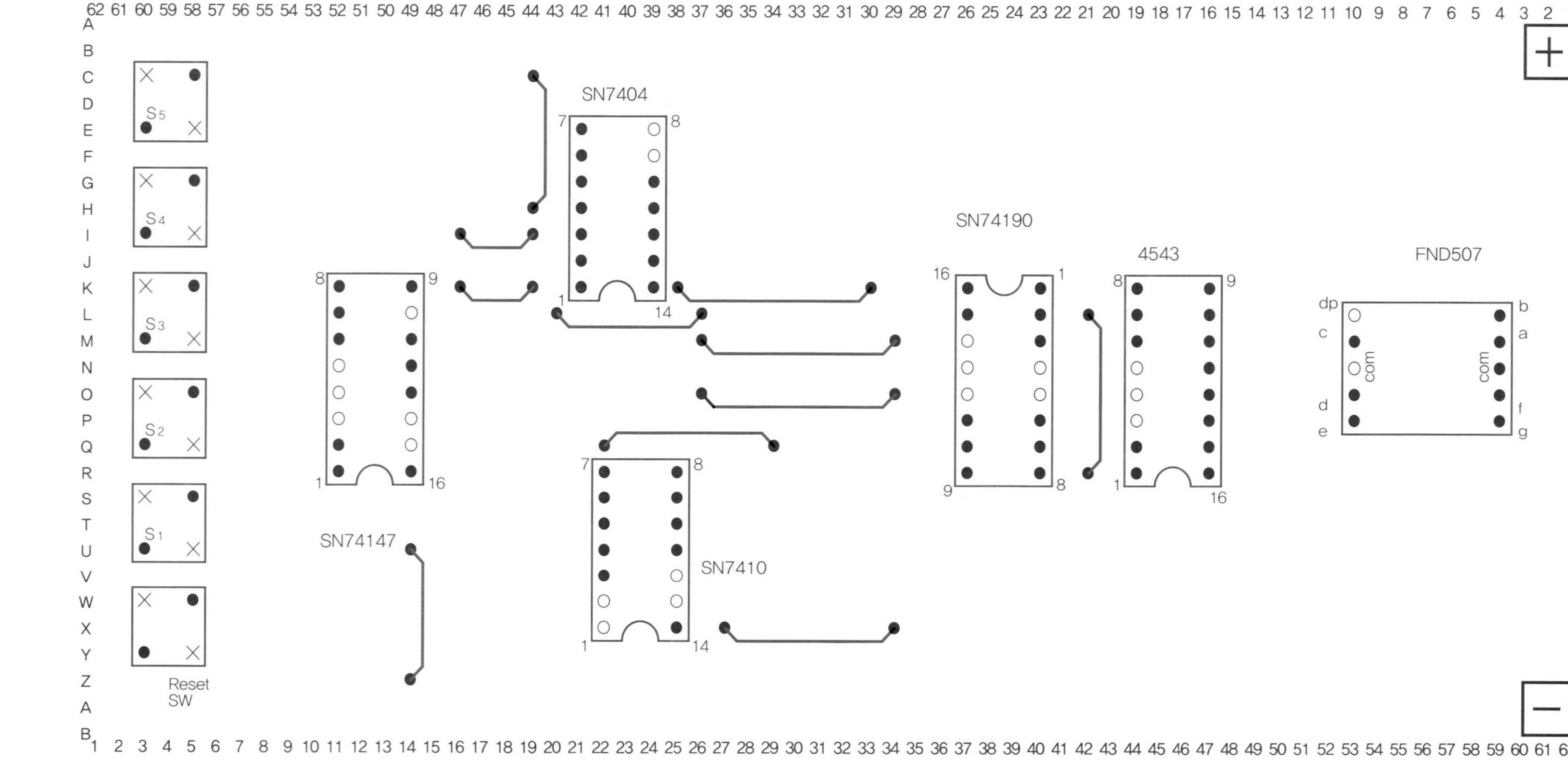

▶ 회로도 제작 조립용 패턴도는 납땜 및 배선 작업 시 편리하도록 동박면(납땜면)을 기준으로 작성하는 것이 좋다.

※ 빨간(적)색의 부품과 파란(청)색의 점프선은 동박면(납땜면)이 아닌 반대편의 부품면(플라스틱면)에서 삽입된다는 것을 유의한다.

▶ 회로도의 기호에 맞는 패턴도 기호를 사용하여 28×62 기판 사이즈에 전체적인 균형을 생각하며 회로의 조립 과정이 쉽게 패턴도를 작성하시오.

【 6-1. 부품의 모범 배치도 1 】

• 회로도와 같도록 배치도에 회로의 결선을 하시오.(연필을 사용하여 여러 번 수정을 거치면 가장 좋은 배선이 된다.)

수업 연습용(1시간)

모범 배치도를 이용한 배선 연결 1 — 스케치용

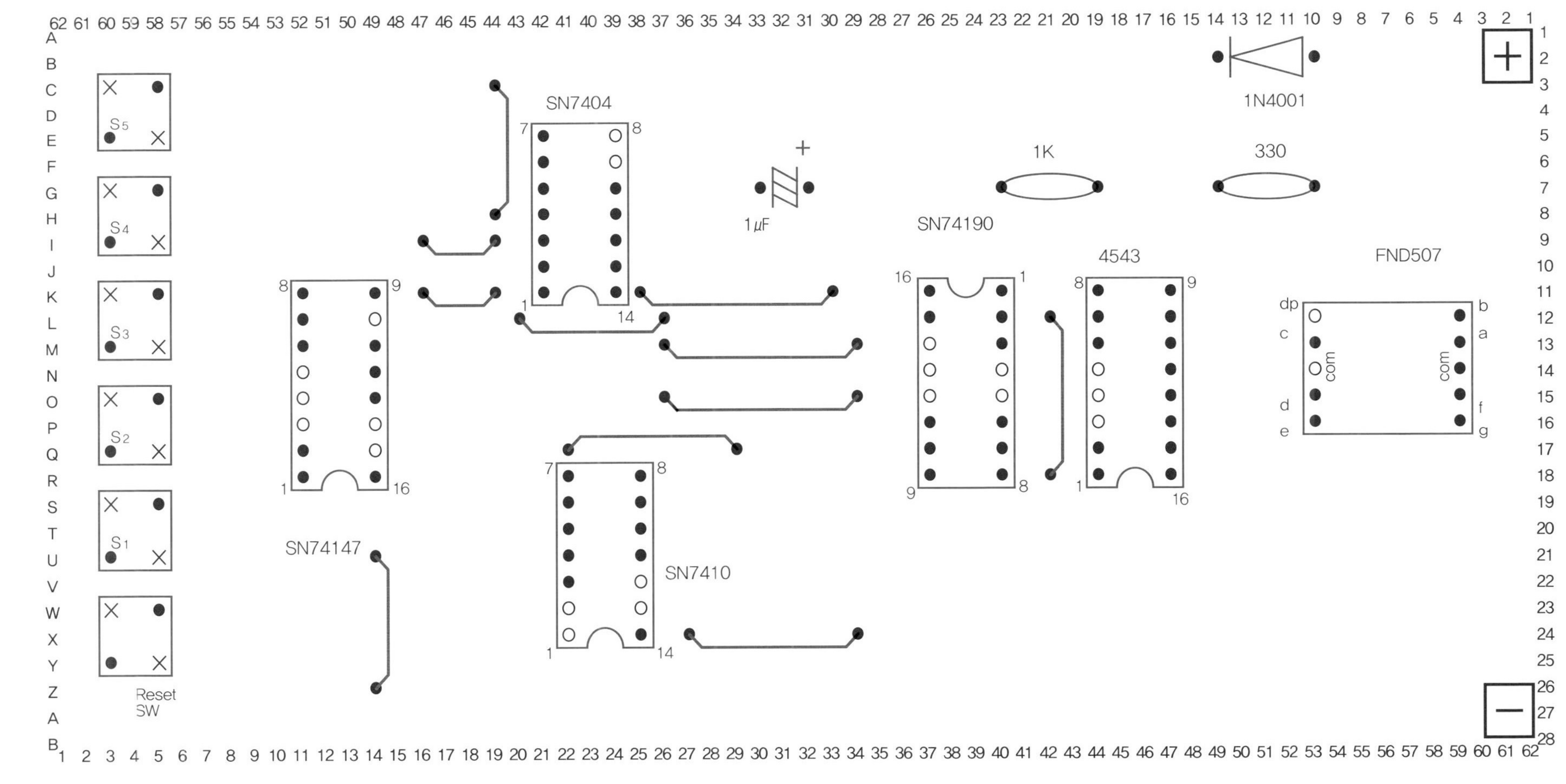

▶ 본 패턴도는 동박면(납땜면)을 기준으로 부품 배치를 하였으므로 부품 삽입 시 참고하여 삽입한다. (배선 납땜 시 매우 편리함)

※빨간(적)색의 부품과 파란(청)색의 점프선은 동박면(납땜면)이 아닌 반대편의 부품면(플라스틱면)에서 삽입된다는 것을 유의한다.

【 6-2. 부품의 모범 배치도 1 】

• 회로도와 같도록 배치도에 회로의 결선을 하시오.(연필을 사용하여 여러 번 수정을 거치면 가장 좋은 배선이 된다.)

모범 배치도를 이용한 배선 연결 2 — 평가용

모범 조립 패턴도 답안지 ▶ 380쪽

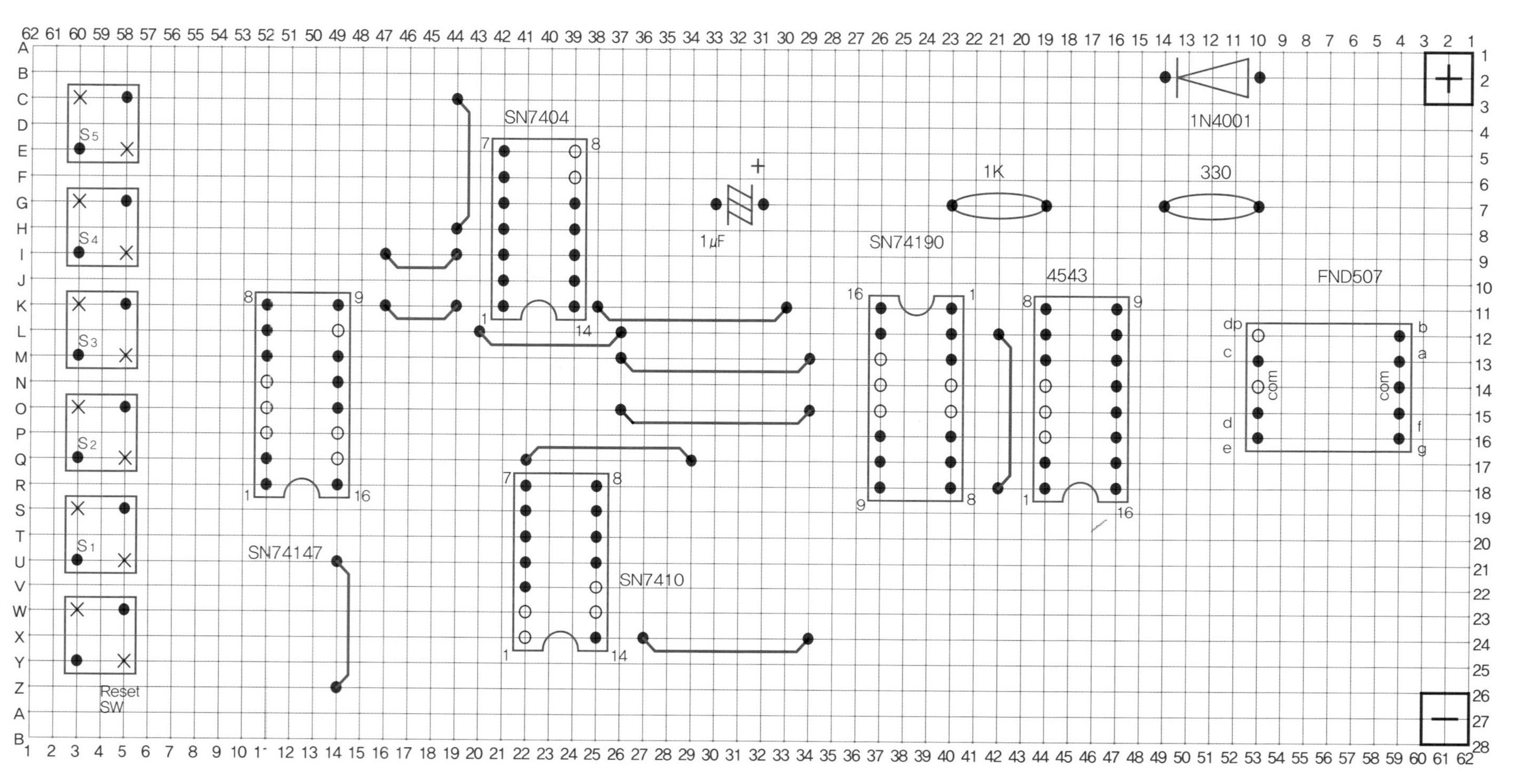

▶ 본 패턴도는 동박면(납땜면)을 기준으로 부품 배치를 하였으므로 부품 삽입 시 이를 참고하여 삽입한다. (배선 납땜 시 매우 편리함)

※빨간(적)색의 부품과 파란(청)색의 점프선은 동박면(납땜면)이 아닌 반대편의 부품면(플라스틱면)에서 삽입된다는 것을 유의한다.

【 7. 설명도 】 회로의 동작 설명을 듣고 동작 설명도를 여러 번 읽고 입력에서 출력까지의 회로 동작을 정확하게 이해하고 동작이 되도록 한다.

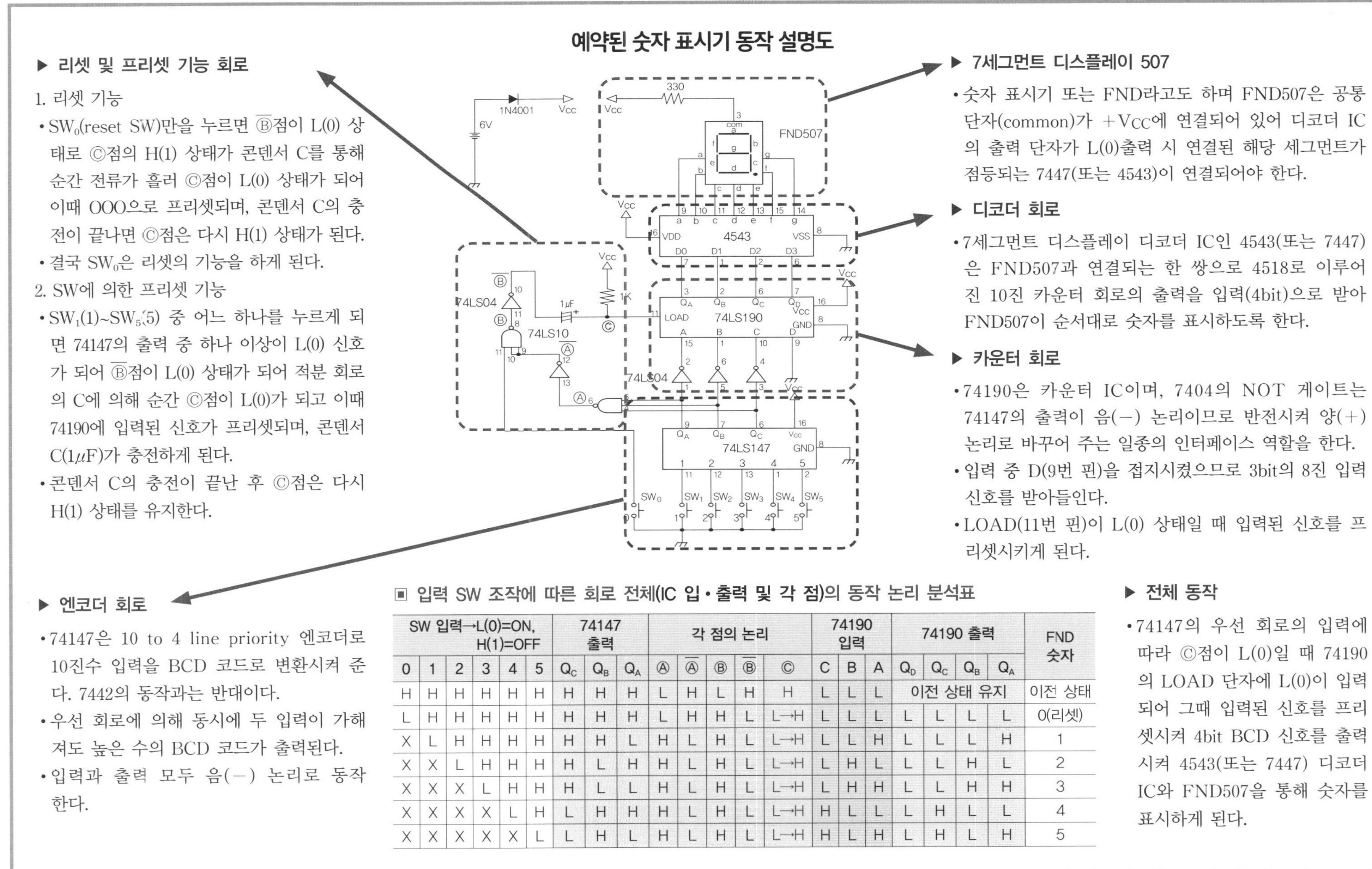

예약된 숫자 표시기 동작 설명도

▶ 리셋 및 프리셋 기능 회로

1. 리셋 기능

• SW_0(reset SW)만을 누르면 $\overline{Ⓑ}$점이 L(0) 상태로 ©점의 H(1) 상태가 콘덴서 C를 통해 순간 전류가 흘러 ©점이 L(0) 상태가 되어 이때 OOO으로 프리셋되며, 콘덴서 C의 충전이 끝나면 ©점은 다시 H(1) 상태가 된다.

• 결국 SW_0은 리셋의 기능을 하게 된다.

2. SW에 의한 프리셋 기능

• SW_1(1)~SW_5(5) 중 어느 하나를 누르게 되면 74147의 출력 중 하나 이상이 L(0) 신호가 되어 $\overline{Ⓑ}$점이 L(0) 상태가 되어 적분 회로의 C에 의해 순간 ©점이 L(0)가 되고 이때 74190에 입력된 신호가 프리셋되며, 콘덴서 C(1μF)가 충전하게 된다.

• 콘덴서 C의 충전이 끝난 후 ©점은 다시 H(1) 상태를 유지한다.

▶ 7세그먼트 디스플레이 507

• 숫자 표시기 또는 FND라고도 하며 FND507은 공통단자(common)가 $+V_{CC}$에 연결되어 있어 디코더 IC의 출력 단자가 L(0)출력 시 연결된 해당 세그먼트가 점등되는 7447(또는 4543)이 연결되어야 한다.

▶ 디코더 회로

• 7세그먼트 디스플레이 디코더 IC인 4543(또는 7447)은 FND507과 연결되는 한 쌍으로 4518로 이루어진 10진 카운터 회로의 출력을 입력(4bit)으로 받아 FND507이 순서대로 숫자를 표시하도록 한다.

▶ 카운터 회로

• 74190은 카운터 IC이며, 7404의 NOT 게이트는 74147의 출력이 음(−) 논리이므로 반전시켜 양(+) 논리로 바꾸어 주는 일종의 인터페이스 역할을 한다.

• 입력 중 D(9번 핀)을 접지시켰으므로 3bit의 8진 입력 신호를 받아들인다.

• LOAD(11번 핀)이 L(0) 상태일 때 입력된 신호를 프리셋시키게 된다.

▶ 엔코더 회로

• 74147은 10 to 4 line priority 엔코더로 10진수 입력을 BCD 코드로 변환시켜 준다. 7442의 동작과는 반대이다.

• 우선 회로에 의해 동시에 두 입력이 가해져도 높은 수의 BCD 코드가 출력된다.

• 입력과 출력 모두 음(−) 논리로 동작한다.

▣ 입력 SW 조작에 따른 회로 전체(IC 입·출력 및 각 점)의 동작 논리 분석표

SW 입력→L(0)=ON, H(1)=OFF						74147 출력			각 점의 논리					74190 입력			74190 출력				FND 숫자
0	1	2	3	4	5	Q_C	Q_B	Q_A	Ⓐ	$\overline{Ⓐ}$	Ⓑ	$\overline{Ⓑ}$	©	C	B	A	Q_D	Q_C	Q_B	Q_A	
H	H	H	H	H	H	H	H	H	L	H	L	H	H	L	L	L	이전 상태 유지				이전 상태
L	H	H	H	H	H	H	H	H	L	H	H	L	L→H	L	L	L	L	L	L	L	0(리셋)
X	L	H	H	H	H	H	H	L	H	L	H	L	L→H	L	L	H	L	L	L	H	1
X	X	L	H	H	H	H	L	H	H	L	H	L	L→H	L	H	L	L	L	H	L	2
X	X	X	L	H	H	H	L	L	H	L	H	L	L→H	L	H	H	L	L	H	H	3
X	X	X	X	L	H	L	H	H	H	L	H	L	L→H	H	L	L	L	H	L	L	4
X	X	X	X	X	L	L	H	L	H	L	H	L	L→H	H	L	H	L	H	L	H	5

▶ 전체 동작

• 74147의 우선 회로의 입력에 따라 ©점이 L(0)일 때 74190의 LOAD 단자에 L(0)이 입력되어 그때 입력된 신호를 프리셋시켜 4bit BCD 신호를 출력시켜 4543(또는 7447) 디코더 IC와 FND507을 통해 숫자를 표시하게 된다.

전자기기 기능사	조립 제작 실습 과제 12	작품명	듀얼 8진수 표시기 회로

▣ 듀얼 8진수 표시기 회로를 만능기판에 조립 제작하고, TP점의 전압을 전압계로 측정하여 기록하고 동작하도록 하시오.

1. 시험 시간: 3시간 20분(측정 과제 20분 추가)

2. 요구 사항: 조립 제작 과제

① 지급된 재료를 사용하여 제한 시간 내에 도면과 같이 조립하시오.
② 조립 완성 후 동작 전류를 측정하여 기록하시오.
③ 조립이 완성되면 다음 진리표와 같이 동작 되도록 하시오.
- 별도로 지급된 패턴도를 보고 답안지에 회로 스케치를 완성하시오.
- DIP SW의 X가 ON일 때 세그먼트를 8진 LED의 동작이 2진화 8진수가 되게 하시오.
- DIP SW의 Y가 ON일 때 8진 업 카운트가 되게 하시오.
- DIP SW의 X, Y가 동시에 ON이나 OFF 되었을 때 SP가 동작되게 하시오.

④ 위 동작이 되지 않을 시, 틀린 회로를 수정하여 정상 동작이 되게 하시오.

3. 재료 목록

재료명	규격	수량	재료명	규격	수량
IC	7404	1	저항(1/4W)	270Ω	1
	7408	1		330Ω	3
	4077	1		1kΩ	2
	4011	2		470kΩ	6
	74393	1	DIP 스위치	2P	1
	7448	1	스피커	8Ω/0.3W	1
IC 소켓	14pin	7	LED	적색	1
	16pin	1		황색	1
트랜지스터	2SC1815	2		녹색	1
FND	500	1	건전지 스냅		1
다이오드	1N4002	2	만능기판	28×62hole	1
마일러 콘덴서	0.0047μF	2	배선줄/3mm	3색 단선	1
	0.001μF	1	실납	SN60% 1.0Φ	1
	0.01μF	1	건전지	6V	1

▣ 사용되는 IC 및 주요 회로

- 사전 과제 2: 회로에 사용되는 IC 내부를 노트에 그려보고 이해하고 암기하기

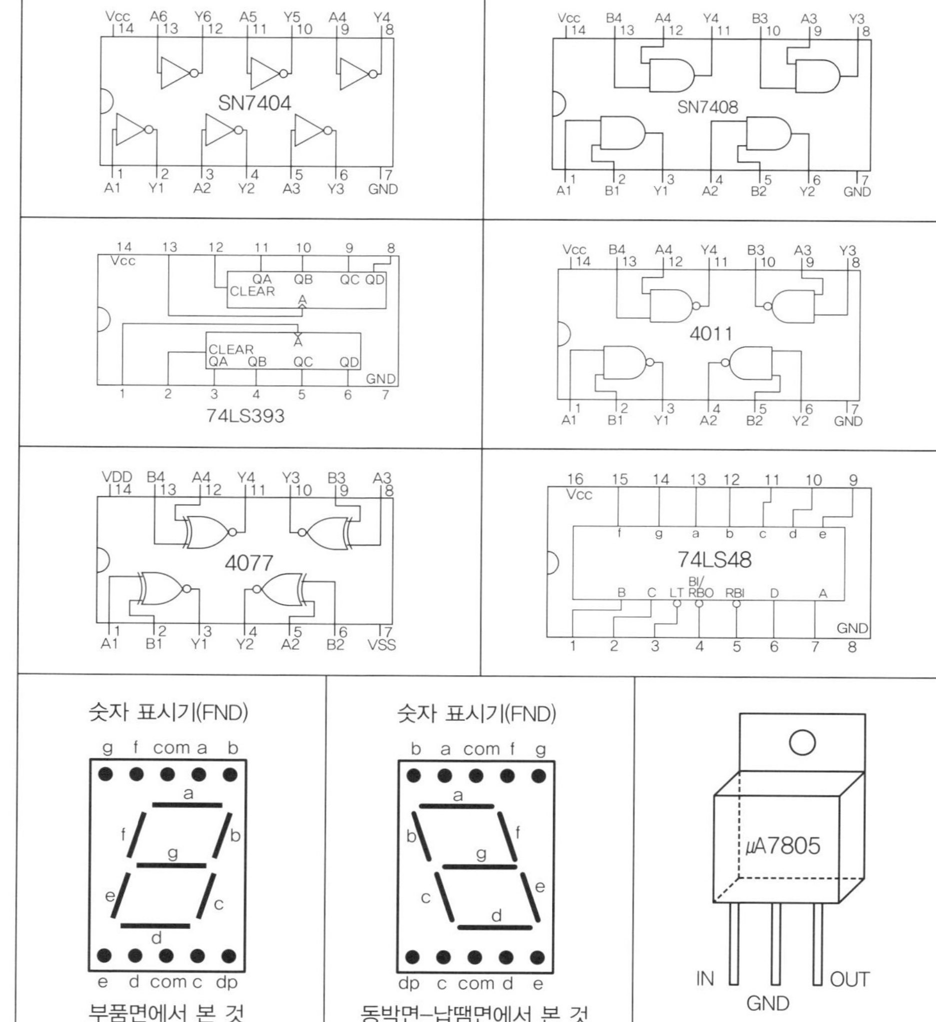

【 4. 회로도(듀얼 8진수 표시기 회로) 】 회로도는 반드시 수업 전 사전 과제로 실습 노트에 깨끗하게 그려서 검사를 받도록 한다. • 사전 과제 1 – 회로도 그리기

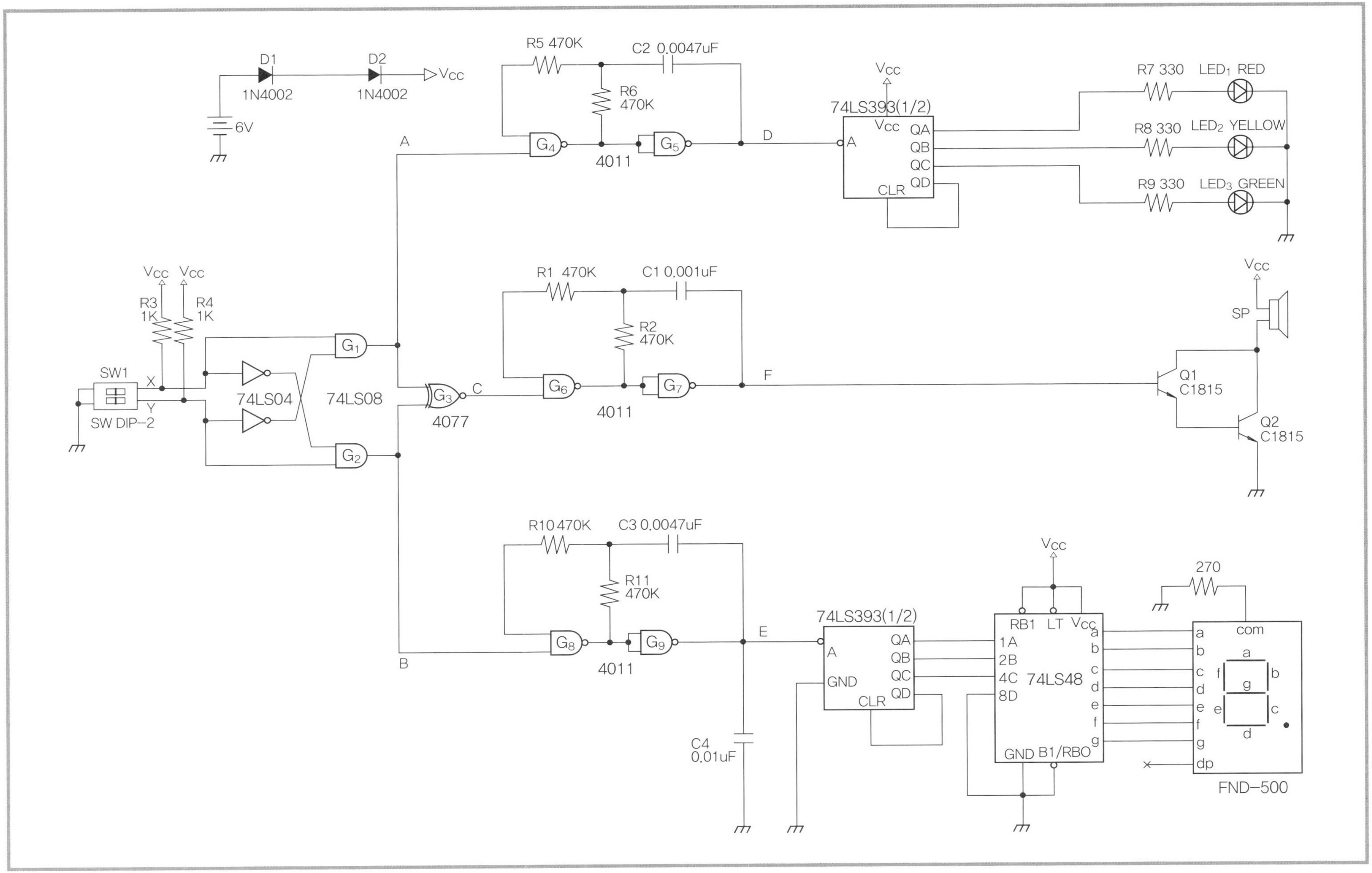

【 5-1. 부품 배치 및 배선 연습용 기판 】 • 사전 과제 5 – 회로도를 보고 28×62 만능기판 사이즈에 균형있게 부품을 배치하고 회로도와 같도록 배선을 하시오

연습용

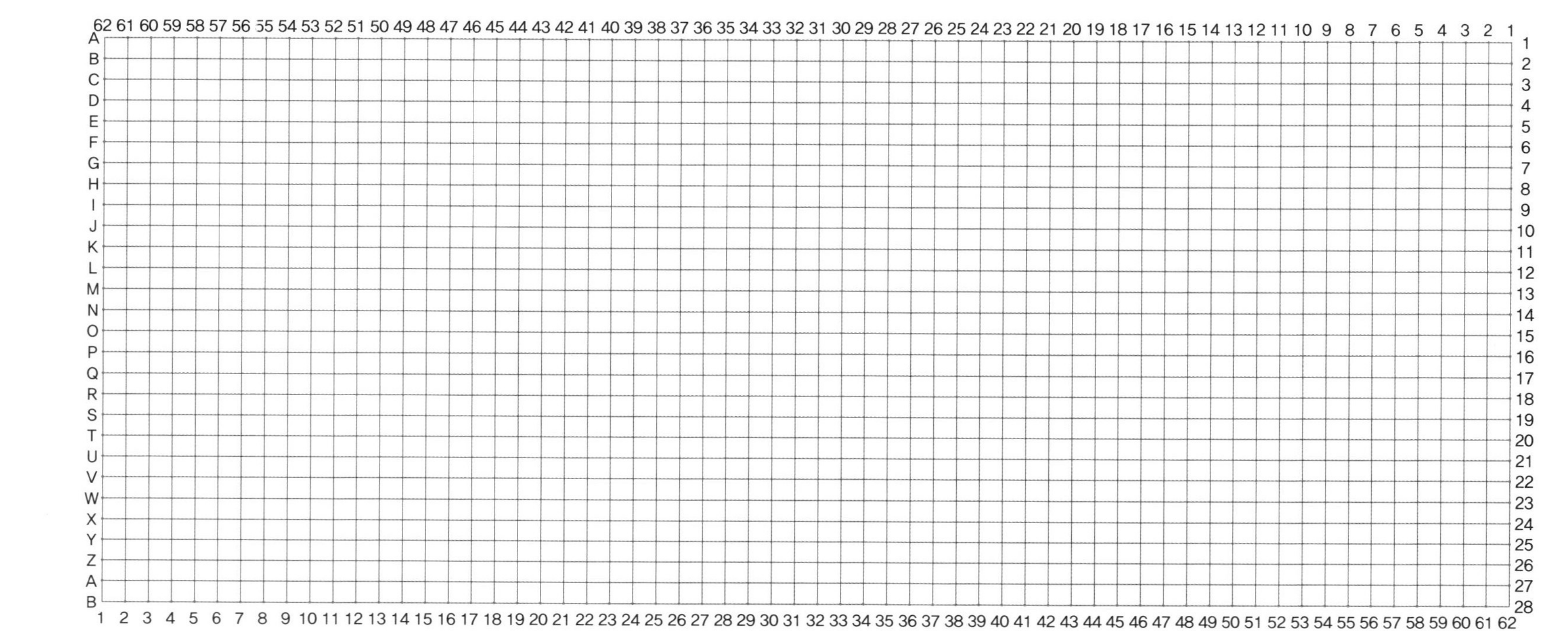

▶ 회로도 제작 조립용 패턴도는 납땜 및 배선 작업 시 편리하도록 동박면(납땜면)을 기준으로 작성하는 것이 좋다.

종류	다이오드	저항	콘덴서	트랜지스터 NPN	트랜지스터 PNP	PB 스위치	IC 14핀	IC 16핀	점프선	LED
회로도 기호			+	B C E	B E C	ⓐ ⓑ	14핀	16핀		
패턴도 기호 (동박면 기준)			+				14 1 8 7	16 1 9 8		
비고	4~5칸	4~5칸	3~5칸	3칸	3칸	3칸×3칸 3칸×4칸	4칸×7칸	4칸×8칸	크기에 따라	3칸~4칸

▶ 회로도의 기호에 맞는 패턴도 기호를 사용하여 28×62 기판 사이즈에 전체적인 균형을 생각하며 회로의 조립 과정이 쉽게 패턴도를 작성하시오.

【 5-2. 부품 배치 및 배선 평가용 기판 】

• 사전 과제 5 – 회로도를 보고 28×62 만능기판 사이즈에 균형있게 부품을 배치하고 회로도와 같도록 배선을 하시오

평가용 1

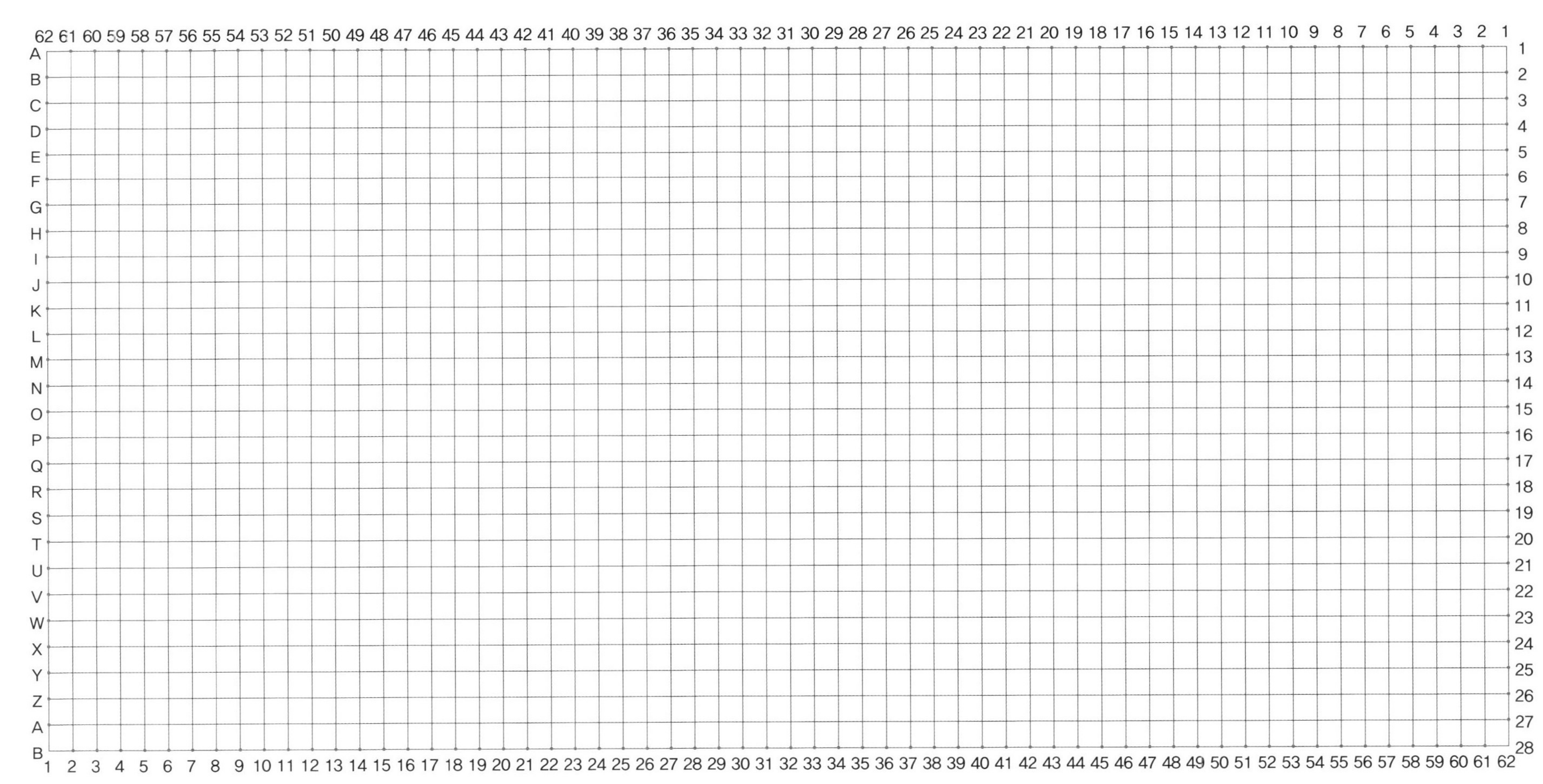

▶ 회로도 제작 조립용 패턴도는 납땜 및 배선 작업 시 편리하도록 동박면(납땜면)을 기준으로 작성하는 것이 좋다.

▶ 회로도의 기호에 맞는 패턴도 기호를 사용하여 28×62 기판 사이즈에 전체적인 균형을 생각하며 회로의 조립 과정이 쉽게 패턴도를 작성하시오.

【 5-3. 부품 배치 및 배선 연습용 기판 】

• 사전 과제 5 – 회로도를 보고 28×62 만능기판 사이즈에 균형있게 부품을 배치하고 회로도와 같도록 배선을 하시오

기본 배치도를 이용한 부품 배치 및 회로 배선 연결 – 스케치용

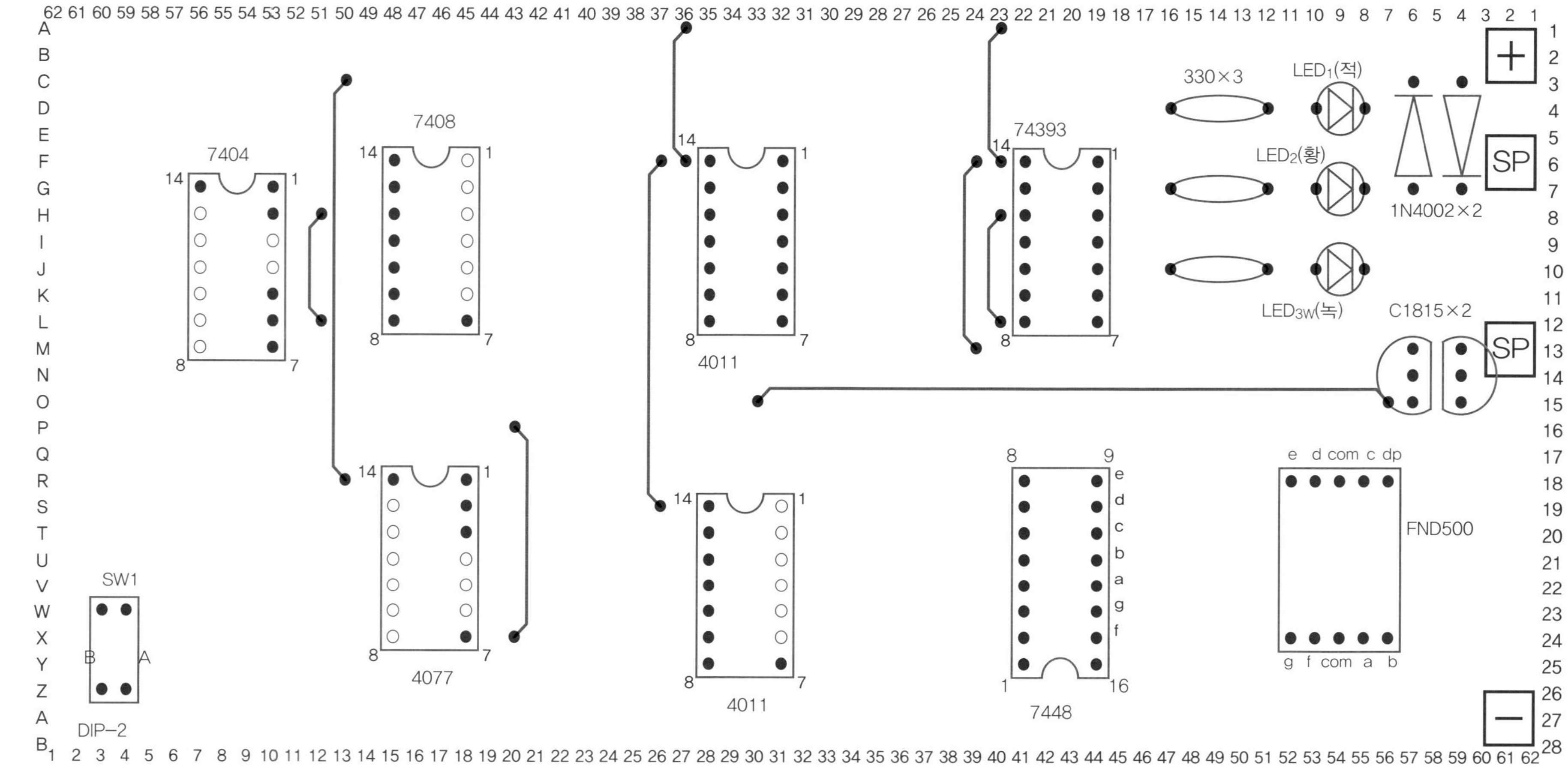

▶ 회로도 제작 조립용 패턴도는 납땜 및 배선 작업 시 편리하도록 동박면(납땜면)을 기준으로 작성하는 것이 좋다.

※ 빨간(적)색의 부품과 파란(청)색의 점프선은 동박면(납땜면)이 아닌 반대편의 부품면(플라스틱면)에서 삽입된다는 것을 유의한다.

▶ 회로도의 기호에 맞는 패턴도 기호를 사용하여 28×62 기판 사이즈에 전체적인 균형을 생각하며 회로의 조립 과정이 쉽게 패턴도를 작성하시오.

【 6-1. 부품의 모범 배치도 1 】

• 회로도와 같도록 배치도에 회로의 결선을 하시오.(연필을 사용하여 여러 번 수정을 거치면 가장 좋은 배선이 된다.)

수업 연습용(1시간)

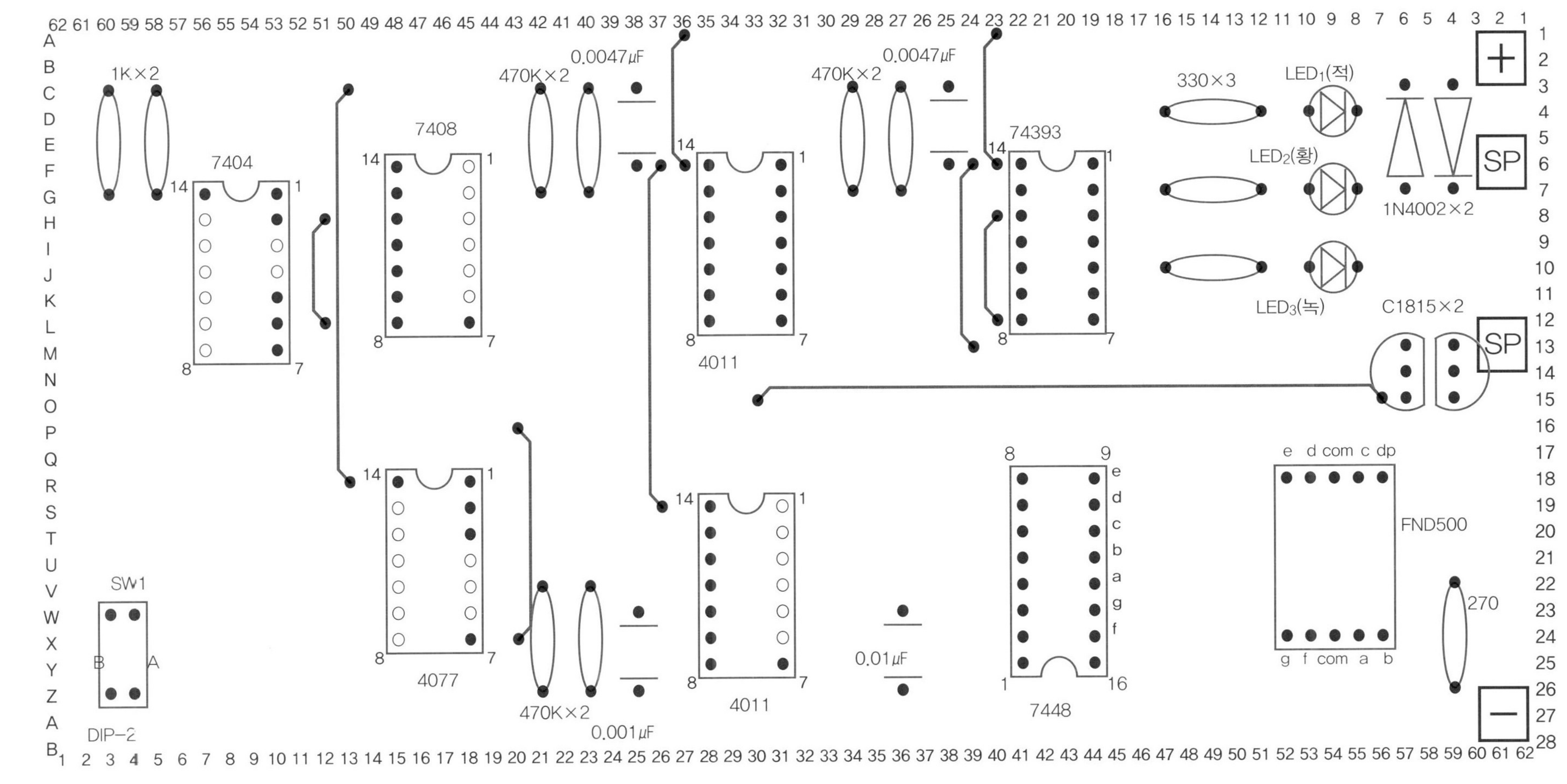

▶ 본 패턴도는 동박면(납땜면)을 기준으로 부품 배치를 하였으므로 부품 삽입 시 참고하여 삽입한다. (배선 납땜 시 매우 편리함)

※빨간(적)색의 부품과 파란(청)색의 점프선은 동박면(납땜면)이 아닌 반대편의 부품면(플라스틱면)에서 삽입된다는 것을 유의한다.

【 6-2. 부품의 모범 배치도 1 】

• 회로도와 같도록 배치도에 회로의 결선을 하시오.(연필을 사용하여 여러 번 수정을 거치면 가장 좋은 배선이 된다.)

모범 배치도를 이용한 배선 연결 2 — 평가용

모범 조립 패턴도 답안지 ▶ 382쪽

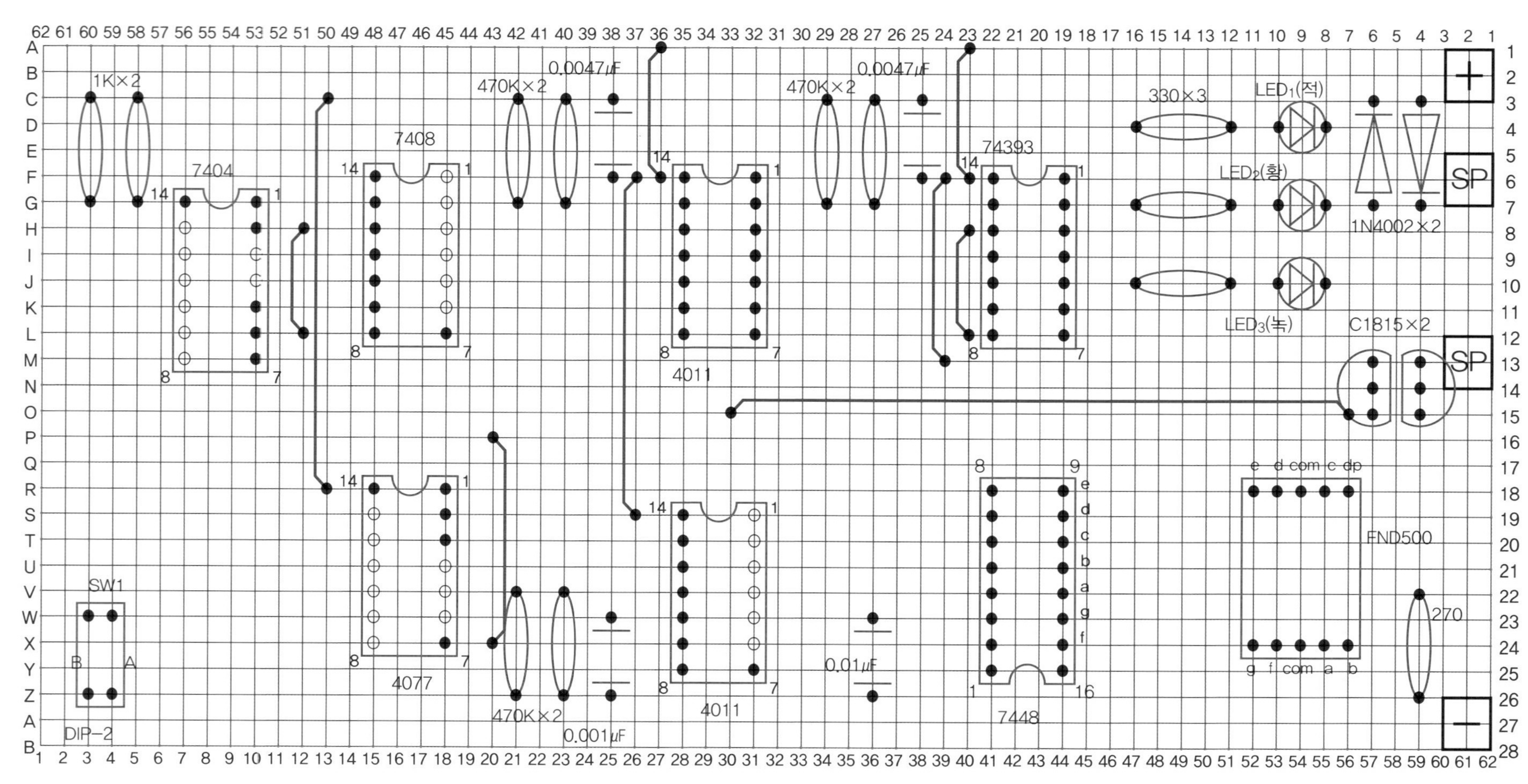

▶ 본 패턴도는 동박면(납땜면)을 기준으로 부품 배치를 하였으므로 부품 삽입 시 이를 참고하여 삽입한다. (배선 납땜 시 매우 편리함)

※빨간(적)색의 부품과 파란(청)색의 점프선은 동박면(납땜면)이 아닌 반대편의 부품면(플라스틱면)에서 삽입된다는 것을 유의한다.

【 7. 설명도 】 회로의 동작 설명을 듣고 동작 설명도를 여러 번 읽고 입력에서 출력까지의 회로 동작을 정확하게 이해하고 동작이 되도록 한다.

듀얼 8진수 표시기 회로 동작 설명도

▶ **제어 입력 NAND 이용 비안정 발진 회로 3**

- C점이 H(1) 상태일 때 발진을 하게 된다.
- 발진 주기 $T_3 = 2.2RC = 2.2 \times 470 \times 10^3 \times 0.001 \times 10^{-6}$
  $= 0.001[S] = 0.1[ms]$
- 발진 주파수 $f = 1/T = 1/1 \times 10^{-3} = 1[kHZ]$

▶ **입력 데이터 설정 및 데이터 선택 회로**

1. DIP SW X와 Y가 모두 OFF, 또는 모두 ON일 경우
   - G_1 출력 A점과 G_2 출력 B점의 논리는 모두 L(0) 상태이고, G_3 출력 C점의 논리는 H(1) 상태로 G_6, G_7으로 된 발진 회로가 동작을 한다. 즉, F점의 발진 출력으로 스피커 음이 들린다.
2. DIP SW X만 ON일 경우(Y는 OFF)
   - G_1 출력 A점은 L(0), G_2 출력 B점은 H(1), G_3 출력 C점은 L(0) 상태가 되어 B점에 연결된 발진 회로(G_8, G_9 발진 회로)가 동작을 하여 7세그먼트에 0부터 7까지 숫자가 표시된다.
3. DIP SW Y만 ON일 경우(X는 OFF)
   - G_1 출력 A점은 H(1), G_2 출력 B점은 L(0), G_3 출력 C점은 L(0) 상태가 되어 A점에 연결된 발진 회로(G_4, G_5 발진 회로)가 동작을 하여 LED에 3bit 8진수를 표시한다.

▶ **제어 입력 NAND 이용 비안정 발진 회로 1, 2**

- A점이 H(1) 상태일 때 G_4, G_5 발진 회로가 발진을 하게 되며, B점이 H(1) 상태일 때 G_8, G_9 발진 회로가 발진을 하게 된다.
- 발진 주기 $T_1 = T_2 = 2.2RC = 2.2 \times 470 \times 10^3 \times 0.0047 \times 10^{-6}$
  $= 0.0048[S] = 4.8[ms]$
- 발진 주파수 $f_1 = f_2 = 1/T = 1/4.8 \times 10^{-3} ≒ 208[HZ]$

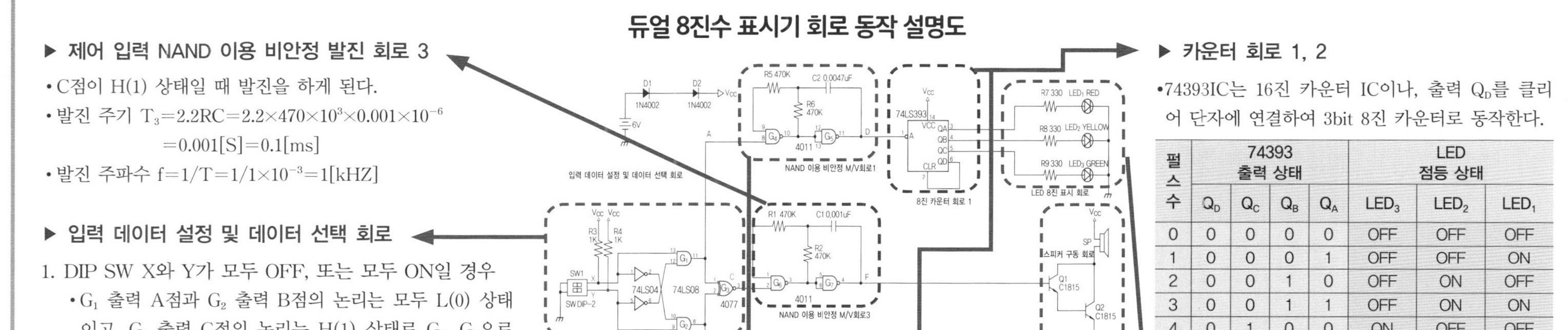

※ **전체 동작**

- 이 듀얼 8진수 표시 회로는 입력 DIP SW의 조작에 의해 위 회로에서 A점이 H(1)일 경우는 LED로 8진수를 표시하고, B점이 H(1)일 경우는 FND500을 통해 숫자로 8진수를 표시하게 되며, 입력 SW를 모두 OFF 하거나 모두 ON 하게 되어 C점이 H(1)이 되면, 발진 회로 3의 발진 출력이 스피커를 통하여 발진음을 낸다.

SW 입력		선택 회로 출력			회로 동작 상태
X	Y	A	B	C	
0	0	0	0	1	스피커
0	1	0	1	0	숫자 표시
1	0	1	0	0	LED
1	1	0	0	1	스피커

▶ **카운터 회로 1, 2**

- 74393IC는 16진 카운터 IC이나, 출력 Q_D를 클리어 단자에 연결하여 3bit 8진 카운터로 동작한다.

펄스수	74393 출력 상태				LED 점등 상태		
	Q_D	Q_C	Q_B	Q_A	LED_3	LED_2	LED_1
0	0	0	0	0	OFF	OFF	OFF
1	0	0	0	1	OFF	OFF	ON
2	0	0	1	0	OFF	ON	OFF
3	0	0	1	1	OFF	ON	ON
4	0	1	0	0	ON	OFF	OFF
5	0	1	0	1	ON	OFF	ON
6	0	1	1	0	ON	ON	OFF
7	0	1	1	1	ON	ON	ON
8	1	0	0	0	OFF	OFF	OFF

8진 카운터로 펄스가 9개째 8에서 리셋된다.

▶ **LED 8진 표시 회로**

- 74393 카운터 회로 1의 출력을 입력으로 받아 3bit 8진수를 표시하는 LED 계수 회로이며, 74393의 카운터 회로의 출력이 H(1) 상태일 때 LED가 점등된다.

▶ **스피커 구동 회로**

- 제어 입력 NAND 이용 비안정 발진 회로 3의 출력을 입력으로 받아 발진음을 스피커로 나타낸다.

▶ **Decoder IC 및 FND 숫자 표시기**

- 74393 카운터 회로 2의 3bit 출력을 입력으로 받아서 FND500(common cathode)이 숫자를 표시할 수 있도록 해독하여 7세그먼트에 맞는 신호를 만들어주는 해독기이며, 해독기의 출력이 H(1) 상태일 때 해당 세그먼트가 점등된다.

전자기기 기능사	조립 제작 실습 과제 13	작품명	분주 가변 회로

▣ **분주 가변 회로 회로를 만능기판에 조립 제작하고, TP점의 전압을 전압계로 측정하여 기록하고 동작하도록 하시오.**

1. 시험 시간: 3시간 20분(측정 과제 20분 추가)

2. 요구 사항: 조립 제작 과제

① 지급된 재료를 사용하여 제한 시간 내에 도면과 같이 조립하시오.

② 조립 완성 후 동작 전류를 측정하여 기록하시오.

③ 조립이 완성되면 다음 진리표와 같이 동작되도록 하시오.

- 푸시 SW를 누를 때마다 분주 비가 2배로 변화되어야 한다.
- 발진기가 동작할 때마다 LED가 ON되어야 한다.
- 4가지 분주 상태를 가지고 가, 나항의 동작을 TIME CHART로 표시하면 다음과 같다. (그림–펄스 파형도)

④ 위 동작이 되지 않을 시 틀린 회로를 수정하여 정상 동작이 되도록 하시오.

3. 재료 목록

재료명	규격	수량	재료명	규격	수량
IC	LM741	1	저항(1/4W)	220Ω	1
	7493	1		330Ω	1
	74153	1		1kΩ	1
	7476	1		5kΩ	4
IC 소켓	8pin	1		27kΩ	1
	14pin	1		47kΩ	3
	16pin	2		68kΩ	2
다이오드	1S4002	1	가변 저항	100kΩ	1
	1S1588	2	트랜지스터	2SC1815	5
LED	적색	1	스피커	8Ω/0.3W	1
PB 스위치	2P	1	건전지 스냅		1
마일러 콘덴서	0.01μF	1	만능기판	28×62hole	1
	0.047μF	1	배선줄/3mm	3색 단선	1
전해 콘덴서	1μF	2	실납	SN60% 1.0Φ	1
	33μF	1	건전지	6V	1

▣ **사용되는 IC 및 주요 회로**

- 사전 과제 2: 회로에 사용되는 IC 내부를 노트에 그려보고 이해하고 암기하기

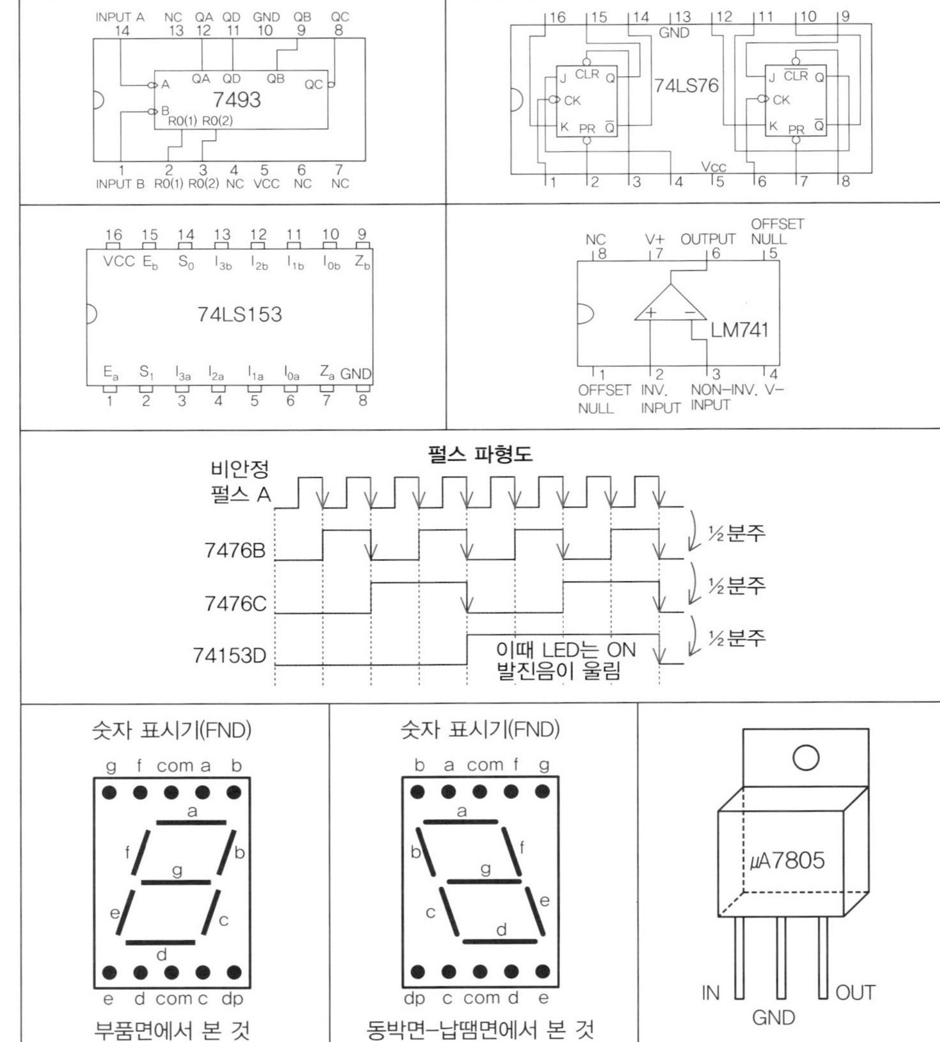

【 4. 회로도(분주 가변 회로) 】 회로도는 반드시 수업 전 사전 과제로 실습 노트에 깨끗하게 그려서 검사를 받도록 한다. • 사전 과제 1 – 회로도 그리기

【 5-1. 부품 배치 및 배선 연습용 기판 】 •사전 과제 5 – 회로도를 보고 28×62 만능기판 사이즈에 균형있게 부품을 배치하고 회로도와 같도록 배선을 하시오

연습용

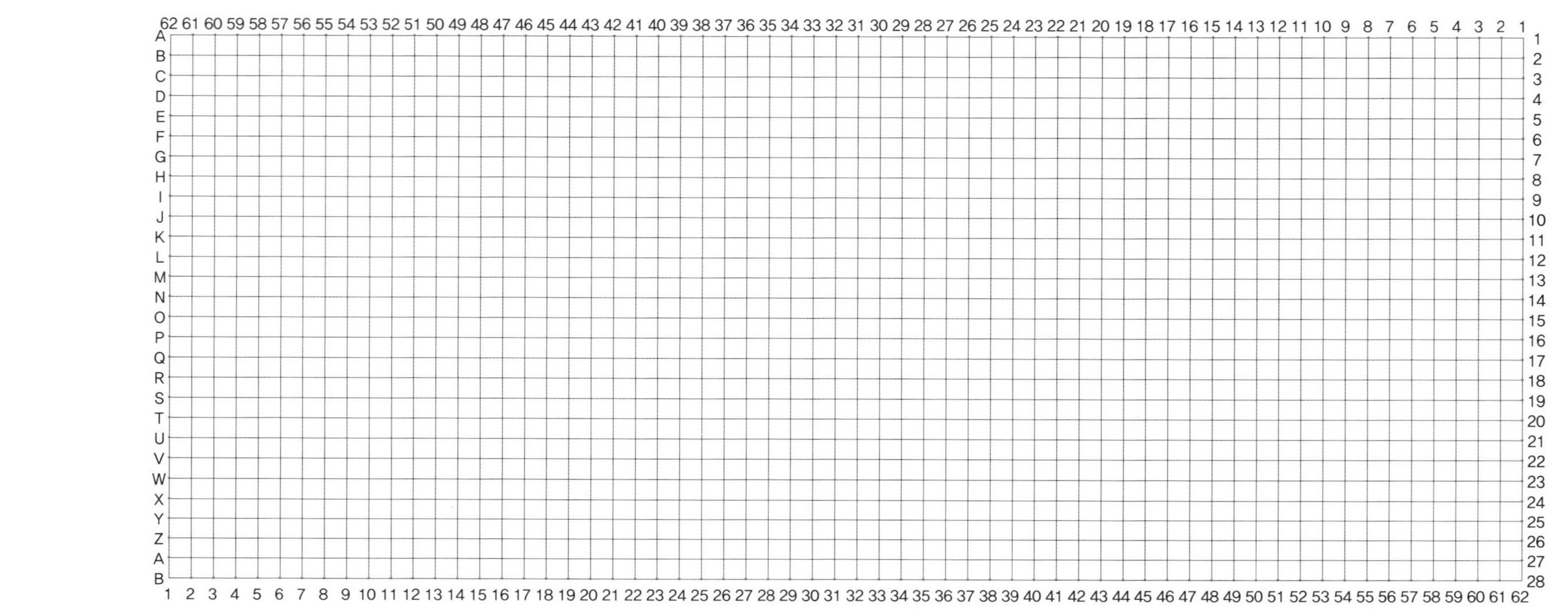

▶ 회로도 제작 조립용 패턴도는 납땜 및 배선 작업 시 편리하도록 동박면(납땜면)을 기준으로 작성하는 것이 좋다.

종류	다이오드	저항	콘덴서	트랜지스터		PB 스위치	IC		점프선	LED
				NPN	PNP					
회로도 기호			+	B C E	B E C	ⓐ ⓑ	14핀	16핀		
패턴도 기호 (동박면 기준)			+				14 1 8 7	16 1 9 8		
비고	4~5칸	4~5칸	3~5칸	3칸	3칸	3칸×3칸 3칸×4칸	4칸×7칸	4칸×8칸	크기에 따라	3칸~4칸

▶ 회로도의 기호에 맞는 패턴도 기호를 사용하여 28×62 기판 사이즈에 전체적인 균형을 생각하며 회로의 조립 과정이 쉽게 패턴도를 작성하시오.

【 5-2. 부품 배치 및 배선 평가용 기판 】

• 사전 과제 5 – 회로도를 보고 28×62 만능기판 사이즈에 균형있게 부품을 배치하고 회로도와 같도록 배선을 하시오

평가용 1

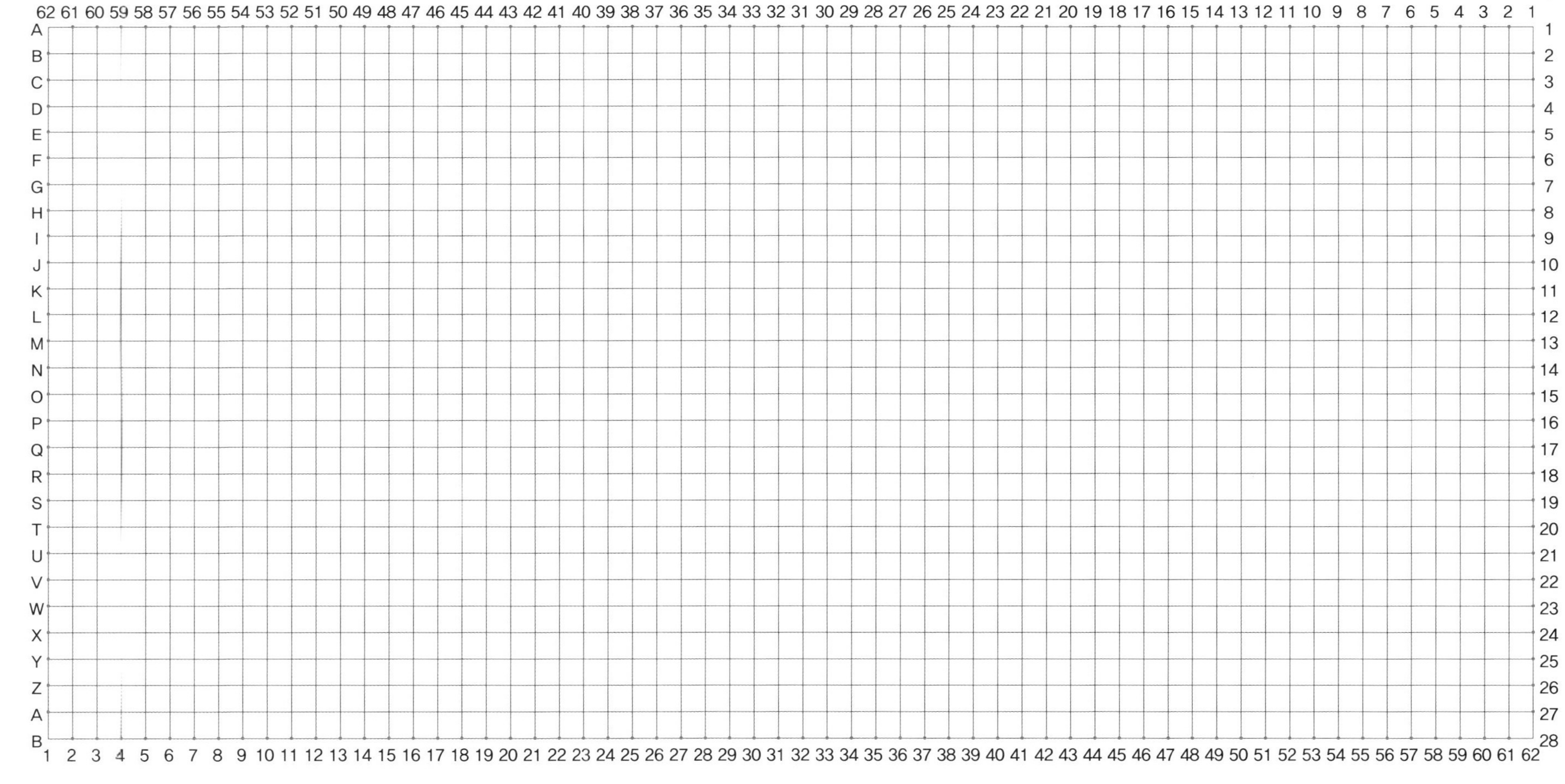

▶ 회로도 제작 조립용 패턴도는 납땜 및 배선 작업 시 편리하도록 동박면(납땜면)을 기준으로 작성하는 것이 좋다.

▶ 회로도의 기호에 맞는 패턴도 기호를 사용하여 28×62 기판 사이즈에 전체적인 균형을 생각하며 회로의 조립 과정이 쉽게 패턴도를 작성하시오.

【 5-3. 부품 배치 및 배선 연습용 기판 】 • 사전 과제 5 – 회로도를 보고 28×62 만능기판 사이즈에 균형있게 부품을 배치하고 회로도와 같도록 배선을 하시오

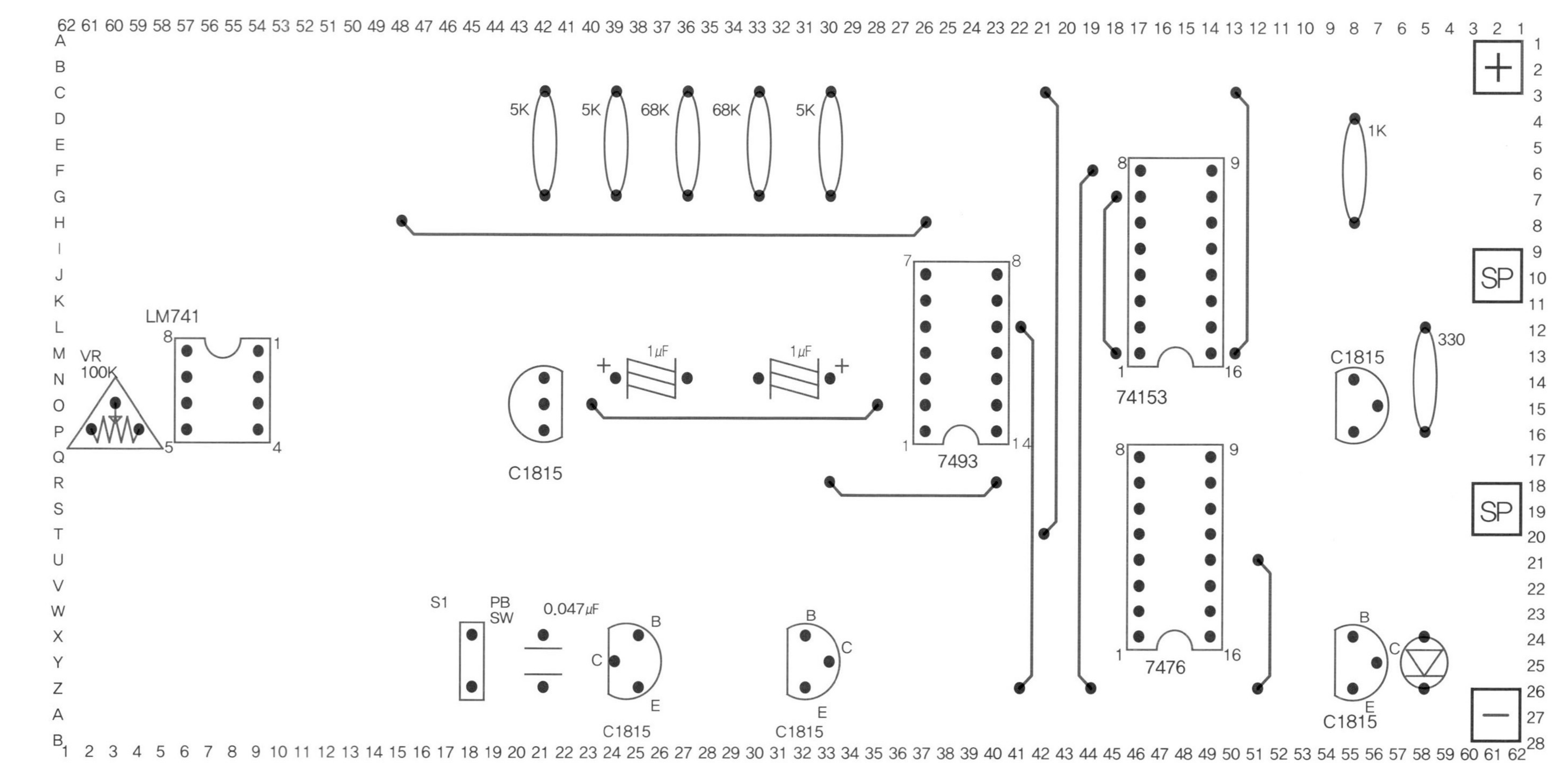

▶ 회로도 제작 조립용 패턴도는 납땜 및 배선 작업 시 편리하도록 동박면(납땜면)을 기준으로 작성하는 것이 좋다.

※ 빨간(적)색의 부품과 파란(청)색의 점프선은 동박면(납땜면)이 아닌 반대편의 부품면(플라스틱면)에서 삽입된다는 것을 유의한다.

▶ 회로도의 기호에 맞는 패턴도 기호를 사용하여 28×62 기판 사이즈에 전체적인 균형을 생각하며 회로의 조립 과정이 쉽게 패턴도를 작성하시오.

【 6-1. 부품의 모범 배치도 1 】 • 회로도와 같도록 배치도에 회로의 결선을 하시오.(연필을 사용하여 여러 번 수정을 거치면 가장 좋은 배선이 된다.)

수업 연습용(1시간)

모범 배치도를 이용한 배선 연결 1 — 스케치용

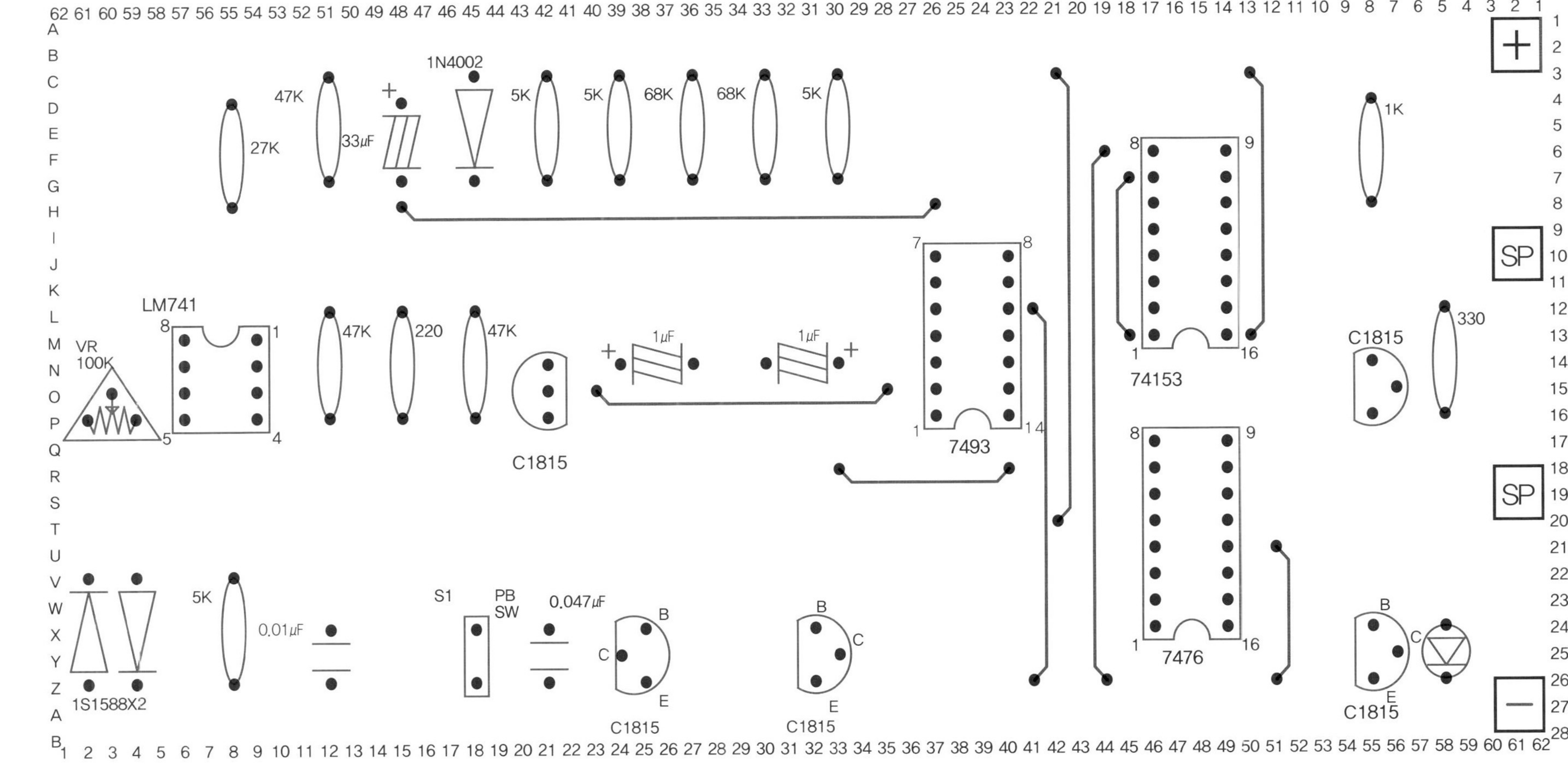

▶ 본 패턴도는 동박면(납땜면)을 기준으로 부품 배치를 하였으므로 부품 삽입 시 참고하여 삽입한다. (배선 납땜 시 매우 편리함)

※빨간(적)색의 부품과 파란(청)색의 점프선은 동박면(납땜면)이 아닌 반대편의 부품면(플라스틱면)에서 삽입된다는 것을 유의한다.

【 6-2. 부품의 모범 배치도 1 】

• 회로도와 같도록 배치도에 회로의 결선을 하시오.(연필을 사용하여 여러 번 수정을 거치면 가장 좋은 배선이 된다.)

모범 배치도를 이용한 배선 연결 2 — 평가용

모범 조립 패턴도 답안지 ▶ 384쪽

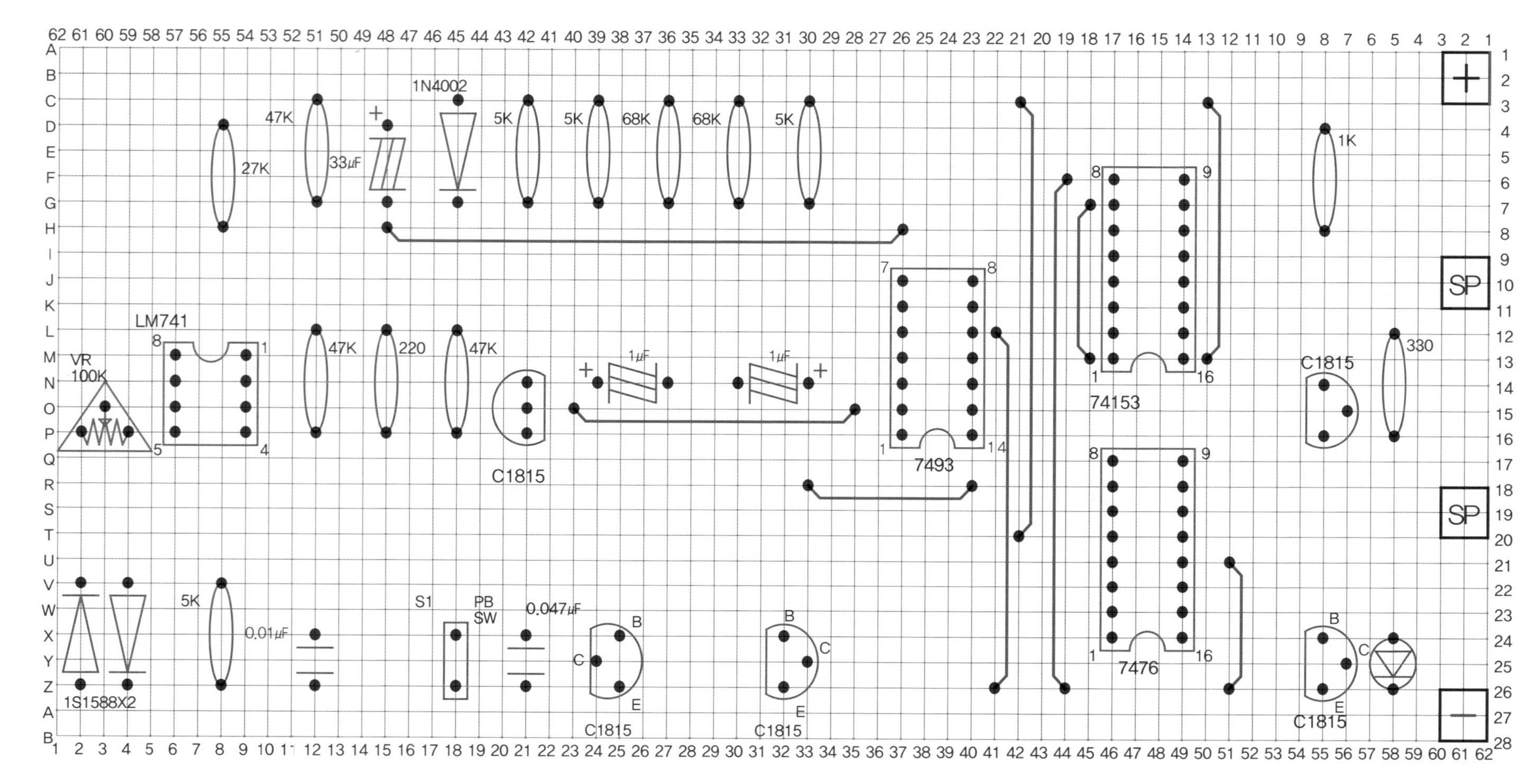

▶ 본 패턴도는 동박면(납땜면)을 기준으로 부품 배치를 하였으므로 부품 삽입 시 이를 참고하여 삽입한다. (배선 납땜 시 매우 편리함)

※빨간(적)색의 부품과 파란(청)색의 점프선은 동박면(납땜면)이 아닌 반대편의 부품면(플라스틱면)에서 삽입된다는 것을 유의한다.

【 7. 설명도 】 회로의 동작 설명을 듣고 동작 설명도를 여러 번 읽고 입력에서 출력까지의 회로 동작을 정확하게 이해하고 동작이 되도록 한다.

분주 가변 회로 동작 설명도

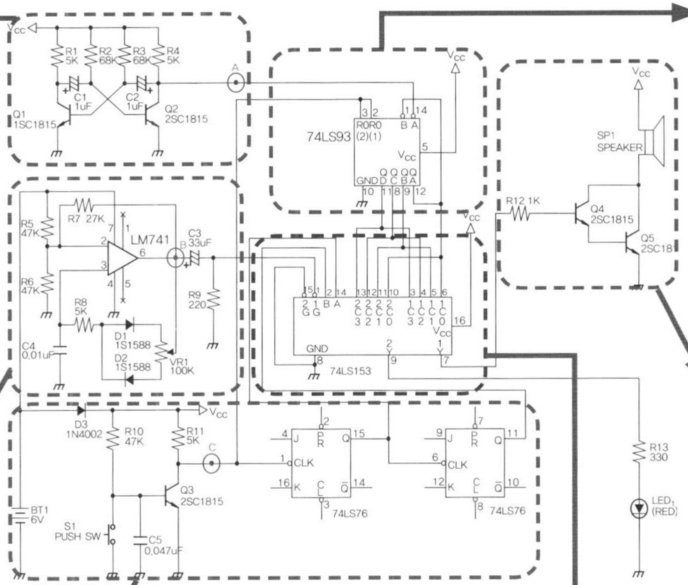

▶ 펄스 발생 비안정 MV회로

- 트랜지스터를 이용한 펄스 발생 비안정 MV회로로 발진 주기는 TR_1의 차단 시간(C_2의 방전 시간) T_1과 TR_2의 차단 시간(C_1의 방전 시간) T_2의 합 T로 결정된다.
- 발진 주기 $T_1=0.693R_2C_1[s]$, $T_2=0.693R_3C_2[s]$
  $T=T_1+T_2=0.693(R_2C_1+R_3C_2)[s]$ (단, $R_2=R_3=R$, $C_1=C_2=C$인 경우는 $T=0.693\times2RC=1.4RC[s]$)이므로
  $T=0.0952[s]=95.2[ms]$
- 발진 주파수 $f=1/T=10.5[Hz]$

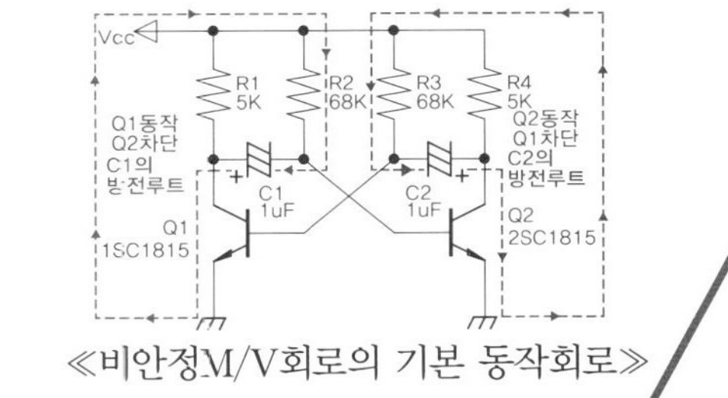

≪비안정M/V회로의 기본 동작회로≫

▶ 16진 카운터 회로(0~15)

- 2진 카운터 출력(Q_A-12번 핀)과 8진 카운터 입력(입력B-1번 핀)을 연결하여 16진 카운터로 동작하게 된다.
- 리셋 입력 $R_0(1)$, $R_0(2)$가 L(0)이면 정상 카운트 동작이 되고, H(1)이면 모든 출력이 '0'이 된다.
- 주파수 10.5[Hz](주기 95.2[ms])를 $\frac{1}{2}$ 분주(Q_A), $\frac{1}{4}$ 분주(Q_B), $\frac{1}{8}$ 분주(Q_C), $\frac{1}{16}$ 분주(Q_D)하여 출력을 내며 데이터 선택 회로의 입력이 된다.

▶ 스피커 구동(발진음 증폭) 회로

- 스피커 구동을 위한 달링톤 접속 회로로 두 트랜지스터의 전류 증폭률의 곱에 해당하는 전류를 증폭할 수 있다.
- $I_C=I_{C1}+I_{C2}=hfe_1\times I_{B1}+hfe_2\times I_{B1}(1+hfe_1)$

▶ 듀티비 가변 비안정 MV회로

- 선택된 데이터 기간 동안(C_1, C_2, C_3, C_4) 중 'H'레벨 기간만 음을 발생시키기 위한 듀티비 가변 MV회로다.
- 가변 저항의 가변에 의해 듀티비 가변이 이루어지고, 연산 증폭기 IC의 출력이 +Vset일 때 충전 루트를 따라 충전하고, −Vset일 때 방전 루트를 따라 방전이 이루어지는 과정이 되풀이되면서 펄스가 발생하게 된다.
- 듀티비 $=\frac{\text{Time High}}{\text{Time Low}}=\frac{T_1}{T_2}\times100[\%]$
- 주기 $T=1.1[ms]$, 주파수 $f=\frac{1}{T}=909[Hz]$

▶ 펄스 발생/데이터 선택 분주 회로

- SW OFF 상태–TR B가 H(1)상태로 도통(ON)하여 C의 전위가 H(1)레벨에서 L(0) 상태가 된다.(TR이 NOT역할)
- SW ON 상태–TR의 B가 L(0) 상태로 C가 차단되어 C의 전위가 H(1) 상태가 되고 SW를 다시 OFF하면 C가 L(0)가 되어 1개의 펄스를 발생하게 된다.

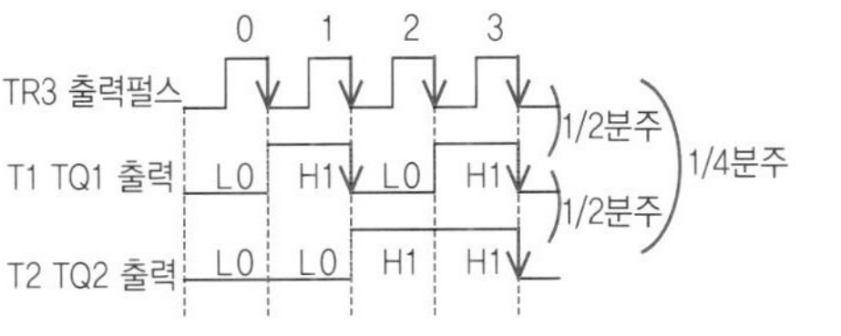

▶ 데이터 선택에 따른 데이터의 출력 표시 회로(듀얼 4입력 멀티플렉서)

- TR회로 발생 펄스를 받아 분주한 7493 출력 Q_A, Q_B, Q_C, Q_D를 데이터 입력으로 받아 SW의 ON/OFF에 의해 발생된 TR Q_3의 펄스를 분주한 출력 TQ_1, TQ_2가 선택 입력 신호가 되어 선택된 데이터 입력을 게이트 신호(H레벨일 때)로 사용하여 듀티비 멀티바이브레이터 주파수가 1Y에 출력이 되고, 2Y에는 선택된 게이트 펄스가 그대로 출력되어 H레벨 기간 동안 스피커를 구동하고 LED를 점등한다. (1, 2, 3시 발진음은 낮아지고, LED는 점등 시간이 길어진다.)

SW 상태	SELECT B(S1)	SELECT A(S2)	7493 / 153	비안정 출력펄스(A점)	0	1	2	3	4	5	6	7	8	9	10	11	12	13	14	15	0	TR펄스 분주 상태	출력상태 1Y-발진음	출력상태 2Y/LED점등
OFF	0	0	QA / C0	7493 출력 QA 출력	L	H	L	H	L	H	L	H	L	H	L	H	L	H	L	H	L	1/2 분주	C0 / 95.2ms	C0 / QA/H레벨
1회 ON/OFF	0	1	QB / C1	QB 출력	L	L	H	H	L	L	H	H	L	L	H	H	L	L	H	H	L	1/4 분주	C1 / 190.4ms	C1 / QB/H레벨
2회 ON/OFF	1	0	QC / C2	QC 출력	L	L	L	L	H	H	H	H	L	L	L	L	H	H	H	H	L	1/8 분주	C2 / 380.8ms	C2 / QC/H레벨
3회 ON/OFF	1	1	QD / C3	QD 출력	L	L	L	L	L	L	L	L	H	H	H	H	H	H	H	H	L	1/16 분주	C3 / 761.6ms	C3 / QD/H레벨

전자기기 기능사	조립 제작 실습 과제 14	작품명	정역 제어 회로

▣ 정역 제어 회로를 만능기판에 조립 제작하고, TP점의 전압을 전압계로 측정하여 기록하고 요구 사항과 같이 동작하도록 하시오

1. 시험 시간: 3시간 20분(측정 과제 20분 추가)

2. 요구 사항: 조립 제작 과제

① 지급된 재료를 사용하여 제한 시간 내에 도면과 같이 조립하시오.

② 조립 완성 후 동작 전류를 측정하여 기록하시오.

③ 조립이 완료된 수검자는 다음과 같이 동작 시험을 하시오.

- SW_1이 OFF 상태에서 LED_1과 LED_2가 점등하고 약 15초 전후 LED_1과 LED_2가 소등하면서 LED_3가 점등되어야 하며, 이 과정이 계속 되풀이 되도록 한다.
- LED1과 LED_2가 점등 시 SW_1을 ON하면 LED_1과 LED_2가 소등되고, LED_3가 점등되어야 하며, SW_1이 OFF 시는 위 동작이 되풀이 되도록 하시오.

④ 위 동작이 되지 않을 시는 틀린 회로를 수정하여 위 동작이 되게 하시오.

3. 재료 목록

재료명	규격	수량	재료명	규격	수량
IC	NE555	1	저항(1/2W)	2Ω	1
	7400	1	저항(1/4W)	30Ω	1
	7486	1		220Ω	3
	74123	1		330Ω	1
레귤레이터 IC	μA7805	1		470Ω	2
IC 소켓	8pin	1		10kΩ	3
	14pin	2		33kΩ	1
	16pin	1		47kΩ	1
트랜지스터	2SC1815	2		1MΩ	1
	2SA509	2	다이오드	1S1588	1
콘덴서	0.1μF	2	PB SW	2P/또는 4P	1
	0.01μF	1	만능기판	28×62hole	1
	0.33μF	1	배선줄/3mm	3색 단선	1
	전해 10μF	1	실납	SN60% 1.0Φ	1
	전해 220μF	1			

▣ 사용되는 IC 및 주요 회로

• 사전 과제 2: 회로에 사용되는 IC 내부를 노트에 그려보고 이해하고 암기하기

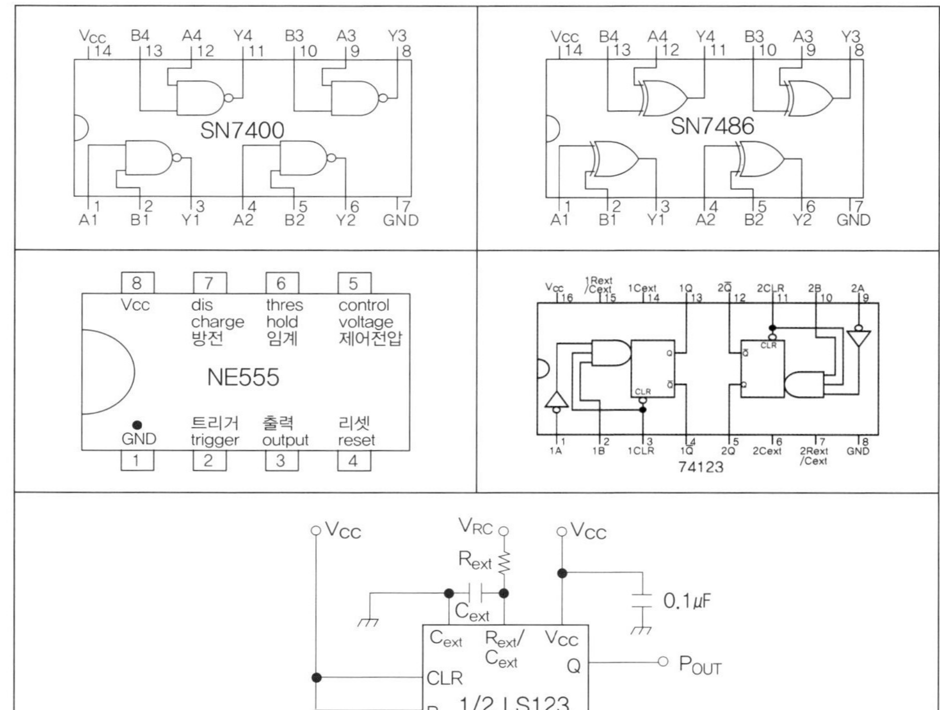

【 4. 회로도(정역 제어 회로)】 회로도는 반드시 수업 전 사전 과제로 실습 노트에 깨끗하게 그려서 검사를 받도록 한다. • 사전 과제 1 – 회로도 그리기

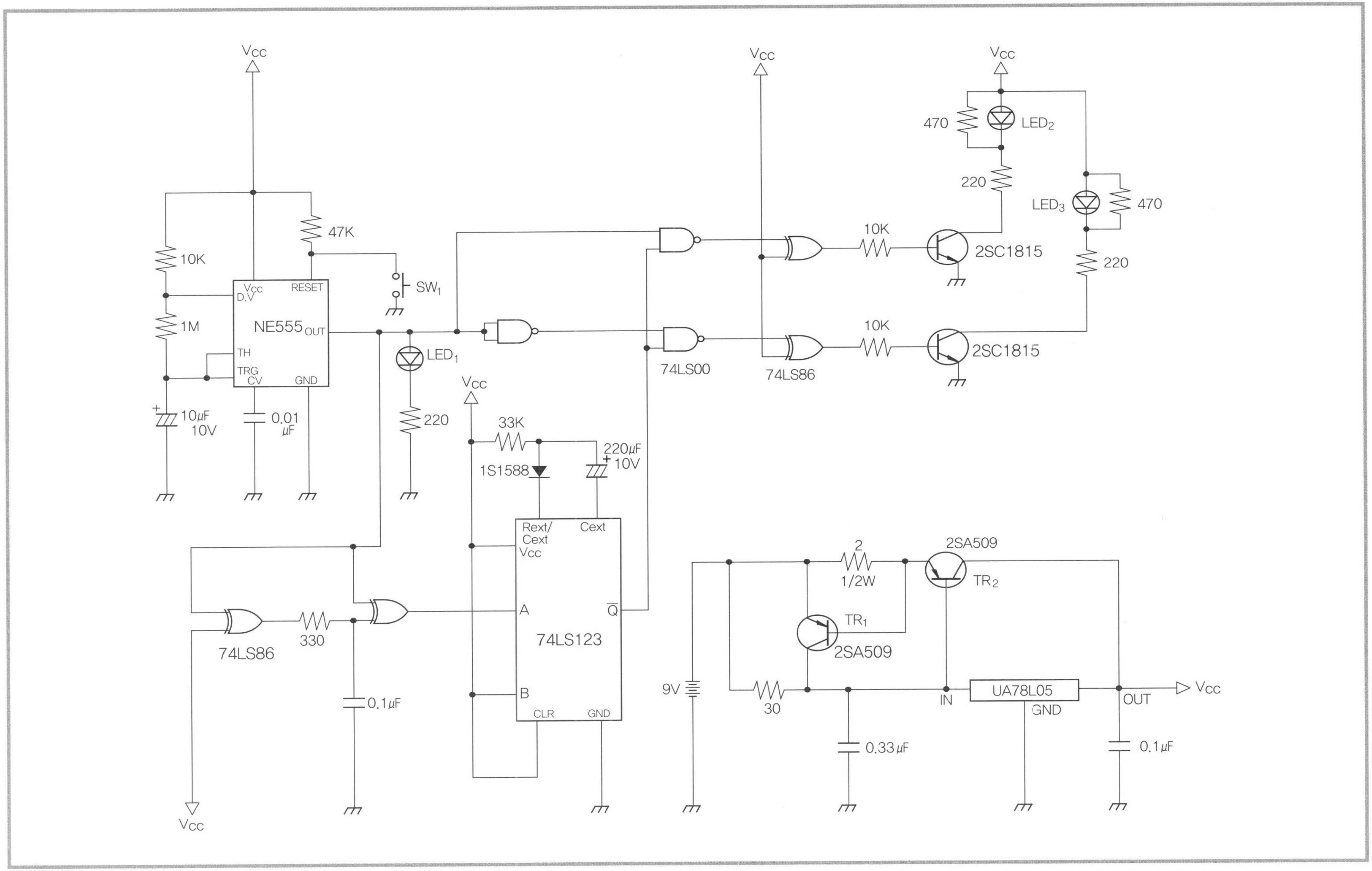

Vcc
10K
47K
1M
NE555
Vcc D.V
RESET
OUT
TH
TRG
CV
GND
10μF 10V
0.01 μF
SW1
LED1
220
Vcc
33K
1S1588
220μF 10V
Rext/Cext
Cext
Vcc
A
B
CLR
GND
Q̄
74LS123
74LS86
330
0.1μF
Vcc
74LS00
74LS86
Vcc
10K
10K
2SC1815
2SC1815
Vcc
470
LED2
220
LED3
470
220
9V
2
1/2W
2SA509
TR2
TR1
2SA509
30
0.33μF
IN
UA78L05
GND
OUT
0.1μF
Vcc

【 5-1. 부품 배치 및 배선 연습용 기판 】 • 사전 과제 5 – 회로도를 보고 28×62 만능기판 사이즈에 균형있게 부품을 배치하고 회로도와 같도록 배선을 하시오

연습용

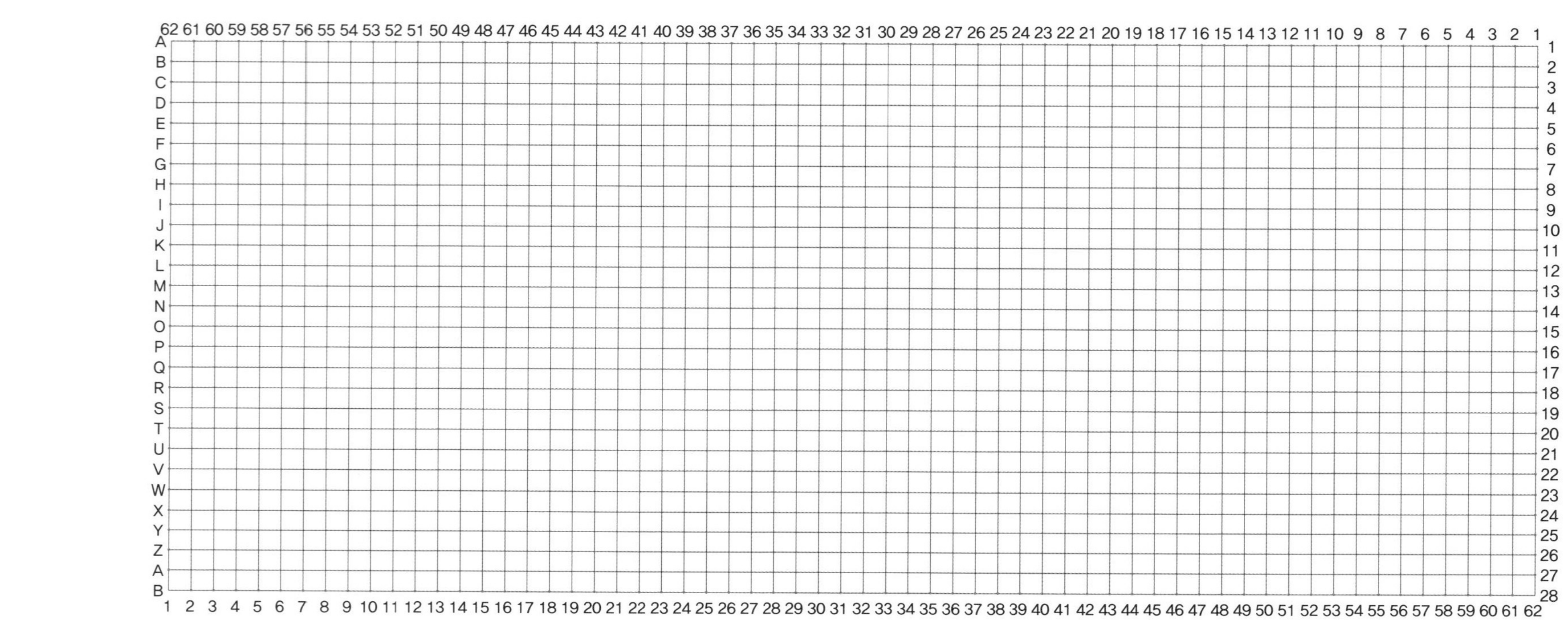

▶ 회로도 제작 조립용 패턴도는 납땜 및 배선 작업 시 편리하도록 동박면(납땜면)을 기준으로 작성하는 것이 좋다.

종류	다이오드	저항	콘덴서	트랜지스터		PB 스위치	IC		점프선	LED
				NPN	PNP					
회로도 기호			+	B C E	B E C	ⓐ ⓑ	14핀	16핀		
패턴도 기호 (동박면 기준)			+				14 1 8 7	16 1 9 8		
비고	4~5칸	4~5칸	3~5칸	3칸	3칸	3칸×3칸 3칸×4칸	4칸×7칸	4칸×8칸	크기에 따라	3칸~4칸

▶ 회로도의 기호에 맞는 패턴도 기호를 사용하여 28×62 기판 사이즈에 전체적인 균형을 생각하며 회로의 조립 과정이 쉽게 패턴도를 작성하시오.

【 5-2. 부품 배치 및 배선 평가용 기판 】

• 사전 과제 5 – 회로도를 보고 28×62 만능기판 사이즈에 균형있게 부품을 배치하고 회로도와 같도록 배선을 하시오

평가용 1

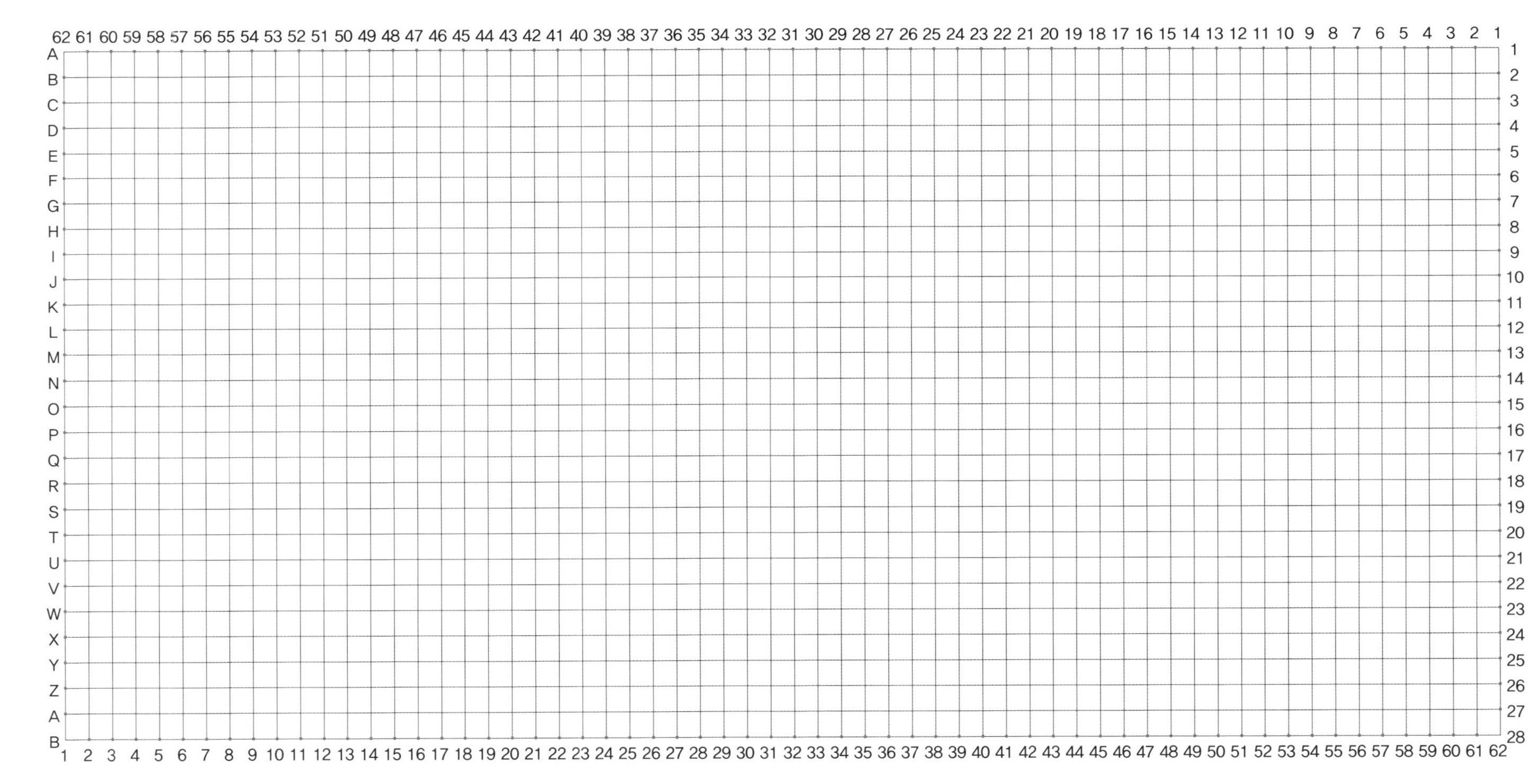

▶ 회로도 제작 조립용 패턴도는 납땜 및 배선 작업 시 편리하도록 동박면(납땜면)을 기준으로 작성하는 것이 좋다.

▶ 회로도의 기호에 맞는 패턴도 기호를 사용하여 28×62 기판 사이즈에 전체적인 균형을 생각하며 회로의 조립 과정이 쉽게 패턴도를 작성하시오.

【 5-3. 부품 배치 및 배선 연습용 기판 】

• 사전 과제 5 – 회로도를 보고 28×62 만능기판 사이즈에 균형있게 부품을 배치하고 회로도와 같도록 배선을 하시오

평가용 2

기본 배치도를 이용한 부품 배치 및 회로 배선 연결 – 스케치용

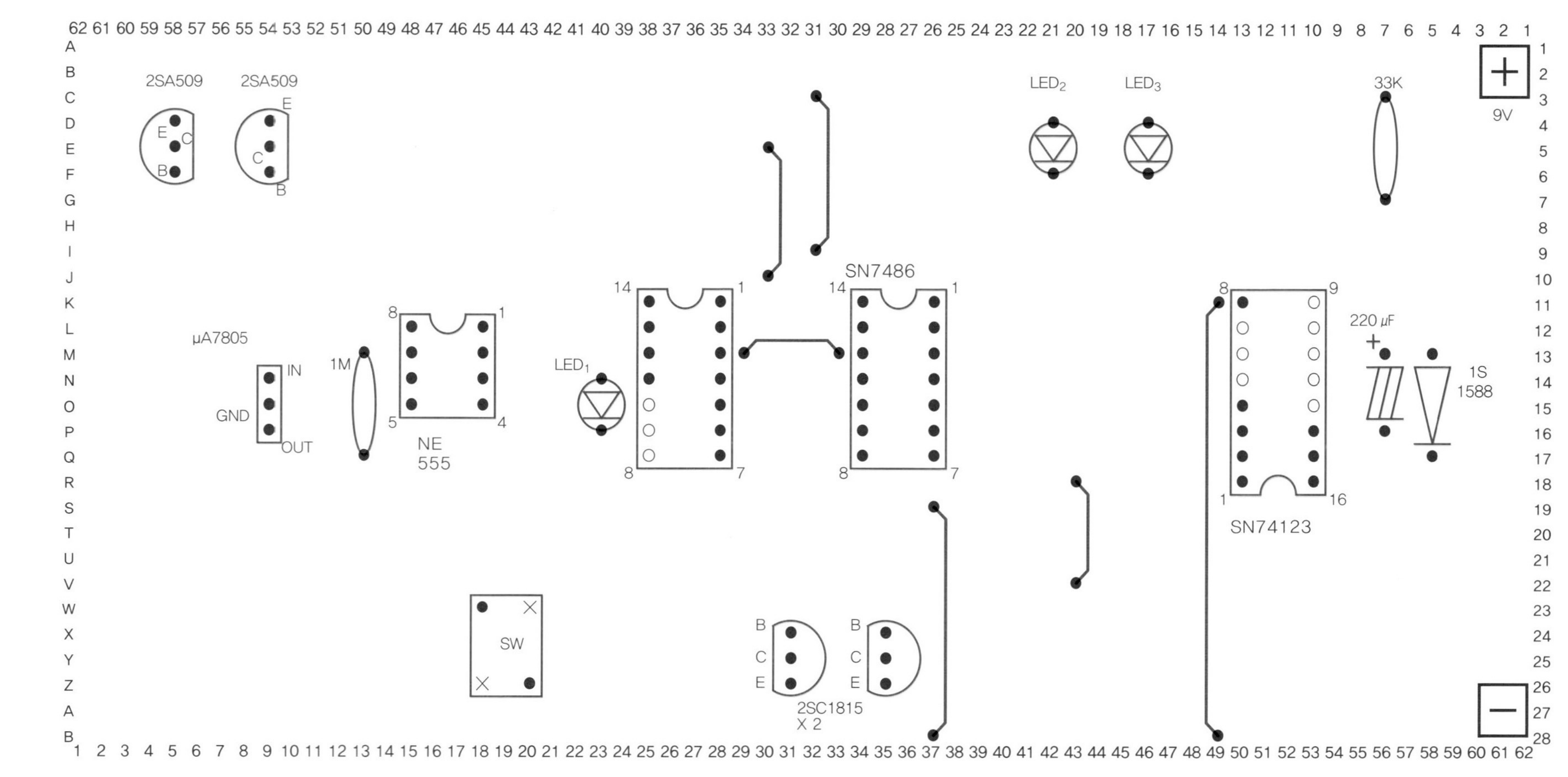

▶ 회로도 제작 조립용 패턴도는 납땜 및 배선 작업 시 편리하도록 동박면(납땜면)을 기준으로 작성하는 것이 좋다.

※ 빨간(적)색의 부품과 파란(청)색의 점프선은 동박면(납땜면)이 아닌 반대편의 부품면(플라스틱면)에서 삽입된다는 것을 유의한다.

▶ 회로도의 기호에 맞는 패턴도 기호를 사용하여 28×62 기판 사이즈에 전체적인 균형을 생각하며 회로의 조립 과정이 쉽게 패턴도를 작성하시오.

【 6-1. 부품의 모범 배치도 1 】 • 회로도와 같도록 배치도에 회로의 결선을 하시오.(연필을 사용하여 여러 번 수정을 거치면 가장 좋은 배선이 된다.)

수업 연습용(1시간)

모범 배치도를 이용한 배선 연결 1 — 스케치용

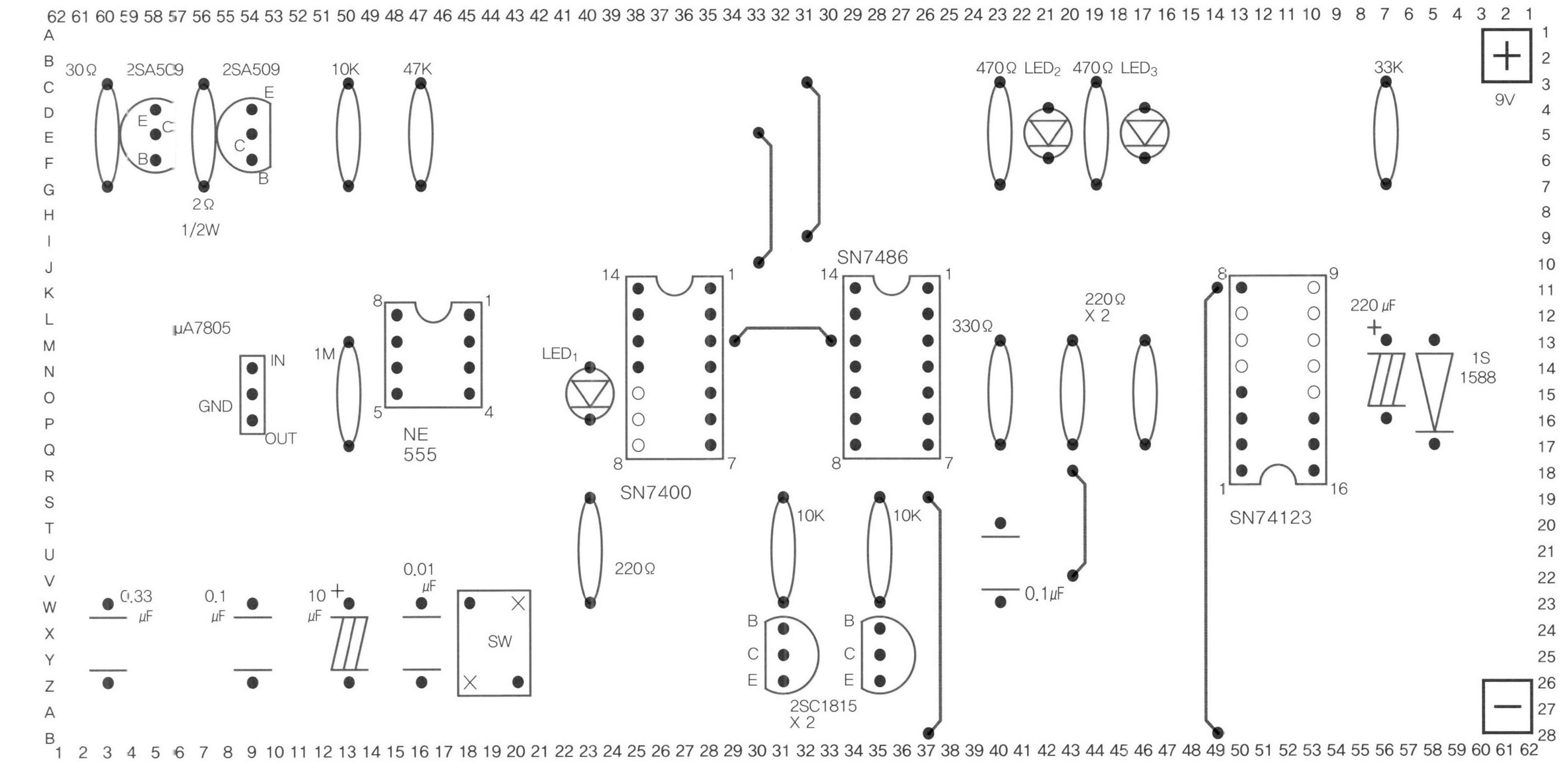

▶ 본 패턴도는 등박면(납땜면)을 기준으로 부품 배치를 하였으므로 부품 삽입 시 참고하여 삽입한다. (배선 납땜 시 매우 편리함)

※빨간(적)색의 부품과 파란(청)색의 점프선은 동박면(납땜면)이 아닌 반대편의 부품면(플라스틱면)에서 삽입된다는 것을 유의한다.

【 6-2. 부품의 모범 배치도 1 】

• 회로도와 같도록 배치도에 회로의 결선을 하시오.(연필을 사용하여 여러 번 수정을 거치면 가장 좋은 배선이 된다.)

모범 배치도를 이용한 배선 연결 2 — 평가용

모범 조립 패턴도 답안지 ▶ 336쪽

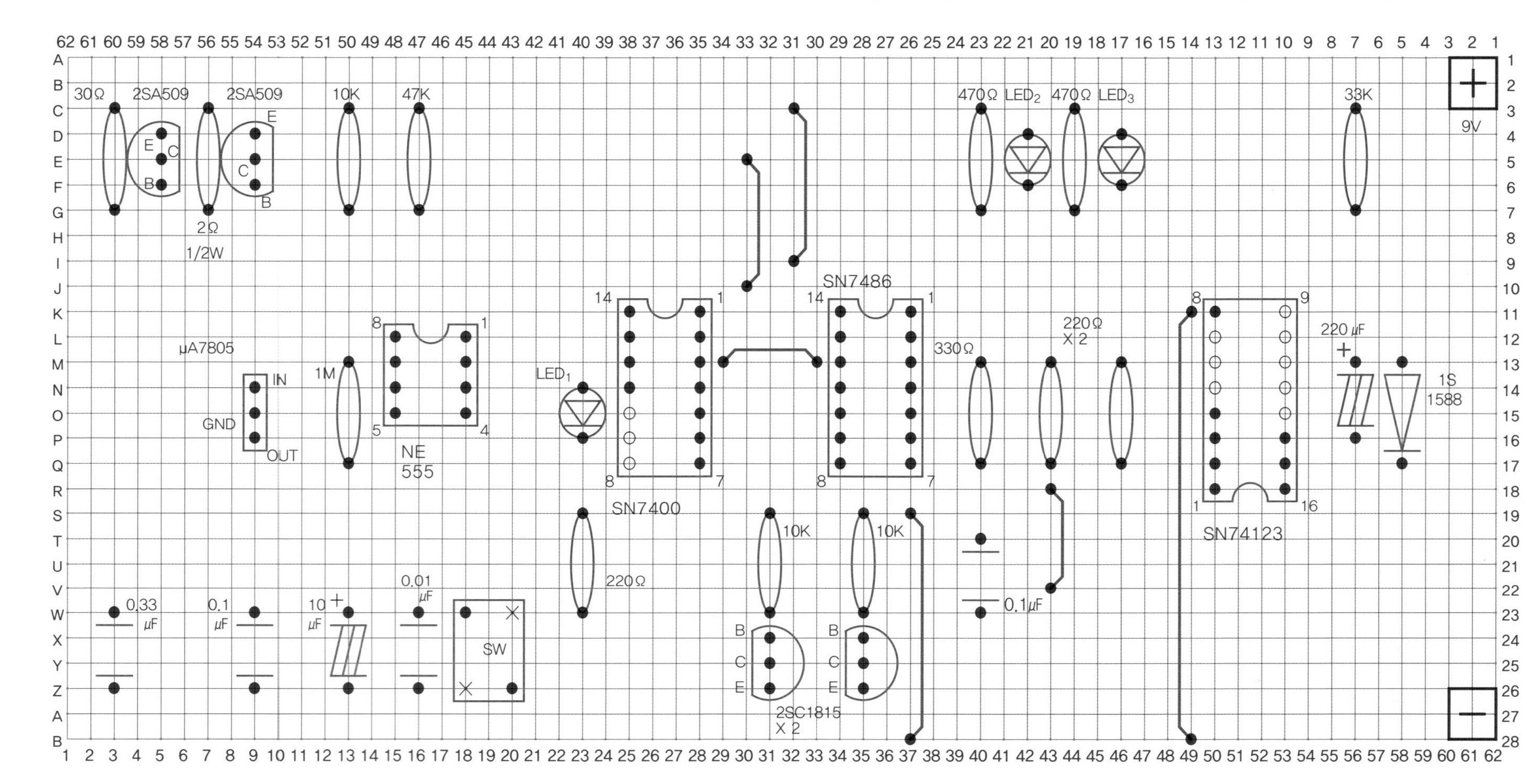

▶ 본 패턴도는 동박면(납땜면)을 기준으로 부품 배치를 하였으므로 부품 삽입 시 이를 참고하여 삽입한다. (배선 납땜 시 매우 편리함)

※빨간(적)색의 부품과 파란(청)색의 점프선은 동박면(납땜면)이 아닌 반대편의 부품면(플라스틱면)에서 삽입된다는 것을 유의한다.

【 7. 설명도 】 회로의 동작 설명을 듣고 동작 설명도를 여러 번 읽고 입력에서 출력까지의 회로 동작을 정확하게 이해하고 동작이 되도록 한다.

정역 제어 회로 동작 설명도

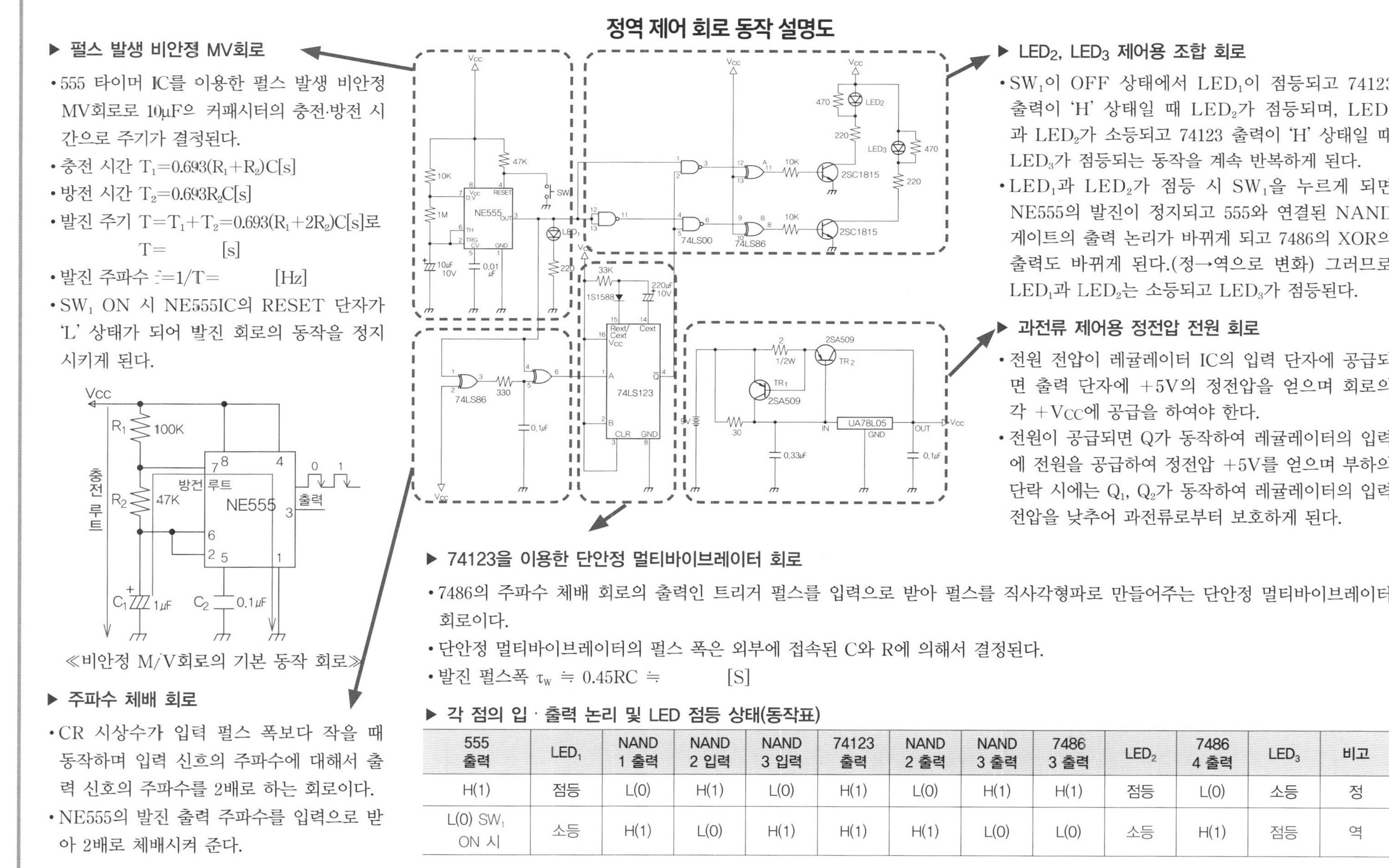

▶ **펄스 발생 비안정 MV회로**

- 555 타이머 IC를 이용한 펄스 발생 비안정 MV회로로 10μF으 커패시터의 충전·방전 시간으로 주기가 결정된다.
- 충전 시간 $T_1=0.693(R_1+R_2)C$[s]
- 방전 시간 $T_2=0.693R_2C$[s]
- 발진 주기 $T=T_1+T_2=0.693(R_1+2R_2)C$[s]로 T= [s]
- 발진 주파수 $f=1/T=$ [Hz]
- SW_1 ON 시 NE555IC의 RESET 단자가 'L' 상태가 되어 발진 회로의 동작을 정지시키게 된다.

≪비안정 M/V회로의 기본 동작 회로≫

▶ **주파수 체배 회로**

- CR 시상수가 입력 펄스 폭보다 작을 때 동작하며 입력 신호의 주파수에 대해서 출력 신호의 주파수를 2배로 하는 회로이다.
- NE555의 발진 출력 주파수를 입력으로 받아 2배로 체배시켜 준다.

▶ **LED_2, LED_3 제어용 조합 회로**

- SW_1이 OFF 상태에서 LED_1이 점등되고 74123 출력이 'H' 상태일 때 LED_2가 점등되며, LED_1과 LED_2가 소등되고 74123 출력이 'H' 상태일 때 LED_3가 점등되는 동작을 계속 반복하게 된다.
- LED_1과 LED_2가 점등 시 SW_1을 누르게 되면 NE555의 발진이 정지되고 555와 연결된 NAND 게이트의 출력 논리가 바뀌게 되고 7486의 XOR의 출력도 바뀌게 된다.(정→역으로 변화) 그러므로 LED_1과 LED_2는 소등되고 LED_3가 점등된다.

▶ **과전류 제어용 정전압 전원 회로**

- 전원 전압이 레귤레이터 IC의 입력 단자에 공급되면 출력 단자에 +5V의 정전압을 얻으며 회로의 각 $+V_{CC}$에 공급을 하여야 한다.
- 전원이 공급되면 Q가 동작하여 레귤레이터의 입력에 전원을 공급하여 정전압 +5V를 얻으며 부하의 단락 시에는 Q_1, Q_2가 동작하여 레귤레이터의 입력 전압을 낮추어 과전류로부터 보호하게 된다.

▶ **74123을 이용한 단안정 멀티바이브레이터 회로**

- 7486의 주파수 체배 회로의 출력인 트리거 펄스를 입력으로 받아 펄스를 직사각형파로 만들어주는 단안정 멀티바이브레이터 회로이다.
- 단안정 멀티바이브레이터의 펄스 폭은 외부에 접속된 C와 R에 의해서 결정된다.
- 발진 펄스폭 $\tau_W \fallingdotseq 0.45RC \fallingdotseq$ [S]

▶ **각 점의 입 · 출력 논리 및 LED 점등 상태(동작표)**

555 출력	LED_1	NAND 1 출력	NAND 2 입력	NAND 3 입력	74123 출력	NAND 2 출력	NAND 3 출력	7486 3 출력	LED_2	7486 4 출력	LED_3	비고
H(1)	점등	L(0)	H(1)	L(0)	H(1)	L(0)	H(1)	H(1)	점등	L(0)	소등	정
L(0) SW_1 ON 시	소등	H(1)	L(0)	H(1)	H(1)	H(1)	L(0)	L(0)	소등	H(1)	점등	역

전자기기 기능사	조립 제작 실습 과제 15	작품명	2음 경보기 회로

▣ 2음 경보기 회로를 만능기판에 조립 제작하고, TP 점의 파형을 OSC로 측정하여 기록하고 LED가 점멸하며 2가지 음이 반복하여 들리도록 하시오.

1. 시험 시간: 3시간 20분(측정 과제 20분 추가)

2. 요구 사항: 조립 제작 과제

① 지급된 재료를 사용하여 제한 시간 내에 도면과 같이 조립하시오.
② 동작 전류를 측정하여 기록하시오.
③ 조립이 완성되면 다음 질문에 답하시오.
질문 1. 회로의 A점이 어떤 상태면 소리가 나는가?
질문 2. 회로의 C, D가 어떤 상태면 소리가 나지 않는가?
④ 위 동작이 되지 않을 시는 틀린 회로를 수정하여 위 동작이 되게 하시오.

3. 재료 목록

재료명	규격	수량	재료명	규격	수량
IC	NE555	1	저항(1/4W)	680Ω	2
	74LS00	1		1kΩ	3
	74LS73/7476	1/1		1.5kΩ	1
IC 소켓	8pin	1		10kΩ	2
	14/16pin	2/1		47kΩ	1
트랜지스터	2SC1815	2		100kΩ	1
LED	적색	2	전해 콘덴서	1μF	3
다이오드	1N4001	2		4.7μF	2
배선줄/3mm	3색 단선	1	마일러 콘덴서	0.001μF	1
저항(1/4W)	2.2Ω	4		0.1μF	1
	10Ω	1	스피커	소형	1
	150Ω	2	만능기판	28×62hole	1

▣ **사용되는 IC 및 주요 회로**

• 사전 과제 2: 회로에 사용되는 IC 내부를 노트에 그려보고 이해하고 암기하기

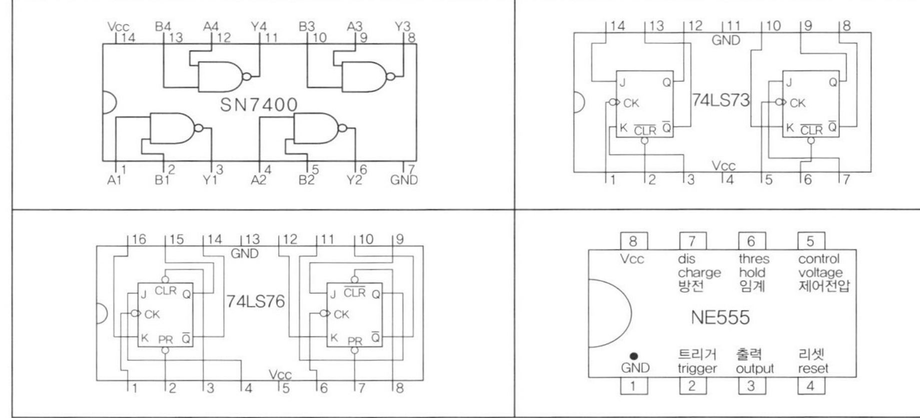

• 사전 과제 3: 노트에 회로를 그리고 동작을 이해하고 설명하기

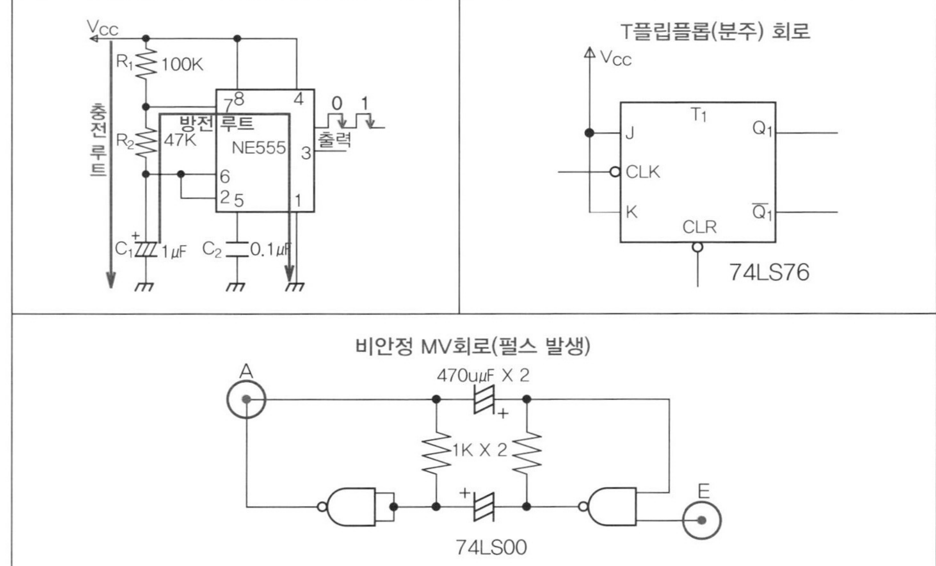

【 4. 회로도(2음 경보기 회로) 】 회로도는 반드시 수업 전 사전 과제로 실습 노트에 깨끗하게 그려서 검사를 받도록 한다. • 사전 과제 1 – 회로도 그리기

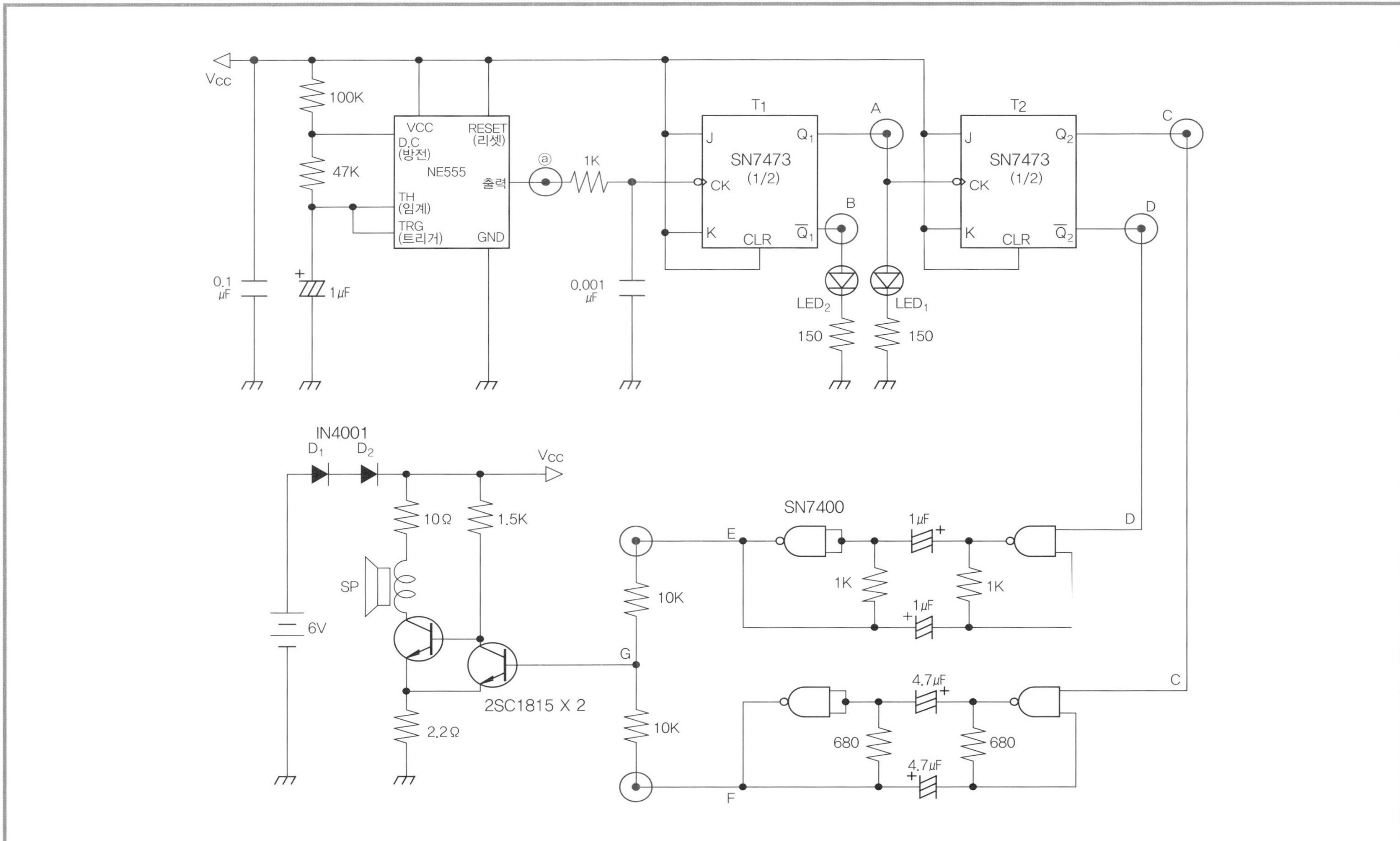

※ 회로도 중 적색 부분의 0.1μF, 1KΩ, 0.001μF은 2018년 6월에 추가된 것으로 빼고 조립하여도 회로 동작에는 이상 없습니다.

【 5-1. 부품 배치 및 배선 연습용 기판 】

• 사전 과제 5 – 회로도를 보고 28×62 만능기판 사이즈에 균형있게 부품을 배치하고 회로도와 같도록 배선을 하시오

(연습용)

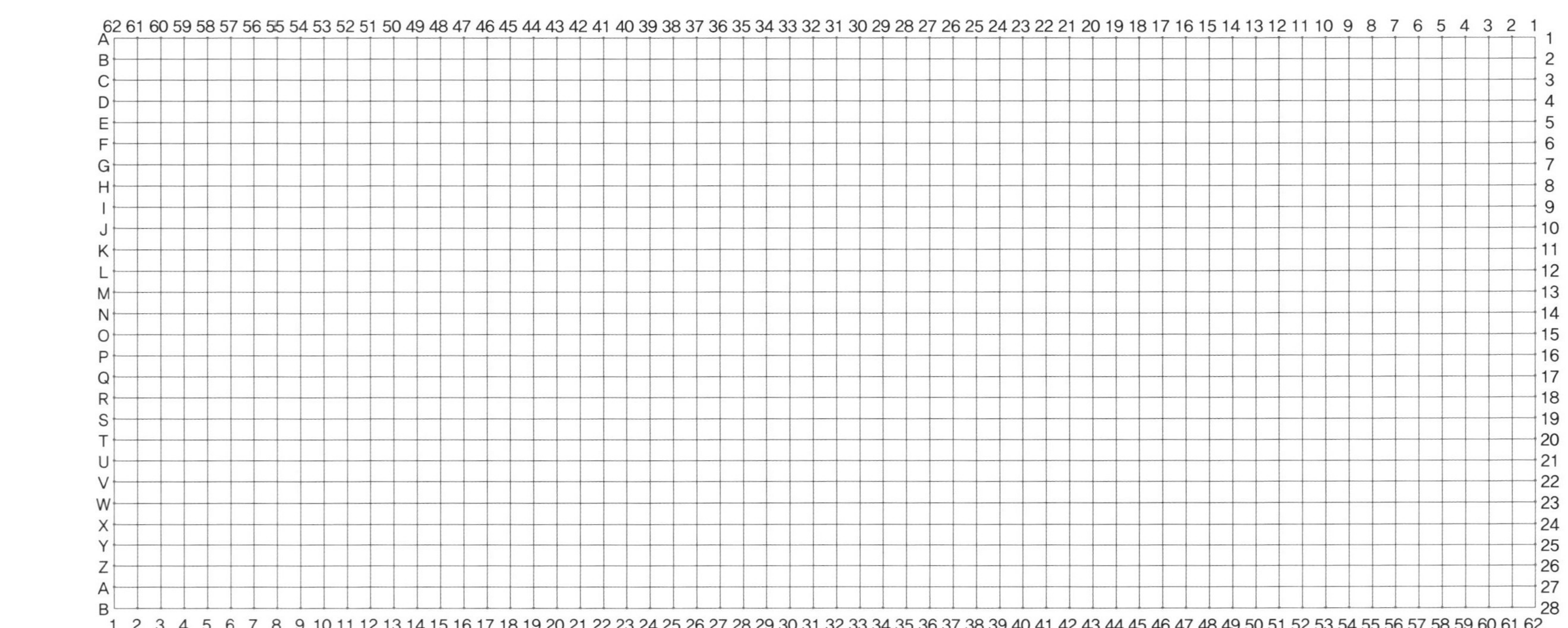

▶ 회로도 제작 조립용 패턴도는 납땜 및 배선 작업 시 편리하도록 동박면(납땜면)을 기준으로 작성하는 것이 좋다.

종류	다이오드	저항	콘덴서	트랜지스터		PB 스위치	IC		점프선	LED
				NPN	PNP					
회로도 기호			+	B C E	B E C	ⓐ ⓑ	14핀	16핀		
패턴도 기호 (동박면 기준)			+				14 1 8 7	16 1 9 8		
비고	4~5칸	4~5칸	3~5칸	3칸	3칸	3칸×3칸 3칸×4칸	4칸×7칸	4칸×8칸	크기에 따라	3칸~4칸

▶ 회로도의 기호에 맞는 패턴도 기호를 사용하여 28×62 기판 사이즈에 전체적인 균형을 생각하며 회로의 조립 과정이 쉽게 패턴도를 작성하시오.

【 5-2. 부품 배치 및 배선 평가용 기판 】 • 사전 과제 5 – 회로도를 보고 28×62 만능기판 사이즈에 균형있게 부품을 배치하고 회로도와 같도록 배선을 하시오

평가용 1

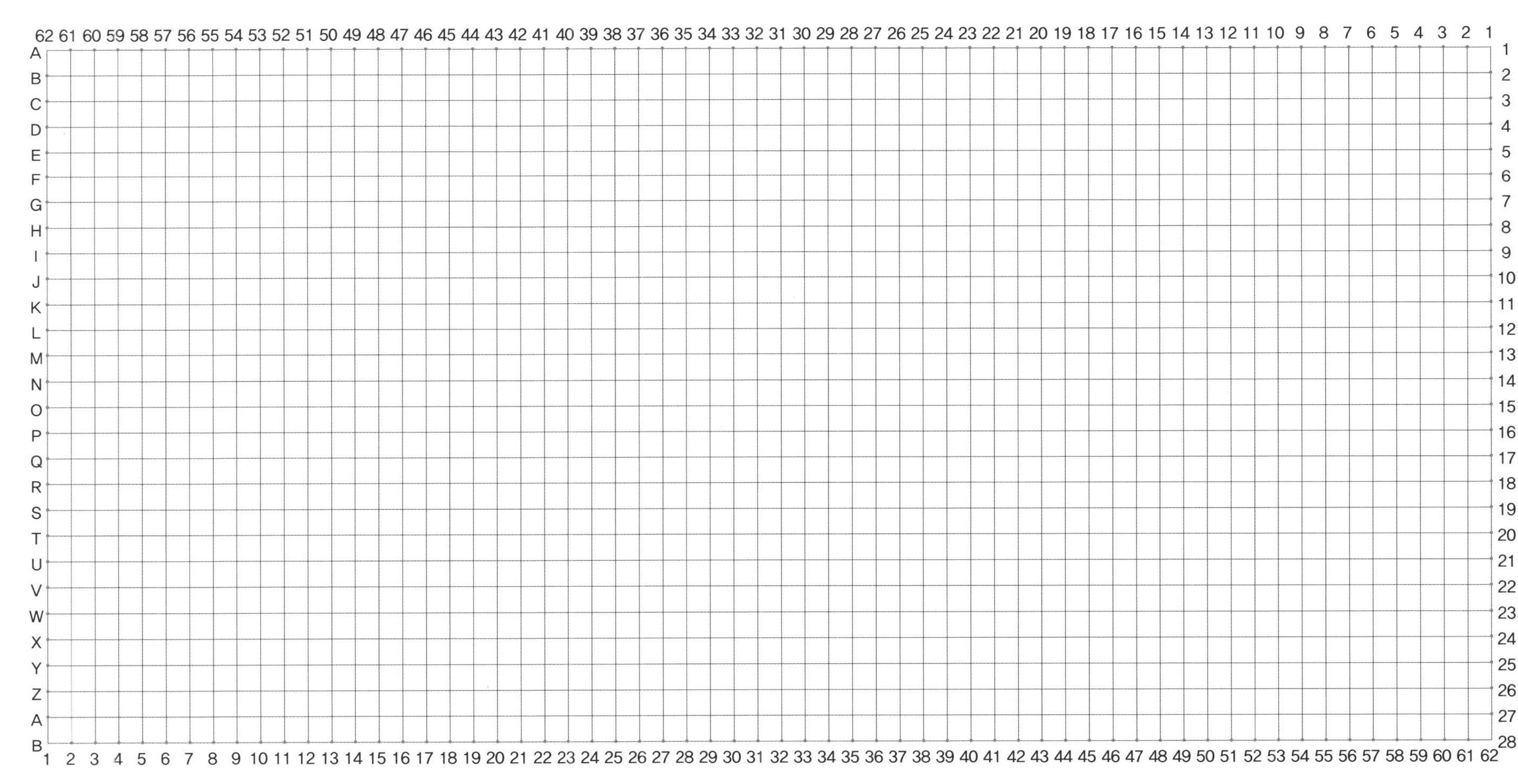

▶ 회로도 제작 조립용 패턴도는 납땜 및 배선 작업 시 편리하도록 동박면(납땜면)을 기준으로 작성하는 것이 좋다.

▶ 회로도의 기호에 맞는 패턴도 기호를 사용하여 28×62 기판 사이즈에 전체적인 균형을 생각하며 회로의 조립 과정이 쉽게 패턴도를 작성하시오.

【 5-3. 부품 배치 및 배선 연습용 기판 】

• 사전 과제 5 – 회로도를 보고 28×62 만능기판 사이즈에 균형있게 부품을 배치하고 회로도와 같도록 배선을 하시오

평가용 2

기본 배치도를 이용한 부품 배치 및 회로 배선 연결 – 스케치용

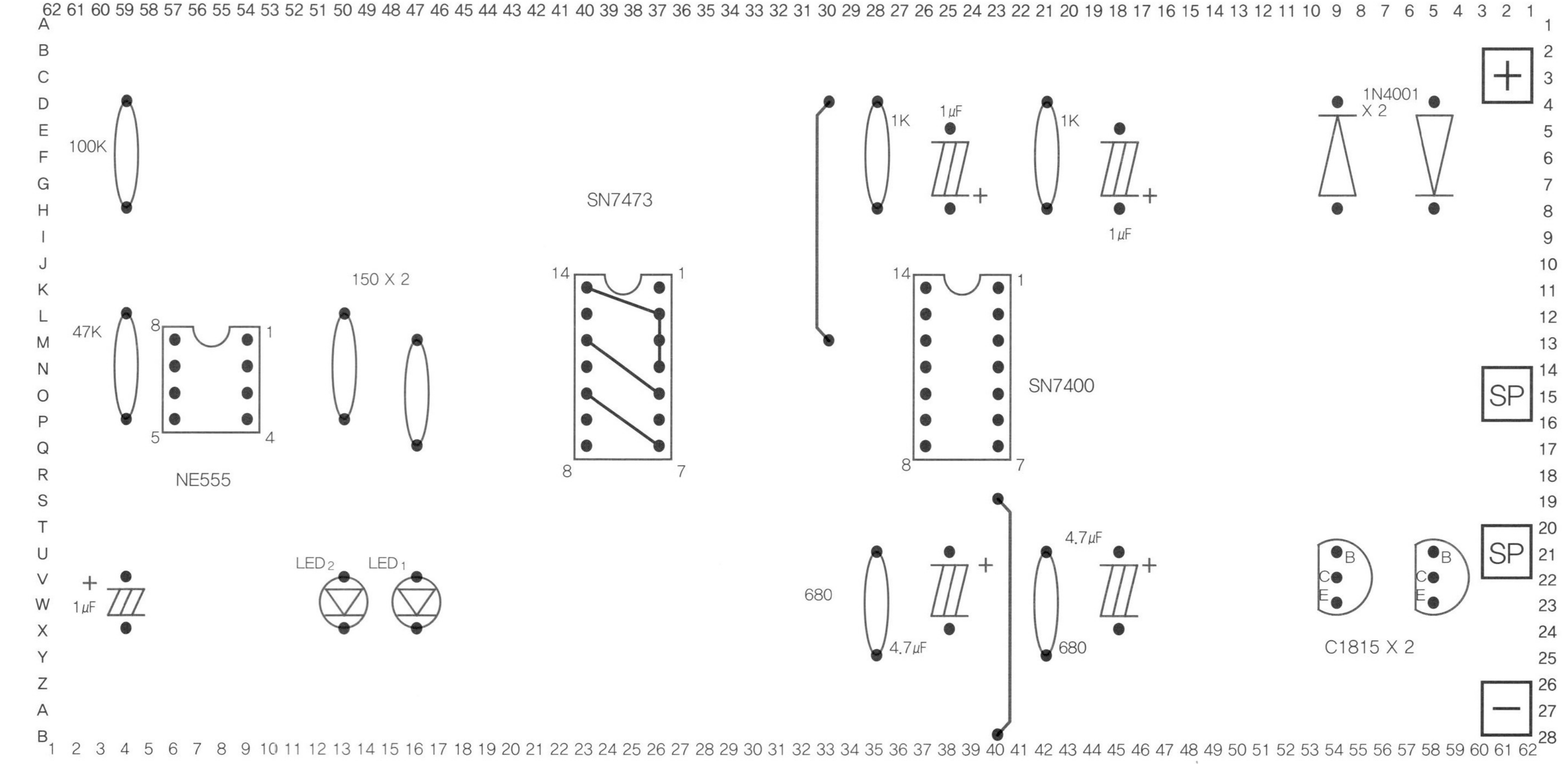

▶ 회로도 제작 조립용 패턴도는 납땜 및 배선 작업 시 편리하도록 동박면(납땜면)을 기준으로 작성하는 것이 좋다.

※ 빨간(적)색의 부품과 파란(청)색의 점프선은 동박면(납땜면)이 아닌 반대편의 부품면(플라스틱면)에서 삽입된다는 것을 유의한다.

▶ 회로도의 기호에 맞는 패턴도 기호를 사용하여 28×62 기판 사이즈에 전체적인 균형을 생각하며 회로의 조립 과정이 쉽게 패턴도를 작성하시오.

【 6-1. 부품의 모범 배치도 1 】

• 회로도와 같도록 배치도에 회로의 결선을 하시오.(연필을 사용하여 여러 번 수정을 거치면 가장 좋은 배선이 된다.)

수업 연습용(1시간)

모범 배치도를 이용한 배선 연결 1 — 스케치용

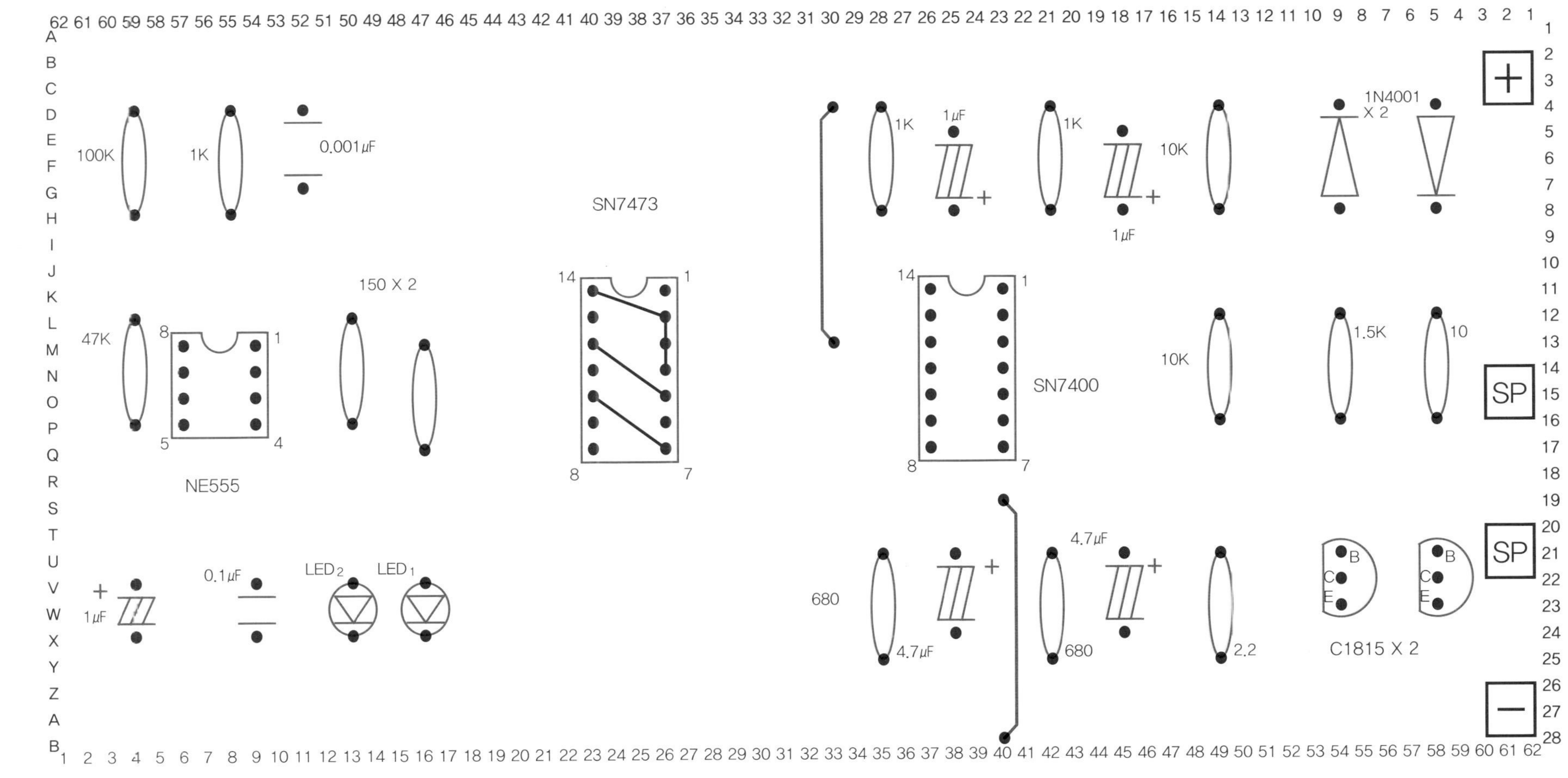

▶ 본 패턴도는 동박면(납땜면)을 기준으로 부품 배치를 하였으므로 부품 삽입 시 참고하여 삽입한다. (배선 납땜 시 매우 편리함)

※빨간(적)색의 부품과 파란(청)색의 점프선은 동박면(납땜면)이 아닌 반대편의 부품면(플라스틱면)에서 삽입된다는 것을 유의한다.

【 6-2. 부품의 모범 배치도 1 】

• 회로도와 같도록 배치도에 회로의 결선을 하시오.(연필을 사용하여 여러 번 수정을 거치면 가장 좋은 배선이 된다.)

모범 배치도를 이용한 배선 연결 2 — 평가용

모범 조립 패턴도 답안지 ▶ 388쪽

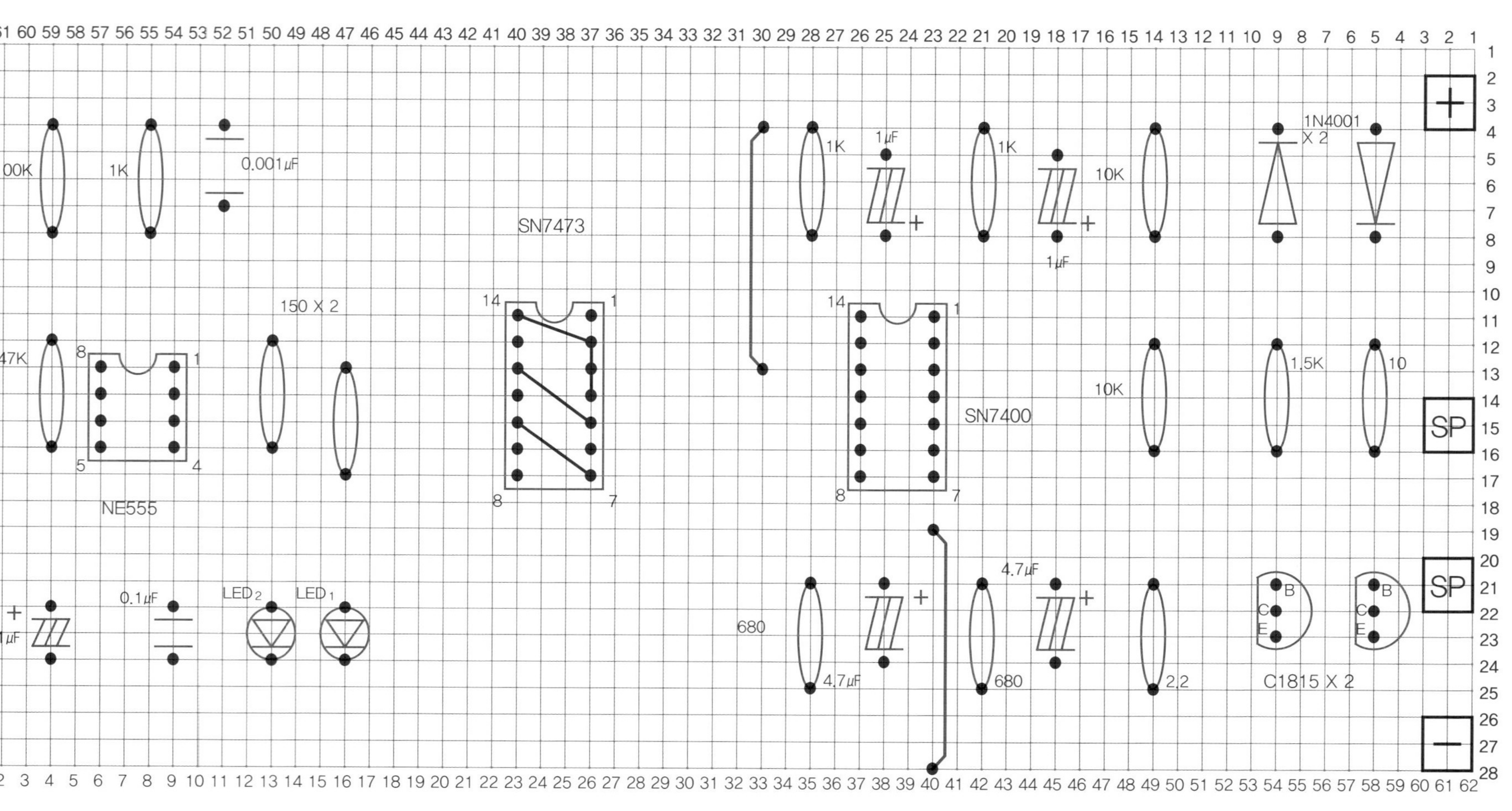

▶ 본 패턴도는 동박면(납땜면)을 기준으로 부품 배치를 하였으므로 부품 삽입 시 이를 참고하여 삽입한다. (배선 납땜 시 매우 편리함)

※빨간(적)색의 부품과 파란(청)색의 점프선은 동박면(납땜면)이 아닌 반대편의 부품면(플라스틱면)에서 삽입된다는 것을 유의한다.

【 7. 설명도 】 회로의 동작 설명을 듣고 동작 설명도를 여러 번 읽고 입력에서 출력까지의 회로 동작을 정확하게 이해하고 동작이 되도록 한다.

2음 경보기 설명도

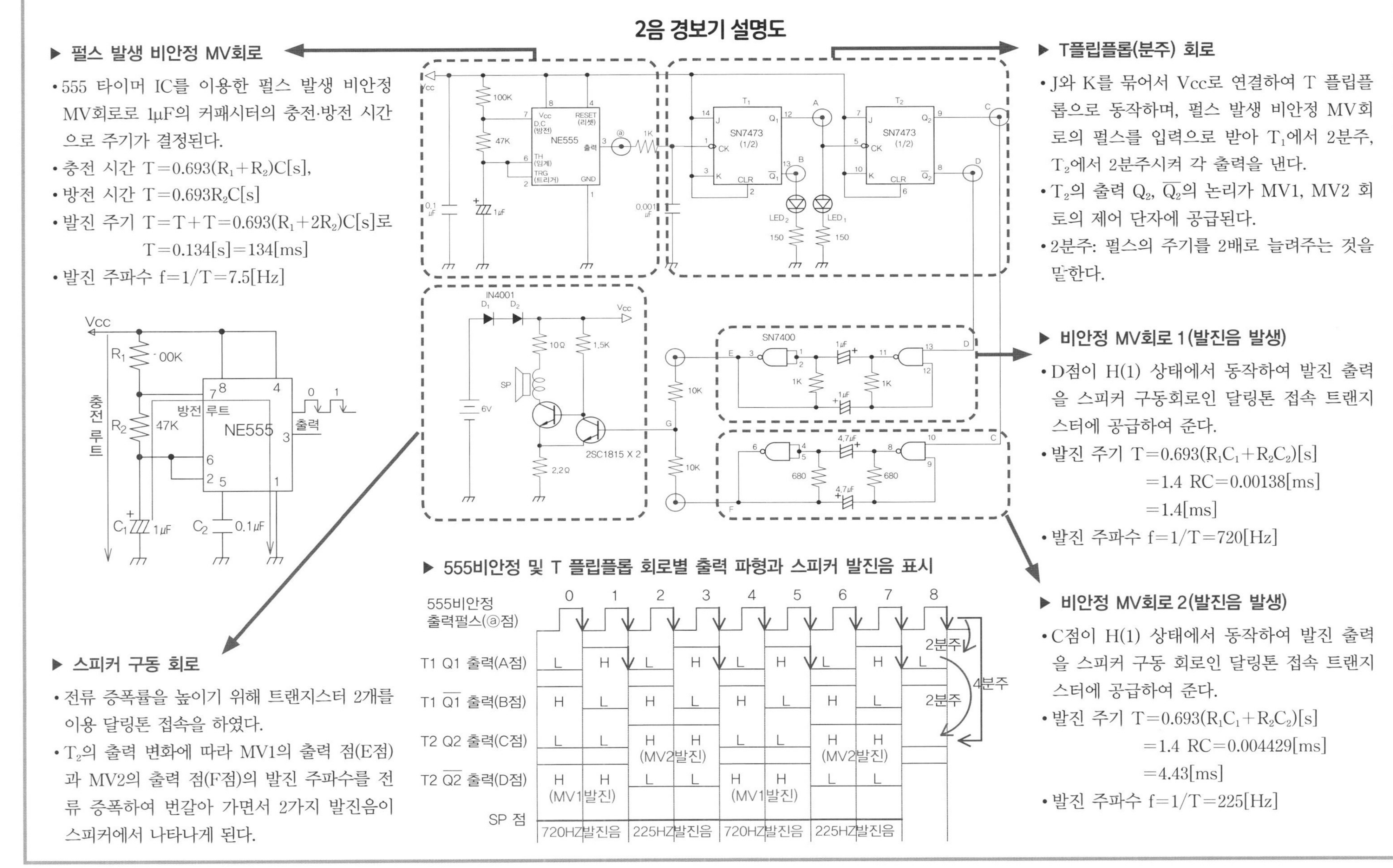

▶ 펄스 발생 비안정 MV회로

- 555 타이머 IC를 이용한 펄스 발생 비안정 MV회로로 1μF의 커패시터의 충전·방전 시간으로 주기가 결정된다.
- 충전 시간 $T = 0.693(R_1 + R_2)C[s]$,
- 방전 시간 $T = 0.693R_2C[s]$
- 발진 주기 $T = T + T = 0.693(R_1 + 2R_2)C[s]$로
  $T = 0.134[s] = 134[ms]$
- 발진 주파수 $f = 1/T = 7.5[Hz]$

▶ 스피커 구동 회로

- 전류 증폭률을 높이기 위해 트랜지스터 2개를 이용 달링톤 접속을 하였다.
- T_2의 출력 변화에 따라 MV1의 출력 점(E점)과 MV2의 출력 점(F점)의 발진 주파수를 전류 증폭하여 번갈아 가면서 2가지 발진음이 스피커에서 나타나게 된다.

▶ T플립플롭(분주) 회로

- J와 K를 묶어서 Vcc로 연결하여 T 플립플롭으로 동작하며, 펄스 발생 비안정 MV회로의 펄스를 입력으로 받아 T_1에서 2분주, T_2에서 2분주시켜 각 출력을 낸다.
- T_2의 출력 Q_2, $\overline{Q_2}$의 논리가 MV1, MV2 회로의 제어 단자에 공급된다.
- 2분주: 펄스의 주기를 2배로 늘려주는 것을 말한다.

▶ 비안정 MV회로 1(발진음 발생)

- D점이 H(1) 상태에서 동작하여 발진 출력을 스피커 구동회로인 달링톤 접속 트랜지스터에 공급하여 준다.
- 발진 주기 $T = 0.693(R_1C_1 + R_2C_2)[s]$
  $= 1.4\ RC = 0.00138[ms]$
  $= 1.4[ms]$
- 발진 주파수 $f = 1/T = 720[Hz]$

▶ 비안정 MV회로 2(발진음 발생)

- C점이 H(1) 상태에서 동작하여 발진 출력을 스피커 구동 회로인 달링톤 접속 트랜지스터에 공급하여 준다.
- 발진 주기 $T = 0.693(R_1C_1 + R_2C_2)[s]$
  $= 1.4\ RC = 0.004429[ms]$
  $= 4.43[ms]$
- 발진 주파수 $f = 1/T = 225[Hz]$

전자기기 기능사	조립 제작 실습 과제 16	작품명	위치 표시기 회로

▣ 위치 표시기 회로를 만능기판에 조립 제작하고, TP점의 전압을 전압계로 측정하여 기록하고 요구 사항과 같이 동작하도록 하시오.

1. 시험 시간: 3시간 20분(측정 과제 20분 추가)

2. 요구 사항: 조립 제작 과제

① 지급된 재료를 사용하여 제한 시간 내에 도면과 같이 조립하시오.

② 조립 완성 후 동작 전류를 측정하여 기록하시오.

③ 조립이 완성되면 다음과 같이 동작되도록 하시오.

- SW1을 눌렀다 놓으면 3번의 발진음이 들린 후 클리어되는지 확인하시오.
- SW2를 눌렀다 놓으면 2번의 발진음이 들린 후 클리어되는지 확인하시오.

④ 조립이 완성되면 다음 질문에 답하시오.

질문 1. 회로의 A점이 어떤 상태면 소리가 나는가?

질문 2. 회로의 B, C가 어떤 상태면 소리가 나지 않는가?

⑤ 위 동작이 되지 않을 시는 틀린 회로를 수정하여 위 동작이 되게 하시오.

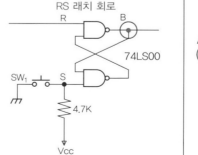

3. 재료 목록

재료명	규격	수량	재료명	규격	수량
IC	74LS00	3	저항(1/4W)	4.7kΩ	2
	74LS73/76	1		100kΩ	1
IC 소켓	14pin	4/3	전해 콘덴서	1μF	2
	16pin	1		470μF	2
트랜지스터	2SC1815	1	스위치	푸시 버튼	2
	2SC2120	1	스피커	소형	1
다이오드	1N4001	1	만능기판	28×62hole	1
저항(1/4W)	1kΩ	4			

▣ 사용되는 IC 및 주요 회로

- 사전 과제 2: 회로에 사용되는 IC 내부를 노트에 그려보고 이해하고 암기하기

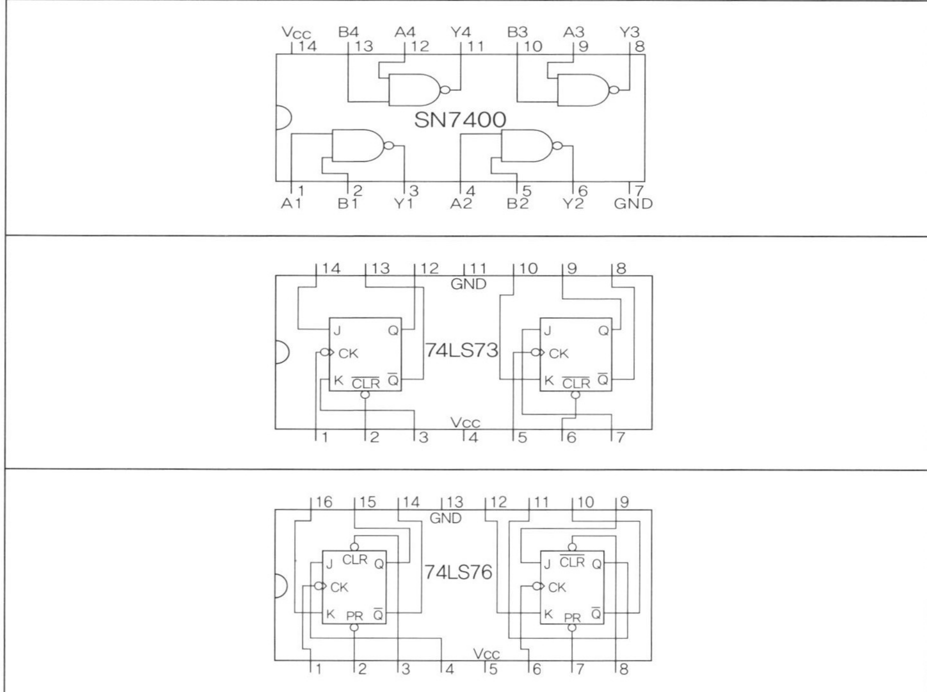

【 4. 회로도(위치 표시기 회로) 】 회로도는 반드시 수업 전 사전 과제로 실습 노트에 깨끗하게 그려서 검사를 받도록 한다. • 사전 과제 1 – 회로도 그리기

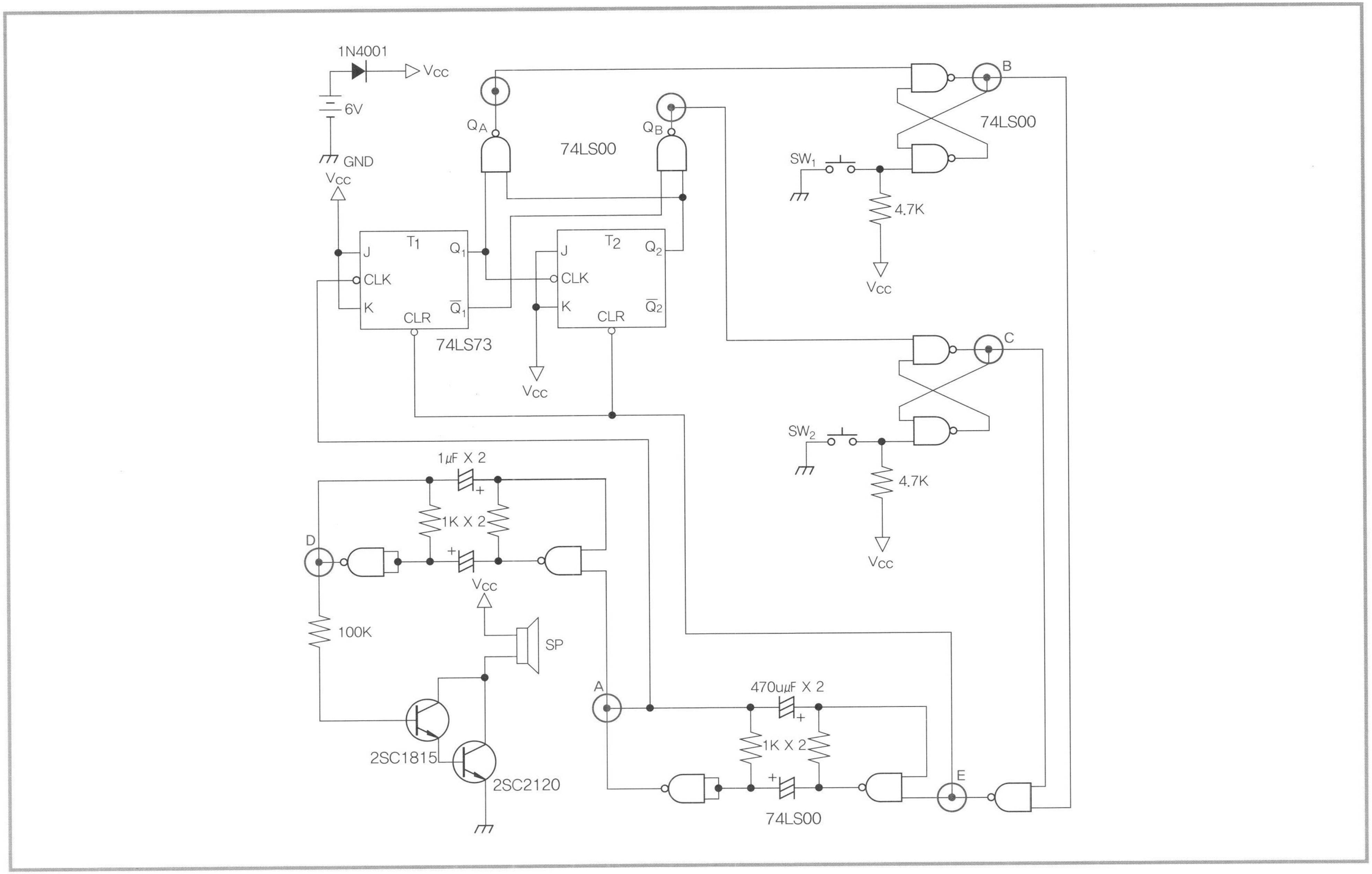

【 5-1. 부품 배치 및 배선 연습용 기판 】

• 사전 과제 5 – 회로도를 보고 28×62 만능기판 사이즈에 균형있게 부품을 배치하고 회로도와 같도록 배선을 하시오

연습용

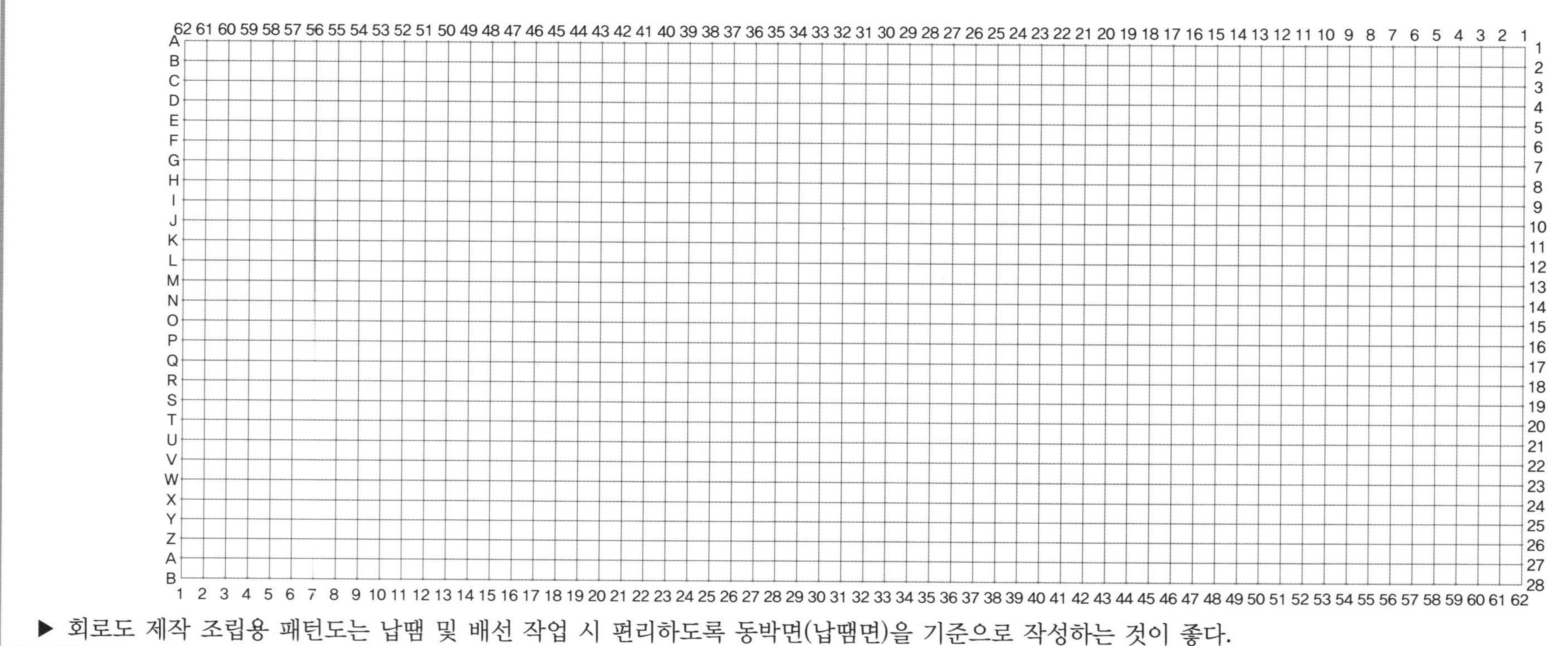

▶ 회로도 제작 조립용 패턴도는 납땜 및 배선 작업 시 편리하도록 동박면(납땜면)을 기준으로 작성하는 것이 좋다.

종류	다이오드	저항	콘덴서	트랜지스터		PB 스위치	IC		점프선	LED
				NPN	PNP					
회로도 기호							14핀	16핀		
패턴도 기호 (동박면 기준)										
비고	4~5칸	4~5칸	3~5칸	3칸	3칸	3칸×3칸 3칸×4칸	4칸×7칸	4칸×8칸	크기에 따라	3칸~4칸

▶ 회로도의 기호에 맞는 패턴도 기호를 사용하여 28×62 기판 사이즈에 전체적인 균형을 생각하며 회로의 조립 과정이 쉽게 패턴도를 작성하시오.

【 5-2. 부품 배치 및 배선 평가용 기판 】

• 사전 과제 5 – 회로도를 보고 28×62 만능기판 사이즈에 균형있게 부품을 배치하고 회로도와 같도록 배선을 하시오

평가용 1

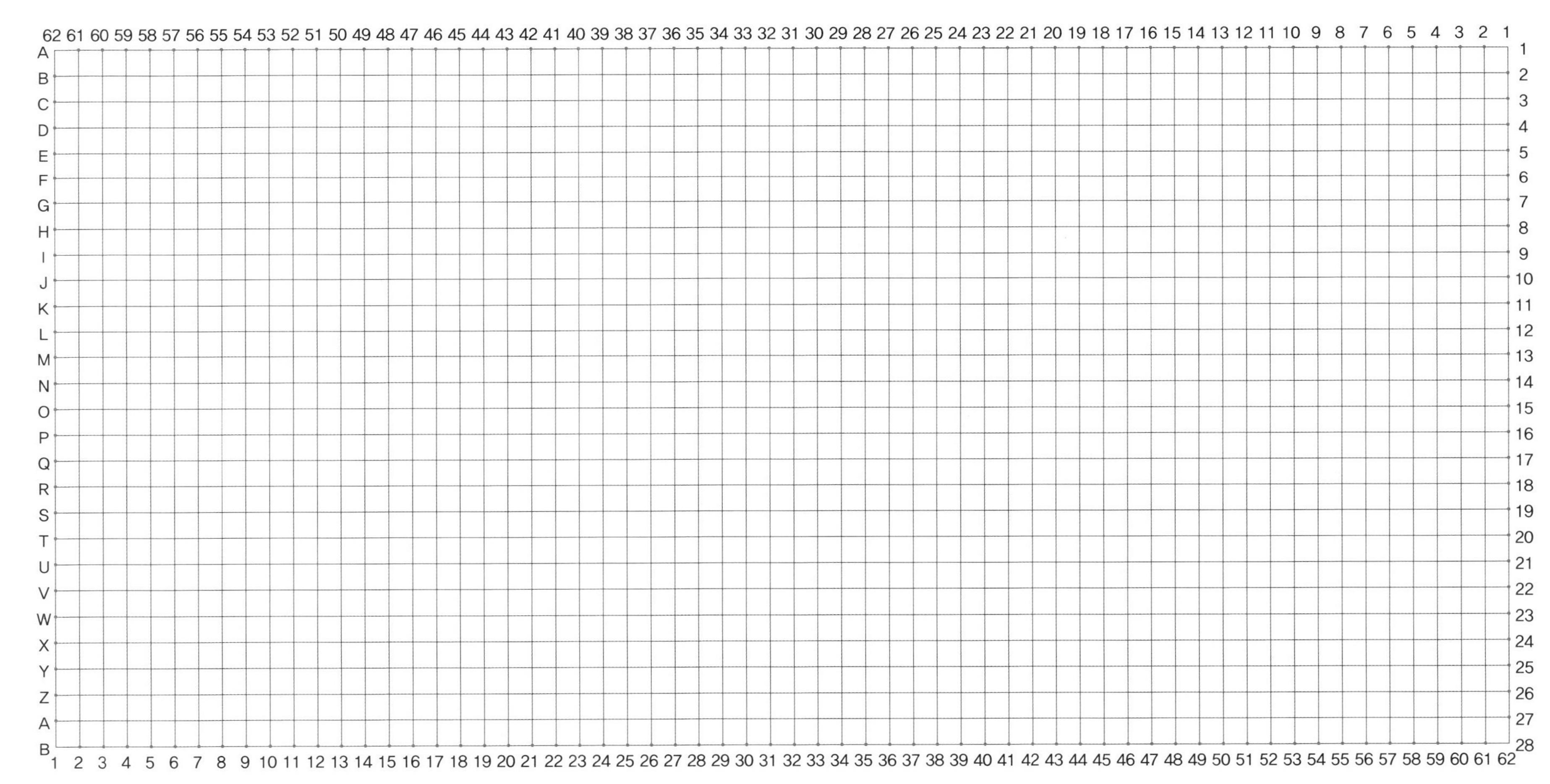

▶ 회로도 제작 조립용 패턴도는 납땜 및 배선 작업 시 편리하도록 동박면(납땜면)을 기준으로 작성하는 것이 좋다.

▶ 회로도의 기호에 맞는 패턴도 기호를 사용하여 28×62 기판 사이즈에 전체적인 균형을 생각하며 회로의 조립 과정이 쉽게 패턴도를 작성하시오.

【 5-3. 부품 배치 및 배선 연습용 기판 】

• 사전 과제 5 – 회로도를 보고 28×62 만능기판 사이즈에 균형있게 부품을 배치하고 회로도와 같도록 배선을 하시오

평가용 2

기본 배치도를 이용한 부품 배치 및 회로 배선 연결 – 스케치용

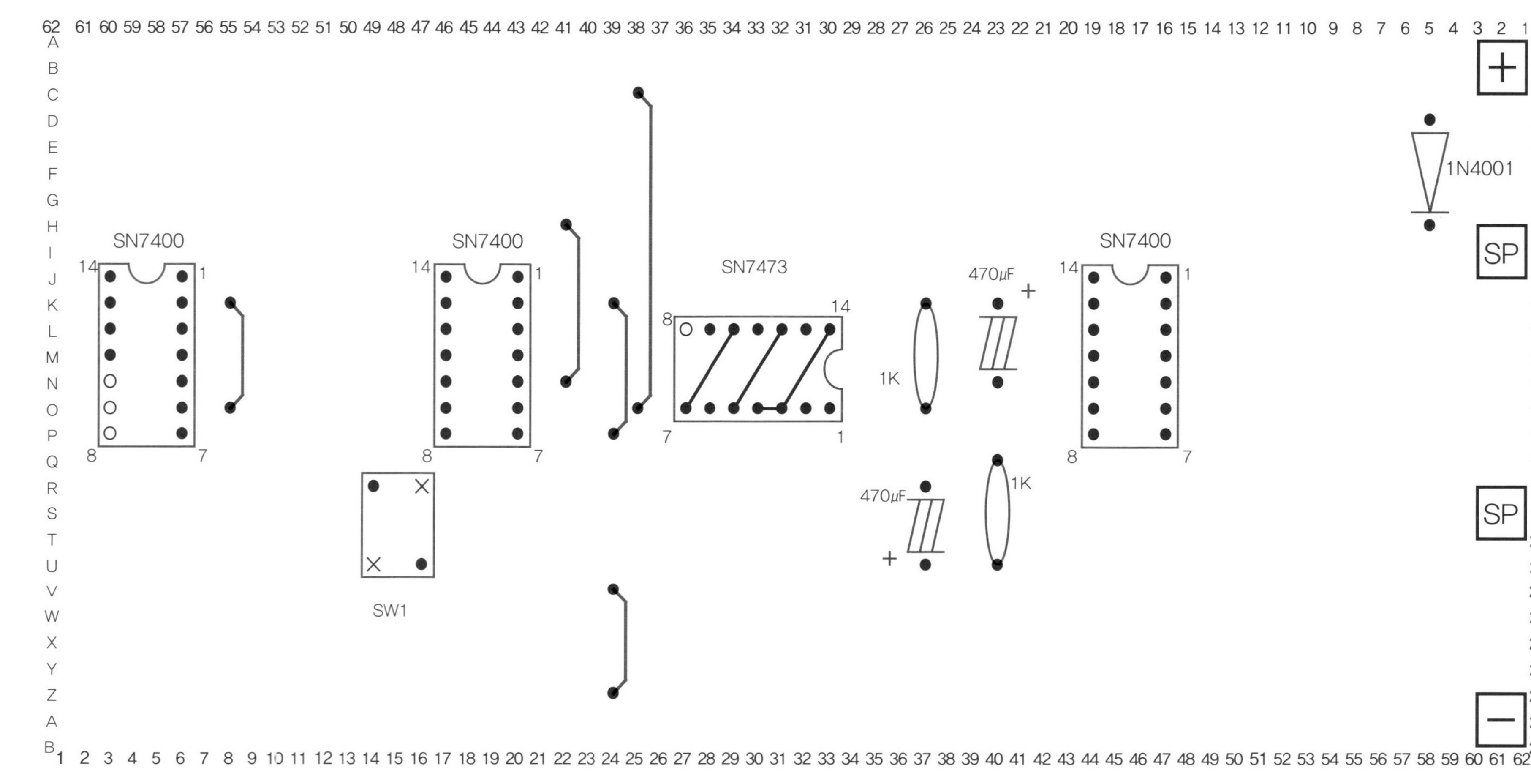

▶ 회로도 제작 조립용 패턴도는 납땜 및 배선 작업 시 편리하도록 동박면(납땜면)을 기준으로 작성하는 것이 좋다.

※ 빨간(적)색의 부품과 파란(청)색의 점프선은 동박면(납땜면)이 아닌 반대편의 부품면(플라스틱면)에서 삽입된다는 것을 유의한다.

▶ 회로도의 기호에 맞는 패턴도 기호를 사용하여 28×62 기판 사이즈에 전체적인 균형을 생각하며 회로의 조립 과정이 쉽게 패턴도를 작성하시오.

【 6-1. 부품의 모범 배치도 1 】 • 회로도와 같도록 배치도에 회로의 결선을 하시오.(연필을 사용하여 여러 번 수정을 거치면 가장 좋은 배선이 된다.)

수업 연습용(1시간)

모범 배치도를 이용한 배선 연결 1 — 스케치용

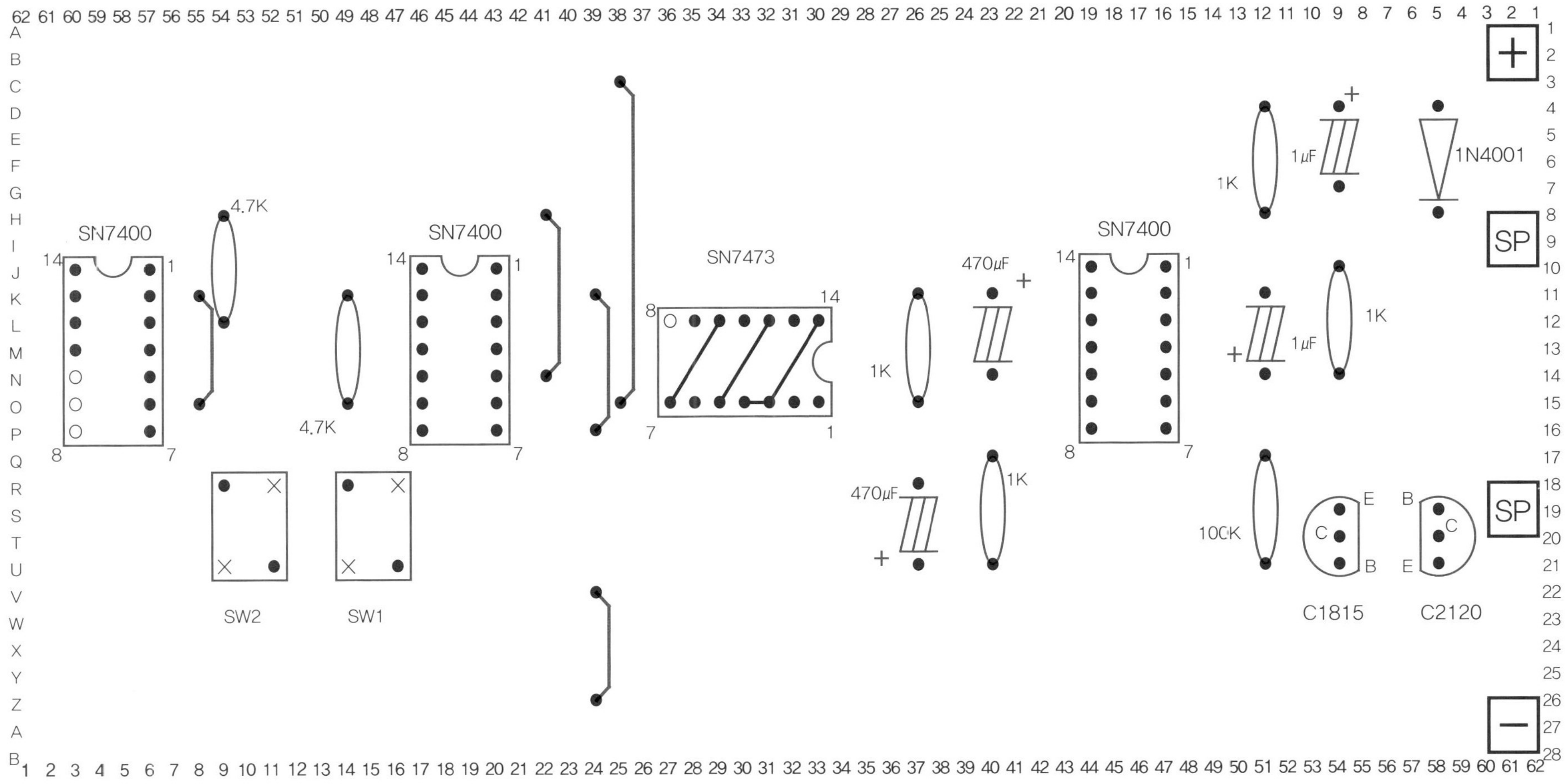

▶ 본 패턴도는 동박면(납땜면)을 기준으로 부품 배치를 하였으므로 부품 삽입 시 참고하여 삽입한다. (배선 납땜 시 매우 편리함)

※빨간(적)색의 부품과 파란(청)색의 점프선은 동박면(납땜면)이 아닌 반대편의 부품면(플라스틱면)에서 삽입된다는 것을 유의한다.

【 6-2. 부품의 모범 배치도 1 】

• 회로도와 같도록 배치도에 회로의 결선을 하시오.(연필을 사용하여 여러 번 수정을 거치면 가장 좋은 배선이 된다.)

모범 배치도를 이용한 배선 연결 2 — 평가용

모범 조립 패턴도 답안지 ▶ 390쪽

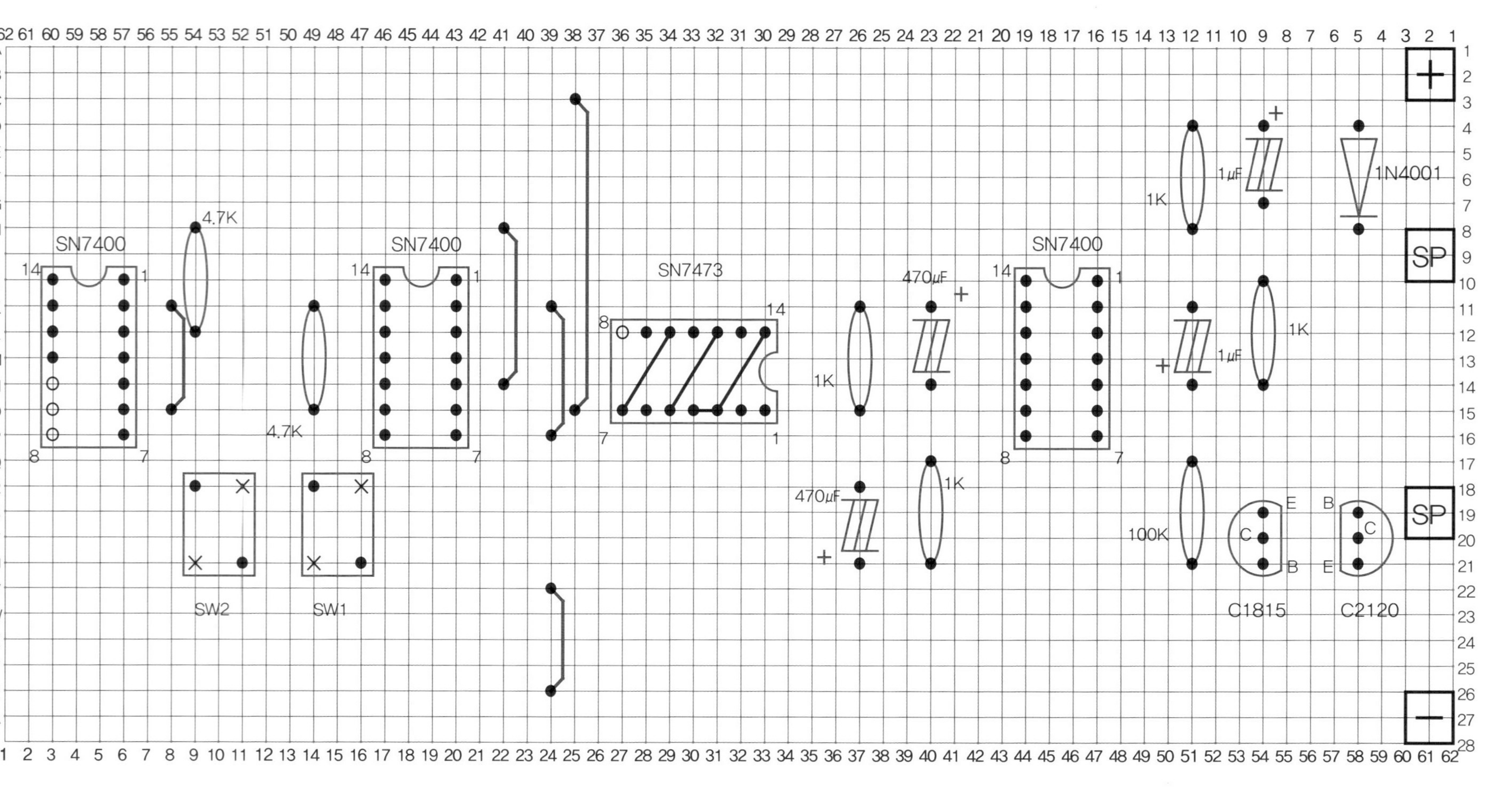

▶ 본 패턴도는 동박면(납땜면)을 기준으로 부품 배치를 하였으므로 부품 삽입 시 이를 참고하여 삽입한다. (배선 납땜 시 매우 편리함)

※빨간(적)색의 부품과 파란(청)색의 점프선은 동박면(납땜면)이 아닌 반대편의 부품면(플라스틱면)에서 삽입된다는 것을 유의한다.

【 7. 설명도 】 회로의 동작 설명을 듣고 동작 설명도를 여러 번 읽고 입력에서 출력까지의 회로 동작을 정확하게 이해하고 동작이 되도록 한다.

위치 표시기 동작 설명도

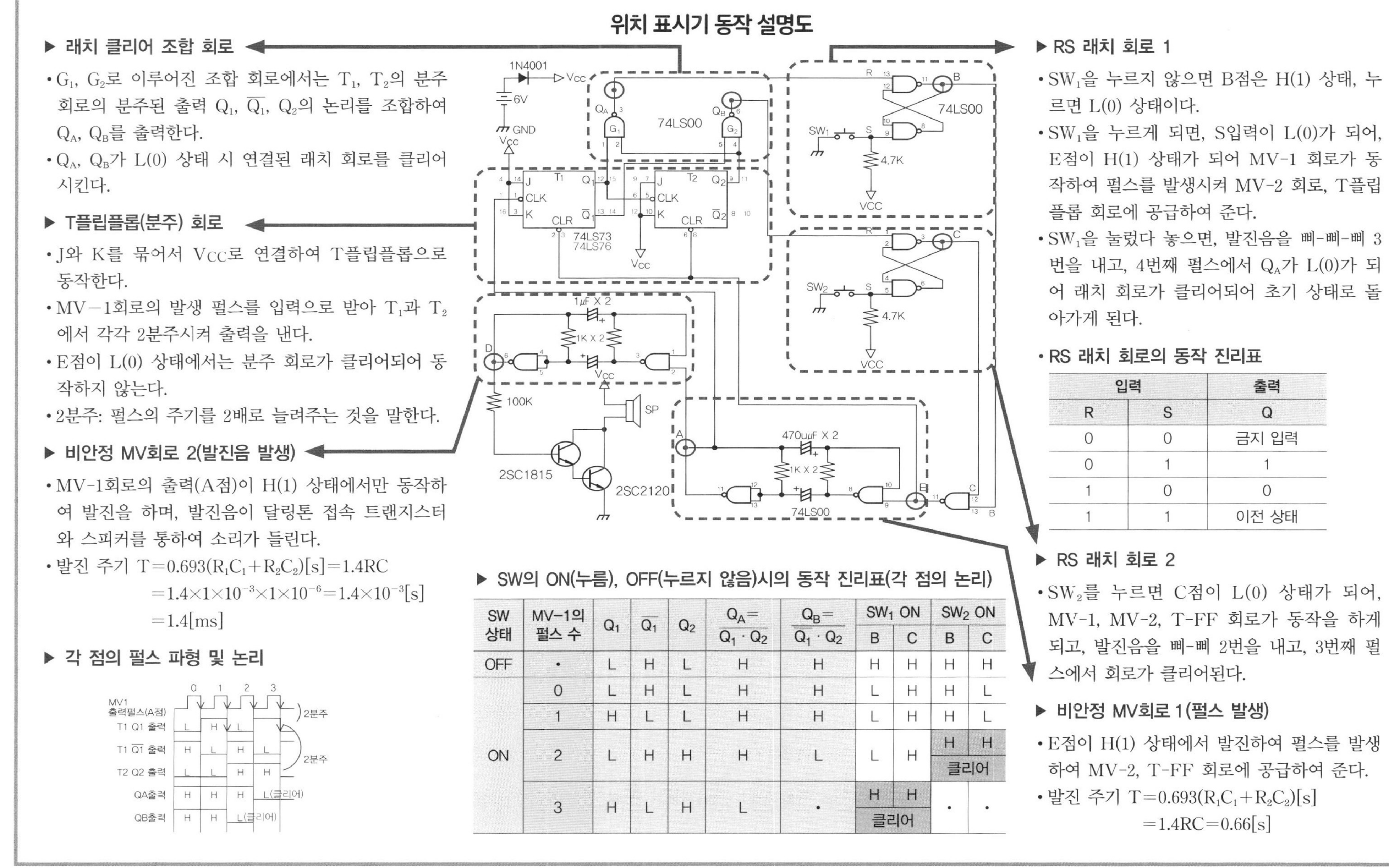

▶ 래치 클리어 조합 회로

- G_1, G_2로 이루어진 조합 회로에서는 T_1, T_2의 분주 회로의 분주된 출력 Q_1, $\overline{Q_1}$, Q_2의 논리를 조합하여 Q_A, Q_B를 출력한다.
- Q_A, Q_B가 L(0) 상태 시 연결된 래치 회로를 클리어시킨다.

▶ T플립플롭(분주) 회로

- J와 K를 묶어서 V_{CC}로 연결하여 T플립플롭으로 동작한다.
- MV−1회로의 발생 펄스를 입력으로 받아 T_1과 T_2에서 각각 2분주시켜 출력을 낸다.
- E점이 L(0) 상태에서는 분주 회로가 클리어되어 동작하지 않는다.
- 2분주: 펄스의 주기를 2배로 늘려주는 것을 말한다.

▶ 비안정 MV회로 2(발진음 발생)

- MV-1회로의 출력(A점)이 H(1) 상태에서만 동작하여 발진을 하며, 발진음이 달링톤 접속 트랜지스터와 스피커를 통하여 소리가 들린다.
- 발진 주기 $T=0.693(R_1C_1+R_2C_2)[s]=1.4RC$
  $=1.4\times1\times10^{-3}\times1\times10^{-6}=1.4\times10^{-3}[s]$
  $=1.4[ms]$

▶ 각 점의 펄스 파형 및 논리

	0	1	2	3	
MV1 출력펄스(A점)					2분주
T1 Q1 출력	L	H	L		
T1 $\overline{Q1}$ 출력	H	L	H	L	2분주
T2 Q2 출력	L	L	H	H	
QA출력	H	H	H	L(클리어)	
QB출력	H	H	L(클리어)		

▶ SW의 ON(누름), OFF(누르지 않음)시의 동작 진리표(각 점의 논리)

SW 상태	MV−1의 펄스 수	Q_1	$\overline{Q_1}$	Q_2	$Q_A=\overline{Q_1\cdot Q_2}$	$Q_B=\overline{\overline{Q_1}\cdot Q_2}$	SW_1 ON B	SW_1 ON C	SW_2 ON B	SW_2 ON C
OFF	•	L	H	L	H	H	H	H	H	H
ON	0	L	H	L	H	H	L	H	H	L
	1	H	L	L	H	H	L	H	H	L
	2	L	H	H	H	L	L	H	H (클리어)	H (클리어)
	3	H	L	H	L	•	H (클리어)	H (클리어)	•	•

▶ RS 래치 회로 1

- SW_1을 누르지 않으면 B점은 H(1) 상태, 누르면 L(0) 상태이다.
- SW_1을 누르게 되면, S입력이 L(0)가 되어, E점이 H(1) 상태가 되어 MV-1 회로가 동작하여 펄스를 발생시켜 MV-2 회로, T플립플롭 회로에 공급하여 준다.
- SW_1을 눌렀다 놓으면, 발진음을 삐-삐-삐 3번을 내고, 4번째 펄스에서 Q_A가 L(0)가 되어 래치 회로가 클리어되어 초기 상태로 돌아가게 된다.

• RS 래치 회로의 동작 진리표

입력 R	입력 S	출력 Q
0	0	금지 입력
0	1	1
1	0	0
1	1	이전 상태

▶ RS 래치 회로 2

- SW_2를 누르면 C점이 L(0) 상태가 되어, MV-1, MV-2, T-FF 회로가 동작을 하게 되고, 발진음을 삐-삐 2번을 내고, 3번째 펄스에서 회로가 클리어된다.

▶ 비안정 MV회로 1(펄스 발생)

- E점이 H(1) 상태에서 발진하여 펄스를 발생하여 MV-2, T-FF 회로에 공급하여 준다.
- 발진 주기 $T=0.693(R_1C_1+R_2C_2)[s]$
  $=1.4RC=0.66[s]$

전자기기 기능사	조립 제작 실습 과제 17	작품명	전자사이크로 회로

▣ **전자사이크로 회로를 만능기판에 조립 제작하고, TP점의 전압을 전압계로 측정하여 기록하고 요구 사항과 같이 동작하도록 하시오.**

1. 시험 시간: 3시간 20분(측정 과제 20분 추가)

2. 요구 사항: 조립 제작 과제

① 지급된 재료를 사용하여 제한 시간 내에 도면과 같이 조립하시오.

② 조립 완성 후 동작 전류를 측정하여 기록하시오.

③ 조립이 완료된 수검자는 다음과 같이 동작 시험을 하시오.

- LED_1 ~ LED_7 까지를 아래와 같이 배치하시오.

- 푸시 버튼을 누르면 전 LED가 점멸하다가, 놓으면 1~6에 맞는 LED만 점등된다.

④ 위 동작이 되지 않을 시는 틀린 회로를 수정하여 위 동작이 되게 하시오.

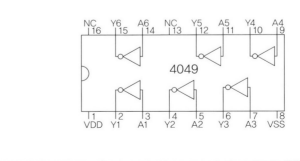

3. 재료 목록

재료명	규격	수량	재료명	규격	수량
IC	14017	1	저항(1/4W)	820Ω	4
	14011	1		300kΩ	3
	14072	2	LED	적색	7
	14049	1	PB SW	2P/또는 4P	1
IC 소켓	14pin	3	만능기판	28×62hole	1
	16pin	2	배선줄/3mm	3색 단선	1
마일러 콘덴서	0.033μF	2	실납	SN60% 1.0Φ	1
전해 콘덴서	4.7μF	1			

▣ **사용되는 IC 및 주요 회로**

- 사전 과제 2: 회로에 사용되는 IC 내부를 노트에 그려보고 이해하고 암기하기

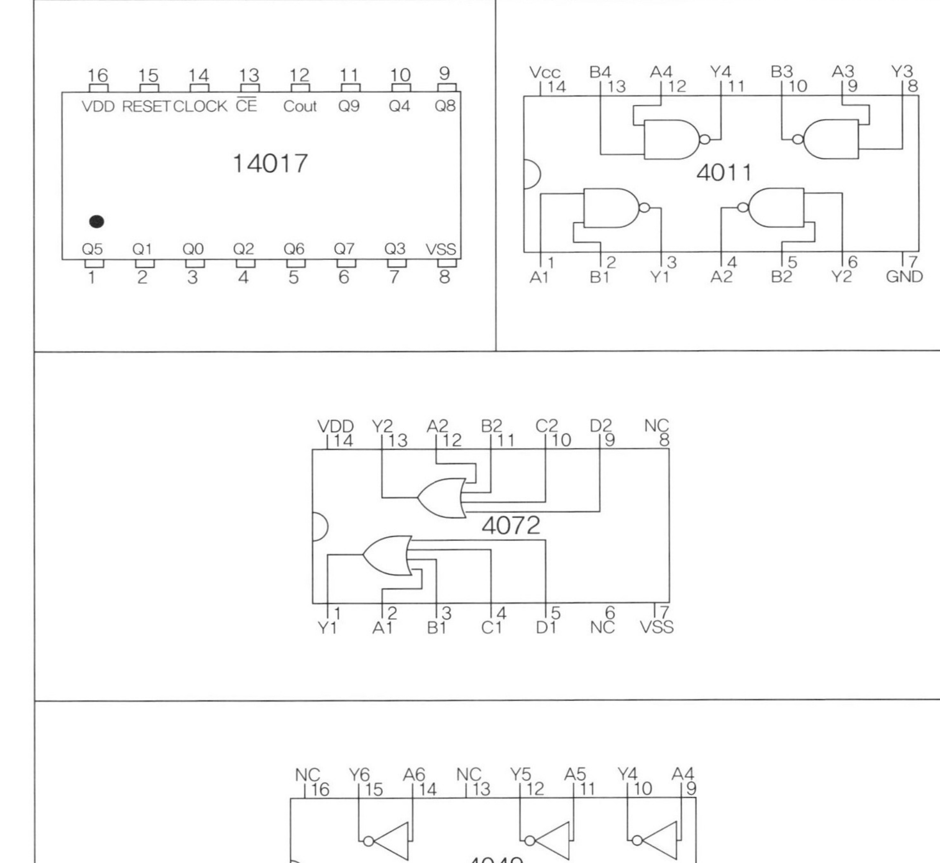

【 4. 회로도(전자사이크로 회로) 】 회로도는 반드시 수업 전 사전 과제로 실습 노트에 깨끗하게 그려서 검사를 받도록 한다. • 사전 과제 1 – 회로도 그리기

【 5-1. 부품 배치 및 배선 연습용 기판 】

• 사전 과제 5 – 회로도를 보고 28×62 만능기판 사이즈에 균형있게 부품을 배치하고 회로도와 같도록 배선을 하시오

연습용

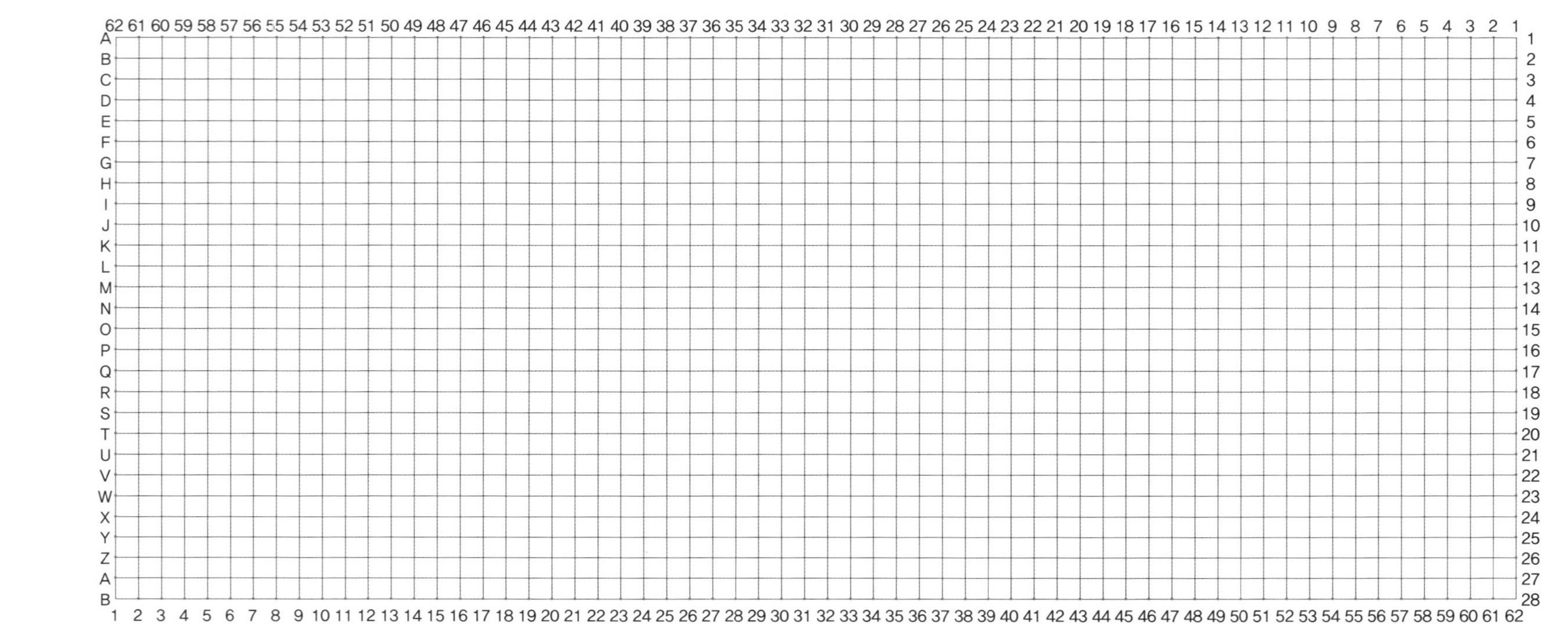

▶ 회로도 제작 조립용 패턴도는 납땜 및 배선 작업 시 편리하도록 동박면(납땜면)을 기준으로 작성하는 것이 좋다.

종류	다이오드	저항	콘덴서	트랜지스터		PB 스위치	IC		점프선	LED
				NPN	PNP					
회로도 기호			+	B C E	B E C	ⓐ ⓑ	14핀	16핀		
패턴도 기호 (동박면 기준)			+				14 1 8 7	16 1 9 8		
비고	4~5칸	4~5칸	3~5칸	3칸	3칸	3칸×3칸 3칸×4칸	4칸×7칸	4칸×8칸	크기에 따라	3칸~4칸

▶ 회로도의 기호에 맞는 패턴도 기호를 사용하여 28×62 기판 사이즈에 전체적인 균형을 생각하며 회로의 조립 과정이 쉽게 패턴도를 작성하시오.

【 5-2. 부품 배치 및 배선 평가용 기판 】 • 사전 과제 5 – 회로도를 보고 28×62 만능기판 사이즈에 균형있게 부품을 배치하고 회로도와 같도록 배선을 하시오

평가용 1

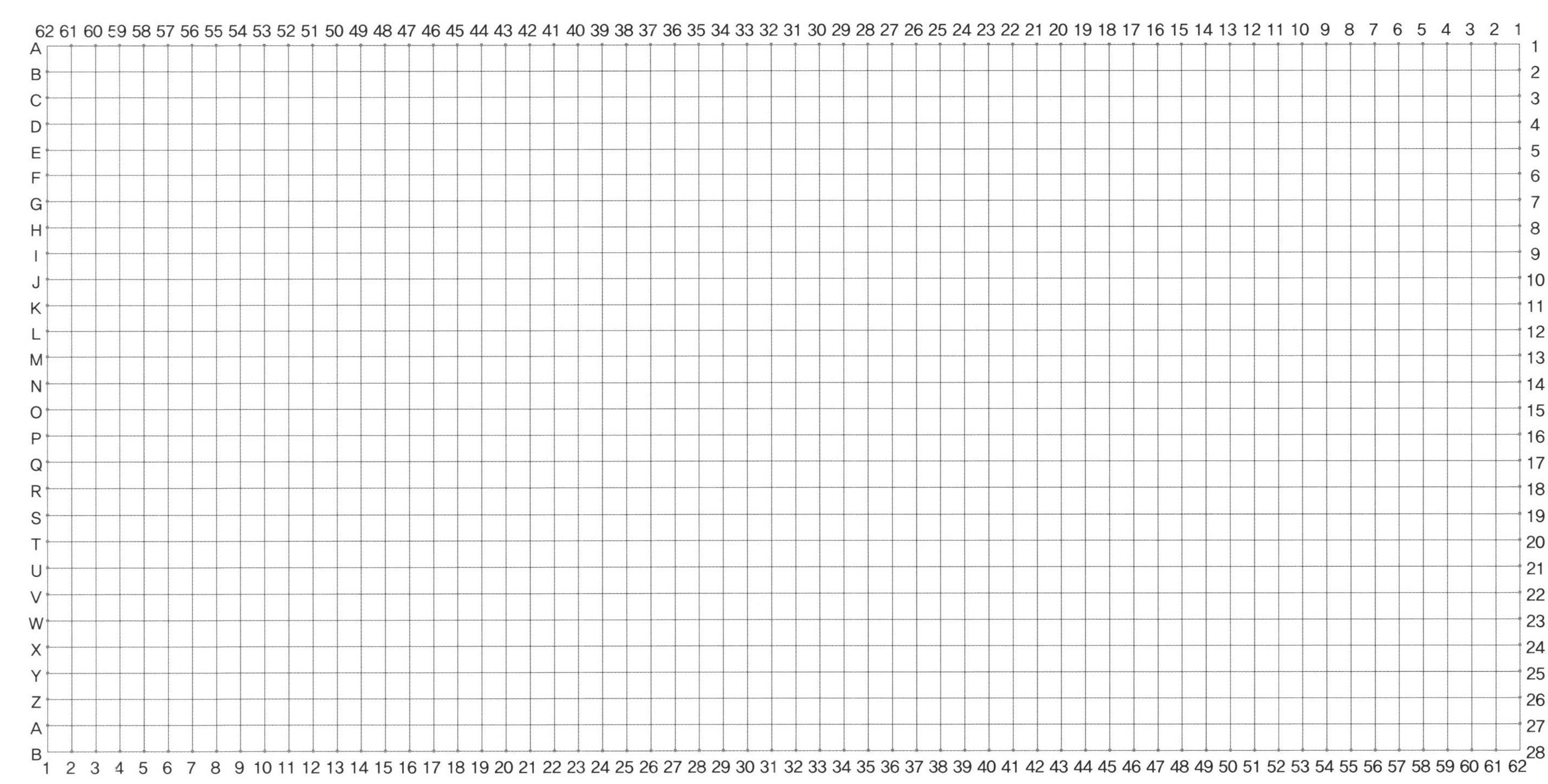

▶ 회로도 제작 조립용 패턴도는 납땜 및 배선 작업 시 편리하도록 동박면(납땜면)을 기준으로 작성하는 것이 좋다.

▶ 회로도의 기호에 맞는 패턴도 기호를 사용하여 28×62 기판 사이즈에 전체적인 균형을 생각하며 회로의 조립 과정이 쉽게 패턴도를 작성하시오.

【 5-3. 부품 배치 및 배선 연습용 기판 】 • 사전 과제 5 – 회로도를 보고 28×62 만능기판 사이즈에 균형있게 부품을 배치하고 회로도와 같도록 배선을 하시오

평가용 2

기본 배치도를 이용한 부품 배치 및 회로 배선 연결 – 스케치용

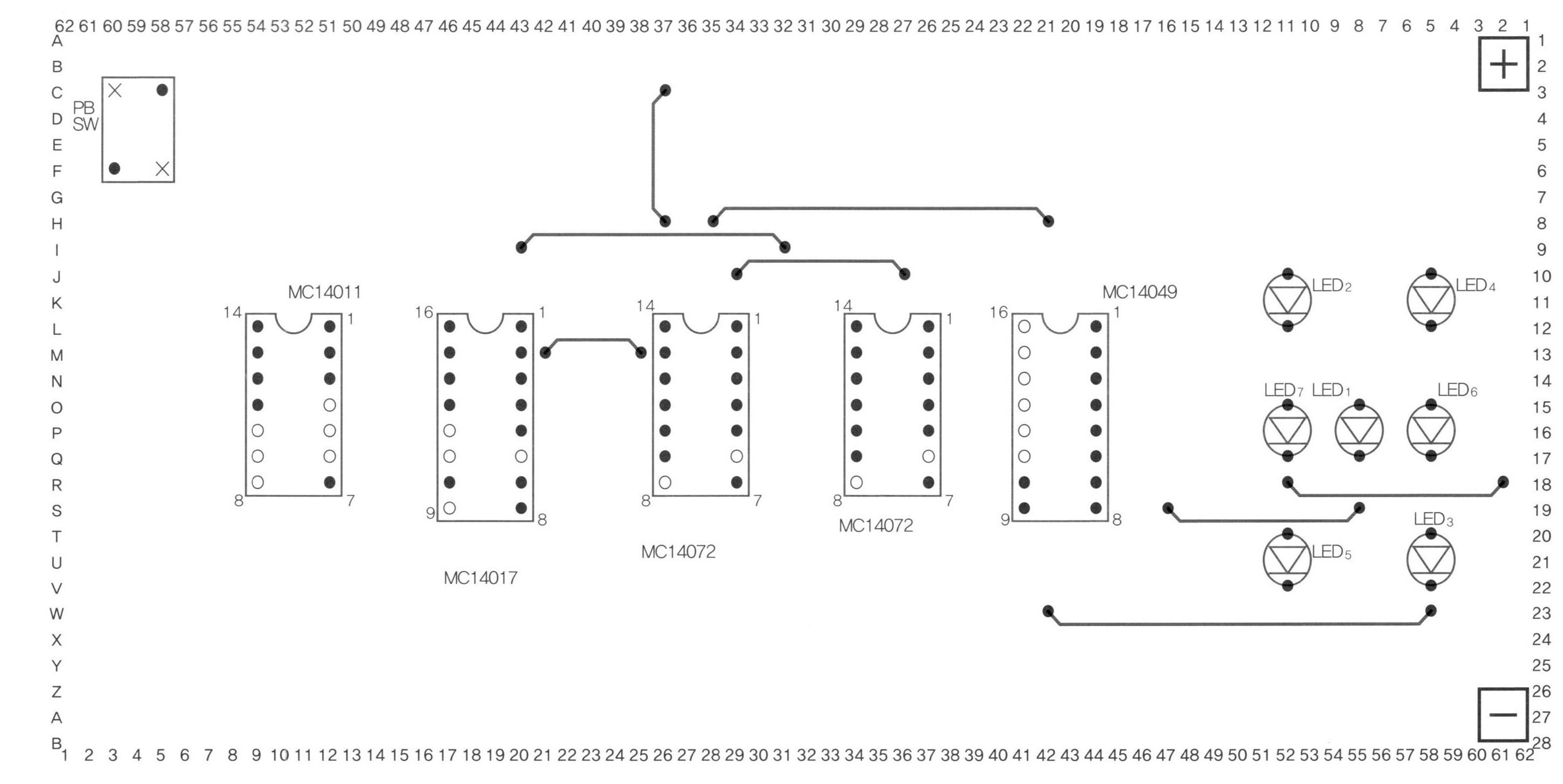

▶ 회로도 제작 조립용 패턴도는 납땜 및 배선 작업 시 편리하도록 동박면(납땜면)을 기준으로 작성하는 것이 좋다.

※ 빨간(적)색의 부품과 파란(청)색의 점프선은 동박면(납땜면)이 아닌 반대편의 부품면(플라스틱면)에서 삽입된다는 것을 유의한다.

▶ 회로도의 기호에 맞는 패턴도 기호를 사용하여 28×62 기판 사이즈에 전체적인 균형을 생각하며 회로의 조립 과정이 쉽게 패턴도를 작성하시오.

【 6-1. 부품의 모범 배치도 1 】 • 회로도와 같도록 배치도에 회로의 결선을 하시오.(연필을 사용하여 여러 번 수정을 거치면 가장 좋은 배선이 된다.)

수업 연습용(1시간)

모범 배치도를 이용한 배선 연결 1 — 스케치용

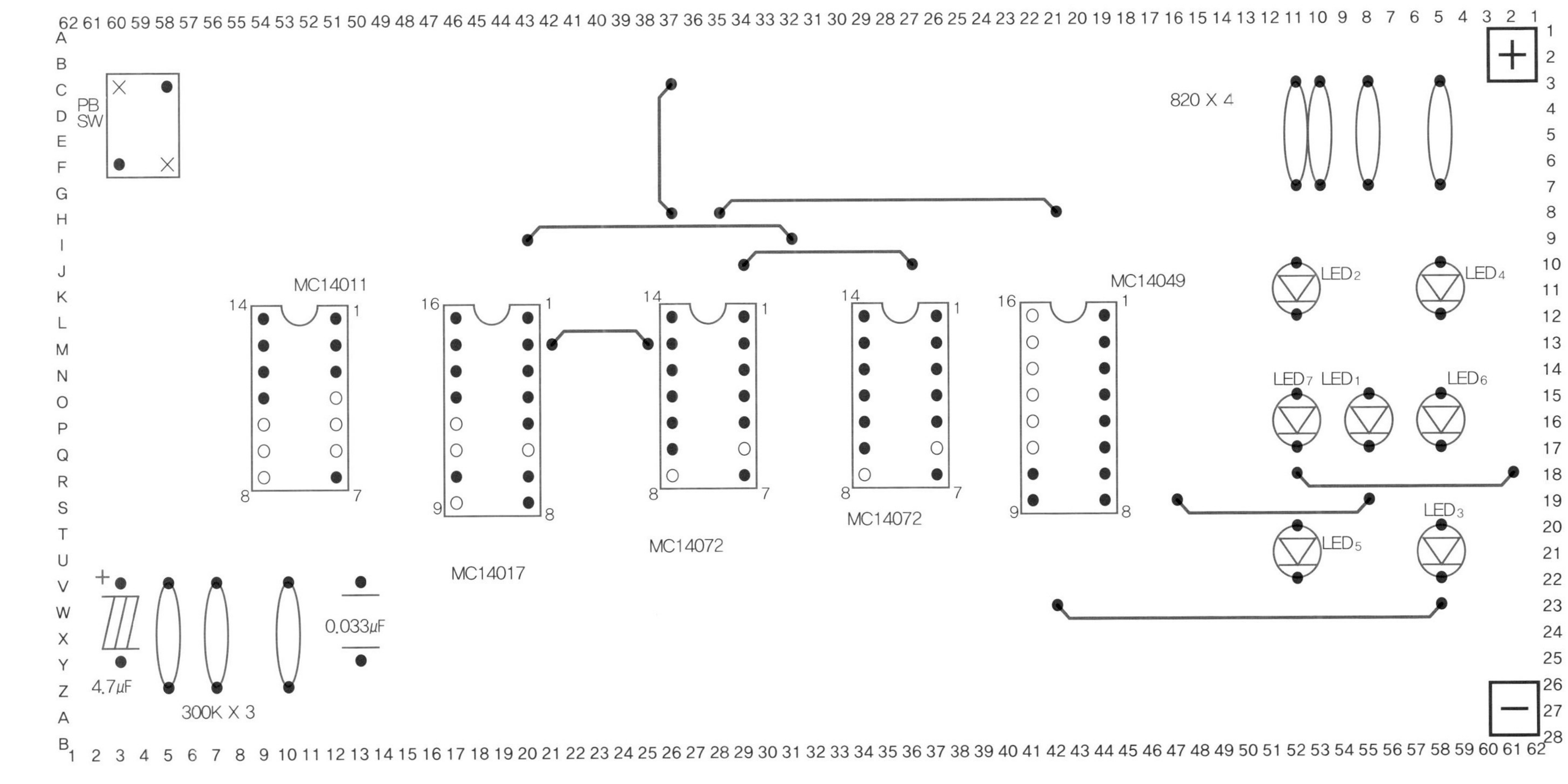

▶ 본 패턴도는 동박면(납땜면)을 기준으로 부품 배치를 하였으므로 부품 삽입 시 참고하여 삽입한다. (배선 납땜 시 매우 편리함)

※빨간(적)색의 부품과 파란(청)색의 점프선은 동박면(납땜면)이 아닌 반대편의 부품면(플라스틱면)에서 삽입된다는 것을 유의한다.

【 6-2. 부품의 모범 배치도 1 】

• 회로도와 같도록 배치도에 회로의 결선을 하시오.(연필을 사용하여 여러 번 수정을 거치면 가장 좋은 배선이 된다.)

모범 배치도를 이용한 배선 연결 2 — 평가용

모범 조립 패턴도 답안지 ▶ 392쪽

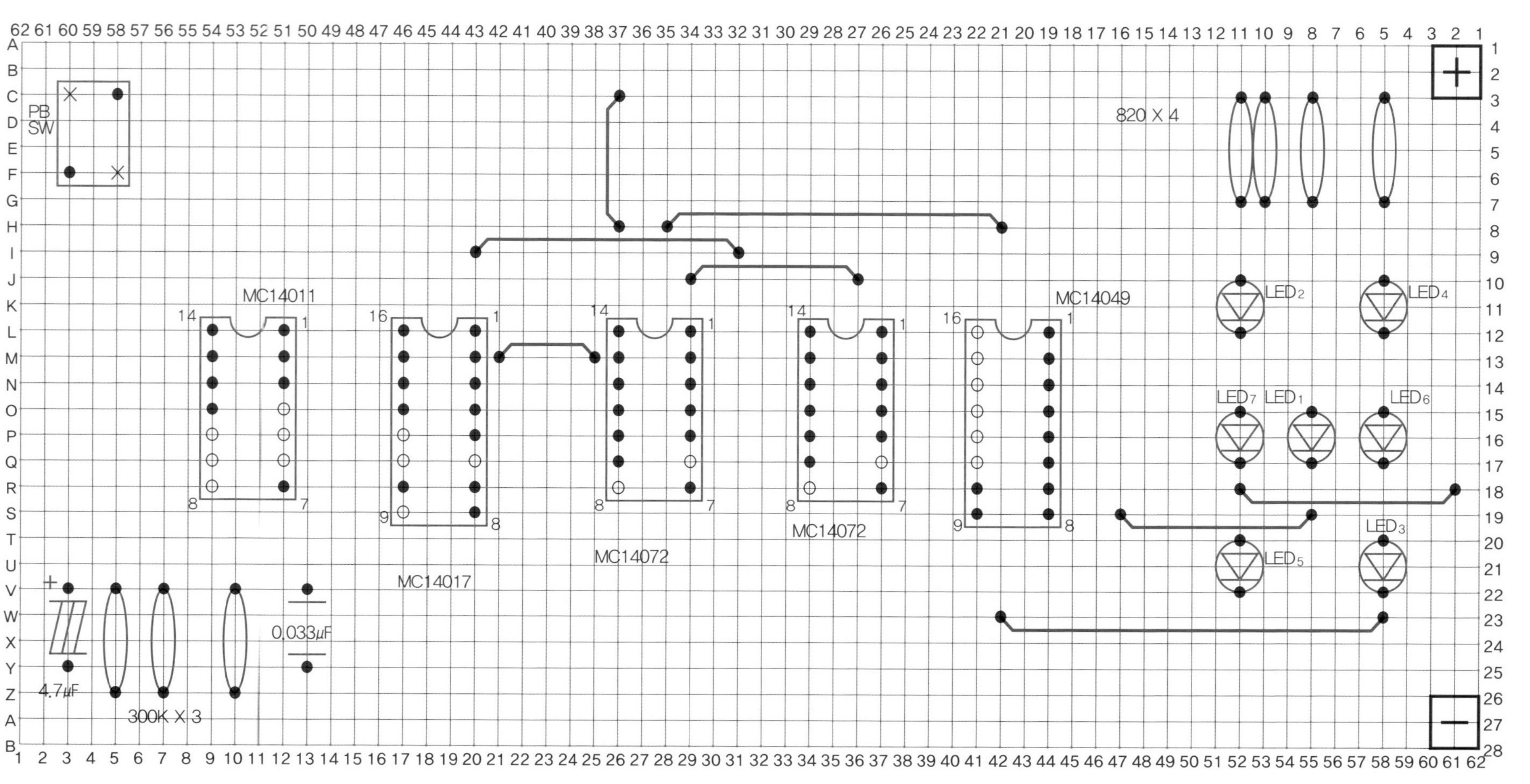

▶ 본 패턴도는 동박면(납땜면)을 기준으로 부품 배치를 하였으므로 부품 삽입 시 이를 참고하여 삽입한다. (배선 납땜 시 매우 편리함)

※빨간(적)색의 부품과 파란(청)색의 점프선은 동박면(납땜면)이 아닌 반대편의 부품면(플라스틱면)에서 삽입된다는 것을 유의한다.

【 7. 설명도 】 회로의 동작 설명을 듣고 동작 설명도를 여러 번 읽고 입력에서 출력까지의 회로 동작을 정확하게 이해하고 동작이 되도록 한다.

전자사이크로 회로 설명도

▶ 펄스 발생 회로

- PB SW OFF 시 Ⓐ점은 L(0) 상태로 NAND 게이트로 된 비안정 멀티바이브레이터 회로는 제어 단자가 L(0)로 발진하지 않는다.
- PB SW ON 시 Ⓐ점은 H(1) 상태로 제어 단자가 H(1) 상태가 되어 발진 회로가 동작하게 되어 Ⓑ점에 펄스를 출력하게 된다.
- PB SW를 눌렀다 놓게 되어도 콘덴서 C가 R을 통하여 방전하게 되어 방전 시간 동안 Ⓐ점은 H(1) 상태를 유지하게 되고 콘덴서 C가 방전을 완료하게 되면 Ⓐ점은 L(0)가 되어 발진을 멈추게 된다.

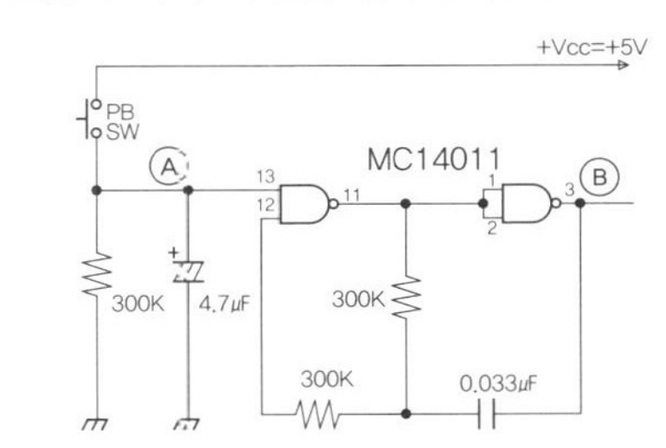

- 발진 주기 T=2.2RC ≒ 22[ms]

▣ 전체 동작

- PB SW를 눌렀다 놓아 펄스 발생 회로에서 펄스를 발생시켜 카운터 회로에서 6진 카운터 출력을 반복하여 카운트하고 4072은 조합 회로에서 조합하여 L_1~L_4의 논리를 만들어 4049에서 반전시켜 해당 LED가 점등되게 한다.
- PB SW를 눌렀다 놓아도 C의 방전에 의해서 발진이 유지되어 카운터 회로가 카운트를 계속하게 되어 LED는 빠른 속도로 점멸을 하다가 발진이 정지되면 그 순간의 카운트 출력에 의해 조합 회로를 거쳐 해당되는 LED만 점등 상태로 된다.

▶ 펄스 수에 따른 동작 및 LED 표시(출력 논리는 H=1, L=0)

펄스수	4017 출력						4049 입력점 논리				LED 점등 상태
	Q_0	Q_1	Q_2	Q_3	Q_4	Q_5	L_1	L_2	L_3	L_4	
0	H	L	L	L	L	L	L	H	H	H	6
1	L	H	L	L	L	L	H	L	L	L	1
2	L	L	H	L	L	L	L	H	L	L	2
3	L	L	L	H	L	L	H	H	L	L	3
4	L	L	L	L	H	L	L	H	H	L	4
5	L	L	L	L	L	H	H	H	H	L	5

▶ 카운터 회로(6진 카운터)

- 4017은 10진 카운터로 동작하는 IC이지만 이 회로에서는 Q_6(5번 핀)를 RESET(15번 핀)에 연결시켜 Q_6가 H(1) 출력을 내면 리셋되어 6진 카운터로 동작한다.
- 4011로 된 발진 회로 출력을 입력 펄스로 받아 계수하여 해당 출력을 H(1) 상태로 만들어 준다.

펄스수	7442 입력 상태						4017 출력 상태
	Q_0	Q_1	Q_2	Q_3	Q_4	Q_5	
0	H	L	L	L	L	L	Q_0만H
1	L	H	L	L	L	L	Q_1만H
2	L	L	H	L	L	L	Q_2만H
3	L	L	L	H	L	L	Q_3만H
4	L	L	L	L	H	L	Q_4만H
5	L	L	L	L	L	H	Q_5만H
6	Q_6-H-처음부터 다시 카운트됨						리셋

▶ 조합 논리 회로 및 LED(전자주사위) 구동

- 4072 IC로 이루어진 회로는 6진 카운터(4017) 출력을 조합하여 L_1~L_4의 논리를 만들어 준다.
- 4049 IC는 L_1~L_4의 논리 상태를 반전시켜 주어 LED가 구동될 수 있도록 한다.
- 논리식은

$L_1 = Q_1 + Q_3 + Q_5$

$L_2 = (Q_2 + Q_3 + Q_5) + Q_4 + Q_0$

$\quad = Q_0 + Q_2 + Q_3 + Q_4 + Q_5$

$L_3 = Q_0 + Q_4 + Q_5$

$L_4 = Q_0$

- L_1~L_4의 논리가 H(1)일 때 연결된 LED가 점등된다.

전자기기 기능사	조립 제작 실습 과제 18	작품명	프리셋테이블 카운터 회로

▣ **프리셋 테이블 카운터 회로를 만능기판에 조립 제작하고, TP점의 전압을 전압계로 측정하여 기록하고, 요구 사항과 같이 동작하도록 하시오.**

1. 시험 시간: 3시간 20분(측정 과제 20분 추가)

2. 요구 사항: 조립 제작 과제

① 지급된 재료를 사용하여 제한 시간 내에 도면과 같이 조립하시오.
② 조립 작업 시 다음 각 사항에 유의하시오.
③ 조립이 완료된 수검자는 다음과 같이 동작 시험을 하시오.
- SW_1을 UP쪽 → 상향 계수가 되도록 한다.
- SW_1을 DOWN쪽 → 하향 계수가 되도록 한다.
- DIP SW로 임의의 수를 정하여 놓고 SW_2를 눌러 리셋시키고 누르면 SW_2를 놓는 순간부터 임의의 수에서 UP 또는 DOWN 카운트를 한다.
- 반고정 저항 1[MΩ]을 조정하여 0.5~1[sec]로 계수되도록 한다.

④ 위 동작이 되지 않을 시는 틀린 회로를 수정하여 위 동작이 되게 하시오.

3. 재료 목록

재료명	규격	수량	재료명	규격	수량
IC	NE555	1	저항(1/4W)	330Ω	7
	SN7400	1		680Ω	4
	74LS192	1		1kΩ	1
	4511	1		2kΩ	2
	CD4543	1		10kΩ	1
IC 소켓	8pin	2		100kΩ	1
	14pin	1	반고정 저항기	반고정 VR1M	1
	16pin	2	전해 콘덴서	1μF	1
7세그먼트	FND 507/500	1/1	마일러	0.05μF	2
다이오드	1N4001	2	만능기판	28×62hole	1
스위치(SW)	DIP(4P/8핀)	1	배선줄/3mm	3색 단선	1
	토글 3P SW	1	실납	SN60% 1.0Φ	1
	푸시 버튼	1			

▣ **사용되는 IC 및 주요 회로**

- 사전 과제 2: 회로에 사용되는 IC 내부를 노트에 그려보고 이해하고 암기하기

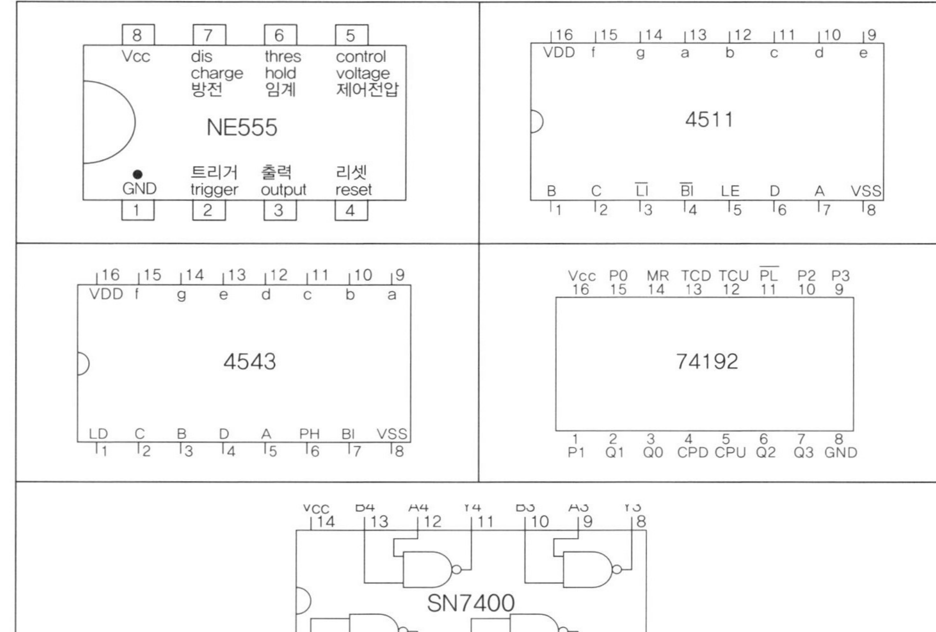

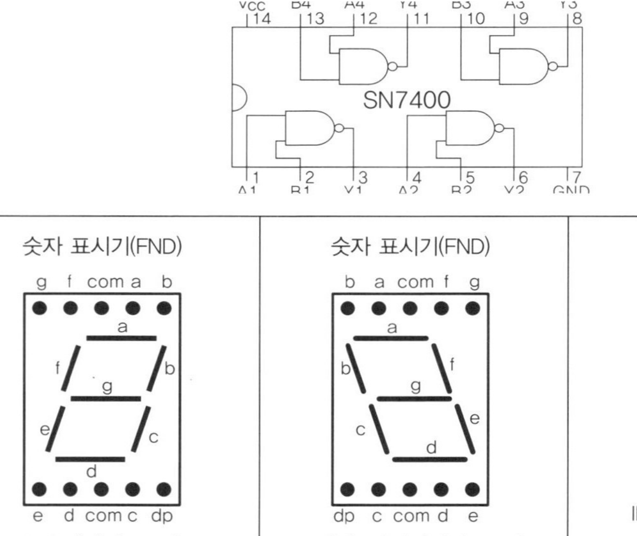

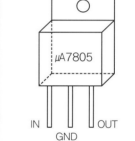

【 4. 회로도(프리셋 테이블 카운터 회로) 】 회로도는 반드시 수업 전 사전 과제로 실습 노트에 깨끗하게 그려서 검사를 받도록 한다. • 사전 과제 1 – 회로도 그리기

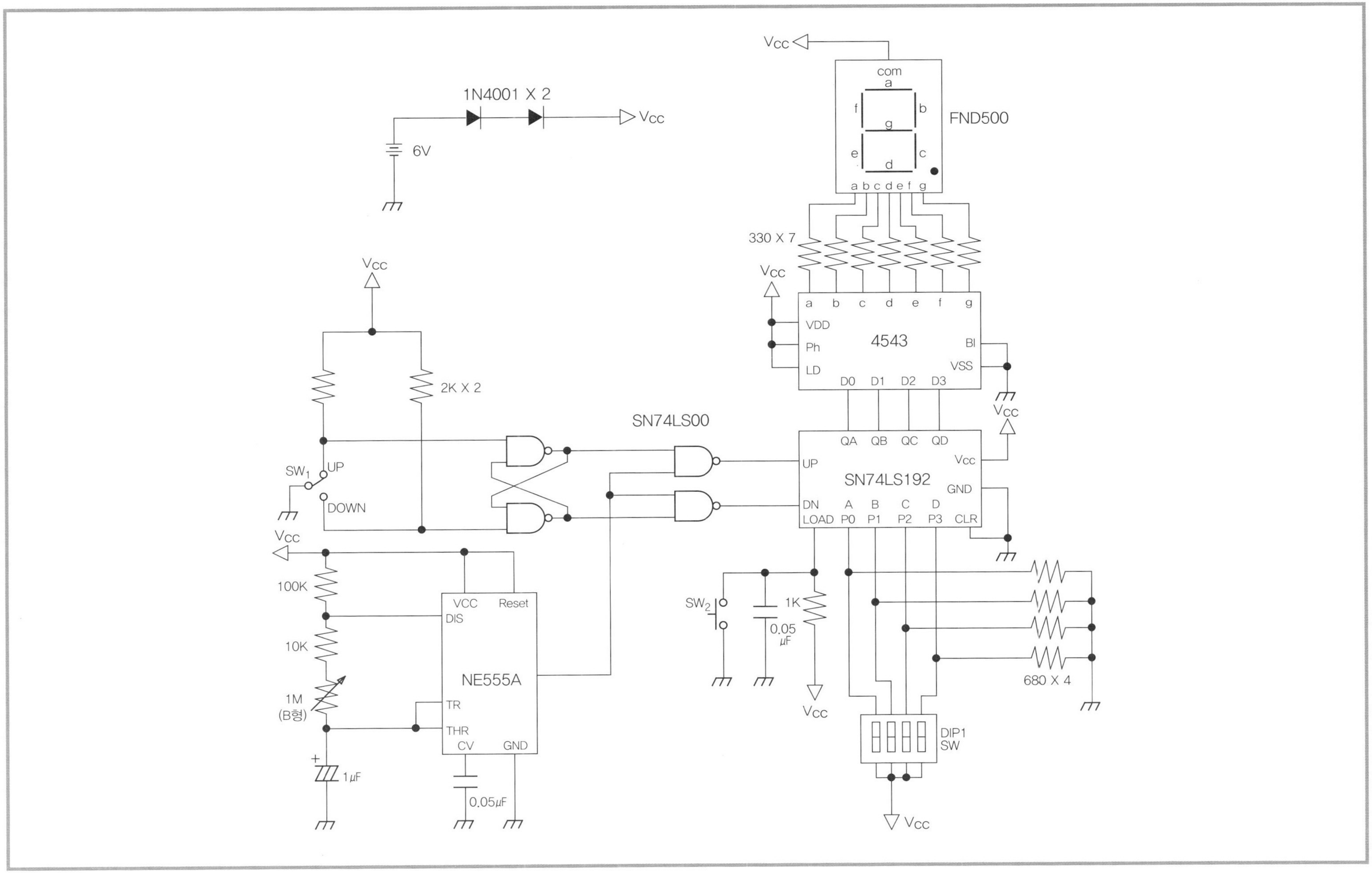

【 5-1. 부품 배치 및 배선 연습용 기판 】

• 사전 과제 5 – 회로도를 보고 28×62 만능기판 사이즈에 균형있게 부품을 배치하고 회로도와 같도록 배선을 하시오

연습용

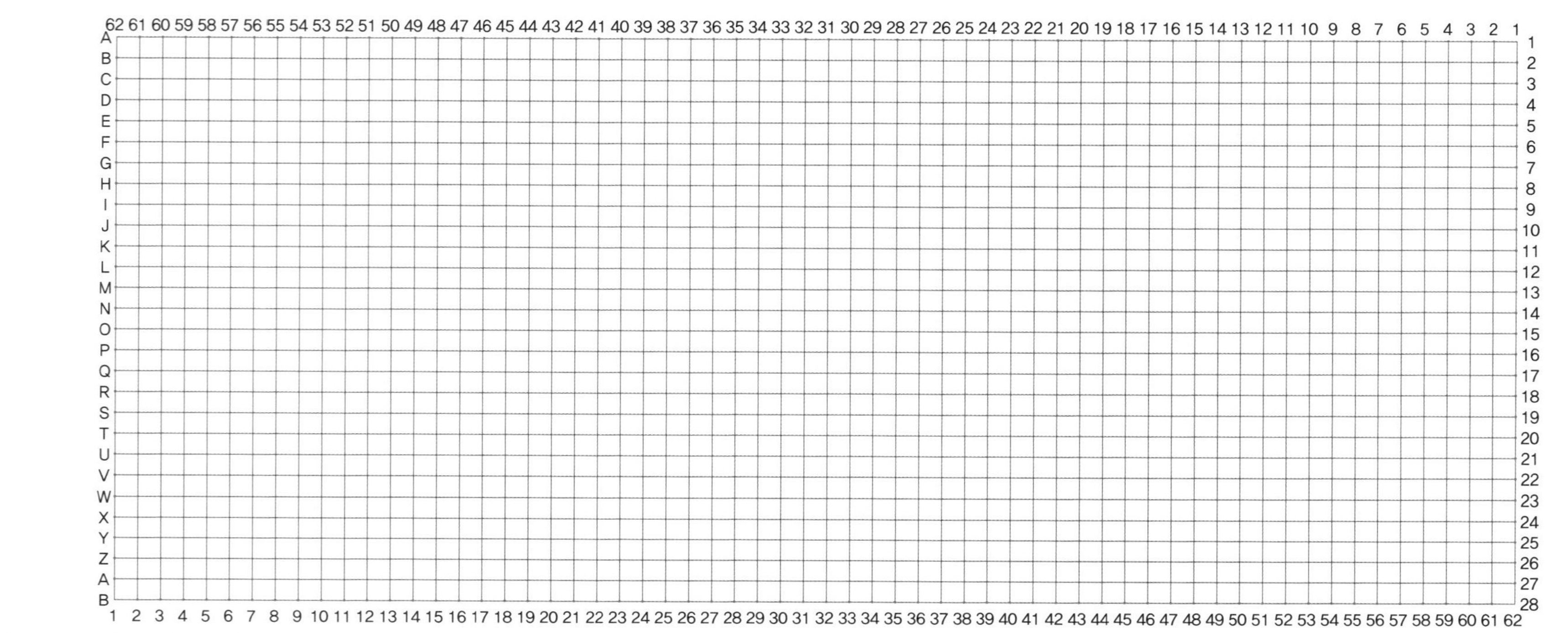

▶ 회로도 제작 조립용 패턴도는 납땜 및 배선 작업 시 편리하도록 동박면(납땜면)을 기준으로 작성하는 것이 좋다.

종류	다이오드	저항	콘덴서	트랜지스터		PB 스위치	IC		점프선	LED
				NPN	PNP					
회로도 기호			+	B C E	B E C	ⓐ ⓑ	14핀	16핀		
패턴도 기호 (동박면 기준)			+				14 1 8 7	16 1 9 8		
비고	4~5칸	4~5칸	3~5칸	3칸	3칸	3칸×3칸 3칸×4칸	4칸×7칸	4칸×8칸	크기에 따라	3칸~4칸

▶ 회로도의 기호에 맞는 패턴도 기호를 사용하여 28×62 기판 사이즈에 전체적인 균형을 생각하며 회로의 조립 과정이 쉽게 패턴도를 작성하시오.

【 5-2. 부품 배치 및 배선 평가용 기판 】

• 사전 과제 5 – 회로도를 보고 28×62 만능기판 사이즈에 균형있게 부품을 배치하고 회로도와 같도록 배선을 하시오

평가용 1

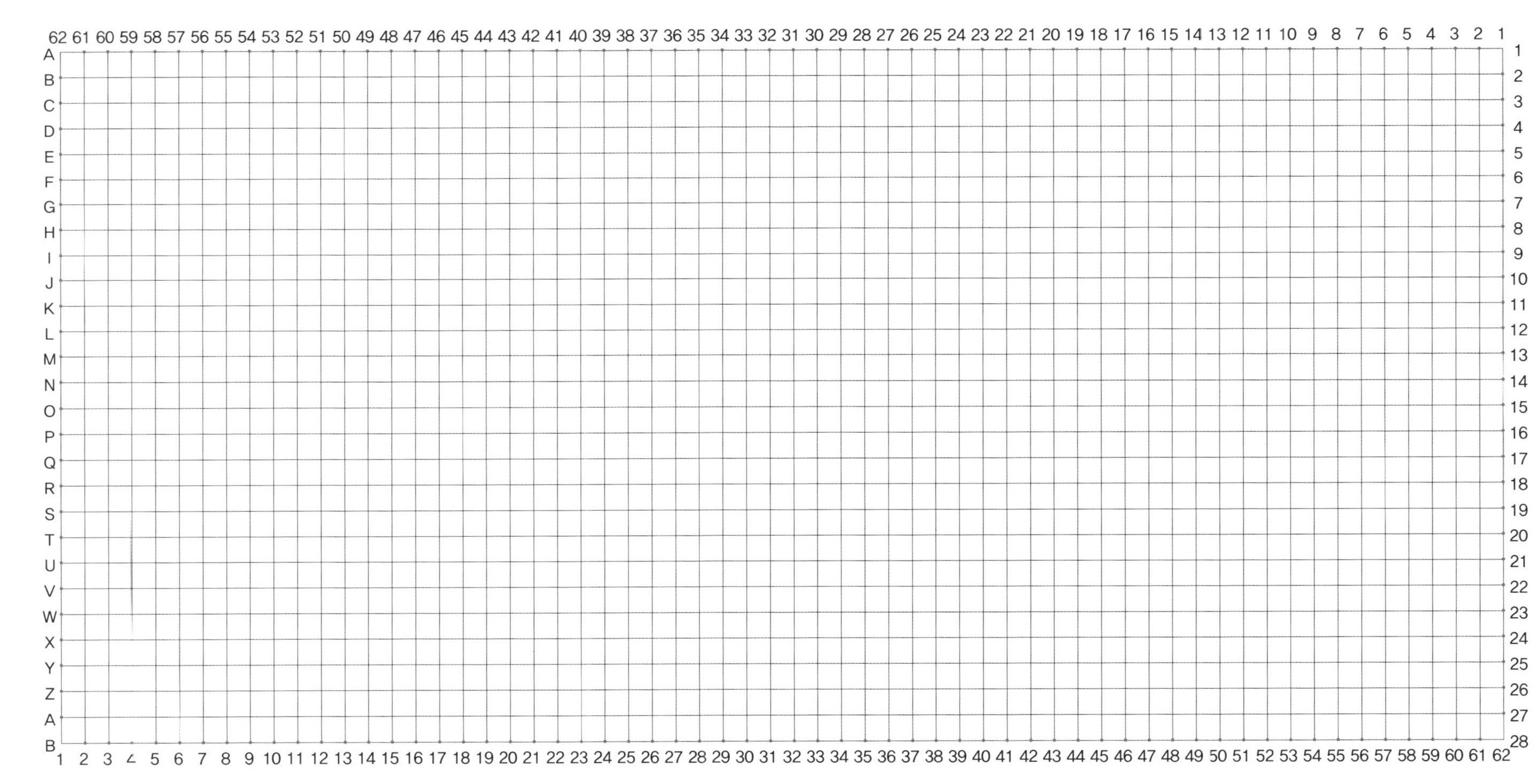

▶ 회로도 제작 조립용 패턴도는 납땜 및 배선 작업 시 편리하도록 동박면(납땜면)을 기준으로 작성하는 것이 좋다.

▶ 회로도의 기호에 맞는 패턴도 기호를 사용하여 28×62 기판 사이즈에 전체적인 균형을 생각하며 회로의 조립 과정이 쉽게 패턴도를 작성하시오.

【 5-3. 부품 배치 및 배선 연습용 기판 】

• 사전 과제 5 – 회로도를 보고 28×62 만능기판 사이즈에 균형있게 부품을 배치하고 회로도와 같도록 배선을 하시오

평가용 2

기본 배치도를 이용한 부품 배치 및 회로 배선 연결 – 스케치용

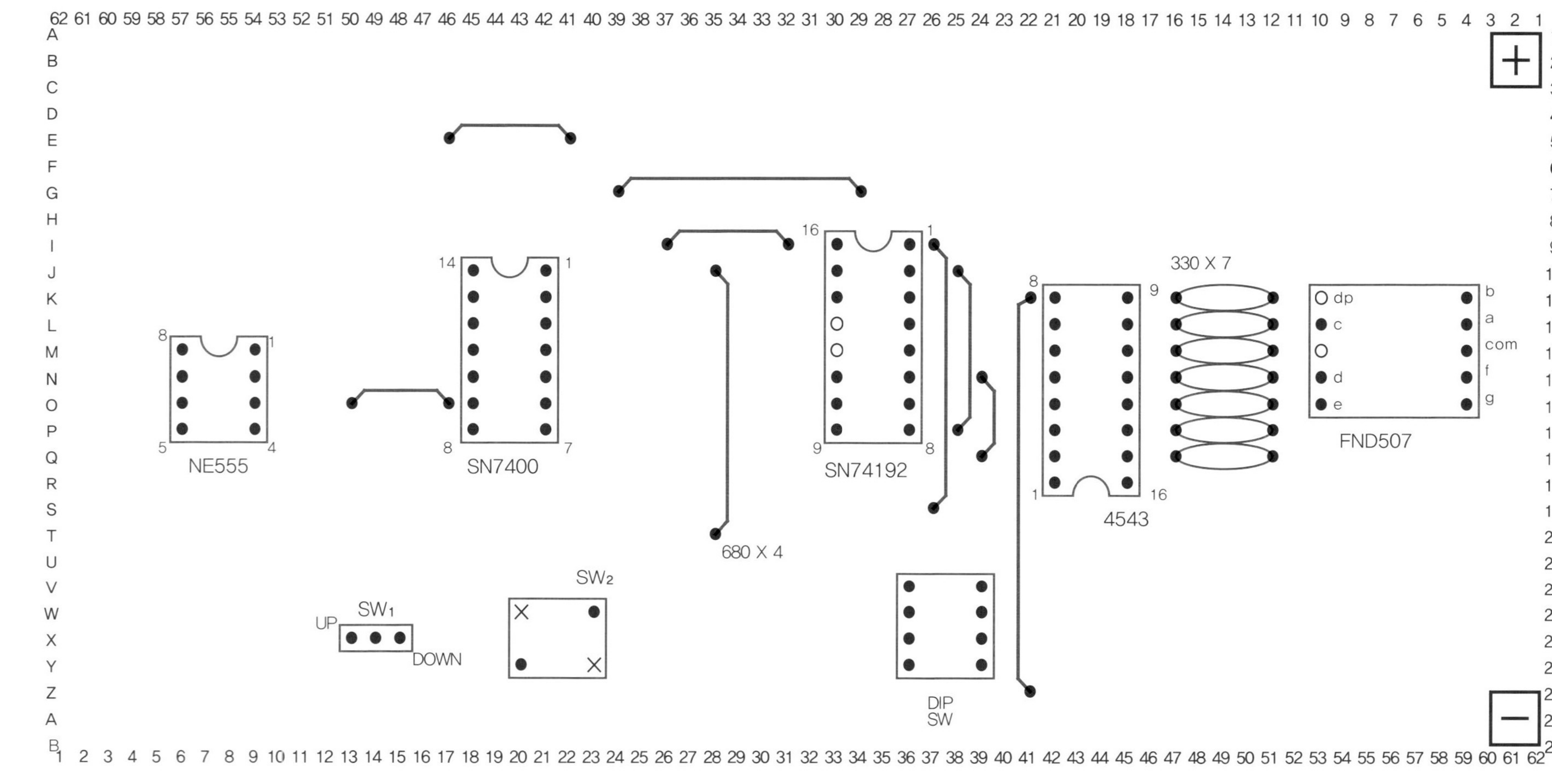

▶ 회로도 제작 조립용 패턴도는 납땜 및 배선 작업 시 편리하도록 동박면(납땜면)을 기준으로 작성하는 것이 좋다.

※ 빨간(적)색의 부품과 파란(청)색의 점프선은 동박면(납땜면)이 아닌 반대편의 부품면(플라스틱면)에서 삽입된다는 것을 유의한다.

▶ 회로도의 기호에 맞는 패턴도 기호를 사용하여 28×62 기판 사이즈에 전체적인 균형을 생각하며 회로의 조립 과정이 쉽게 패턴도를 작성하시오.

【 6-1. 부품의 모범 배치도 1 】 • 회로도와 같도록 배치도에 회로의 결선을 하시오.(연필을 사용하여 여러 번 수정을 거치면 가장 좋은 배선이 된다.)

수업 연습용(1시간)

모범 배치도를 이용한 배선 연결 1 — 스케치용

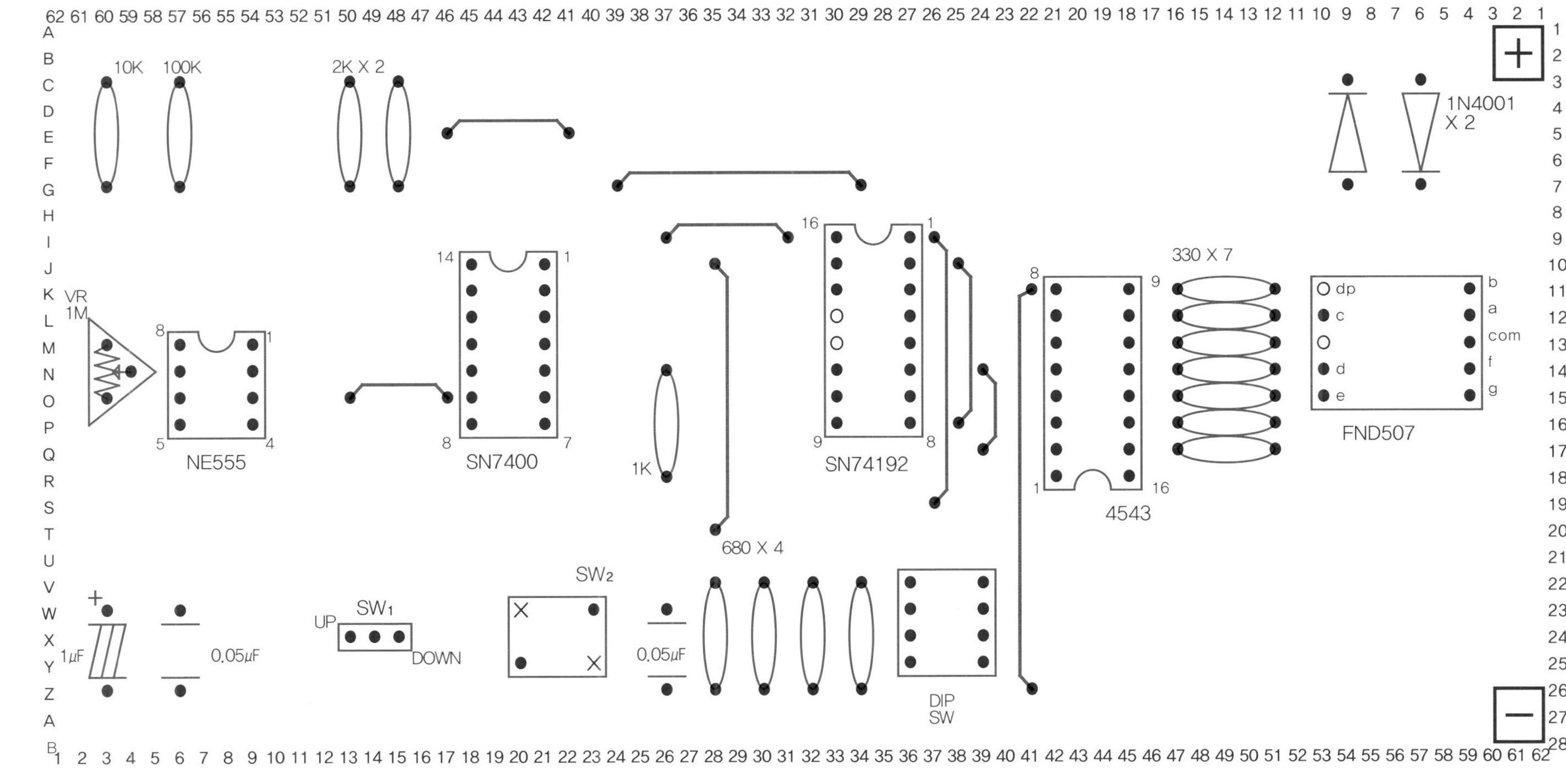

▶ 본 패턴도는 동박면(납땜면)을 기준으로 부품 배치를 하였으므로 부품 삽입 시 참고하여 삽입한다. (배선 납땜 시 매우 편리함)

※빨간(적)색의 부품과 파란(청)색의 점프선은 동박면(납땜면)이 아닌 반대편의 부품면(플라스틱면)에서 삽입된다는 것을 유의한다.

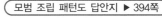

【 6-2. 부품의 모범 배치도 1 】

• 회로도와 같도록 배치도에 회로의 결선을 하시오.(연필을 사용하여 여러 번 수정을 거치면 가장 좋은 배선이 된다.)

모범 배치도를 이용한 배선 연결 2 — 평가용

모범 조립 패턴도 답안지 ▶ 394쪽

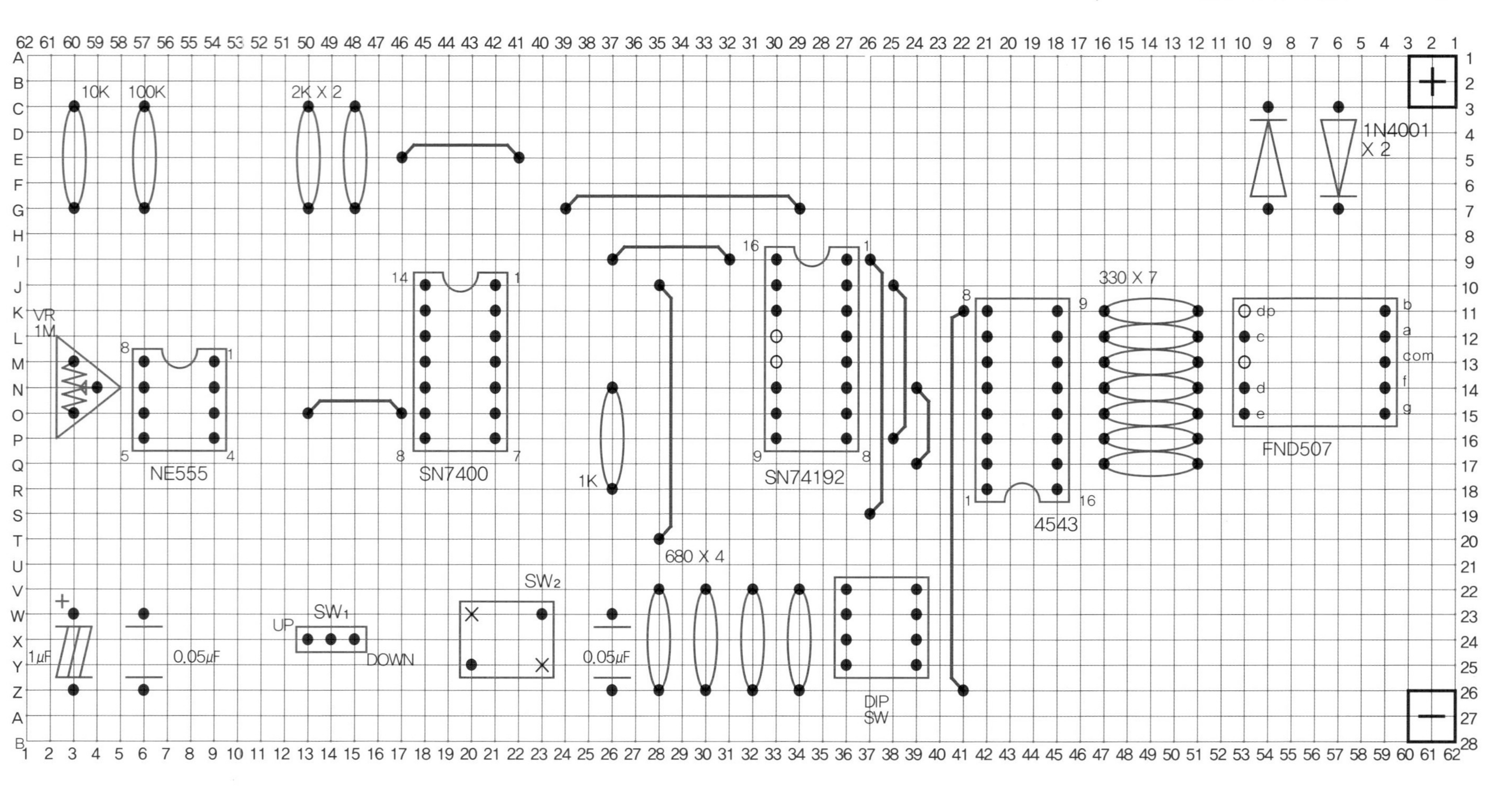

▶ 본 패턴도는 동박면(납땜면)을 기준으로 부품 배치를 하였으므로 부품 삽입 시 이를 참고하여 삽입한다. (배선 납땜 시 매우 편리함)

※빨간(적)색의 부품과 파란(청)색의 점프선은 동박면(납땜면)이 아닌 반대편의 부품면(플라스틱면)에서 삽입된다는 것을 유의한다.

【 7. 설명도 】 회로의 동작 설명을 듣고 동작 설명도를 여러 번 읽고 입력에서 출력까지의 회로 동작을 정확하게 이해하고 동작이 되도록 한다.

프리셋 테이블 카운터(presettable counter) 회로 설명도

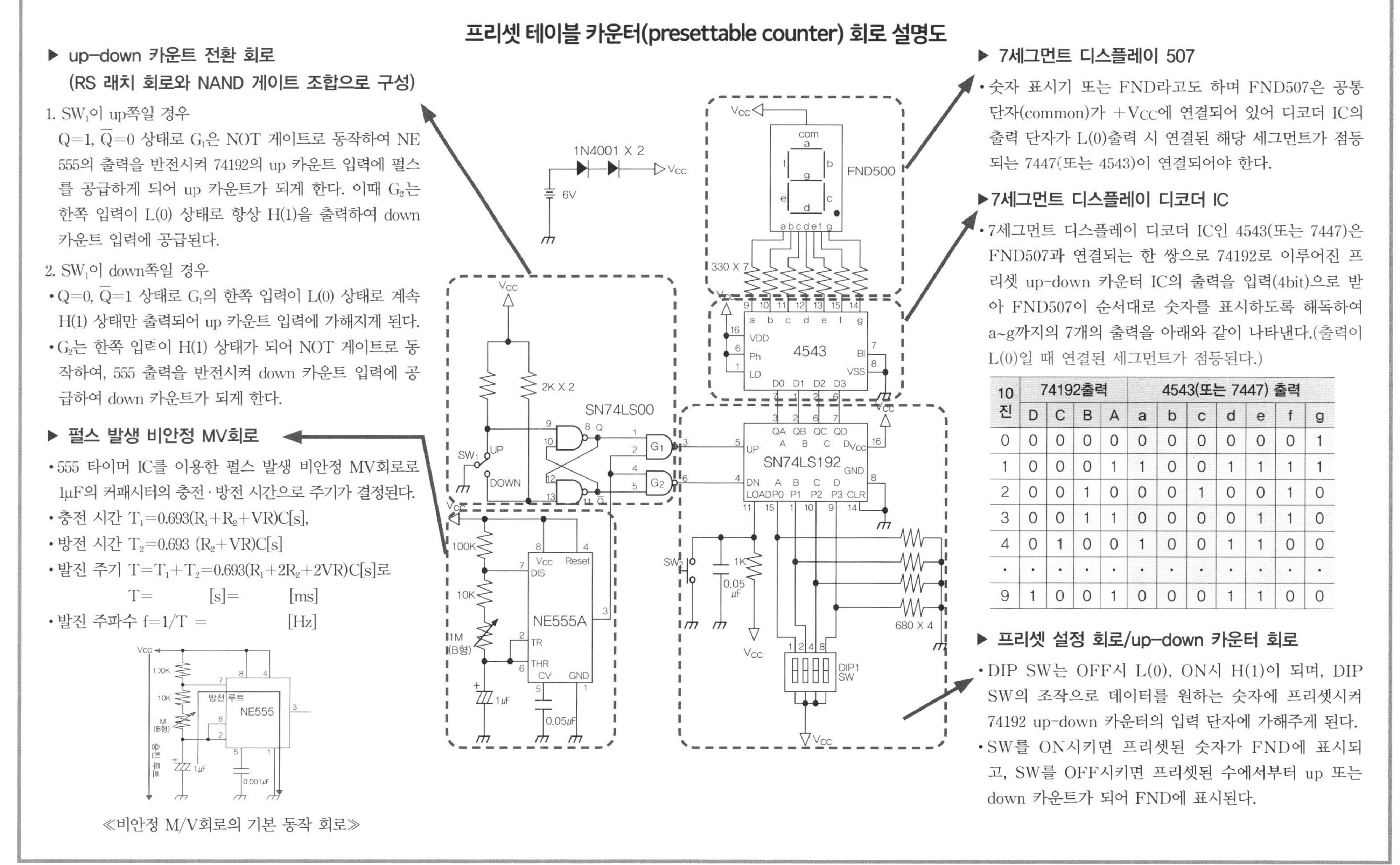

▶ up-down 카운트 전환 회로 (RS 래치 회로와 NAND 게이트 조합으로 구성)

1. SW_1이 up쪽일 경우
$Q=1$, $\overline{Q}=0$ 상태로 G_1은 NOT 게이트로 동작하여 NE 555의 출력을 반전시켜 74192의 up 카운트 입력에 펄스를 공급하게 되어 up 카운트가 되게 한다. 이때 G_2는 한쪽 입력이 L(0) 상태로 항상 H(1)을 출력하여 down 카운트 입력에 공급된다.

2. SW_1이 down쪽일 경우

- $Q=0$, $\overline{Q}=1$ 상태로 G_1의 한쪽 입력이 L(0) 상태로 계속 H(1) 상태만 출력되어 up 카운트 입력에 가해지게 된다.
- G_2는 한쪽 입력이 H(1) 상태가 되어 NOT 게이트로 동작하여, 555 출력을 반전시켜 down 카운트 입력에 공급하여 down 카운트가 되게 한다.

▶ 펄스 발생 비안정 MV회로

- 555 타이머 IC를 이용한 펄스 발생 비안정 MV회로로 1μF의 커패시터의 충전 · 방전 시간으로 주기가 결정된다.
- 충전 시간 $T_1=0.693(R_1+R_2+VR)C$[s],
- 방전 시간 $T_2=0.693\ (R_2+VR)C$[s]
- 발진 주기 $T=T_1+T_2=0.693(R_1+2R_2+2VR)C$[s]로
  T= [s]= [ms]
- 발진 주파수 f=1/T = [Hz]

≪비안정 M/V회로의 기본 동작 회로≫

▶ 7세그먼트 디스플레이 507

- 숫자 표시기 또는 FND라고도 하며 FND507은 공통 단자(common)가 +V_{CC}에 연결되어 있어 디코더 IC의 출력 단자가 L(0)출력 시 연결된 해당 세그먼트가 점등되는 7447(또는 4543)이 연결되어야 한다.

▶ 7세그먼트 디스플레이 디코더 IC

- 7세그먼트 디스플레이 디코더 IC인 4543(또는 7447)은 FND507과 연결되는 한 쌍으로 74192로 이루어진 프리셋 up-down 카운터 IC의 출력을 입력(4bit)으로 받아 FND507이 순서대로 숫자를 표시하도록 해독하여 a~g까지의 7개의 출력을 아래와 같이 나타낸다.(출력이 L(0)일 때 연결된 세그먼트가 점등된다.)

10진	74192출력				4543(또는 7447) 출력						
	D	C	B	A	a	b	c	d	e	f	g
0	0	0	0	0	0	0	0	0	0	0	1
1	0	0	0	1	1	0	0	1	1	1	1
2	0	0	1	0	0	0	1	0	0	1	0
3	0	0	1	1	0	0	0	0	1	1	0
4	0	1	0	0	1	0	0	1	1	0	0
·	·	·	·	·	·	·	·	·	·	·	·
9	1	0	0	1	0	0	0	1	1	0	0

▶ 프리셋 설정 회로/up-down 카운터 회로

- DIP SW는 OFF시 L(0), ON시 H(1)이 되며, DIP SW의 조작으로 데이터를 원하는 숫자에 프리셋시켜 74192 up-down 카운터의 입력 단자에 가해주게 된다.
- SW를 ON시키면 프리셋된 숫자가 FND에 표시되고, SW를 OFF시키면 프리셋된 수에서부터 up 또는 down 카운트가 되어 FND에 표시된다.

전자기기 기능사	조립 제작 실습 과제 19	작품명	박자 발생기 회로

▣ 박자 발생기 회로를 만능기판에 조립 제작하고, TP점의 전압을 전압계로 측정하여 기록하고, 요구 사항과 같이 동작하도록 하시오.

1. 시험 시간: 3시간 20분(측정 과제 20분 추가)

2. 요구 사항: 조립 제작 과제

① 지급된 재료를 사용하여 제한 시간 내에 도면과 같이 조립하시오.
② 조립 작업 시 다음 각 사항에 유의하시오.
③ 조립이 완료된 수검자는 다음과 같이 동작 시험을 하시오.
- 전원을 넣고 SW_1을 누르면 L_1과 L_2가 교대로 점등(점멸)되도록 한다.
- SW_2를 누르면 L_1과 L_2, L_3가 교대로 점등(점멸)되도록 한다.
- SW_3를 누르면 L_1과 L_2, L_3, L_4가 교대로 점등(점멸)되도록 한다.

④ 위 동작이 되지 않을 시는 틀린 회로를 수정하여 위 동작이 되게 하시오.

3. 재료 목록

재료명	규격	수량	재료명	규격	수량
IC	74LS00	2	저항(1/4W)	4.7kΩ	6
	74LS32	1		47kΩ	1
	74145/7422	1/1	전해 콘덴서	3.3μF/10V	1
	CD4518	1	마일러 콘덴서	0.1μF/16V	2
	NE555	1	LED	녹색 8Φ	1
IC 소켓	8pin	1		황색 8Φ	1
	14pin	3		적색 8Φ	2
	16pin	2	PB 스위치	2P	3
정전압 IC	μA7805	1	만능기판	28×62hole	1
다이오드	1S1588	5	배선줄/3mm	3색 단선	1
저항	470Ω	1	실납	SN60% 1.0Φ	1

▣ 사용되는 IC 및 주요 회로

• 사전 과제 2: 회로에 사용되는 IC 내부를 노트에 그려보고 이해하고 암기하기

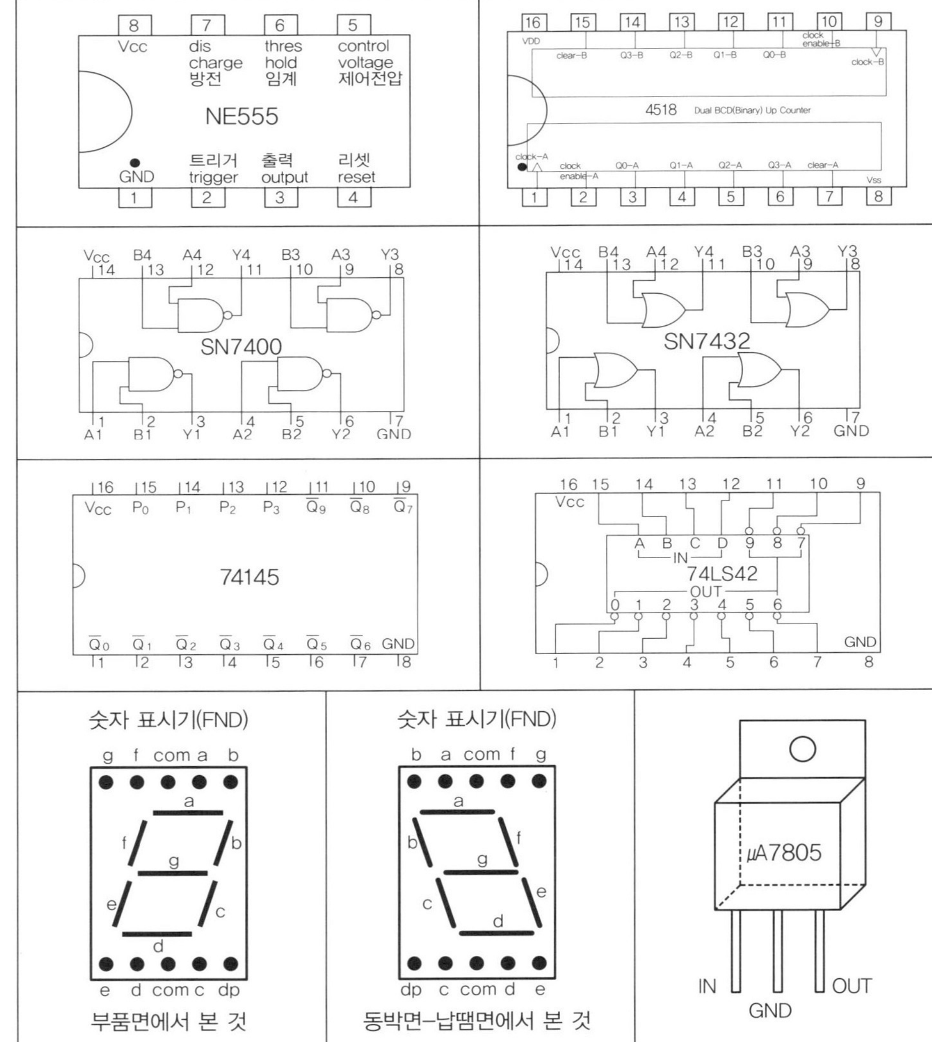

【 4. 회로도(박자 발생기 회로) 】 회로도는 반드시 수업 전 사전 과제로 실습 노트에 깨끗하게 그려서 검사를 받도록 한다. • 사전 과제 1 – 회로도 그리기

【 5-1. 부품 배치 및 배선 연습용 기판 】 • 사전 과제 5 – 회로도를 보고 28×62 만능기판 사이즈에 균형있게 부품을 배치하고 회로도와 같도록 배선을 하시오

연습용

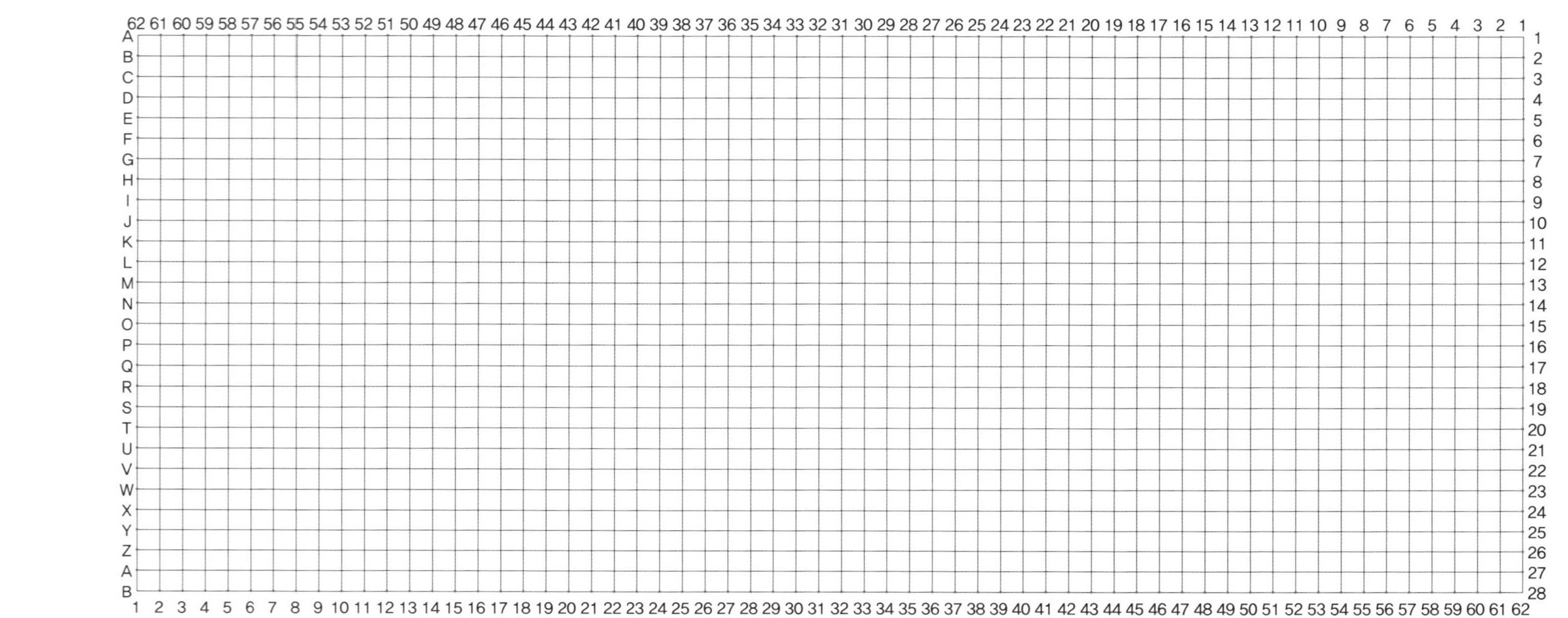

▶ 회로도 제작 조립용 패턴도는 납땜 및 배선 작업 시 편리하도록 동박면(납땜면)을 기준으로 작성하는 것이 좋다.

종류	다이오드	저항	콘덴서	트랜지스터		PB 스위치	IC		점프선	LED
				NPN	PNP					
회로도 기호			+	B C E	B E C	ⓐ ⓑ	14핀	16핀		
패턴도 기호 (동박면 기준)			+				14 1 8 7	16 1 9 8		
비고	4~5칸	4~5칸	3~5칸	3칸	3칸	3칸×3칸 3칸×4칸	4칸×7칸	4칸×8칸	크기에 따라	3칸~4칸

▶ 회로도의 기호에 맞는 패턴도 기호를 사용하여 28×62 기판 사이즈에 전체적인 균형을 생각하며 회로의 조립 과정이 쉽게 패턴도를 작성하시오.

【 5-2. 부품 배치 및 배선 평가용 기판 】 • 사전 과제 5 – 회로도를 보고 28×62 만능기판 사이즈에 균형있게 부품을 배치하고 회로도와 같도록 배선을 하시오

평가용 1

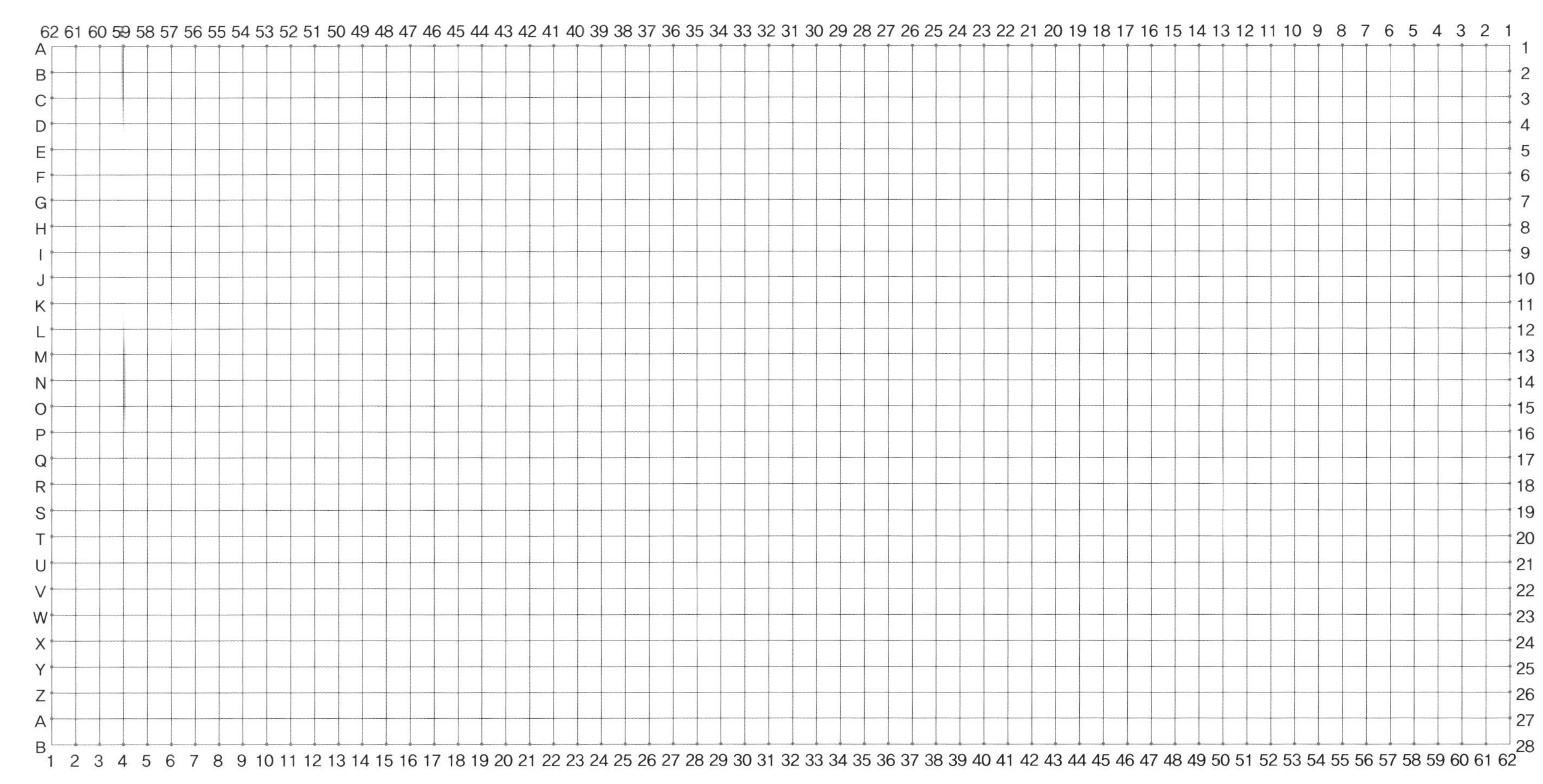

▶ 회로도 제작 조립용 패턴도는 납땜 및 배선 작업 시 편리하도록 동박면(납땜면)을 기준으로 작성하는 것이 좋다.

▶ 회로도의 기호에 맞는 패턴도 기호를 사용하여 28×62 기판 사이즈에 전체적인 균형을 생각하며 회로의 조립 과정이 쉽게 패턴도를 작성하시오.

【 5-3. 부품 배치 및 배선 연습용 기판 】 • 사전 과제 5 – 회로도를 보고 28×62 만능기판 사이즈에 균형있게 부품을 배치하고 회로도와 같도록 배선을 하시오

기본 배치도를 이용한 부품 배치 및 회로 배선 연결 – 스케치용

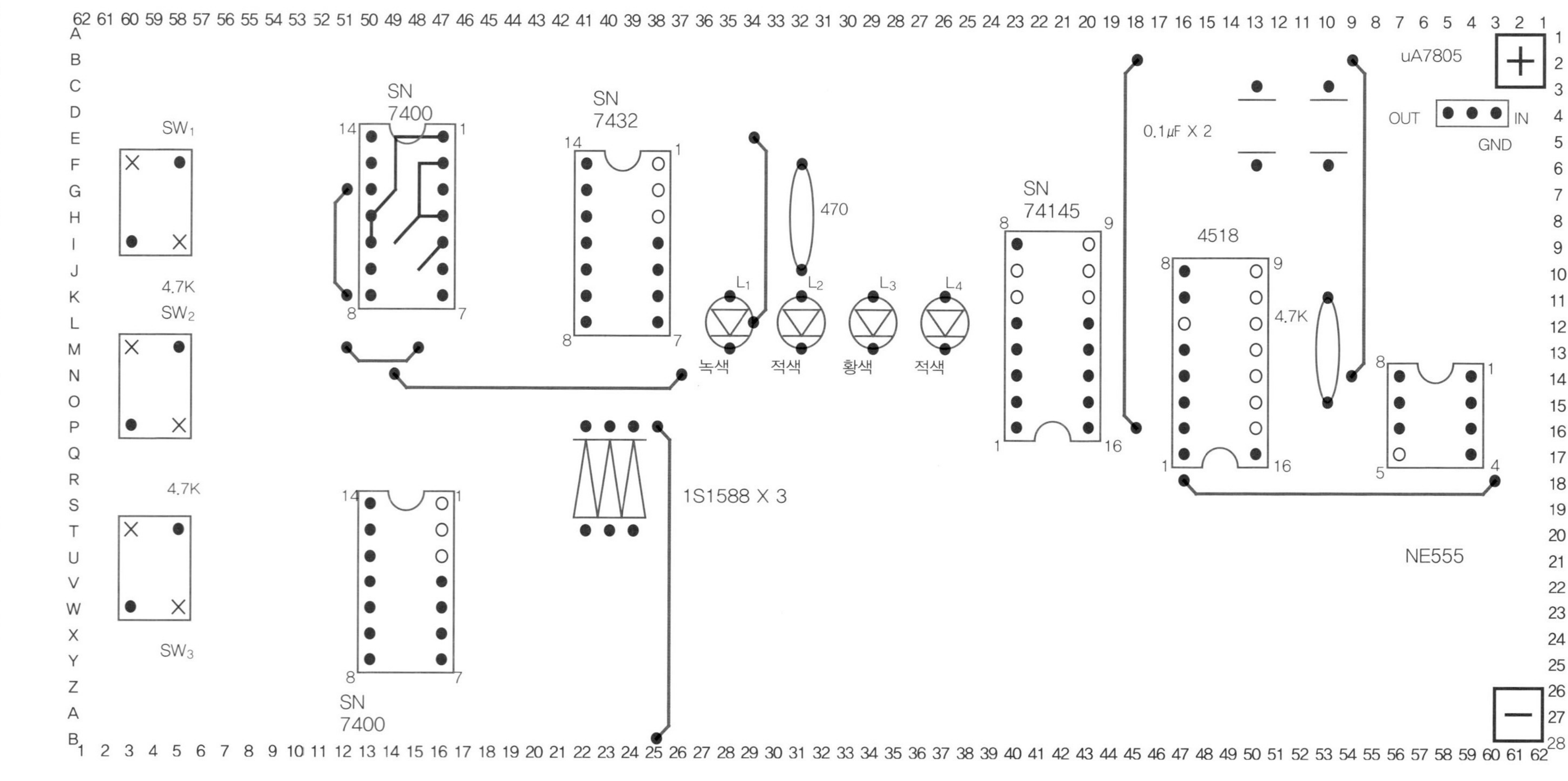

▶ 회로도 제작 조립용 패턴도는 납땜 및 배선 작업 시 편리하도록 동박면(납땜면)을 기준으로 작성하는 것이 좋다.

※ 빨간(적)색의 부품과 파란(청)색의 점프선은 동박면(납땜면)이 아닌 반대편의 부품면(플라스틱면)에서 삽입된다는 것을 유의한다.

▶ 회로도의 기호에 맞는 패턴도 기호를 사용하여 28×62 기판 사이즈에 전체적인 균형을 생각하며 회로의 조립 과정이 쉽게 패턴도를 작성하시오.

【 6-1. 부품의 모범 배치도 1 】

• 회로도와 같도록 배치도에 회로의 결선을 하시오.(연필을 사용하여 여러 번 수정을 거치면 가장 좋은 배선이 된다.)

수업 연습용(1시간)

모범 배치도를 이용한 배선 연결 1 — 스케치용

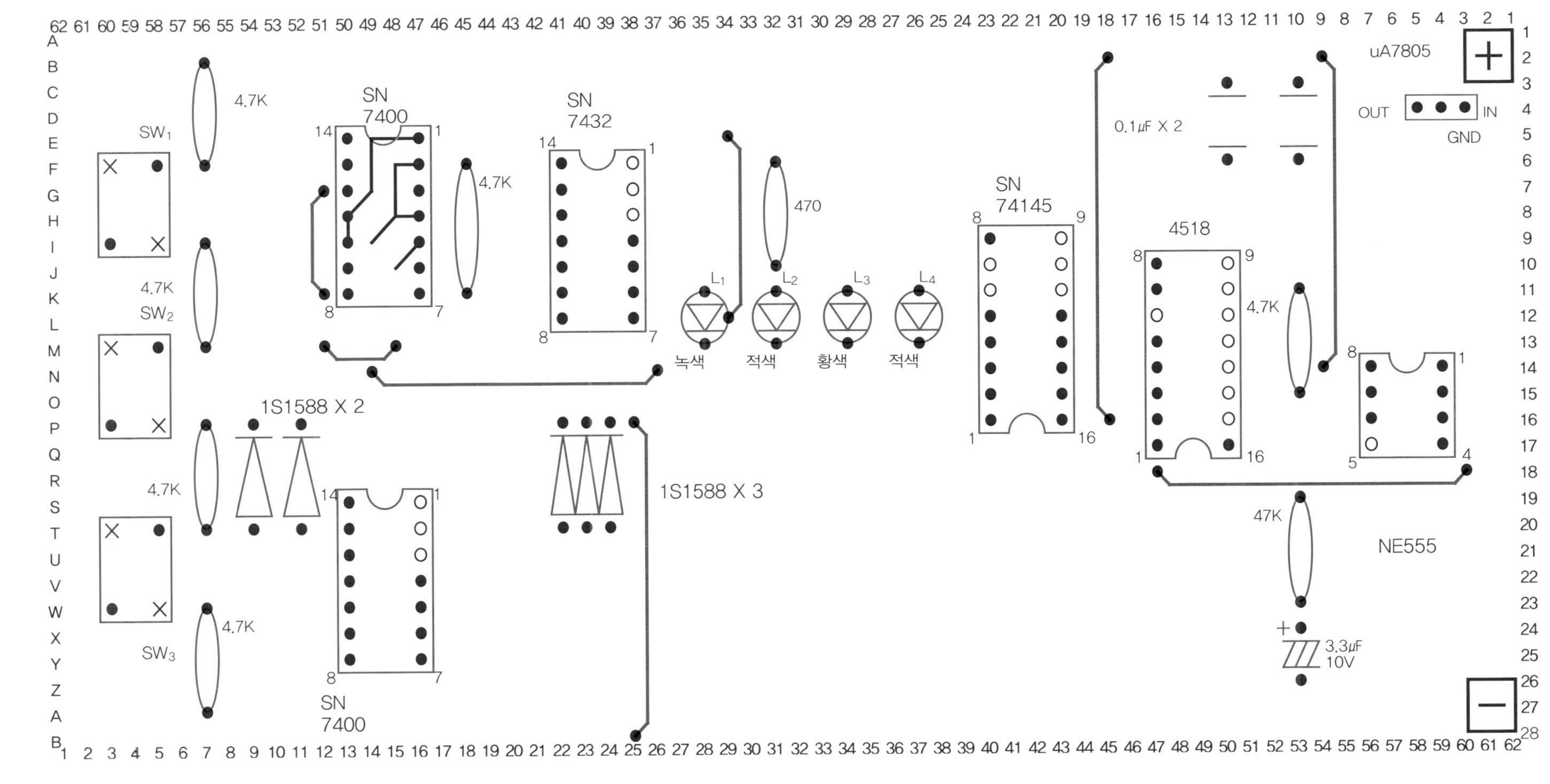

▶ 본 패턴도는 동박면(납땜면)을 기준으로 부품 배치를 하였으므로 부품 삽입 시 참고하여 삽입한다. (배선 납땜 시 매우 편리함)

※빨간(적)색의 부품과 파란(청)색의 점프선은 동박면(납땜면)이 아닌 반대편의 부품면(플라스틱면)에서 삽입된다는 것을 유의한다.

【 6-2. 부품의 모범 배치도 1 】

• 회로도와 같도록 배치도에 회로의 결선을 하시오.(연필을 사용하여 여러 번 수정을 거치면 가장 좋은 배선이 된다.)

모범 배치도를 이용한 배선 연결 2 — 평가용

모범 조립 패턴도 답안지 ▶ 396쪽

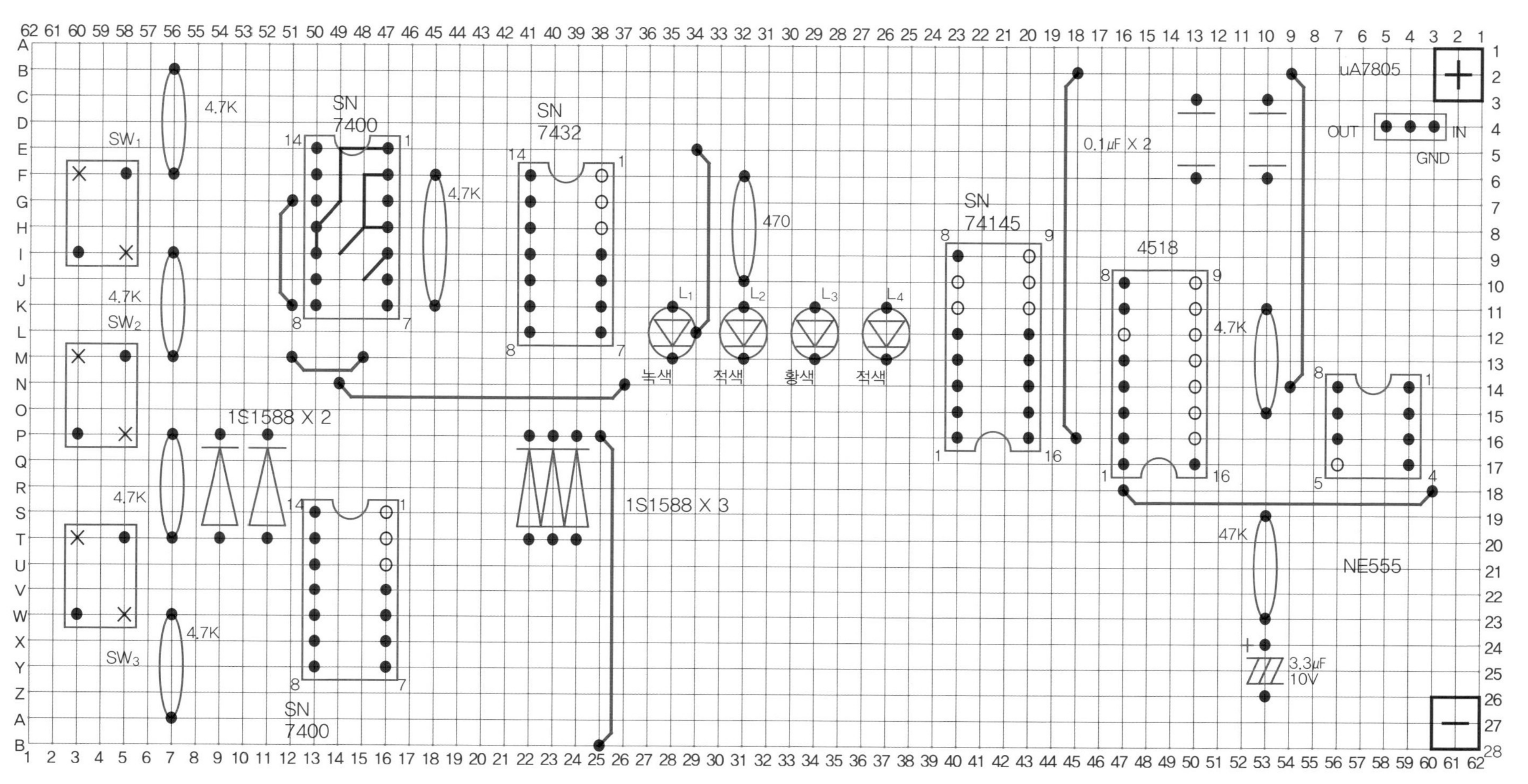

▶ 본 패턴도는 동박면(납땜면)을 기준으로 부품 배치를 하였으므로 부품 삽입 시 이를 참고하여 삽입한다. (배선 납땜 시 매우 편리함)

※빨간(적)색의 부품과 파란(청)색의 점프선은 동박면(납땜면)이 아닌 반대편의 부품면(플라스틱면)에서 삽입된다는 것을 유의한다.

【 7. 설명도 】 회로의 동작 설명을 듣고 동작 설명도를 여러 번 읽고 입력에서 출력까지의 회로 동작을 정확하게 이해하고 동작이 되도록 한다.

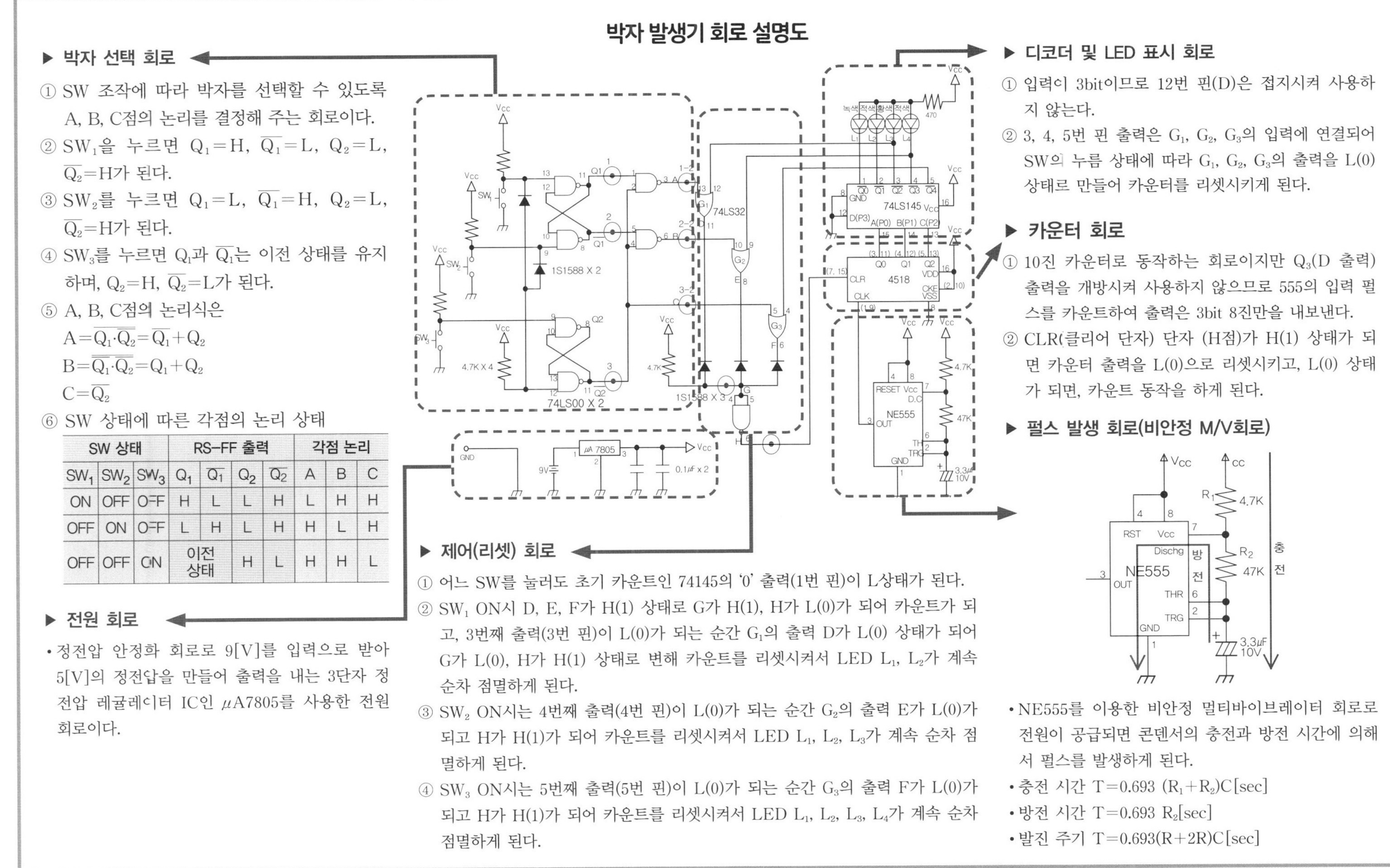

박자 발생기 회로 설명도

▶ 박자 선택 회로

① SW 조작에 따라 박자를 선택할 수 있도록 A, B, C점의 논리를 결정해 주는 회로이다.

② SW_1을 누르면 $Q_1=H$, $\overline{Q_1}=L$, $Q_2=L$, $\overline{Q_2}=H$가 된다.

③ SW_2를 누르면 $Q_1=L$, $\overline{Q_1}=H$, $Q_2=L$, $\overline{Q_2}=H$가 된다.

④ SW_3를 누르면 Q_1과 $\overline{Q_1}$는 이전 상태를 유지하며, $Q_2=H$, $\overline{Q_2}=L$가 된다.

⑤ A, B, C점의 논리식은

$A=\overline{Q_1 \cdot \overline{Q_2}}=\overline{Q_1}+Q_2$

$B=\overline{\overline{Q_1} \cdot \overline{Q_2}}=Q_1+Q_2$

$C=\overline{Q_2}$

⑥ SW 상태에 따른 각점의 논리 상태

SW 상태			RS-FF 출력				각점 논리		
SW_1	SW_2	SW_3	Q_1	$\overline{Q_1}$	Q_2	$\overline{Q_2}$	A	B	C
ON	OFF	OFF	H	L	L	H	L	H	H
OFF	ON	OFF	L	H	L	H	H	L	H
OFF	OFF	ON	이전 상태		H	L	H	H	L

▶ 전원 회로

• 정전압 안정화 회로로 9[V]를 입력으로 받아 5[V]의 정전압을 만들어 출력을 내는 3단자 정전압 레귤레이터 IC인 μA7805를 사용한 전원 회로이다.

▶ 제어(리셋) 회로

① 어느 SW를 눌러도 초기 카운트인 74145의 '0' 출력(1번 핀)이 L상태가 된다.

② SW_1 ON시 D, E, F가 H(1) 상태로 G가 H(1), H가 L(0)가 되어 카운트가 되고, 3번째 출력(3번 핀)이 L(0)가 되는 순간 G_1의 출력 D가 L(0) 상태가 되어 G가 L(0), H가 H(1) 상태로 변해 카운트를 리셋시켜서 LED L_1, L_2가 계속 순차 점멸하게 된다.

③ SW_2 ON시는 4번째 출력(4번 핀)이 L(0)가 되는 순간 G_2의 출력 E가 L(0)가 되고 H가 H(1)가 되어 카운트를 리셋시켜서 LED L_1, L_2, L_3가 계속 순차 점멸하게 된다.

④ SW_3 ON시는 5번째 출력(5번 핀)이 L(0)가 되는 순간 G_3의 출력 F가 L(0)가 되고 H가 H(1)가 되어 카운트를 리셋시켜서 LED L_1, L_2, L_3, L_4가 계속 순차 점멸하게 된다.

▶ 디코더 및 LED 표시 회로

① 입력이 3bit이므로 12번 핀(D)은 접지시켜 사용하지 않는다.

② 3, 4, 5번 핀 출력은 G_1, G_2, G_3의 입력에 연결되어 SW의 누름 상태에 따라 G_1, G_2, G_3의 출력을 L(0) 상태로 만들어 카운터를 리셋시키게 된다.

▶ 카운터 회로

① 10진 카운터로 동작하는 회로이지만 Q_3(D 출력) 출력을 개방시켜 사용하지 않으므로 555의 입력 펄스를 카운트하여 출력은 3bit 8진만을 내보낸다.

② CLR(클리어 단자) 단자 (H점)가 H(1) 상태가 되면 카운터 출력을 L(0)으로 리셋시키고, L(0) 상태가 되면, 카운트 동작을 하게 된다.

▶ 펄스 발생 회로(비안정 M/V회로)

• NE555를 이용한 비안정 멀티바이브레이터 회로로 전원이 공급되면 콘덴서의 충전과 방전 시간에 의해서 펄스를 발생하게 된다.

• 충전 시간 $T=0.693\ (R_1+R_2)C$[sec]

• 방전 시간 $T=0.693\ R_2$[sec]

• 발진 주기 $T=0.693(R+2R)C$[sec]

전자기기 기능사	조립 제작 실습 과제 20	작품명	전자주사위 회로

▣ **전자주사위 회로를 만능기판에 조립 제작하고, TP점의 전압을 전압계로 측정하여 기록하고 요구 사항과 같이 동작하도록 하시오.**

1. 시험 시간: 3시간 20분(측정 과제 20분 추가)

2. 요구 사항: 조립 제작 과제

① 지급된 재료를 사용하여 제한 시간 내에 도면과 같이 조립하시오.

② 조립 완성 후 동작 전류를 측정하여 기록하시오.

③ 조립이 완성되면 다음과 같이 동작되도록 하고, 아래 질문에 답하시오.

질문 1. 푸시 버튼 스위치를 눌렀을 때와 떼었을 때의 Ⓐ점의 전압을 측정하시오.

질문 2. IC SN7492의 6, 7번이 접지되지 않았을 때는 LED가 몇 개 점등되는가?

질문 3. IC SN7442의 12번이 접지되지 않았을 때는 LED가 몇 개 점등되는가?

질문 4. IC (7492와 7400)을 소켓에 꽂아 IC 7400의 발진 여부를 확인하여 발진이 되고 있을 때 발진 회로의 출력 전압은 얼마 정도가 정상인가?

④ 위 동작이 되지 않을 시 틀린 회로를 수정하여 정상 동작이 되도록 하시오.

3. 재료 목록

재료명	규격	수량	재료명	규격	수량
IC	7400	1	저항(1/4W)	390Ω	7
	7404	1		820Ω	3
	7410	1	LED	적색	7
	7442	1	건전지 스냅		1
	7492	1	만능기판	28×62hole	1
IC 소켓	14pin	4	건전지	6V	1
	16pin	1	실납	SN60% 1.0Φ	1
전해 콘덴서	10μF	2	배선줄/3mm	3색 단선	1
다이오드	1N4001	1			

▣ **사용되는 IC 및 주요 회로**

• 사전 과제 2: 회로에 사용되는 IC 내부를 노트에 그려보고 이해하고 암기하기

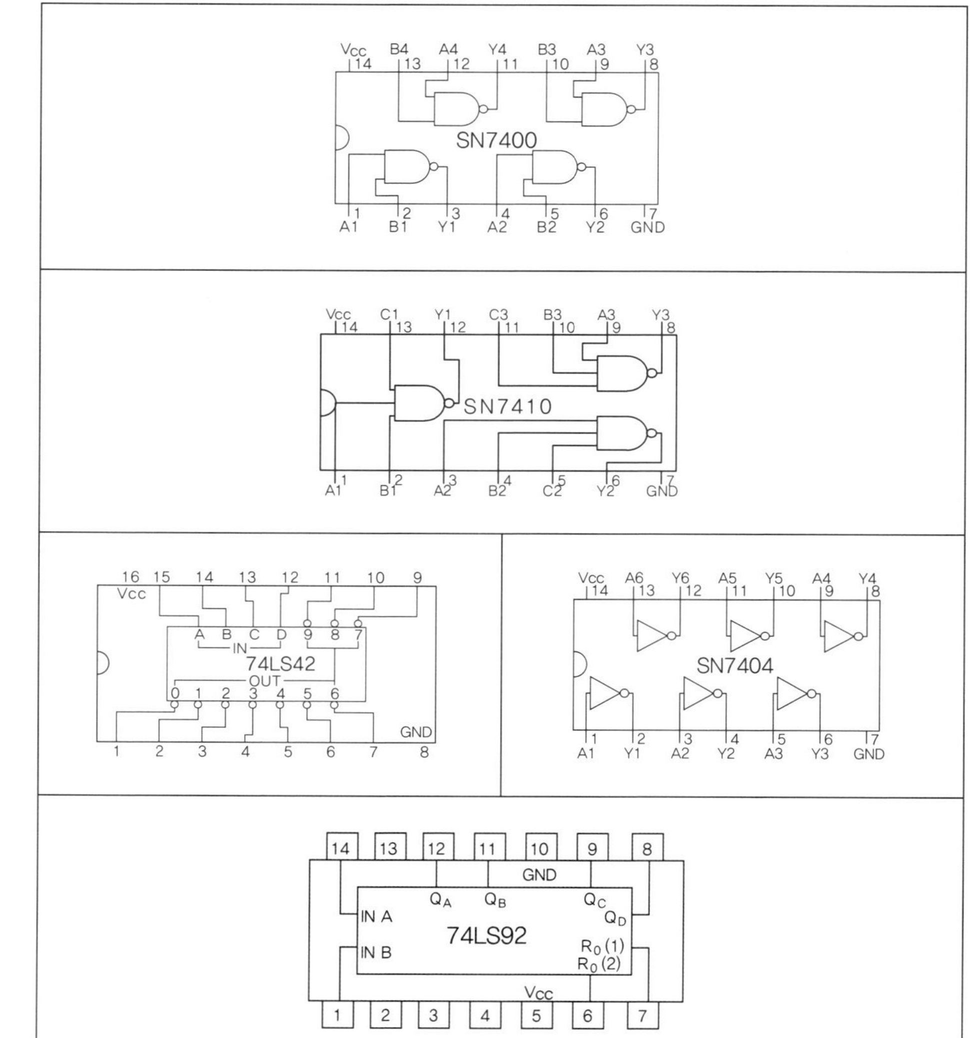

【 4. 회로도(전자주사위 회로) 】 회로도는 반드시 수업 전 사전 과제로 실습 노트에 깨끗하게 그려서 검사를 받도록 한다. • 사전 과제 1 – 회로도 그리기

【 5-1. 부품 배치 및 배선 연습용 기판 】 • 사전 과제 5 – 회로도를 보고 28×62 만능기판 사이즈에 균형있게 부품을 배치하고 회로도와 같도록 배선을 하시오

연습용

▶ 회로도 제작 조립용 패턴도는 납땜 및 배선 작업 시 편리하도록 동박면(납땜면)을 기준으로 작성하는 것이 좋다.

종류	다이오드	저항	콘덴서	트랜지스터		PB 스위치	IC		점프선	LED
				NPN	PNP					
회로도 기호			+	B C E	B E C	ⓐ ⓑ	14핀	16핀		
패턴도 기호 (동박면 기준)			+				14 1 8 7	16 1 9 8		
비고	4~5칸	4~5칸	3~5칸	3칸	3칸	3칸×3칸 3칸×4칸	4칸×7칸	4칸×8칸	크기에 따라	3칸~4칸

▶ 회로도의 기호에 맞는 패턴도 기호를 사용하여 28×62 기판 사이즈에 전체적인 균형을 생각하며 회로의 조립 과정이 쉽게 패턴도를 작성하시오.

【 5-2. 부품 배치 및 배선 평가용 기판 】

• 사전 과제 5 – 회로도를 보고 28×62 만능기판 사이즈에 균형있게 부품을 배치하고 회로도와 같도록 배선을 하시오

평가용 1

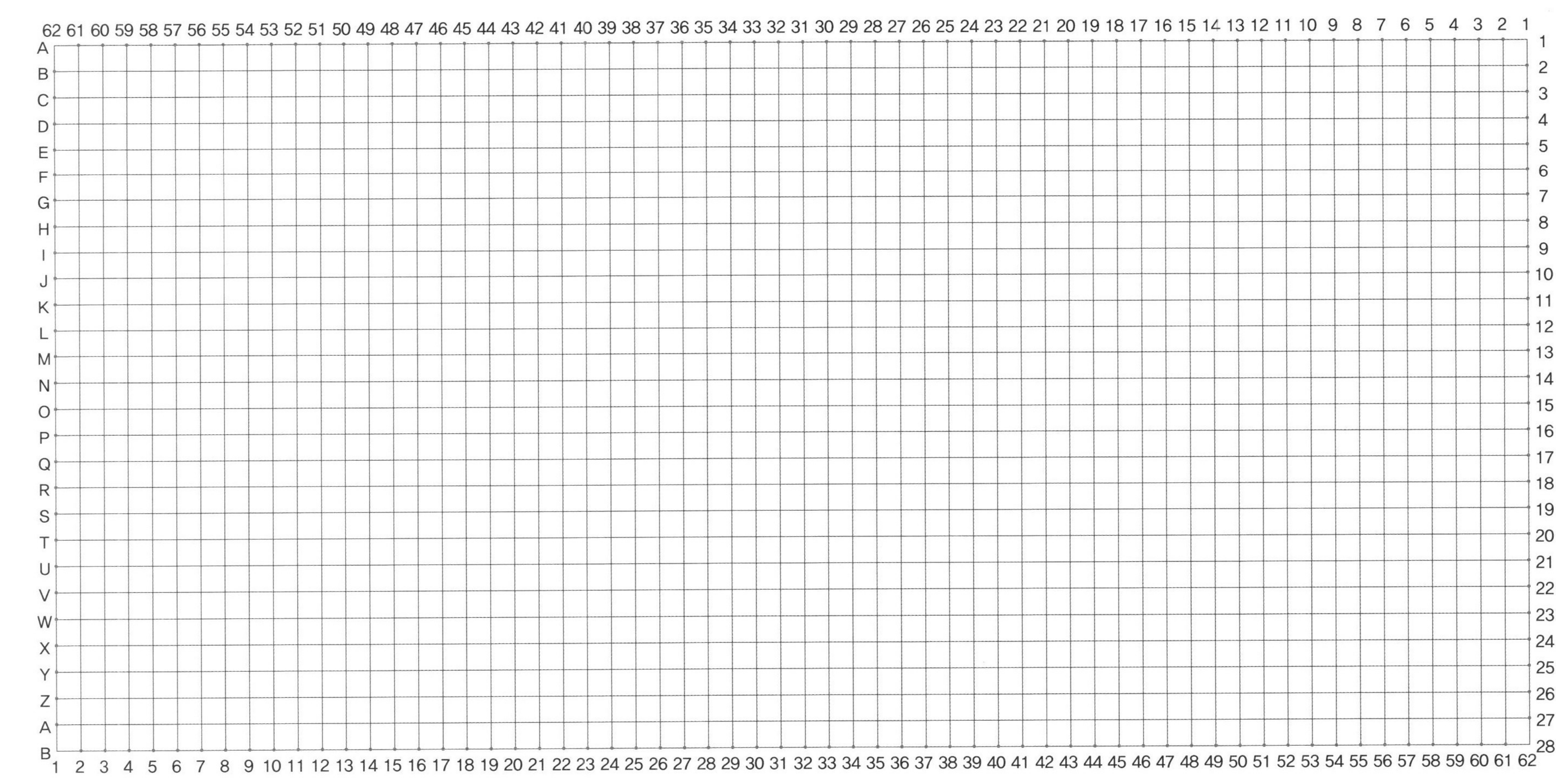

▶ 회로도 제작 조립용 패턴도는 납땜 및 배선 작업 시 편리하도록 동박면(납땜면)을 기준으로 작성하는 것이 좋다.

▶ 회로도의 기호에 맞는 패턴도 기호를 사용하여 28×62 기판 사이즈에 전체적인 균형을 생각하며 회로의 조립 과정이 쉽게 패턴도를 작성하시오.

【 5-3. 부품 배치 및 배선 연습용 기판 】

• 사전 과제 5 – 회로도를 보고 28×62 만능기판 사이즈에 균형있게 부품을 배치하고 회로도와 같도록 배선을 하시오

평가용 2

기본 배치도를 이용한 부품 배치 및 회로 배선 연결 – 스케치용

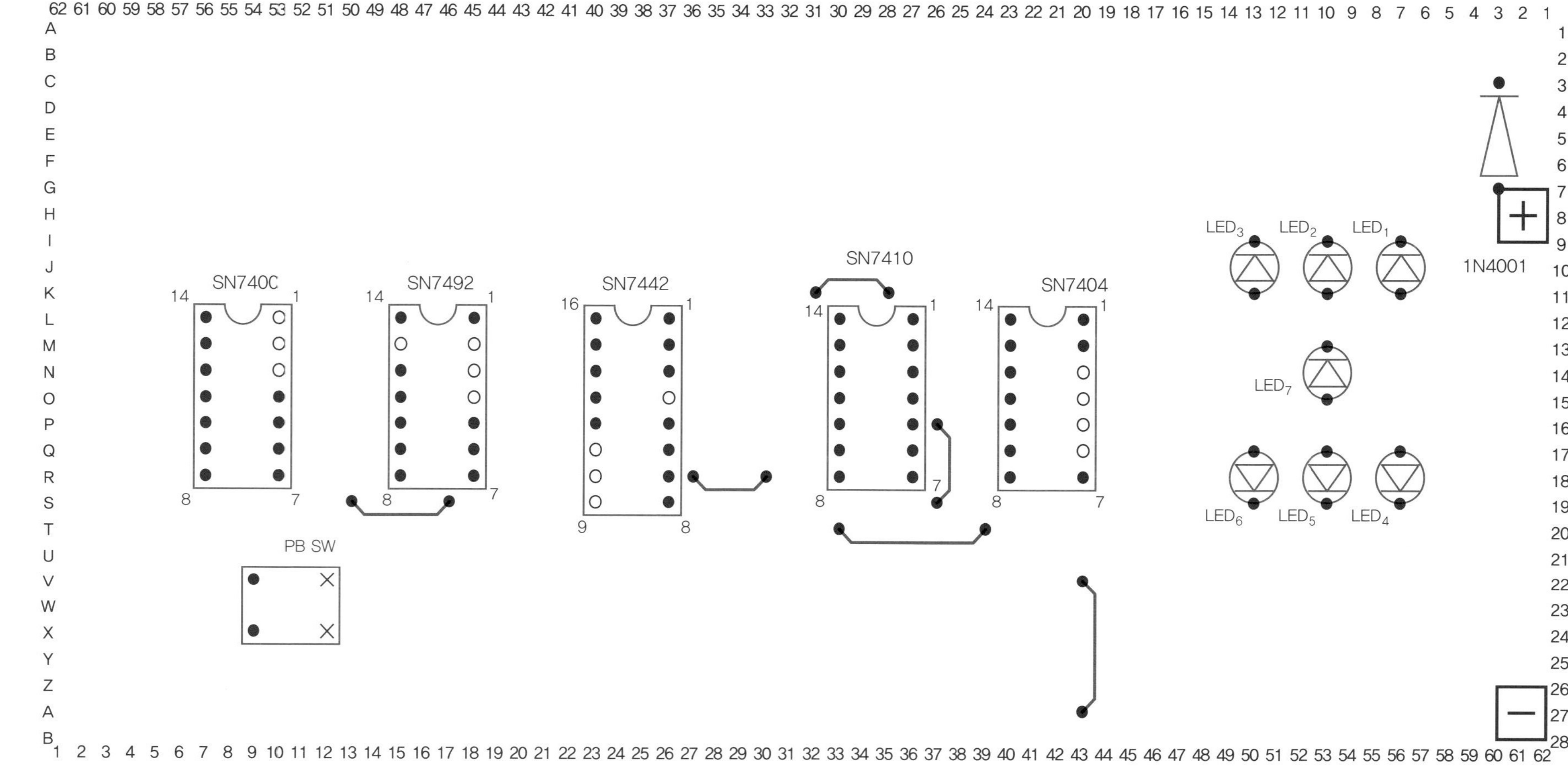

▶ 회로도 제작 조립용 패턴도는 납땜 및 배선 작업 시 편리하도록 동박면(납땜면)을 기준으로 작성하는 것이 좋다.

※ 빨간(적)색의 부품과 파란(청)색의 점프선은 동박면(납땜면)이 아닌 반대편의 부품면(플라스틱면)에서 삽입된다는 것을 유의한다.

▶ 회로도의 기호에 맞는 패턴도 기호를 사용하여 28×62 기판 사이즈에 전체적인 균형을 생각하며 회로의 조립 과정이 쉽게 패턴도를 작성하시오.

【 6-1. 부품의 모범 배치도 1 】

• 회로도와 같도록 배치도에 회로의 결선을 하시오.(연필을 사용하여 여러 번 수정을 거치면 가장 좋은 배선이 된다.)

수업 연습용(1시간)

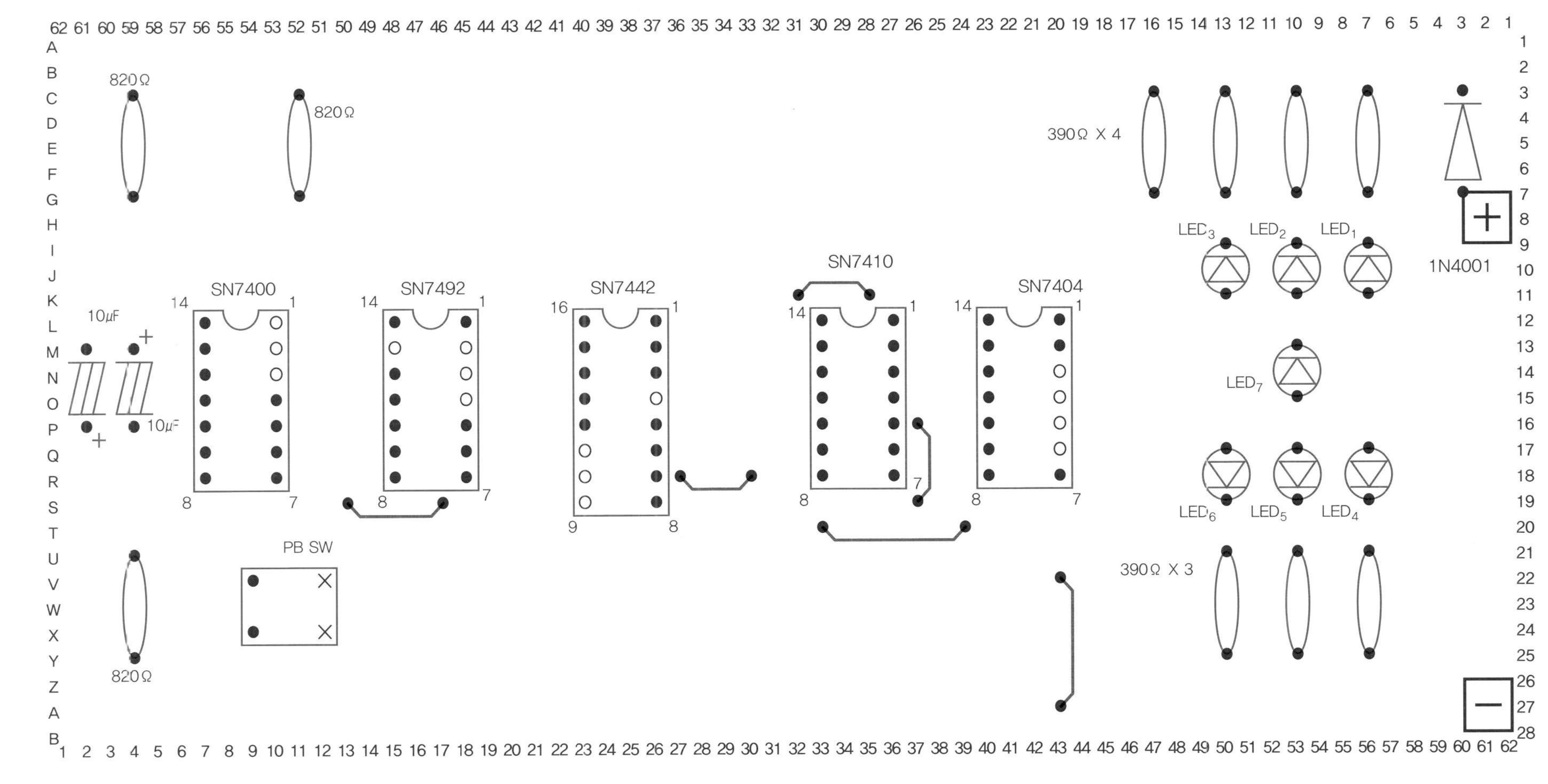

▶ 본 패턴도는 동박면(납땜면)을 기준으로 부품 배치를 하였으므로 부품 삽입 시 참고하여 삽입한다. (배선 납땜 시 매우 편리함)

※빨간(적)색의 부품과 파란(청)색의 점프선은 동박면(납땜면)이 아닌 반대편의 부품면(플라스틱면)에서 삽입된다는 것을 유의한다.

【 6-2. 부품의 모범 배치도 1 】

• 회로도와 같도록 배치도에 회로의 결선을 하시오.(연필을 사용하여 여러 번 수정을 거치면 가장 좋은 배선이 된다.)

모범 배치도를 이용한 배선 연결 2 — 평가용

모범 조립 패턴도 답안지 ▶ 398쪽

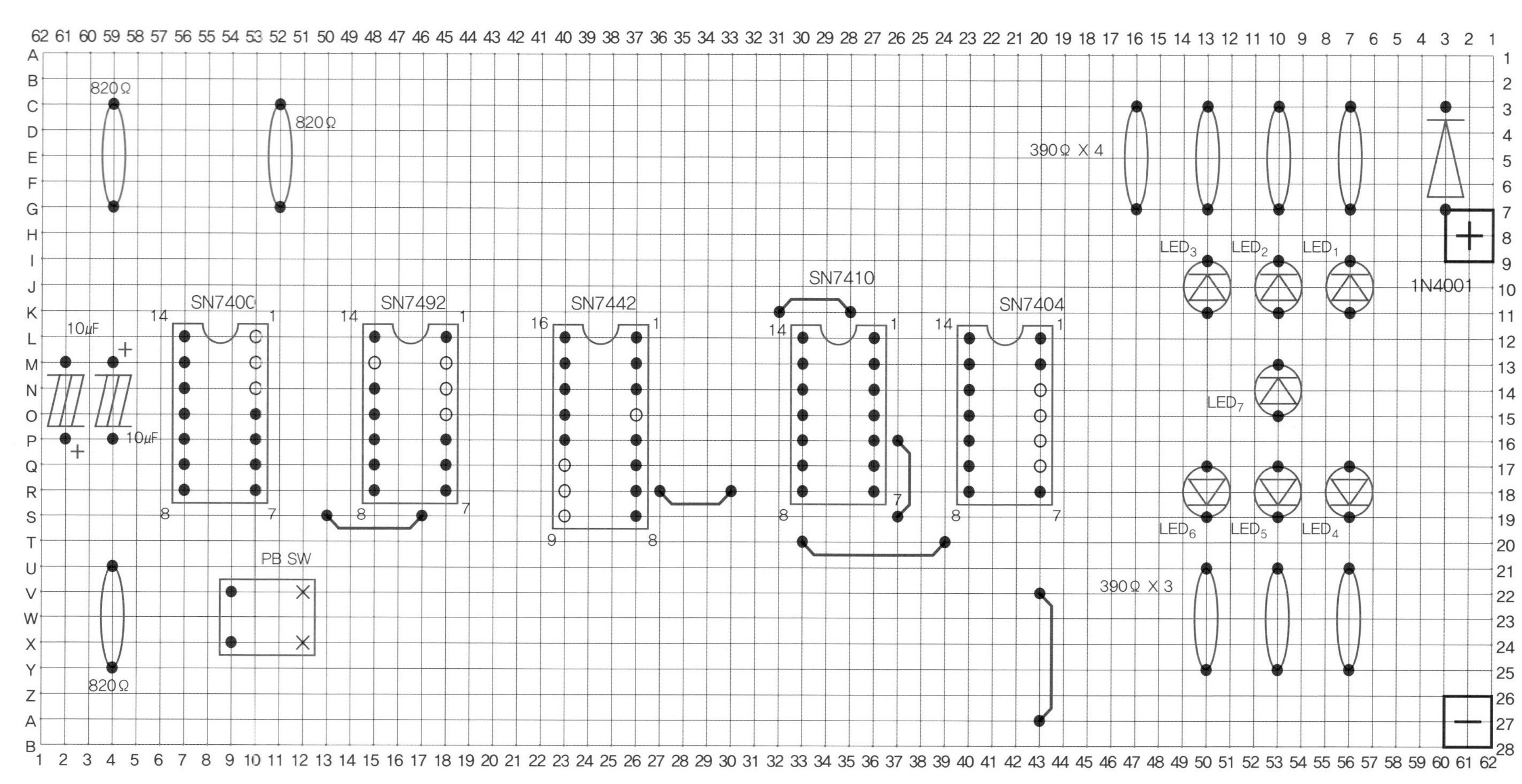

▶ 본 패턴도는 동박면(납땜면)을 기준으로 부품 배치를 하였으므로 부품 삽입 시 이를 참고하여 삽입한다. (배선 납땜 시 매우 편리함)

※빨간(적)색의 부품과 파란(청)색의 점프선은 동박면(납땜면)이 아닌 반대편의 부품면(플라스틱면)에서 삽입된다는 것을 유의한다.

【7. 설명도】 회로의 동작 설명을 듣고 동작 설명도를 여러 번 읽고 입력에서 출력까지의 회로 동작을 정확하게 이해하고 동작이 되도록 한다.

전자주사위 동작 설명도

입력B 펄스 수	L_1~L_4 논리 형태	LED 점등 상태	비고
0	L_3→L	LED_7	1
1	L_1→L	$LED_{2,\ 5}$	2
2	L_1, L_3→L	$LED_{2,\ 5,\ 7}$	3
3	L_2, L_4→L	$LED_{1,\ 3,\ 4,\ 6}$	4
4	L_2, L_3, L_4→L	$LED_{1,\ 3,\ 4,\ 6,\ 7}$	5
5	L_1, L_2, L_4→L	$LED_{1,\ 2,\ 3,\ 4,\ 5,\ 6}$	6
6	RESET		

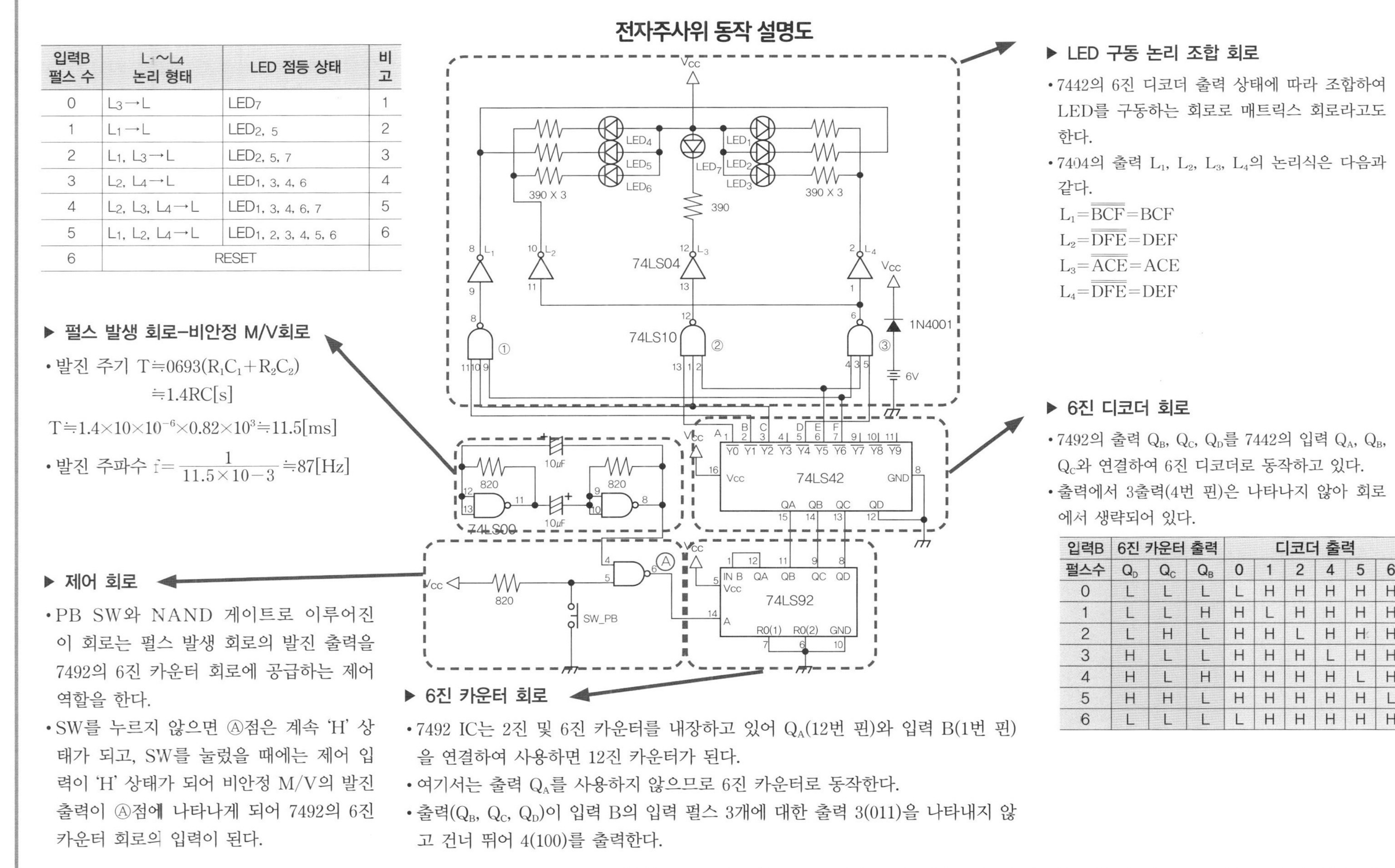

▶ **LED 구동 논리 조합 회로**

- 7442의 6진 디코더 출력 상태에 따라 조합하여 LED를 구동하는 회로로 매트릭스 회로라고도 한다.
- 7404의 출력 L_1, L_2, L_3, L_4의 논리식은 다음과 같다.

$L_1=\overline{\overline{BCF}}=BCF$

$L_2=\overline{\overline{DFE}}=DEF$

$L_3=\overline{\overline{ACE}}=ACE$

$L_4=\overline{\overline{DFE}}=DEF$

▶ **펄스 발생 회로–비안정 M/V회로**

- 발진 주기 $T≒0693(R_1C_1+R_2C_2)$ $≒1.4RC[s]$

$T≒1.4\times10\times10^{-6}\times0.82\times10^3≒11.5[ms]$

- 발진 주파수 $f=\dfrac{1}{11.5\times10-3}≒87[Hz]$

▶ **6진 디코더 회로**

- 7492의 출력 Q_B, Q_C, Q_D를 7442의 입력 Q_A, Q_B, Q_C와 연결하여 6진 디코더로 동작하고 있다.
- 출력에서 3출력(4번 핀)은 나타나지 않아 회로에서 생략되어 있다.

입력B	6진 카운터 출력			디코더 출력					
펄스수	Q_D	Q_C	Q_B	0	1	2	4	5	6
0	L	L	L	L	H	H	H	H	H
1	L	L	H	H	L	H	H	H	H
2	L	H	L	H	H	L	H	H	H
3	H	L	L	H	H	H	L	H	H
4	H	L	H	H	H	H	H	L	H
5	H	H	L	H	H	H	H	H	L
6	L	L	L	L	H	H	H	H	H

▶ **제어 회로**

- PB SW와 NAND 게이트로 이루어진 이 회로는 펄스 발생 회로의 발진 출력을 7492의 6진 카운터 회로에 공급하는 제어 역할을 한다.
- SW를 누르지 않으면 Ⓐ점은 계속 'H' 상태가 되고, SW를 눌렀을 때에는 제어 입력이 'H' 상태가 되어 비안정 M/V의 발진 출력이 Ⓐ점에 나타나게 되어 7492의 6진 카운터 회로의 입력이 된다.

▶ **6진 카운터 회로**

- 7492 IC는 2진 및 6진 카운터를 내장하고 있어 Q_A(12번 핀)와 입력 B(1번 핀)을 연결하여 사용하면 12진 카운터가 된다.
- 여기서는 출력 Q_A를 사용하지 않으므로 6진 카운터로 동작한다.
- 출력(Q_B, Q_C, Q_D)이 입력 B의 입력 펄스 3개에 대한 출력 3(011)을 나타내지 않고 건너 뛰어 4(100)를 출력한다.

전자기기 기능사	조립 제작 실습 과제 21	작품명	채널 전환 회로

▣ 채널 전환 회로 회로를 만능기판에 조립 제작하고, TP점의 전압을 전압계로 측정하여 기록하고 동작하도록 하시오.

1. 시험 시간: 3시간 20분(측정 과제 20분 추가)

2. 요구 사항: 조립 제작 과제

① 지급된 재료를 사용하여 제한 시간 내에 도면과 같이 조립하시오.

② 조립 완성 후 동작 전류를 측정하여 기록하시오.

③ 조립이 완성되면 다음 질문에 답하시오.

질문 1. 입력 단자 A와 B가 각각 '0'(즉, 'L' 상태)일 때 출력 단자(W, X, Y, Z) 중 어느 것이 동작하나?

질문 2. 스피커에 발진음이 나오려면 입력 단자 A와 B는 각각 어떠한 상태가 되어야 하나?

④ 위 동작이 되지 않을 시 틀린 회로를 수정하여 정상 동작이 되도록 하시오.

3. 재료 목록

재료명	규격	수량	재료명	규격	수량
IC	NE555	1	저항(1/4W)	330Ω	1
	7400	1		1kΩ	3
	7476	1		3.9kΩ	2
	74155	1		5.6kΩ	1
IC 소켓	8pin	1		27kΩ	3
	14pin	1	스피커	8Ω/0.3W	1
	16pin	2	건전지 스냅		1
LED	적색	3	PB 스위치	3P	2
다이오드	1N4003	1	만능기판	28×62hole	1
마일러 콘덴서	0.1μF	1	배선줄/3mm	3색 단선	1
전해 콘덴서	10μF	1	실납	SN60% 1.0Φ	1
	2.2μF	2	건전지	6V	1
트랜지스터	2SC1815	2			

▣ 사용되는 IC 및 주요 회로

• 사전 과제 2: 회로에 사용되는 IC 내부를 노트에 그려보고 이해하고 암기하기

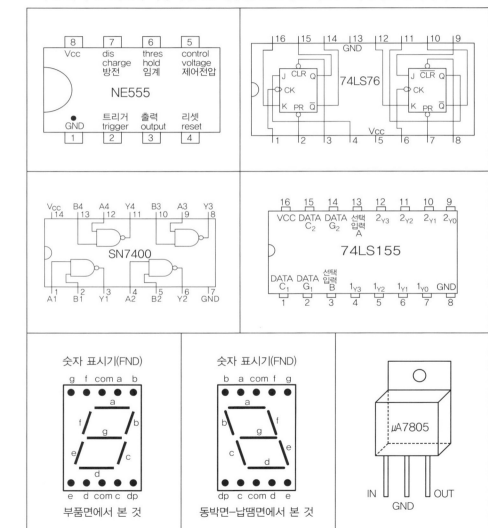

NE555: 8 Vcc, 7 dis charge 방전, 6 thres hold 임계, 5 control voltage 제어전압, 1 GND, 2 트리거 trigger, 3 출력 output, 4 리셋 reset

74LS76: 16, 15, 14, 13 GND, 12, 11, 10, 9 / 1, 2, 3, 4, 5 Vcc, 6, 7, 8 (J, CLR, Q, CK, K, PR, $\bar{Q}$)

SN7400: Vcc 14, B4 13, A4 12, Y4 11, B3 10, A3 9, Y3 8 / A1 1, B1 2, Y1 3, A2 4, B2 5, Y2 6, GND 7

74LS155: 16 VCC, 15 DATA C_2, 14 DATA G_2, 13 선택입력 A, 12 2_{Y3}, 11 2_{Y2}, 10 2_{Y1}, 9 2_{Y0} / 1 DATA C_1, 2 DATA G_1, 3 선택입력 B, 4 1_{Y3}, 5 1_{Y2}, 6 1_{Y1}, 7 1_{Y0}, 8 GND

숫자 표시기(FND): g f com a b / e d com c dp — 부품면에서 본 것

숫자 표시기(FND): b a com f g / dp c com d e — 동박면-납땜면에서 본 것

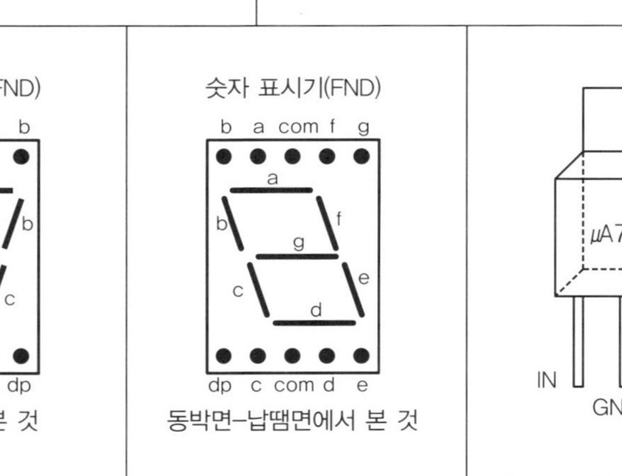

【 4. 회로도(채널 전환 회로) 】 회로도는 반드시 수업 전 사전 과제로 실습 노트에 깨끗하게 그려서 검사를 받도록 한다. • 사전 과제 1 – 회로도 그리기

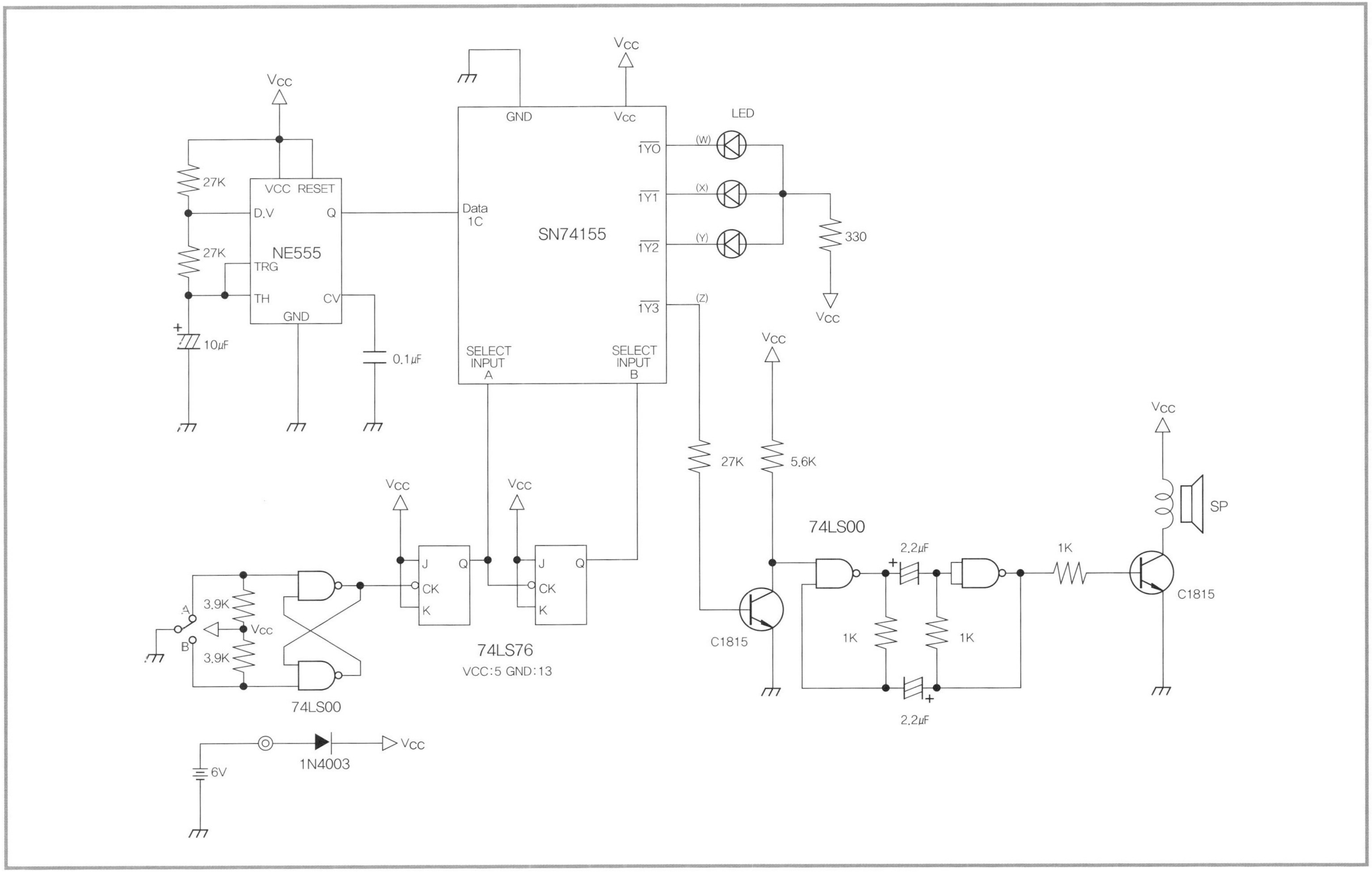

【 5-1. 부품 배치 및 배선 연습용 기판 】 • 사전 과제 5 – 회로도를 보고 28×62 만능기판 사이즈에 균형있게 부품을 배치하고 회로도와 같도록 배선을 하시오

(연습용)

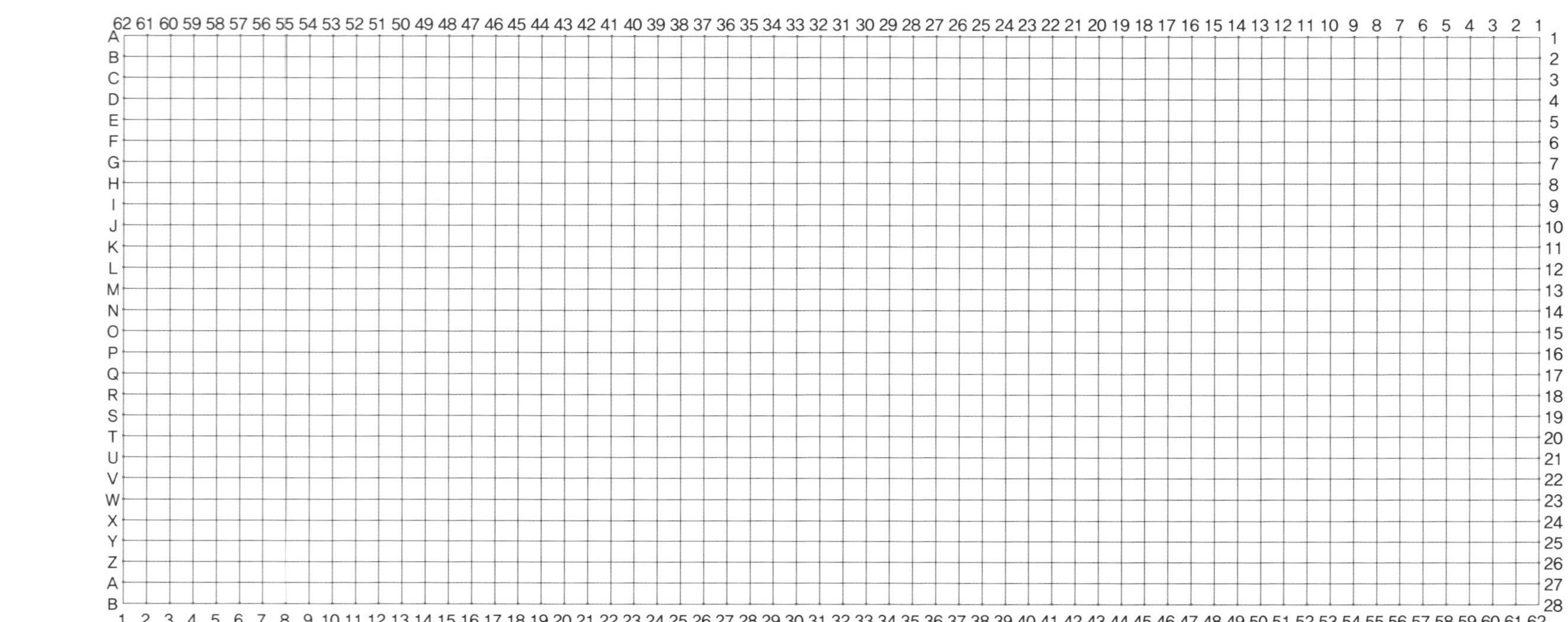

▶ 회로도 제작 조립용 패턴도는 납땜 및 배선 작업 시 편리하도록 동박면(납땜면)을 기준으로 작성하는 것이 좋다.

종류	다이오드	저항	콘덴서	트랜지스터		PB 스위치	IC		점프선	LED
				NPN	PNP					
회로도 기호			+	B C E	B E C	ⓐ ⓑ	14핀	16핀		
패턴도 기호 (동박면 기준)			+				14 1 8 7	16 1 9 8		
비고	4~5칸	4~5칸	3~5칸	3칸	3칸	3칸×3칸 3칸×4칸	4칸×7칸	4칸×8칸	크기에 따라	3칸~4칸

▶ 회로도의 기호에 맞는 패턴도 기호를 사용하여 28×62 기판 사이즈에 전체적인 균형을 생각하며 회로의 조립 과정이 쉽게 패턴도를 작성하시오.

【 5-2. 부품 배치 및 배선 평가용 기판 】

• 사전 과제 5 – 회로도를 보고 28×62 만능기판 사이즈에 균형있게 부품을 배치하고 회로도와 같도록 배선을 하시오

평가용 1

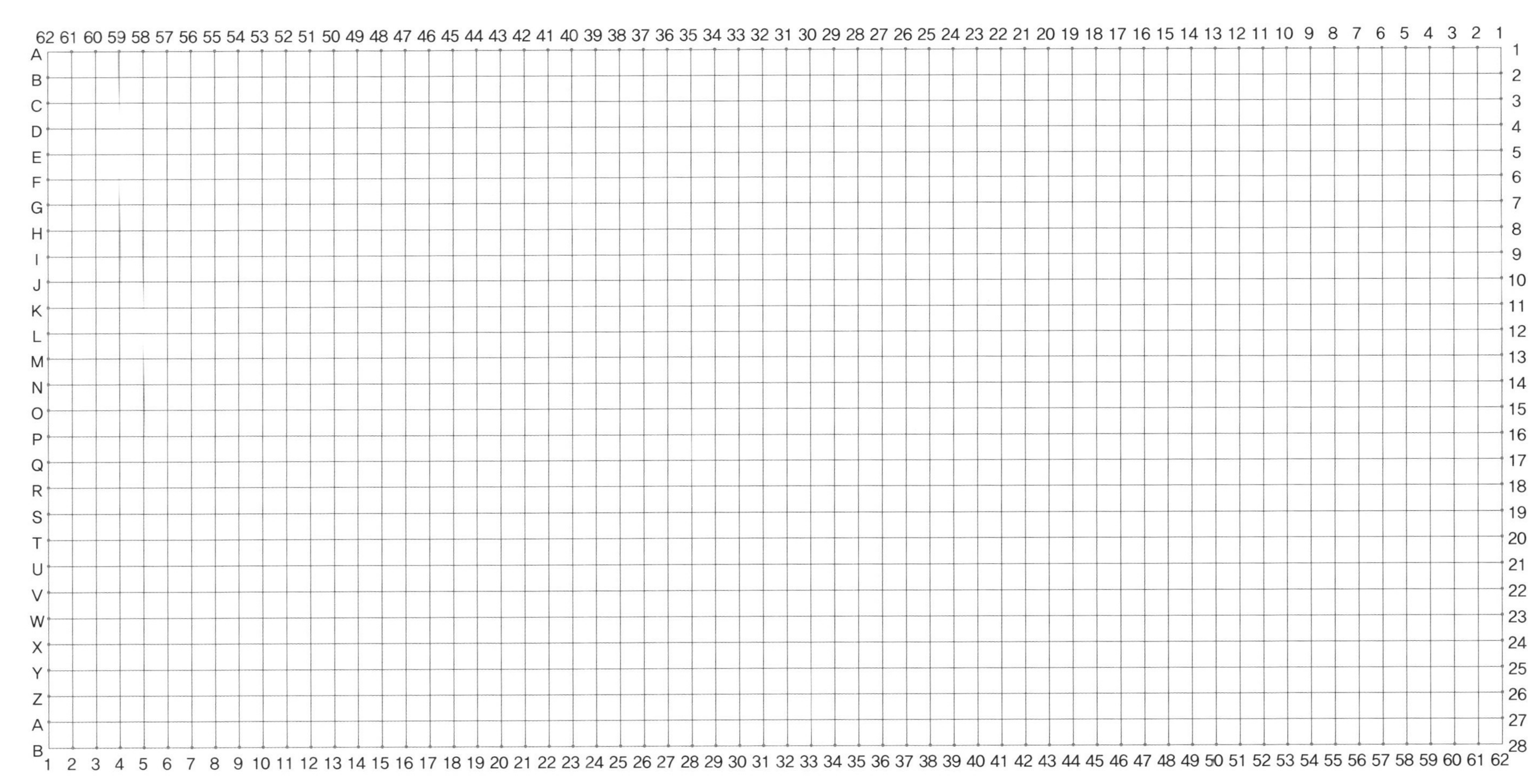

▶ 회로도 제작 조립용 패턴도는 납땜 및 배선 작업 시 편리하도록 동박면(납땜면)을 기준으로 작성하는 것이 좋다.

▶ 회로도의 기호에 맞는 패턴도 기호를 사용하여 28×62 기판 사이즈에 전체적인 균형을 생각하며 회로의 조립 과정이 쉽게 패턴도를 작성하시오.

【 5-3. 부품 배치 및 배선 연습용 기판 】

• 사전 과제 5 – 회로도를 보고 28×62 만능기판 사이즈에 균형있게 부품을 배치하고 회로도와 같도록 배선을 하시오

평가용 2

기본 배치도를 이용한 부품 배치 및 회로 배선 연결 — 스케치용

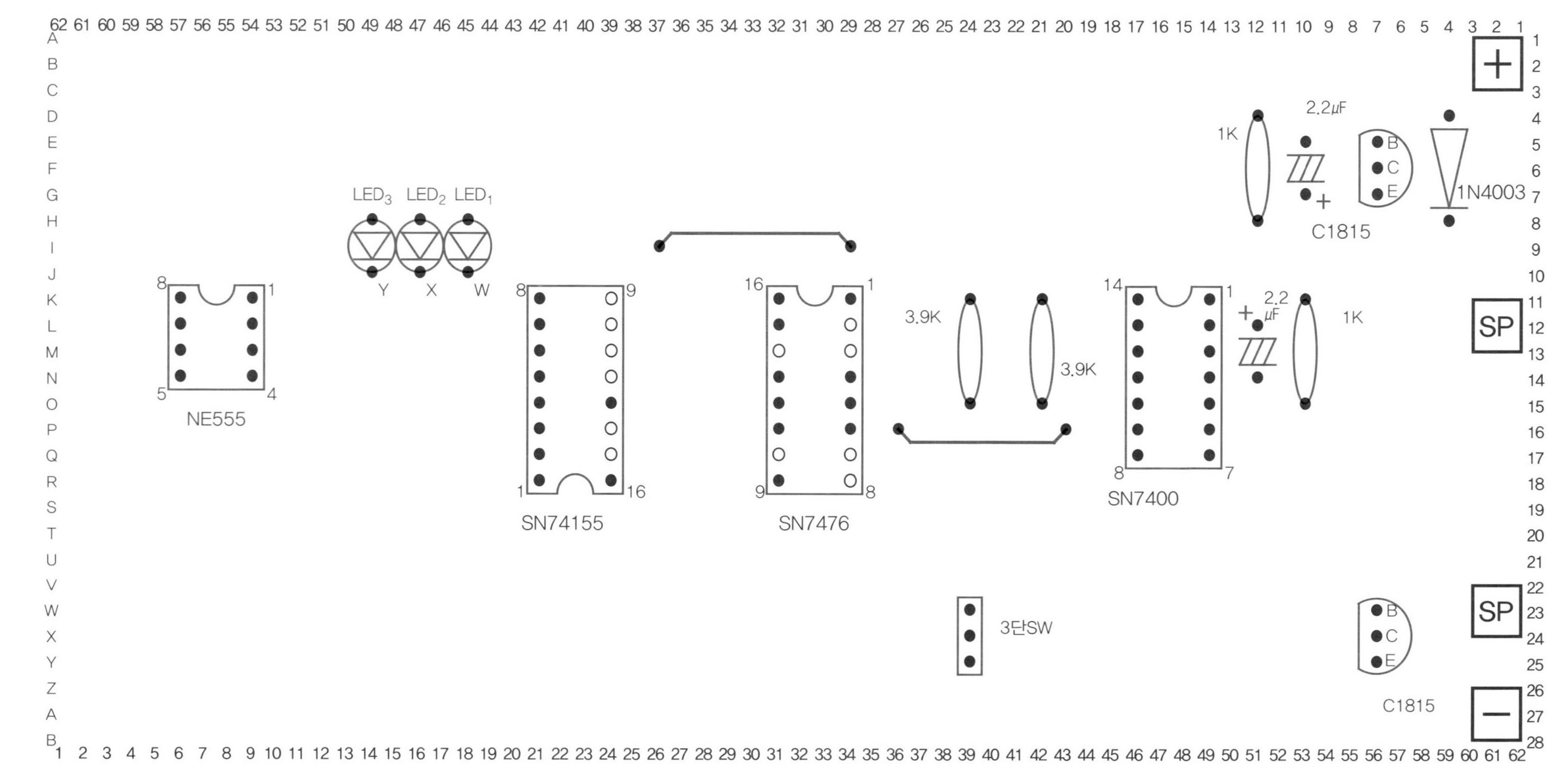

▶ 회로도 제작 조립용 패턴도는 납땜 및 배선 작업 시 편리하도록 동박면(납땜면)을 기준으로 작성하는 것이 좋다.

※ 빨간(적)색의 부품과 파란(청)색의 점프선은 동박면(납땜면)이 아닌 반대편의 부품면(플라스틱면)에서 삽입된다는 것을 유의한다.

▶ 회로도의 기호에 맞는 패턴도 기호를 사용하여 28×62 기판 사이즈에 전체적인 균형을 생각하며 회로의 조립 과정이 쉽게 패턴도를 작성하시오.

【 6-1. 부품의 모범 배치도 1 】

• 회로도와 같도록 배치도에 회로의 결선을 하시오.(연필을 사용하여 여러 번 수정을 거치면 가장 좋은 배선이 된다.)

수업 연습용(1시간)

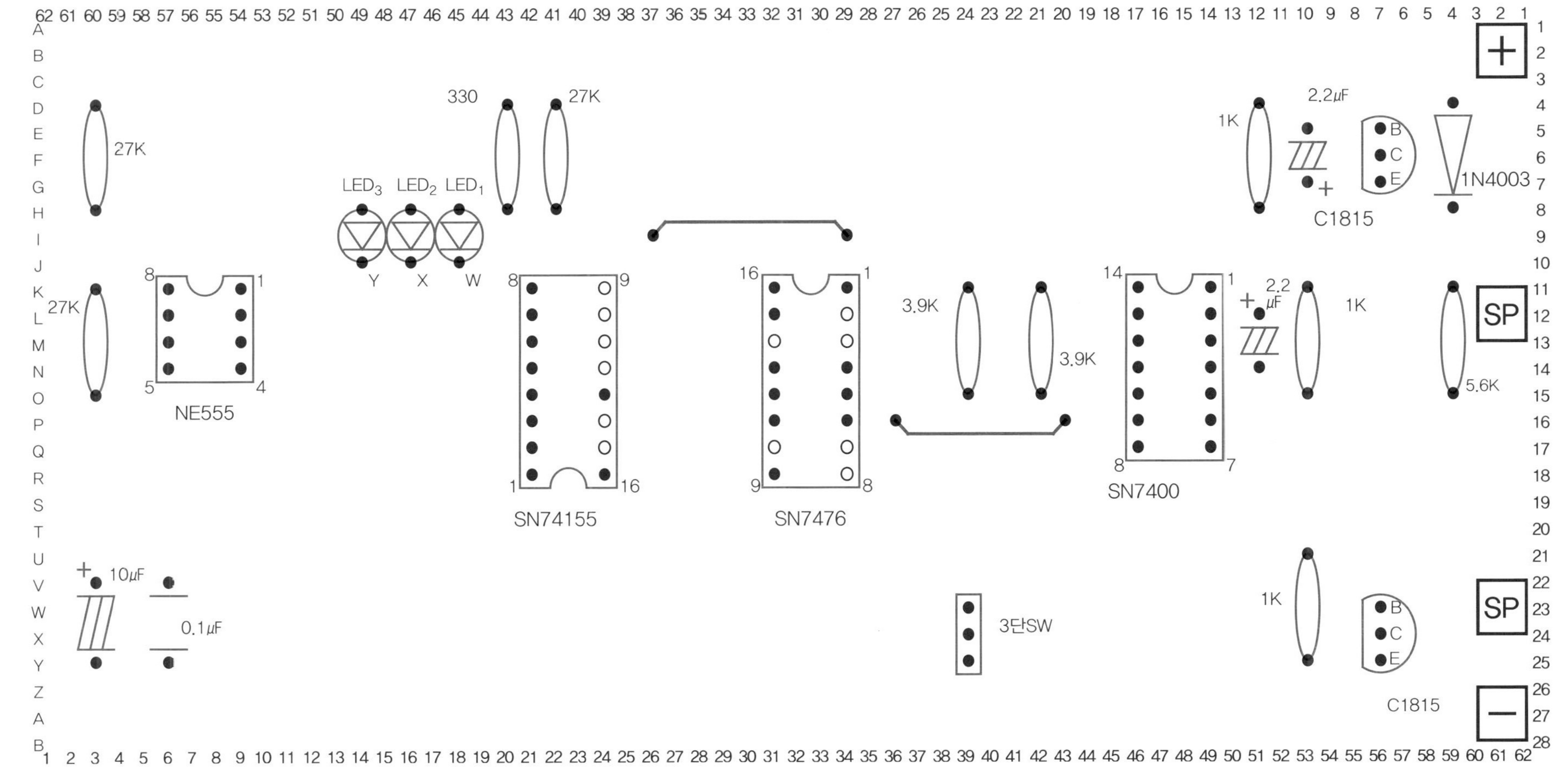

▶ 본 패턴도는 동박면(납땜면)을 기준으로 부품 배치를 하였으므로 부품 삽입 시 참고하여 삽입한다. (배선 납땜 시 매우 편리함)

※빨간(적)색의 부품과 파란(청)색의 점프선은 동박면(납땜면)이 아닌 반대편의 부품면(플라스틱면)에서 삽입된다는 것을 유의한다.

【 6-2. 부품의 모범 배치도 1 】

• 회로도와 같도록 배치도에 회로의 결선을 하시오.(연필을 사용하여 여러 번 수정을 거치면 가장 좋은 배선이 된다.)

모범 배치도를 이용한 배선 연결 2 — 평가용

모범 조립 패턴도 답안지 ▶ 400쪽

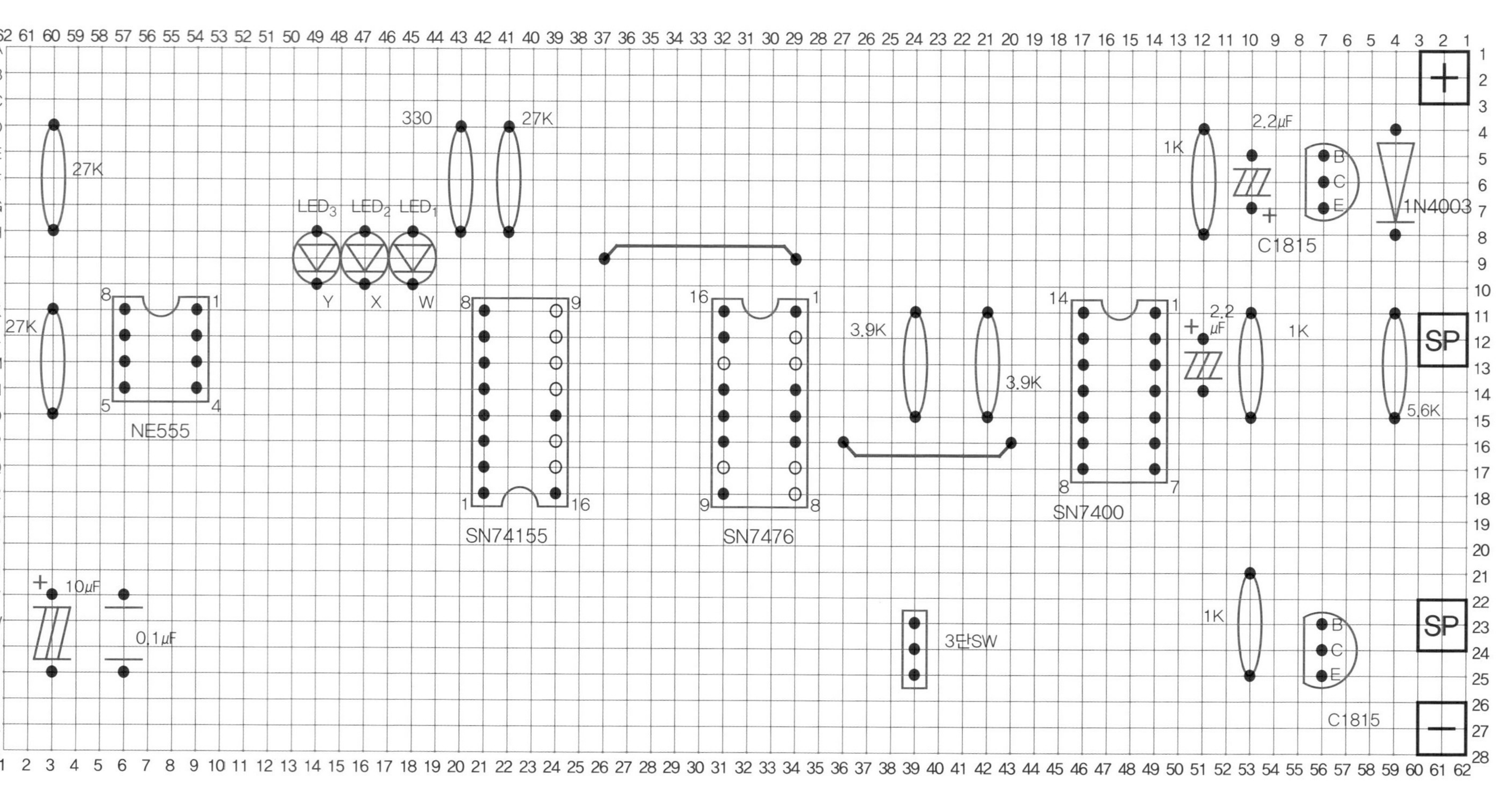

▶ 본 패턴도는 동박면(납땜면)을 기준으로 부품 배치를 하였으므로 부품 삽입 시 이를 참고하여 삽입한다. (배선 납땜 시 매우 편리함)

※빨간(적)색의 부품과 파란(청)색의 점프선은 동박면(납땜면)이 아닌 반대편의 부품면(플라스틱면)에서 삽입된다는 것을 유의한다.

【 7. 설명도 】 회로의 동작 설명을 듣고 동작 설명도를 여러 번 읽고 입력에서 출력까지의 회로 동작을 정확하게 이해하고 동작이 되도록 한다.

채널 전환 회로 설명도

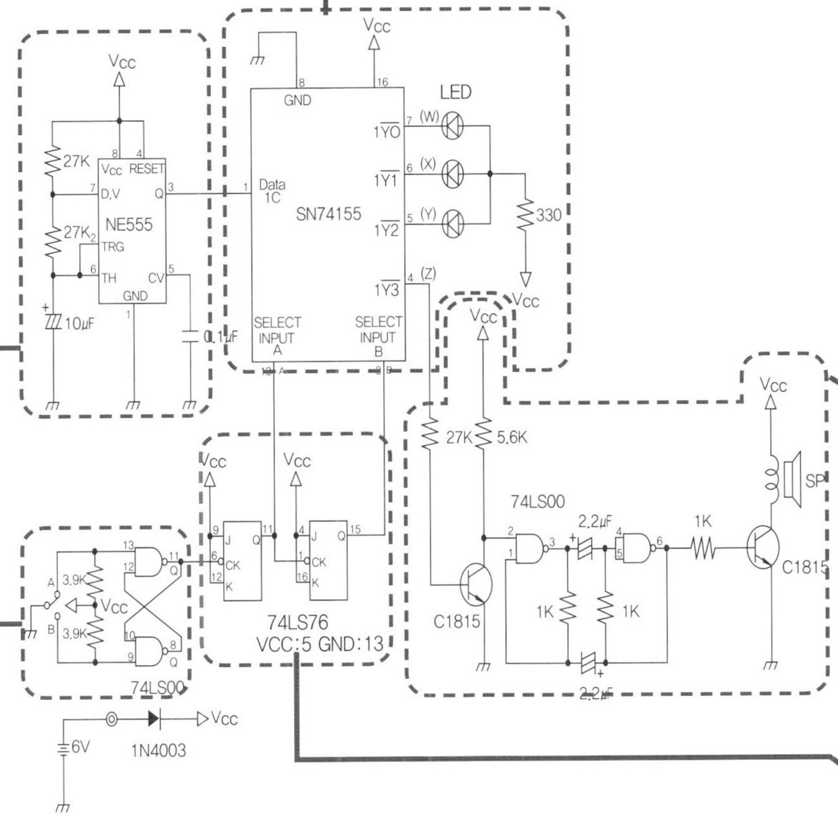

Select INPUT		Stobe data		OUTPUT				결과
				$1Y_0$	$1Y_1$	$1Y_2$	$1Y_3$	LED 및 스피커
B	A	1G	1C	W	X	Y	Z	
×	×	H	×	H	H	H	H	
0	0	L	H	L	H	H	H	L_1 점등
0	1	L	H	H	L	H	H	L_2 점등
1	0	L	H	H	H	L	H	L_3 점등
1	1	L	H	H	H	H	L	발진음
×	×	×	L	H	H	H	H	

▶ 채널 전환 회로

- 74155 1C는 dual 2 to 4 line decoder로 한쪽만 사용하여 디멀티플렉서 기능으로 사용한다.
- data 1C(1번 핀)이 'H' 상태일 동안 4진 카운터 출력이 select INPUT A와 B에 가해져 출력 1Y0~1Y3(W, X, Y, Z)는 A와 B의 변화에 의해 차례로 'L' 상태가 나온다.

▶ 비안정 멀티바이브레이터 회로

- 발진 주기 $T=0.693(R_1+2R_2)C[s]$

  $T=0.693(27\times10^3+2\times27\times10^3)\times10\times10^{-6}$

  $\fallingdotseq 561.33\times10^{-3}s \fallingdotseq 0.56s$
- 발진 주파수 $f=\frac{1}{T}\fallingdotseq1.785\fallingdotseq1.8Hz$

▶ 펄스 발생 R-S 래치 회로

- R-S 래치 회로로 SW 전환 시 채터링을 방지하기 위하여 3.9kΩ의 저항을 V_{CC}와 접속하였다.
- 토글 3단 SW를 A와 B쪽으로 이동시 Q점에 펄스를 발생시켜 J-K F/F에 공급하게 된다.
- SW를 A점으로 이동시 $Q=1, \overline{Q}=0$, SW를 B점으로 이동시 $Q=0, \overline{Q}=1$이 되어 1개의 펄스를 발생시키게 된다.

입력 펄스 수	출력	
	B	A
0	0	0
1	0	1
2	1	0
3	1	1

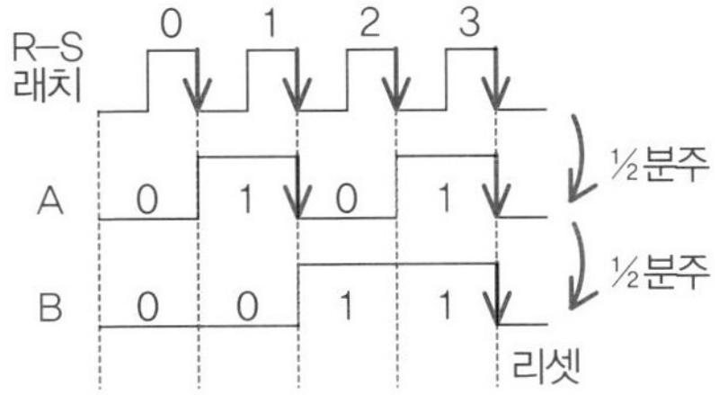

▶ 발진 회로-비안정 M/V회로

- 74155의 4번 핀(출력 1Y3~Z) 출력이 'L' 상태일 때만 TR_1이 차단되어 비안정 M/V회로의 2번 핀에 'H' 상태가 가해져 발진하게 되고 발진음이 들린다.
- 발진 주기 $T\fallingdotseq0.693(R_1C_1+R_2C_2)\fallingdotseq1.4RC[s]$

  $\fallingdotseq1.4\times1\times10^3\times2.2\times10^{-6}\fallingdotseq3.1ms$
- 발진 주파수 $f=\frac{1}{T}=\frac{1}{3.1\times10^{-3}}\fallingdotseq323Hz$

▶ 4진 카운터 회로

- R-S 래치 회로에서 발생된 펄스를 받아 두 개의 J-K F/F으로 된 T-F/F에서 분주시키고 분주된 펄스를 또 분주시켜 두 개의 출력 A와 B로부터 4진 카운터 출력을 얻을 수 있다.

전자기기 기능사	조립 제작 실습 과제 22	작품명	가변 순차기 회로

▣ **가변 순차기 회로를 만능기판에 조립 제작하고, TP점의 전압을 전압계로 측정하여 기록하고 동작하도록 하시오.**

1. 시험 시간: 3시간 20분(측정 과제 20분 추가)

2. 요구 사항: 조립 제작 과제

① 지급된 재료를 사용하여 제한 시간 내에 도면과 같이 조립하시오.

② 조립 완성 후 동작 전류를 측정하여 기록하시오.

③ 조립이 완성되면 다음 진리표와 같이 동작되도록 하시오.

- 전원을 ON한 후 푸시 스위치를 누르면 삐— 소리와 함께 LED_{11}이 ON되고, LED_{11}이 ON될 때마다 LED_0~LED_{10}의 순차로 가변 점등을 반복하여야 한다.

④ 위 동작이 되지 않을 시 틀린 회로를 수정하여 정상 동작이 되도록 하시오.

3. 재료 목록

재료명	규격	수량	재료명	규격	수량
IC	NE555	1	저항(1/4W)	100Ω	11
	14017	1		1kΩ	1
	14069	1		10kΩ	3
IC 소켓	8pin	1		22kΩ	1
	14pin	1		47kΩ	1
	16pin	1		100kΩ	2
반고정 저항	100kΩ	1		2.2kΩ	1
	1MΩ	1	LED	적색	10
트랜지스터	2SC1815	2		녹색	1
PB 스위치	2P	1	다이오드	1N914	2
전해 콘덴서	전해 1μF	1	건전지 스냅		1
	전해 30μF	1	만능기판	28×62hole	1
	전해 100μF	2	배선줄/3mm	3색 단선	1
마일러 콘덴서	마일러 0.01μF	3	실납	SN60% 1.0Φ	1
	마일러 0.022μF	1	건전지	6V	1

▣ **사용되는 IC 및 주요 회로**

- 사전 과제 2: 회로에 사용되는 IC 내부를 노트에 그려보고 이해하고 암기하기

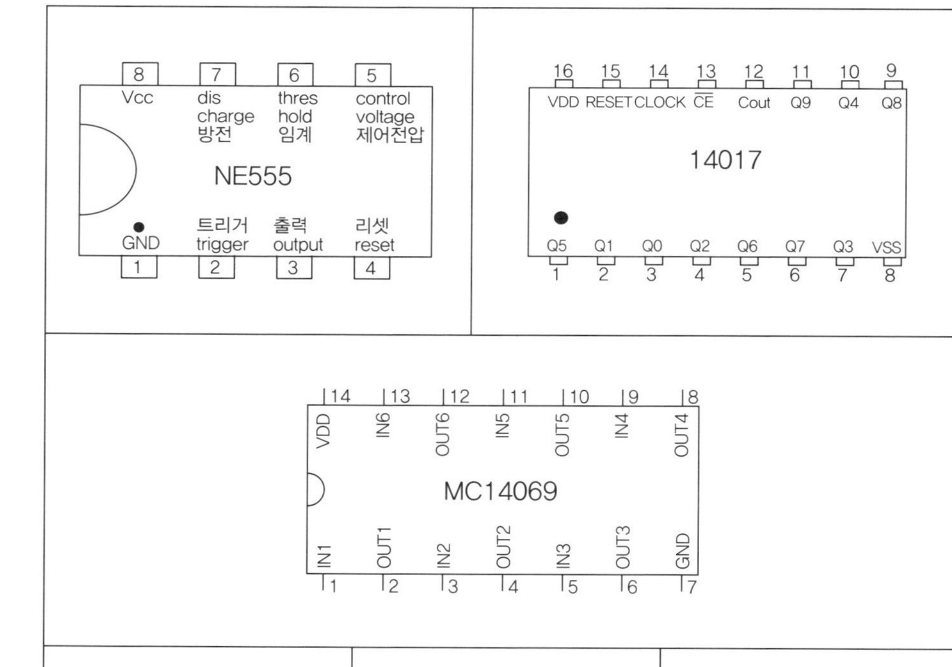

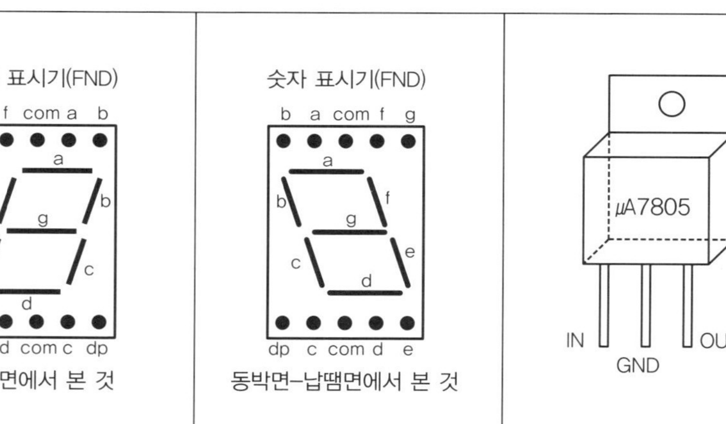

【 4. 회로도(가변 순차기 회로) 】 회로도는 반드시 수업 전 사전 과제로 실습 노트에 깨끗하게 그려서 검사를 받도록 한다. • 사전 과제 1 – 회로도 그리기

【 5-1. 부품 배치 및 배선 연습용 기판 】 • 사전 과제 5 – 회로도를 보고 28×62 만능기판 사이즈에 균형있게 부품을 배치하고 회로도와 같도록 배선을 하시오

연습용

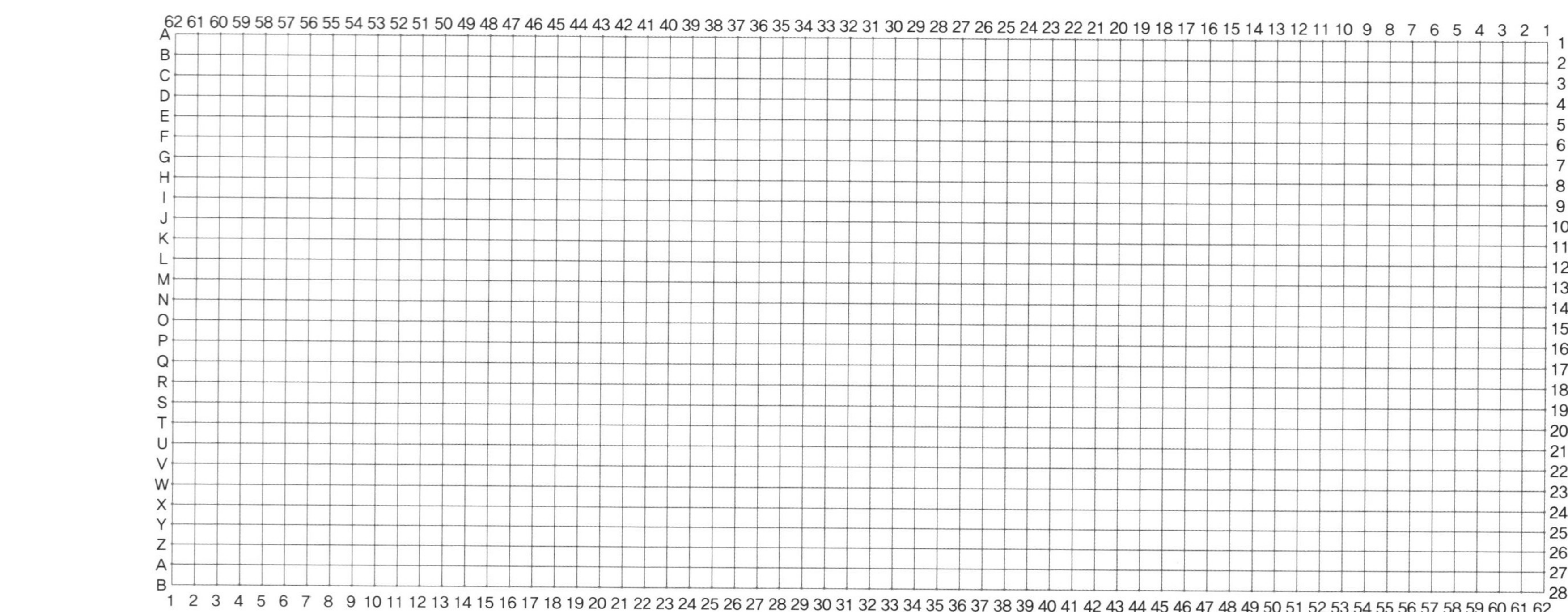

▶ 회로도 제작 조립용 패턴도는 납땜 및 배선 작업 시 편리하도록 동박면(납땜면)을 기준으로 작성하는 것이 좋다.

종류	다이오드	저항	콘덴서	트랜지스터		PB 스위치	IC		점프선	LED
				NPN	PNP					
회로도 기호			+	B C E	B E C	ⓐ ⓑ	14핀	16핀		
패턴도 기호 (동박면 기준)			+				14 1 8 7	16 1 9 8		
비고	4~5칸	4~5칸	3~5칸	3칸	3칸	3칸×3칸 3칸×4칸	4칸×7칸	4칸×8칸	크기에 따라	3칸~4칸

▶ 회로도의 기호에 맞는 패턴도 기호를 사용하여 28×62 기판 사이즈에 전체적인 균형을 생각하며 회로의 조립 과정이 쉽게 패턴도를 작성하시오.

【 5-2. 부품 배치 및 배선 평가용 기판 】 • 사전 과제 5 – 회로도를 보고 28×62 만능기판 사이즈에 균형있게 부품을 배치하고 회로도와 같도록 배선을 하시오

평가용 1

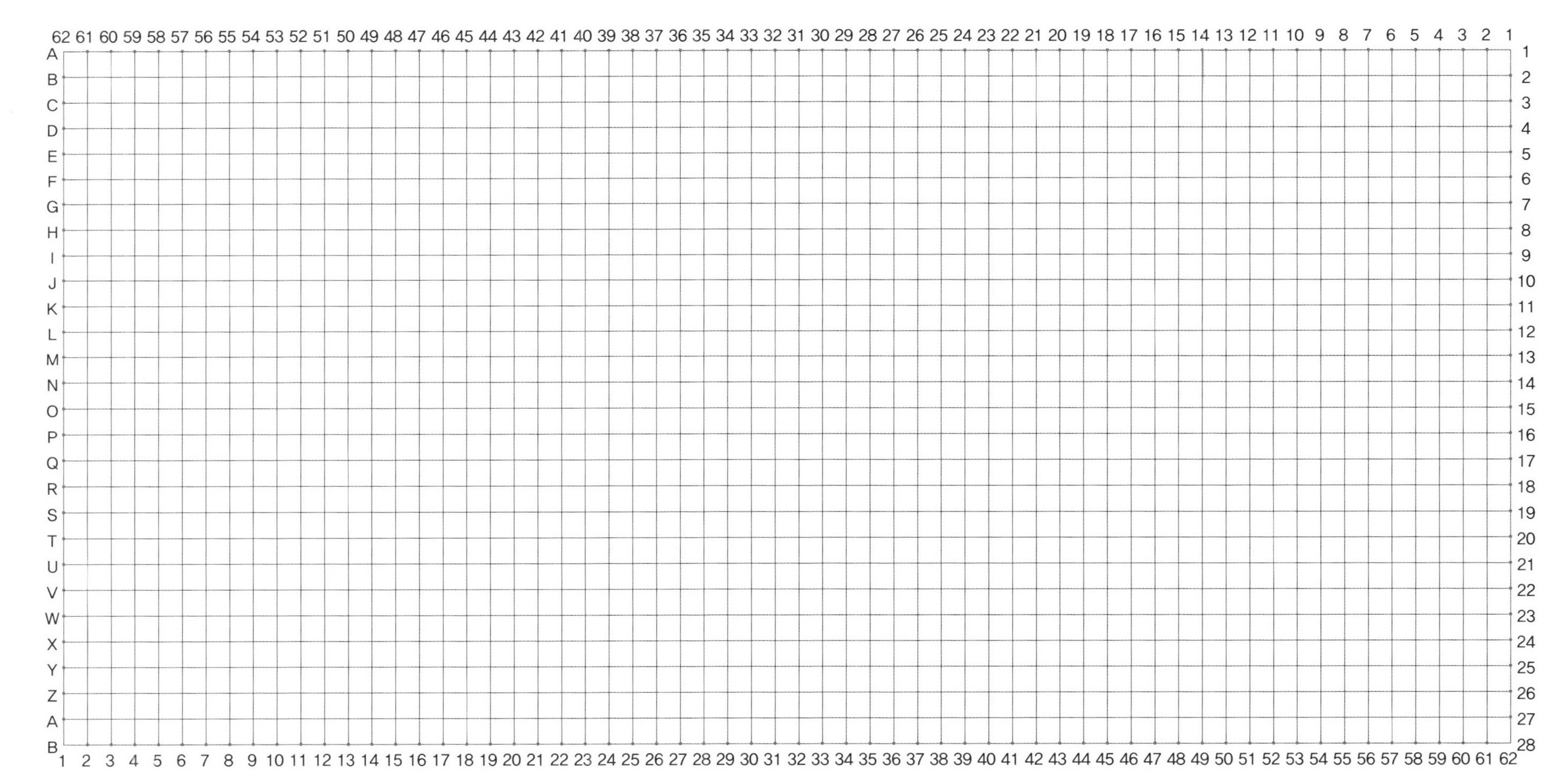

▶ 회로도 제작 조립용 패턴도는 납땜 및 배선 작업 시 편리하도록 동박면(납땜면)을 기준으로 작성하는 것이 좋다.

▶ 회로도의 기호에 맞는 패턴도 기호를 사용하여 28×62 기판 사이즈에 전체적인 균형을 생각하며 회로의 조립 과정이 쉽게 패턴도를 작성하시오.

【 5-3. 부품 배치 및 배선 연습용 기판 】

• 사전 과제 5 – 회로도를 보고 28×62 만능기판 사이즈에 균형있게 부품을 배치하고 회로도와 같도록 배선을 하시오

평가용 2

기본 배치도를 이용한 부품 배치 및 회로 배선 연결 – 스케치용

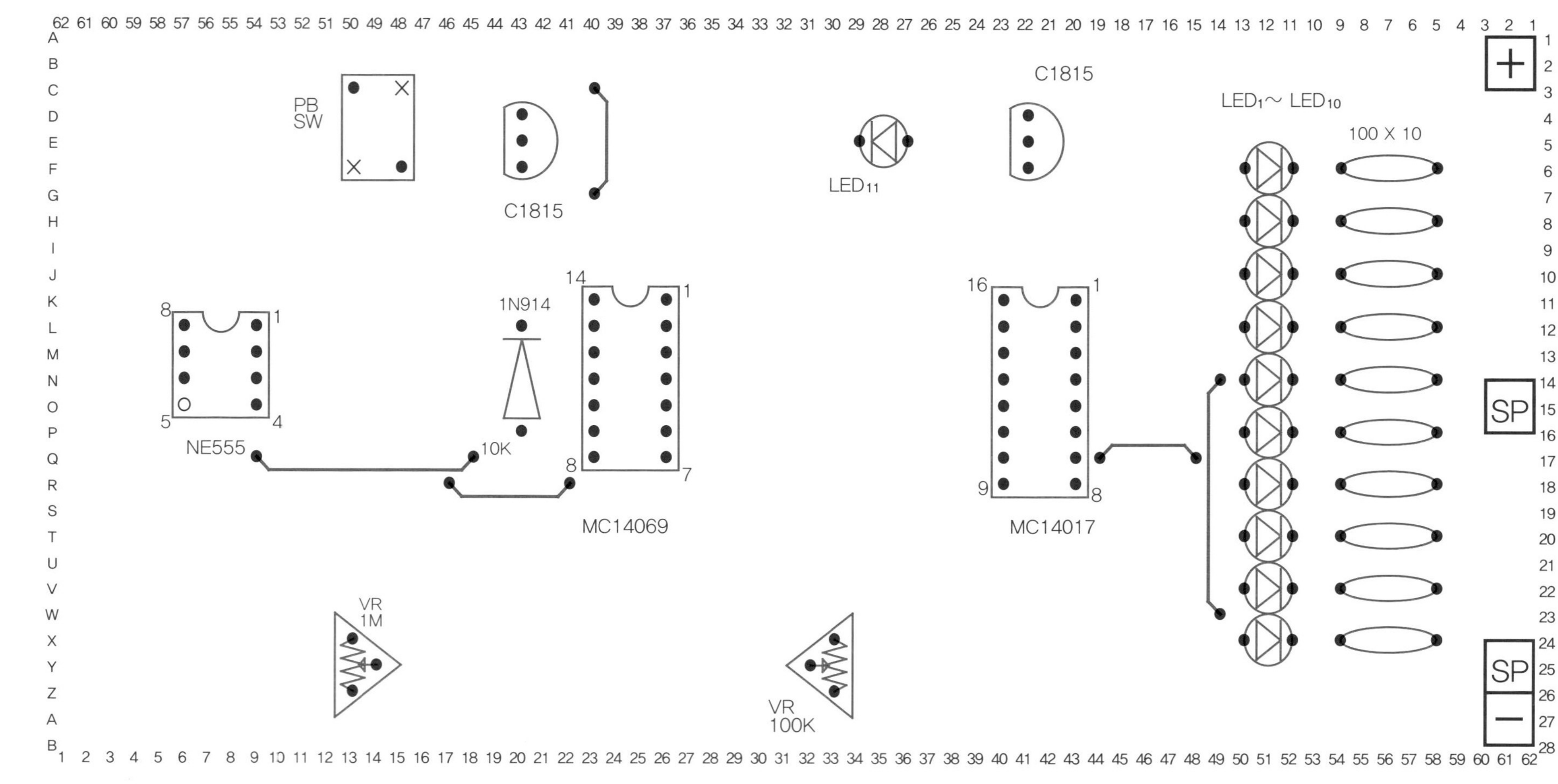

▶ 회로도 제작 조립용 패턴도는 납땜 및 배선 작업 시 편리하도록 동박면(납땜면)을 기준으로 작성하는 것이 좋다.

※ 빨간(적)색의 부품과 파란(청)색의 점프선은 동박면(납땜면)이 아닌 반대편의 부품면(플라스틱면)에서 삽입된다는 것을 유의한다.

▶ 회로도의 기호에 맞는 패턴도 기호를 사용하여 28×62 기판 사이즈에 전체적인 균형을 생각하며 회로의 조립 과정이 쉽게 패턴도를 작성하시오.

【 6-1. 부품의 모범 배치도 1 】

• 회로도와 같도록 배치도에 회로의 결선을 하시오.(연필을 사용하여 여러 번 수정을 거치면 가장 좋은 배선이 된다.)

수업 연습용(1시간)

모범 배치도를 이용한 배선 연결 1 — 스케치용

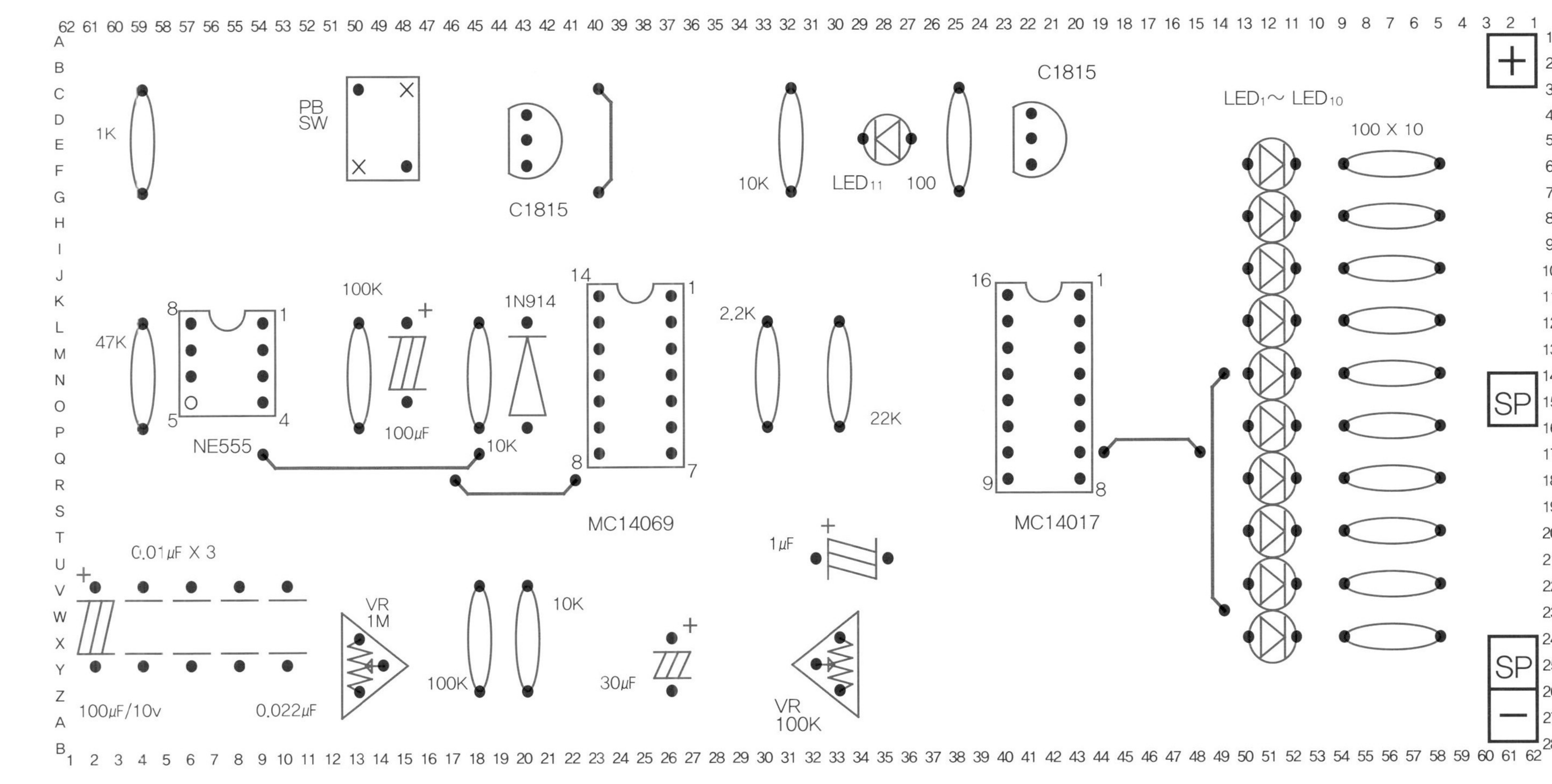

▶ 본 패턴도는 동박면(납땜면)을 기준으로 부품 배치를 하였으므로 부품 삽입 시 참고하여 삽입한다. (배선 납땜 시 매우 편리함)

※빨간(적)색의 부품과 파란(청)색의 점프선은 동박면(납땜면)이 아닌 반대편의 부품면(플라스틱면)에서 삽입된다는 것을 유의한다.

【 6-2. 부품의 모범 배치도 1 】

• 회로도와 같도록 배치도에 회로의 결선을 하시오.(연필을 사용하여 여러 번 수정을 거치면 가장 좋은 배선이 된다.)

수업 평가용(1시간)

모범 배치도를 이용한 배선 연결 2 — 평가용

모범 조립 패턴도 답안지 ▶ 402쪽

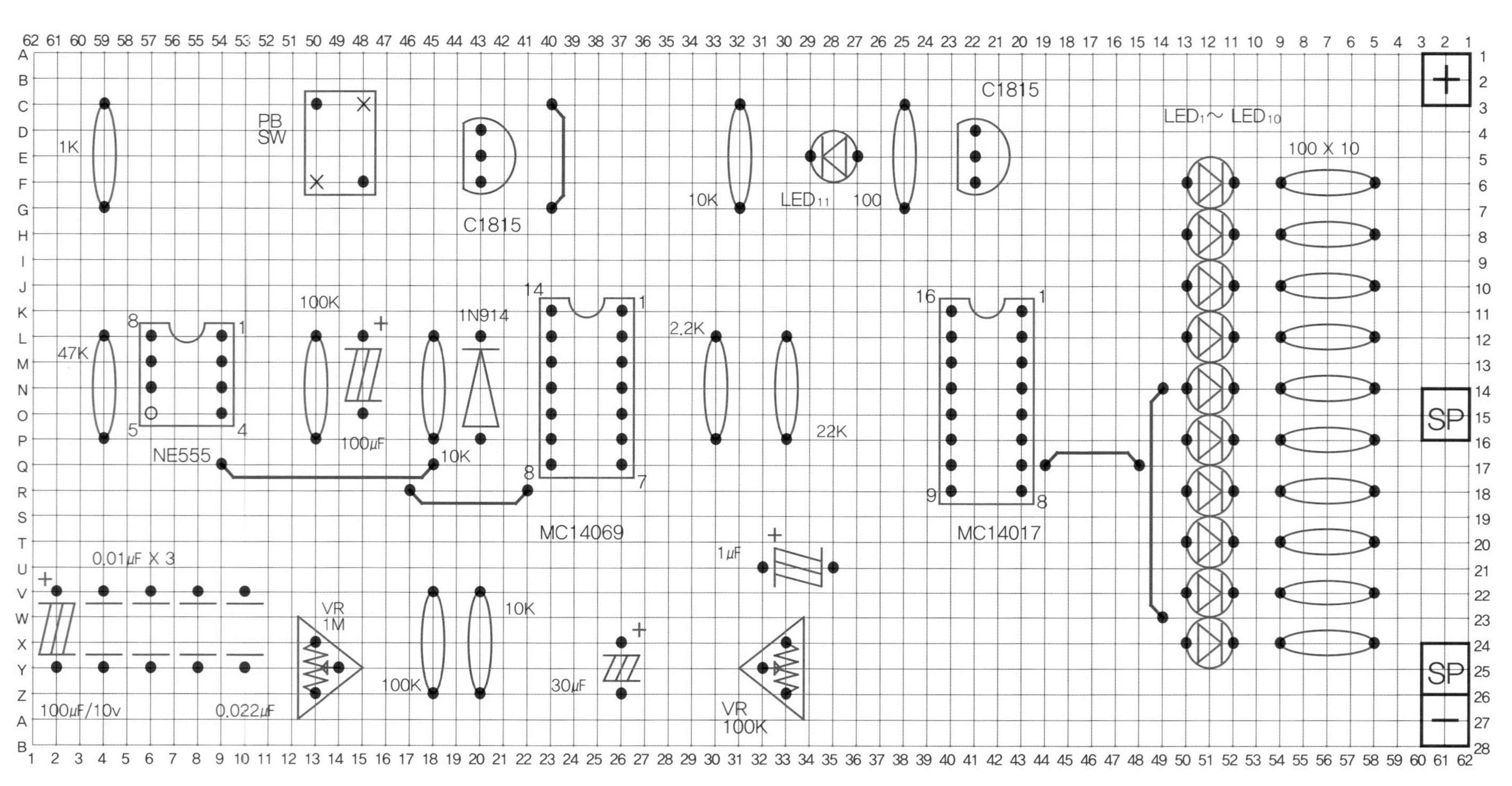

▶ 본 패턴도는 동박면(납땜면)을 기준으로 부품 배치를 하였으므로 부품 삽입 시 이를 참고하여 삽입한다. (배선 납땜 시 매우 편리함)

※빨간(적)색의 부품과 파란(청)색의 점프선은 동박면(납땜면)이 아닌 반대편의 부품면(플라스틱면)에서 삽입된다는 것을 유의한다.

【 7. 설명도 】 회로의 동작 설명을 듣고 동작 설명도를 여러 번 읽고 입력에서 출력까지의 회로 동작을 정확하게 이해하고 동작이 되도록 한다.

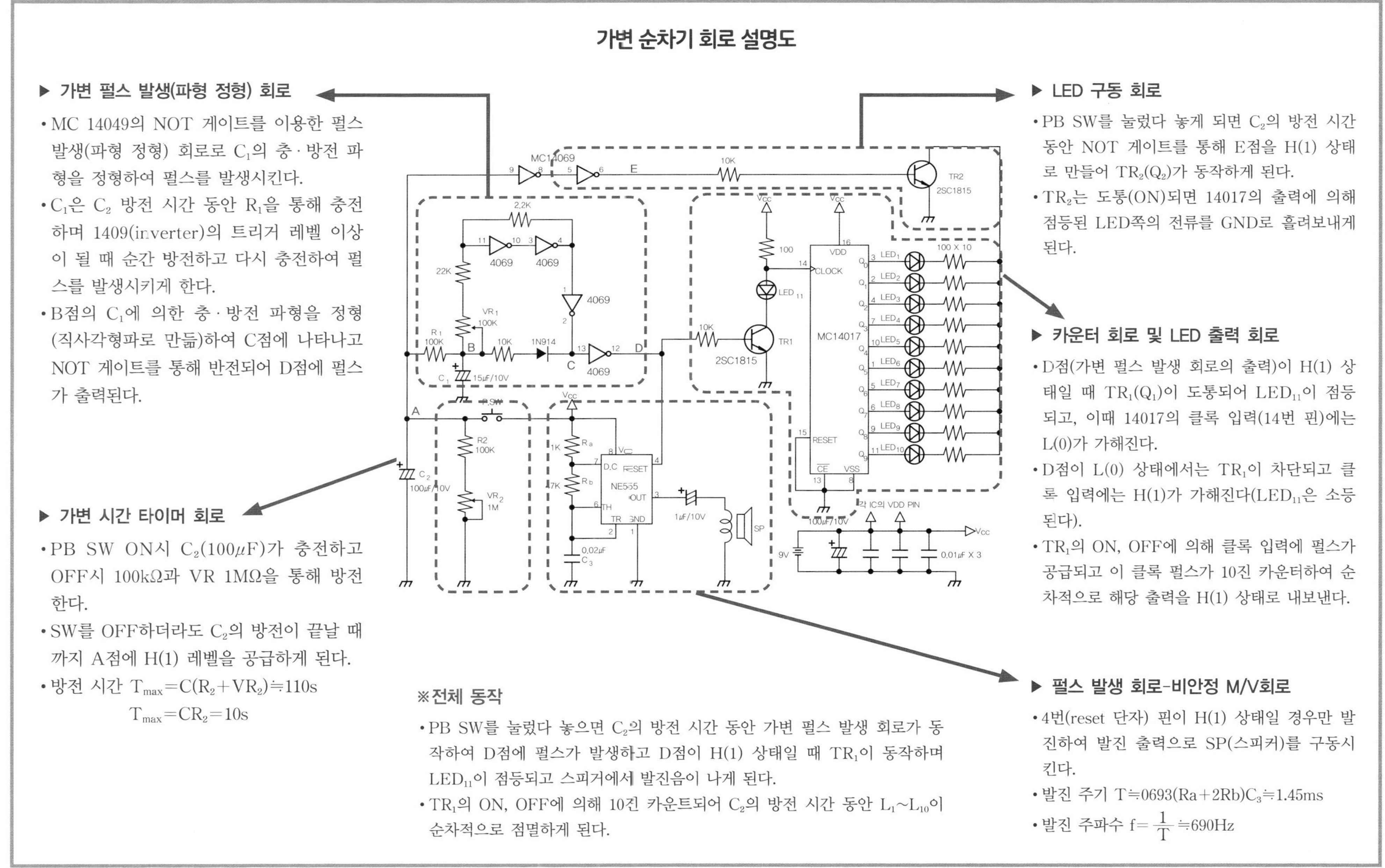

가변 순차기 회로 설명도

▶ 가변 펄스 발생(파형 정형) 회로

- MC 14049의 NOT 게이트를 이용한 펄스 발생(파형 정형) 회로로 C_1의 충·방전 파형을 정형하여 펄스를 발생시킨다.
- C_1은 C_2 방전 시간 동안 R_1을 통해 충전하며 1409(inverter)의 트리거 레벨 이상이 될 때 순간 방전하고 다시 충전하여 펄스를 발생시키게 한다.
- B점의 C_1에 의한 충·방전 파형을 정형(직사각형파로 만듦)하여 C점에 나타나고 NOT 게이트를 통해 반전되어 D점에 펄스가 출력된다.

▶ 가변 시간 타이머 회로

- PB SW ON시 $C_2(100\mu F)$가 충전하고 OFF시 100kΩ과 VR 1MΩ을 통해 방전한다.
- SW를 OFF하더라도 C_2의 방전이 끝날 때까지 A점에 H(1) 레벨을 공급하게 된다.
- 방전 시간 $T_{max}=C(R_2+VR_2)\fallingdotseq 110s$

  $T_{max}=CR_2=10s$

▶ LED 구동 회로

- PB SW를 눌렀다 놓게 되면 C_2의 방전 시간 동안 NOT 게이트를 통해 E점을 H(1) 상태로 만들어 $TR_2(Q_2)$가 동작하게 된다.
- TR_2는 도통(ON)되면 14017의 출력에 의해 점등된 LED쪽의 전류를 GND로 흘려보내게 된다.

▶ 카운터 회로 및 LED 출력 회로

- D점(가변 펄스 발생 회로의 출력)이 H(1) 상태일 때 $TR_1(Q_1)$이 도통되어 LED_{11}이 점등되고, 이때 14017의 클록 입력(14번 핀)에는 L(0)가 가해진다.
- D점이 L(0) 상태에서는 TR_1이 차단되고 클록 입력에는 H(1)가 가해진다(LED_{11}은 소등된다).
- TR_1의 ON, OFF에 의해 클록 입력에 펄스가 공급되고 이 클록 펄스가 10진 카운터하여 순차적으로 해당 출력을 H(1) 상태로 내보낸다.

▶ 펄스 발생 회로-비안정 M/V회로

- 4번(reset 단자) 핀이 H(1) 상태일 경우만 발진하여 발진 출력으로 SP(스피커)를 구동시킨다.
- 발진 주기 $T\fallingdotseq 0693(Ra+2Rb)C_3\fallingdotseq 1.45ms$
- 발진 주파수 $f=\frac{1}{T}\fallingdotseq 690Hz$

※전체 동작

- PB SW를 눌렀다 놓으면 C_2의 방전 시간 동안 가변 펄스 발생 회로가 동작하여 D점에 펄스가 발생하고 D점이 H(1) 상태일 때 TR_1이 동작하며 LED_{11}이 점등되고 스피거에서 발진음이 나게 된다.
- TR_1의 ON, OFF에 의해 10진 카운트되어 C_2의 방전 시간 동안 $L_1 \sim L_{10}$이 순차적으로 점멸하게 된다.

전자기기 기능사	조립 제작 실습 과제 23	작품명	순차 점멸기 회로

▣ 순차 점멸기 회로를 만능기판에 조립 제작하고, TP점의 전압을 전압계로 측정하여 기록하고 동작하도록 하시오.

1. 시험 시간: 3시간 20분(측정 과제 20분 추가)

2. 요구 사항: 조립 제작 과제

① 지급된 재료를 사용하여 제한 시간 내에 도면과 같이 조립하시오.
② 조립 완성 후 동작 전류를 측정하여 기록하시오.
③ 조립이 완성되면 다음과 같이 동작되도록 하시오.
- LED_1~LED_8이 순차적으로 점멸되도록 하시오.
- Ⓐ점의 전압을 측정하시오.
- 도면에서 SN74LS73으로 구성된 4진 카운터의 계수 동작표를 완성하시오.

④ 위 동작이 되지 않을 시 틀린 회로를 수정하여 정상 동작이 되도록 하시오.

3. 재료 목록

재료명	규격	수량	재료명	규격	수량
IC	7400	1	저항(1/4W)	33Ω	1
	7473	1		100Ω	4
	74123	1		1kΩ	1
	14017	1		5kΩ	2
IC 소켓	14pin	2		100kΩ	1
	16pin	2	정전압 IC	7805	1
트랜지스터	2SA509	2	건전지 스냅		1
LED	적색	8	만능기판	28×62hole	1
세라믹 콘덴서	100pF	1	배선줄/3mm	3색 단선	1
마일러 콘덴서	0.1μF	1	실납	SN60% 1.0Φ	1
	0.33μF	1	건전지	6V	1
전해 콘덴서	47μF	2			

▣ 사용되는 IC 및 주요 회로

- 사전 과제 2: 회로에 사용되는 IC 내부를 노트에 그려보고 이해하고 암기하기

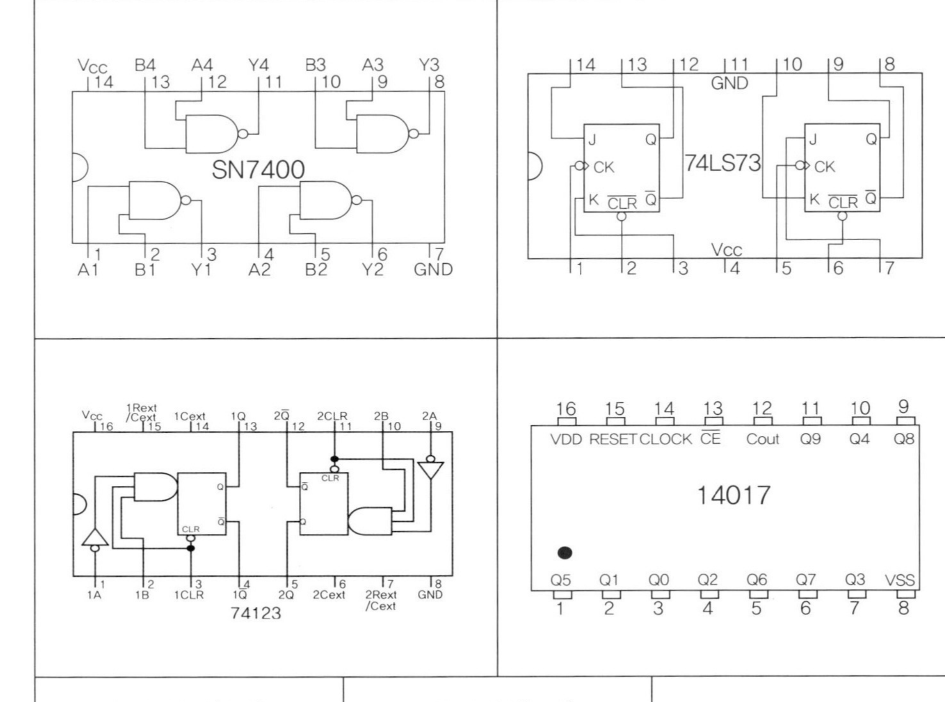

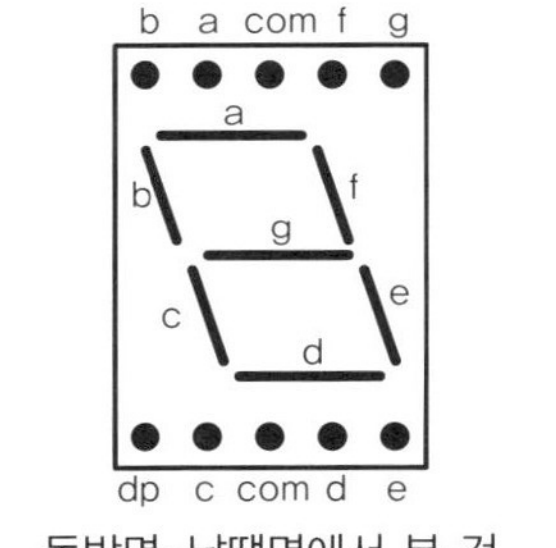

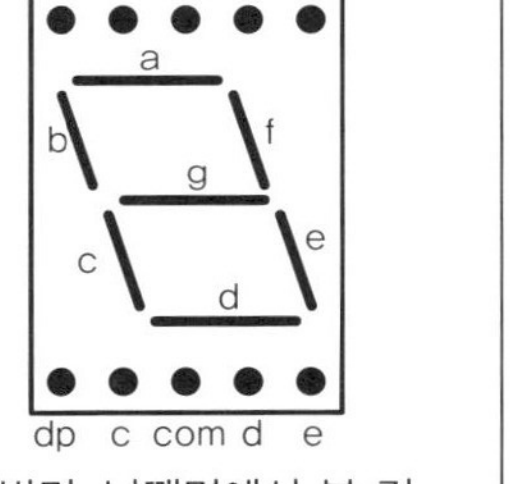

숫자 표시기(FND)

부품면에서 본 것

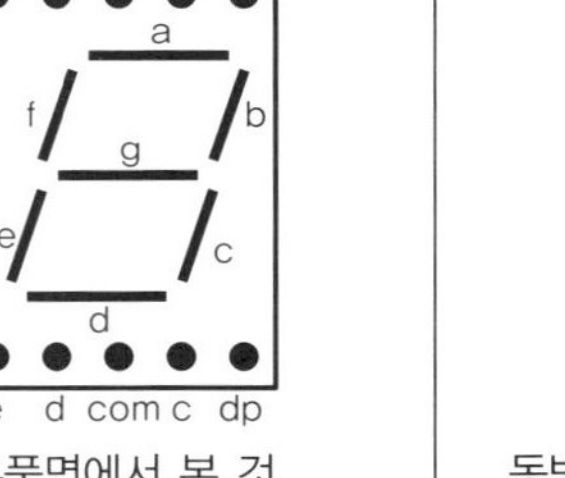

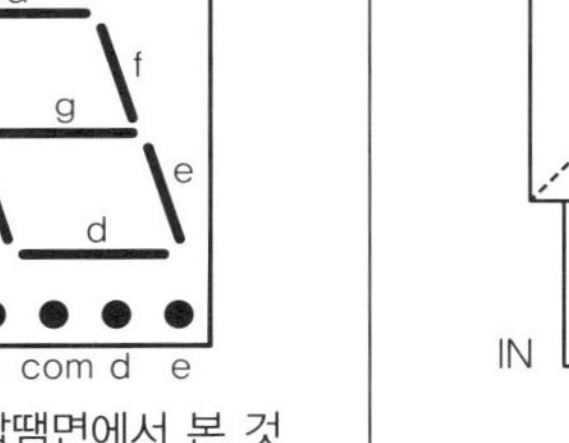

숫자 표시기(FND)

동박면-납땜면에서 본 것

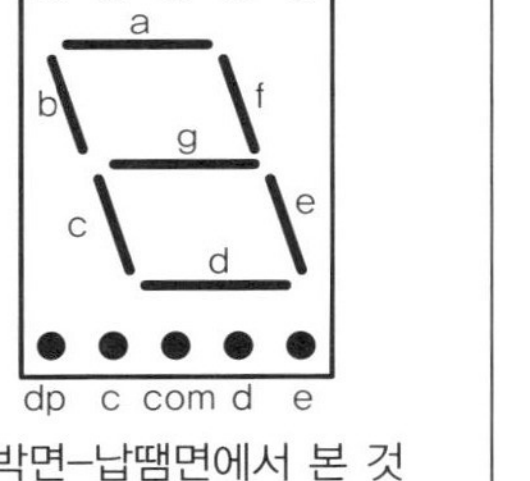

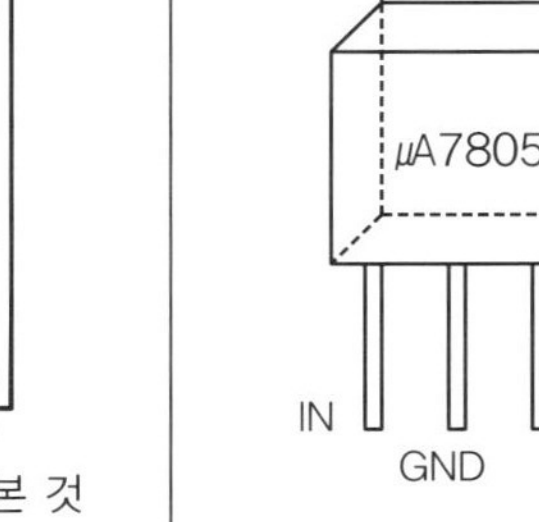

【 4. 회로도(순차 점멸기 회로) 】

회로도는 반드시 수업 전 사전 과제로 실습 노트에 깨끗하게 그려서 검사를 받도록 한다. • 사전 과제 1 – 회로도 그리기

【 5-1. 부품 배치 및 배선 연습용 기판 】 • 사전 과제 5 – 회로도를 보고 28×62 만능기판 사이즈에 균형있게 부품을 배치하고 회로도와 같도록 배선을 하시오

연습용

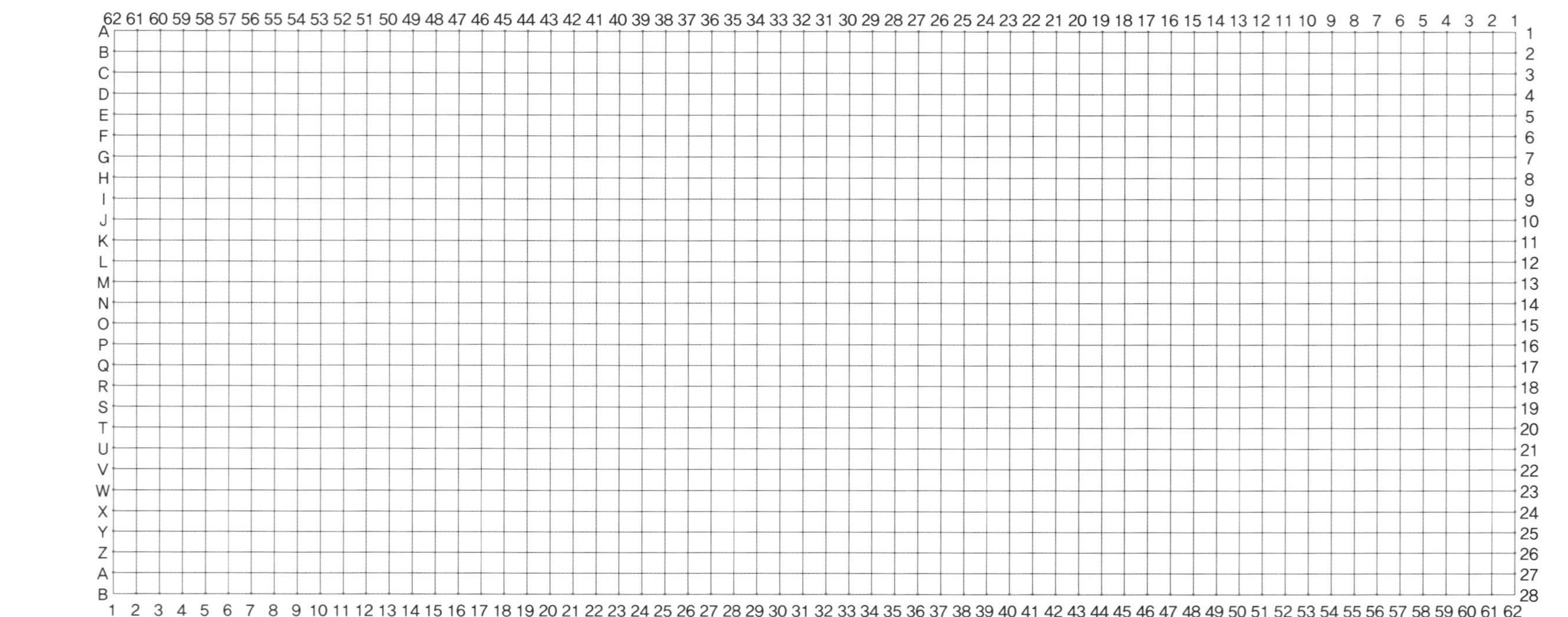

▶ 회로도 제작 조립용 패턴도는 납땜 및 배선 작업 시 편리하도록 동박면(납땜면)을 기준으로 작성하는 것이 좋다.

종류	다이오드	저항	콘덴서	트랜지스터		PB 스위치	IC		점프선	LED
				NPN	PNP					
회로도 기호			+	B C E	B E C	ⓐ ⓑ	14핀	16핀		
패턴도 기호 (동박면 기준)			+				14 1 8 7	16 1 9 8		
비고	4~5칸	4~5칸	3~5칸	3칸	3칸	3칸×3칸 3칸×4칸	4칸×7칸	4칸×8칸	크기에 따라	3칸~4칸

▶ 회로도의 기호에 맞는 패턴도 기호를 사용하여 28×62 기판 사이즈에 전체적인 균형을 생각하며 회로의 조립 과정이 쉽게 패턴도를 작성하시오.

【 5-2. 부품 배치 및 배선 평가용 기판 】 • 사전 과제 5 – 회로도를 보고 28×62 만능기판 사이즈에 균형있게 부품을 배치하고 회로도와 같도록 배선을 하시오

평가용 1

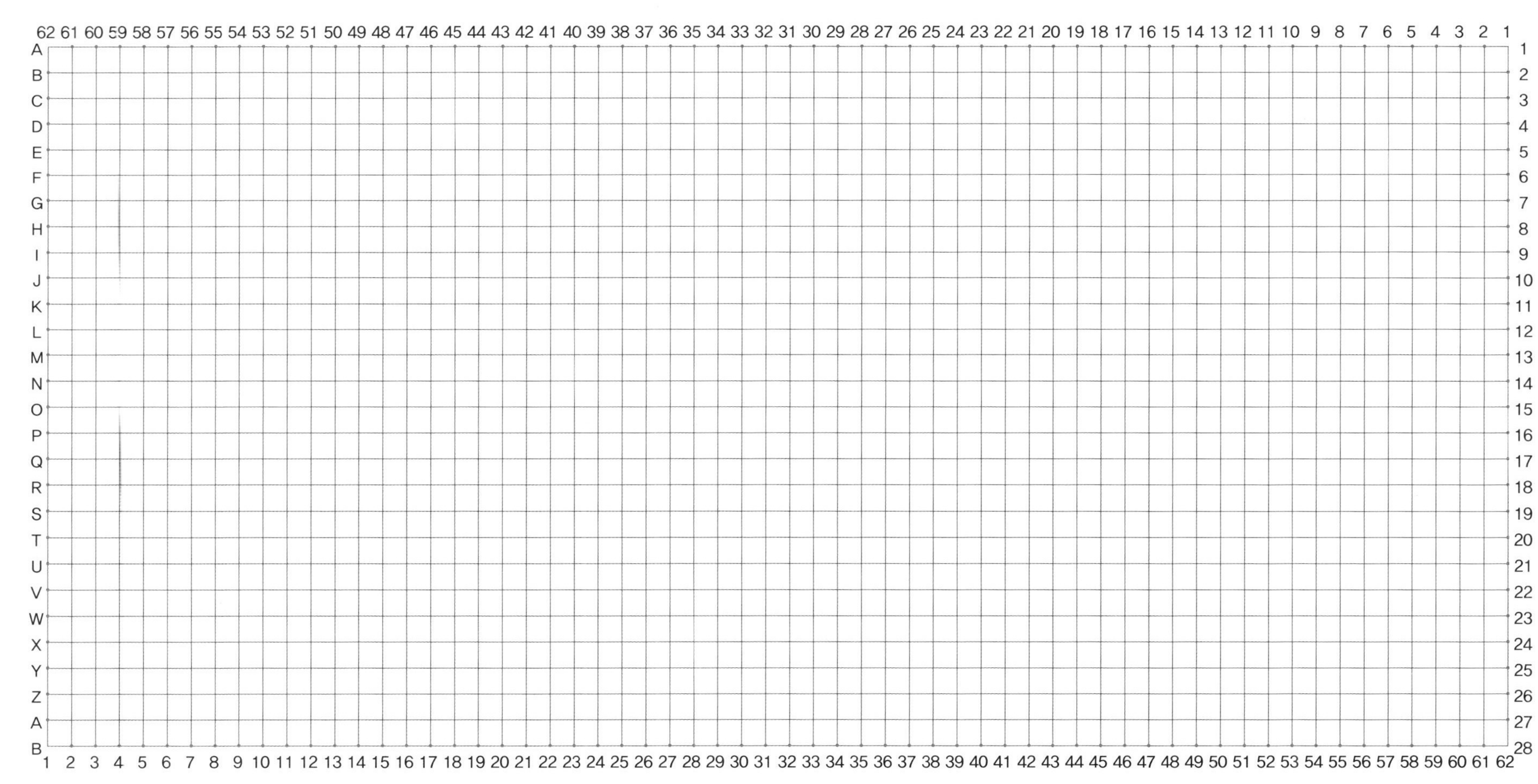

▶ 회로도 제작 조립용 패턴도는 납땜 및 배선 작업 시 편리하도록 동박면(납땜면)을 기준으로 작성하는 것이 좋다.

▶ 회로도의 기호에 맞는 패턴도 기호를 사용하여 28×62 기판 사이즈에 전체적인 균형을 생각하며 회로의 조립 과정이 쉽게 패턴도를 작성하시오.

【 5-3. 부품 배치 및 배선 연습용 기판 】 • 사전 과제 5 – 회로도를 보고 28×62 만능기판 사이즈에 균형있게 부품을 배치하고 회로도와 같도록 배선을 하시오 평가용 2

기본 배치도를 이용한 부품 배치 및 회로 배선 연결 — 스케치용

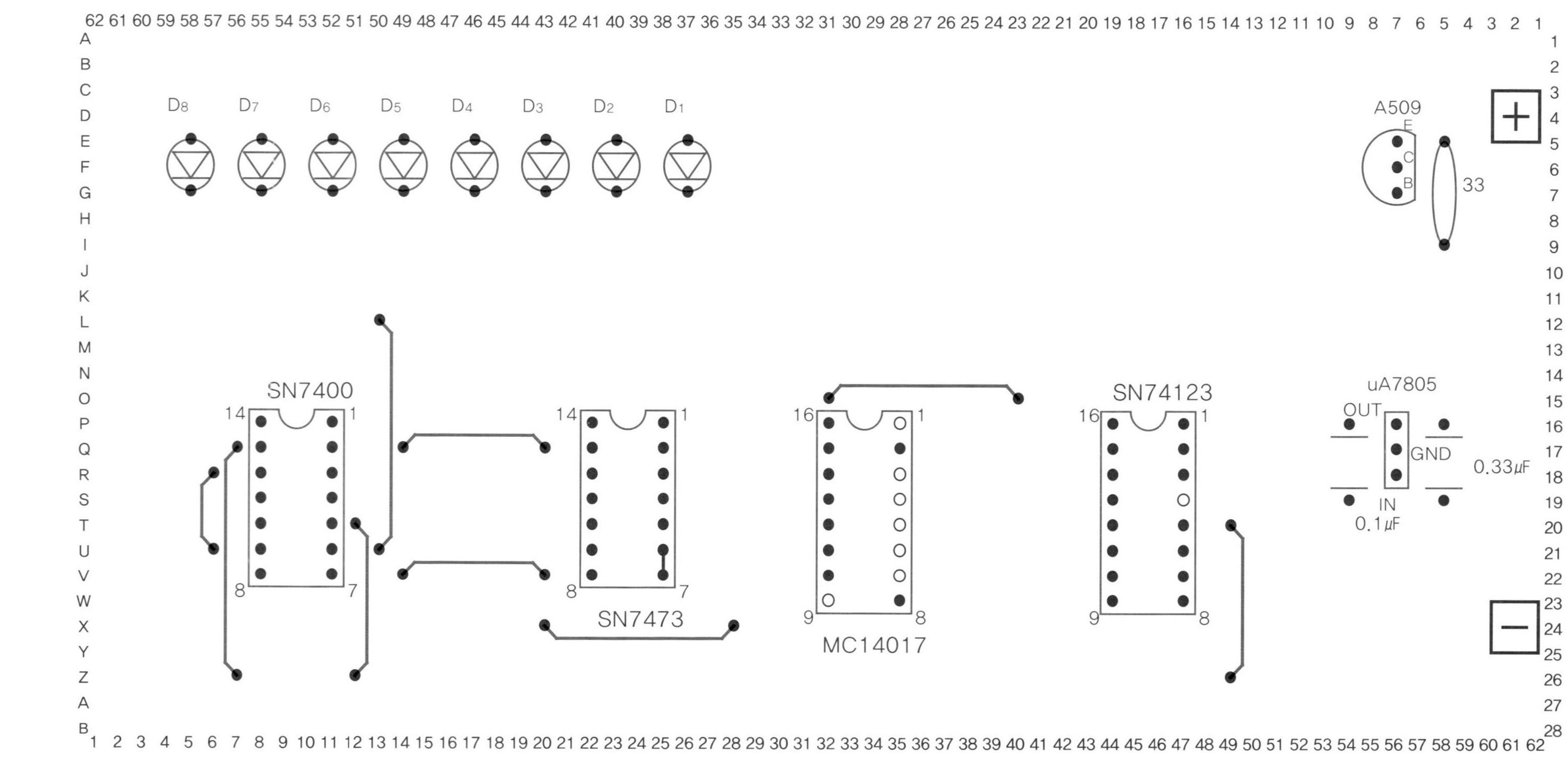

▶ 회로도 제작 조립용 패턴도는 납땜 및 배선 작업 시 편리하도록 동박면(납땜면)을 기준으로 작성하는 것이 좋다.

※ 빨간(적)색의 부품과 파란(청)색의 점프선은 동박면(납땜면)이 아닌 반대편의 부품면(플라스틱면)에서 삽입된다는 것을 유의한다.

▶ 회로도의 기호에 맞는 패턴도 기호를 사용하여 28×62 기판 사이즈에 전체적인 균형을 생각하며 회로의 조립 과정이 쉽게 패턴도를 작성하시오.

【 6-1. 부품의 모범 배치도 1 】

• 회로도와 같도록 배치도에 회로의 결선을 하시오.(연필을 사용하여 여러 번 수정을 거치면 가장 좋은 배선이 된다.)

수업 연습용(1시간)

모범 배치도를 이용한 배선 연결 1 — 스케치용

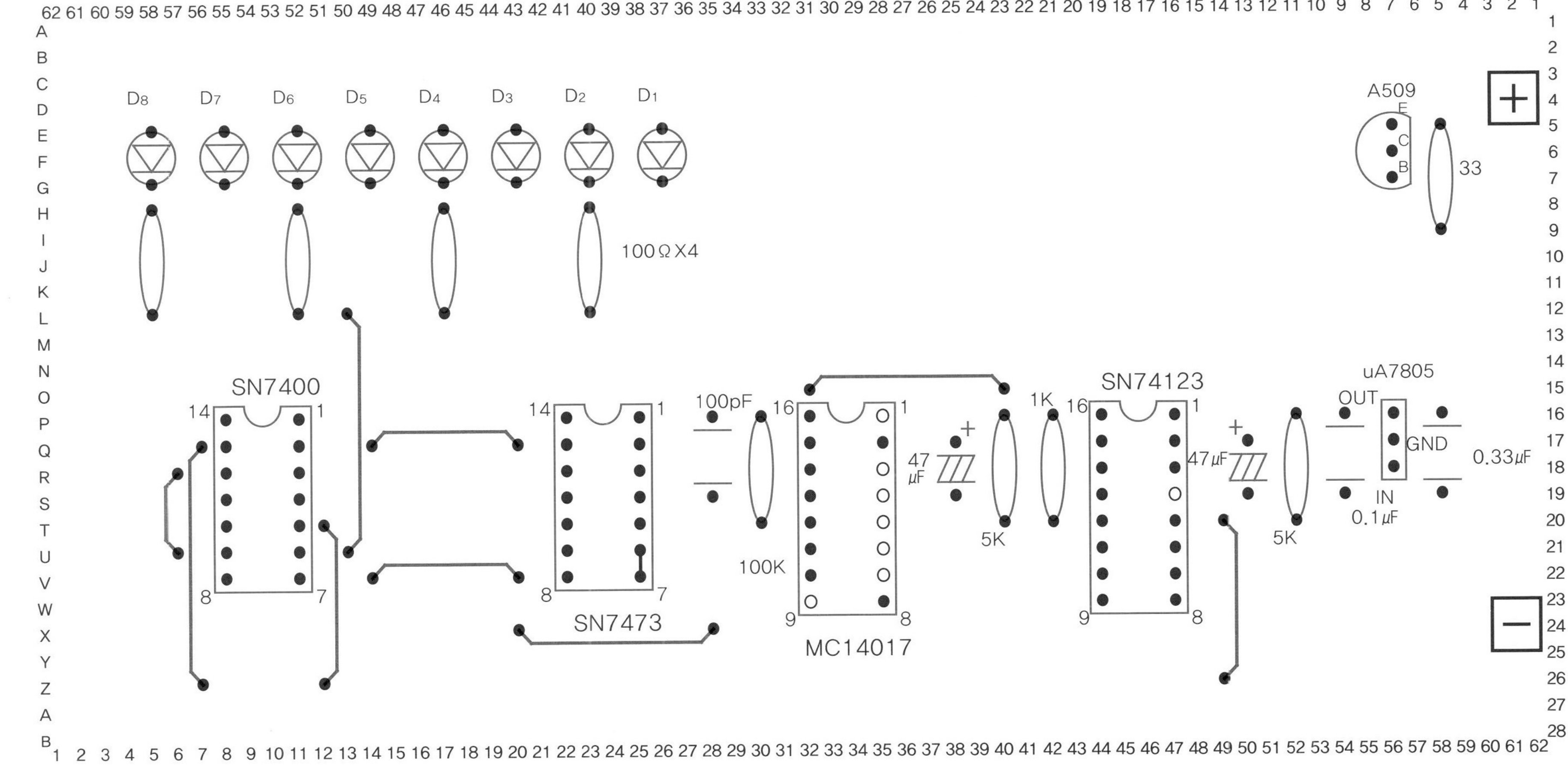

▶ 본 패턴도는 동박면(납땜면)을 기준으로 부품 배치를 하였으므로 부품 삽입 시 참고하여 삽입한다. (배선 납땜 시 매우 편리함)

※빨간(적)색의 부품과 파란(청)색의 점프선은 동박면(납땜면)이 아닌 반대편의 부품면(플라스틱면)에서 삽입된다는 것을 유의한다.

【 6-2. 부품의 모범 배치도 1 】

• 회로도와 같도록 배치도에 회로의 결선을 하시오.(연필을 사용하여 여러 번 수정을 거치면 가장 좋은 배선이 된다.)

모범 배치도를 이용한 배선 연결 2 — 평가용

모범 조립 패턴도 답안지 ▶ 404쪽

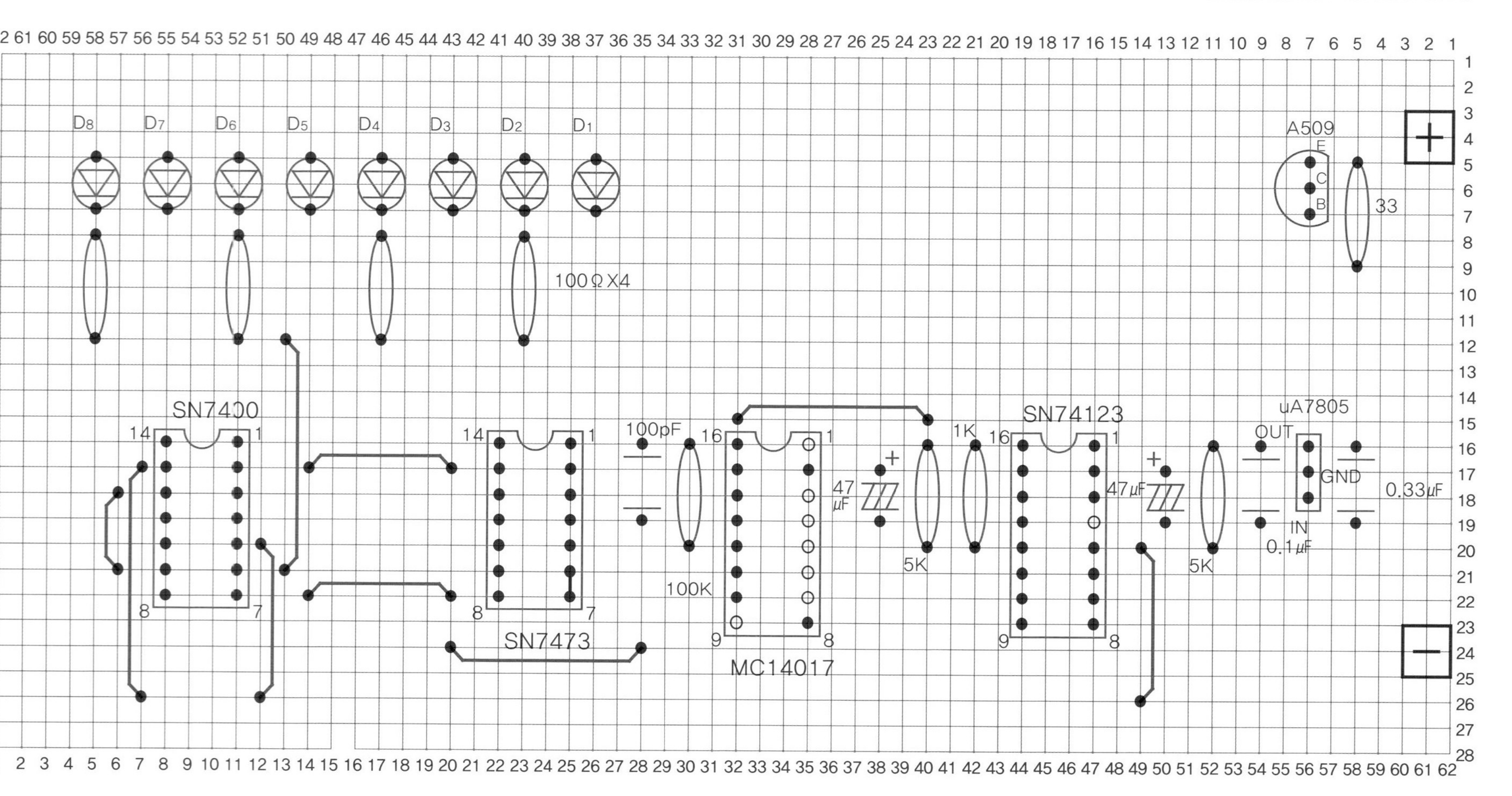

▶ 본 패턴도는 동박면(납땜면)을 기준으로 부품 배치를 하였으므로 부품 삽입 시 이를 참고하여 삽입한다. (배선 납땜 시 매우 편리함)

※빨간(적)색의 부품과 파란(청)색의 점프선은 동박면(납땜면)이 아닌 반대편의 부품면(플라스틱면)에서 삽입된다는 것을 유의한다.

【 7. 설명도 】 회로의 동작 설명을 듣고 동작 설명도를 여러 번 읽고 입력에서 출력까지의 회로 동작을 정확하게 이해하고 동작이 되도록 한다.

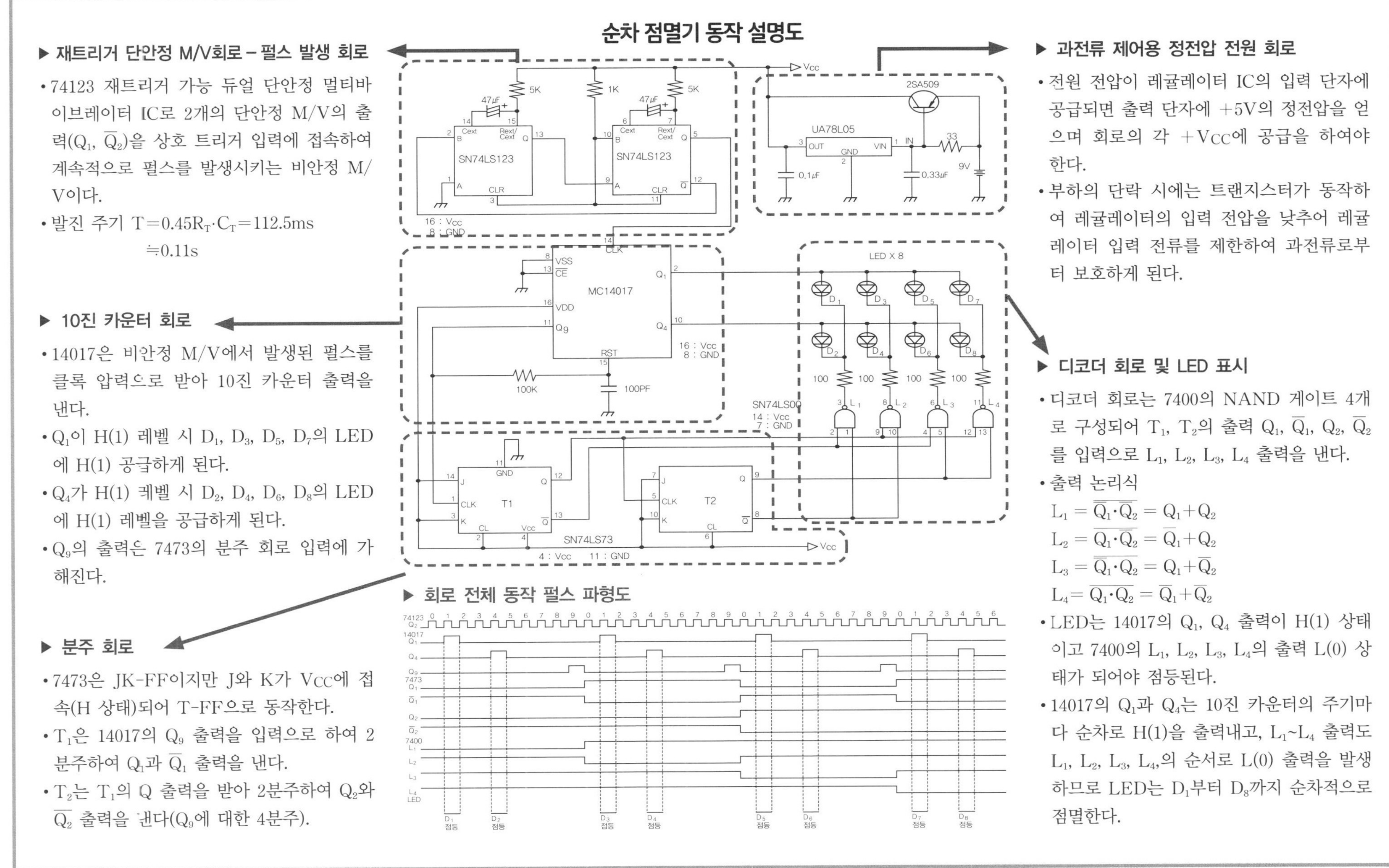

▶ 재트리거 단안정 M/V회로 – 펄스 발생 회로

- 74123 재트리거 가능 듀얼 단안정 멀티바이브레이터 IC로 2개의 단안정 M/V의 출력(Q_1, $\overline{Q_2}$)을 상호 트리거 입력에 접속하여 계속적으로 펄스를 발생시키는 비안정 M/V이다.
- 발진 주기 $T = 0.45R_T \cdot C_T = 112.5ms$
  $\fallingdotseq 0.11s$

▶ 10진 카운터 회로

- 14017은 비안정 M/V에서 발생된 펄스를 클록 입력으로 받아 10진 카운터 출력을 낸다.
- Q_1이 H(1) 레벨 시 D_1, D_3, D_5, D_7의 LED에 H(1) 공급하게 된다.
- Q_4가 H(1) 레벨 시 D_2, D_4, D_6, D_8의 LED에 H(1) 레벨을 공급하게 된다.
- Q_9의 출력은 7473의 분주 회로 입력에 가해진다.

▶ 분주 회로

- 7473은 JK-FF이지만 J와 K가 V_{CC}에 접속(H 상태)되어 T-FF으로 동작한다.
- T_1은 14017의 Q_9 출력을 입력으로 하여 2분주하여 Q_1과 $\overline{Q_1}$ 출력을 낸다.
- T_2는 T_1의 Q 출력을 받아 2분주하여 Q_2와 $\overline{Q_2}$ 출력을 낸다(Q_9에 대한 4분주).

▶ 과전류 제어용 정전압 전원 회로

- 전원 전압이 레귤레이터 IC의 입력 단자에 공급되면 출력 단자에 +5V의 정전압을 얻으며 회로의 각 $+V_{CC}$에 공급을 하여야 한다.
- 부하의 단락 시에는 트랜지스터가 동작하여 레귤레이터의 입력 전압을 낮추어 레귤레이터 입력 전류를 제한하여 과전류로부터 보호하게 된다.

▶ 디코더 회로 및 LED 표시

- 디코더 회로는 7400의 NAND 게이트 4개로 구성되어 T_1, T_2의 출력 Q_1, $\overline{Q_1}$, Q_2, $\overline{Q_2}$를 입력으로 L_1, L_2, L_3, L_4 출력을 낸다.
- 출력 논리식

$$L_1 = \overline{\overline{Q_1} \cdot \overline{Q_2}} = Q_1 + Q_2$$
$$L_2 = \overline{Q_1 \cdot \overline{Q_2}} = \overline{Q_1} + Q_2$$
$$L_3 = \overline{\overline{Q_1} \cdot Q_2} = Q_1 + \overline{Q_2}$$
$$L_4 = \overline{Q_1 \cdot Q_2} = \overline{Q_1} + \overline{Q_2}$$

- LED는 14017의 Q_1, Q_4 출력이 H(1) 상태이고 7400의 L_1, L_2, L_3, L_4의 출력 L(0) 상태가 되어야 점등된다.
- 14017의 Q_1과 Q_4는 10진 카운터의 주기마다 순차로 H(1)을 출력내고, L_1~L_4 출력도 L_1, L_2, L_3, L_4,의 순서로 L(0) 출력을 발생하므로 LED는 D_1부터 D_8까지 순차적으로 점멸한다.

전자기기 기능사	조립 제작 실습 과제 24	작품명	전원 동기 기준 시간 발생 회로

▣ 전원 동기 기준 시간 발생 회로를 만능기판에 조립 제작하고, TP점의 전압을 전압계로 측정하여 기록하고 동작하도록 하시오.

1. 시험 시간: 3시간 20분(측정 과제 20분 추가)

2. 요구 사항: 조립 제작 과제

① 지급된 재료를 사용하여 제한 시간 내에 도면과 같이 조립하시오.

② 조립 완성 후 동작 전류를 측정하여 기록하시오.

③ 조립이 완성되면 다음 진리표와 같이 동작 되도록 하시오.

- 핀 모렉스의 1번 단자를 초 신호 출력 단자로, 4번 단자를 분 신호 출력 단자로 사용하시오.
- 전원을 가하면 LED_1이 1초간 ON, 1초간 OFF되는 동작을 반복하고, LED_2는 1분간 ON, 1분간 OFF되는 동작을 반복한다.

④ 위 동작이 되지 않을 시, 틀린 회로를 수정하여 정상 동작이 되게 하시오.

3. 재료 목록

재료명	규격	수량	재료명	규격	수량
IC	4011	1	저항(1/4W)	1kΩ	1
	4027	1		4.7kΩ	1
	4518	2		10kΩ	1
IC 소켓	14pin	1		20kΩ	2
	16pin	3		100Ω	1
LED	적색	1		330Ω	2
	녹색	1	건전지 스냅		1
다이오드	1N4001	1	만능기판	28×62hole	1
	1S1588	1	배선줄/3mm	3색 단선	1
마일러 콘덴서	0.01μF	1	실납	SN60% 1.0Φ	1
전해 콘덴서	470μF	1	건전지	6V	1
	220μF	1			
트랜지스터	2SA1015	2			
	2SC1959	1			

▣ 사용되는 IC 및 주요 회로

- 사전 과제 2: 회로에 사용되는 IC 내부를 노트에 그려보고 이해하고 암기하기

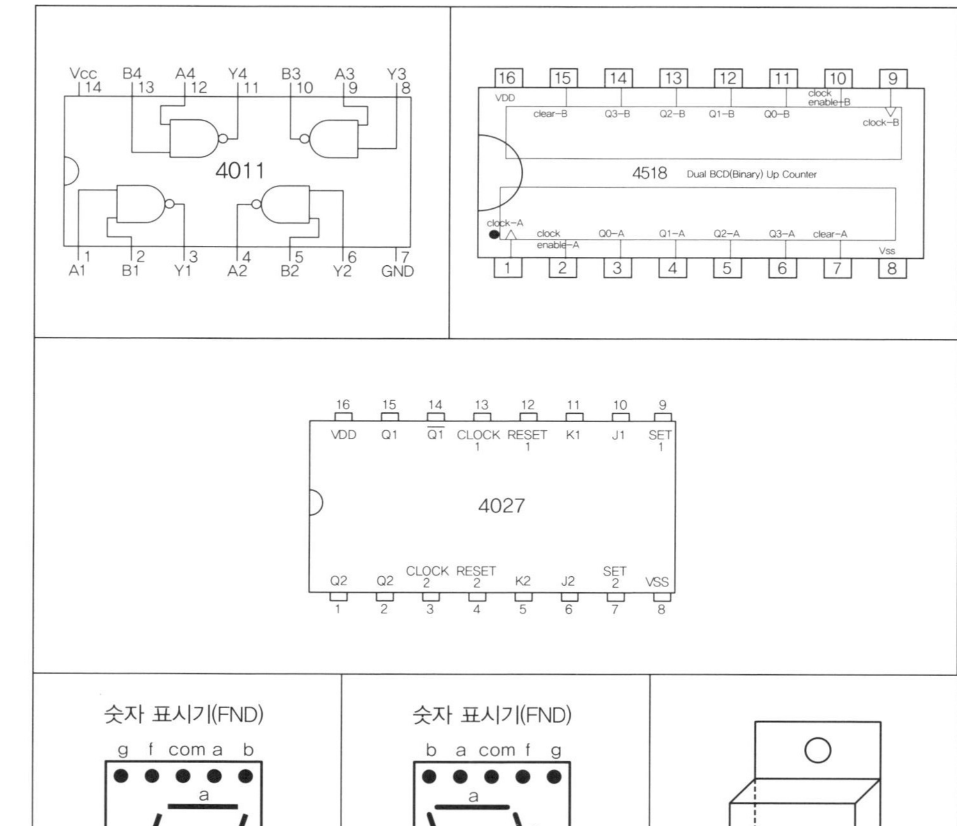

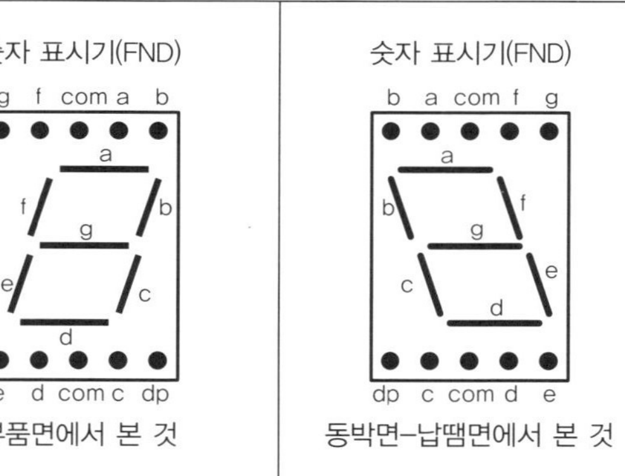

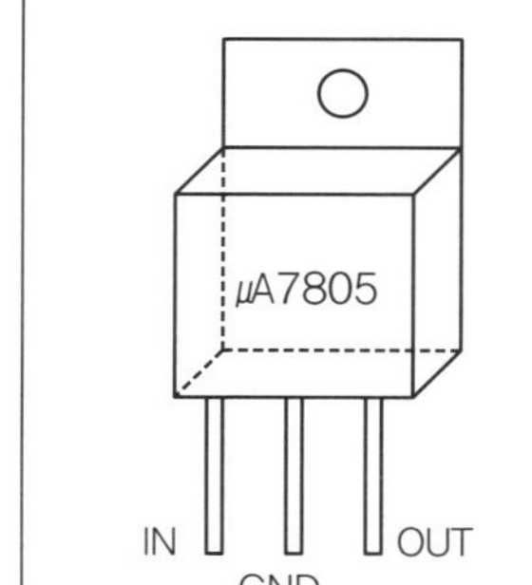

【 4. 회로도(전원 동기 기준 시간 발생 회로) 】 회로도는 반드시 수업 전 사전 과제로 실습 노트에 깨끗하게 그려서 검사를 받도록 한다. • 사전 과제 1 – 회로도 그리기

AC 220V
6V
3V
1N4001
100 1/2W A
470μF 10V
220μF 10V
Vcc
4.7K
0.01μF
1K
1S1588
10K
C1959
CD4011 1/2
G1
G2
EN Q0 Q1 Q2 Q3 4518 1/2 CLK RST
EN Q0 Q1 Q2 Q3 4518 1/2 CLK RST
CD4011 1/2
EN Q0 Q1 Q2 Q3 4518 1/2 CLK RST
EN Q0 Q1 Q2 Q3 4518 1/2 CLK RST
1sec OUT
1min
Vcc
J S Q CL K R
CD4027 1/2
20K
A1015
LED1
330
Vcc
J S Q CL K R
CD4027 1/2
20K
A1015
LED2
330

【 5-1. 부품 배치 및 배선 연습용 기판 】 • 사전 과제 5 – 회로도를 보고 28×62 만능기판 사이즈에 균형있게 부품을 배치하고 회로도와 같도록 배선을 하시오

연습용

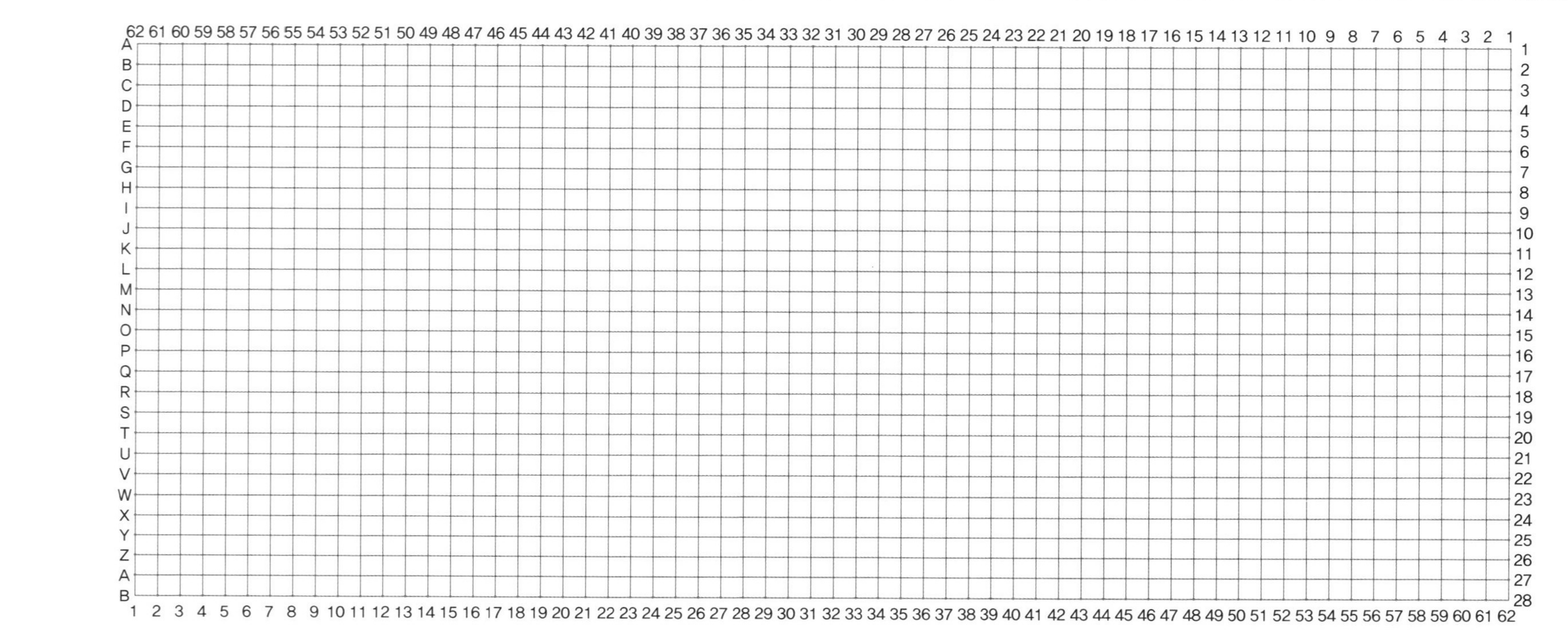

▶ 회로도 제작 조립용 패턴도는 납땜 및 배선 작업 시 편리하도록 동박면(납땜면)을 기준으로 작성하는 것이 좋다.

종류	다이오드	저항	콘덴서	트랜지스터		PB 스위치	IC		점프선	LED
				NPN	PNP					
회로도 기호							14핀	16핀		
패턴도 기호 (동박면 기준)										
비고	4~5칸	4~5칸	3~5칸	3칸	3칸	3칸×3칸 3칸×4칸	4칸×7칸	4칸×8칸	크기에 따라	3칸~4칸

▶ 회로도의 기호에 맞는 패턴도 기호를 사용하여 28×62 기판 사이즈에 전체적인 균형을 생각하며 회로의 조립 과정이 쉽게 패턴도를 작성하시오.

【 5-2. 부품 배치 및 배선 평가용 기판 】 • 사전 과제 5 – 회로도를 보고 28×62 만능기판 사이즈에 균형있게 부품을 배치하고 회로도와 같도록 배선을 하시오

평가용 1

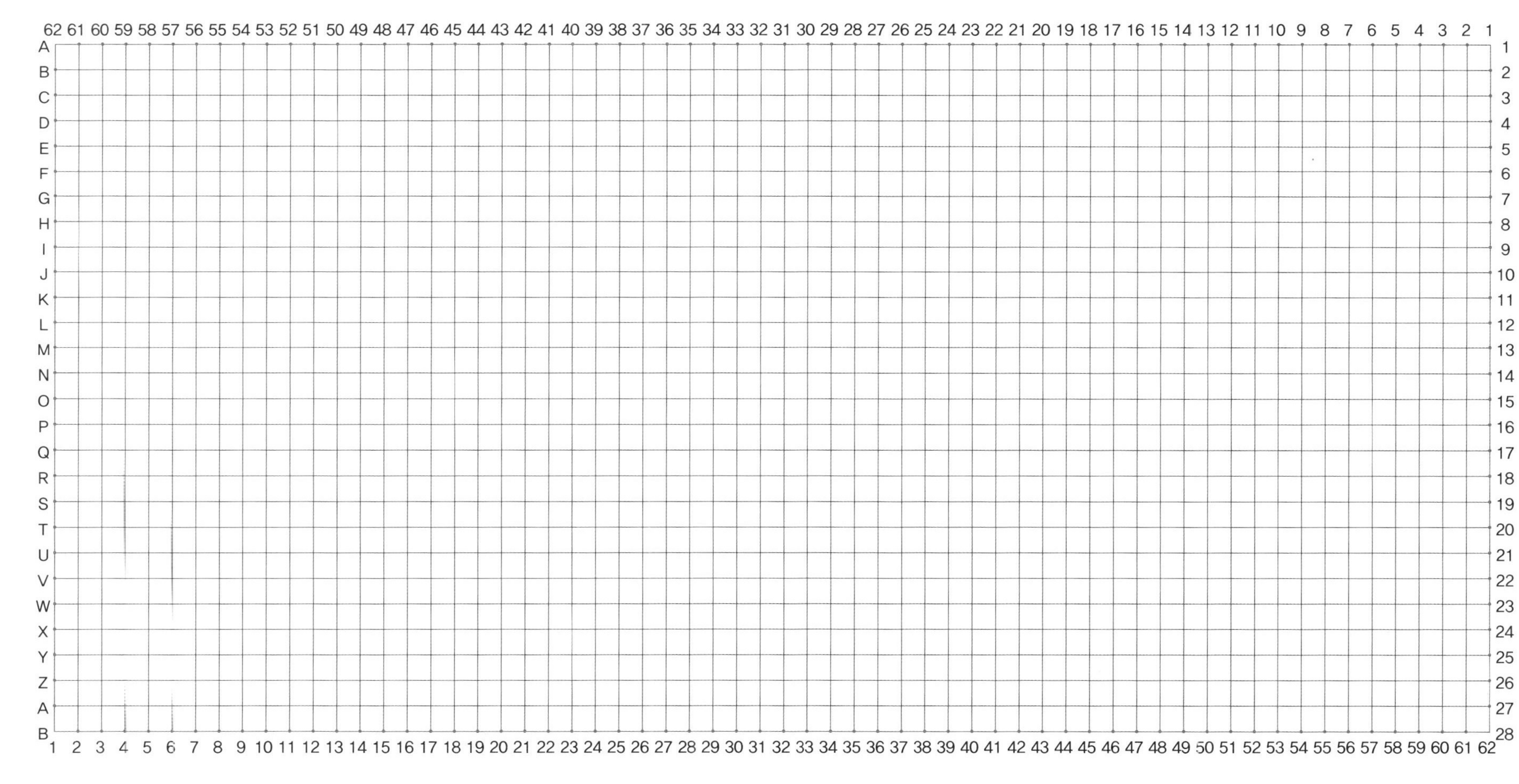

▶ 회로도 제작 조립용 패턴도는 납땜 및 배선 작업 시 편리하도록 동박면(납땜면)을 기준으로 작성하는 것이 좋다.

▶ 회로도의 기호에 맞는 패턴도 기호를 사용하여 28×62 기판 사이즈에 전체적인 균형을 생각하며 회로의 조립 과정이 쉽게 패턴도를 작성하시오.

【 5-3. 부품 배치 및 배선 연습용 기판 】

• 사전 과제 5 – 회로도를 보고 28×62 만능기판 사이즈에 균형있게 부품을 배치하고 회로도와 같도록 배선을 하시오

기본 배치도를 이용한 부품 배치 및 회로 배선 연결 – 스케치용

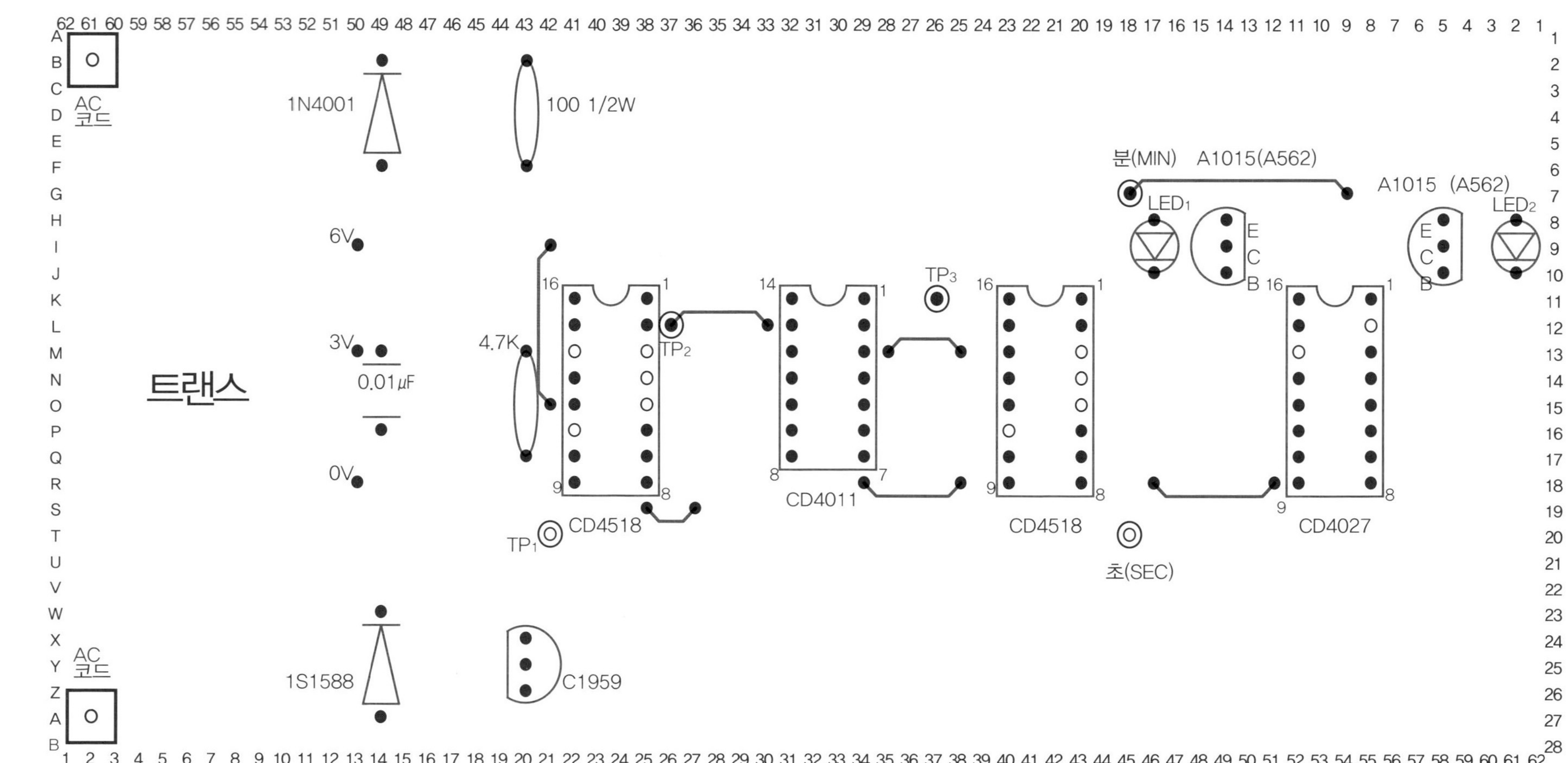

▶ 회로도 제작 조립용 패턴도는 납땜 및 배선 작업 시 편리하도록 동박면(납땜면)을 기준으로 작성하는 것이 좋다.

※ 빨간(적)색의 부품과 파란(청)색의 점프선은 동박면(납땜면)이 아닌 반대편의 부품면(플라스틱면)에서 삽입된다는 것을 유의한다.

▶ 회로도의 기호에 맞는 패턴도 기호를 사용하여 28×62 기판 사이즈에 전체적인 균형을 생각하며 회로의 조립 과정이 쉽게 패턴도를 작성하시오.

【 6-1. 부품의 모범 배치도 1 】

• 회로도와 같도록 배치도에 회로의 결선을 하시오.(연필을 사용하여 여러 번 수정을 거치면 가장 좋은 배선이 된다.)

수업 연습용(1시간)

모범 배치도를 이용한 배선 연결 1 — 스케치용

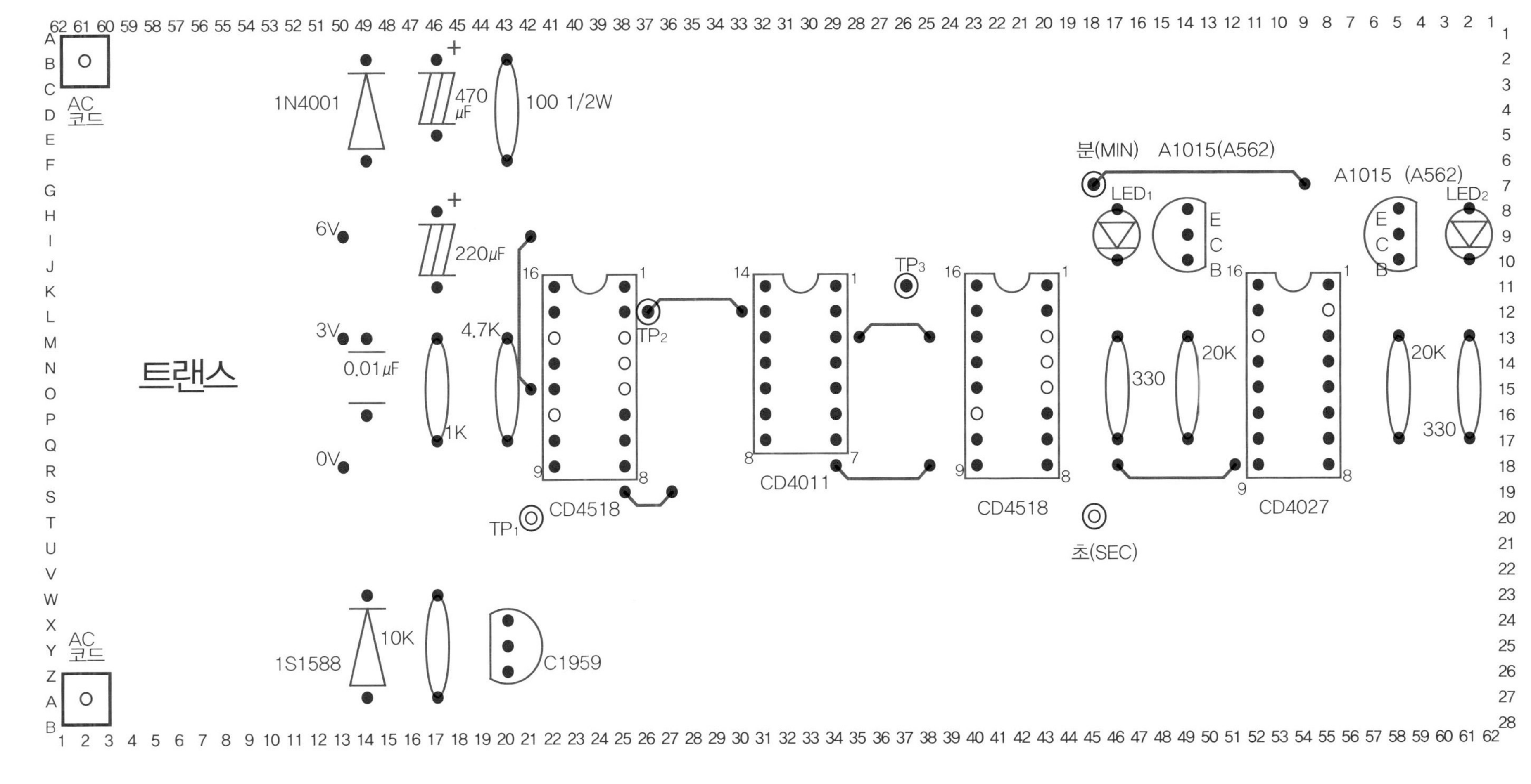

▶ 본 패턴도는 동박면(납땜면)을 기준으로 부품 배치를 하였으므로 부품 삽입 시 참고하여 삽입한다. (배선 납땜 시 매우 편리함)

※빨간(적)색의 부품과 파란(청)색의 점프선은 동박면(납땜면)이 아닌 반대편의 부품면(플라스틱면)에서 삽입된다는 것을 유의한다.

【 6-2. 부품의 모범 배치도 1 】

• 회로도와 같도록 배치도에 회로의 결선을 하시오.(연필을 사용하여 여러 번 수정을 거치면 가장 좋은 배선이 된다.)

모범 배치도를 이용한 배선 연결 2 — 평가용

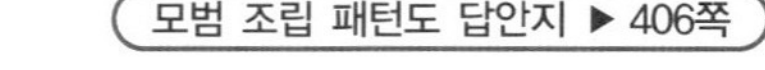
모범 조립 패턴도 답안지 ▶ 406쪽

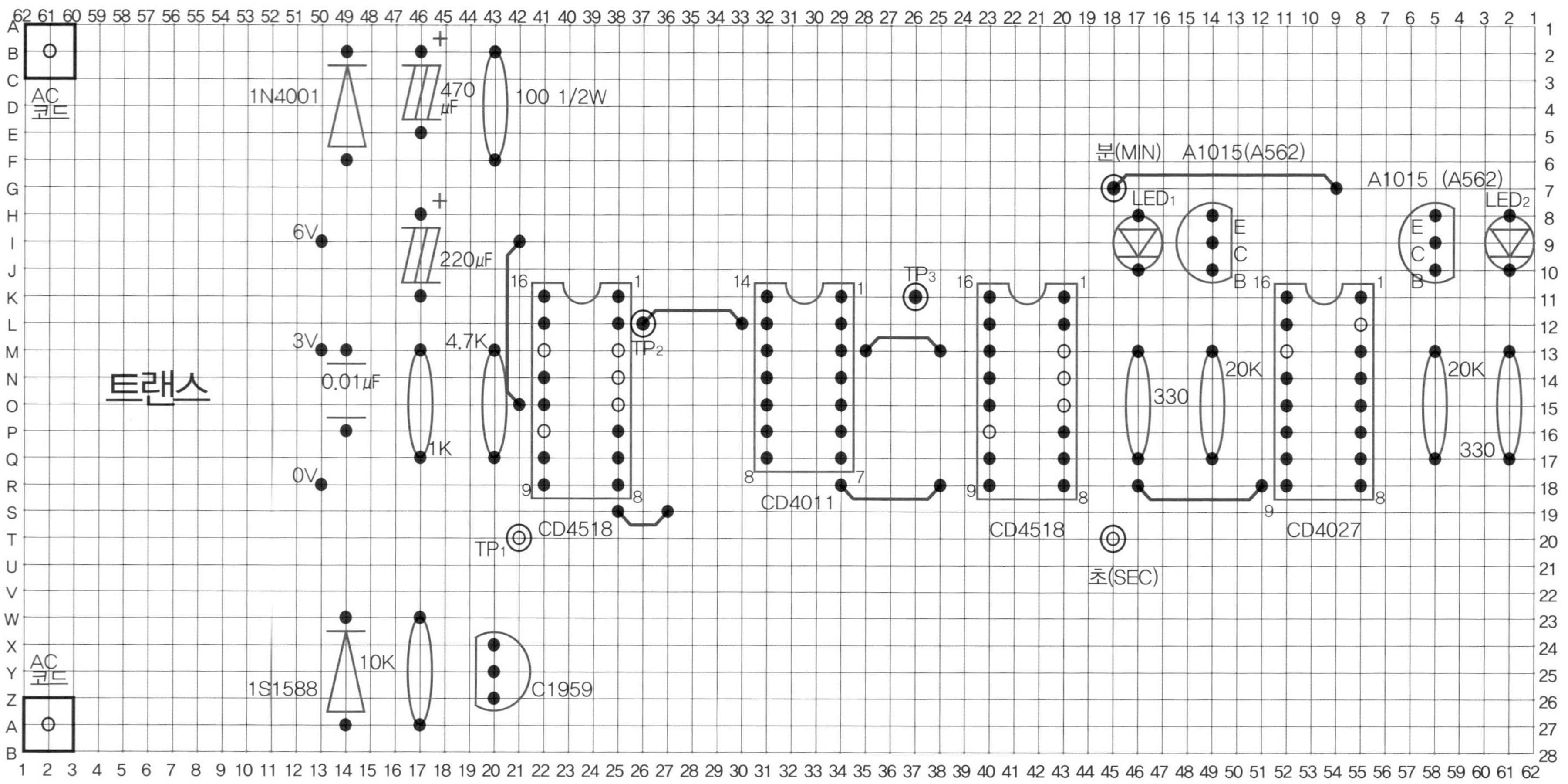

AC 코드
1N4001
470 μF
100 1/2W
220μF
6V
3V
0.01μF
0V
4.7K
1K
트랜스
CD4518
TP1
TP2
CD4011
TP3
CD4518
분(MIN)
A1015(A562)
LED1
330
20K
초(SEC)
A1015 (A562)
LED2
CD4027
1S1588
10K
C1959

▶ 본 패턴도는 동박면(납땜면)을 기준으로 부품 배치를 하였으므로 부품 삽입 시 이를 참고하여 삽입한다. (배선 납땜 시 매우 편리함)

※빨간(적)색의 부품과 파란(청)색의 점프선은 동박면(납땜면)이 아닌 반대편의 부품면(플라스틱면)에서 삽입된다는 것을 유의한다.

【 7. 설명도 】 회로의 동작 설명을 듣고 동작 설명도를 여러 번 읽고 입력에서 출력까지의 회로 동작을 정확하게 이해하고 동작이 되도록 한다.

전원 동기 기준 시간 발생 회로 동작 설명도

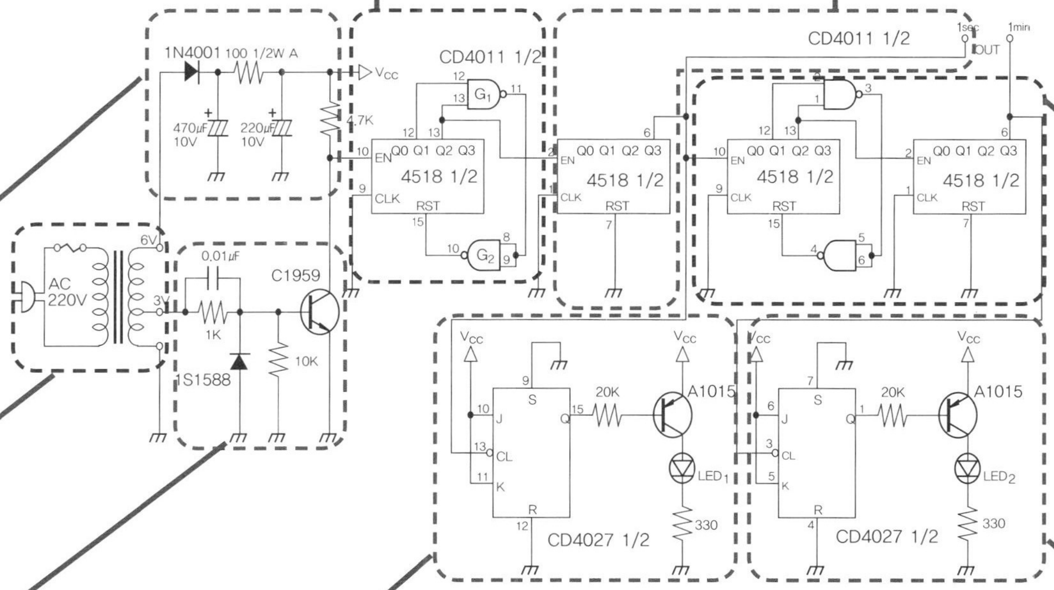

▶ 6진 카운터(6분주) 회로

- Q_1, Q_2의 출력이 G_1의 입력이 되고 G_1의 출력은 G_2(NOT 역할)의 입력이 되어 6개 펄스가 입력되면 Q_1, Q_2가 H(1)이 되고 G_1의 출력이 L(0)가 되고 G_2 출력이 H(1)이 되어 클리어(15번 핀) 단자에 가해지므로 6진 카운터(6분주)가 된다.
- 입력 60Hz의 60개 펄스를 10개의 펄스로 분주하여 10진 카운터(10분주) 회로에 공급하여 준다.

▶ 반파 정류 회로–π형 필터 회로

- 교류 전원 6V를 다이오드와 콘덴서, 저항의 π형 필터 회로를 거쳐 반파 정류되어 DC 6V의 직류 전압을 만든다.

▶ 트랜스 회로(교류 전압 강하 회로)

- 교류 전원 220V를 교류 전압 3V와 6V로 강하해 주는 역할을 한다.

▶ 전원 동기 기준 펄스 발생 회로

- 교류 전압 3V(60Hz)의 신호를 TR_1의 베이스에 가해 TR의 ON(도통), OFF(차단)에 의해 TR의 컬렉터에서 60Hz의 펄스가 발생된다. 즉, 전원 동기(전원과 주파수가 같다) 펄스가 얻어진다.

▶ 초 단위 출력 회로(10진 카운터)

- 6진 카운터의 출력 Q_2(13번 핀)을 받아 10분주 (10진 카운터)하게 된다. 즉, 전원 동기 클록 펄스(60Hz) 60개를 펄스 1개로(1Hz 단위 출력) 만들어주게 된다.

▶ 분 단위 출력 회로(60진 카운터)

- 앞단의 Q_3(6번 핀) 출력(초 단위 출력)을 입력으로 받아 6분주와 10분주를 종속 연결하여 Q_3(6번 핀)으로 출력을 낸다.
- 결국 초 단위 펄스 60개마다 1개의 펄스를 출력하게 되어 분 단위 출력이 된다.

▶ 분(min) 표시 회로

- 앞쪽의 초 표시 회로와 동작은 같다.
- LED_2는 1분간씩 점등과 소등을 반복하게 된다.

▶ 초(sec) 표시 회로

- JK-FF이지만 J, K가 V_{CC}에 접속되어 T-FF으로 작동하여 입력 펄스를 2분주하게 된다.
- 초 단위의 출력 펄스를 2분주하여 Q(15번 핀)가 L(0)일 때 LED_1이 점등된다.
- 결국 LED_1은 1초 동안 점등, 1초 동안 소등 상태가 반복된다.

제 4 장

NCS기반 2015 교육과정 실무교과 과정 중심평가 학습(모듈형)
전자기기 기능사 실기 출제 기준

측정 과제 따라하기

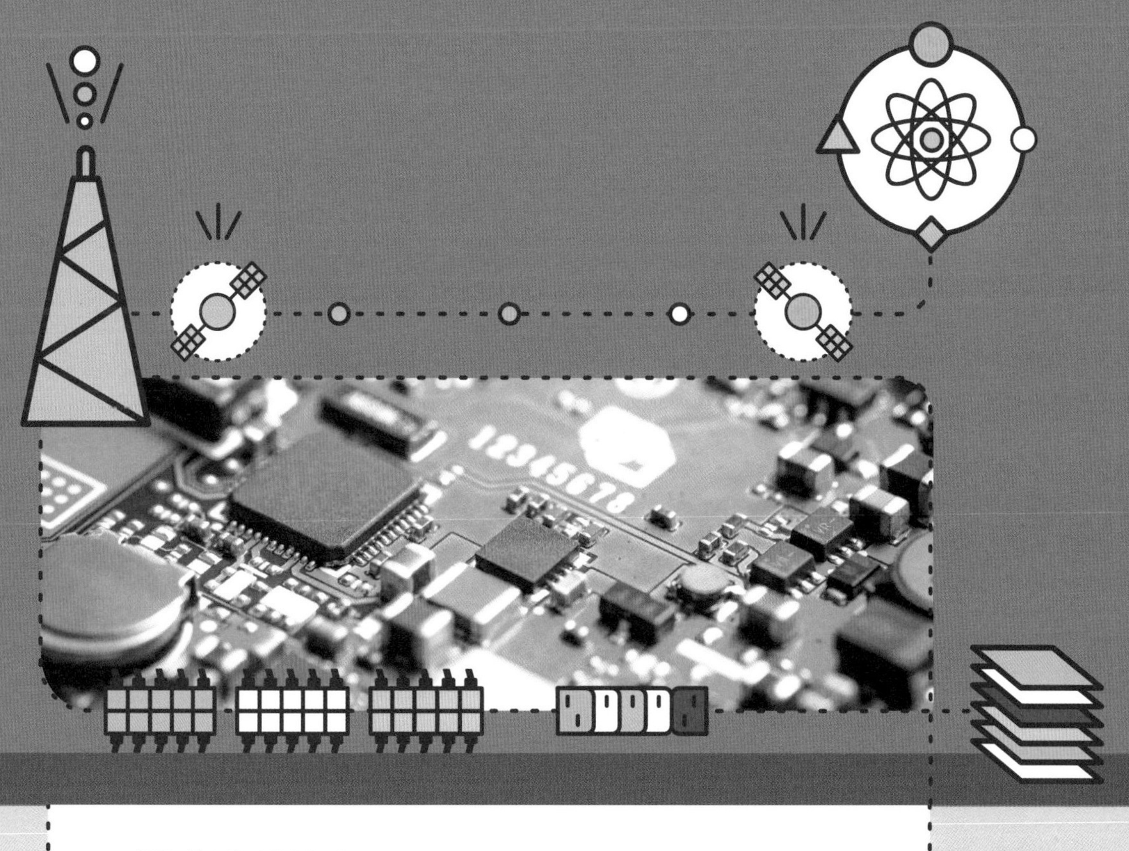

1 측정 답안지

2 측정 과제 안내

3 파형 측정 방법(구형 장비)

4 함수 발생기 및 오실로스코프 사용법

5 측정 과제 예제 따라하기

6 측정을 빨리하는 핵심 TIP

7 주요 주파수의 주기 및 Time/Div값, 파형 표

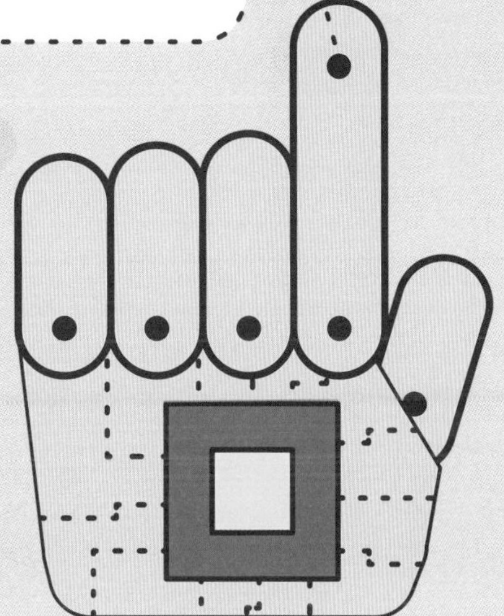

1 측정 답안지

측정 답안지

자격 종목	전자기기 기능사	과제명	측정(지필)
비번호		감독위원 서명	(인)

※ 답안 작성 시 반드시 흑색 또는 청색 필기구(연필 제외) 중 동일한 색의 필기구만을 계속 사용하여야 하며, 기타의 필기구를 사용한 답항은 0점 처리됩니다.

[측정] TP(Test Point) 1을 측정하여 기록하시오.

TP 1

※ 오실로스코프의 종류 및 형태에 따라서 가로축(수평축-Tim/Div)이 10칸(청색 부분까지 사용)과 12칸(흑색 부분까지 사용)이 있어 상황에 따라 사용하시면 됩니다.

– 단, 시험에서는 10칸으로 나오고 있어 10칸에 그리는 연습이 되어야 합니다.

1. Volt/Div :	[ ]
Tim/Div :	[ ]
2. (1) [ ] Measurement 파라미터	[ ]
(2) [ ] Measurement 파라미터	[ ]

※ 단, 오실로스코프의 파형과 답안지 기록 내용이 일치함을 확인한 후 감독 위원에게 서명을 받습니다.

측정 답안지

자격 종목	전자기기 기능사	과제명	측정(지필)
비번호		감독위원 서명	(인)

※ 답안 작성 시 반드시 흑색 또는 청색 필기구(연필 제외) 중 동일한 색의 필기구만을 계속 사용하여야 하며, 기타의 필기구를 사용한 답항은 0점 처리됩니다.

[측정] TP(Test Point) 1을 측정하여 기록하시오.

TP 1

※ 오실로스코프의 종류 및 형태에 따라서 가로축(수평축–Tim/Div)이 10칸(청색 부분까지 사용)과 12칸(흑색 부분까지 사용)이 있어 상황에 따라 사용하시면 됩니다.

– 단, 시험에서는 10칸으로 나오고 있어 10칸에 그리는 연습이 되어야 합니다.

2. Volt/Div :	[ ]
Tim/Div :	[ ]
2. (1) [ ] Measurement 파라미터	[ ]
(2) [ ] Measurement 파라미터	[ ]

※ 단, 오실로스코프의 파형과 답안지 기록 내용이 일치함을 확인한 후 감독 위원에게 서명을 받습니다.

측정 답안지

자격 종목	전자기기 기능사	과제명	측정(지필)
비번호		감독위원 서명	(인)

※ 답안 작성 시 반드시 흑색 또는 청색 필기구(연필 제외) 중 동일한 색의 필기구만을 계속 사용하여야 하며, 기타의 필기구를 사용한 답항은 0점 처리됩니다.

[측정] TP(Test Point) 1을 측정하여 기록하시오.

TP 1

※ 오실로스코프의 종류 및 형태에 따라서 가로축(수평축-Tim/Div)이 10칸(청색 부분까지 사용)과 12칸(흑색 부분까지 사용)이 있어 상황에 따라 사용하시면 됩니다.

- 단, 시험에서는 10칸으로 나오고 있어 10칸에 그리는 연습이 되어야 합니다.

3. Volt/Div :	[ ]
Tim/Div :	[ ]
2. (1) [ ] Measurement 파라미터	[ ]
(2) [ ] Measurement 파라미터	[ ]

※ 단, 오실로스코프의 파형과 답안지 기록 내용이 일치함을 확인한 후 감독 위원에게 서명을 받습니다.

측정 답안지

자격 종목	전자기기 기능사	과제명	측정(지필)
비번호		감독위원 서명	(인)

※ 답안 작성 시 반드시 흑색 또는 청색 필기구(연필 제외) 중 동일한 색의 필기구만을 계속 사용하여야 하며, 기타의 필기구를 사용한 답항은 0점 처리됩니다.

[측정] TP(Test Point) 1을 측정하여 기록하시오.

TP 1

※ 오실로스코프의 종류 및 형태에 따라서 가로축(수평축–Tim/Div)이 10칸(청색 부분까지 사용)과 12칸(흑색 부분까지 사용)이 있어 상황에 따라 사용하시면 됩니다.

– 단, 시험에서는 10칸으로 나오고 있어 10칸에 그리는 연습이 되어야 합니다.

4. Volt/Div :	[ ]
Tim/Div :	[ ]
2. (1) [ ] Measurement 파라미터	[ ]
(2) [ ] Measurement 파라미터	[ ]

※ 단, 오실로스코프의 파형과 답안지 기록 내용이 일치함을 확인한 후 감독 위원에게 서명을 받습니다.

측정 답안지

자격 종목	전자기기 기능사	과제명	측정(지필)
비번호		감독위원 서명	(인)

※ 답안 작성 시 반드시 흑색 또는 청색 필기구(연필 제외) 중 동일한 색의 필기구만을 계속 사용하여야 하며, 기타의 필기구를 사용한 답항은 0점 처리됩니다.

[측정] TP(Test Point) 1을 측정하여 기록하시오.

TP 1

※ 오실로스코프의 종류 및 형태에 따라서 가로축(수평축–Tim/Div)이 10칸(청색 부분까지 사용)과 12칸(흑색 부분까지 사용)이 있어 상황에 따라 사용하시면 됩니다.

– 단, 시험에서는 10칸으로 나오고 있어 10칸에 그리는 연습이 되어야 합니다.

5. Volt/Div :	[ ]
Tim/Div :	[ ]
2. (1) [ ] Measurement 파라미터	[ ]
(2) [ ] Measurement 파라미터	[ ]

※ 단, 오실로스코프의 파형과 답안지 기록 내용이 일치함을 확인한 후 감독 위원에게 서명을 받습니다.

측정 답안지

자격 종목	전자기기 기능사	과제명	측정(지필)
비번호		감독위원 서명	(인)

※ 답안 작성 시 반드시 흑색 또는 청색 필기구(연필 제외) 중 동일한 색의 필기구만을 계속 사용하여야 하며, 기타의 필기구를 사용한 답항은 0점 처리됩니다.

[측정] TP(Test Point) 1을 측정하여 기록하시오.

TP 1

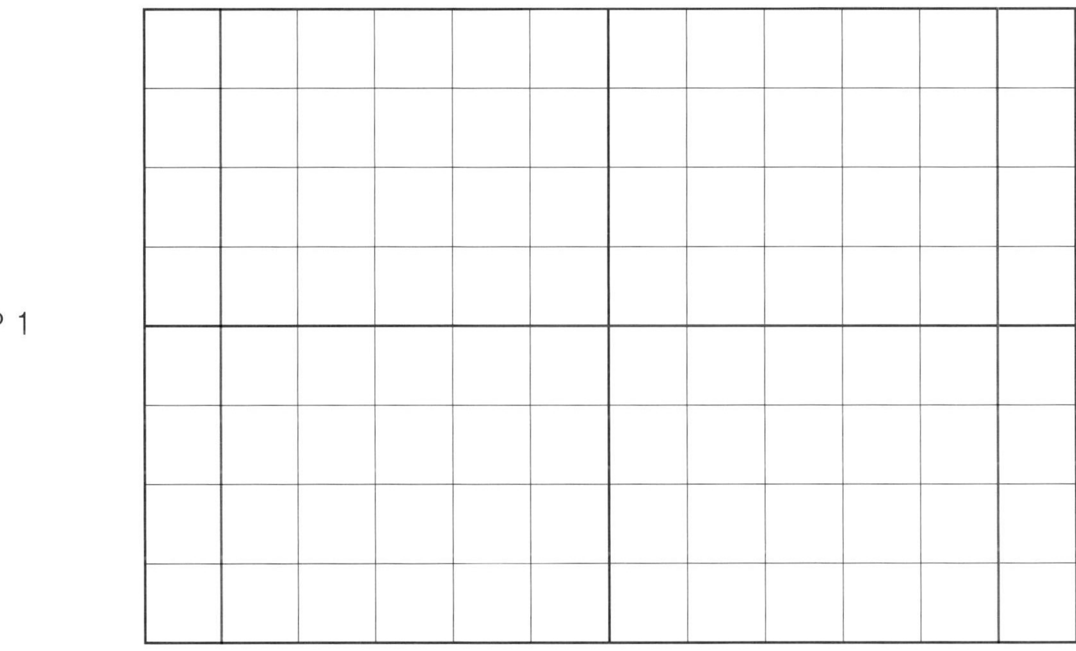

※ 오실로스코프의 종류 및 형태에 따라서 가로축(수평축–Tim/Div)이 10칸(청색 부분까지 사용)과 12칸(흑색 부분까지 사용)이 있어 상황에 따라 사용하시면 됩니다.

– 단, 시험에서는 10칸으로 나오고 있어 10칸에 그리는 연습이 되어야 합니다.

6. Volt/Div :	[ ]
Tim/Div :	[ ]
2. (1) [ ] Measurement 파라미터	[ ]
(2) [ ] Measurement 파라미터	[ ]

※ 단, 오실로스코프의 파형과 답안지 기록 내용이 일치함을 확인한 후 감독 위원에게 서명을 받습니다.

측정 답안지

자격 종목	전자기기 기능사	과제명	측정(지필)
비번호		감독위원 서명	(인)

※ 답안 작성 시 반드시 흑색 또는 청색 필기구(연필 제외) 중 동일한 색의 필기구만을 계속 사용하여야 하며, 기타의 필기구를 사용한 답항은 0점 처리됩니다.

[측정] TP(Test Point) 1을 측정하여 기록하시오.

TP 1

※ 오실로스코프의 종류 및 형태에 따라서 가로축(수평축–Tim/Div)이 10칸(청색 부분까지 사용)과 12칸(흑색 부분까지 사용)이 있어 상황에 따라 사용하시면 됩니다.

– 단, 시험에서는 10칸으로 나오고 있어 10칸에 그리는 연습이 되어야 합니다.

7. Volt/Div :	[ ]
Tim/Div :	[ ]
2. (1) [ ] Measurement 파라미터	[ ]
(2) [ ] Measurement 파라미터	[ ]

※ 단, 오실로스코프의 파형과 답안지 기록 내용이 일치함을 확인한 후 감독 위원에게 서명을 받습니다.

측정 답안지

자격 종목	전자기기 기능사	과제명	측정(지필)
비번호		감독위원 서명	(인)

※ 답안 작성 시 반드시 흑색 또는 청색 필기구(연필 제외) 중 동일한 색의 필기구만을 계속 사용하여야 하며, 기타의 필기구를 사용한 답항은 0점 처리됩니다.

[측정] TP(Test Point) 1을 측정하여 기록하시오.

TP 1

※ 오실로스코프의 종류 및 형태에 따라서 가로축(수평축-Tim/Div)이 10칸(청색 부분까지 사용)과 12칸(흑색 부분까지 사용)이 있어 상황에 따라 사용하시면 됩니다.

– 단, 시험에서는 10칸으로 나오고 있어 10칸에 그리는 연습이 되어야 합니다.

8. Volt/Div :	[ ]
Tim/Div :	[ ]
2. (1) [ ] Measurement 파라미터	[ ]
(2) [ ] Measurement 파라미터	[ ]

※ 단, 오실로스코프의 파형과 답안지 기록 내용이 일치함을 확인한 후 감독 위원에게 서명을 받습니다.

측정 답안지

자격 종목	전자기기 기능사	과제명	측정(지필)
비번호		감독위원 서명	(인)

※ 답안 작성 시 반드시 흑색 또는 청색 필기구(연필 제외) 중 동일한 색의 필기구만을 계속 사용하여야 하며, 기타의 필기구를 사용한 답항은 0점 처리됩니다.

[측정] TP(Test Point) 1을 측정하여 기록하시오.

TP 1

※ 오실로스코프의 종류 및 형태에 따라서 가로축(수평축–Tim/Div)이 10칸(청색 부분까지 사용)과 12칸(흑색 부분까지 사용)이 있어 상황에 따라 사용하시면 됩니다.

– 단, 시험에서는 10칸으로 나오고 있어 10칸에 그리는 연습이 되어야 합니다.

9. Volt/Div :	[ ]
Tim/Div :	[ ]
2. (1) [ ] Measurement 파라미터	[ ]
(2) [ ] Measurement 파라미터	[ ]

※ 단, 오실로스코프의 파형과 답안지 기록 내용이 일치함을 확인한 후 감독 위원에게 서명을 받습니다.

측정 답안지

자격 종목	전자기기 기능사	과제명	측정(지필)
비번호		감독위원 서명	(인)

※ 답안 작성 시 반드시 흑색 또는 청색 필기구(연필 제외) 중 동일한 색의 필기구만을 계속 사용하여야 하며, 기타의 필기구를 사용한 답항은 0점 처리됩니다.

[측정] TP(Test Point) 1을 측정하여 기록하시오.

TP 1

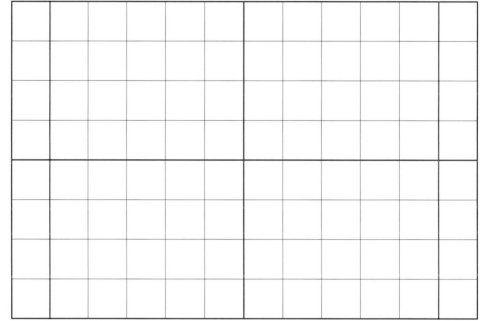

※ 오실로스코프의 종류 및 형태에 따라서 가로축(수평축−Tim/Div)이 10칸(청색 부분까지 사용)과 12칸(흑색 부분까지 사용)이 있어 상황에 따라 사용하시면 됩니다.

− 단, 시험에서는 10칸으로 나오고 있어 10칸에 그리는 연습이 되어야 합니다.

10. Volt/Div :		[ ]
Tim/Div :		[ ]
2. (1) [ ] Measurement 파라미터		[ ]
(2) [ ] Measurement 파라미터		[ ]

※ 단, 오실로스코프의 파형과 답안지 기록 내용이 일치함을 확인한 후 감독 위원에게 서명을 받습니다.

측정 답안지

자격 종목	전자기기 기능사	과제명	측정(지필)
비번호		감독위원 서명	(인)

※ 답안 작성 시 반드시 흑색 또는 청색 필기구(연필 제외) 중 동일한 색의 필기구만을 계속 사용하여야 하며, 기타의 필기구를 사용한 답항은 0점 처리됩니다.

[측정] TP(Test Point) 1을 측정하여 기록하시오.

TP 1

※ 오실로스코프의 종류 및 형태에 따라서 가로축(수평축–Tim/Div)이 10칸(청색 부분까지 사용)과 12칸(흑색 부분까지 사용)이 있어 상황에 따라 사용하시면 됩니다.

– 단, 시험에서는 10칸으로 나오고 있어 10칸에 그리는 연습이 되어야 합니다.

11. Volt/Div :	[ ]
Tim/Div :	[ ]
2. (1) [ ] Measurement 파라미터	[ ]
(2) [ ] Measurement 파라미터	[ ]

※ 단, 오실로스코프의 파형과 답안지 기록 내용이 일치함을 확인한 후 감독 위원에게 서명을 받습니다.

측정 답안지

자격 종목	전자기기 기능사	과제명	측정(지필)
비번호		감독위원 서명	(인)

※ 답안 작성 시 반드시 흑색 또는 청색 필기구(연필 제외) 중 동일한 색의 필기구만을 계속 사용하여야 하며, 기타의 필기구를 사용한 납항은 0점 처리됩니다.

[측정] TP(Test Point) 1을 측정하여 기록하시오.

TP 1

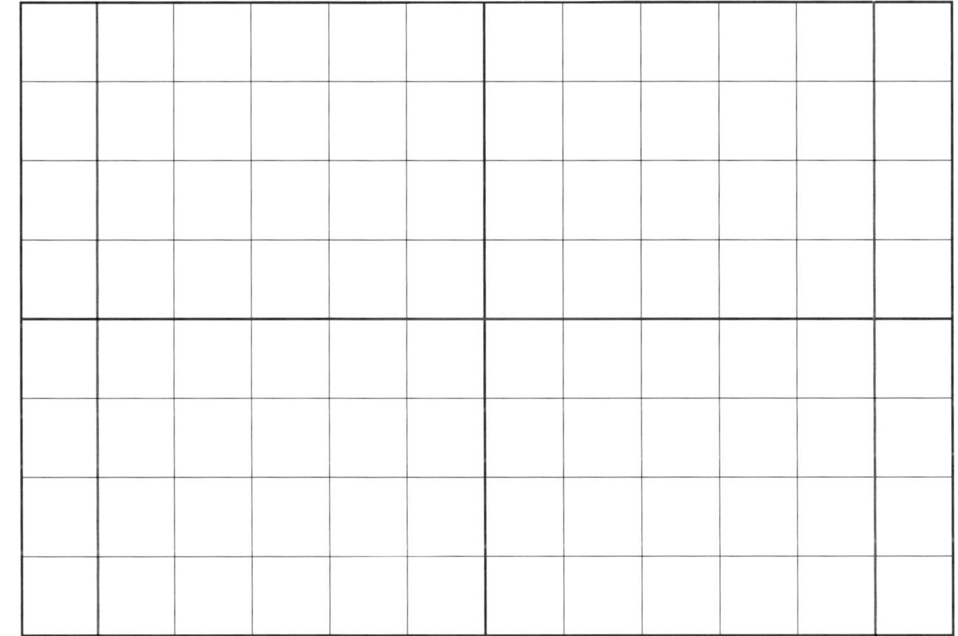

※ 오실로스코프의 종류 및 형태에 따라서 가로축(수평축–Tim/Div)이 10칸(청색 부분까지 사용)과 12칸(흑색 부분까지 사용)이 있어 상황에 따라 사용하시면 됩니다.

– 단, 시험에서는 10칸으로 나오고 있어 10칸에 그리는 연습이 되어야 합니다.

12. Volt/Div :	[ ]
Tim/Div :	[ ]
2. (1) [ ] Measurement 파라미터	[ ]
(2) [ ] Measurement 파라미터	[ ]

※ 단, 오실로스코프의 파형과 답안지 기록 내용이 일치함을 확인한 후 감독 위원에게 서명을 받습니다.

측정 답안지

자격 종목	전자기기 기능사	과제명	측정(지필)
비번호		감독위원 서명	(인)

※ 답안 작성 시 반드시 흑색 또는 청색 필기구(연필 제외) 중 동일한 색의 필기구만을 계속 사용하여야 하며, 기타의 필기구를 사용한 답항은 0점 처리됩니다.

[측정] TP(Test Point) 1을 측정하여 기록하시오.

TP 1

※ 오실로스코프의 종류 및 형태에 따라서 가로축(수평축-Tim/Div)이 10칸(청색 부분까지 사용)과 12칸(흑색 부분까지 사용)이 있어 상황에 따라 사용하시면 됩니다.

- 단, 시험에서는 10칸으로 나오고 있어 10칸에 그리는 연습이 되어야 합니다.

13. Volt/Div :	[ ]
Tim/Div :	[ ]
2. (1) [ ] Measurement 파라미터	[ ]
(2) [ ] Measurement 파라미터	[ ]

※ 단, 오실로스코프의 파형과 답안지 기록 내용이 일치함을 확인한 후 감독 위원에게 서명을 받습니다.

측정 답안지

자격 종목	전자기기 기능사	과제명	측정(지필)
비번호		감독위원 서명	(인)

※ 답안 작성 시 반드시 흑색 또는 청색 필기구(연필 제외) 중 동일한 색의 필기구만을 계속 사용하여야 하며, 기타의 필기구를 사용한 답항은 0점 처리됩니다.

[측정] TP(Test Point) 1을 측정하여 기록하시오.

TP 1

※ 오실로스코프의 종류 및 형태에 따라서 가로축(수평축–Tim/Div)이 10칸(청색 부분까지 사용)과 12칸(흑색 부분까지 사용)이 있어 상황에 따라 사용하시면 됩니다.

– 단, 시험에서는 10칸으로 나오고 있어 10칸에 그리는 연습이 되어야 합니다.

14. Volt/Div :	[ ]
Tim/Div :	[ ]
2. (1) [ ] Measurement 파라미터	[ ]
(2) [ ] Measurement 파라미터	[ ]

※ 단, 오실로스코프의 파형과 답안지 기록 내용이 일치함을 확인한 후 감독 위원에게 서명을 받습니다.

측정 답안지

자격 종목	전자기기 기능사	과제명	측정(지필)
비번호		감독위원 서명	(인)

※ 답안 작성 시 반드시 흑색 또는 청색 필기구(연필 제외) 중 동일한 색의 필기구만을 계속 사용하여야 하며, 기타의 필기구를 사용한 답항은 0점 처리됩니다.

[측정] TP(Test Point) 1을 측정하여 기록하시오.

TP 1

※ 오실로스코프의 종류 및 형태에 따라서 가로축(수평축–Tim/Div)이 10칸(청색 부분까지 사용)과 12칸(흑색 부분까지 사용)이 있어 상황에 따라 사용하시면 됩니다.

– 단, 시험에서는 10칸으로 나오고 있어 10칸에 그리는 연습이 되어야 합니다.

15. Volt/Div :	[ ]
Tim/Div :	[ ]
2. (1) [ ] Measurement 파라미터	[ ]
(2) [ ] Measurement 파라미터	[ ]

※ 단, 오실로스코프의 파형과 답안지 기록 내용이 일치함을 확인한 후 감독 위원에게 서명을 받습니다.

측정 답안지

자격 종목	전자기기 기능사	과제명	측정(지필)
비번호		감독위원 서명	(인)

※ 답안 작성 시 반드시 흑색 또는 청색 필기구(연필 제외) 중 동일한 색의 필기구만을 계속 사용하여야 하며, 기타의 필기구를 사용한 답항은 0점 처리됩니다.

[측정] TP(Test Point) 1을 측정하여 기록하시오.

TP 1

※ 오실로스코프의 종류 및 형태에 따라서 가로축(수평축-Tim/Div)이 10칸(청색 부분까지 사용)과 12칸(흑색 부분까지 사용)이 있어 상황에 따라 사용하시면 됩니다.

- 단, 시험에서는 10칸으로 나오고 있어 10칸에 그리는 연습이 되어야 합니다.

16. Volt/Div :		[ ]
Tim/Div :		[ ]
2. (1) [ ] Measurement 파라미터		[ ]
(2) [ ] Measurement 파라미터		[ ]

※ 단, 오실로스코프의 파형과 답안지 기록 내용이 일치함을 확인한 후 감독 위원에게 서명을 받습니다.

측정 답안지

자격 종목	전자기기 기능사	과제명	측정(지필)
비번호		감독위원 서명	(인)

※ 답안 작성 시 반드시 흑색 또는 청색 필기구(연필 제외) 중 동일한 색의 필기구만을 계속 사용하여야 하며, 기타의 필기구를 사용한 답항은 0점 처리됩니다.

[측정] TP(Test Point) 1을 측정하여 기록하시오.

TP 1

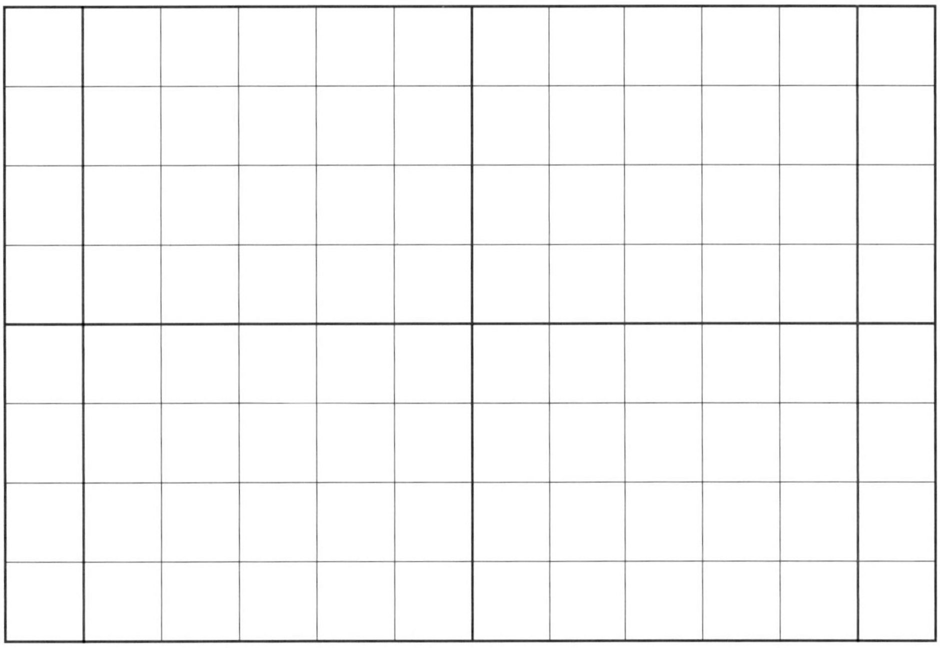

※ 오실로스코프의 종류 및 형태에 따라서 가로축(수평축-Tim/Div)이 10칸(청색 부분까지 사용)과 12칸(흑색 부분까지 사용)이 있어 상황에 따라 사용하시면 됩니다.

- 단, 시험에서는 10칸으로 나오고 있어 10칸에 그리는 연습이 되어야 합니다.

17. Volt/Div :	[ ]
Tim/Div :	[ ]
2. (1) [ ] Measurement 파라미터	[ ]
(2) [ ] Measurement 파라미터	[ ]

※ 단, 오실로스코프의 파형과 답안지 기록 내용이 일치함을 확인한 후 감독 위원에게 서명을 받습니다.

측정 답안지

자격 종목	전자기기 기능사	과제명	측정(지필)
비번호		감독위원 서명	(인)

※ 답안 작성 시 반드시 흑색 또는 청색 필기구(연필 제외) 중 동일한 색의 필기구만을 계속 사용하여야 하며, 기타의 필기구를 사용한 답항은 0점 처리됩니다.

[측정] TP(Test Point) 1을 측정하여 기록하시오.

TP 1

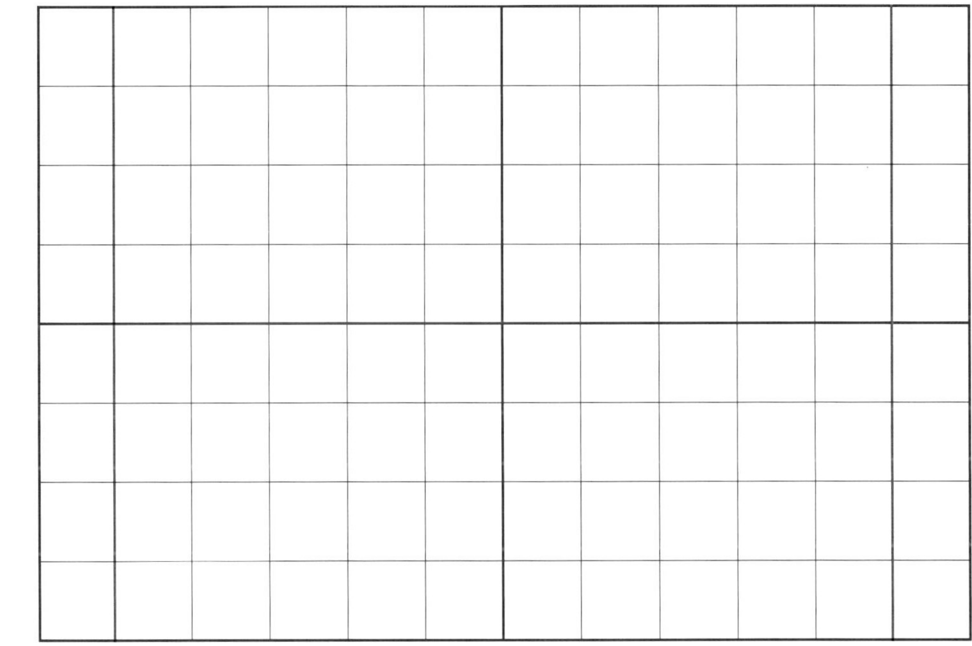

※ 오실로스코프의 종류 및 형태에 따라서 가로축(수평축-Tim/Div)이 10칸(청색 부분까지 사용)과 12칸(흑색 부분까지 사용)이 있어 상황에 따라 사용하시면 됩니다.

– 단, 시험에서는 10칸으로 나오고 있어 10칸에 그리는 연습이 되어야 합니다.

18. Volt/Div :	[ ]
Tim/Div :	[ ]
2. (1) [ ] Measurement 파라미터	[ ]
(2) [ ] Measurement 파라미터	[ ]

※ 단, 오실로스코프의 파형과 답안지 기록 내용이 일치함을 확인한 후 감독 위원에게 서명을 받습니다.

2 측정 과제 안내

실기 시험 문제 — 측정 과제

자격 종목	전자기기 기능사	과제명	측정(3과제)
비번호		감독위원 서명	(인)

▣ 3과제(측정): 20분(준비 및 조정 시간 포함)

1. 요구 사항(주파수 및 전압 측정)

가. 오실로스코프를 정상 동작하도록 조정합니다. 오실로스코프 조정 시간은 실 측정 제한 시간(15분)에서 제외합니다.

나. 오실로스코프를 사용하여 감독위원이 임의로 정한 파형 형태, 주파수, 전압 등을 지시에 따라 함수 발생기의 출력을 조정하고, 오실로스코프상에 나타나는 파형을 다음의 답안지에 그리도록 합니다.

다. 오실로스코프의 Measurement 기능을 이용하여 Pk－Pk(peak to peak), Max, Min, Amplitude, High, Low, RMS, Mean, 주파수 등의 파라미터를 시험 위원의 지시에 따라 2가지 설정하여 그 결과 값을 답안지에 기록하도록 합니다.
(감독위원의 지시에 따라 측정하고 완료 후 확인 검사를 받습니다.)

라. 실 측정 제한 시간은 답안지 기록 시간을 포함하여 15분입니다.

※오실로스코프 장비 여건이 아날로그인 경우, Measurement 기능이 없는 경우에는 Max, Min 등 확인 가능한 파라미터를 임의 설정하여 기록하도록 합니다.

2. 수험자 유의사항

가. 제3과제 측정은 제한 시간 내에 정확하게 측정합니다.

나. 답안은 작성 시 반드시 흑색 또는 청색 필기구(연필 제외) 중 동일한 한 가지 색의 필기구만을 계속 사용하여야 하며, 지정된 필기구를 사용한 답항은 0점 처리됩니다.

다. 다음 작품은 채점 대상에서 제외하니 특히 유의하시기 바랍니다.

○ 기권
- 수험자 본인이 수험 도중 시험에 대한 포기 의사를 표현하는 경우
- 실기 시험 과정 중 1개 과정이라도 불참한 경우

○ 실격
- 회로 스케치 점수가 0점인 경우
- 수험자가 기계 조작 미숙 등으로 계속 작업 진행 시 본인 또는 타인의 인명이나 재산에 큰 피해를 가져올 수 있다고 감독위원이 판단할 경우
- 부정 행위의 작품일 경우

3 파형 측정 방법(구형 장비)

▣ 파형 측정 방법

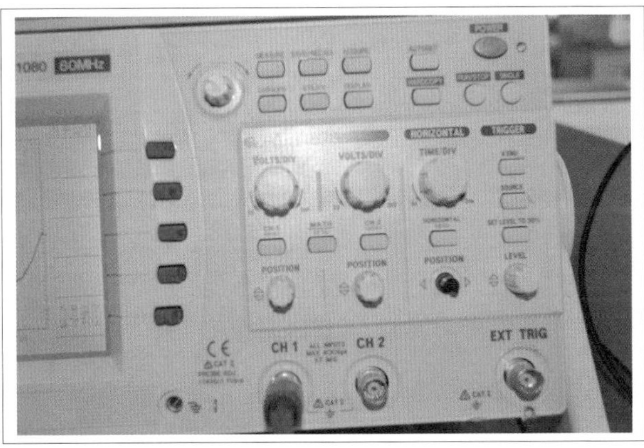

1. 먼저 제시된 주파수와 전압 레벨의 크기를 보고 주기를 계산한다. 주기는 [ms]와 [μs] 두 가지 모두 구한다.

ex) 10[kHz] 6VP－P인 경우 f＝10[kHz], T＝1/f＝1/10×10^{-3}[s]＝0.1[ms]＝100[μs]

2. 파형의 한 주기가 OSC 화면의 몇 칸에 그려지면 좋을지를 결정한다.

ex) 100[μs]이므로 TIME/DIV를 20[μs]로 맞춘 다음 가로축 5칸에 한 주기가 나타나도록 한다. FUNCTION GENERATOR를 정현파(사인파)×10K 단자를 누른 다음 다이얼을 돌려서 OSC 화면을 보고 가로축 5칸에 파형의 한 주기가 나타나도록 조정한다.

3. 주어진 전압 레벨의 크기(예－6[Vp－p])에 맞추어 진폭 단자(좌측 끝부분 아래쪽)를 조절하여 VOLTS/DIV를 1칸에 1[V]로 맞춘 다음 6칸(위로 3칸, 아래로 3칸)에 그려지도록 맞춘다. 또한 VOLTS/DIV를 1칸에 2[V]로 맞추었다면 3칸(위로 1칸 반, 아래로 1칸 반)에 그려지도록 한다.

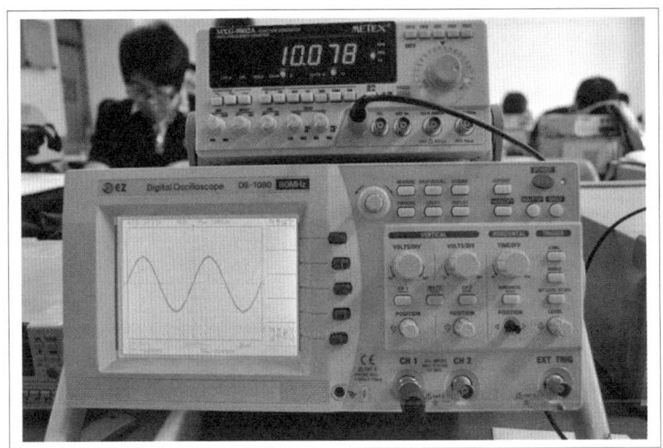

4 함수 발생기 및 오실로스코프 사용법

전자기기 기능사	측정 과제	작품명	함수 발생기 사용법

함수 발생기의 사용법을 숙지하여 전자기기 기능사 시험의 3과제를 수행할 수 있도록 여러 번의 반복 학습을 하여야 한다.

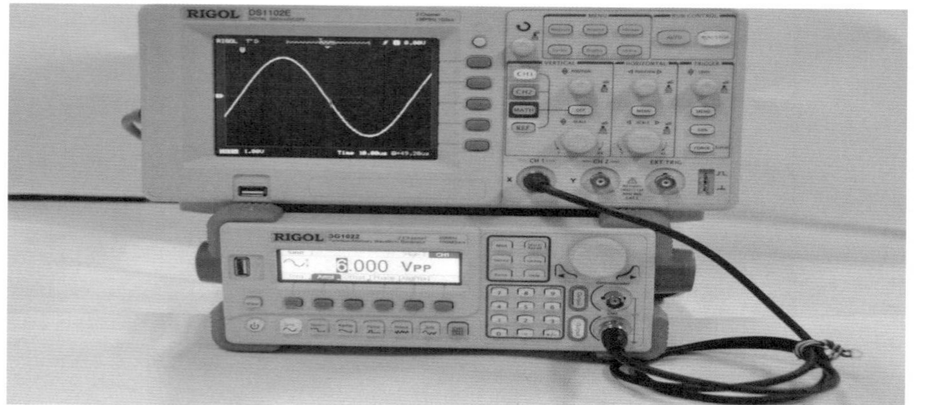

① 함수 발생기와 오실로스코프를 프로브(1:1 확인)로 연결한다.
−10kHz, 6Vp−p일 경우(정현파=사인파)

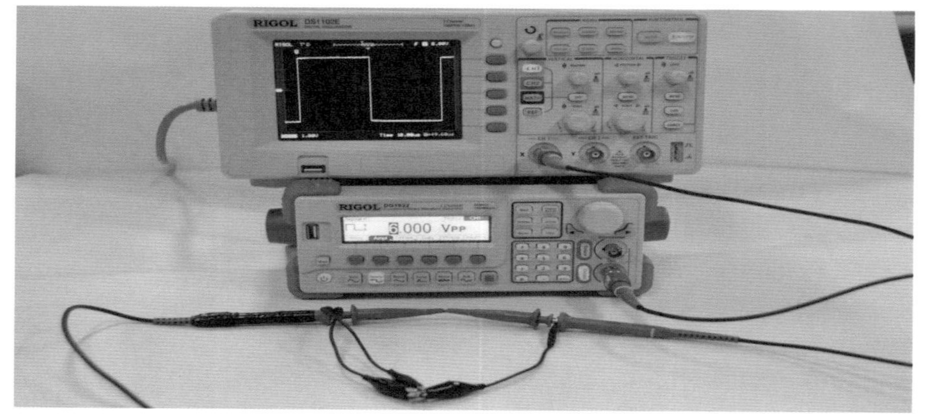

② 함수 발생기와 오실로스코프를 프로브(1:1 확인)로 연결한다.
−10kHz, 6Vp−p일 경우(구형=직사각형파)

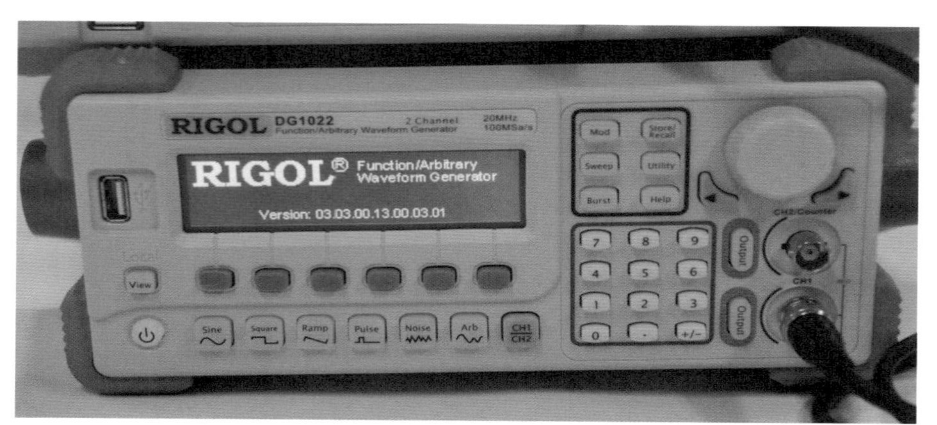

③ 전원 스위치(SW)를 눌러 전원을 ON시킨다.
−주파수가 10kHz, 전압(진폭)이 6Vp−p의 경우 따라하기

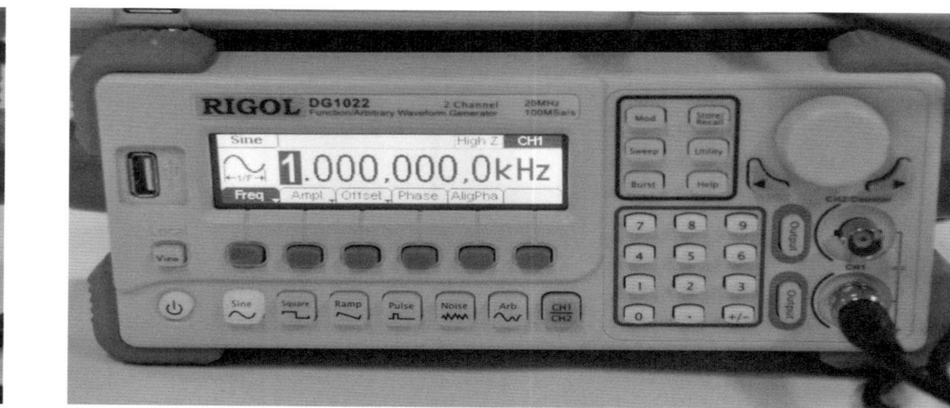

④ 전원을 누른 후 나타나는 디스플레이 모습은 정현파로 나타나며, 1.0kHz로 나타남−정현파일 경우−전원 SW ON 후 그대로 사용하여도 된다.
(정현파=사인파, 구형파, 삼각파 중 선택한다.−구형파 설정)

전자기기 기능사	측정 과제	작품명	함수 발생기 사용법

함수 발생기와 오실로스코프의 사용법을 숙지하여 전자기기 기능사 시험의 3과제를 수행할 수 있도록 여러 번의 반복 학습을 하여야 한다.

⑤ 구형파를 선택할 경우—세 가지 파형 중 구형파를 선택하여 누른다.

⑥ 삼각파를 선택할 경우—세 가지 파형 중 삼각파를 선택하여 누른다.

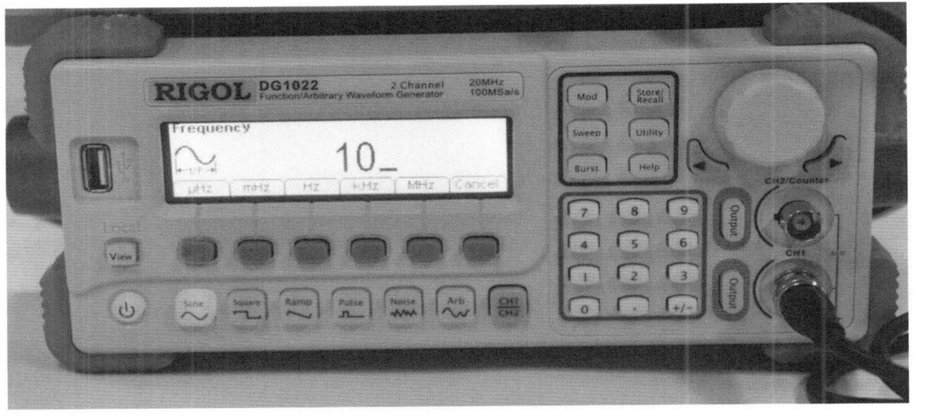

⑦ 정현파에서 주파수를 입력하는 방법 1(10kHz일 경우)
숫자 버튼에서 해당 주파수(여기서는 10kHz) 숫자 10만 누른다.

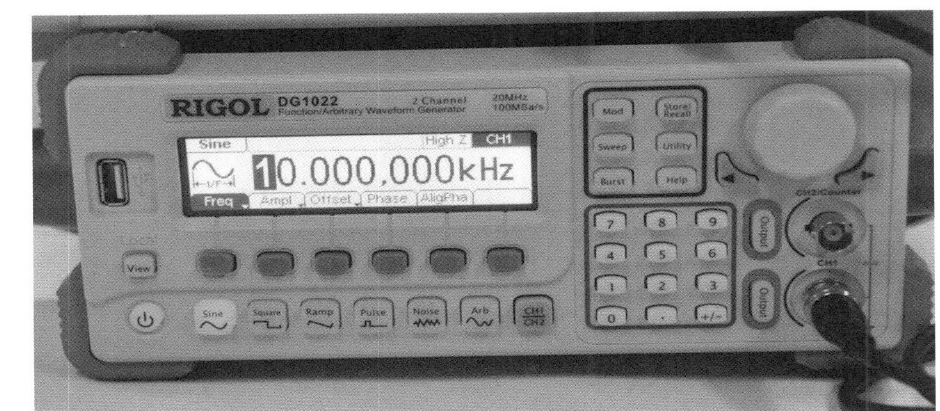

⑧ 정현파에서 주파수를 입력하는 방법 2(10kHz일 경우)
화면 네 번째 kHz의 버튼을 눌러서 10.0kHz가 나타나게 한다.—입력 완료

전자기기 기능사	측정 과제	작품명	함수 발생기 사용법

함수 발생기와 오실로스코프의 사용법을 숙지하여 전자기기 기능사 시험의 3과제를 수행할 수 있도록 여러 번의 반복 학습을 하여야 한다.

⑨ 주파수 입력 후 화면의 두 번째 진폭(Ampl) 표시 아래 버튼을 눌러서 위와 같은 화면이 나오도록 한다.

⑩ 숫자 버튼에서 해당 전압(진폭) 숫자 6을 누른다.

③ ⑪ 위 ⑩번 화면에서 두 번째 Vp−p 아래 버튼을 누르면 위와 같은 화면이 나타나도록 한다. −전압(진폭) 입력 완료

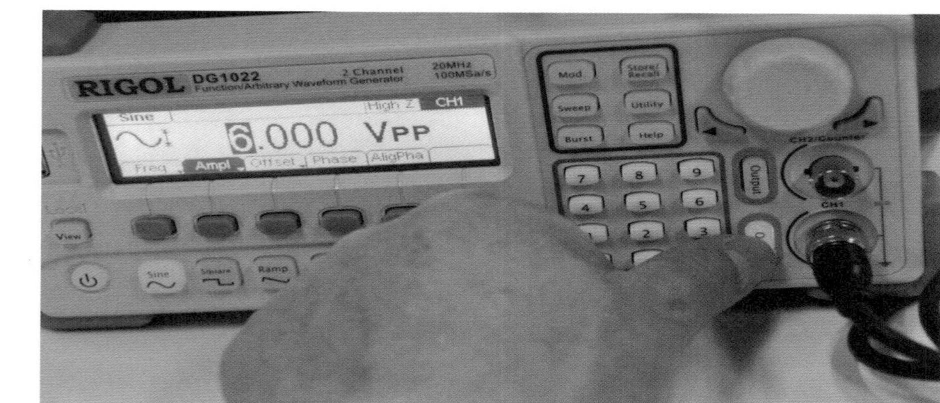

⑫ 주파수와 전압 입력이 완료된 후 함수 발생기의 출력이 오실로스코프에 전달이 되도록 프로브가 연결된 출력 단자(Output) 버튼을 누른다.

전자기기 기능사	측정 과제	작품명	오실로스코프 사용법

오실로스코프의 사용법을 숙지하여 전자기기 기능사 시험의 3과제를 수행할 수 있도록 여러 번의 반복 학습을 하여야 한다.

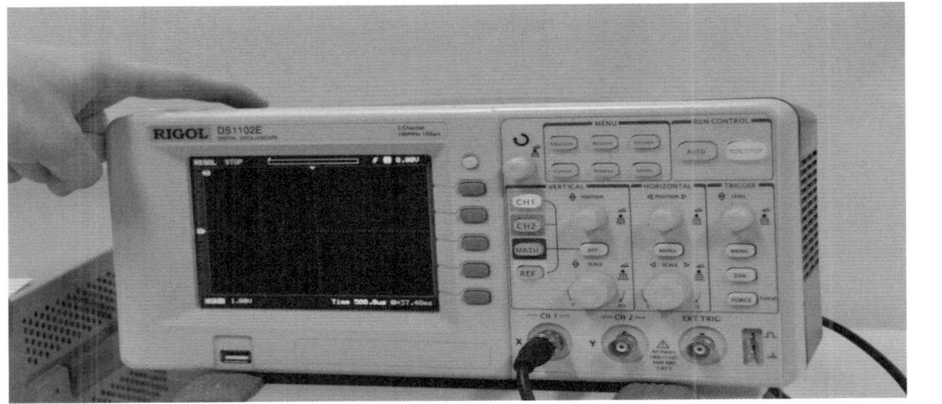

① 오실로스코프의 전원 단자를 눌러 전원을 인가하도록 한다.
−10kHz, 6Vp−p일 경우(구형파=직사각형파)

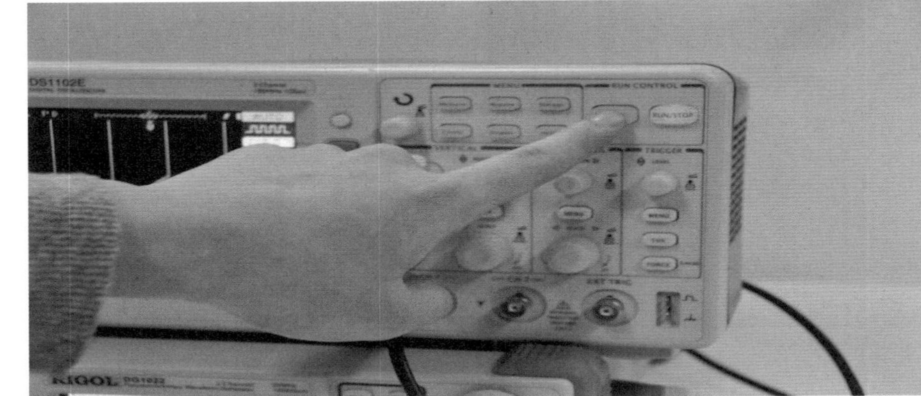

② AUTO 단자를 누른다.
−10 kHz, 6 Vp−p일 경우(구형파=직사각형파)

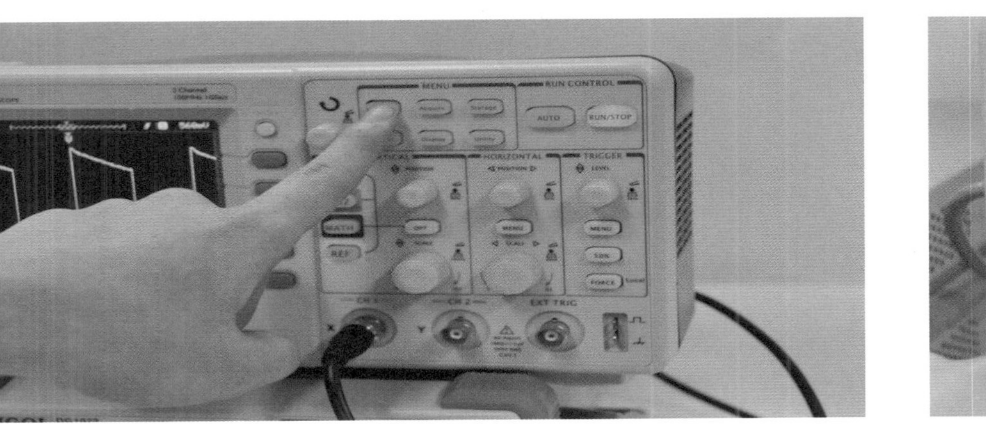

③ Measure(측정) 단자를 누른다.
−구형파(직사각형파), 주파수 10kHz, 전압(진폭) 6Vp−p의 경우 따라하기

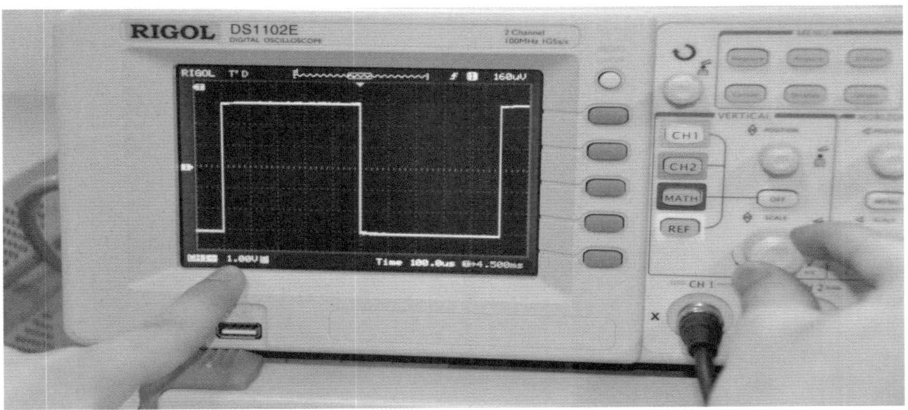

④ 수직축(VERTICAL)=전압(진폭) 단자를 조정하여 원하는 전압값에 맞춘다.
− 1V~3.5V 전압은 0.5V/Div, 4V~7.5V 전압은 1V/Div로 맞추는 것이 좋다.
(정현파=사인파, 구형파, 삼각파 중 선택한다.−구형파 설정)

전자기기 기능사	측정 과제	작품명	오실로스코프 사용법

함수 발생기와 오실로스코프의 사용법을 숙지하여 전자기기 기능사 시험의 3과제를 수행할 수 있도록 여러 번의 반복 학습을 하여야 한다.

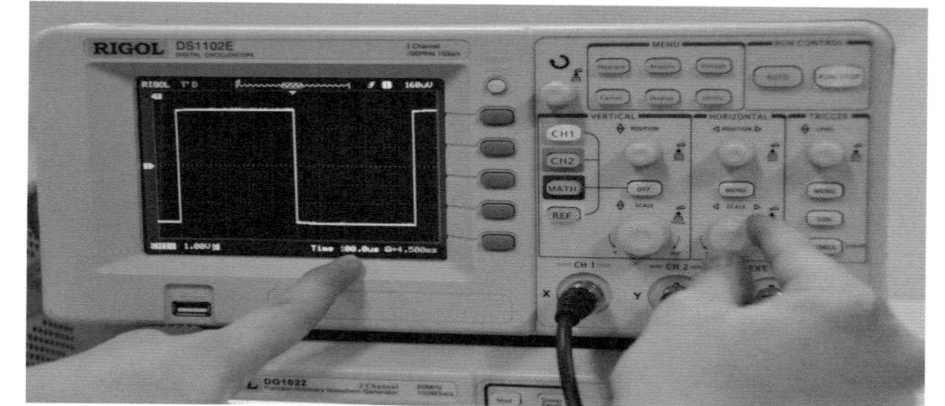

⑤ 수평축(HORIZONTAL)=시간(Time) 단자를 조정하여 화면에 1주기 또는 2주기 정도의 파형이 나타나도록 한다. (10kHz이므로 1주기 파형만 나타냄)

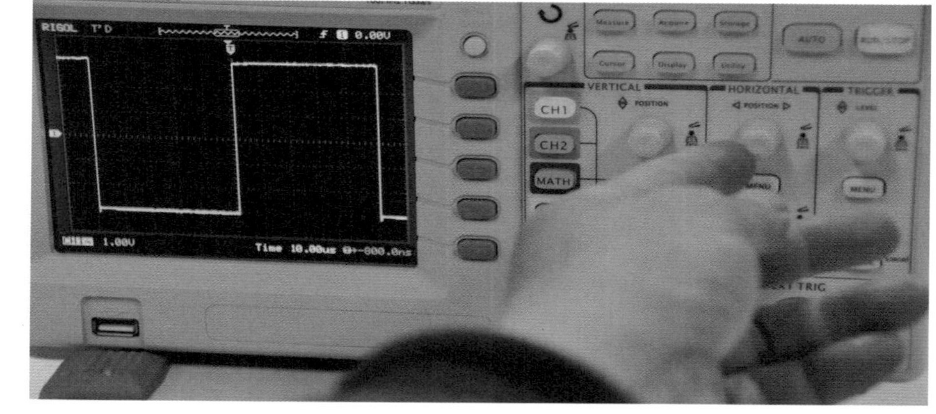

⑥ 수평축 위치 조정기(◀POSITION▶)를 조정하여 5칸, 오른쪽으로 5칸 총 10칸에 1주기의 파형이 나타나도록 한 후 그 파형을 답안지에 그려준다.

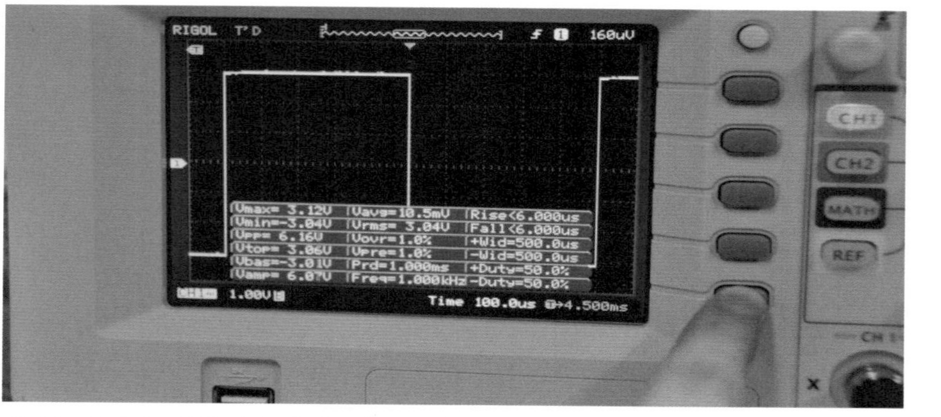

⑦ 화면의 우측 제일 아래의 버튼을 눌러서 Measurement 파라미터가 나타나도록 한다.

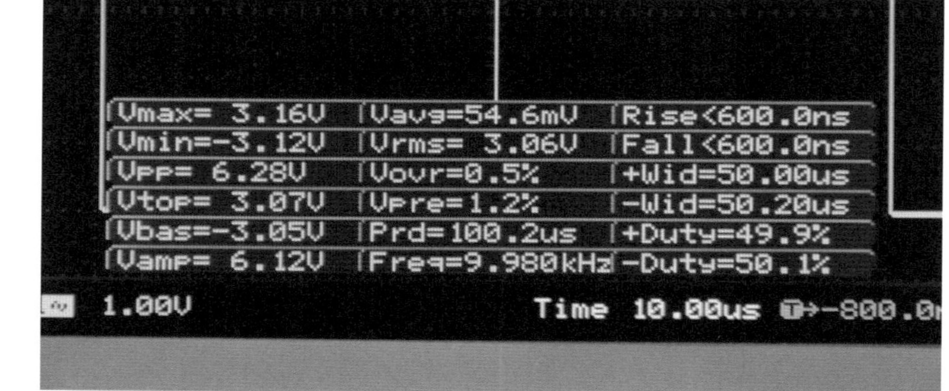

⑧ 감독위원(또는 지도교사)이 요구하는 파라미터 값 두 가지를 찾아서 답안지에 기록한다. —측정 과제 완료

전자기기 기능사	측정 과제	과제 내용	정현파, 100Hz, 6Vp-p

파형 형태, 주파수, 전압(Vp−p) 등을 오실로스코프와 함수 발생기 등을 이용하여 오실로스코프상에 파형을 나타내고, 답안지에 파형을 그리시오.

예제 1) 정현파(사인파), 100[Hz], 6Vp−p의 파형을 함수 발생기와 오실로스코프를 이용하여 나타내고 그 파형을 답안지에 그리시오. Volt/Div, Tim/Div, Measurement 파라미터 2가지를 기록하시오. (Vmax, Vrms값을 적으시오.)

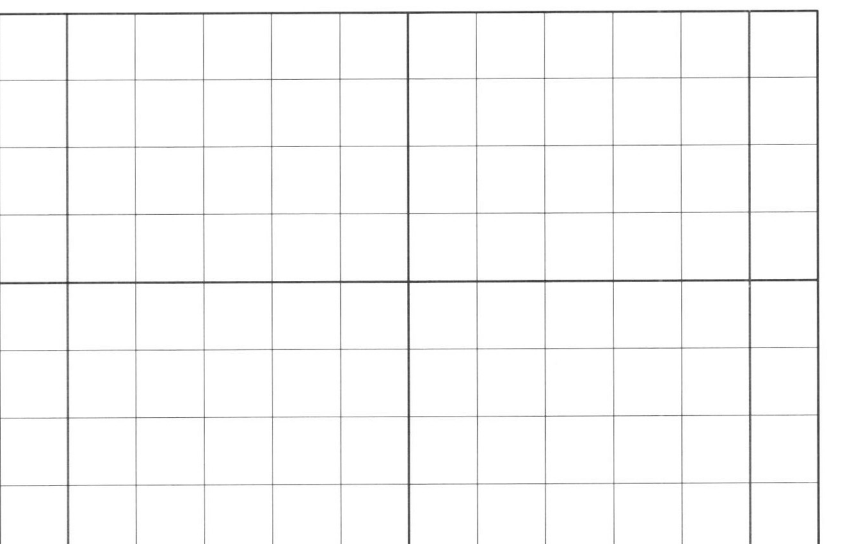

1. Volt/Div :	[ ]
Tim/Div :	[ ]
2. (1) [ ] Measurement 파라미터	[ ]
(2) [ ] Measurement 파라미터	[ ]

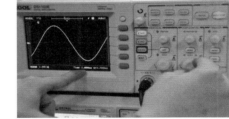

① 정현파를 누르고 숫자 버튼 100을 누른 다음 Hz를 누른다.

② Ampl 단자를 누르고, 숫자 버튼 6을 누른 다음 Vp−p를 누른다.

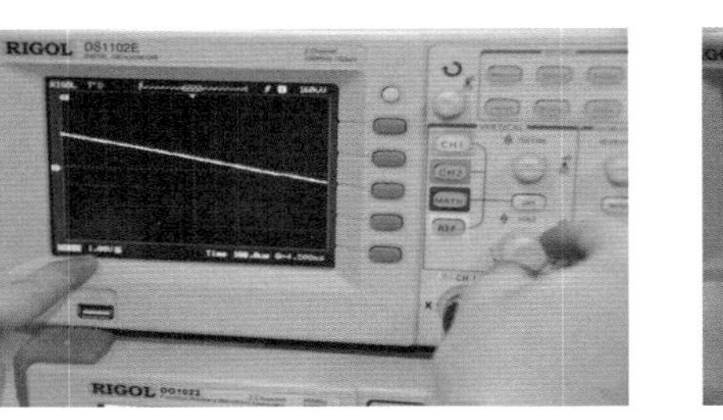

③ VERTICAL 단자를 조정하여 1V/div로 맞춘다.

④ HORIZONTAL 단자를 조정하여 1ms/div로 맞춘다.(파형 1주기)

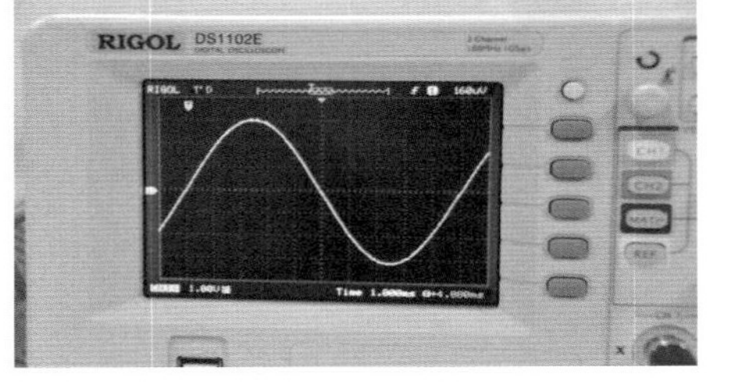

⑤ ◀POSITION▶단자를 조정하여 10칸에 1주기 파형을 나타낸다.

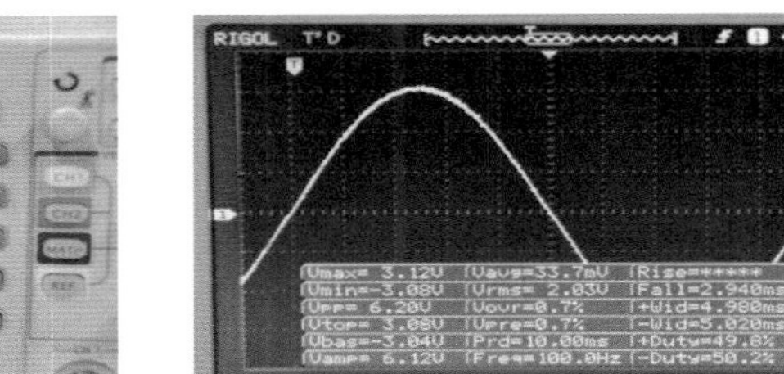

⑥ 파라미터 단자를 눌러 파라미터 상수가 나타나도록 한다.

전자기기 기능사	측정 과제	과제 내용	정현파, 200Hz, 7Vp-p

파형 형태, 주파수, 전압(Vp−p) 등을 오실로스코프와 함수 발생기 등을 이용하여 오실로스코프상에 파형을 나타내고, 답안지에 파형을 그리시오.

예제 2) 정현파(사인파), 200[Hz], 7Vp−p의 파형을 함수 발생기와 오실로스코프를 이용하여 나타내고 그 파형을 답안지에 그리시오. Volt/Div, Tim/Div, Measurement 파라미터 2가지를 기록하시오. (Vmax, Vavg값을 적으시오.)

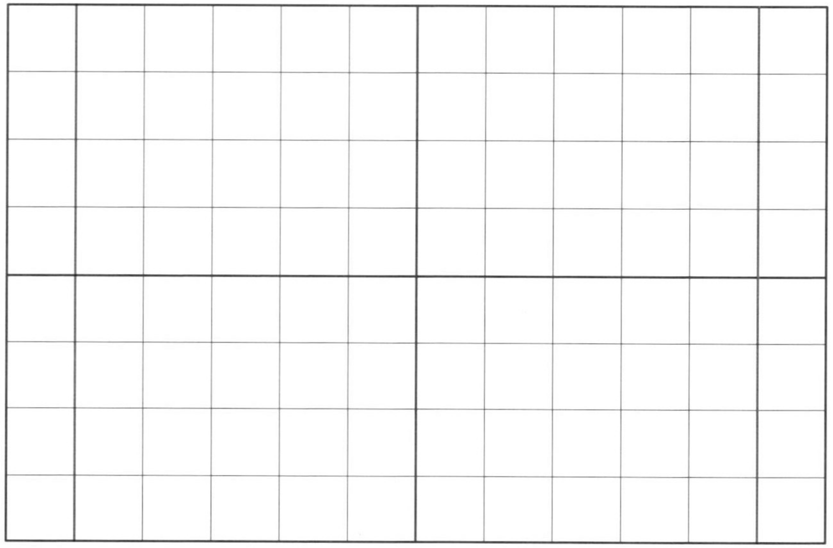

1. Volt/Div :	________ [ ]
Tim/Div :	________ [ ]
2. (1) [ ] Measurement 파라미터	________ [ ]
(2) [ ] Measurement 파라미터	________ [ ]

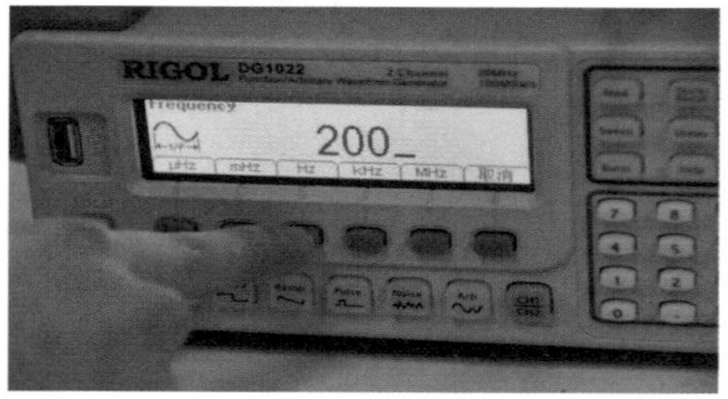

① 정현파를 누르고 숫자 버튼 200을 누른 다음 Hz를 누른다.

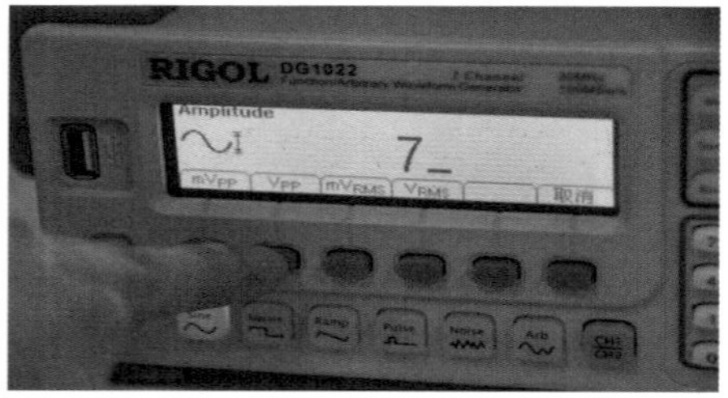

② Ampl 단자를 누르고, 숫자 버튼 7을 누른 다음 Vp−p를 누른다.

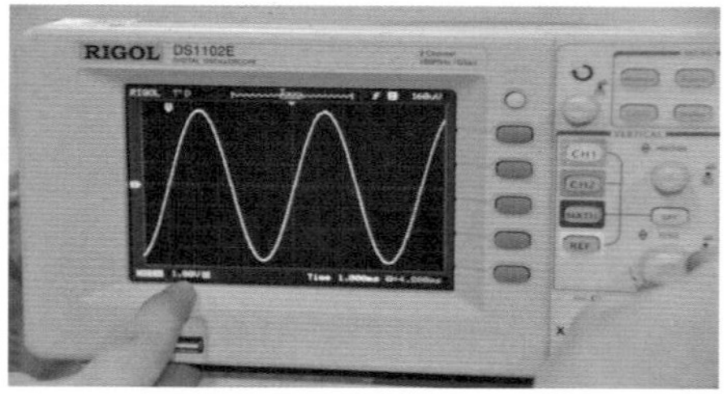

③ VERTICAL 단자를 조정하여 1V/div로 맞춘다.

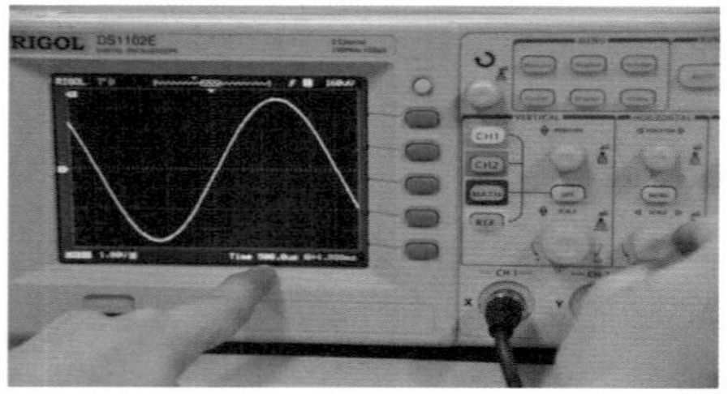

④ HORIZONTAL 단자를 조정하여 500μs/div로 맞춘다.(파형1주기)

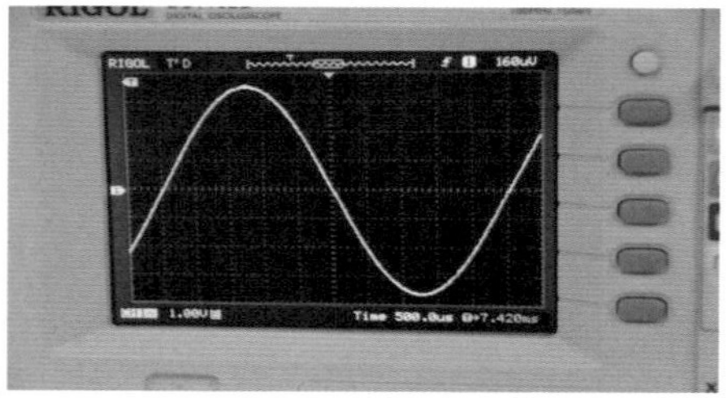

⑤ ◀POSITION▶단자를 조정하여 10칸에 1주기 파형을 나타낸다.

⑥ 파라미터 단자를 눌러 파라미터 상수가 나타나도록 한다.

전자기기 기능사	측정 과제	과제 내용	정현파, 300Hz, 5Vp−p

파형 형태, 주파수, 전압(Vp−p) 등을 오실로스코프와 함수 발생기 등을 이용하여 오실로스코프상에 파형을 나타내고, 답안지에 파형을 그리시오.

예제 3) 정현파(사인파), 300[Hz], 5Vp−p의 파형을 함수 발생기와 오실로스코프를 이용하여 나타내고 그 파형을 답안지에 그리시오. Volt/Div, Tim/Div, Measurement 파라미터 2가지를 기록하시오. (Vpp, Vovr값을 적으시오.)

1. Volt/Div :	[ ]
Tim/Div :	[ ]
2. (1) [ ] Measurement 파라미터	[ ]
(2) [ ] Measurement 파라미터	[ ]

① 정현파를 누르고 숫자 버튼 300을 누른 다음 Hz를 누른다.

② Ampl 단자를 누르고, 숫자 버튼 5를 누른 다음 Vp−p를 누른다.

③ VERTICAL 단자를 조정하여 1V/div로 맞춘다.

④ HORIZONTAL 단자를 조정하여 500μs/div로 맞춘다.(파형1주기 반)

⑤ ◀POSITION▶단자를 조정하여 10칸에 1주기 반 파형을 나타낸다.

⑥ 파라미터 단자를 눌러 파라미터 상수가 나타나도록 한다.

예제 4

전자기기 기능사	측정 과제	과제 내용	정현파, 400Hz, 7Vp-p

파형 형태, 주파수, 전압(Vp-p) 등을 오실로스코프와 함수 발생기 등을 이용하여 오실로스코프상에 파형을 나타내고, 답안지에 파형을 그리시오.

예제 4) 정현파(사인파), 400[Hz], 7Vp-p의 파형을 함수 발생기와 오실로스코프를 이용하여 나타내고 그 파형을 답안지에 그리시오. Volt/Div, Tim/Div, Measurement 파라미터 2가지를 기록하시오. (Vbas, Vpre값을 적으시오.)

1. Volt/Div :	[ ]
Tim/Div :	[ ]
2. (1) [ ] Measurement 파라미터	[ ]
(2) [ ] Measurement 파라미터	[ ]

① 정현파를 누르고 숫자 버튼 400을 누른 다음 Hz를 누른다.

② Ampl 단자를 누르고, 숫자 버튼 7을 누른 다음 Vp-p를 누른다.

③ VERTICAL 단자를 조정하여 1V/div로 맞춘다.

④ HORIZONTAL 단자를 조정하여 500μs/div로 맞춘다.(파형 2주기)

⑤ ◀POSITION▶단자를 조정하여 10칸에 2주기 파형을 나타낸다.

⑥ 파라미터 단자를 눌러 파라미터 상수가 나타나도록 한다.

전자기기 기능사	측정 과제	과제 내용	정현파, 500Hz, 4Vp-p

파형 형태, 주파수, 전압(Vp−p) 등을 오실로스코프와 함수 발생기 등을 이용하여 오실로스코프상에 파형을 나타내고, 답안지에 파형을 그리시오.

예제 5) 정현파(사인파), 500[Hz], 4Vp−p의 파형을 함수 발생기와 오실로스코프를 이용하여 나타내고 그 파형을 답안지에 그리시오. Volt/Div, Tim/Div, Measurement 파라미터 2가지를 기록하시오. (Vamp, Prd값을 적으시오.)

1. Volt/Div :	[ ]
Tim/Div :	[ ]
2. (1) [ ] Measurement 파라미터	[ ]
(2) [ ] Measurement 파라미터	[ ]

① 정현파를 누르고 숫자 버튼 500을 누른 다음 Hz를 누른다.

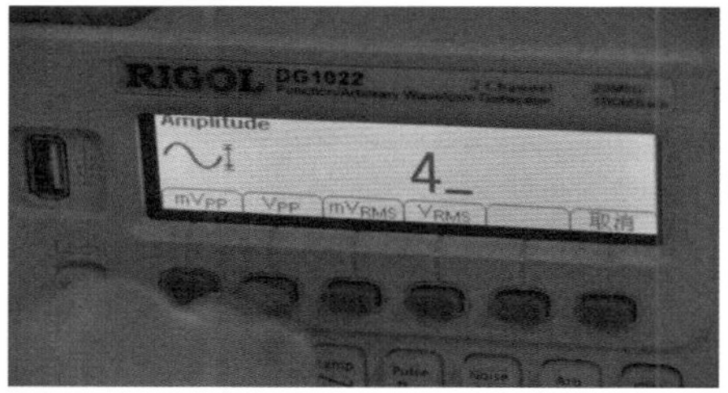

② Ampl 단자를 누르고, 숫자 버튼 4를 누른 다음 Vp−p를 누른다.

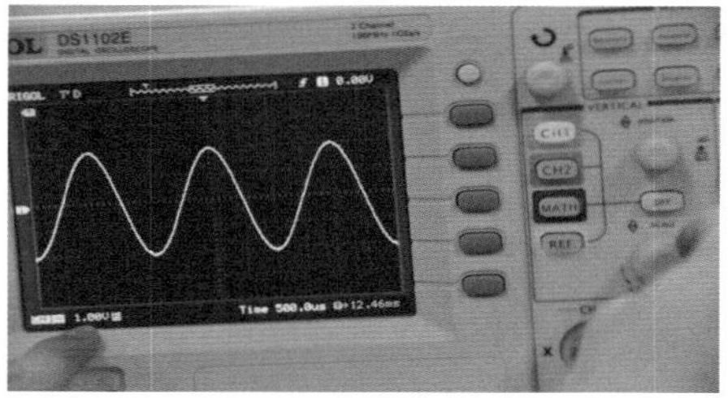

③ VERTICAL 단자를 조정하여 1V/div로 맞춘다.

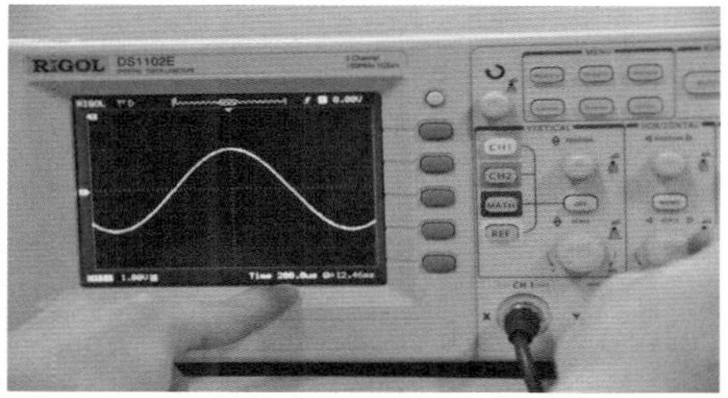

④ HORIZONTAL 단자를 조정하여 200μs/div로 맞춘다.(파형 1주기)

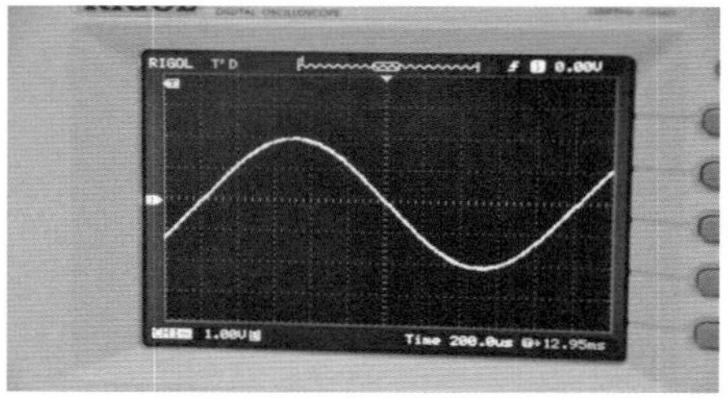

⑤ ◀POSITION▶단자를 조정하여 10칸에 1주기 파형을 나타낸다.

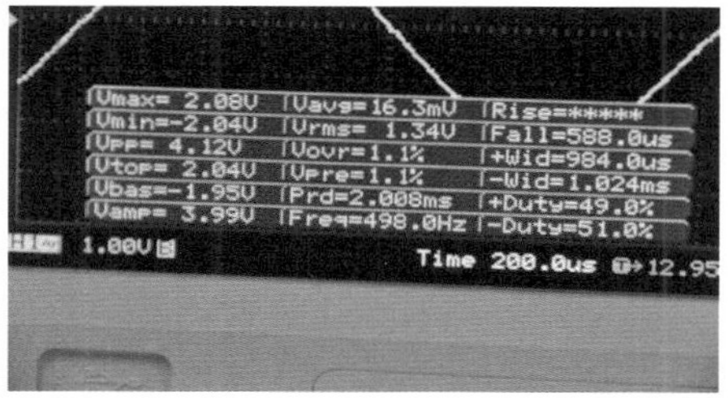

⑥ 파라미터 단자를 눌러 파라미터 상수가 나타나도록 한다.

전자기기 기능사	측정 과제	과제 내용	삼각파, 1kHz, 6Vp-p

파형 형태, 주파수, 전압(Vp−p) 등을 오실로스코프와 함수 발생기 등을 이용하여 오실로스코프상에 파형을 나타내고, 답안지에 파형을 그리시오.

예제 6) 정현파(사인파), 1[kHz], 6Vp−p의 파형을 함수 발생기와 오실로스코프를 이용하여 나타내고 그 파형을 답안지에 그리시오. Volt/Div, Tim/Div, Measurement 파라미터 2가지를 기록하시오. (Vtop, +Duty값을 적으시오.)

1. Volt/Div :	[ ]
Tim/Div :	[ ]
2. (1) [ ] Measurement 파라미터	[ ]
(2) [ ] Measurement 파라미터	[ ]

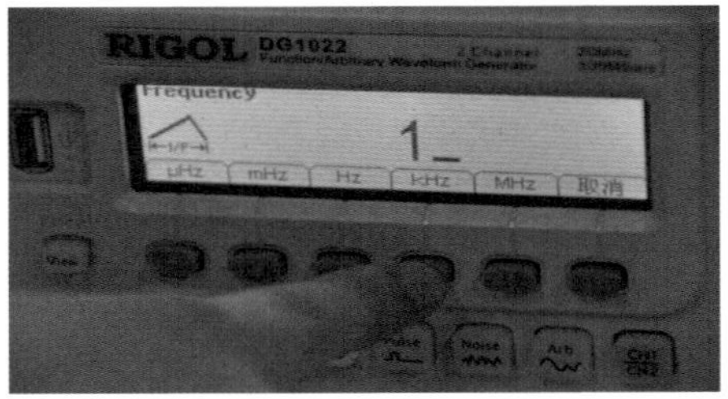

① 정현파를 누르고 숫자 버튼 1을 누른 다음 kHz를 누른다.

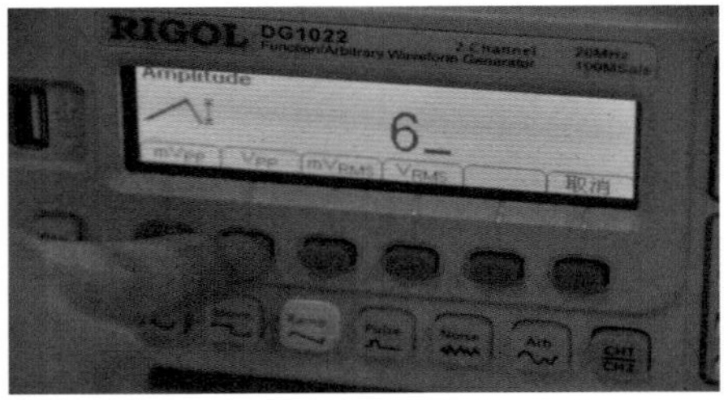

② Ampl 단자를 누르고, 숫자 버튼 6을 누른 다음 Vp−p를 누른다.

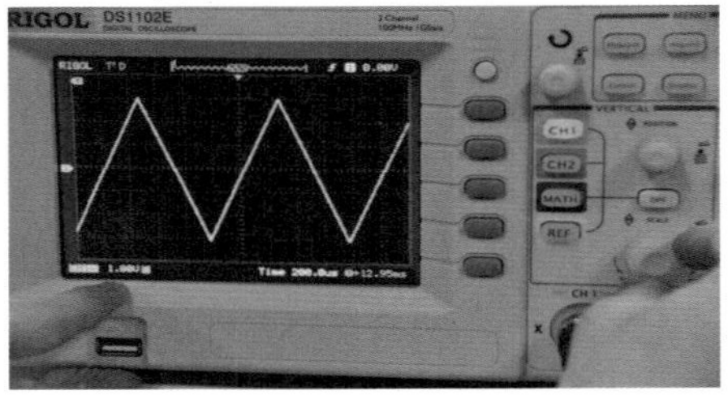

③ VERTICAL 단자를 조정하여 1V/div로 맞춘다.

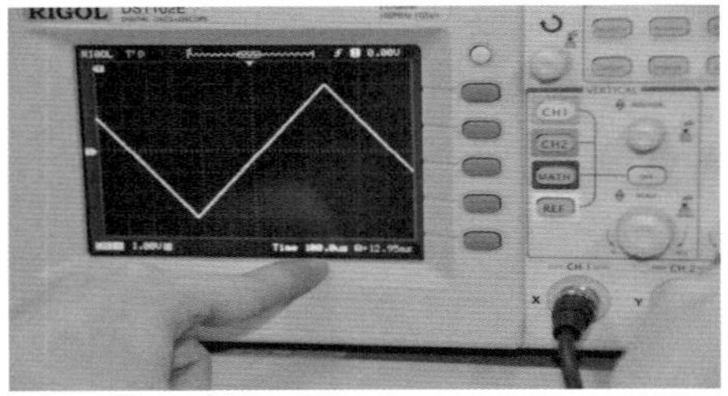

④ HORIZONTAL 단자를 조정하여 100μs/div로 맞춘다.(파형 1주기)

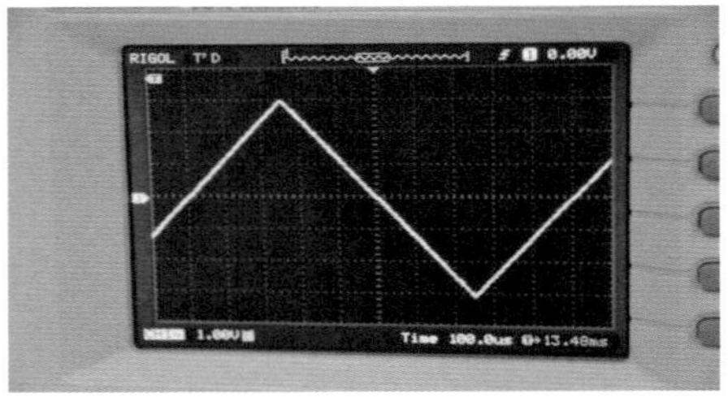

⑤ ◀POSITION▶단자를 조정하여 10칸에 1주기 파형을 나타낸다.

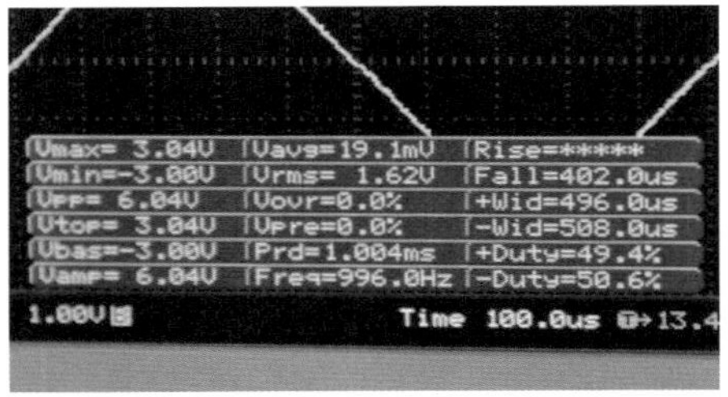

⑥ 파라미터 단자를 눌러 파라미터 상수가 나타나도록 한다.

전자기기 기능사	측정 과제	과제 내용	삼각파, 2kHz, 6Vp-p

파형 형태, 주파수, 전압(Vp−p) 등을 오실로스코프와 함수 발생기 등을 이용하여 오실로스코프상에 파형을 나타내고, 답안지에 파형을 그리시오.

예제 7) 삼각파, 2[kHz], 6Vp−p의 파형을 함수 발생기와 오실로스코프를 이용하여 나타내고 그 파형을 답안지에 그리시오. Volt/Div, Tim/Div, Measurement 파라미터 2가지를 기록하시오. (Freq, −Duty값을 적으시오.)

1. Volt/Div :	[ ]
Tim/Div :	[ ]
2. (1) [ ] Measurement 파라미터	[ ]
(2) [ ] Measurement 파라미터	[ ]

① 삼각파를 누르고 숫자 버튼 2를 누른 다음 kHz를 누른다.

② Ampl 단자를 누르고, 숫자 버튼 6을 누른 다음 Vp−p를 누른다.

③ VERTICAL 단자를 조정하여 1V/div로 맞춘다.

④ HORIZONTAL 단자를 조정하여 50μs/div로 맞춘다.(파형 1주기)

⑤ ◀POSITION▶단자를 조정하여 10칸에 1주기 파형을 나타낸다.

⑥ 파라미터 단자를 눌러 파라미터 상수가 나타나도록 한다.

전자기기 기능사	측정 과제	과제 내용	삼각파, 3kHz, 6Vp−p

파형 형태, 주파수, 전압(Vp−p) 등을 오실로스코프와 함수 발생기 등을 이용하여 오실로스코프상에 파형을 나타내고, 답안지에 파형을 그리시오.

예제 8) 삼각파, 3[kHz], 6Vp−p의 파형을 함수 발생기와 오실로스코프를 이용하여 나타내고 그 파형을 답안지에 그리시오. Volt/Div, Tim/Div, Measurement 파라미터 2가지를 기록하시오. (Vpp, Vrms값을 적으시오.)

1. Volt/Div :	[ ]
Tim/Div :	[ ]
2. (1) [ ] Measurement 파라미터	[ ]
(2) [ ] Measurement 파라미터	[ ]

① 정현파를 누르고 숫자 버튼 3을 누른 다음 kHz를 누른다.

② Ampl 단자를 누르고, 숫자 버튼 6을 누른 다음 Vp−p를 누른다.

③ VERTICAL 단자를 조정하여 1V/div로 맞춘다.

④ HORIZONTAL 단자를 조정하여 100μs/div로 맞춘다.(파형 1주기 반)

⑤ ◀POSITION▶단자를 조정하여 10칸에 1주기 반 파형을 나타낸다.

⑥ 파라미터 단자를 눌러 파라미터 상수가 나타나도록 한다.

전자기기 기능사	측정 과제	과제 내용	삼각파, 4kHz, 6Vp−p

파형 형태, 주파수, 전압(Vp−p) 등을 오실로스코프와 함수 발생기 등을 이용하여 오실로스코프상에 파형을 나타내고, 답안지에 파형을 그리시오.

예제 9) 삼각파, 4[kHz], 6Vp−p의 파형을 함수 발생기와 오실로스코프를 이용하여 나타내고 그 파형을 답안지에 그리시오. Volt/Div, Tim/Div, Measurement 파라미터 2가지를 기록하시오. (Vpre, Vpp값을 적으시오.)

1. Volt/Div :	[ ]
Tim/Div :	[ ]
2. (1) [ ] Measurement 파라미터	[ ]
(2) [ ] Measurement 파라미터	[ ]

① 정현파를 누르고 숫자 버튼 4를 누른 다음 kHz를 누른다.

② Ampl 단자를 누르고, 숫자 버튼 6을 누른 다음 Vp−p를 누른다.

③ VERTICAL 단자를 조정하여 1V/div로 맞춘다.

④ HORIZONTAL 단자를 조정하여 50μs/div로 맞춘다.(파형 2주기)

⑤ ◀POSITION▶단자를 조정하여 10칸에 2주기 파형을 나타낸다.

⑥ 파라미터 단자를 눌러 파라미터 상수가 나타나도록 한다.

전자기기 기능사	측정 과제	과제 내용	구형파, 5kHz, 6Vp-p

파형 형태, 주파수, 전압(Vp−p) 등을 오실로스코프와 함수 발생기 등을 이용하여 오실로스코프상에 파형을 나타내고, 답안지에 파형을 그리시오.

예제 10) 구형파, 5[kHz], 6Vp−p의 파형을 함수 발생기와 오실로스코프를 이용하여 나타내고 그 파형을 답안지에 그리시오. Volt/Div, Tim/Div, Measurement 파라미터 2가지를 기록하시오. (Vmin, Vrms값을 적으시오.)

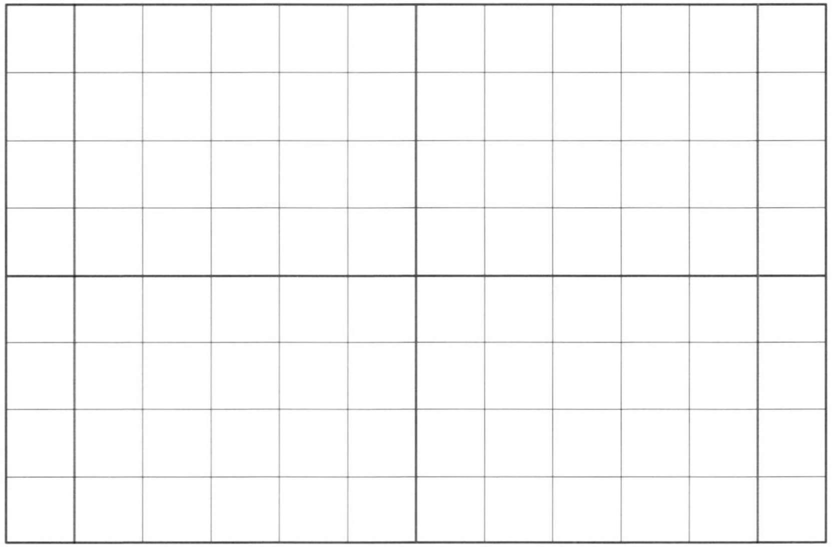

1. Volt/Div :	[ ]
Tim/Div :	[ ]
2. (1) [ ] Measurement 파라미터	[ ]
(2) [ ] Measurement 파라미터	[ ]

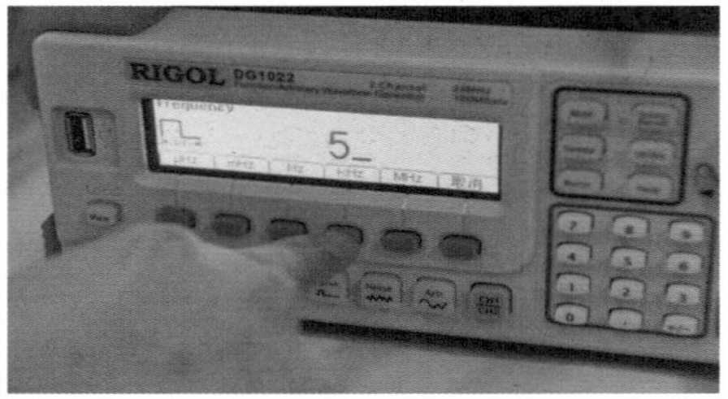

① 구형파를 누르고 숫자 버튼 5를 누른 다음 kHz를 누른다.

② Ampl 단자를 누르고, 숫자 버튼 6을 누른 다음 Vp−p를 누른다.

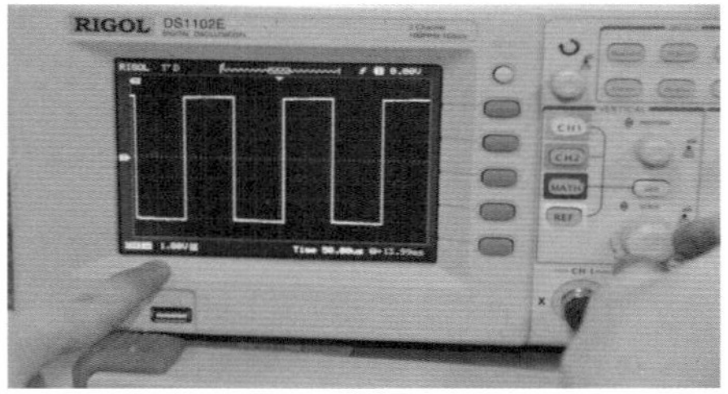

③ VERTICAL 단자를 조정하여 1V/div로 맞춘다.

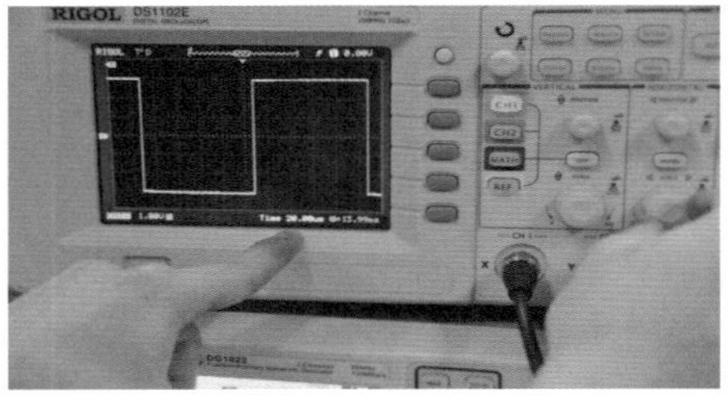

④ HORIZONTAL 단자를 조정하여 20μs/div로 맞춘다.(파형 1주기)

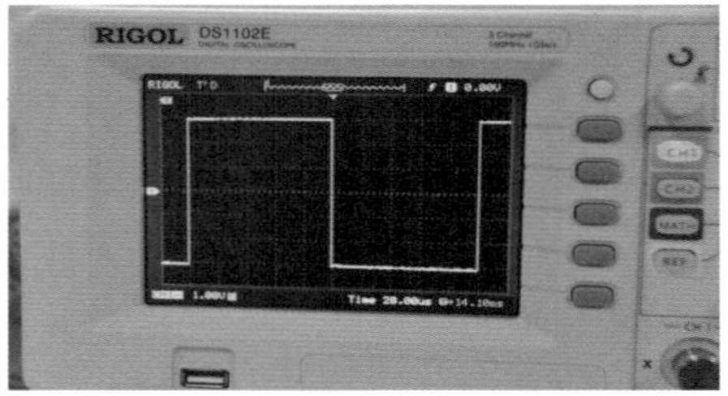

⑤ ◀POSITION▶단자를 조정하여 10칸에 1주기 파형을 나타낸다.

⑥ 파라미터 단자를 눌러 파라미터 상수가 나타나도록 한다.

6 측정을 빨리하는 핵심 TIP

▣ 함수 발생기와 오실로스코프를 이용하여 주어진 주파수(시간=주기)와 전압(진폭=크기)의 값을 이용하여 오실로스코프에 파형을 나타나게 하고 그 파형을 답안지에 그린 후 그 파형을 보고 수직축의 전압(Volt/Div) 값(수직축 1칸의 값을 나타냄)과 수평축의 시간(Time/Div) 값(수평축 1칸의 값을 나타냄)을 기록하고 파라미터 단자를 눌러 파라미터 값이 나타나도록 하여 감독관이 요구하는 파라미터의 값을 찾아 기록한다.

▣ 수직축의 전압(진폭) 값 Vp−p는 +피크(+최대값)와 −피크(−최대값)을 합하여 표시하는 것으로 대부분 Volt/Div 값은 1V~3.5V 전압은 0.5V/Div, 4V~7.5V 전압은 1V/Div로 맞추는 것이 좋다.

▣ 오실로스코프에서 파형이 빨리 나타나도록 하려면 오실로스코프의 수평축 칸수를 알고 있어야 한다. 현재의 오실로스코프는 중심에서 좌우로 6칸씩 12칸이 되지만 기능 검정 시험에서는 수평축이 10칸에 파형을 그리게 된다.

▣ 그러므로 주파수가 주어지면 먼저 그 주파수의 주기를 구한다. 그러면 10칸 안에 1주기 파형이 나타나는지, 1주기 반(1과 1/2) 파형이 나타나는지, 2주기 파형이 나타나는지를 계산할 수 있다.

▣ 파형은 1주기 파형 또는 1과 1/2주기 파형, 2주기 파형으로 나타내는 것이 좋다. Time/Div의 값을 변화시키면서 파형을 만든다.

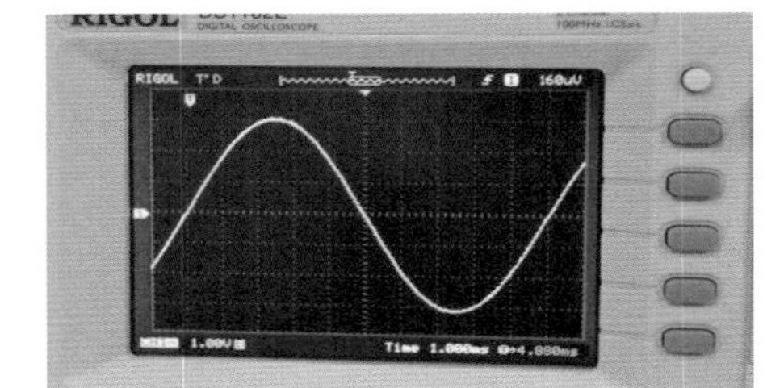

100Hz의 파형
• 1주기 파형/Time/Div: 1.0[ms]

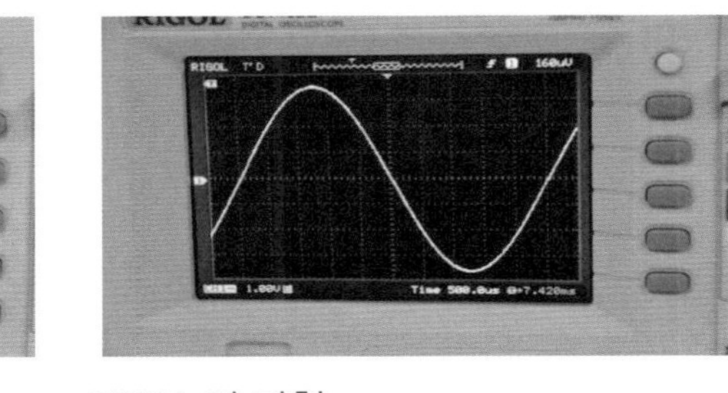

200Hz의 파형
• 1주기 파형/Time/Div: 500[μs]

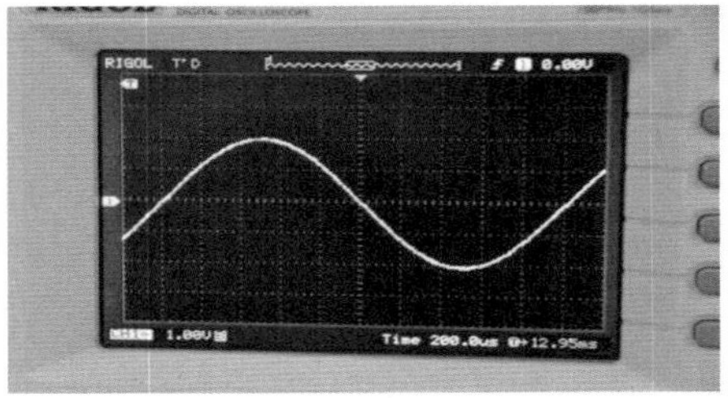

500Hz의 파형
• 1주기 파형/Time/Div: 500[μs]

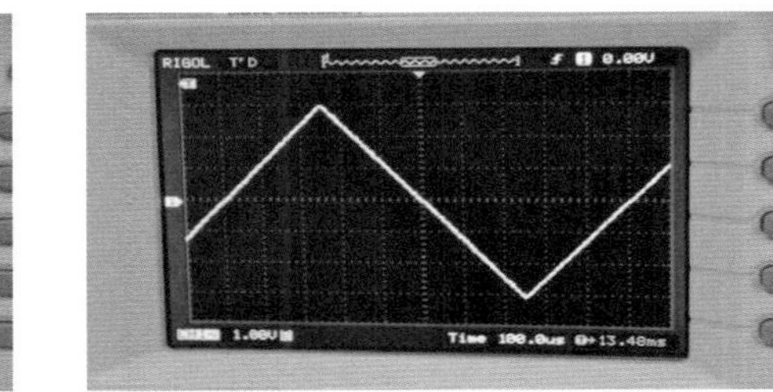

1kHz의 파형
• 1주기 파형/Time/Div: 100[μs]

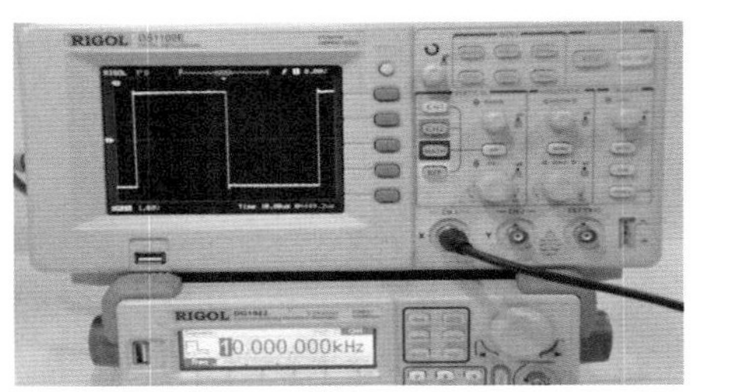

10kHz의 파형
• 1주기 파형/Time/Div: 10[μs]

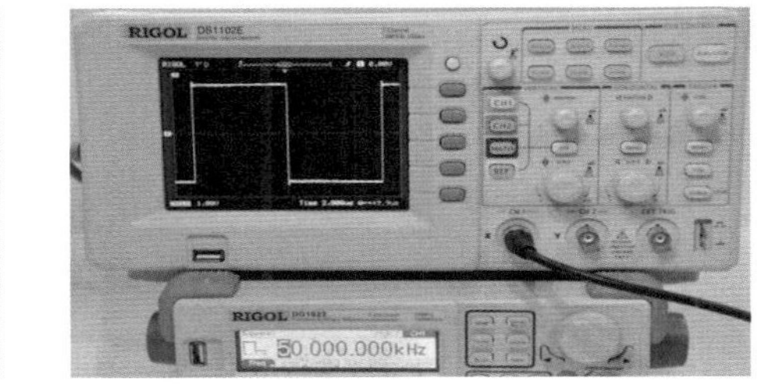

50kHz의 파형
• 1주기 파형/Time/Div: 2.0[μs]

■ 보통 1, 2, 5, 10의 배수 주파수는 수평축의 10칸과 Time/Div값 변화 등에 따라 10칸에 1주기 파형이 그려지게 된다.

■ 3으로 시작되는 주파수(3, 30, 300 등)는 10칸에 1주기 반(1과 1/2) 파형이 그려지게 된다.

■ 6으로 시작되는 주파수(6, 60, 600 등)는 10칸에 3주기 파형이 그려지게 된다.

■ 4로 시작되는 주파수(4, 40, 400 등)는 10칸에 2주기 파형이 그려지게 된다.

■ 8로 시작되는 주파수(8, 80, 800 등)는 10칸에 4주기 파형이 그려지게 된다.

■ 위에서 설명한 TIP을 잘 숙지하고 오실로스코프의 Time/Div 값을 조정할 때 주파수의 값에 따라 파형이 1주기 파형(주파수가 1, 2, 5, 10의 배수)으로 나타나게 할 것인지, 1주기 반 파형(3으로 시작되는 주파수)으로 나타나게 할 것인지, 2주기 파형(4로 시작하는 주파수)으로 나타나게 할 것인지를 알고 조정하면 빠르게 파형을 만들어 낼 수 있다.

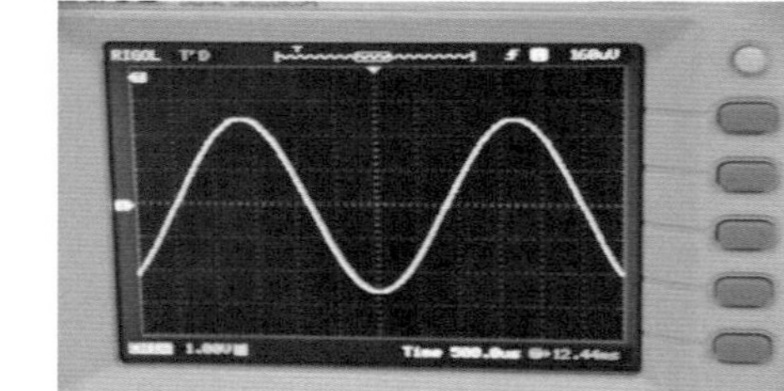

300Hz의 파형

- 1과 1/2주기 파형/Time/Div: 500[μs]

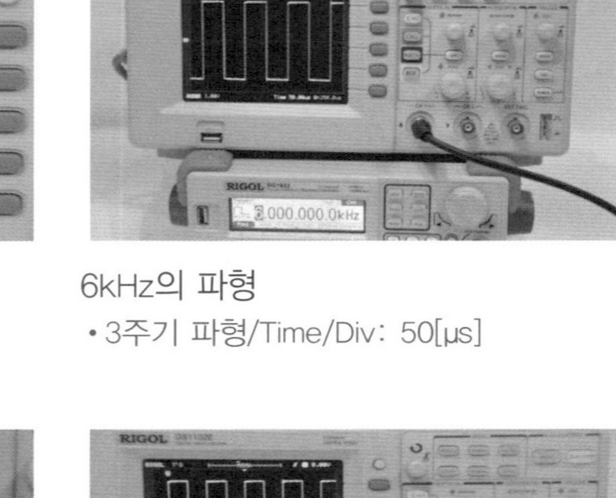

6kHz의 파형

- 3주기 파형/Time/Div: 50[μs]

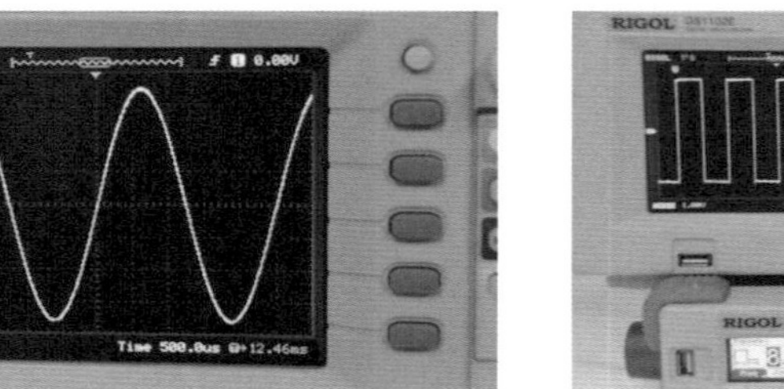

400Hz의 파형

- 2주기 파형/Time/Div: 500[μs]

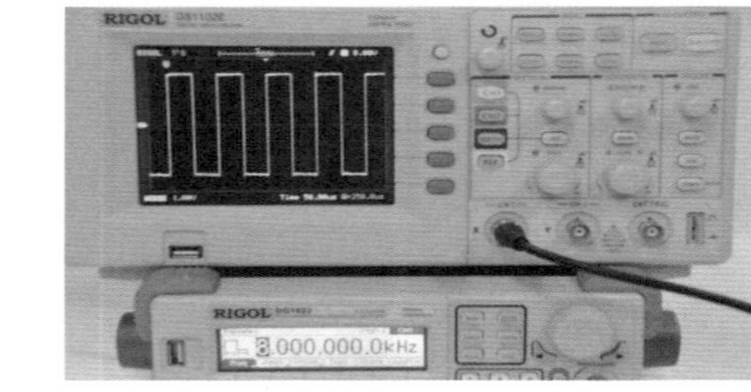

8kHz의 파형

- 4주기 파형/Time/Div: 50[μs]

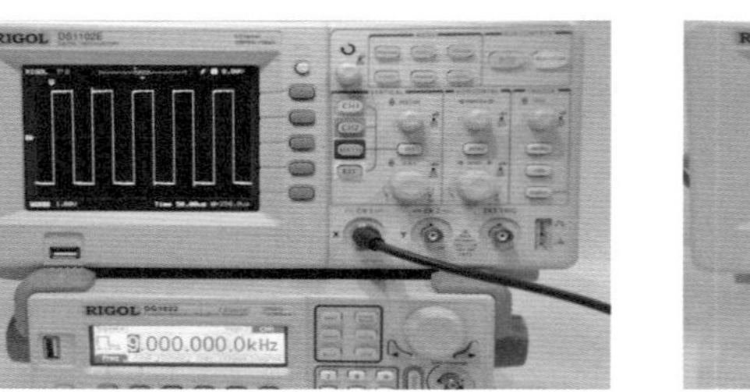

9kHz의 파형

- 4와 1/2주기 파형/Time/Div: 50[μs]

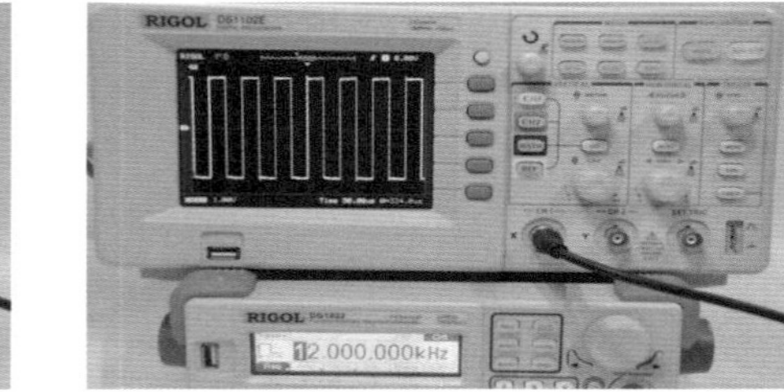

12kHz의 파형

- 6주기 파형/Time/Div: 50[μs]

7 주요 주파수의 주기 및 Time/Div값, 파형 표

■ 주요 주파수에 따른 주기 및 Time/Div 값과 파형의 수

주파수 f	주기(T=1/f)	Time/Div	비고(파형)
1[Hz]	1[s]	100[ms]	1주기 파형
10[Hz]	0.1[s]	10[ms]	1주기 파형
100[Hz]	0.01[s]	1[ms]	1주기 파형
200[Hz]	0.005[s]	500[μs]	1주기 파형
300[Hz]	0.0033[s]	500[μs]	1주기 반 파형
400[Hz]	0.0025[s]	500[μs]	2주기 파형
500[Hz]	0.002[s]	200[μs]	1주기 파형
600[Hz]	0.00166[s]	500[μs]	3주기 파형
800[Hz]	0.00125[s]	500[μs]	4주기 파형
900[Hz]	0.0011[s]	500[μs]	4주기 반 파형
1[kHz]	0.001[s]	100[μs]	1주기 파형
2[kHz]	0.5[ms]	50[μs]	1주기 파형

■ 주요 주파수에 따른 주기 및 Time/Div 값과 파형의 수

주파수 f	주기(T=1/f)	Time/Div	비고(파형)
3[kHz]	0.333[ms]	50[μs]	1주기 반 파형
4[kHz]	0.25[ms]	50[μs]	2주기 파형
5[kHz]	0.2[ms]	20[μs]	1주기 파형
6[kHz]	0.16[ms]	50[μs]	3주기 파형
8[kHz]	0.125[ms]	50[μs]	4주기 파형
9[kHz]	0.111[ms]	50[μs]	4주기 반 파형
10[kHz]	0.1[ms]	10[μs]	1주기 파형
20[kHz]	0.05[ms]	5[μs]	1주기 파형
30[kHz]	0.033[ms]	5[μs]	1주기 반 파형
40[kHz]	0.025[ms]	5[μs]	2주기 파형
50[kHz]	0.02[ms]	2[μs]	1주기 파형
100[kHz]	0.01[ms]	1[μs]	1주기 파형

부록

1 회로 스케치 답안지

2 회로 조립·제작 모범 조립 패턴도 답안지

3 응용 회로(회로도, 모범 조립 패턴도) 답안지

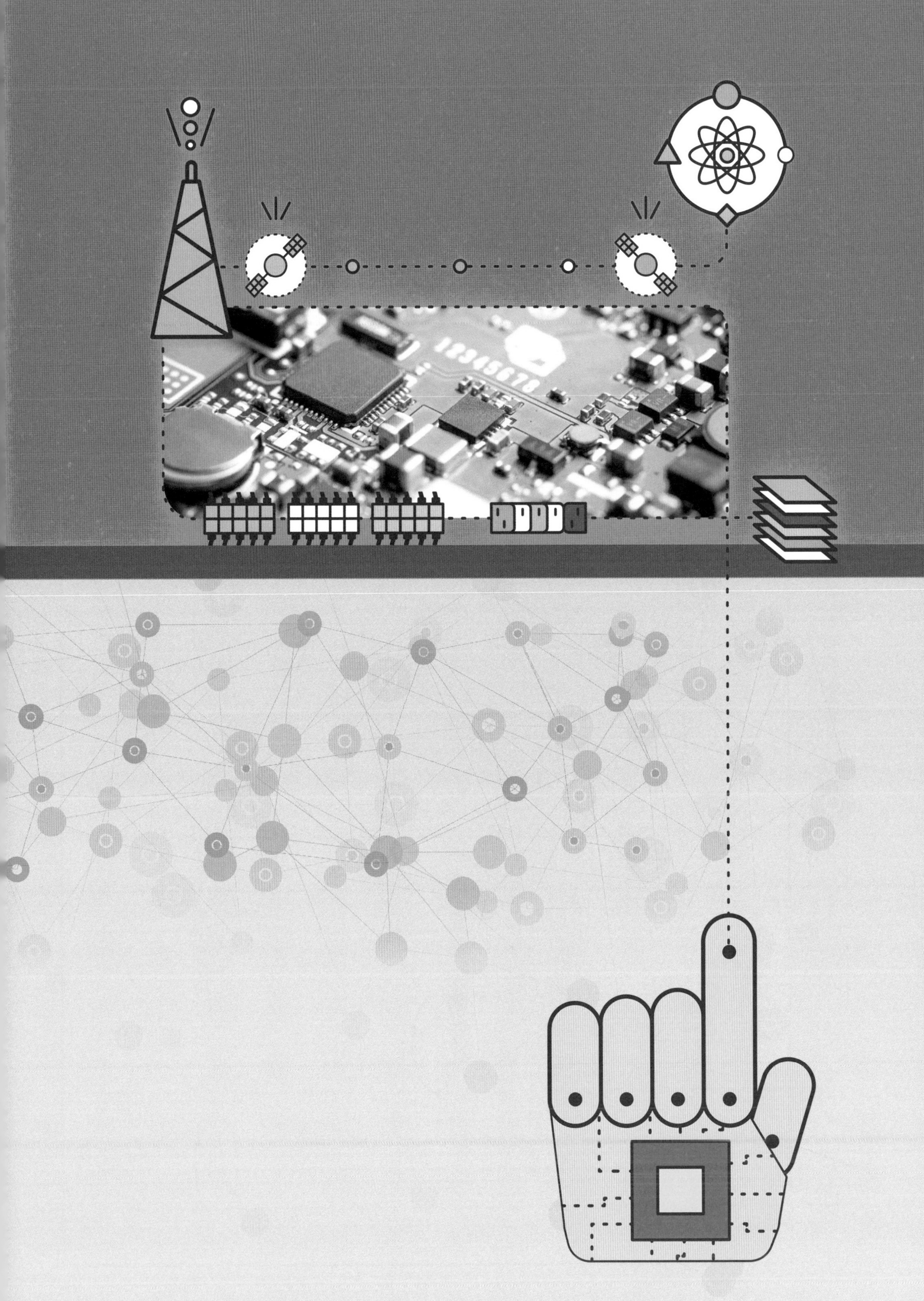
12345678

1 회로 스케치 답안지

전자기기 기능사	회로 스케치 과제 1(기본형)	모범 답안지 1-C

전자기기 기능사	회로 스케치 과제 2(좌우형)	모범 답안지 2-C

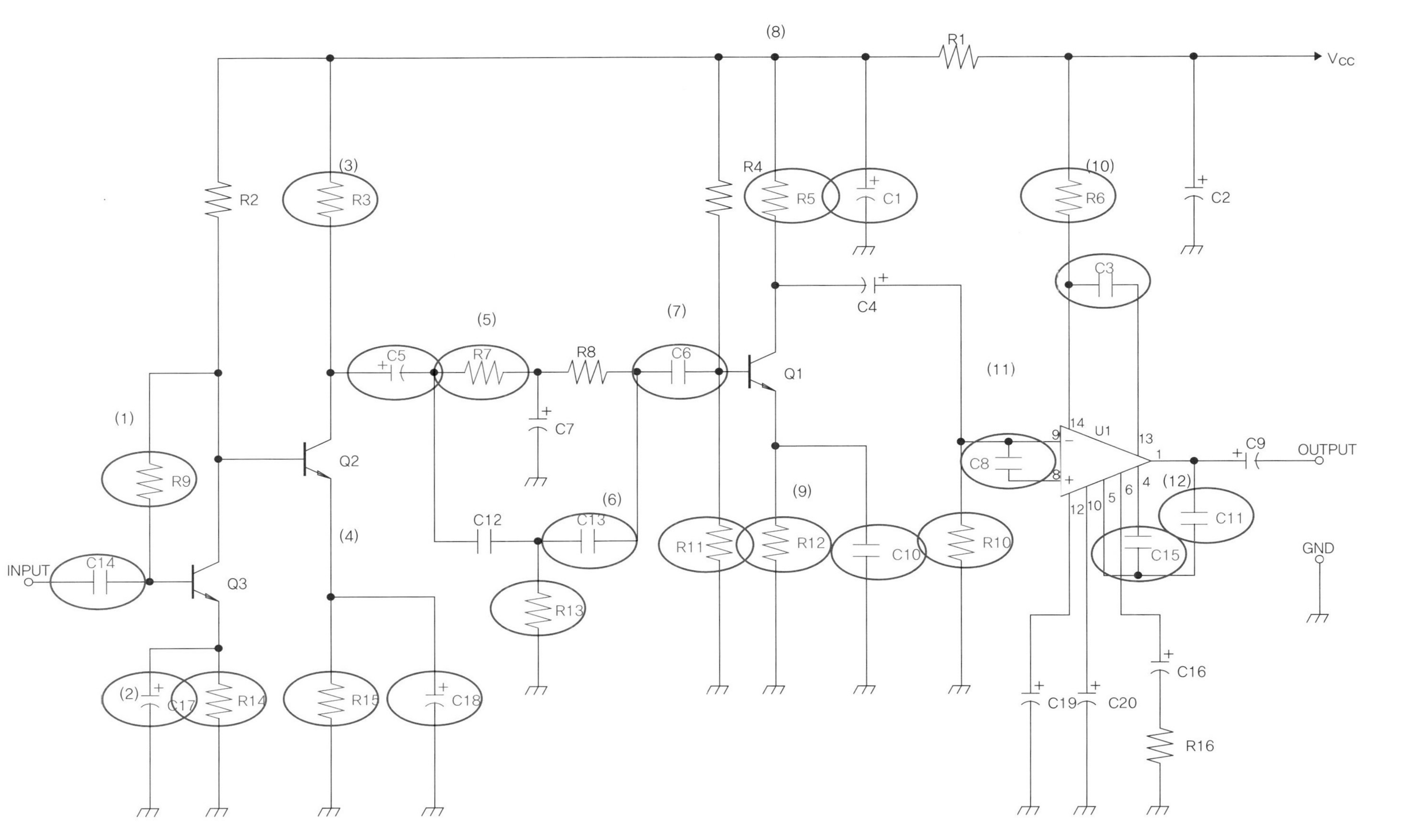

전자기기 기능사 | 회로 스케치 과제 3(기본형) | 모범 답안지 3-C

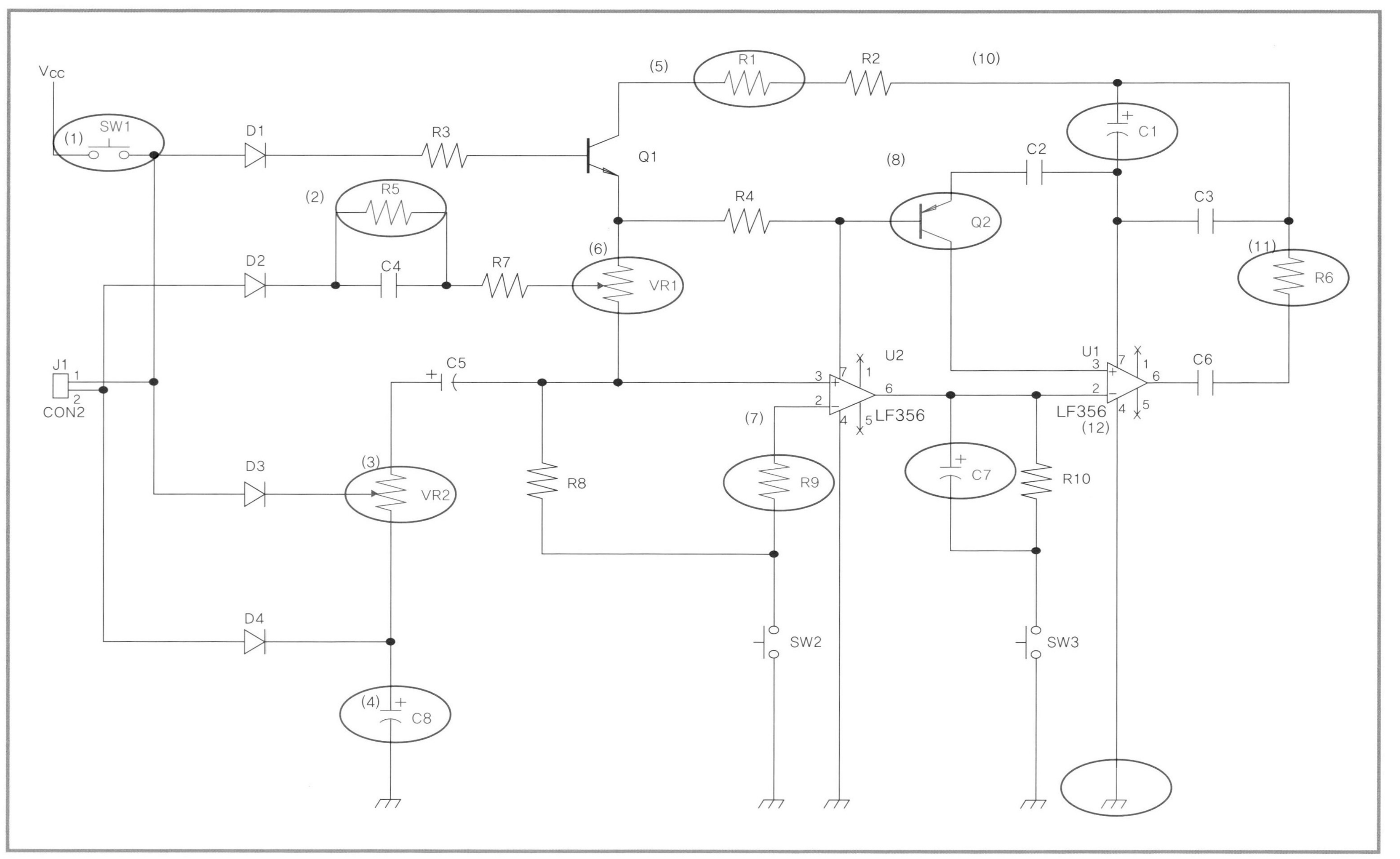

전자기기 기능사	회로 스케치 과제 4(좌우형)	모범 답안지 4-C

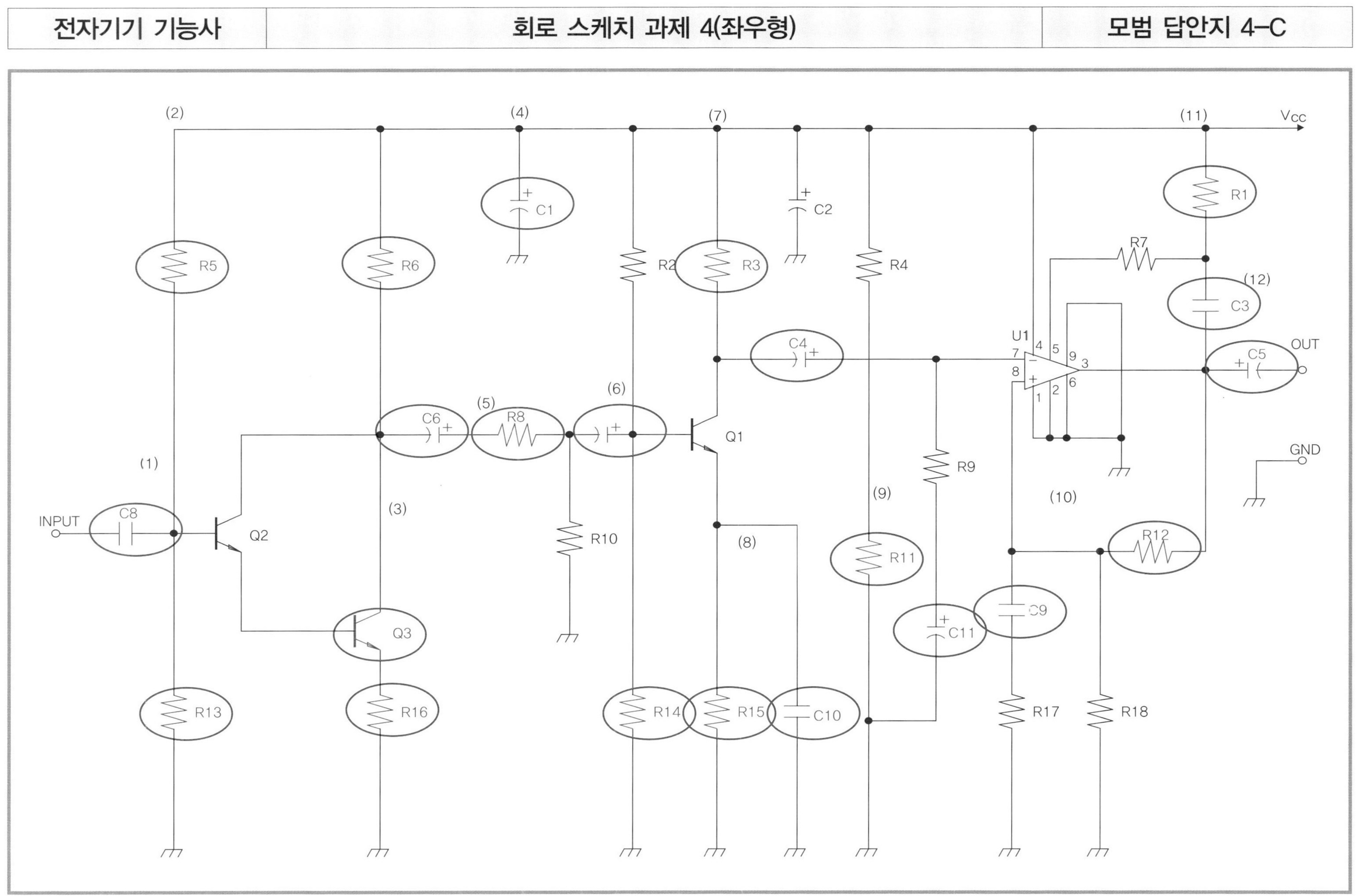

전자기기 기능사	회로 스케치 과제 5(기본형)	모범 답안지 5-C

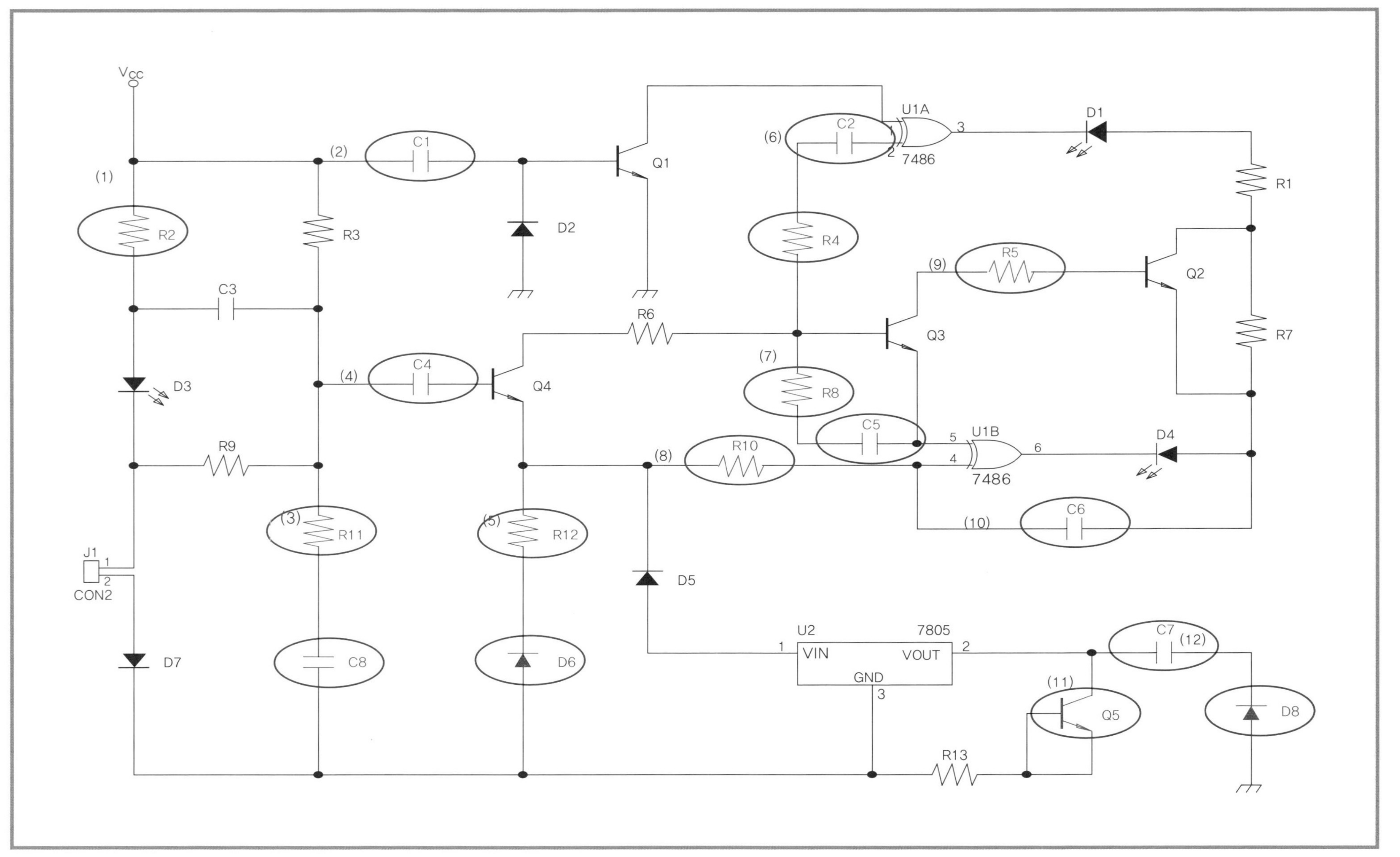

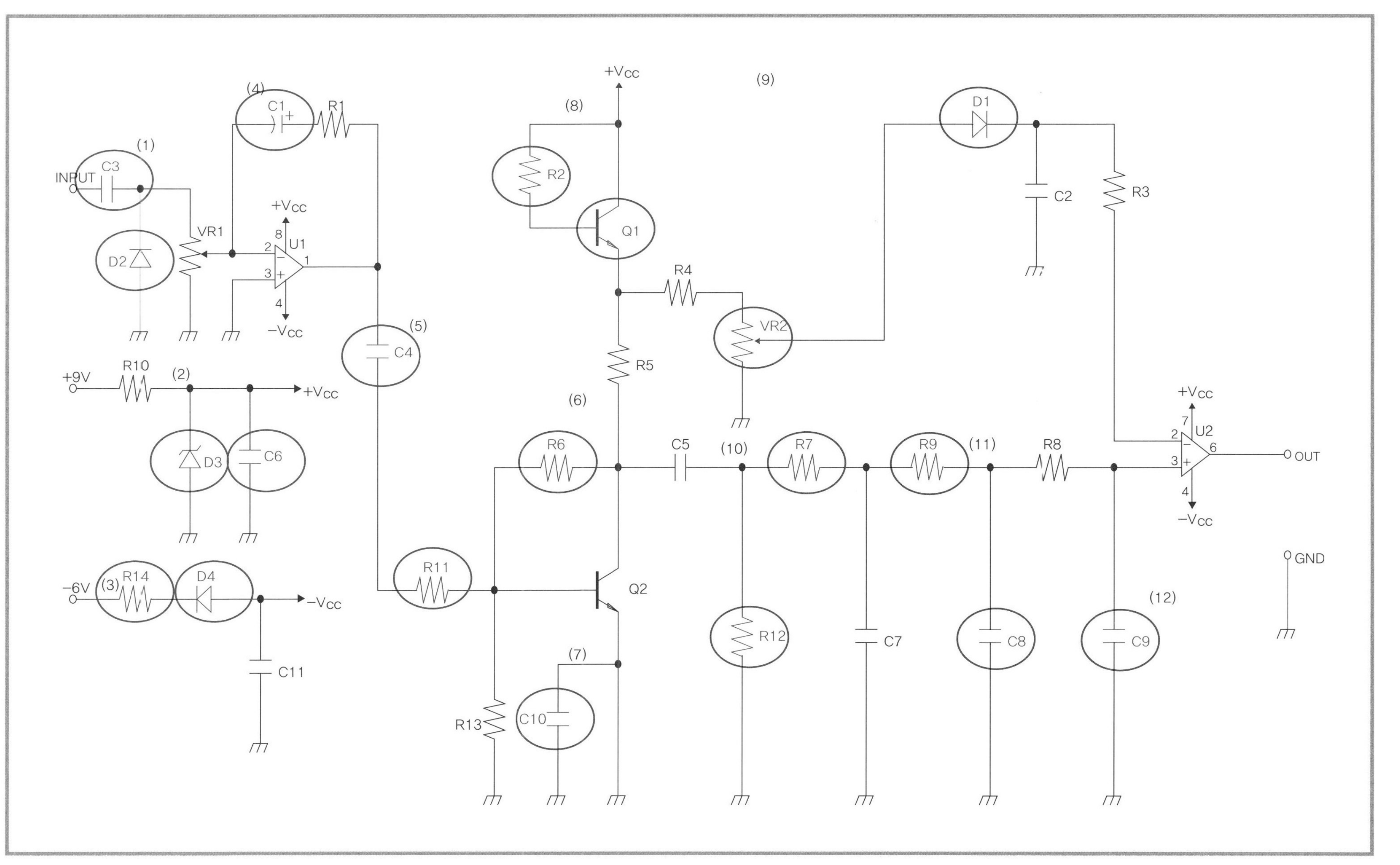
INPUT
C3
(1)
D2
VR1
(4)
C1
R1
+Vcc
U1
8
2
3
1
4
−Vcc
(5)
C4
+9V
R10
(2)
+Vcc
D3
C6
−6V
(3)
R14
D4
−Vcc
C11
+Vcc
(8)
R2
Q1
R4
VR2
R5
(6)
R6
R11
Q2
(7)
C10
R13
(9)
D1
C2
R3
C5
(10)
R7
R12
C7
R9
(11)
C8
R8
C9
(12)
+Vcc
U2
7
2
3
6
4
−Vcc
OUT
GND

전자기기 기능사	회로 스케치 과제 7(기본형)	모범 답안지 7-C

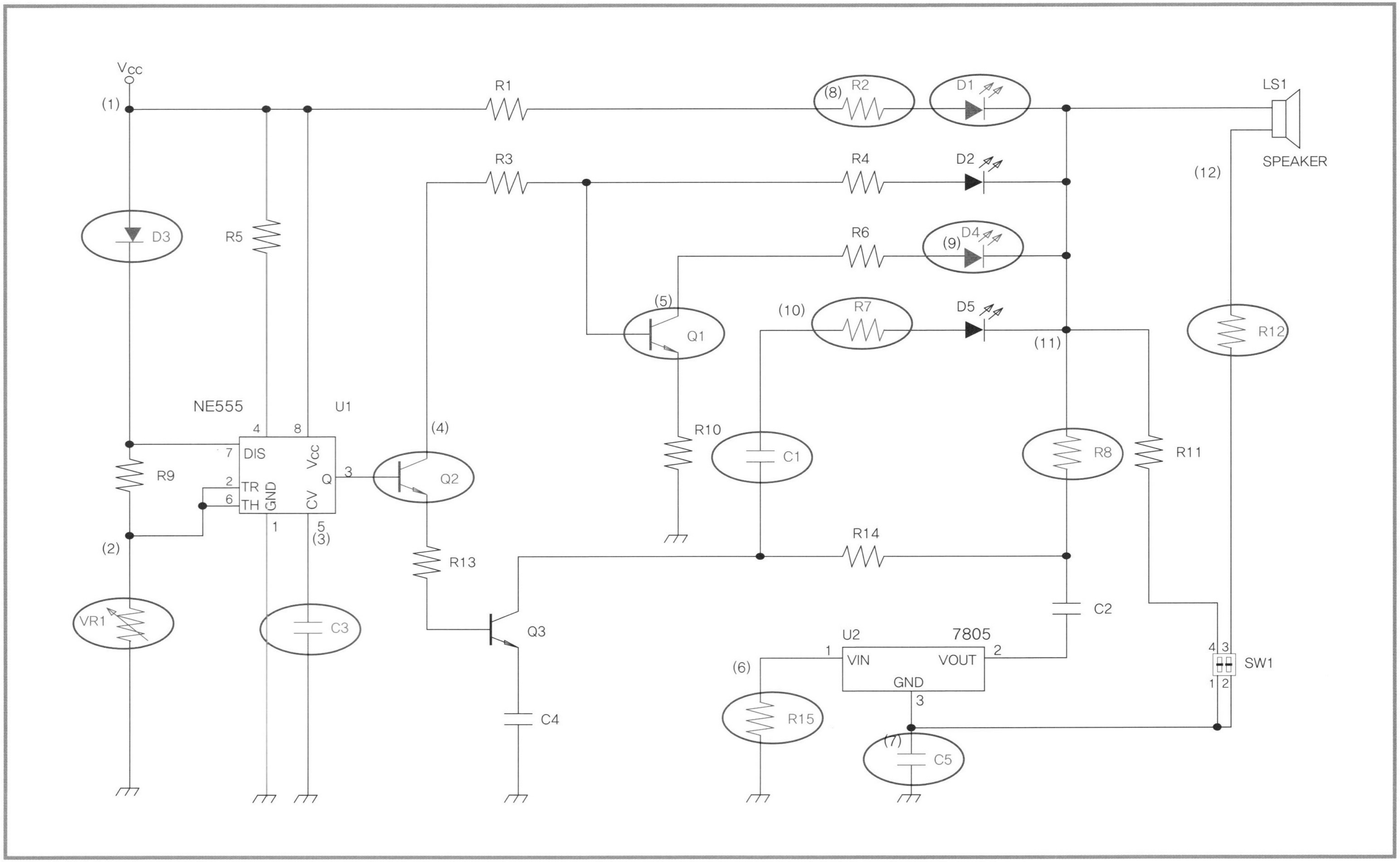

전자기기 기능사	회로 스케치 과제 8(기본형)	모범 답안지 8-C

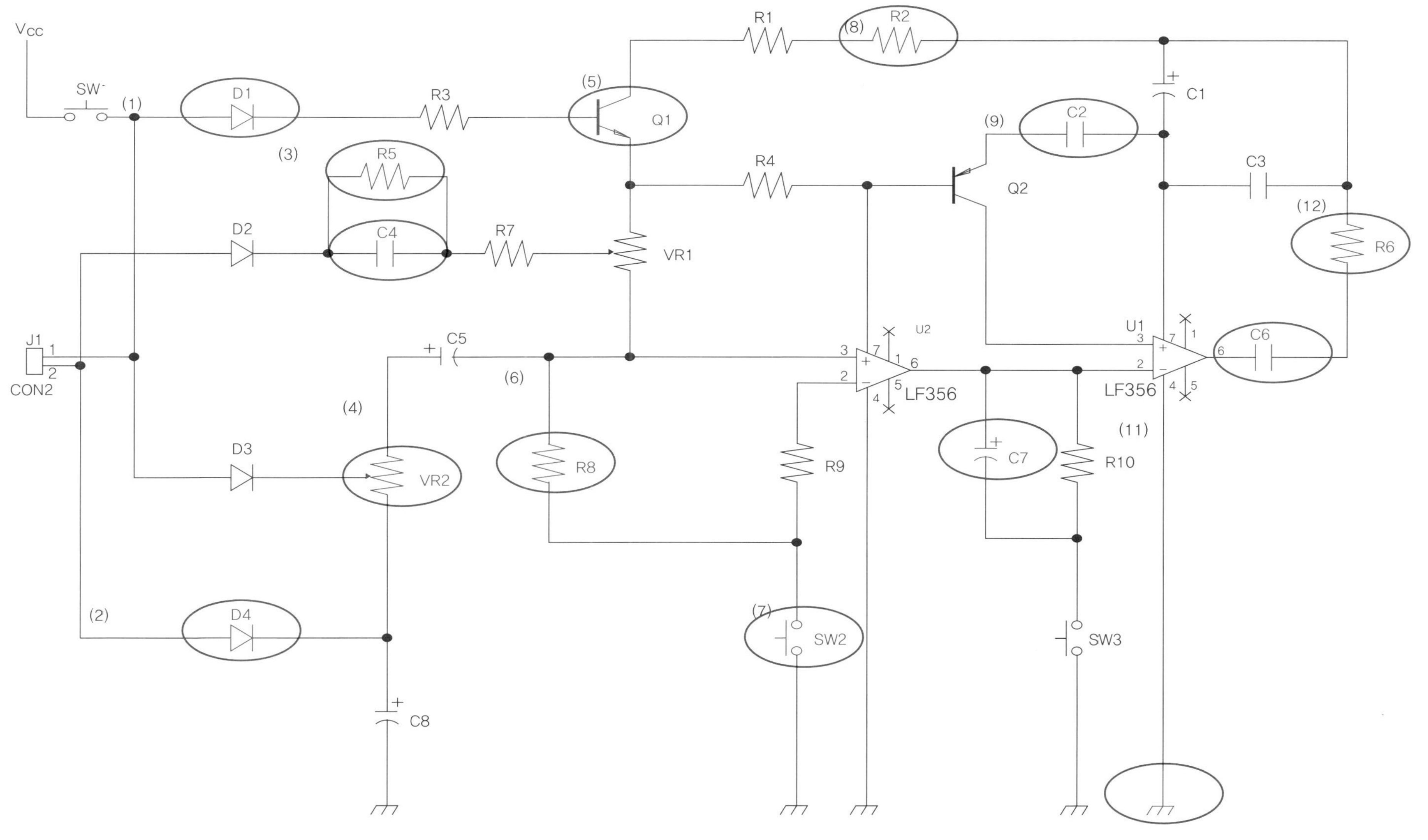

2 회로 조립 제작 — 모범 조립 패턴도 답안지

6진 디코더 회로 모범 조립 패턴도 1

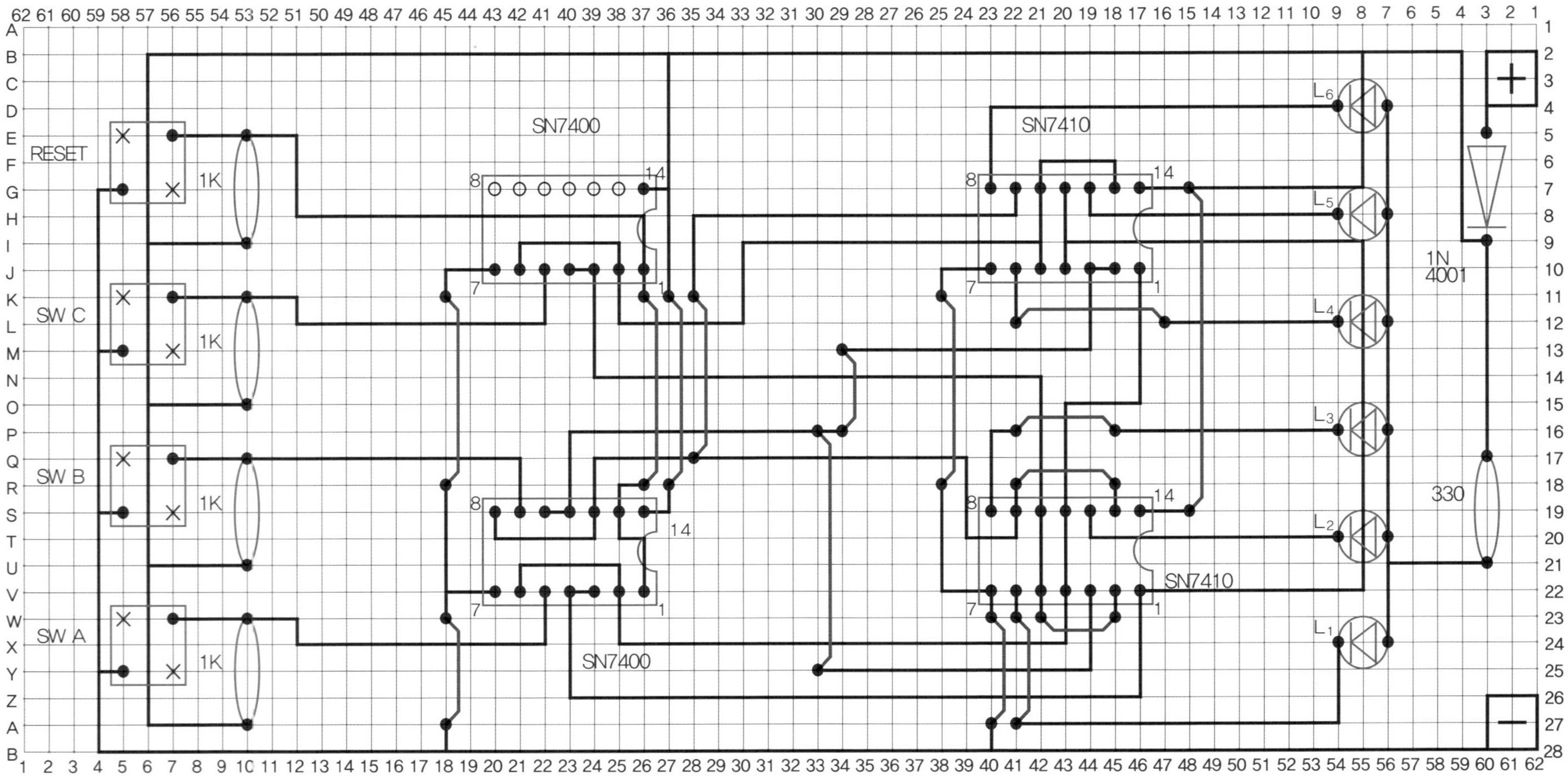

▶ 본 패턴도는 동박면(납땜면)을 기준으로 부품 배치를 하였으므로 부품 삽입 시 참고하여 삽입한다. (배선 납땜 시 매우 편리함)

※ 빨간(적)색의 부품과 파란(청)색의 점프선은 동박면(납땜면)이 아닌 반대편의 부품면(플라스틱면)에서 삽입된다는 것을 유의한다.

▶ 배선 납땜 시 접속점, 꺾어지는 점, 두 구멍마다(한 칸 건너서) 납땜하는 것을 원칙으로 한다.

납땜이 연속으로 이어지는 경우는 두 구멍을 건너서 납땜을 하여도 괜찮다.

▶ 테스트 포인트 (TP포인트)는 부품면 쪽에서 단선(피복 처리–끝부분 피복 벗겨냄)으로 처리하면 측정 시 매우 편리하다.

6진 디코더 회로 모범 조립 패턴도 2 — 백지(A4 용지) 스케치용

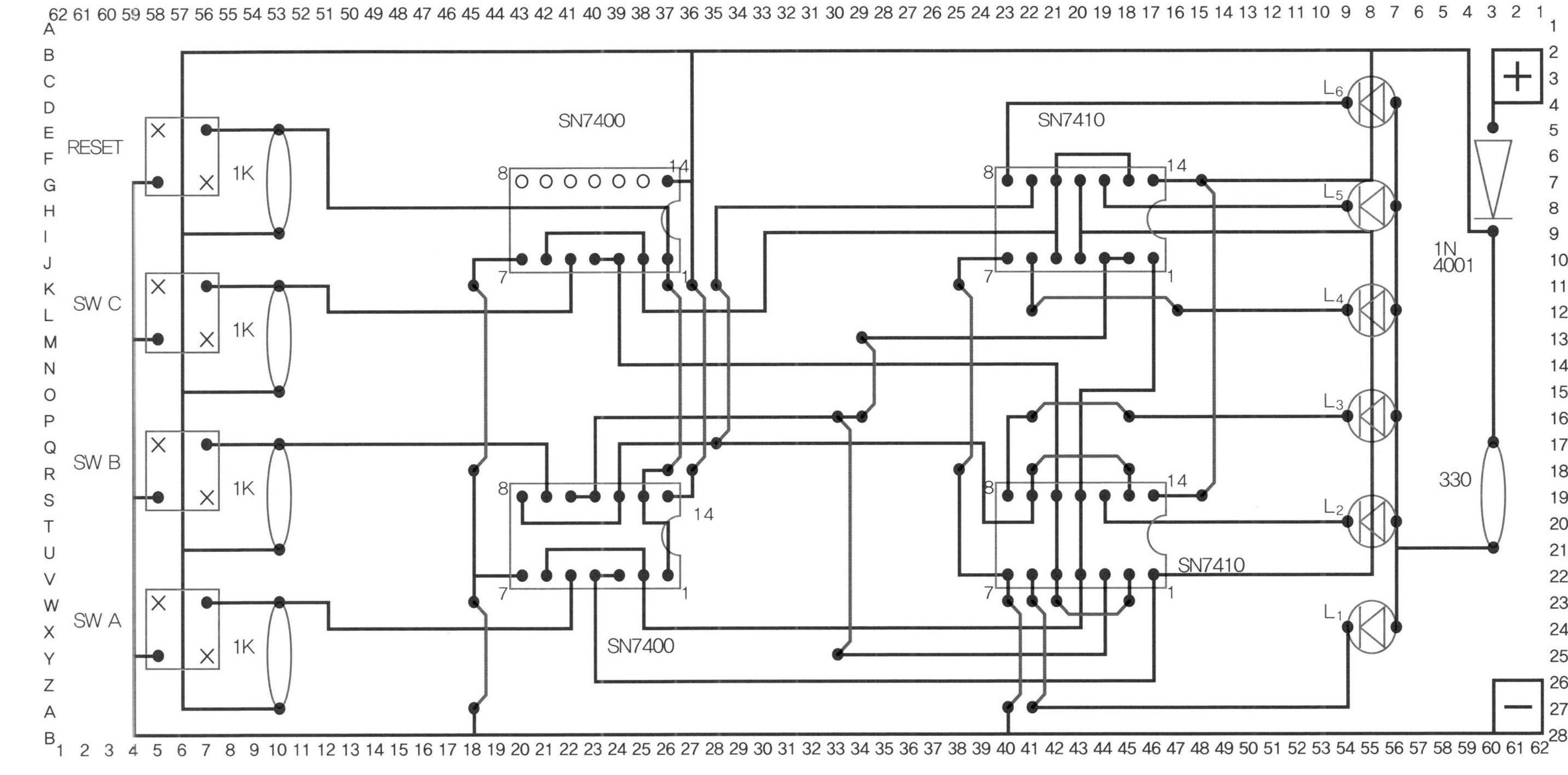

▶ 본 패턴도는 동박면(납땜면)을 기준으로 부품 배치를 하였으므로 부품 삽입 시 참고하여 삽입한다. (배선 납땜 시 매우 편리함)
※빨간(적)색의 부품과 파란(청)색의 점프선은 동박면(납땜면)이 아닌 반대편의 부품면(플라스틱면)에서 삽입된다는 것을 유의한다.

인코더 / 디코더 회로 모범 조립 패턴도 1

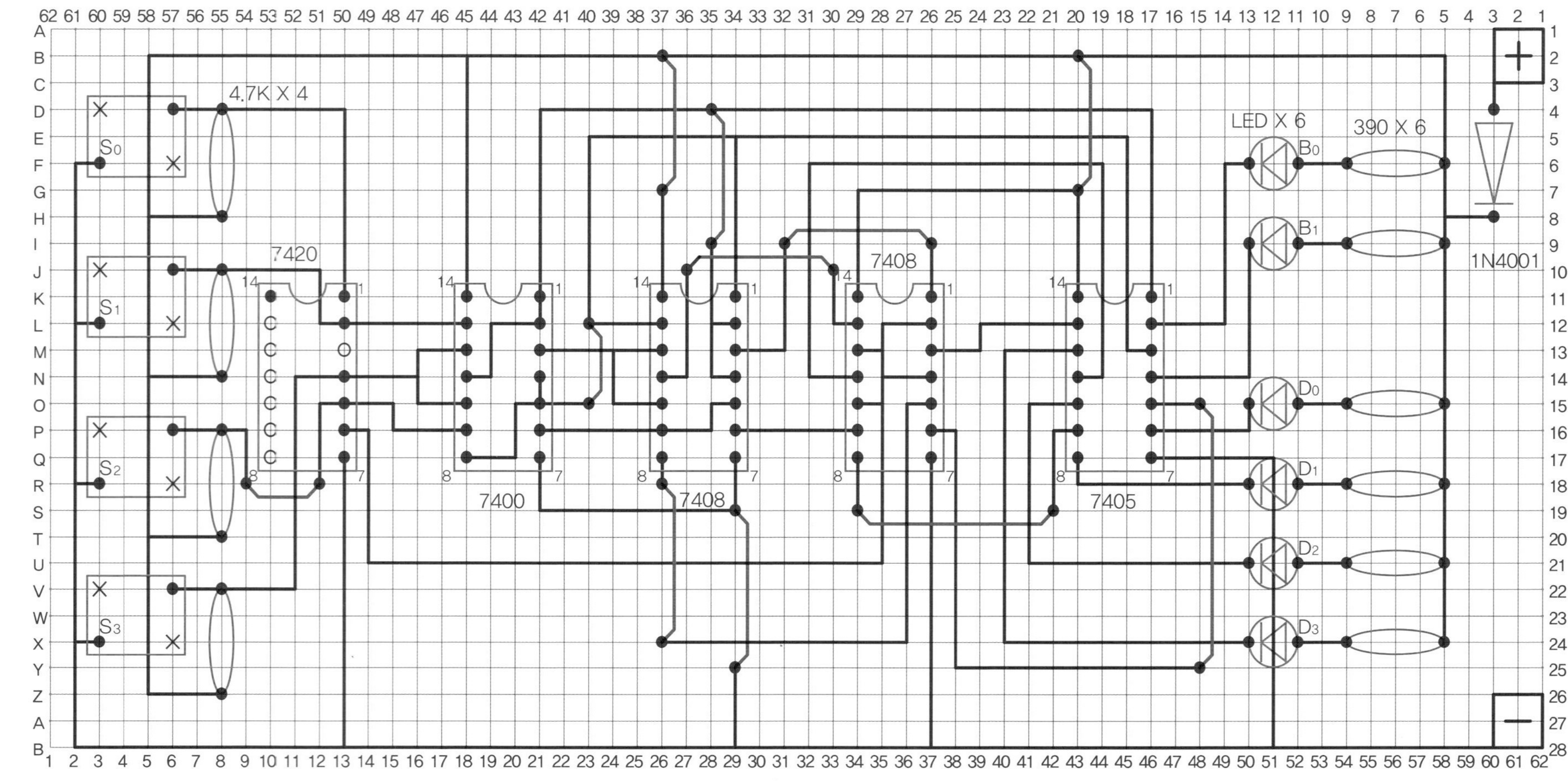

▶ 본 패턴도는 동박면(납땜면)을 기준으로 부품 배치를 하였으므로 부품 삽입 시 참고하여 삽입한다. (배선 납땜 시 매우 편리함)

※ 빨간(적)색의 부품과 파란(청)색의 점프선은 동박면(납땜면)이 아닌 반대편의 부품면(플라스틱면)에서 삽입된다는 것을 유의한다.

▶ 배선 납땜 시 접속점, 꺾어지는 점, 두 구멍마다(한 칸 건너서) 납땜하는 것을 원칙으로 한다.

납땜이 연속으로 이어지는 경우는 두 구멍을 건너서 납땜을 하여도 괜찮다.

▶ 테스트 포인트 (TP포인트)는 부품면 쪽에서 단선(피복 처리－끝부분 피복 벗겨냄)으로 처리하면 측정 시 매우 편리하다.

인코더 / 디코더 회로 모범 조립 패턴도 2 — 백지(A4 용지) 스케치용

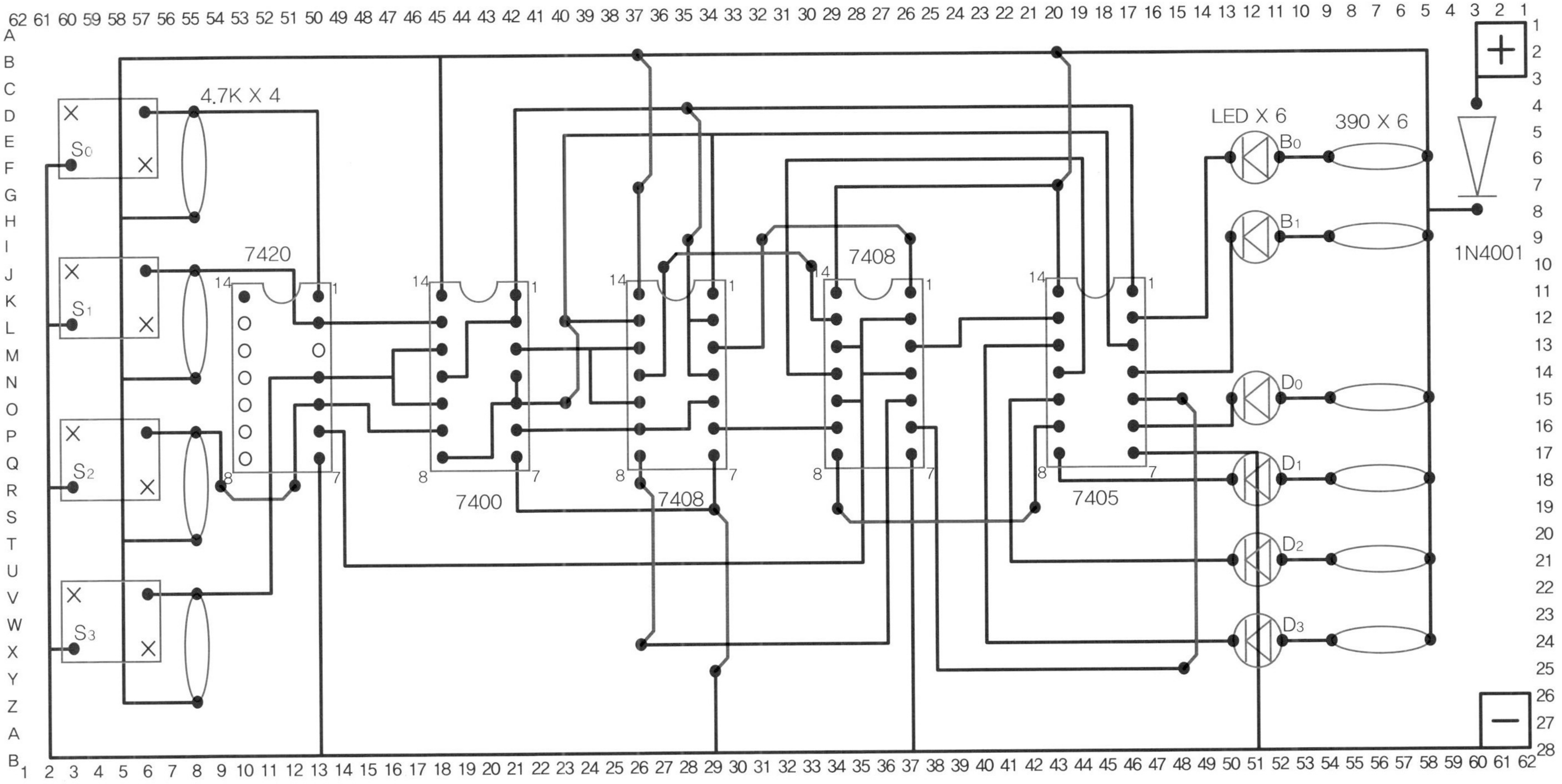

▶ 본 패턴도는 동박면(납땜면)을 기준으로 부품 배치를 하였으므로 부품 삽입 시 참고하여 삽입한다. (배선 납땜 시 매우 편리함)

※빨간(적)색의 부품과 파란(청)색의 점프선은 동박면(납땜면)이 아닌 반대편의 부품면(플라스틱면)에서 삽입된다는 것을 유의한다.

10진 계수기 회로 모범 조립 패턴도 1

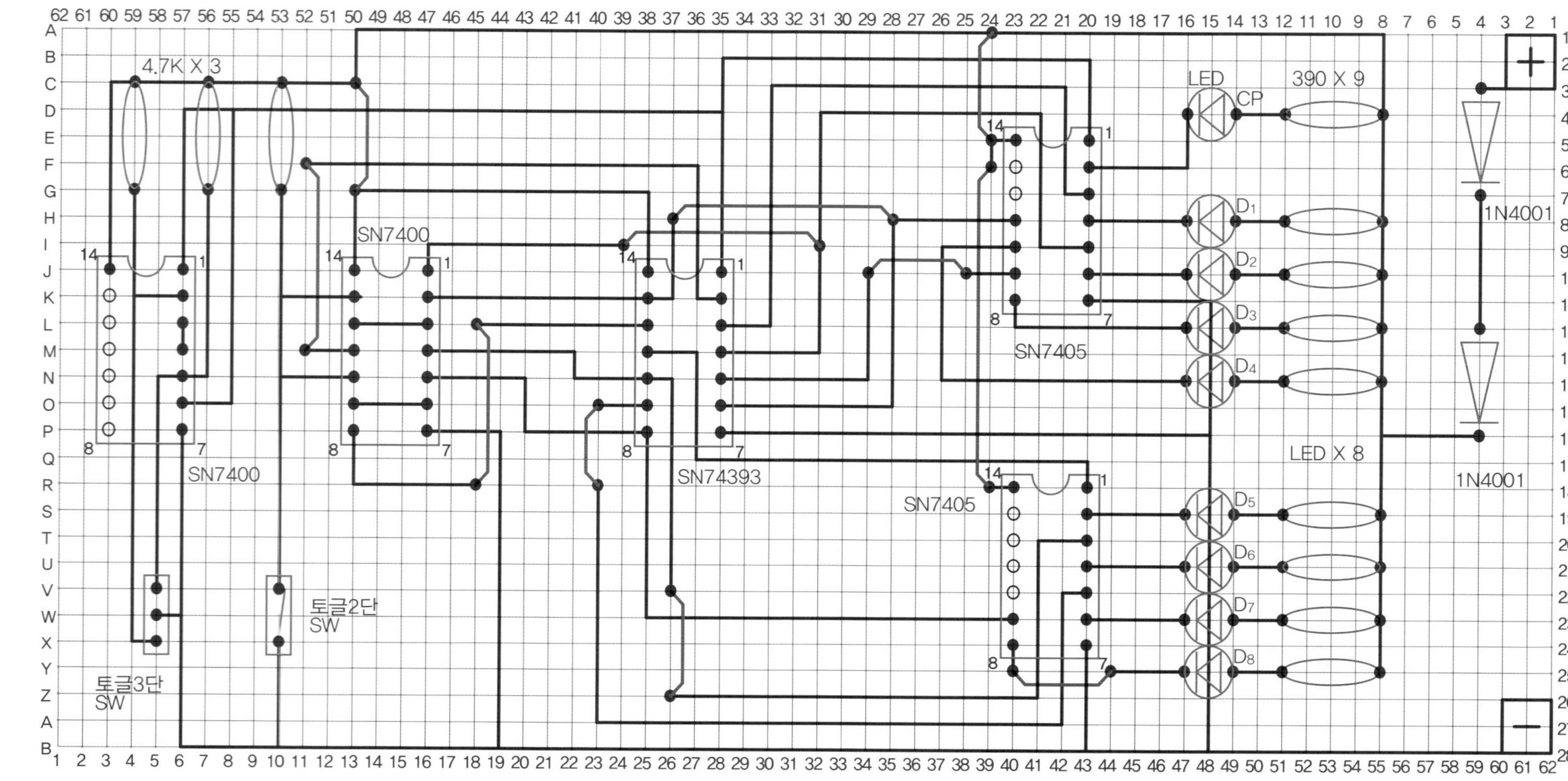

▶ 본 패턴도는 동박면(납땜면)을 기준으로 부품 배치를 하였으므로 부품 삽입 시 참고하여 삽입한다. (배선 납땜 시 매우 편리함)

※ 빨간(적)색의 부품과 파란(청)색의 점프선은 동박면(납땜면)이 아닌 반대편의 부품면(플라스틱면)에서 삽입된다는 것을 유의한다.

▶ 배선 납땜 시 접속점, 꺾어지는 점, 두 구멍마다(한 칸 건너서) 납땜하는 것을 원칙으로 한다.

납땜이 연속으로 이어지는 경우는 두 구멍을 건너서 납땜을 하여도 괜찮다.

▶ 테스트 포인트 (TP포인트)는 부품면 쪽에서 단선(피복 처리−끝부분 피복 벗겨냄)으로 처리하면 측정 시 매우 편리하다.

10진 계수기 회로 모범 조립 패턴도 2 — 백지(A4 용지) 스케치용

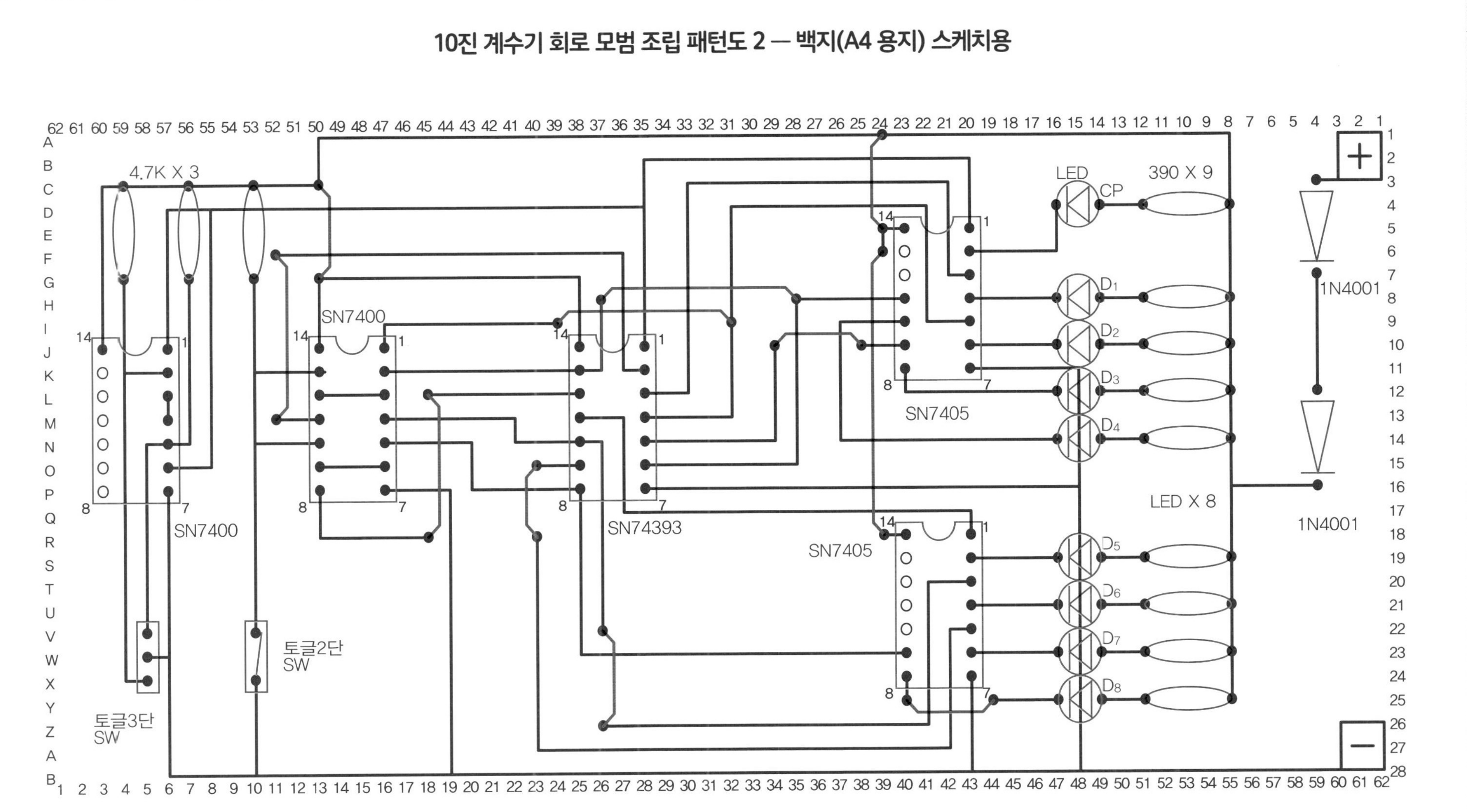

▶ 본 패턴도는 동박면(납땜면)을 기준으로 부품 배치를 하였으므로 부품 삽입 시 참고하여 삽입한다. (배선 납땜 시 매우 편리함)

※빨간(적)색의 부품과 파란(청)색의 점프선은 동박면(납땜면)이 아닌 반대편의 부품면(플라스틱면)에서 삽입된다는 것을 유의한다.

계수 판별기 회로 모범 조립 패턴도 1

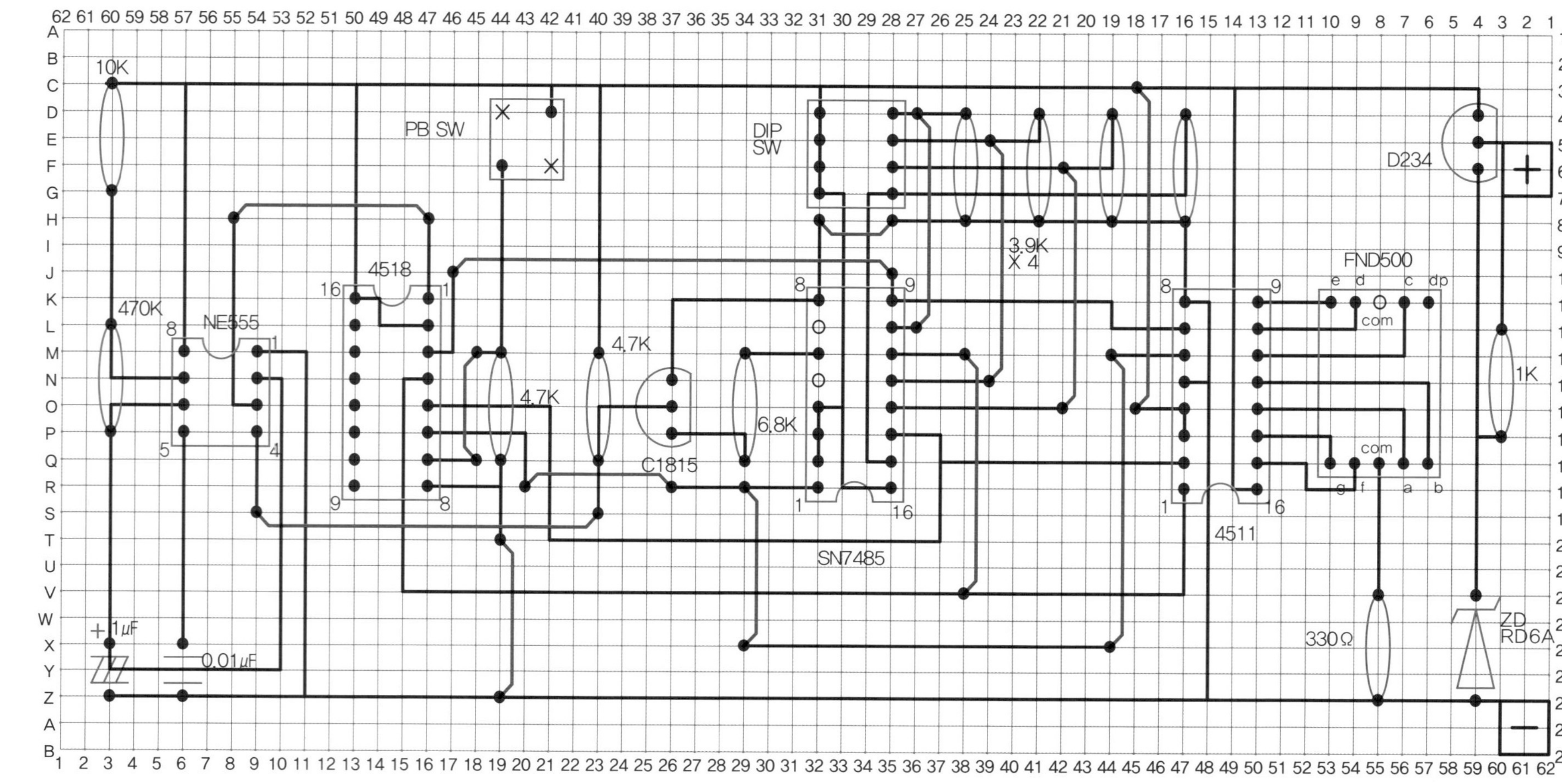

▶ 본 패턴도는 동박면(납땜면)을 기준으로 부품 배치를 하였으므로 부품 삽입 시 참고하여 삽입한다. (배선 납땜 시 매우 편리함)

※ 빨간(적)색의 부품과 파란(청)색의 점프선은 동박면(납땜면)이 아닌 반대편의 부품면(플라스틱면)에서 삽입된다는 것을 유의한다.

▶ 배선 납땜 시 접속점, 꺾어지는 점, 두 구멍마다(한 칸 건너서) 납땜하는 것을 원칙으로 한다.

납땜이 연속으로 이어지는 경우는 두 구멍을 건너서 납땜을 하여도 괜찮다.

▶ 테스트 포인트 (TP포인트)는 부품면 쪽에서 단선(피복 처리–끝부분 피복 벗겨냄)으로 처리하면 측정 시 매우 편리하다.

계수 판별기 회로 모범 조립 패턴도 2 ― 백지(A4 용지) 스케치용

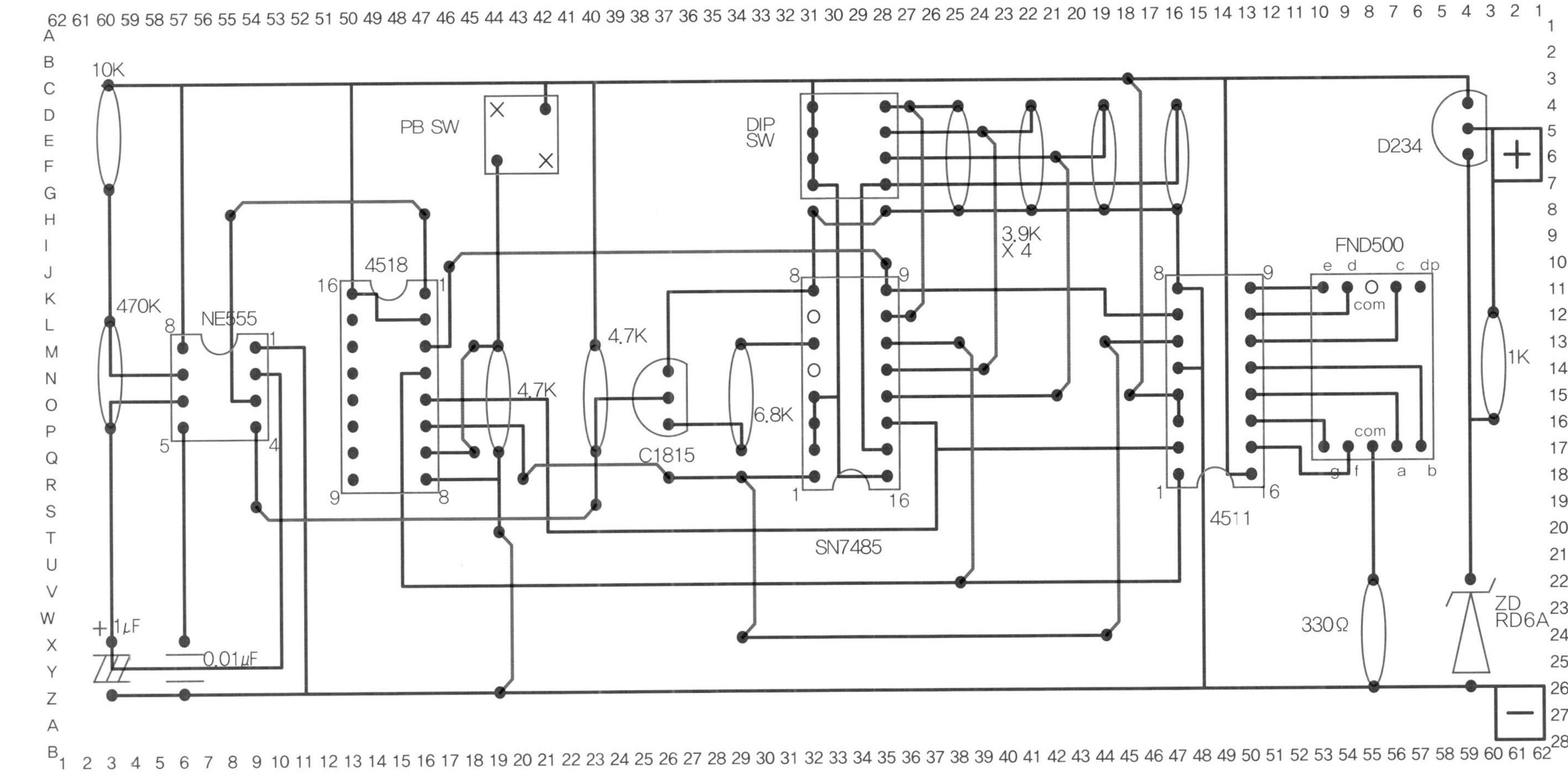

▶ 본 패턴도는 동박면(납땜면)을 기준으로 부품 배치를 하였으므로 부품 삽입 시 참고하여 삽입한다. (배선 납땜 시 매우 편리함)

※빨간(적)색의 부품과 파란(청)색의 점프선은 동박면(납땜면)이 아닌 반대편의 부품면(플라스틱면)에서 삽입된다는 것을 유의한다.

빛 차단 5진 계수 정지 회로 모범 조립 패턴도 1

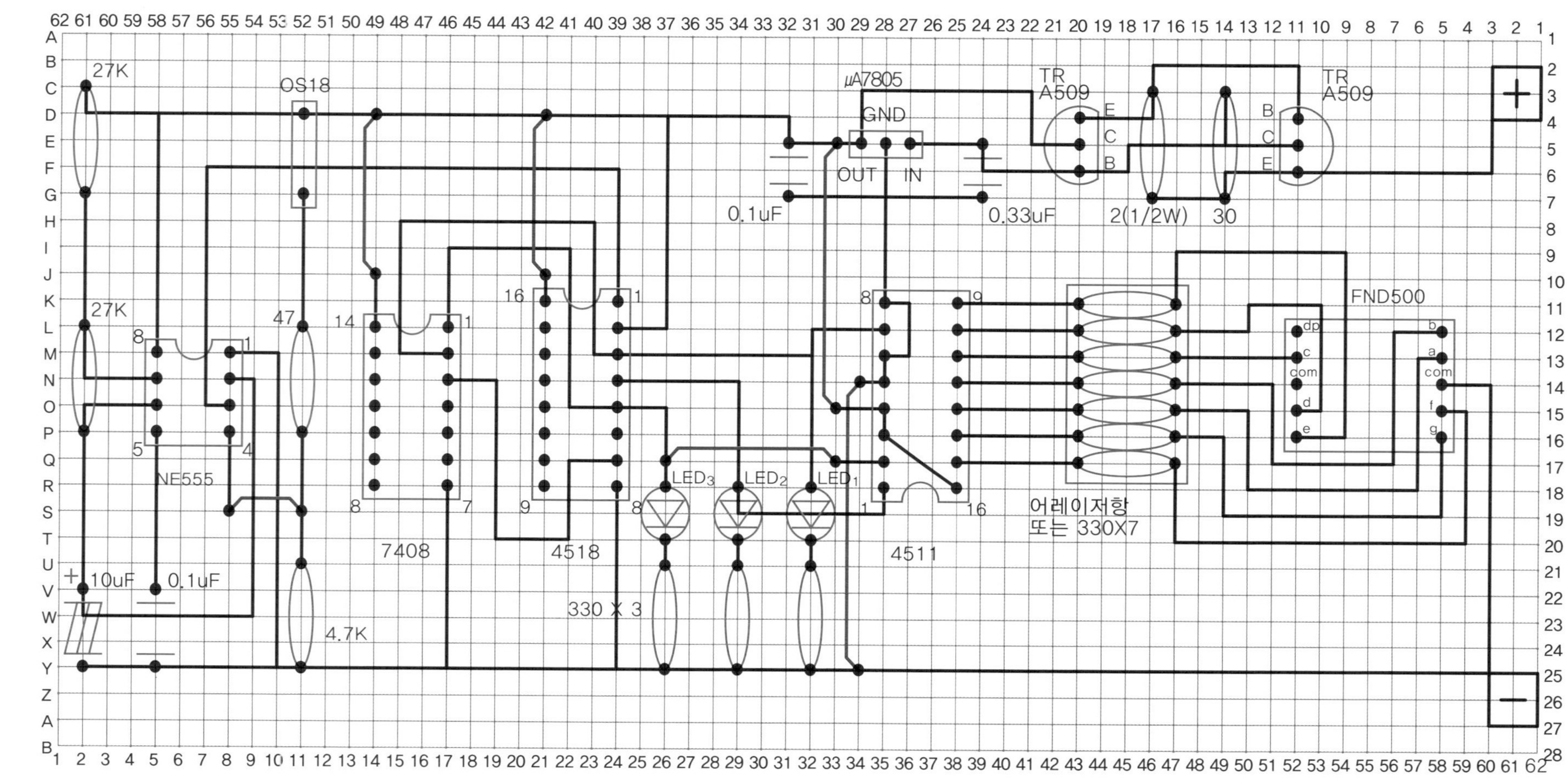

▶ 본 패턴도는 동박면(납땜면)을 기준으로 부품 배치를 하였으므로 부품 삽입 시 참고하여 삽입한다. (배선 납땜 시 매우 편리함)

※ 빨간(적)색의 부품과 파란(청)색의 점프선은 동박면(납땜면)이 아닌 반대편의 부품면(플라스틱면)에서 삽입된다는 것을 유의한다.

▶ 배선 납땜 시 접속점, 꺾어지는 점, 두 구멍마다(한 칸 건너서) 납땜하는 것을 원칙으로 한다.

납땜이 연속으로 이어지는 경우는 두 구멍을 건너서 납땜을 하여도 괜찮다.

▶ 테스트 포인트 (TP포인트)는 부품면 쪽에서 단선(피복 처리–끝부분 피복 벗겨냄)으로 처리하면 측정 시 매우 편리하다.

빛 차단 5진 계수 정지 회로 모범 조립 패턴도 2 — 백지(A4 용지) 스케치용

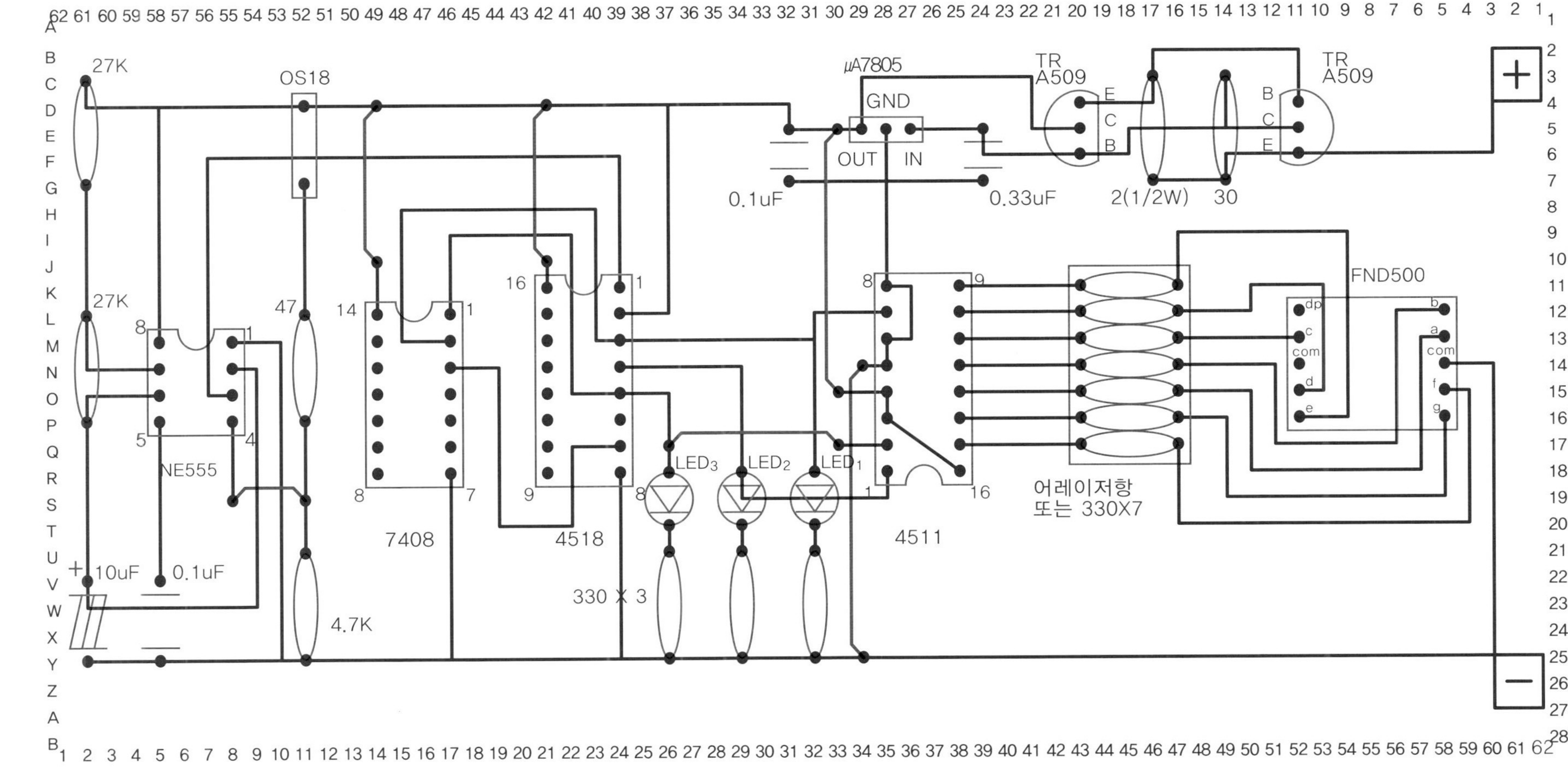

▶ 본 패턴도는 동박면(납땜면)을 기준으로 부품 배치를 하였으므로 부품 삽입 시 참고하여 삽입한다. (배선 납땜 시 매우 편리함)

※빨간(적)색의 부품과 파란(청)색의 점프선은 동박면(납땜면)이 아닌 반대편의 부품면(플라스틱면)에서 삽입된다는 것을 유의한다.

99진 계수기 회로 모범 조립 패턴도 1

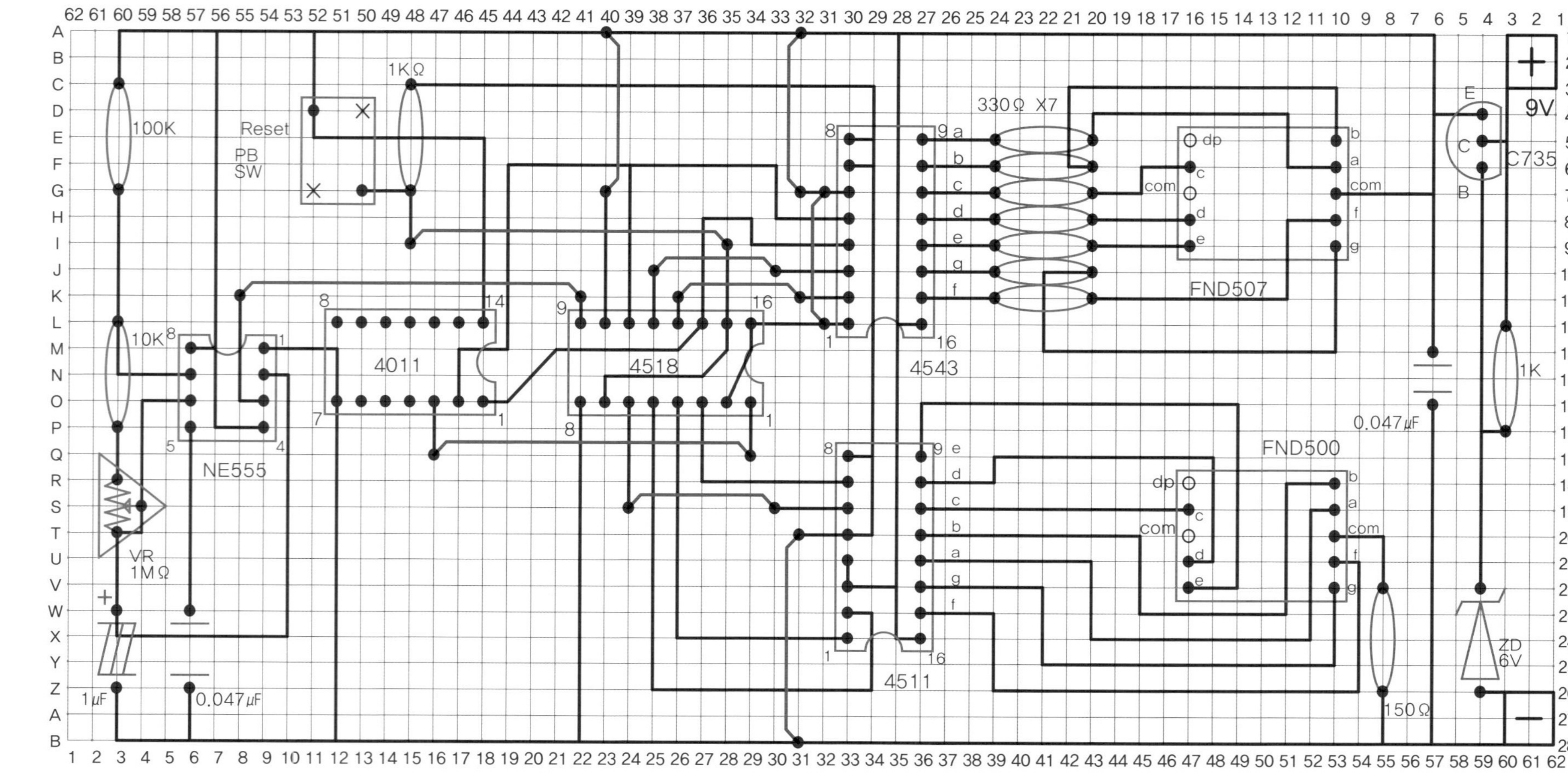

▶ 본 패턴도는 동박면(납땜면)을 기준으로 부품 배치를 하였으므로 부품 삽입 시 참고하여 삽입한다. (배선 납땜 시 매우 편리함)

※ 빨간(적)색의 부품과 파란(청)색의 점프선은 동박면(납땜면)이 아닌 반대편의 부품면(플라스틱면)에서 삽입된다는 것을 유의한다.

▶ 배선 납땜 시 접속점, 꺾어지는 점, 두 구멍마다(한 칸 건너서) 납땜하는 것을 원칙으로 한다.

납땜이 연속으로 이어지는 경우는 두 구멍을 건너서 납땜을 하여도 괜찮다.

▶ 테스트 포인트 (TP포인트)는 부품면 쪽에서 단선(피복 처리–끝부분 피복 벗겨냄)으로 처리하면 측정 시 매우 편리하다.

99진 계수기 회로 모범 조립 패턴도 2 — 백지(A4 용지) 스케치용

▶ 본 패턴도는 동박면(납땜면)을 기준으로 부품 배치를 하였으므로 부품 삽입 시 참고하여 삽입한다. (배선 납땜 시 매우 편리함)

※빨간(적)색의 부품과 파란(청)색의 점프선은 동박면(납땜면)이 아닌 반대편의 부품면(플라스틱면)에서 삽입된다는 것을 유의한다.

빛에 의한 업-다운 카운터 회로 모범 조립 패턴도 1

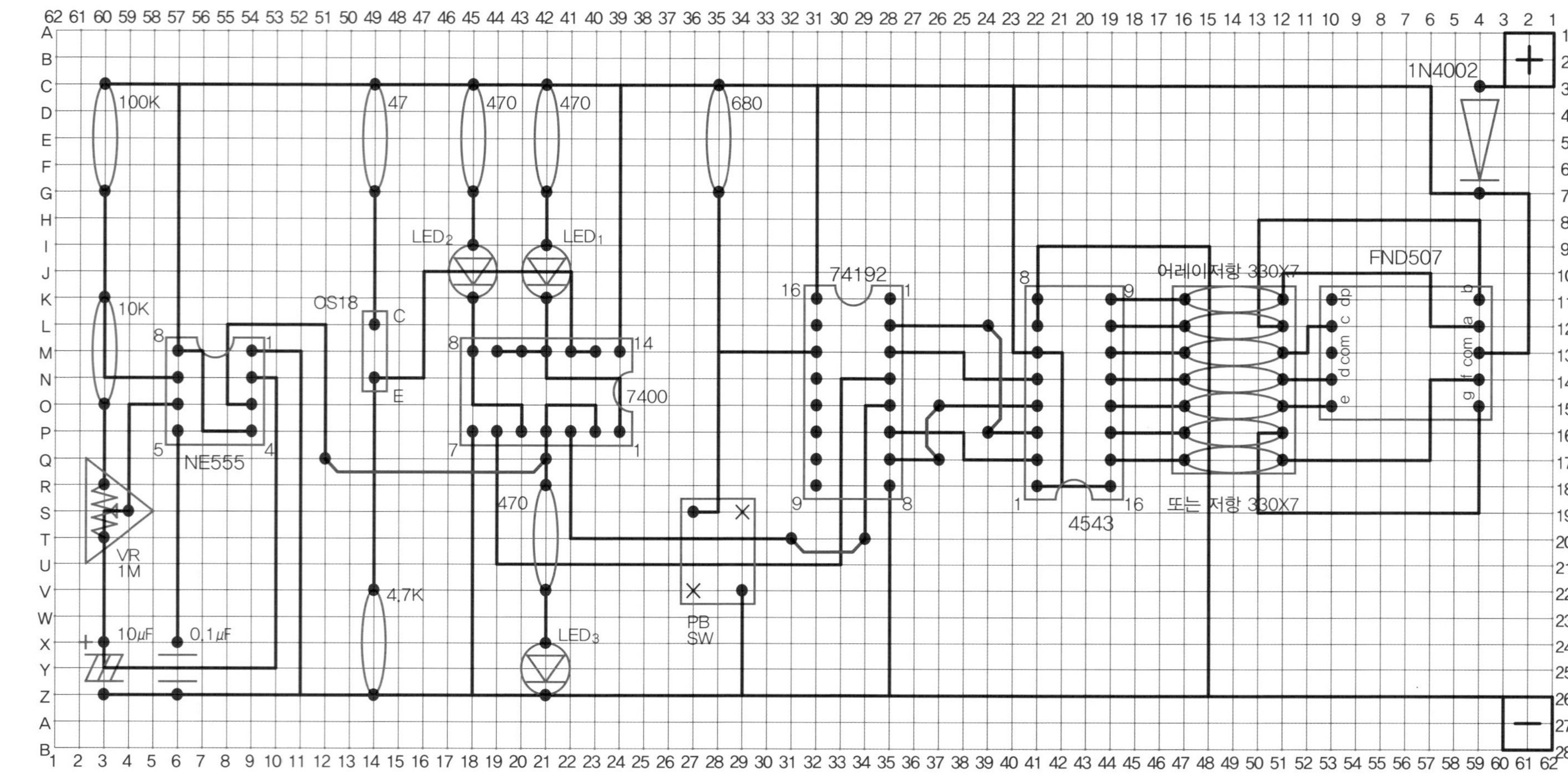

▶ 본 패턴도는 동박면(납땜면)을 기준으로 부품 배치를 하였으므로 부품 삽입 시 참고하여 삽입한다. (배선 납땜 시 매우 편리함)

※ 빨간(적)색의 부품과 파란(청)색의 점프선은 동박면(납땜면)이 아닌 반대편의 부품면(플라스틱면)에서 삽입된다는 것을 유의한다.

▶ 배선 납땜 시 접속점, 꺾어지는 점, 두 구멍마다(한 칸 건너서) 납땜하는 것을 원칙으로 한다.
납땜이 연속으로 이어지는 경우는 두 구멍을 건너서 납땜을 하여도 괜찮다.

▶ 테스트 포인트 (TP포인트)는 부품면 쪽에서 단선(피복 처리-끝부분 피복 벗겨냄)으로 처리하면 측정 시 매우 편리하다.

빛에 의한 업-다운 카운터 회로 모범 조립 패턴도 2 — 백지(A4 용지) 스케치용

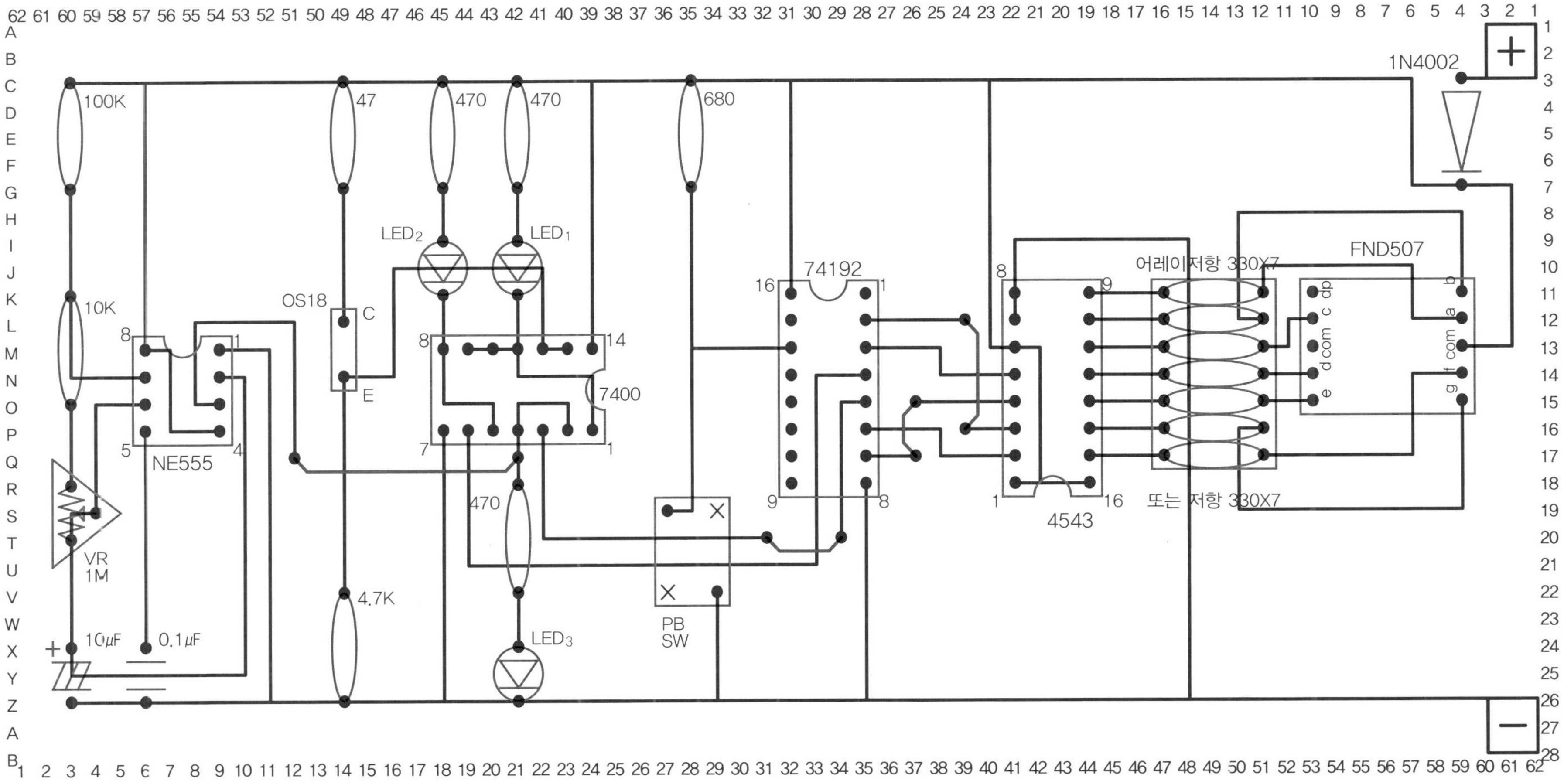

▶ 본 패턴도는 동박면(납땜면)을 기준으로 부품 배치를 하였으므로 부품 삽입 시 참고하여 삽입한다. (배선 납땜 시 매우 편리함)

※빨간(적)색의 부품과 파란(청)색의 점프선은 동박면(납땜면)이 아닌 반대편의 부품면(플라스틱면)에서 삽입된다는 것을 유의한다.

10진수 설정 경보 회로 모범 조립 패턴도 1

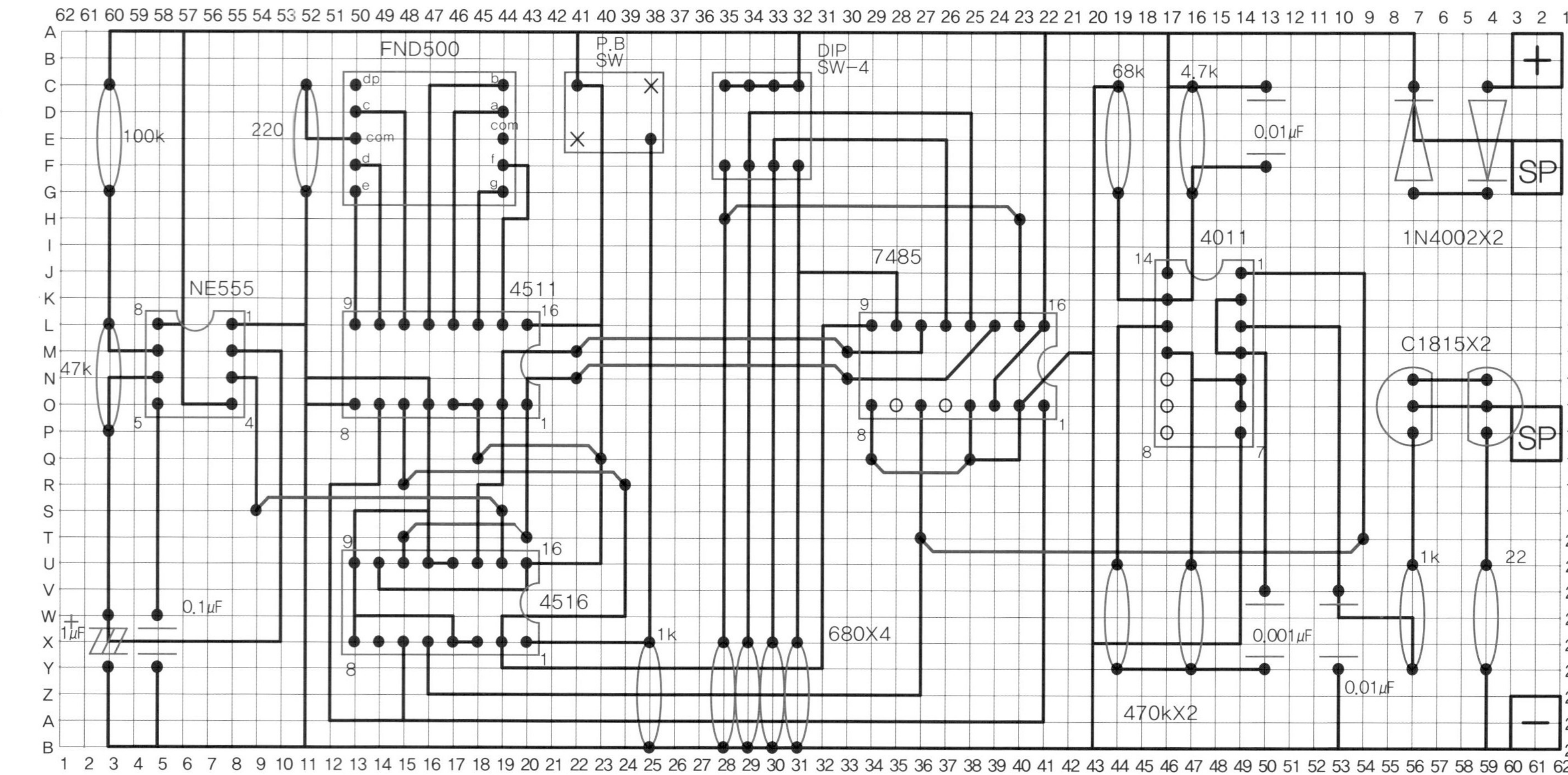

▶ 본 패턴도는 동박면(납땜면)을 기준으로 부품 배치를 하였으므로 부품 삽입 시 참고하여 삽입한다. (배선 납땜 시 매우 편리함)

※ 빨간(적)색의 부품과 파란(청)색의 점프선은 동박면(납땜면)이 아닌 반대편의 부품면(플라스틱면)에서 삽입된다는 것을 유의한다.

▶ 배선 납땜 시 접속점, 꺾어지는 점, 두 구멍마다(한 칸 건너서) 납땜하는 것을 원칙으로 한다.

납땜이 연속으로 이어지는 경우는 두 구멍을 건너서 납땜을 하여도 괜찮다.

▶ 테스트 포인트 (TP포인트)는 부품면 쪽에서 단선(피복 처리−끝부분 피복 벗겨냄)으로 처리하면 측정 시 매우 편리하다.

10진수 설정 경보 회로 모범 조립 패턴도 2 — 백지(A4 용지) 스케치용

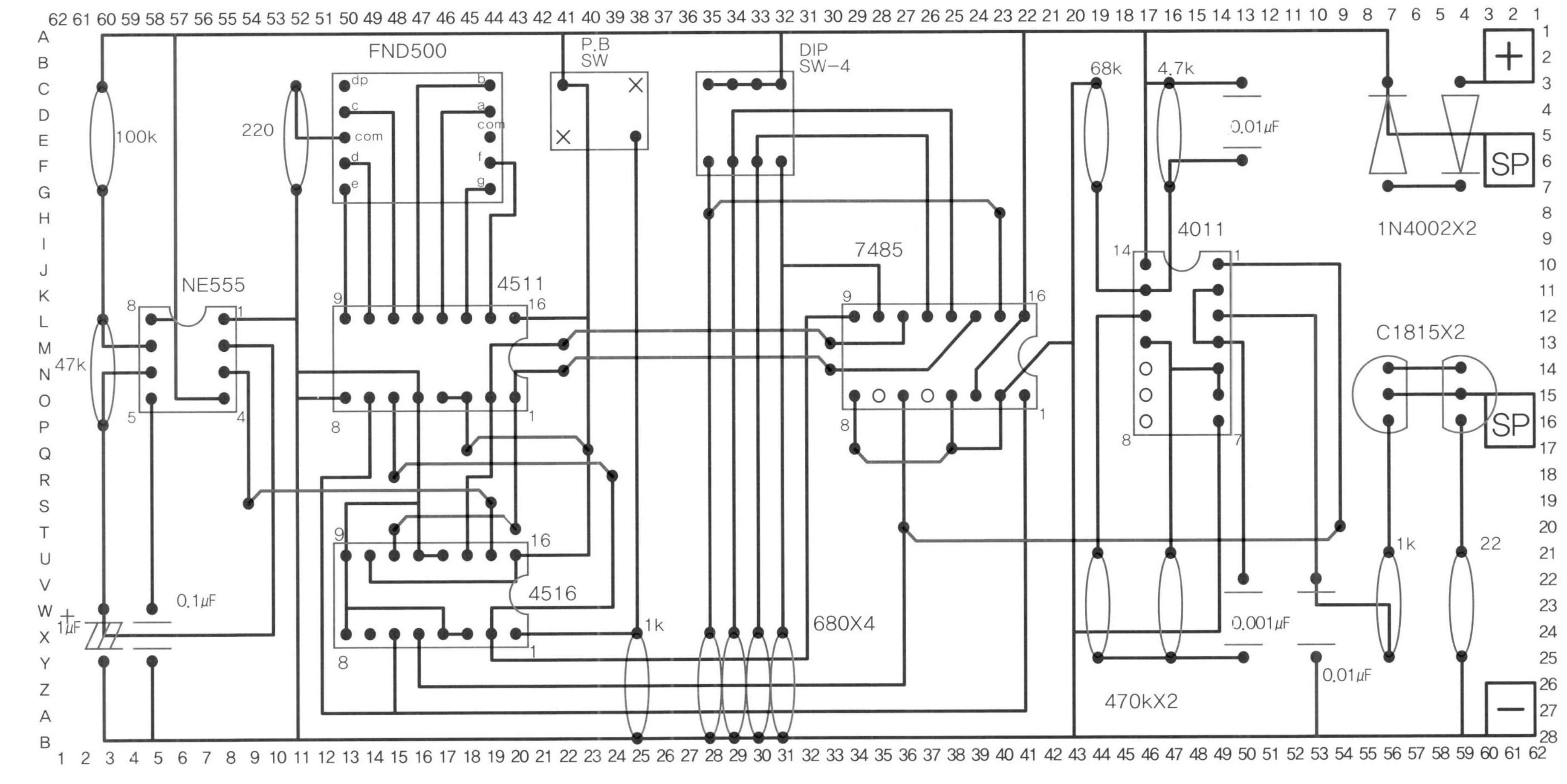

▶ 본 패턴도는 동박면(납땜면)을 기준으로 부품 배치를 하였으므로 부품 삽입 시 참고하여 삽입한다. (배선 납땜 시 매우 편리함)

※빨간(적)색의 부품과 파란(청)색의 점프선은 동박면(납땜면)이 아닌 반대편의 부품면(플라스틱면)에서 삽입된다는 것을 유의한다.

타임 표시기 회로 모범 조립 패턴도 1

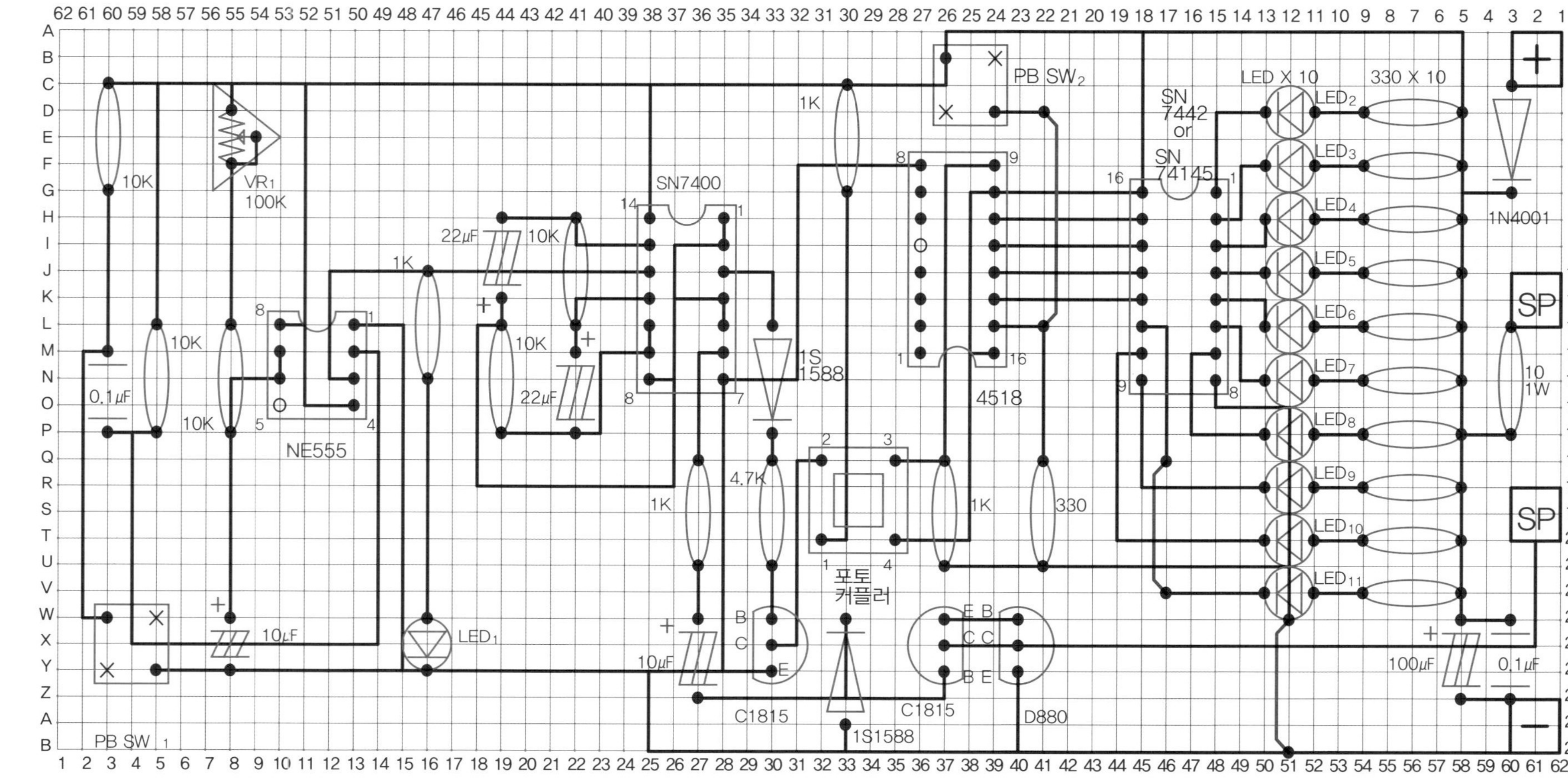

▶ 본 패턴도는 동박면(납땜면)을 기준으로 부품 배치를 하였으므로 부품 삽입 시 참고하여 삽입한다. (배선 납땜 시 매우 편리함)

※ 빨간(적)색의 부품과 파란(청)색의 점프선은 동박면(납땜면)이 아닌 반대편의 부품면(플라스틱면)에서 삽입된다는 것을 유의한다.

▶ 배선 납땜 시 접속점, 꺾어지는 점, 두 구멍마다(한 칸 건너서) 납땜하는 것을 원칙으로 한다.

납땜이 연속으로 이어지는 경우는 두 구멍을 건너서 납땜을 하여도 괜찮다.

▶ 테스트 포인트 (TP포인트)는 부품면 쪽에서 단선(피복 처리–끝부분 피복 벗겨냄)으로 처리하면 측정 시 매우 편리하다.

타임 표시기 회로 모범 조립 패턴도 2 — 백지(A4 용지) 스케치용

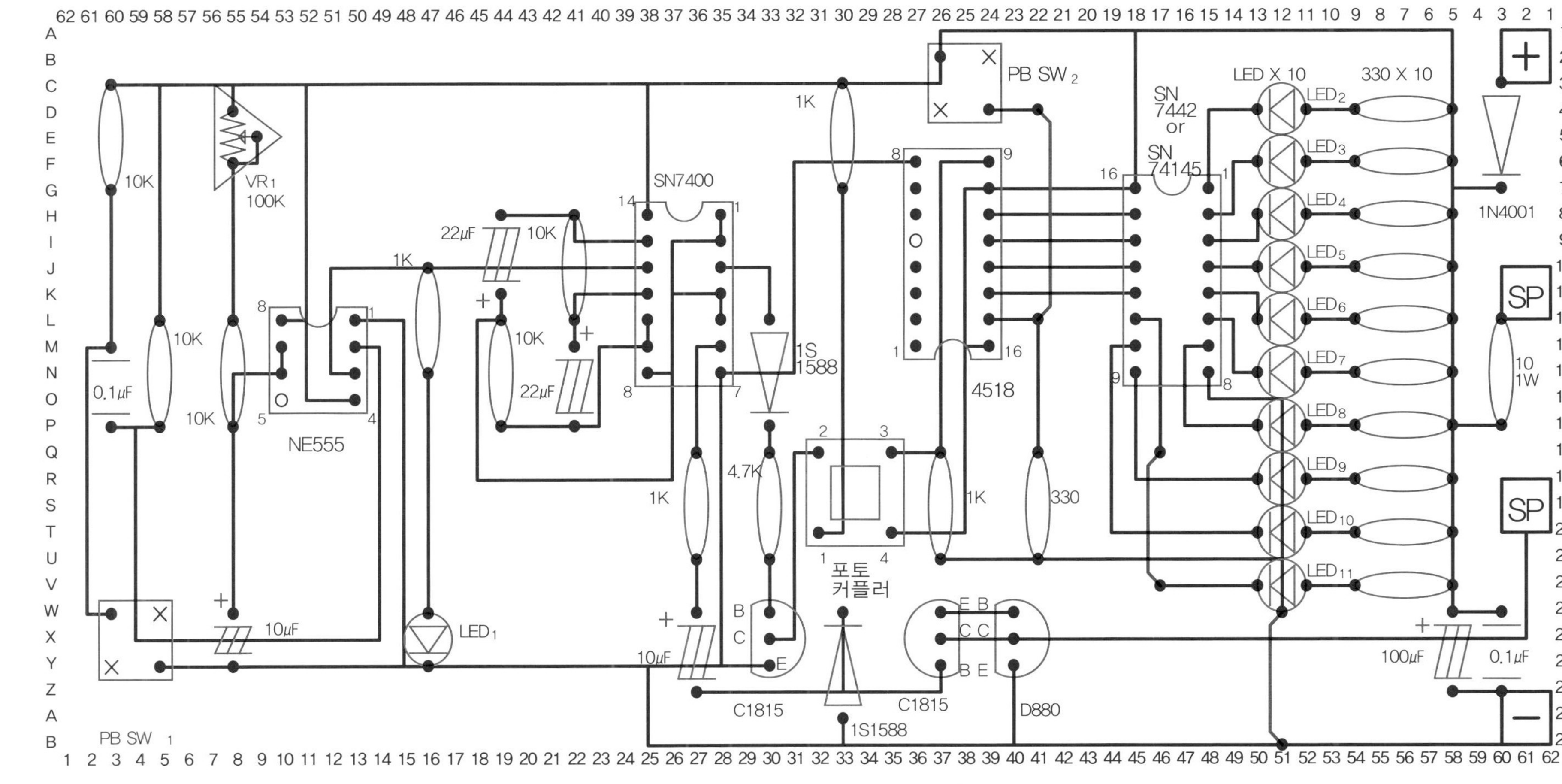

▶ 본 패턴도는 동박면(납땜면)을 기준으로 부품 배치를 하였으므로 부품 삽입 시 참고하여 삽입한다. (배선 납땜 시 매우 편리함)

※빨간(적)색의 부품과 파란(청)색의 점프선은 동박면(납땜면)이 아닌 반대편의 부품면(플라스틱면)에서 삽입된다는 것을 유의한다.

카운터 선택 표시 회로 모범 조립 패턴도 1

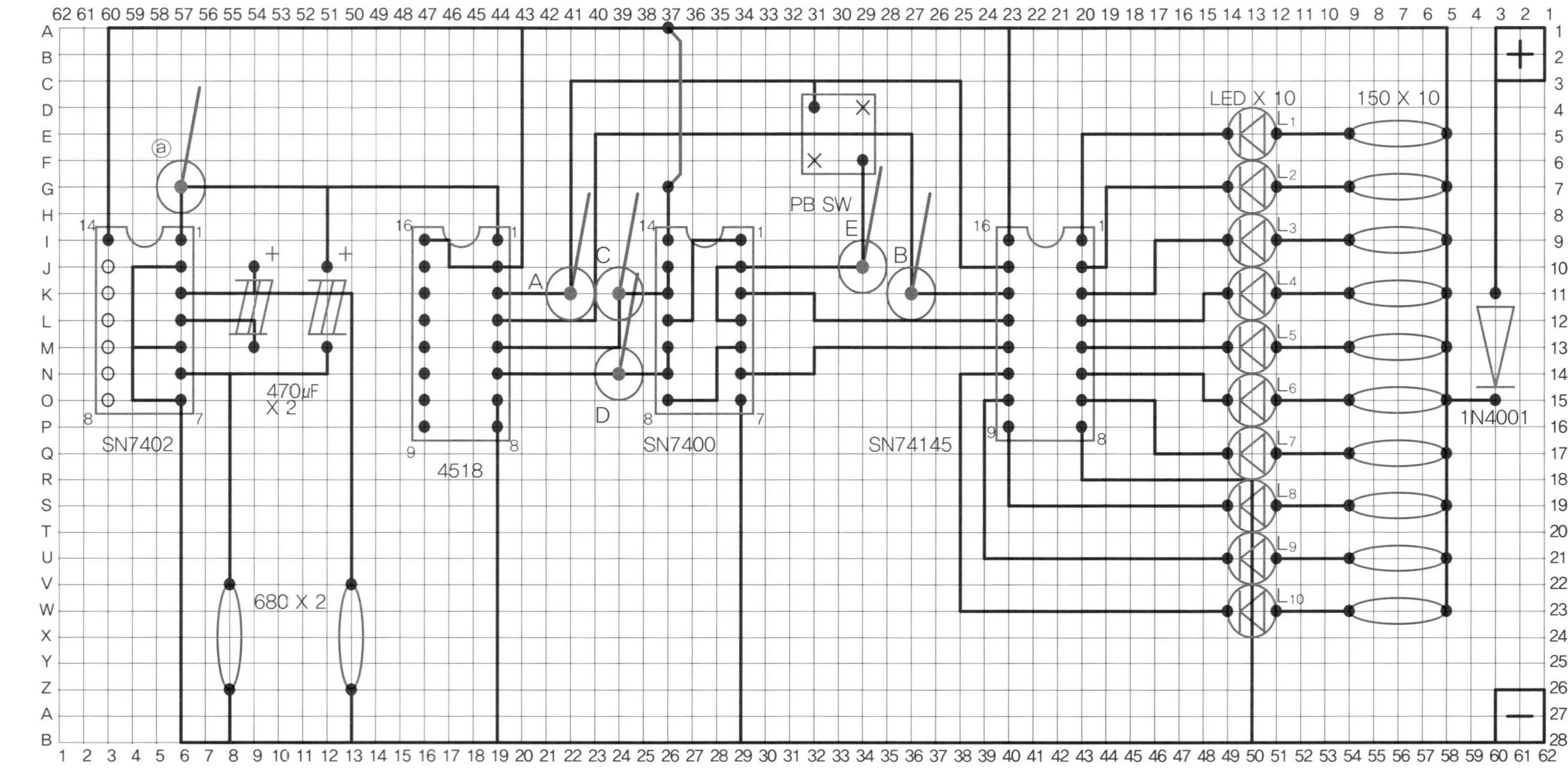

▶ 본 패턴도는 동박면(납땜면)을 기준으로 부품 배치를 하였으므로 부품 삽입 시 참고하여 삽입한다. (배선 납땜 시 매우 편리함)

※ 빨간(적)색의 부품과 파란(청)색의 점프선은 동박면(납땜면)이 아닌 반대편의 부품면(플라스틱면)에서 삽입된다는 것을 유의한다.

▶ 배선 납땜 시 접속점, 꺾어지는 점, 두 구멍마다(한 칸 건너서) 납땜하는 것을 원칙으로 한다.

납땜이 연속으로 이어지는 경우는 두 구멍을 건너서 납땜을 하여도 괜찮다.

▶ 테스트 포인트 (TP포인트)는 부품면 쪽에서 단선(피복 처리−끝부분 피복 벗겨냄)으로 처리하면 측정 시 매우 편리하다.

카운터 선택 표시 회로 모범 조립 패턴도 2 — 백지(A4 용지) 스케치용

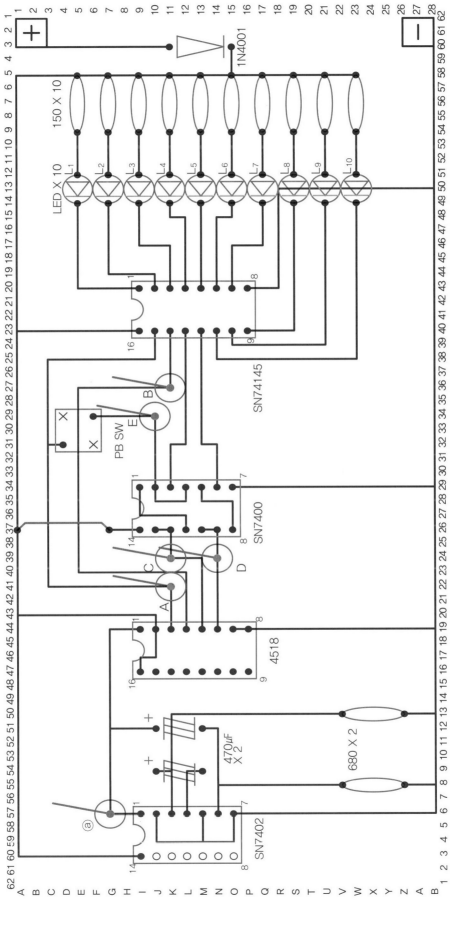

▶ 본 패턴도는 동박면(납땜면)을 기준으로 부품 배치를 하였으므로 부품 삽입 시 참고하여 삽입한다. (배선 납땜 시 매우 편리함)

※빨간(적)색의 부품과 파란(청)색의 점프선은 동박면(납땜면)이 아닌 반대편의 부품면(플라스틱면)에서 삽입된다는 것을 유의한다.

예약된 숫자 표시기 회로 모범 조립 패턴도 1

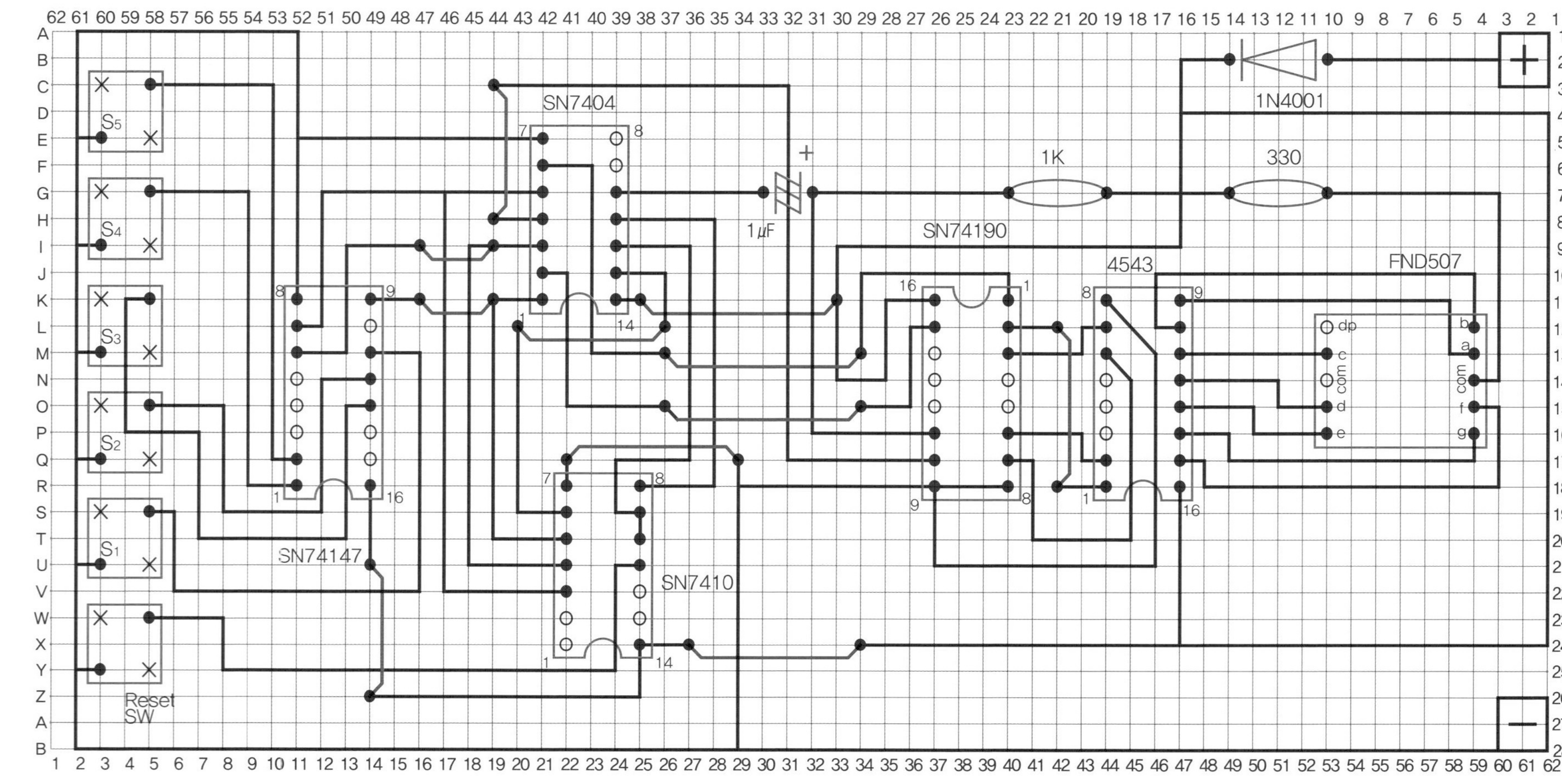

▶ 본 패턴도는 동박면(납땜면)을 기준으로 부품 배치를 하였으므로 부품 삽입 시 참고하여 삽입한다. (배선 납땜 시 매우 편리함)

※ 빨간(적)색의 부품과 파란(청)색의 점프선은 동박면(납땜면)이 아닌 반대편의 부품면(플라스틱면)에서 삽입된다는 것을 유의한다.

▶ 배선 납땜 시 접속점, 꺾어지는 점, 두 구멍마다(한 칸 건너서) 납땜하는 것을 원칙으로 한다. 납땜이 연속으로 이어지는 경우는 두 구멍을 건너서 납땜을 하여도 괜찮다.

▶ 테스트 포인트 (TP포인트)는 부품면 쪽에서 단선(피복 처리–끝부분 피복 벗겨냄)으로 처리하면 측정 시 매우 편리하다.

예약된 숫자 표시기 회로 모범 조립 패턴도 2 — 백지(A4 용지) 스케치용

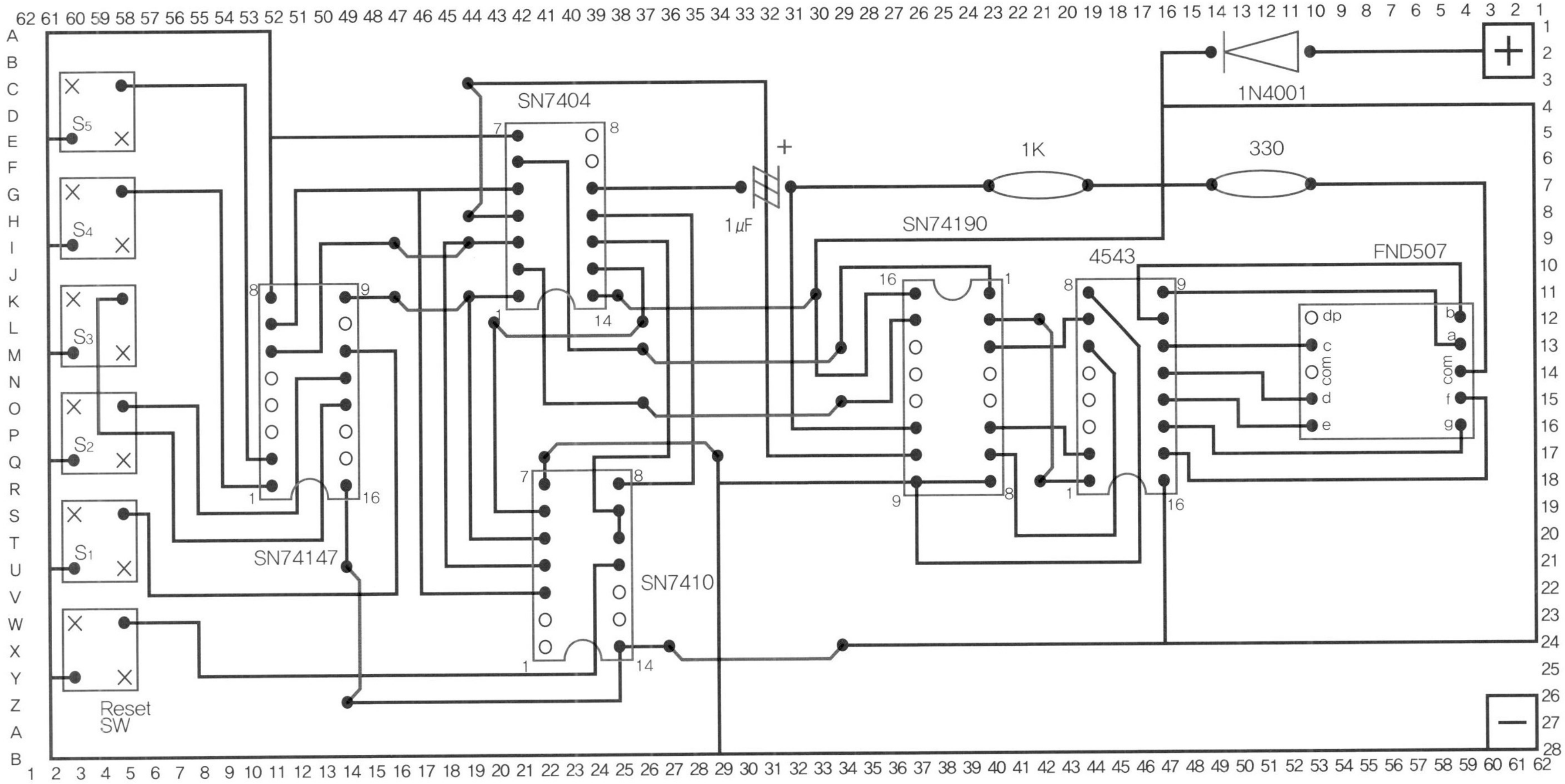

▶ 본 패턴도는 동박면(납땜면)을 기준으로 부품 배치를 하였으므로 부품 삽입 시 참고하여 삽입한다. (배선 납땜 시 매우 편리함)

※빨간(적)색의 부품과 파란(청)색의 점프선은 동박면(납땜면)이 아닌 반대편의 부품면(플라스틱면)에서 삽입된다는 것을 유의한다.

듀얼 8진수 표시기 회로 모범 조립 패턴도 1

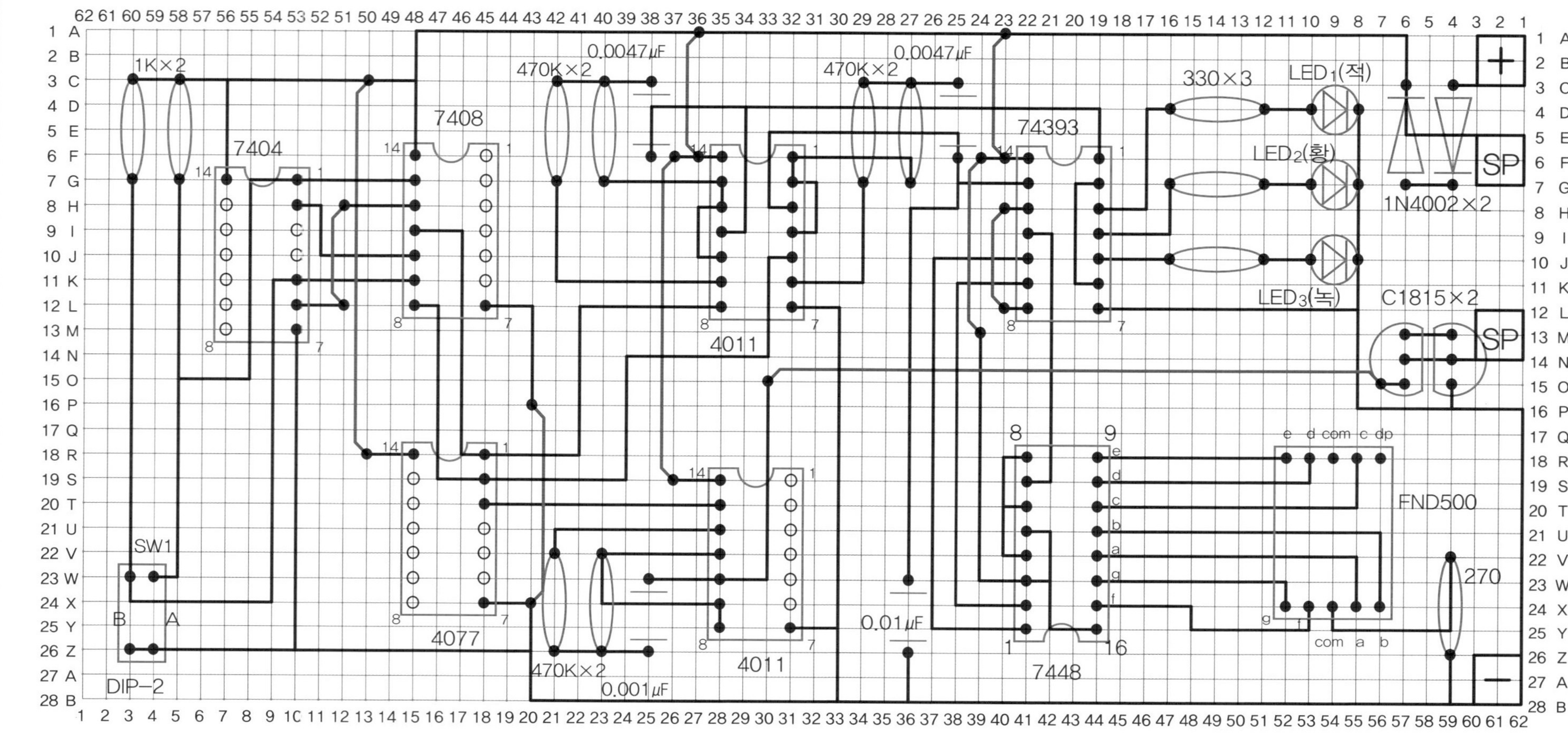

▶ 본 패턴도는 동박면(납땜면)을 기준으로 부품 배치를 하였으므로 부품 삽입 시 참고하여 삽입한다. (배선 납땜 시 매우 편리함)

※ 빨간(적)색의 부품과 파란(청)색의 점프선은 동박면(납땜면)이 아닌 반대편의 부품면(플라스틱면)에서 삽입된다는 것을 유의한다.

▶ 배선 납땜 시 접속점, 꺾어지는 점, 두 구멍마다(한 칸 건너서) 납땜하는 것을 원칙으로 한다.

납땜이 연속으로 이어지는 경우는 두 구멍을 건너서 납땜을 하여도 괜찮다.

▶ 테스트 포인트 (TP포인트)는 부품면 쪽에서 단선(피복 처리-끝부분 피복 벗겨냄)으로 처리하면 측정 시 매우 편리하다.

듀얼 8진수 표시기 회로 모범 조립 패턴도 2 — 백지(A4 용지) 스케치용

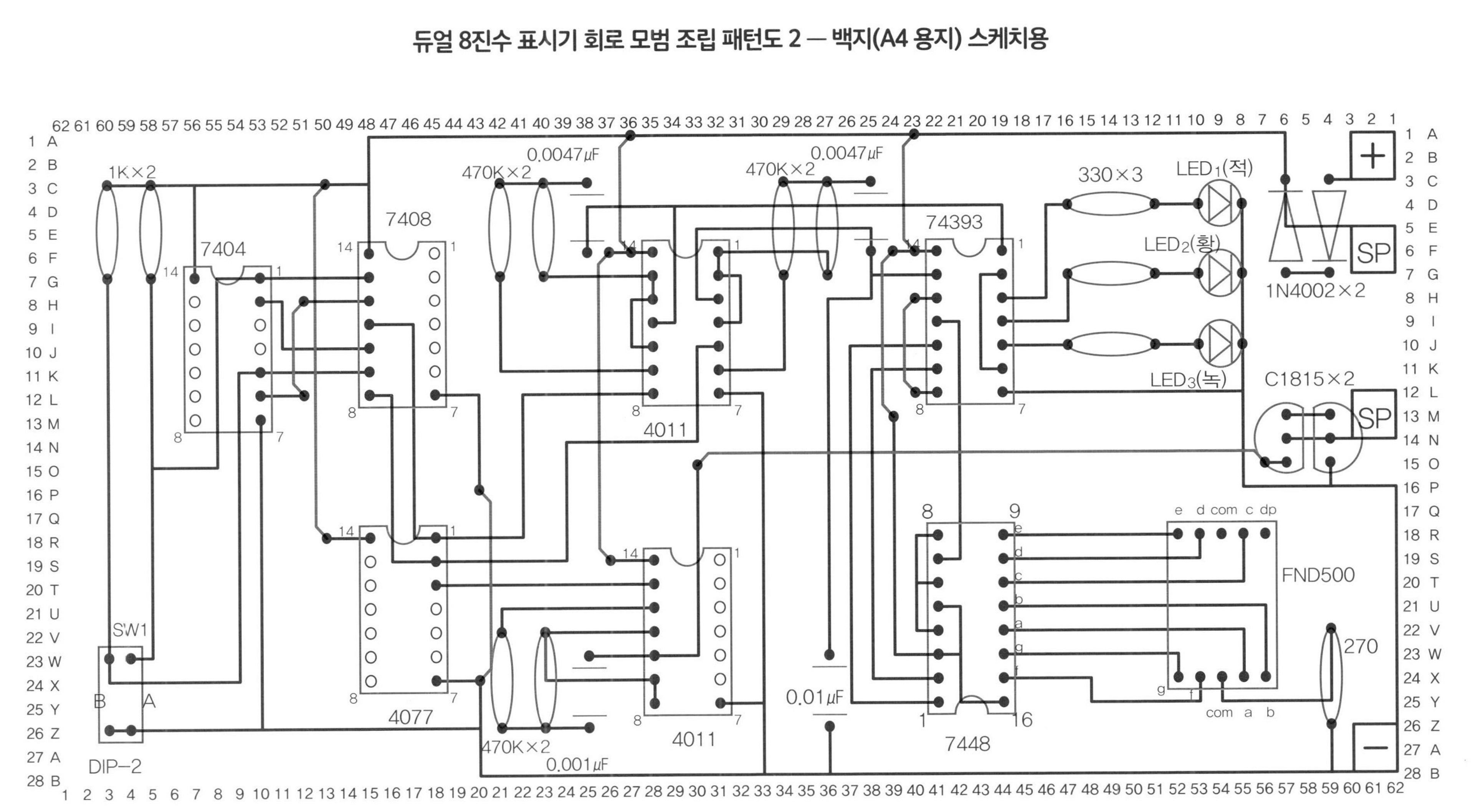

▶ 본 패턴도는 동박면(납땜면)을 기준으로 부품 배치를 하였으므로 부품 삽입 시 참고하여 삽입한다. (배선 납땜 시 매우 편리함)

※빨간(적)색의 부품과 파란(청)색의 점프선은 동박면(납땜면)이 아닌 반대편의 부품면(플라스틱면)에서 삽입된다는 것을 유의한다.

분주 가변 회로 모범 조립 패턴도 1

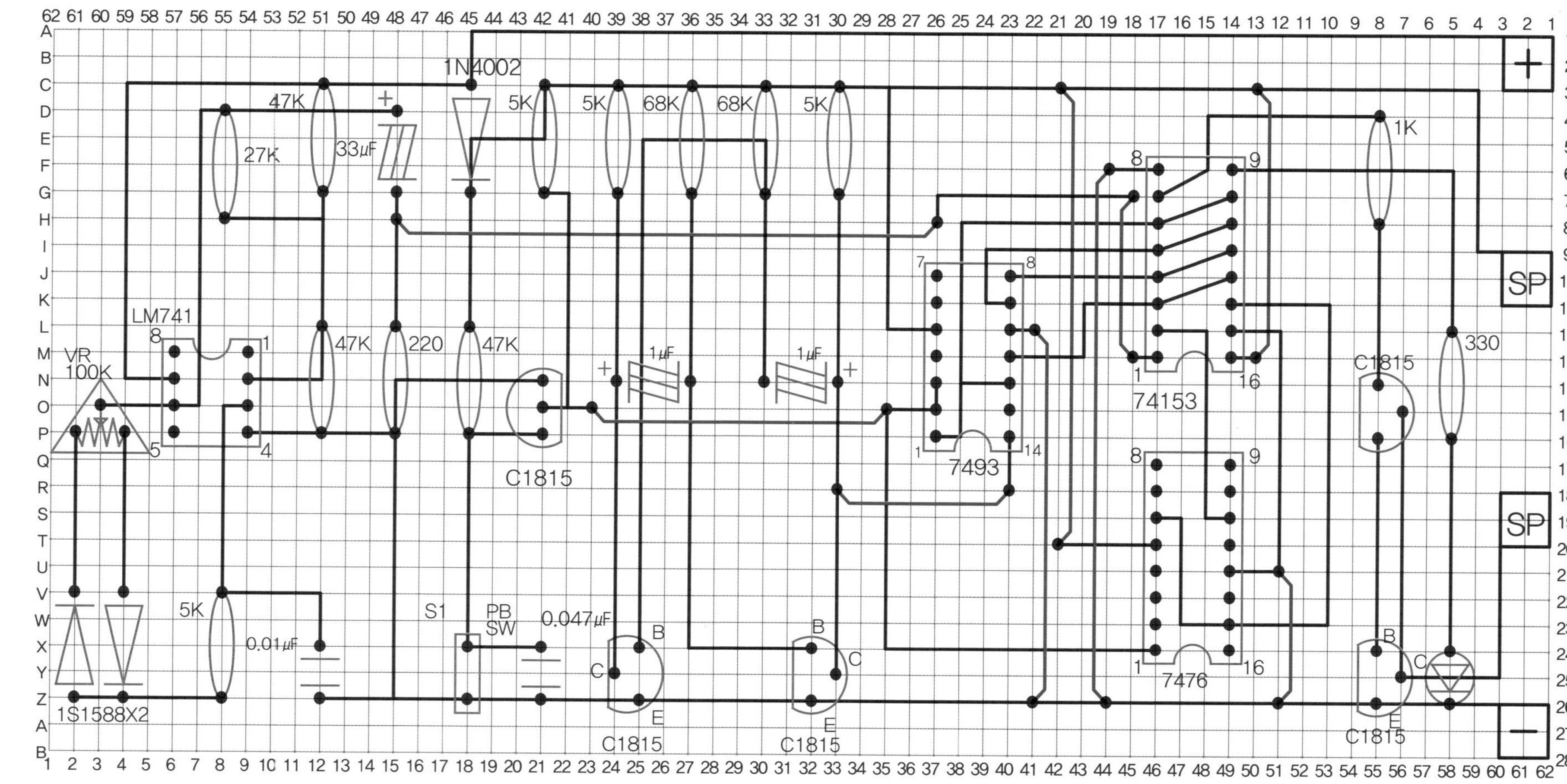

▶ 본 패턴도는 동박면(납땜면)을 기준으로 부품 배치를 하였으므로 부품 삽입 시 참고하여 삽입한다. (배선 납땜 시 매우 편리함)

※ 빨간(적)색의 부품과 파란(청)색의 점프선은 동박면(납땜면)이 아닌 반대편의 부품면(플라스틱면)에서 삽입된다는 것을 유의한다.

▶ 배선 납땜 시 접속점, 꺾어지는 점, 두 구멍마다(한 칸 건너서) 납땜하는 것을 원칙으로 한다.

납땜이 연속으로 이어지는 경우는 두 구멍을 건너서 납땜을 하여도 괜찮다.

▶ 테스트 포인트 (TP포인트)는 부품면 쪽에서 단선(피복 처리–끝부분 피복 벗겨냄)으로 처리하면 측정 시 매우 편리하다.

분주 가변 회로 모범 조립 패턴도 2 — 백지(A4 용지) 스케치용

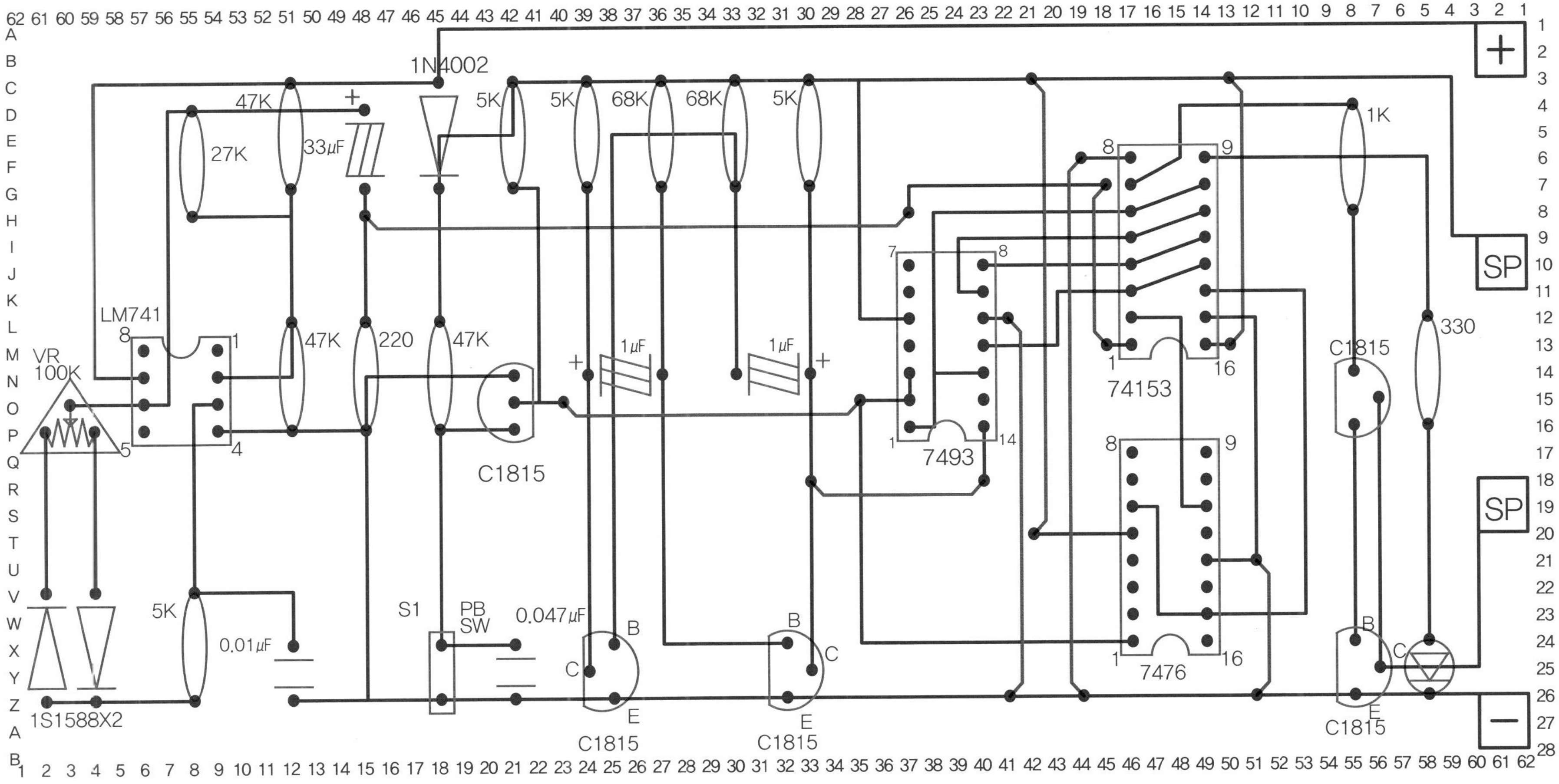

▶ 본 패턴도는 동박면(납땜면)을 기준으로 부품 배치를 하였으므로 부품 삽입 시 참고하여 삽입한다. (배선 납땜 시 매우 편리함)

※빨간(적)색의 부품과 파란(청)색의 점프선은 동박면(납땜면)이 아닌 반대편의 부품면(플라스틱면)에서 삽입된다는 것을 유의한다.

정역 제어 회로 모범 조립 패턴도 1

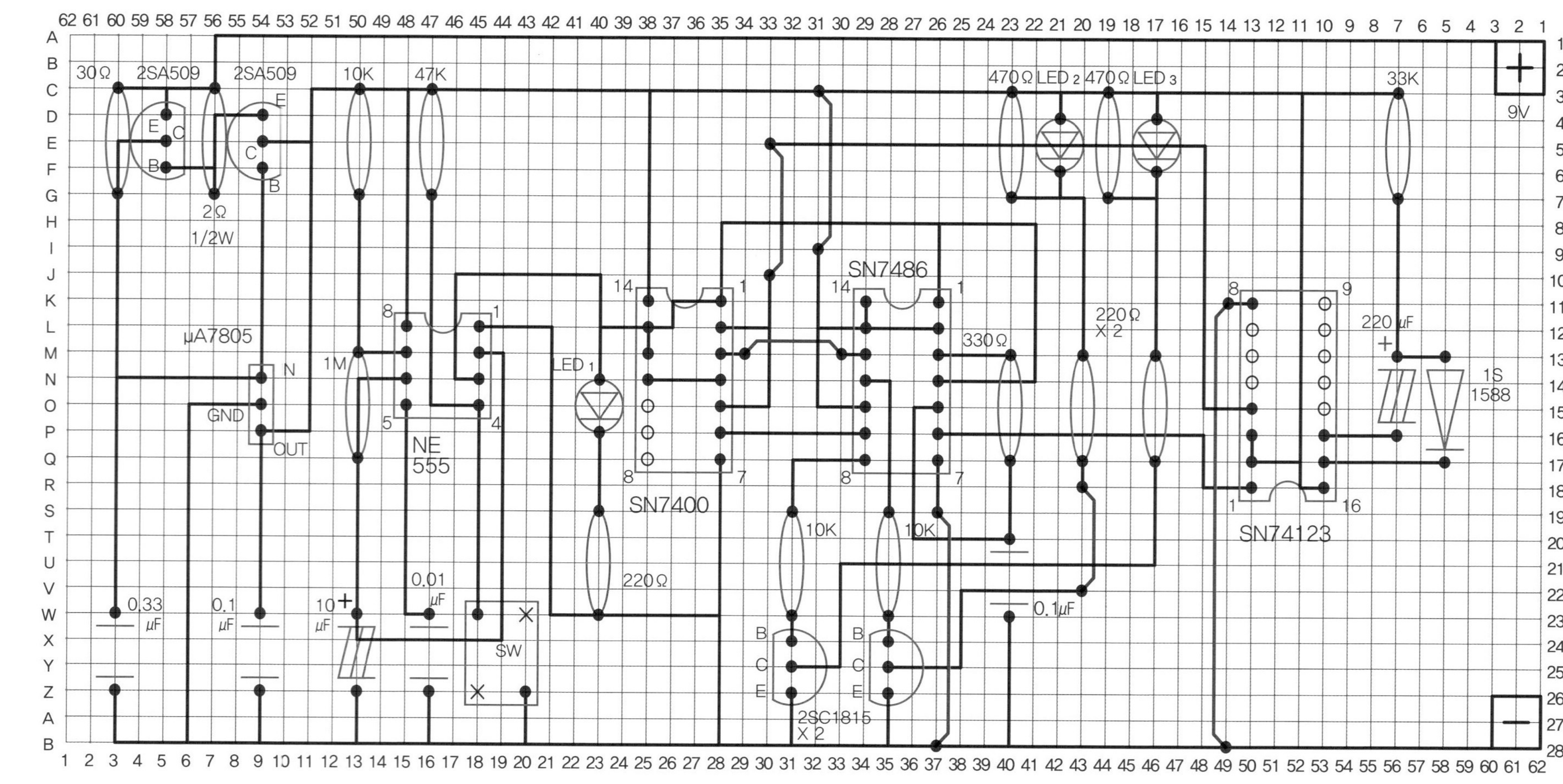

▶ 본 패턴도는 동박면(납땜면)을 기준으로 부품 배치를 하였으므로 부품 삽입 시 참고하여 삽입한다. (배선 납땜 시 매우 편리함)

※ 빨간(적)색의 부품과 파란(청)색의 점프선은 동박면(납땜면)이 아닌 반대편의 부품면(플라스틱면)에서 삽입된다는 것을 유의한다.

▶ 배선 납땜 시 접속점, 꺾어지는 점, 두 구멍마다(한 칸 건너서) 납땜하는 것을 원칙으로 한다.
납땜이 연속으로 이어지는 경우는 두 구멍을 건너서 납땜을 하여도 괜찮다.

▶ 테스트 포인트 (TP포인트)는 부품면 쪽에서 단선(피복 처리–끝부분 피복 벗겨냄)으로 처리하면 측정 시 매우 편리하다.

정역 제어 회로 모범 조립 패턴도 2 — 백지(A4 용지) 스케치용

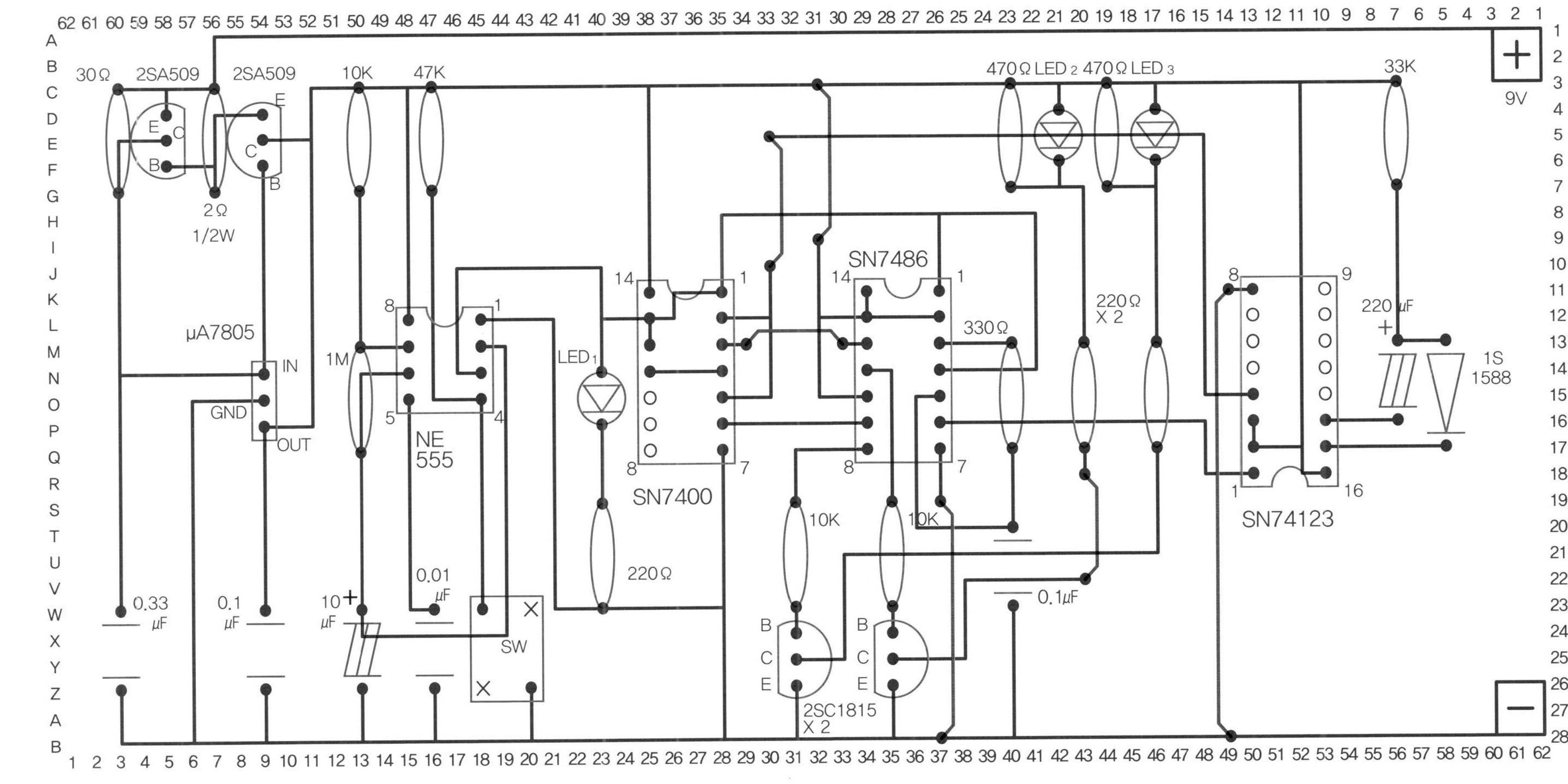

▶ 본 패턴도는 동박면(납땜면)을 기준으로 부품 배치를 하였으므로 부품 삽입 시 참고하여 삽입한다. (배선 납땜 시 매우 편리함)

※빨간(적)색의 부품과 파란(청)색의 점프선은 동박면(납땜면)이 아닌 반대편의 부품면(플라스틱면)에서 삽입된다는 것을 유의한다.

2음 경보기 회로 모범 조립 패턴도 1

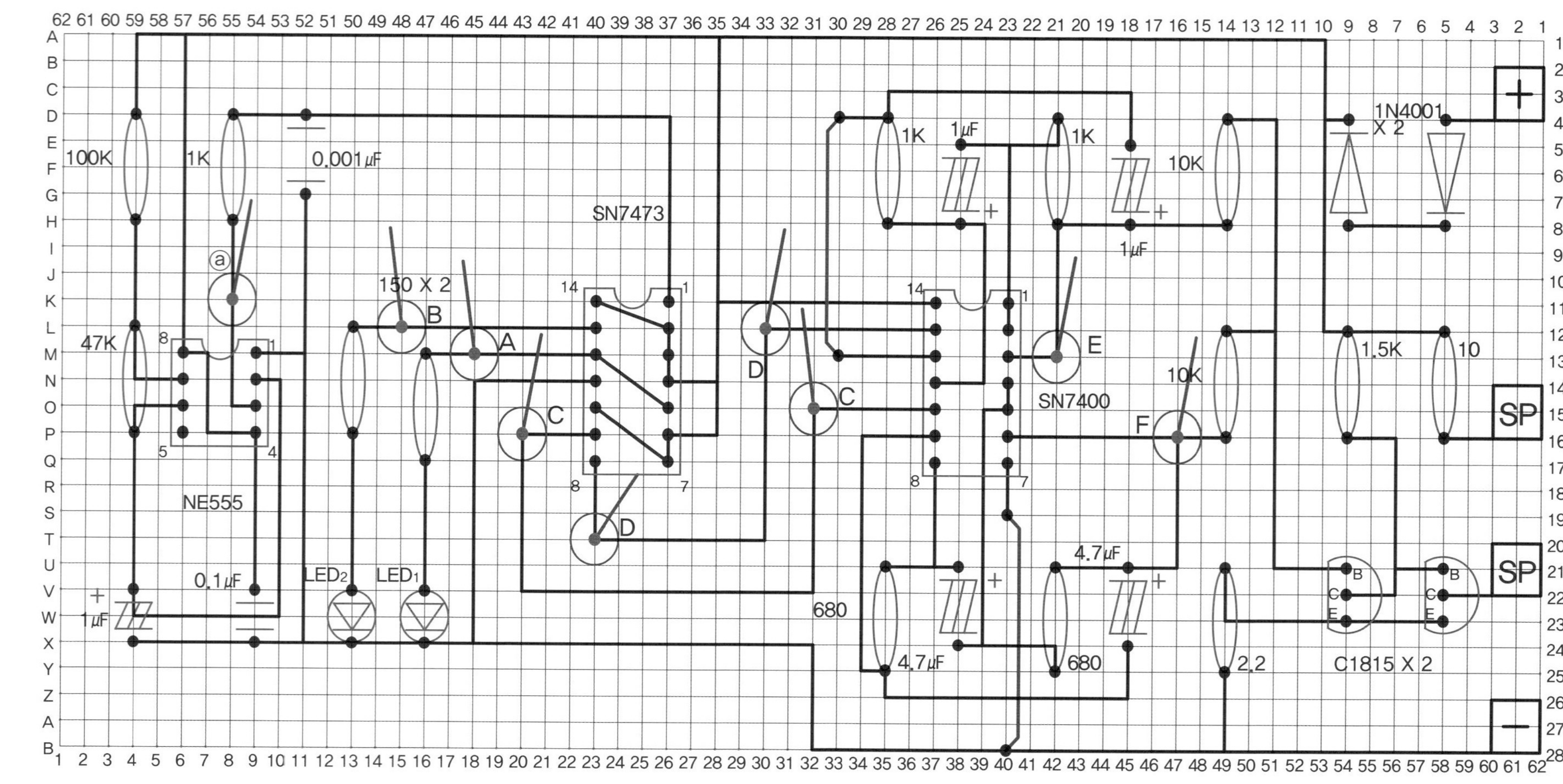

▶ 본 패턴도는 동박면(납땜면)을 기준으로 부품 배치를 하였으므로 부품 삽입 시 참고하여 삽입한다. (배선 납땜 시 매우 편리함)

※ 빨간(적)색의 부품과 파란(청)색의 점프선은 동박면(납땜면)이 아닌 반대편의 부품면(플라스틱면)에서 삽입된다는 것을 유의한다.

▶ 배선 납땜 시 접속점, 꺾어지는 점, 두 구멍마다(한 칸 건너서) 납땜하는 것을 원칙으로 한다.

납땜이 연속으로 이어지는 경우는 두 구멍을 건너서 납땜을 하여도 괜찮다.

▶ 테스트 포인트 (TP포인트)는 부품면 쪽에서 단선(피복 처리–끝부분 피복 벗겨냄)으로 처리하면 측정 시 매우 편리하다.

2음 경보기 회로 모범 조립 패턴도 2 — 백지(A4 용지) 스케치용

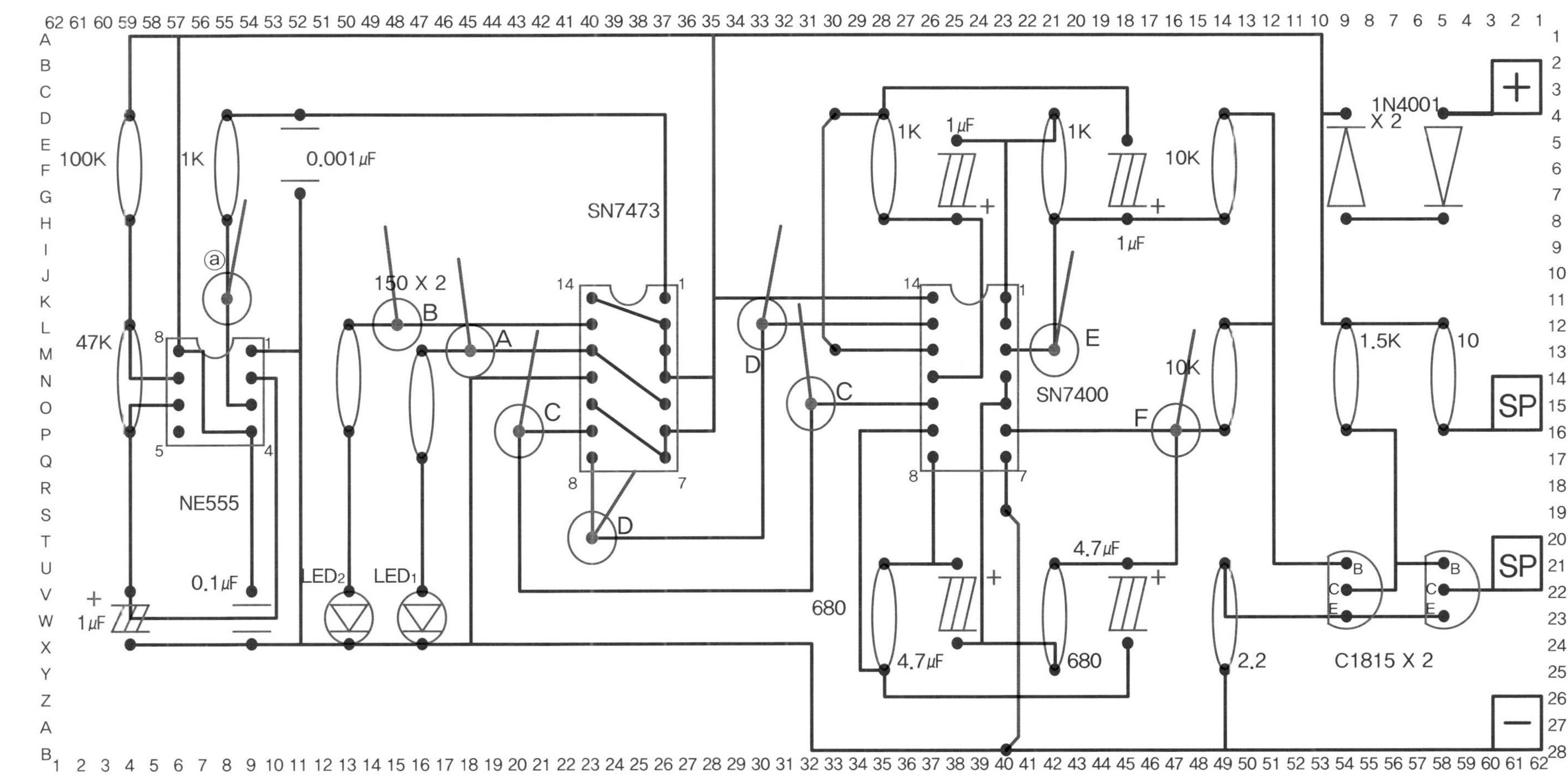

▶ 본 패턴도는 동박면(납땜면)을 기준으로 부품 배치를 하였으므로 부품 삽입 시 참고하여 삽입한다. (배선 납땜 시 매우 편리함)

※ 빨간(적)색의 부품과 파란(청)색의 점프선은 동박면(납땜면)이 아닌 반대편의 부품면(플라스틱면)에서 삽입된다는 것을 유의한다.

위치 표시기 회로 모범 조립 패턴도 1 (7473 사용 시)

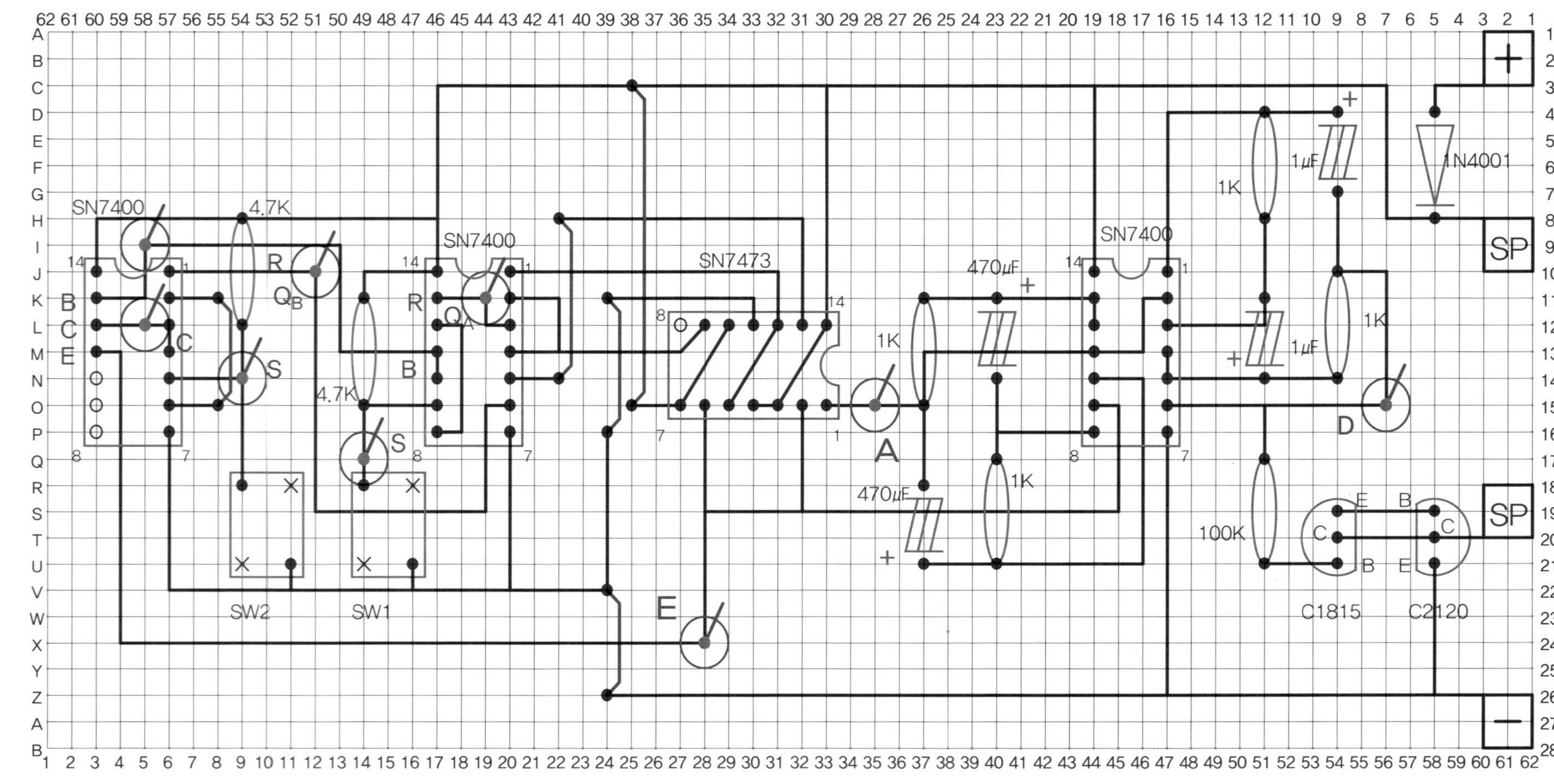

▶ 본 패턴도는 동박면(납땜면)을 기준으로 부품 배치를 하였으므로 부품 삽입 시 참고하여 삽입한다. (배선 납땜 시 매우 편리함)

※ 빨간(적)색의 부품과 파란(청)색의 점프선은 동박면(납땜면)이 아닌 반대편의 부품면(플라스틱면)에서 삽입된다는 것을 유의한다.

▶ 배선 납땜 시 접속점, 꺾어지는 점, 두 구멍마다(한 칸 건너서) 납땜하는 것을 원칙으로 한다.

납땜이 연속으로 이어지는 경우는 두 구멍을 건너서 납땜을 하여도 괜찮다.

▶ 테스트 포인트 (TP포인트)는 부품면 쪽에서 단선(피복 처리–끝부분 피복 벗겨냄)으로 처리하면 측정 시 매우 편리하다.

위치 표시기 회로 모범 조립 패턴도 1 (7473 사용 시) – 스케치용

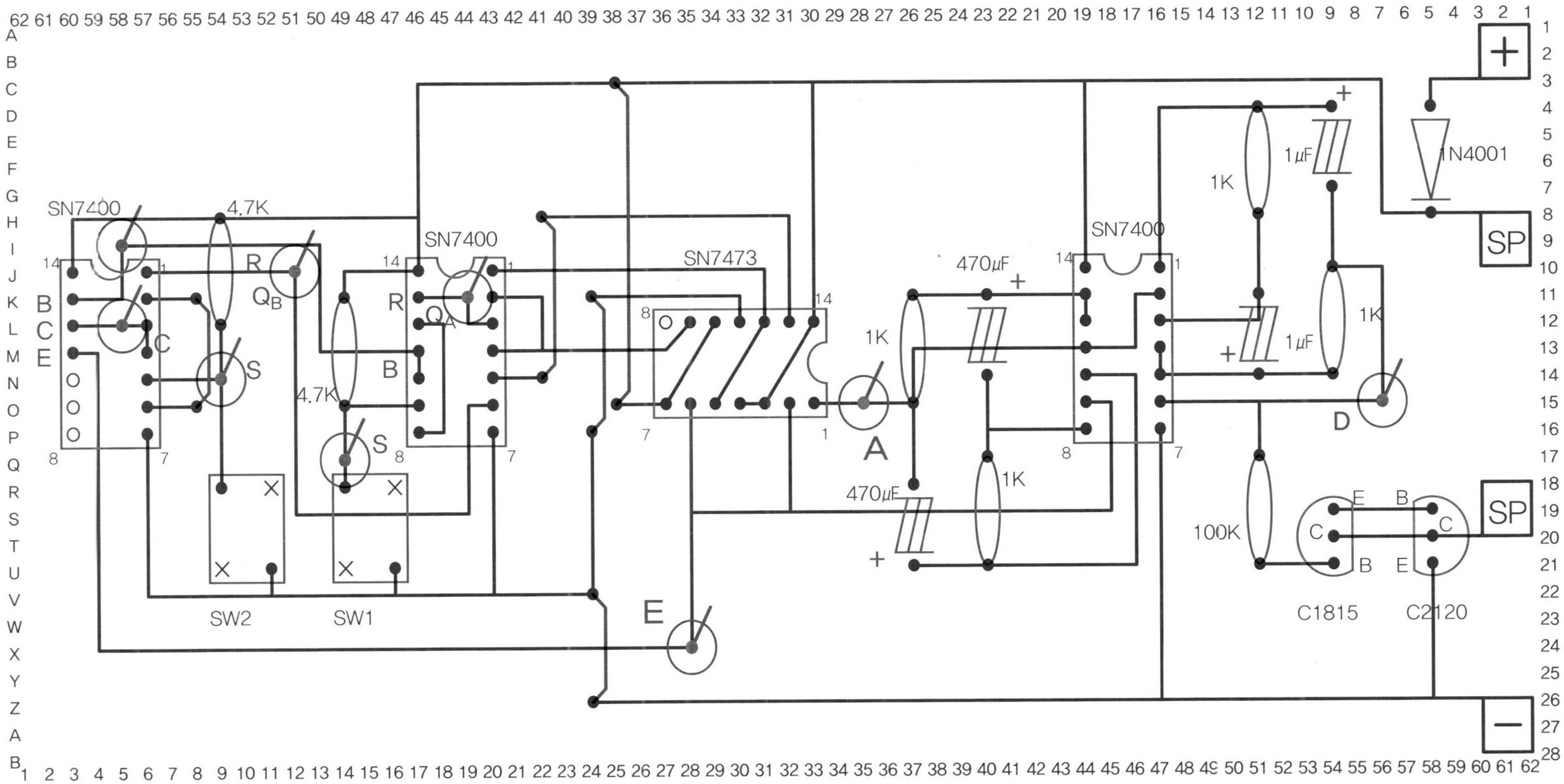

▶ 본 패턴도는 동박면(납땜면)을 기준으로 부품 배치를 하였으므로 부품 삽입 시 참고하여 삽입한다. (배선 납땜 시 매우 편리함)

※빨간(적)색의 부품과 파란(청)색의 점프선은 동박면(납땜면)이 아닌 반대편의 부품면(플라스틱면)에서 삽입된다는 것을 유의한다.

전자사이크로 회로 모범 조립 패턴도

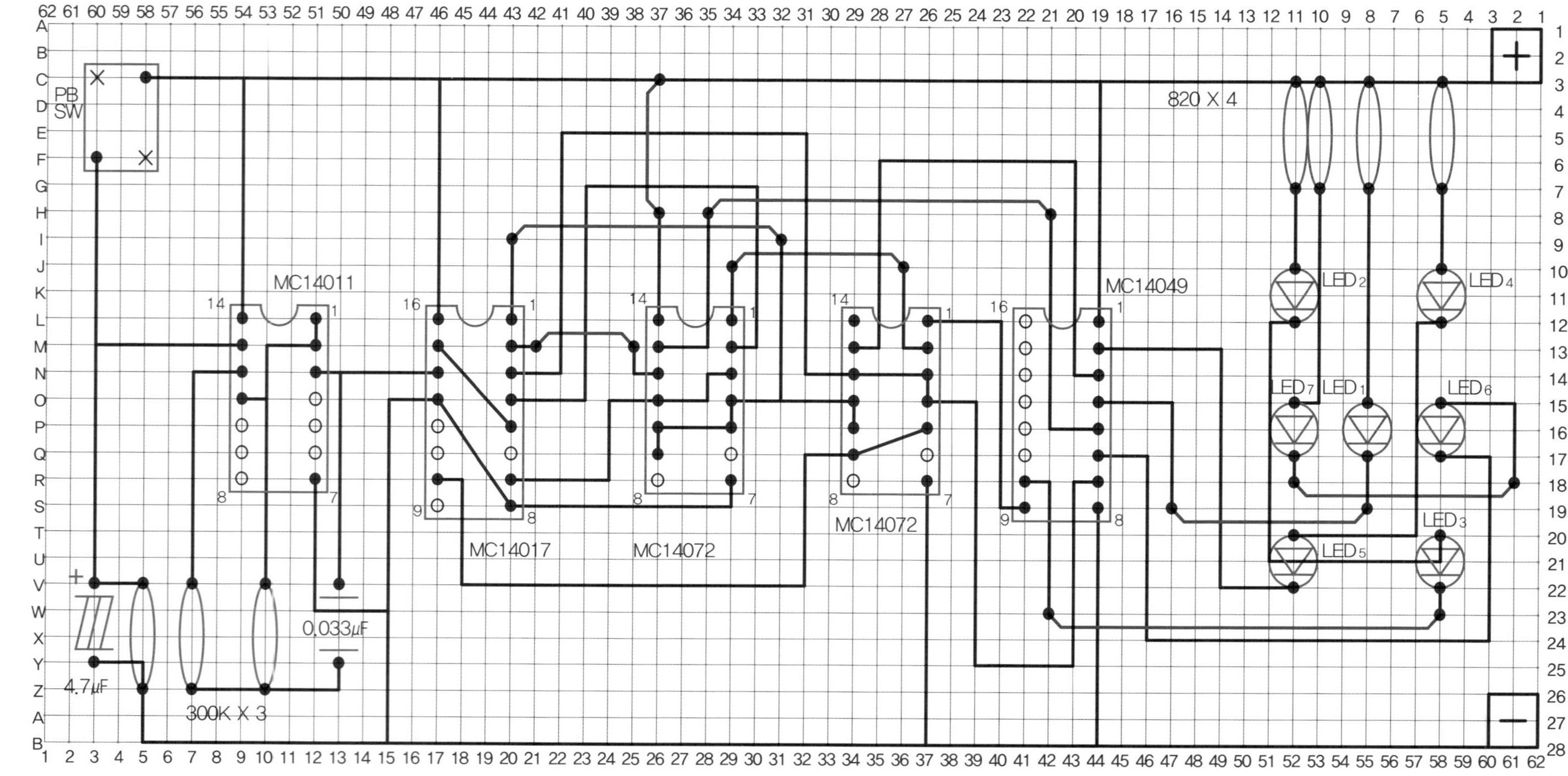

▶ 본 패턴도는 동박면(납땜면)을 기준으로 부품 배치를 하였으므로 부품 삽입 시 참고하여 삽입한다. (배선 납땜 시 매우 편리함)

※ 빨간(적)색의 부품과 파란(청)색의 점프선은 동박면(납땜면)이 아닌 반대편의 부품면(플라스틱면)에서 삽입된다는 것을 유의한다.

▶ 배선 납땜 시 접속점, 꺾어지는 점, 두 구멍마다(한 칸 건너서) 납땜하는 것을 원칙으로 한다.

납땜이 연속으로 이어지는 경우는 두 구멍을 건너서 납땜을 하여도 괜찮다.

▶ 테스트 포인트 (TP포인트)는 부품면 쪽에서 단선(피복 처리−끝부분 피복 벗겨냄)으로 처리하면 측정 시 매우 편리하다.

전자사이크로 회로 모범 조립 패턴도 2 ― 백지(A4 용지) 스케치용

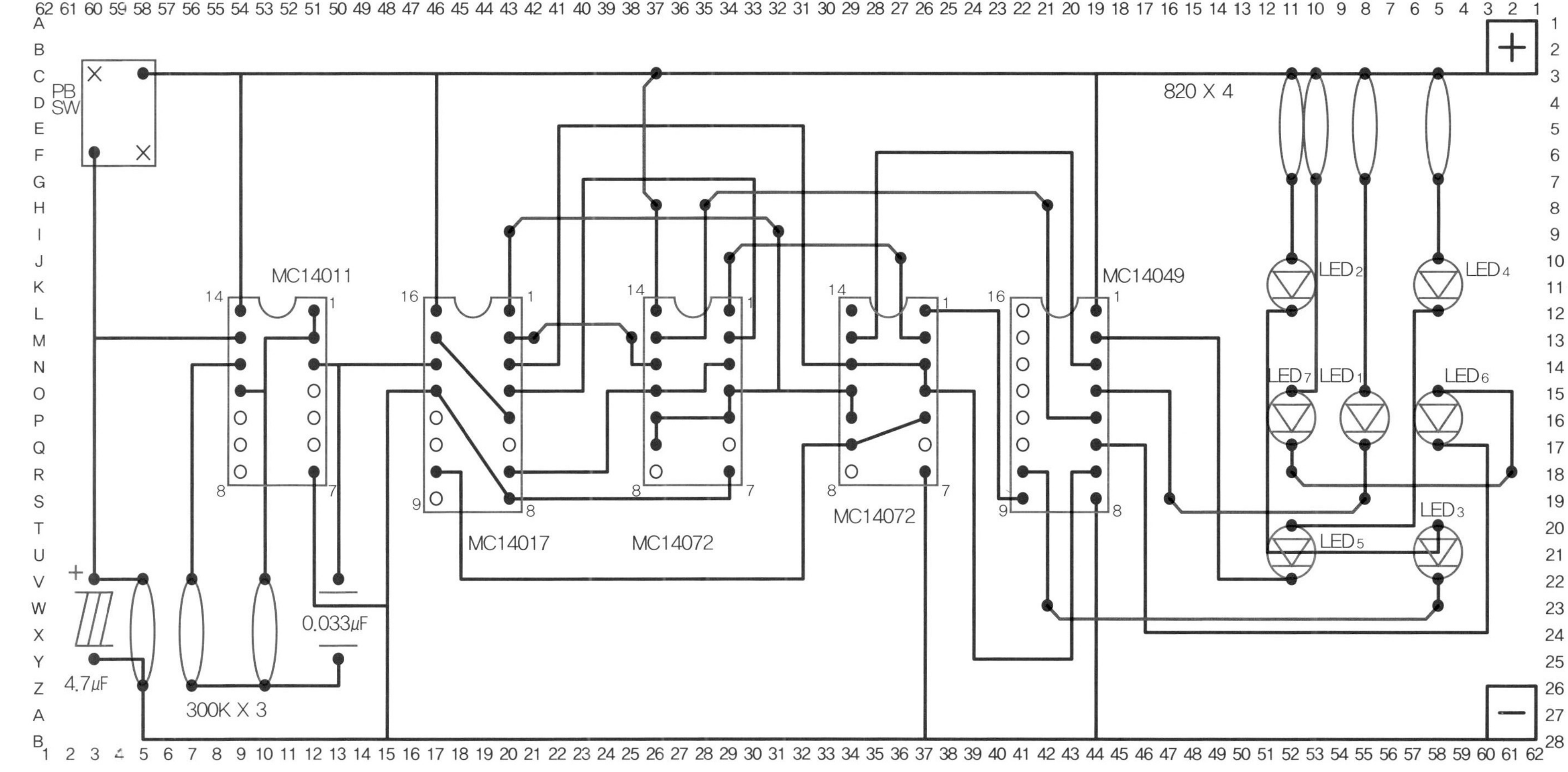

▶ 본 패턴도는 동박면(납땜면)을 기준으로 부품 배치를 하였으므로 부품 삽입 시 참고하여 삽입한다. (배선 납땜 시 매우 편리함)

※빨간(적)색의 부품과 파란(청)색의 점프선은 동박면(납땜면)이 아닌 반대편의 부품면(플라스틱면)에서 삽입된다는 것을 유의한다.

프리셋 테이블 카운터 회로 모범 조립 패턴도 1

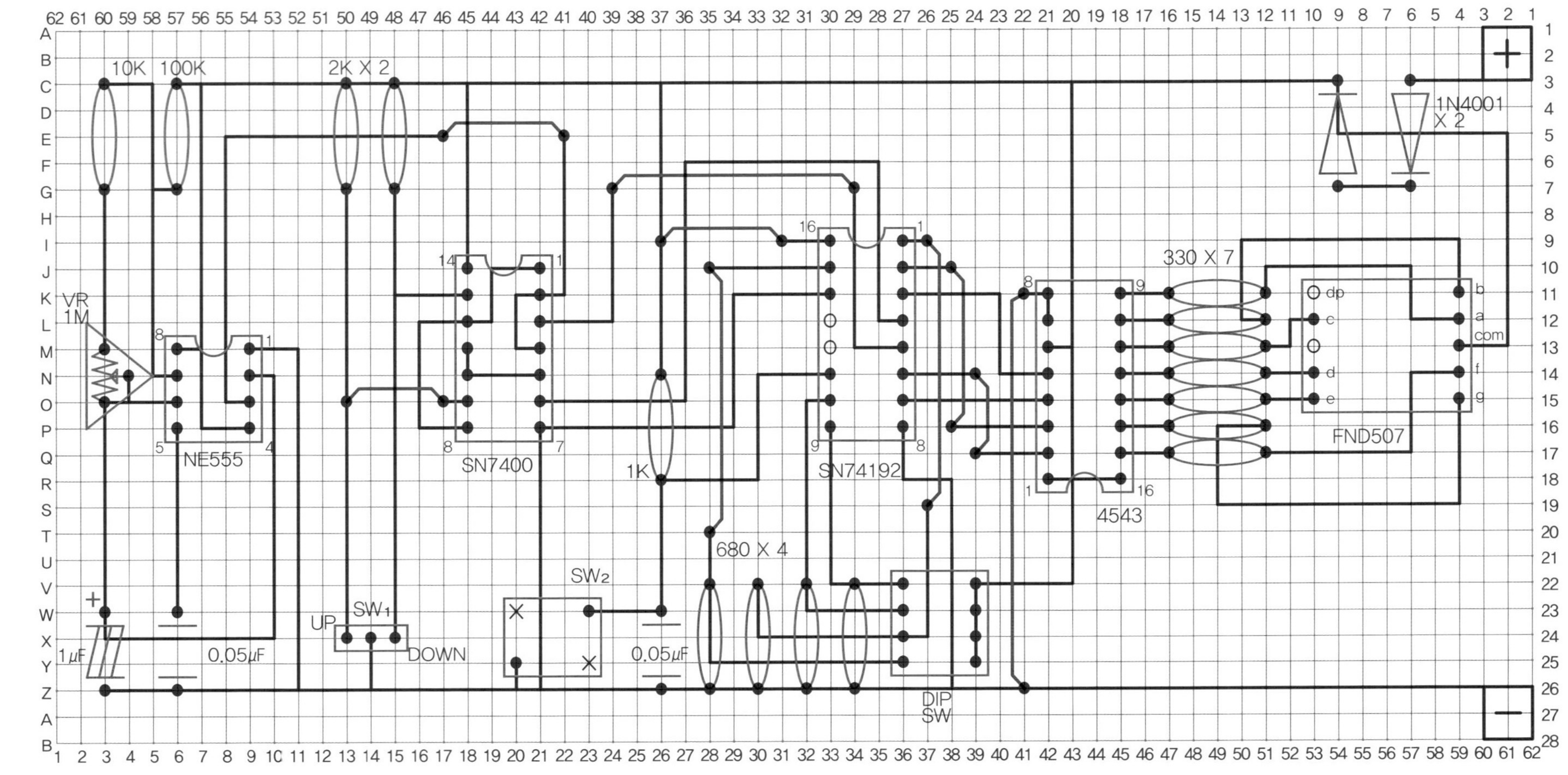

▶ 본 패턴도는 동박면(납땜면)을 기준으로 부품 배치를 하였으므로 부품 삽입 시 참고하여 삽입한다. (배선 납땜 시 매우 편리함)

※ 빨간(적)색의 부품과 파란(청)색의 점프선은 동박면(납땜면)이 아닌 반대편의 부품면(플라스틱면)에서 삽입된다는 것을 유의한다.

▶ 배선 납땜 시 접속점, 꺾어지는 점, 두 구멍마다(한 칸 건너서) 납땜하는 것을 원칙으로 한다.
납땜이 연속으로 이어지는 경우는 두 구멍을 건너서 납땜을 하여도 괜찮다.

▶ 테스트 포인트 (TP포인트)는 부품면 쪽에서 단선(피복 처리−끝부분 피복 벗겨냄)으로 처리하면 측정 시 매우 편리하다.

프리셋 테이블 카운터 모범 조립 패턴도 2 — 백지(A4 용지) 스케치용

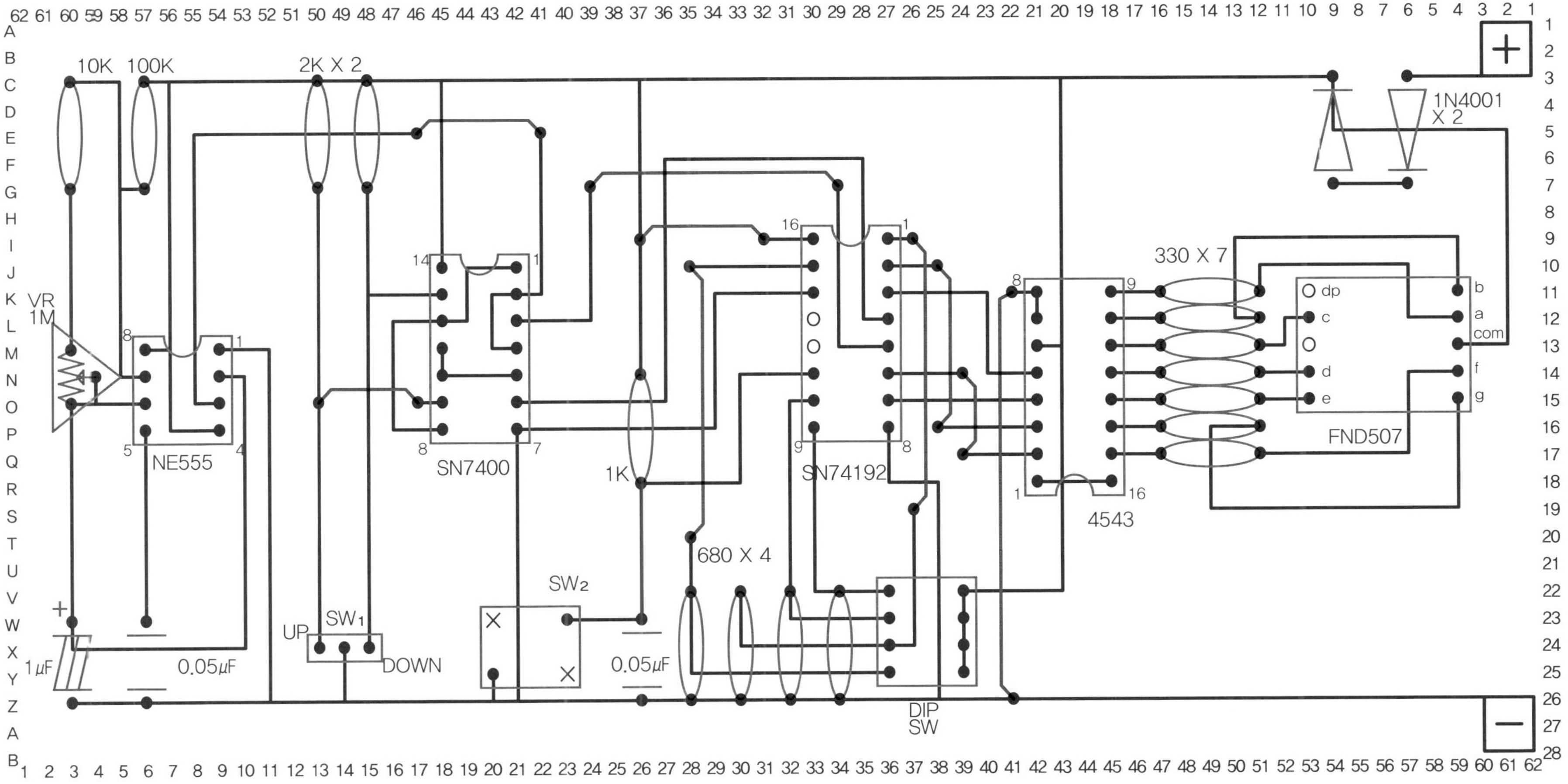

▶ 본 패턴도는 동박면(납땜면)을 기준으로 부품 배치를 하였으므로 부품 삽입 시 참고하여 삽입한다. (배선 납땜 시 매우 편리함)

※빨간(적)색의 부품과 파란(청)색의 점프선은 동박면(납땜면)이 아닌 반대편의 부품면(플라스틱면)에서 삽입된다는 것을 유의한다.

박자 발생기 회로 모범 조립 패턴도 1

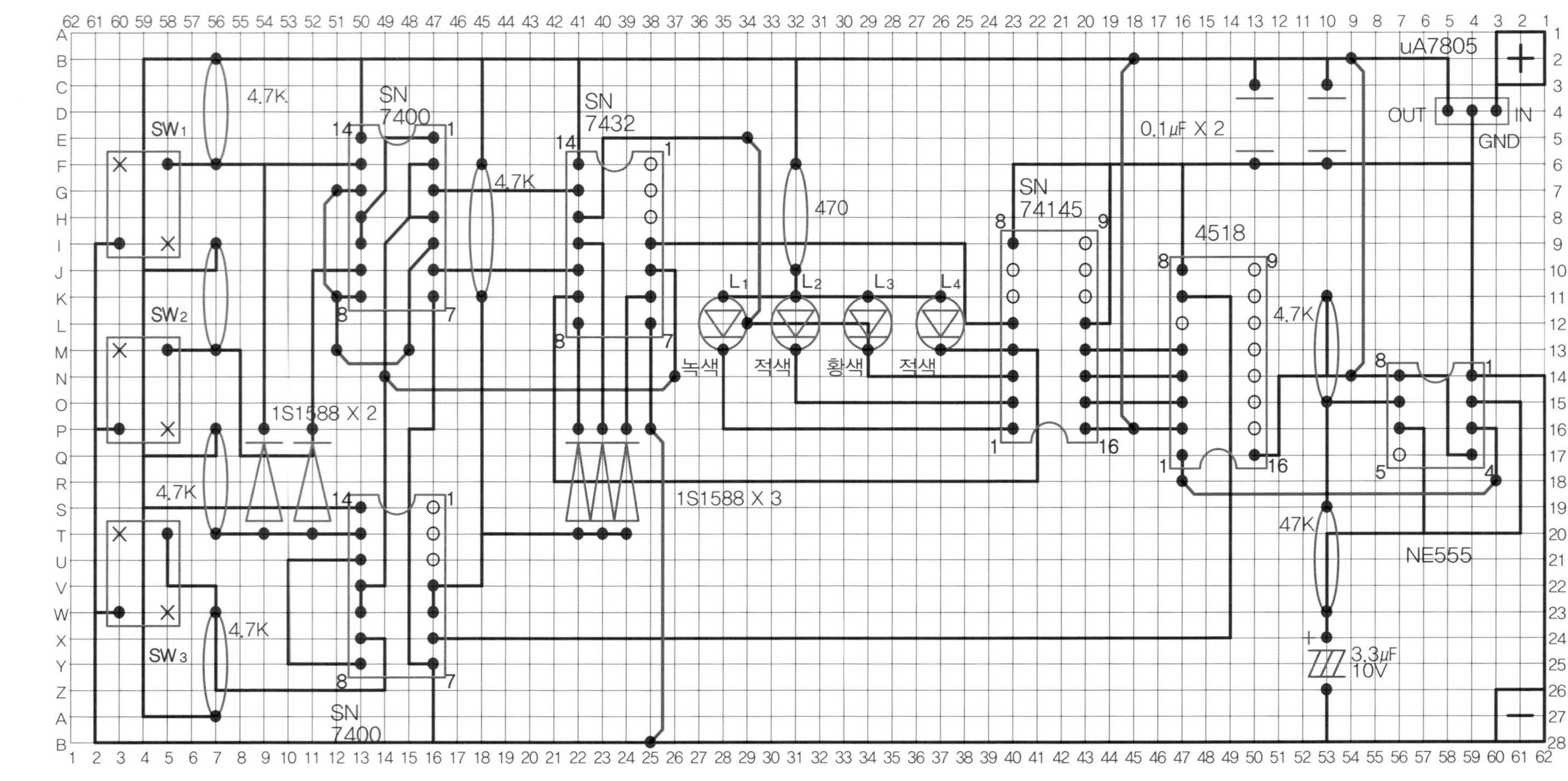

▶ 본 패턴도는 동박면(납땜면)을 기준으로 부품 배치를 하였으므로 부품 삽입 시 참고하여 삽입한다. (배선 납땜 시 매우 편리함)

※ 빨간(적)색의 부품과 파란(청)색의 점프선은 동박면(납땜면)이 아닌 반대편의 부품면(플라스틱면)에서 삽입된다는 것을 유의한다.

▶ 배선 납땜 시 접속점, 꺾어지는 점, 두 구멍마다(한 칸 건너서) 납땜하는 것을 원칙으로 한다.

납땜이 연속으로 이어지는 경우는 두 구멍을 건너서 납땜을 하여도 괜찮다.

▶ 테스트 포인트 (TP포인트)는 부품면 쪽에서 단선(피복 처리–끝부분 피복 벗겨냄)으로 처리하면 측정 시 매우 편리하다.

박자 발생기 회로 모범 조립 패턴도 2 — 백지(A4 용지) 스케치용

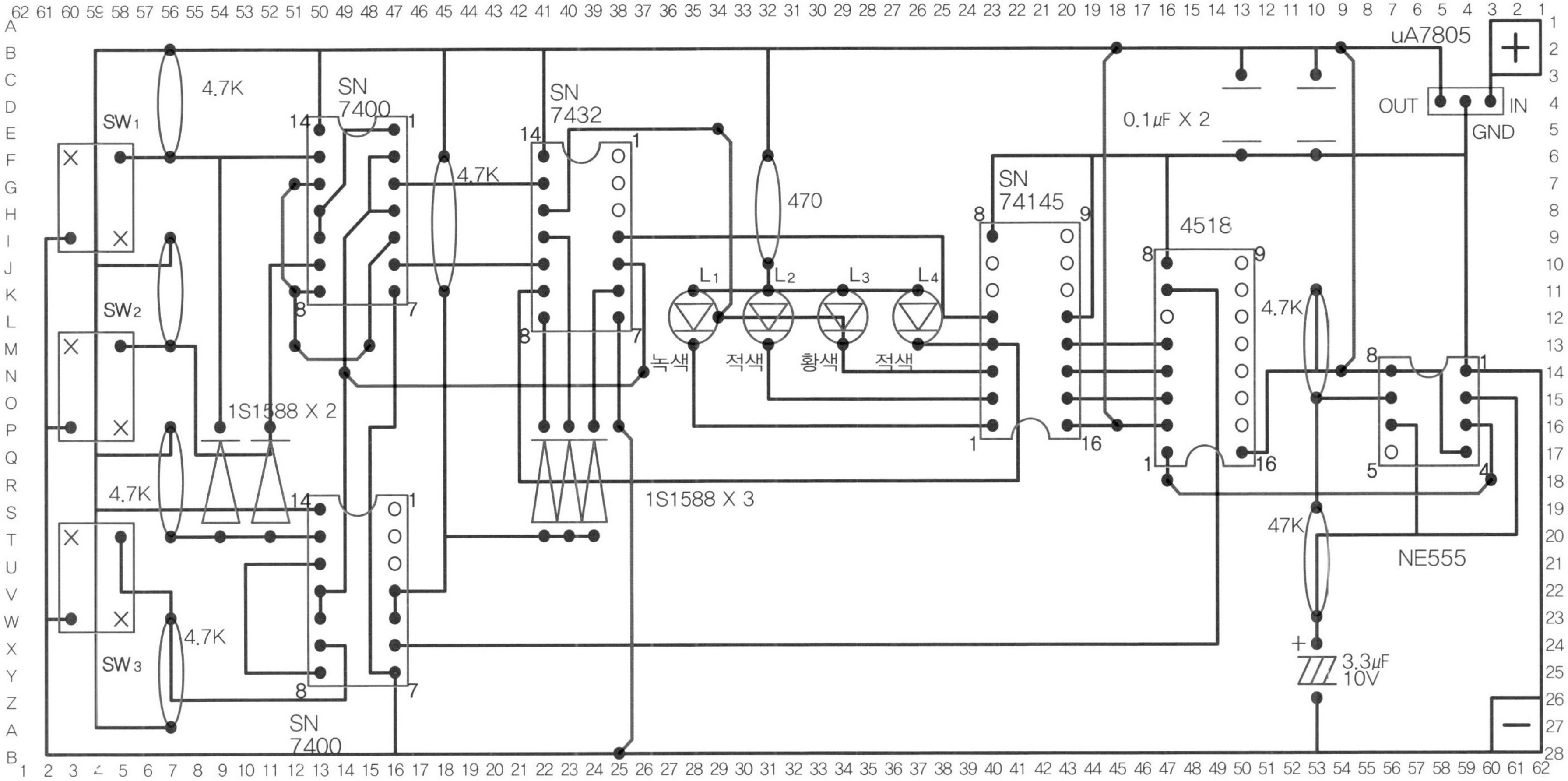

▶ 본 패턴도는 동박면(납땜면)을 기준으로 부품 배치를 하였으므로 부품 삽입 시 참고하여 삽입한다. (배선 납땜 시 매우 편리함)

※빨간(적)색의 부품과 파란(청)색의 점프선은 동박면(납땜면)이 아닌 반대편의 부품면(플라스틱면)에서 삽입된다는 것을 유의한다.

전자주사위 회로 모범 조립 패턴도 1

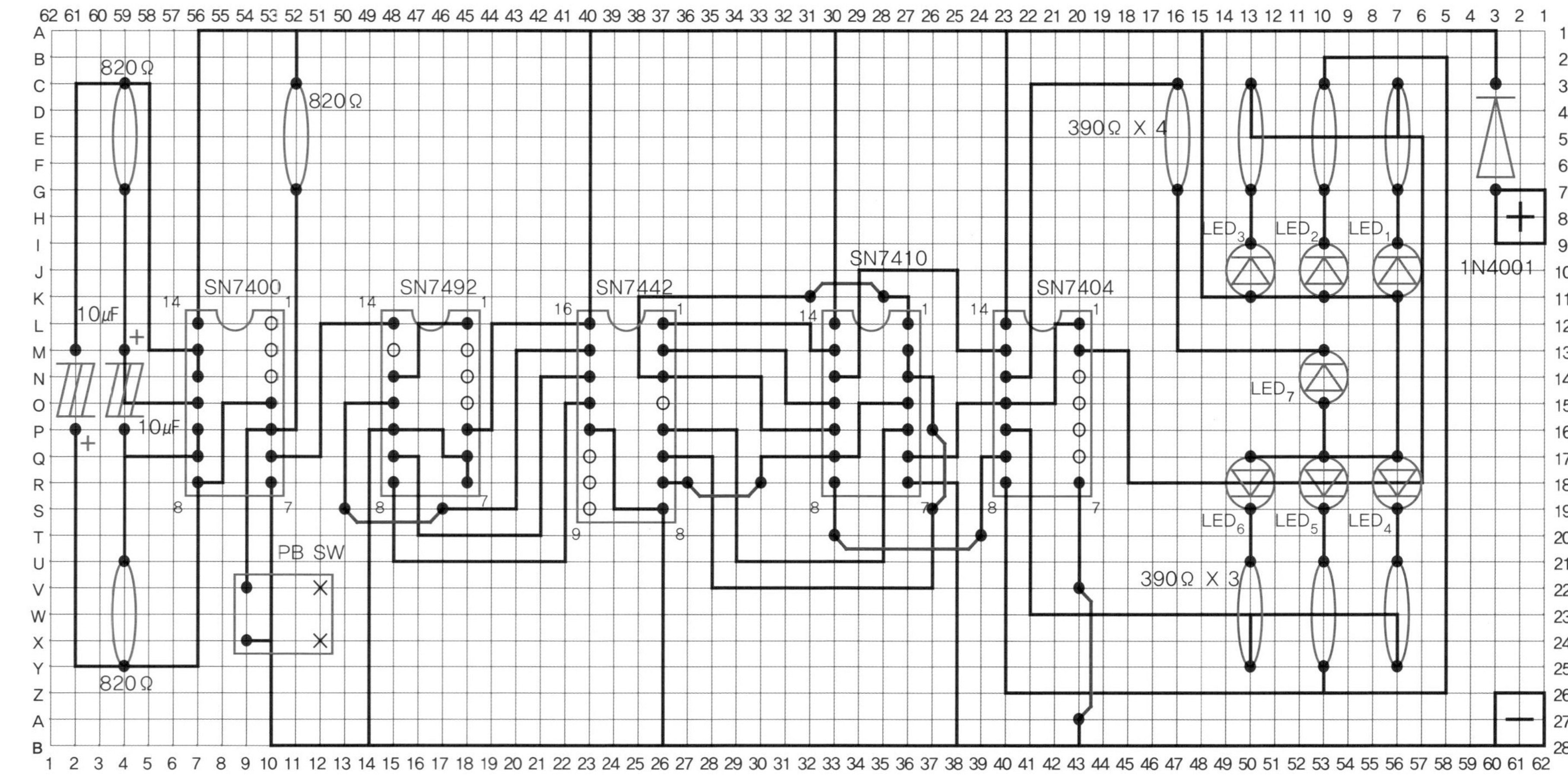

▶ 본 패턴도는 동박면(납땜면)을 기준으로 부품 배치를 하였으므로 부품 삽입 시 참고하여 삽입한다. (배선 납땜 시 매우 편리함)

※ 빨간(적)색의 부품과 파란(청)색의 점프선은 동박면(납땜면)이 아닌 반대편의 부품면(플라스틱면)에서 삽입된다는 것을 유의한다.

▶ 배선 납땜 시 접속점, 꺾어지는 점, 두 구멍마다(한 칸 건너서) 납땜하는 것을 원칙으로 한다.

납땜이 연속으로 이어지는 경우는 두 구멍을 건너서 납땜을 하여도 괜찮다.

▶ 테스트 포인트 (TP포인트)는 부품면 쪽에서 단선(피복 처리–끝부분 피복 벗겨냄)으로 처리하면 측정 시 매우 편리하다.

전자주사위 회로 모범 조립 패턴도 2 — 백지(A4 용지) 스케치용

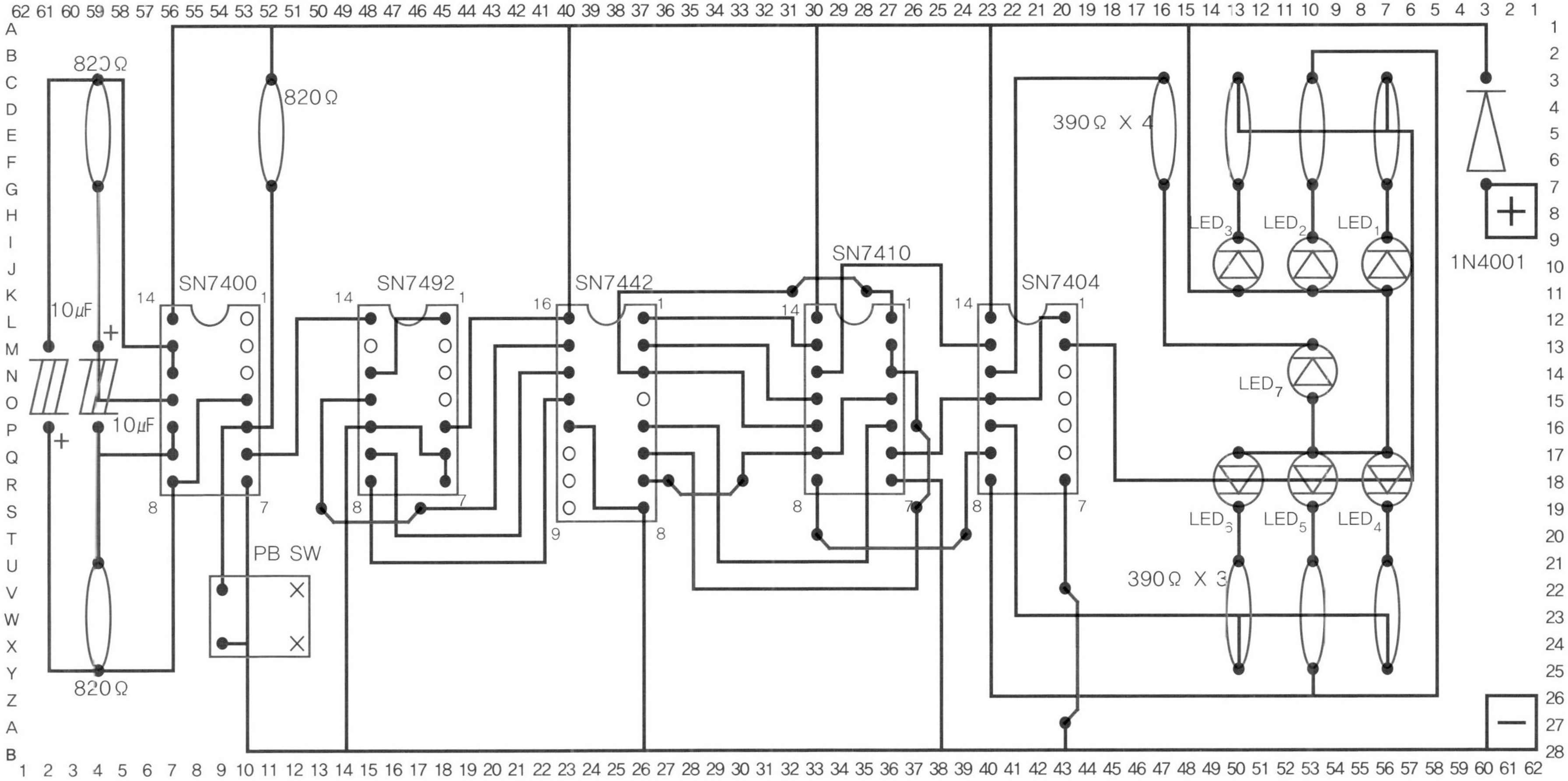

▶ 본 패턴도는 동박면(납땜면)을 기준으로 부품 배치를 하였으므로 부품 삽입 시 참고하여 삽입한다. (배선 납땜 시 매우 편리함)

※빨간(적)색의 부품과 파란(청)색의 점프선은 동박면(납땜면)이 아닌 반대편의 부품면(플라스틱면)에서 삽입된다는 것을 유의한다.

채널 전환 회로 모범 조립 패턴도 1

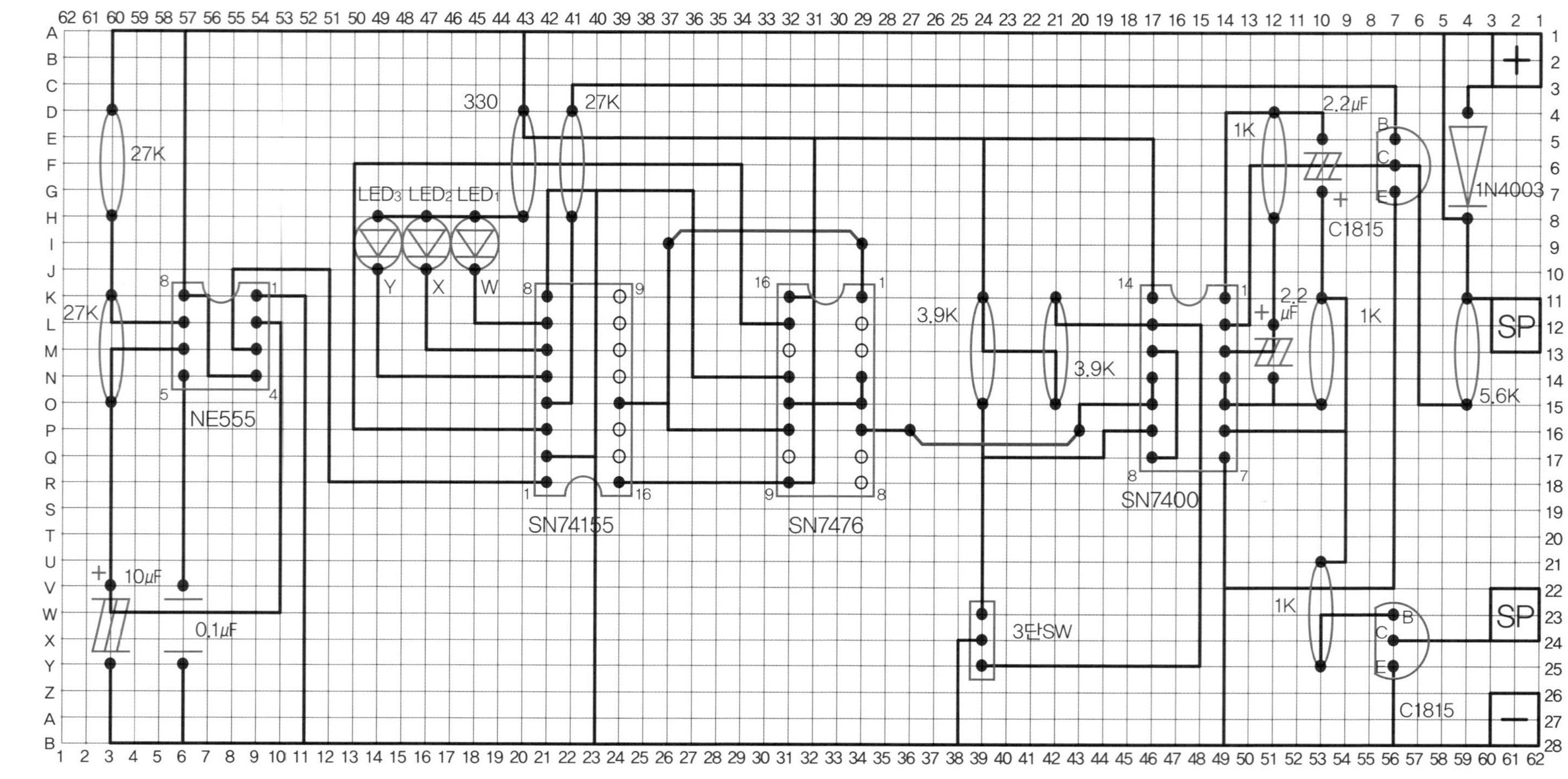

▶ 본 패턴도는 동박면(납땜면)을 기준으로 부품 배치를 하였으므로 부품 삽입 시 참고하여 삽입한다. (배선 납땜 시 매우 편리함)

※ 빨간(적)색의 부품과 파란(청)색의 점프선은 동박면(납땜면)이 아닌 반대편의 부품면(플라스틱면)에서 삽입된다는 것을 유의한다.

▶ 배선 납땜 시 접속점, 꺾어지는 점, 두 구멍마다(한 칸 건너서) 납땜하는 것을 원칙으로 한다.

납땜이 연속으로 이어지는 경우는 두 구멍을 건너서 납땜을 하여도 괜찮다.

▶ 테스트 포인트 (TP포인트)는 부품면 쪽에서 단선(피복 처리-끝부분 피복 벗겨냄)으로 처리하면 측정 시 매우 편리하다.

채널 전환 회로 모범 조립 패턴도 2 — 백지(A4 용지) 스케치용

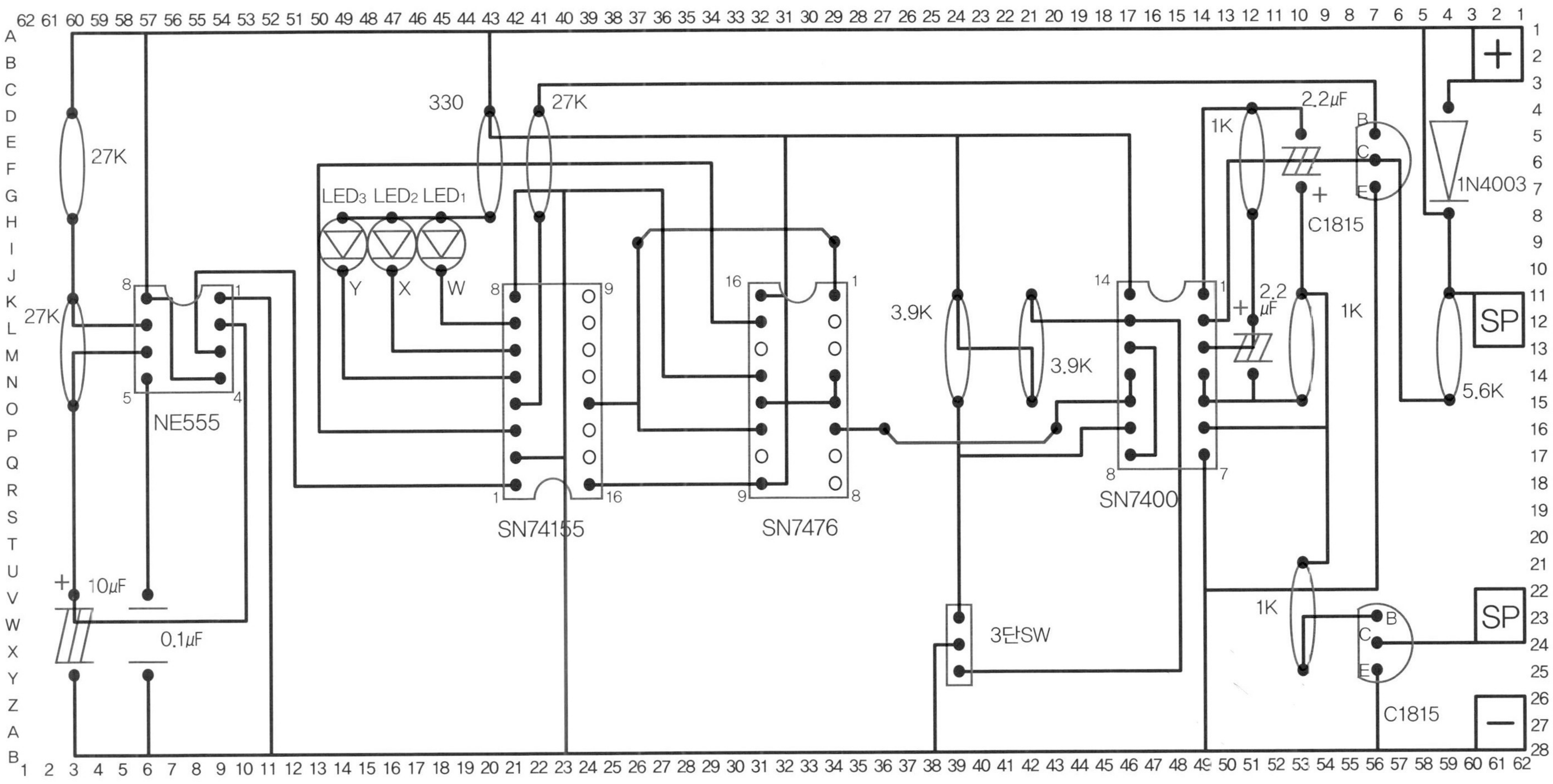

▶ 본 패턴도는 동박면(납땜면)을 기준으로 부품 배치를 하였으므로 부품 삽입 시 참고하여 삽입한다. (배선 납땜 시 매우 편리함)

※빨간(적)색의 부품과 파란(청)색의 점프선은 동박면(납땜면)이 아닌 반대편의 부품면(플라스틱면)에서 삽입된다는 것을 유의한다.

가변 순차기 회로 모범 조립 패턴도 1

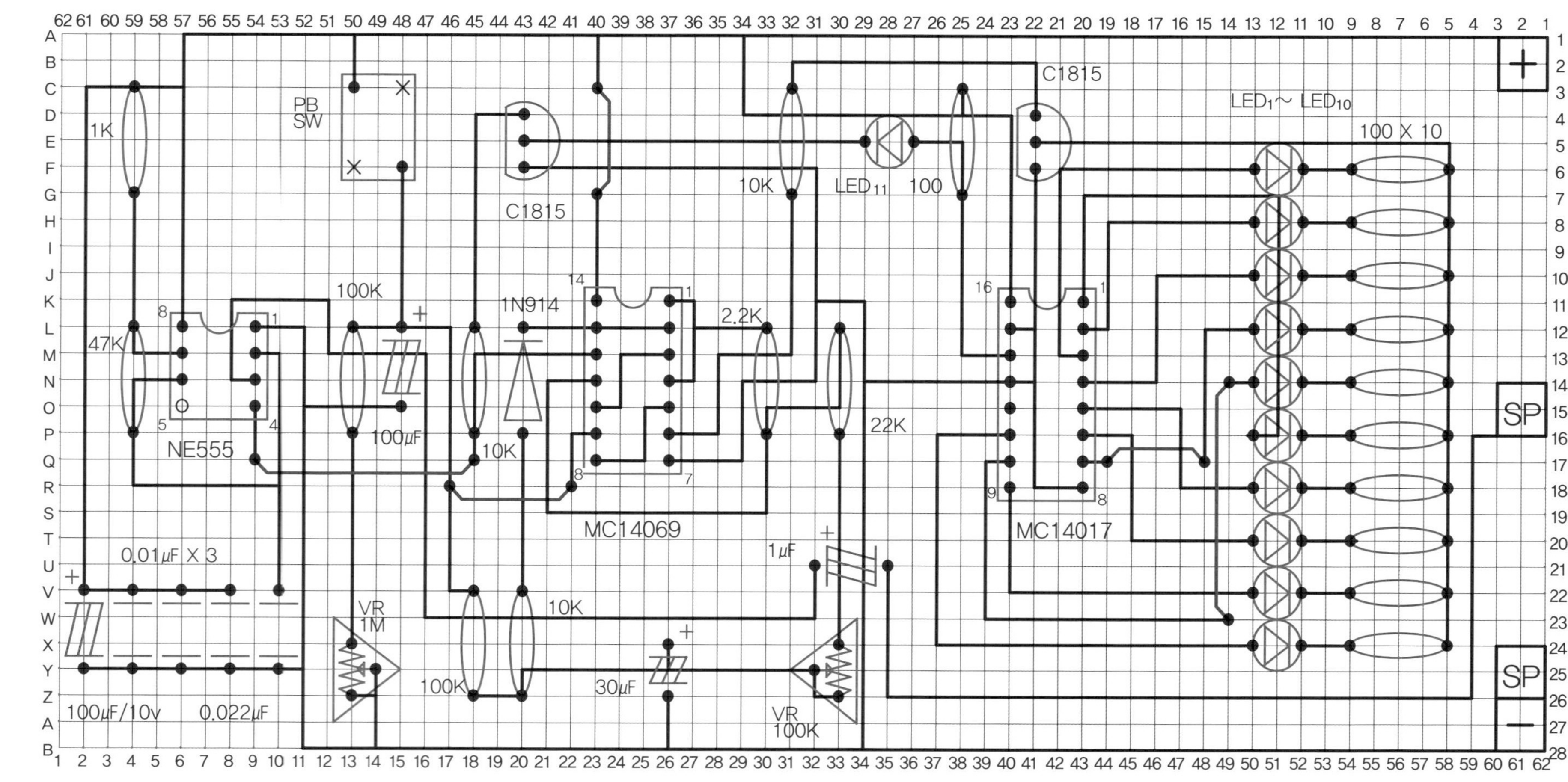

▶ 본 패턴도는 동박면(납땜면)을 기준으로 부품 배치를 하였으므로 부품 삽입 시 참고하여 삽입한다. (배선 납땜 시 매우 편리함)

※ 빨간(적)색의 부품과 파란(청)색의 점프선은 동박면(납땜면)이 아닌 반대편의 부품면(플라스틱면)에서 삽입된다는 것을 유의한다.

▶ 배선 납땜 시 접속점, 꺾어지는 점, 두 구멍마다(한 칸 건너서) 납땜하는 것을 원칙으로 한다.

납땜이 연속으로 이어지는 경우는 두 구멍을 건너서 납땜을 하여도 괜찮다.

▶ 테스트 포인트 (TP포인트)는 부품면 쪽에서 단선(피복 처리–끝부분 피복 벗겨냄)으로 처리하면 측정 시 매우 편리하다.

가변 순차기 회로 모범 조립 패턴도 2 — 백지(A4 용지) 스케치용

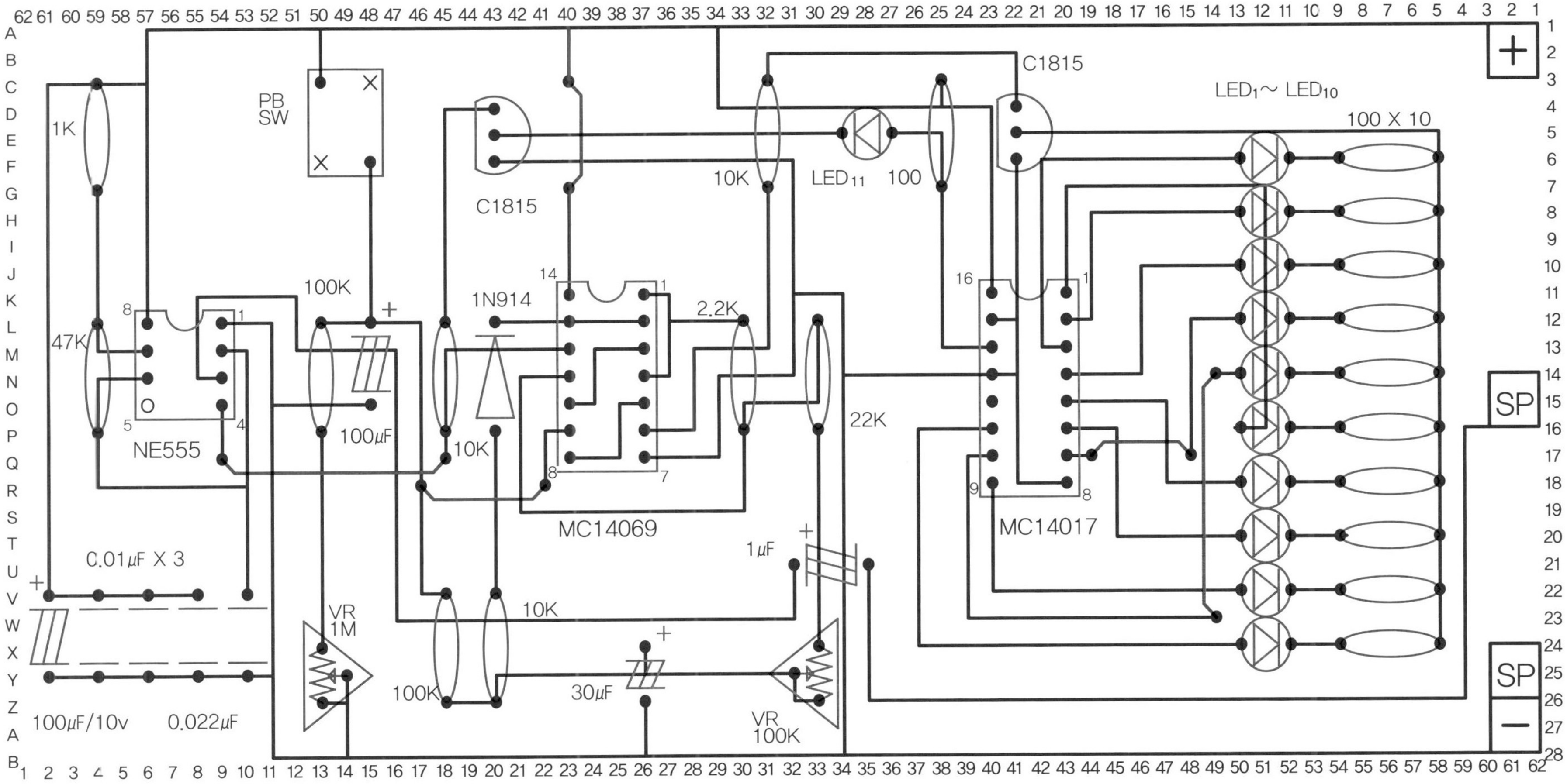

▶ 본 패턴도는 동박면(납땜면)을 기준으로 부품 배치를 하였으므로 부품 삽입 시 참고하여 삽입한다. (배선 납땜 시 매우 편리함)

※빨간(적)색의 부품과 파란(청)색의 점프선은 동박면(납땜면)이 아닌 반대편의 부품면(플라스틱면)에서 삽입된다는 것을 유의한다.

순차 점멸기 회로 모범 조립 패턴도 1

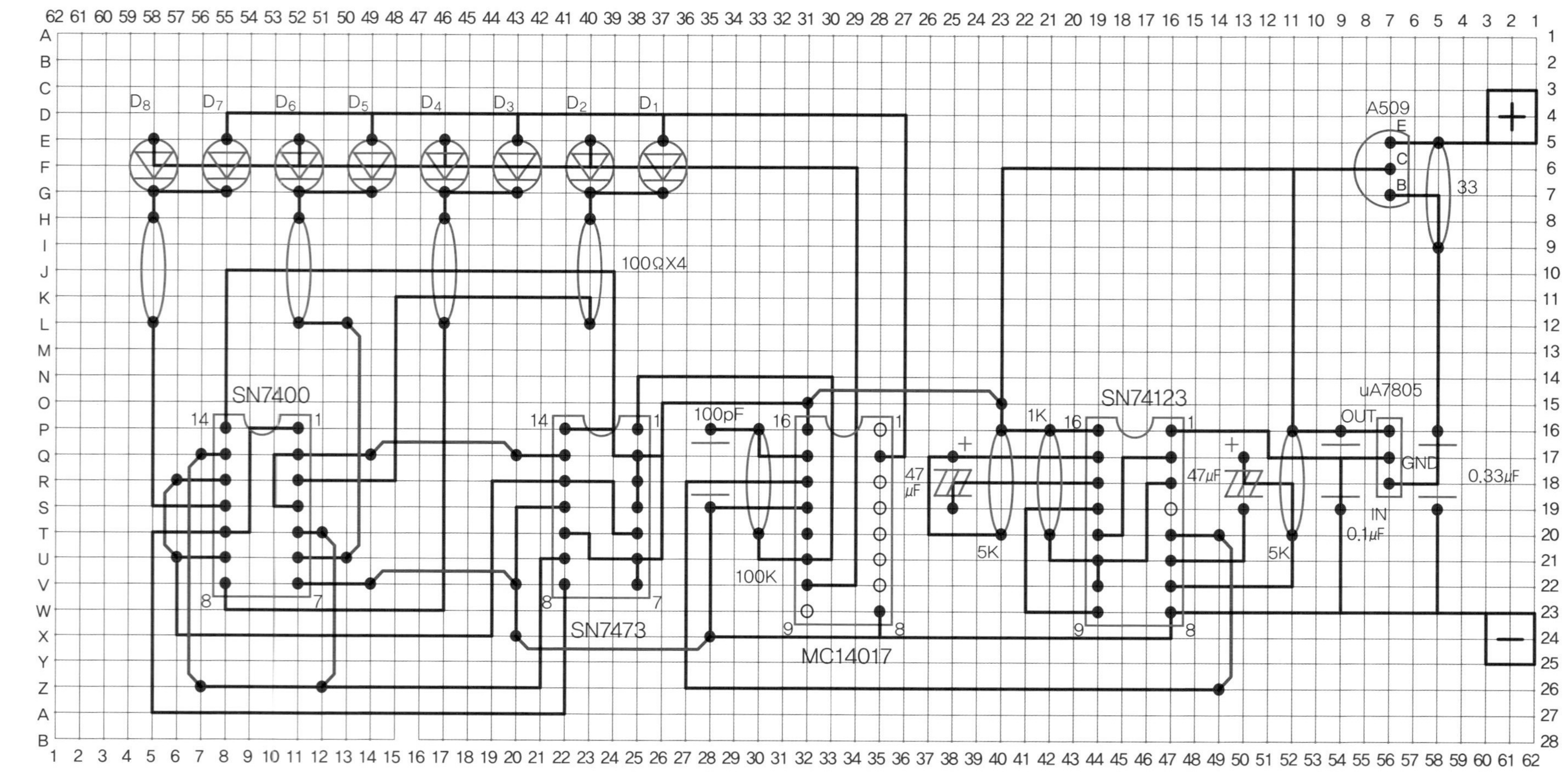

▶ 본 패턴도는 동박면(납땜면)을 기준으로 부품 배치를 하였으므로 부품 삽입 시 참고하여 삽입한다. (배선 납땜 시 매우 편리함)

※ 빨간(적)색의 부품과 파란(청)색의 점프선은 동박면(납땜면)이 아닌 반대편의 부품면(플라스틱면)에서 삽입된다는 것을 유의한다.

▶ 배선 납땜 시 접속점, 꺾어지는 점, 두 구멍마다(한 칸 건너서) 납땜하는 것을 원칙으로 한다.

납땜이 연속으로 이어지는 경우는 두 구멍을 건너서 납땜을 하여도 괜찮다.

▶ 테스트 포인트 (TP포인트)는 부품면 쪽에서 단선(피복 처리–끝부분 피복 벗겨냄)으로 처리하면 측정 시 매우 편리하다.

순차 점멸기 회로 모범 조립 패턴도 2 — 백지(A4 용지) 스케치용

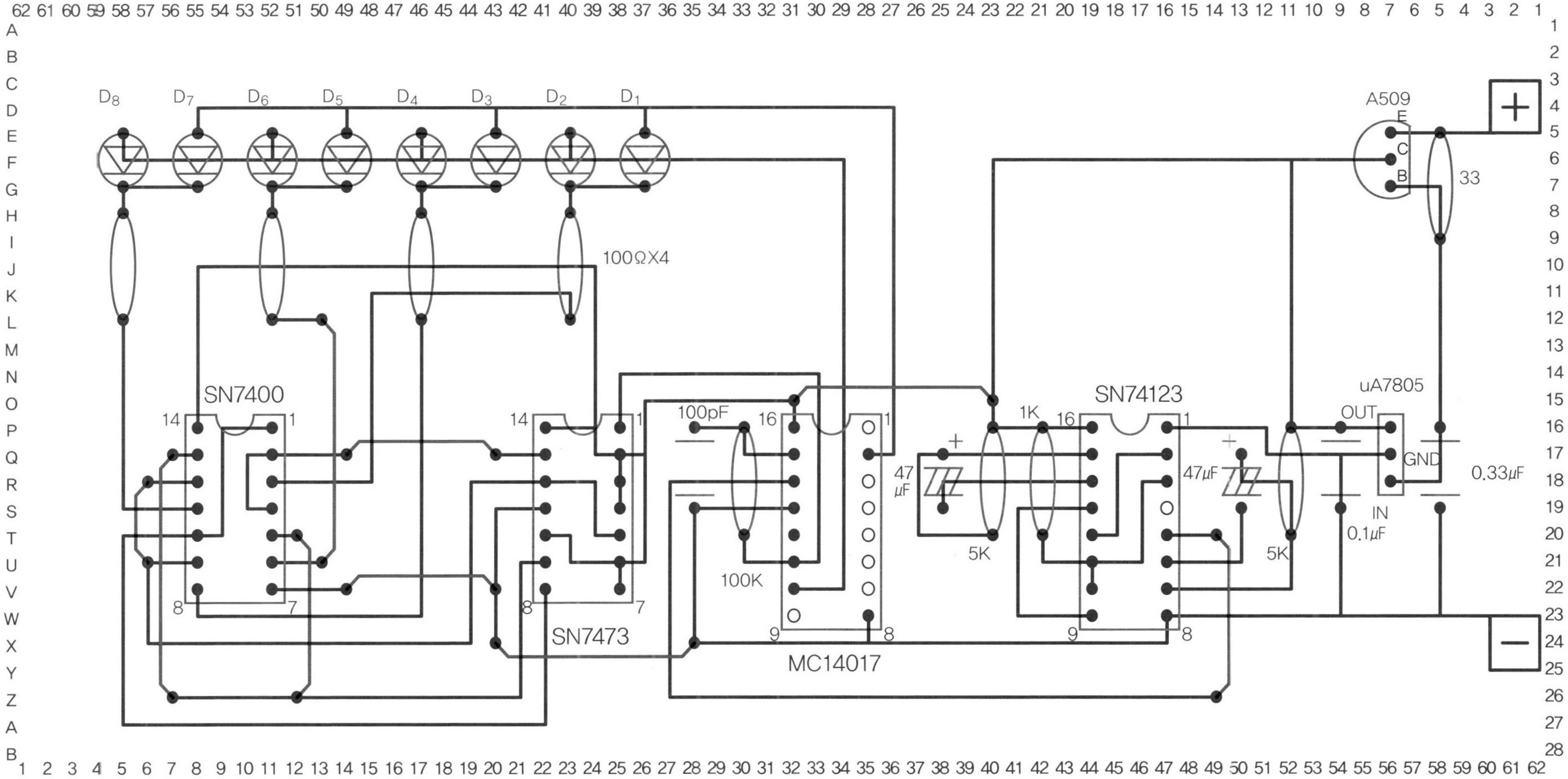

D8 D7 D6 D5 D4 D3 D2 D1

100ΩX4

SN7400

SN7473

100pF

100K

MC14017

47 μF

5K

1K

SN74123

47μF

5K

A509

E C B

33

uA7805

OUT GND IN

0.33μF

0.1μF

\+

\-

▶ 본 패턴도는 동박면(납땜면)을 기준으로 부품 배치를 하였으므로 부품 삽입 시 참고하여 삽입한다. (배선 납땜 시 매우 편리함)

※빨간(적)색의 부품과 파란(청)색의 점프선은 동박면(납땜면)이 아닌 반대편의 부품면(플라스틱면)에서 삽입된다는 것을 유의한다.

전원 동기 기준 시간 발생 회로 모범 조립 패턴도 1

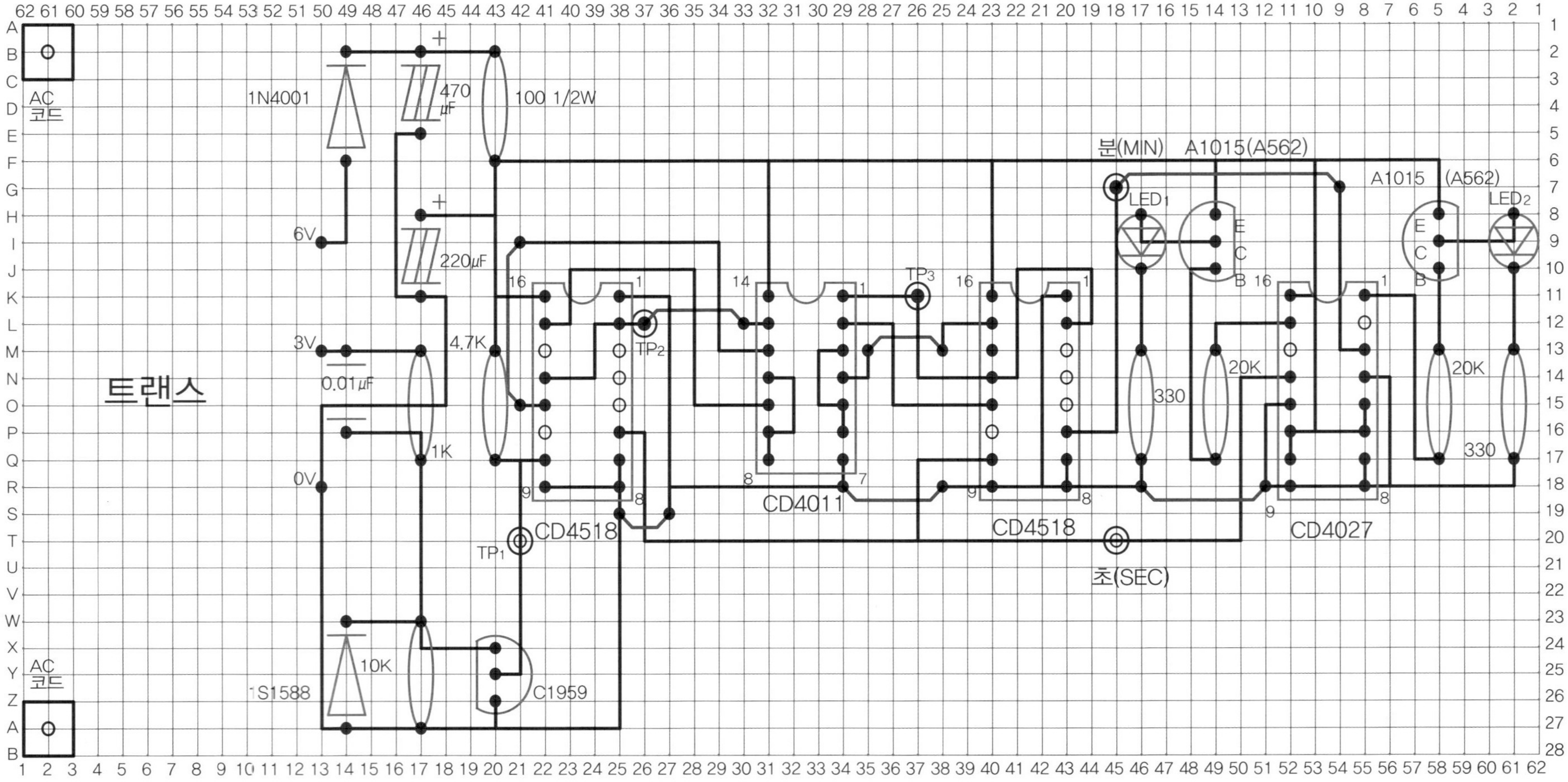

▶ 본 패턴도는 동박면(납땜면)을 기준으로 부품 배치를 하였으므로 부품 삽입 시 참고하여 삽입한다. (배선 납땜 시 매우 편리함)

※ 빨간(적)색의 부품과 파란(청)색의 점프선은 동박면(납땜면)이 아닌 반대편의 부품면(플라스틱면)에서 삽입된다는 것을 유의한다.

▶ 배선 납땜 시 접속점, 꺾어지는 점, 두 구멍마다(한 칸 건너서) 납땜하는 것을 원칙으로 한다.

납땜이 연속으로 이어지는 경우는 두 구멍을 건너서 납땜을 하여도 괜찮다.

▶ 테스트 포인트 (TP포인트)는 부품면 쪽에서 단선(피복 처리–끝부분 피복 벗겨냄)으로 처리하면 측정 시 매우 편리하다.

전원 동기 기준 시간 발생 회로 모범 조립 패턴도 2 — 백지(A4 용지) 스케치용

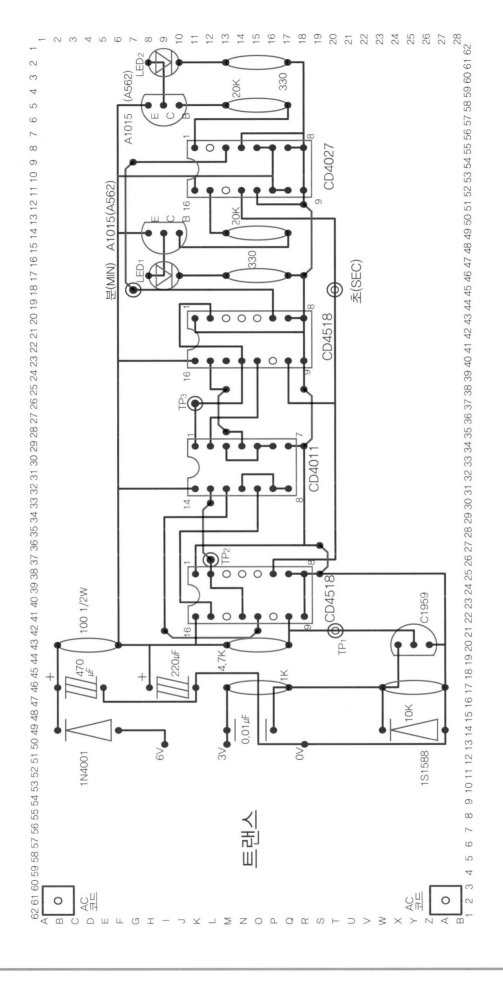

▶ 본 패턴도는 동박면(납땜면)을 기준으로 부품 배치를 하였으므로 부품 삽입 시 참고하여 삽입한다. (배선 납땜 시 매우 편리함)

※빨간(적)색의 부품과 파란(청)색의 점프선은 동박면(납땜면)이 아닌 반대편의 부품면(플라스틱면)에서 삽입된다는 것을 유의한다.

3 응용 회로(회로도, 모범 조립 패턴도) 답안지

회로도는 반드시 수업 전 사전 과제로 실습 노트에 깨끗하게 그려서 검사를 받도록 합니다.

계수 판별기 회로도 (4543 사용)

계수 판별기 회로 모범 조립 패턴도 (4543 사용)

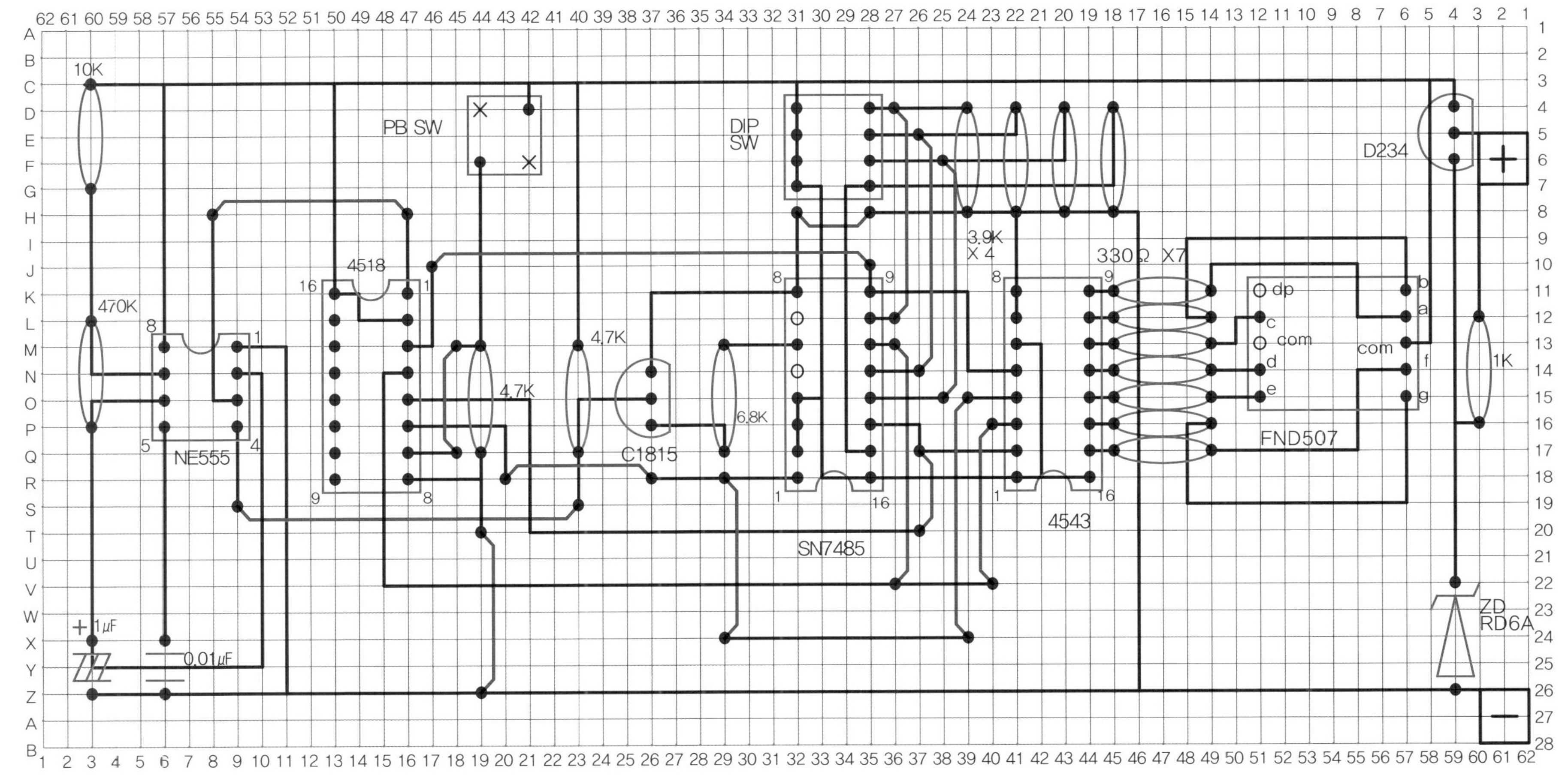

▶ 본 패턴도는 동박면(납땜면)을 기준으로 부품 배치를 하였으므로 부품 삽입 시 참고하여 삽입한다. (배선 납땜 시 매우 편리함)

※ 빨간(적)색의 부품과 파란(청)색의 점프선은 동박면(납땜면)이 아닌 반대편의 부품면(플라스틱면)에서 삽입된다는 것을 유의한다.

▶ 배선 납땜 시 접속점, 꺾어지는 점, 두 구멍마다(한 칸 건너서) 납땜하는 것을 원칙으로 한다.
납땜이 연속으로 이어지는 경우는 두 구멍을 건너서 납땜을 하여도 괜찮다.

▶ 테스트 포인트 (TP포인트)는 부품면 쪽에서 단선(피복 처리–끝부분 피복 벗겨냄)으로 처리하면 측정 시 매우 편리하다.

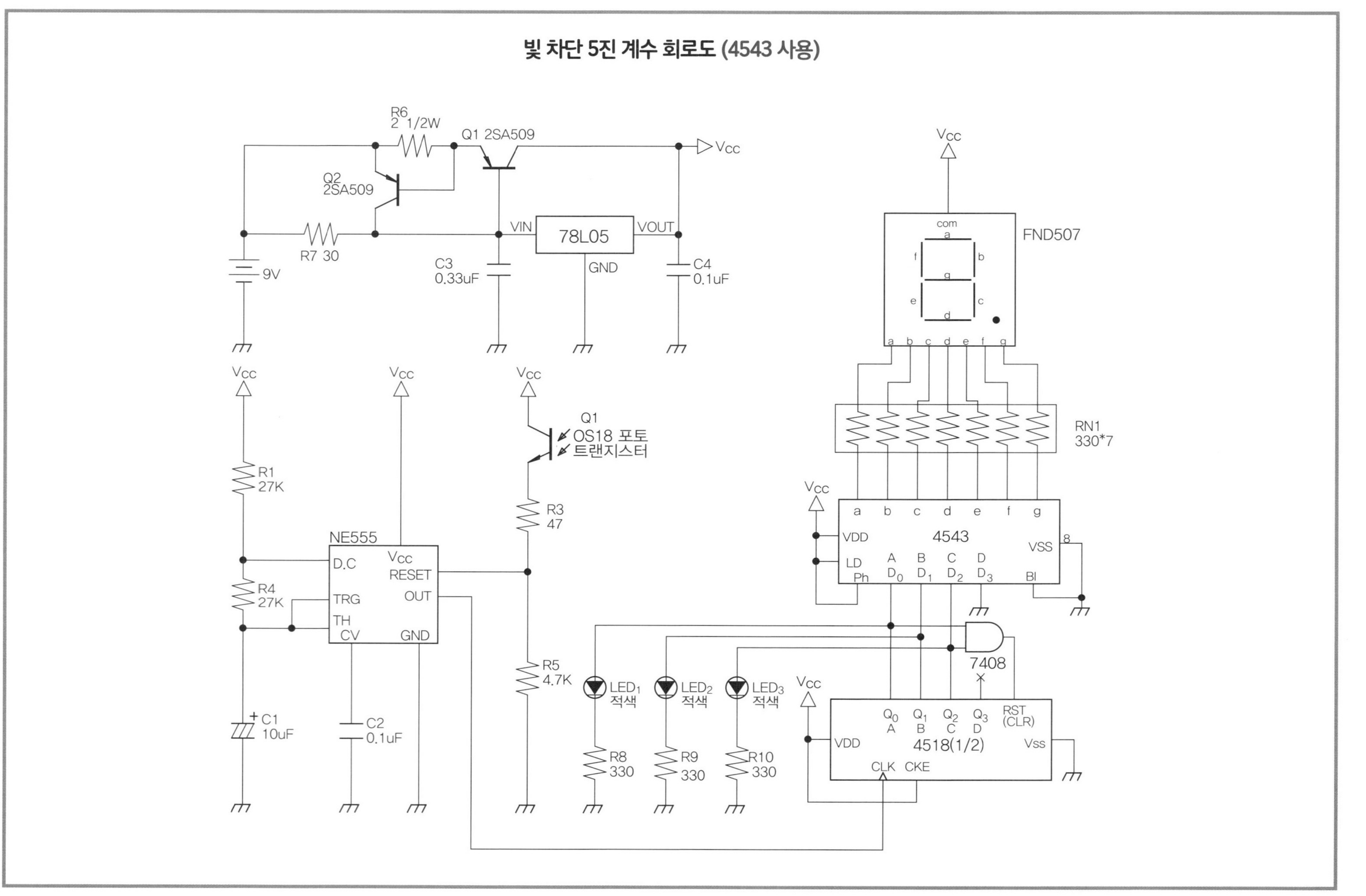
빛 차단 5진 계수 회로도 (4543 사용)
R6 2 1/2W
Q1 2SA509
Vcc
Q2 2SA509
R7 30
9V
C3 0.33uF
VIN
78L05
VOUT
GND
C4 0.1uF
Vcc
Vcc
Vcc
Q1 OS18 포토 트랜지스터
R1 27K
R3 47
NE555
D.C
Vcc
RESET
OUT
TRG
TH
CV
GND
R4 27K
R5 4.7K
C1 10uF
C2 0.1uF
LED1 적색
LED2 적색
LED3 적색
R8 330
R9 330
R10 330
Vcc
com
FND507
RN1 330*7
4543
VDD
LD
Ph
VSS
BI
7408
4518(1/2)
CLK
CKE
RST (CLR)
Vss

빛 차단 5진 계수 정지 회로 모범 조립 패턴도 (4543 사용)

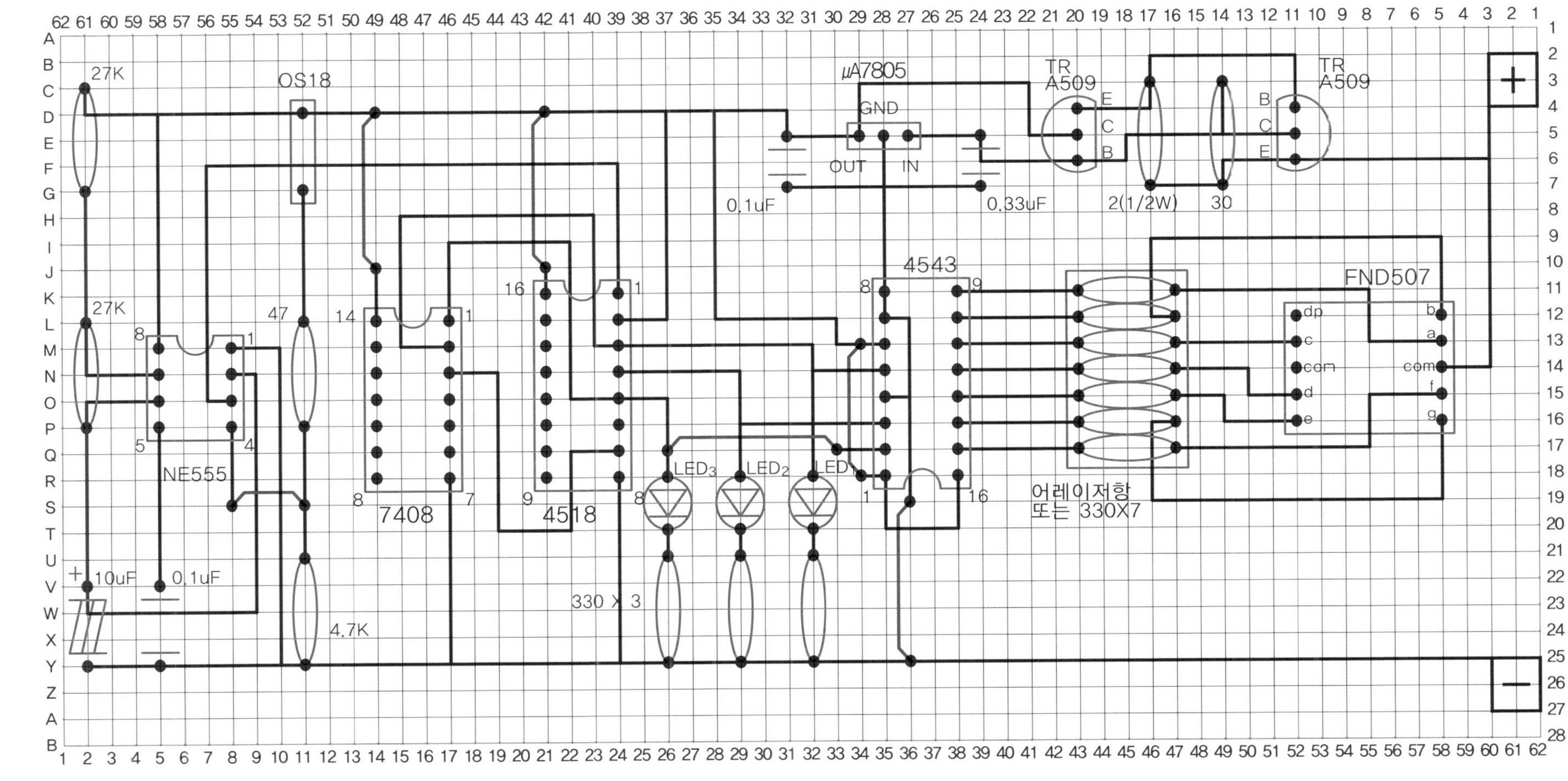

▶ 본 패턴도는 동박면(납땜면)을 기준으로 부품 배치를 하였으므로 부품 삽입 시 참고하여 삽입한다. (배선 납땜 시 매우 편리함)

※ 빨간(적)색의 부품과 파란(청)색의 점프선은 동박면(납땜면)이 아닌 반대편의 부품면(플라스틱면)에서 삽입된다는 것을 유의한다.

▶ 배선 납땜 시 접속점, 꺾어지는 점, 두 구멍마다(한 칸 건너서) 납땜하는 것을 원칙으로 한다.

납땜이 연속으로 이어지는 경우는 두 구멍을 건너서 납땜을 하여도 괜찮다.

▶ 테스트 포인트 (TP포인트)는 부품면 쪽에서 단선(피복 처리－끝부분 피복 벗겨냄)으로 처리하면 측정 시 매우 편리하다.

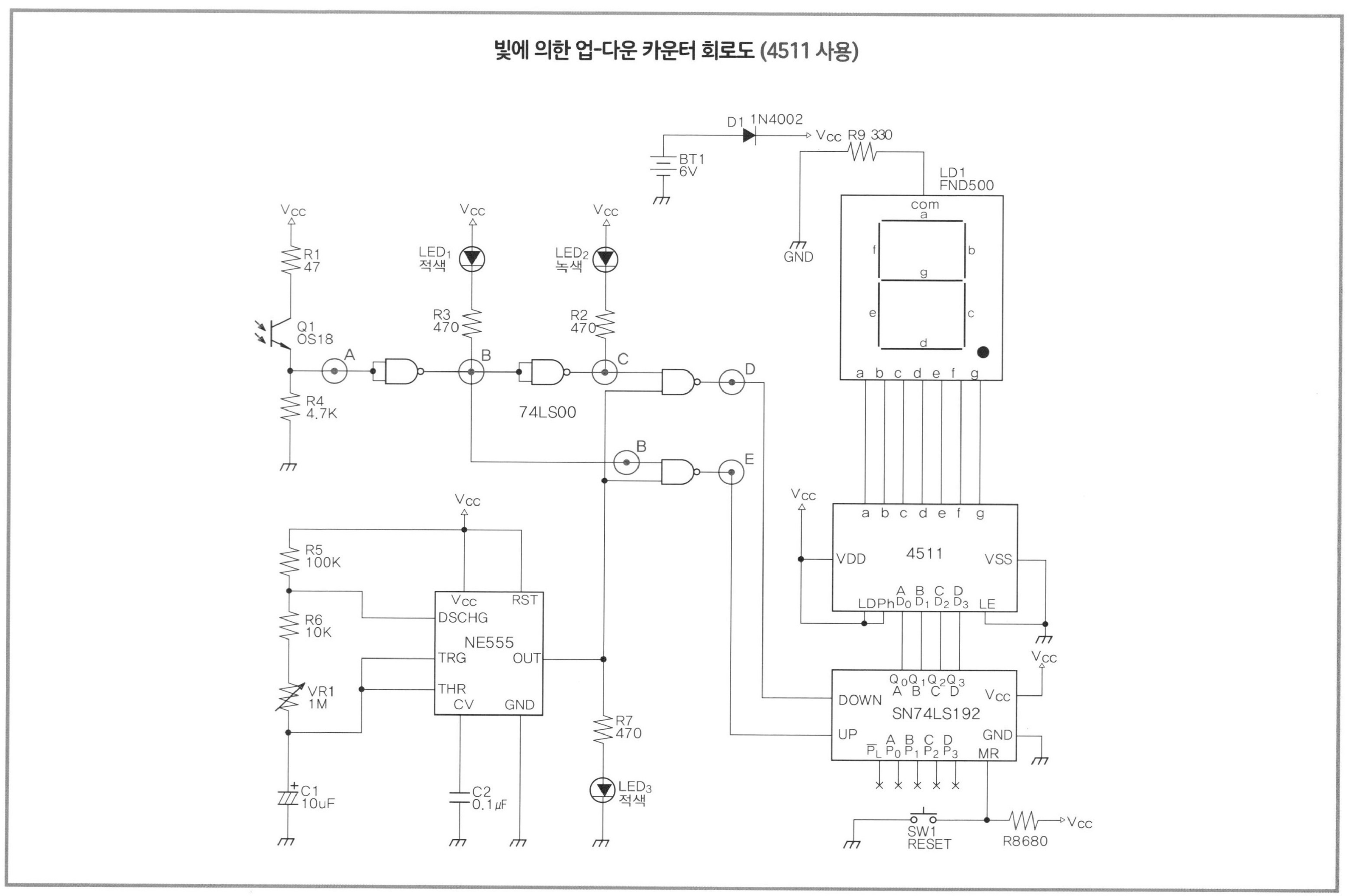

빛에 의한 업-다운 카운터 회로도 (4511 사용)
D1 1N4002
Vcc R9 330
BT1
6V
LD1
FND500
com
a b c d e f g
GND
Vcc
R1
47
Q1
OS18
R4
4.7K
LED1
적색
R3
470
LED2
녹색
R2
470
A
B
C
D
E
74LS00
4511
VDD
VSS
LDPh
LE
SN74LS192
DOWN
UP
GND
MR
SW1
RESET
R8680
NE555
RST
DSCHG
TRG
THR
CV
OUT
R5
100K
R6
10K
VR1
1M
C1
10uF
C2
0.1㎌
R7
470
LED3
적색

빛에 의한 업-다운 카운터 회로 모범 조립 패턴도 3 (4511 사용)

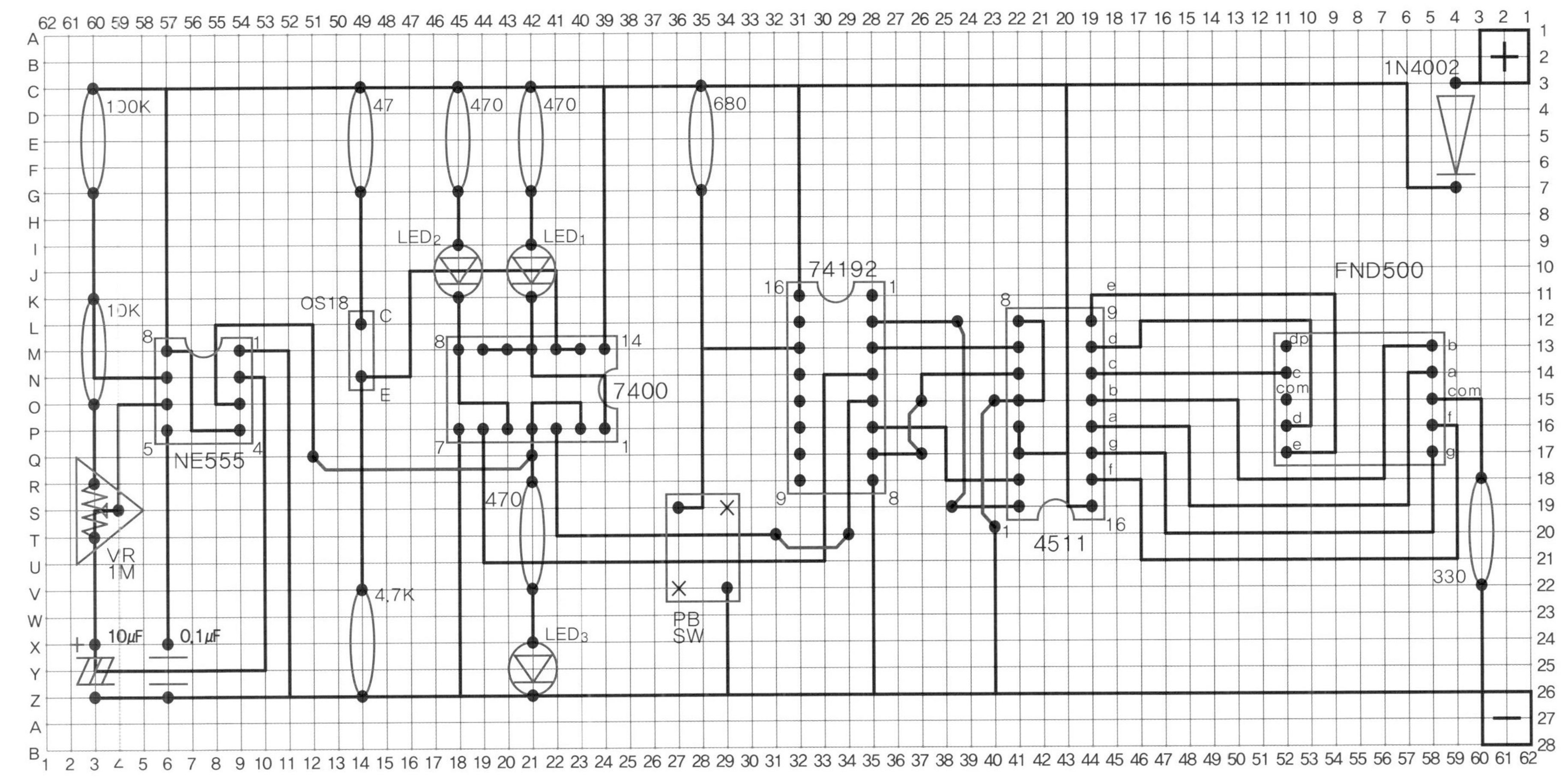

▶ 본 패턴도는 동박면(납땜면)을 기준으로 부품 배치를 하였으므로 부품 삽입 시 참고하여 삽입한다. (배선 납땜 시 매우 편리함)

※ 빨간(적)색의 부품과 파란(청)색의 점프선은 동박면(납땜면)이 아닌 반대편의 부품면(플라스틱면)에서 삽입된다는 것을 유의한다.

▶ 배선 납땜 시 접속점, 꺾어지는 점, 두 구멍마다(한 칸 건너서) 납땜하는 것을 원칙으로 한다.
납땜이 연속으로 이어지는 경우는 두 구멍을 건너서 납땜을 하여도 괜찮다.

▶ 테스트 포인트 (TP포인트)는 부품면 쪽에서 단선(피복 처리–끝부분 피복 벗겨냄)으로 처리하면 측정 시 매우 편리하다.

예약된 숫자 표시기 회로도 (7447 사용)

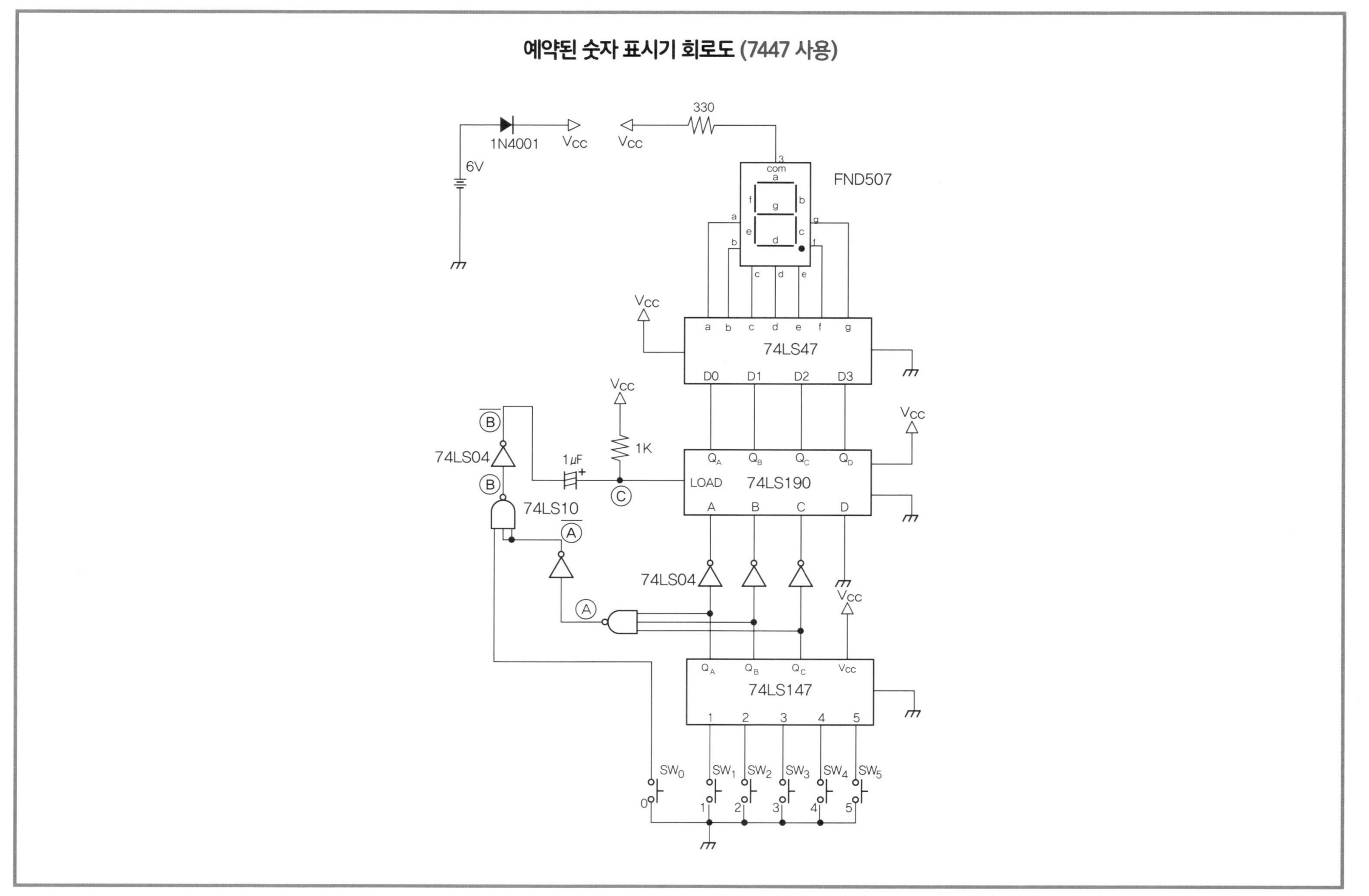

예약된 숫자 표시기 회로 모범 조립 패턴도 3 (7447 사용)

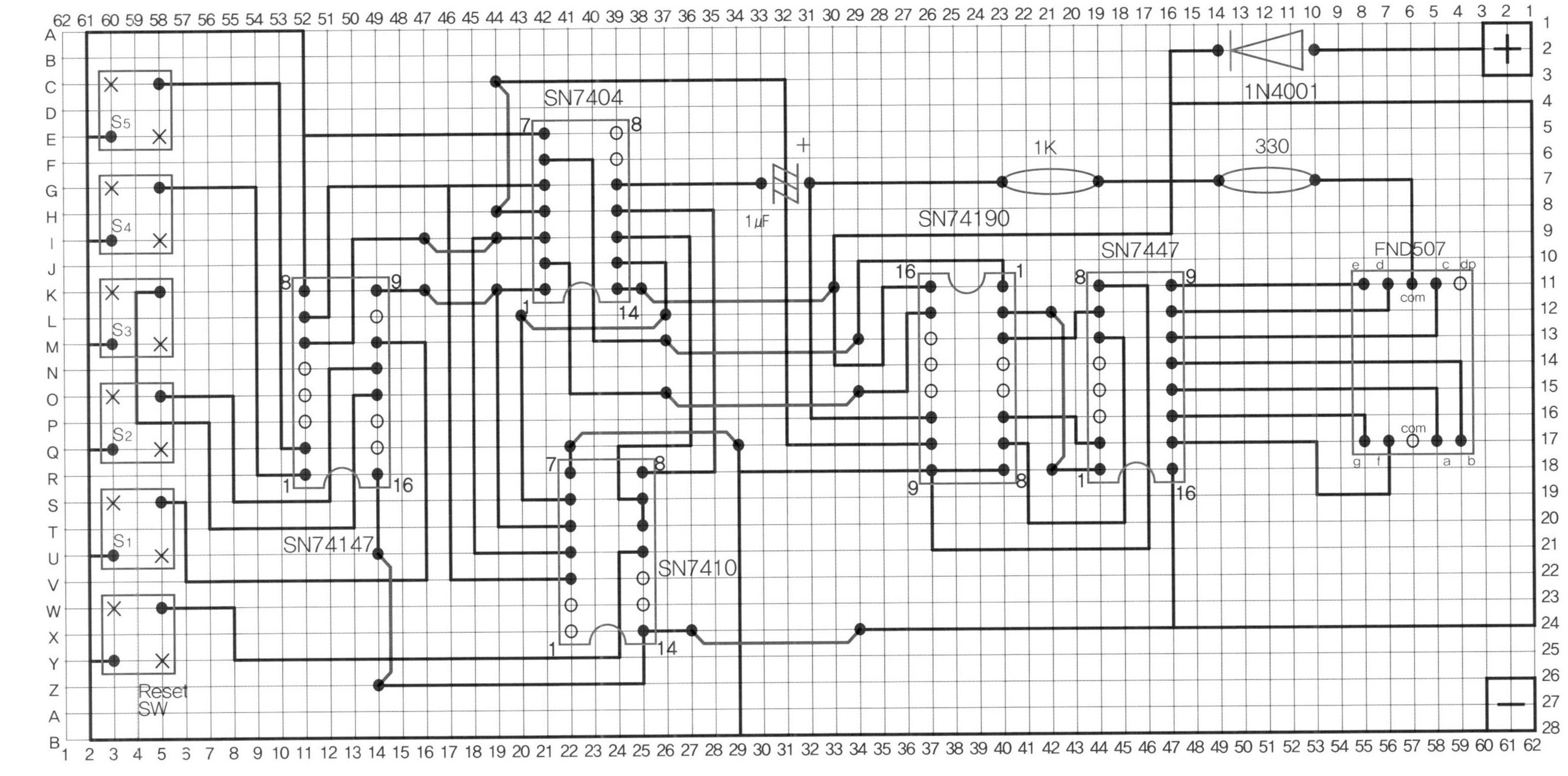

▶ 본 패턴도는 동박면(납땜면)을 기준으로 부품 배치를 하였으므로 부품 삽입 시 참고하여 삽입한다. (배선 납땜 시 매우 편리함)

※ 빨간(적)색의 부품과 파란(청)색의 점프선은 동박면(납땜면)이 아닌 반대편의 부품면(플라스틱면)에서 삽입된다는 것을 유의한다.

▶ 배선 납땜 시 접속점, 꺾어지는 점, 두 구멍마다(한 칸 건너서) 납땜하는 것을 원칙으로 한다.

납땜이 연속으로 이어지는 경우는 두 구멍을 건너서 납땜을 하여도 괜찮다.

▶ 테스트 포인트 (TP포인트)는 부품면 쪽에서 단선(피복 처리－끝부분 피복 벗겨냄)으로 처리하면 측정 시 매우 편리하다.

2음 경보기 회로도 (7476 사용)

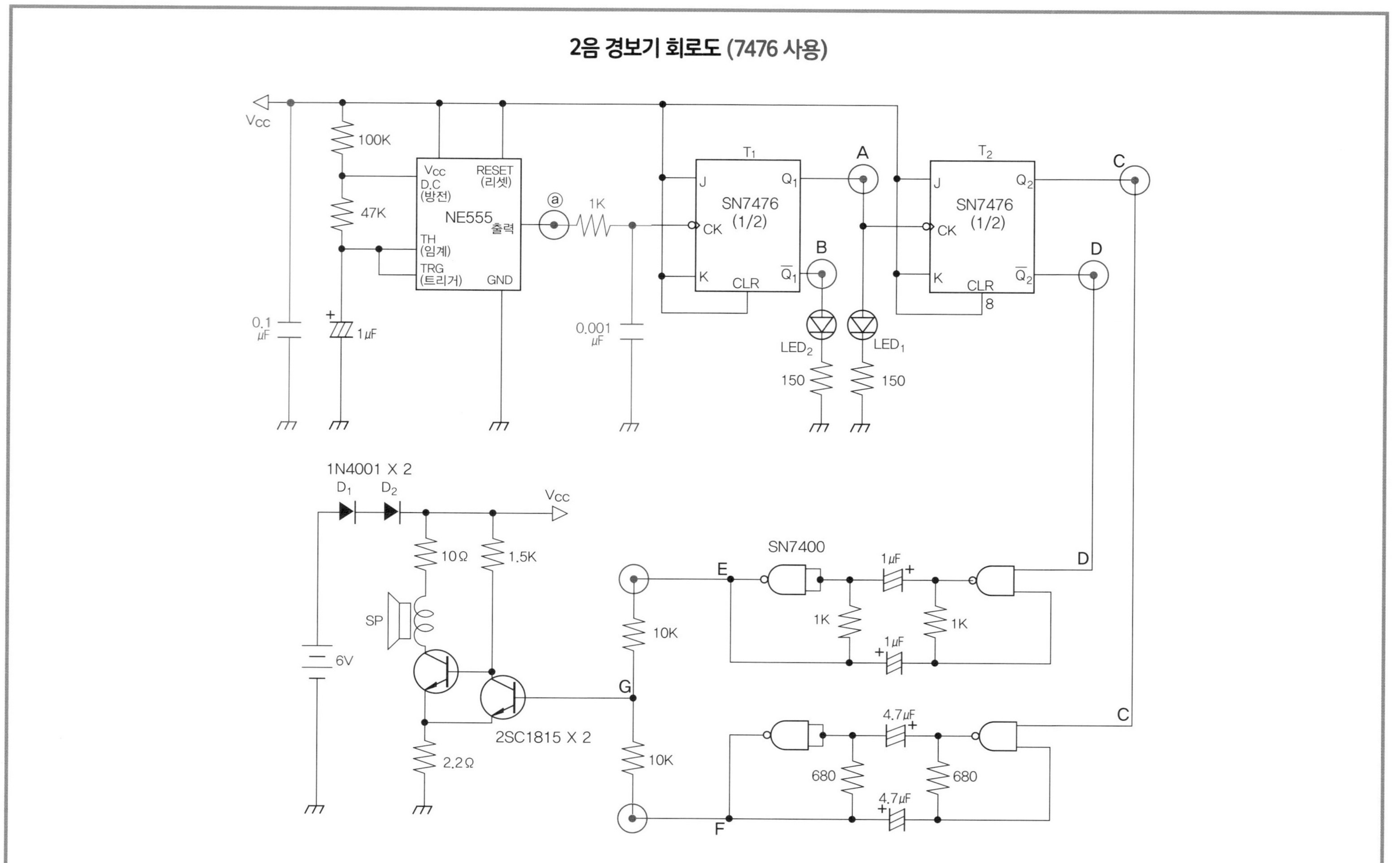

※ 회로도 중 적색 부분의 0.1μF, 1KΩ, 0.001μF은 2018년 6월에 추가된 것으로 빼고 조립하여도 회로 동작에는 이상 없습니다.

2음 경보기 회로 모범 조립 패턴도 3 (7476 사용)

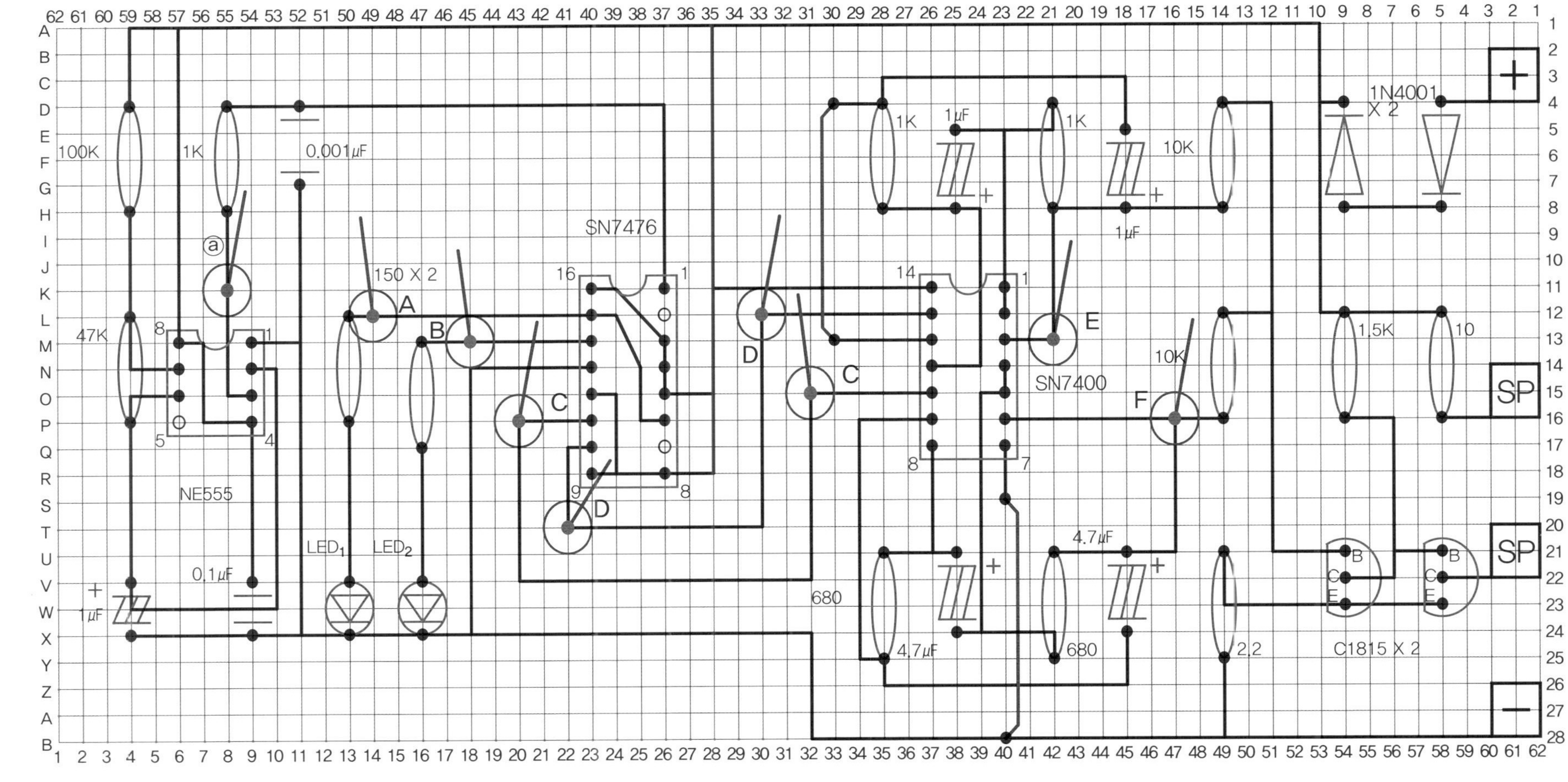

▶ 본 패턴도는 동박면(납땜면)을 기준으로 부품 배치를 하였으므로 부품 삽입 시 참고하여 삽입한다. (배선 납땜 시 매우 편리함)

※ 빨간(적)색의 부품과 파란(청)색의 점프선은 동박면(납땜면)이 아닌 반대편의 부품면(플라스틱면)에서 삽입된다는 것을 유의한다.

▶ 배선 납땜 시 접속점, 꺾어지는 점, 두 구멍마다(한 칸 건너서) 납땜하는 것을 원칙으로 한다.
납땜이 연속으로 이어지는 경우는 두 구멍을 건너서 납땜을 하여도 괜찮다.

▶ 테스트 포인트 (TP포인트)는 부품면 쪽에서 단선(피복 처리–끝부분 피복 벗겨냄)으로 처리하면 측정 시 매우 편리하다.

위치 표시기 회로도 (7476 사용)

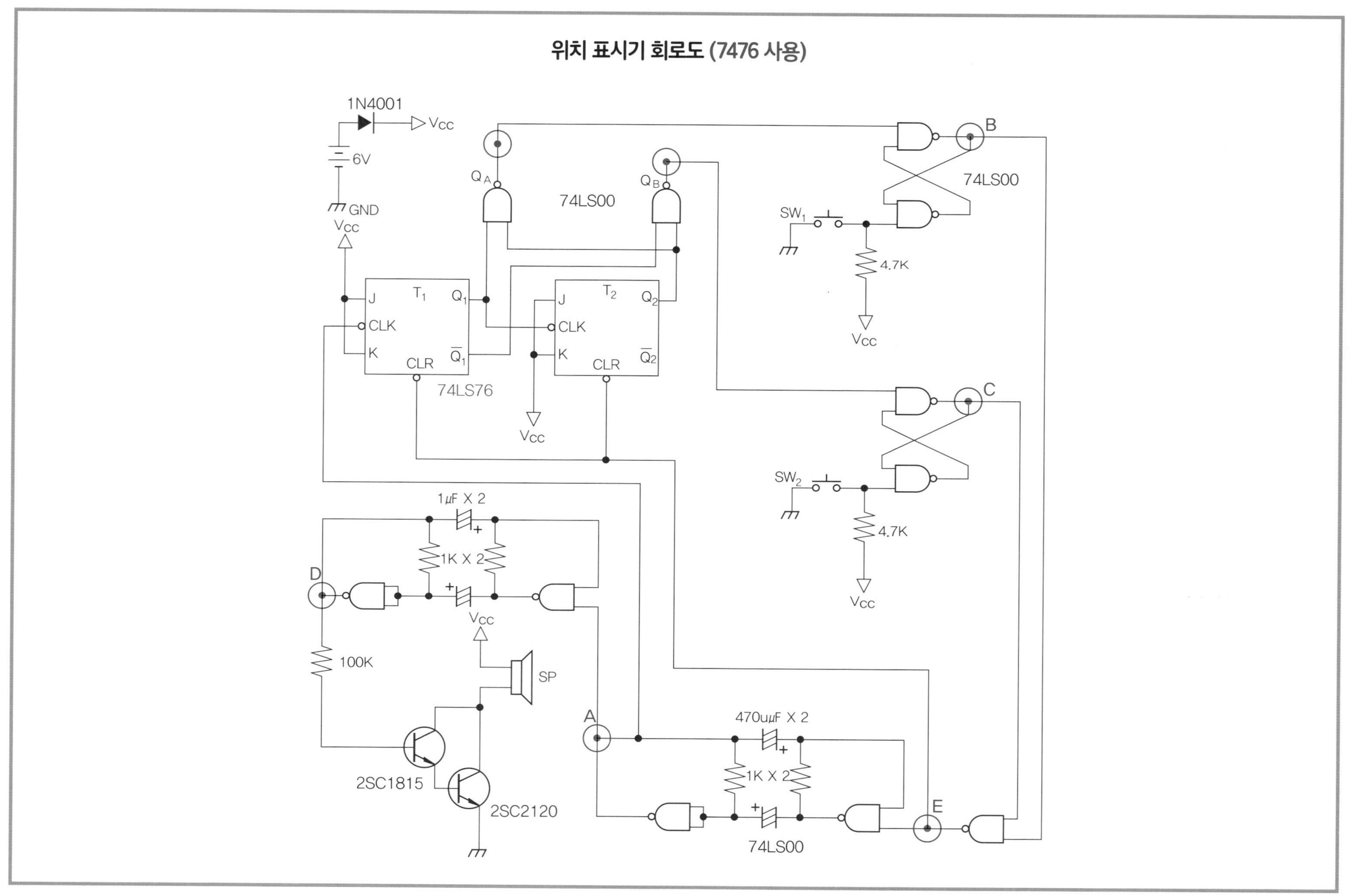

위치 표시기 회로 모범 조립 패턴도 3 (7476 사용 시)

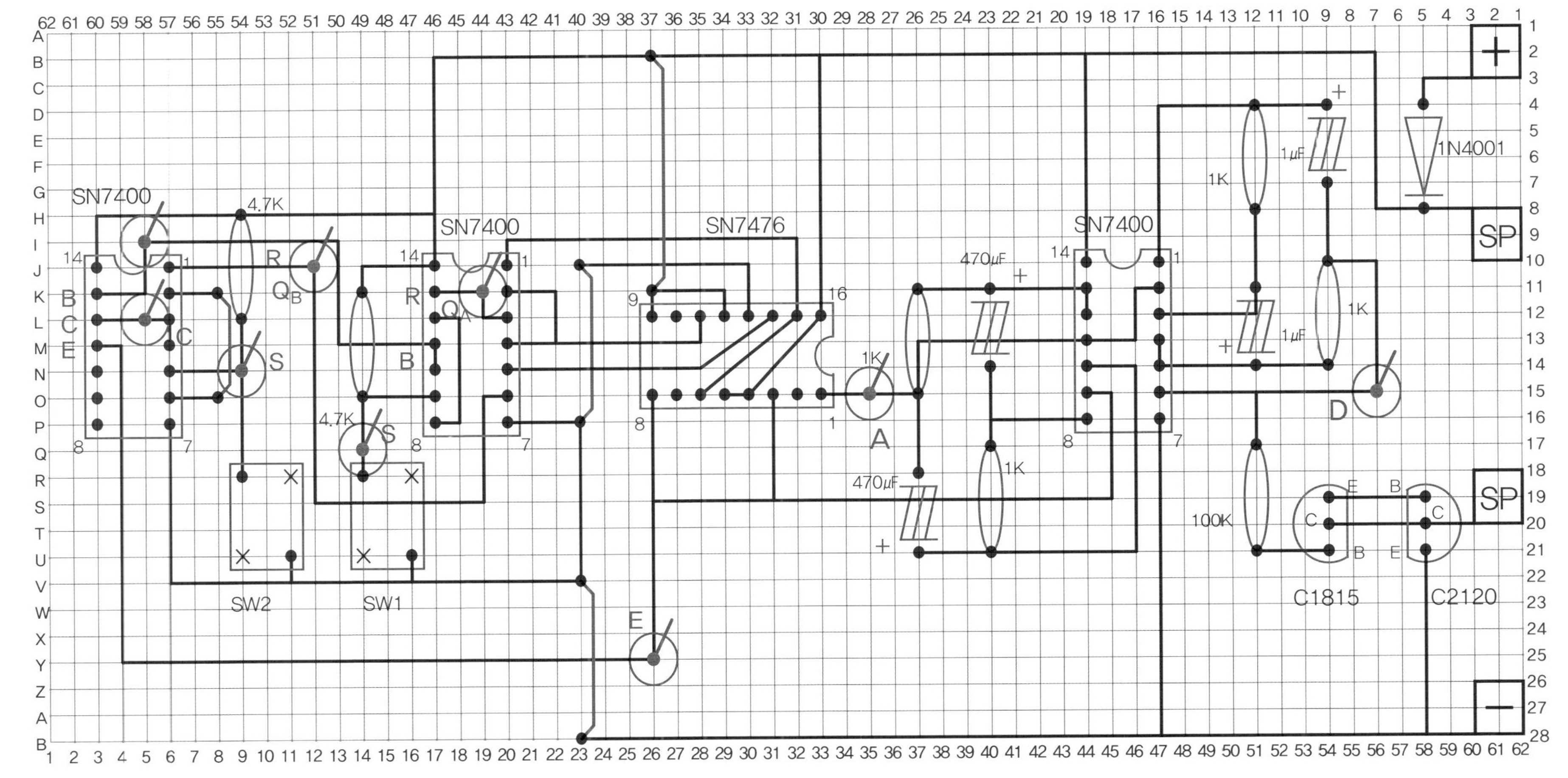

▶ 본 패턴도는 동박면(납땜면)을 기준으로 부품 배치를 하였으므로 부품 삽입 시 참고하여 삽입한다. (배선 납땜 시 매우 편리함)

※ 빨간(적)색의 부품과 파란(청)색의 점프선은 동박면(납땜면)이 아닌 반대편의 부품면(플라스틱면)에서 삽입된다는 것을 유의한다.

▶ 배선 납땜 시 접속점, 꺾어지는 점, 두 구멍마다(한 칸 건너서) 납땜하는 것을 원칙으로 한다.

납땜이 연속으로 이어지는 경우는 두 구멍을 건너서 납땜을 하여도 괜찮다.

▶ 테스트 포인트 (TP포인트)는 부품면 쪽에서 단선(피복 처리–끝부분 피복 벗겨냄)으로 처리하면 측정 시 매우 편리하다.

프리셋 테이블 카운터 회로도 (4511 사용)

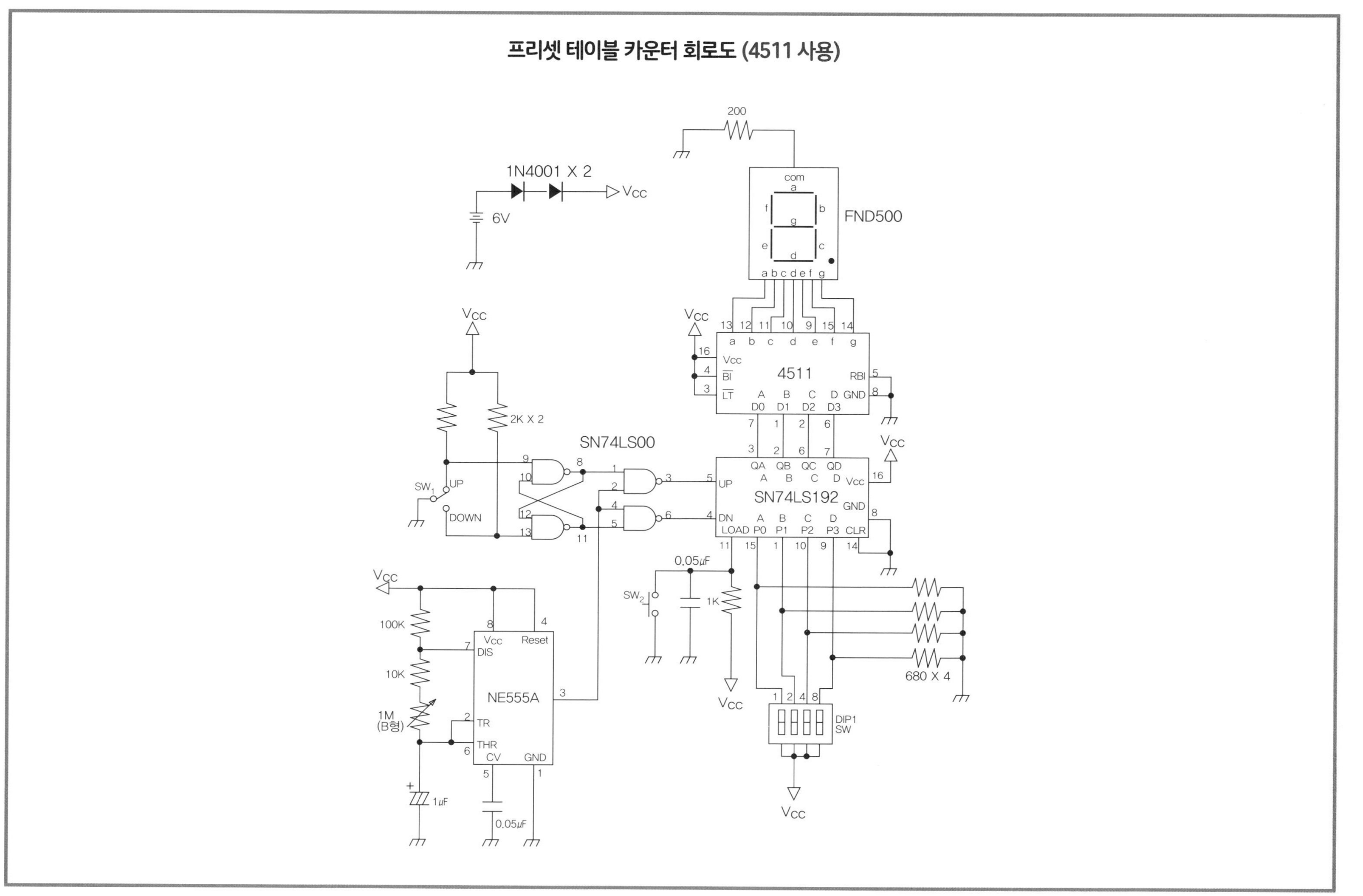

프리셋 테이블 카운터 회로 모범 조립 패턴도 3 (4511+FND500 사용 시)

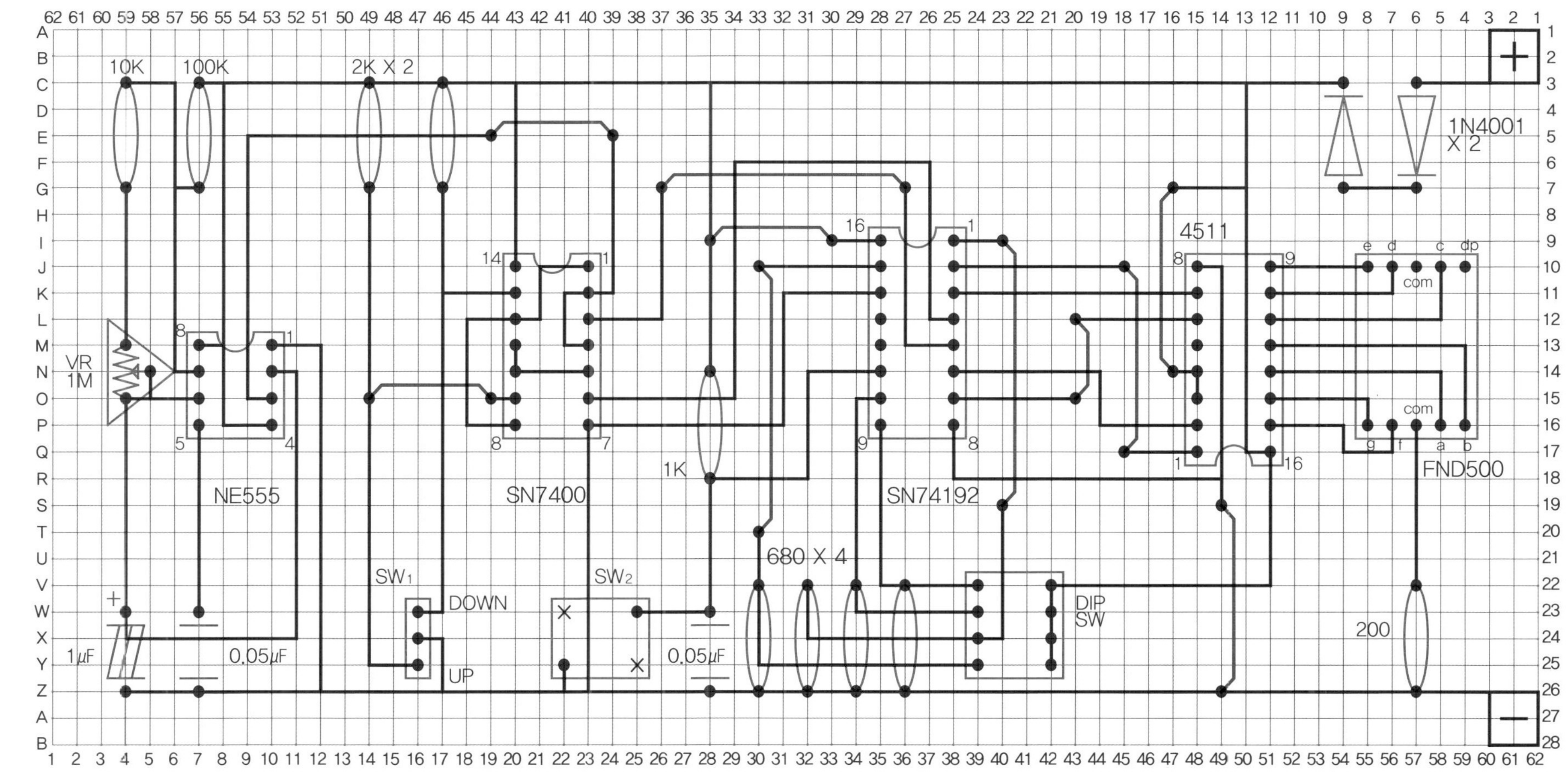

▶ 본 패턴도는 동박면(납땜면)을 기준으로 부품 배치를 하였으므로 부품 삽입 시 참고하여 삽입한다. (배선 납땜 시 매우 편리함)

※ 빨간(적)색의 부품과 파란(청)색의 점프선은 동박면(납땜면)이 아닌 반대편의 부품면(플라스틱면)에서 삽입된다는 것을 유의한다.

▶ 배선 납땜 시 접속점, 꺾어지는 점, 두 구멍마다(한 칸 건너서) 납땜하는 것을 원칙으로 한다.

납땜이 연속으로 이어지는 경우는 두 구멍을 건너서 납땜을 하여도 괜찮다.

▶ 테스트 포인트 (TP포인트)는 부품면 쪽에서 단선(피복 처리–끝부분 피복 벗겨냄)으로 처리하면 측정 시 매우 편리하다.

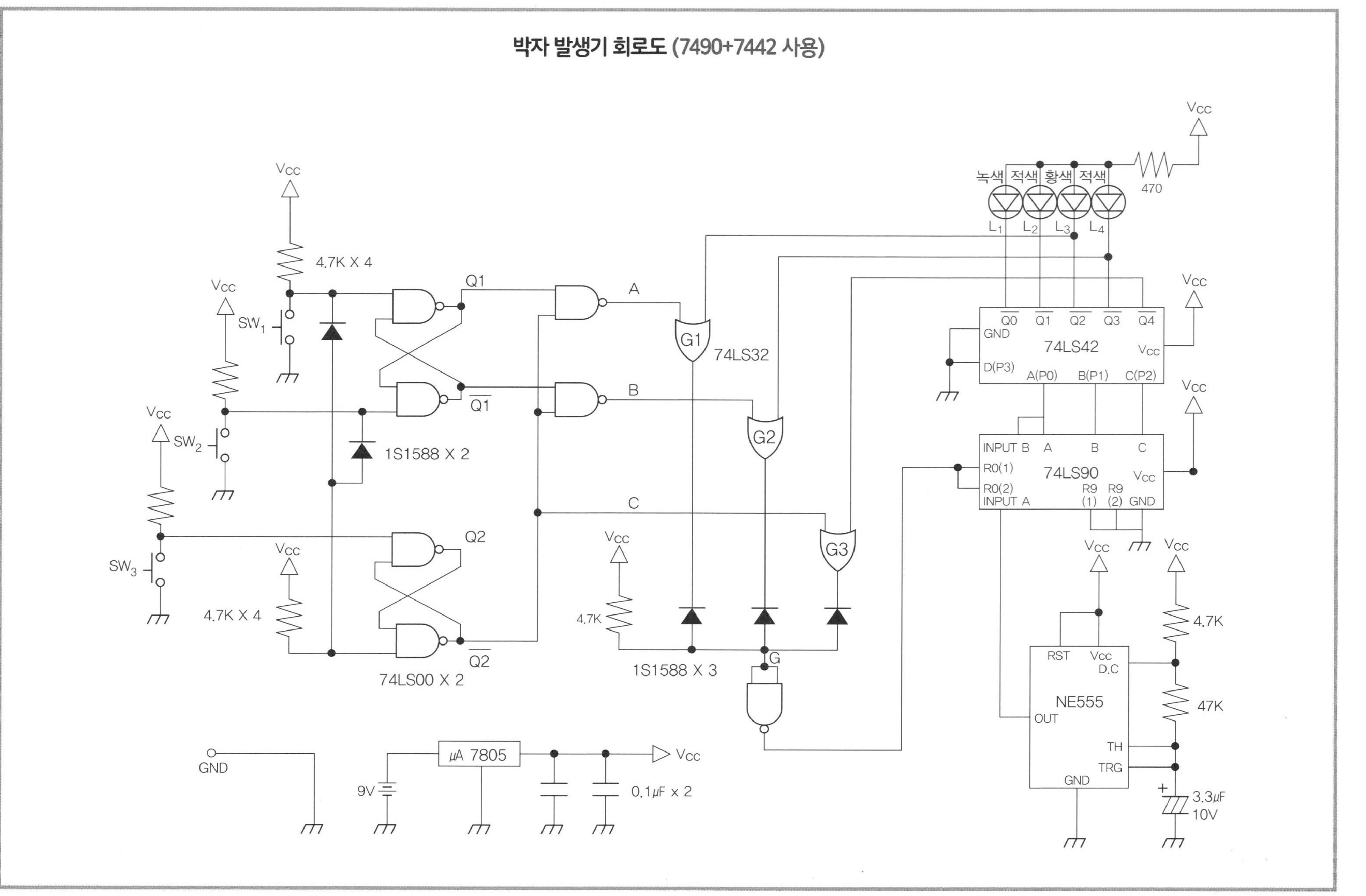
박자 발생기 회로도 (7490+7442 사용)
Vcc
470
녹색
적색
황색
적색
L1
L2
L3
L4
Q0
Q1
Q2
Q3
Q4
GND
74LS42
Vcc
D(P3)
A(P0)
B(P1)
C(P2)
INPUT B
A
B
C
R0(1)
74LS90
Vcc
R0(2)
INPUT A
R9 (1)
R9 (2)
GND
4.7K X 4
SW1
SW2
SW3
Q1
Q1
Q2
Q2
A
B
C
G1
G2
G3
74LS32
1S1588 X 2
74LS00 X 2
4.7K
1S1588 X 3
G
RST
Vcc
D.C
NE555
OUT
TH
TRG
GND
4.7K
47K
3.3μF
10V
GND
9V
μA 7805
0.1μF x 2

박자 발생기 회로 모범 조립 패턴도 3 (7490+7442 사용)

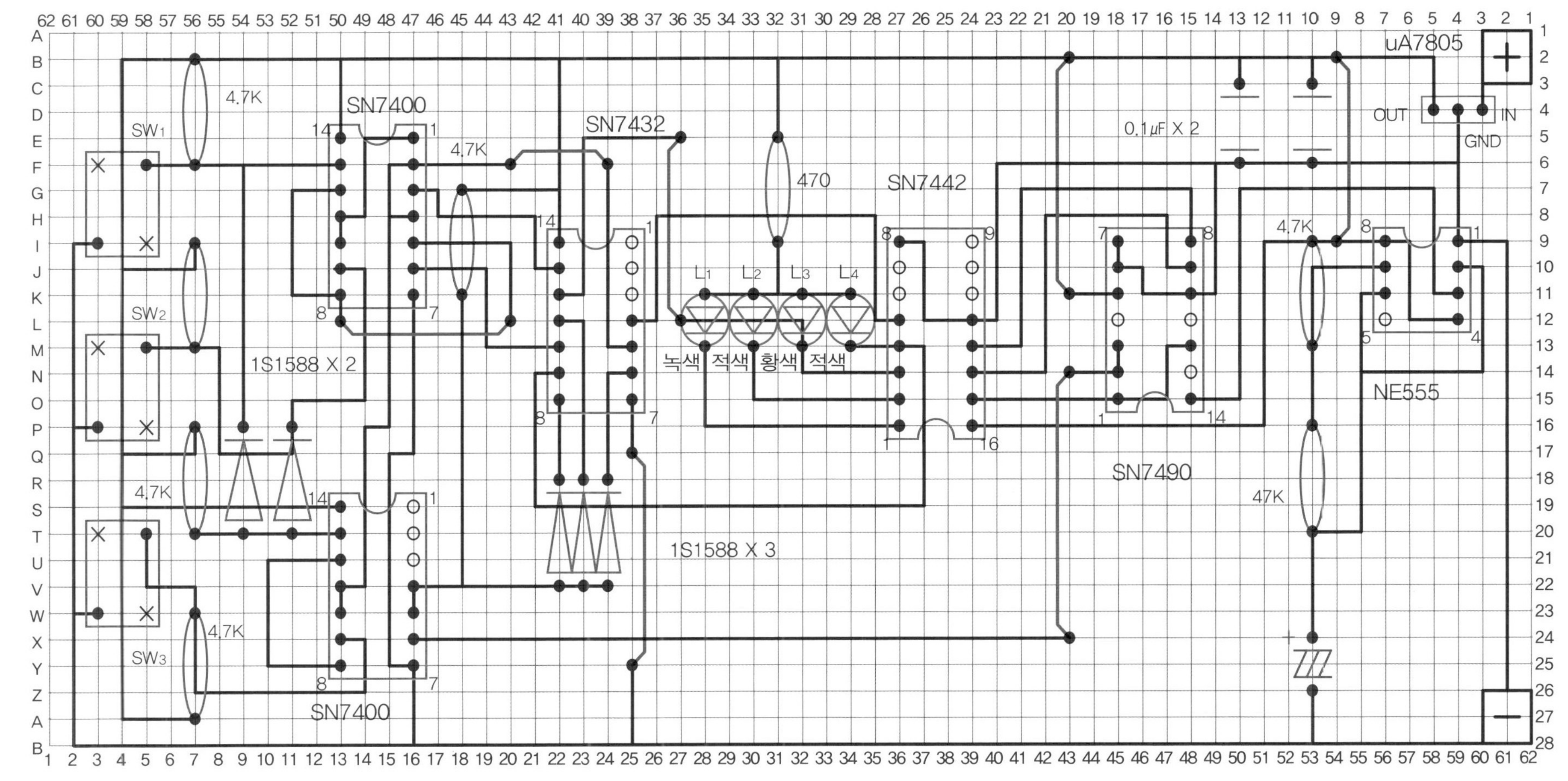

▶ 본 패턴도는 동박면(납땜면)을 기준으로 부품 배치를 하였으므로 부품 삽입 시 참고하여 삽입한다. (배선 납땜 시 매우 편리함)

※ 빨간(적)색의 부품과 파란(청)색의 점프선은 동박면(납땜면)이 아닌 반대편의 부품면(플라스틱면)에서 삽입된다는 것을 유의한다.

▶ 배선 납땜 시 접속점, 꺾어지는 점, 두 구멍마다(한 칸 건너서) 납땜하는 것을 원칙으로 한다.

납땜이 연속으로 이어지는 경우는 두 구멍을 건너서 납땜을 하여도 괜찮다.

▶ 테스트 포인트 (TP포인트)는 부품면 쪽에서 단선(피복 처리－끝부분 피복 벗겨냄)으로 처리하면 측정 시 매우 편리하다.

전자기기 기능사 실무 · 실기 · 실습 따라하기 저자
이상종

- 부산전자공업고등학교 전자과 졸업
- 광운대학교 전자공학과 졸업
- (현) 광운전자공업고등학교 컴퓨터전자과 교사,
  전자기술반 & 참빛선플누리단 동아리 지도교사

◉ **주요 활동**

- 서울특별시 공업분야 수업지원단(학교컨설팅장학지원단) 위원 활동
- 서울특별시 중등전자교육연구회 총무 활동–연수강의
- 중등직업교육 학생비중확대추진 컨설팅단–컨설턴드 활동
- 중등직업교육 매직사업 컨설팅단–컨설턴트 활동
- 서울대학교 진로직업교육연구센터–정책포럼 전문가회원 활동
- 선플운동본부 전국 지도교사협의회 회장

◉ **주요 저서**

- 이상종 외 1인, 전자 실기/실습, 일진사, 2001.
- 2009 개정 교육과정 전자회로 교과서 공저, 강원도교육청, 2014.
- 이상종 외 5인, 2009 개정 교육과정 디지털논리회로 교과서, 씨마스, 2015.
- 이상종 외 4인, 2015 개정 교육과정 디지털논리회로 교과서, 씨마스, 2018.

연습과 실전
NCS기반 교육과정 과정중심 평가학습서(모듈형)
전자기기기능사
실기
공개문제
따라하기
이상종 편저
씨마스

차례

제1장 회로 스케치

1. 회로 스케치 (과제 1) 007
2. 회로 스케치 (과제 2) 019
3. 회로 스케치 (과제 3) 031
4. 회로 스케치 (과제 4) 043
5. 회로 스케치 (과제 5) 055
6. 회로 스케치 (과제 6) 067

제2장 조립(제작 조립과제)

1. 조립(제작 조립과제 1) 083
2. 조립(제작 조립과제 2) 093
3. 조립(제작 조립과제 3) 103
4. 조립(제작 조립과제 4) 113
5. 조립(제작 조립과제 5) 123
6. 조립(제작 조립과제 6) 133

[부록] 모범답안지

1. 회로 스케치 (과제 1~6) 145
2. 모범 조립 패턴도 (과제 1~6) 153

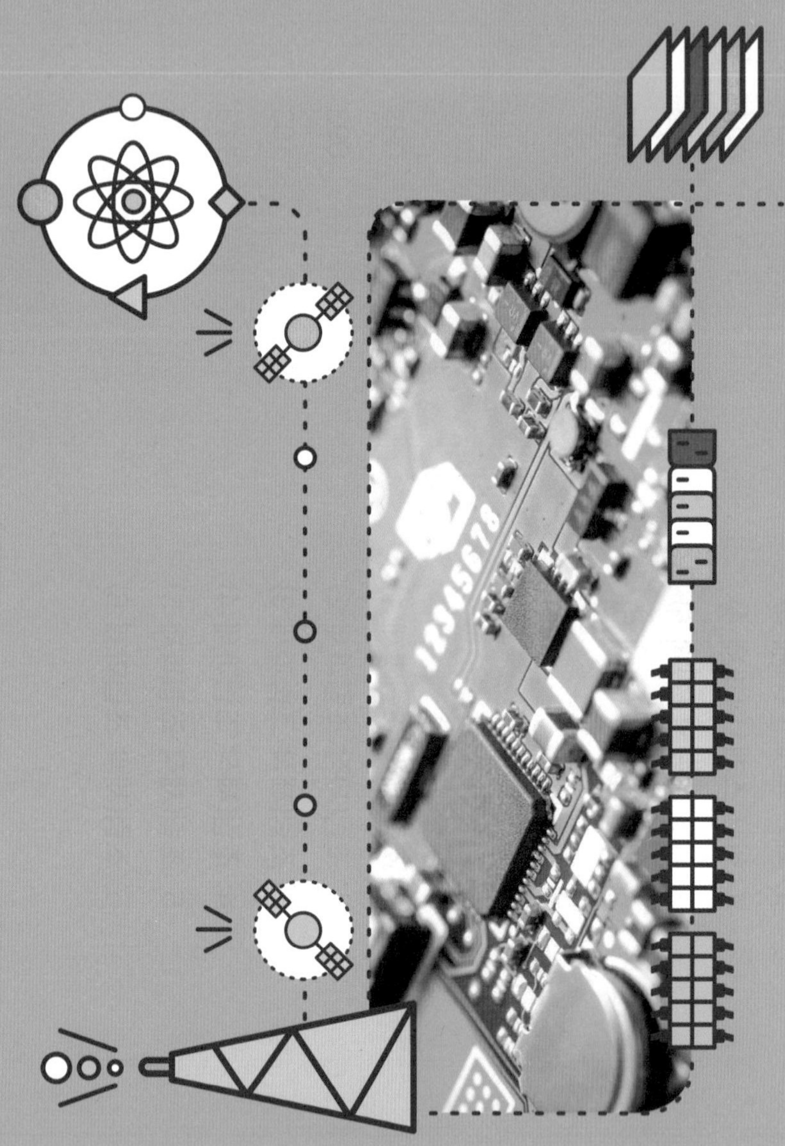

제 1 장

전자기기기능사(실기) 공개문제

회로 스케치

1. 회로 스케치 (과제 1)
2. 회로 스케치 (과제 2)
3. 회로 스케치 (과제 3)
4. 회로 스케치 (과제 4)
5. 회로 스케치 (과제 5)
6. 회로 스케치 (과제 6)

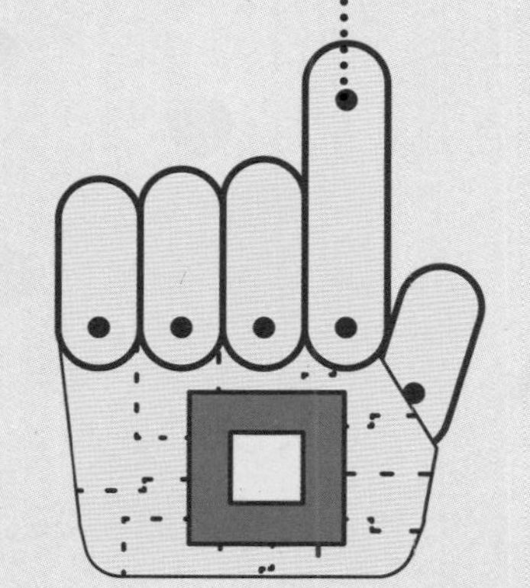

전자기기기능사(실기) 공개문제

1. 회로 스케치 (과제 1)

자격종목	전자기기기능사	회로 스케치 과제 1	기호, 심벌, 데이터 시트

1. 요구 사항

(1) 주어진 회로 기호, 부품 기호, 부품 배치도, 배선도를 참조하여 회로 스케치 답안지에 미완성인 회로 스케치를 완성합니다.

(2) 자를 사용하여 최대한 직선으로 표시하여 부품 기호를 작성하고, 반드시 부품 참조 번호, 교차점을 기입합니다. (U1, U2, U3는 반드시 핀 번호를 기입하여야 합니다.)

※ 도면의 패턴도는 TOP면(부품 배치면)의 패턴도와 BOTTOM면(동박면=납땜면)의 패턴도 2가지로, 부품 배치도는 부품면을 기준으로 작성한 것입니다.

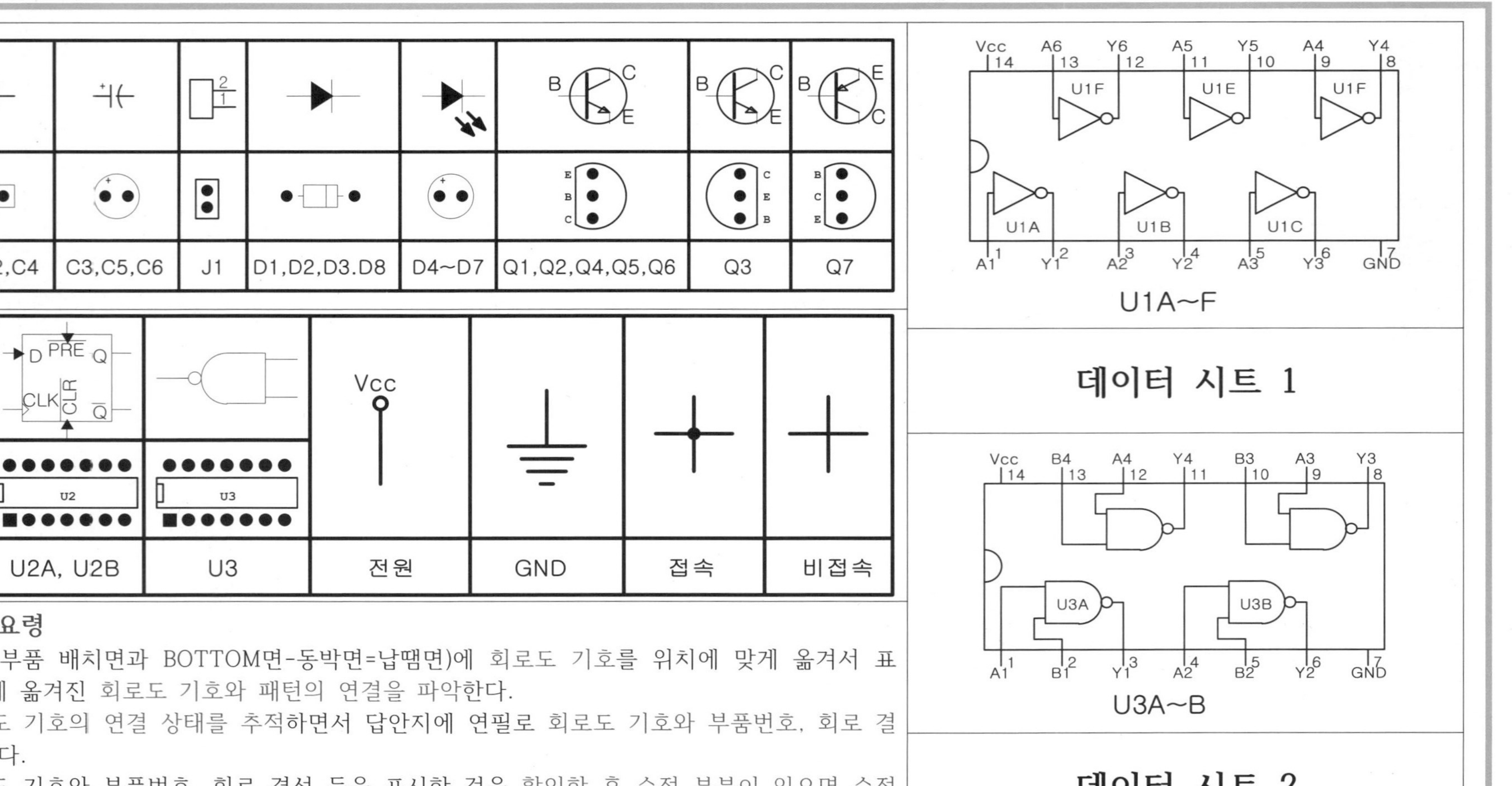

회로기호									
부품심벌									
부품명	R?	C1,C2,C4	C3,C5,C6	J1	D1,D2,D3.D8	D4~D7	Q1,Q2,Q4,Q5,Q6	Q3	Q7

회로기호							
부품심벌							
부품명	U1	U2A, U2B	U3	전원	GND	접속	비접속

데이터 시트 1

데이터 시트 2

■ 회로 스케치 요령

1) 패턴도(TOP면-부품 배치면과 BOTTOM면-동박면=납땜면)에 회로도 기호를 위치에 맞게 옮겨서 표시하고 패턴도에 옮겨진 회로도 기호와 패턴의 연결을 파악한다.

2) 패턴도와 회로도 기호의 연결 상태를 추적하면서 답안지에 연필로 회로도 기호와 부품번호, 회로 결선 등을 표시한다.

3) 답안지에 회로도 기호와 부품번호, 회로 결선 등을 표시한 것을 확인한 후 수정 부분이 있으면 수정한 후 검은색 볼펜으로 깨끗하게 연결하여 완성한다.

자격종목	전자기기기능사	회로 스케치 과제 1	부품 배치도

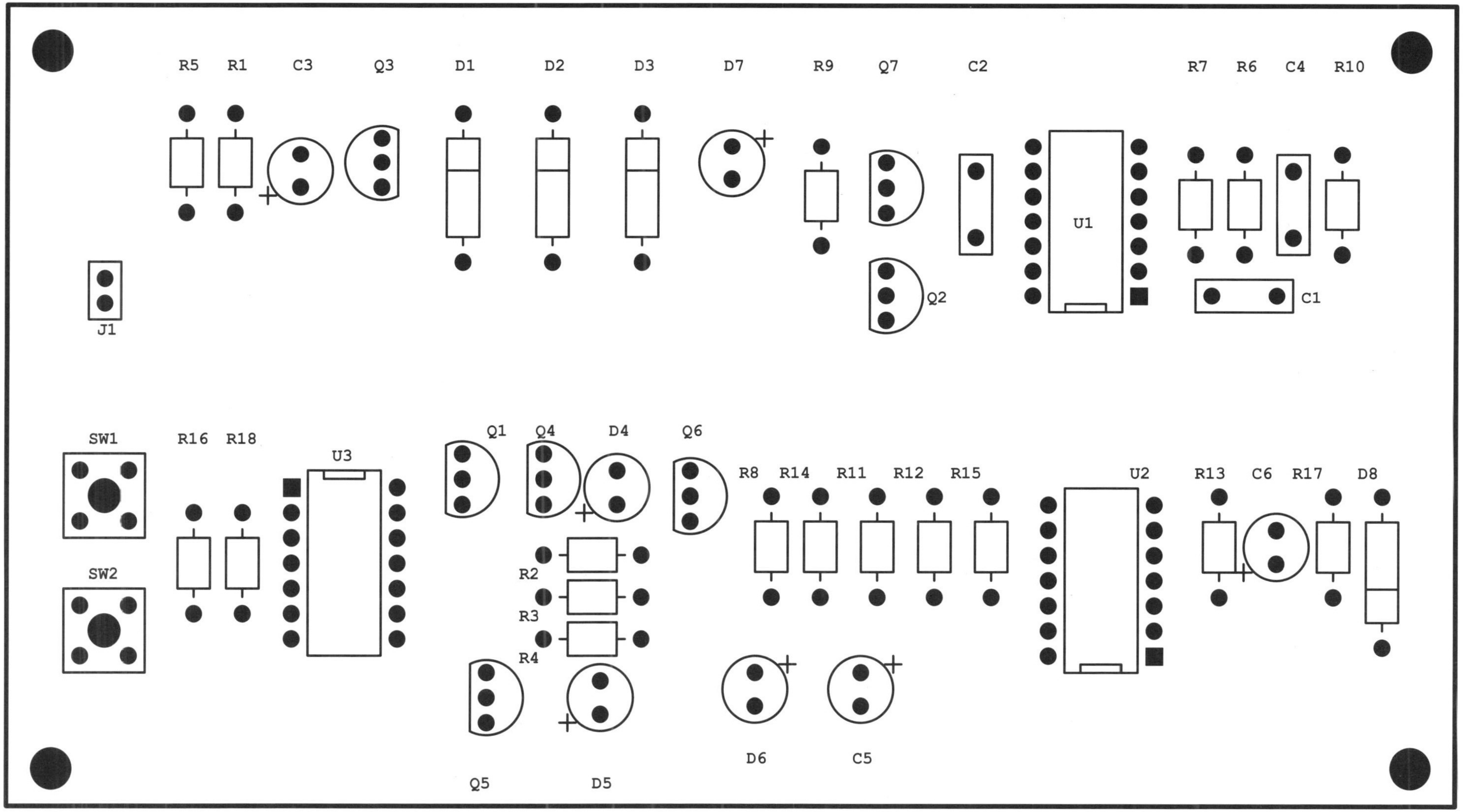

자격종목	전자기기기능사	회로 스케치 과제 1	TOP면(패턴도)

TOP면

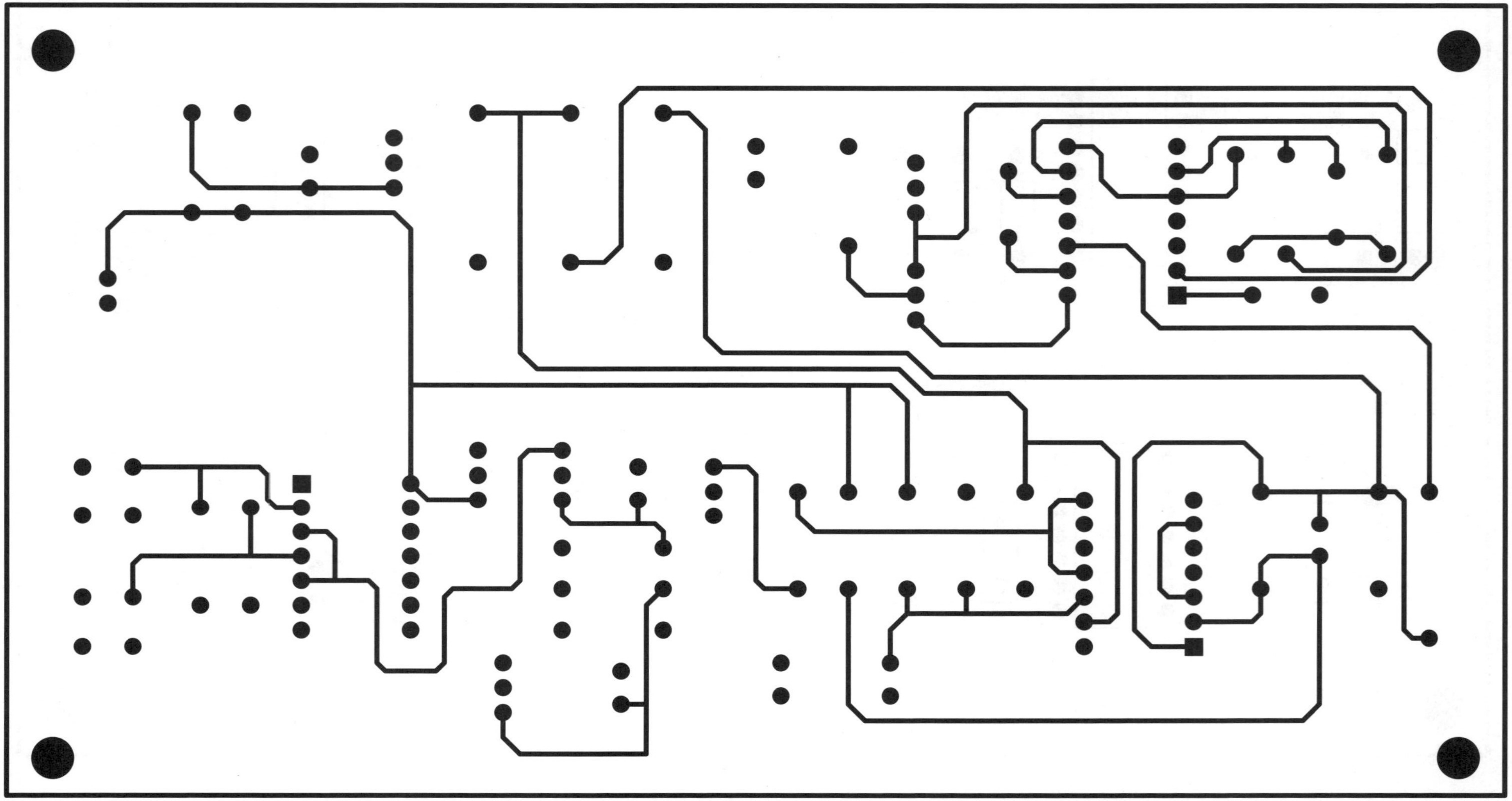

자격종목	전자기기기능사	회로 스케치 과제 1	BOTTOM면(패턴도)

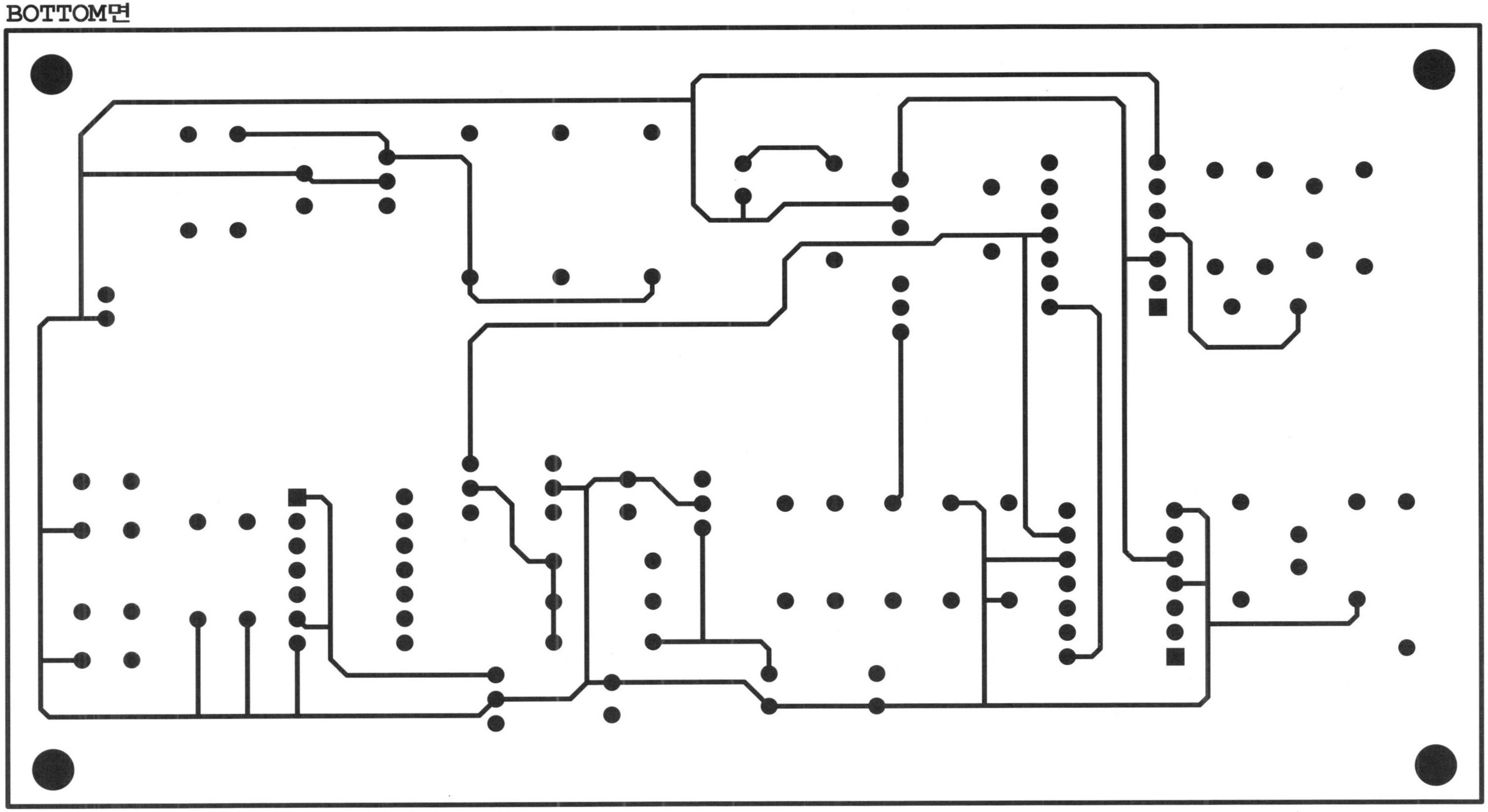

BOTTOM면

자격종목	전자기기기능사	회로 스케치 과제 1	답안작성 문제지 1 [사전과제(연습용)]

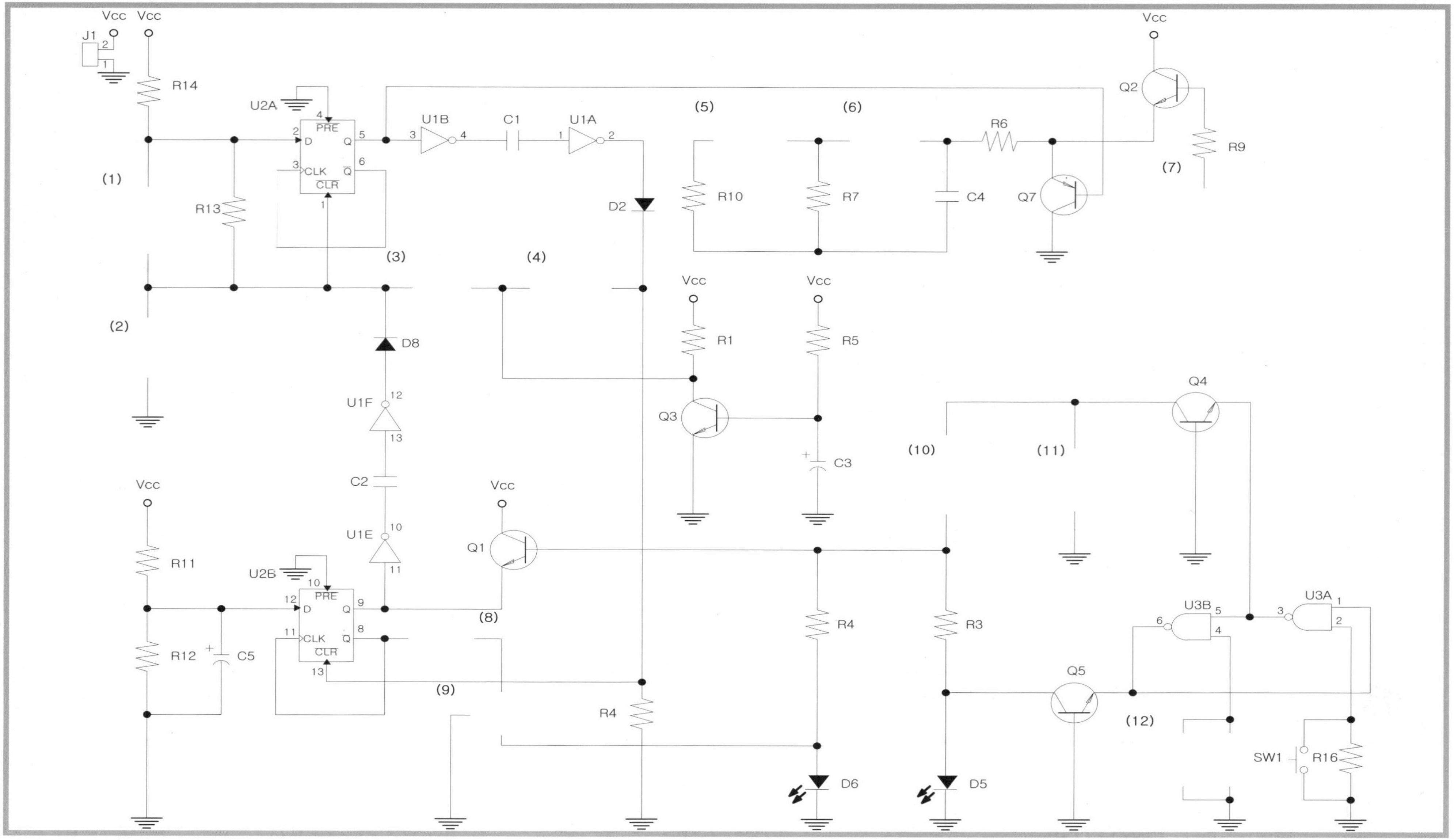

자격종목	전자기기기능사	회로 스케치 과제 1	답안작성 문제지 2 [사전과제(평가용 1)]

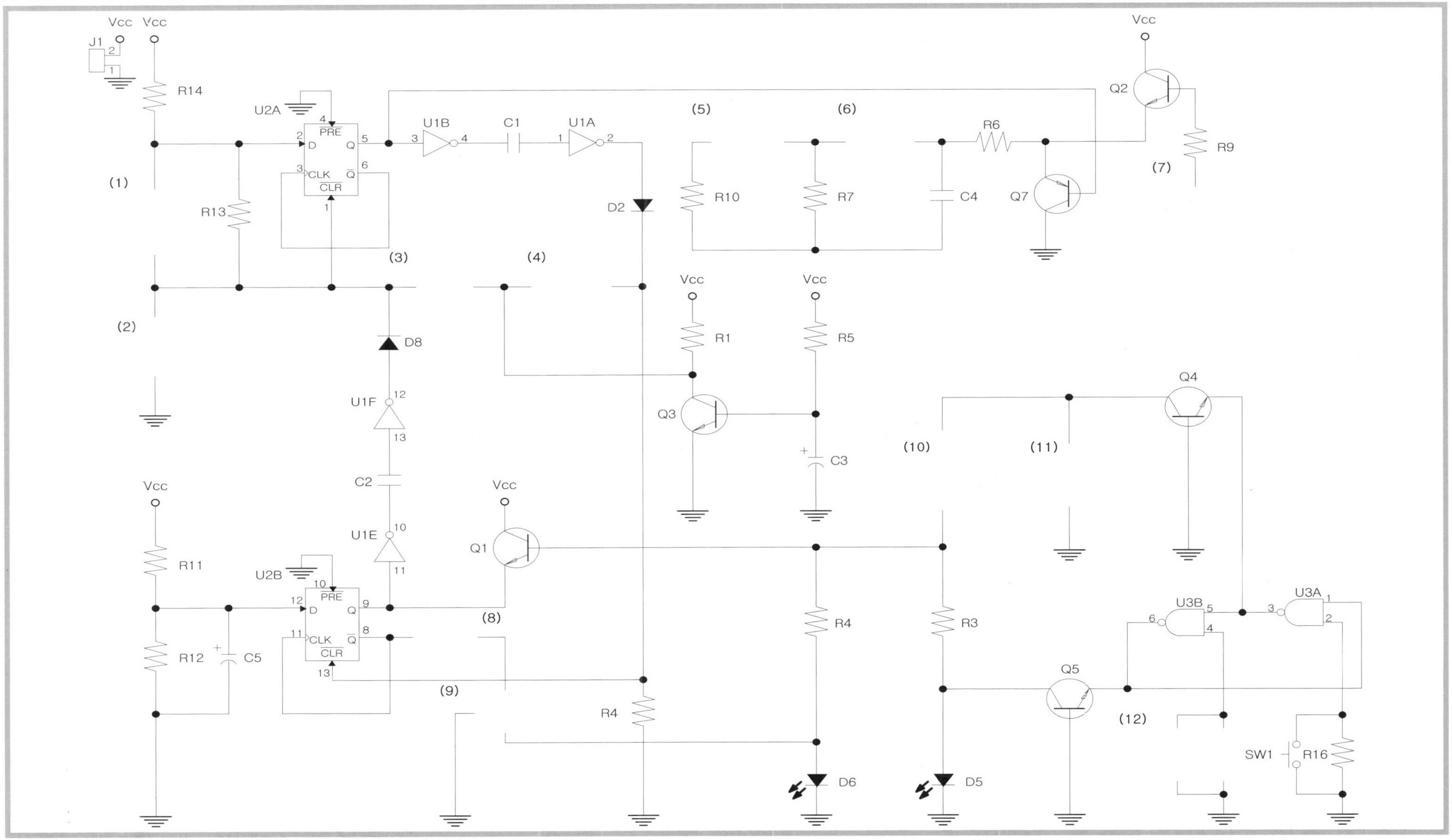

자격종목	전자기기기능사	회로 스케치 과제 1	답안작성 요령 1 (TOP면 + 회로 기호)

TOP면

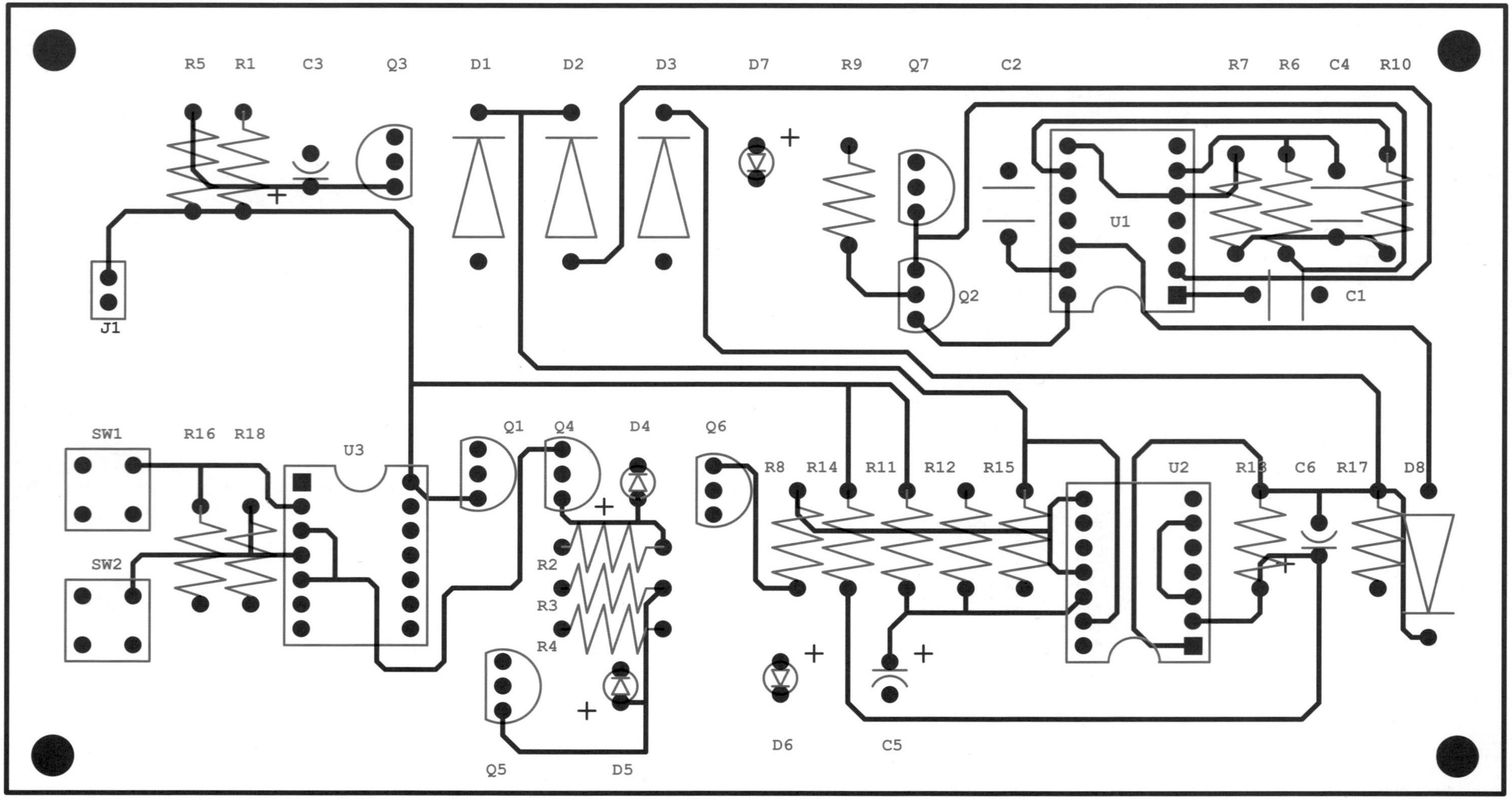

자격종목	전자기기기능사	회로 스케치 과제 1	답안작성 문제지 3 (평가용 2)

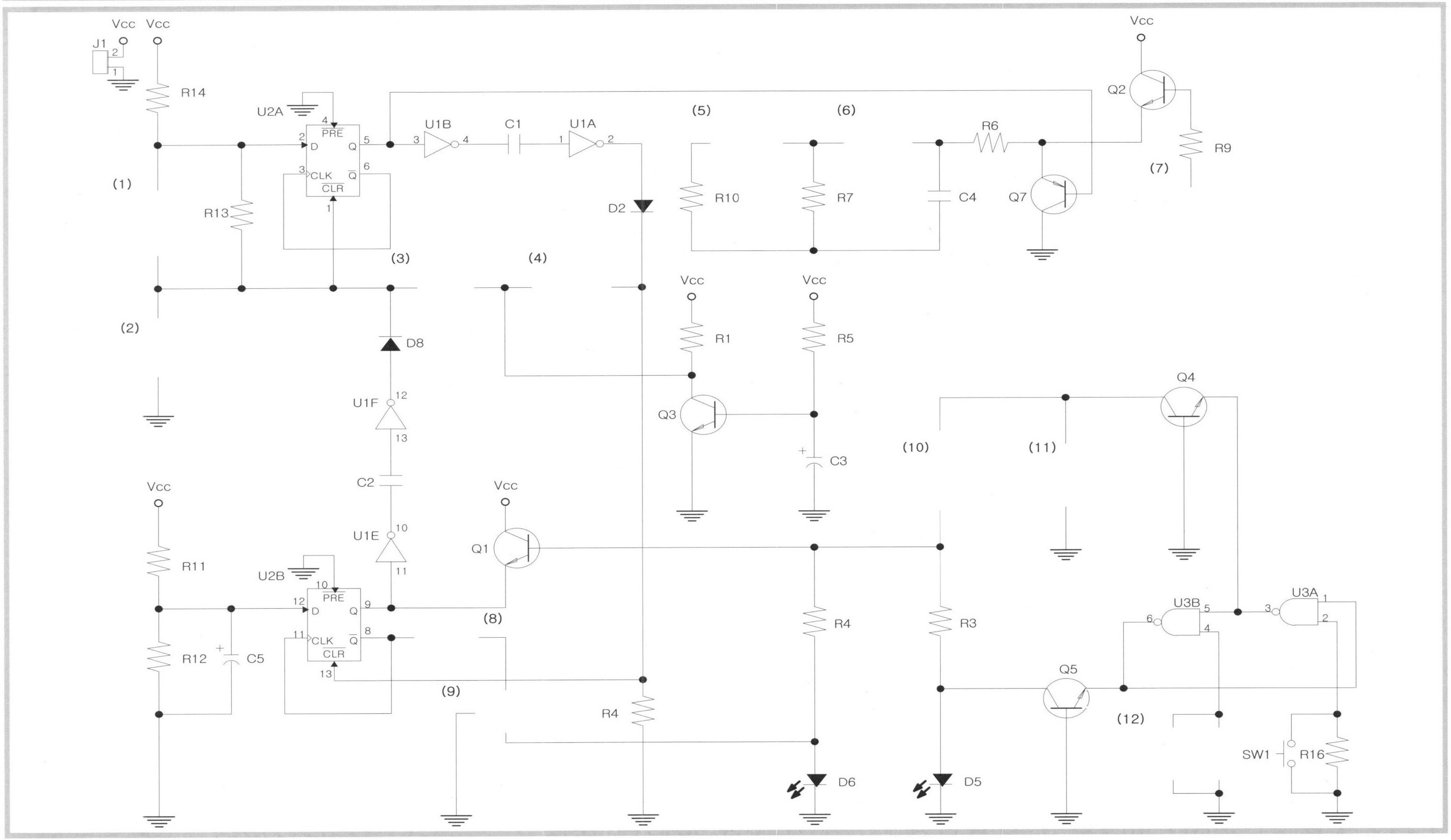

자격종목	전자기기기능사	회로 스케치 과제 1	답안작성 요령 2 (BOTTOM면 + 회로 기호)

BOTTOM면

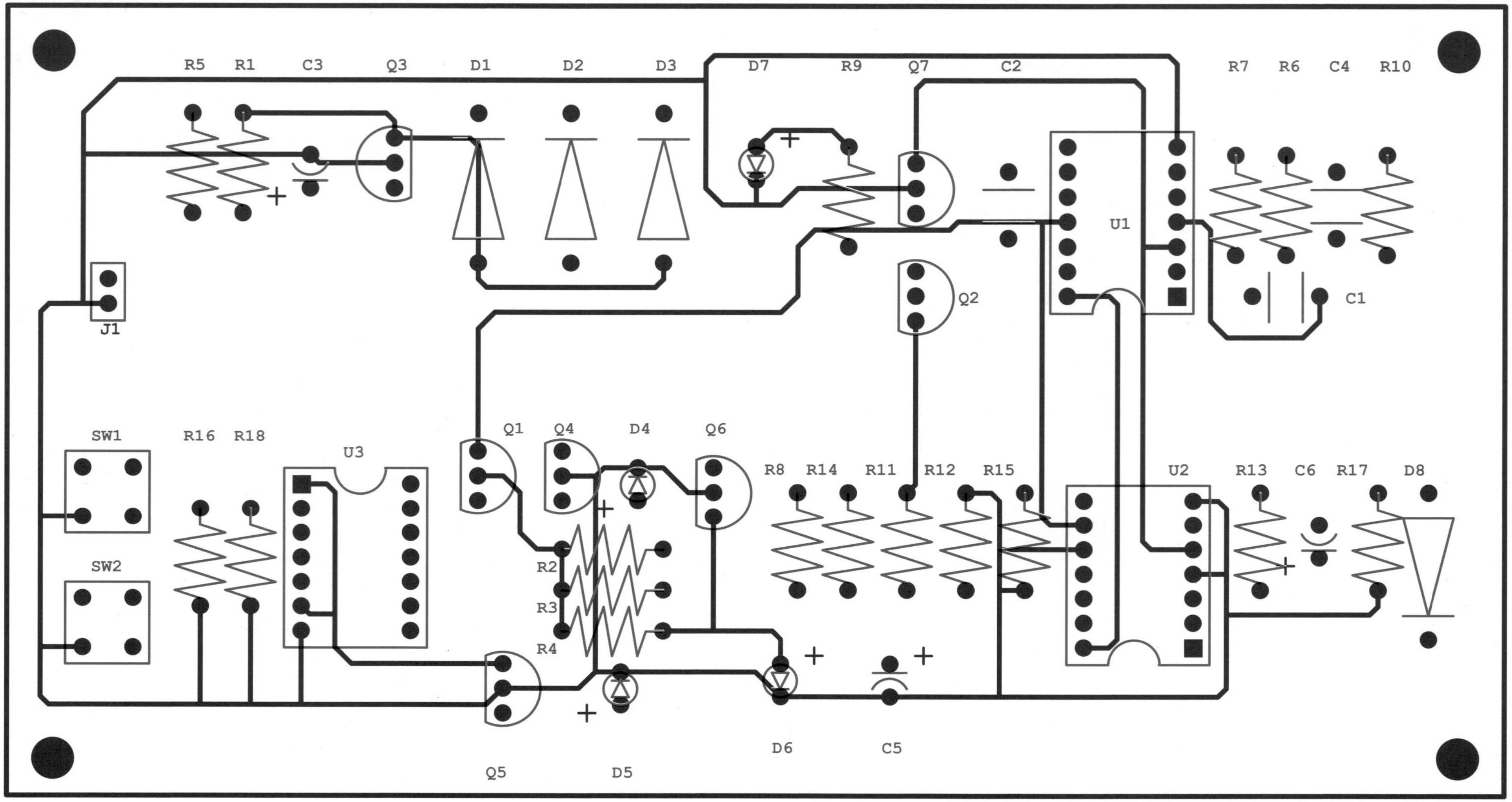

자격종목	전자기기기능사	회로 스케치 과제 1	답안작성 문제지 4 (평가용 3)

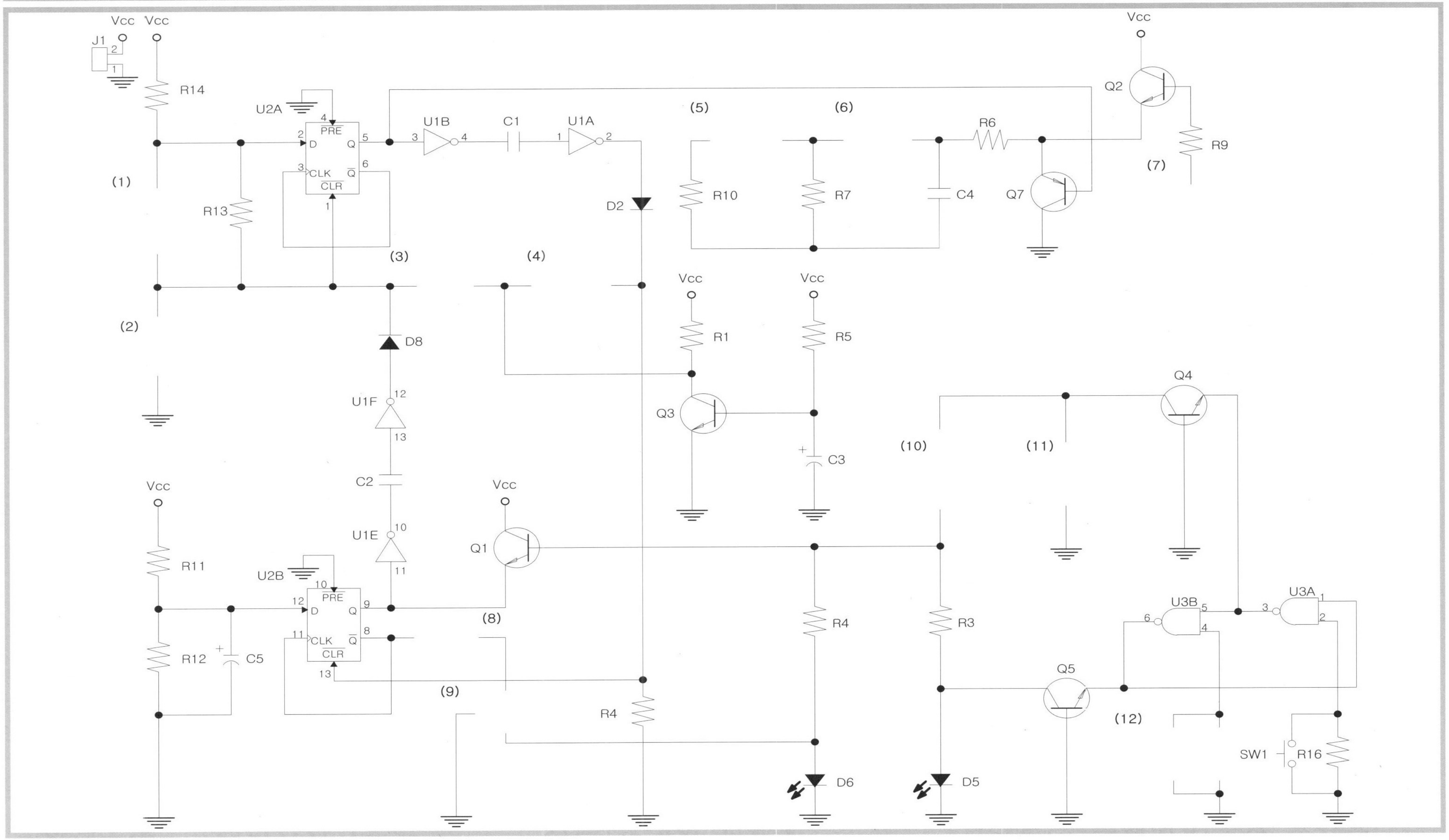

Vcc Vcc J1 R14 U2A PRE D Q CLK Q̄ CLR U1B C1 U1A (1) R13 D2 (2) (3) (4) D8 U1F U1E C2 (5) (6) R10 R7 R6 C4 Q7 Q2 R9 (7) Vcc R1 R5 Q3 C3 Q4 (10) (11) Vcc R11 U2B R12 C5 Q1 (8) (9) R4 R4 R3 D6 D5 Q5 U3B U3A (12) SW1 R16

자격종목	전자기기기능사	회로 스케치 과제 1	답안작성 문제지 5 (최종 평가용)

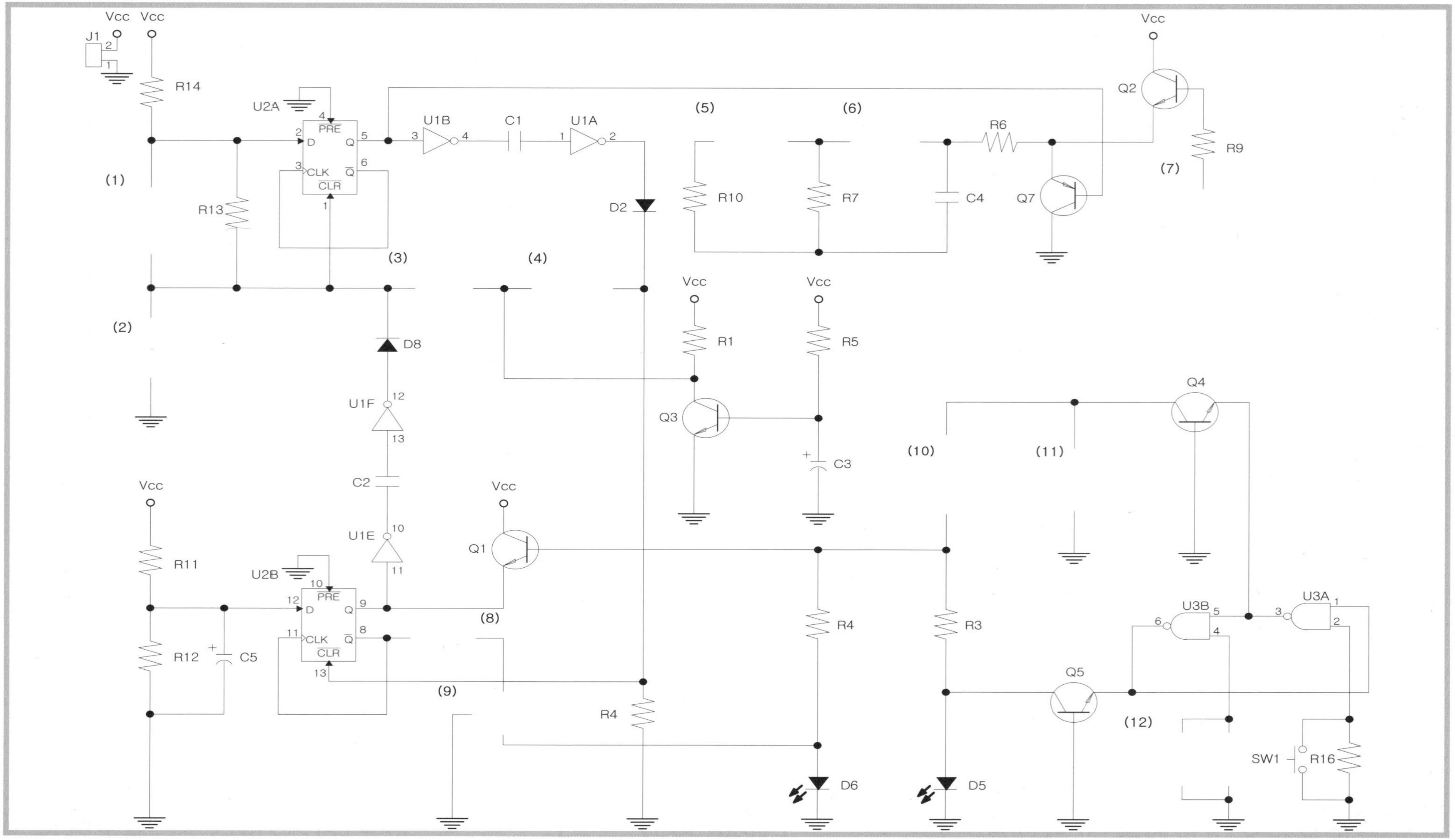

전자기기기능사(실기) 공개문제

2. 회로 스케치 (과제 2)

자격종목	전자기기기능사	회로 스케치 과제 2	기호, 심벌, 데이터 시트

1. 요구 사항

(1) 주어진 회로 기호, 부품 기호, 부품 배치도, 배선도를 참조하여 회로 스케치 답안지에 미완성인 회로 스케치를 완성합니다.

(2) 자를 사용하여 최대한 직선으로 표시하여 부품 기호를 작성하고, 반드시 부품 참조 번호, 교차점을 기입합니다. (U1, U2, U3는 반드시 핀 번호를 기입하여야 합니다.)

※ 도면의 패턴도는 TOP면(부품 배치면)의 패턴도와 BOTTOM면(동박면=납땜면)의 패턴도 2가지로, 부품 배치도는 부품면을 기준으로 작성한 것입니다.

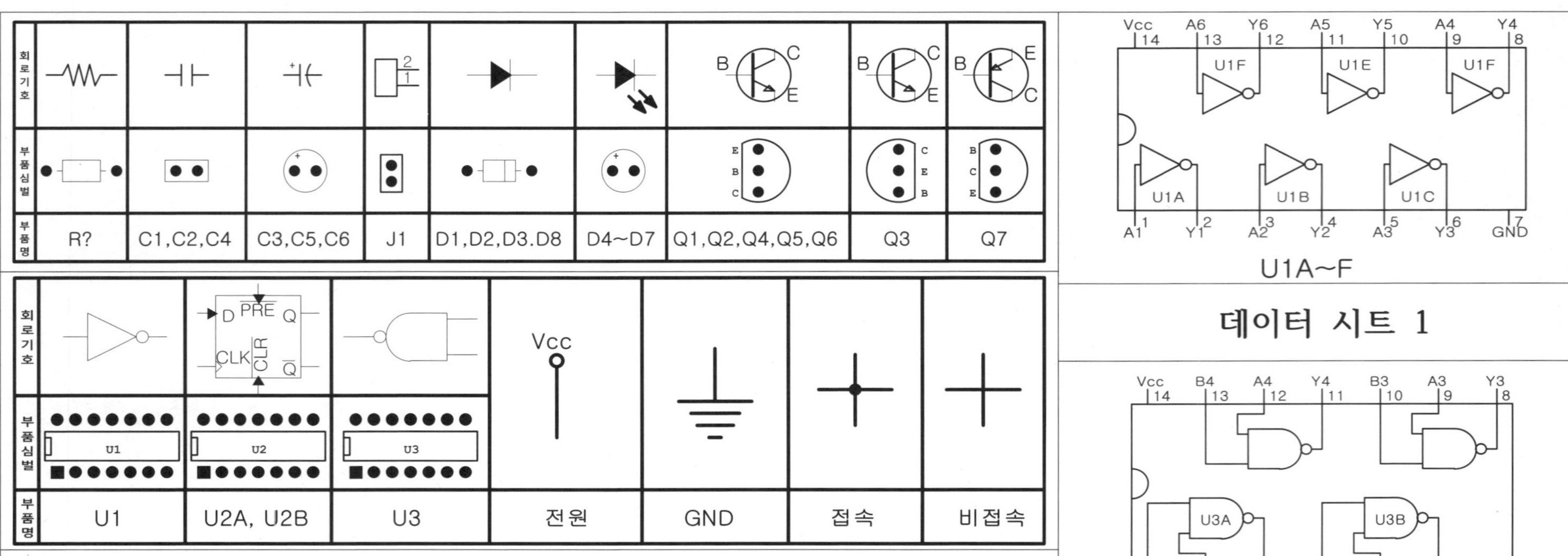

회로기호
부품심벌
부품명
R?
C1,C2,C4
C3,C5,C6
J1
D1,D2,D3.D8
D4~D7
Q1,Q2,Q4,Q5,Q6
Q3
Q7
U1
U2A, U2B
U3
전원
GND
접속
비접속
Vcc
D PRE Q
CLK CLR Q
U1A~F
데이터 시트 1
U3A~B
데이터 시트 2

■ 회로 스케치 요령

1) 패턴도(TOP면-부품 배치면과 BOTTOM면-동박면=납땜면)에 회로도 기호를 위치에 맞게 옮겨서 표시하고 패턴도에 옮겨진 회로도 기호와 패턴의 연결을 파악한다.

2) 패턴도와 회로도 기호의 연결 상태를 추적하면서 답안지에 연필로 회로도 기호와 부품번호, 회로 결선 등을 표시한다.

3) 답안지에 회로도 기호와 부품번호, 회로 결선 등을 표시한 것을 확인한 후 수정 부분이 있으면 수정한 후 검은색 볼펜으로 깨끗하게 연결하여 완성한다.

자격종목	전자기기기능사	회로 스케치 과제 2	부품 배치도

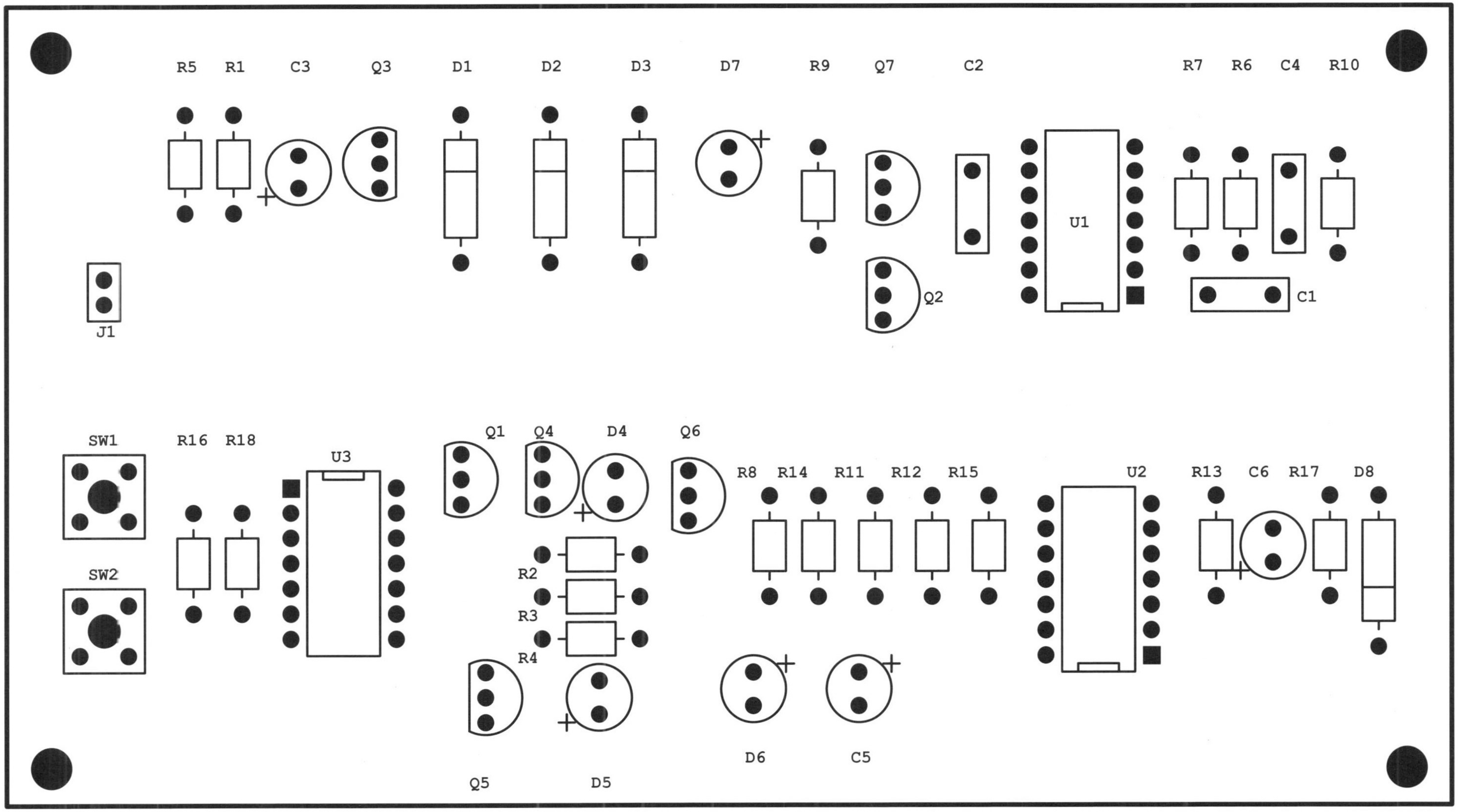

R5 R1 C3 Q3 D1 D2 D3 D7 R9 Q7 C2 R7 R6 C4 R10
J1 Q2 U1 C1
SW1 R16 R18 U3 Q1 Q4 D4 Q6 R8 R14 R11 R12 R15 U2 R13 C6 R17 D8
SW2 R2 R3 R4
Q5 D5 D6 C5

자격종목	전자기기기능사	회로 스케치 과제 2	TOP면(패턴도)

TOP면

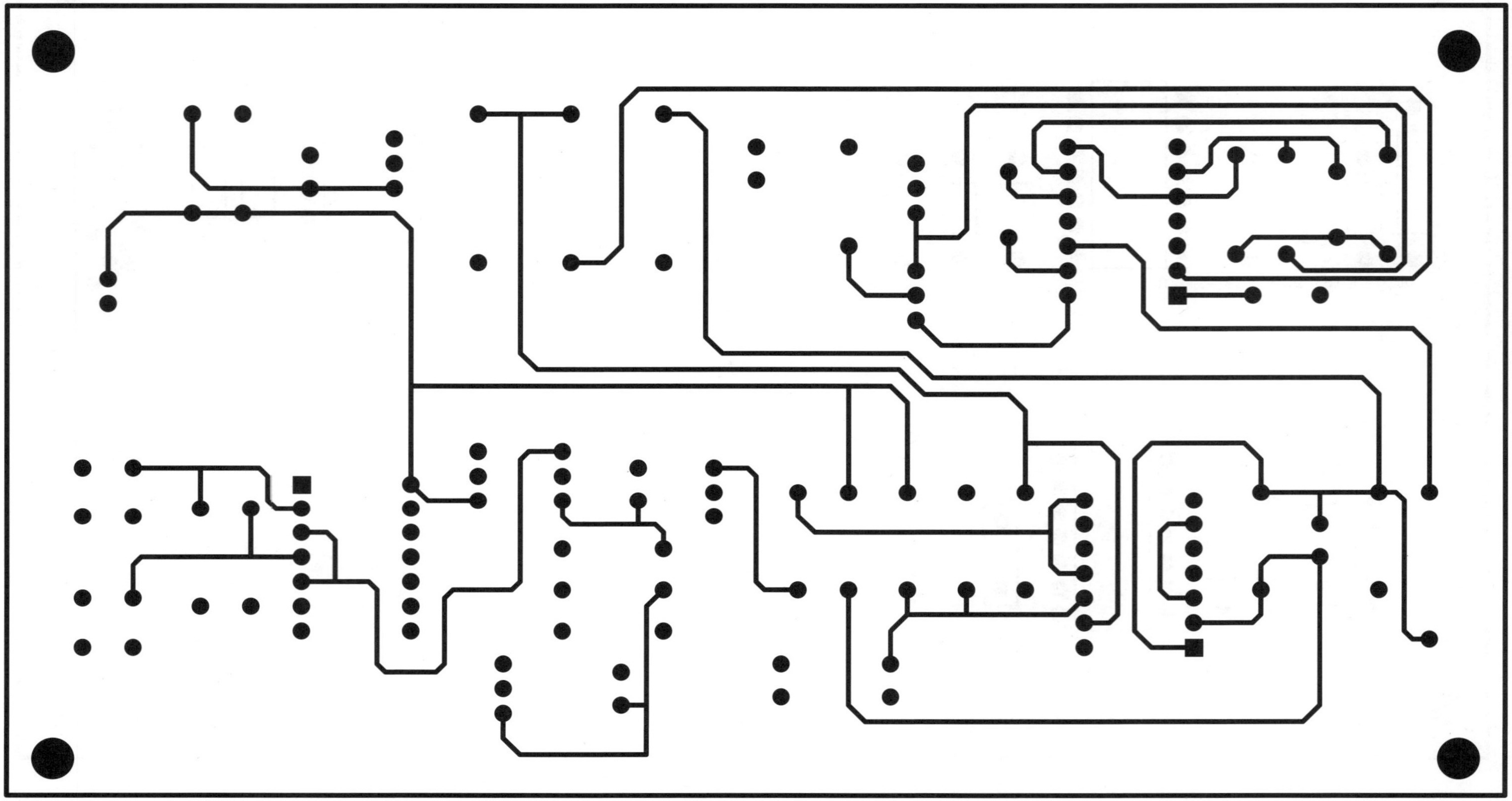

자격종목	전자기기기능사	회로 스케치 과제 2	BOTTOM면(패턴도)

BOTTOM면

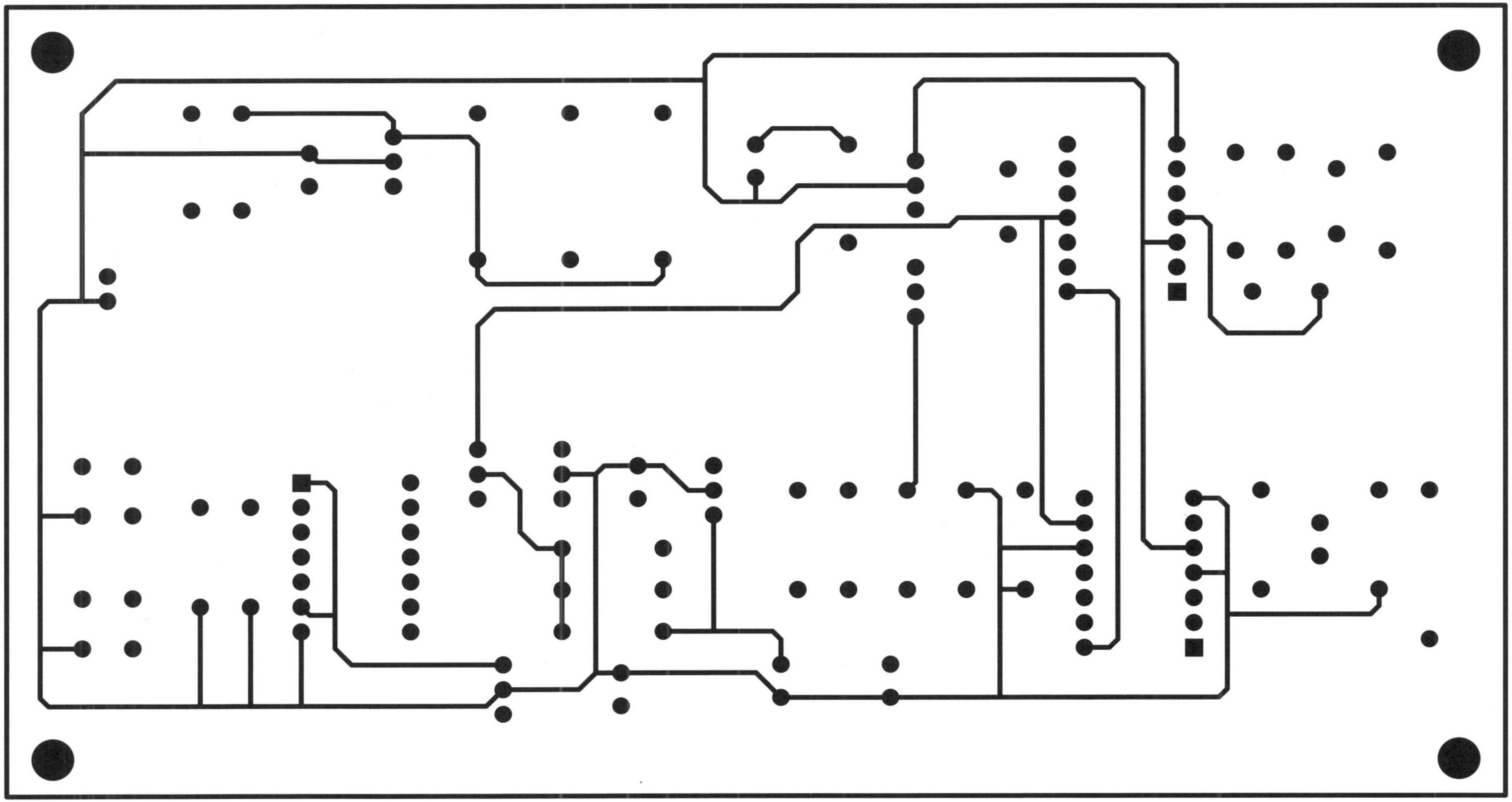

자격종목	전자기기기능사	회로 스케치 과제 2	답안작성 문제지 1 [사전과제(연습용)]

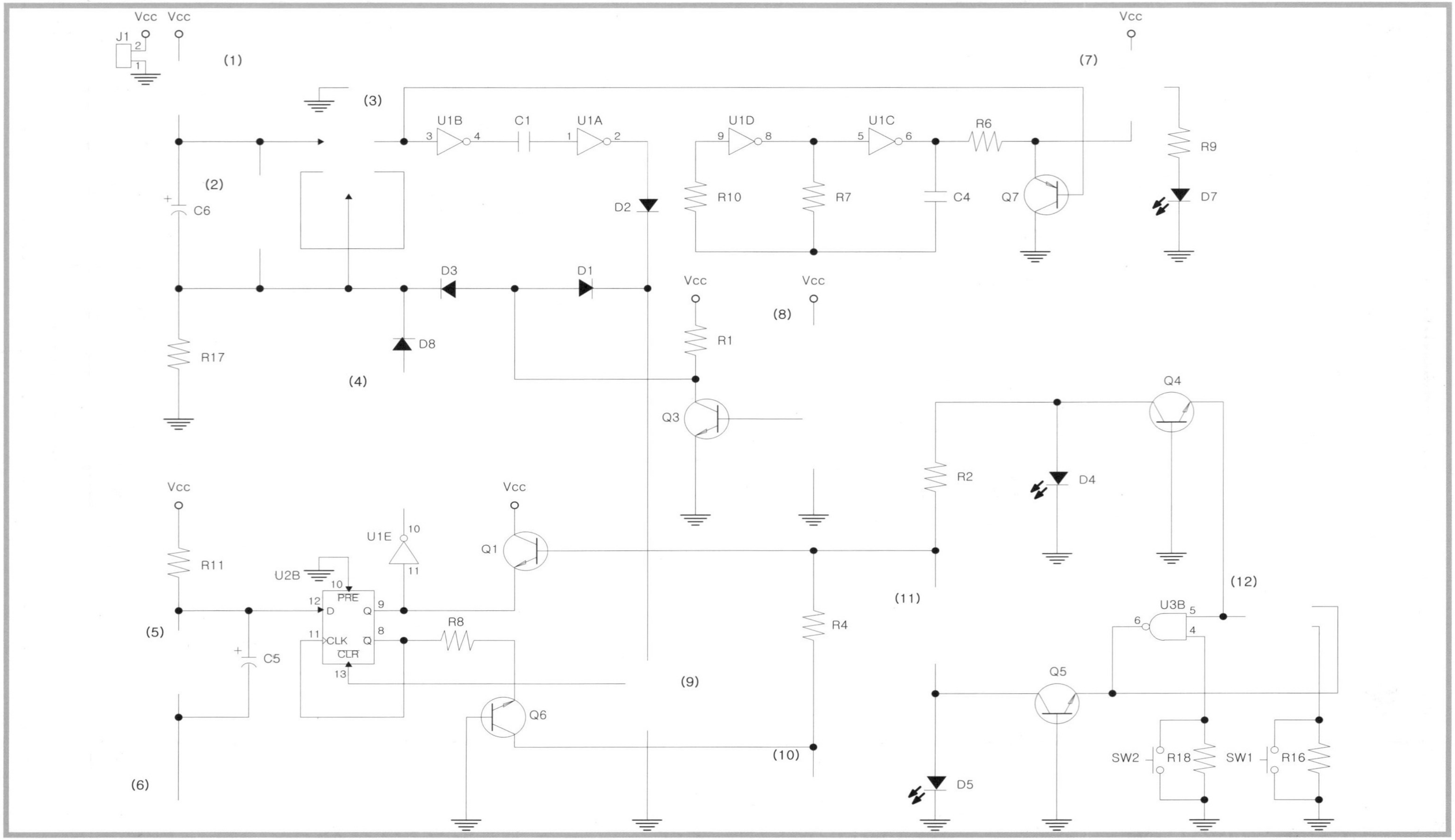

자격종목	전자기기기능사	회로 스케치 과제 2	답안작성 문제지 2 [사전과제(평가용 1)]

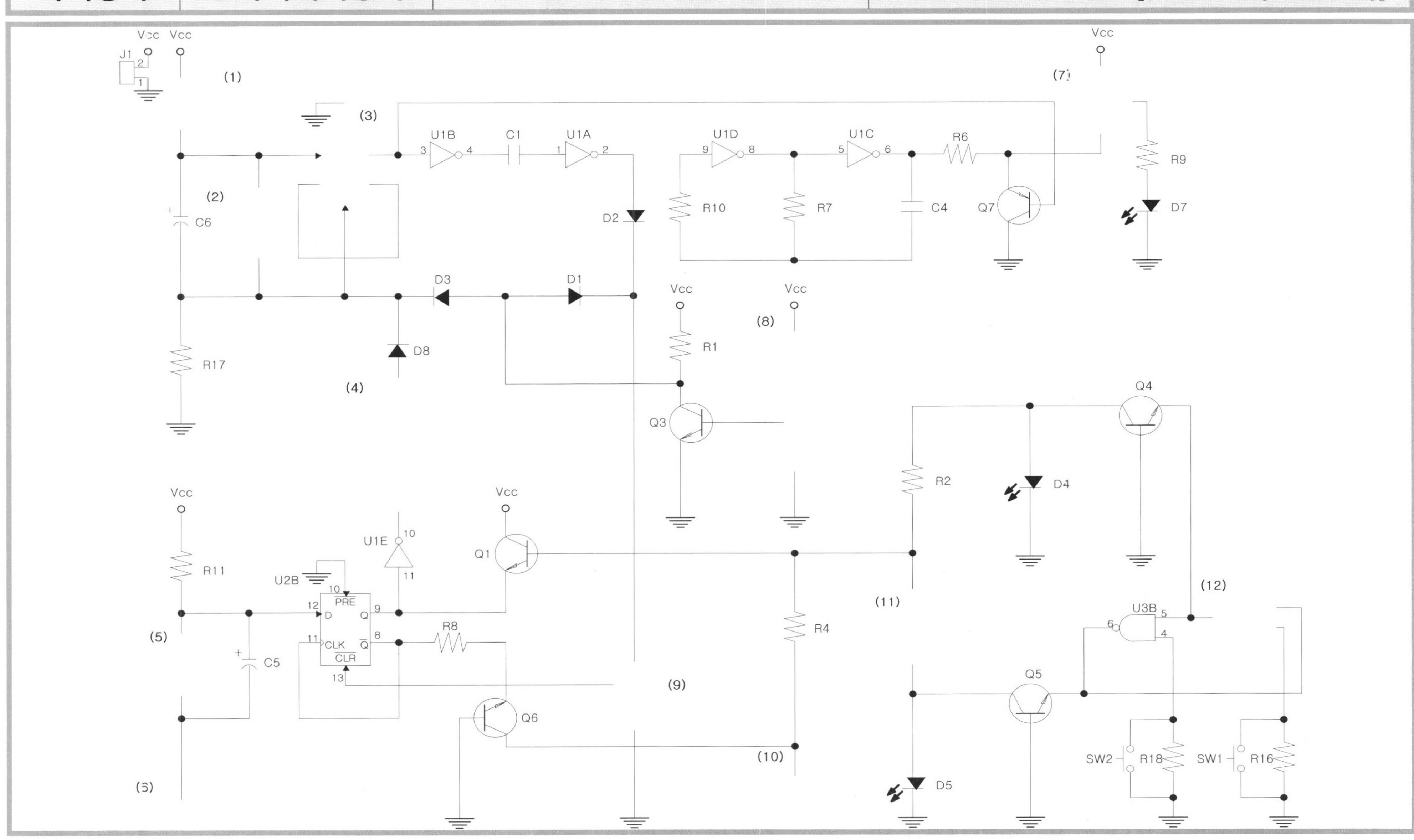

자격종목	전자기기기능사	회로 스케치 과제 2	답안작성 요령 1 (TOP면 + 회로 기호)

TOP면

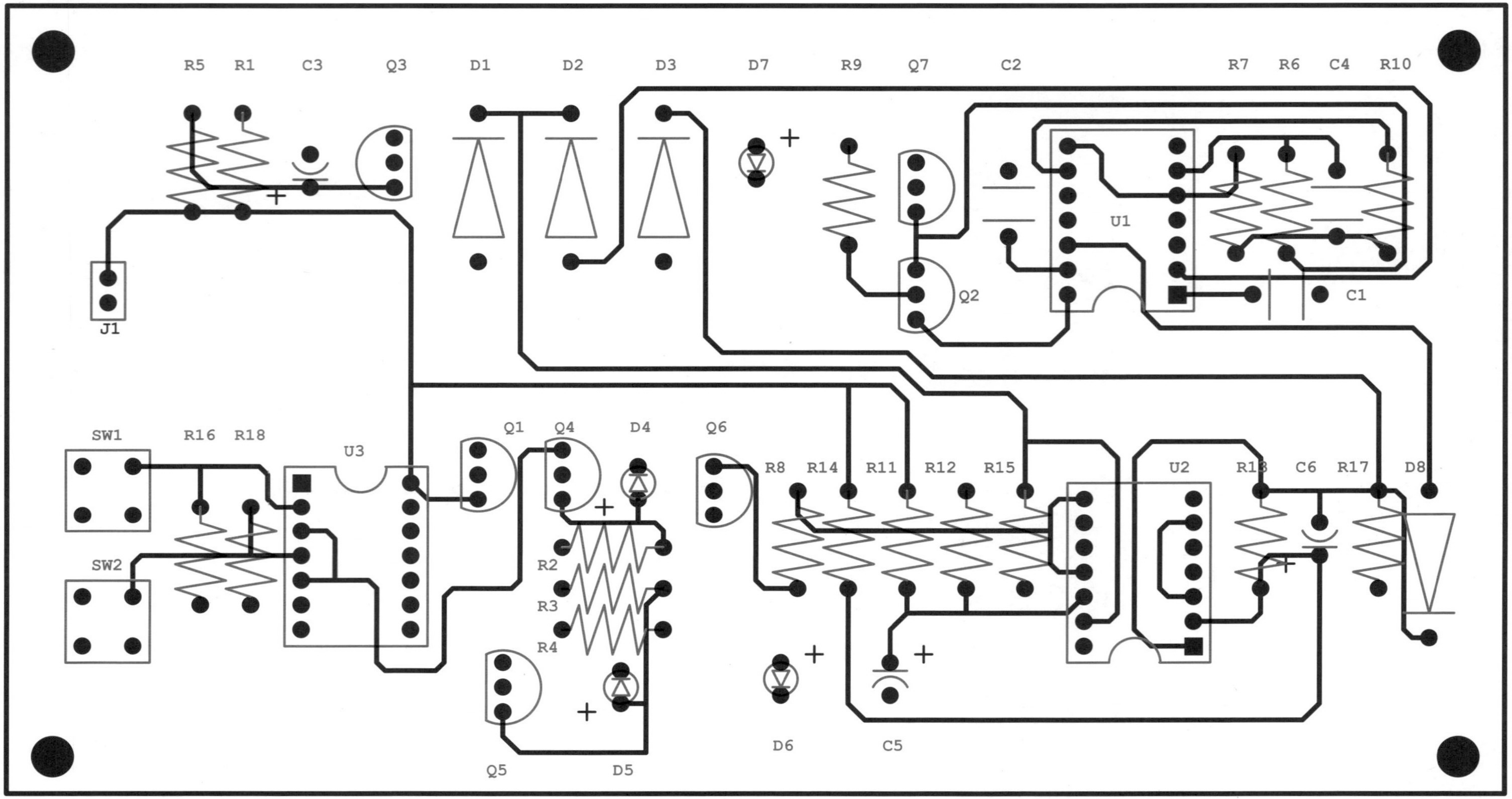

R5 R1 C3 Q3 D1 D2 D3 D7 R9 Q7 C2 R7 R6 C4 R10

U1 Q2 C1 J1

SW1 R16 R18 U3 Q1 Q4 D4 Q6 R8 R14 R11 R12 R15 U2 R13 C6 R17 D8

SW2 R2 R3 R4

Q5 D5 D6 C5

자격종목	전자기기기능사	회로 스케치 과제 2	답안작성 문제지 3 (평가용 2)

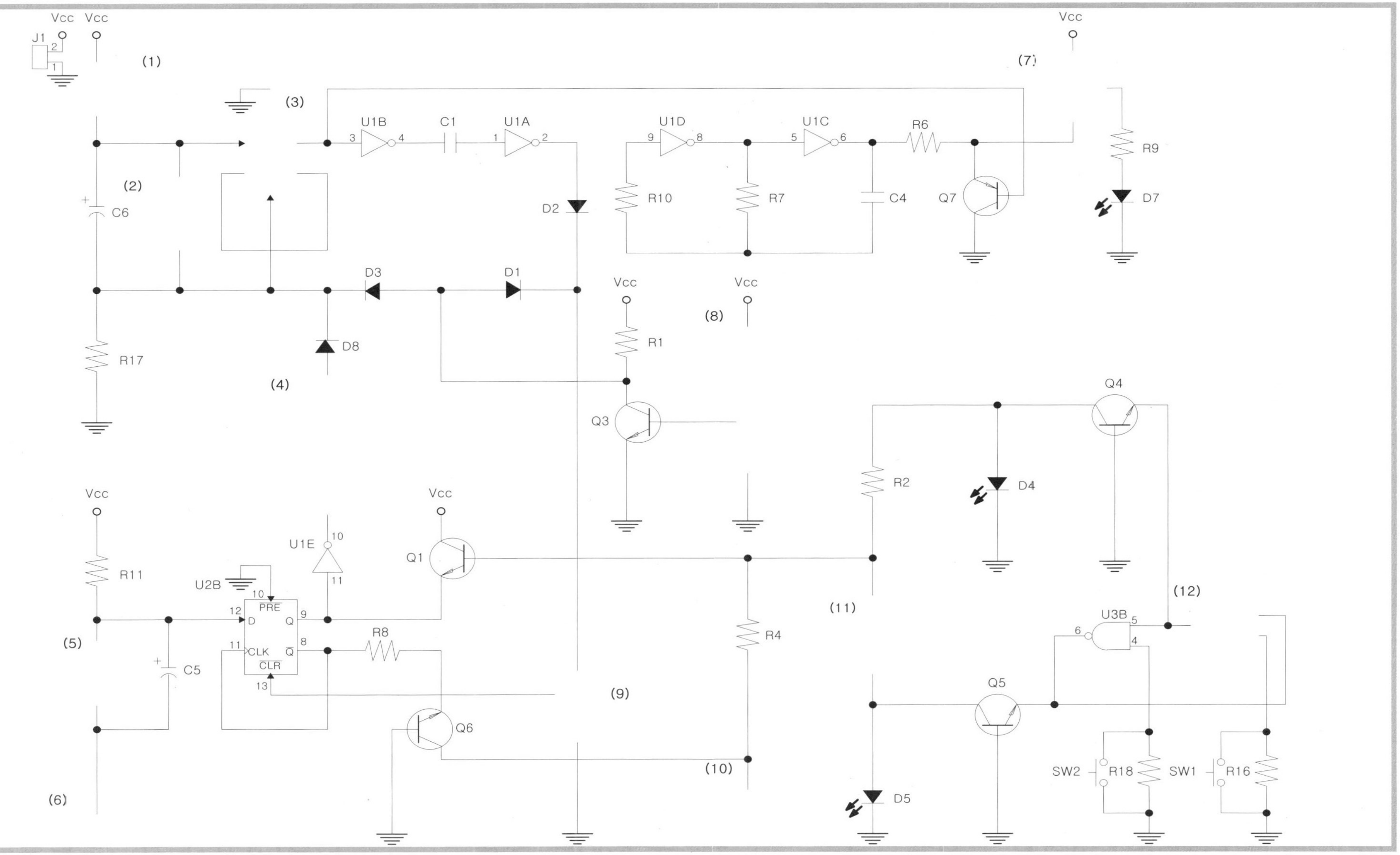

Vcc Vcc
J1 2 1
(1)
(2)
C6
R17
(3)
U1B 3 4
C1
U1A 1 2
D2
D3
D1
D8
(4)
U1D 9 8
R10
R7
U1C 5 6
C4
R6
Q7
(7)
Vcc
R9
D7
Vcc
R1
Q3
Vcc
(8)
Vcc
R11
(5)
C5
(6)
U2B
10 PRE
12 D Q 9
11 CLK $\overline{Q}$ 8
$\overline{CLR}$ 13
U1E 10 11
R8
Vcc
Q1
Q6
(9)
(10)
R4
(11)
R2
Q4
D4
(12)
U3B 5 4 6
Q5
D5
SW2
R18
SW1
R16

자격종목	전자기기기능사	회로 스케치 과제 2	답안작성 요령 2 (BOTTOM면 + 회로 기호)

BOTTOM면

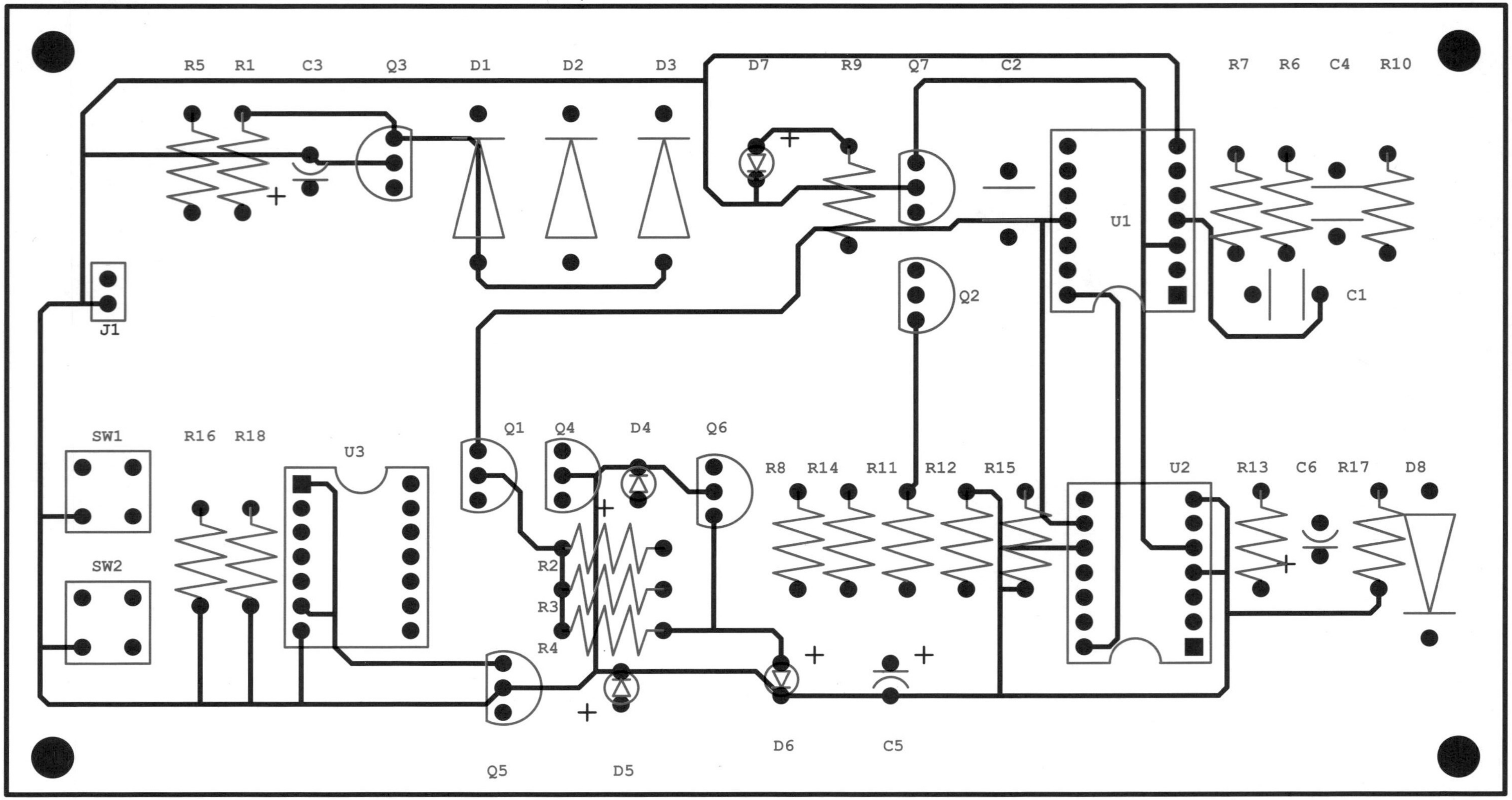

자격종목	전자기기기능사	회로 스케치 과제 2	답안작성 문제지 4 (평가용 3)

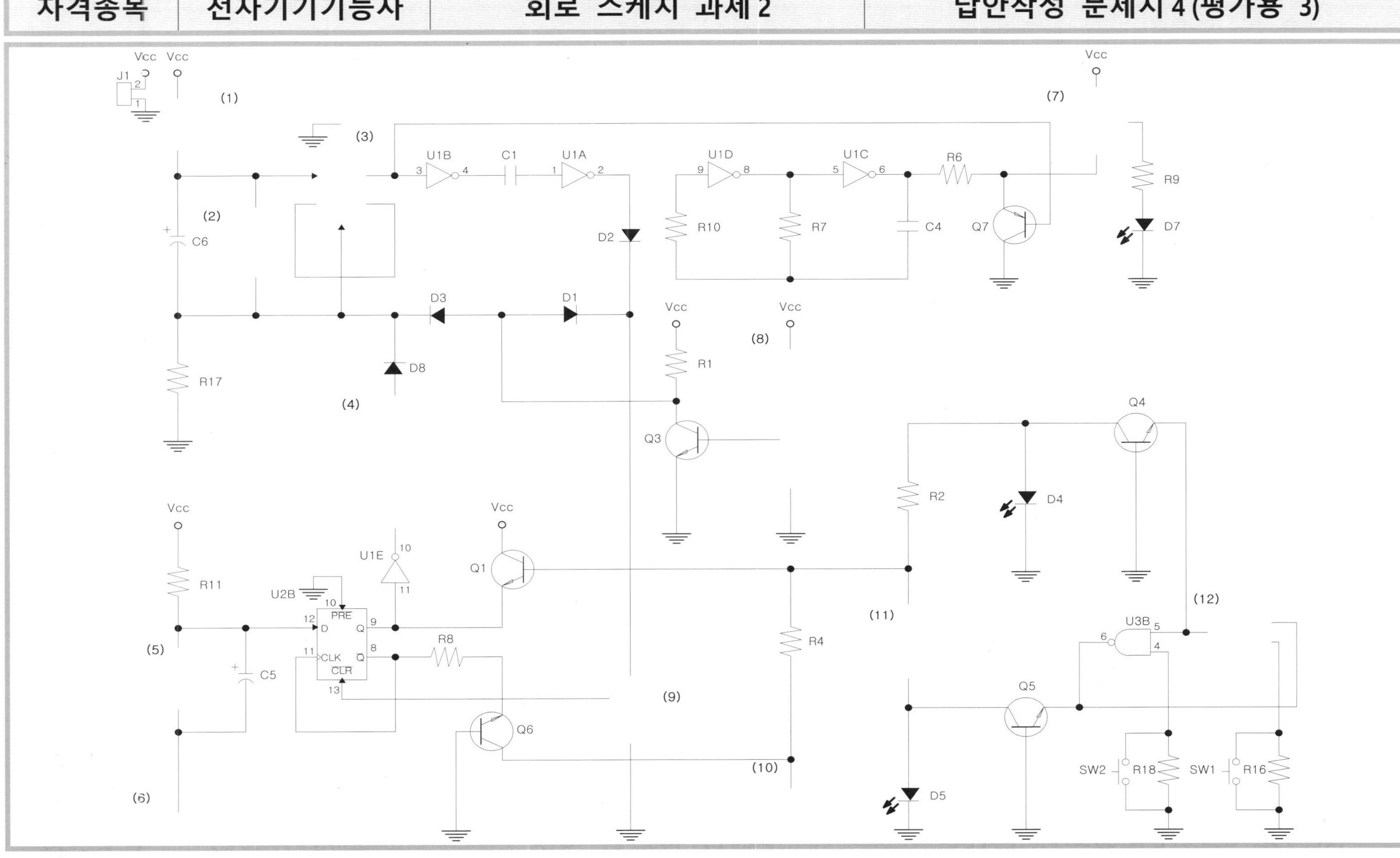

자격종목	전자기기기능사	회로 스케치 과제 2	답안작성 문제지 5 (최종 평가용)

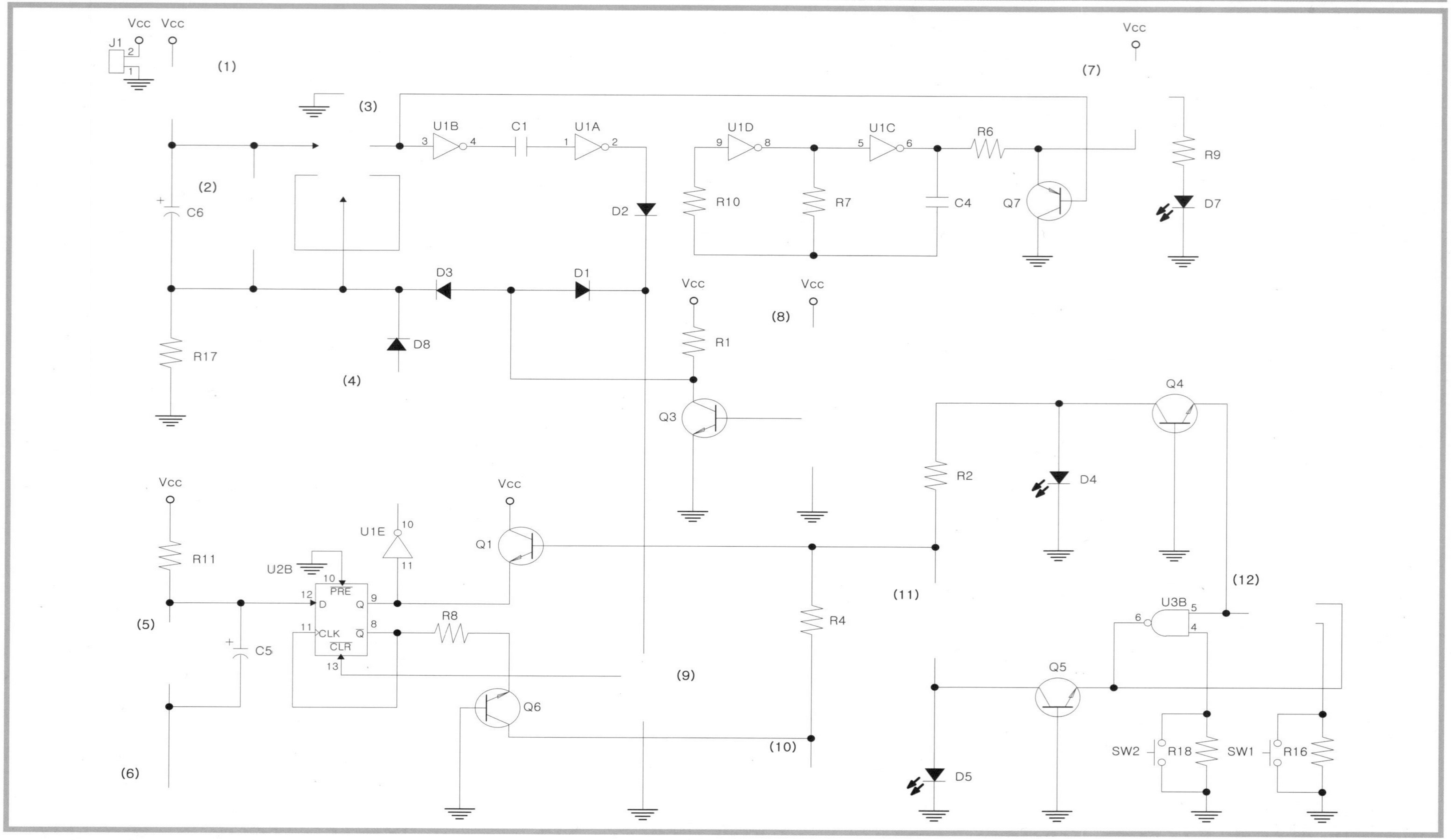

전자기기기능사(실기) 공개문제

3. 회로 스케치 (과제 3)

자격종목	전자기기기능사	회로 스케치 과제 3	기호, 심벌, 데이터 시트

1. 요구 사항

(1) 주어진 회로 기호, 부품 기호, 부품 배치도, 배선도를 참조하여 회로 스케치 답안지에 미완성인 회로 스케치를 완성합니다.

(2) 자를 사용하여 최대한 직선으로 표시하여 부품 기호를 작성하고, 반드시 부품 참조 번호, 교차점을 기입합니다. (U1, U2, U3는 반드시 핀 번호를 기입하여야 합니다.)

※ 도면의 패턴도는 TOP면(부품 배치면)의 패턴도와 BOTTOM면(동박면=납땜면)의 패턴도 2가지로, 부품 배치도는 부품면을 기준으로 작성한 것입니다.

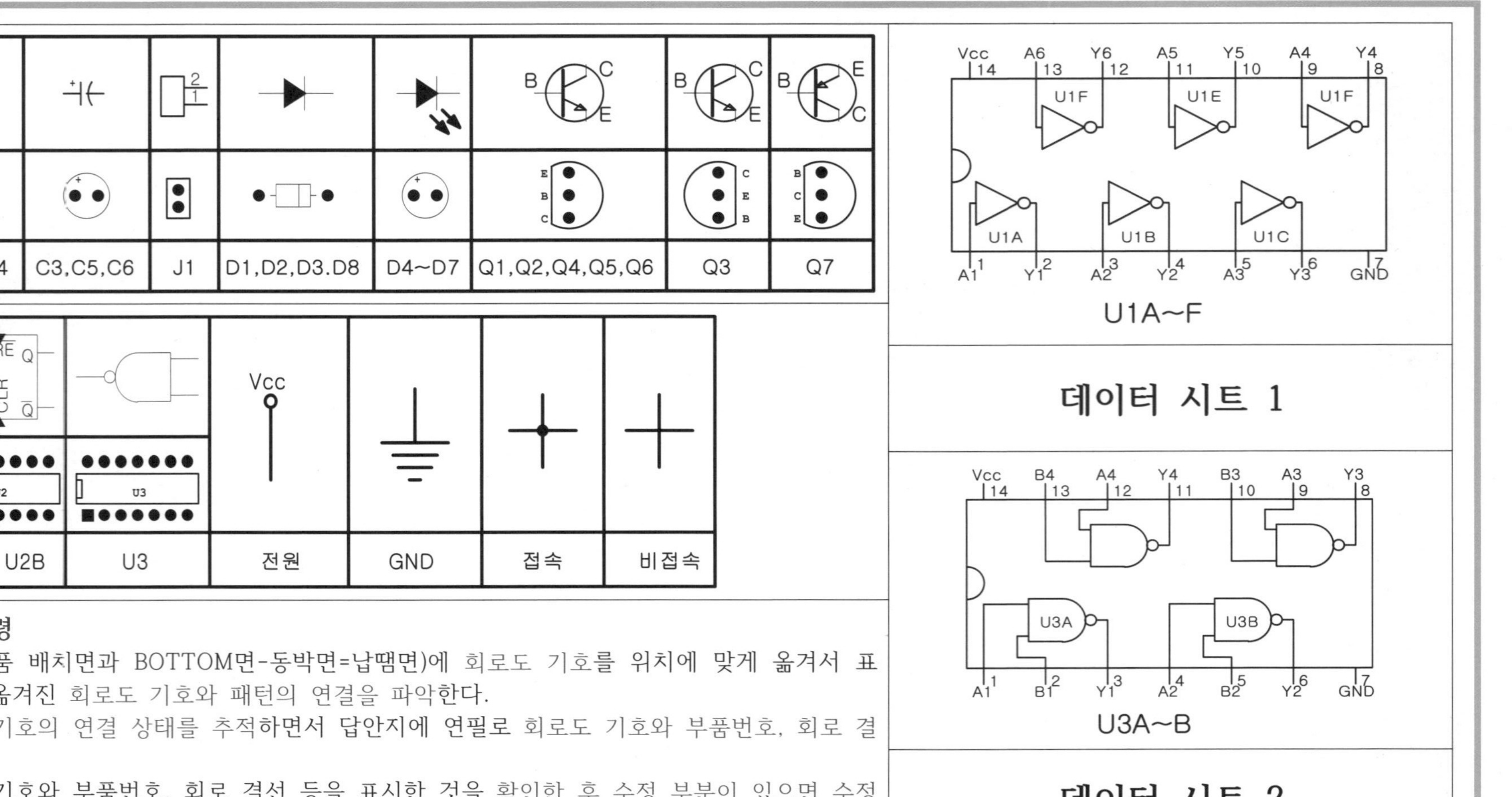

회로기호									
부품심벌									
부품명	R?	C1,C2,C4	C3,C5,C6	J1	D1,D2,D3.D8	D4~D7	Q1,Q2,Q4,Q5,Q6	Q3	Q7

회로기호				Vcc			
부품심벌	U1	U2	U3				
부품명	U1	U2A, U2B	U3	전원	GND	접속	비접속

■ 회로 스케치 요령

1) 패턴도(TOP면-부품 배치면과 BOTTOM면-동박면=납땜면)에 회로도 기호를 위치에 맞게 옮겨서 표시하고 패턴도에 옮겨진 회로도 기호와 패턴의 연결을 파악한다.

2) 패턴도와 회로도 기호의 연결 상태를 추적하면서 답안지에 연필로 회로도 기호와 부품번호, 회로 결선 등을 표시한다.

3) 답안지에 회로도 기호와 부품번호, 회로 결선 등을 표시한 것을 확인한 후 수정 부분이 있으면 수정한 후 검은색 볼펜으로 깨끗하게 연결하여 완성한다.

자격종목	전자기기기능사	회로 스케치 과제 3	부품 배치도

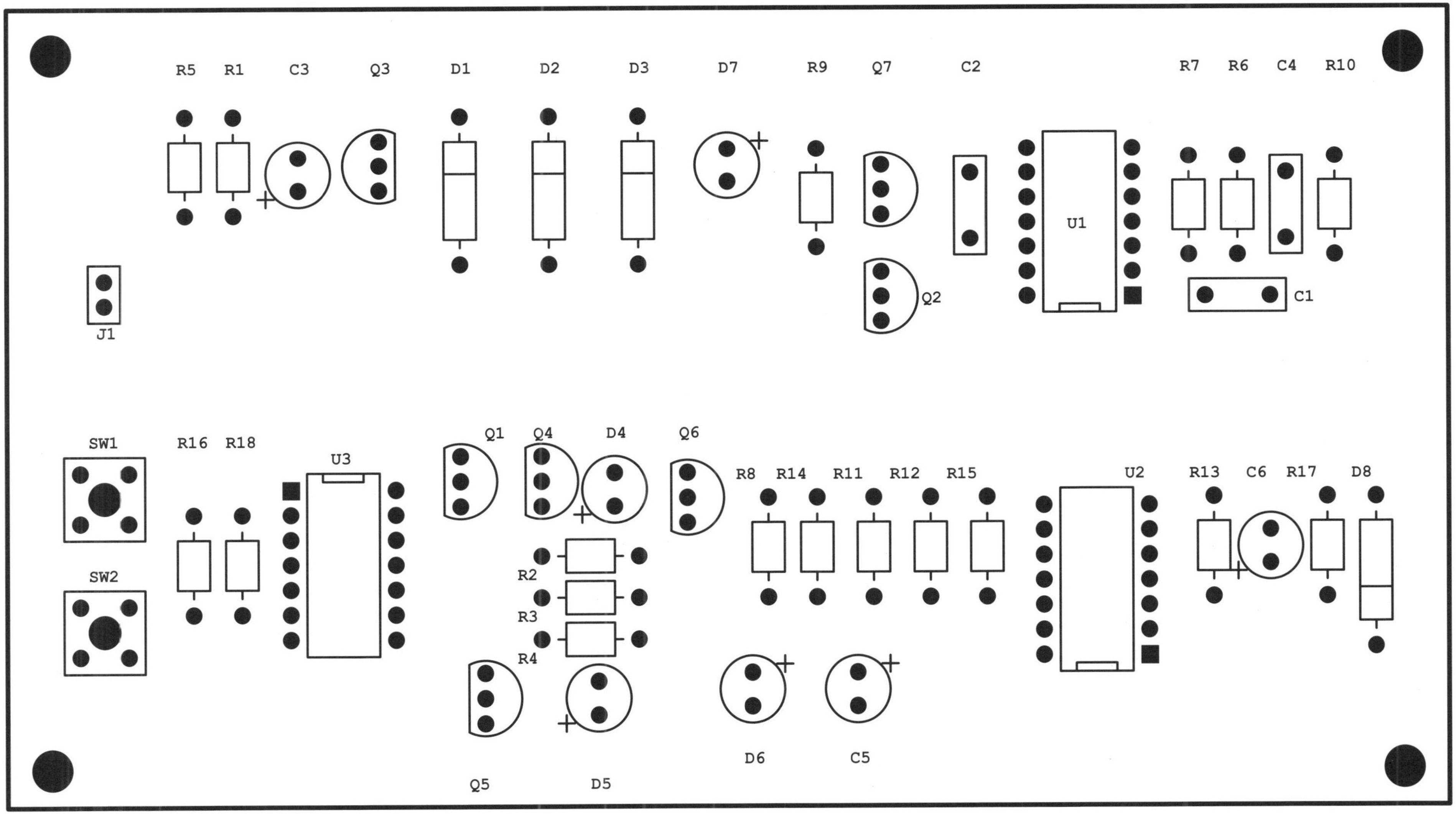

R5 R1 C3 Q3 D1 D2 D3 D7 R9 Q7 C2 R7 R6 C4 R10

U1 Q2 C1 J1

SW1 R16 R18 U3 Q1 Q4 D4 Q6 R8 R14 R11 R12 R15 U2 R13 C6 R17 D8

SW2 R2 R3 R4

Q5 D5 D6 C5

자격종목	전자기기기능사	회로 스케치 과제 3	TOP면(패턴도)

TOP면

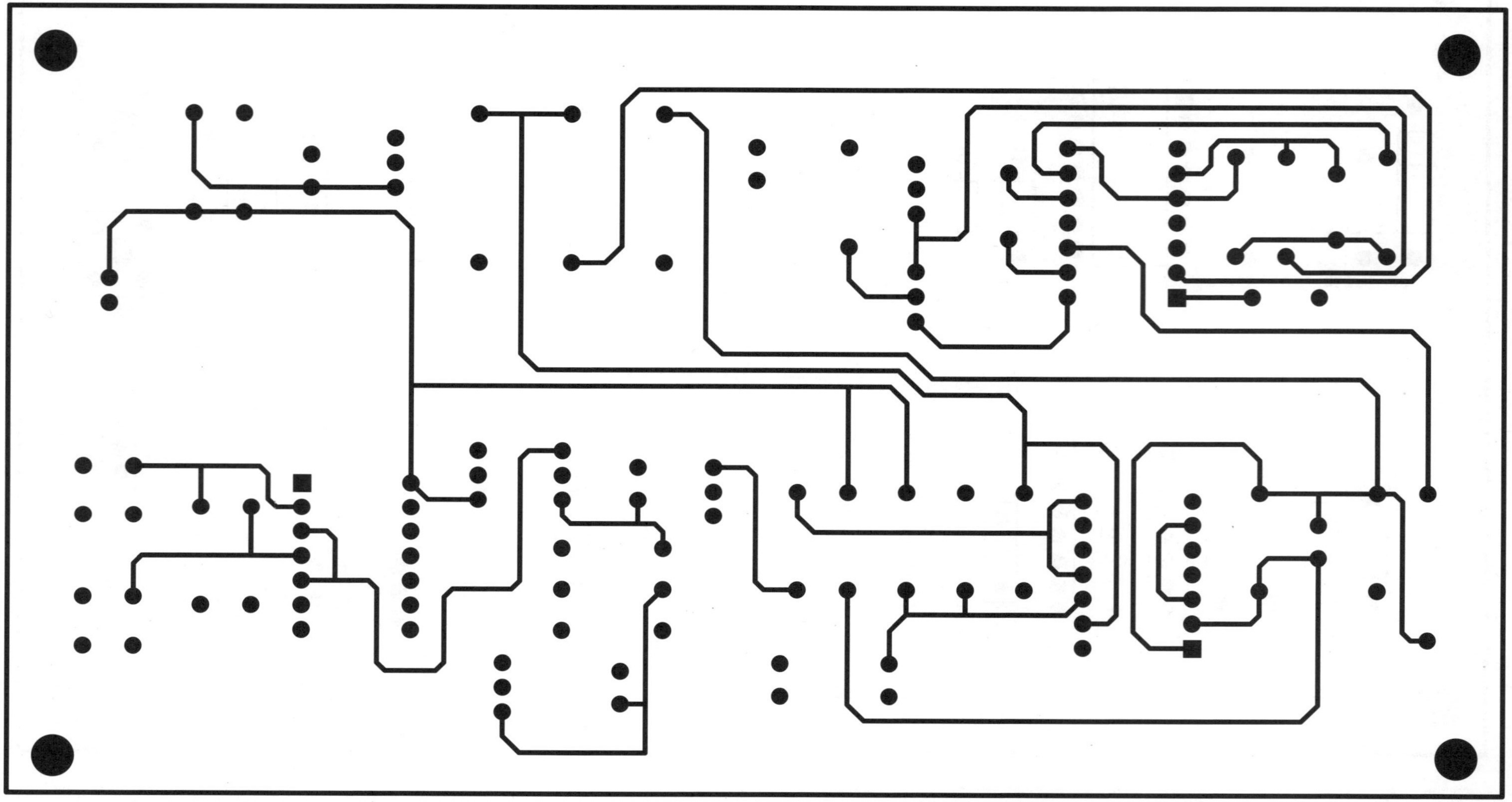

자격종목	전자기기기능사	회로 스케치 과제 3	BOTTOM면(패턴도)

BOTTOM면

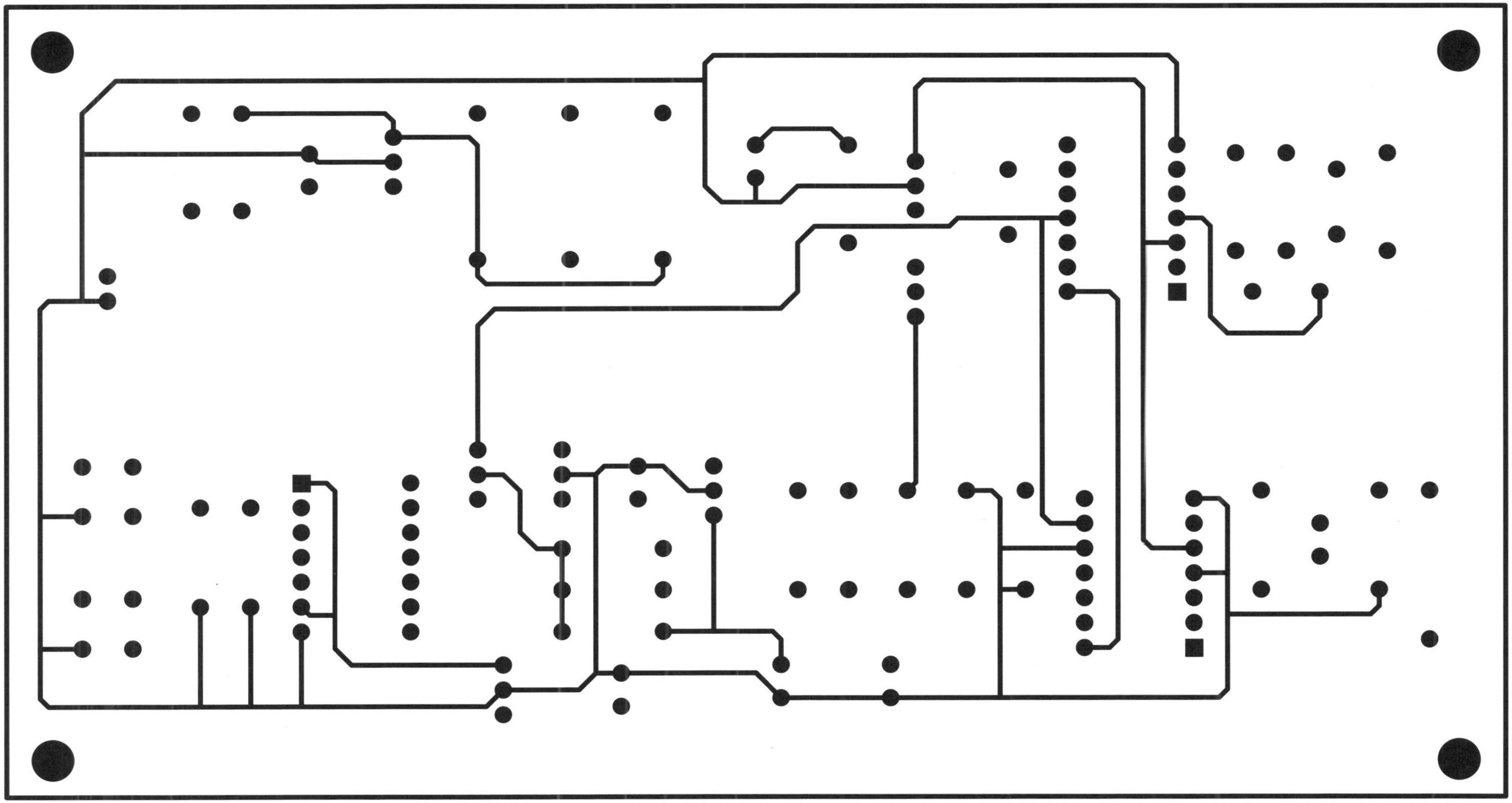

자격종목	전자기기기능사	회로 스케치 과제 3	답안작성 문제지 1 [사전과제(연습용)]

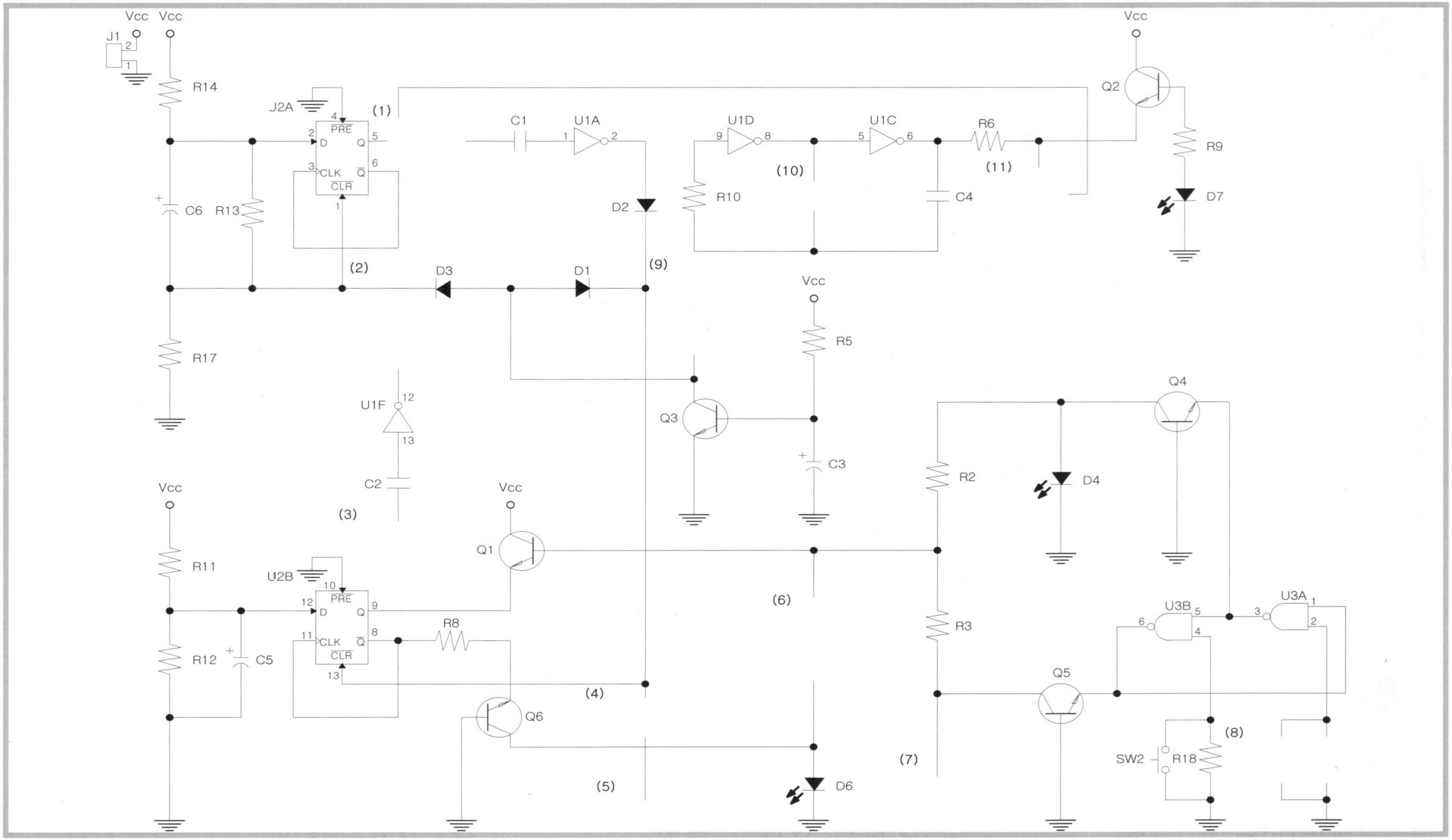

자격종목	전자기기기능사	회로 스케치 과제 3	답안작성 문제지 2 [사전과제(평가용 1)]

자격종목	전자기기기능사	회로 스케치 과제 3	답안작성 요령 1 (TOP면 + 회로 기호)

TOP면

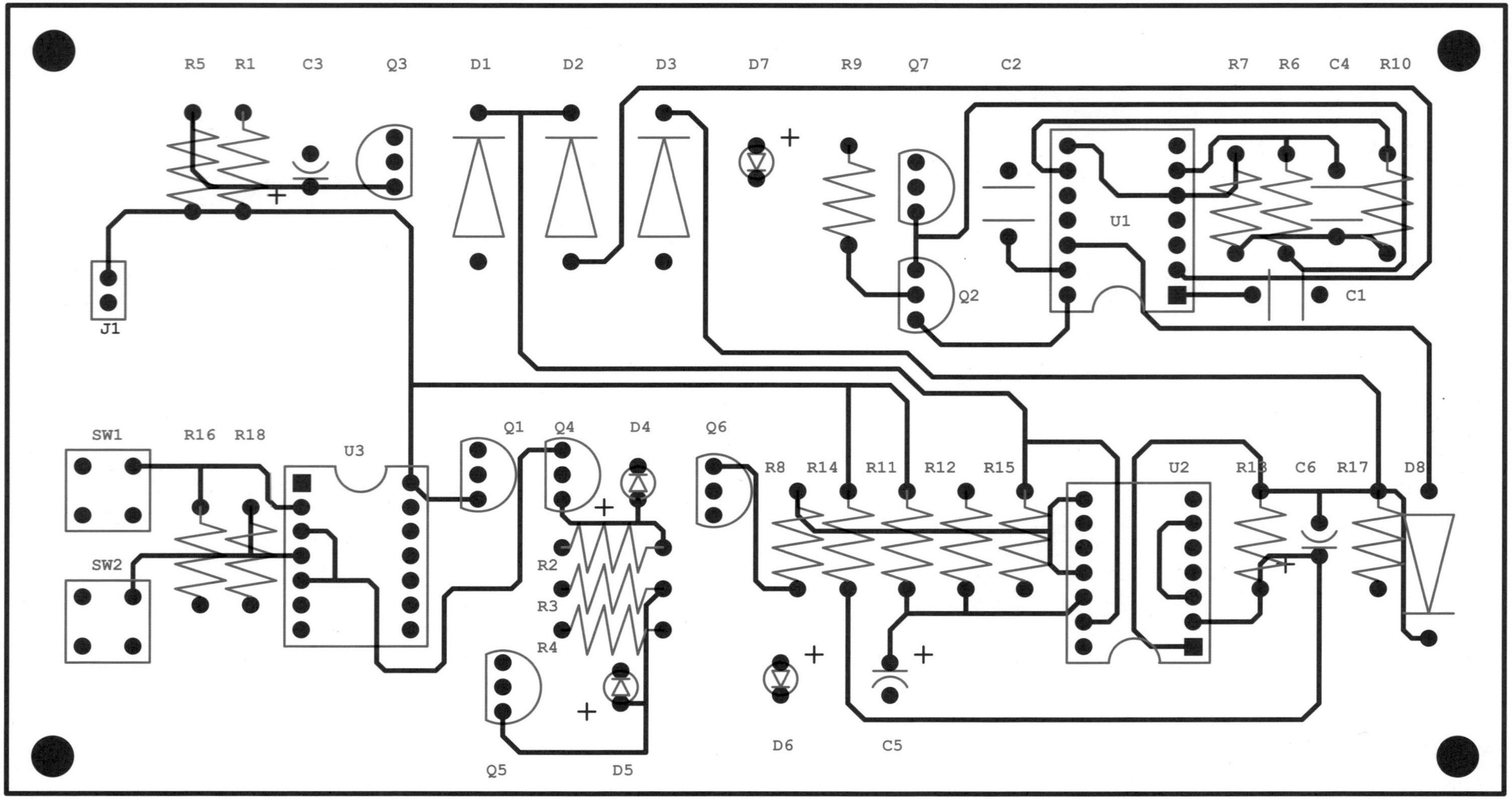

자격종목	전자기기기능사	회로 스케치 과제 3	답안작성 문제지 3 (평가용 2)

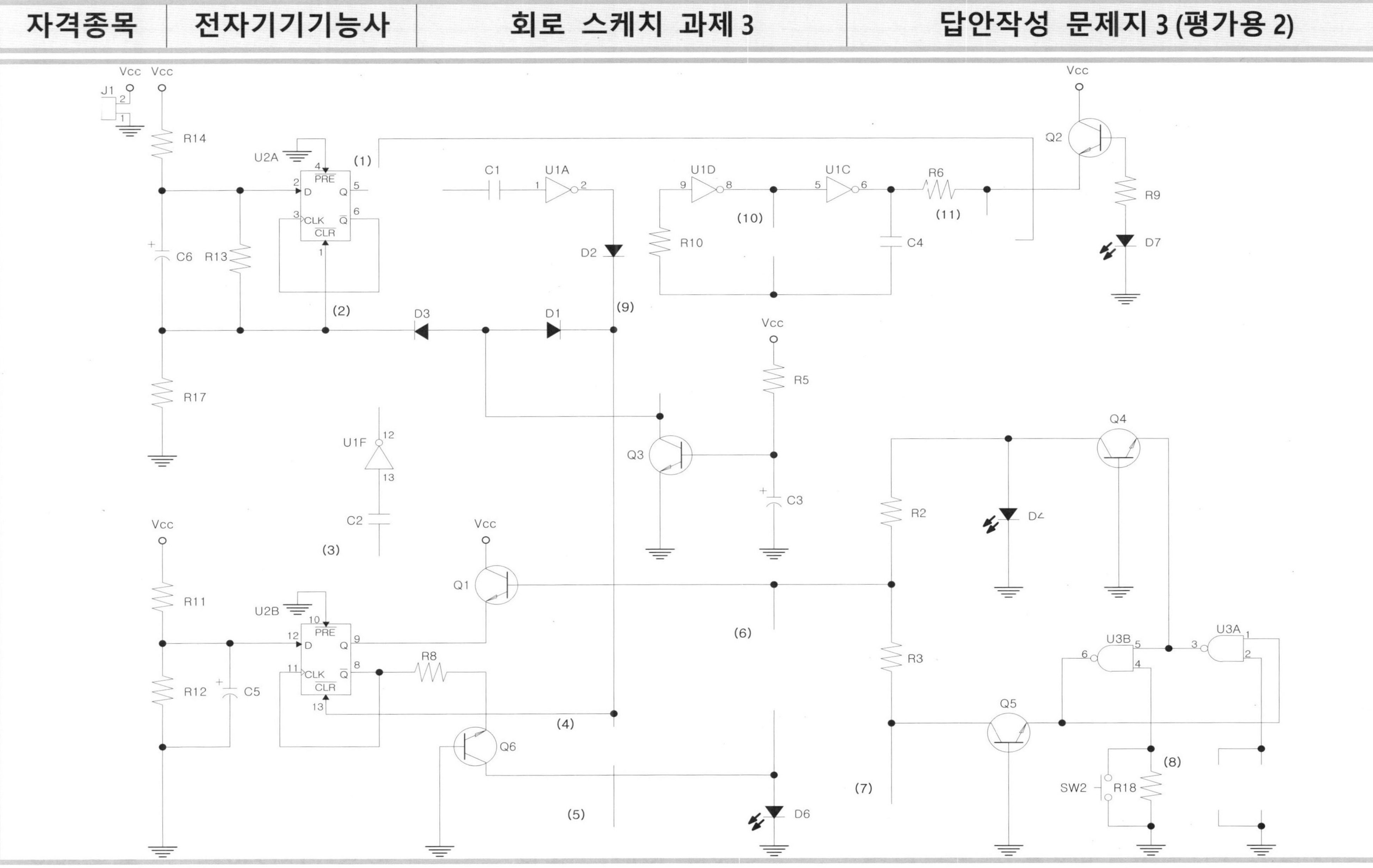

자격종목	전자기기기능사	회로 스케치 과제 3	답안작성 요령 2 (BOTTOM면 + 회로 기호)

BOTTOM면

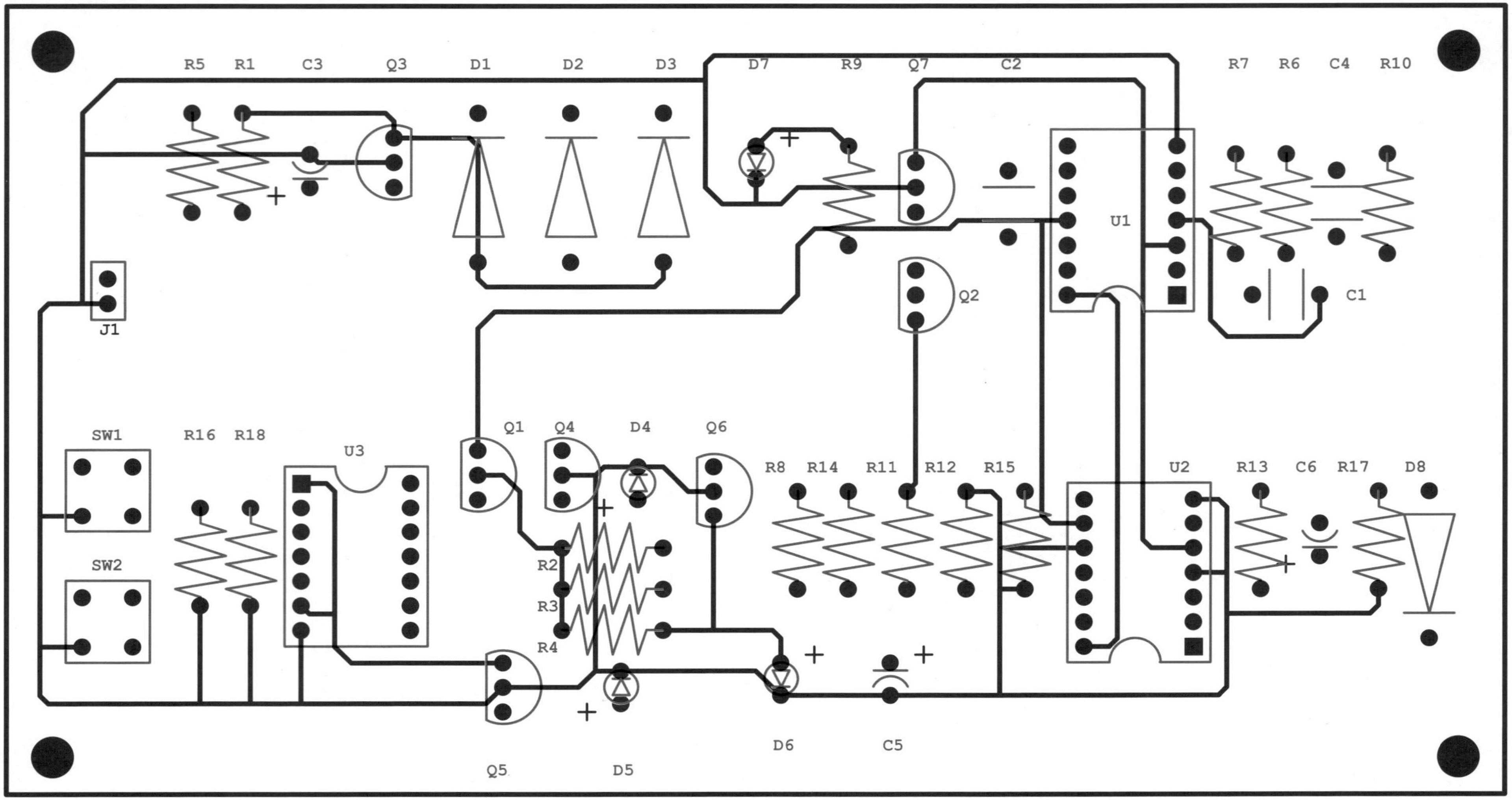

자격종목	전자기기기능사	회로 스케치 과제 3	답안작성 문제지 4 (평가용 3)

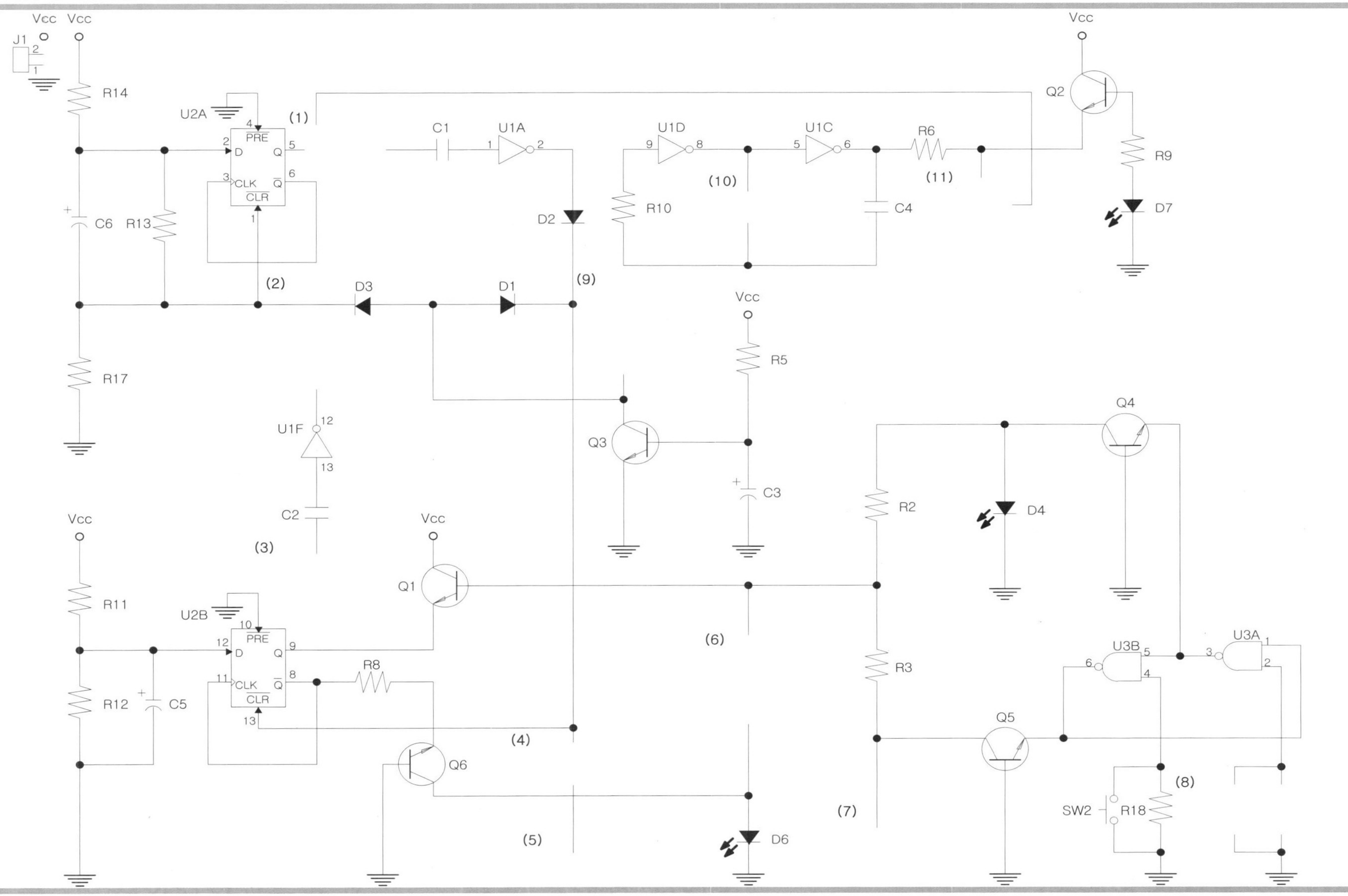

자격종목	전자기기기능사	회로 스케치 과제 3	답안작성 문제지 5 (최종 평가용)

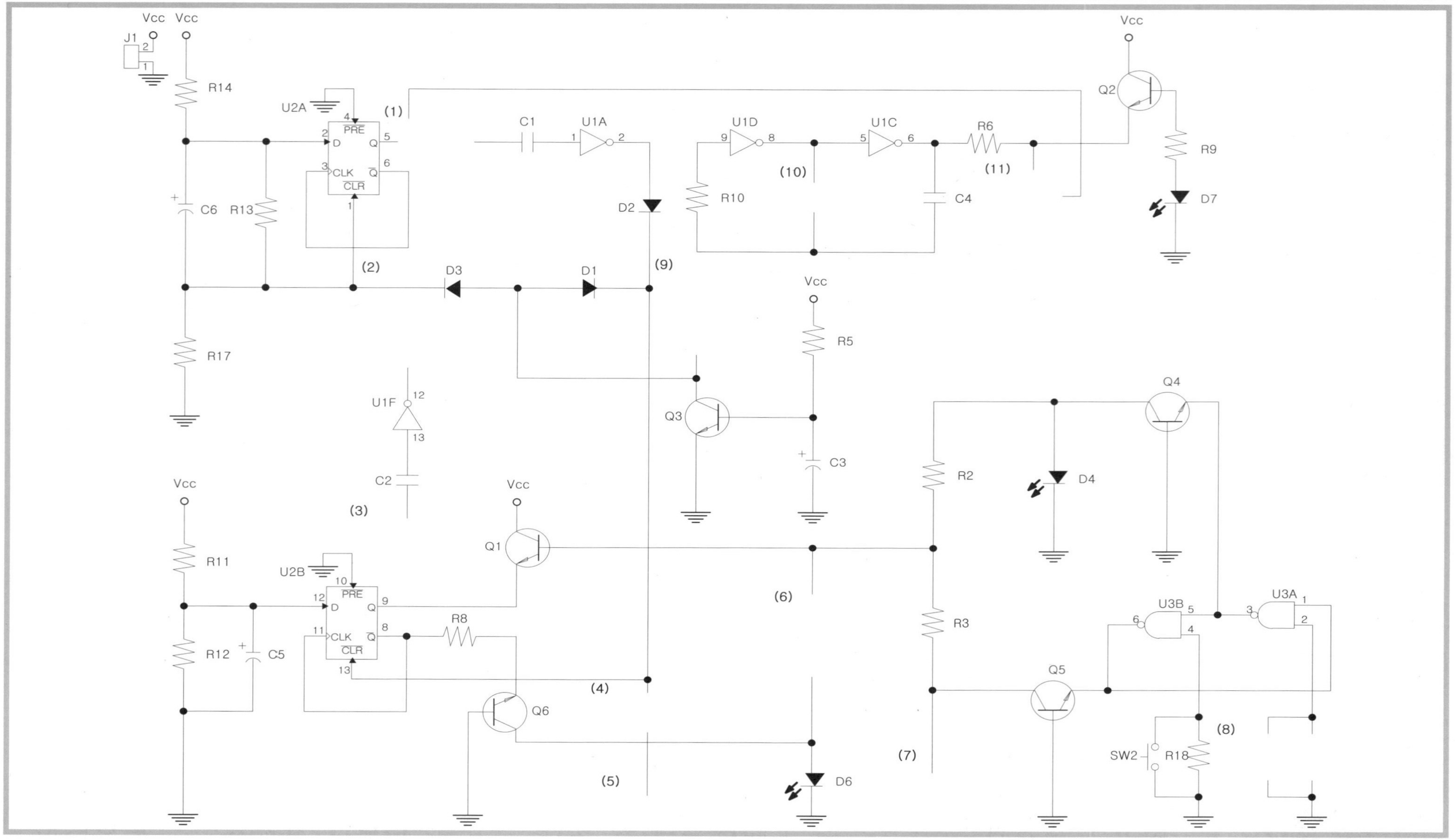

전자기기기능사(실기) 공개문제

4. 회로 스케치 (과제 4)

자격종목	전자기기기능사	회로 스케치 과제 4	기호, 심벌, 데이터 시트

1. 요구 사항

(1) 주어진 회로 기호, 부품 기호, 부품 배치도, 배선도를 참조하여 회로 스케치 답안지에 미완성인 회로 스케치를 완성합니다.

(2) 자를 사용하여 최대한 직선으로 표시하여 부품 기호를 작성하고, 반드시 부품 참조 번호, 교차점을 기입합니다. (U1, U2, U3는 반드시 핀 번호를 기입하여야 합니다.)

※ 도면의 패턴도는 TOP면(부품 배치면)의 패턴도와 BOTTOM면(동박면=납땜면)의 패턴도 2가지로, 부품 배치도는 부품면을 기준으로 작성한 것입니다.

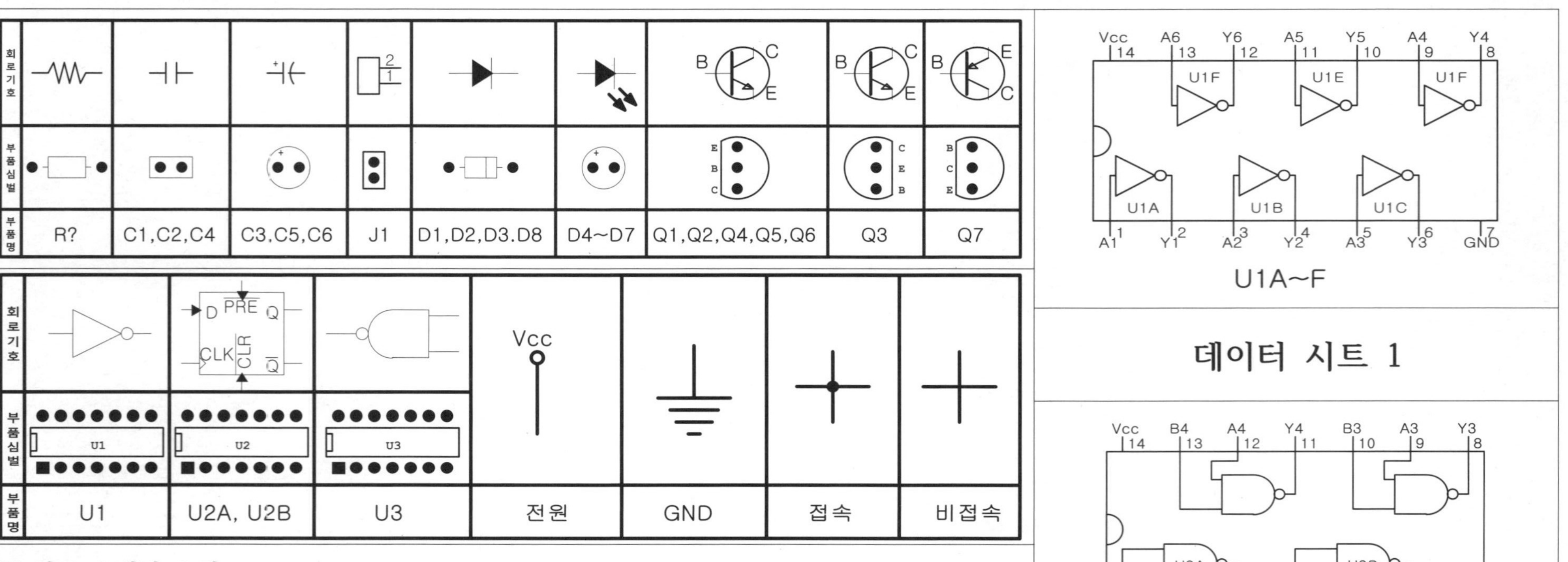

회로기호
부품심벌
부품명
R?
C1,C2,C4
C3,C5,C6
J1
D1,D2,D3.D8
D4~D7
Q1,Q2,Q4,Q5,Q6
Q3
Q7
B C E
U1
U2A, U2B
U3
D PRE Q
CLK CLR Q̄
Vcc
전원
GND
접속
비접속

■ 회로 스케치 요령

1) 패턴도(TOP면-부품 배치면과 BOTTOM면-동박면=납땜면)에 회로도 기호를 위치에 맞게 옮겨서 표시하고 패턴도에 옮겨진 회로도 기호와 패턴의 연결을 파악한다.
2) 패턴도와 회로도 기호의 연결 상태를 추적하면서 답안지에 연필로 회로도 기호와 부품번호, 회로 결선 등을 표시한다.
3) 답안지에 회로도 기호와 부품번호, 회로 결선 등을 표시한 것을 확인한 후 수정 부분이 있으면 수정한 후 검은색 볼펜으로 깨끗하게 연결하여 완성한다.

Vcc 14, A6 13, Y6 12, A5 11, Y5 10, A4 9, Y4 8
A1 1, Y1 2, A2 3, Y2 4, A3 5, Y3 6, GND 7
U1A, U1B, U1C, U1E, U1F

U1A~F

데이터 시트 1

Vcc 14, B4 13, A4 12, Y4 11, B3 10, A3 9, Y3 8
A1 1, B1 2, Y1 3, A2 4, B2 5, Y2 6, GND 7
U3A, U3B

U3A~B

데이터 시트 2

자격종목	전자기기기능사	회로 스케치 과제 4	부품 배치도

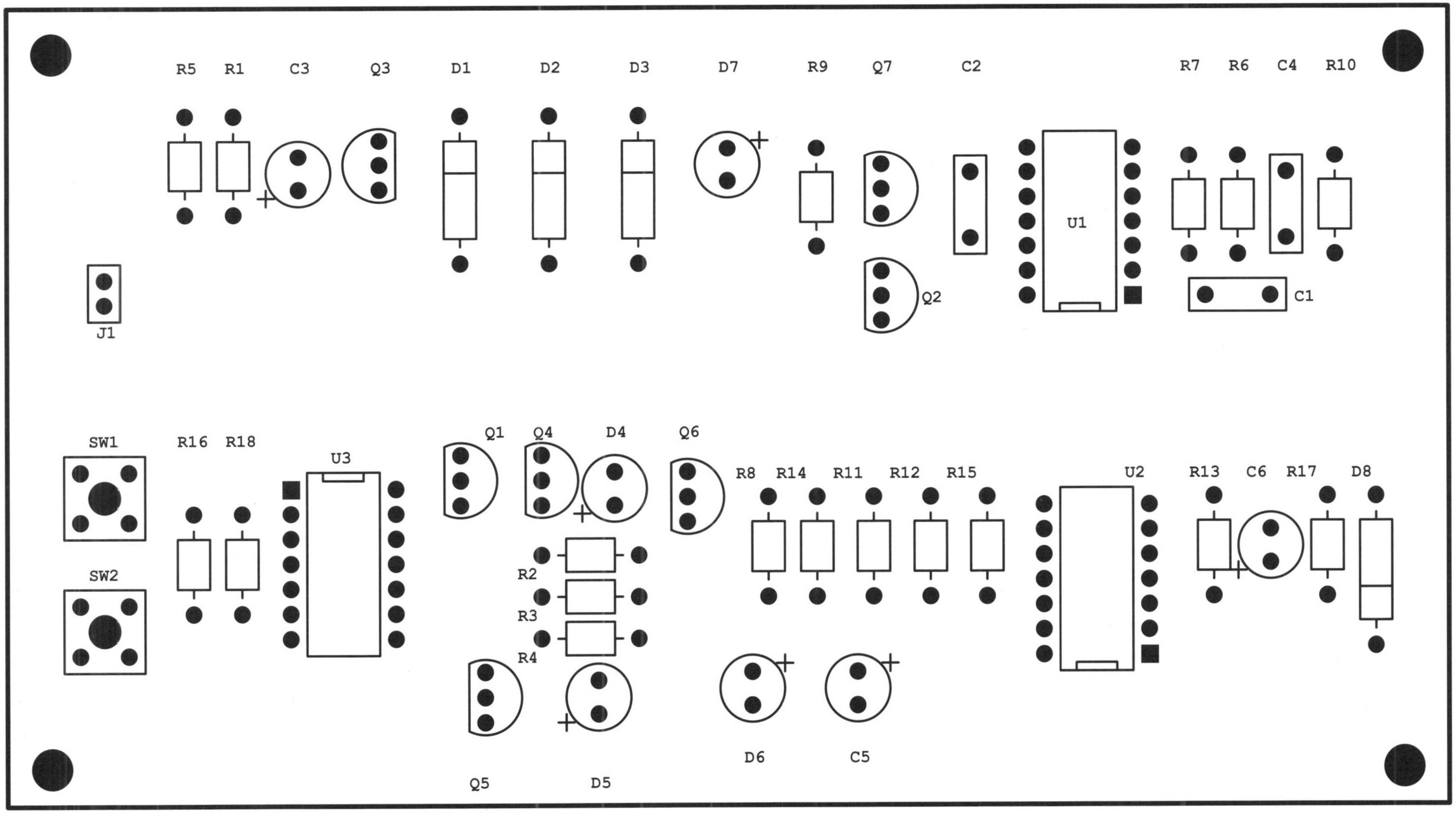

R5 R1 C3 Q3 D1 D2 D3 D7 R9 Q7 C2 R7 R6 C4 R10

U1 Q2 C1 J1

SW1 R16 R18 U3 Q1 Q4 D4 Q6 R8 R14 R11 R12 R15 U2 R13 C6 R17 D8

SW2 R2 R3 R4

Q5 D5 D6 C5

자격종목	전자기기기능사	회로 스케치 과제 4	TOP면(패턴도)

TOP면

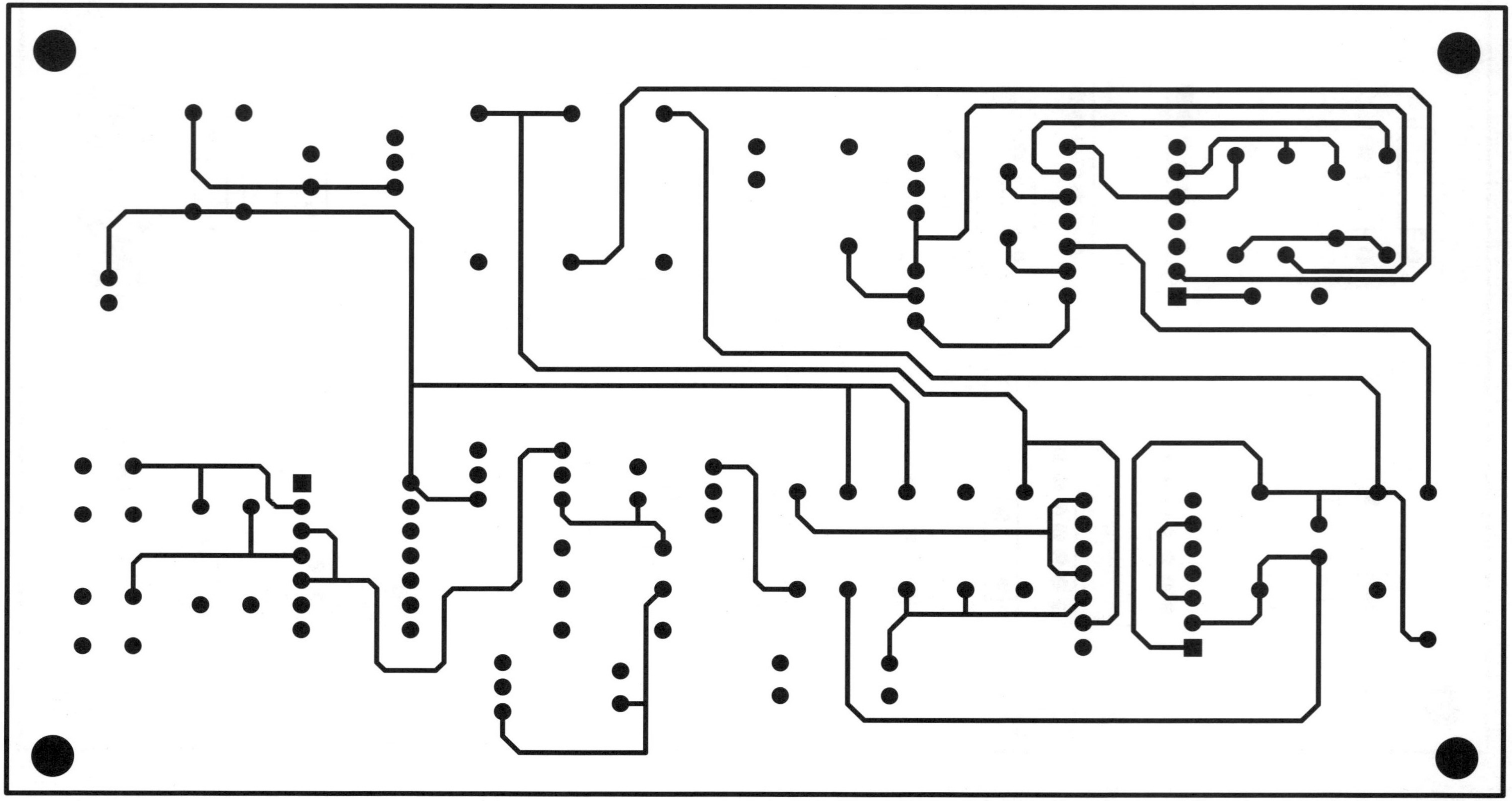

자격종목	전자기기기능사	회로 스케치 과제 4	BOTTOM면(패턴도)

BOTTOM면

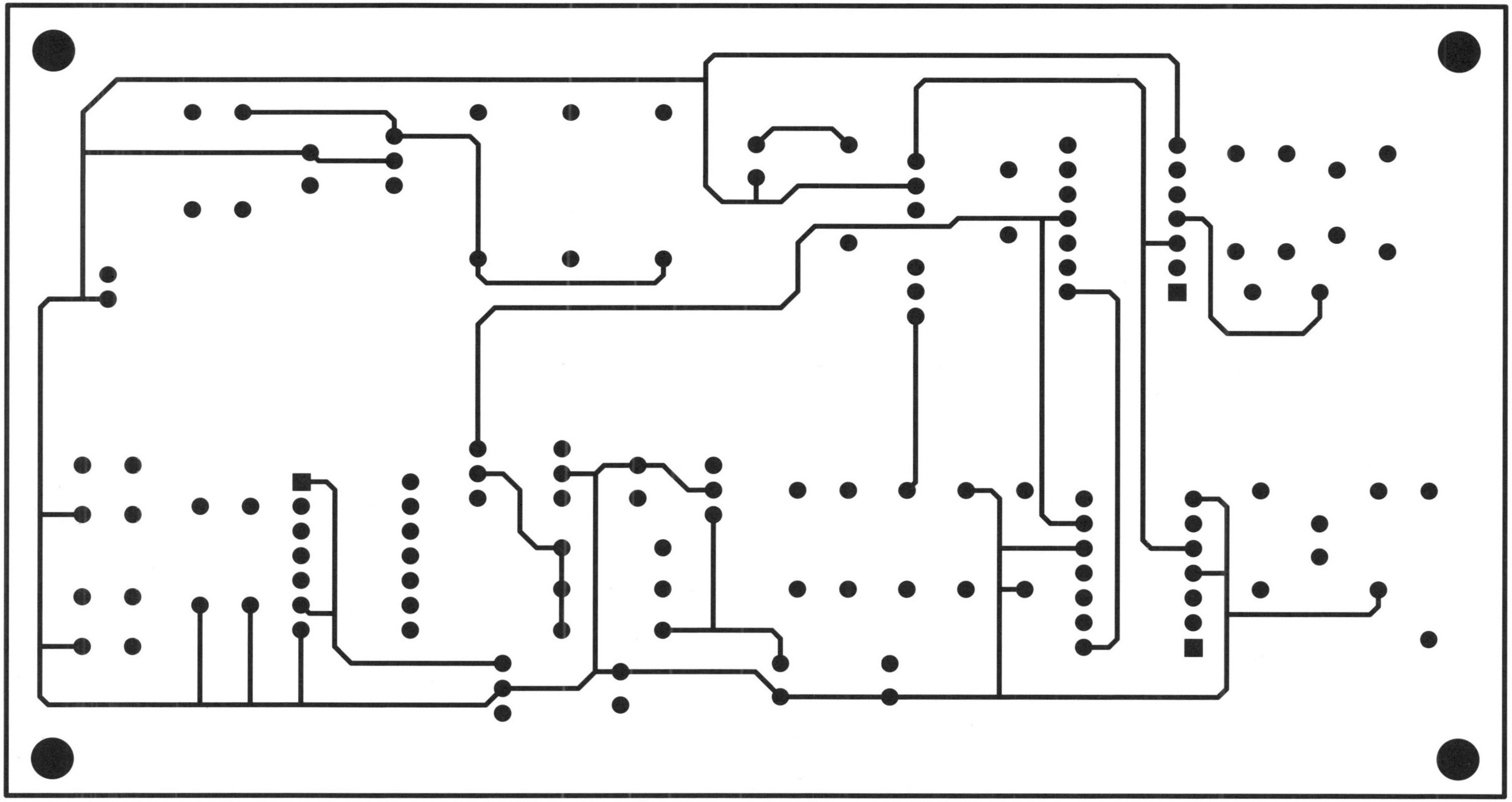

자격종목	전자기기기능사	회로 스케치 과제 4	답안작성 문제지 1 [사전과제(연습용)]

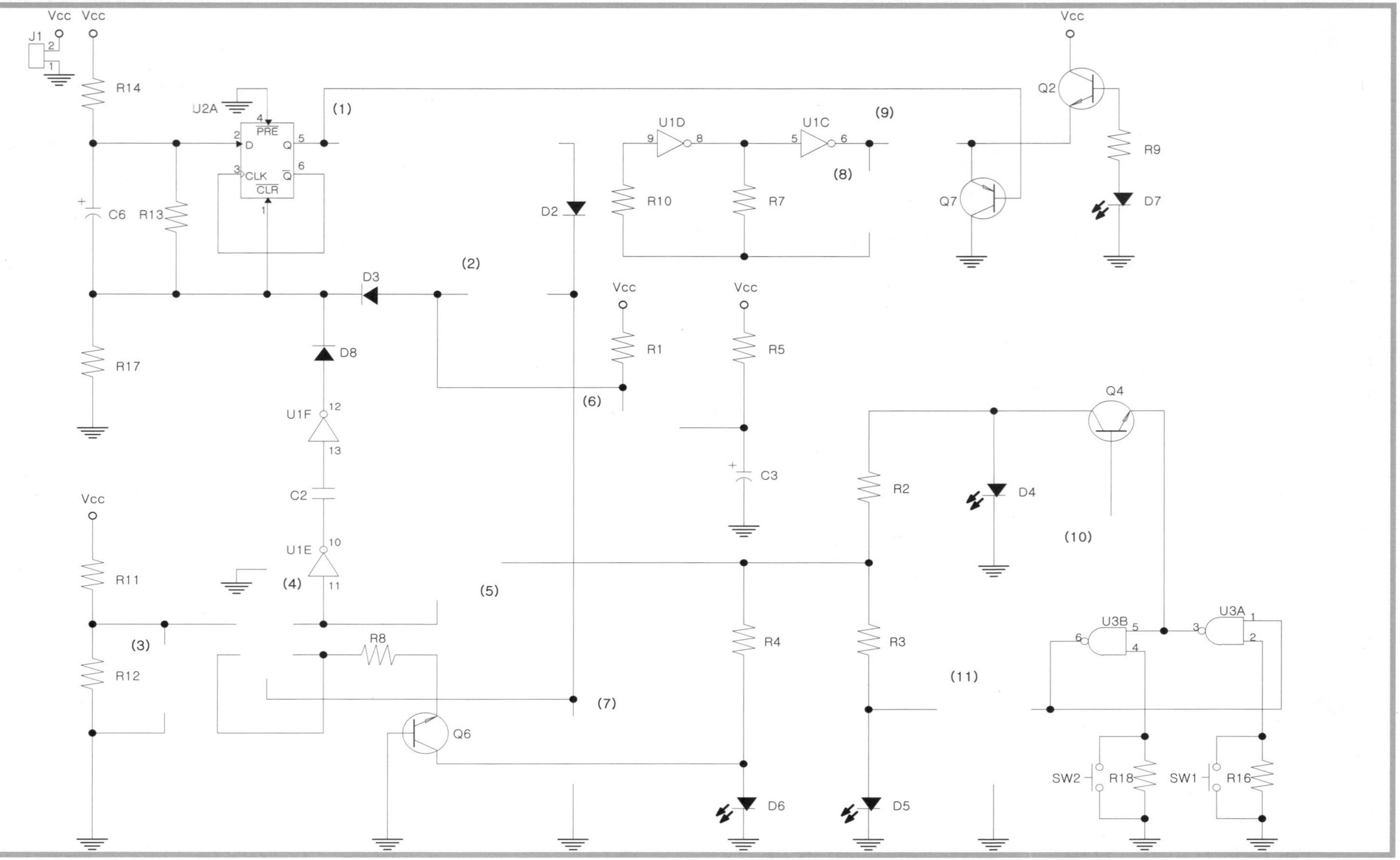

Vcc Vcc
J1 2 1
R14
U2A 4 PRE 2 D Q 5 3 CLK $\overline{Q}$ 6 $\overline{CLR}$ 1
(1)
C6 R13
R17
D3 (2)
D8
U1F 12 13
C2
U1E 10 11
(4)
Vcc
R11
(3)
R12
R8
Q6
D2
Vcc R1
(6)
(5)
(7)
U1D 9 8
R10
U1C 5 6
R7
(8) (9)
Vcc R5
C3
R4
D6
Vcc
Q2
R9
D7
Q7
Q4
R2
D4
(10)
R3
(11)
D5
U3B 5 4 6
U3A 1 2 3
SW2 R18 SW1 R16

자격종목	전자기기기능사	회로 스케치 과제 4	답안작성 문제지 2 [사전과제(평가용 1)]

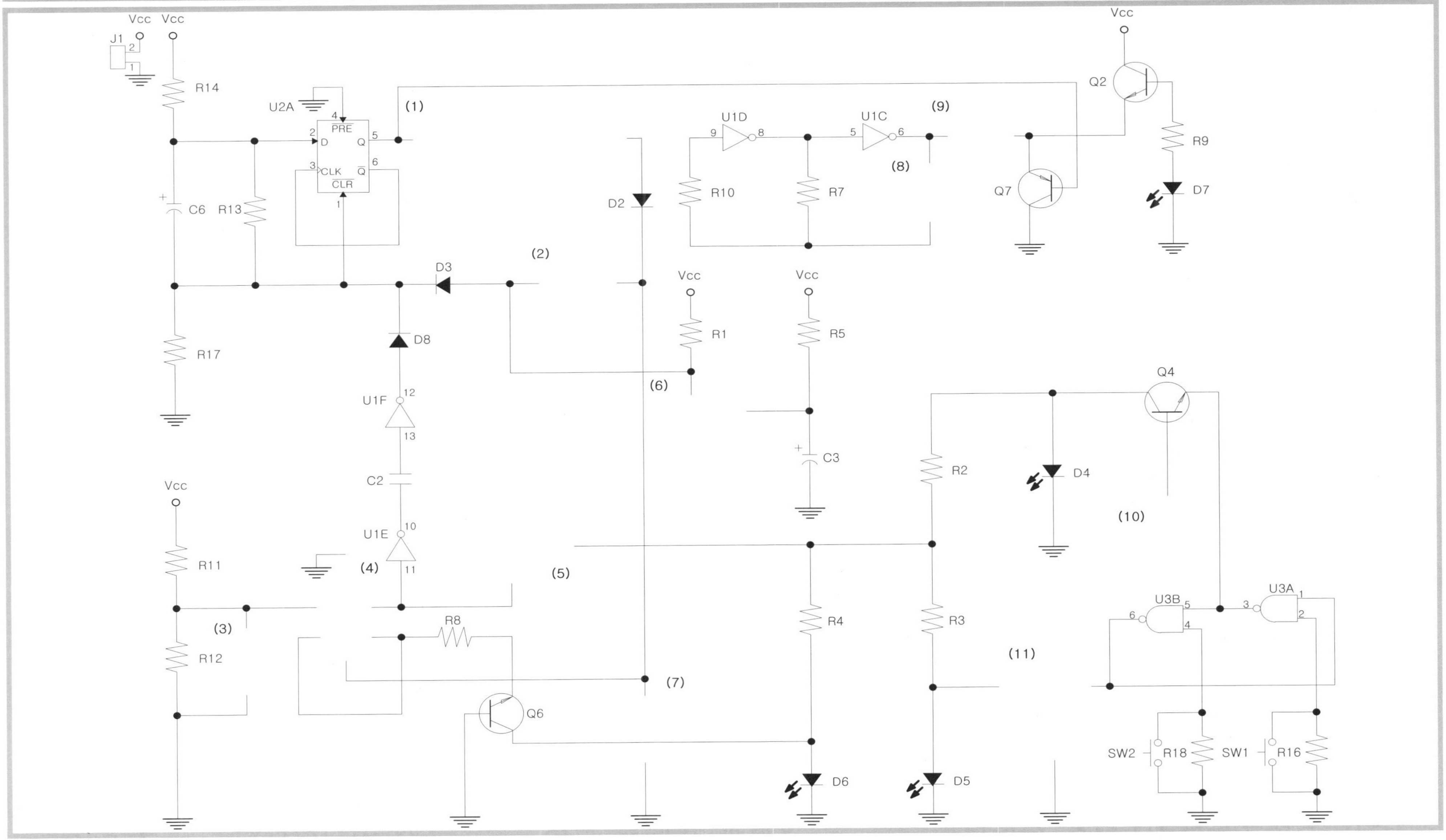

자격종목	전자기기기능사	회로 스케치 과제 4	답안작성 요령 1 (TOP면 + 회로 기호)

TOP면

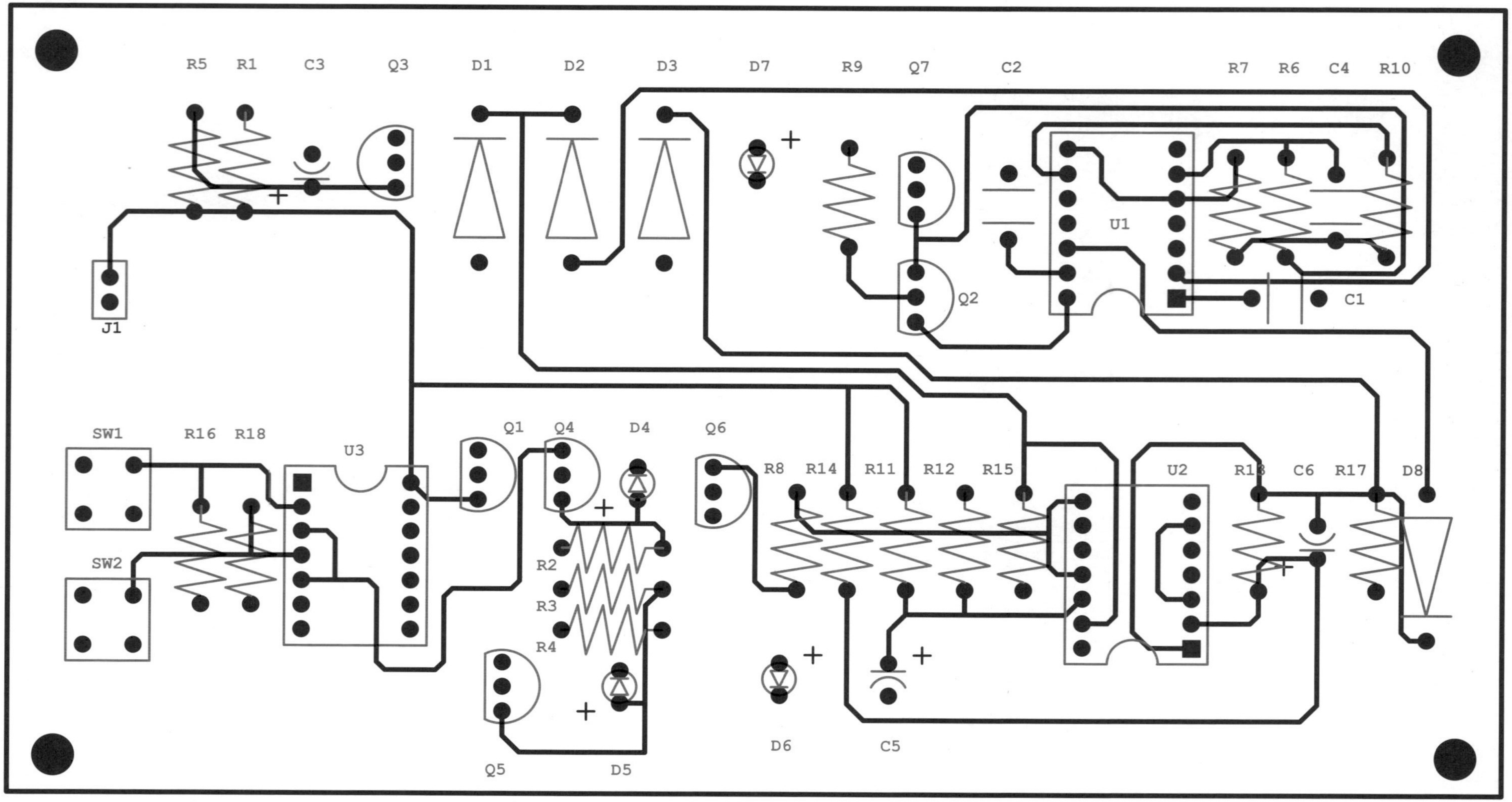

자격종목	전자기기기능사	회로 스케치 과제 4	답안작성 문제지 3 (평가용 2)

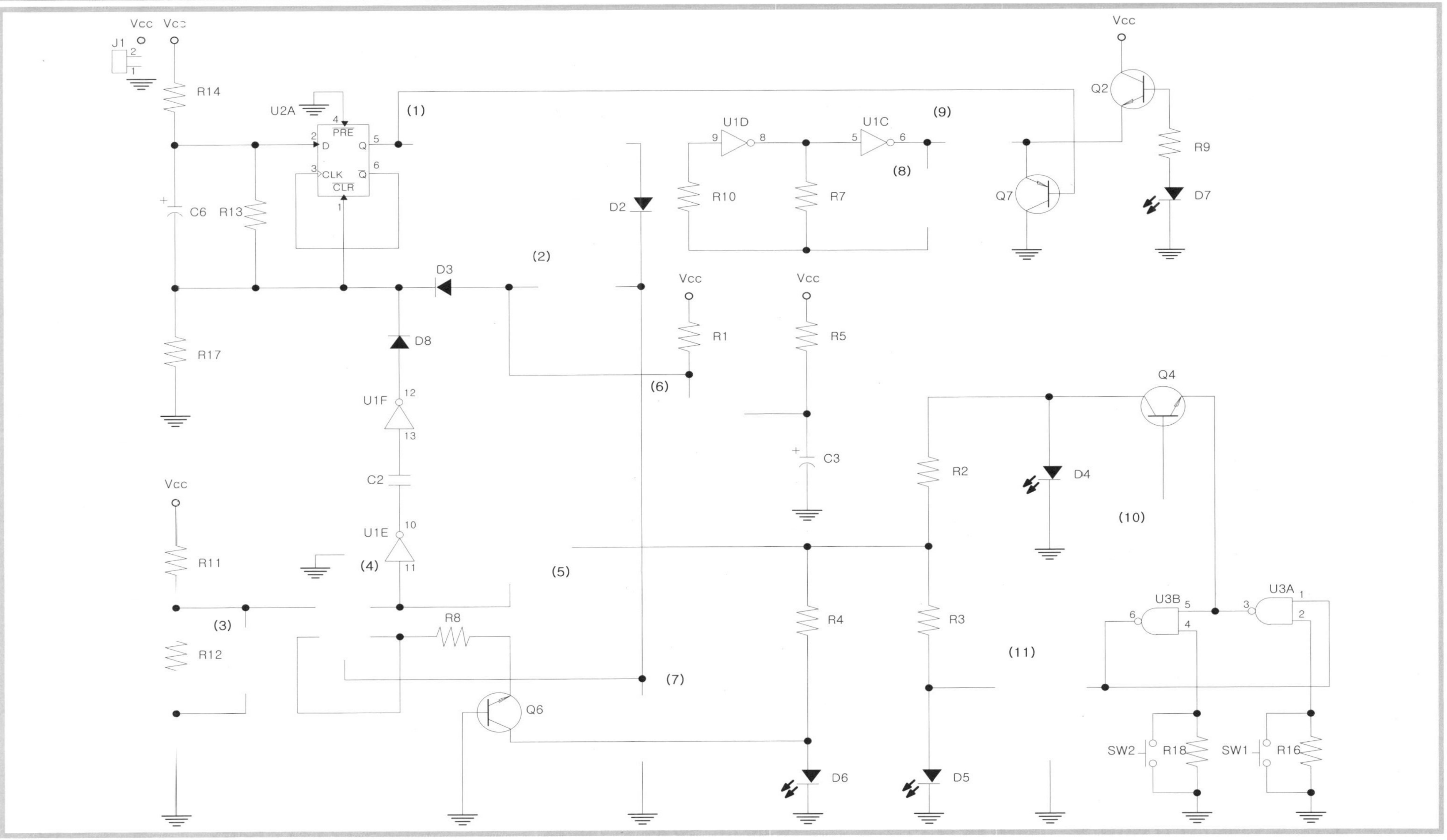

자격종목	전자기기기능사	회로 스케치 과제 4	답안작성 요령 2 (BOTTOM면 + 회로 기호)

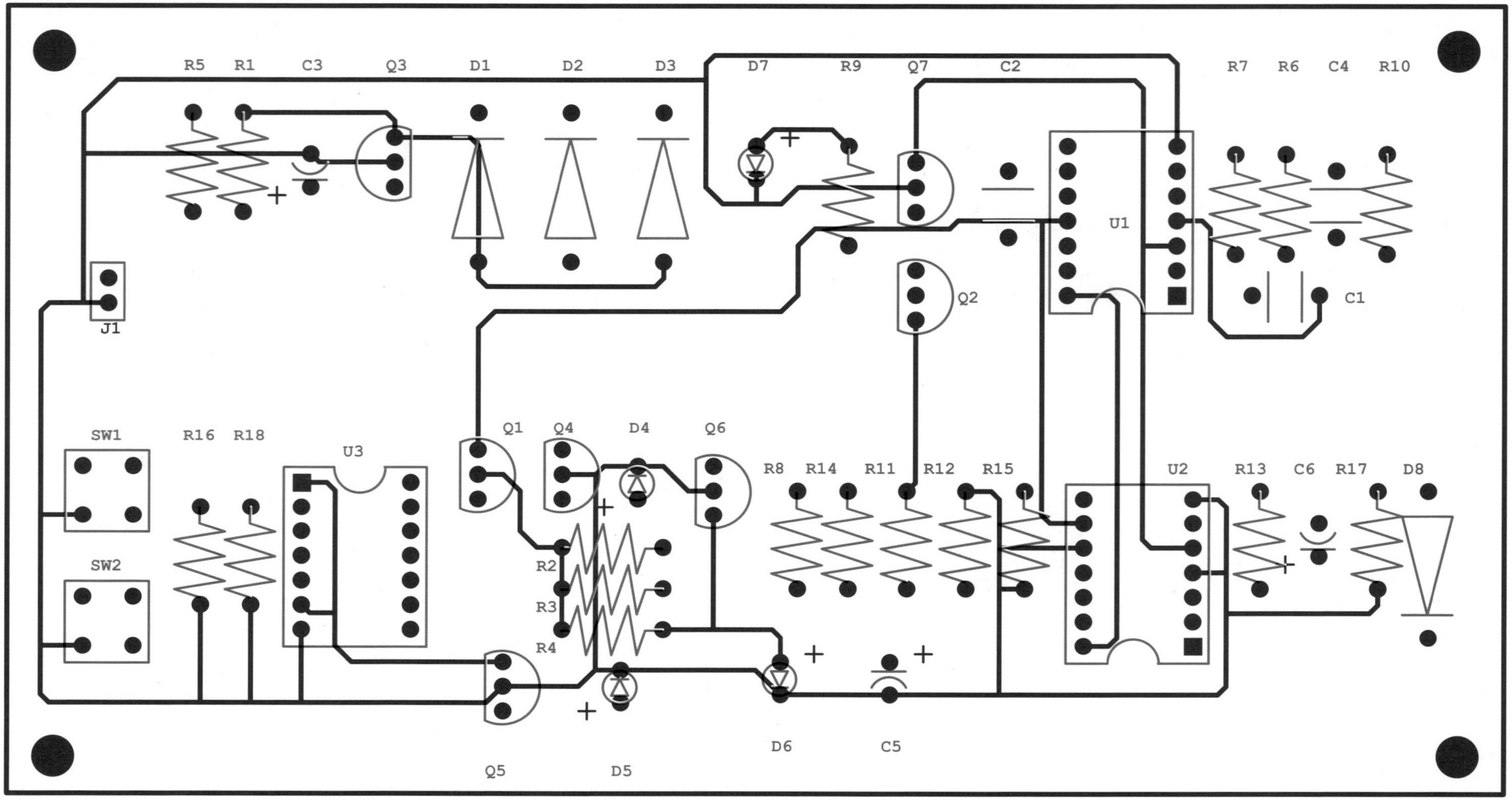

BOTTOM면

자격종목	전자기기기능사	회로 스케치 과제 4	답안작성 문제지 4 (평가용 3)

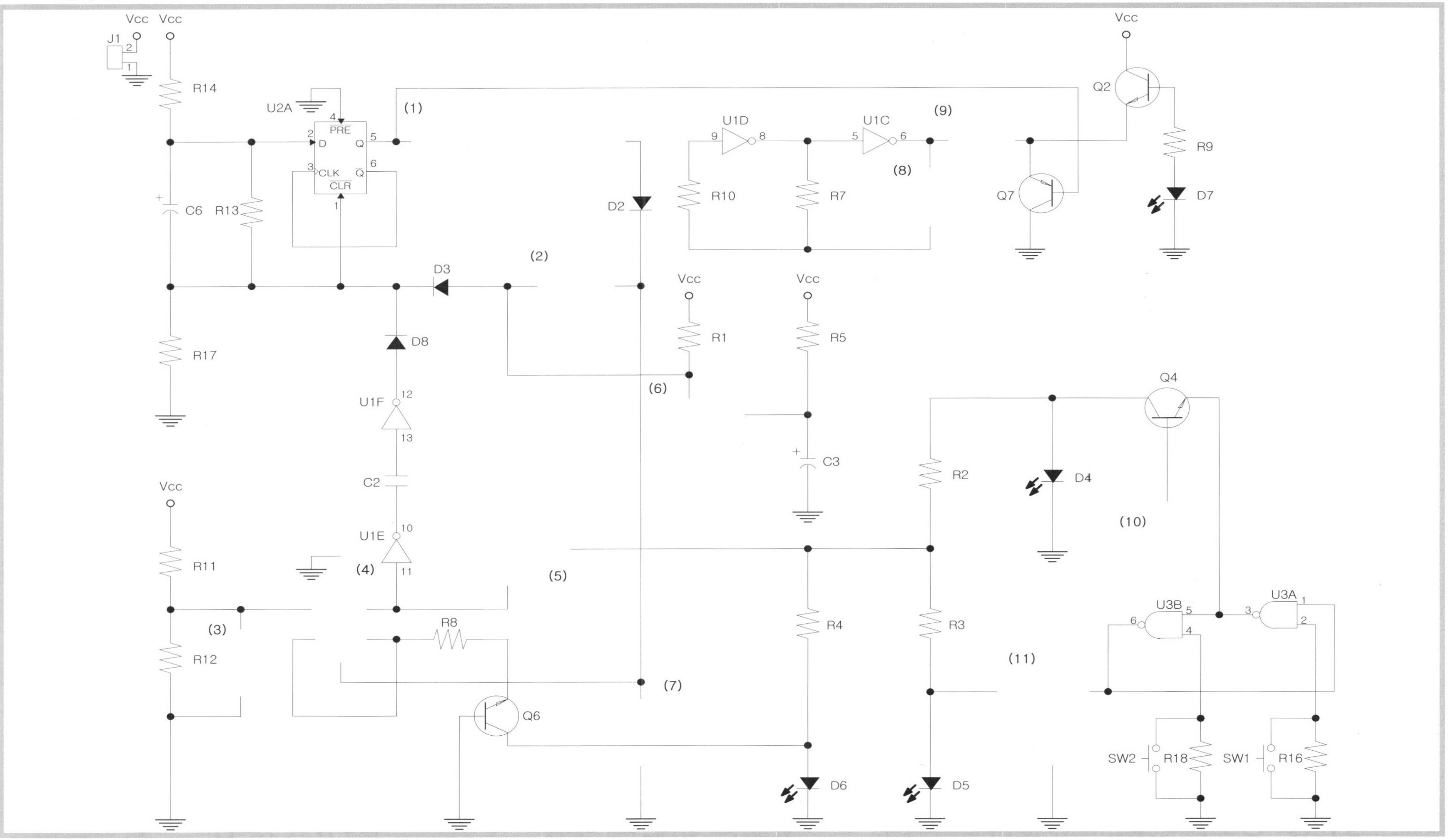

자격종목	전자기기기능사	회로 스케치 과제 4	답안작성 문제지 5 (최종 평가용)

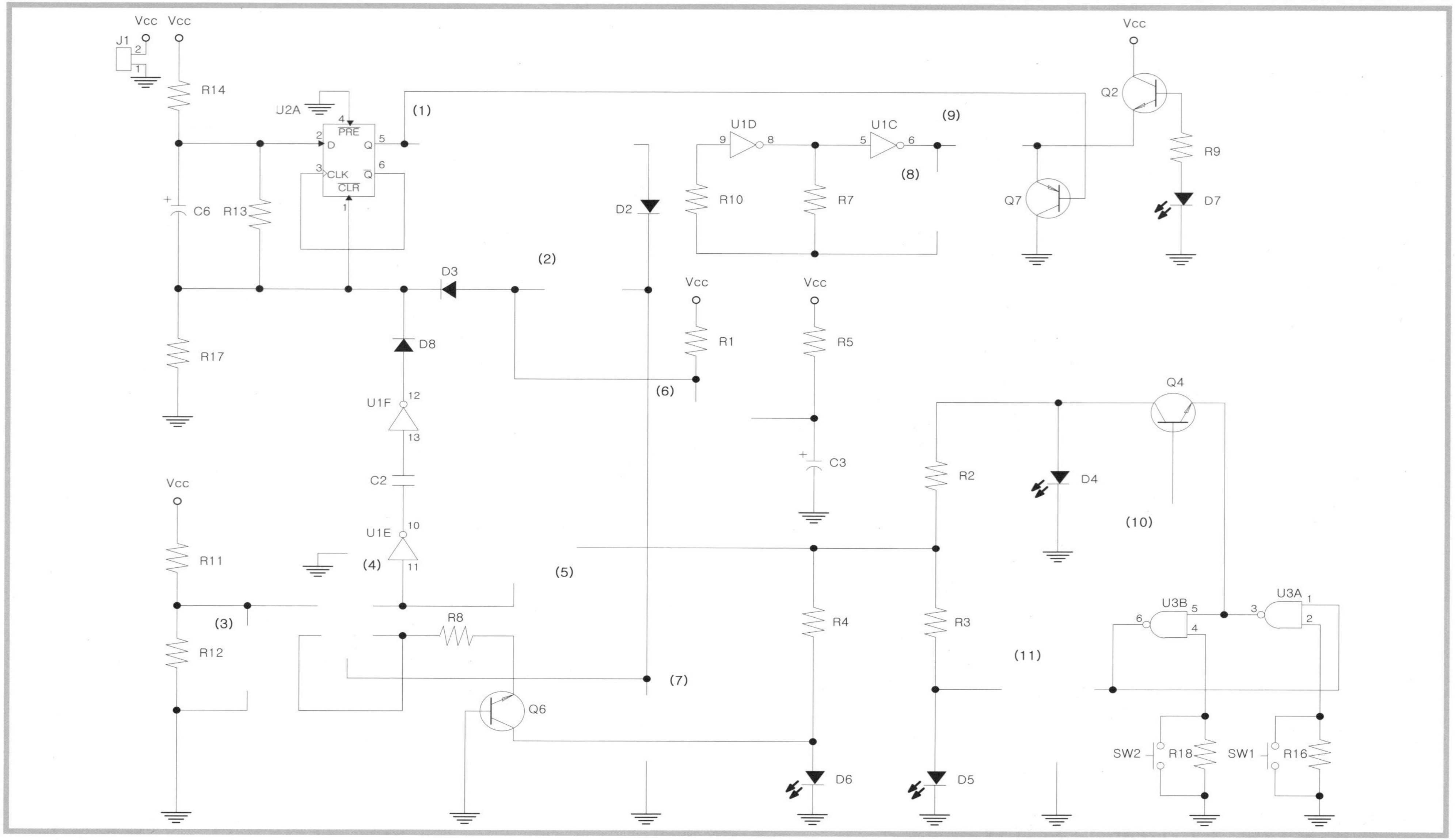

전자기기기능사(실기) 공개문제

5. 회로 스케치 (과제 5)

자격종목	전자기기기능사	회로 스케치 과제 5	기호, 심벌, 데이터 시트

1. 요구 사항

(1) 주어진 회로 기호, 부품 기호, 부품 배치도, 배선도를 참조하여 회로 스케치 답안지에 미완성인 회로 스케치를 완성합니다.

(2) 자를 사용하여 최대한 직선으로 표시하여 부품 기호를 작성하고, 반드시 부품 참조 번호, 교차점을 기입합니다. (U1, U2, U3는 반드시 핀 번호를 기입하여야 합니다.)

※ **도면의 패턴도는 TOP면(부품 배치면)의 패턴도와 BOTTOM면(동박면=납땜면)의 패턴도 2가지로, 부품 배치도는 부품면을 기준으로 작성한 것입니다.**

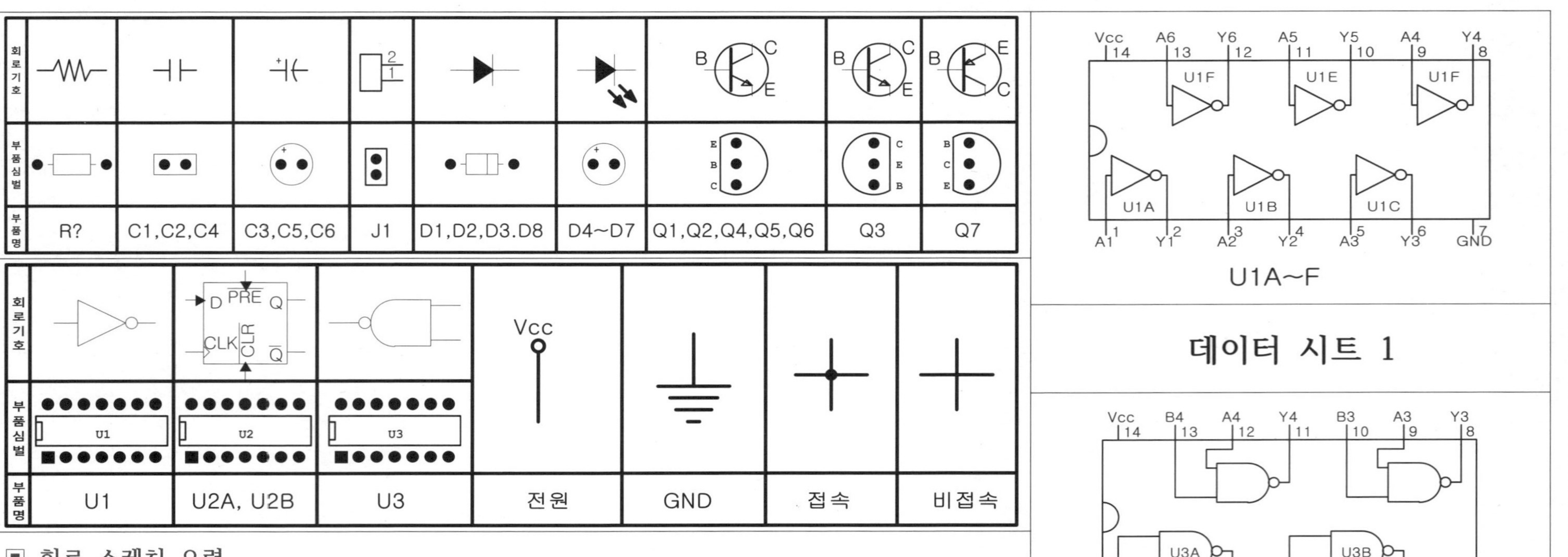

회로기호
부품심벌
부품명
R?
C1,C2,C4
C3,C5,C6
J1
D1,D2,D3.D8
D4~D7
Q1,Q2,Q4,Q5,Q6
Q3
Q7
U1
U2A, U2B
U3
전원
GND
접속
비접속
Vcc
PRE
CLK
CLR
U1A~F
데이터 시트 1
U3A~B
데이터 시트 2

■ 회로 스케치 요령

1) 패턴도(TOP면-부품 배치면과 BOTTOM면-동박면=납땜면)에 회로도 기호를 위치에 맞게 옮겨서 표시하고 패턴도에 옮겨진 회로도 기호와 패턴의 연결을 파악한다.

2) 패턴도와 회로도 기호의 연결 상태를 추적하면서 답안지에 연필로 회로도 기호와 부품번호, 회로 결선 등을 표시한다.

3) 답안지에 회로도 기호와 부품번호, 회로 결선 등을 표시한 것을 확인한 후 수정 부분이 있으면 수정한 후 검은색 볼펜으로 깨끗하게 연결하여 완성한다.

자격종목	전자기기기능사	회로 스케치 과제 5	부품 배치도

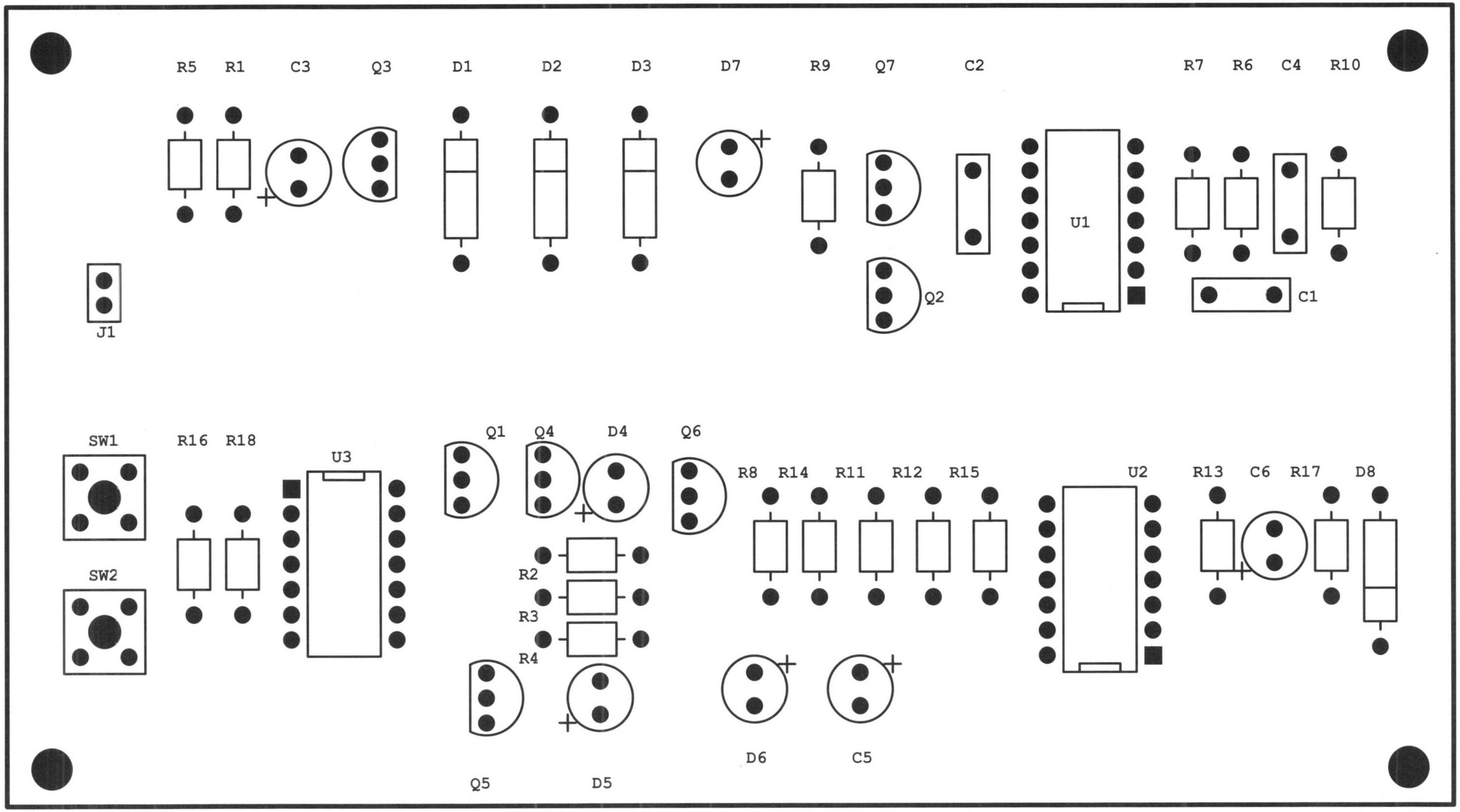

자격종목	전자기기기능사	회로 스케치 과제 5	TOP면(패턴도)

TOP면

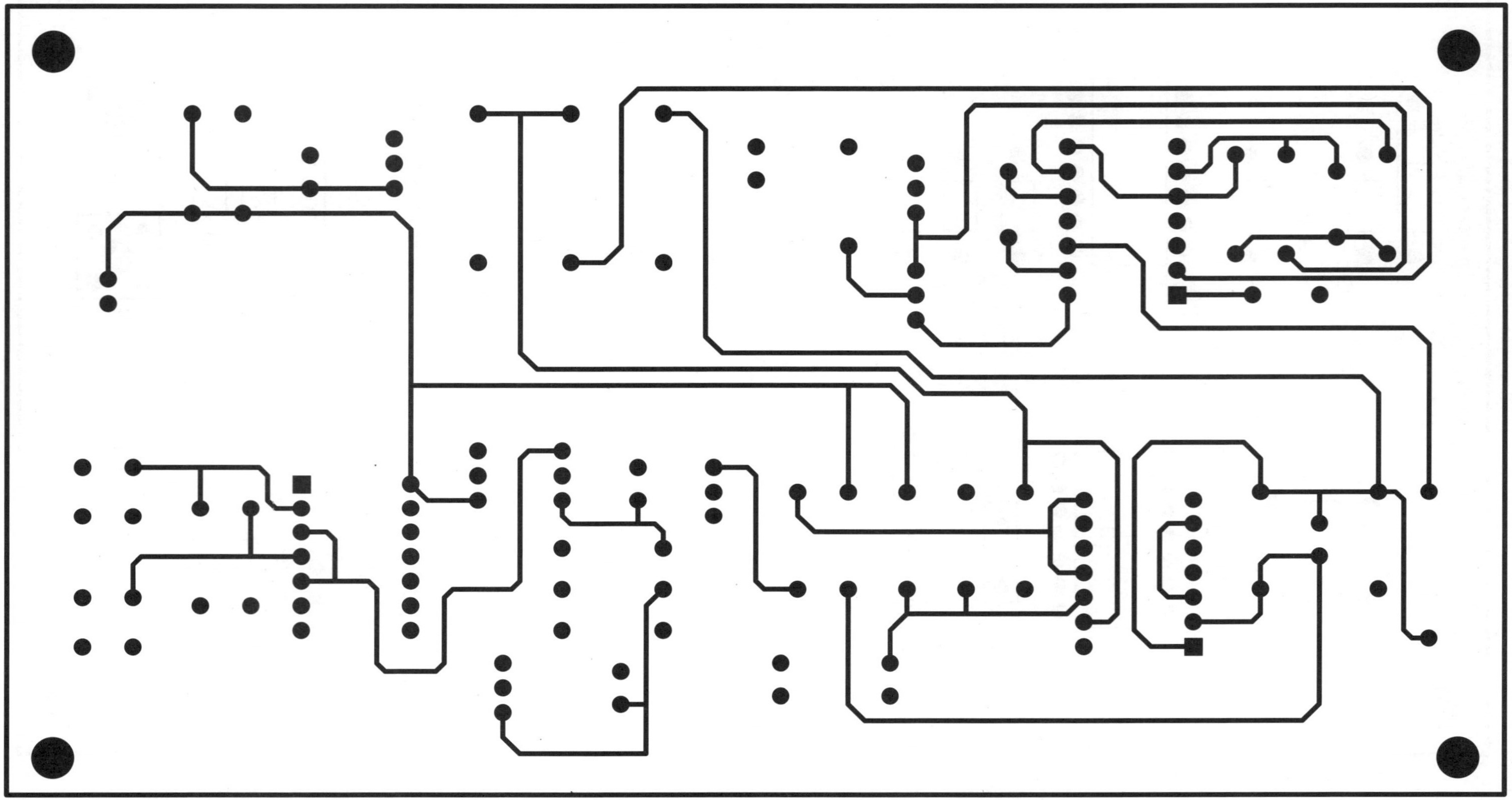

자격종목	전자기기기능사	회로 스케치 과제 5	BOTTOM면(패턴도)

BOTTOM면

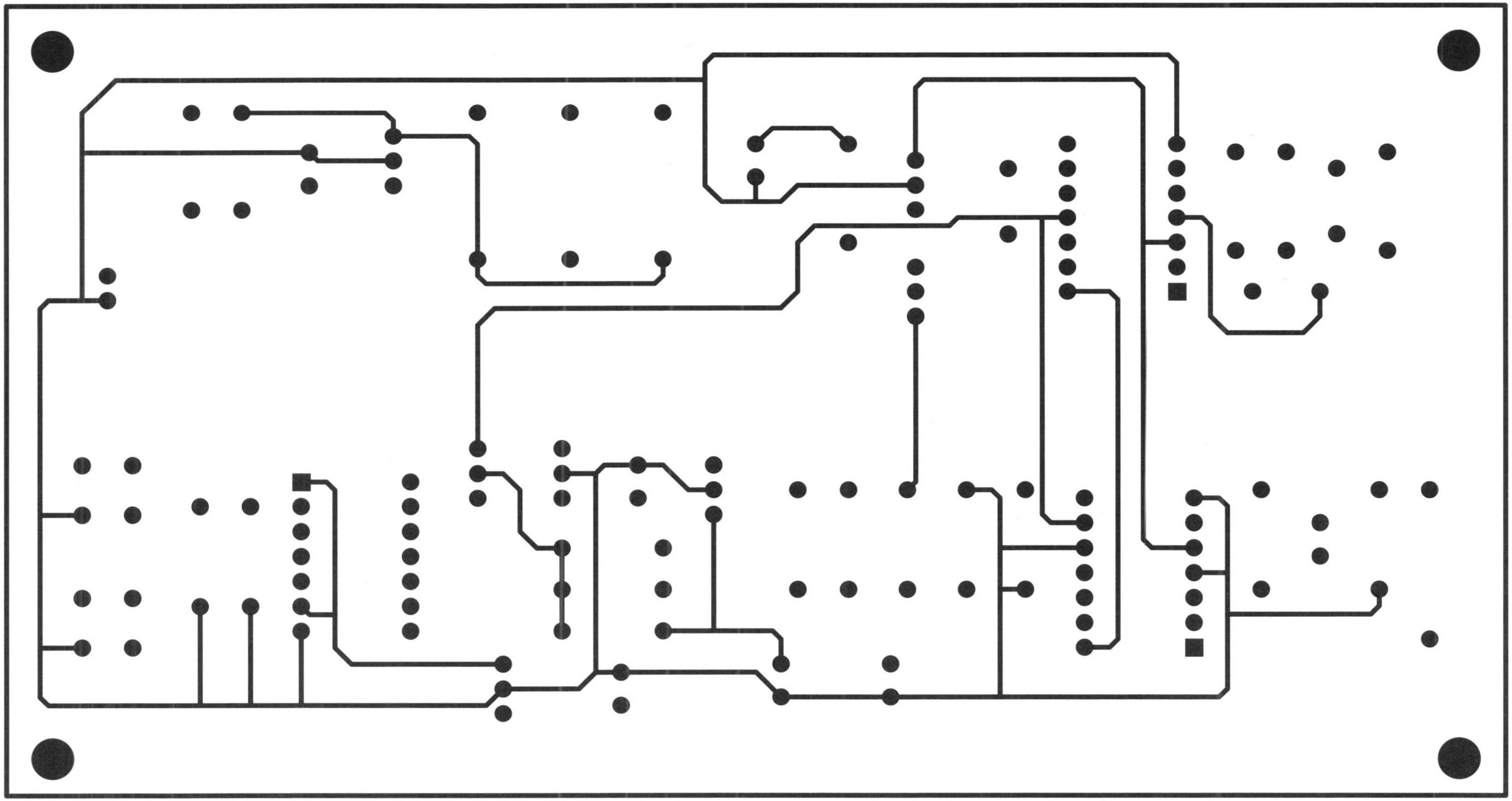

자격종목	전자기기기능사	회로 스케치 과제 5	답안작성 문제지 1 [사전과제(연습용)]

자격종목	전자기기기능사	회로 스케치 과제 5	답안작성 문제지 2 [사전과제(평가용 1)]

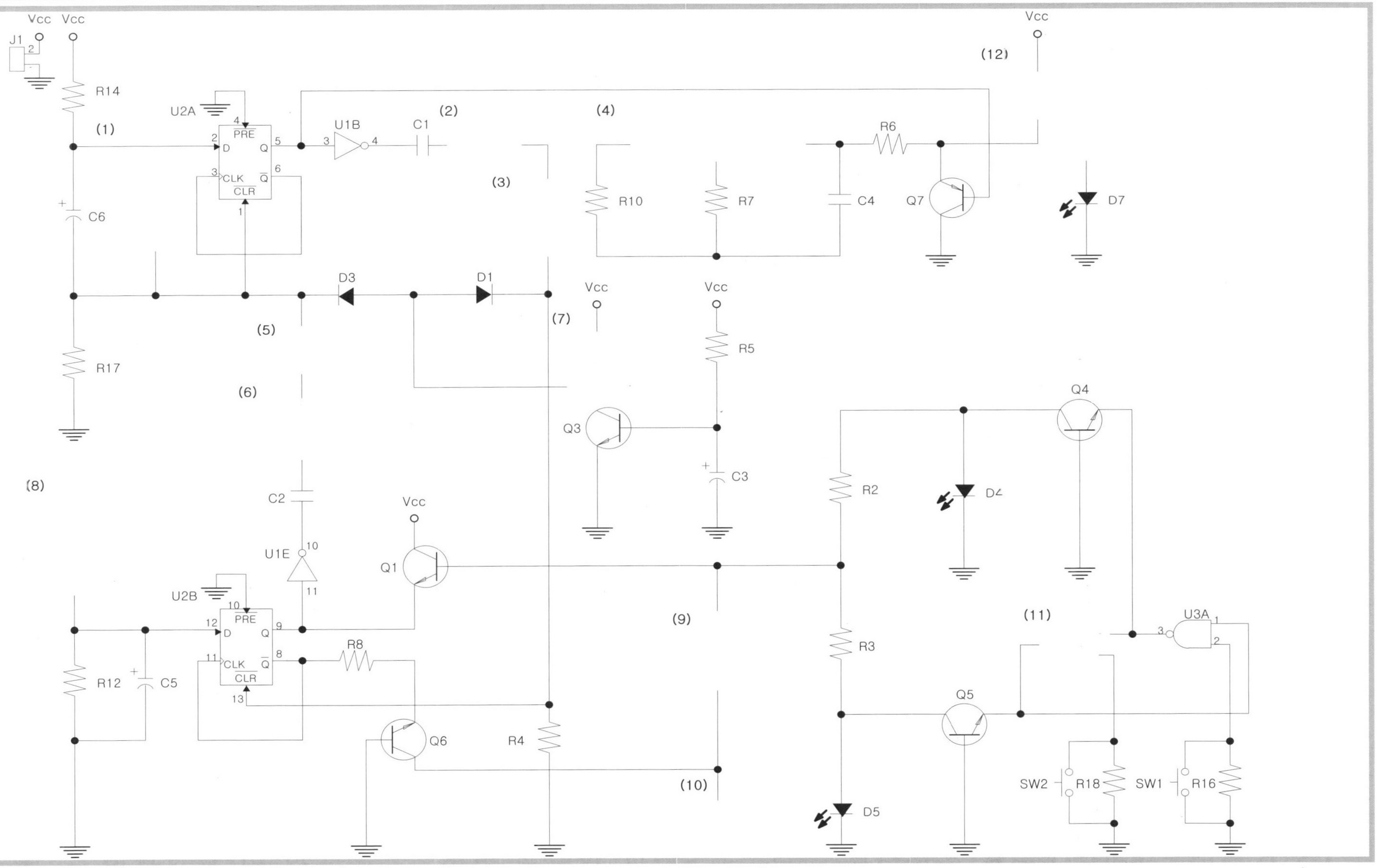

자격종목	전자기기기능사	회로 스케치 과제 5	답안작성 요령 1 (TOP면 + 회로 기호)

TOP면

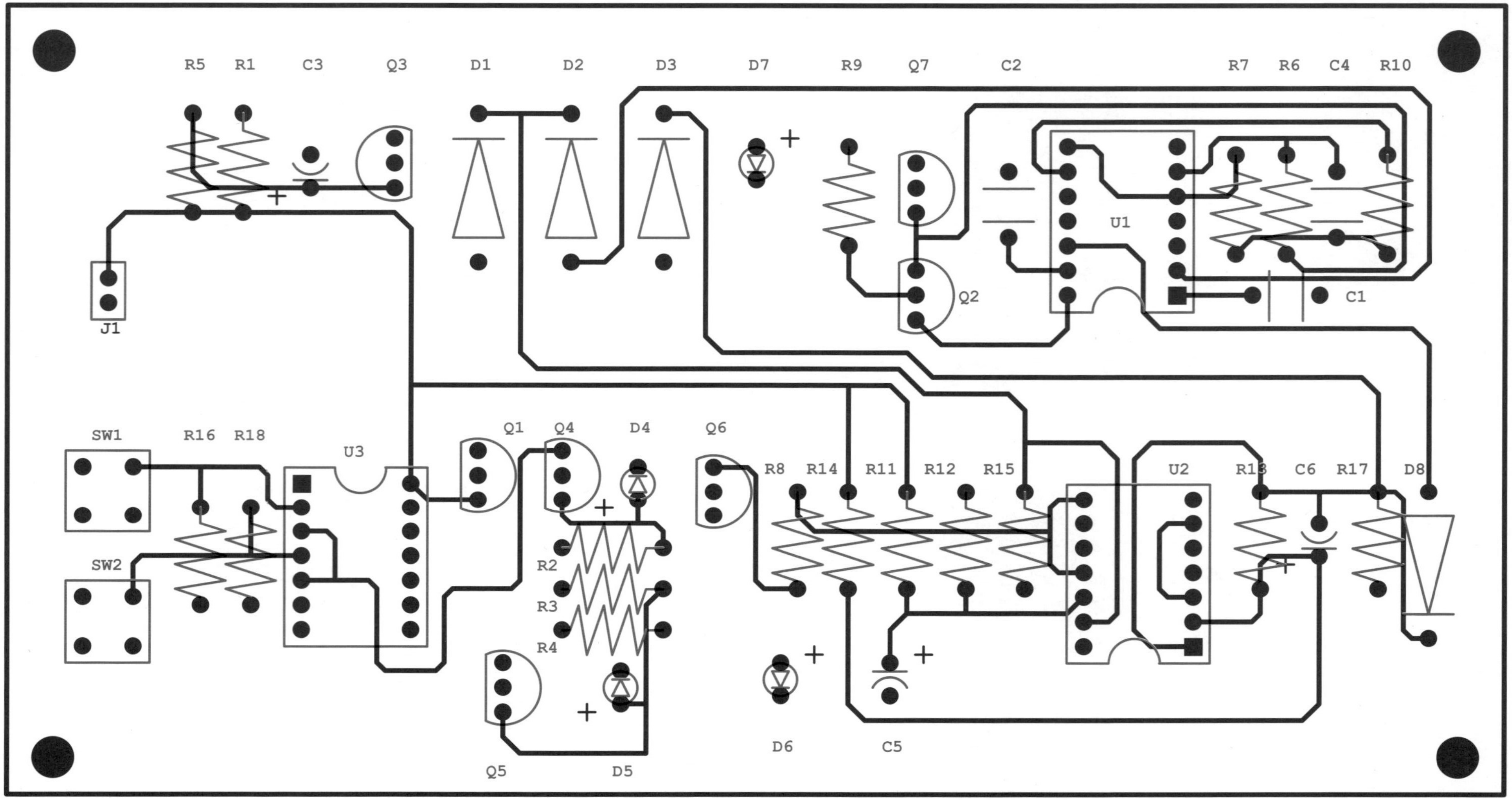

자격종목	전자기기기능사	회로 스케치 과제 5	답안작성 문제지 3 (평가용 2)

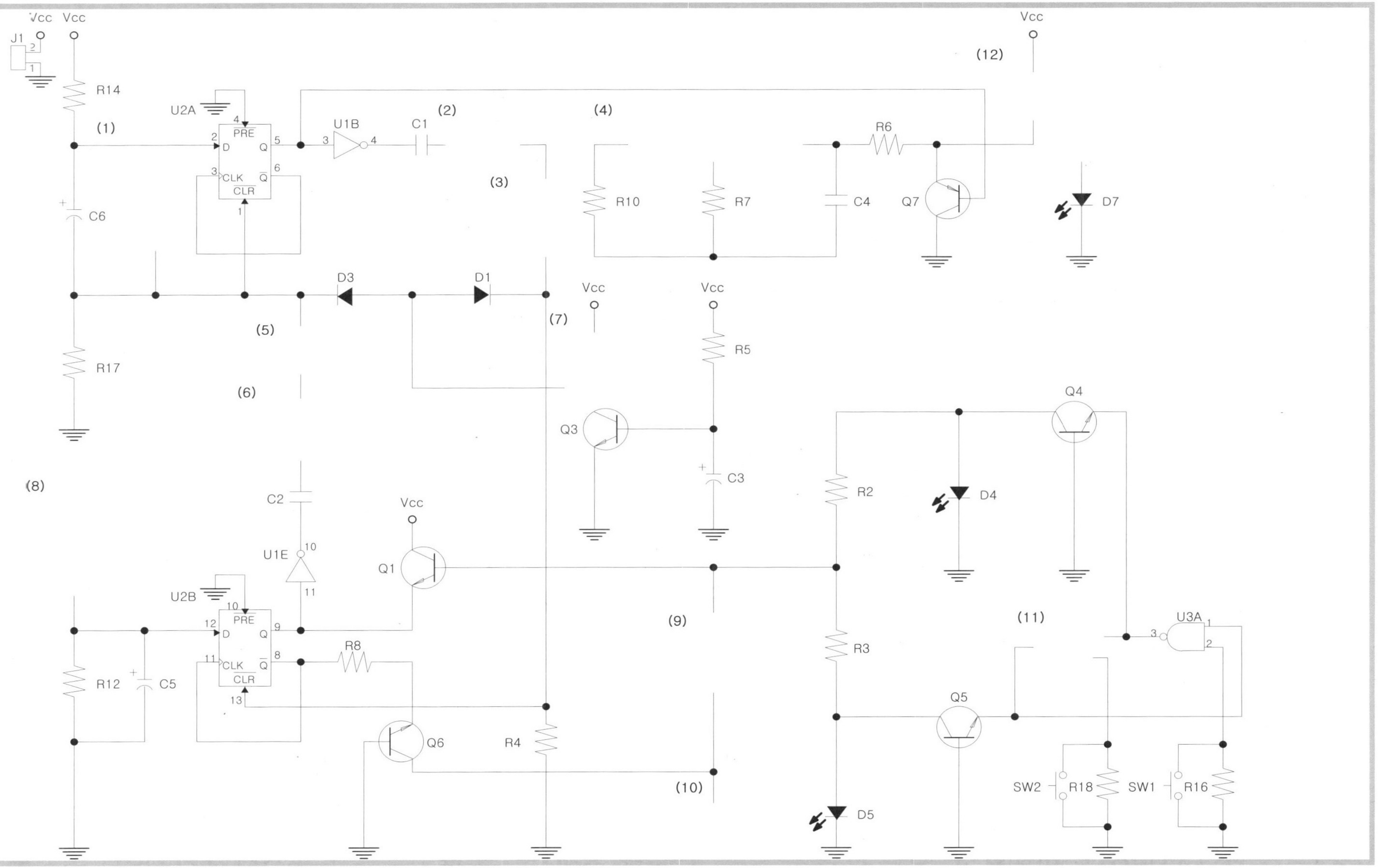

자격종목	전자기기기능사	회로 스케치 과제 5	답안작성 요령 2 (BOTTOM면 + 회로 기호)

BOTTOM면

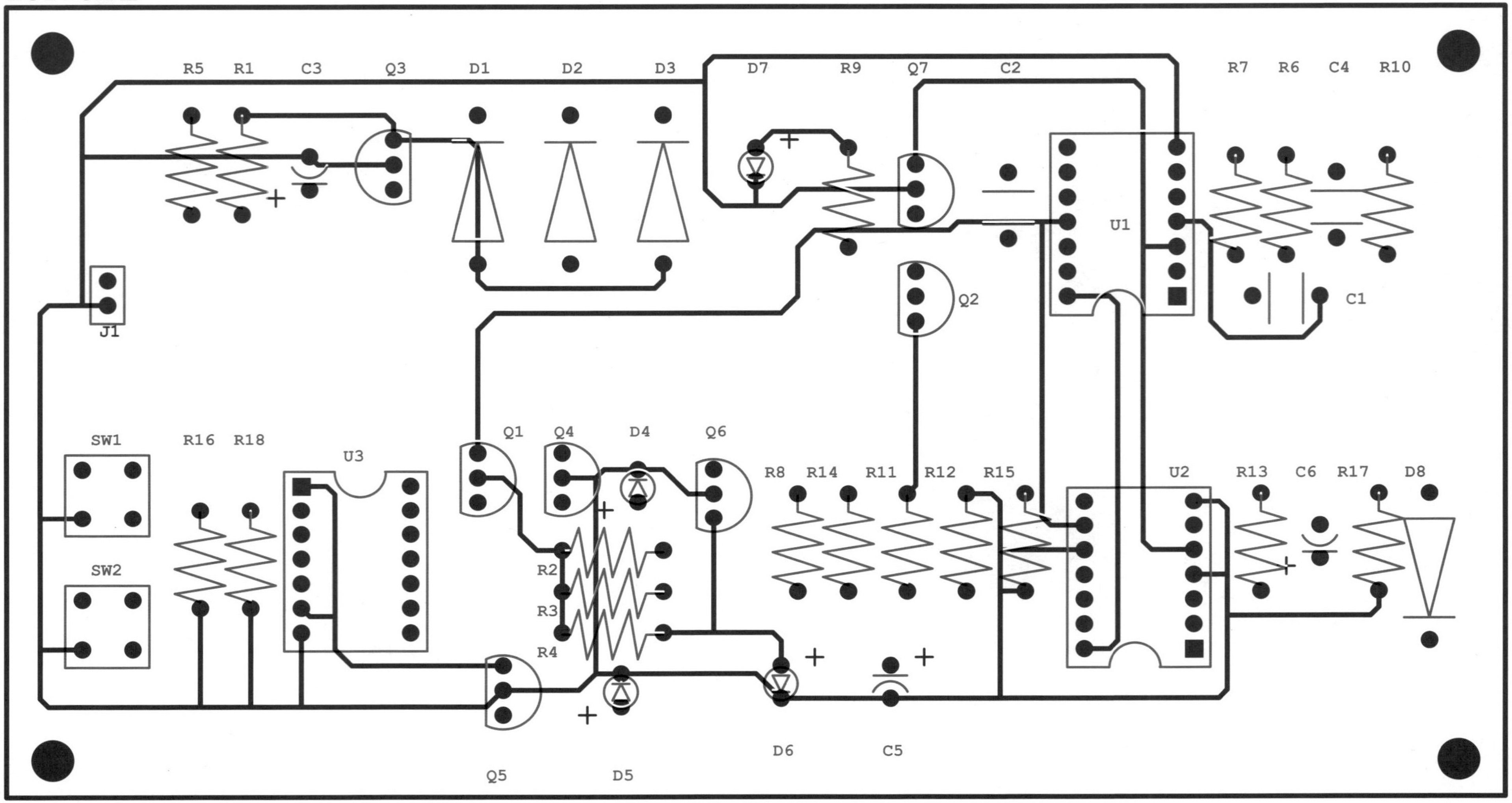

R5 R1 C3 Q3 D1 D2 D3 D7 R9 Q7 C2 R7 R6 C4 R10
U1
C1
J1
Q2
SW1 R16 R18 U3 Q1 Q4 D4 Q6
R8 R14 R11 R12 R15 U2 R13 C6 R17 D8
R2
R3
R4
SW2
D6 C5
Q5 D5

자격종목	전자기기기능사	회로 스케치 과제 5	답안작성 문제지 4 (평가용 3)

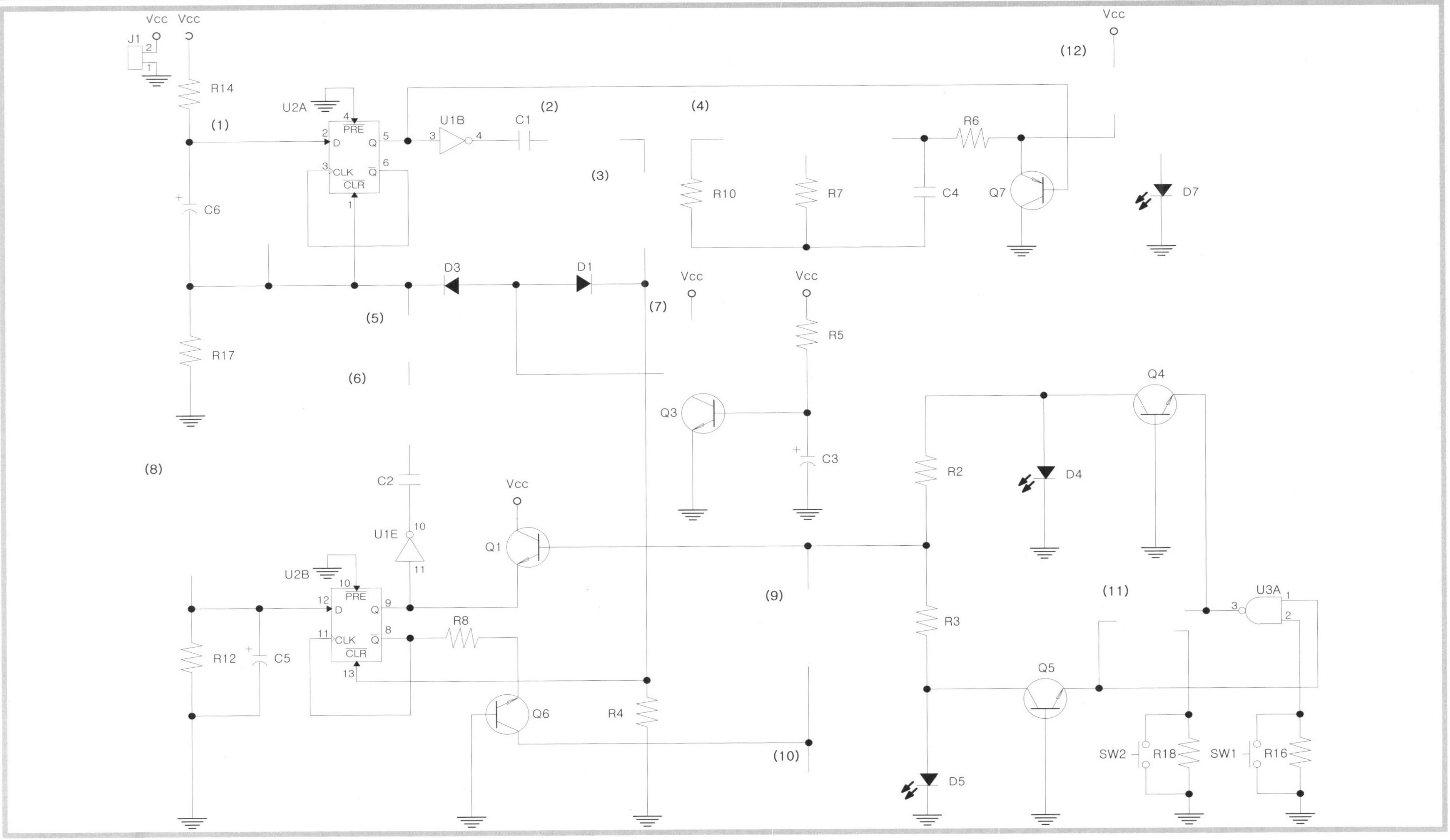

자격종목	전자기기기능사	회로 스케치 과제 5	답안작성 문제지 5 (최종 평가용)

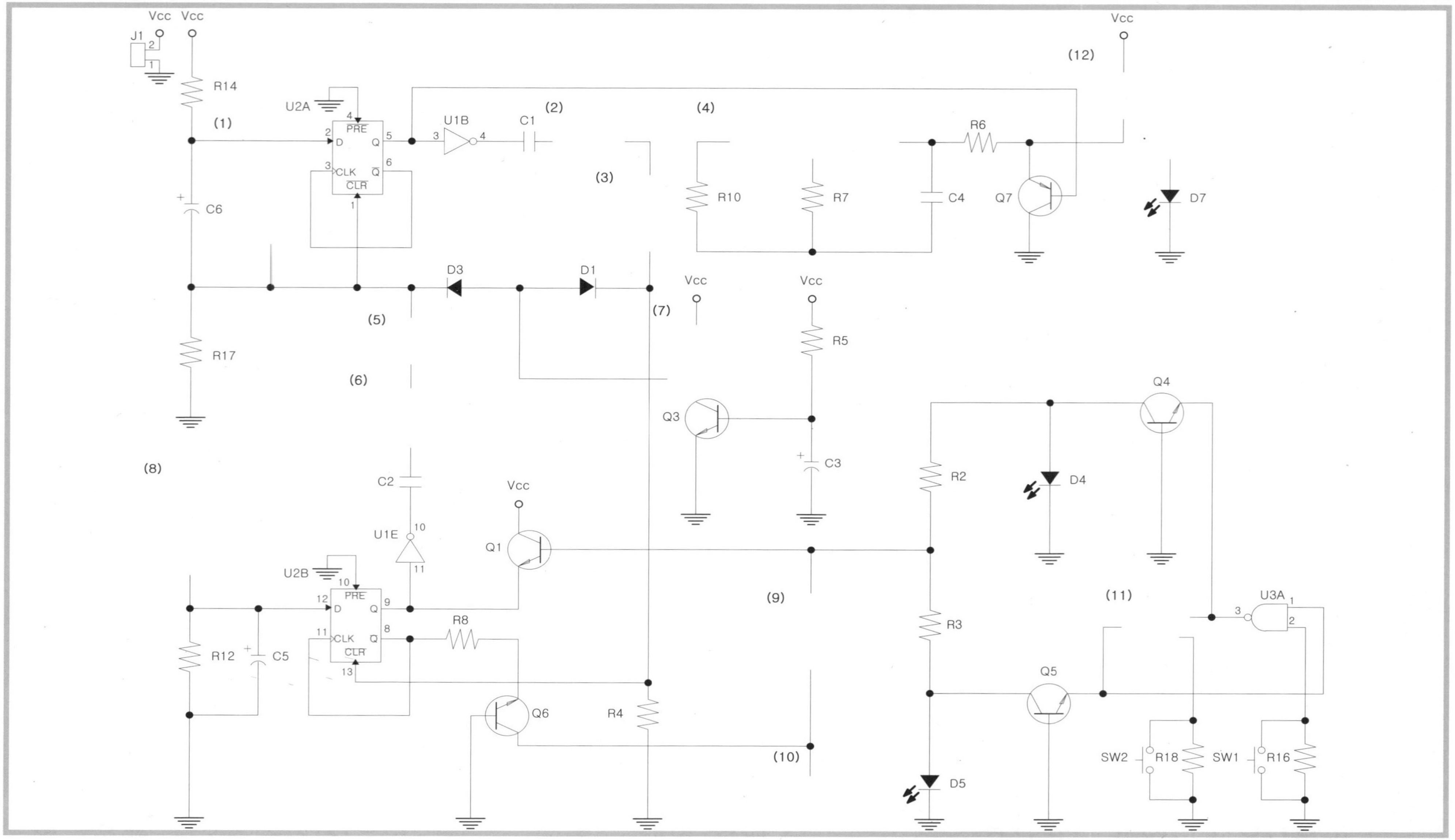

전자기기기능사(실기) 공개문제

6. 회로 스케치 (과제 6)

자격종목	전자기기기능사	회로 스케치 과제 6	기호, 심벌, 데이터 시트

1. 요구 사항

(1) 주어진 회로 기호, 부품 기호, 부품 배치도, 배선도를 참조하여 회로 스케치 답안지에 미완성인 회로 스케치를 완성합니다.

(2) 자를 사용하여 최대한 직선으로 표시하여 부품 기호를 작성하고, 반드시 부품 참조 번호, 교차점을 기입합니다. (U1, U2, U3는 반드시 핀 번호를 기입하여야 합니다.)

※ 도면의 패턴도는 TOP면(부품 배치면)의 패턴도와 BOTTOM면(동박면=납땜면)의 패턴도 2가지로, 부품 배치도는 부품면을 기준으로 작성한 것입니다.

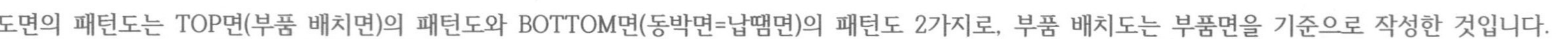

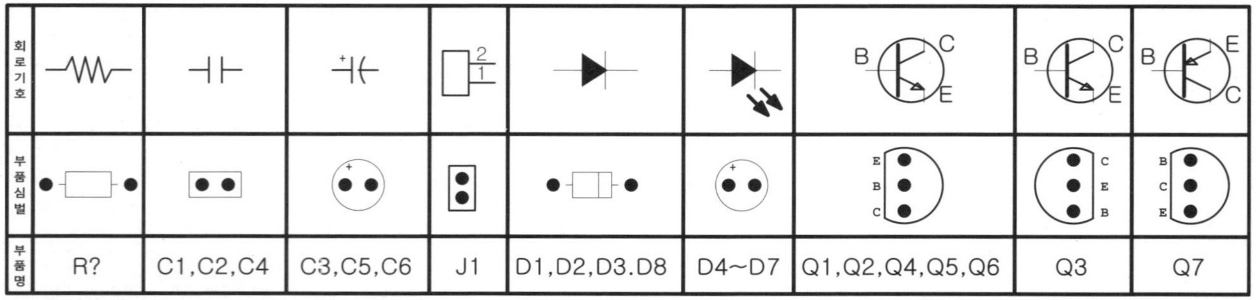

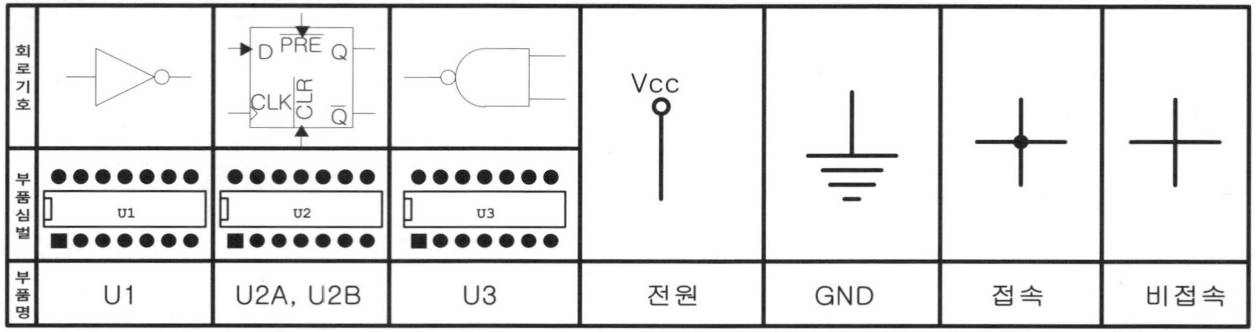

회로기호				2 1			B C E	B C E	B E C
부품심벌			+			+	E B C	C E B	B C E
부품명	R?	C1,C2,C4	C3,C5,C6	J1	D1,D2,D3.D8	D4~D7	Q1,Q2,Q4,Q5,Q6	Q3	Q7

회로기호		D PRE Q CLK CLR Q̄		Vcc			
부품심벌	U1	U2	U3				
부품명	U1	U2A, U2B	U3	전원	GND	접속	비접속

■ 회로 스케치 요령

1) 패턴도(TOP면-부품 배치면과 BOTTOM면-동박면=납땜면)에 회로도 기호를 위치에 맞게 옮겨서 표시하고 패턴도에 옮겨진 회로도 기호와 패턴의 연결을 파악한다.

2) 패턴도와 회로도 기호의 연결 상태를 추적하면서 답안지에 연필로 회로도 기호와 부품번호, 회로 결선 등을 표시한다.

3) 답안지에 회로도 기호와 부품번호, 회로 결선 등을 표시한 것을 확인한 후 수정 부분이 있으면 수정한 후 검은색 볼펜으로 깨끗하게 연결하여 완성한다.

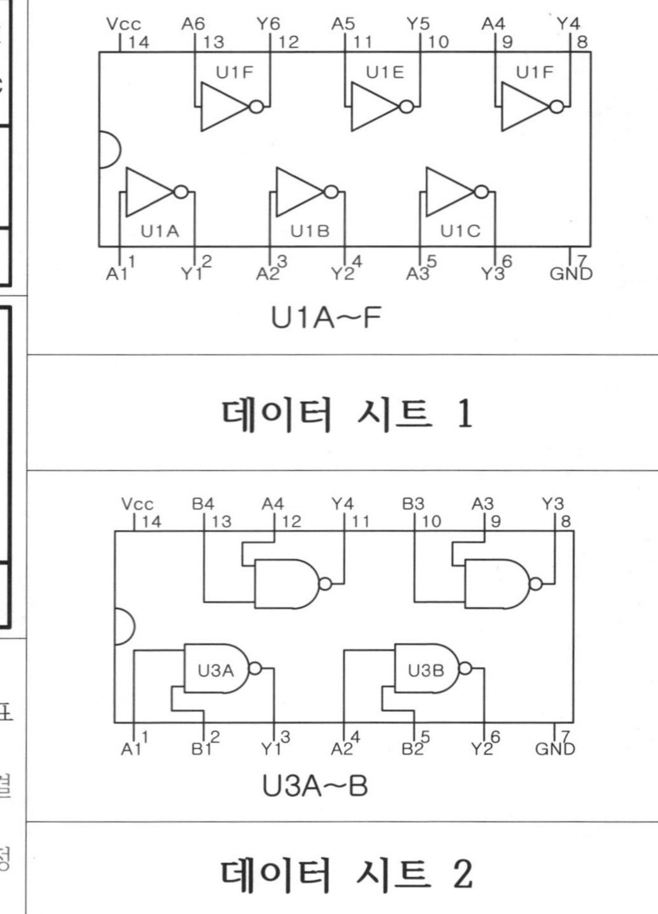

자격종목	전자기기기능사	회로 스케치 과제 6	부품 배치도

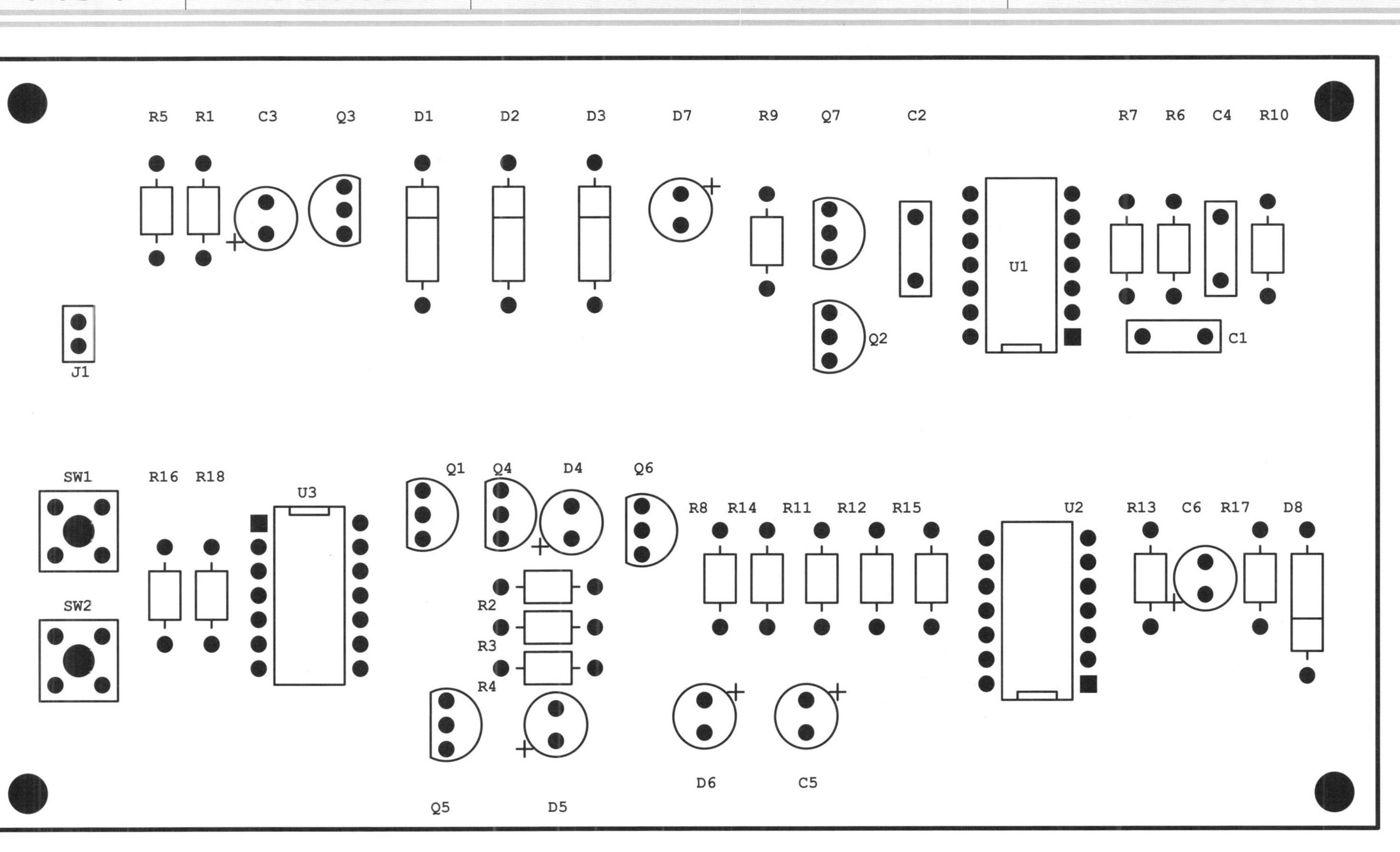

자격종목	전자기기기능사	회로 스케치 과제 6	TOP면(패턴도)

TOP면

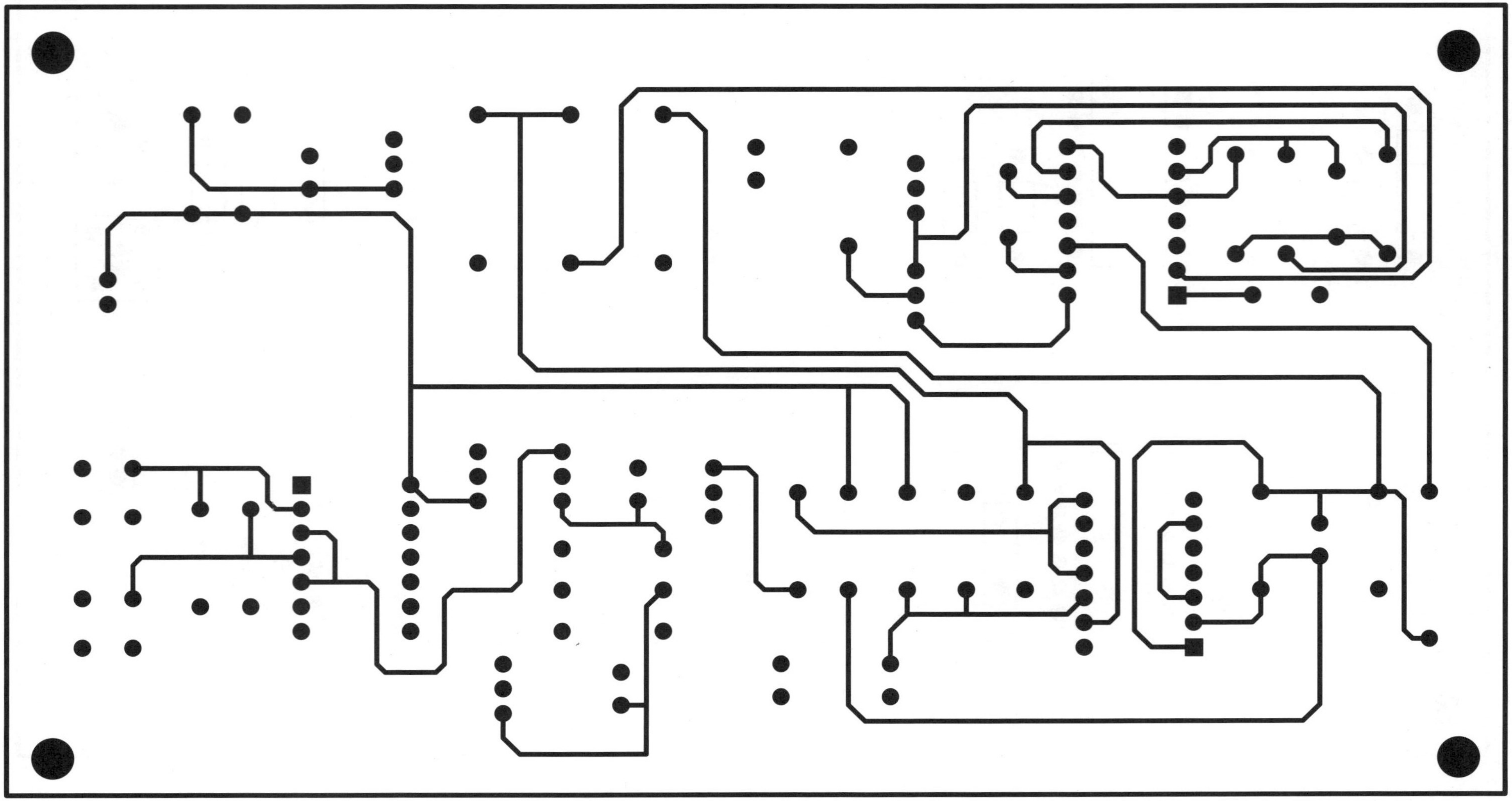

자격종목	전자기기기능사	회로 스케치 과제 6	BOTTOM면(패턴도)

BOTTOM면

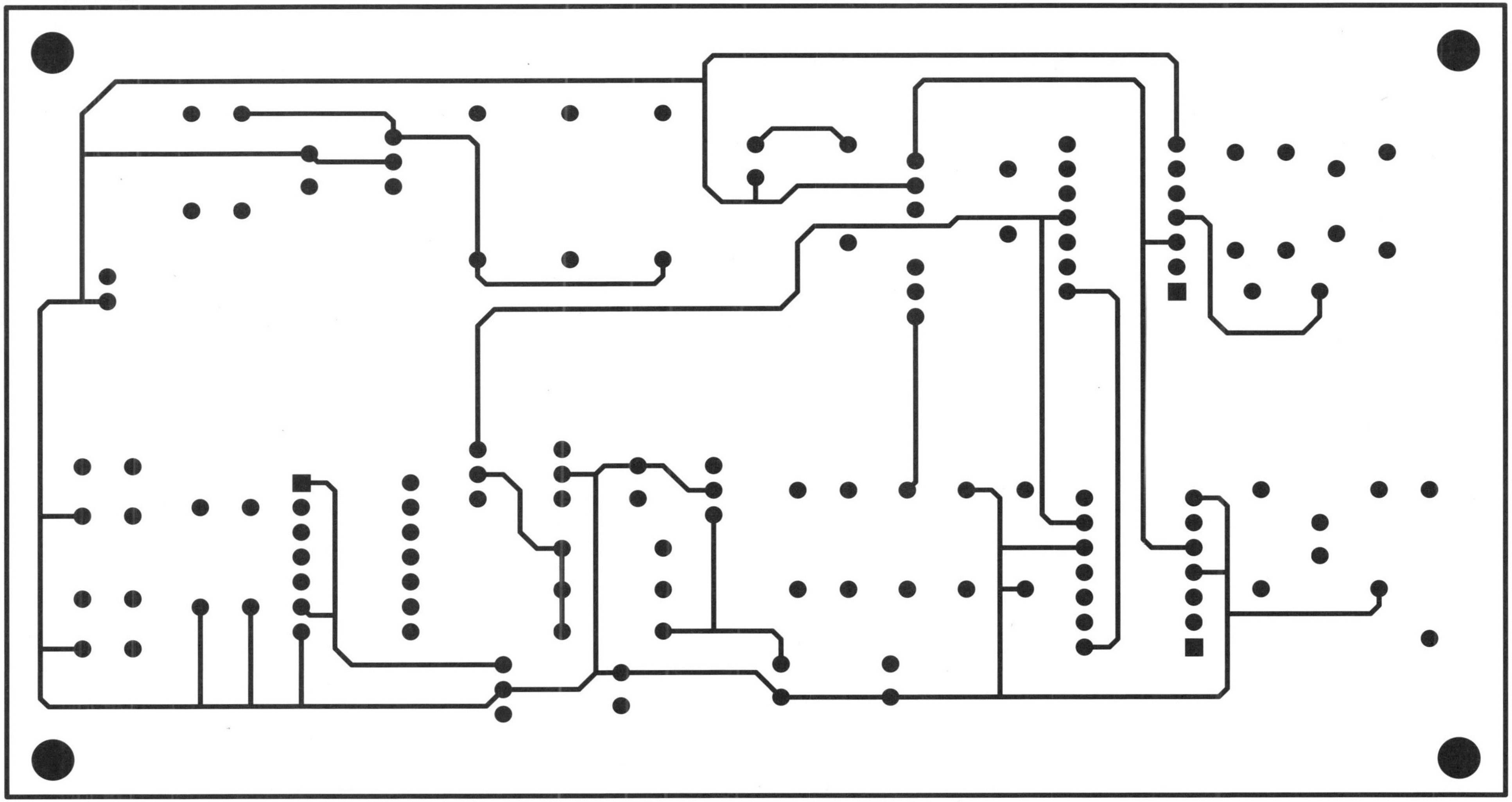

자격종목	전자기기기능사	회로 스케치 과제 6	답안작성 문제지 1 [사전과제(연습용)]

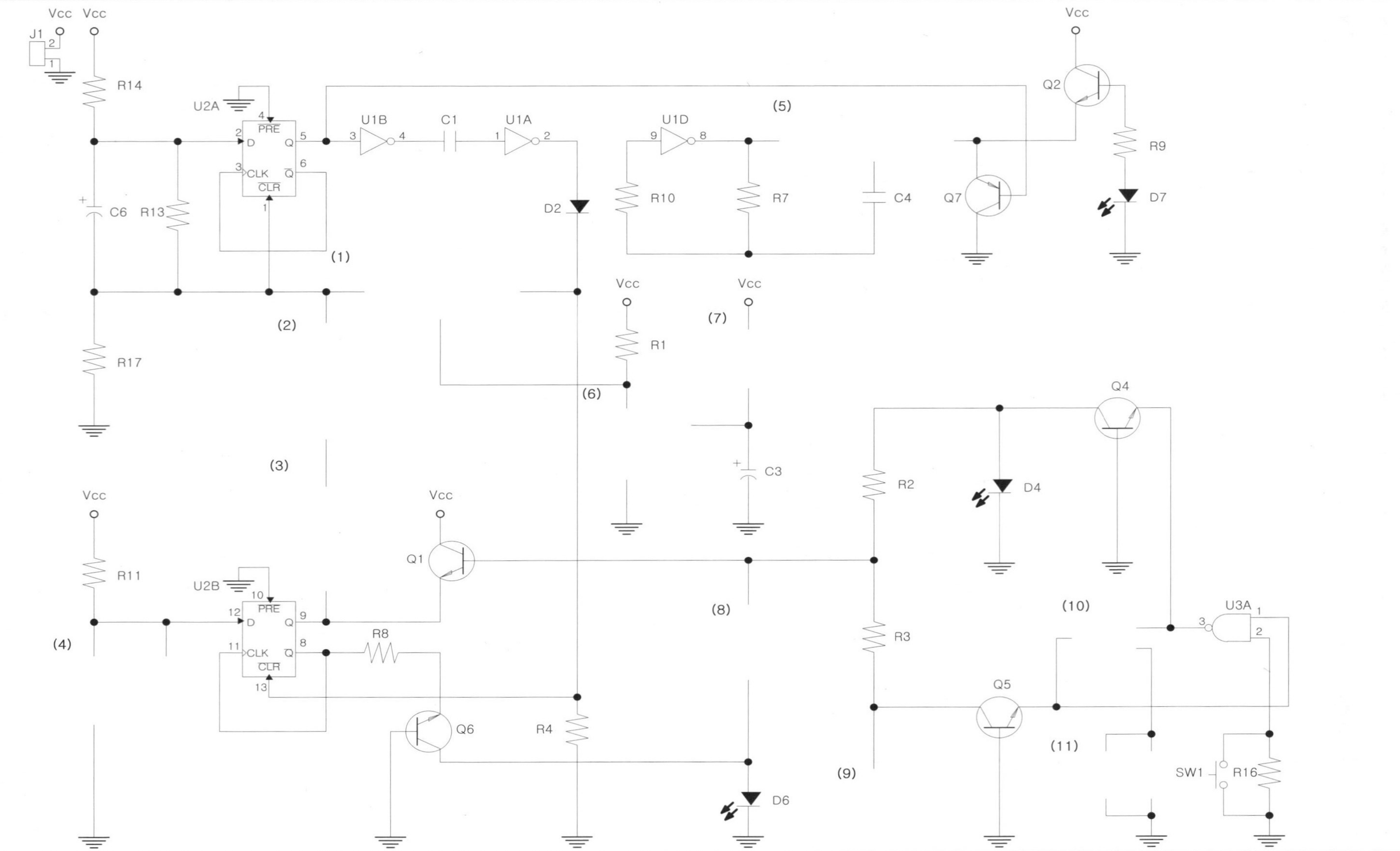

자격종목	전자기기기능사	회로 스케치 과제 6	답안작성 문제지 2 [사전과제(평가용 1)]

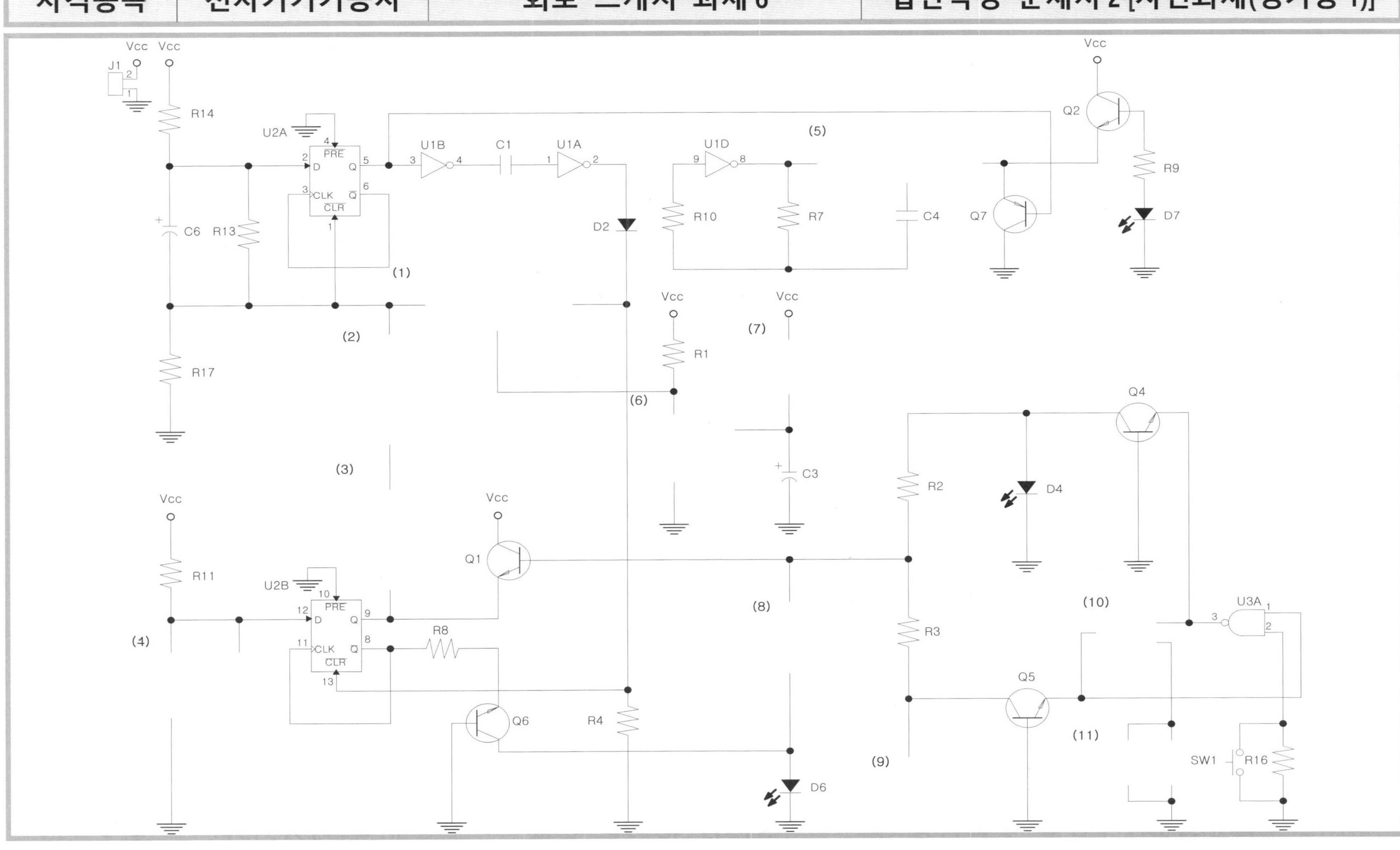

자격종목	전자기기기능사	회로 스케치 과제 6	답안작성 요령 1 (TOP면 + 회로 기호)

TOP면

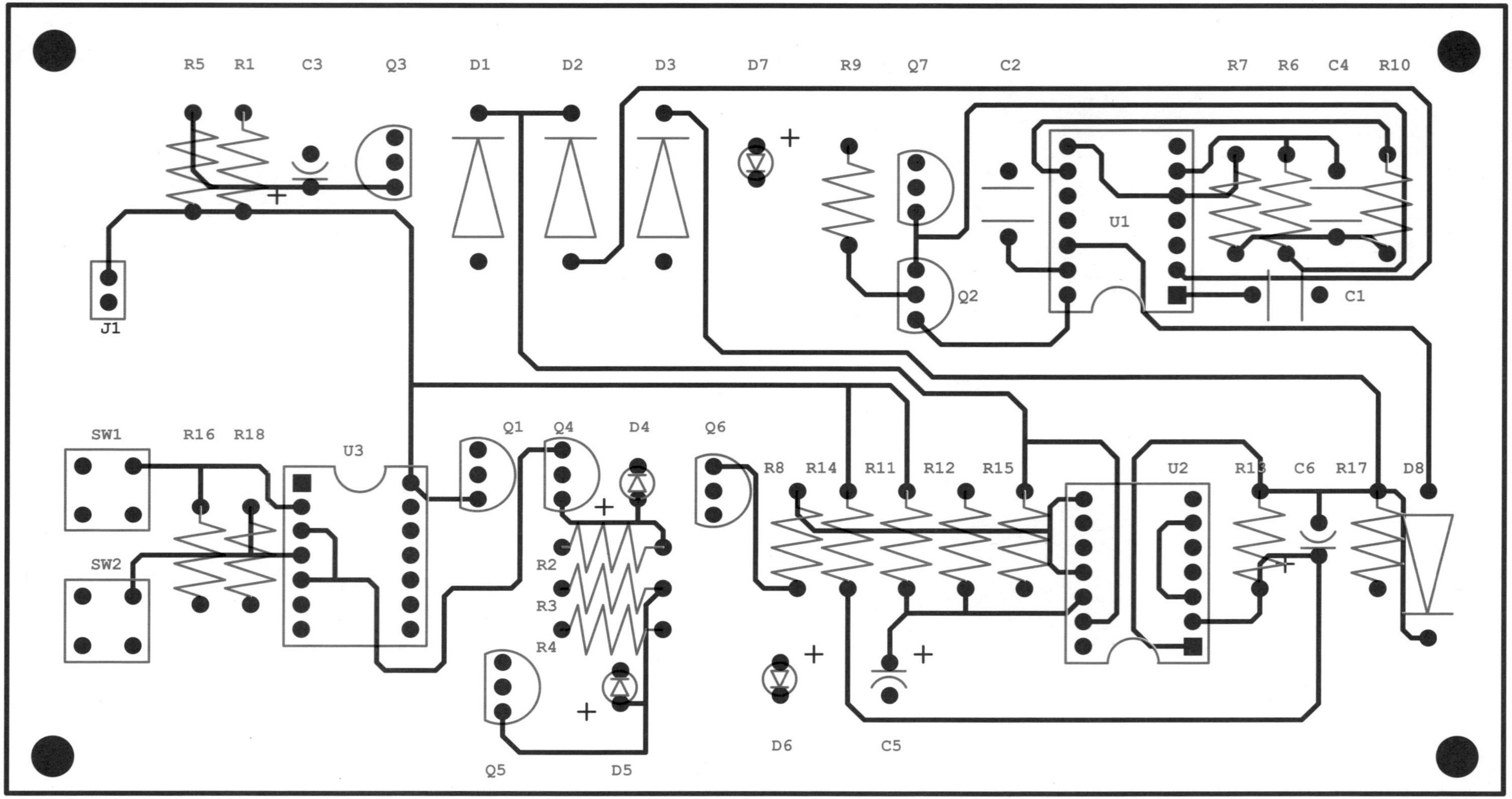

R5 R1 C3 Q3 D1 D2 D3 D7 R9 Q7 C2 R7 R6 C4 R10

U1 C1 Q2 J1

SW1 R16 R18 U3 Q1 Q4 D4 Q6 R8 R14 R11 R12 R15 U2 R13 C6 R17 D8

SW2 R2 R3 R4 Q5 D5 D6 C5

자격종목	전자기기기능사	회로 스케치 과제 6	답안작성 문제지 3 (평가용 2)

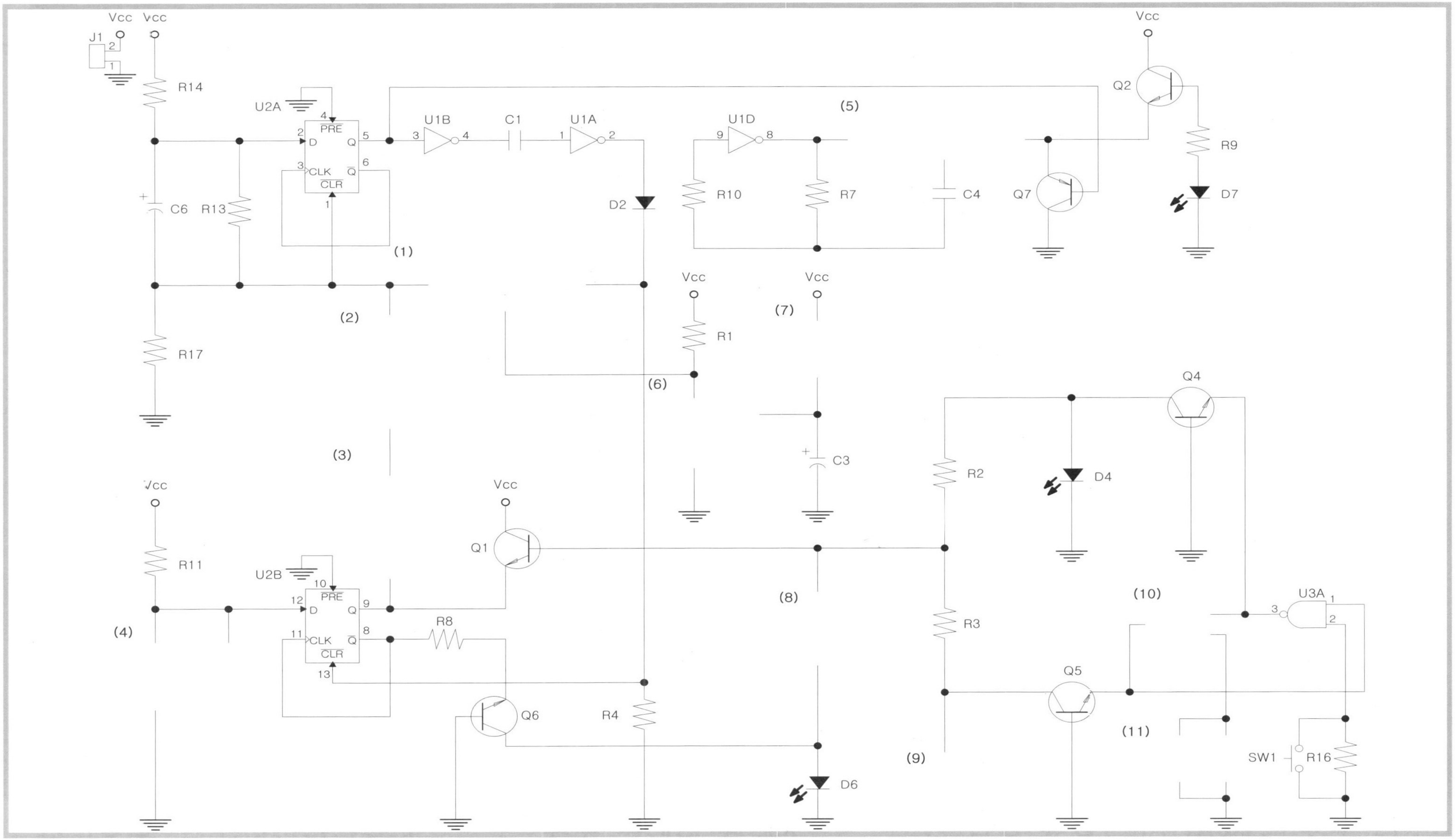

Vcc Vcc
J1
R14
U2A
PRE D Q CLK Q CLR
U1B C1 U1A
D2
U1D
R10 R7 C4
(5)
Q2 R9 D7 Q7
C6 R13
(1)
(2)
R17
Vcc Vcc
R1
(7)
(6)
Q4
(3)
C3
R2 D4
Vcc Vcc
Q1
R11
U2B
PRE D Q CLK Q CLR
(8)
(10)
U3A
(4)
R8
R3
Q5
Q6 R4
(11)
SW1 R16
(9)
D6

자격종목	전자기기기능사	회로 스케치 과제 6	답안작성 요령 2 (BOTTOM면 + 회로 기호)

BOTTOM면

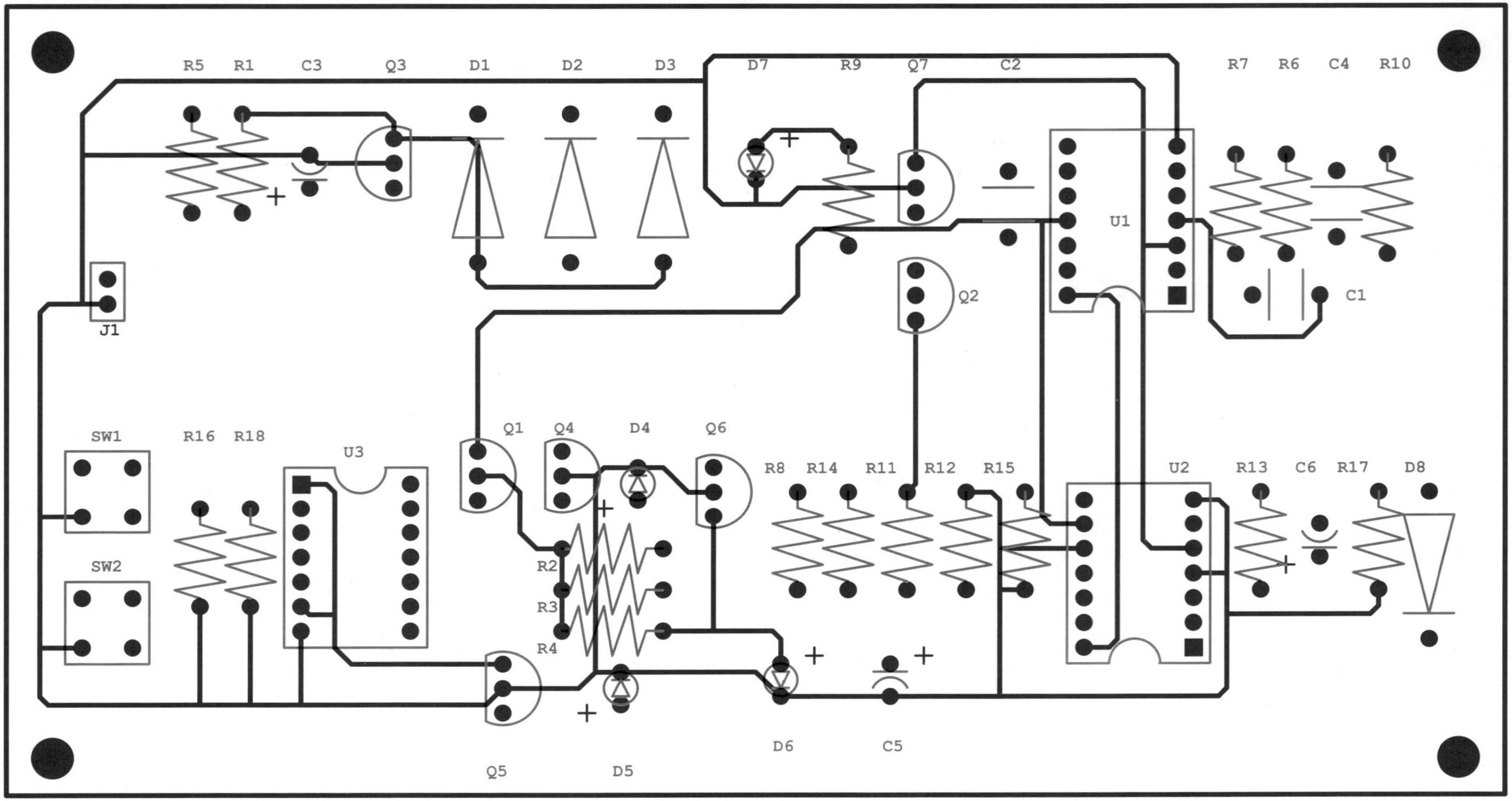

자격종목	전자기기기능사	회로 스케치 과제 6	답안작성 문제지 4 (평가용 3)

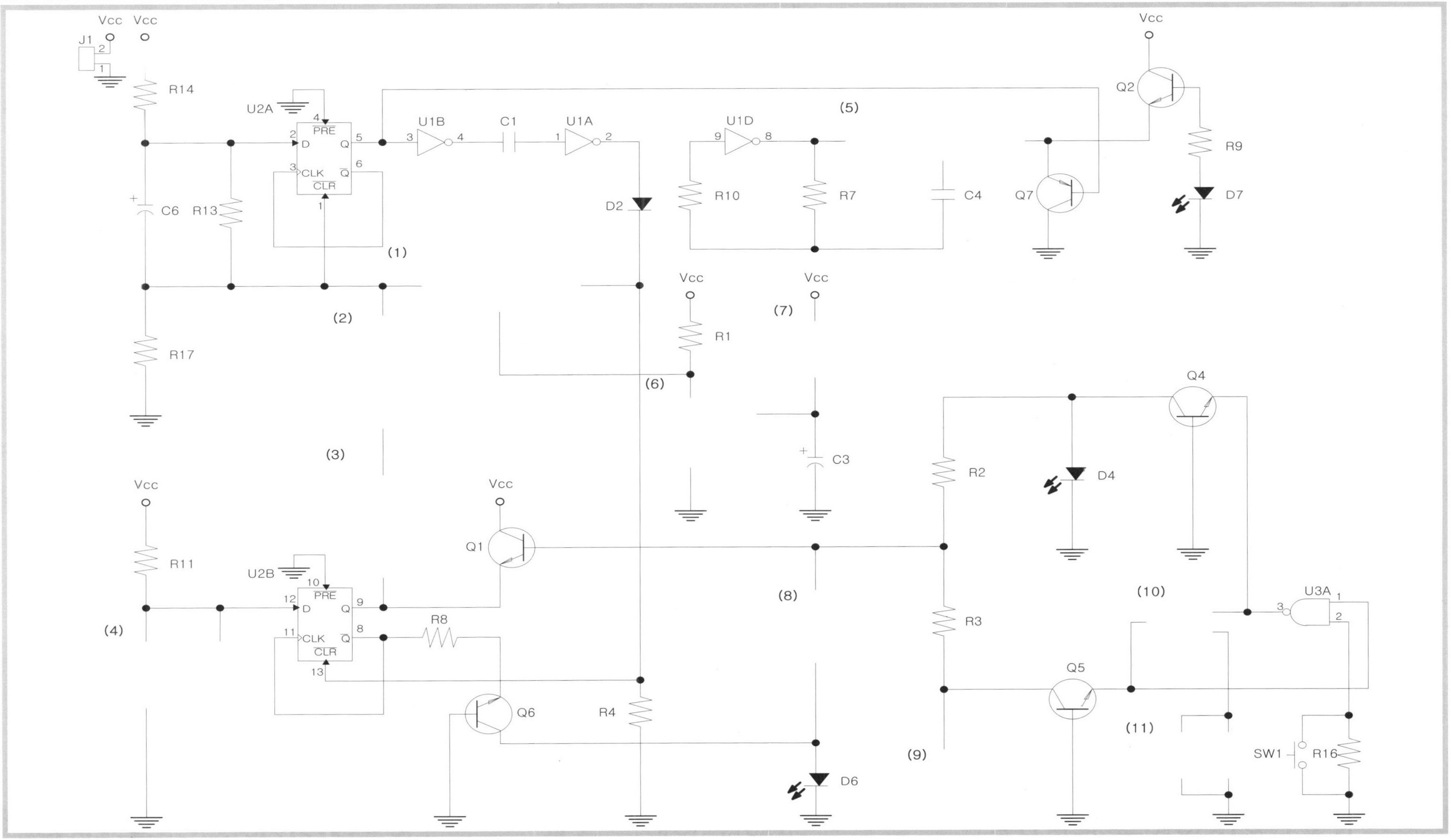

Vcc Vcc J1 2 1 R14 U2A 4 PRE 2 D Q 5 3 CLK Q 6 CLR 1 U1B 3 4 C1 U1A 1 2 U1D 9 8 (5) Vcc Q2 R9 Q7 D7 C6 R13 D2 R10 R7 C4 (1) (2) Vcc Vcc (7) R1 R17 (6) Q4 (3) C3 R2 D4 Vcc Vcc Q1 R11 U2B 10 PRE 12 D Q 9 11 CLK Q 8 CLR 13 R8 (8) R3 (10) U3A 3 1 2 (4) Q5 Q6 R4 (11) SW1 R16 (9) D6

자격종목	전자기기기능사	회로 스케치 과제 6	답안작성 문제지 4 (평가용 3)

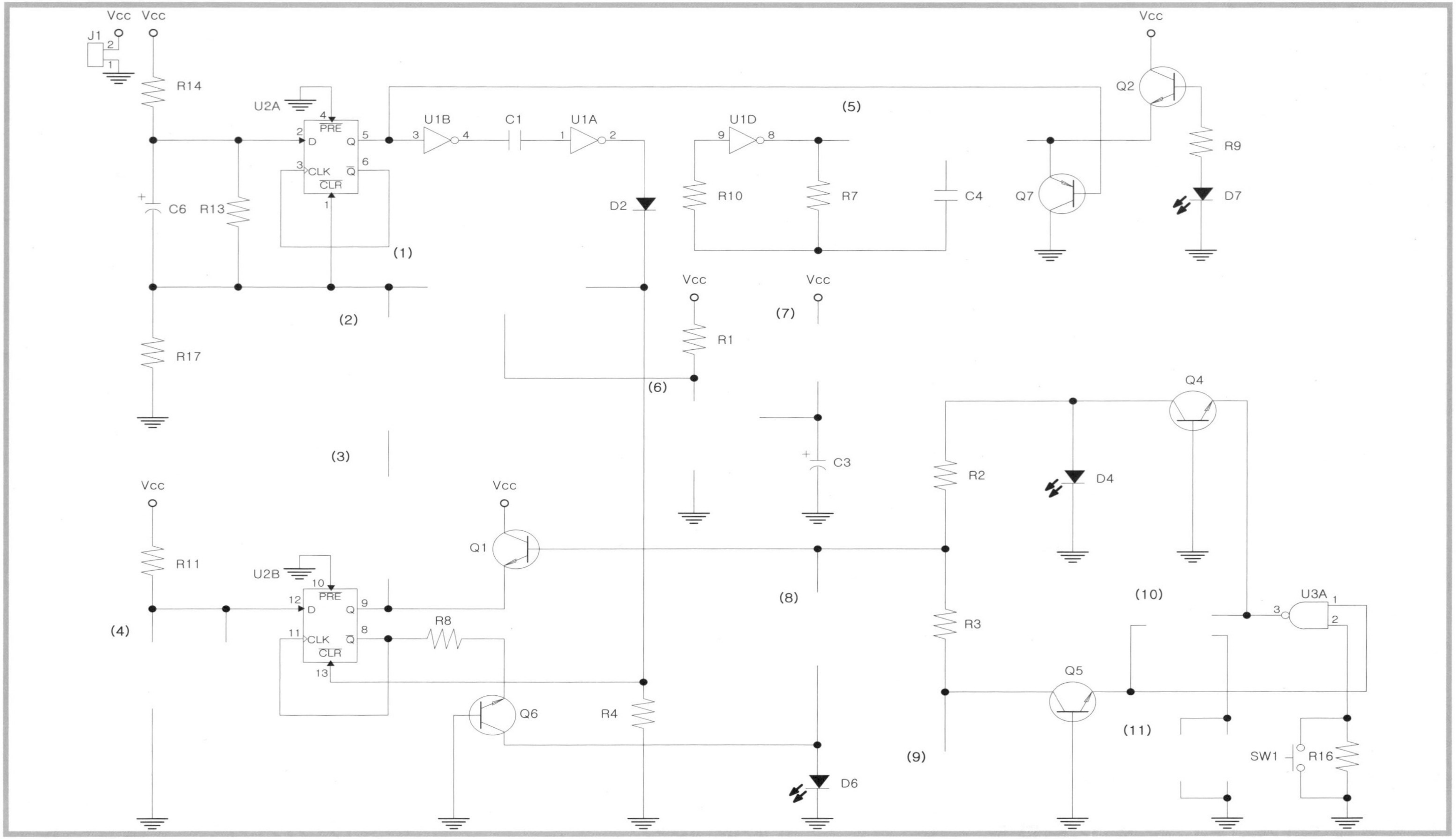

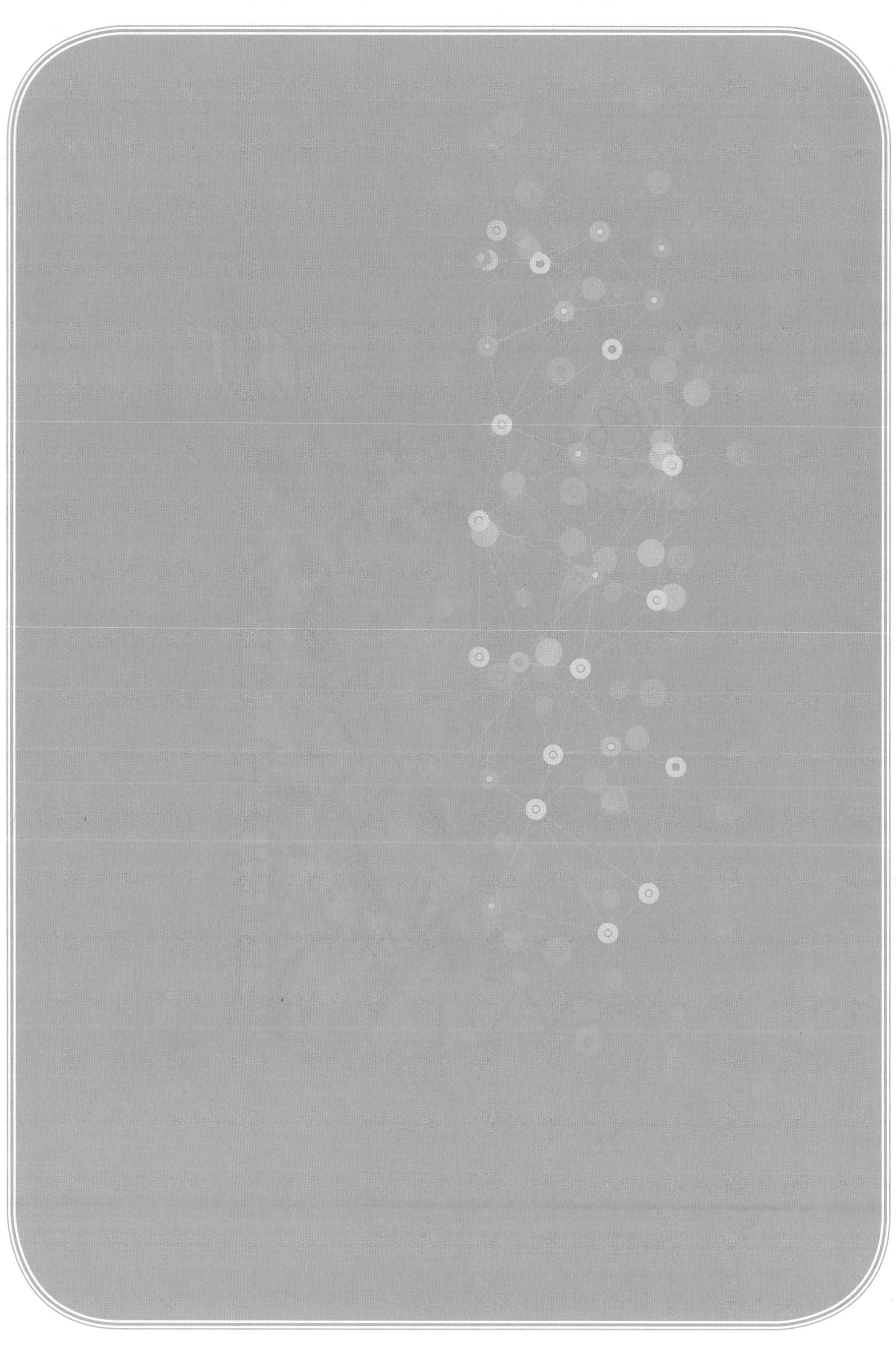

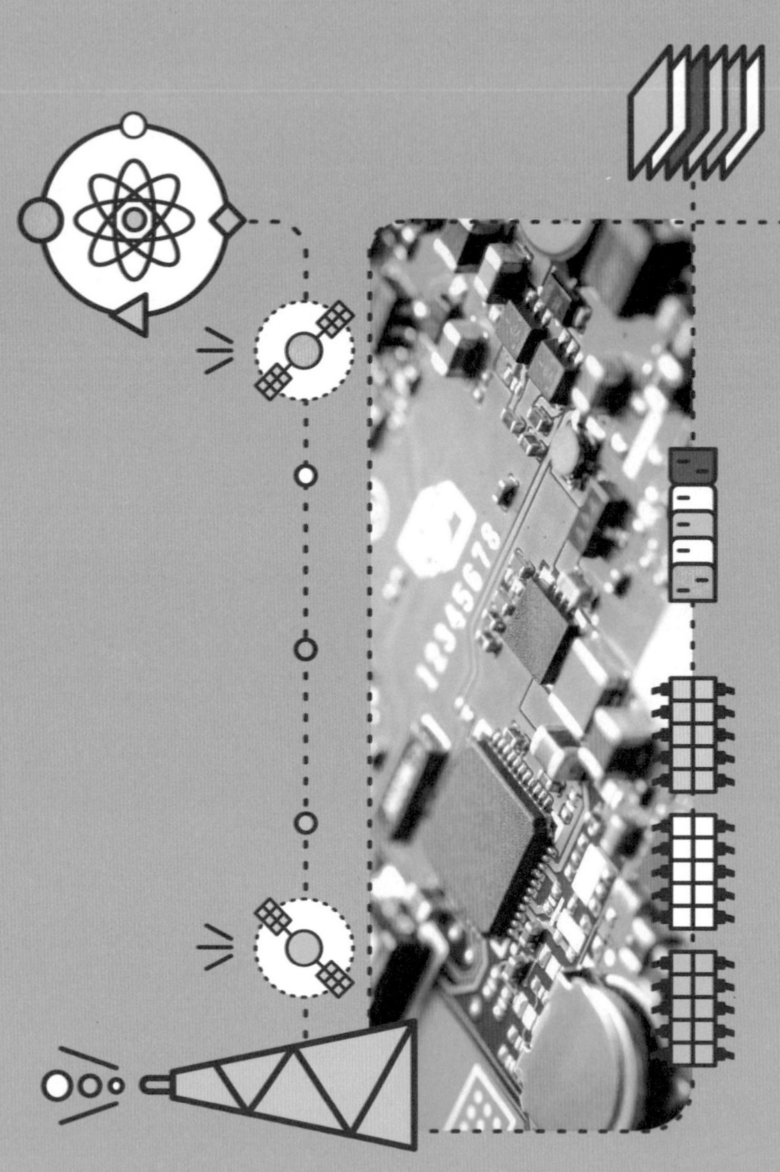

제 2 장

전자기기기능사(실기) 공개문제

조립(제작 조립과제)

1. 조립(제작 조립과제 1)
2. 조립(제작 조립과제 2)
3. 조립(제작 조립과제 3)
4. 조립(제작 조립과제 4)
5. 조립(제작 조립과제 5)
6. 조립(제작 조립과제 6)

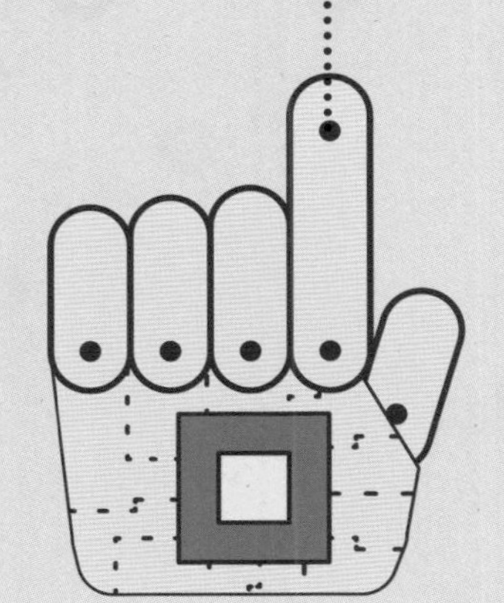

전자기기기능사(실기) 공개문제

1. 조립(제작 조립과제 1)

전자기기기능사	조립 제작 실습 과제 25	작품명	공개과제 1

▣ **다음 회로 스케치를 완성하여 답안지를 제출하고 2과제를 진행하면서 순서에 따라 3과제(20분 이내)를 수행하시면 됩니다.**

▣ **시험 시간 및 과제 : 표준시간 : 4시간(측정 과제 20분 포함 시간)**

1. 요구 사항

과제 1 : 회로 스케치, 과제 2 : 조립 제작, 과제 3 : 측정 과제(20분)

※ 반드시 회로 스케치를 먼저 한 후 회로 스케치 답안지를 제출한 후 2, 3과제를 진행하시기 바랍니다.

가. 지급된 재료를 사용하여 제한 시간 내에 도면과 같이 조립하시오.

나. 조립 완성 후 전체 동작전류를 측정하여 기록하시오.

다. 조립이 완성되면 다음 동작이 되는지 확인합니다.

1) LED 배치는 반드시 LED 1, LED 4, LED 3, LED 2, LED 5, LED 6 순서대로 일정한 간격으로 합니다.

2) 전원을 ON 이후 SW1을 눌러서 모든 플립플롭의 출력을 초기화합니다. 이때 LED 1은 약 2초의 주기로 점멸(ON된 후 OFF를 반복)하며, 초기화(Reset)된 LED 2~6 모두 ON된다.

3) LED 1을 누른 후 원상태로 복귀시키면(눌렀다 놓으면) SW1은 OFF, 발진 회로에서 생성된 클록 펄스(CP) 동작에 따라 아래의 표와 같이 점멸을 반복합니다.

▶ **동작 진리표**

클록 펄스(CP)		LED 표시				
수	LED 1	LED 4	LED 3	LED 2	LED 5	LED 6
0	점멸(ON/OFF)	ON	ON	ON	ON	ON
1	점멸(ON/OFF)	OFF	OFF	OFF	OFF	OFF
2	점멸(ON/OFF)	OFF	OFF	ON	ON	ON
3	점멸(ON/OFF)	OFF	ON	OFF	ON	ON
4	점멸(ON/OFF)	OFF	ON	ON	OFF	ON
5	점멸(ON/OFF)	ON	OFF	OFF	ON	OFF
6	점멸(ON/OFF)	ON	OFF	ON	OFF	OFF
7	점멸(ON/OFF)	ON	ON	OFF	OFF	OFF
8	점멸(ON/OFF)	ON	ON	ON	ON	ON

2. 재료 목록

재료명	규격	수량	재료명	규격	수량
IC	7400	1	LED	적색 5Φ	6
	7404	1	4P 스위치	4P 또는 2P	1
	7474	2	마일러 커패시터	0.1μF	6
	7486	1	전해 커패시터	100μF/16V	1
	NE555	1	방한지/모눈종이	A4	1장
IC 소켓	14pin DIP	5	작업용 실링봉투		1
	8pin DIP	1	만능기판	28×62hole	1
저항 (1/4W)	220Ω, 1%	6	배선줄/3mm	3색 단선	1
	10KΩ, 1%	4	실납	SN60% 1.0Φ	1
			리드선	2P	1

▣ **사용되는 IC 및 주요 회로**

[사전과제 1 : 회로에 사용되는 IC 내부를 노트에 그려보고 이해하고 암기할 것)

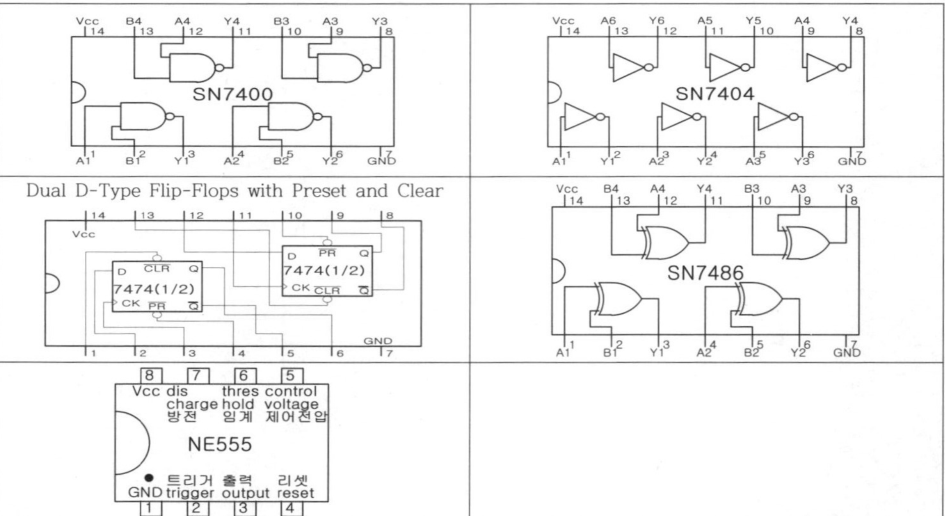

【3. 회로도】 (25-1과제) : 회로도는 반드시 수업 전 사전과제로 실습 노트에 깨끗하게 그려서 검사받도록 합니다. [사전과제 2] 회로도 그리기

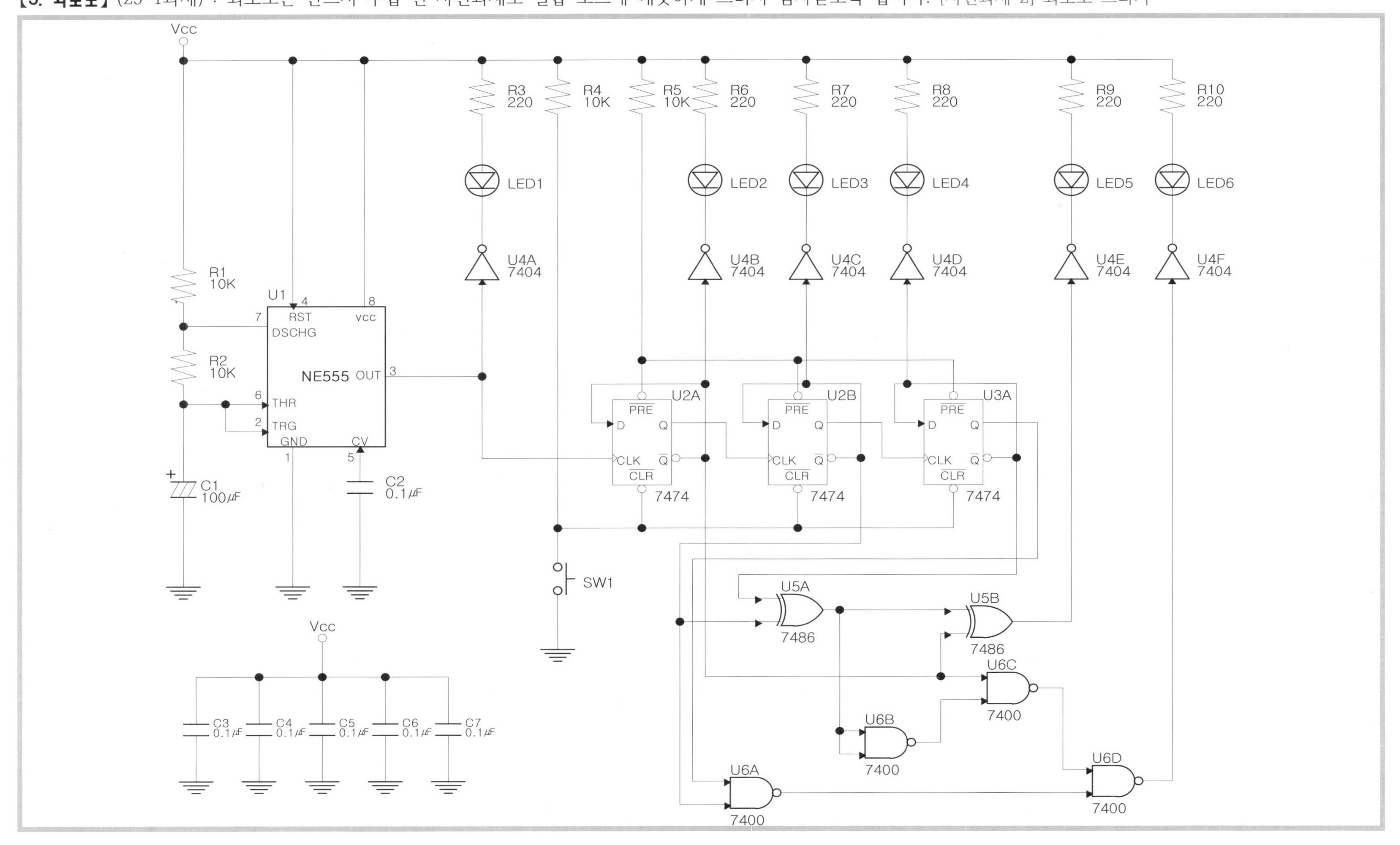

【4-1. 부품 배치 및 배선 연습용 기판】 [사전과제 3] 회로도를 보고 28×62 만능기판 사이즈에 균형 있게 부품을 배치하고 회로도와 같도록 배선을 하시오. (연습용)

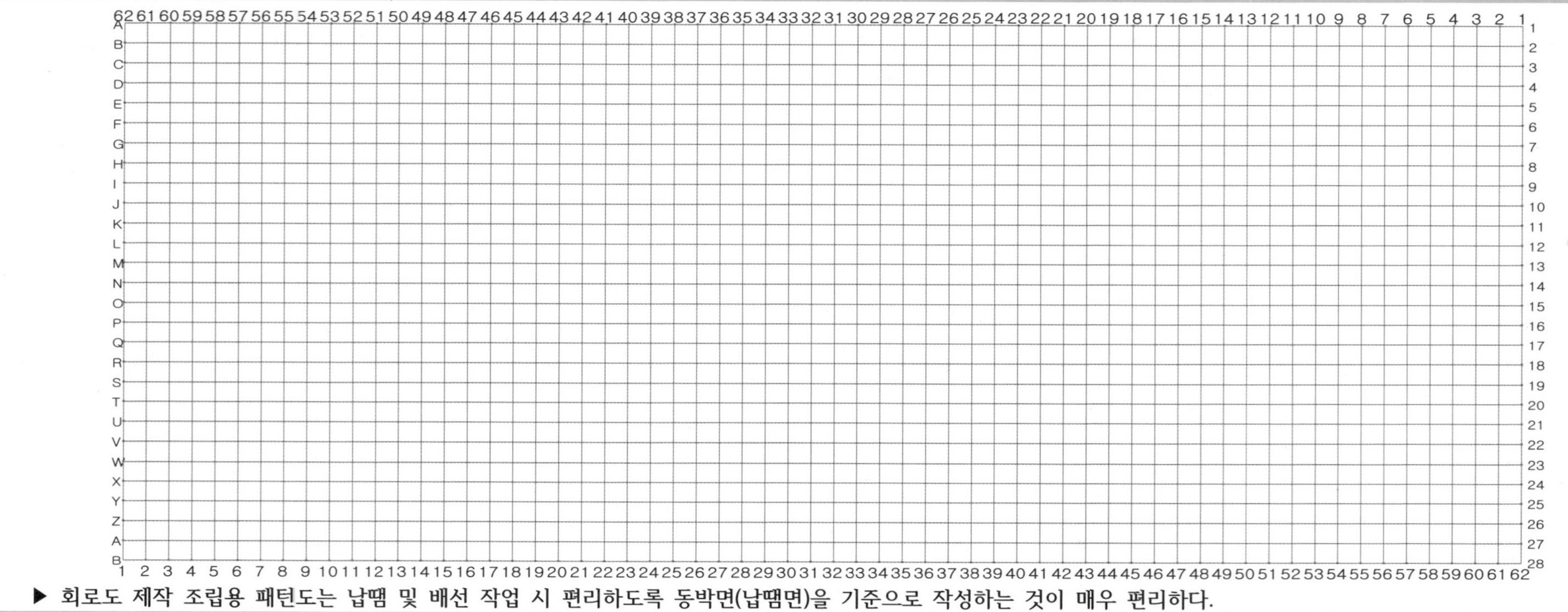

▶ 회로도 제작 조립용 패턴도는 납땜 및 배선 작업 시 편리하도록 동박면(납땜면)을 기준으로 작성하는 것이 매우 편리하다.

종류	다이오드	저항	콘덴서	트랜지스터		PB 스위치	IC		점프선	LED
				NPN	PNP					
회로도 기호							14핀	16핀		
패턴도 기호 (동박면 기준)										
비고	4~5칸	4~5칸	3~5칸	3칸	3칸	3칸×3칸 3칸×4칸	4칸×7칸	4칸×8칸	크기에 따라	3칸~4칸

▶ 회로도의 기호에 맞는 패턴도 기호를 사용하여 28×62 기판 사이즈에 전체적인 균형을 생각하며 회로의 조립과정이 쉽게 패턴도를 작성하시오.

【4-2. 부품 배치 및 배선 평가용 기판】 [사전과제 4] 회로도를 보고 28×62 만능기판 사이즈에 균형 있게 부품을 배치하고 회로도와 같도록 배선을 하시오. (평가용 1)

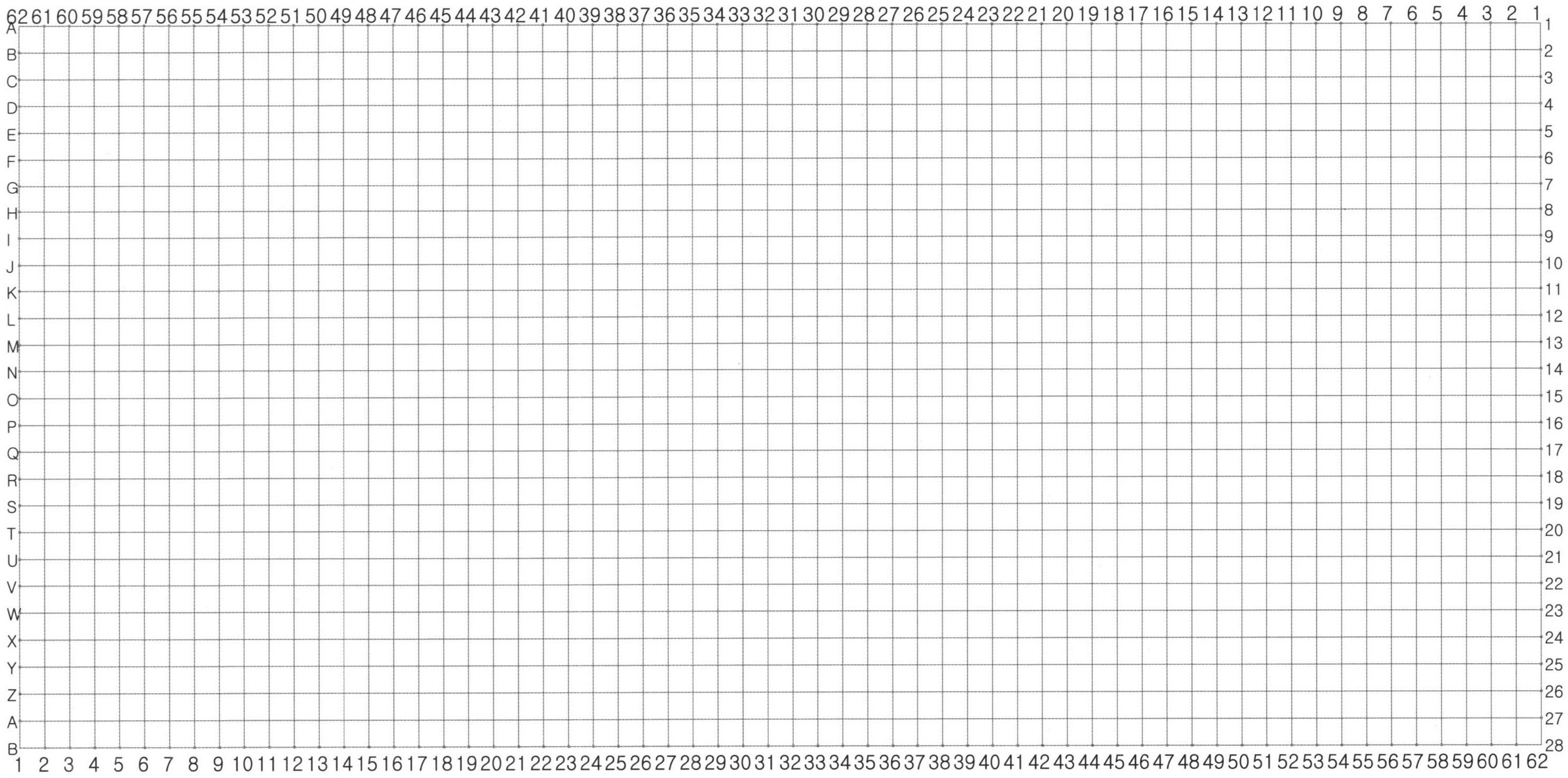

▶ 회로도 제작 조립용 패턴도는 납땜 및 배선 작업 시 편리하도록 동박면(납땜면)을 기준으로 작성하는 것이 매우 편리하다.

▶ 회로도의 기호에 맞는 패턴도 기호를 사용하여 28×62 기판 사이즈에 전체적인 균형을 생각하며 회로의 조립과정이 쉽게 패턴도를 작성하시오.

【4-3. 부품 배치 및 배선 연습용 기판】 [사전과제 5] 회로도를 보고 28×62 만능기판 사이즈에 균형 있게 부품을 배치하고 회로도와 같도록 배선을 하시오. (평가용 2)

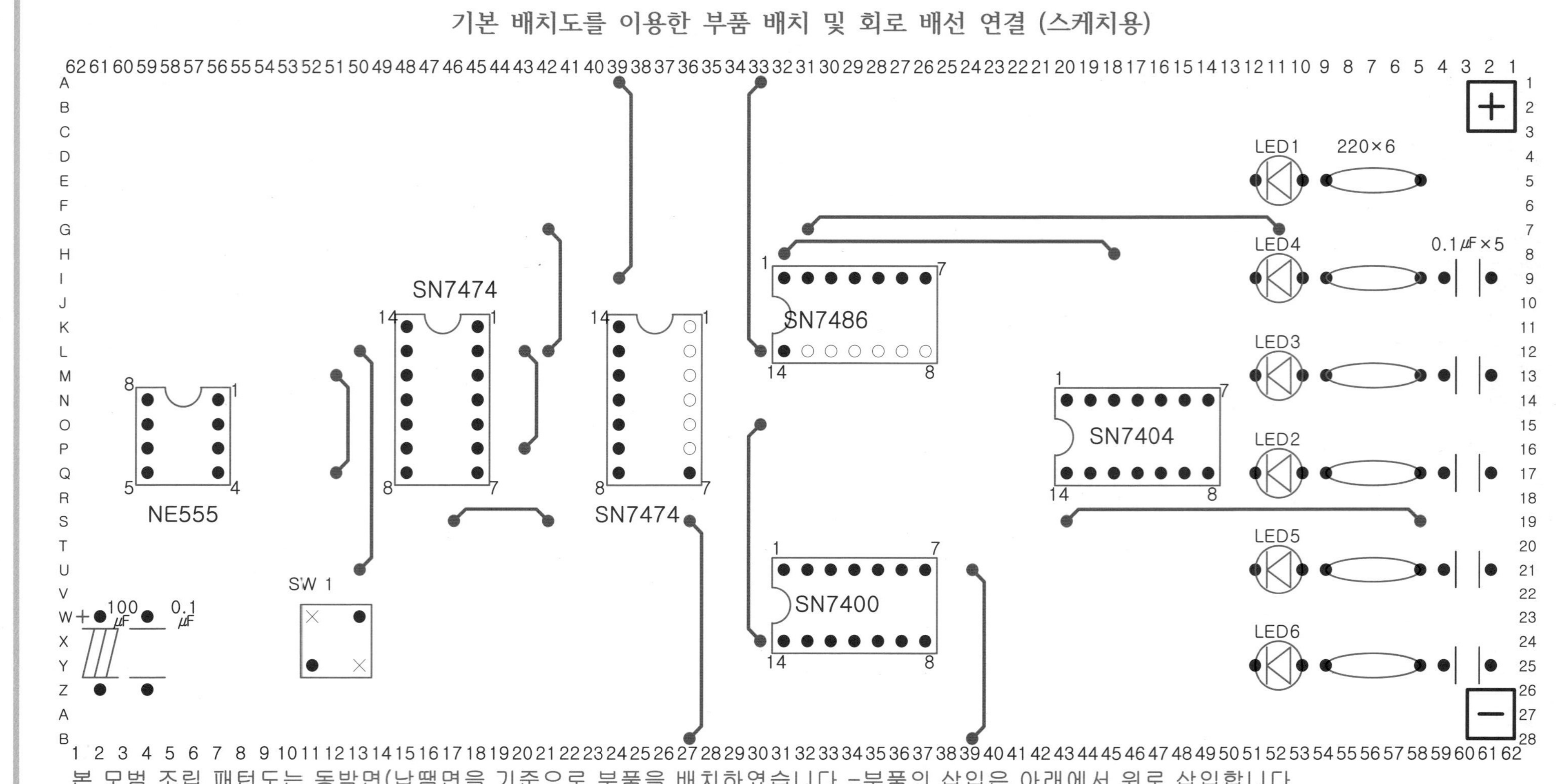

▶ 회로도 제작 조립용 패턴도는 납땜 및 배선 작업 시 편리하도록 동박면(납땜면)을 기준으로 작성하는 것이 매우 편리하다.

※ 빨간(적)색의 부품과 파란(청)색의 점프선은 동박면(납땜면)이 아닌 반대편의 부품면(플라스틱면)에서 삽입되는 것을 잊지 말고 참고하세요!

▶ 회로도의 기호에 맞는 패턴도 기호를 사용하여 28×62 기판 사이즈에 전체적인 균형을 생각하며 회로의 조립과정이 쉽게 패턴도를 작성하시오.

【5-1. 부품의 모범 배치도 1】 회로도와 같도록 배치도에 회로의 결선을 하시오. (연필을 사용하여 여러 번 수정을 거치면 가장 좋은 배선이 된다.) (수업 연습용[1시간])

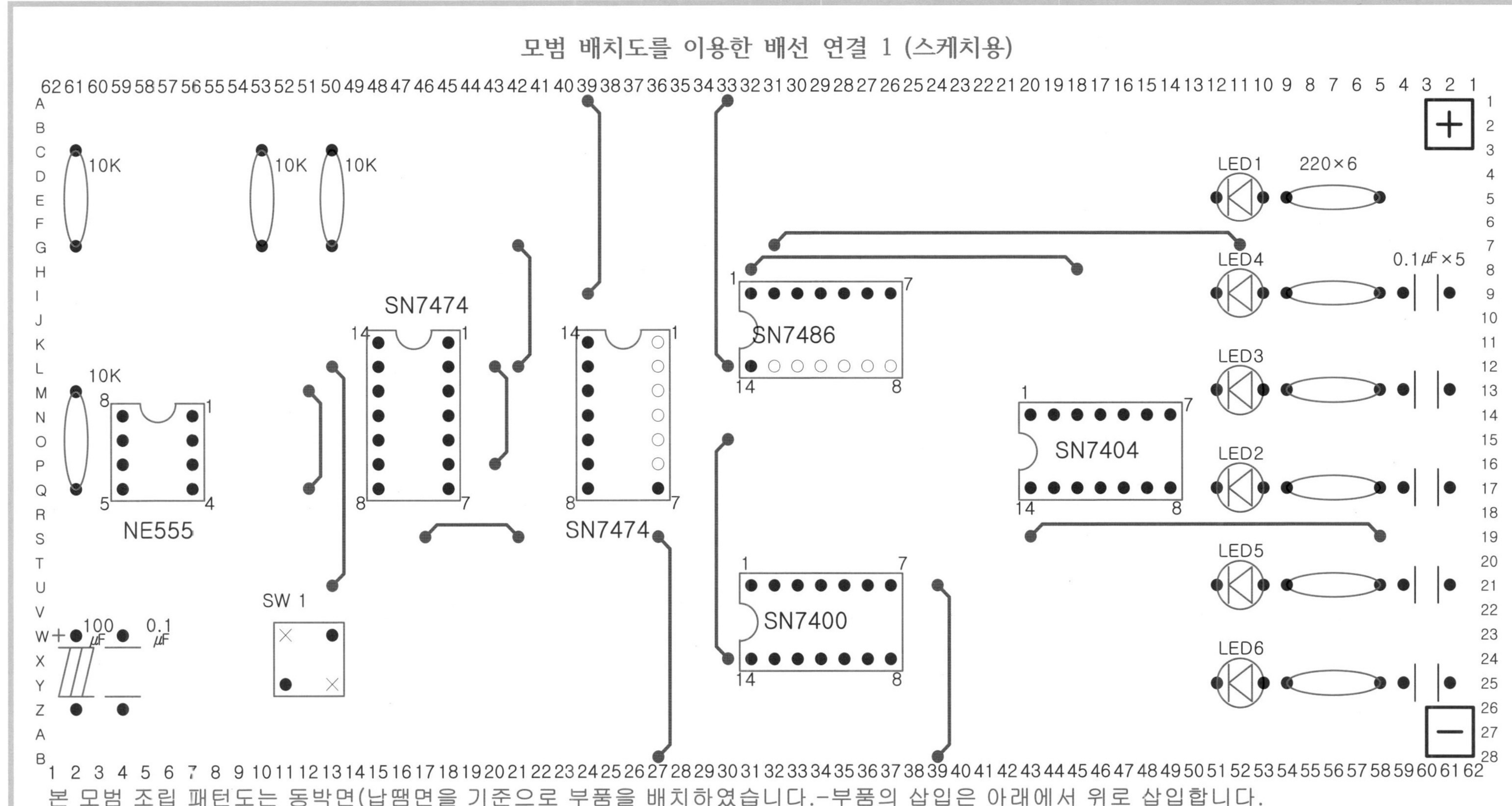

본 모범 조립 패턴도는 동박면(납땜면을 기준으로 부품을 배치하였습니다.-부품의 삽입은 아래에서 위로 삽입합니다.

▶ 본 패턴도는 동박면(납땜면)을 기준으로 부품 배치를 하였다. 부품 삽입 시 참고하여 삽입하기 바람. (배선 납땜 시 매우 편리함)

※ 빨간(적)색의 부품과 파란(청)색의 점프선은 동박면(납땜면)이 아닌 반대편의 부품면(플라스틱면)에서 삽입되는 것을 잊지 말고 참고하세요!

【5-2. 부품의 모범 배치도 1】 회로도와 같도록 배치도에 회로의 결선을 하시오. (연필을 사용하여 여러 번 수정을 거치면 가장 좋은 배선이 된다.) (수업 평가용[1시간])

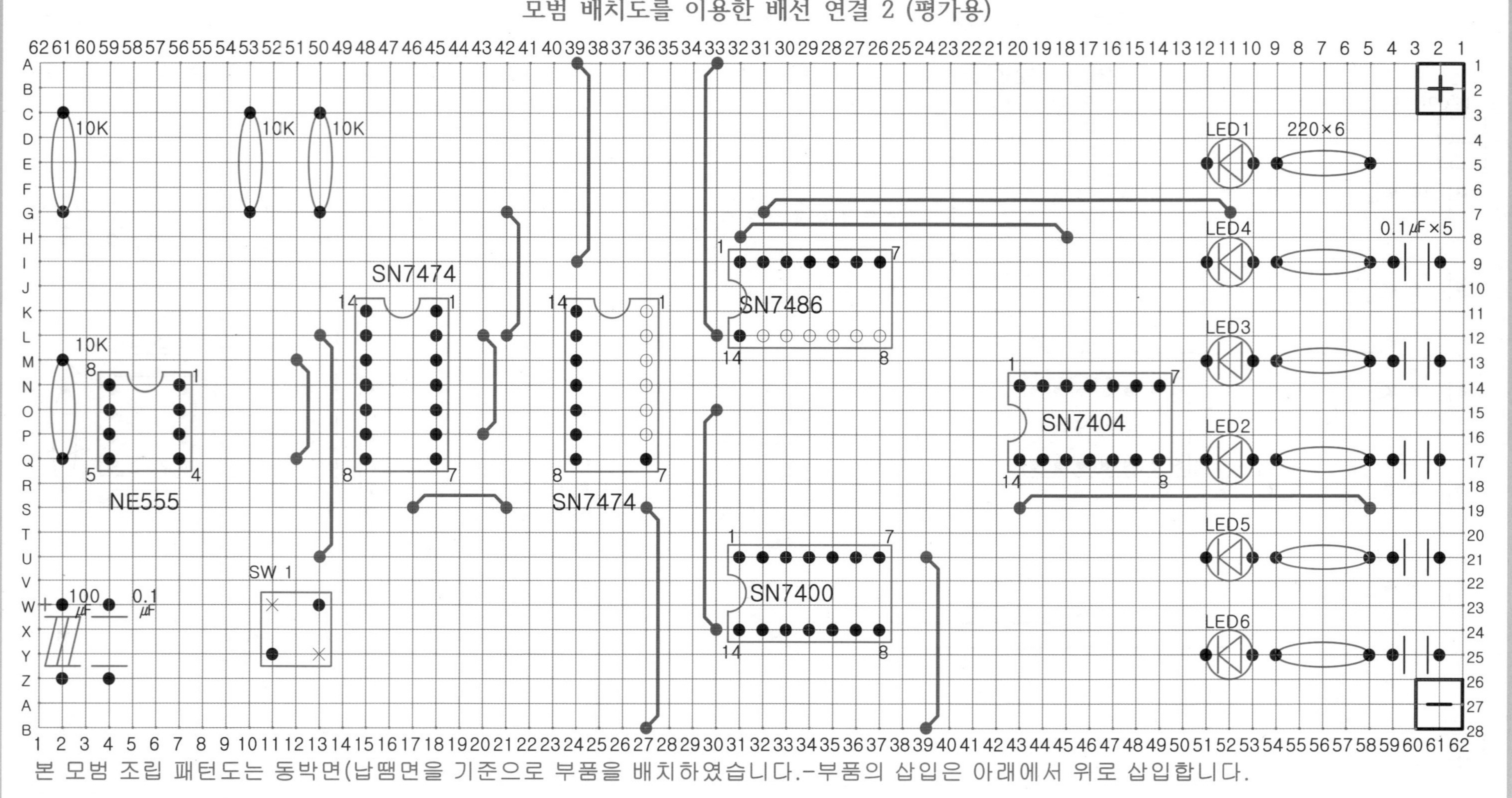

▶ **본 패턴도는 동박면(납땜면)을 기준으로 부품 배치를 하였다. 부품 삽입 시 참고하여 삽입하기 바람. (배선 납땜 시 매우 편리함)**

※ 빨간(적)색의 부품과 파란(청)색의 점프선은 동박면(납땜면)이 아닌 반대편의 부품면(플라스틱면)에서 삽입되는 것을 잊지 말고 참고하세요!

【6. 모범 조립 패턴도에 따른 IC 핀 번호 표시 회로도】 (25-1과제)

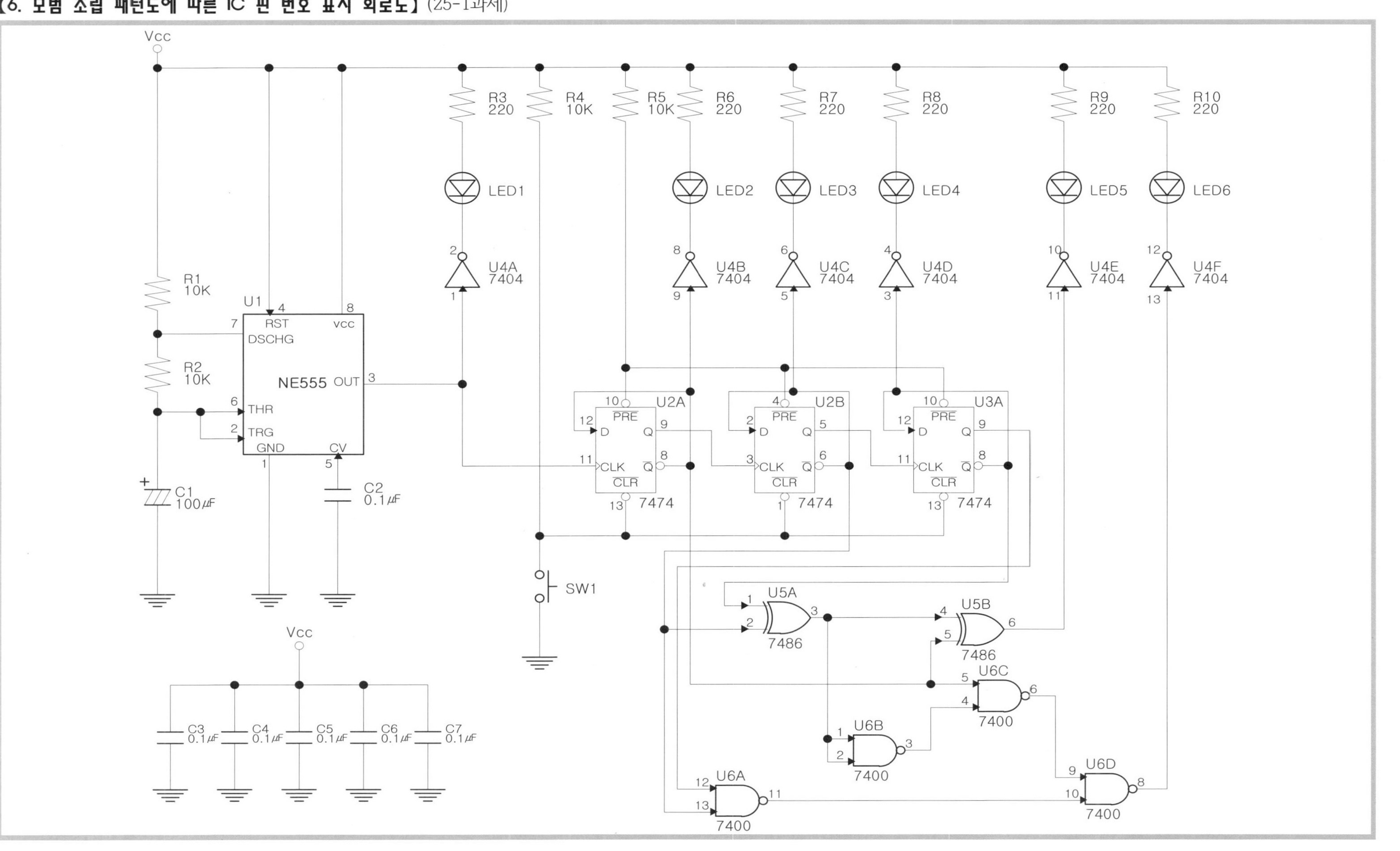

전자기기기능사(실기) 공개문제

2. 조립(제작 조립과제 2)

전자기기기능사	조립 제작 실습 과제 26	작품명	공개과제 2

■ **다음 회로 스케치를 완성하여 답안지를 제출하고 2과제를 진행하면서 순서에 따라 3과제(20분 이내)를 수행하시면 됩니다.**

■ **시험 시간 및 과제 : 표준시간 : 4시간(측정 과제 20분 포함 시간)**

1. 요구 사항

과제 1 : 회로 스케치, 과제 2 : 조립 제작, 과제 3 : 측정 과제(20분)

※ 반드시 회로 스케치를 먼저 한 후 회로 스케치 답안지를 제출한 후 2, 3과제를 진행하시기 바랍니다.

가. 지급된 재료를 사용하여 제한 시간 내에 도면과 같이 조립하시오.

나. 조립 완성 후 전체 동작전류를 측정하여 기록하시오.

다. 조립이 완성되면 다음 동작이 되는지 확인합니다.

1) LED 배치는 반드시 LED 1, LED 4, LED 3, LED 2, LED 5, LED 6 순서대로 일정한 간격으로 합니다.

2) 전원을 ON 이후 SW1을 눌러서 모든 플립플롭의 출력을 초기화합니다. 이때 LED 1은 약 2초의 주기로 점멸(ON된 후 OFF를 반복)하며, 초기화(Reset)된 LED 2~6 모두 ON된다.

3) LED 1을 누른 후 원상태로 복귀시키면(눌렀다 놓으면) SW1은 OFF, 발진회로에서 생성된 클록 펄스(CP) 동작에 따라 아래의 표와 같이 점멸을 반복합니다.

▶ **동작 진리표**

클록 펄스(CP)		LED 표시				
수	LED1	LED4	LED3	LED2	LED5	LED6
0	점멸(ON/OFF)	ON	ON	ON	ON	ON
1	점멸(ON/OFF)	OFF	OFF	OFF	OFF	OFF
2	점멸(ON/OFF)	OFF	OFF	ON	ON	OFF
3	점멸(ON/OFF)	OFF	ON	OFF	ON	OFF
4	점멸(ON/OFF)	OFF	ON	ON	OFF	ON
5	점멸(ON/OFF)	ON	OFF	OFF	ON	OFF
6	점멸(ON/OFF)	ON	OFF	ON	OFF	ON
7	점멸(ON/OFF)	ON	ON	OFF	OFF	ON
8	점멸(ON/OFF)	ON	ON	ON	ON	ON

2. 재료 목록

재료명	규격	수량	재료명	규격	수량
IC	7400	1	LED	적색 5Φ	6
	7404	1	4P 스위치	4P 또는 2P	1
	7474	2	마일러 커패시터	0.1μF	6
	7486	1	전해 커패시터	100μF/16V	1
	NE555	1	방한지/모눈종이	A4	1장
IC 소켓	14pin DIP	5	작업용 실링봉투		1
	8pin DIP	1	만능기판	28×62hole	1
저항 (1/4W)	220Ω, 1%	6	배선줄/3mm	3색 단선	1
			실납	SN60% 1.0Φ	1
	10KΩ, 1%	4	리드선	2P	1

■ **사용되는 IC 및 주요 회로**

[사전과제 1 : 회로에 사용되는 IC 내부를 노트에 그려보고 이해하고 암기할 것]

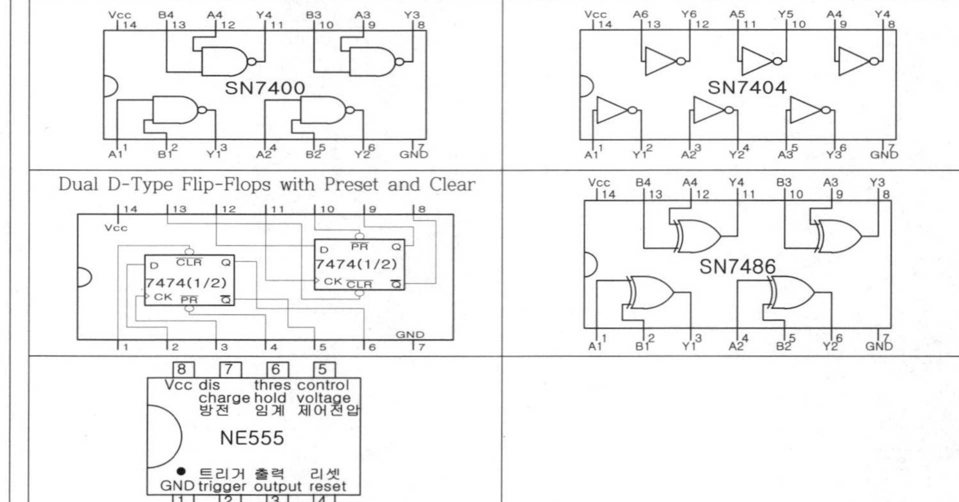

【3. 회로도】 (26-1과제) 회로도는 반드시 수업 전 사전과제로 실습 노트에 깨끗하게 그려서 검사받도록 합니다. [사전과제 2] 회로도 그리기

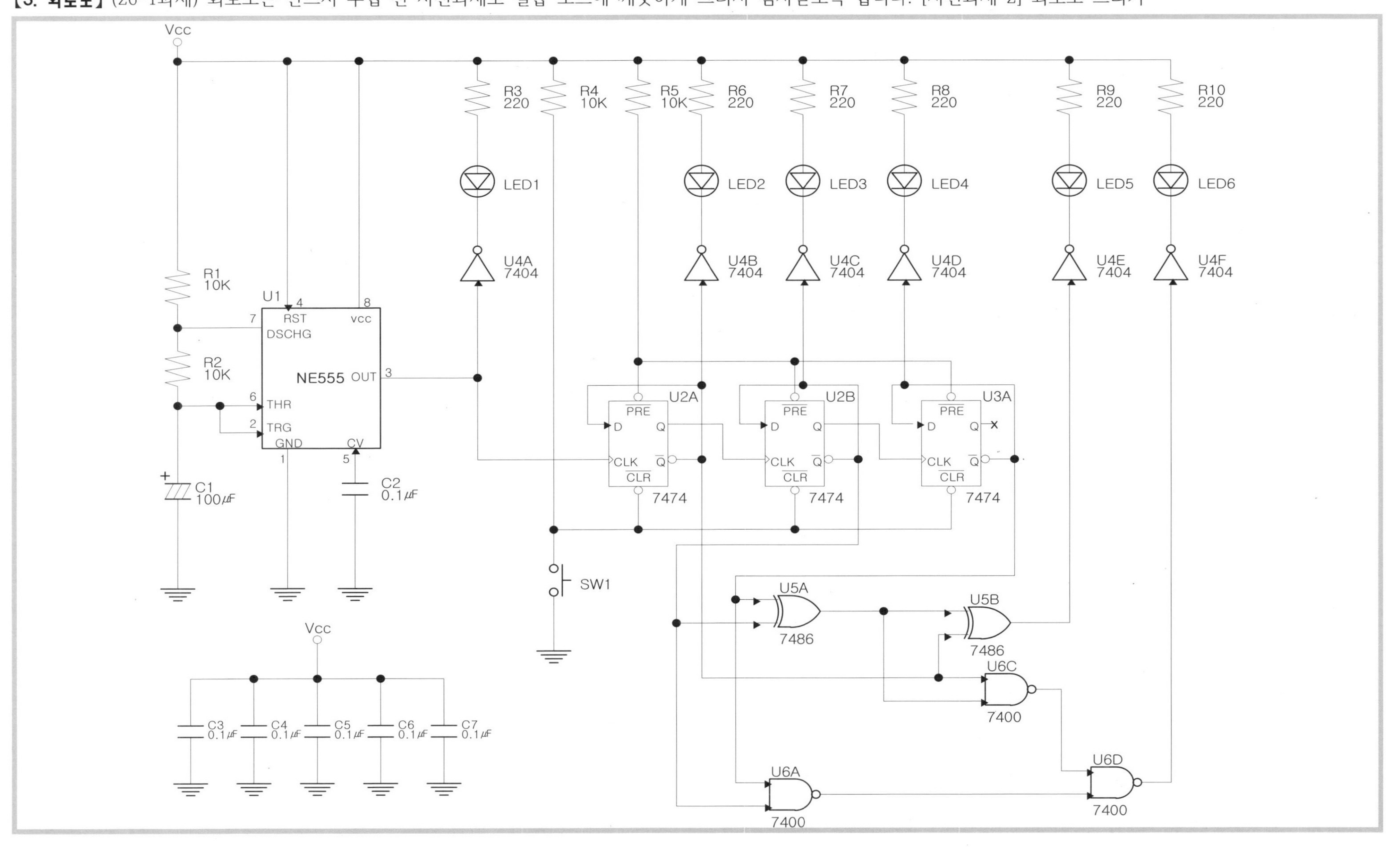

【4-1. 부품 배치 및 배선 연습용 기판】 [사전과제 3] 회로도를 보고 28×62 만능기판 사이즈에 균형 있게 부품을 배치하고 회로도와 같도록 배선을 하시오. (연습용)

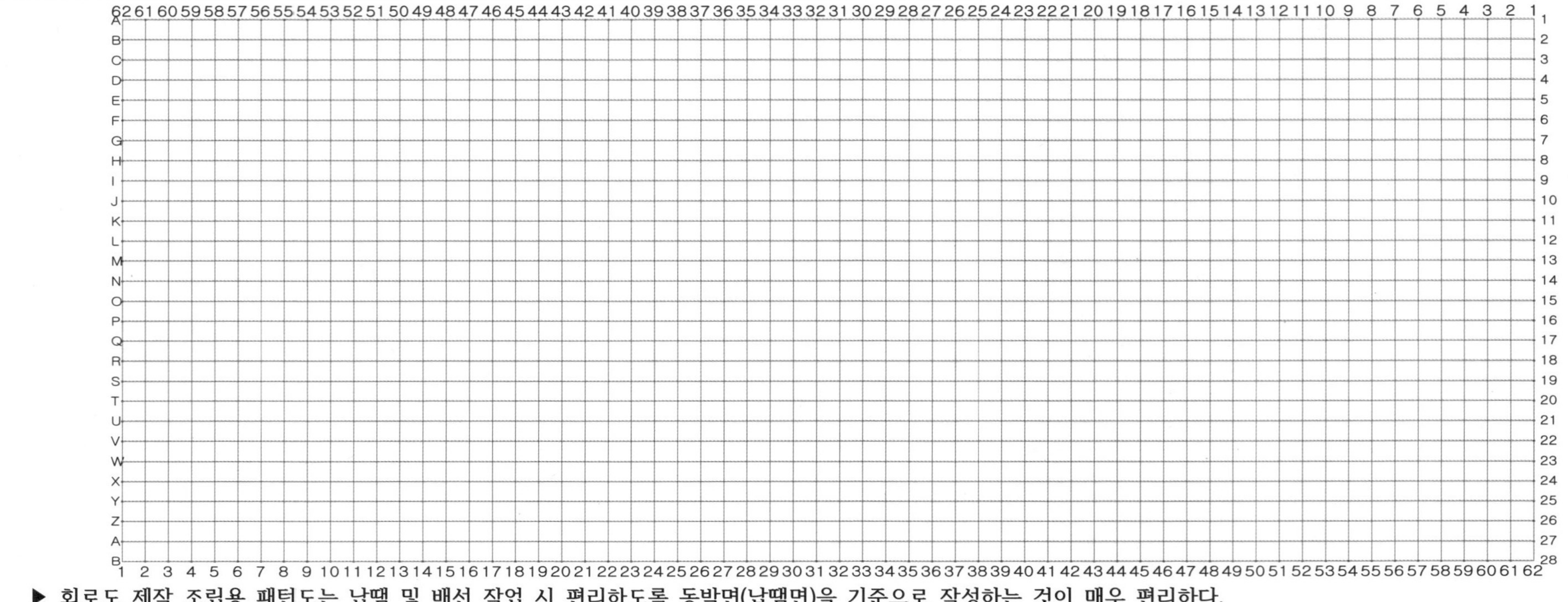

▶ 회로도 제작 조립용 패턴도는 납땜 및 배선 작업 시 편리하도록 동박면(납땜면)을 기준으로 작성하는 것이 매우 편리하다.

종류	다이오드	저항	콘덴서	트랜지스터		PB 스위치	IC		점프선	LED
				NPN	PNP					
회로도 기호							14핀	16핀		
패턴도 기호 (동박면 기준)										
비고	4~5칸	4~5칸	3~5칸	3칸	3칸	3칸×3칸 3칸×4칸	4칸×7칸	4칸×8칸	크기에 따라	3칸~4칸

▶ 회로도의 기호에 맞는 패턴도 기호를 사용하여 28×62 기판 사이즈에 전체적인 균형을 생각하며 회로의 조립과정이 쉽게 패턴도를 작성하시오.

【4-2. 부품 배치 및 배선 평가용 기판】 [사전과제 4] 회로도를 보고 28×62 만능기판 사이즈에 균형 있게 부품을 배치하고 회로도와 같도록 배선을 하시오. (평가용 1)

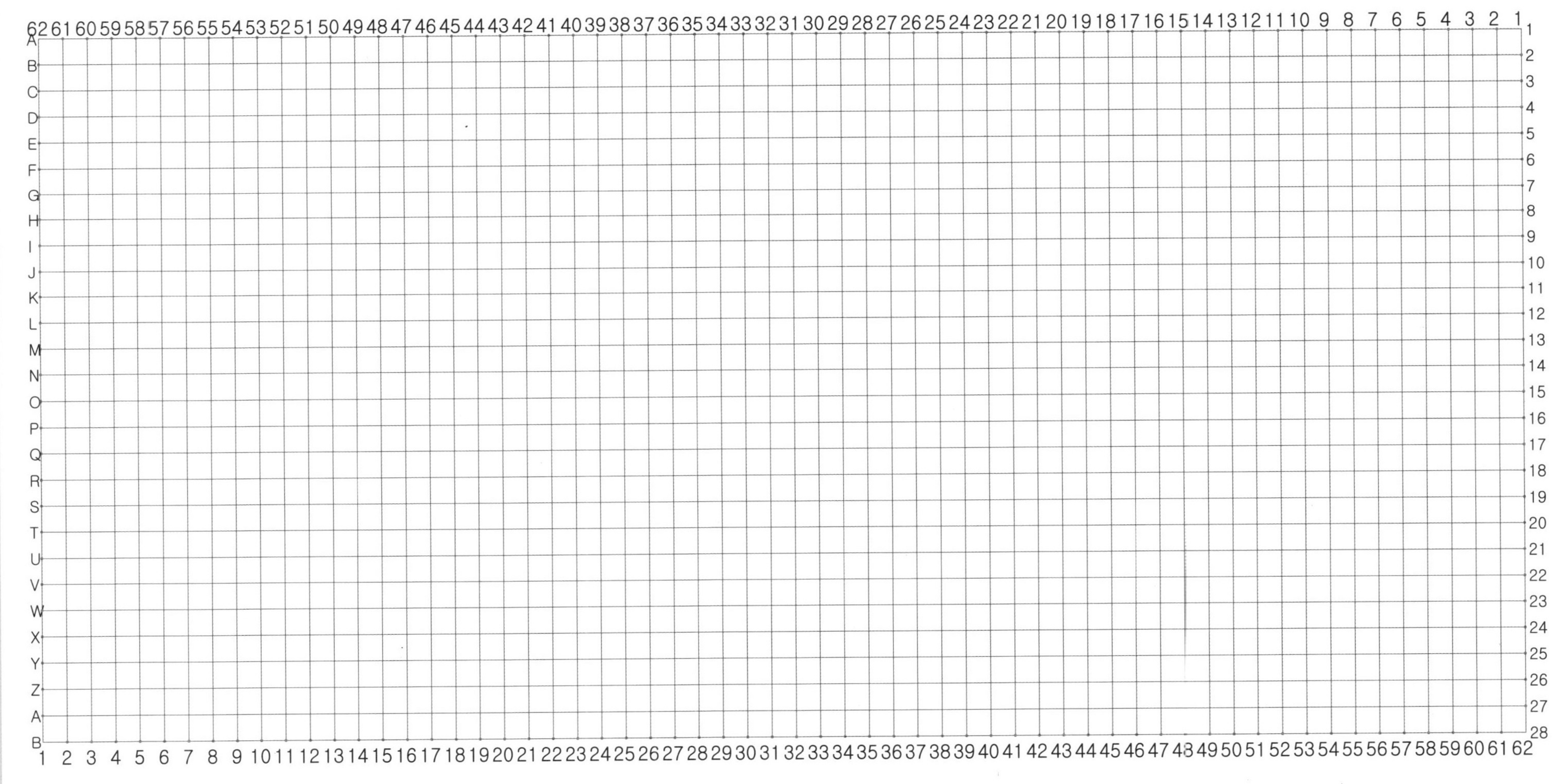

▶ 회로도 제작 조립용 패턴도는 납땜 및 배선 작업 시 편리하도록 동박면(납땜면)을 기준으로 작성하는 것이 매우 편리하다.

▶ 회로도의 기호에 맞는 패턴도 기호를 사용하여 28×62 기판 사이즈에 전체적인 균형을 생각하며 회로의 조립과정이 쉽게 패턴도를 작성하시오.

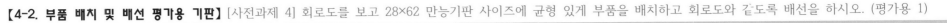

【4-3. 부품 배치 및 배선 연습용 기판】 [사전과제 5] 회로도를 보고 28×62 만능기판 사이즈에 균형 있게 부품을 배치하고 회로도와 같도록 배선을 하시오) (평가용 2)

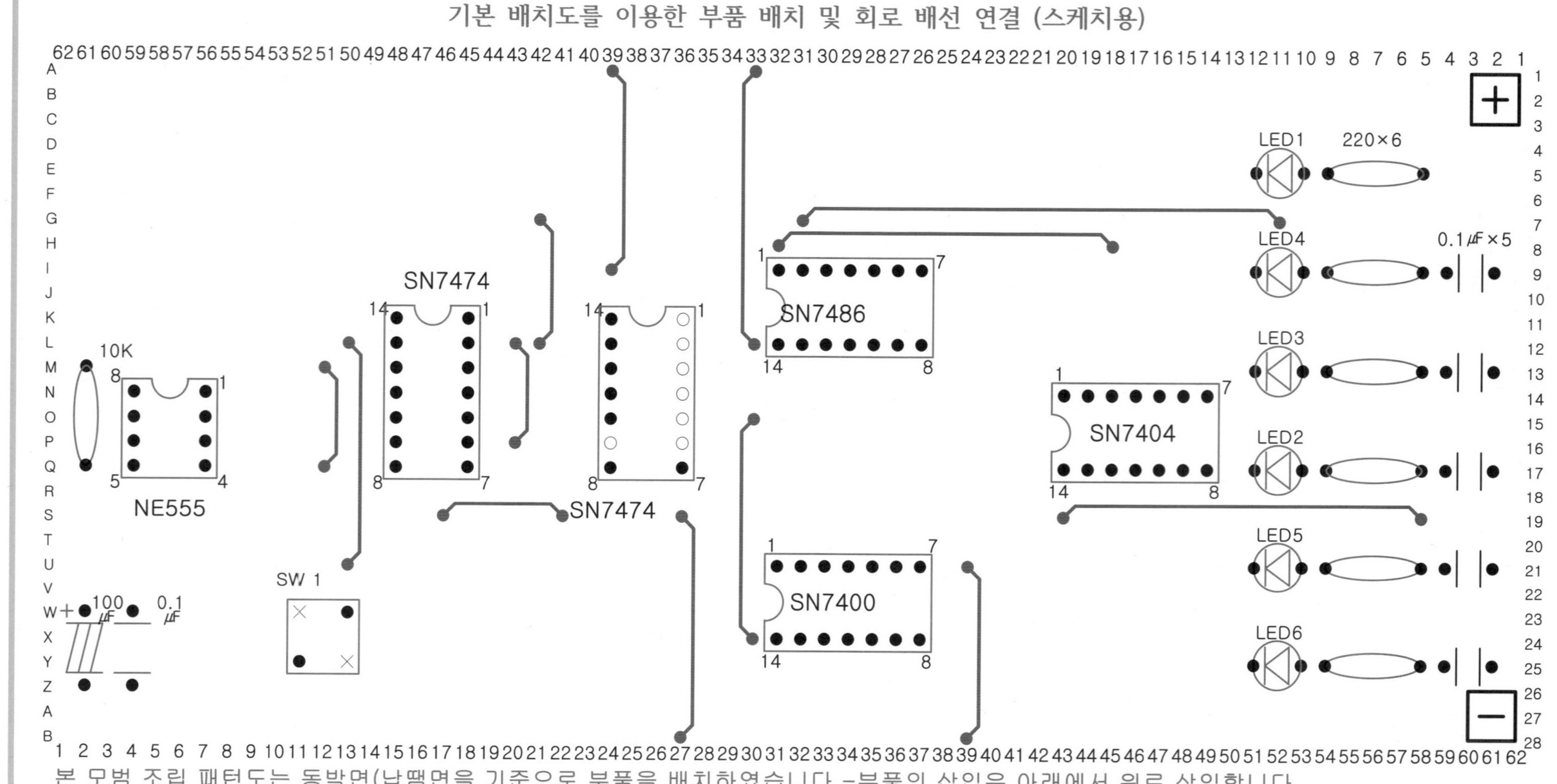

본 모범 조립 패턴도는 동박면(납땜면을 기준으로 부품을 배치하였습니다.-부품의 삽입은 아래에서 위로 삽입합니다.

▶ 회로도 제작 조립용 패턴도는 납땜 및 배선 작업 시 편리하도록 동박면(납땜면)을 기준으로 작성하는 것이 매우 편리하다.

※ 빨간(적)색의 부품과 파란(청)색의 점프선은 동박면(납땜면)이 아닌 반대편의 부품면(플라스틱면)에서 삽입되는 것을 잊지 말고 참고하세요!

▶ 회로도의 기호에 맞는 패턴도 기호를 사용하여 28×62 기판 사이즈에 전체적인 균형을 생각하며 회로의 조립과정이 쉽게 패턴도를 작성하시오.

[5-1. 부품의 모범 배치도 1] 회로도와 같도록 배치도에 회로의 결선을 하시오. (연필을 사용하여 여러 번 수정을 거치면 가장 좋은 배선이 된다.) (수업 연습용[1시간])

모범 배치도를 이용한 배선 연결 1 (스케치용)

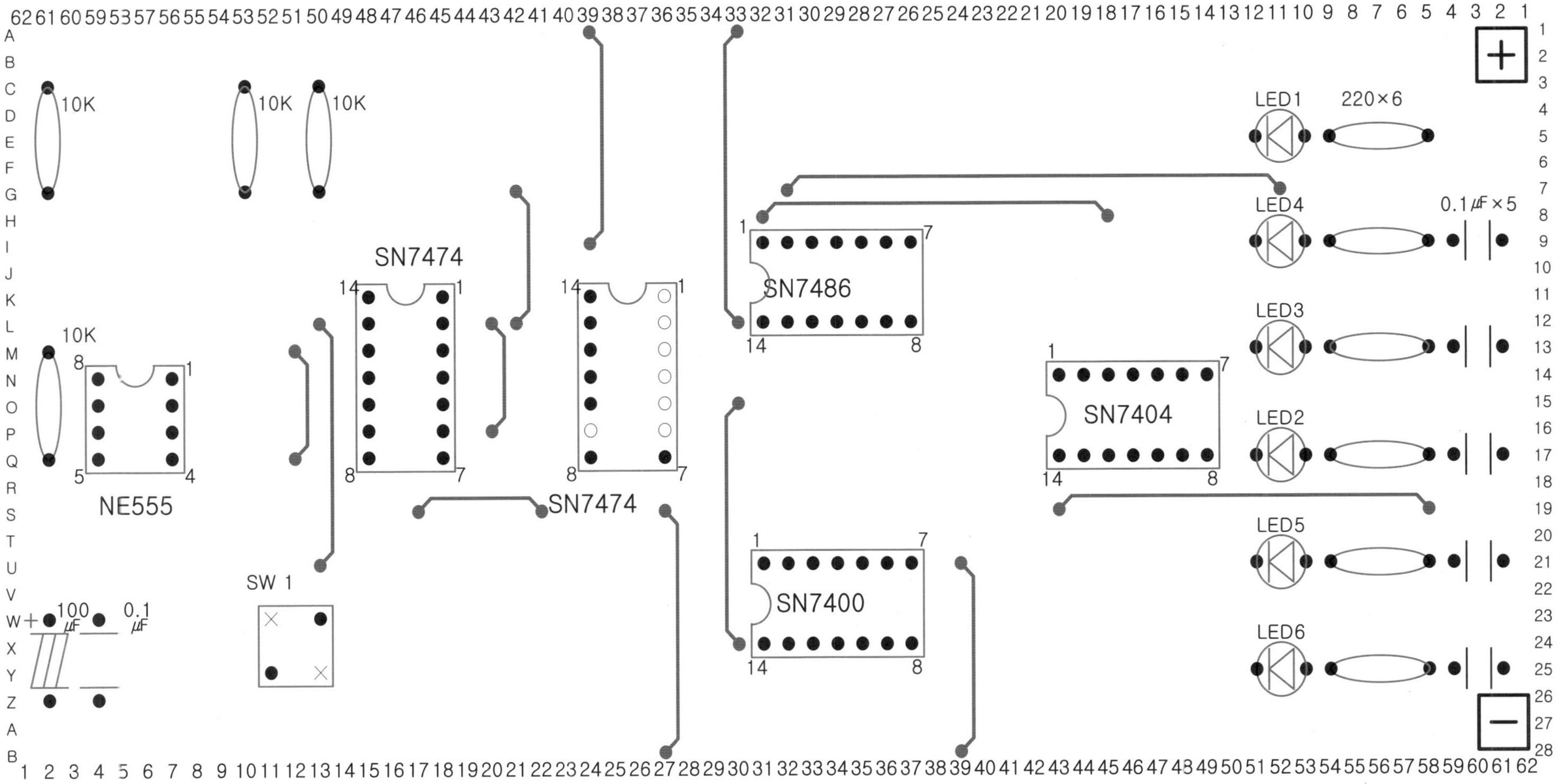

본 모범 조립 패턴도는 동박면(납땜면)을 기준으로 부품을 배치하였습니다.-부품의 삽입은 아래에서 위로 삽입합니다.

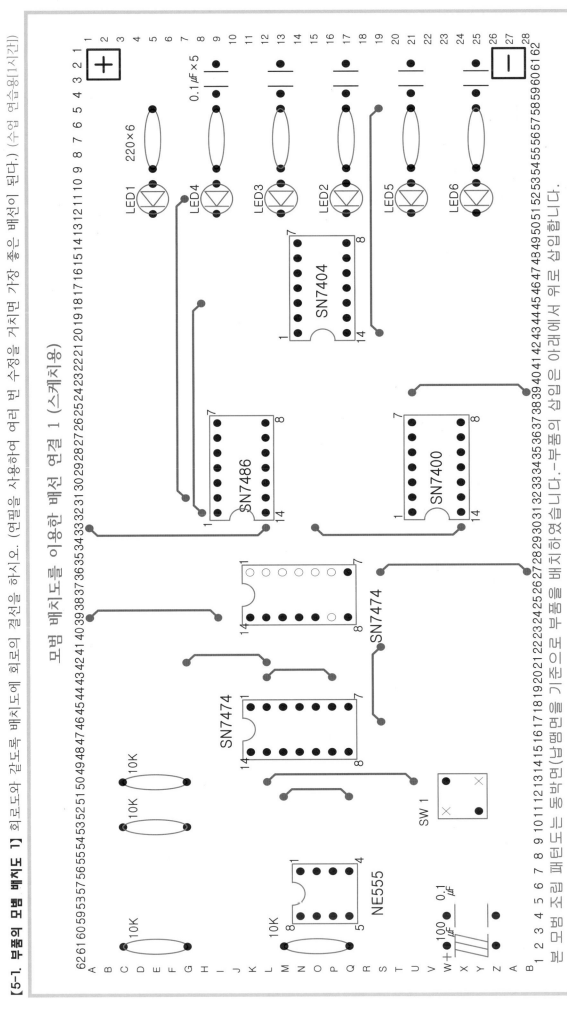

▶ **본 패턴도는 동박면(납땜면)을 기준으로 부품 배치를 하였다. 부품 삽입 시 참고하여 삽입하기 바람. (배선 납땜 시 매우 편리함)**

※ 빨간(적)색의 부품과 파란(청)색의 점프선은 동박면(납땜면)이 아닌 반대편의 부품면(플라스틱면)에서 삽입되는 것을 잊지 말고 참고하세요!

【5-2. 부품의 모범 배치도 1】 회로도와 같도록 배치도에 회로의 결선을 하시오. (연필을 사용하여 여러 번 수정을 거치면 가장 좋은 배선이 된다.) (수업 평가용[1시간])

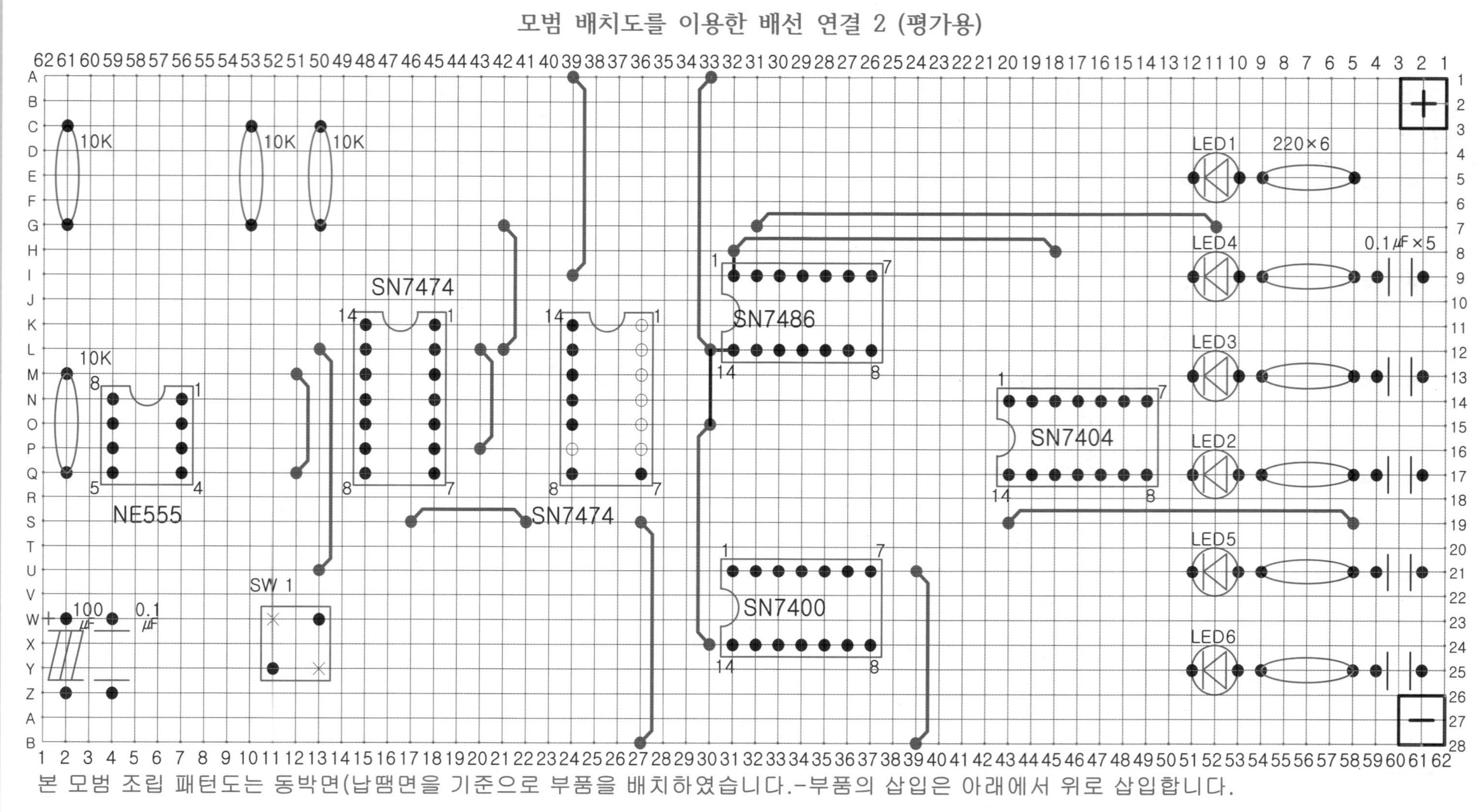

본 모범 조립 패턴도는 동박면(납땜면을 기준으로 부품을 배치하였습니다.-부품의 삽입은 아래에서 위로 삽입합니다.

▶ **본 패턴도는 동박면(납땜면)을 기준으로 부품 배치를 하였다. 부품 삽입 시 참고하여 삽입하기 바람.(배선 납땜 시 매우 편리함)**

※ 빨간(적)색의 부품과 파란(청)색의 점프선은 동박면(납땜면)이 아닌 반대편의 부품면(플라스틱면)에서 삽입되는 것을 잊지 말고 참고하세요!

【6. 모범 조립 패턴도에 따른 IC 핀 번호 표시 회로도】(26-1과제)

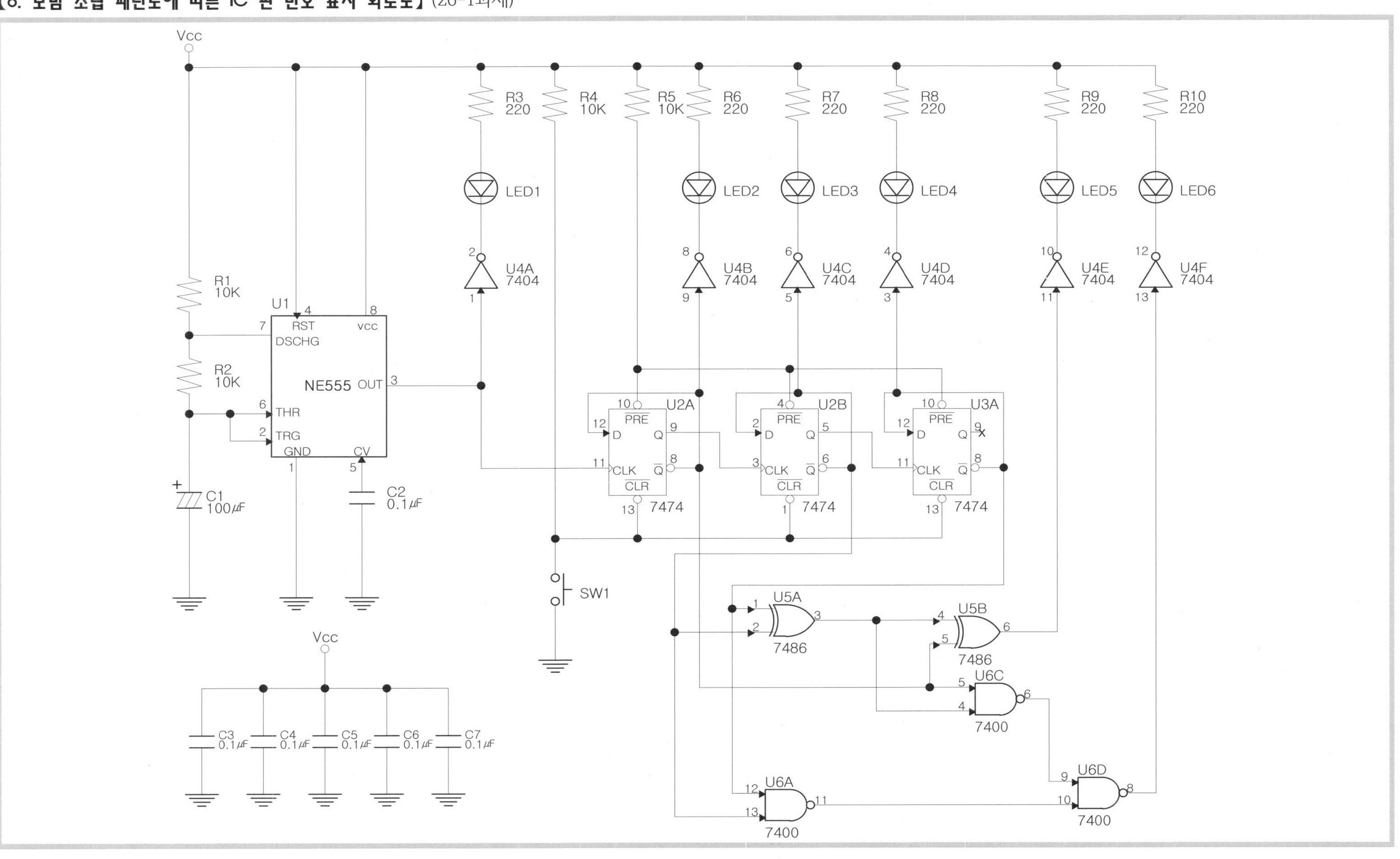

전자기기기능사(실기) 공개문제

3. 조립(제작 조립과제 3)

전자기기기능사	조립 제작 실습 과제 27	작품명	공개과제 3

▣ **다음 회로 스케치를 완성하여 답안지를 제출하고 2과제를 진행하면서 순서에 따라 3과제(20분 이내)를 수행하시면 됩니다.**

▣ **시험 시간 및 과제 : 표준시간 : 4시간(측정 과제 20분 포함 시간)**

1. 요구 사항

과제 1 : 회로 스케치, 과제 2 : 조립 제작, 과제 3 : 측정 과제(20분)

※ 반드시 회로 스케치를 먼저 한 후 회로 스케치 답안지를 제출한 후 2, 3과제를 진행하시기 바랍니다.

가. 지급된 재료를 사용하여 제한 시간 내에 도면과 같이 조립하시오.

나. 조립 완성 후 전체 동작전류를 측정하여 기록하시오.

다. 조립이 완성되면 다음 동작이 되는지 확인합니다.

1) LED 배치는 반드시 LED 1, LED 4, LED 3, LED 2, LED 5, LED 6 순서대로 일정한 간격으로 합니다.

2) 전원을 ON 이후 SW1을 눌러서 모든 플립플롭의 출력을 초기화합니다. 이때 LED 1은 약 2초의 주기로 점멸(ON된 후 OFF를 반복)하며, 초기화(Reset)된 LED 2~6 모두 ON된다.

3) LED 1을 누른 후 원상태로 복귀시키면(눌렀다 놓으면) SW1은 OFF, 발진회로에서 생성된 클록 펄스(CP) 동작에 따라 아래의 표와 같이 점멸을 반복합니다.

▶ **동작 진리표**

클록 펄스(CP)		LED 표시				
수	LED1	LED6	LED2	LED3	LED4	LED5
0	점멸(ON/OFF)	ON	OFF	OFF	OFF	OFF
1	점멸(ON/OFF)	ON	ON	OFF	OFF	OFF
2	점멸(ON/OFF)	ON	ON	ON	OFF	OFF
3	점멸(ON/OFF)	ON	ON	ON	ON	OFF
4	점멸(ON/OFF)	OFF	ON	ON	ON	ON
5	점멸(ON/OFF)	OFF	OFF	ON	ON	ON
6	점멸(ON/OFF)	OFF	OFF	OFF	ON	ON
7	점멸(ON/OFF)	OFF	OFF	OFF	OFF	ON
8	점멸(ON/OFF)	ON	OFF	OFF	OFF	OFF

2. 재료 목록

재료명	규격	수량	재료명	규격	수량
IC	7400	1	LED	적색 5Φ	6
	7404	1	4P 스위치	4P 또는 2P	1
	7474	2	마일러 커패시터	0.1μF	6
	7486	1	전해 커패시터	100μF/16V	1
	NE555	1	방한지/모눈종이	A4	1장
IC 소켓	14pin DIP	5	작업용 실링봉투		1
	8pin DIP	1	만능기판	28×62hole	1
저항 (1/4W)	220Ω, 1%	6	배선줄/3mm	3색 단선	1
	10KΩ, 1%	4	실납	SN60% 1.0Φ	1
			리드선	2P	1

▣ **사용되는 IC 및 주요 회로**

[사전과제 1 : 회로에 사용되는 IC 내부를 노트에 그려보고 이해하고 암기할 것]

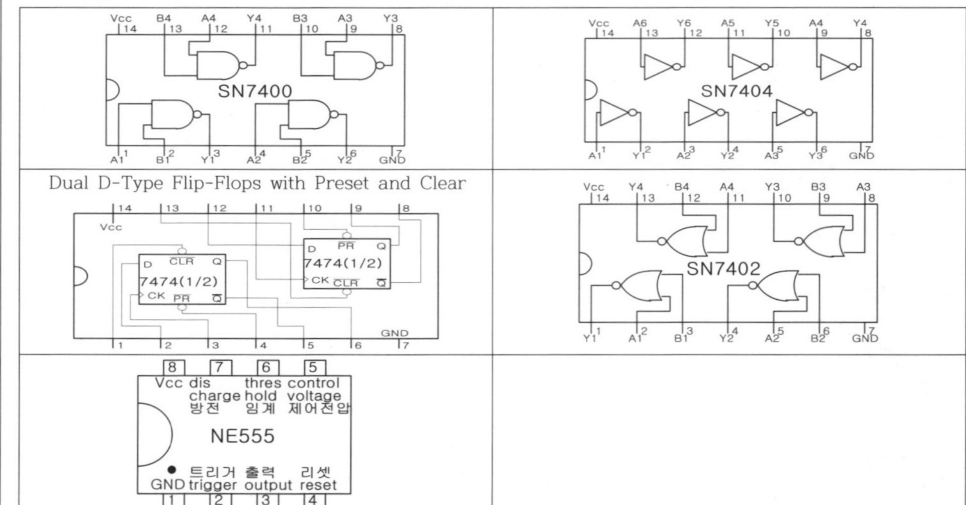

【3. 회로도】 (27-1과제) : 회로도는 반드시 수업 전 사전과제로 실습 노트에 깨끗하게 그려서 검사받도록 합니다. [사전과제 2] 회로도 그리기

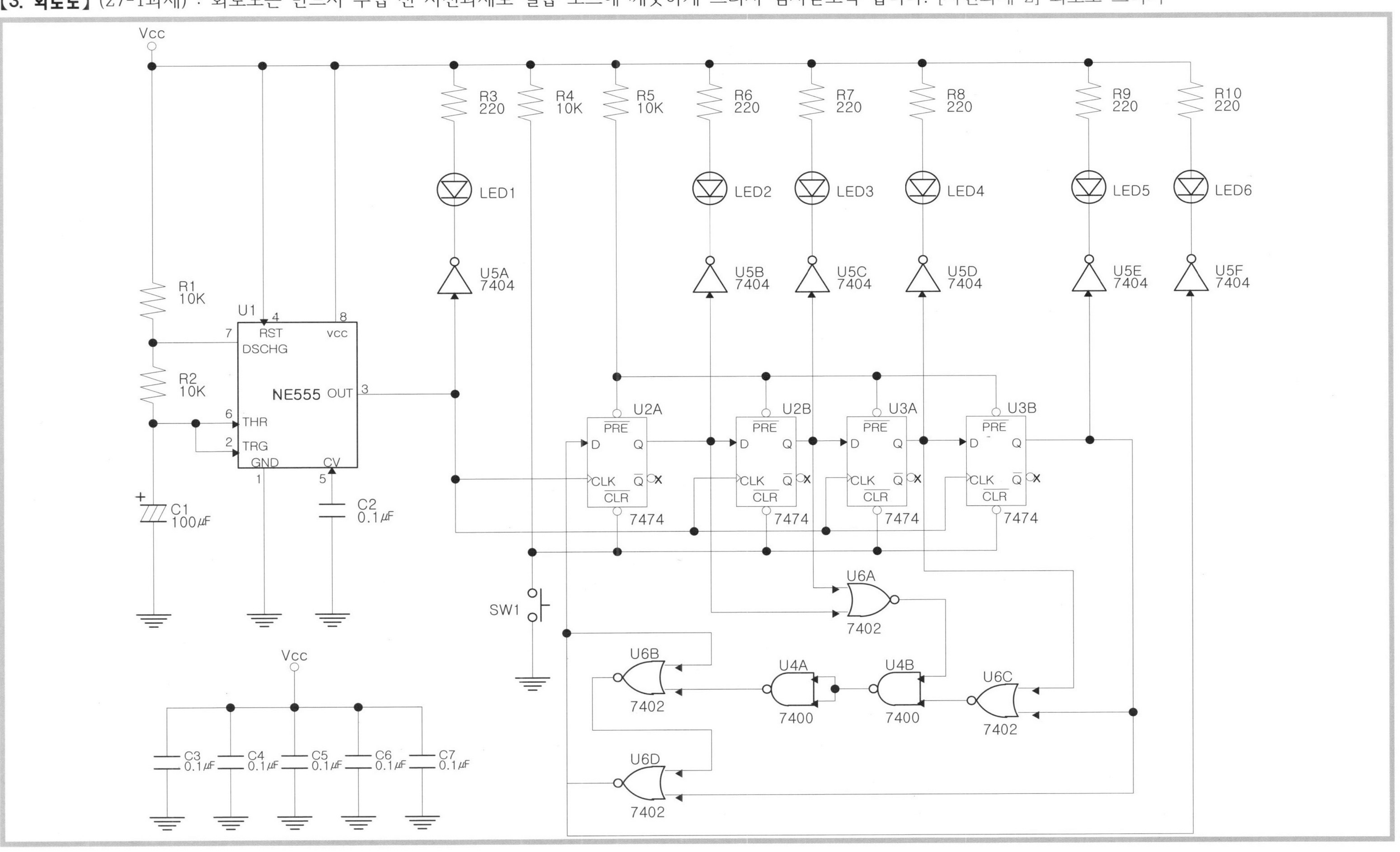

【4-1. 부품 배치 및 배선 연습용 기판】 [사전과제 3] 회로도를 보고 28×62 만능기판 사이즈에 균형 있게 부품을 배치하고 회로도와 같도록 배선을 하시오. (연습용)

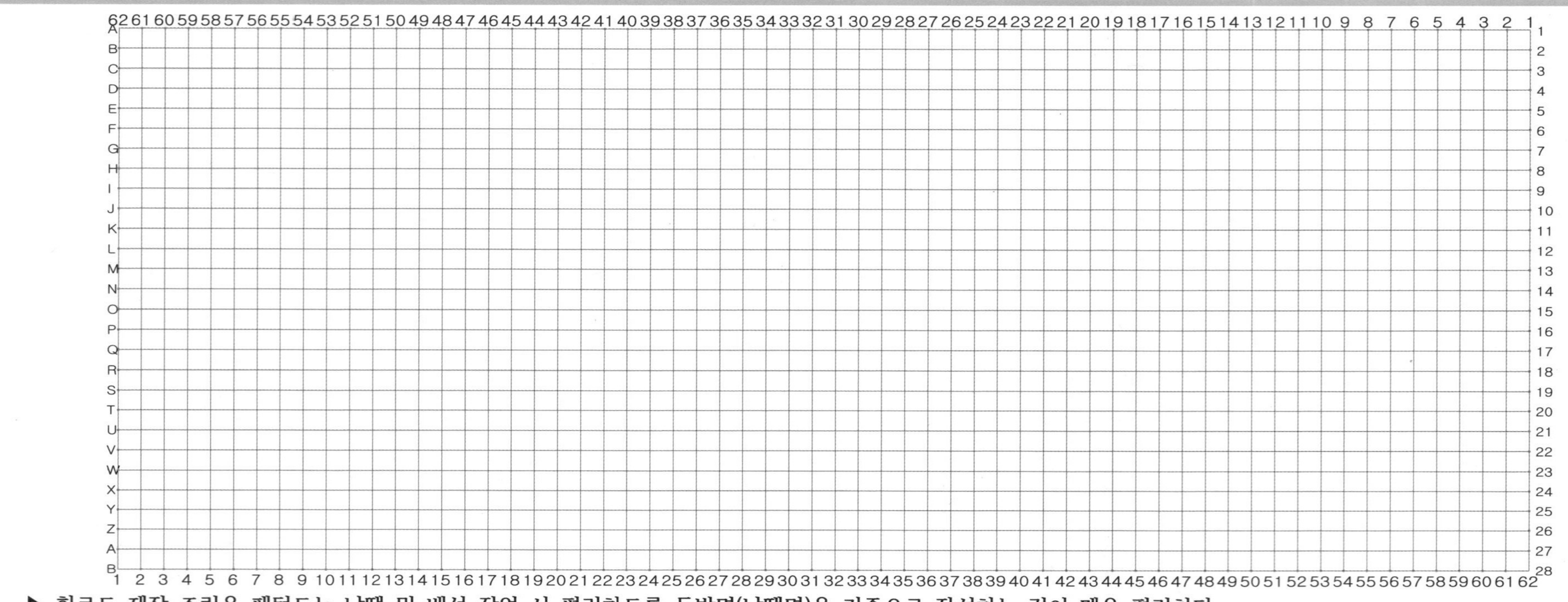

▶ 회로도 제작 조립용 패턴도는 납땜 및 배선 작업 시 편리하도록 동박면(납땜면)을 기준으로 작성하는 것이 매우 편리하다.

종류	다이오드	저항	콘덴서	트랜지스터		PB 스위치	IC		점프선	LED
				NPN	PNP					
회로도 기호							14핀	16핀		
패턴도 기호 (동박면 기준)										
비고	4~5칸	4~5칸	3~5칸	3칸	3칸	3칸×3칸 3칸×4칸	4칸×7칸	4칸×8칸	크기에 따라	3칸~4칸

▶ 회로도의 기호에 맞는 패턴도 기호를 사용하여 28×62 기판 사이즈에 전체적인 균형을 생각하며 회로의 조립과정이 쉽게 패턴도를 작성하시오.

【4-2. 부품 배치 및 배선 평가용 기판】 [사전과제 4] 회로도를 보고 28×62 만능기판 사이즈에 균형 있게 부품을 배치하고 회로도와 같도록 배선을 하시오. (평가용 1)

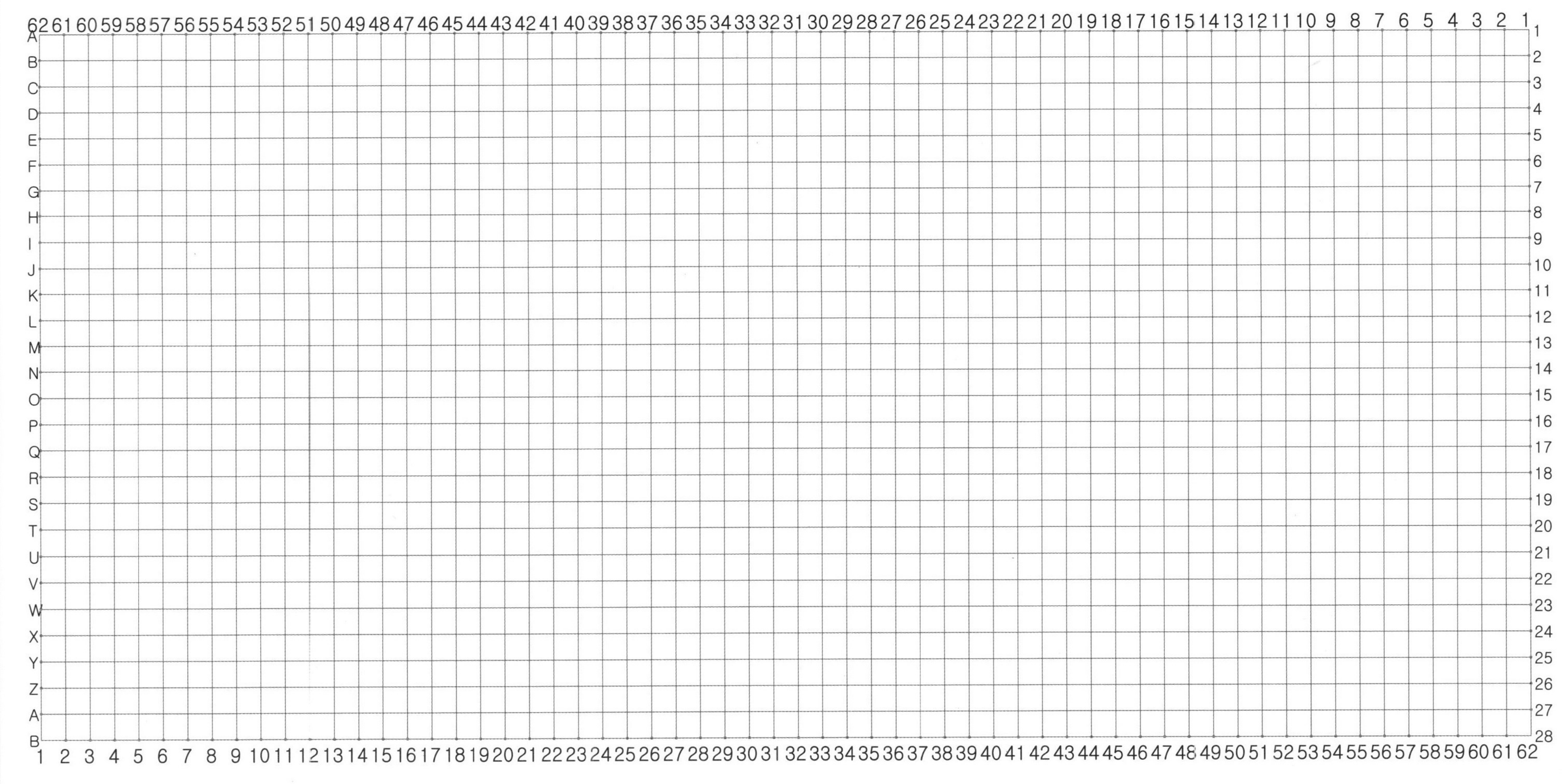

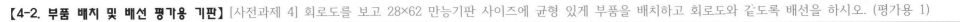

▶ 회로도 제작 조립용 패턴도는 납땜 및 배선 작업 시 편리하도록 동박면(납땜면)을 기준으로 작성하는 것이 매우 편리하다.

▶ 회로도의 기호에 맞는 패턴도 기호를 사용하여 28×62 기판 사이즈에 전체적인 균형을 생각하며 회로의 조립과정이 쉽게 패턴도를 작성하시오.

【4-3. 부품 배치 및 배선 연습용 기판】 [사전과제 5] 회로도를 보고 28×62 만능기판 사이즈에 균형 있게 부품을 배치하고 회로도와 같도록 배선을 하시오. (평가용 2)

기본 배치도를 이용한 부품 배치 및 회로 배선 연결 (스케치용)

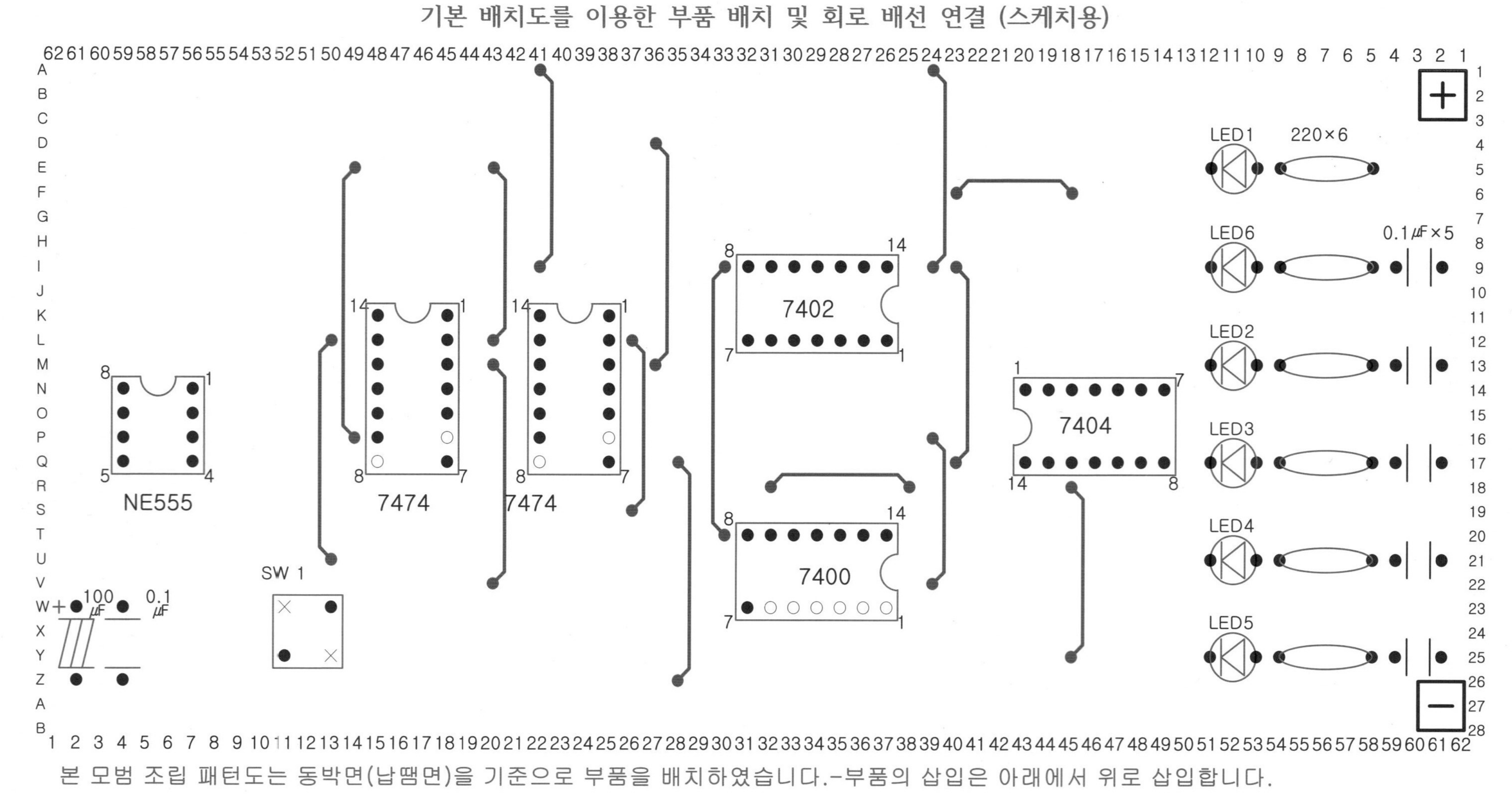

본 모범 조립 패턴도는 동박면(납땜면)을 기준으로 부품을 배치하였습니다.-부품의 삽입은 아래에서 위로 삽입합니다.

▶ **회로도 제작 조립용 패턴도는 납땜 및 배선 작업 시 편리하도록 동박면(납땜면)을 기준으로 작성하는 것이 매우 편리하다.**

※ 빨간(적)색의 부품과 파란(청)색의 점프선은 동박면(납땜면)이 아닌 반대편의 부품면(플라스틱면)에서 삽입되는 것을 잊지 말고 참고하세요!

▶ **회로도의 기호에 맞는 패턴도 기호를 사용하여 28×62 기판 사이즈에 전체적인 균형을 생각하며 회로의 조립과정이 쉽게 패턴도를 작성하시오.**

【5-1. 부품의 모범 배치도 1】 회로도와 같도록 배치도에 회로의 결선을 하시오. (연필을 사용하여 여러 번 수정을 거치면 가장 좋은 배선이 된다.) (수업 연습용[1시간])

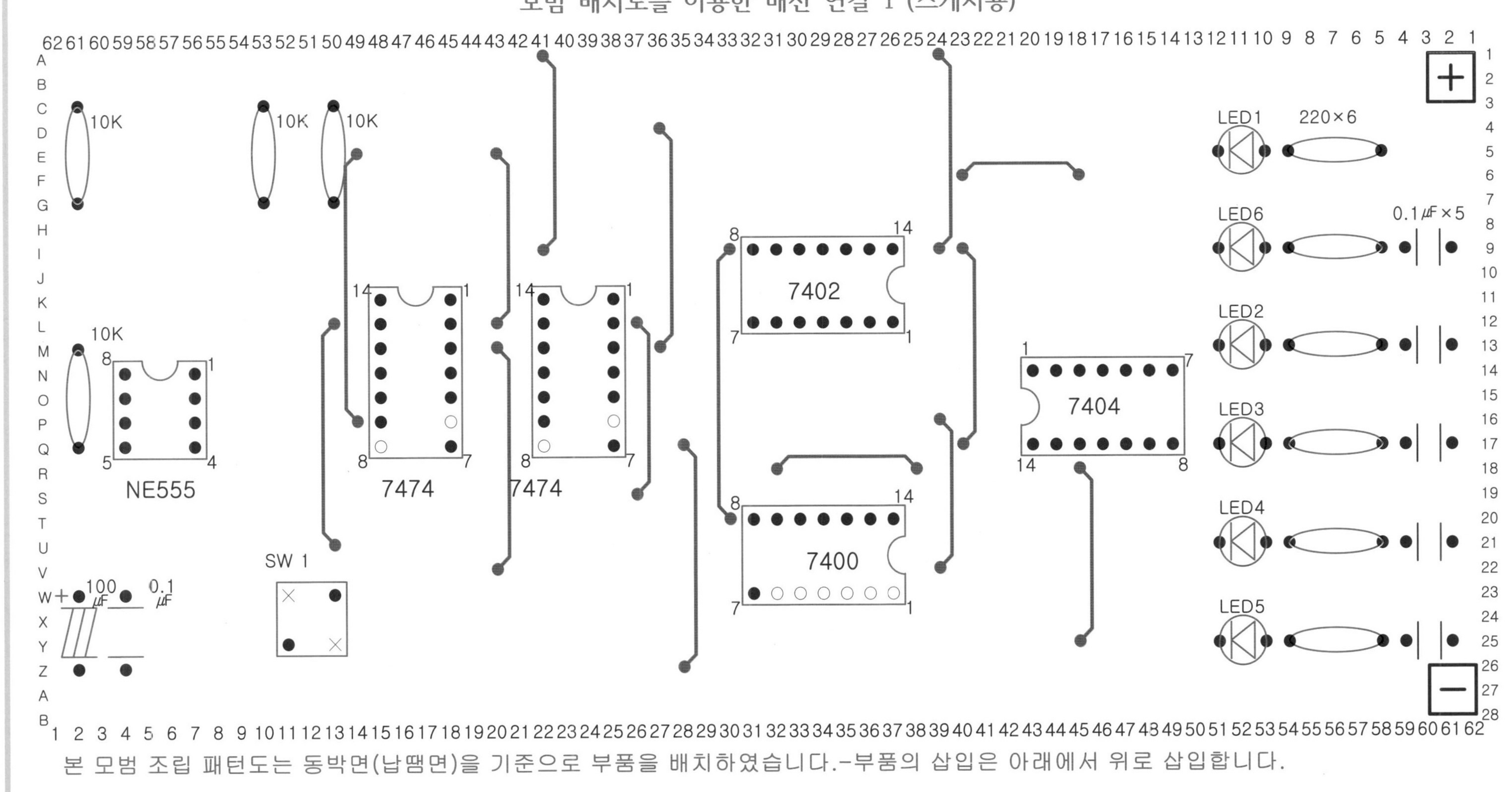

본 모범 조립 패턴도는 동박면(납땜면)을 기준으로 부품을 배치하였습니다.-부품의 삽입은 아래에서 위로 삽입합니다.

▶ **본 패턴도는 동박면(납땜면)을 기준으로 부품 배치를 하였다. 부품 삽입 시 참고하여 삽입하기 바람. (배선 납땜 시 매우 편리함)**

※ 빨간(적)색의 부품과 파란(청)색의 점프선은 동박면(납땜면)이 아닌 반대편의 부품면(플라스틱면)에서 삽입되는 것을 잊지 말고 참고하세요!

【5-2. 부품의 모범 배치도 1】 회로도와 같도록 배치도에 회로의 결선을 하시오. (연필을 사용하여 여러 번 수정을 거치면 가장 좋은 배선이 된다.) (수업 평가용[1시간])

모범 배치도를 이용한 배선 연결 2 (평가용)

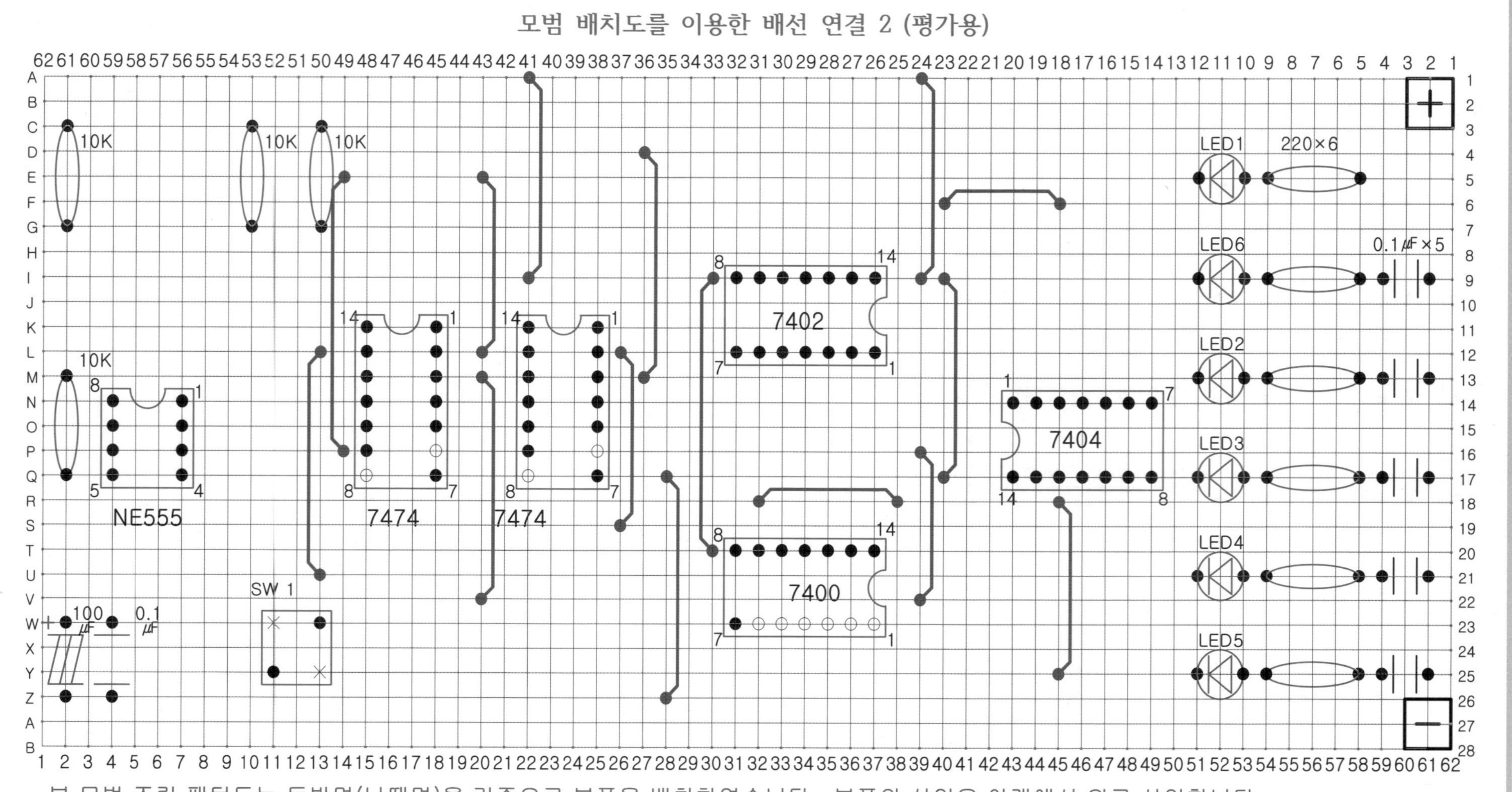

본 모범 조립 패턴도는 동박면(납땜면)을 기준으로 부품을 배치하였습니다.-부품의 삽입은 아래에서 위로 삽입합니다.

▶ **본 패턴도는 동박면(납땜면)을 기준으로 부품 배치를 하였다. 부품 삽입 시 참고하여 삽입하기 바람. (배선 납땜 시 매우 편리함)**

※ 빨간(적)색의 부품과 파란(청)색의 점프선은 동박면(납땜면)이 아닌 반대편의 부품면(플라스틱면)에서 삽입되는 것을 잊지 말고 참고하세요!

【6. 모범 조립 패턴도에 따른 IC 핀 번호 표시 회로도】 (27-1과제) :

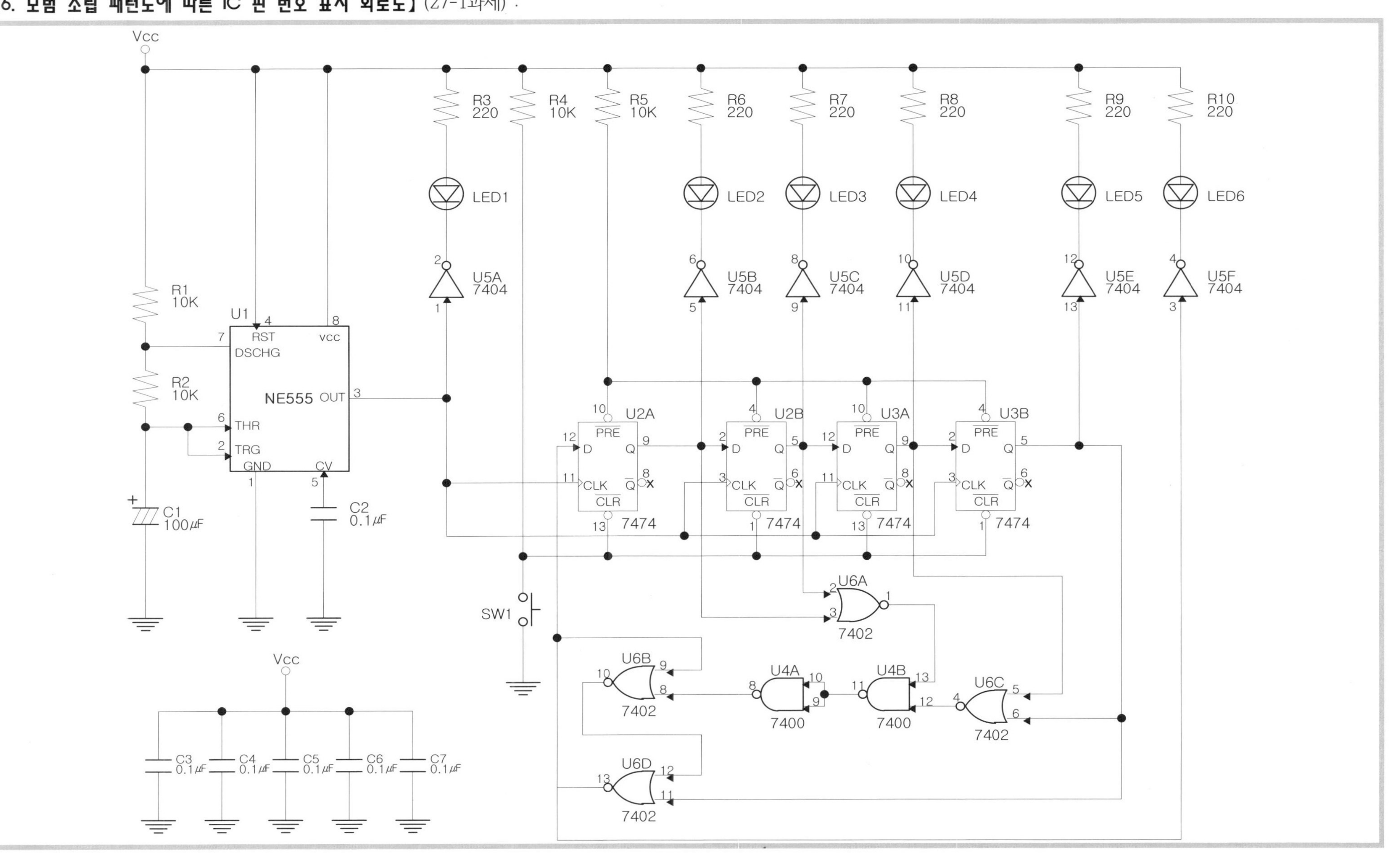

전자기기기능사(실기) 공개문제

4. 조립(제작 조립과제 4)

전자기기기능사	조립 제작 실습 과제 28	작품명	공개과제 4

▣ **다음 회로 스케치를 완성하여 답안지를 제출하고 2과제를 진행하면서 순서에 따라 3과제(20분 이내)를 수행하시면 됩니다.**

▣ **시험 시간 및 과제 : 표준시간 : 4시간(측정 과제 20분 포함 시간)**

1. 요구 사항

과제 1 : 회로 스케치, 과제 2 : 조립 제작, 과제 3 : 측정 과제(20분)

※ 반드시 회로 스케치를 먼저 한 후 회로 스케치 답안지를 제출한 후 2, 3과제를 진행하시기 바랍니다.

가. 지급된 재료를 사용하여 제한 시간 내에 도면과 같이 조립하시오.

나. 조립 완성 후 전체 동작전류를 측정하여 기록하시오.

다. 조립이 완성되면 다음 동작이 되는지 확인합니다.

1) LED 배치는 반드시 LED 1, LED 4, LED 3, LED 2, LED 5, LED 6 순서대로 일정한 간격으로 합니다.

2) 전원을 ON 이후 SW1을 눌러서 모든 플립플롭의 출력을 초기화합니다.
이때 LED 1은 약 2초의 주기로 점멸(ON된 후 OFF를 반복)하며, 초기화(Reset)된 LED 2~6 모두 ON된다.

3) LED 1을 누른 후 원상태로 복귀시키면(눌렀다 놓으면) SW1은 OFF, 발진회로에서 생성된 클록 펄스(CP) 동작에 따라 아래의 표와 같이 점멸을 반복합니다.

▶ **동작 진리표**

클록 펄스(CP)	LED 표시				
수	LED1	LED2	LED3	LED4	LED5
0	ON	OFF	OFF	OFF	OFF
1	OFF	ON	OFF	OFF	OFF
2	OFF	OFF	ON	OFF	OFF
3	OFF	OFF	OFF	ON	OFF
4	OFF	OFF	OFF	OFF	ON
반복					

2. 재료 목록

재료명	규격	수량	재료명	규격	수량
IC	7414	1	LED	적색 5Φ	5
	7474	2	4P 스위치	4P 또는 2P	1
	7440	1	마일러 커패시터	0.1μF	6
	NE555	1	전해 커패시터	100μF/16V	1
TR	2SC1815	6	다이오드	1N4148	1
IC 소켓	14pin DIP	4	작업용 실링봉투		1
	8pin DIP	1	만능기판	28×62hole	1
저항 (1/4W)	220Ω, 1%	5	배선줄/3mm	3색 단선	1
	10KΩ, 1%	2	방한지/모눈종이	A4	1장
	4.7KΩ,1%	9	실납	SN60% 1.0Φ	1
			리드선	2P	1

▣ **사용되는 IC 및 주요 회로**

[사전과제 1 : 회로에 사용되는 IC 내부를 노트에 그려보고 이해하고 암기할 것)

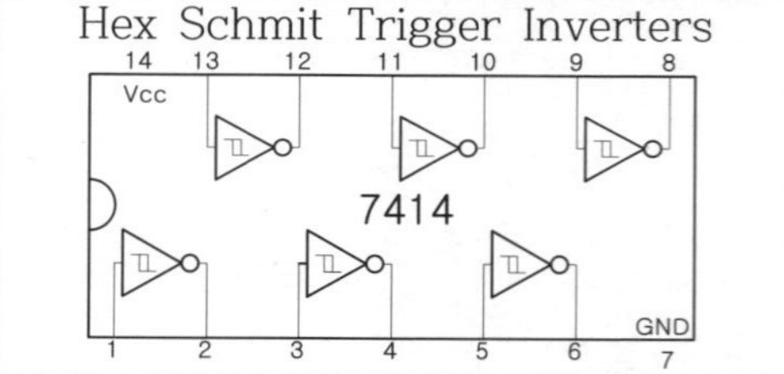

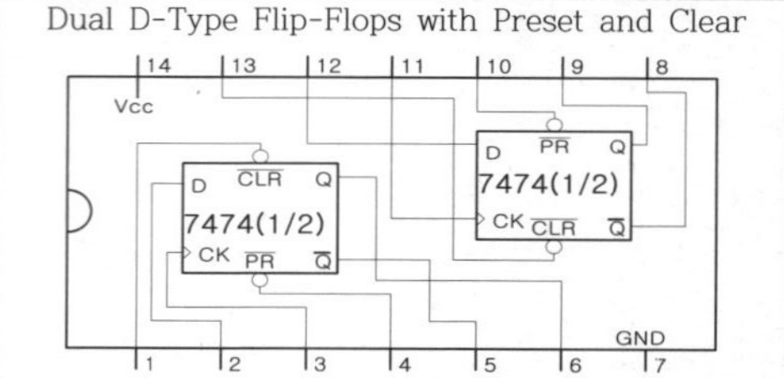

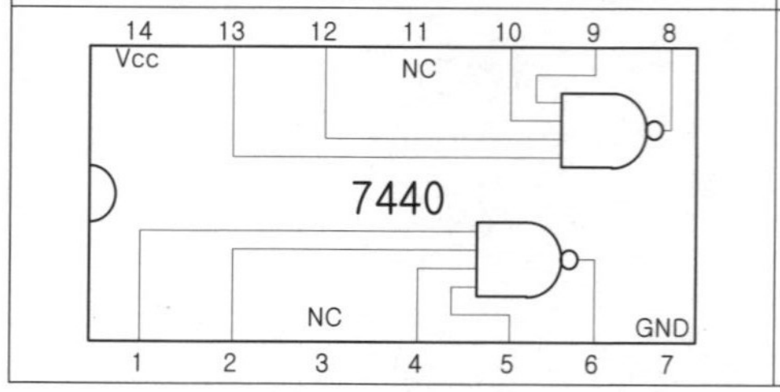

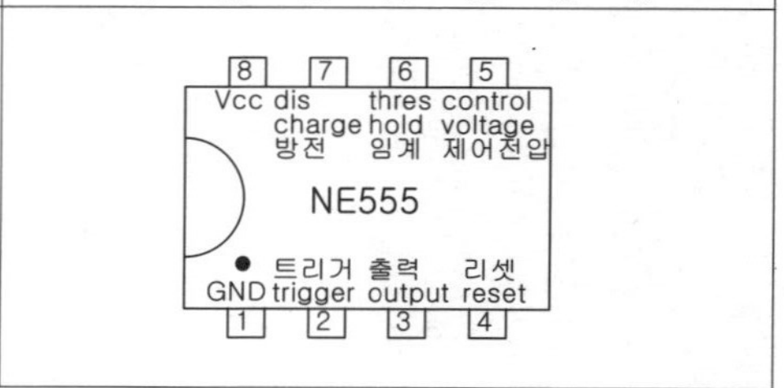

Hex Schmit Trigger Inverters

7414

Dual D-Type Flip-Flops with Preset and Clear

7474(1/2)

7440

NE555

【3. 회로도】 (28-1과제) : 회로도는 반드시 수업 전 사전과제로 실습 노트에 깨끗하게 그려서 검사받도록 합니다. [사전과제 2] 회로도 그리기

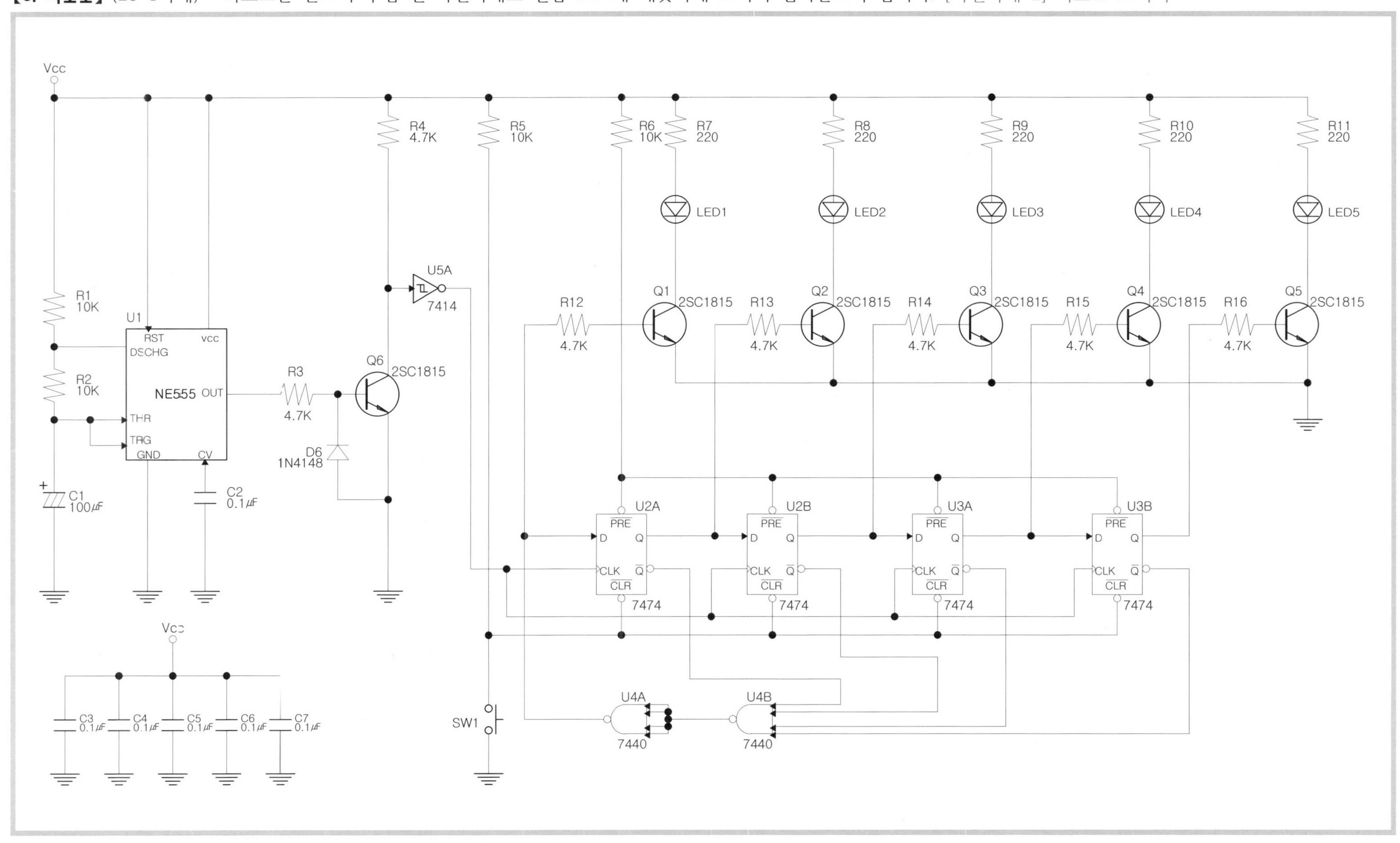

【4-1. 부품 배치 및 배선 연습용 기판】 [사전과제 3] 회로도를 보고 28×62 만능기판 사이즈에 균형 있게 부품을 배치하고 회로도와 같도록 배선을 하시오. (연습용)

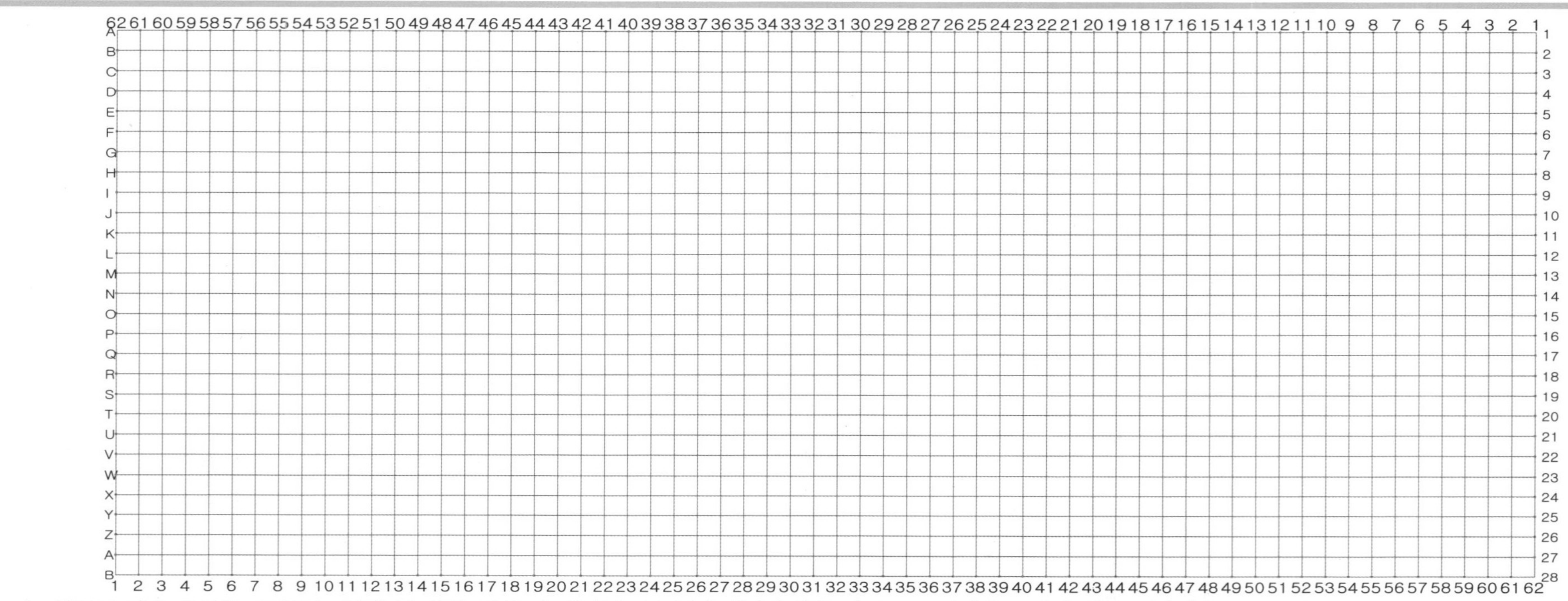

▶ 회로도 제작 조립용 패턴도는 납땜 및 배선 작업 시 편리하도록 동박면(납땜면)을 기준으로 작성하는 것이 매우 편리하다.

종류	다이오드	저항	콘덴서	트랜지스터		PB 스위치	IC		점프선	LED
				NPN	PNP					
회로도 기호				B C E	B E C	ⓐ ⓑ	14핀	16핀		
패턴도 기호 (동박면 기준)			+				14 1 8 7	16 1 9 8		
비고	4~5칸	4~5칸	3~5칸	3칸	3칸	3칸×3칸 3칸×4칸	4칸×7칸	4칸×8칸	크기에 따라	3칸~4칸

▶ 회로도의 기호에 맞는 패턴도 기호를 사용하여 28×62 기판 사이즈에 전체적인 균형을 생각하며 회로의 조립과정이 쉽게 패턴도를 작성하시오.

【4-2. 부품 배치 및 배선 평가용 기판】 [사전과제 4] 회로도를 보고 28×62 만능기판 사이즈에 균형 있게 부품을 배치하고 회로도와 같도록 배선을 하시오. (평가용 1)

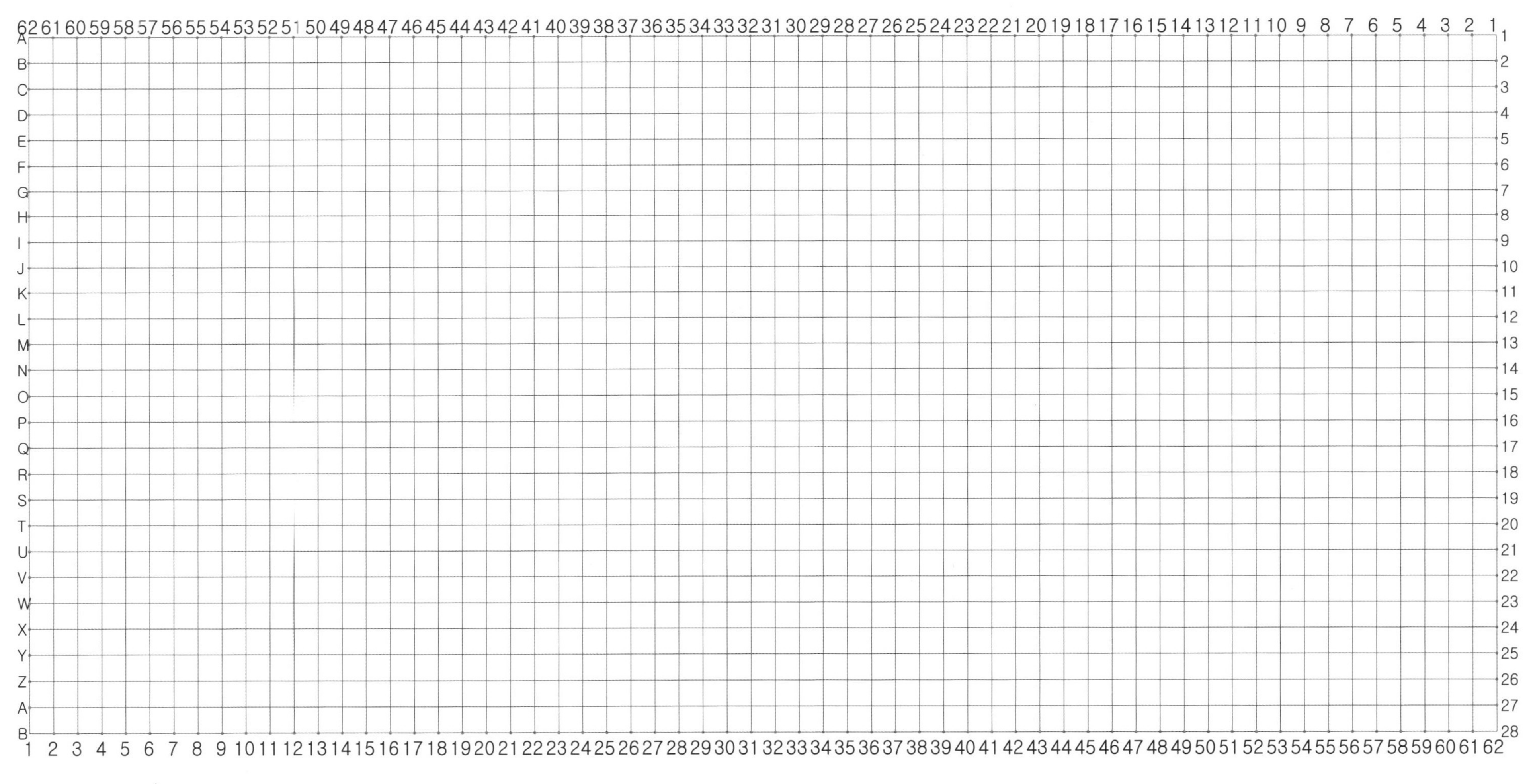

▶ 회로도 제작 조립용 패턴도는 납땜 및 배선 작업 시 편리하도록 동박면(납땜면)을 기준으로 작성하는 것이 매우 편리하다.

▶ 회로도의 기호에 맞는 패턴도 기호를 사용하여 28×62 기판 사이즈에 전체적인 균형을 생각하며 회로의 조립과정이 쉽게 패턴도를 작성하시오.

【4-3. 부품 배치 및 배선 연습용 기판】 [사전과제 5] 회로도를 보고 28×62 만능기판 사이즈에 균형 있게 부품을 배치하고 회로도와 같도록 배선을 하시오. (평가용 2)

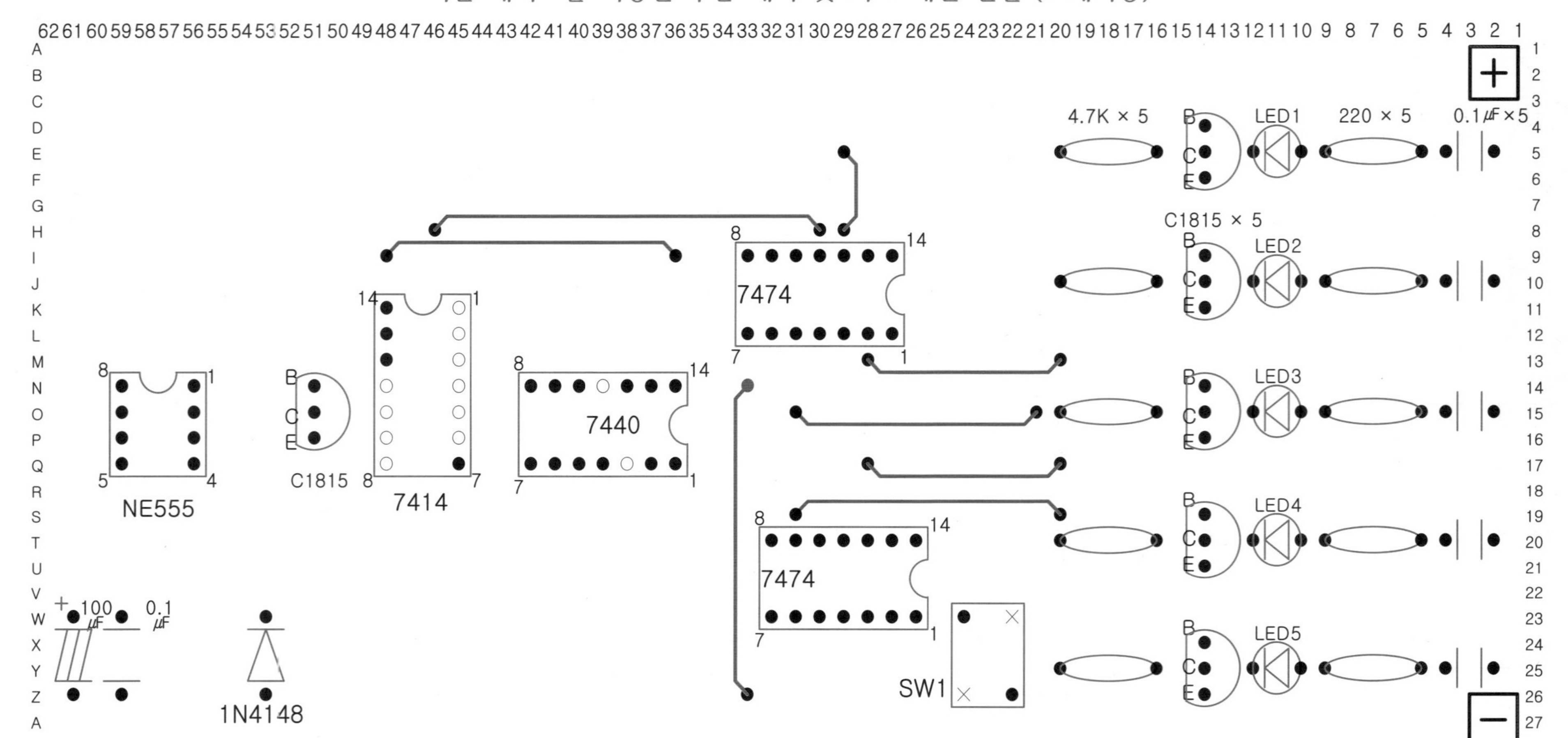

본 모범 조립 패턴도는 동박면(납땜면)을 기준으로 부품을 배치하였습니다.-부품의 삽입은 아래에서 위로 삽입합니다.

▶ **회로도 제작 조립용 패턴도는 납땜 및 배선 작업 시 편리하도록 동박면(납땜면)을 기준으로 작성하는 것이 매우 편리하다.**

※ 빨간(적)색의 부품과 파란(청)색의 점프선은 동박면(납땜면)이 아닌 반대편의 부품면(플라스틱면)에서 삽입되는 것을 잊지 말고 참고하세요!

▶ **회로도의 기호에 맞는 패턴도 기호를 사용하여 28×62 기판 사이즈에 전체적인 균형을 생각하며 회로의 조립과정이 쉽게 패턴도를 작성하시오.**

【5-1. 부품의 모범 배치도 1】 회로도와 같도록 배치도에 회로의 결선을 하시오. (연필을 사용하여 여러 번 수정을 거치면 가장 좋은 배선이 된다.) (수업 연습용[1시간]).

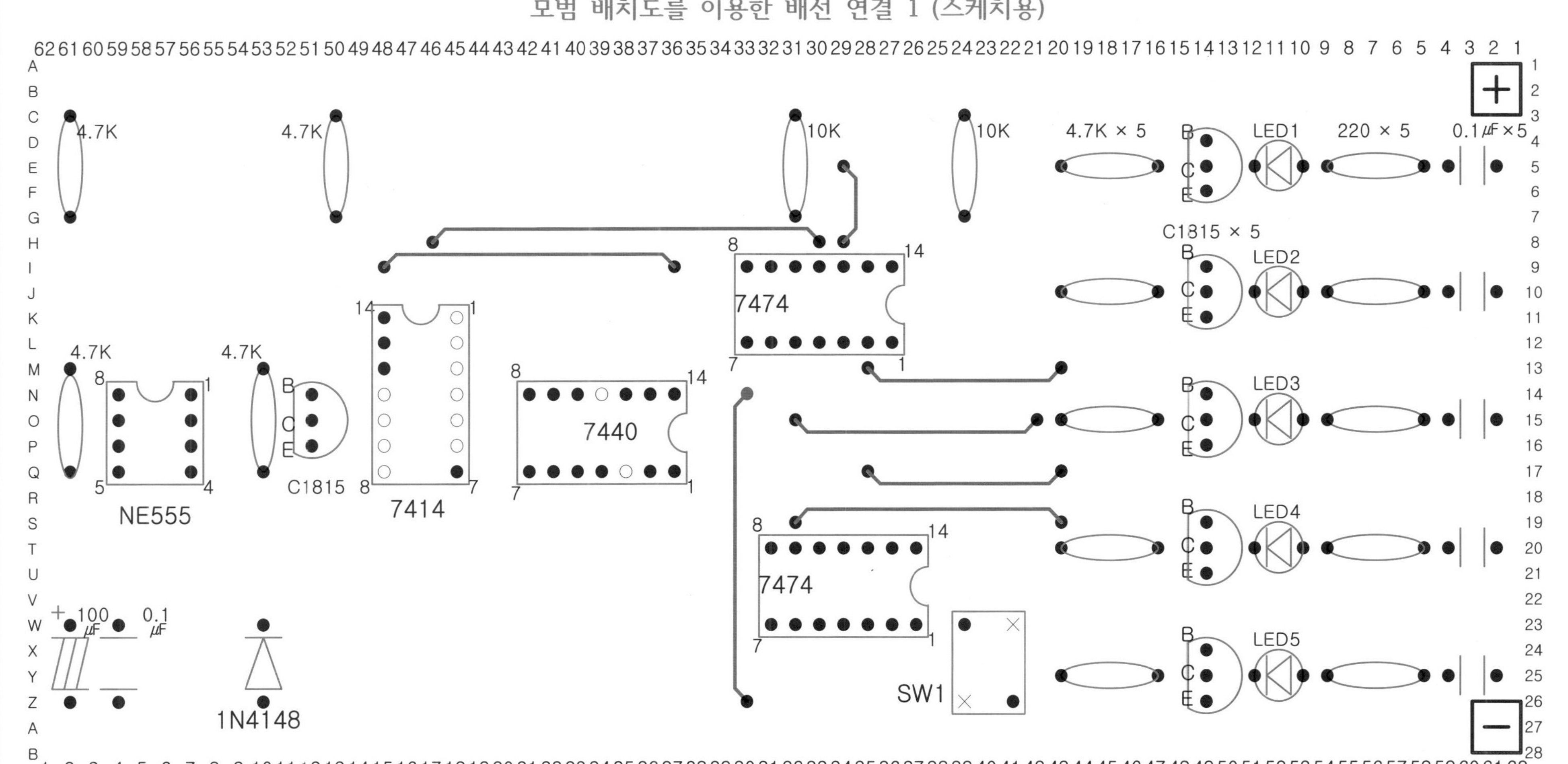

본 모범 조립 패턴도는 동박면(납땜면)을 기준으로 부품을 배치하였습니다.-부품의 삽입은 아래에서 위로 삽입합니다.

▶ **본 패턴도는 동박면(납땜면)을 기준으로 부품 배치를 하였다. 부품 삽입 시 참고하여 삽입하기 바람. (배선 납땜 시 매우 편리함)**

※ 빨간(적)색의 부품과 파란(청)색의 점프선은 동박면(납땜면)이 아닌 반대편의 부품면(플라스틱면)에서 삽입되는 것을 잊지 말고 참고하세요!

【5-2. 부품의 모범 배치도 1】 회로도와 같도록 배치도에 회로의 결선을 하시오. (연필을 사용하여 여러 번 수정을 거치면 가장 좋은 배선이 된다.) (수업 평가용[1시간])

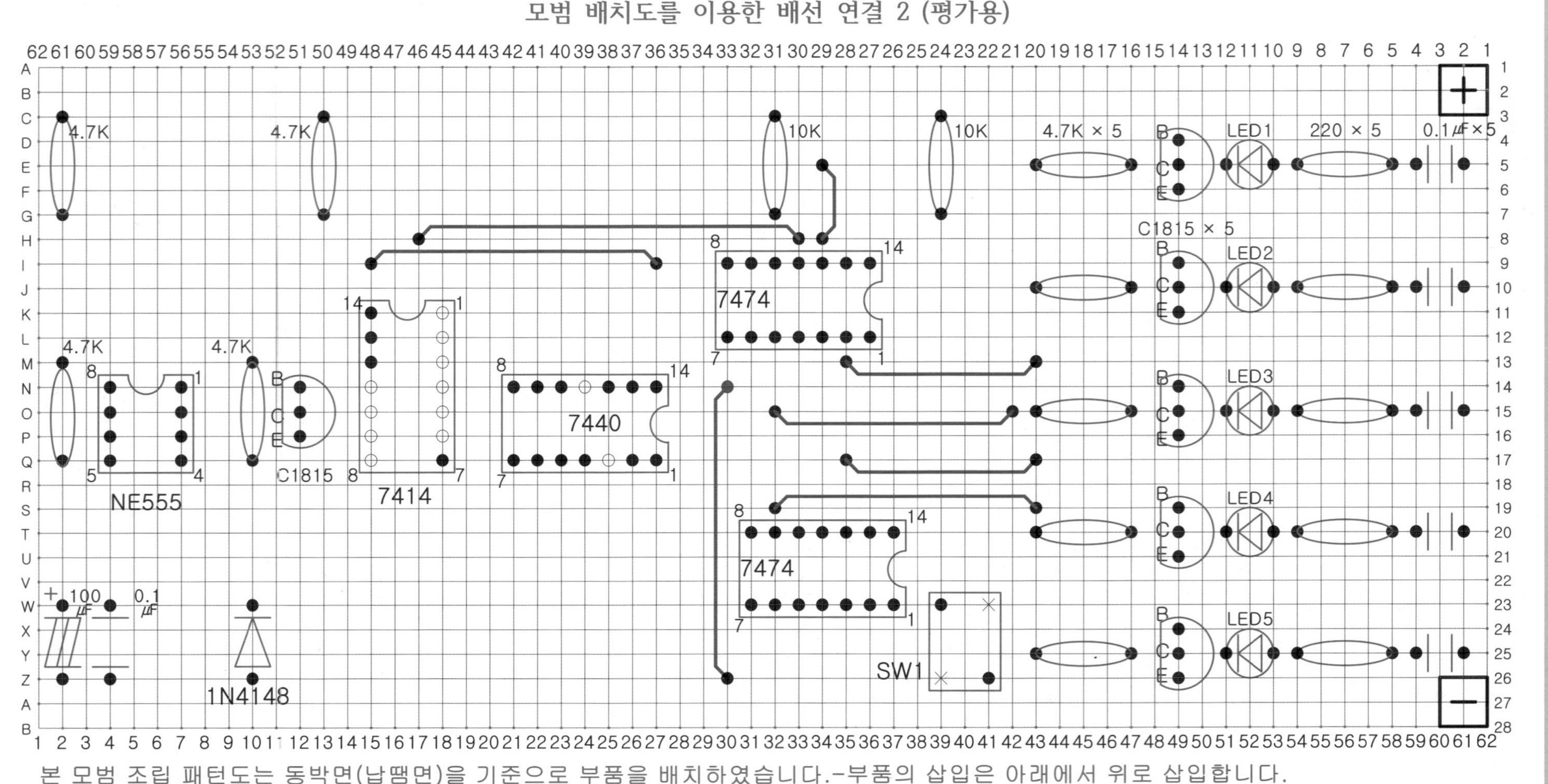

▶ **본 패턴도는 동박면(납땜면)을 기준으로 부품 배치를 하였다. 부품 삽입 시 참고하여 삽입하기 바람.(배선 납땜 시 매우 편리함)**

※ 빨간(적)색의 부품과 파란(청)색의 점프선은 동박면(납땜면)이 아닌 반대편의 부품면(플라스틱면)에서 삽입되는 것을 잊지 말고 참고하세요!

【6. 모범 조립 패턴도에 따른 IC 핀 번호 표시 회로도】(28-1과제) :

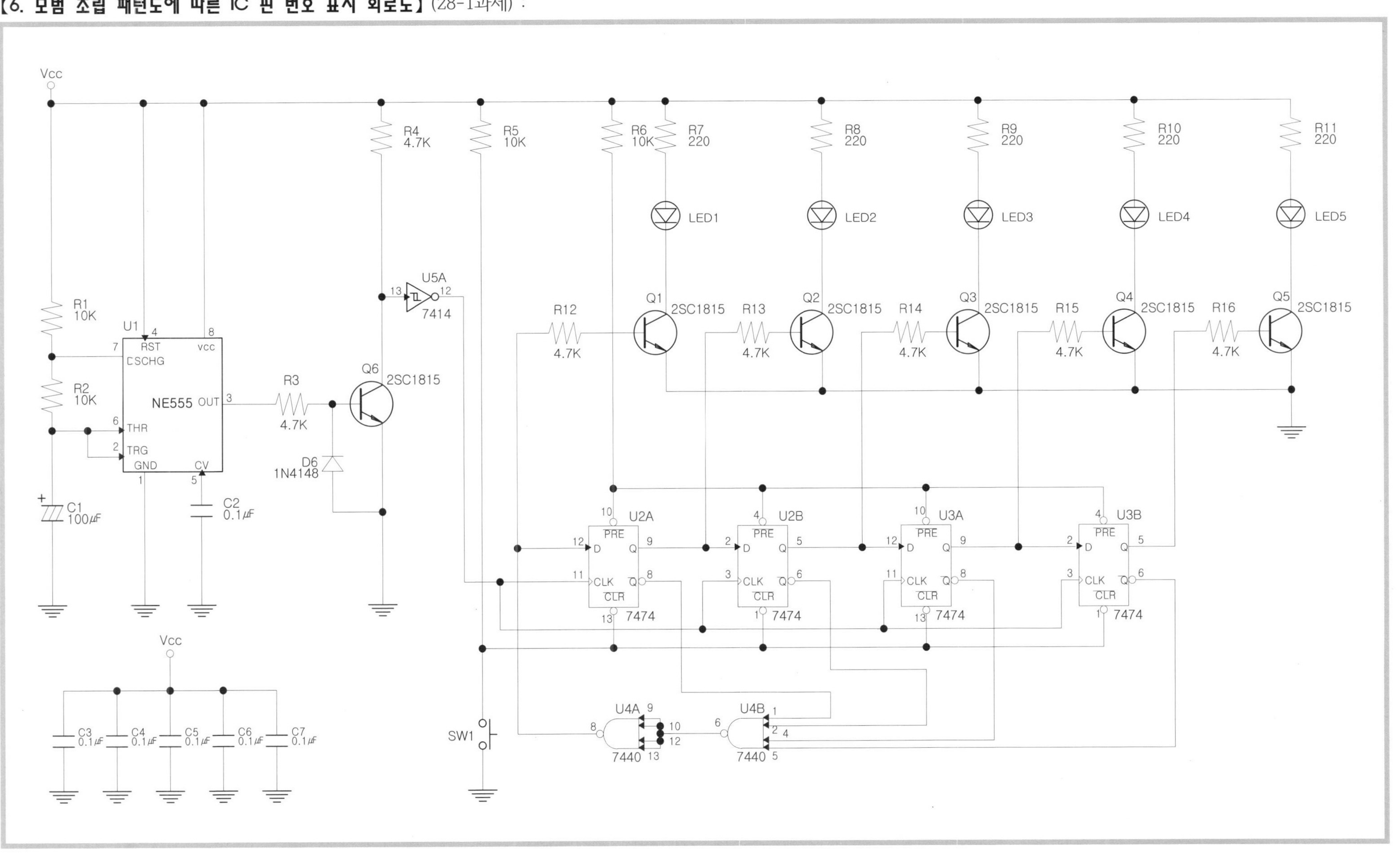

전자기기기능사(실기) 공개문제

5. 조립(제작 조립과제 5)

전자기기기능사	조립 제작 실습 과제 29	작품명	공개과제 5

▣ 다음 회로 스케치를 완성하여 답안지를 제출하고 2과제를 진행하면서 순서에 따라 3과제(20분 이내)를 수행하시면 됩니다.

▣ 시험 시간 및 과제 : 표준시간 : 4시간(측정 과제 20분 포함 시간)

1. 요구 사항

과제 1 : 회로 스케치, 과제 2 : 조립 제작, 과제 3 : 측정 과제(20분)

※ 반드시 회로 스케치를 먼저 한 후 회로 스케치 답안지를 제출한 후 2, 3과제를 진행하시기 바랍니다.

가. 지급된 재료를 사용하여 제한 시간 내에 도면과 같이 조립하시오.

나. 조립 완성 후 전체 동작전류를 측정하여 기록하시오.

다. 조립이 완성되면 다음 동작이 되는지 확인합니다.

1) LED 배치는 반드시 LED 1, LED 4, LED 3, LED 2, LED 5, LED 6 순서대로 일정한 간격으로 합니다.

2) 전원을 ON 이후 SW1을 눌러서 모든 플립플롭의 출력을 초기화합니다.
이때 LED 1은 약 2초의 주기로 점멸(ON된 후 OFF를 반복)하며, 초기화(Reset)된 LED 2~6 모두 ON된다.

3) LED 1을 누른 후 원상태로 복귀시키면(눌렀다 놓으면) SW1은 OFF, 발진회로에서 생성된 클록 펄스(CP) 동작에 따라 아래의 표와 같이 점멸을 반복합니다.

▶ **동작 진리표**

클록 펄스(CP)	LED 표시				
수	LED1	LED2	LED3	LED4	LED5
0	ON	OFF	OFF	OFF	OFF
1	OFF	ON	OFF	OFF	OFF
2	OFF	OFF	ON	OFF	OFF
3	OFF	OFF	OFF	ON	OFF
4	OFF	OFF	OFF	OFF	ON
반복					

2. 재료 목록

재료명	규격	수량	재료명	규격	수량
IC	7414	1	LED	적색 5Φ	5
	7474	2	4P 스위치	4P 또는 2P	1
	7440	1	마일러 커패시터	0.1μF	6
	uA741 or LF356	1	전해 커패시터	100μF/16V	1
TR	2SC1815	6	다이오드	1N4148	1
IC 소켓	14pin DIP	4	작업용 실링봉투		1
	8pin DIP	1	만능기판	28×62hole	1
저항 (1/4W)	220Ω, 1%	6	배선줄/3mm	3색 단선	1
	8.2KΩ,1%	1	방한지/모눈종이	A4	1장
	10KΩ, 1%	5	실납	SN60% 1.0Φ	1
	4.7KΩ,1%	7	리드선	2P	1

▣ **사용되는 IC 및 주요 회로**

[사전과제 1 : 회로에 사용되는 IC 내부를 노트에 그려보고 이해하고 암기할 것)

Hex Schmit Trigger Inverters

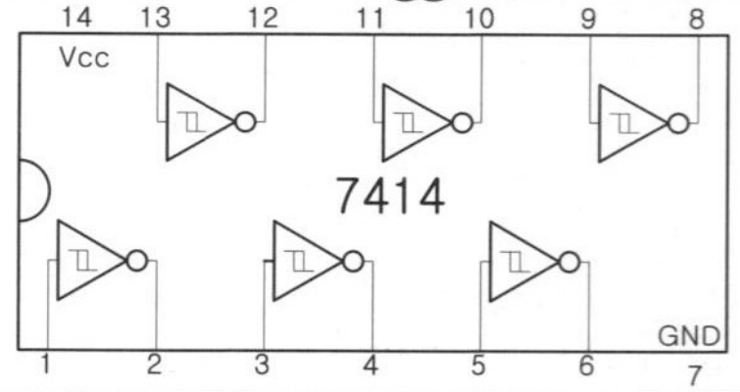

14 13 12 11 10 9 8
Vcc
7414
GND
1 2 3 4 5 6 7

Dual D-Type Flip-Flops with Preset and Clear

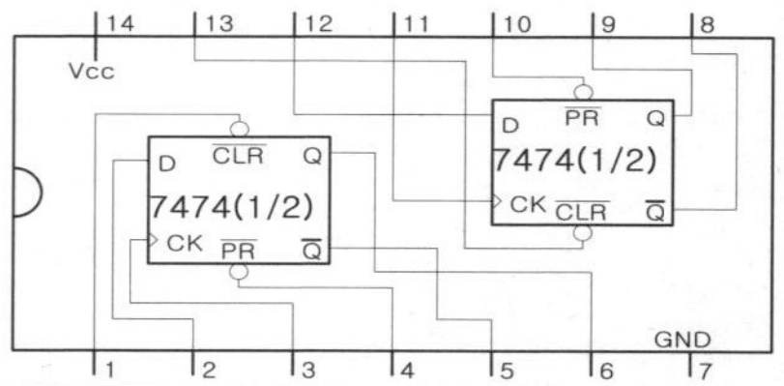

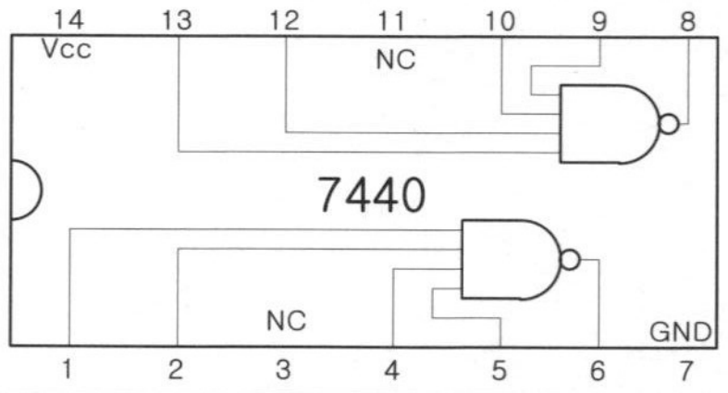

14 13 12 11 10 9 8
Vcc
D CLR Q 7474(1/2) CK PR Q̄
D PR Q 7474(1/2) CK CLR Q̄
GND
1 2 3 4 5 6 7

14 13 12 11 10 9 8
Vcc NC
7440
NC GND
1 2 3 4 5 6 7

μA741과 LF356(Pin to Pin)

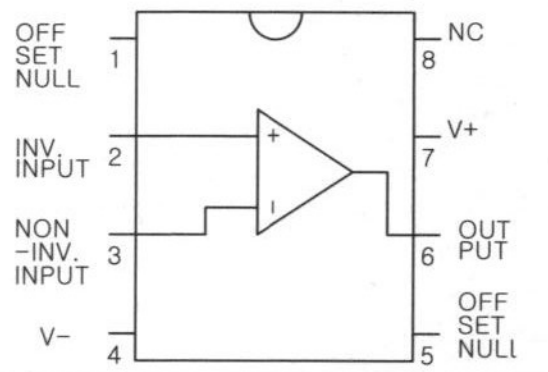

OFF SET NULL 1 | 8 NC
INV. INPUT 2 | 7 V+
NON -INV. INPUT 3 | 6 OUT PUT
V− 4 | 5 OFF SET NULL

【3. 회로도】 (29-1과제) : 회로도는 반드시 수업 전 사전과제로 실습 노트에 깨끗하게 그려서 검사받도록 합니다. [사전과제 2] 회로도 그리기

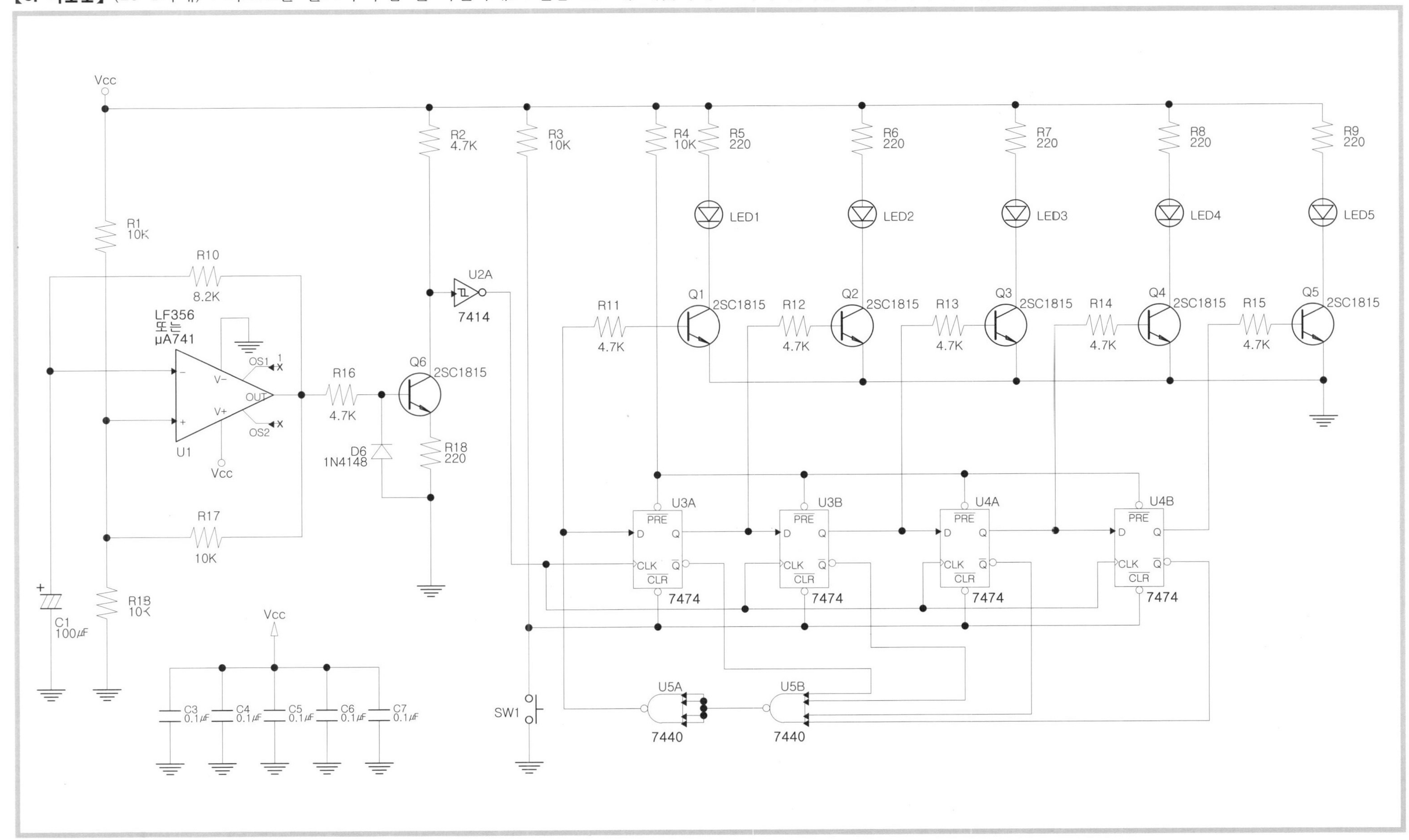

【4-1. 부품 배치 및 배선 연습용 기판】 [사전과제 3] 회로도를 보고 28×62 만능기판 사이즈에 균형 있게 부품을 배치하고 회로도와 같도록 배선을 하시오. (연습용)

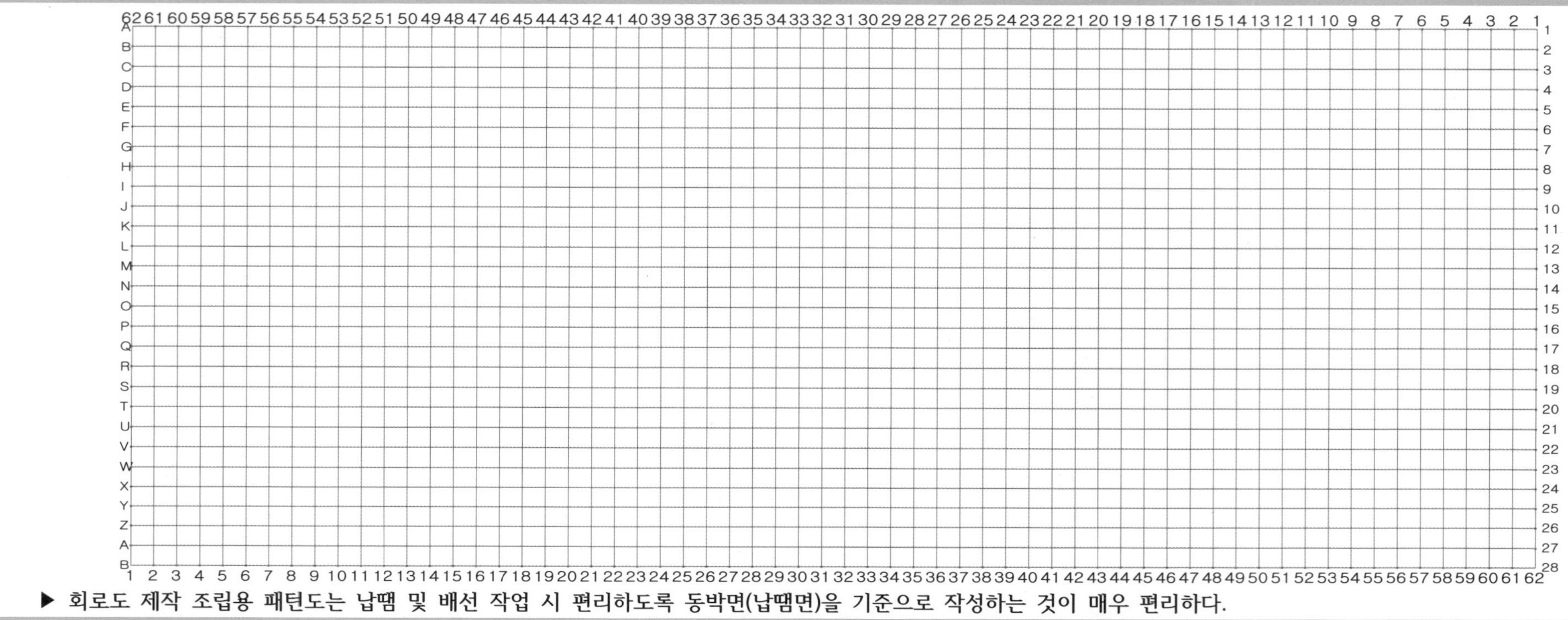

▶ 회로도 제작 조립용 패턴도는 납땜 및 배선 작업 시 편리하도록 동박면(납땜면)을 기준으로 작성하는 것이 매우 편리하다.

종류	다이오드	저항	콘덴서	트랜지스터		PB 스위치	IC		점프선	LED
				NPN	PNP					
회로도 기호							14핀	16핀		
패턴도 기호 (동박면 기준)										
비고	4~5칸	4~5칸	3~5칸	3칸	3칸	3칸×3칸 3칸×4칸	4칸×7칸	4칸×8칸	크기에 따라	3칸~4칸

▶ 회로도의 기호에 맞는 패턴도 기호를 사용하여 28×62 기판 사이즈에 전체적인 균형을 생각하며 회로의 조립과정이 쉽게 패턴도를 작성하시오.

【4-2. 부품 배치 및 배선 평가용 기판】 [사전과제 4] 회로도를 보고 28×62 만능기판 사이즈에 균형 있게 부품을 배치하고 회로도와 같도록 배선을 하시오. (평가용 1)

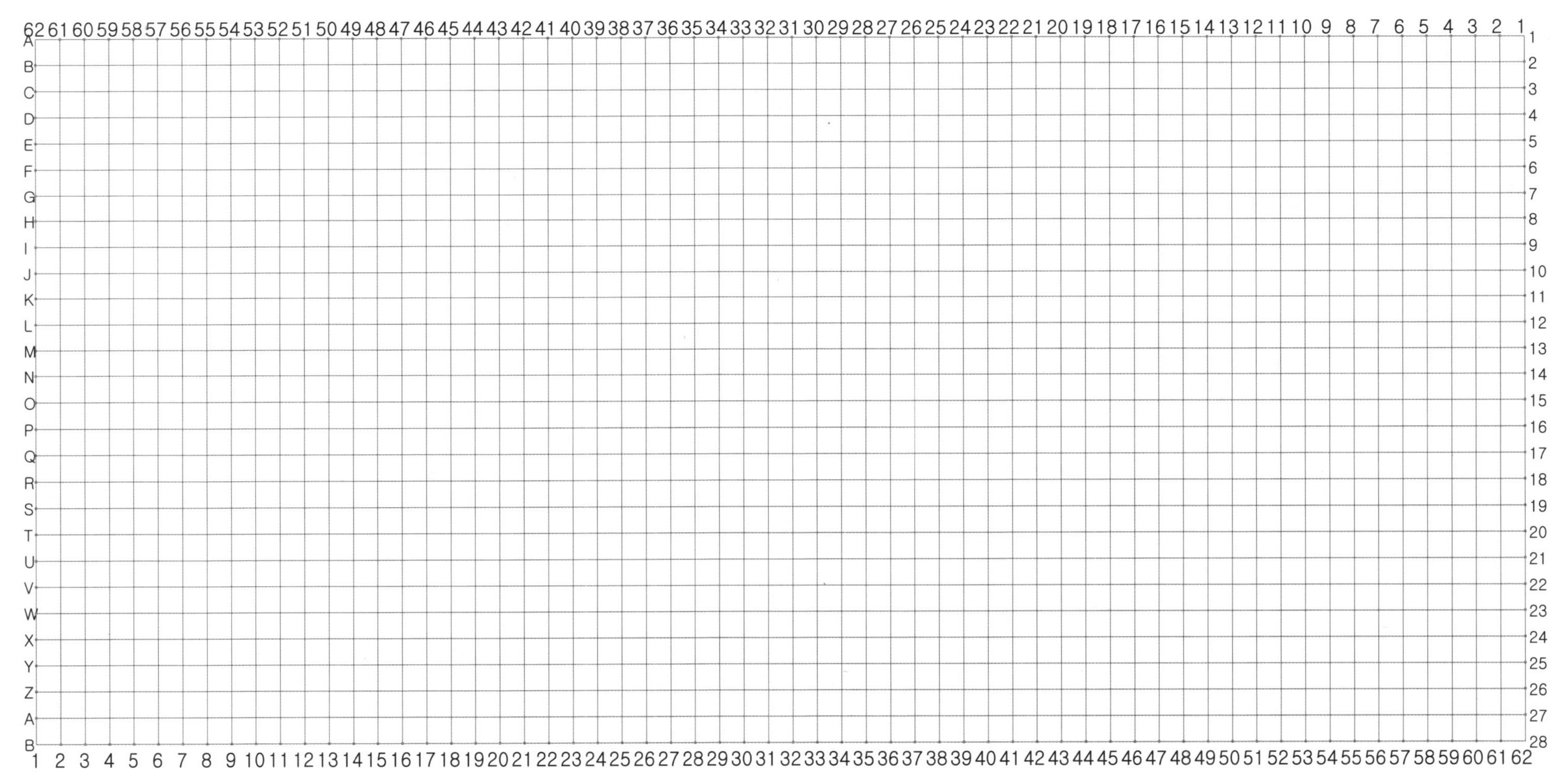

▶ 회로도 제작 조립용 패턴도는 납땜 및 배선 작업 시 편리하도록 동박면(납땜면)을 기준으로 작성하는 것이 매우 편리하다.

▶ 회로도의 기호에 맞는 패턴도 기호를 사용하여 28×62 기판 사이즈에 전체적인 균형을 생각하며 회로의 조립과정이 쉽게 패턴도를 작성하시오.

【4-3. 부품 배치 및 배선 연습용 기판】 [사전과제 5] 회로도를 보고 28×62 만능기판 사이즈에 균형 있게 부품을 배치하고 회로도와 같도록 배선을 하시오. (평가용 2)

기본 배치도를 이용한 부품 배치 및 회로 배선 연결 (스케치용)

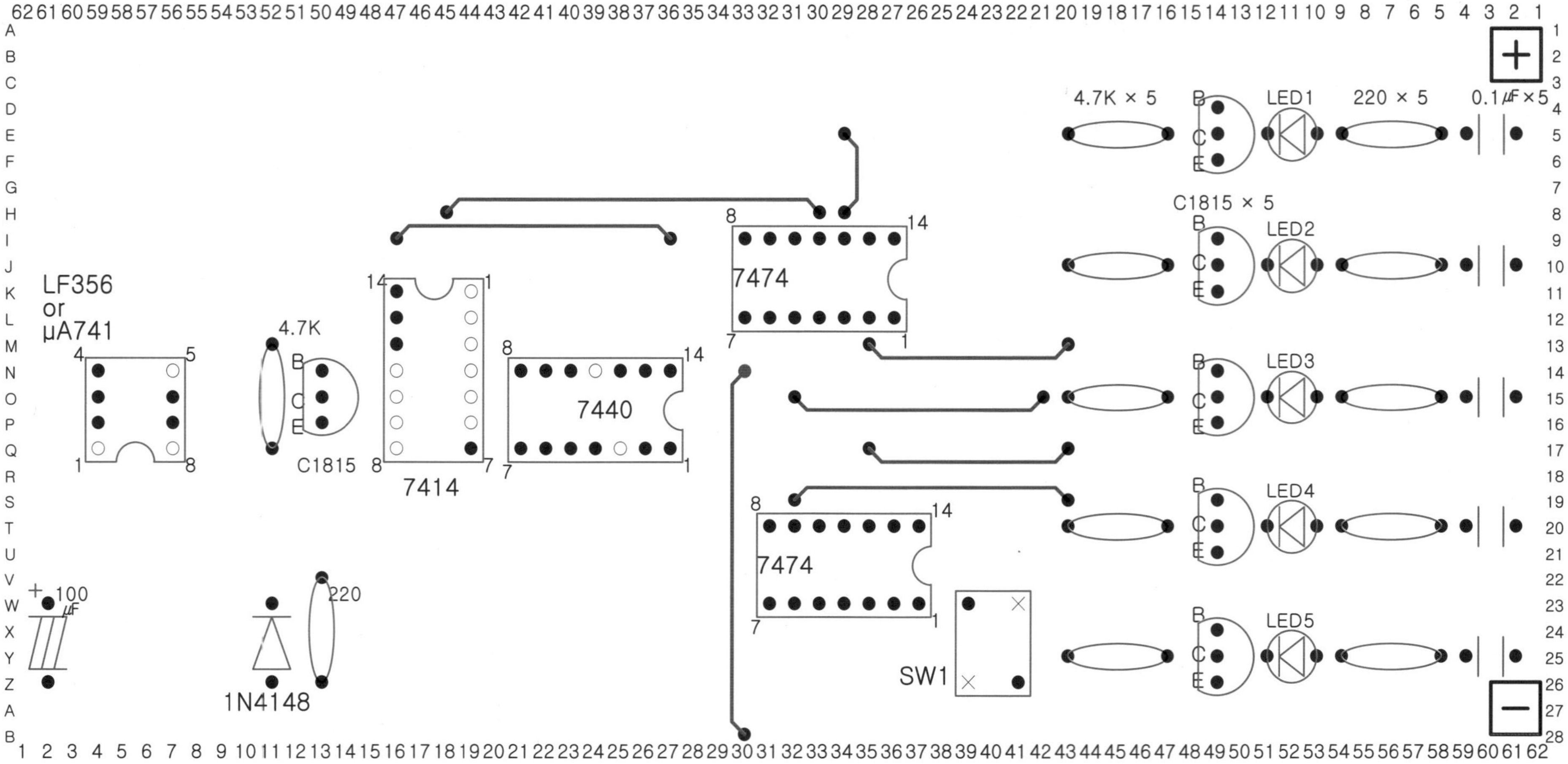

본 모범 조립 패턴도는 동박면(납땜면)을 기준으로 부품을 배치하였습니다.-부품의 삽입은 아래에서 위로 삽입합니다.

▶ **회로도 제작 조립용 패턴도는 납땜 및 배선 작업 시 편리하도록 동박면(납땜면)을 기준으로 작성하는 것이 매우 편리하다.**

※ 빨간(적)색의 부품과 파란(청)색의 점프선은 동박면(납땜면)이 아닌 반대편의 부품면(플라스틱면)에서 삽입되는 것을 잊지 말고 참고하세요!

▶ **회로도의 기호에 맞는 패턴도 기호를 사용하여 28×62 기판 사이즈에 전체적인 균형을 생각하며 회로의 조립과정이 쉽게 패턴도를 작성하시오.**

【5-1. 부품의 모범 배치도 1】 회로도와 같도록 배치도에 회로의 결선을 하시오. (연필을 사용하여 여러 번 수정을 거치면 가장 좋은 배선이 된다.) (수업 연습용[1시간])

모범 배치도를 이용한 배선 연결 1 (스케치용)

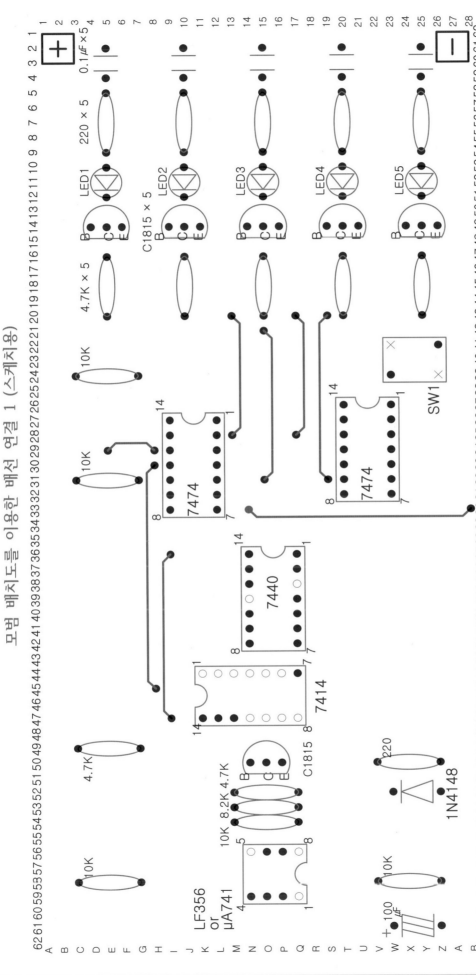

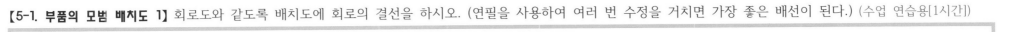

본 모범 조립 패턴도는 동박면(납땜면)을 기준으로 부품을 배치하였습니다.-부품의 삽입은 아래에서 위로 삽입합니다.

▶ **본 패턴도는 동박면(납땜면)을 기준으로 부품 배치를 하였다. 부품 삽입 시 참고하여 삽입하기 바람. (배선 납땜 시 매우 편리함)**

※ 빨간(적)색의 부품과 파란(청)색의 점프선은 동박면(납땜면)이 아닌 반대편의 부품면(플라스틱면)에서 삽입되는 것을 잊지 말고 참고하세요!

【5-2. 부품의 모범 배치도 1】 회로도와 같도록 배치도에 회로의 결선을 하시오. (연필을 사용하여 여러 번 수정을 거치면 가장 좋은 배선이 된다.) (수업 평가용[1시간])

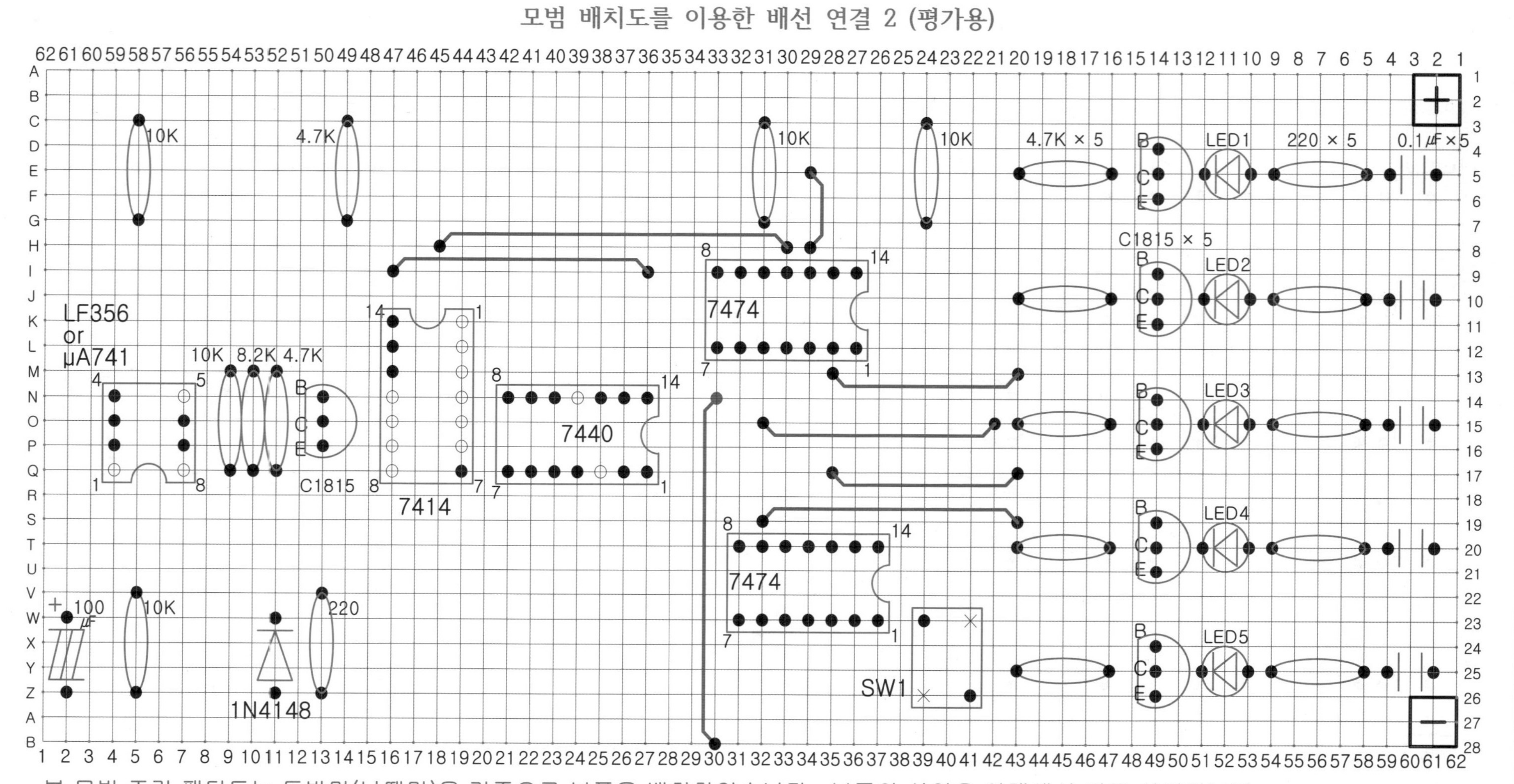

▶ 본 패턴도는 동박면(납땜면)을 기준으로 부품 배치를 하였다. 부품 삽입 시 참고하여 삽입하기 바람. (배선 납땜 시 매우 편리함)

※ 빨간(적)색의 부품과 파란(청)색의 점프선은 동박면(납땜면)이 아닌 반대편의 부품면(플라스틱면)에서 삽입되는 것을 잊지 말고 참고하세요!

【6. 모범 조립 패턴도에 따른 IC 핀 번호 표시 회로도】 (29-1과제)

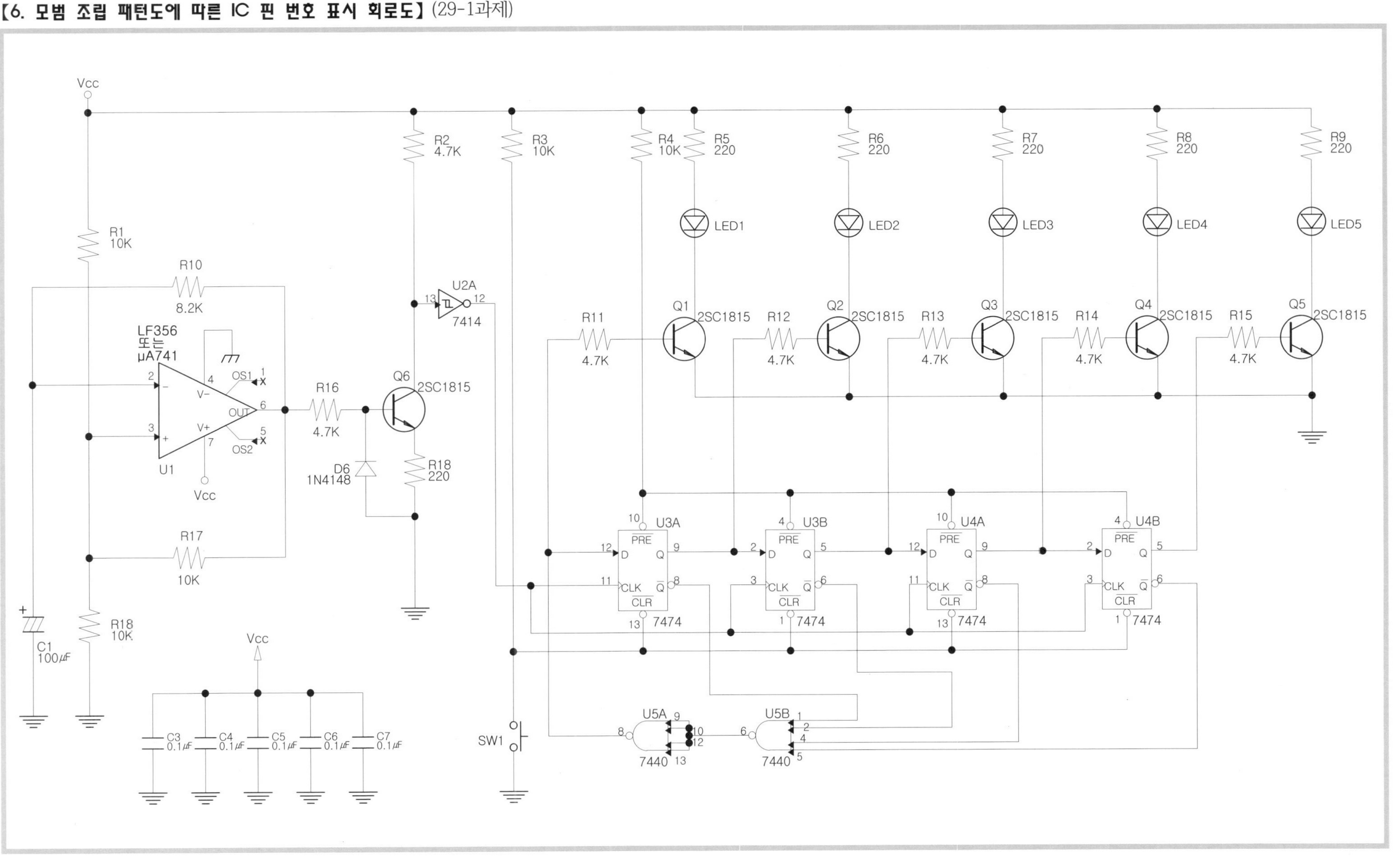

전자기기기능사(실기) 공개문제

6. 조립(제작 조립과제 6)

전자기기기능사	조립 제작 실습 과제 30	작품명	공개과제 6

▣ **다음 회로 스케치를 완성하여 답안지를 제출하고 2과제를 진행하면서 순서에 따라 3과제(20분 이내)를 수행하시면 됩니다.**

▣ **시험 시간 및 과제 : 표준시간 : 4시간(측정 과제 20분 포함 시간)**

1. 요구 사항

과제 1 : 회로 스케치, 과제 2 : 조립 제작, 과제 3 : 측정 과제(20분)

※ 반드시 회로 스케치를 먼저 한 후 회로 스케치 답안지를 제출한 후 2, 3과제를 진행하시기 바랍니다.

가. 지급된 재료를 사용하여 제한 시간 내에 도면과 같이 조립하시오.

나. 조립 완성 후 전체 동작전류를 측정하여 기록하시오.

다. 조립이 완성되면 다음 동작이 되는지 확인합니다.

1) LED 배치는 반드시 LED 1, LED 4, LED 3, LED 2, LED 5, LED 6 순서대로 일정한 간격으로 합니다.

2) 전원을 ON 이후 SW1을 눌러서 모든 플립플롭의 출력을 초기화합니다. 이때 LED 1은 약 2초의 주기로 점멸(ON된 후 OFF를 반복)하며, 초기화(Reset)된 LED 2~6 모두 ON된다.

3) LED 1을 누른 후 원상태로 복귀시키면(눌렀다 놓으면) SW1은 OFF, 발진회로에서 생성된 클록 펄스(CP) 동작에 따라 아래의 표와 같이 점멸을 반복합니다.

▶ **동작 진리표**

클록 펄스(CP)	LED 표시				
수	LED1	LED2	LED3	LED4	LED5
0	ON	OFF	OFF	OFF	OFF
1	OFF	ON	OFF	OFF	OFF
2	OFF	OFF	ON	OFF	OFF
3	OFF	OFF	OFF	ON	OFF
4	OFF	OFF	OFF	OFF	ON
반복					

2. 재료 목록

재료명	규격	수량	재료명	규격	수량
IC	7400	1	LED	적색 5Φ	5
	7414	1	4P 스위치	4P 또는 2P	1
	7474	2	마일러 커패시터	0.1μF	5
	7440	1	전해 커패시터	10μF/16V	2
TR	2SC1815	6	다이오드	1N4148	1
IC 소켓	14pin DIP	5	작업용 실링봉투		1
			만능기판	28×62hole	1
저항 (1/4W)	220Ω, 1%	5	배선줄/3mm	3색 단선	1
	150KΩ,1%	2	방한지/모눈종이	A4	1장
	10KΩ, 1%	2	실납	SN60% 1.0Φ	1
	4.7KΩ,1%	7	리드선	2P	1

▣ **사용되는 IC 및 주요 회로**

[사전과제 1 : 회로에 사용되는 IC 내부를 노트에 그려보고 이해하고 암기할 것]

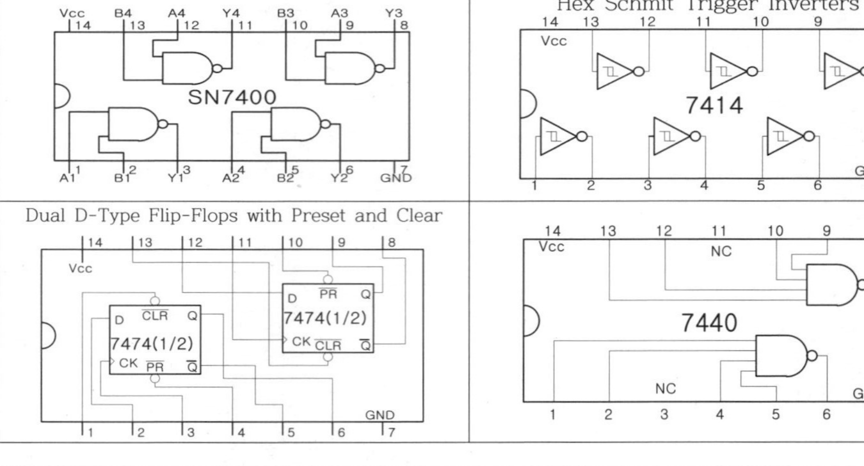

【3. 회로도】 (30-1과제) : 회로도는 반드시 수업 전 사전과제로 실습 노트에 깨끗하게 그려서 검사받도록 합니다. [사전과제 2] 회로도 그리기

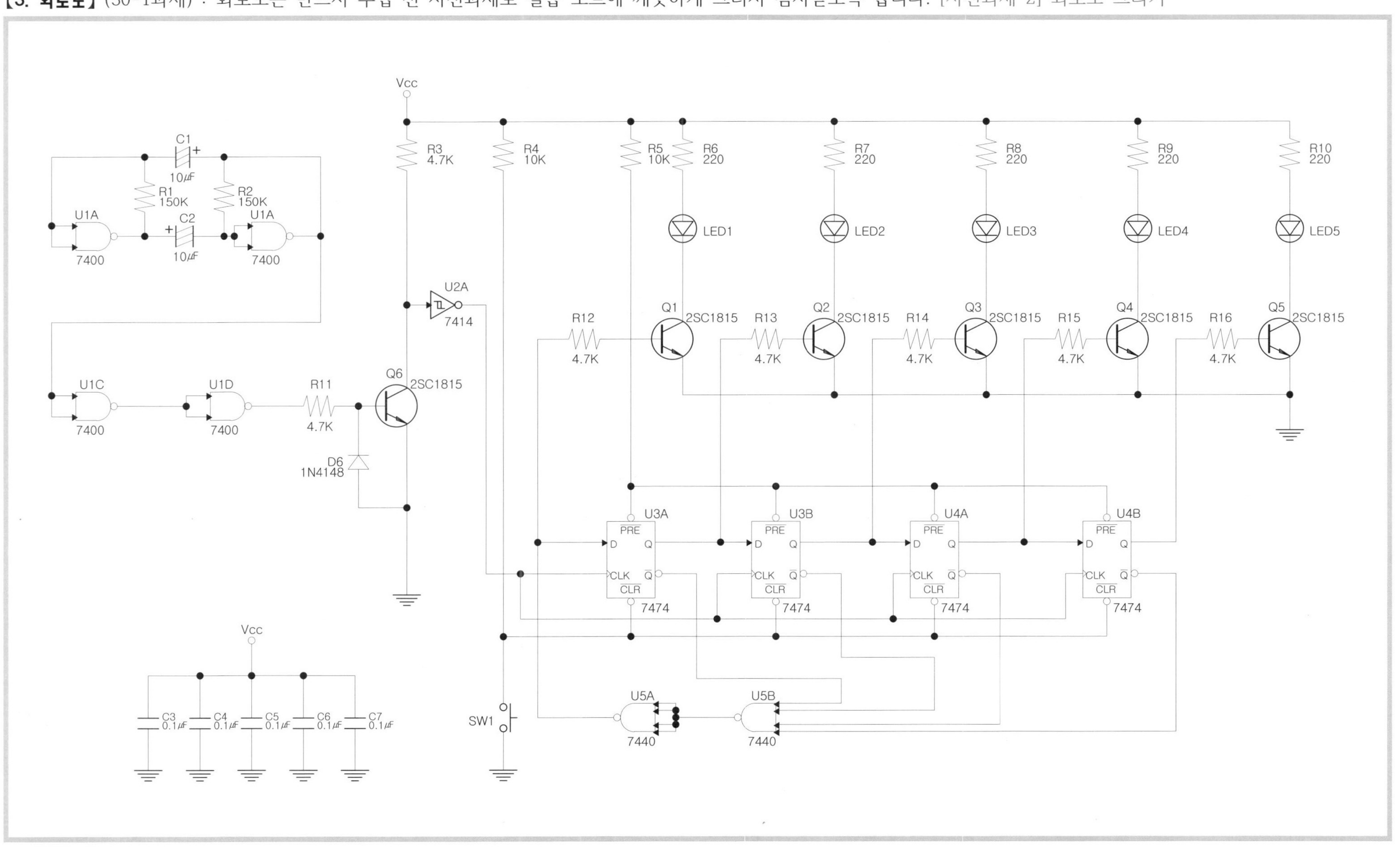

【4-1. 부품 배치 및 배선 연습용 기판】 [사전과제 3] 회로도를 보고 28×62 만능기판 사이즈에 균형 있게 부품을 배치하고 회로도와 같도록 배선을 하시오. (연습용)

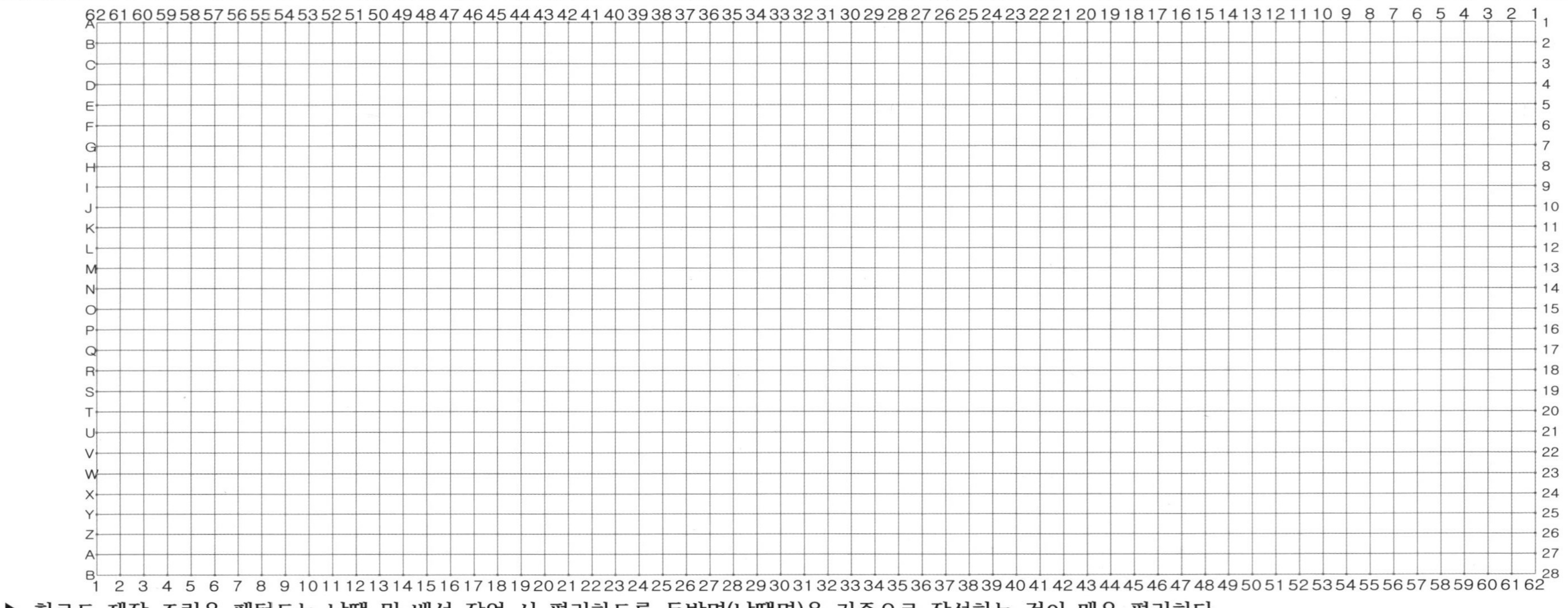

▶ 회로도 제작 조립용 패턴도는 납땜 및 배선 작업 시 편리하도록 동박면(납땜면)을 기준으로 작성하는 것이 매우 편리하다.

종류	다이오드	저항	콘덴서	트랜지스터		PB 스위치	IC		점프선	LED
				NPN	PNP					
회로도 기호							14핀	16핀		
패턴도 기호 (동박면 기준)										
비고	4~5칸	4~5칸	3~5칸	3칸	3칸	3칸×3칸 3칸×4칸	4칸×7칸	4칸×8칸	크기에 따라	3칸~4칸

▶ 회로도의 기호에 맞는 패턴도 기호를 사용하여 28×62 기판 사이즈에 전체적인 균형을 생각하며 회로의 조립과정이 쉽게 패턴도를 작성하시오.

【4-2. 부품 배치 및 배선 평가용 기판】 [사전과제 4] 회로도를 보고 28×62 만능기판 사이즈에 균형 있게 부품을 배치하고 회로도와 같도록 배선을 하시오. (평가용 1)

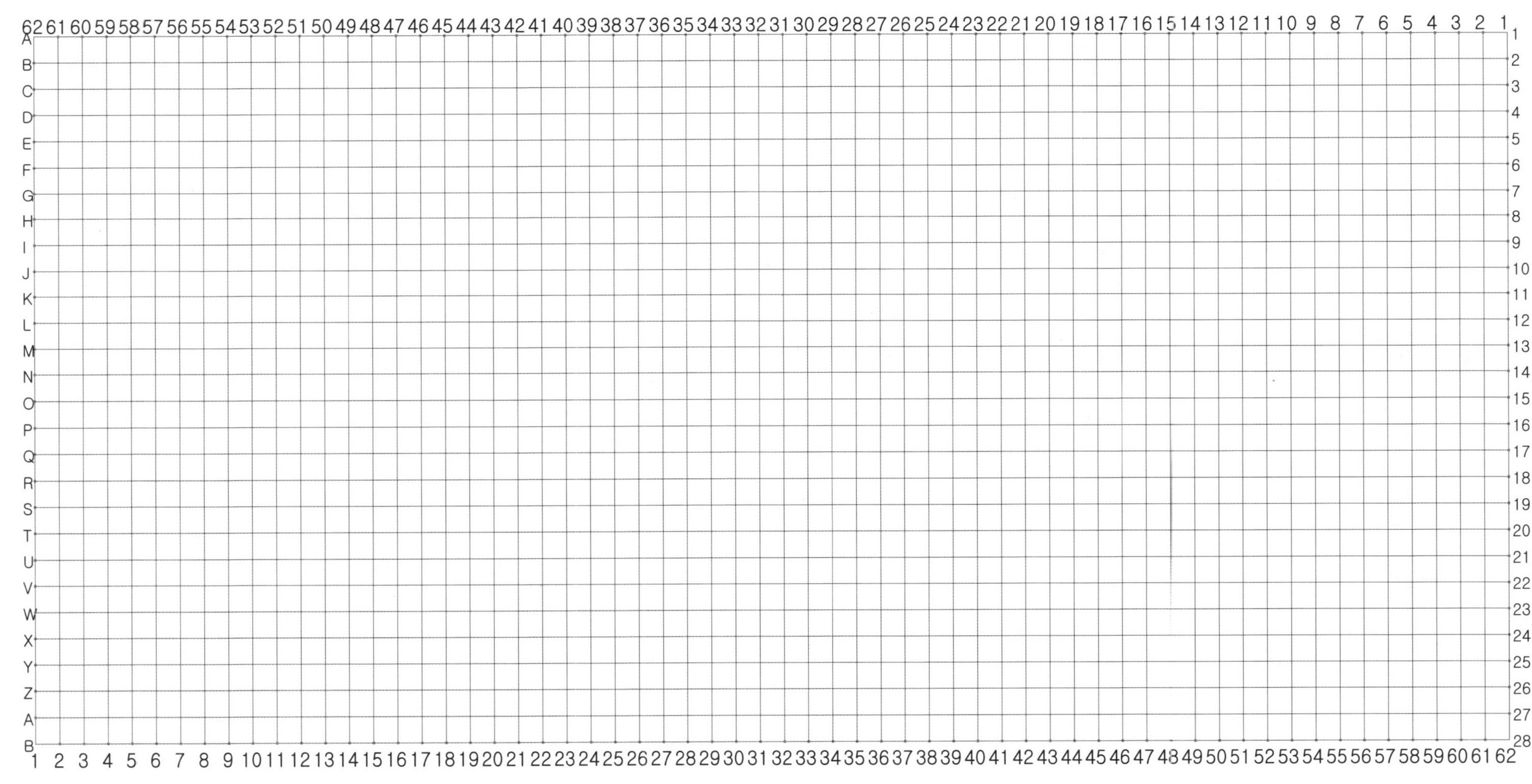

▶ 회로도 제작 조립용 패턴도는 납땜 및 배선 작업 시 편리하도록 동박면(납땜면)을 기준으로 작성하는 것이 매우 편리하다.

▶ 회로도의 기호에 맞는 패턴도 기호를 사용하여 28×62 기판 사이즈에 전체적인 균형을 생각하며 회로의 조립과정이 쉽게 패턴도를 작성하시오.

【4-3. 부품 배치 및 배선 연습용 기판】 [사전과제 5] 회로도를 보고 28×62 만능기판 사이즈에 균형 있게 부품을 배치하고 회로도와 같도록 배선을 하시오. (평가용 2)

기본 배치도를 이용한 부품 배치 및 회로 배선 연결 (스케치용)

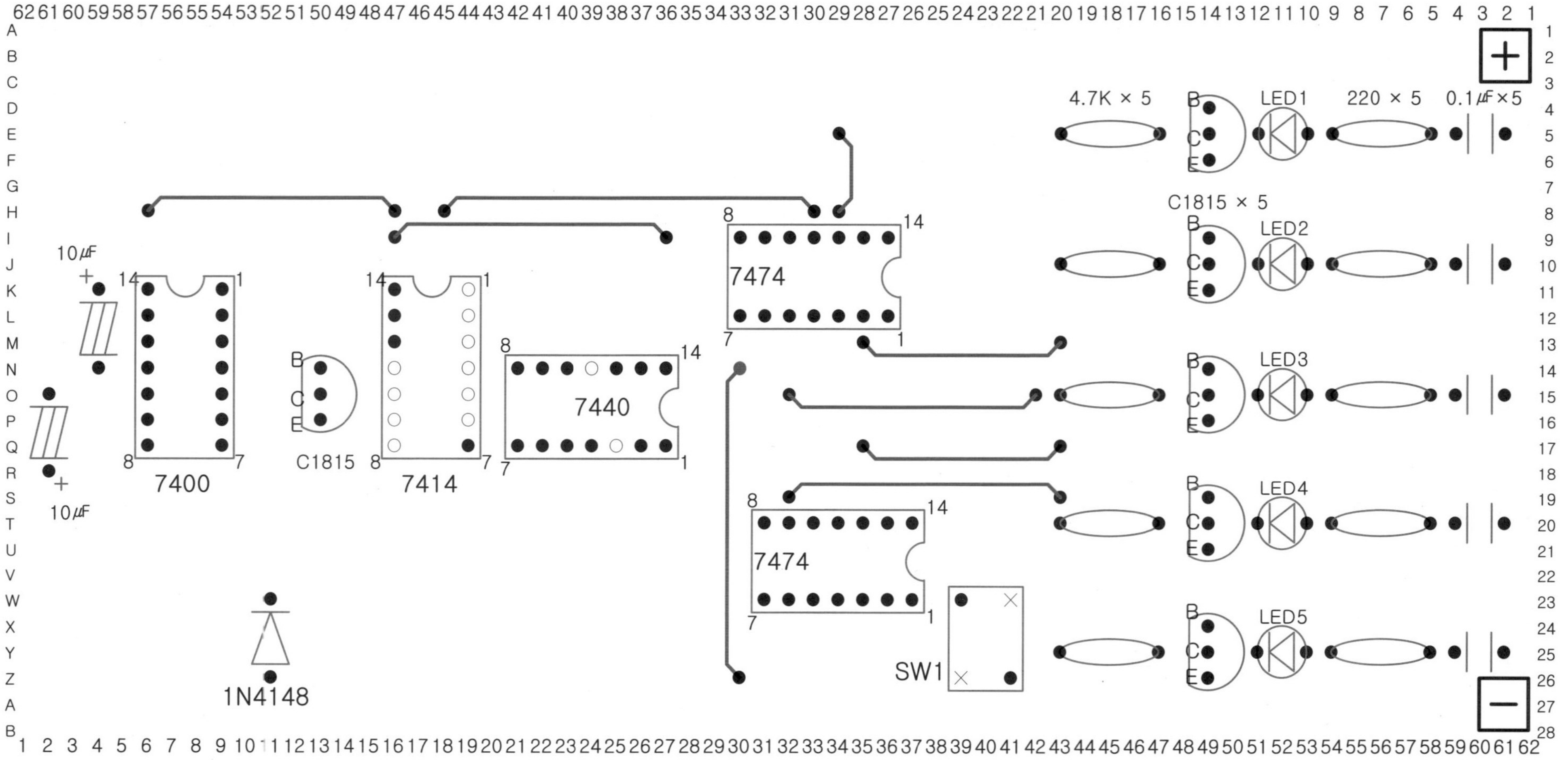

본 모범 조립 패턴도는 동박면(납땜면)을 기준으로 부품을 배치하였습니다.-부품의 삽입은 아래에서 위로 삽입합니다.

▶ **회로도 제작 조립용 패턴도는 납땜 및 배선 작업 시 편리하도록 동박면(납땜면)을 기준으로 작성하는 것이 매우 편리하다.**

※ 빨간(적)색의 부품과 파란(청)색의 점프선은 동박면(납땜면)이 아닌 반대편의 부품면(플라스틱면)에서 삽입되는 것을 잊지 말고 참고하세요!

▶ **회로도의 기호에 맞는 패턴도 기호를 사용하여 28×62 기판 사이즈에 전체적인 균형을 생각하며 회로의 조립과정이 쉽게 패턴도를 작성하시오.**

【5-1. 부품의 모범 배치도 1】 회로도와 같도록 배치도에 회로의 결선을 하시오. (연필을 사용하여 여러 번 수정을 거치면 가장 좋은 배선이 된다.) (수업 연습용[1시간])

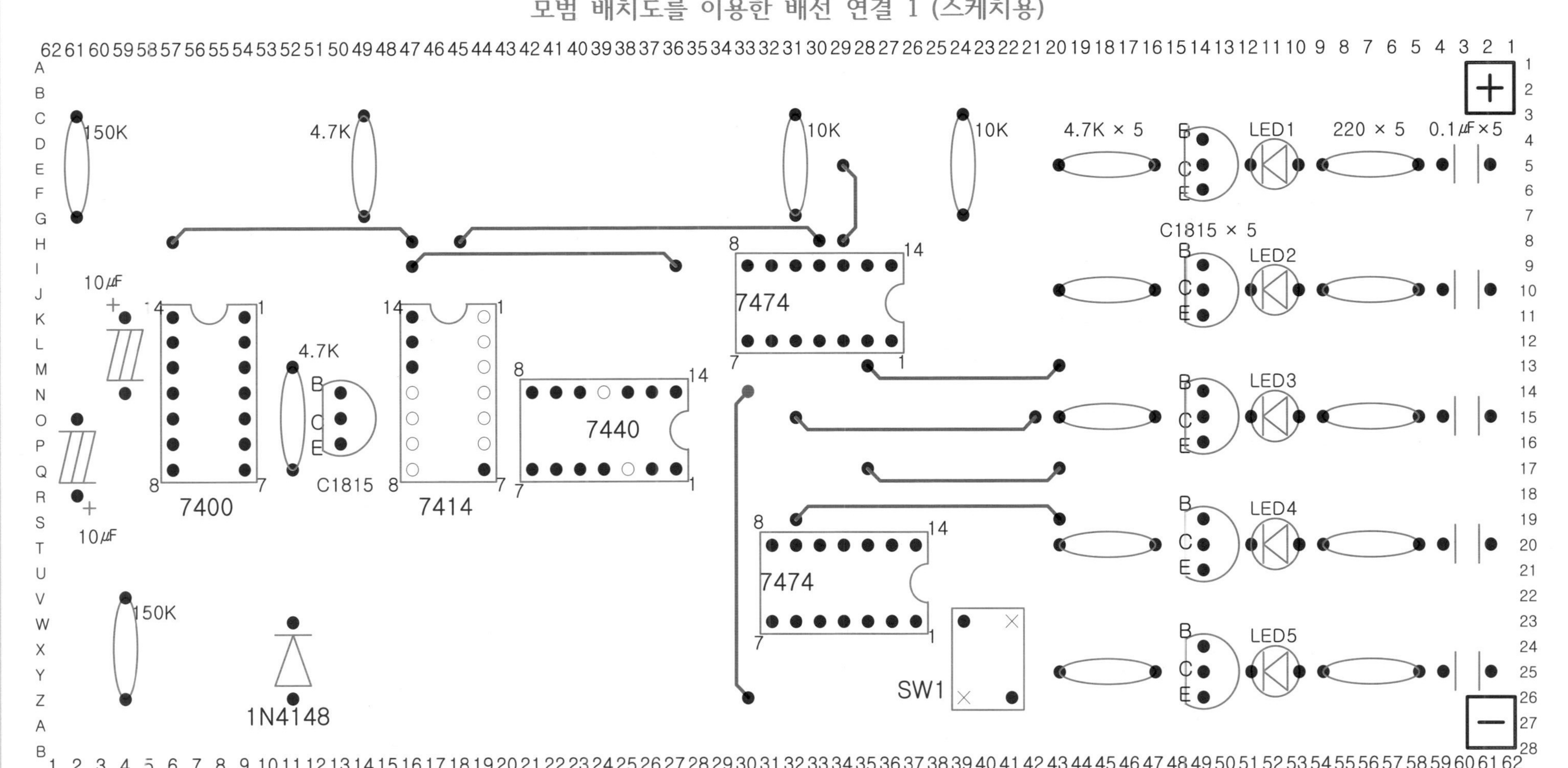

본 모범 조립 패턴도는 동박면(납땜면)을 기준으로 부품을 배치하였습니다.-부품의 삽입은 아래에서 위로 삽입합니다.

▶ **본 패턴도는 동박면(납땜면)을 기준으로 부품 배치를 하였다. 부품 삽입 시 참고하여 삽입하기 바람. (배선 납땜 시 매우 편리함)**

※ 빨간(적)색의 부품과 파란(청)색의 점프선은 동박면(납땜면)이 아닌 반대편의 부품면(플라스틱면)에서 삽입되는 것을 잊지 말고 참고하세요!

【5-2. 부품의 모범 배치도 1】 회로도와 같도록 배치도에 회로의 결선을 하시오. (연필을 사용하여 여러 번 수정을 거치면 가장 좋은 배선이 된다.) (수업 평가용[1시간])

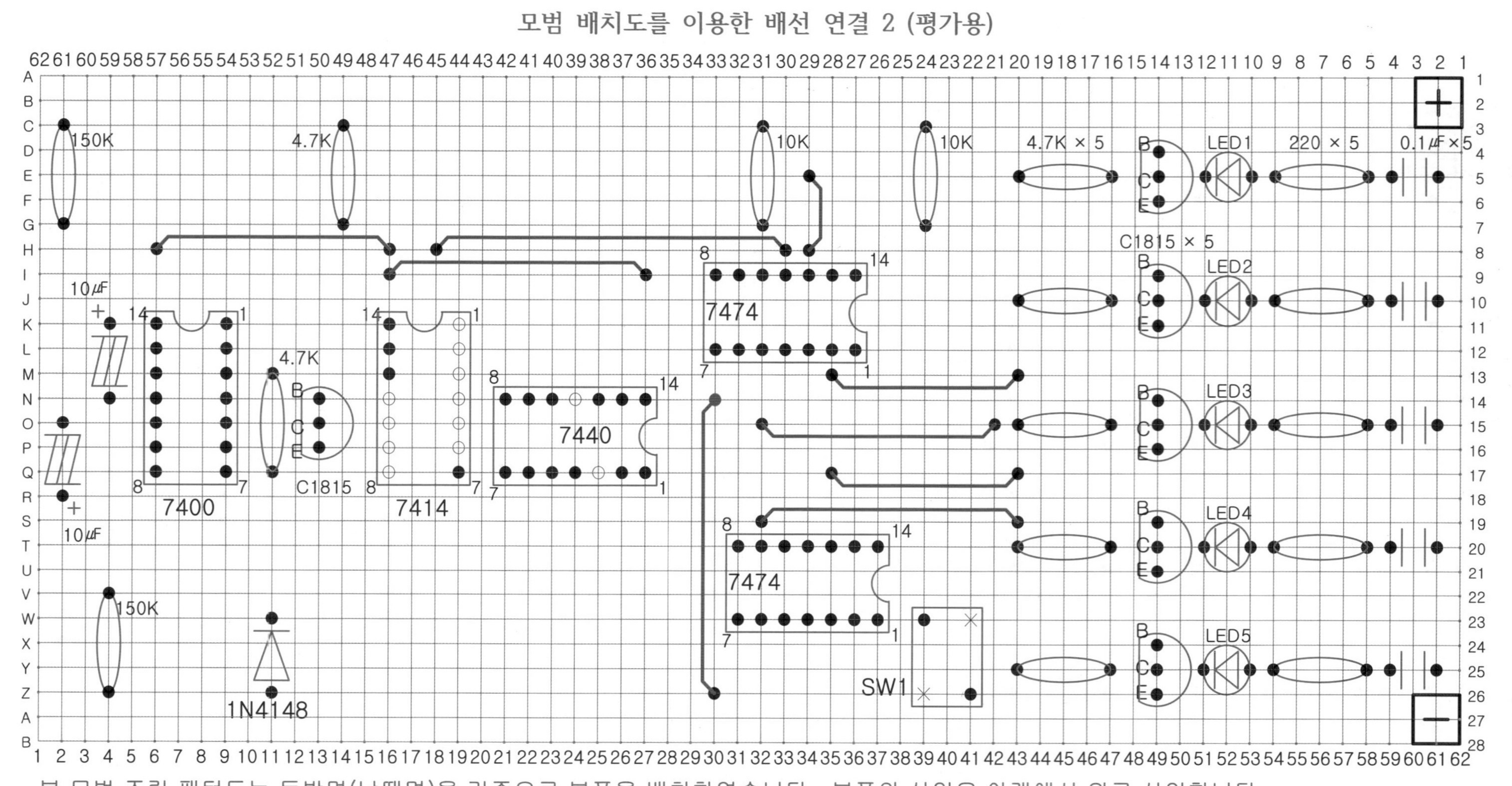

본 모범 조립 패턴도는 동박면(납땜면)을 기준으로 부품을 배치하였습니다.-부품의 삽입은 아래에서 위로 삽입합니다.

▶ 본 패턴도는 동박면(납땜면)을 기준으로 부품 배치를 하였다. 부품 삽입 시 참고하여 삽입하기 바람. (배선 납땜 시 매우 편리함)

※ 빨간(적)색의 부품과 파란(청)색의 점프선은 동박면(납땜면)이 아닌 반대편의 부품면(플라스틱면)에서 삽입되는 것을 잊지 말고 참고하세요!

【6. 모범 조립 패턴도에 따른 IC 핀 번호 표시 회로도】(30-1과제)

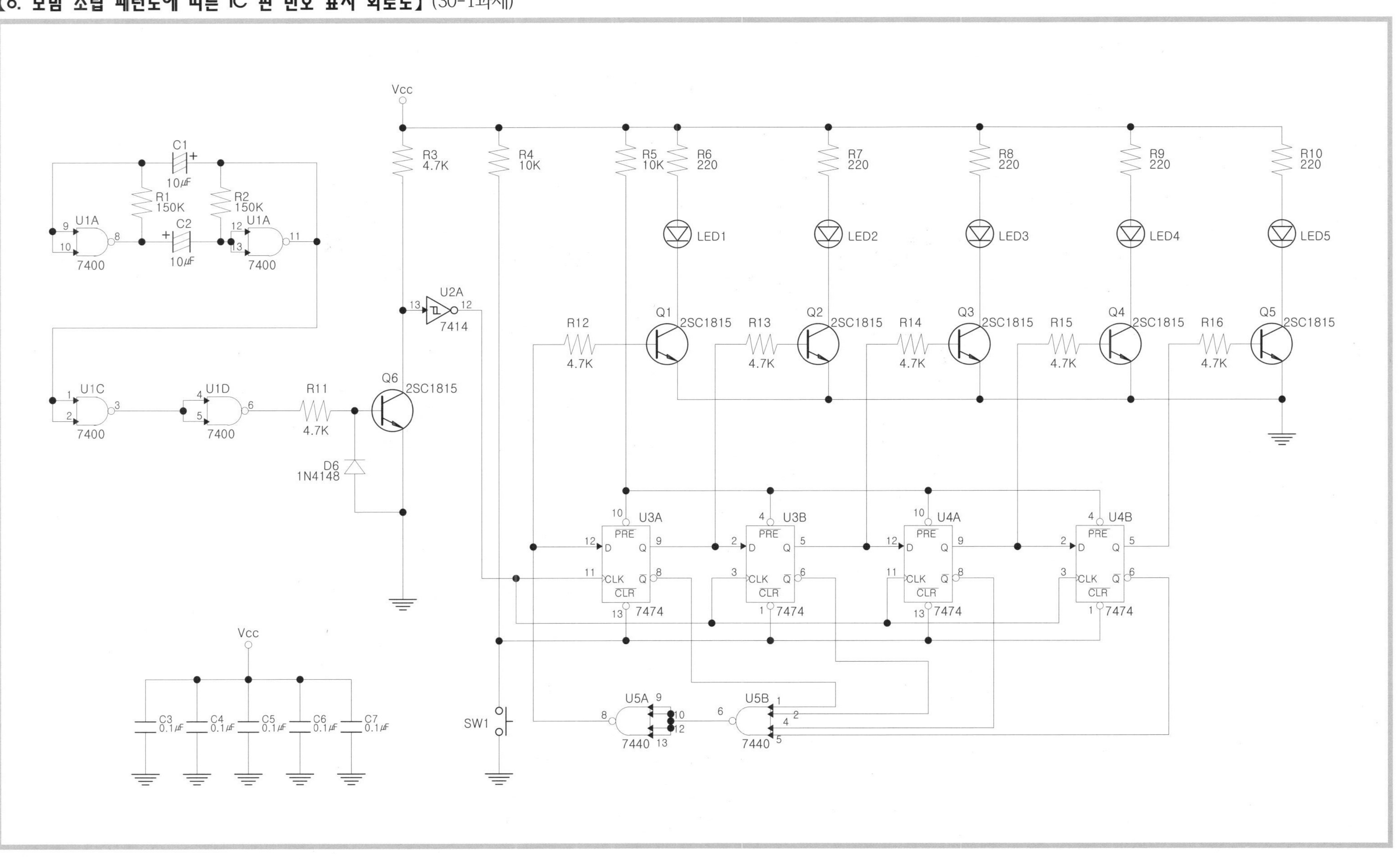

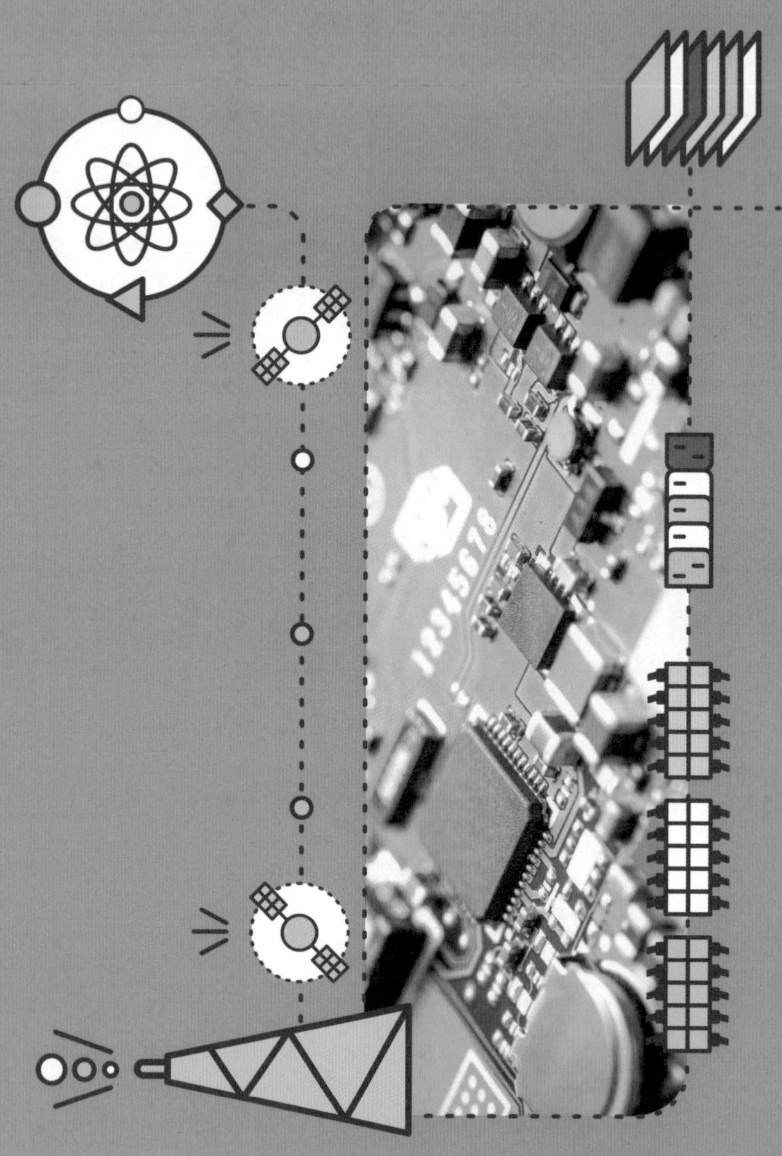

[부록]

전자기기기능사(실기) 공개문제

모범답안지

1. 회로 스케치 (과제 1~6)
2. 모범 조립 패턴도 (과제 1~6)

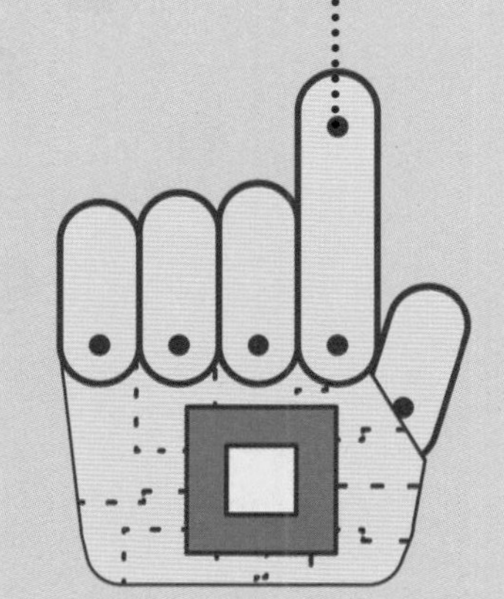

전자기기기능사(실기) 공개문제

1. 회로 스케치 (과제 1~6)

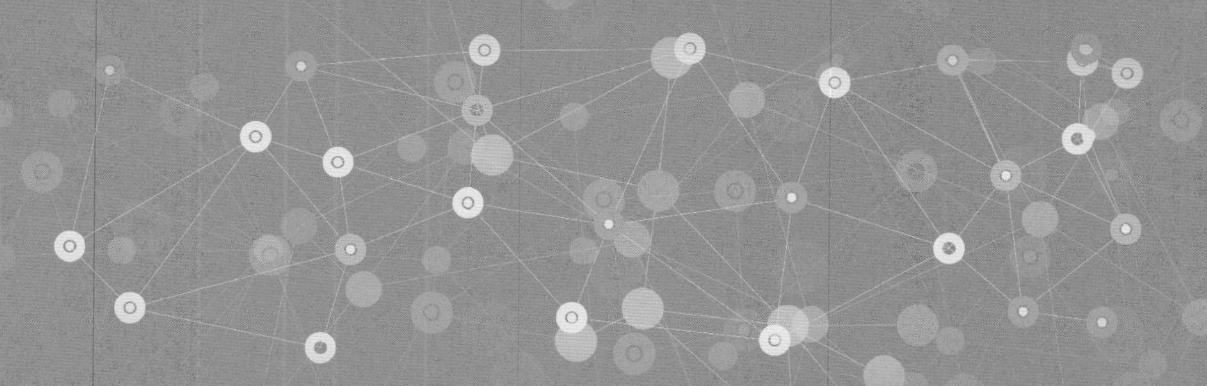

자격종목	전자기기기능사	회로 스케치 과제 1	모범답안지

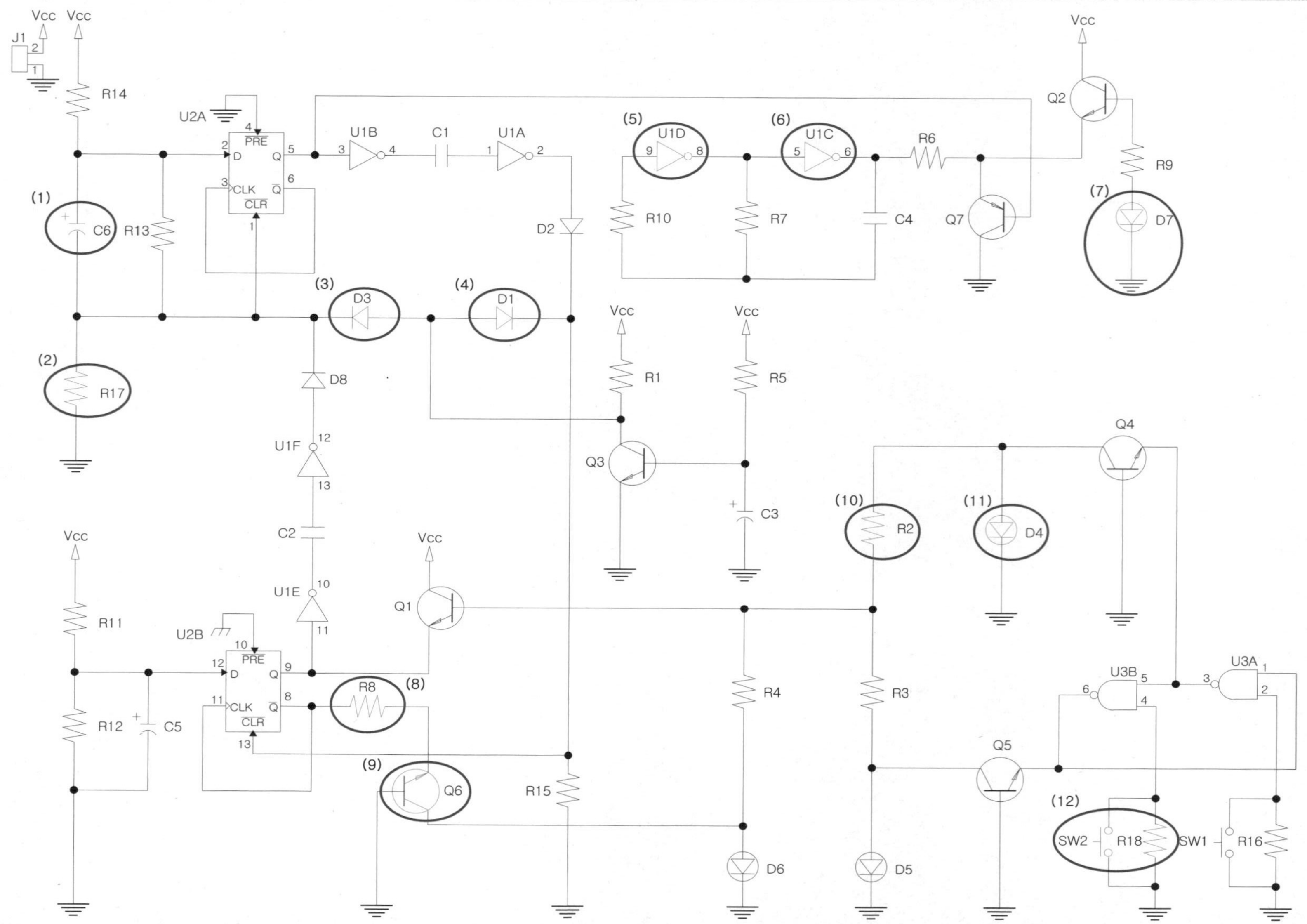

자격종목	전자기기기능사	회로 스케치 과제 2	모범답안지

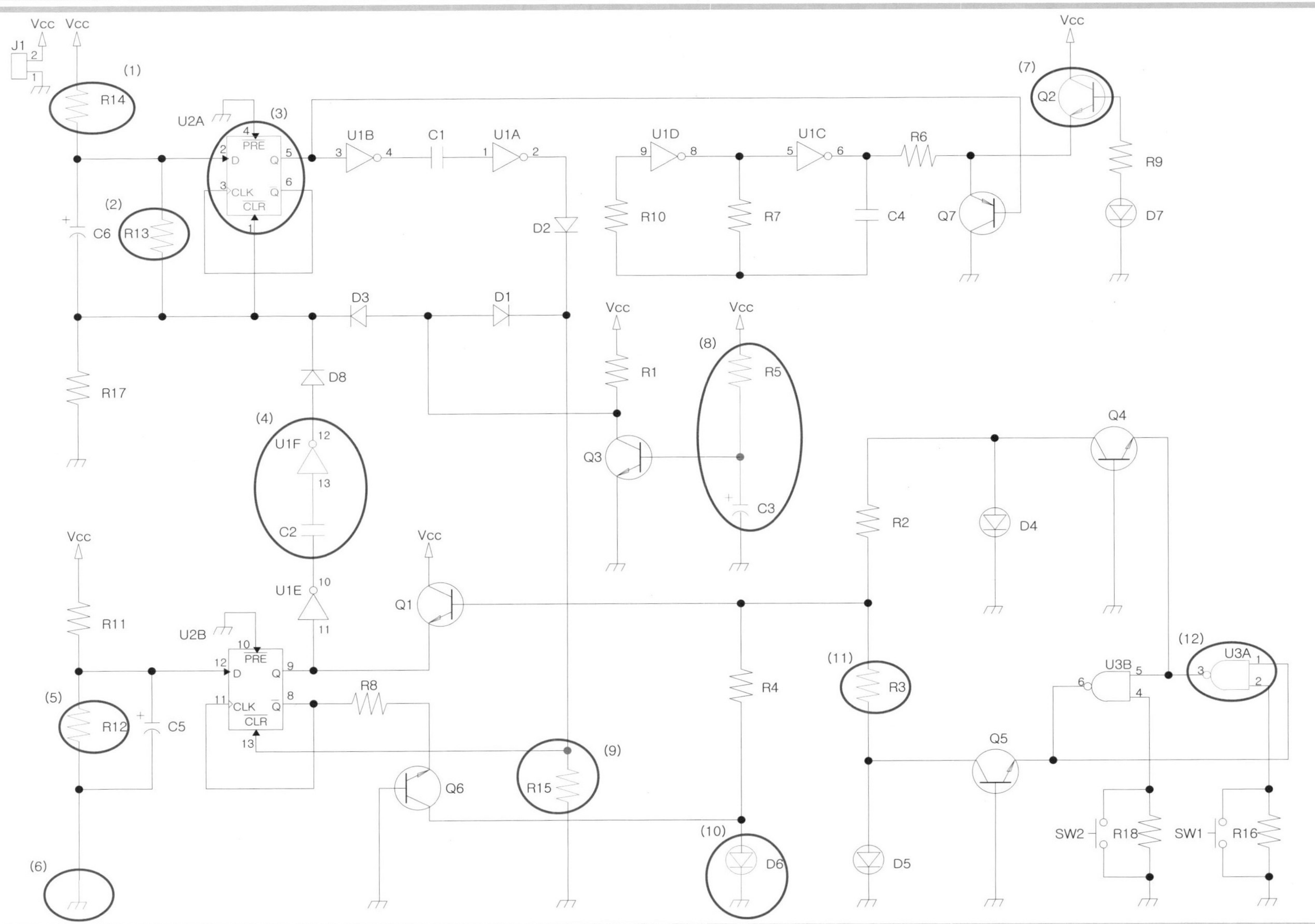

자격종목	전자기기기능사	회로 스케치 과제 3	모범답안지

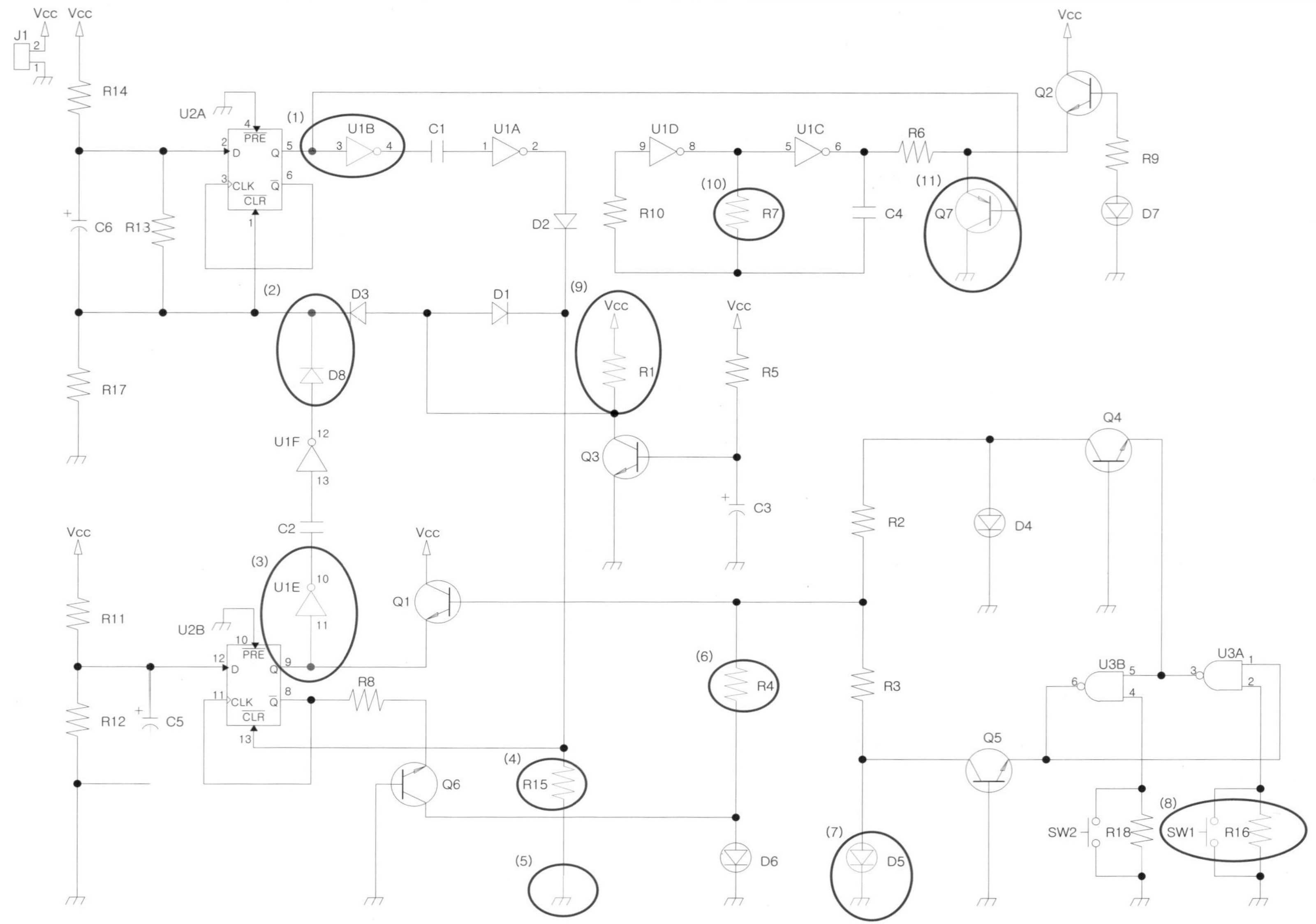

자격종목	전자기기기능사	회로 스케치 과제 4	모범답안지

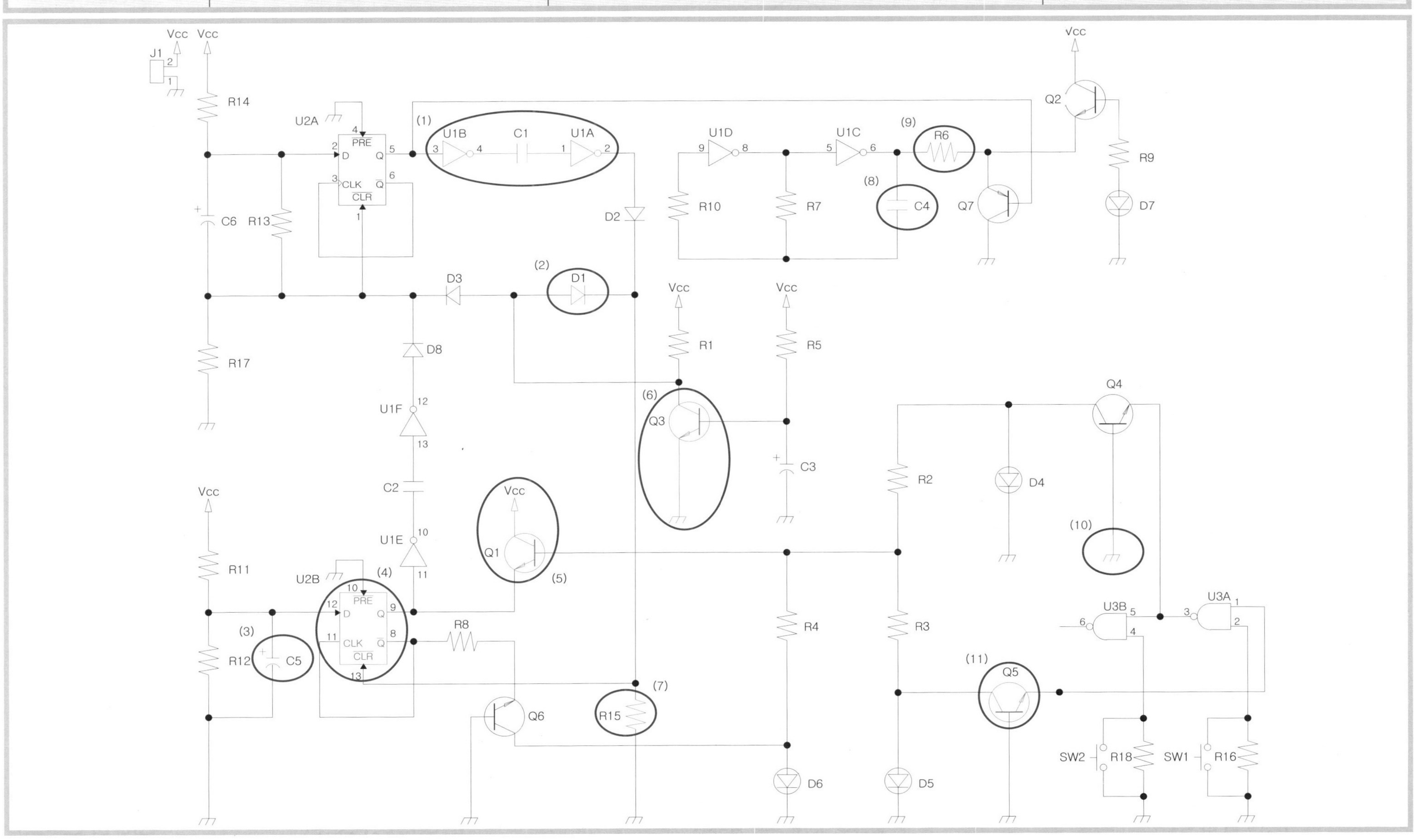

자격종목	전자기기기능사	회로 스케치 과제 5	모범답안지

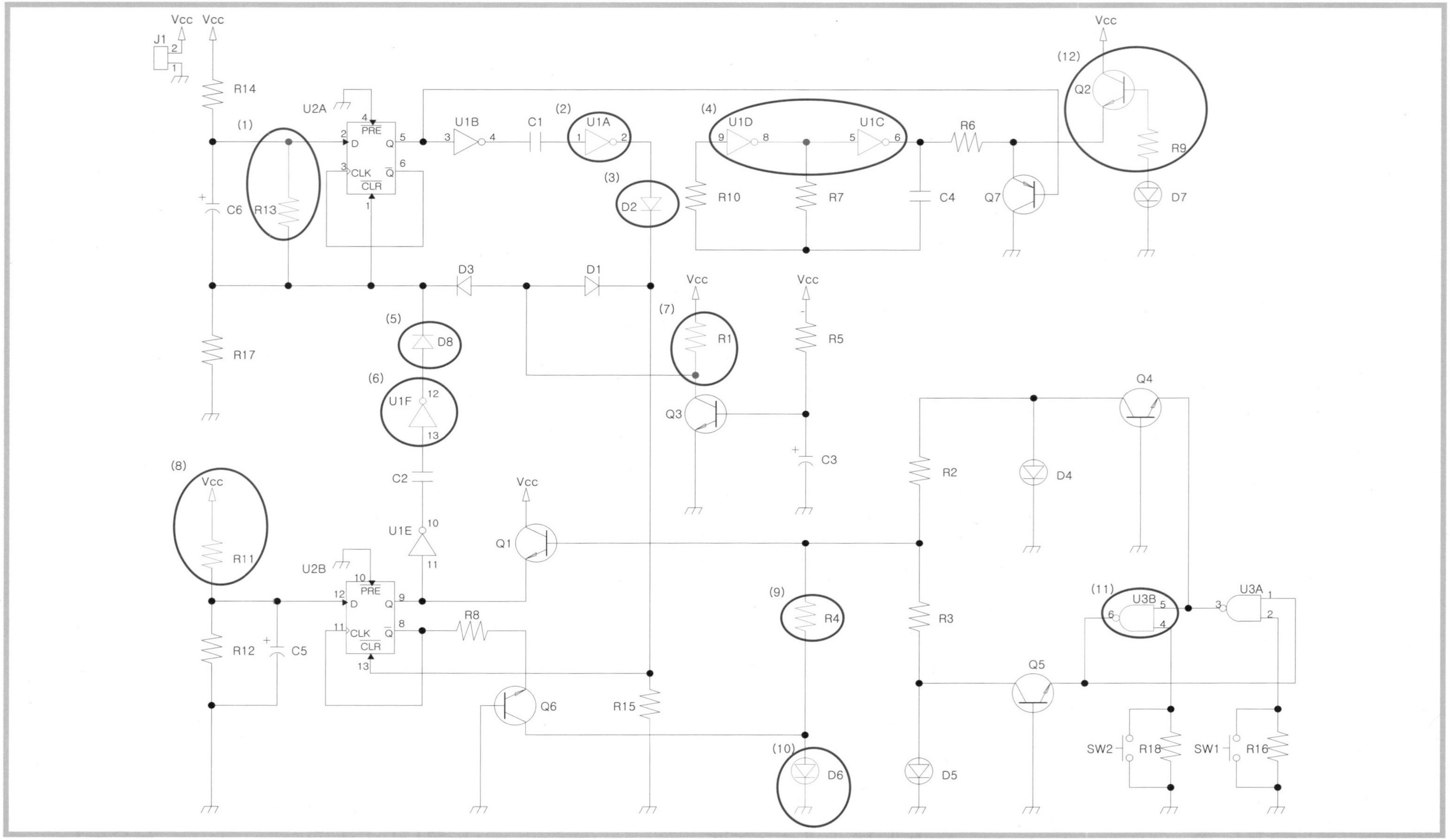

자격종목	전자기기기능사	회로 스케치 과제 6	모범답안지

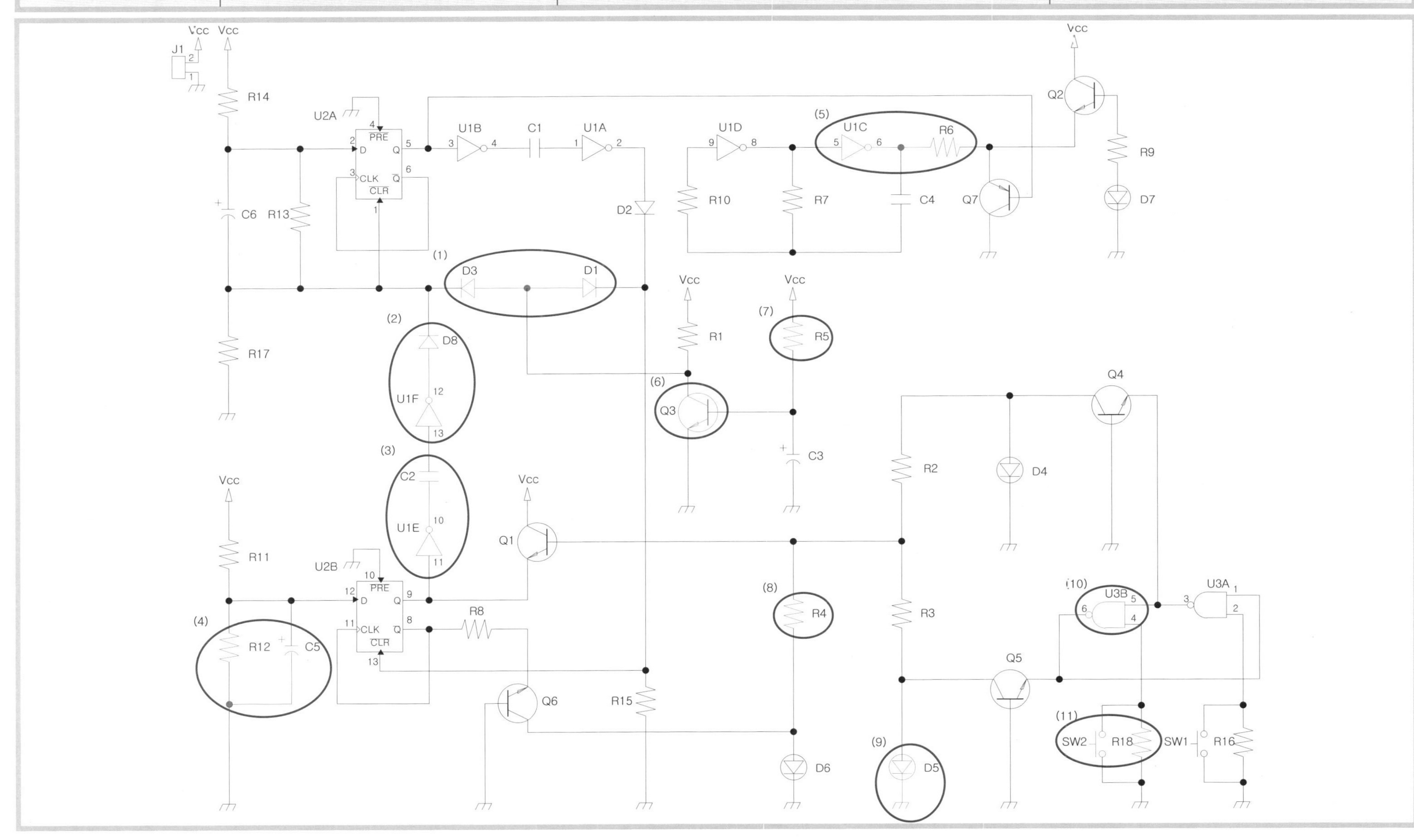

전자기기기능사(실기) 공개문제

2. 모범 조립 패턴도 (과제 1~6)

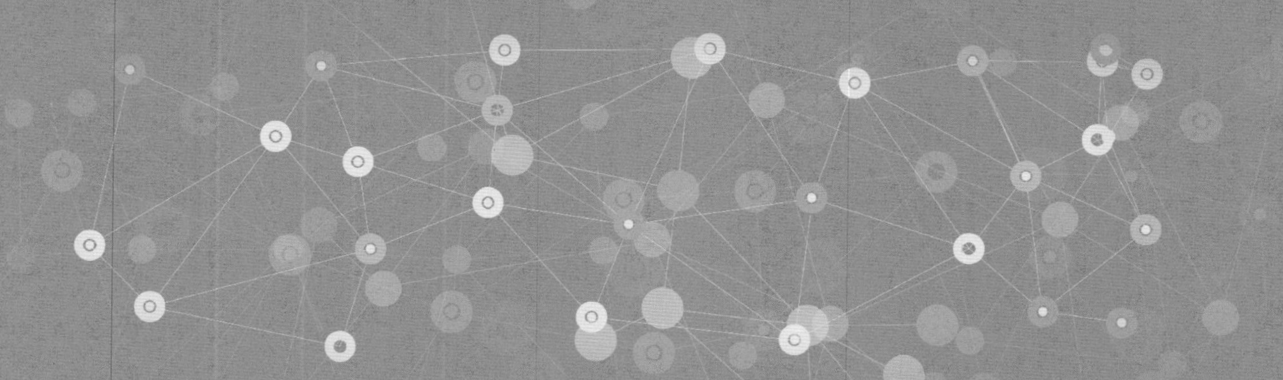

【1. 부품의 배치 및 회로 결선 모범 조립 패턴도 1】

[공개과제 1] 회로 모범 조립 패턴도 1

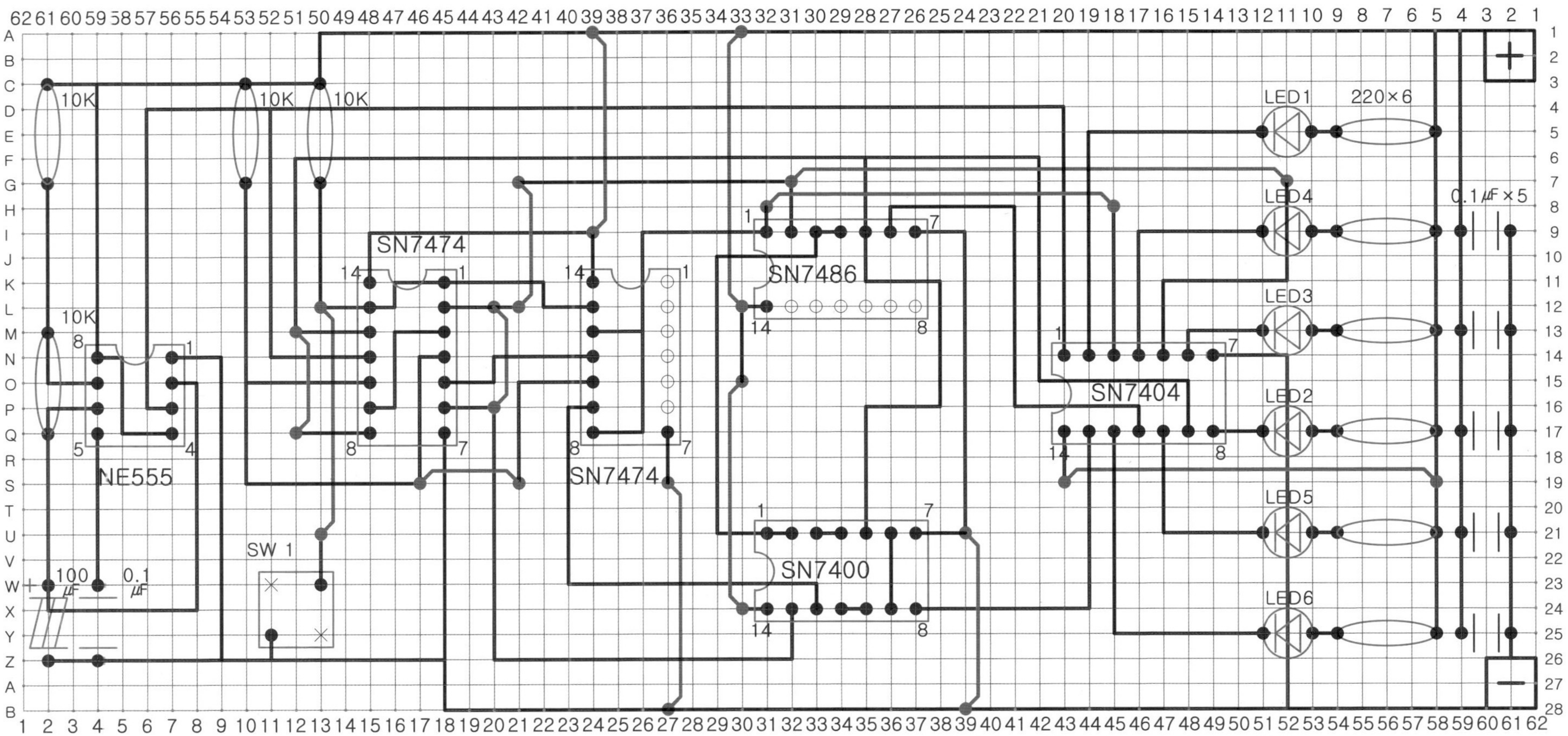

본 모범 조립 패턴도는 동박면(납땜면을 기준으로 부품을 배치하였습니다.-부품의 삽입은 아래에서 위로 삽입합니다.

▶ 본 패턴도는 동박면(납땜면)을 기준으로 부품 배치를 하였다. 부품 삽입 시 참고하여 삽입하기 바람. (배선 납땜 시 매우 편리함)

※ 빨간(적)색의 부품과 파란(청)색의 점프선은 동박면(납땜면)이 아닌 반대편의 부품면(플라스틱면)에서 삽입되는 것을 잊지 말고 참고하세요!

▶ 배선 납땜 시 접속점, 꺾어지는 점, 두 구멍마다(한 칸 건너서) 납땜하는 것을 원칙으로 한다.

납땜이 연속으로 이어지는 경우는 두 구멍을 건너서 납땜을 하여도 괜찮다.

▶ 테스트 포인트⊘(TP포인트)는 부품면 쪽에서 단선(피복 처리-끝부분 피복 벗겨냄)으로 처리하면 측정 시 매우 편리함.

【1-2. 부품의 배치 및 회로 결선 모범 조립 패턴도 2】

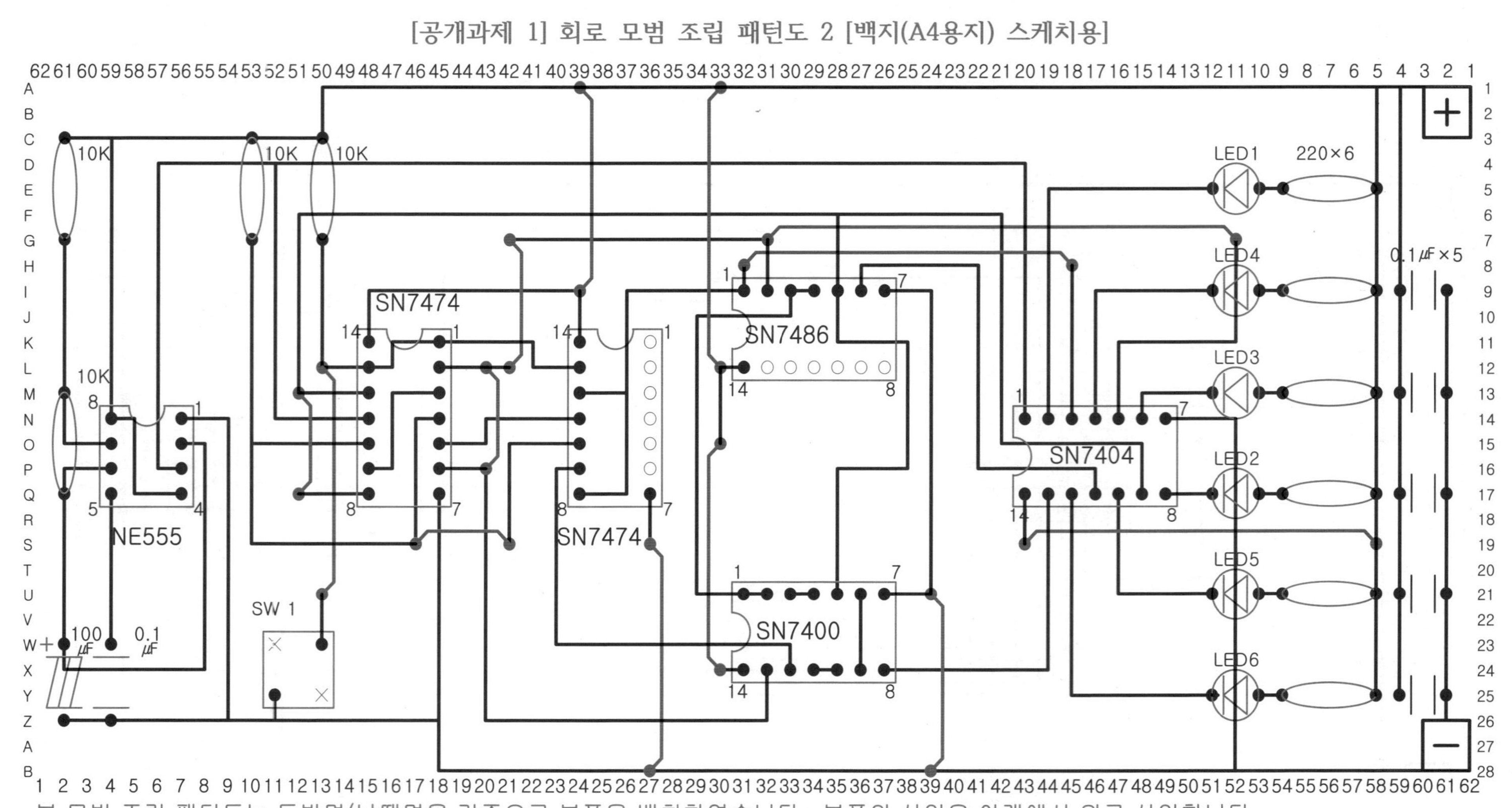

본 모범 조립 패턴도는 동박면(납땜면을 기준으로 부품을 배치하였습니다.-부품의 삽입은 아래에서 위로 삽입합니다.

▶ **본 패턴도는 동박면(납땜면)을 기준으로 부품 배치를 하였다. 부품 삽입 시 참고하여 삽입하기 바람. (배선 납땜 시 매우 편리함)**

※ 빨간(적)색의 부품과 파란(청)색의 점프선은 동박면(납땜면)이 아닌 반대편의 부품면(플라스틱면)에서 삽입되는 것을 잊지 말고 참고하세요!

【2-1. 부품의 배치 및 회로 결선 모범 조립 패턴도 1】

[공개과제 2] 회로 모범 조립 패턴도 1

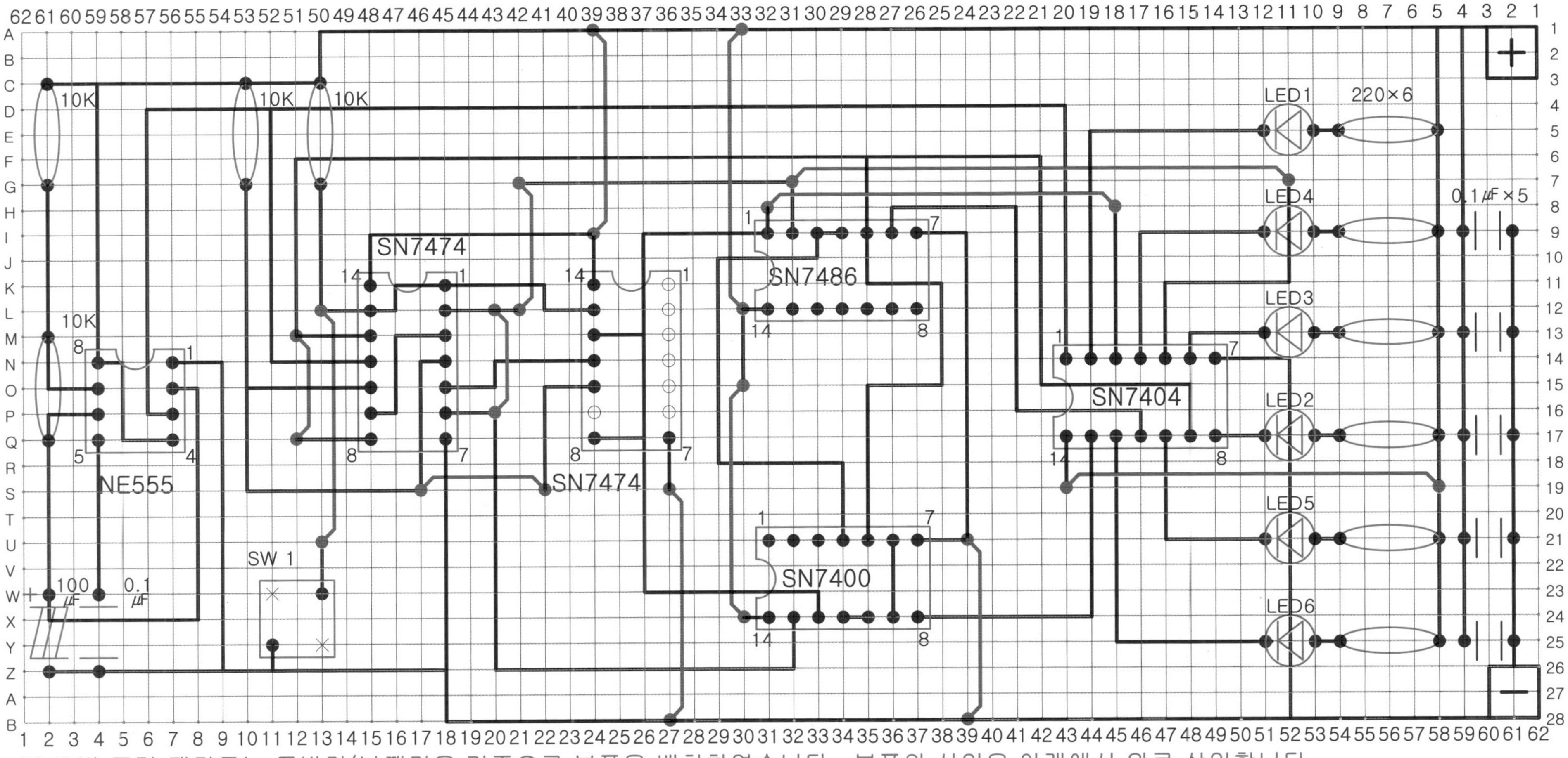

본 모범 조립 패턴도는 동박면(납땜면을 기준으로 부품을 배치하였습니다.-부품의 삽입은 아래에서 위로 삽입합니다.

▶ 본 패턴도는 동박면(납땜면)을 기준으로 부품 배치를 하였다. 부품 삽입 시 참고하여 삽입하기 바람. (배선 납땜 시 매우 편리함)

※ 빨간(적)색의 부품과 파란(청)색의 점프선은 동박면(납땜면)이 아닌 반대편의 부품면(플라스틱면)에서 삽입되는 것을 잊지 말고 참고하세요!

▶ 배선 납땜 시 접속점, 꺾어지는 점, 두 구멍마다(한 칸 건너서) 납땜하는 것을 원칙으로 한다.

납땜이 연속으로 이어지는 경우는 두 구멍을 건너서 납땜을 하여도 괜찮다

【2-2. 부품의 배치 및 회로 결선 모범 조립 패턴도 2】

[공개과제 2] 회로 모범 조립 패턴도 2 [백지(A4용지) 스케치용]

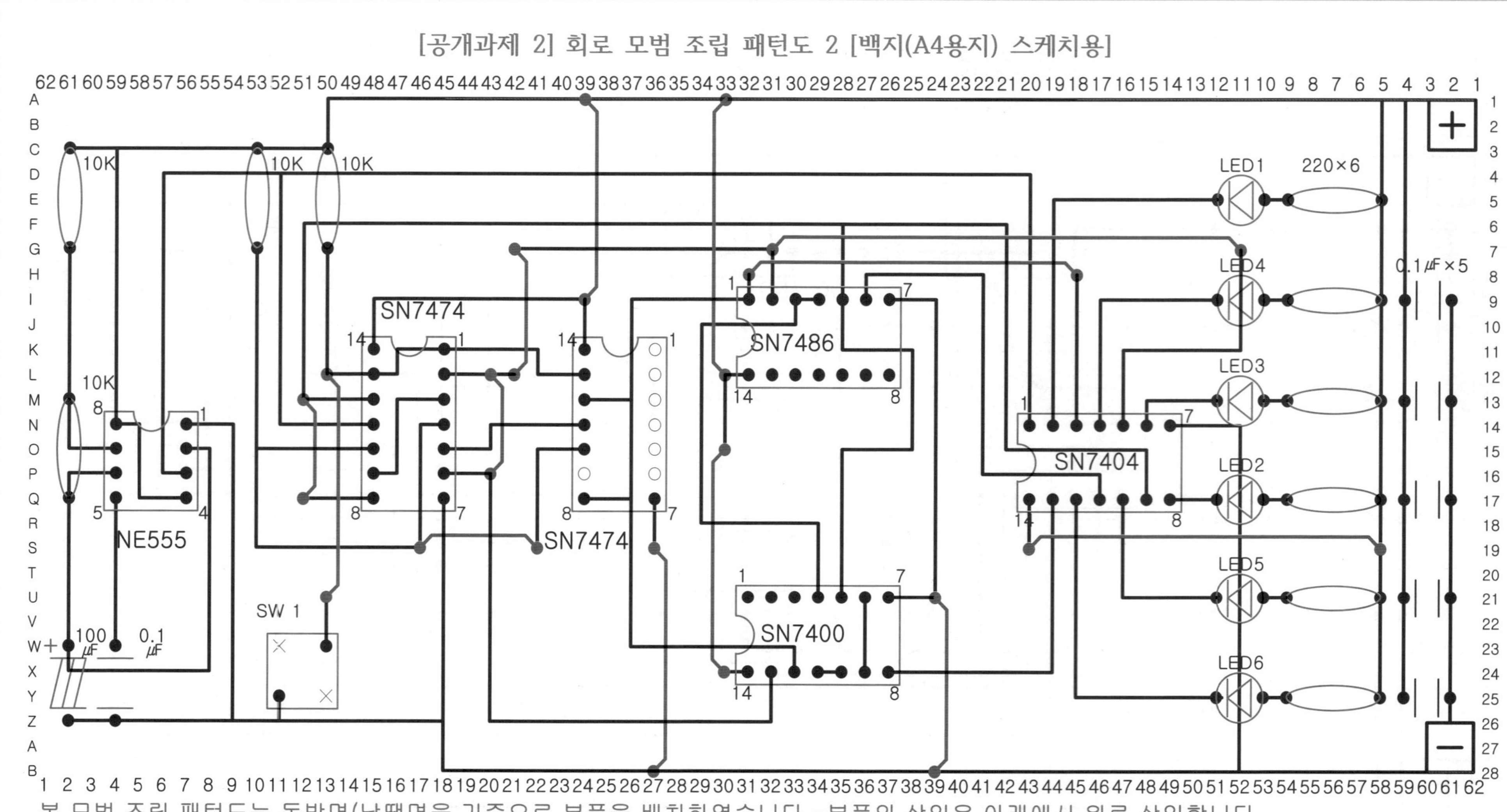

본 모범 조립 패턴도는 동박면(납땜면을 기준으로 부품을 배치하였습니다.-부품의 삽입은 아래에서 위로 삽입합니다.

▶ **본 패턴도는 동박면(납땜면)을 기준으로 부품 배치를 하였다. 부품 삽입 시 참고하여 삽입하기 바람. (배선 납땜 시 매우 편리함)**

※ 빨간(적)색의 부품과 파란(청)색의 점프선은 동박면(납땜면)이 아닌 반대편의 부품면(플라스틱면)에서 삽입되는 것을 잊지 말고 참고하세요!

【3-1. 부품의 배치 및 회로 결선 모범 조립 패턴도 1】

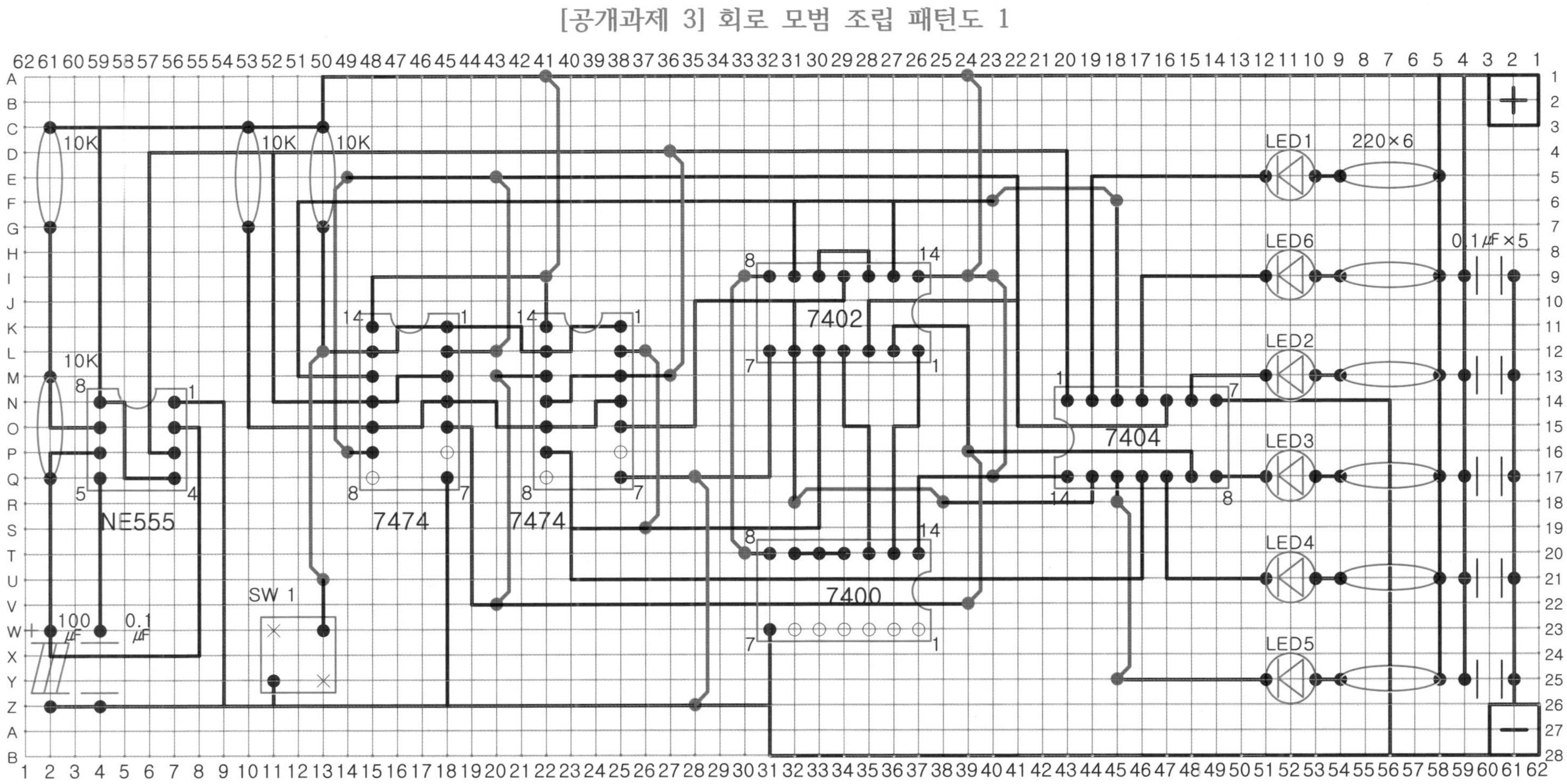

본 모범 조립 패턴도는 동박면(납땜면)을 기준으로 부품을 배치하였습니다.-부품의 삽입은 아래에서 위로 삽입합니다.

▶ **본 패턴도는 동박면(납땜면)을 기준으로 부품 배치를 하였다. 부품 삽입 시 참고하여 삽입하기 바람. (배선 납땜 시 매우 편리함)**

※ 빨간(적)색의 부품과 파란(청)색의 점프선은 동박면(납땜면)이 아닌 반대편의 부품면(플라스틱면)에서 삽입되는 것을 잊지 말고 참고하세요!

▶ **배선 납땜 시 접속점, 꺾어지는 점, 두 구멍마다(한 칸 건너서) 납땜하는 것을 원칙으로 한다.**

납땜이 연속으로 이어지는 경우는 두 구멍을 건너서 납땜을 하여도 괜찮다.

【3-2. 부품의 배치 및 회로 결선 모범 조립 패턴도 2】

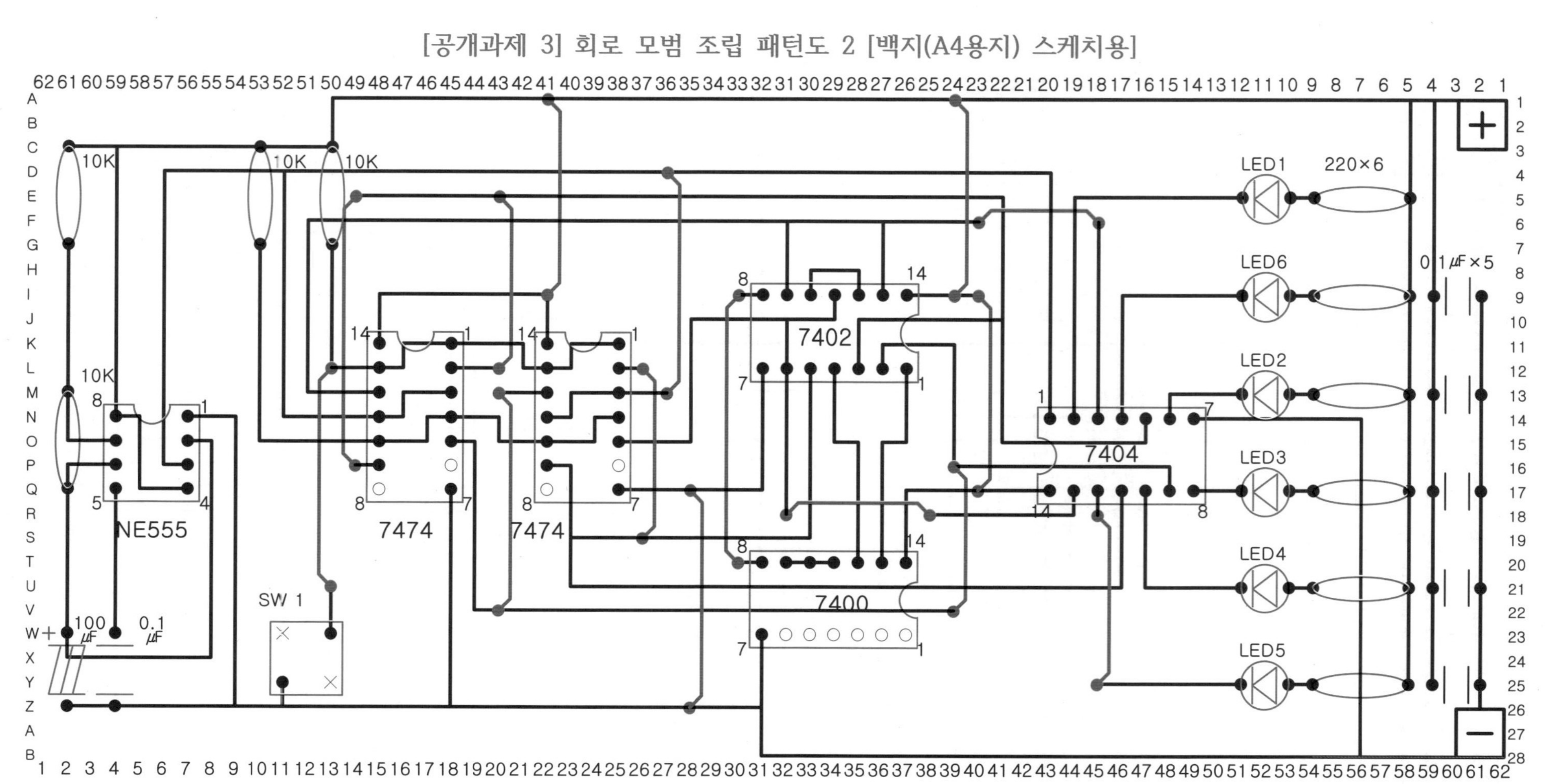

본 모범 조립 패턴도는 동박면(납땜면)을 기준으로 부품을 배치하였습니다.-부품의 삽입은 아래에서 위로 삽입합니다.

▶ **본 패턴도는 동박면(납땜면)을 기준으로 부품 배치를 하였다. 부품 삽입 시 참고하여 삽입하기 바람. (배선 납땜 시 매우 편리함)**

※ 빨간(적)색의 부품과 파란(청)색의 점프선은 동박면(납땜면)이 아닌 반대편의 부품면(플라스틱면)에서 삽입되는 것을 잊지 말고 참고하세요!

【4-1. 부품의 배치 및 회로 결선 모범 조립 패턴도 1】

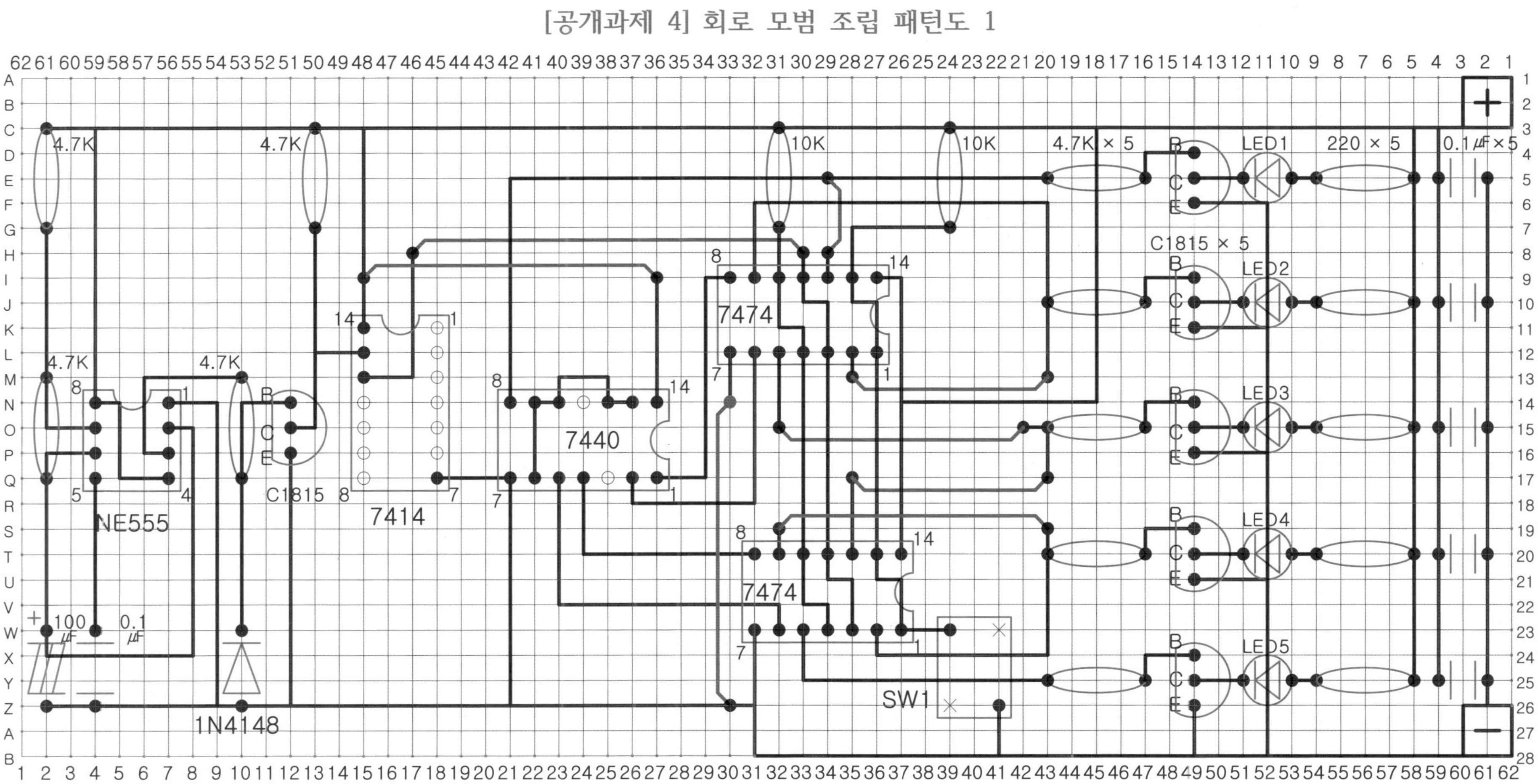

[공개과제 4] 회로 모범 조립 패턴도 1

본 모범 조립 패턴도는 동박면(납땜면)을 기준으로 부품을 배치하였습니다.-부품의 삽입은 아래에서 위로 삽입합니다.

▶ **본 패턴도는 동박면(납땜면)을 기준으로 부품 배치를 하였다. 부품 삽입 시 참고하여 삽입하기 바람. (배선 납땜 시 매우 편리함)**

※ 빨간(적)색의 부품과 파란(청)색의 점프선은 동박면(납땜면)이 아닌 반대편의 부품면(플라스틱면)에서 삽입되는 것을 잊지 말고 참고하세요!

▶ **배선 납땜 시 접속점, 꺾어지는 점, 두 구멍마다(한 칸 건너서) 납땜하는 것을 원칙으로 한다.**

납땜이 연속으로 이어지는 경우는 두 구멍을 건너서 납땜을 하여도 괜찮다.

【4-2. 부품의 배치 및 회로 결선 모범 조립 패턴도 2】

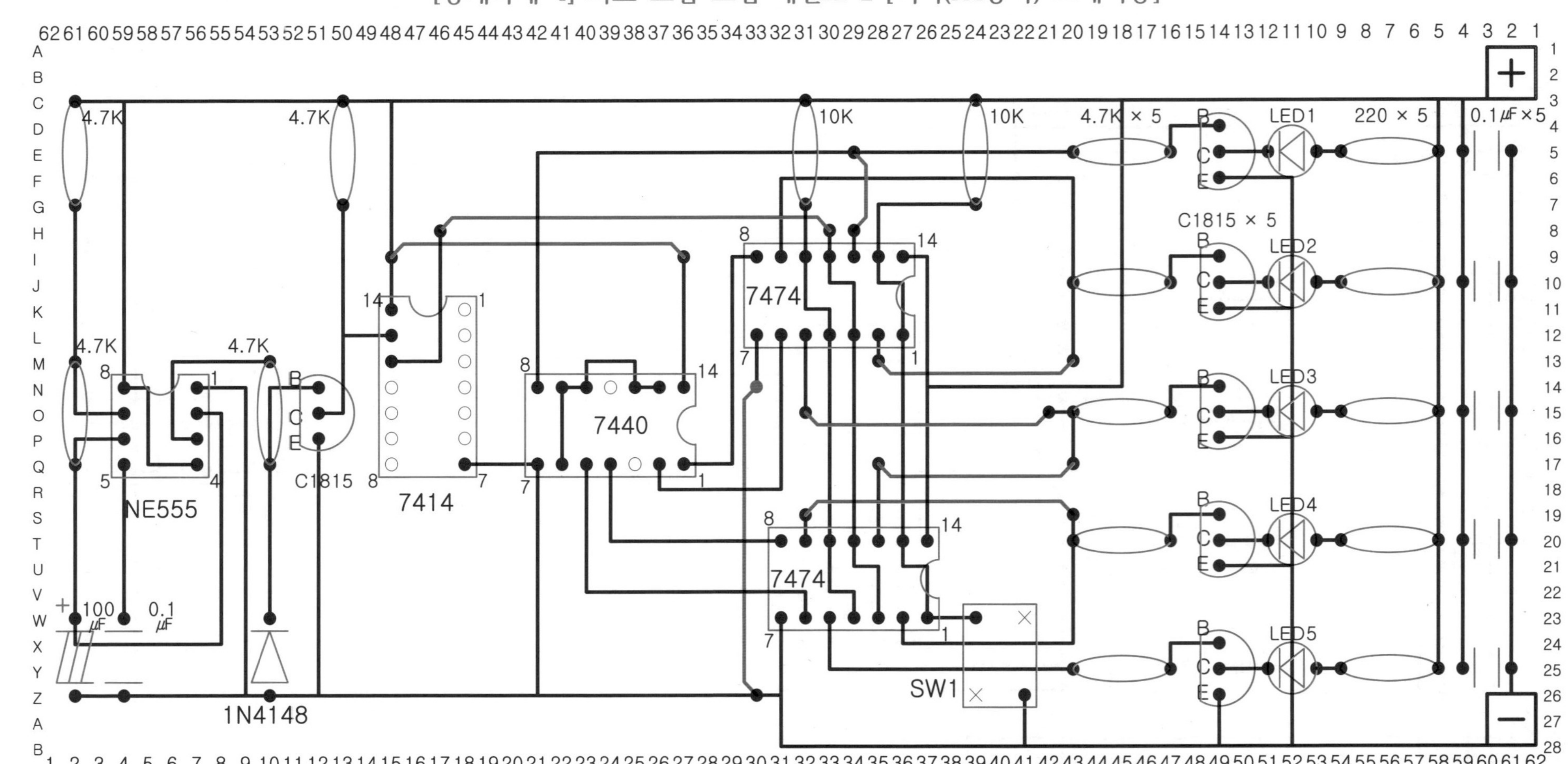

본 모범 조립 패턴도는 동박면(납땜면)을 기준으로 부품을 배치하였습니다.-부품의 삽입은 아래에서 위로 삽입합니다.

▶ **본 패턴도는 동박면(납땜면)을 기준으로 부품 배치를 하였다. 부품 삽입 시 참고하여 삽입하기 바람. (배선 납땜 시 매우 편리함)**

※ 빨간(적)색의 부품과 파란(청)색의 점프선은 동박면(납땜면)이 아닌 반대편의 부품면(플라스틱면)에서 삽입되는 것을 잊지 말고 참고하세요!

[5-1. 부품의 배치 및 회로 결선 모범 조립 패턴도 1]

[공개과제 5] 회로 모범 조립 패턴도 1

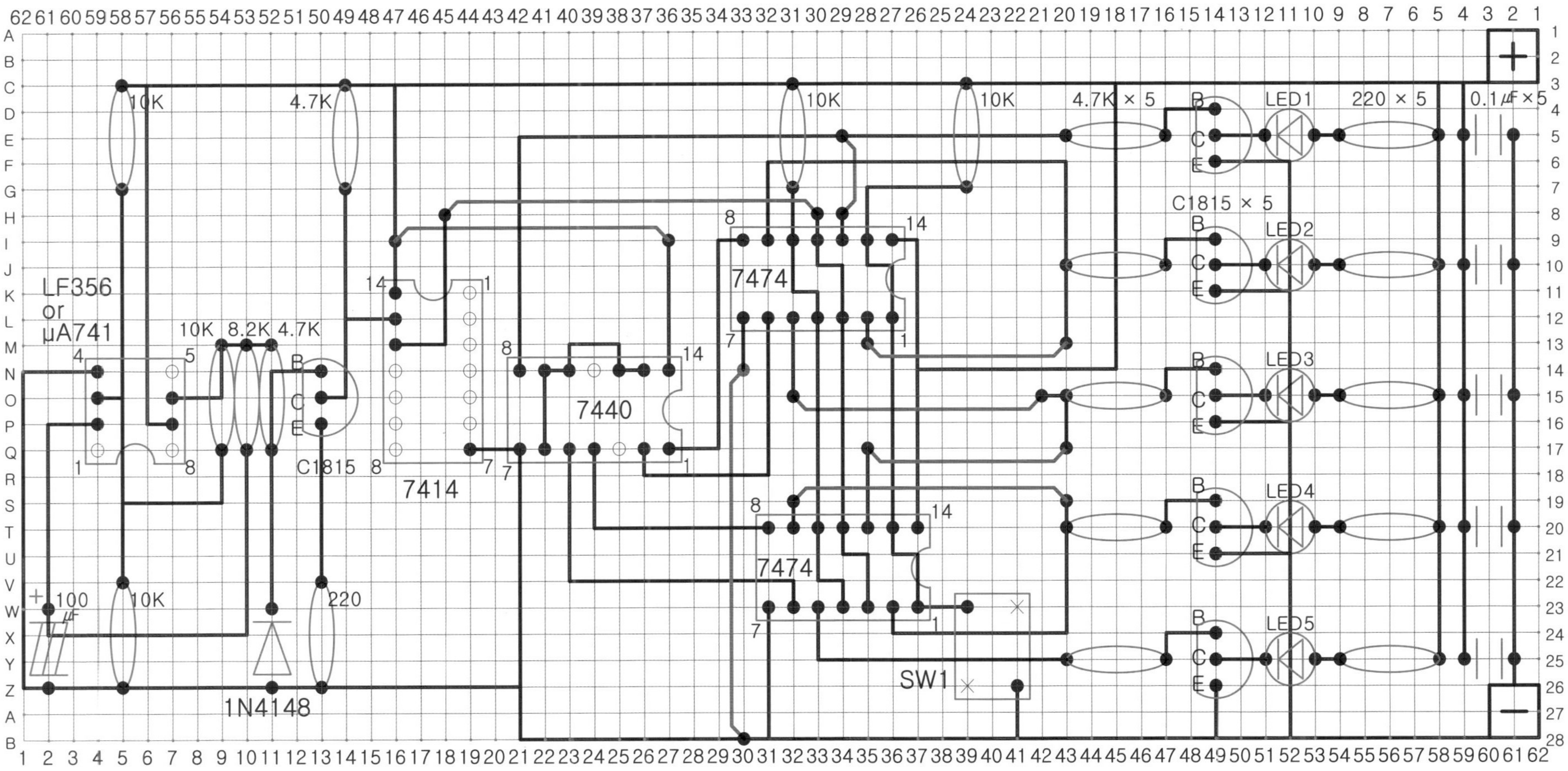

본 모범 조립 패턴도는 동박면(납땜면)을 기준으로 부품을 배치하였습니다.-부품의 삽입은 아래에서 위로 삽입합니다.

▶ **본 패턴도는 동박면(납땜면)을 기준으로 부품 배치를 하였다. 부품 삽입 시 참고하여 삽입하기 바람. (배선 납땜 시 매우 편리함)**

※ 빨간(적)색의 부품과 파란(청)색의 점프선은 동박면(납땜면)이 아닌 반대편의 부품면(플라스틱면)에서 삽입되는 것을 잊지 말고 참고하세요!

▶ **배선 납땜 시 접속점, 꺾어지는 점, 두 구멍마다(한 칸 건너서) 납땜하는 것을 원칙으로 한다.**

납땜이 연속으로 이어지는 경우는 두 구멍을 건너서 납땜을 하여도 괜찮다.

【5-2. 부품의 배치 및 회로 결선 모범 조립 패턴도 2】

[공개과제 5] 회로 모범 조립 패턴도 2 [백지(A4용지) 스케치용]

본 모범 조립 패턴도는 동박면(납땜면)을 기준으로 부품을 배치하였습니다.-부품의 삽입은 아래에서 위로 삽입합니다.

▶ **본 패턴도는 동박면(납땜면)을 기준으로 부품 배치를 하였다. 부품 삽입 시 참고하여 삽입하기 바람. (배선 납땜 시 매우 편리함)**

※ 빨간(적)색의 부품과 파란(청)색의 점프선은 동박면(납땜면)이 아닌 반대편의 부품면(플라스틱면)에서 삽입되는 것을 잊지 말고 참고하세요!

【6-1. 부품의 배치 및 회로 결선 모범 조립 패턴도 1】

[공개과제 6] 회로 모범 조립 패턴도 1

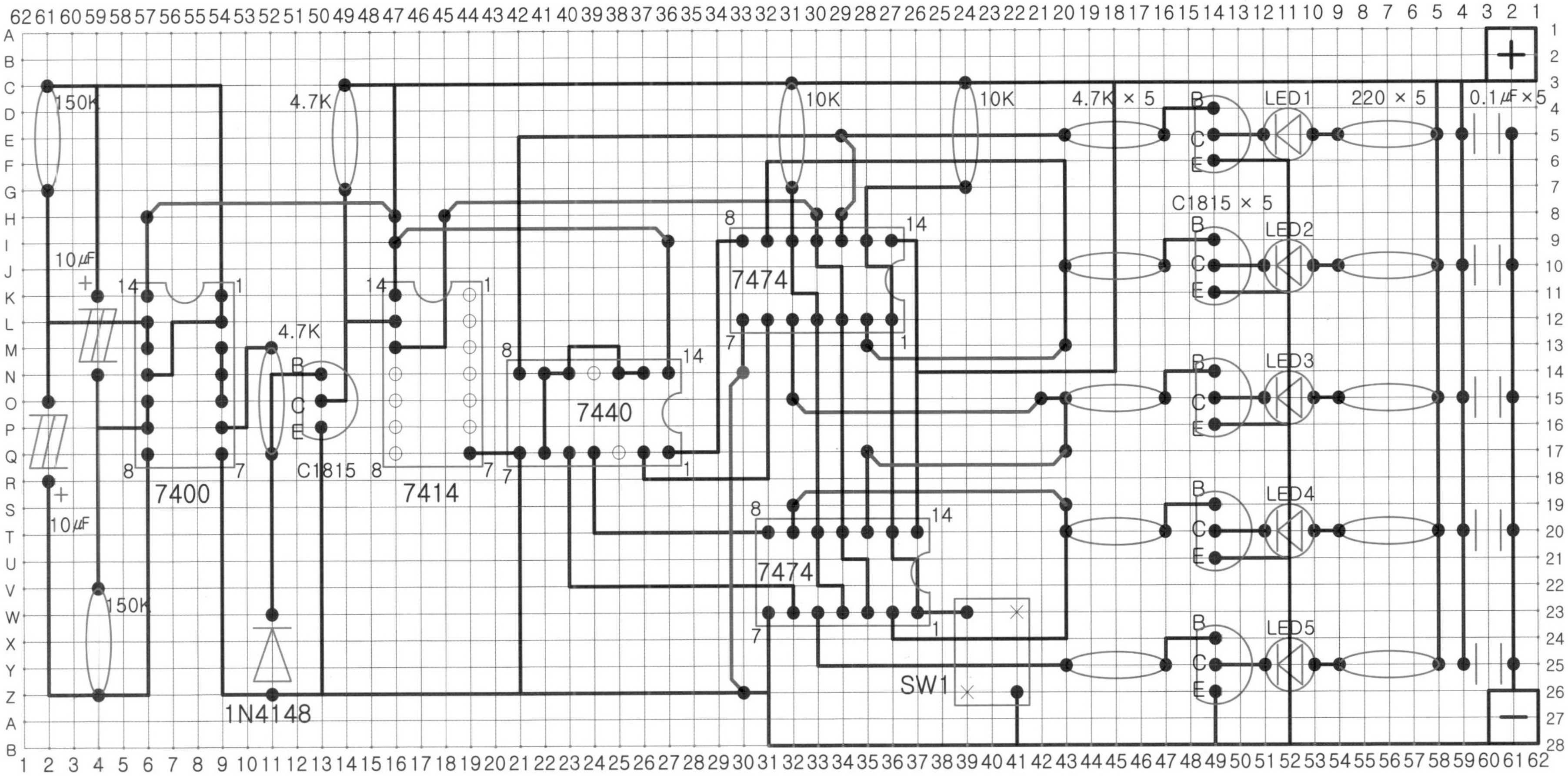

본 모범 조립 패턴도는 동박면(납땜면)을 기준으로 부품을 배치하였습니다.-부품의 삽입은 아래에서 위로 삽입합니다.

▶ **본 패턴도는 동박면(납땜면)을 기준으로 부품 배치를 하였다. 부품 삽입 시 참고하여 삽입하기 바람. (배선 납땜 시 매우 편리함)**

※ 빨간(적)색의 부품과 파란(청)색의 점프선은 동박면(납땜면)이 아닌 반대편의 부품면(플라스틱면)에서 삽입되는 것을 잊지 말고 참고하세요!

▶ **배선 납땜 시 접속점, 꺾어지는 점, 두 구멍마다(한 칸 건너서) 납땜하는 것을 원칙으로 한다.**

납땜이 연속으로 이어지는 경우는 두 구멍을 건너서 납땜을 하여도 괜찮다.

【6-2. 부품의 배치 및 회로 결선 모범 조립 패턴도 2】

[공개과제 6] 회로 모범 조립 패턴도 2 [백지(A4용지) 스케치용]

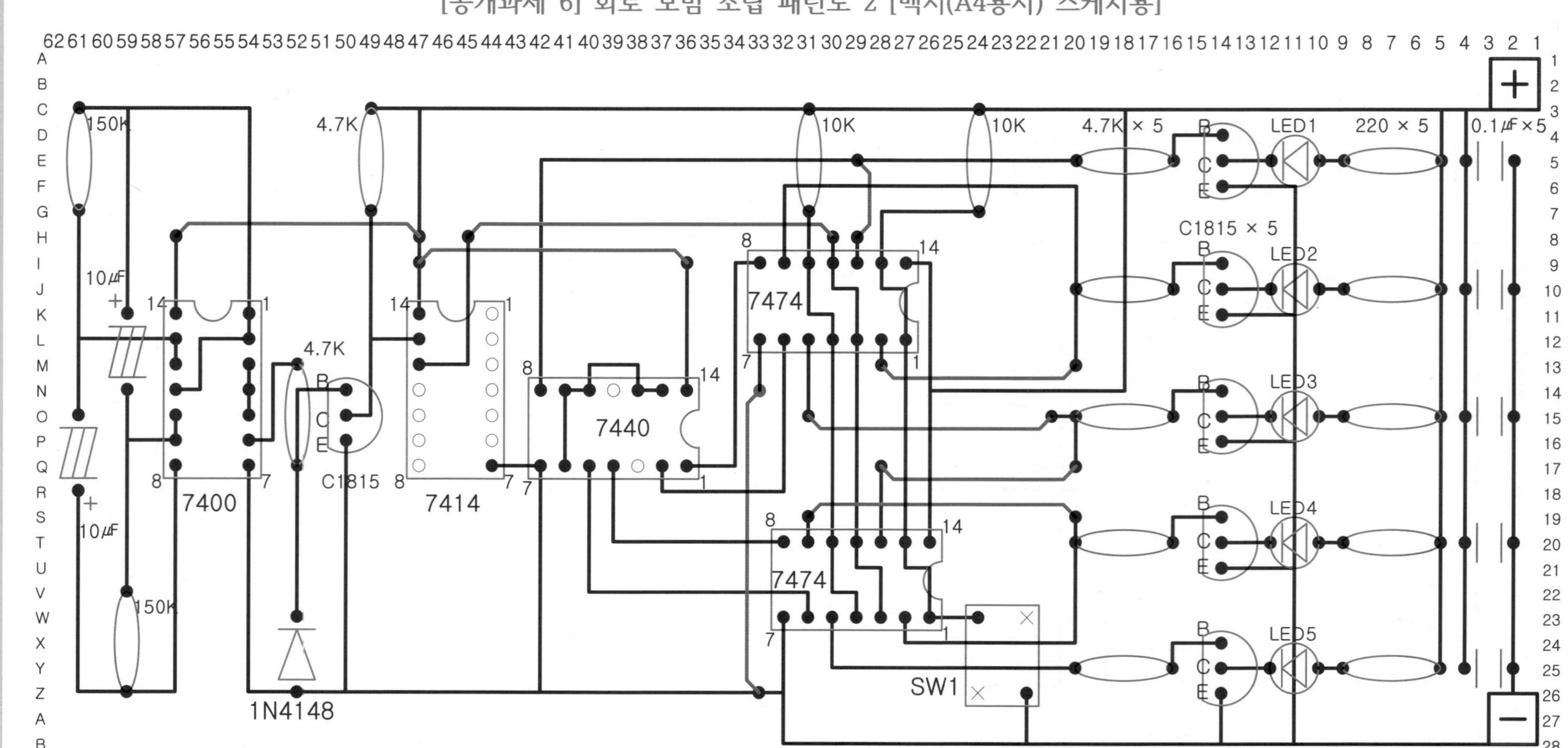

본 모범 조립 패턴도는 동박면(납땜면)을 기준으로 부품을 배치하였습니다.-부품의 삽입은 아래에서 위로 삽입합니다.

▶ 본 패턴도는 동박면(납땜면)을 기준으로 부품 배치를 하였다. 부품 삽입 시 참고하여 삽입하기 바람. (배선 납땜 시 매우 편리함)

※ 빨간(적)색의 부품과 파란(청)색의 점프선은 동박면(납땜면)이 아닌 반대편의 부품면(플라스틱면)에서 삽입되는 것을 잊지 말고 참고하세요!

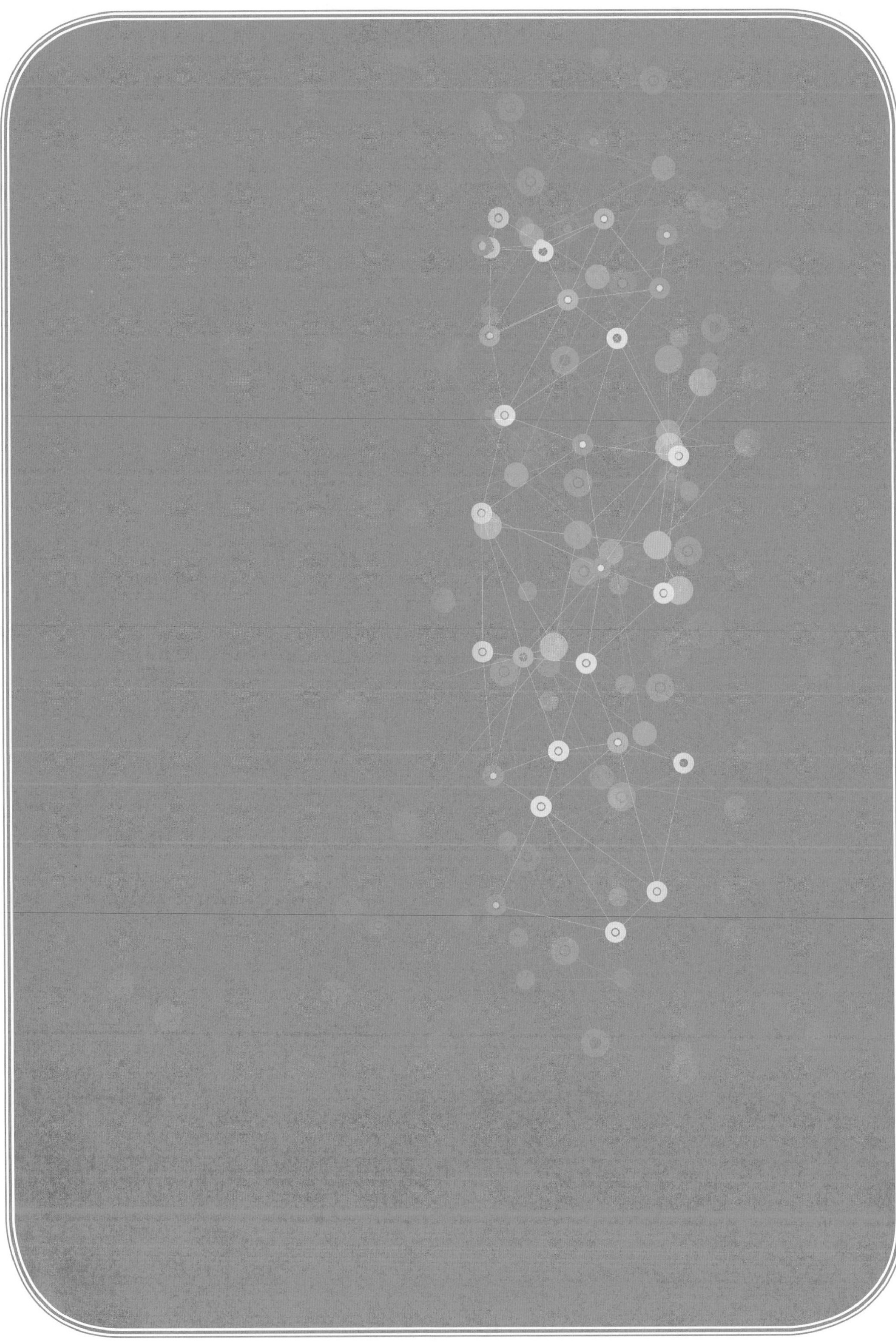

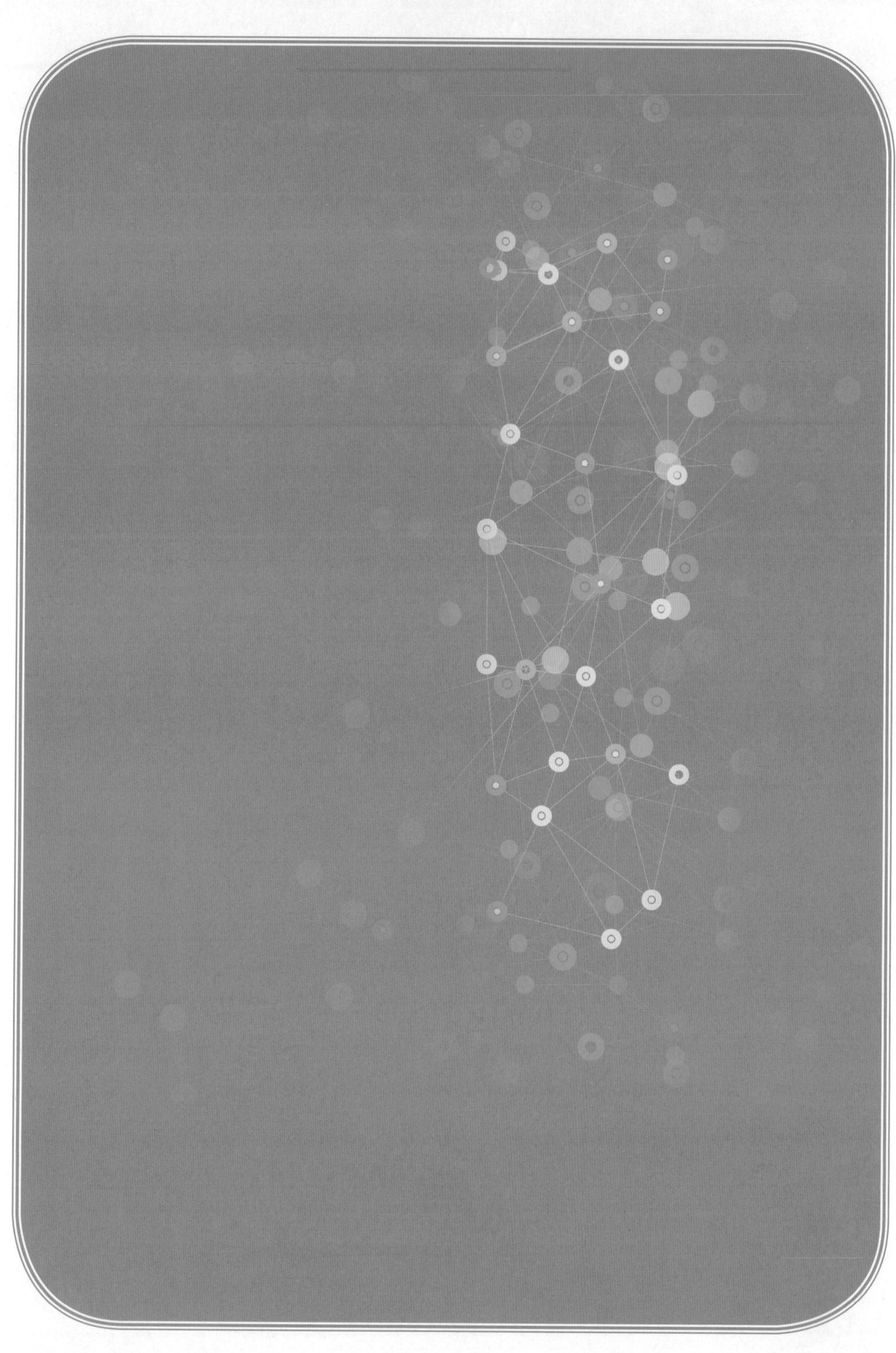